J. H. Albers, P. Ferger, B.-J. Heinenberg, E. Höfling, S. Jahreiß, D. E. Lange,
G. Laschinski, R.-R. Miethke, S. Peters, H. Schleithoff, H. Simon, B. Wagner
Lehrbuch für die Zahnarzthelferin
Band 2: Praktischer Teil

Lehrbuch für die Zahnarzthelferin

Band 2: Praktischer Teil

Zahnarzt Johann Heinrich Albers, Bremen
Dr. med. dent. Paul Ferger, Münster
Dr. med. dent. Bernd-Jörg Heinenberg, Hamburg
Zahnarzt Eberhard Höfling, Kirchen
Dr. med. dent. Sigrid Jahreiß, Stegaurach
Prof. Dr. med. dent. Dieter E. Lange, Münster
Dr. med. Gabriele Laschinski, Berlin
Prof. Dr. med. dent. Rainer-Reginald Miethke, Berlin
Dr. med. dent. Siegwart Peters, Leichlingen
Zahnarzt Heiner Schleithoff, Berlin
Dr. med. dent. Helmut Simon, Kaufbeuren
Dr. med. dent. Bert Wagner, Weißenstadt

2., überarbeitete Auflage

Quintessenz Verlags-GmbH
Berlin, London, Chicago, São Paulo und Tokio 1990

CIP-Titelaufnahme der Deutschen Bibliothek

Lehrbuch für die Zahnarzthelferin. – Berlin; Chicago; London; São Paulo; Tokio: Quintessenz-Verl.-GmbH.
(Quintessenz Bibliothek)

Bd. 2. Praktischer Teil / Johann Heinrich Albers . . . – 2., überarb. Aufl. – 1990
ISBN 3-87652-346-X
NE: Albers, Johann Heinrich [Mitverf.]

quintessenz bibliothek

Satz und Druck: Ernst Kieser, Neusäß
Bindearbeiten: Heinz Stein, Berlin
Printed in Germany
ISBN 3 87652 346 X

Vorwort zur 1. Auflage

Im Gegensatz zum ersten, theoretischen, Teil des „Lehrbuches für die Zahnarzthelferin“ konzentriert sich der zweite Band ganz auf die praktischen Arbeitsgebiete der Berufsausbildung. So wurden alle Teilbereiche neu gegliedert und von den Autoren so umfassend wie möglich beschrieben.
Wie im theoretischen Teil enthält jedes Kapitel Fragen zur Kontrolle des Verständnisses und zur Überprüfung des gelernten Wissens. Außerdem sollen die Abbildungen und Tabellen den Stoff veranschaulichen, das ausführliche Stichwortverzeichnis und die Erklärung der Fachausdrücke die Aneignung des umfangreichen Stoffs erleichtern.
In Anbetracht der immer höher werdenden Anforderungen an den Beruf der Zahnarzthelferin hat sich das Buch nicht nur auf das unumgängliche „Grundwissen“ beschränkt, sondern umfaßt darüber hinaus auch Bereiche, die für die bereits ausgebildete Helferin von Bedeutung sind. So wendet sich der praktische Teil des Lehrbuches nicht ausschließlich an die Auszubildenden in der Berufsschule, sondern er dient auch der Weiterbildung und der Vorbereitung auf die Fortbildungsberufe „Zahnmedizinische Fachhelferin“ oder „Zahnmedizinische Verwaltungshelferin“.
Nicht zuletzt soll das vorliegende Buch auch dem Zahnarzt Nutzen bringen, der als Ausbilder oder als Fachlehrer seine Unterweisungen vorbereiten möchte. Deshalb hoffen wir, daß auch der zweite Teil des Lehrbuches seinen Platz in Schule und Praxis finden möge.

Sigrid Jahreiß
Helmut Simon

Vorwort zur 2. Auflage

Nun liegt auch die zweite, überarbeitete Fassung von Band 2 des Lehrbuches für die Zahnarzthelferin vor. Der für dieses Lehrbuch typische Grundaufbau – mit Fragen *und* Antworten – hat sich so bewährt, daß er kontinuierlich fortgeführt wurde, obwohl ein zum Teil neues Autorenteam für einzelne Kapitel verantwortlich zeichnet.

Alle Kapitel mußten dem derzeitigen Stand der Wissenschaft angeglichen werden – und die dem heutigen Standard angepaßte Berufsausbildungsordnung setzte zudem neue Maßstäbe.

Ich hoffe, auch im Sinne der anderen Autoren, daß der nun aktualisierte Band 2 trotz der Bürde des neuen Lehrplanes und der damit erforderlichen Ausweitung seine Praxisnähe nicht eingebüßt hat.

Der Kritiken eingedenk versuchten wir, das Beste für die Zahnarzthelferin zu erarbeiten.

Sigrid Jahreiß

Stegaurach, im Juni 1990

Inhaltsverzeichnis

Einleitung

Dr. med. dent. Helmut Simon, Kaufbeuren

Entstehung und Entwicklung des Helferinnenberufes

Der Beruf der Zahnarzthelferin gehört heute zu den gefragtesten und beliebtesten Ausbildungsberufen. Diese „Gehilfin" gibt es wahrscheinlich schon seit dem Mittelalter, worauf einige Abbildungen aus dieser Zeit schließen lassen (Abb. 1). Nur war ihre Tätigkeit damals wesentlich seltener und genoß kein so hohes Ansehen in der Bevölkerung wie heute.
Das gleiche gilt für die gesamte Zahnheilkunde, die sich erst im letzten Jahrhundert entwickelte. Mit dem Anwachsen des Behandlungsumfanges entstand zuerst das Berufsbild der „Sprechstundenhilfe". Dieser „dienstbare Geist" war um 1900 in der Praxis noch eine sehr seltene Erscheinung, der meist aus einer sozialen Notlage heraus die „Putzarbeit" in den „Ordinationsräumen"[1] verrichten mußte.
In den folgenden Jahrzehnten nahm Zahl und Bedeutung der Helferinnen aber stetig zu. Am Anfang beschränkte sich die Arbeit der „Hilfen" neben den schon erwähnten Säuberungsaufgaben meist auf das Öffnen der Türen und das berühmte „Kopfhalten". Nachdem die Berufstätigkeit einer Frau immer mehr Anerkennung und Verbreitung in der Gesellschaft fand, gewann auch die Helferin immer mehr an Ansehen.
Dazu trug auch die gesetzliche Festlegung des Ausbildungsberufes „Zahnarzthelferin" in der Bundesrepublik Deutschland bei (in Berlin: „zahnärztliche Helferin", in der Schweiz: „Zahnarztgehilfin", in der DDR: „stomatologische[2] Schwester", in Österreich: „Ordinationshilfe"). Seitdem ist dieser Arbeitsbereich, der die Tätigkeit des Zahnarztes unterstützt, ergänzt und erleichtert, aus den Praxen nicht mehr wegzudenken. Fast gleichzeitig mit dieser Entwicklung in der Mitte der 50er Jahre änderte sich auch die zahnärztliche Behandlungsweise und brachte mit der Einführung der sitzenden Arbeit am liegenden Patienten einen steigenden Bedarf an vielseitig ausgebildeten Helferinnen mit sich.

1 Ordination (lat.): heute nur noch in Österreich gebräuchlicher Begriff für „Sprechstunde"

2 stomatologisch (gr.): „auf die Mundhöhle bezogen"

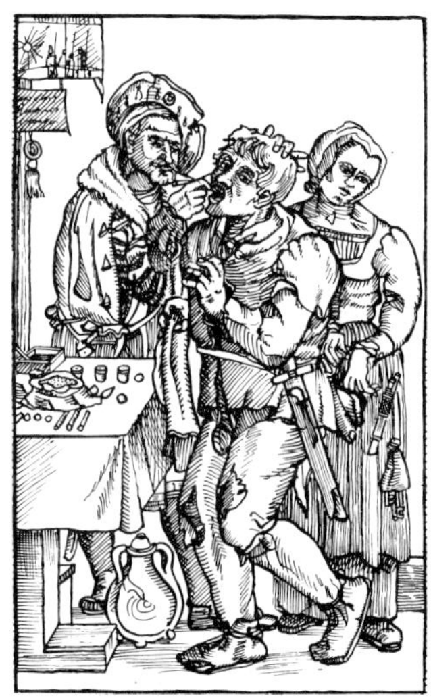

Abb. 1. Wahrscheinlich eine der ältesten Abbildungen einer Zahnarzthelferin (1523)

Als Weiterbildungsmöglichkeit wurde in den 60er Jahren zuerst im Ausland (USA, Großbritannien, Schweiz u. a.) der Beruf der „Dentalhygienikerin“ (Dental Hygienist) eingeführt. Die Bundesrepublik folgte 1974 mit der Schaffung der „Zahnmedizinischen Fachhelferin“ (ZMF) und der „Zahnmedizinischen Verwaltungshelferin“ (ZMV, 1979). Auch in der Schweiz kann die Helferin sich auf mehreren Gebieten – z. B. der Röntgenologie – fortbilden und sich nach Ablegung von Prüfungen als „Diplomierte Zahnarztgehilfin (SSO)“ in einem erweiterten Arbeitsbereich in der Praxis betätigen. In der DDR wurde für die fortgebildete Helferin der Titel „Fachschwester für Zahn- und Mundhygiene“ eingeführt.

Ob der Beruf der Helferin in den kommenden Jahren eine weitere Aufgliederung und Spezialisierung erfahren wird, läßt sich nicht mit Sicherheit sagen. Besonders im Bereich der Abrechnung und Verwaltung, der Mundhygiene-Aufklärung und Kariesvorbeugung nehmen die übertragenen Aufgabengebiete stetig zu. So liegt die Vermutung nahe, daß die Zahl der Fachhelferinnen weiter wachsen wird, denn eine ähnliche Entwicklung ist in der ganzen Zahnheilkunde zu erkennen, z. B. gibt es doch neben dem „Kieferorthopäden“ jetzt auch einen „Zahnarzt für Oralchirurgie“[1] und einen „Zahnarzt für Parodontologie“.

1 Oralchirurgie (lat./gr.): Mundchirurgie

Erstes Kapitel

Die Geschichte der Zahnheilkunde

Dr. med. dent. Sigrid Jahreiß, Stegaurach

1. Altertum (Urzeit bis 450 n. Chr.)

Die Zähne hatten für den Menschen schon immer eine besondere Bedeutung. Sie werden nicht nur zum Kauen und Zerkleinern der Nahrung benützt, sondern stellen auch Waffe (im Nahkampf) und Werkzeug (Abbeißen, Festhalten) dar. So ist es nicht weiter verwunderlich, daß ein vollständiges Gebiß stets als Symbol für Kraft, Jugend und Schönheit galt. Schon seit eh und je wurde deshalb versucht, diese für das Aus- und Ansehen wichtigen Attribute[1] zu erhalten.

Steinzeit

Wie wir aus Schädelfunden wissen, gibt es Zahnkrankheiten schon seit Anbeginn der Menschheit, nur waren sie nicht so weit verbreitet wie heute. Der Grund dafür ist nicht nur in der gröberen Nahrung zu sehen, sondern auch an der damaligen niedrigen Lebenserwartung von nur 25 Jahren. Traten Erkrankungen auf, wußten sich schon in der Steinzeit die Menschen gegenseitig zu helfen. Verheilte Schädelöffnungen (Trepanationen[2]) lassen darauf schließen, daß chirurgische Maßnahmen mit Hilfe von scharfen Steinmeißeln auch am Kiefer durchgeführt werden konnten.

Bronzezeit

In der Bronzezeit (3000 bis 1000 v. Chr.) wurden in Babylonien (dem heutigen Irak) bereits zahnerhaltende (konservierende) Maßnahmen mit Medikamenten – z. B. Einlagen aus pflanzlichen Beruhigungsmitteln – an zerstörten Zähnen vorgenommen. Herausragend ist das Universalgenie *Imhotep* (um 2600 v. Chr.), dem als Arzt später göttliche Ehren zuteil wurden. Der größte babylonische König *Hammura(p)bi* (1955 bis 1912 v. Chr.) legte im Codex[3] Hammurabi den ältesten Tarif für ärztliche manuelle[4] Handlungen fest.
Das damalige Wissen ließ der Assyrerkönig *Assurbanipal* (um 700 v. Chr.) in seiner Tontafel-Bibliothek in der Stadt Ninive zusammentragen.
Aus dieser Epoche sind Tontäfelchen mit Beschwörungsformeln gegen Zahnschmerzen überliefert, die gegen den „Zahnwurm" und seine schädliche Tätigkeit helfen sollten. In Ägypten hatten sich zu dieser Zeit die Ärzte schon weitgehend spezialisiert und beschäftigten sich auch als „Fachärzte" mit den Erkrankungen der Zähne.

Eisenzeit

Aus der Eisenzeit (ab 1000 v. Chr.) sind Funde von Zahnersatz aus Phönizien (dem heutigen Libanon) und Etrurien (dem Gebiet der Toskana in Mittelitalien) erhalten. Es handelt sich dabei um aus Elfenbein geschnitzte Zähne, die mit Hilfe

1 Attribut (lat.): Eigenschaft, Merkmal
2 Trepanation (gr.): Eröffnung, Aufbohrung
3 Codex (lat.): Gesetzbuch
4 manuell (lat.): mit der Hand

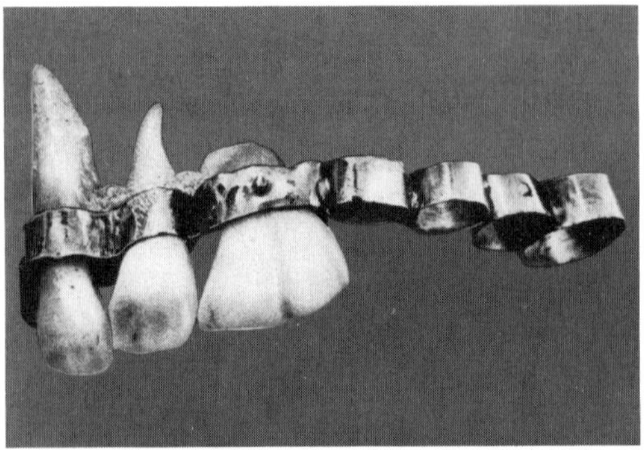

Abb. 2 Etruskische Goldbandprothese

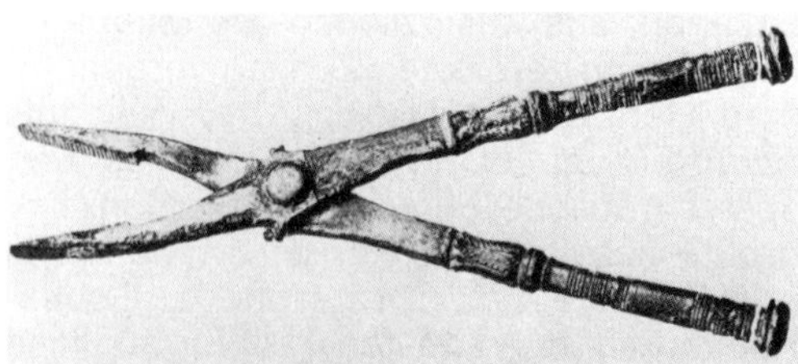

Abb. 3 Antike Zahnzange aus einem römischen Lager in Ungarn

von Goldbändern oder -drähten an Pfeilerzähnen befestigt wurden, um Frontzahnlücken zu schließen. Diese Vorformen der Prothetik sind erste Beweise für eine kunstvolle „Zahntechnik", die bereits beachtliche Leistungen hervorbrachte. Es wird aber auch offenkundig, welche Mühen man sich schon damals machte, um einen fehlenden Zahn zu ersetzen (Abb. 2).

Klassisches Griechenland

Um 500 v. Chr. erlebte die Medizin in Griechenland einen gewaltigen Aufschwung. *Hippokrates* (460 bis 375 v. Chr.) gründete auf der Insel Kos seine berühmte Ärzteschule. Er bemühte sich, die Heilkunde von religiösen und mystischen[1] Bräuchen zu befreien und sie auf wissenschaftliche Grundlagen zu stellen. Kritische Beobachtung und Auswertung von Erfahrungen führte er als wichtige Voraussetzung für ärztliches Handeln ein. Auf ihn geht der „hippokratische Eid" mit dem obersten Grundsatz: „Dem Patienten niemals Schaden zufügen!" zurück. Auch so wichtige Begriffe wie: „Anamnese" (Krankengeschichte), „Diagnose" (Erkennen und Benennen der Krankheit), „Therapie" (Heilverfahren), „Prognose" (Vorhersage über den weiteren Verlauf einer Krankheit) und „Epikrise" (kritische Bewertung der Behandlungsmaßnahmen) verdanken wir seiner Schule.

Römisches Reich

Im ganzen römischen Imperium gab es in der Zeit von 200 v. Chr. bis 400 n. Chr. bereits eine gewisse Blüte der Zahnheilkunde, die vor allem auf griechische Ärzte zurückging. Die berühmtesten waren *Celsus* (10 v. Chr. bis 50 n. Chr.) und *Galen* (129 bis 199 n. Chr.), deren Bücher die Medizin des ganzen Mittelalters beeinflußt haben. Aus aufgefundenen Instrumenten (z. B. in der Saalburg/Taunus, Carnuntum/Donau und anderen Orten) weiß man, daß es in dieser Zeit bereits Zahnextraktionen mit Zangen (Abb. 3), Wundauskratzungen mit scharfen Löffeln, Wurzelkanalbehandlungen mit Aufbereitung des Wurzelkanals und die Anwendung von Bohrern und Schleifsteinen zum Abtragen von Zahnsubstanz gab. Auch Zahnersatz wurde in immer verfeinerter Form hergestellt, und sogar kieferorthopädische Versuche sind bekannt.

2. Mittelalter (450 bis 1492 n. Chr.)

Nach dem Hunneneinfall unter *Attila* (450 n. Chr.) und dem Beginn der „Völkerwanderung" ging das Römische Weltreich unter. Damit verschwand auch auf Jahrhunderte das Wissen auf praktisch allen Gebieten der Medizin. Lediglich in Klöstern, besonders in Mittelitalien (z. B. Salerno),

1 mystisch (gr.): geheimnisvoll, dunkel

Der Zanbrecher.

Wolher/wer hat ein bösen Zan/
Denselben ich außbrechen kan/
On wehtagn / wie man gbiert die Kinder/
Auch hab ich Kramschatz nicht destmindr/
Petrolium vnd Wurmsamen/
Thriacks vnd viel Mückenschwaiñen/
Hab auch gut Salbn / für Flöhe vñ Leuß/
Auch Puluer für Ratzen vnd Meuß.

Abb. 4 Darstellung eines Zahnbrechers aus der beginnenden Neuzeit (aus Jost Amman's Ständebuch von 1568 mit Versen von Hans Sachs)

wurde versucht, das römische Erbe zu bewahren.
Ab 600 n. Chr. begann der Aufstieg der Araber zur Weltmacht. Sie übernahmen nach ihren Eroberungen die römische Medizin und entwickelten sie – vor allem in Spanien und Bagdad – weiter. Bedeutende Ärzte wie *Ibn Sina* (980 bis 1037), der in Europa „Avicenna" genannt wurde, und *Abulkasim* (936 bis 1013) machten die arabische Heilkunde gegenüber der europäischen Medizin lange überlegen. Letztere beschränkte sich durch Jahrhunderte auf zaghafte Versuche, die von Mönchen und Nonnen – z. B. *Hildegard von Bingen* (1098 bis 1179) – in Klöstern durchgeführt wurden. Im wesentlichen handelte es sich dabei ausschließlich um „Kräuterheilkunde".

3. Neuzeit (ab 1492)

Europa 1500 bis 1700
Zahnbrecher und Drecksapotheke

Erst mit dem Beginn der Neuzeit nach der Entdeckung Amerikas entwickelte sich in Europa die Heilkunde über das Niveau der römischen Medizin weiter. *Vesal* (1514 bis 1564) begründete die Anatomie[1], als er es als erster wagte, Studien des menschlichen Körpers an Leichen vorzunehmen. *Paracelsus* (1493 bis 1541) gab der Pharmakologie (Arzneimittelkunde) entscheidende Impulse.
Die Zahnheilkunde kam allerdings nur langsam voran. Meist wurde sie auf Jahrmärkten von „Zahnbrechern" (Abb. 4) oder „Zahnreißern" ausgeübt, die unter dem Beifall des Publikums den armen Patienten die schmerzenden Zähne „ausbrachen". Wer davor zurückschreckte, war auf die Anwendung der sogenannten „Drecksapotheke" angewiesen, die mit abenteuerlichen Methoden Schmerzen und Zahnerkrankungen bekämpfte.

Aufbruch im 18. Jahrhundert

In der Mitte des 18. Jahrhunderts begann die eigentliche Entwicklung der Zahnheilkunde in der heutigen Form. In Frankreich schrieb *Fauchard* (1678 bis 1761) (Abb. 5)

1 Anatomie (gr.): „Aufschneidung", Zergliederung

Abb. 5 Pierre Fauchard, Zahnarzt in Paris, verfaßte 1728 das erste Lehrbuch der Zahnheilkunde

Abb. 6 Philipp Pfaff, Hofzahnarzt und Chirurg in Berlin, ist der Autor des im Jahre 1756 erschienenen ersten Lehrbuchs der Zahnheilkunde in deutscher Sprache

sein berühmtes Buch „Le chirurgien dentiste" (Der chirurgische Zahnarzt), in dem er die gesamten damals bekannten zahnmedizinischen Verfahren zusammenfaßte und eigene Verbesserungen vorschlug. Wenig später gab auch *Pfaff* (1713 bis 1766) (Abb. 6) das erste bedeutende deutsche Lehrbuch über die Zahnheilkunde heraus. Darin beschrieb er die von ihm entwickelte Technik zur Abdrucknahme des Kiefers (mit Wachs) und das Ausgießen mit Gips zur Modellherstellung. U. a. berichtete er über Stiftzähne und modernisierte Instrumente.

Stürmische Entwicklung im 19. Jahrhundert

Ab Beginn des vergangenen Jahrhunderts wurden bedeutende Fortschritte in der Zahnmedizin gemacht. Porzellanzähne ersetzten das bisher verwendete Elfenbein oder Material von Leichen, Amalgam (um 1830) und Gold wurden als Füllungsmaterial eingeführt, Kautschuk (ab 1851) verdrängte das geschnitzte Holz als Prothesenbasis.

Black (1836 bis 1915) erforschte die Karies und teilte sie in „Klassen" ein (*Black*-Klassen I–V); er vervollkommnete die Füllungstechnik durch Einführung von Präparationsregeln („Extension for prevention" = vorsorgliche Ausdehnung) und Vorschriften für Kavitätenformen. *Morrison* entwickelte 1871 die erste in der Praxis brauchbare Tretbohrmaschine.

Die Entdeckung der Anästhesie (Schmerzausschaltung) durch die beiden amerikanischen Zahnärzte *Wells* (Lachgas, 1844) und *Morton* (Äther, 1846) gestattete nicht nur in der Zahnheilkunde schmerzloses Operieren, sondern ermöglichte der gesamten Medizin, Eingriffe in Narkose vorzunehmen.

Zur gleichen Zeit besiegten *Semmelweis*, „Der Retter der Mütter" (Abb. 7), *Lister* und *Pasteur* die Wundinfektion (in der Zeit von 1848 bis 1870) und führten keimtötende Maßnahmen in die Praxis ein. Kurz danach (1876) entdeckte *Koch* die Mikroben als Krankheitserreger und eröffnete damit neue Wege in der Infektionsbekämpfung.

Freud und *Koller* fanden 1884 die örtlich

betäubende Wirkung des Kokains. Durch *Halsted* und *Schleich* wurde es in der gesamten Heilkunde eingeführt, wo es die Narkose ergänzt und ersetzt.
Gegen Ende des Jahrhunderts (1895) entdeckte *Röntgen* in Würzburg die nach ihm benannten Strahlen, die schon kurz danach in der Medizin zu diagnostischen[1] Zwecken eingesetzt wurden.
Bereits zu dieser Zeit bemühten sich Ärzte in England und Frankreich, die Schulzahnpflege einzuführen.

Abb. 7 Ignaz Philipp Semmelweis (1818 bis 1865) entdeckte die Ursache des Kindbettfiebers

Spezialisierung im 20. Jahrhundert

Ab 1900 setzt eine immer weitere Aufgliederung in allen Teilbereichen der Medizin und Zahnheilkunde ein. In den letzten Jahrzehnten gab es einige bedeutsame Entdeckungen und Entwicklungen, die der zahnärztlichen Praxis wesentlichen Fortschritt brachte.
Es wurden eingeführt etwa ab:

1900 *Angle* setzt Maßstäbe für die moderne Kieferorthopädie, die erst Mitte unseres Jahrhunderts zu einem eigenen Bereich der Zahnheilkunde wird.

1905 *Einhorn* entwickelt das Novocain zur örtlichen Betäubung als Ersatz für das suchterzeugende Kokain; es wird mit Adrenalin zur Verbesserung der schmerzausschaltenden Wirkung kombiniert.

1924 Gründung der ARPA, der **Ar**beitsgemeinschaft für **Pa**rodontoseforschung, nachdem *Fauchard* bereits erstmals im Jahr 1746 Parodontopathien beschrieben hatte.

1925 Metall (rostfreier Stahl) als Prothesenbasis verbessert die Haltbarkeit von Teilprothesen.

1928 *Fleming* entdeckt das erste Antibiotikum (Penicillin).

1932 *Domagk* findet die bakterienhemmende Wirkung der Sulfonamide.

1940 Kunststoff (Paladon) ersetzt den bisher üblichen Kautschuk als Basis für Zahnersatz.

1950 Die Zylinder-Ampulle („Carpule") wird von Bayer auf den Markt gebracht.
Die Modellguß-Technik ermöglicht eine paßgenaue, grazile Einstückgußprothese mit oder ohne vermessene Gußklammern.

1956 *Borden* entwickelt die Dentalturbine und führt sie in die Praxis ein.

1960 Ein zweites Sprechzimmer, die sitzende Behandlung am liegenden Patienten und verbesserte Arbeitsmethoden, z. B. durch die Absaugtechnik mit „Orosuc" („Ergonomie"), finden immer mehr Verbreitung.
Zahnreinigung mit Ultraschall („Cavitron") und Gerätereinigung („Sonorex") werden aus den USA übernommen.

1966 Die Aufbrenntechnik (Metallkeramik) wird in Säckingen praxisreif und tritt bei festsitzendem Zahnersatz in Konkurrenz zur Kunststoffverblendung.
Die vordosierten Kapseln, zunächst für Amalgam und Silikat, später auch für Durelonzemente, werden in Mischgeräten (Silamat) gerüttelt und gewähren eine immer gleichbleibende Konsistenz der Füllungsmaterialien.

1 diagnostisch (gr.): (krankheits)erkennend, -bestimmend

1970 Composite-Massen (Kunststoff) verdrängen den bisher verwendeten Silikatzement bei Füllungen im Frontzahnbereich.
Die Gnathologie wird praxisreif.

1975 Die Lichtpolymerisation erleichtert die Verarbeitung der Kunststofffüllungen.
Die Ätztechnik verbessert die Haftung des Füllmaterials am Zahn.
Balters (1954) und *Fränkel* (1964) veröffentlichen Behandlungsmöglichkeiten der gestörten Gesichtsmuskulatur; *Garliner* baut die Erkenntnisse zur „Myofunktionellen Therapie" aus.
Die ersten Computer werden in zahnärztlichen Praxen eingesetzt.

1980 Mit dem Ligmaject Anästhesie-Instrument kann eine besondere Art der Schmerzausschaltung durchgeführt werden. Heute verwendet man meist „Citoject".
In Amerika wird eine spezielle Klebetechnik entwickelt (Maryland-Brücke, Bracket-Befestigung in der KFO).
Ein verbessertes Amalgam, Non-Gamma-2, kommt auf den Markt.
EDV hält Einzug in die Praxis.

1985 Versuche mit computergestützter Herstellung von Zahnersatz (Fräsen aus dem Block nach exakter Kiefervermessung ohne Abdruck; dieser Dental-Roboter soll 1988 auf den Markt kommen.
Vielleicht könnte die Glaskeramik („Dicor" und „Hi-Ceram"), die jetzt im Handel ist, die Metallkeramik ablösen.
Die Glasionomerzemente („Ketac-Fil") zeigen eine gute Haftung am Zahn, deshalb werden sie bevorzugt für Frontzahnfüllungen am Zahnhals und als Kantenaufbau verwendet.

Männer, die Geschichte machten

Es werden einige Namen aufgezählt, die in der zahnärztlichen Praxis zu so geläufigen Begriffen wurden, daß die Erfinder fast vergessen wurden. Es handelt sich dabei meist um Instrumente, die von Zahnärzten konstruiert wurden und heute noch viel benutzt werden. Bitte informieren Sie sich in den einschlägigen Kapiteln!

Adams	Klammer in der KFO, Drahtbiegezange
Albrecht	Wurzelfüllung
Angle	Einteilung der Gebißanomalien; KFO-Geräte
Balters	Bionator
Bein	Hebel
Berten	Zange und Hebel
Beutelrock	Bohrer (Kanalerweiterer)
Black	Einteilung der Kavitätenpräparation in 5 Klassen, -Löffel zum Auskratzen der Kavität
Bonyhard	Kugelkopfklammer
Chlumsky	Lösung zur Wundbehandlung und Wurzelbehandlung
Crane-Kaplan	Markierungspinzette
Dolder	Steggelenke, -geschiebe
Doriot	Gestänge; Schnurübertragung über Rollen an der Bohrmaschine
Drum	Parafunktion; Miniplastschiene
Ehricke	Abdrucklöffel
Elbrecht	Parodontoseschiene
Fischer	Spritze zur Injektion
Fletcher	Zemente; „Flet(s)chern": jeden Bissen gründlich durchkauen
Gates	Bohrer zur Erweiterung des Wurzelkanaleinganges
Gysi	Artikulator, Gesichtsbogen, Paste zur Wurzelfüllung
Haderup	Zahnbezeichnungssystem
Haller	Klammer zum Abdrängen des Zahnfleisches
Hedström	Feile zur Wurzelkanalerweiterung
Heidemann	Doppelendiger Spatel
Heister	Mundsperrer
How	KFO-Biegezange
Ivory	Matrizenspanner, Separator

Kennedy	Einteilung des Lückengebisses in 4 Klassen
Kerr	-masse, ein Abformmaterial; -nadel zur Erweiterung der Wurzelkanäle
Langenbeck	Nadelhalter; Wundhaken
Lecluse	Hebel
LeMaster	Röntgeneinstelltechnik für obere Molaren
Lentulo	Pastenstopfer für Wurzelfüllungen
Lindemann	Fräse zum Knochenabtragen
Luer	Hohlmeißelzange, „Knochenknabberzange"
Luniatschek	Tamponstopfer
Mathieu	Nadelhalter
Middeldorpf	Wundhaken
Miller	Kariestheorie: „Zahnkaries ist ein chemisch-parasitärer Vorgang". -nadel: rund und kantig für Wurzelkanalbehandlung
Partsch	Hohl-, Flach-, Drehmeißel, Löffel. Zystenoperationen
Peeso	Banderweiterungszange, -erweiterer zur Wurzelkanalaufbereitung
Pont	-Index = Meßtabelle für die Zahnbogenbreite
Richmond	Ringstiftkrone
Röntgen	Entdecker der nach ihm benannten Strahlen
Roser-König	Mundsperrer
Schimmelbusch	Narkosemaske; -trommel für Sterilisation
Schreinemakers	Abdruckmethode
Schwarz	Dehnplatte (KFO)
Spee	-Kurve, Okklusionskurve
Stent	Abformmasse
Tofflemire	Ringmatrizenspanner
Trauner	Krallenhebel
Tryfus	Konturierzange
Walkhoff	Reibahle, -paste zum Wurzelfüllen
Walser	Selbstspannende Matrizen
Winter-Barry = sog. „Amerikaner"	Krallenhebel
Witzel	Splitterzange
Zsigmondy	Zahnbezeichnungssystem

Fragen zum Verständnis und zur Selbstkontrolle

Geschichte der Zahnheilkunde

1. Welche chirurgischen Maßnahmen wurden in der Steinzeit durchgeführt?
2. Wie stellte man sich in Babylonien den Ursprung der Zahnschmerzen vor?
3. Seit wieviel Jahren gibt es bereits Zahnersatz?
4. Wie hieß der berühmteste Arzt im klassischen Griechenland?
5. Nennen Sie mindestens drei medizinische Begriffe, die auf ihn zurückgehen!
6. Welche zahnärztlichen Instrumente aus römischer Zeit wurden gefunden?
7. Welches Volk entwickelte die römische Medizin im Hochmittelalter weiter?
8. In welcher Form wurde die Zahnmedizin am Beginn der Neuzeit hauptsächlich ausgeübt?

(Fortsetzung auf der nächsten Seite)

Fragen (Fortsetzung)

9. Welche zwei Zahnärzte bezeichnet man als Begründer der modernen Zahnheilkunde?
10. Welcher amerikanische Zahnarzt beschäftigte sich im letzten Jahrhundert intensiv mit der Karies und ihrer Behandlung?
11. Welche Bedeutung hatte die Entdeckung der Zahnärzte Morton und Wells für die gesamte Medizin?
12. Nennen Sie mindestens zwei Namen von Forschern, die sich um die Überwindung der Wundinfektion verdient gemacht haben!
13. Mit welchem Mittel wurden im letzten Jahrhundert örtliche Betäubungen durchgeführt?
14. Wer fand 1895 eine Methode, die die Untersuchung des menschlichen Körpers wesentlich verbesserte?
15. 1928 und 1932 wurden zwei Arzneimittel entdeckt, die der Menschheit halfen, gefährliche Infektionskrankheiten zu überwinden. Wie heißen diese Medikamente?
16. Nennen Sie mindestens drei Entwicklungen, die in den letzten 30 Jahren die Zahnheilkunde verbessert haben!

(Die Antworten stehen unten.)

Antworten zu den Fragen „Geschichte der Zahnheilkunde“

1. Schädeltrepanationen (mit scharfen Steinmeißeln)
2. Durch den Zahnwurm würden die Schmerzen verursacht.
3. Seit etwa 3000 Jahren
4. Hippokrates
5. Diagnose, Therapie, Prognose, Epikrise, Anamnese
6. Zangen, scharfe Löffel, Scheren, Bohrer, Schleifsteine usw.
7. Die arabische (islamische) Kultur
8. Durch Zahnbrecher (Zahnreißer) und die „Drecksapotheke“
9. Fauchard und Pfaff
10. Black
11. Die Entdeckung der Schmerzausschaltung ermöglichte die Entwicklung der modernen Chirurgie.
12. Semmelweis, Lister, Pasteur, Koch
13. Kokain
14. Röntgen
15. Penicillin und Sulfonamide
16. Turbine, Ergonomie, Metallkeramik, Composite

Zweites Kapitel

Die Zahnarzthelferin

Dr. med. dent. Helmut Simon, Kaufbeuren/Zahnarzt Eberhard Höfling, Kirchen

1. Das Aussehen der Helferin

Der erste Eindruck, den der Patient von der Helferin erhält, ist ihr Aussehen. Da er immer nur verhältnismäßig kurze Zeit mit ihr in Kontakt tritt, wird sich sein Urteil deshalb wesentlich nach ihrem Erscheinungsbild richten. Diese Einschätzung beeinflußt in starkem Maße sein Verhalten, da er kaum in der Lage ist, die fachliche und persönliche Eignung der Helferin zu beurteilen.
Aber auch Wertschätzung und Beurteilung durch die übrigen Praxisangehörigen werden unbewußt durch das Aussehen geprägt. Deshalb sollte die Helferin vom ersten Tag an bemüht sein, stets das beste aus ihrem „Typ" zu machen. Ganz gleich, ob sie mehr in Richtung „sportlich", „elegant" oder „natürlich" tendiert, muß sie immer darauf bedacht sein, so vorteilhaft wie möglich zu wirken (Abb. 8). Über diesen Grundsatz hinaus (der nicht nur für die Zahnarzthelferin gilt) muß sie auch noch einige berufsspezifische Regeln beachten:

1. Die Körperpflege hat sich an den allgemein gültigen Richtlinien zu orientieren. Dazu gehört eine tägliche, gründliche Reinigung des ganzen Körpers. Nur so ist gewährleistet, daß trotz engen Kontakts mit Zahnarzt und Patient für diese keine Geruchsbelästigung auftritt. Die modernen Körperpflegemittel erlauben eine schonende, aber sichere Reinigung der Haut und des Intimbereiches. Bei aller Sauberkeit darf aber der natürliche Säureschutzmantel der Haut nicht durch Übertreibung oder zu aggressive[1] Mittel geschädigt werden.
Selbstverständlich muß die Helferin auch eine vorbildliche Mundhygiene betreiben, das ist sie dem Ansehen des Berufes gegenüber den Patienten schuldig. Wenn sie Make-up verwenden will, sollte sie ein nicht verwischbares Produkt auswählen und es sehr dezent auftragen. Farbliche „Kunstwerke" oder „Große Kriegsbemalung" sind auf jeden Fall der dienstfreien Zeit vorbehalten.

1 aggressiv (lat.): angreifend, heftig

Abb. 8 Die Berufsksleidung der Helferin sollte auf den persönlichen „Typ" und den Stil der Praxis abgestimmt sein

Die Haare müssen stets sauber und nicht fettig sein. Die Länge darf bei der Arbeit nicht stören. Gegen Unfallgefahr durch drehende Motoren und Belästigung des Patienten ist die Frisur ausreichend zu sichern. Auf welche Weise dies geschieht, ist unerheblich, nur muß diese „Festigung" stabil genug für einen Halbtag sein, gegebenenfalls ist langes Haar nach hinten zu binden.

2. Die Kleidung sollte sich dem Stil der Praxis anpassen, wobei heute sowohl der Hosenanzug als auch der traditionelle Berufsmantel, die Schürze wie der Kasack ihre Zweckmäßigkeit als Schutz gegen Verunreinigungen (Entwickler, Abdruckmassen, Injektionslösungen usw.) bewiesen haben. Wichtig ist dabei allerdings die passende Kleidergröße. Selbstverständlich muß die Berufskleidung stets tadellos sauber sein – nicht nur in optischer Hinsicht. Regelmäßiges Wechseln und eine gründliche Reinigung oder Wäsche sind daher oberstes Gebot.
Was die Helferin unter der „schützenden Hülle" trägt, wird heute ziemlich großzügig toleriert, muß aber hygienisch, praktisch und ordentlich sein, damit es den täglichen Belastungen in der Praxis gewachsen ist und es nicht zu einer eingeschränkten Beweglichkeit, zu Hitzestau und Beengungen kommt. Die private Kleidung darf unter der Schutzkleidung nicht hervorschauen, wie Blusenärmel, langärmeliger Pullover.

3. Wird Schmuck während der Praxistätigkeit getragen, so sollte dieser dezent und einfach sein. Für die Helferin, die am Stuhl assistiert, gelten darüber hinaus noch besondere Regeln: Mit Ausnahme von Halsketten müssen alle Schmuckstücke abgelegt werden. Dies ist nicht nur wegen der Verfärbungsgefahr durch aggressive Substanzen (Quecksilber, Medikamente) wichtig, sondern auch aus hygienischen Gründen, da eine gründliche Reinigung der Hände nur ohne Ringe, Armreifen und Uhren möglich ist. Sie beeinträchtigen zudem die Sicherheit bei der Behandlung.

4. Noch ein Wort zu den Schuhen. Es empfiehlt sich das Tragen von bequemen, leisen, sicheren und unempfindlichen Modellen. Bewährt hat sich der Kauf von einem entsprechenden Paar, das als „Berufsschuhe" ganz in der Praxis verbleibt und von Wetter und Mode unabhängig ist. Inwieweit eine bestimmte Art von „Praxisschuhen" vorgeschrieben wird, bleibt dem Stil der Praxis überlassen. In jedem Fall sollte aber an die stundenlange Belastung der Füße bei der täglichen Arbeit gedacht werden, die trotzdem zu keinen Schäden an den Beinen führen darf.
Nach der Unfallverhütungsvorschrift der Berufsgenossenschaft muß bei Sandalen ein Riemen hinten die Ferse umfassen, um Unfälle durch Herausrutschen zu vermeiden.
Die Schutzkleidung ist getrennt von der privaten Kleidung aufzubewahren. Am einfachsten geschieht dies durch zwei getrennte Haken.

5. Das wichtigste Werkzeug der Helferin sind ihre Hände. Auf gründliche Reinigung vor, während und nach der Praxistätigkeit ist ebenso zu achten wie auf pflegendes Cremen. Auch die Fingernägel müssen stets tadellos sauber und nicht zu lang sein. Zu lange „Krallen" können bei Patient oder Zahnarzt Verletzungen verursachen oder bei der Arbeit stören. Nichts wirkt ungepflegter als unterschiedlich lange Fingernägel.
Problematisch ist auch das Lackieren, da zu grelle Farben abschreckend wirken und auch chemische Reaktionen des Nagellack-Farbstoffes mit Materialien in der Praxis nicht auszuschließen sind. Sollte aus bestimmten Gründen das Auftragen nötig sein, darf nur eine unauffällige Farbe oder transparenter[2] Schutz verwendet werden.

2 transparent (lat.): durchscheinend

Fragen zum Verständnis und zur Selbstkontrolle

Das Aussehen der Helferin

1. Versuchen Sie, jeweils ein Eigenschaftswort zu finden, das den einzelnen Gesichtspunkten beim Aussehen der Helferin zugeordnet werden könnte!
   a) Make-up:
   b) Haare:
   c) Hände:
   d) Fingernägel:
   e) Schmuck:
2. Warum darf eine assistierende Helferin keine Ringe, Uhren oder Armreifen tragen?
3. Warum muß eine Helferin ihre Frisur stets ausreichend sichern und darf nicht mit „wehenden Haaren" durch die Praxis laufen?
4. Zu welchen Beeinträchtigungen kann in der Praxis das Tragen von ungeeigneter Kleidung unter dem Kittel führen?
5. Was muß die Helferin bei der Pflege ihrer Hände neben der gründlichen Reinigung noch beachten?
6. Welche Haupteigenschaften sollen Praxisschuhe besitzen?
7. Warum soll die Helferin in der Praxis ihre Fingernägel – wenn überhaupt – nur mit transparentem Lack versehen?
8. Welche Substanzen können in der Praxis hauptsächlich die Berufskleidung verunreinigen?

(Die Antworten stehen auf Seite 74.)

2. Das Verhalten der Helferin

Es lassen sich nur schwer allgemein gültige Regeln für das Verhalten der Helferin im Umgang mit Patienten und den anderen Mitarbeitern aufstellen. Was in der einen Praxis erwünscht ist, kann in einer anderen verpönt oder unüblich sein. Dabei spielen verschiedene Faktoren eine Rolle:

- Größe der Praxis (Patientenzahl, Räumlichkeiten)
- Umfang des Personals (nur 1 Zahnarzt oder mehrere, Alleinhelferin, großes Team usw.)
- Lage der Praxis (Großstadt, Kleinstadt, ländliches Gebiet)
- Patientenstamm (soziologische Zusammensetzung)
- Alter der Praxis (Neugründung, Übernahme, traditioneller Familienbetrieb)
- Persönlichkeit des Chefs (Alter, Temperament, Führungsstil, Ansichten über den Beruf usw.).

Die Vielzahl dieser Einflüsse und ihre Bedeutung auf die Zusammenarbeit aller Praxismitglieder lassen sich kaum erfassen. Bestimmte Voraussetzungen für das persönliche Verhalten sind aber auf jeden Fall nötig. Die fachliche Eignung und Ausbildung sind nur die Grundlage für den Beruf der Zahnarzthelferin. Um auf Dauer erfolgreich ihre Tätigkeit ausüben zu können und als Mitglied im Praxisteam[1] anerkannt zu werden, muß die Helferin folgende Eigenschaften haben:

- kooperativ (fähig zur Zusammenarbeit)
- kreativ (einsatzfreudig und mitdenkend, phantasievoll und schöpferisch)
- flexibel (anpassungsfähig)
- kontaktfreudig
- psychisch[2] gefestigt.

Die Fähigkeit zur Zusammenarbeit

Kooperatives Verhalten zeigt sich sowohl bei der Einordnung in das vorhandene Helferinnenteam als auch bei der Unterstützung des Zahnarztes und seiner Mitarbeiter (Assistenten, ZMF oder ZMV, Zahntechniker). Das erfordert die Bereitschaft, Anordnungen von diesen entgegenzunehmen und sie auftragsgemäß auszuführen. Das mag nicht immer leicht sein, besonders wenn der Auftrag nicht gleich sinnvoll erscheint oder eigenen Ansichten und Plänen zuwiderläuft; aber nur auf dieser Basis funktioniert die Zusammenarbeit. Erklärungen, Widersprüche und Diskussionen sind im normalen Praxisablauf nicht möglich. Damit soll keinem blinden Gehorsam das Wort geredet werden, aber vor dem Patienten sind Auseinandersetzungen über bestimmte Anordnungen dem Vertrauensverhältnis abträglich. Deshalb: Kritik merken (Aufschreiben!) und bei der nächsten sich bietenden Gelegenheit (Pause, Mitarbeiterbesprechung, Feierarbend usw.) vorbringen. Durch solche Fragen und Anregungen lassen sich Probleme am leichtesten lösen. Wenn es auch nicht immer gelingt, jede Unstimmigkeit zur Zufriedenheit aller zu beseitigen, so haben sich aus solchen Gesprächen oft schon Meinungsänderungen oder Kurskorrekturen ergeben.

Einsatzfreudigkeit und Mitdenken

Eine Helferin stellt ihre Kreativität und ihr Engagement am besten unter Beweis, wenn sie sich in einem hohen Grade mit der Praxis identifiziert und die übertragenen Aufgaben mit persönlichem Einsatz erfüllt. Dazu gehört, daß sie Verbesserungen, die im täglichen Arbeitsablauf möglich wären, nicht für sich behält, sondern dem Zahnarzt oder der Kollegin vorschlägt.

Grundsätzlich ist Mitdenken bei allen Arbeiten selbstverständlich, denn ein „geistiges Abschalten" mag am Fließband möglich sein; bei der Assistenz oder im Umgang mit dem Patienten ist dies undenkbar. Sowohl bei der Behandlung als auch im Gespräch muß die Helferin nicht nur auf die Aufgabe konzentriert sein, sondern sogar schon vorher ahnen, was geschehen wird. Dieses „Vorausdenken" ist oberstes Ziel der Helferin, damit bei der anstrengenden körperlichen und geistigen Tätigkeit des Zahnarztes nicht erst lange Erklärungen notwendig sind.

Anpassungsfähigkeit

Bei ihrer Arbeit steht die Helferin immer wieder vor neuen Situationen. Jeder Patient ist in seinem Wesen und Auftreten anders, und doch muß die Helferin mit jedem zurechtkommen. Dasselbe gilt für den Umgang mit den Mitarbeitern. Ständig hat sie sich auf das aktuelle Tempo der Praxisarbeit (von geruhsam bis hektisch) und die Stimmungslage der Kollegen einzustellen. Wenn es die Situation verlangt, muß sie auch bereit sein, einmal mit einem anderen als dem gewohnten Zahnarzt zusammenzuarbeiten oder die Arbeit einer Kollegin mit zu übernehmen. Voraussetzung dafür ist eine geistige Beweglichkeit, die die Helferin befähigt, die jeweilige Lage sofort zu überblicken. Diese Fähigkeit muß durch Einfühlsamkeit und Übung ständig verbessert werden. Hierzu gehört auch die Bereitschaft zur Weiterbildung. Sie zeigt sich vor allem an der Beteiligung am Fachgespräch in der Praxis, an der Lektüre von Rundschreiben, Fachbüchern und -zeitschriften, dem Besuch von Kursen und Kongressen.

1 Team (engl.): Mannschaft (eingespielte Gruppe)
2 psychisch (gr.): seelisch

Kontaktfreudigkeit

Eine Helferin muß in der Lage sein, mit sehr verschiedenartigen Menschen in Kontakt treten zu können. Vornehme Zurückhaltung ist bis zu einem gewissen Grad zwar nötig, darf aber nicht mit Verschlossenheit und eisiger Miene verwechselt werden. Der Patient möchte schließlich in seinen „gemischten Gefühlen" von der Helferin nicht bestärkt werden, sondern wünscht sich ein freundliches Verhalten, das es ihm leichtmacht, Vertrauen zu fassen und Probleme auszusprechen. Auch wenn man nicht jeden Tag gleichermaßen dazu aufgelegt ist und sich vielleicht nicht gut fühlt, muß trotzdem versucht werden, die Patienten nicht unter diesen Schwierigkeiten leiden zu lassen. Auch das Gegenteil – das „zuckersüße" Verhalten – ist fehl am Platze, denn es wirkt meist nur peinlich. Richtschnur ist immer noch der Grundsatz: Wie man selbst bei einem anderen Arzt von der Helferin behandelt werden möchte, so sollte man es selbst halten.

Seelische Eignung

Obwohl der psychische Zustand sehr individuell ist und bei ein und derselben Person stark schwanken kann, ist es doch möglich, durch „Arbeit an sich selbst" einiges dazu zu tun, um in der Praxis eine gewisse Ausgeglichenheit zu erreichen. Dazu ist oft viel „psychische Energie" nötig, das „Sich-Aufraffen", um dem Patienten gegenüber ein sicheres Auftreten zu zeigen. Das ist um so wichtiger, weil viele Menschen bereits verunsichert durch einseitige Berichte in den Medien[1] zu uns kommen. Deshalb empfiehlt sich immer, ein ehrliches, möglichst geschicktes Verhalten an den Tag zu legen, sei es bei Verhandlungen über Termine, Unterweisungen in den Zahnputztechniken, Erklärung von Heil- und Kostenplänen oder bei Fragen des Patienten über die Behandlung (Amalgamproblematik, Strahlenangst) usw. Das gilt besonders bei der Durchführung von übertragenen Aufgaben. Hier muß die Helferin eine klare Führung zeigen und darf sich nicht verunsichern lassen, da sie sonst „verspielt" hat und in ihrer Stellung dem Patienten gegenüber stark abgewertet würde.

Das Selbstwertgefühl der Helferin muß intakt sein, soll sie nicht die Freude am Beruf verlieren. Sie muß fähig sein, nicht nur Erfolgserlebnisse als Bestätigung für richtiges Verhalten zu akzeptieren, sondern auch Fehler und Niederlagen als Teil ihrer Arbeit für den Mitmenschen anzusehen.

Verhalten gegenüber Patienten

Wie bereits erwähnt, erfordert der Einsatz einer Helferin auch persönlich einiges Geschick, besonders bei Situationen, in denen sie allein dem Patienten gegenübersteht. Am besten ist es, wenn sie sich in ihrem Auftreten den einzelnen „Typen" gegenüber bestimmte Verhaltensmaßregeln angewöhnt und sich grundsätzlich:

freundlich, aber bestimmt

gibt. Zusätzlich sollte sie sich aber für eine partnerschaftliche Zusammenarbeit entscheiden, d. h., der Patient muß die Überzeugung gewinnen, daß sich die Helferin mit ihm gemeinsam bemüht, etwas zu erreichen, z. B. einen günstigen Termin. Falsch ist es, entweder nur „autoritär" (also: „von oben herab") zu handeln oder gar nach der Methode „Laissez-faire" (Gewährenlassen) dem Patienten das Gefühl zu geben, er könne die Verfahrensweise und die Art des Umgangs bestimmen. So sollten je nach Eigenschaft:

- ängstliche Patienten abgelenkt und aufgemuntert,
- eilige, falls notwendig, umbestellt,
- arrogante korrekt und höflich, aber nicht unterwürfig, angesprochen,
- nachlässige bestimmt und konsequent gemahnt,

1 Medien (lat.): „Mittel", man versteht darunter: Zeitungen, Zeitschriften, Plakate usw. (sog. „gedruckte" oder „Print-Medien"), aber auch Kino, Rundfunk, Fernsehen, Video (sog. „audiovisuelle Medien") und Videotext, Bildschirmtext, Kabeldienste (sog. „neue" oder „elektronische" Medien)

– zudringliche reserviert und distanziert behandelt werden.

Eine gewisse Vorsicht ist vor allem bei Bekannten des Chefs geboten, da jede unbedachte Äußerung sofort weitergegeben werden kann und dadurch oft unangenehme Komplikationen[1] entstehen.

Das Verhalten gegenüber den Mitarbeitern

Auch im Umgang mit den Vorgesetzten und Kolleginnen ist anfangs eine gewisse Vorsicht angebracht. Meist weichen Unsicherheit und Spannung bald einer Vertrautheit. Die Praxis soll zwar nicht zur einträchtigen Familie oder gar Kommune werden; die räumliche Enge und das „Aufeinander-angewiesen-Sein" ergeben jedoch zwangsläufig im persönlichen Bereich ein „Näherkommen". Deshalb ist eine Beschränkung des Umgangs auf das rein Fachliche nicht möglich, auch menschliche Anteilnahme bei Sorgen und Freuden der Mitarbeiter ist notwendig. Deren besondere Eigenarten – Vorteile wie Nachteile – müssen dabei bewußt geduldet werden; schließlich müssen die „anderen" ja auch die eigenen Fehler ertragen!

1 Komplikation (lat.): Schwierigkeit, Verwicklung
2 Qualifikation (lat.): Eignung, Befähigung

Fragen zum Verständnis und zur Selbstkontrolle

Das Verhalten der Helferin

9. Neben der fachlichen Qualifikation[2] muß die Helferin noch weitere Eigenschaften mitbringen, die für eine gute Teamarbeit Voraussetzung sind! Nennen Sie einige!
10. Bei der Arbeit in der Praxis treten oft Situationen auf, die zur Kritik herausfordern. Wie verhalten Sie sich?
11. Mitdenken ist heute in jedem Beruf erforderlich. Die Helferin sollte sich bemühen, bei ihrer Arbeit darüber hinauszugehen. Wie würden Sie dieses Verhalten beschreiben?
12. Wodurch kann eine Helferin in der Praxis am besten ihre geistige Beweglichkeit zeigen?
13. Wie würden Sie sich das Verhalten einer Helferin wünschen, zu der Sie in die Praxis als Patientin kommen (beim Frauenarzt, beim Internisten usw.)?
14. Wie verhalten Sie sich am besten den einzelnen Patiententypen gegenüber? Versuchen Sie, ein Eigenschaftswort anzugeben!
    a) ängstlichen
    b) eiligen
    c) arroganten
    d) nachlässigen
    e) zudringlichen
    f) Bekannten des Chefs
15. Mit Ihren Mitarbeitern sind Sie fast den ganzen Arbeitstag zusammen. Welche Eigenschaften erleichtern nach Ihrer Meinung dieses „Aufeinander-angewiesen-Sein"?

(Die Antworten stehen auf Seite 74.)

3. Die Aufgaben der Helferin

Wie schon aus den beiden vorangegangenen Abschnitten zu ersehen, ist der Beruf der Zahnarzthelferin sehr vielseitig. Zusammengefaßt kann man ihre Aufgabenbereiche in vier Abschnitte einteilen:

1. Die Assistenz bei der Behandlung.
2. Die Betreuung der Patienten.
3. Die Aufzeichnung und Abrechnung der zahnärztlichen Leistungen.
4. Die Durchführung von delegierbaren, ihr übertragenen Tätigkeiten.

Die Assistenz

Die Unterstützung des Zahnarztes bei der Behandlung ist eine der ersten Aufgaben während der Ausbildung und eine der wichtigsten überhaupt (Abb. 9). Diesen **A**ssistenz-Dienst (= A-Dienst) teilt man ein in:

A1-Dienst = unmittelbare Arbeit am Patienten zusammen mit dem Zahnarzt als „Ersthelferin".
A2-Dienst = Unterstützung der Ersthelferin durch die „Zweithelferin" (sog. „sechshändige" Behandlung).

Abb. 9 Assistenz – eine der wichtigsten Aufgaben der Helferin

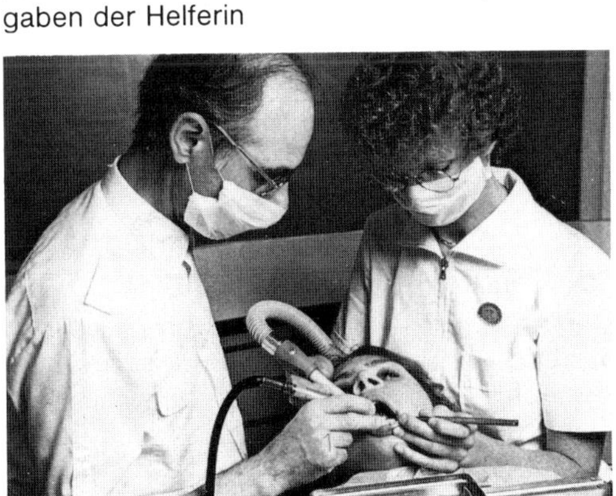

Der A1-Dienst
Die Tätigkeit der Ersthelferin

Je nach Organisation der Praxis ist die Tätigkeit der Ersthelferin (unterschiedlich) umfangreich. Grundsätzlich muß bei der „Arbeit am Stuhl" (Chair-side Assistance") jedoch folgendes beachtet werden:

Die Helferin
- denkt bei der Behandlung mit und voraus.
- stellt die ausreichende Beleuchtung des Behandlungsgebietes sicher.
- hält die Zunge oder Wange zuverlässig.
- saugt mit der richtigen Handhaltung ab.
- hält bei der Assistenz das Behandlungsgebiet trocken.
- sorgt beim Schleifen für ausreichende Kühlung.
- darf dabei nie die Sicht des Zahnarztes behindern.
- reicht die Instrumente dem Zahnarzt richtig zu.
- achtet auf größtmögliche Keimfreiheit.
- darf dabei nie die behandelnde Hand des Zahnarztes stören.

Daneben gibt es für die assistierende Helferin noch eine Fülle von möglichen Tätigkeiten, die in ihrer Vielfalt nicht alle aufgezählt werden können. Erwähnt sei nur das Blutstillen durch Tupfen und Absaugen bei chirurgischen Eingriffen, das Fixieren von einzementiertem Zahnersatz, das Festhalten des Kopfes bei unruhigen Patienten. Der Zahnarzt wird seiner Assistenz immer die Tätigkeiten anvertrauen, die – nach seinem Wissen – durch die Helferin sicher und richtig ausgeführt werden. Im kleinen Arbeitsgebiet der Mundhöhle ist dafür Geschicklichkeit und „Fingerfertigkeit" Voraussetzung. Dazu gehören auch

- *die Anpassungsfähigkeit an den Behandlungsstil des Zahnarztes und*
- *der Wille zur Zusammenarbeit mit ihm.*

Nur so wird das stundenlange, intensive Arbeiten in engem Kontakt mit zwei Menschen nicht zur Last, sondern zur echten Aufgabe im Dienste am Patienten.
Dabei ist zur Entlastung der assistierenden Helferin besonders auf die richtige Arbeitshaltung (Abb. 10) zu achten (die übrigens genauso für den sitzenden Behandler zutrifft):

1. Füße plan auf dem Boden
2. Oberschenkel möglichst waagrecht zum Boden (90–115 Grad je nach Körpergröße)
3. Rumpf gerade – Kopf leicht geneigt (nicht verdreht sitzen!)
4. Ellenbogen am Körper
5. Unterarme leicht ansteigend.

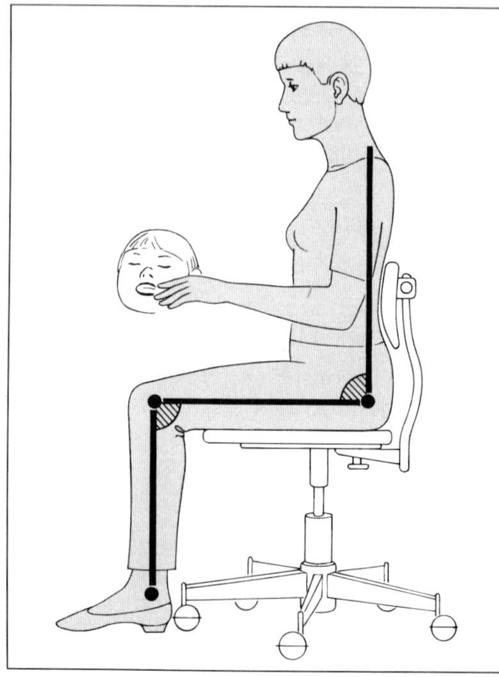

Abbildung 10

> Hauptregeln für die Ersthelferin:
>
> **Eine gute Teamarbeit zeichnet sich immer durch möglichst wenig Worte aus!**
>
> **Die Helferin wartet nicht auf Befehle!**
>
> **Der Auftrag bei der Assistenz lautet: Vier Hände – ein Ziel!**

Der A2-Dienst

Die Tätigkeit der Zweithelferin

Führt die Ersthelferin ihre Tätigkeit mit nur wenig Bewegung direkt am Patienten aus, so ist die Zweithelferin im Behandlungszimmer fast dauernd „unterwegs". Sie erleichtert die Arbeit des Zahnarztes und der assistierenden Kollegin durch Zureichen von Instrumenten, angerührtem Abdruckmaterial oder Zement. Sie hilft bei der Vorbereitung des Behandlungsplatzes und seiner Reinigung nach dem Eingriff. Falls während der Behandlung zusätzliche Materialien (weitere Anästhesie, Tupfer usw.) gebraucht werden, bringt sie diese herbei. Als Ergänzung der vorhandenen Unterlagen holt sie Modelle, Röntgenaufnahmen usw. Nicht mehr benötigte Instrumente räumt sie ab und reinigt sie. Zum Schluß trägt sie Aufzeichnungen der erbrachten Leistungen ein, sofern diese nicht auf Band diktiert werden.

> Hauptregeln für die Zweithelferin:
>
> **Immer die Behandlung beobachten!**
>
> **Erst denken, dann fragen!**

Die Zusammenarbeit im Behandlungszimmer

Der Assistenz-Dienst läßt sich nur bei genügend Personal – wie eben geschildert – trennen. Übernimmt eine Helferin allein diese Aufgabe, muß möglichst viel durch vorheriges Bereitstellen von Instrumenten und Materialien vorbereitet werden

(= Präinstrumentation durch ein Traysystem[1]). Es ist auch möglich, daß eine Auszubildende eine der beiden Tätigkeiten ausübt. Dann ist die erfahrene Kollegin für den gesamten Assistenzdienst verantwortlich und muß für beide mitdenken. Wenn es die Umstände erfordern, wird auch die Kollegin vom Büro oder die ZMF einspringen.
Entscheidend für die erfolgreiche Zusammenarbeit bei der Assistenz ist immer
- Beweglichkeit (Flexibilität),
- Einordnungsfähigkeit und
- Einsatzfreude.

Nur so läßt sich an der wichtigsten Stelle der Praxis der „Teamgeist" erhalten und fördern!

> Werden ungeplante Änderungen der Tätigkeitsbereiche (überraschend) notwendig, gelten folgende Regeln:
>
> **Absprache ist besser als eigenmächtiges Handeln!**
>
> Geht doch etwas schief (aus mangelnder Erfahrung oder aus Unkenntnis):
>
> **Fehler nicht vor dem Patienten ausbreiten!**

Die Betreuung der Patienten

Die Betreuung der Patienten durch die Helferin erstreckt sich fast auf die ganze Zeit, die dieser in der Praxis zubringt; lediglich die unmittelbare Behandlung durch den Zahnarzt ist davon ausgenommen. Dieses Aufgabengebiet wird in drei Abschnitte eingeteilt:

1. Der Empfang.
2. Die Vorbereitung zur Behandlung.
3. Die Entlassung.

Bestimmte Patientengruppen verlangen von der Helferin eine besonders intensive Betreuung:
- Kinder
- Behinderte
- Ältere
- Ausländer.

Der Empfang

Beim Betreten der Praxis nimmt der Patient meistens zuerst Kontakt mit der Helferin auf. Ob dies an der Theke der Rezeption[2] oder am Schreibtisch des Büros geschieht, ist unerheblich. Entscheidend ist das richtige Verhalten der Helferin, da die Beurteilung der ganzen Praxis stark von diesem ersten Eindruck beeinflußt wird. Deshalb muß sich die Helferin sofort nach der Begrüßung folgende Fragen stellen:

1. Ist der Patient bestellt?

Wenn ja: Sind für ihn alle Unterlagen (Krankenblatt, Modelle, Röntgenaufnahmen usw.) vorbereitet?
Wenn nein: Kann er mit einem Termin wieder weggeschickt werden?
Muß er wegen der Schwere des Falles gleich behandelt werden?
Wie lange muß er dann warten?

2. Ist der Patient pünktlich?

Kommt er zu spät oder zu früh?
Wird er pünktlich drankommen können oder muß er über eine Verzögerung informiert oder gar umbestellt werden?

3. Ist der Patient neu?

Muß erst das Anmeldeformular ausgefüllt werden?
Sind alle notwendigen Angaben über ihn vorhanden (z. B. Anschrift, Telefon, Arbeitgeber, Kostenträger, Besonderheiten, Risikofaktoren usw.)?

4. Ist der Krankenschein vorhanden?

Das Beantworten all dieser Fragen in kurzer Zeit ist nicht immer einfach und verlangt sehr viel Geschick, Routine und Einfühlungsvermögen, aber auch Standfestigkeit den Patienten gegenüber. Dabei ist es von Vorteil, wenn die Helferin ein

1 Tray (engl.): Tablett, Schale
2 Rezeption (lat.): Annahme, Empfang

Telefonprotokollbuch

Datum	Uhrzeit	Gesprächspartner	Nummer	Gesprächsinhalt	Zeichen

Abbildung 11

gutes Personengedächtnis besitzt. Jeder Patient wird es schätzen, wenn er gleich freundlich mit seinem Namen begrüßt wird. Die Helferin kann ihn dann außerdem auch leichter einschätzen, denn nicht jeder „schwere Schmerzfall" ist in Wirklichkeit einer.
Die Helferin muß dem Patienten in jedem Fall das Gefühl geben, daß sie sich so intensiv wie möglich um sein Anliegen bemüht, selbst dann, wenn sie ihn einmal wieder wegschicken muß.

Am Telefon

Im Prinzip gilt die eben genannte Regel auch im Umgang mit dem Patienten am Telefon. Zusätzlich muß die Helferin noch einige spezielle Gebote beachten:

1. Nach Meldung und Begrüßung unbedingt den Namen des Anrufers erfragen! Notfalls buchstabieren lassen und aufschreiben! (*Ein guter Tip:* Neben das Telefon eine kleine Buchstabiertafel kleben.)

2. Kein Dialekt, sondern Hochdeutsch am Telefon! So reizvoll Mundart auch sein mag, sie kann die Verständigung behindern (nicht nur zwischen Preußen und Bayern!).

3. Immer höflich und freundlich, aber bestimmt bleiben! Die Helferin darf sich die Gesprächsführung nicht „aus der Hand nehmen" lassen!

4. Aufzeichnung über geführte Gespräche anfertigen, ganz gleich, ob als kurze Notiz oder im Telefonprotokollbuch (Abb. 11).

5. Erhaltene Informationen möglichst sofort an Betroffene weitergeben, damit nichts „hängenbleibt" (z. B. Schwierigkeiten im Labor, Terminänderungen usw.)!

6. Vor Beginn eines Anrufes (z. B. bei Bestellungen im Depot) alle Punkte zusammenstellen, damit während des Telefonats keine Zeit mit Nachfragen oder Nachforschen verlorengeht oder gar ein erneuter Anruf notwendig wird.

7. Keine Auskünfte (schon gar nicht an Fremde) am Telefon über Preise, Diagnosen usw. erteilen, da sie der Schweigepflicht unterliegen!

8. Der Chef hat grundsätzlich keine Zeit und kann immer erst nach Rückfrage geholt werden! In jedem Fall nachfragen, worum es sich handelt, denn das meiste kann die Helferin selbst erledigen, wenn es nicht ausgesprochen zahnärztliche (oder private) Probleme sind!

9. „Fasse-Dich-Kurz" gilt nicht erst seit Einführung des Acht-Minuten-Taktes! Die Leitung darf nicht für dringende Fälle blockiert sein!

10. Das Mithören, das bei manchen Nebenstellen-Anlagen möglich ist, darf nur auf besondere Aufforderungen hin erfolgen; sonst ist es grundsätzlich nicht gestattet!

Die Vorbereitung im Behandlungszimmer

Eine der wichtigsten Aufgaben der früheren „Sprechstundenhilfe" war das Abho-

len des Patienten aus dem Wartezimmer zum Sprechzimmer. Auch wenn die heutige Situation in der Praxis durch Gegensprech- und Lichtsignalanlagen diese Arbeit überflüssig machen sollte, wird der Patient ein Betreuen durch die Helferin auf seinem „schweren Gang" als wohltuend empfinden. Es muß nicht unbedingt die persönliche Aufforderung im Wartezimmer sein, aber spätestens im Behandlungszimmer soll die Helferin versuchen, mögliche Ängste und Unsicherheiten abzubauen.
Meist ist der Zahnarzt beim Eintreffen des Patienten nicht selbst anwesend, sei es, daß er noch im anderen Behandlungsraum arbeitet oder anderweitig beschäftigt ist. In diesen Minuten ist es die Aufgabe der Helferin, den Patienten so vorzubereiten, daß anschließend sofort mit der Behandlung begonnen werden kann (Abb. 12a). Als erstes sorgt sie für die richtige Lagerung, die sich aus dem vorgesehenen Eingriff ergibt. Deshalb informiert sich die Helferin vorher genau über die Art der geplanten Behandlung, sei es im Bestellbuch, in einer speziellen Liste bzw. Tafel oder im Krankenblatt.

Die Helferin
- stellt das frische Mundglas bereit,
- legt den Patientenumhang an,
- richtet das Licht auf die Mundhöhle ein,
- überprüft und korrigiert die Kopflagerung,
- legt das Untersuchungsbesteck (Spiegel, Sonde und Pinzette) zurecht,
- bereitet – wenn möglich – besondere Unterlagen oder spezielle Instrumentierung (z. B. mit Trays) für die Behandlung vor.

Während dieser Arbeit sollte sich die Helferin mit dem Patienten unterhalten, um von den bedrohlich klingenden Geräuschen der Instrumente abzulenken und die Spannung und Ängste des Patienten zu lindern. Es empfiehlt sich, dabei möglichst neutrale Themen – Wetter, Mode, Fernsehprogramm – anzuschneiden. Auf

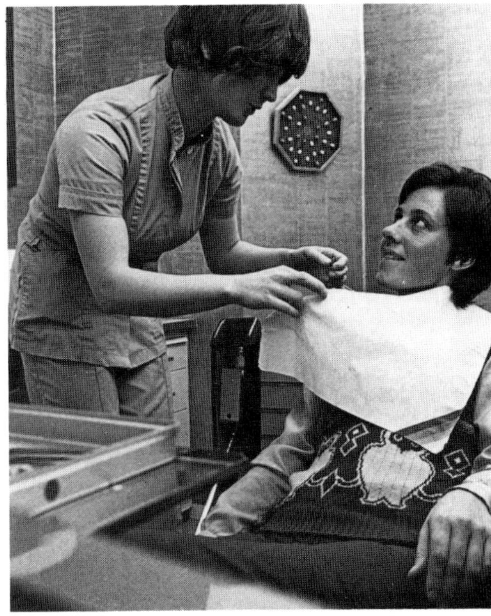

Abb. 12a Die Betreuung des Patienten ist eine schwierige, aber dankbare Aufgabe

keinen Fall darf der vorgesehene Eingriff Inhalt des Gespräches sein und dabei verharmlost oder gar dramatisiert werden! Die Unterhaltung darf nicht in ein sinnloses Geschnatter ausarten, aber die Mehrzahl der Patienten wird es begrüßen, wenn die Wartezeit auf diese Weise überbrückt wird. Ein vorsichtiges Eingehen auf die Gesprächswünsche des Patienten ist nicht falsch, man muß aber die Grenzen der Schweigepflicht beachten und sich vor dem „Ausfragen" hüten.
Dies gilt auch bei Pausen, die während der Behandlung entstehen, wenn der Zahnarzt einmal weggerufen wird und die Helferin den Patienten in dieser Zeit allein betreuen muß.

Das Entlassen

Nach der eigentlichen Behandlung – wenn der Zahnarzt sich bereits verabschiedet hat – ist es Aufgabe der Helferin, den Patienten zu säubern, z. B. von Abdruckmasse-Resten oder Blut, den Umhang abzunehmen und dem Patienten wieder „auf die Beine" zu helfen. Dies kann manchmal im wahrsten Sinne des Wortes nötig sein,

denn besonders langwierige Behandlungen erschöpfen nicht nur ältere Menschen. Deshalb erkundigt sich die Helferin nach dem Befinden und sorgt eventuell dafür, daß der Patient sich ausreichend erholen kann, entweder auf dem Behandlungsstuhl selbst oder auf einer Liege.
Daneben sind von Fall zu Fall noch weitere Hilfeleistungen notwendig:

- Aufklärung über richtiges Verhalten nach Extraktionen[1], Füllungen, Eingliederung von Zahnersatz usw.
- Mitgabe von Medikamenten nach Anweisung des Zahnarztes (mit Erklärung der Gebrauchsanweisung).
- Ausstellen eines Rezeptes (nach Anordnung des Zahnarztes, dem es dann zur Unterschrift vorgelegt werden muß).
- Organisation der Heimfahrt des Patienten durch Angehörige oder Taxi.
- Kontrolle des Patienten beim Verlassen des Sprechzimmers (Prothese, Brille, Handtasche oder Schirm vergessen usw.).

Zum Schluß wird der Patient zur eventuellen Terminvergabe an den Empfang „weitergereicht", wobei die zeitlichen Angaben des Chefs an die Kollegin zu übermitteln sind.

Terminvergabe

Die Terminvergabe erfolgt üblicherweise am Empfang oder im Büro, häufig auch am Telefon. Von ihr hängt der ganze Tagesablauf der Praxis entscheidend ab und auch die Stimmung. Für diese oft sehr schwierige Aufgabe sind unbedingt folgende Regeln zu beachten:

1. Der Zahnarzt bestimmt aufgrund der Schwere des Falles den ungefähren Zeitraum bis zur Wiederbestellung.
Immer mehrere Termine zur Auswahl anbieten (kein Termindiktat)!

2. Am Telefon muß die Helferin vom Patienten möglichst genaue Angaben über seine Beschwerden erbitten, um die Dringlichkeit abzuwägen. Nur danach richtet sich die Zeitspanne, die der Patient noch warten muß.

3. Der Patient muß den vorgeschlagenen Termin wahrnehmen können. Hat er z. B. keine Fahrgelegenheit oder zur gleichen Zeit eine andere Verabredung, ist nach einer neuen Bestellmöglichkeit zu suchen.

4. Auch auf die Kapazität[2] und Terminlage des Labors ist Rücksicht zu nehmen, da sonst die vereinbarten Termine immer wieder verschoben werden müssen.

5. Die persönlichen Verhältnisse des Patienten sind so weit wie möglich zu berücksichtigen. So engt ein kleines Kind den zeitlichen Spielraum einer Mutter beträchtlich ein.

6. Die im Terminbuch bereits festgelegten Zeiten sind ebenfalls zu beachten. Manche vorgesehene Behandlung kann zwar bei Bedarf gekürzt werden (z. B. die Anzahl der Füllungen), aber bei bestimmten Maßnahmen ist das unmöglich (Beschleifen einer Brücke).

7. Es darf nicht auf Wochen hinaus zu dicht bestellt werden. Da dringliche Fälle unbedingt Vorrang haben müssen, kommt es sonst zu Komplikationen.

8. Eingriffe von unkalkulierbarer Dauer (Osteotomien[3], Einschleifen usw.) sollen immer mit ausreichendem Spielraum eingeplant werden, um einen Stau im Wartezimmer zu vermeiden.

9. Reservetermine müssen dann vorgesehen werden, wenn ein geplanter Behandlungsablauf nicht sicher ist (z. B. bei Fehlgüssen im Labor, angegriffener Gesundheit des Patienten usw.).

10. Für längere Arbeiten (Quadrantensanierung[4], Wurzelbehandlungen, bei prothetischen Arbeiten) empfiehlt es sich, mit dem Patienten nicht nur die nächste Sitzung zu vereinbaren, sondern möglichst alle nötigen Termine einzuplanen.

1 Extraktion (lat.): „Ausziehung"; Zahnentfernung
2 Kapazität (lat.): Aufnahmefähigkeit, -vermögen
3 Osteotomie (gr.): „Knochenschädigung", hier: Zahnentfernung mit Knochenabtragung
4 Quadrantensanierung (lat.): Behandlung einer Kieferhälfte

Betreuung besonderer Patientengruppen

Kinder

Bei dieser Patientengruppe ist zu unterscheiden,
- ob sie in Begleitung Erwachsener in die Praxis kommen oder
- ob sie allein zur Behandlung erscheinen. Die Betreuung richtet sich nach ihrem Verhalten.

In jedem Fall muß die Helferin darauf achten, daß Kinder nie unbeaufsichtigt bleiben (Abb. 12b). Ihr Spieltrieb kann nämlich nicht nur zu Unordnung im Wartezimmer führen, sondern auch zu Verletzung beim „Herumtoben“ und zu Beschädigungen der Einrichtung.

Besser den Spieltrieb nutzen durch Erklären und Selbstnutzen der Geräte, wie Absauger, Speichelzieher = den „Staubsauger“ und Luftbläser = den „Zahnfön“.

Das Hauptproblem stellen aber verängstigte oder behandlungsunwillige Kinder dar. Die Gründe dafür mögen zum Teil in schlechten Erfahrungen, zum Teil in dramatischen Erzählungen der Erwachsenen liegen. Es kommt aber auch vor, daß das Kind einfach keine Lust hat, sich behandeln zu lassen. Meist haben alle noch so phantasievollen und geduldigen Überredungsversuche keinen Erfolg. Die Helferin kann nur versuchen, die Bemühungen des Zahnarztes zu unterstützen. Manchmal muß das Kind aber unverrichteter Dinge wieder entlassen werden.

Mit Gewalt erreicht man bei Kindern sehr wenig. Wenn Überredungskünste und geduldiges Zeigen nichts nützen, besser neuen Termin vereinbaren. Vielleicht an einem anderen Tag besser gelaunt. Nicht schimpfen, auch nicht durch die Eltern! Außerdem ist die Verletzungsgefahr bei unruhigen Kindern sehr groß durch Turbine, Sonde usw. Bei verstörten Kindern fragen, ob ein kürzlicher Krankenhausaufenthalt der Grund ist, z. B. Mandeloperation.

Am Ende einer Behandlung ist – besonders bei tapferen Kindern – eine Belohnung immer von Vorteil. Dies muß nicht unbedingt in Form eines kleinen Geschenkes sein. Ein Lob aus dem Mund der Helferin ist auch ein Ansporn, beim nächstenmal wieder mutig zu sein.

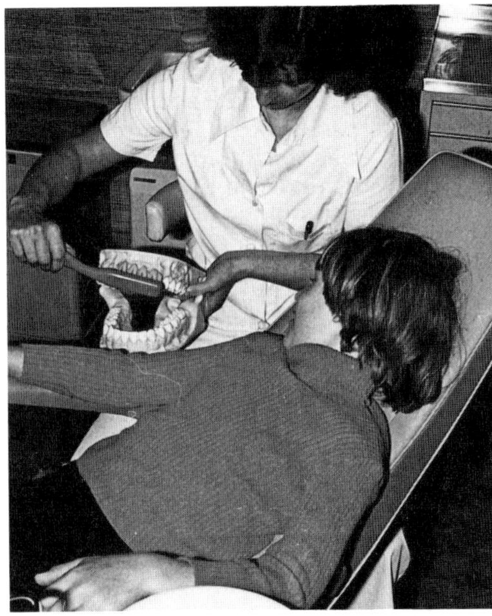

Abb. 12b Kinder in der Praxis bedürfen einer besonderen Betreuung. Die Helferin demonstriert hier die richtige Zahnputztechnik

Behinderte

Da geistig Behinderte in den meisten Fällen nicht in der normalen Praxis behandelt werden, soll auf diese Patientengruppe nur kurz eingegangen werden. Die Helferin muß ihnen auf jeden Fall wie gesunden Patienten begegnen. Da diese Menschen von Natur aus sehr empfindlich reagieren, empfiehlt es sich, schon bei der Terminvergabe genügend Zeit vorzusehen. Ein entsprechender Vermerk auf dem Krankenblatt mit Angabe der Krankheit und entsprechender Medikation ist deshalb empfehlenswert (siehe auch Tabelle Spezielle Anmerkungen, Seite 41f.). Für die Helferin ist dies Hinweis genug, sich besonnen und taktvoll zu verhalten, besonders, wenn es sich um Kinder handelt, die von ihren Eltern zur Behandlung gebracht werden. Das bedeutet, daß keine unnötigen Fragen gestellt und möglichst

keine anderen Patienten zur gleichen Zeit bestellt werden.
Anders liegt der Fall bei Körperbehinderten. Hier bietet die Helferin ihre Hilfeleistung stets freiwillig an, aber nur so, wie es vom Patienten offensichtlich gewünscht wird. Taktvolle Zurückhaltung ist besser als laute Aufdringlichkeit und Neugier. Kleine Hilfeleistungen werden dankbar registriert, sei es beim Ablegen des Mantels oder beim Besteigen des Behandlungsstuhles, dem Reichen des Wasserglases oder der Gehhilfe. Auch beim Treppensteigen oder Aufzugfahren kann Hilfe angebracht sein. Durch einen Hinweis auf dem Krankenblatt werden alle Praxisangehörigen darüber in Kenntnis gesetzt.

Ältere

Auch bei dieser Gruppe kommt es sehr auf die Wünsche des einzelnen Patienten an. Während einige dem Geburtsdatum nach schon gebrechlich sein müßten, sind sie in Wirklichkeit noch rüstig und betrachten jedes Hilfsangebot als pure Beleidigung. Umgekehrt sind einige noch gar nicht so Betagte für eine Betreuung sehr dankbar, da sie vielleicht beträchtliche Schwierigkeiten beim Gehen, Sehen oder Hören haben. Dabei muß die Helferin jede Art von Burschikosität oder Forschheit vermeiden, damit die Hilflosigkeit des Patienten möglichst wenig in Erscheinung tritt. Viele ältere Menschen schämen sich nämlich und sind sehr empfindlich, wenn es um ihre Schwierigkeiten geht. Sie sind oft ängstlich und wagen es nicht, eine Bitte um Hilfe zu äußern. Die Unterstützung sollte deshalb immer freiwillig von der Helferin angeboten werden.

Ausländer

Je nach Lage der Praxis ist der Anteil an ausländischen Patienten verschieden groß. Bei einem Angehörigen dieser Gruppe muß die Helferin als erstes herausbekommen,
- ob er bereits „integriert[1]" ist oder
- ob er noch nicht genügend Deutsch versteht und spricht.

Vom Namen allein können noch keine Rückschlüsse gezogen werden, denn einige Ausländer sind bereits in der zweiten Generation in der Bundesrepublik und sprechen perfekt Deutsch.
Andere wieder sind erst neu eingereist und verstehen fast nichts. Einige arbeiten schon mehrere Jahre in unserem Land, haben aber immer noch Sprachschwierigkeiten.
Während die erste Gruppe keine besondere Betreuung braucht, muß bei den anderen versucht werden, sie mit (viel!) Geduld an die Gepflogenheiten der Praxis zu gewöhnen. Das ist nicht immer leicht und führt manchmal sogar zum Scheitern. Die Helferin muß auf jeden Fall darauf achten, daß diese Patienten weder benachteiligt noch bevorzugt werden. Zu große Nachsicht bei Pünktlichkeit und Zuverlässigkeit führt allzu schnell dazu, daß einige von ihnen immer wieder auf Kosten anderer Patienten auch ohne Anmeldung behandelt werden wollen, indem sie Unverständnis für Termine vortäuschen. Die konsequente Handhabung des Bestellsystems stößt bei Ausländern oft auf Unverständnis, da viele von der Mentalität[2] her einen anderen Lebensstil gewöhnt sind und die Einhaltung von Terminen nicht so „ernst" nehmen.
Kommt ein der deutschen Sprache unkundiger Patient in die Praxis, ist von der Helferin zuerst zu klären, ob dieser auch an der richtigen Adresse ist und nicht etwa einen Allgemeinarzt sucht. Manchen ist nämlich der Unterschied zwischen den einzelnen „Doktoren" nicht ganz klar, denn in ihrer Heimat ist diese Trennung meist nicht so scharf gezogen. Am besten ist es jedenfalls, wenn die Helferin eine Klärung der Beschwerden schon am Empfang zu erreichen versucht. Sie solle sich auch nicht scheuen, in ganz schwierigen

1 integrieren (lat.): aufnehmen, eingliedern
2 Mentalität (lat.): geistige Einstellung, Gewohnheit, Denkweise

Fällen auf einem Dolmetscher zu bestehen, der für eine einwandfreie Verständigung sorgen muß. Als Hilfsmittel haben sich auch mehrsprachige Vordrucke bewährt, auf denen Medikation, der nächste Termin oder Verhaltensweisen nach bestimmten Eingriffen kurz und prägnant festgehalten sind.

Fragen zum Verständnis und zur Selbstkontrolle

Die Betreuung der Patienten

16. Welche Fragen muß sich die Helferin am Empfang beim Eintreffen eines Patienten stellen?
17. Was tun Sie, wenn Sie den Namen eines Anrufers am Telefon nicht verstanden haben?
18. Dürfen Sie fernmündliche Auskünfte geben?
19. Der Anrufer will unbedingt Ihren Chef sprechen. Wie verhalten Sie sich?
20. Was bereiten Sie bei einem neuen Patienten im Behandlungszimmer an Instrumenten vor?
21. Welche Gesprächsthemen empfehlen sich, wenn Sie mit einem Patienten auf den Beginn der Behandlung warten müssen?
22. Welche Hilfeleistungen sind bei der Entlassung eines Patienten möglich?
23. Was steht bei der Terminvergabe an erster Stelle aller Gesichtspunkte?
24. Wie können Sie zeitlichen Schwierigkeiten bei kompliziertem Zahnersatz vorbeugen?
25. Warum müssen Kindern, die allein in die Praxis kommen, immer beaufsichtigt werden?
26. Wie können Kinder nach der Behandlung für einen weiteren Zahnarztbesuch motiviert werden?
27. Was sollten Sie vermeiden, wenn Eltern mit einem geistig behinderten Kind zur Behandlung kommen wollen?
28. Was fällt gebrechlichen und körperlich behinderten Patienten in der Praxis immer besonders schwer?
29. Was können Sie diesen Patienten nach dem Ende der Behandlung vorsorglich anbieten?
30. Erscheint ein des Deutschen unkundiger ausländischer Patient in der Praxis, müssen Sie zuerst eine wichtige Frage klären. Welche?
31. Wodurch können Sie bei Verständigungsschwierigkeiten Abhilfe schaffen?

(Die Antworten stehen auf Seite 74.)

Verwaltung und Abrechnung

Die Verwaltungstätigkeit der Helferin war in früheren Jahrzehnten eine Nebenbeschäftigung, sie ist heute aber zu einer Arbeit geworden, die den ganzen Tag einer Helferin ausfüllt. Zu den Aufgabengebieten im Büro (daher auch die Bezeichnung: B-Dienst) gehören:

1. Die Aufzeichnung der Leistungen:

   Krankenblattführung
   Röntgenbuchführung

2. Der Schriftverkehr:

   Befunde
   Bescheinigungen
   Überweisungen
   Ärztliche Briefe

3. Das Abrechnungswesen:

   Privatrechnungen
   Kassenabrechnung
   Abrechnungskontrolle

Krankenblattführung

Schon im alten Ägypten (vor 3000 bis 4000 Jahren) waren Aufzeichnungen über den Krankheitsverlauf allgemein üblich. Auch aus der Zeit des *Hippokrates* (vor 2500 Jahren) gibt es schriftliche Berichte über einzelne Patienten. Einige dieser Beschreibungen sind uns erhalten geblieben und ermöglichen interessante Vergleiche mit heutigen Methoden.
Die Krankenblattführung stellt heutzutage eine wichtige Grundlage ärztlichen Tuns dar, denn nur so lassen sich Behandlungsverlauf und -erfolg kontrollieren. Daneben dient die Aufzeichnung der erbrachten Leistungen als Unterlage für die Abrechnung mit dem Patienten und seinen Kostenträgern.
In der Karteikarte werden die Personalien (= Stammdaten) des Patienten eingetragen, während eingelegte Seiten oder das Innere der Karte die Krankenblattaufzeichnungen enthalten.
Aufgrund dieser Bedeutung hat die Helferin für die Krankenblattführung verschiedene Vorschriften zu beachten:

1. Die Karteikarte und das Krankenblatt (Abb. 13a und b) hat den Charakter einer Urkunde und ist immer sorgfältig, deutlich (am besten mit Schreibmaschine) und genau zu führen.

2. Für jeden Patienten muß eine eigene Karteikarte mit Krankenblatt angelegt werden.

3. Die für die Behandlung notwendigen Daten müssen vollständig eingetragen werden.

4. Es ist im Interesse des Zahnarztes und des Patienten, die Kartei stets mit allen Angaben auf dem neuesten Stand zu halten.

5. Die Aufbewahrungspflicht für die Krankenblätter (10 Jahre) muß unbedingt eingehalten werden. Dies gilt auch für Notfall-Patienten.

6. Die Einordnung der Karteikarten hat nach einem praxiseinheitlichen System zu erfolgen, am besten nach DIN 5008! (siehe Tabelle 1).

7. Die bei der Aufzeichnung verwendeten Abkürzungen müssen für alle Praxisangehörigen lesbar und verständlich sein. Neben den vertraglich vorgeschriebenen Abkürzungen müssen die praxiseigenen Kürzel am besten schriftlich fixiert werden.

8. Alle festgehaltenen Angaben unterliegen sowohl der Schweigepflicht als auch den Bestimmungen des Datenschutzes und dürfen nur entsprechend diesen Bestimmungen weitergegeben werden.

9. Die Aufbewahrung der Karteikarten in der Praxis hat an einem gesicherten Ort stattzufinden, der nur Praxisangehörigen zugänglich ist.

10. Da das Krankenblatt neben den diagnostischen und therapeutischen Angaben auch Aufzeichnungen über Abrechnungen der Leistungen enthält, ist es als wichtige Buchungsunterlage zu führen.

Aufbau eines Krankenblattes

Da die Führung der Krankenblattkartei zu den wichtigsten und verantwortungsvollsten Aufgaben einer Helferin gehört, muß

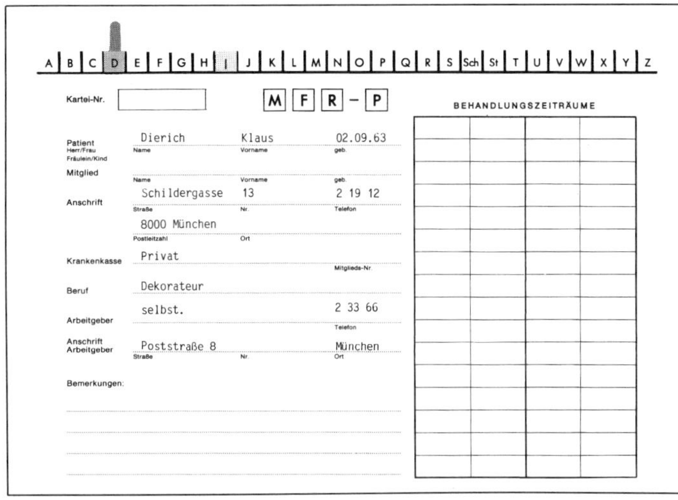

Abb. 13a Karteikarte (Spitta-System-Kartei)

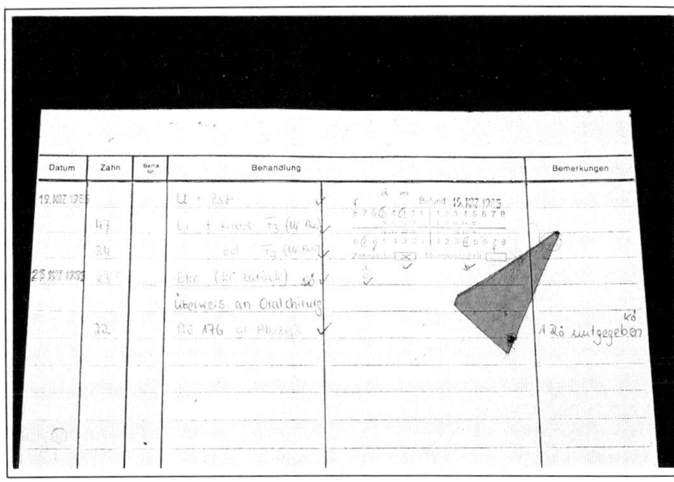

Abb. 13b Das Krankenblatt gibt Auskunft über den Behandlungsverlauf und dient als Unterlage für die Abrechnung der erbrachten Leistungen

sie von Anfang ihrer Ausbildung an über den Aufbau eines solchen Blattes Bescheid wissen und vor und nach der Eintragung der erbrachten Leistungen stets Kontrollen durchführen können.
Selbstverständlich werden Form, Farbe, Größe und Aussehen der Krankenblätter von Praxis zu Praxis verschieden sein, aber alle sind in der Regel nach einem bestimmten Schema aufgebaut:

A) Persönliche Daten für die Karteikarte

1. Der Kopf auf der Vorderseite des Blattes enthält als wichtigstes Element die Personalien: Name, Vorname (Rufname), Geburtstag.

2. Dazu gehört die genaue Anschrift der Wohnung: (Straße, Hausnummer, Postleitzahl, Wohnort).

3. Wichtig (besonders für Terminveränderungen) ist die Rufnummer bzw. die telefonische Erreichbarkeit, wenn möglich geschäftlich und privat.

4. Der Kostenträger (gesetzliche oder private Krankenversicherung, eventuell Beihilfe) und das Versicherungsverhältnis (Stammversicherter, Familienversicherter, Rentner) müssen schriftlich festgehalten werden, da diese Angaben für Rechnungen, Heil- und Kostenpläne usw. gebraucht werden.

Tabelle 1 ABC-Regeln für die Einordnung von Krankenblättern nach DIN 5008

1. Buchstabenfolge
Für die Buchstabenfolge ist das Alphabet maßgebend. *Umlaute:* ä, ö, ü gelten als ae, oe, ue; i und j sind zwei verschiedene Buchstaben. Akzente aus fremden Sprachen bleiben unberücksichtigt: à, é, ç, â, ĉ. Lautverbindungen wie ch, ck, sch und st gelten als zwei bzw. drei Buchstaben (ß = ss). *Ausnahme:* Sch und St am Wortanfang werden – im Gegensatz zu Adreßbüchern – in der Registratur als selbständige Buchstaben in der Reihenfolge S, Sch, St behandelt. Vorsatzwörter, Titel, Adelsbezeichnungen werden nicht berücksichtigt, z. B. alle Vorsatzwörter wie „der, die, das, von, zur, zum, de" usw., die Adels- und Berufstitel wie „Freiherr, Professor, Dr.": z. B. Dr. Otto Freiherr von Bauer = Bauer, Otto, Dr., Freiherr von
2. Ordnungsfolge nach Namen
1. Ordnungswert hat das erste Wort des Familiennamens. *2. Ordnungswert* haben alle Vornamen, Zweitnamen und Zusätze. Zweite und weitere Vornamen oder Zusätze bestimmen die Ordnungsfolge, wenn die ersten gleich sind; z. B. Bauer, Otto Hermann vor Bauer, Otto Manfred.
3. Wortfolge
Jedes Wort des Namens gilt für sich allein. Längere Namen folgen den Namen gleicher Buchstabenzahl, z. B. Schmid vor Schmidt. Zusammengesetzte Familiennamen werden als einzelne Worte wie Vornamen eingeordnet, z. B. Bauer, Manfred vor Bauer-Mann, Adolf oder Bauer, Bertram vor Bauer von Burgfeld, Clemens.
4. Hinweiszettel
In allen Fällen, die eine andere Einordnung zulassen, sollte an der betreffenden Stelle ein Hinweiszettel eingelegt werden.

5. Name und Anschrift des Arbeitgebers (eventuell des Stammversicherten) dürfen aus den gleichen Gründen nicht fehlen.

6. Beruf oder Ausbildungsverhältnis sollen ebenfalls aufgezeichnet werden.

7. Sehr wichtig können spezielle Anmerkungen (siehe Tabelle 2) sein: Dazu gehört die Aufzeichnung bestimmter Eigenschaften oder Risikofaktoren[1] (im Klartext oder besser – wegen der Schweigepflicht – in Abkürzungen) sowie gewisser Besonderheiten.

B) *Behandlungsaufzeichnung im Krankenblatt*

Die Aufzeichnungen der laufenden Behandlung werden in die dafür vorgesehenen Spalten oder Felder eingetragen und von der Helferin laufend überprüft. Folgende Angaben sind wichtig und notwendig:

1. Die Krankengeschichte (Anamnese) muß entweder familiär (z. B. in der Kieferorthopädie) oder speziell auf den

1 Risikofaktor (ital./lat.): Gefährdungsmöglichkeit, Umstand, der bei der Behandlung ein besonderes Wagnis bedeutet

Tabelle 2 Spezielle Anmerkungen auf dem Krankenblatt (Beispiele)

Folgende Hinweise können an entsprechender Stelle eingetragen werden:	
Anmerkung oder Abkürzung	*Bedeutung im Klartext*
1. Krankheiten	
Abusus (Alkohol, Tabletten usw.)	„Mißbrauch“ von Alkohol (Trinker), Tablettensucht.
Cave ...!	Vorsicht bei (mit) ... (Medikament oder Methode).
Cave Antikoagulanzien!	Vorsicht, Patient muß Blutgerinnungshemmer (z. B. Marcumar) wegen Gefahr einer Durchblutungsstörung einnehmen; Angabe ist meist kombiniert mit
Quick-Wert (Quick-Test) vom ... (Datum) und ... %)	Verzögerung der Blutgerinnung (100% = normal) 50% = doppelte Gerinnungszeit, unter 30% Risiko!
Cave Ca!	Vorsicht, Patient ist krebskrank (**Ca**rcinom)!
Cave cor!	Vorsicht, Patient ist **herz**leidend!
Cave hepar!	Patient ist **leber**krank!
Cave grand mal (petit mal)!	Patient leidet an schwerer (leichter) Epilepsie!
Cave Lues I (II, III) oder M. Schaudinn!	Vorsicht Ansteckungsgefahr, Patient ist geschlechtskrank und leidet an Syphilis im 1. (2., 3. Stadium).
Cave MS!	Patient leidet an **M**ultipler **S**klerose (Nervenkrankheit).
Cave Tb! (oder M. Koch)	Vorsicht, Patient hat Tuberkulose!
coecus ... %	Patient ist sehbehindert zu ... % (100% = blind).
debil	schwachsinnig (benötigt Hilfe).
Diabetes mellitus (Dbm)	Zuckerkrankheit (Wunden heilen schlecht!).
Hämophilie (Faktor ...)	Bluterkrankheit (Angabe der genauen Störung).
Hypertonie	Bluthochdruck.
Hypotonie	zu niedriger Blutdruck.
surdus	Patient ist hörbehindert (schwerhörig bis taub).
2. Veranlagungen	
anxiosus	Patient ist ängstlich.
Cave Jod (Penicillin usw.)!	Patient hat Jod-(Penicillin usw.)Allergie!
hypersensibel	Patient ist überempfindlich.
Hypersialie	übermäßiger Speichelfluß (Absaugen!).
Hypochonder	Patient neigt zu starker Übertreibung seiner Beschwerden.
Tremor (Cave Tremor!)	Patient zittert leicht (schwer).
vasolabil	Patient ist kreislaufschwach (z. B. bei Anästhesien)

(Fortsetzung nächste Seite)

Tabelle 2 Spezielle Anmerkungen auf dem Krankenblatt (Fortsetzung)

Anmerkung oder Abkürzung	*Bedeutung im Klartext*
3. Allgemeine Hinweise	
Bio 21 (Lumin 2 B usw.)	Zahnfarbe des Patienten.
Casus difficilis	„Schwieriger Fall", Problempatient.
Casus infaustus	„Unglücklicher Fall", keine Aussicht auf Besserung.
Cave KS!	Patient bringt nie pünktlich den **K**ranken**s**chein.
Dental-IQ (DIQ) . . . %	Zahnpflegebewußtsein des Patienten (100% = gut).
gravid (Partus . . . / . . .)	Patientin erwartet ein Kind (Entbindung: Monat/Jahr).
Duplikat	Patient benötigt immer Doppel der Rechnung (für Beihilfe, Zusatzversicherung usw.).
Neben den genannten Beispielen können auch andere Hinweise oder Abkürzungen vermerkt werden, die in der Praxis abgesprochen wurden („praxisinterne Hinweise").	

Patienten bezogen festgehalten werden.

2. Die Befunde sind zu erfassen (wichtig für Abrechnung).

3. Die Diagnosen und Begründungen (z. B. bei Mundkrankheiten und Röntgenaufnahmen) sind niederzulegen, entweder mit Kennzahl (siehe Tabellen 3 und 4) oder mit Abkürzung.

4. Die eigentliche Behandlung (Therapie) muß genau erfaßt sein mit Datum, Zahn oder behandelter Gegend (= Regio), Anzahl und Art der Leistungen (meist nach Bema- oder GO-Z-Abkürzung) sowie das verwendete Material (bei Füllungen) bzw. Medikament.

5. Neben diesen Eintragungen müssen noch die geplanten Maßnahmen (z. B. weitere Extraktionen, Überkronungen usw.) festgehalten werden, damit nicht Ergebnisse von Absprachen (mit Labor, Patient, Facharzt usw.) in Vergessenheit geraten. Um Verwechslungen mit schon erbrachten Leistungen bei der Abrechnung zu vermeiden, können diese Eintragungen mit Bleistift vorgenommen werden oder auf einem gesonderten (Einlege-)Blatt erfolgen.

6. Auch kritische Bemerkungen über den Patienten sind zweckmäßigerweise schriftlich zu fixieren, da sie bei Fehlschlägen oder möglichen Regressen hilfreich sein können. Dazu gehören Bemerkungen über Zahnpflege und Mitarbeit des Patienten (der sogenannte „Dental-IQ" = Zahnpflege-Intelligenz-Quotient), über besondere Empfindlichkeit oder Ängstlichkeit usw.

7. Auch nicht erbrachte Leistungen müssen auf dem Krankenblatt mit Begründung aufgezeichnet werden, z. B. wegen Verhinderung, unentschuldigtes Fernbleiben. Behandlungsverweigerung usw. Allzu leicht geraten diese Tatsachen nämlich später in Vergessenheit und sind dann Ursache für unberechtigte Vorwürfe gegen den Zahnarzt.

Tabelle 3 Diagnosen bei Mundkrankheiten (siehe Kapitel „Parodontalerkrankungen“, Band 1, Seite 401 ff.)

210	**Erkrankungen der Gingiva**
211	Gingivitis simplex (Marginalinfekt)
212	Gingivitis ulcerosa
213	Gingivitis u. d. Einfluß hormonaler u. anderer endogener Faktoren
214	Gingivahyperplasien
215	Fibromatosis gingivae
216	iatrogen bedingte Veränderungen (mechanisch, chemisch-toxisch, thermisch)
217	Sonstige
218	
219	
220	**Erkrankungen d. marginalen Parodontiums**
221	Parodontitis marginalis (superficialis)
222	Parodontitis marginalis (profunda)
223	Parodontosis generalisata
224	Parodontosis localisata (isolierte Dehiszenzen)
225	Epuliden
226	Taschenabszeß
227	Sonstige
228	
229	
230	**Stomatitiden**
231	akute nekrotisierend-ulzeröse Gingivo-Stomatitis (ANUG)
232	Gingivo-Stomatitis herpetica
233	andere erregerbedingte Stomatitiden (z. B. erosiv. Herpes, Zoster, Herpangina)
234	Stom. b. akuten exanthematischen Inf.-Krankheiten (Masern, Scharlach, Röteln etc.)
235	Stom. b. blasenbildenden Erkrankungen (z. B. Erythema exsud. multiforme)
236	Stom. prothetica
237	Soor und andere pilzbedingte Erkrankungen
238	chron.-rezidiv. Aphthen
239	
240	**Ulzeröse Veränderungen**
241	mechanische Einwirkungen (z. B. Dekubitus)
242	sonstige traumatisch bedingte Ulzera (z. B. Bißverletzungen)
243	durch chemische, toxische u. andere Einwirkungen (z. B. Verätzungen, Verbrennungen)
244	solitäre Aphthen (siehe auch 238)
245	unspezifisch b. Allgemeinerkrankungen (z. B. bei Diabetes)
246	spezifisch (z. B. Tbc, Lues)
247	mit Krebsverdacht
248	Sonstige
249	
250	**Krankhafte Verhornungszustände**
251	Lichen (ruber) planus
252	Leukoplakien
253	Leukoplakien mit Verdacht auf maligne Entartung
254	
255	
256	
257	
258	
259	

(Fortsetzung nächste Seite)

Tabelle 3 Diagnosen bei Mundkrankheiten (Fortsetzung)

260	**Zungen- und Lippenveränderungen**
261	Lingua plicata (Faltenzunge)
262	Exfoliatio areata linguae (Lingua geographica = Landkartenzunge)
263	Haarzunge
264	andere Zungenveränderungen (z. B. Bänder, Glossitis rhombica mediana)
265	Zungenbrennen
266	Herpes simplex labialis
267	Mundwinkelrhagaden (Faulecke)
268	andere Lippenveränderungen (z. B. Bänder)
269	Lippen- u. Zungenveränderungen mit Krebsverdacht
270	**Sonstige Veränderungen**
271	sog. fibromatöse Reizgeschwülste
272	Neoplasien (Neubildungen von Gewebe)
273	Pigmentierungen u. Tätowierungen der Mundschleimhaut
274	Mundschleimhautsymptome bei Allgemeinerkrankungen (z. B. bei Erkrankungen des Blut- und Gefäßsystems)
275	medikamentös- u. materialbedingte Nebenwirkungen (z. B. bei Allergien)
276	parafunktionell bedingte Veränderungen
277	Dentitio difficilis (erschwerte Zahnung)
278	Entzündliche Veränderungen an Drüsenausführungsgängen
280	**Varia**
281	Fistel
282	Parulis („dicke Backe“, entzündliche Schwellung)
283	Foetor ex ore (Mundgeruch)
284	Cancerophobie (Krebsangst)
285	Sonstiges (z. B. atypisches Narbengewebe)
286	
287	
288	
289	

Die Röntgenbuchführung

Laut § 28 der Röntgen-Verordnung (Rö-V) vom 8. Januar 1987 sind in der Praxis über die Anwendung von Röntgenstrahlen zu diagnostischen Zwecken genaue Aufzeichnungen zu führen. Die Helferin ist verpflichtet, diese Angaben entweder auf dem Krankenblatt, in einem Röntgenarchiv oder in einem gesonderten Buch festzuhalten. Letzteres hat sich in den Praxen weitgehend eingebürgert; vor allem, weil die Eintragungen unmittelbar bei der Erstellung der Aufnahme gemacht werden können (Abb. 14) und sehr übersichtlich sind.

Im einzelnen muß folgendes erfaßt sein:

1. Datum der letzten Aufnahme im Kopfbereich (ungefähr). Es muß nach dem Röntgennachweisheft (Röntgenpaß) gefragt werden.
2. Bestehen einer Schwangerschaft bei weiblichen Personen.
   Diese beiden Angaben können auch auf besonderen Vordrucken oder kleinen Aufklebern festgehalten werden und können vom Patienten unterschrieben werden.
   Darüber hinaus ist aufzuzeichnen:
3. Name des Patienten.

Tabelle 4 Röntgenbefunde (siehe Kapitel „Röntgenologie“ Seite 175ff.)

110 Karies
111 Karies im Schmelzbereich
112 Karies im Dentinbereich
113 Karies mit Pulpenberührung
114 Karies mit Pulpeneröffnung
115 Sekundärkaries
116 pulpennahe Füllung
117
118
119

120 Pulpa
121 großes Pulpenkavum
122 reduziertes[1] Pulpenkavum
123 Zustand nach Pulpenamputation
124 intrapulpäre Radioopazität[2]
125 intrapulpäre Radioluzenz[3]
126
127
128
129

130 Wurzelkanal
131 zur Aufbereitung nicht geeignet
132 Meßaufnahme
133 Via falsa (fausse route = falscher Weg)
134 unvollständige Wurzelkanalfüllung
135 überpreßte Wurzelkanalfüllung
136 Fremdkörper im Wurzelkanal
137
138
139

140 apikale Befunde
141 verbreiterter Desmodontalspalt
142 apikale diffuse[4] Radioopazität
143 apikale zirkumskripte[5] Radioopazität
144 apikale diffuse Radioluzenz
145 apikale zirkumskripte Radioluzenz
146 Apektomie (Wurzelspitzenresektion)
147 Wurzelwachstum nicht abgeschlossen
148
149

150 parodontale Befunde
151 Auflösung des Limbus alveolaris[6]
152 horizontaler Knochenabbau
153 vertikaler Knochenabbau
154 verbreitertes Desmodont (Teil des Zahnhalteapparates)
155 laterale Kaverne (seitliche Höhlung)
156 freiliegende Bi- oder Trifurkation (Wurzelgabelung)

1 reduziert: lat. verkleinert, verringert
2 Radioopazität: lat. Strahlenundurchlässigkeit
3 Radioluzenz: lat. Strahlendurchlässigkeit
4 diffus: lat. unbestimmt, unbegrenzt
5 Zirkumskript: lat. umschrieben, genau abgegrenzt
6 Limbus alveolaris: lat. Rand des knöchernen Zahnfachs

(Fortsetzung nächste Seite)

Tabelle 4 Röntgenbefunde (Fortsetzung)

157 überstehender Füllungsrand
158 überstehender Kronenrand
159 Fremdkörper im Interdentalraum (auch subging. Zahnstein)

160 Anomalien der Zahnlage und -anlage
161 impaktiert, retiniert (auch teilweise) (eingekeilt, am Durchbruch gehindert)
162 Verlagerung
163 Kippung, Wanderung, Drehung
164 überzähliger Zahn (bzw. Zähne)
165 Nichtanlage
166 enge Keimlage
167
168
169

170 Kieferknochen und umgebendes Gewebe
171 Radix relicta (zurückgebliebene Wurzel)
172 Fremdkörper
173 Verdichtung der Knochenstruktur, diffus
174 Verdichtung der Knochenstruktur, zirkumskript
175 Auflösung der Knochenstruktur, diffus
176 Auflösung der Knochenstruktur, zirkumskript
177 Sequester (abgestorbenes Knochenstück)
178
179

180 Befunde nach Trauma
181 Zahnfraktur
182 Alveolarfortsatzfraktur
183 Kieferfraktur
184 Dislokation (Verlagerung) von Zähnen oder Wurzeln
185 Kiefergelenkluxation (-ausrenkung)
186 Kiefergelenkfraktur (-bruch)
187
188
189

190 Sonstige Befunde
191 Wurzelresorption (-auflösung)
192 Wurzelanomalien (z. B. Hyperzementose, gekrümmte Wurzel usw.)
193 Fremdkörper (auch radices) in der Kieferhöhle
194 Kieferhöhlenerkrankung
195 Speicheldrüsenerkrankung
196 Speichelstein
197 Kiefergelenkveränderung
198
199

V (für „Verdacht") vor die Zahl, falls der Zahnarzt diese im Krankenblatt festhalten will.
0 (Null) vor die Zahl, falls Befund negativ ausfällt (z. B. 0171: keine Radix relicta).

Röntgenbuch

Datum der Aufnahme	letzte Rö	Patient	gravid?	Kennzeichen	Format	Gebiet der Aufnahme	Schaltdaten	Begründung, Diagnose	Zeichen

Abb. 14 Im Röntgenbuch müssen alle wichtigen Daten erfaßt sein.

4. Aufnahmedatum.
5. Filmgröße (eventuell auch Typ).
6. Schaltdaten (Belichtungszeit und eventuell Blende) bei veränderbaren Einstellungen.
7. Kennziffer, Markierung oder sonstige Kenntlichmachung.
8. Anzahl der Aufnahmen.

Wird ein Röntgenpaß vorgelegt, müssen diese Aufzeichnungen auch dort eingetragen werden.
Aus diesen Eintragungen muß sich die verabreichte Strahlendosis einwandfrei errechnen lassen. Bei weitgehend automatisierten Röntgengeräten kann die Belichtungszeit von Blenden unerwähnt bleiben.
Für diese Aufzeichnungen gilt eine Aufbewahrungspflicht von 10 Jahren. (Für, beim Zahnarzt nicht übliche, Röntgenbehandlungen sind es 30 Jahre.)
Die Filme selbst müssen auch nach der Auswertung entsprechend den übrigen Unterlagen (Krankenblätter) 10 Jahre in der Praxis verbleiben. (Siehe auch Kapitel „Röntgenologie".)

Schriftverkehr

War der Schriftverkehr (die sogenannte „Korrespondenz") bis vor wenigen Jahren in der Praxis sehr begrenzt, so nimmt auch dieses Teilgebiet der Helferinnentätigkeit heute immer mehr an Umfang zu. Das hat dazu geführt, daß vielfach schon mit Kurzbriefen (vorgefertigte Briefe, bei denen nur noch einzelne Worte eingefügt werden) und mit Computer gearbeitet wird. Dieses Gerät speichert den Text und schreibt ihn bei Bedarf in Sekundenschnelle.
Am häufigsten werden Briefe heute in Form von Formularen versandt. So gehen fast täglich
- Heil- und Kostenpläne an die Krankenkassen und Patienten.
- Rechnungen an Kostenträger und Privatpatienten.

Außerdem muß die Helferin
- Bescheinigungen für Schulen, Arbeitgeber und Behörden (über die Verweildauer des Patienten in der Praxis usw.);
- Bestätigungen (Atteste) über die stattgefundene Behandlung;
- Arbeitsunfähigkeitsbescheinigungen (Abb. 15);
- Unfallberichte (für Krankenkassen und Berufsgenossenschaften);
- Überweisungsscheine für andere Zahnärzte, Kieferorthopäden und Oralchirurgen oder Kliniken

ausfüllen und versenden.
Daneben gehört zum Schriftverkehr in der zahnärztlichen Praxis auch noch das Schreiben von:
- Befunden für Fachärzte (z. B. nach einer Statusauswertung[1] bei Herdsuche);

1 Status (lat.): „Zustand" (aller Zähne)

AOK	LKK	BKK	IKK	VdAK	AEV	Knappschaft

Name des Versicherten Vorname geb. am

Arbeitgeber (Dienststelle)/Mitgl.-Nr.

Wohnung des Patienten

● Bitte sofort dem Arbeitgeber vorlegen!

Arbeitsunfähigkeitsbescheinigung

zur Vorlage beim **Arbeitgeber**

Erstbescheinigung ☐ *)

Folgebescheinigung ☐

Arbeitsunfähig seit

Voraussichtlich arbeitsunfähig bis einschließlich

Arbeitsunfall, Arbeitsunfallfolgen, Berufskrankheit ☐ *)

Der oben angegebenen Krankenkasse wird unverzüglich eine Bescheinigung über die Arbeitsunfähigkeit mit Angaben über den Befund sowie die voraussichtliche Dauer der Arbeitsunfähigkeit übersandt.

Festgestellt am: ______

Arztstempel Unterschrift des Arztes

*) Zutreffendes bitte ankreuzen

Muster 1 a (4.1979)

Befund: ______

Diagnose: ______

Dem Durchgangsarzt zugewiesen ☐ *)

Sonstiger Unfall, sonstige Unfallfolgen ☐

Versorgungsleiden ☐

Es wird die Einleitung folgender besonderer Maßnahmen durch die Krankenkasse für erforderlich gehalten (z. B. Badekur, Heilverfahren, VäD)

(Arztstempel)

*) Zutreffendes bitte ankreuzen Muster 1 b (4.1979)

Abbildung 15

Postbuch

Datum	Anschrift/Absender	Porto	Inhalt des Briefes	Zeichen

Abb. 16a Das Postbuch erleichtert die Kontrolle über den Schriftverkehr

- Stellungnahme zu Anfragen von Kostenträgern im Rahmen von Prüfanträgen und Regreßforderungen;
- Bestellungen von Instrumenten, Material, Dienstleistungen beim Dentalhandel (Depot) oder Fachbüchern bei Verlagen einschließlich Beschwerden und Mängelrügen;
- ärztlichen Briefen an Patienten und Berufsorganisationen (Bezirksverbände, Kammern, Kassenzahnärztliche Vereinigungen, Freier Verband) oder Kollegen.

Während der Inhalt je nach Zweck des Briefes verschieden ist, hat sich die Form nach bestimmten Normen zu richten. Dazu gehören für den Umschlag die vorgeschriebenen Formate (DIN-Normen). Als Arbeitsersparnis haben sich dabei die Briefumschläge mit „Fenster" bewährt, die es ermöglichen, daß die Anschrift nur einmal geschrieben werden muß.

Für die Briefbögen ist die Einhaltung der Reihenfolge (DIN 5008) wichtig:
- Anschrift,
- Betreff,
- Begrüßung,
- Inhalt und
- Grüße mit Unterschrift.

Zu empfehlen ist die Führung eines Postbuches (Abb. 16a) mit der Erfassung aller „Ein- und Ausgänge", um jederzeit eine Kontrollmöglichkeit über den gesamten Schriftverkehr zu haben.

Fragen zum Verständnis und zur Selbstkontrolle

Verwaltung und Schriftverkehr

32. Nach welcher Norm sollte sich die Einordnung der Krankenblätter in der Praxis richten?
33. Welchen Bestimmungen unterliegen die Angaben auf dem Krankenblatt?
34. Welche Angaben gehören zu den Personalien des Patienten?
35. Welche speziellen Anmerkungen können sich ändern?
36. Was muß für die Abrechnung der Behandlung (Therapie) aufgezeichnet werden?
37. Warum sagt die Anmerkung „Cave!" allein noch nichts über den Patienten aus?
38. Welche Fragen muß die Helferin vor einer Röntgenaufnahme dem Patienten stellen und die Antworten schriftlich festhalten?
39. Was muß sich aus den aufgezeichneten Daten bei einer Röntgenaufnahme auch noch nach Jahren erkennen lassen?
40. Wie läßt sich heute der Schriftverkehr durch moderne Methoden vereinfachen?
41. Welche Briefe werden meist noch ohne Verwendung von Formularen geschrieben?
42. Was können Sie in ein Postbuch alles eintragen?

(Die Antworten stehen auf Seite 74/75.)

Abrechnung

Die richtige Erfassung, Auswertung und Übertragung der zahnärztlichen Leistungen für die Abrechnung ist heute fast eine Wissenschaft für sich geworden. Wurde die Krankenscheinabrechnung früher nach Feierabend oder am Wochenende oft vom Zahnarzt selbst gewissermaßen „nebenbei" erledigt, so muß heute das Praxispersonal für diese Arbeit viel Zeit aufwenden. Da die Bestimmungen der Gebührenordnungen (GO-Ä und GO-Z), die Erläuterungen der Kassenzahnärztlichen Vereinigungen (KZVen) und die Beschlüsse der Technischen Kommissionen bei den verschiedenen Kostenträgern zu berücksichtigen sind, ist dieses Gebiet der Helferinnentätigkeit nahezu unüberschaubar geworden. Deshalb können auch nicht mehr alle für die Abrechnung notwendigen Informationen in diesem Fachkundebuch aufgenommen werden, sondern müssen in der entsprechenden Literatur nachgelesen werden.
Hier soll nur auf die grundsätzlichen Aufgaben der Helferin bei der Abrechnung eingegangen werden, vor allem auf
- die Arten der Abrechnung,
- die Kontrollen der Abrechnung durch die Helferin sowie
- die Schritte, die dabei durchzuführen sind.

Die Abrechnungsarten

In der zahnärztlichen Praxis gibt es im wesentlichen zwei Abrechnungsarten:

1. Mit dem Patienten selbst,
2. mit dem Kostenträger direkt ohne Einschaltung des Patienten.

Die erste Form wird vor allem bei Privatpatienten oder Angehörigen bestimmter Berufe wie Bundespost- (PBeaKK B) und Bundesbahnbeamte (KVB I, II, III) angewendet, außerdem bei Krankenkassenpatienten für den verbleibenden Eigenanteil bei Zahnersatz.
Das zweite Verfahren betrifft den Hauptteil der in der Praxis anfallenden Abrechnung. Bei allen Angehörigen der gesetzlichen Krankenkassen (GKV) werden auf diese Weise die chirurgischen und konservierenden (zahnerhaltenden) sowie die parodontologischen Leistungen verrechnet.

Die Privatrechnung

Bei der Abrechnung mit dem Patienten direkt wird eine Privatrechnung (Privatliquidation) über sämtliche Behandlungsmaßnahmen eines bestimmten Zeitabschnittes (Monat, Quartal, Jahr) gestellt. Dieses Schriftstück wird der behandelten Person oder bei Kindern deren Erziehsungsberechtigten zugeschickt. Dieser bezahlt die in der Rechnung angegebene Summe – das sog. „Honorar" – an den Zahnarzt oder an dessen „Privatärztliche Verrechnungsstelle". Der Patient reicht dann die Rechnung bei seiner Krankenkasse (PKV = **P**rivate **K**ranken**v**ersicherung) oder der Beihilfestelle einer Behörde ein und bekommt seine Kosten teilweise oder ganz erstattet.
So unterschiedlich wie der Praxisstil ist auch die Gestaltung der Privatrechnung. Sowohl Größe als auch Form und Aufteilung sind ganz von der Auffassung des Zahnarztes abhängig. Einige wichtige Faktoren gelten aber allgemein bei dieser Abrechnungsart:

1. Die Rechnung muß das Ausstellungsdatum deutlich erkennen lassen. Dies kann für eine spätere Mahnung (und eventuelle Verjährung) wichtig sein.
2. Das gleiche gilt für alle anderen wichtigen Daten der Praxis: Vollständige Anschrift, Bankverbindung mit Leitzahl und Kontonummer.
3. Name und Anschrift des Patienten sind exakt anzugeben.
4. Die Aufschlüsselung der Behandlungsmaßnahmen hat nach der Gebührenordnung für Ärzte (GO-Ä) und Zahnärzte (GO-Z) zu erfolgen. Sie enthält das jeweilige Datum, Art, Anzahl der Leistungen sowie die Zahnbezeichnungen. Die entstandene Gebühr und der Steigerungssatz der Gebühren muß einzeln aufgeführt werden. Dies gilt nicht nur für die Vorlage bei Privatkassen (PKV), sondern gleichermaßen

Kassabuch

Beleg-Nr.	Datum	Text	Einnahme DM	Pf	Ausgabe DM	Pf	Zeichen	Buchungs-vermerk

Abb. 16b Im Kassabuch werden alle Einnahmen und Ausgaben verzeichnet

Überweisungsbuch

Eingang der Zahlung am	Patient/ Einzahler	Rechnung (Behandlung) vom	Betrag DM	Pf	Zeichen	Buchungs-vermerk

Abb. 16c Das Überweisungsbuch gestattet eine schnelle Kontrolle des bargeldlosen Zahlungsverkehrs

auch für die verschiedenen Beihilfestellen von Bund, Land und Gemeinden.

5. Auf der Liquidation muß die zu zahlende Gesamtsumme genau festgelegt und für den Patienten erkennbar sein.

6. Das Zahlungsziel (14 Tage, 3 Wochen oder 3 Monat) ist durch Eindruck oder Hinweis vorzugeben.

7. Bei Barzahlung (oder nach Vorlage der getätigten Überweisung) muß die Rechnung einen möglichen Quittierungsvermerk enthalten, der sowohl das Datum als auch den Namen des Quittierenden (z. B. der Helferin) enthält.

8. Die Rechnung des Labors muß angeheftet werden.

9. Auf Wunsch des Patienten muß eine Zweitschrift (Duplikat) beigelegt werden. Einfach ist es, sofort einen Durchschlag mitzusenden.

Um stets einen Überblick über bezahlte (also erledigte) und unbezahlte Rechnungen zu haben, ist es zweckmäßig, wenn sich die Helferin neben dem „Kassabuch" (Abb. 16b) ein sogenanntes „Überweisungsbuch" (Abb. 16c) bzw. „Bareinnahmebuch" (Abb. 16d) oder „Rechnungskontrollbuch" anlegt, in denen alle Geld-

Bareinnahmebuch

Datum	Patient	Rechnung vom	Betrag		Zeichen	Buchungs-vermerk
			DM	Pf		

Abb. 16d Bar bezahlte Rechnungen werden im Bareinnahmebuch registriert

eingänge erfaßt sind. Dadurch werden versehentliche Mahnungen erspart und unbeabsichtigte Verjährung vermieden.

Die Kassenabrechnung

Unter Kassenabrechnung versteht man jede Form der Verrechnung von zahnärztlichen Leistungen direkt mit dem Kostenträger des Patienten. Im Laufe der Zeit haben sich dabei verschiedene Formen für die einzelnen Teilgebiete der Zahnheilkunde entwickelt:

1. Der Behandlungsausweis = Krankenschein: Durch den Schein weist sich der Patient als Mitglied seiner Kasse aus, daher heißt dieses Formblatt auch „Behandlungsausweis". Der Krankenschein ist meist nach dem Bema (= Abkürzung für **B**ewertungs**ma**ßstab für kassenzahnärztliche Leistungen) gegliedert und gestaltet. Er wird als eine Art Blankoscheck für die Abrechnung der konservierenden und chirurgischen Leistungen verwendet. Anzahl, Art und Datum der Leistung, Bezeichnung des behandelten Gebietes, Diagnose, Begründung usw. werden dazu vom Krankenblatt auf den Krankenschein übertragen.

2. Der Berechtigungsschein: Im Bereich der Kieferorthopädie wurde ein dem Krankenschein entsprechendes Formular eingeführt (Abb. 17a). Auf ihm werden die zahnärztlichen Behandlungsmaßnahmen für dieses Teilgebiet (nach Bema) zusammengestellt und abgerechnet.
Krankenscheine und Berechtigungsscheine werden am Ende des Kalendervierteljahres abgerechnet („Quartalsabrechnung"). Die Scheine müssen hierfür zuerst nach Kostenträgern, dann nach Familienmitgliedern (M, F, R) und Rentnern, zum Schluß alphabetisch geordnet werden. Die einzelnen Stöße sind durchzunumerieren, auf eigenen Formblättern aufzulisten und an die jeweilige Abrechnungsstelle der Gebiets-KZV (Kassenzahnärztliche Vereinigung) einzusenden. Von dort erfolgt die Bezahlung entsprechend den abgerechneten Leistungen.

3. Der Heil- und Kostenplan: Für den Zahnersatz ist ein spezielles Formblatt vorgeschrieben. Auf diesem werden die geplanten prothetischen Leistungen zusammengestellt. Erst nach der Festsetzung des Zuschusses durch die Krankenkasse und Einverständniserklärung durch den Patienten kann die Behandlung durchgeführt werden.
Nach der Eingliederung von Zahnersatz bestätigt der Zahnarzt die ordnungsgemäße Durchführung der Behandlung. Jeden Monat wird die Zusammenstellung dieser Heil- und Kostenpläne mit den jeweiligen Laborrechnungen – nach Kostenträgern geordnet – als sog. „ZE-Monatsabrechnung" an die zuständige Abrechnungsstelle eingereicht oder direkt mit dem Patienten der Gesamtbetrag abgerechnet (Kostenerstattung).

AOK	BKK	IKK	LKK	VdAK	AEV	BuKn	Nr. der Krankenkasse	M	F	R	**Berechtigungsschein für Kfo-Behandlung** Quartal ____ / 19____	Nr. der KZV	Lfd. Nr.
Kasse:													

Name, Vorname des Mitgliedes — geb. am — Mitgliedsnummer

Name, Vorname des Patienten — geb. am

Anschrift

Beginn der Behandlung ____

Entsprechende Abschlagszahlungen / bei Verlängerung zusätzlich „V" ankreuzen

1	2	3	4	5	6	7	8	9	10	11	12	V

Genehmigte Leistungen nach Nrn. 119/120 lt. Behandlungsplan / Verlängerungsantrag

vom ____

Alt-Fall	Leer-Quartal	OK 119 a	b	c	d	UK 119 a	b	c	d	120 a	b	c	d
99	00	01	02	03	04	05	06	07	08	09	10	11	12

Ä 1	O 1	Ä 15	Ä 925 a	b	c	d	Ä 928 a	Ä 934 a	b	Ä 935 a	b	c	d	5	6	7	12	116	117	118	121
13	14	15	16	17	18	19	20	21	22	23	24	25	26	27	28	29	30	31	32	33	34

122 a	122 b	122 c	122 d	122 e	123 a	123 b	124	125	126	127 a	127 b	127 c	128	Sonstiges
35	36	37	38	39	40	41	42	43	44	45	46	47	48	

Datum Ä 1 ____ Datum O 1 ____ Ende der Behandlung ____

Befund (Nur ausfüllen bei Abrechnung der Nr. O 1)

18 17 16 15 14 13 12 11 | 21 22 23 24 25 26 27 28
55 54 53 52 51 | 61 62 63 64 65
85 84 83 82 81 | 71 72 73 74 75
48 47 46 45 44 43 42 41 | 31 32 33 34 35 36 37 38

kariöse Defekte = c Zst*) ☐ Mu*) ☐
fehlende Zähne = f Sonst. Befund (z. B. Fistel)
zerstörte Zähne = z ____
*) Zutreffendes ankreuzen

Material- und Laborkosten
Fremdlabor (Rechnung beigefügt) ____ DM
Zahnarzt-Labor (Spezifikation beigefügt) ____ DM
insgesamt ____ DM

Abrechnungsstempel des Zahnarztes

Anlage 16 des VdAK/AEV-Vertrages

Abb. 17a Die Behandlungsmaßnahmen im Bereich der Kieferorthopädie werden auf einem speziellen Berechtigungsschein aufgeführt und abgerechnet

4. Das Wiederherstellungs-/Einzelkronen-Formblatt: Damit werden die weniger umfangreichen Leistungen auf dem Gebiet der Prothetik abgerechnet, wie Reparaturen und Unterfütterungen von Zahnersatz. Auf dem gleichen Formblatt werden auch Einzelkronen zur Bezuschussung durch die Krankenkasse eingereicht. Nach Festsetzung des Zuschusses und Eingliederung werden diese Formulare jeden Monat zusammen mit den Heil- und Kostenplänen (und den angehefteten Laborbelegen) an die Gebiets-KZV eingeschickt. Oder der Gesamtbetrag wird mit dem Patienten direkt abgerechnet.

5. Die Eigenbelege: Leistungen, die im Zahnarztlabor erbracht worden sind, werden auf besonderen Vordrucken abgerechnet. Dies gilt für Material- und Laborkosten beim Zahnersatz und in der Kieferorthopädie (Abb. 17b). Diese Belege werden zusammen mit den entsprechenden Behandlungsplänen zur Abrechnung eingereicht.

6. Der kieferorthopädische Behandlungsplan: Auf diesem Formblatt wird ähnlich wie in der Prothetik die vorgesehene Behandlung nach den zutreffenden Bema-Nummern festgelegt. Auch der Befund, die Anamnese, die Diagnose, Therapie, Prognose und Epikrise müssen angegeben werden. Die Abrechnung der in einem Quartal erbrachten Leistungen, die nach der Entscheidung der Krankenkasse angefallen sind, erfolgt über den obengenannten Berechtigungsschein als „Abschlagszahlung".

7. Der Par-Status (Parodontal-Status): Dieses Formular wird bei der Behandlung von Parodontopathien (Zahnbetterkran-

KFO

Labor- und Materialkosten-Abrechnung (praxiseigener Laboratorien)
(gültig ab 1. April 1980)

Name des Patienten

KZVB-Stempel des ZA

ZT-Nr.	Leistung	Anz.	Einzelpreis DM	Gesamtpreis DM
	Wiederherstellung/ Erweiterung/Unterfütterung			
871	Grundgeb. f. d. Wiederherstellen v. abnehmb. Behandlungsmitteln (Bruch und/od. Sprung) o. Erweitern einer Kunststoffbasis o. eines Aktivators um Dehn- u. Regulierungselemente, Halteelemente u. sonst. Hilfselem.		29,--	
872	Zusatzgeb., wenn gleichzeitig wiederhergestellt u. erweitert wird		10,--	
873	Teilunterfütterung einer Kunststoffbasis od. eines Aktivators als alleinige Leistung		42,35	
874	Totale Unterfütterung einer Kunststoffbasis od. eines Aktivators als alleinige Leistung		62,--	
	Lötungen			
891	Lötung, Punktschweißen		13,50	
	Übertrag			

ZT-Nr.	Leistung	Anz.	Einzelpreis DM	Gesamtpreis DM
	Übertrag			
	Kfo-Spezialgeräte (nicht neben den ZT-Nr. 712-779 berechenbar)			
	Material (soweit berechenbar)			
	Übertrag			

ZT-Nr.	Leistung	Anz.	Einzelpreis DM	Gesamtpreis DM
	Übertrag			
	Arbeitsvorbereitung			
001	Modell aus Hartgips		7,45	
002	Modell aus Superhartgips		9,60	
005	Duplikatmodell aus Hartgips		17,45	
100	Bißwall/Bißplatte zur Fixierung v. Modellen (auch Konstruktionsbiß)		8,40	
701	Modellpaar trimmen auf Ebene bezogen		15,--	
702	Modellpaar sockeln mit Sockelgerät		21,--	
703	Modellpaar sockeln mit Kunststoff-Form		29,--	
	Kfo-Kunststoffbasen			
712	Kunststoffbasis für Plattenapparatur (einschl. Einschleifen)		71,--	
714	Kunststoffbasis für Aktivator/geteilten Aktivator (einschl. Einschl.)		150,--	
	Dehn- u. Regulierungselemente			
731	Coffin-Feder		29,--	
732	Dehnschraube in Dehnplatte, einschließlich trennen der Basis		25,--	
733	Dehnschraube in Aktivator, einschließlich trennen der Basis		35,--	
734	Einarbeiten einer Spezialschraube (Teleskop-/Bertonischraube etc.)		24,50	
735	Labialbogen einfach		26,--	
736	Labialbogen mit Schlaufe		34,--	
737	Labialbogen maxillo-mandibulär (Gegenkieferbügel)		35,50	
	Übertrag			

ZT-Nr.	Leistung	Anz.	Einzelpreis DM	Gesamtpreis DM
	Übertrag			
738	Protrusionsfeder offen/ Interdentalfeder		11,--	
739	Protrusionsfeder geschlossen/ gekreuzt		15,--	
740	Protrusionsbogen offen		14,--	
741	Protrusionsbogen geschlossen		18,--	
742	Loopfeder		13,50	
743	U-Bügelpaar/Federbügelpaar/ Doppelplatten-Führungssporne		35,--	
744	Dorn/Schlinge/Auflage		8,70	
	Kfo-Halteelemente			
751	Einarmige Klammer/Knopfanker		12,--	
752	Pfeilklammer je Pfeil/ Dreieckklammer		14,--	
755	Adamsklammer		18,--	
	Sonstige Hilfsmittel			
771	Frontaler od. lateraler Aufbiß		16,--	
774	Vorbiß od. Rückbiß - schiefe Ebene (in Verbindung m.Behandlungsgerät)		16,40	
775	Vorhofplatte/Zungenschild indiv. hergestellt		60,--	
776	Schiefe Ebene aus Kunststoff (je Zahn)		18,--	
777	Schiefe Ebene aus Metall (je Zahn)		25,--	
778	Kinnkappe indiv. hergestellt mit Befestigungshaken		55,--	
779	Kunststoffschild frontal od. lateral/ Pelotte/Zungengitter		22,--	
	Material- u. Laborkosten insgesamt			

Abb. 17b Vorder- und Rückseite eines Eigenbeleg-Formblattes für die KFO-Labor- und Materialkosten-Abrechnung

kungen) verwendet. Es dient – wie der oben erwähnte Heil- und Kostenplan – sowohl der Planung als auch der Abrechnung von erbrachten Leistungen. Nach der Genehmigung durch die Krankenkasse (und den Gutachter) werden am Schluß der Behandlung alle durchgeführten Maßnahmen nach Art und Anzahl zusammengestellt und zur Verrechnung eingeschickt.

8. Die Kieferbruchabrechnung: In der zahnärztlichen Praxis findet diese Abrechnungsart nur selten Anwendung und nimmt eine gewisse Sonderstellung ein. Bei einem Unfall muß dabei zuerst das Anmeldeformular („Anlage 13") „Mitteilung über eine Verletzung bzw. Unfallfolge im Bereich des Gesichtsschädels" ausgefüllt (Abb. 18) und an die Krankenkasse des Patienten geschickt werden. Diese teilt in der Rückmeldung mit, welcher Kostenträger die Bezahlung der Behandlung übernehmen wird. So kommt für den Unfall eines Kindes in der Schule die Gemeindeunfallversicherung, den Betriebsunfall die Berufsgenossenschaft, den Verkehrsunfall die Haftpflichtversicherung des Verursachers auf.
Am Ende der Behandlung werden alle erbrachten Leistungen gemäß der Bestimmungen auf dem Formular „Anlage 13" (Rückseite) mit dem Kostenträger verrechnet.

9. Die Fallmeldung: Am Ende eines Kalendermonats können Vorauszahlungen pro gemeldeten Krankenschein bei der Abrechnungsstelle abgerufen werden. Auf das postkartengroße Formblatt wird die Anzahl der im laufenden Monat neu eingegangenen Scheine eingetragen. Auch in der Kieferorthopädie ist diese Methode bei den Berechtigungsscheinen üblich.

Die Abrechnungskontrolle

Die Helferin kann ihren Chef auf dem Gebiet der Abrechnung am meisten entlasten. Schleichen sich hier aber immer wieder Fehler ein, so bedeutet das nicht nur Zeitverlust und Ärger für den Zahnarzt, sondern auch Schwierigkeiten mit der Abrechnungsstelle und den Kostenträgern. Ein Großteil der beantragten Gutachten und Regreßforderungen entsteht oft nur dadurch, daß die Abrechnung nicht exakt genug vorgenommen wurde. Der Zahnarzt muß sich gerade auf diesem Gebiet voll auf die Helferin verlassen können. Sie muß es sich deshalb zur festen Gewohnheit machen, ständige Kontrollen und Überprüfungen der einzelnen Abrechnungsunterlagen durchzuführen.

Am häufigsten fallen folgende Arbeiten an:

1. Bevor der Patient zur Behandlung ins Sprechzimmer kommt, muß geklärt sein, ob der Krankenschein vorhanden ist und richtig und vollständig vom Patienten ausgefüllt wurde. Dazu muß auch noch die Gültigkeit (Quartal, Unterschrift) kontrolliert werden.

2. Hat der Patient keinen Krankenschein bei sich, muß auf baldigste Beibringung gedrängt werden. Bewährt hat sich (als Gedächtnisstütze) die Mitgabe eines (möglichst grellfarbigen) Umschlags mit eingedruckter Praxisanschrift, damit er notfalls auch per Post an die Praxis geschickt werden kann.

3. Die Übereinstimmung der Personalien/Stammdaten (Anschrift, Telefonnummer usw.) auf Krankenschein und Karteikarte ist bei der ersten Behandlung im Quartal zu überprüfen. Dadurch werden unangenehme Verzögerungen durch Fehlleitungen (bei Wohnortwechsel usw.) bei der Zusendung von Heil- und Kostenplänen, Eigenanteilsrechnungen oder Krankenscheinmahnungen verhindert.

4. Bei jeder Befundaufnahme werden die neuen Angaben mit den früheren Aufzeichnungen verglichen, um Verwechslungen (bei Namensgleichheit oder Übertragungsfehler) zu vermeiden oder aufzudekken und auszumerzen. Ist z. B. ein Zahn in einem früheren Quartal als fehlend eingetragen, so muß dieser Widerspruch möglichst sofort aufgeklärt werden.

5. Werden konservierend-chirurgische Leistungen vom Krankenblatt auf den Schein übertragen, muß die Anzahl der im Leistungskamm des Krankenscheins ab-

Anlage 13

Anschrift der Krankenkasse

Abrechnungsstempel des Zahnarztes

MITTEILUNG **Eilt sehr!**

über eine Verletzung bzw. Unfallfolge im Bereich des Gesichtsschädels

Name, Vorname des Mitgliedes — Geburtsdatum

Name, Vorname des Patienten — Geburtsdatum

Straße und Hausnummer

PLZ. Wohnort

1. Unfall am: ______, um ______ Uhr, Unfallort ______
2. Die Verletzung ist zurückzuführen (z. B. Verkehrs-, Arbeits-, Schul-, Sport-, Wegeunfall): ______
3. Art der Verletzung: ______
4. Die Behandlung der Verletzung erfolgt stationär im: ______

   Voraussichtliche Dauer vom ______ bis ______
   ambulant
   Voraussichtliche Dauer vom ______ bis ______

Ort, Datum — Unterschrift des Zahnarztes

Urschriftlich an den Zahnarzt zurück **Eilt sehr!** M F R

☐ Die Kosten für die ambulante Behandlung werden von der Kasse übernommen

☐ Die Kosten für die ambulante Behandlung werden von der Kasse nicht übernommen, weil

☐ Die Kosten für die Behandlung im Rahmen der stationären Behandlung werden von der Kasse übernommen

☐ Die Kosten für die Behandlung im Rahmen der stationären Behandlung werden von der Kasse nicht übernommen, weil

Ort, Datum — Unterschrift und Stempel der Kasse

Diese Mitteilung ist vom Zahnarzt in **doppelter Ausfertigung** der Kasse zu übersenden.
Die Durchschrift verbleibt bei der Kasse.
Die Rückseite gilt zur Abrechnung über die KZV.

Geändert aufgrund einer Vereinbarung vom 29. 12. 1982.

Abb. 18 Bei einem Unfall ist zunächst das Anmeldeformular „Anlage 13" an die Krankenkasse zu schicken, die in der Rückmeldung den Kostenträger benennt

gerechneten Positionen mit den geleisteten Behandlungen übereinstimmen. Das gleiche gilt für die Summe der Einzeichnungen im Zahnschema.

6. Auftauchende Ungereimtheiten (unleserliche Schrift, Zweifel an der Richtigkeit von Zahnzahl oder -fläche sowie an der Anzahl der erbrachten Leistungen) müssen so bald wie möglich geklärt werden, da sich am Quartalsende weder Zahnarzt noch Helferin an die richtigen Sachverhalte erinnern können. Also: Sofort fragen oder Notiz machen!

7. Bei der Erstellung von Privatrechnungen, Heil- und Kostenplänen usw. stets Einzelsummen und Gesamtbeträge zweimal errechnen, da sich selbst bei Zuhilfenahme einer Rechenmaschine Fehler einschleichen können (z. B. durch falsches Eintippen). Es ist ärgerlich (für den Zahnarzt), wenn die Rechnung zu niedrig ist; es ist peinlich, wenn der Patient wegen zu hoher Kosten reklamiert. Noch schlimmer ist es, wenn der Kostenträger oder die Beihilfestelle schriftlich darauf hinweist!

8. Mahnungen sollten nicht zu lange nach dem Zahlungsziel erfolgen. Welche Methode dabei angewandt wird – Rechnungserinnerung oder gleich 1. Mahnung, 2. Mahnung mit oder ohne Rechtsanwaltsdrohung – bleibt dem Stil der Praxis überlassen. Die Erfahrung lehrt, daß in dieser Hinsicht meist nur Konsequenz zum Ziel führt.

Erleichtert werden alle diese Sicherheitsmaßnahmen durch bestimmte Voraussetzungen:

- genaue Kenntnis des verwendeten Zahnsystems (am besten: FDI[1]),
- einheitliche Bezeichnung der Zahnflächen (die zweckmäßigste ist die nach der Empfehlung der FDI: M, D O, V, L[2]),
- exaktes Eintragen in die entsprechenden Felder, Listen und Rubriken,
- deutliche Schrift oder besser: Schreibmaschine oder EDV[3],
- Kontrolle der Aufzeichnung der Leistungen (Tagebuch, Krankenblatt, schriftlich und Diktat).

1 FDI: Abk. für „**F**édération **d**entaire **i**nternationale“ = frz. für „Weltzahnärzteverband“

2 M, D, O, V, L: Abk. für Zahnflächenbezeichnungen **m**esial, **d**istal, **o**kklusal, **v**estibulär, **l**ingual; Erklärung siehe Kapitel 16 „Anatomie“ S. 265

3 EDV: Elektronische Datenverarbeitung

Fragen zum Verständnis und zur Selbstkontrolle

Abrechnung

43. Welche zwei Hauptabrechnungsarten gibt es in der Praxis für die zahnärztlichen Leistungen?
44. Wonach richtet sich die Höhe der Honorare bei Privatpatienten?
45. Welche Angaben über die Behandlung muß eine Privatrechnung enthalten?
46. Wie bezeichnet man das Formular, das für die Abrechnung kieferorthopädischer Leistungen mit den Kostenträgern verwendet wird?
47. Auf welchen Formblättern wird die Behandlung sowohl geplant als auch abgerechnet?
48. Woran erkennt man die Gültigkeit eines Krankenscheines?

(Fortsetzung auf der nächsten Seite)

Fragen (Fortsetzung)

49. Welche Angaben können sich bei den Personalien auf dem Krankenschein des Patienten ändern?
50. Welche Buchstaben empfiehlt die FDI zur Lagebezeichnung für Füllungen?
51. Wie kann die Helferin die Sicherheit bei der Aufzeichnung von Leistungen für die Abrechnung verbessern?

(Die Antworten stehen auf Seite 75.)

Die „delegierbaren" Tätigkeiten

Im Laufe der letzten Jahren wurde die Helferin zusätzlich mit einer Gruppe von Arbeiten betraut, die sie in eigener Verantwortung ausführt. Solche „delegierten" (übertragenen) Aufgaben sind:

1. Durchführung von Bestrahlung nach Anweisung des Zahnarztes.
2. Röntgen: Aufnehmen, Entwickeln, Ordnen, Archivieren unter Beachtung der entsprechenden Bestimmungen.
3. Tätigkeit im Praxislabor und Kontakt mit Fremdlabor.
4. Mundhygiene-Aufklärung (Putzanleitung bei Kindern, Plaquefärbung, Zahnersatzpflege usw.).
5. Materialverwaltung (Kontrolle, Nachbestellung, Umgang mit Depot, Lagerung usw.).
6. Vermittlung von Fertigkeiten und Kenntnissen bei Auszubildenden (Anleitung von jüngeren Kolleginnen im Auftrag des ausbildenden Zahnarztes).

Bestrahlungen

Wenn auch heute der physikalischen Wärmebehandlung wegen der verbesserten chirurgischen und medikamentösen Möglichkeiten nicht mehr dieselbe Bedeutung zugemessen wird wie in früheren Jahrzehnten, muß die Helferin doch über diese Maßnahmen Bescheid wissen und sie nach Anweisung des Zahnarztes durchführen können.

In der Zahnheilkunde werden hauptsächlich drei Bestrahlungsarten eingesetzt:

1. Infrarot („Rotlicht").
2. Mikrowellen („Kurzwellen").
3. Softlaser.

Diese Verfahren sollen eine vermehrte Durchblutung des Gewebes (Hyperämie) anregen und dadurch
- zur schnelleren Wundheilung nach chirurgischen Eingriffen,
- zur Schmerzlinderung bei erschwerter Zahnung (Dentitio difficilis),
- zum Abklingen von Schwellungen (Ödemen) usw.

führen.
Dies geschieht bei beiden Bestrahlungsarten über eine lokale Wärmeanwendung (Wärmeapplikation[1]). Ohne auf die physikalischen Grundlagen einzugehen, sei darauf hingewiesen, daß die Eindringtiefe der Strahlung bei Mikrowellen wesentlich größer ist als bei Infrarot.
Bei Anwendung einer Bestrahlung gelten bestimmte Vorsichtsmaßregeln:

1. Dauer und Dosierung (Strahlungsintensität[2]) müssen sich streng nach der Anweisung des Zahnarztes richten und dürfen nicht eigenmächtig verändert werden.
2. Bei auftretenden Beschwerden sofort Bestrahlung abbrechen und Zahnarzt informieren!

1 Applikation (lat.): Anwendung, Verabreichung
2 Intensität (lat.): Stärke, Kraft, Wirksamkeit

3. Sowohl Infrarot als auch Mikrowellen sind keine „harmlosen“ Strahlen, wenn sie auch nicht so gefährlich sind wie Röntgenstrahlen. Sie können aber das unbewaffnete Auge durch Linsentrübung schwer schädigen.
Daher: Augen nicht der direkten Strahlung aussetzen und nach Vorschrift Schutzbrille verwenden!

4. Bestrahlungsgeräte ordnungsgemäß ein- und ausschalten (nicht durch Steckerziehen), da diese sehr empfindlichen und teuren Apparate durch plötzliche Stromschwankungen geschädigt werden.

5. Rotlichtlampen und Mikrowellengeräte möglichst wenig in der Praxis bewegen, da sie auf Erschütterungen sehr empfindlich reagieren.

Röntgen

Wie bereits im Abschnitt „Röntgenbuchführung“ (siehe Seite 44) erwähnt, gehört dieser Tätigkeitsbereich zu den verantwortungsvollsten Aufgaben der Helferin. War es früher den einzelnen überlassen, in welchem Rahmen „delegiert“ (übertragen) wurde, so ist seit Inkrafttreten der neuen Röntgen-Verordnung vom 8. 1. 1987 (die sog. „Rö-V“) eine gesetzliche Grundlage geschaffen worden, nach der sich die Helferin auf diesem Gebiet richten muß.
Ohne Übertreibung kann gesagt werden, daß die modernen Röntgengeräte die Arbeit der Helferin enorm erleichtern. Gleichzeitig werden die Ansprüche an die Kenntnisse und Fertigkeiten immer höher. Das ist vor allem auf die sehr vielfältigen Einsatzmöglichkeiten der Röntgenologie in der Zahnheilkunde (Panorama- und Fernröntgen-Aufnahmen, in Zukunft vielleicht Xeroradiographie) zurückzuführen.
Deshalb wird auf dieses sehr umfangreiche Gebiet in einem eigenen Kapitel („Röntgenologie“, siehe Seite 187ff.) eingegangen. Hier soll nur auf die verschiedenen Tätigkeiten der Helferin auf diesem Gebiet hingewiesen werden:

- Vorbereiten des Patienten zur Aufnahme (nach Strahlenschutzbestimmungen der Röntgen-Verordnung).
- Erstellen der Aufnahme („Schießen“) nach Anweisung des Zahnarztes.
- Festhalten der notwendigen Schaltdaten (siehe unter „Röntgenbuchführung“).
- Information des Patienten vor und nach der Aufnahme über die verschiedenen Schutzbestimmungen (bei möglicher Schwangerschaft usw.).
- Kennzeichnung der Aufnahme zur Vermeidung von Verwechslungen (und zur genauen Lokalisierungsmöglichkeit, z. B. bei mehreren Aufnahmen).
- Entwicklung der Aufnahmen unter genauer Einhaltung der entsprechenden technischen Vorschriften (Vermeidung von Wiederholungsaufnahmen).
- Trocknen der Filme unter größtmöglicher Schonung des Materials (**Vorsicht:** Verunreinigungen durch Staub oder „Fingerabdrücke“)!
- Einordnen der fertigen Bilder nach Archivierungssystem der Praxis (Einstekken, Einkleben, Einheften usw.).
- Schriftliche Niederlegung der diagnostischen Auswertung durch den Zahnarzt (Festhalten im Röntgenbuch oder auf dem Krankenblatt).
- Kontrolle der Gerätefunktionen (Kontrolllämpchen beachten!); bei auftretenden Fehlern sofort Mitteilung an den Zahnarzt!
- Wartung und Instandhaltung der einzelnen Apparate (Reinigung, Erneuern der Lösungen usw.).
- Teilnahme an der halbjährlichen Röntgenbelehrung (Unterschrift!).

Labor und Zahntechnik

Die zahnärztliche Prothetik hat in den letzten Jahren einen enormen Aufschwung genommen. Diese Entwicklung hält weiter an und hat zur Folge, daß die Helferin auch auf diesem Gebiet vermehrt Aufgaben übernehmen muß:

1. Die Arbeit im Praxislabor.
2. Den Kontakt mit dem gewerblichen Labor (dem sog. „Fremdlabor“).

Beide verlangen neben bestimmten Kenntnissen auf zahntechnischem Gebiet auch Geschicklichkeit und Verständis für handwerkliche Tätigkeiten.

Laborterminbuch

Datum der Abgabe	Patient	mitgegeben	Labor-zeichen	Zeichen	Rückgabe-termin		Bemerkungen	Zeichen
					Datum	Uhrzeit		

Abb. 19a Muster für ein Laborterminbuch

Arbeit im Praxislabor

In den meisten Praxen gibt es mindestens einen Raum, in dem zahntechnische Arbeiten ausgeführt werden. Aufgabe der Helferin ist es, alle Beteiligten (Patient, Zahnarzt, evtl. Techniker) in ihrem Bemühen um einen reibungslosen Ablauf zu unterstützen. Hat die Praxis einen oder mehrere angestellte Zahntechniker, so übt die Helferin eine gewisse „Verbindungsfunktion" zwischen Sprechzimmer und Labor aus.
Folgende Tätigkeiten werden von ihr übernommen:

1. Übermittlung von Informationen zwischen Techniker und Zahnarzt (Termine, Anweisungen, Fragen, ergänzende Daten, Berechtigungen usw.).

2. Transport von Abdrücken, Registraten oder Modellen, von halb- oder ganzfertigem Zahnersatz zur Einprobe oder zum Einsetzen.

3. Ausführung bestimmter Arbeiten im Labor:
- Kennzeichnung und Markierung von Abdrücken, Modellen usw.
- Ausgießen von Abdrücken,
- Herstellung und Bearbeitung von Modellen,
- Durchführung von bestimmten kleineren oder größeren zahntechnischen Arbeiten,
- Reparaturen, Erweiterungen, Erneuerungen, Wiederbefestigungen usw.

4. Aneignung von Fertigkeiten und Kenntnissen über bestimmte zahntechnische Verfahren (Bedeutung der richtigen Materialbehandlung, Vermessungstechnik, Dublierverfahren usw.).*

5. Richtige Ordnung und Lagerung von prothetischen Arbeiten an den dafür vorgesehenen Plätzen (Schränke, Regale, Behälter).

Kontakt mit dem gewerblichen Labor

Auch für die Zusammenarbeit mit dem Fremdlabor und den dort beschäftigten Technikern gelten bestimmte Regeln; ihre Beachtung hilft, einen für beide Seiten erfreulichen Kontakt zu sichern:

1. Die Helferin muß sich über die jeweilige Arbeit so genau wie möglich informieren, damit sie über Art und Umfang der prothetischen Vorsorgung Bescheid weiß. Nur so kann sie die richtigen Vorbereitungen für den Versand ins Labor treffen (Art der Verpackung, exaktes Ausfüllen des Auftragszettels, vollständiges Eintragen ins Laborterminbuch (Abb. 19a) usw., Kennzeichnung der Arbeiten).

* Siehe auch Schwickerath, Einfache Laborarbeiten in der Zahnarztpraxis, Buch- und Zeitschriften-Verlag „Die Quintessenz", 1979

2. Die bereits mit dem Patienten vereinbarten Termine (siehe auch Abschnitt „Terminvergabe“, Seite 34) sind dem Labor vollzählig mitzuteilen. Bei dabei auftauchenden Schwierigkeiten (zu geringe Zeitspannen zwischen den Terminen oder bereits voll ausgelastete Kapazität des Labors) ist sofort der Patient umzubestellen. Mit dem Labor sind neue, verbindliche zeitliche Absprachen zu treffen. Gerade bei größeren Arbeiten empfiehlt sich die vorsorgliche Vereinbarung eines Ausweich- oder Ersatztermins, da nicht immer alle Arbeitsschritte in der gewünschten Form verlaufen. Auch unvermutete Schwierigkeiten beim Patienten oder im Labor können zu einer zeitlichen Verzögerung führen.

3. Die aus dem Labor eintreffenden Arbeiten sind auf Richtigkeit und Vollständigkeit zu kontrollieren. Nach Verbleib fehlender Teile muß sich die Helferin sofort erkundigen, da es sonst zu unangenehmen Störungen beim Ablauf der Behandlung kommen kann, die sowohl für den Zahnarzt als auch für den betroffenen Patienten äußerst ärgerlich sind.

4. Über Rückfragen des Technikers muß der behandelnde Zahnarzt sofort, exakt und vollständig informiert werden. Sinngemäß gilt das natürlich auch für Informationen und Anweisungen des Zahnarztes an den Techniker. Am besten werden diese speziellen Wünsche schriftlich niedergelegt (Notiz oder Auftragszettel mit Durchschrift!) und der Arbeit beigepackt. Deshalb muß die Helferin die speziellen Fachausdrücke lernen und richtig verwenden können (siehe auch Kapitel „Prothetische Zahnheilkunde“, Seite 379ff.). Es ist ärgerlich, wenn Schwierigkeiten durch Übermittlungsfehler der Helferin entstehen (weil sie z. B. den Unterschied zwischen einer Patrize und einer Matrize bei der Verankerung von Zahnersatz nicht kennt)!

Mundhygiene-Aufklärung

Da auf Form, Art und Umfang der einzelnen Erziehungs- und Anleitungsmaßnahmen auf dem Gebiet der Patientenaufklärung im Kapitel „Karies und Kariesprophylaxe“ (Band 1, Siebentes Kapitel) schon genauer eingegangen wurde, sollen hier nur Stichworte für die zahlreichen Aufgaben der Helferin (und der ZMF) auf diesem Gebiet genannt werden. Je nach Praxisstil und räumlicher Möglichkeit sind dies:

- Informationen von Eltern, Schwangeren, Kindern, Zahnersatzträgern usw. über die Gefährdung der Zähne durch falsche Ernährung und ungeeignete Putztechnik mit Hilfe verschiedener Medien (Modelle, Filme usw.).
- Aufklärung über vorbeugende Maßnahmen: richtige Ernährung, Fluoreinnahmen, richtige Putztechnik mit geeigneten Hilfsmitteln wie Bürsten, Zahnseide, Mundduschen usw.
- Praktische Anleitung von Kindern und Erwachsenen in der exakten Handhabung der entsprechenden Hilfsmittel mit genauer Einübung der richtigen Technik.
- Kontrolle in bestimmten Zeitabständen über Einhaltung der Vorschriften und der empfohlenen Technik durch Belag-(Plaque-)färbung und erneute Unterweisung (vor allem bei Kindern und Jugendlichen).
- Vornahme bestimmter Leistungen wie Fluortouchierung[1] oder -applikation mittels Schablonen oder Abdrücken, Rezeptieren von Tabletten nach Anweisung des Zahnarztes.
- Motivierung[2] der Patienten zu eigenen Leistungen auf diesem Gebiet durch Belohnung bei Kindern und Hinweisen auf Zahnerhalt bei Erwachsenen (Kosten von Zahnersatz usw.).
- Unterstützung von bereits begonnenen Maßnahmen auf kieferorthopädischem, prothetischem oder konservierendem Gebiet durch Hinweis auf die Notwendigkeit zahnärztlicher Maßnahmen.

1 Touchierung (frz.): Einpinselung, Aufbringung, Einstreichung
2 Motivierung (lat.): Ansprechen, Anregung

Materialbuch

Name des Materials (Artikel)	Anzahl	Gewicht Größe Handelsform	Firma (Depot) evtl. Zeichen	bestellt am	geliefert am	Bemerkungen (Nachlieferung, Mängel)	Zeichen

Abb. 19b Das Materialbestellbuch erleichtert die Übersicht über Bestand und Verbrauch der verwendeten Artikel und verhindert Fehl- und Doppelbestellungen

Materialverwaltung

Einer der kostenträchtigsten Faktoren in der Zahnarztpraxis ist heute das Material. Durch die gestiegenen Rohstoff- und Energiepreise (Gold, Silber, Erdöl usw.) haben sich die Ausgaben für fast sämtliche zahnmedizinischen Artikel (Verbrauchsmaterialien, Instrumente, Geräte, Medikamente usw.) enorm erhöht. Bei manchen Produkten wird der ständige Kostenanstieg schon offenkundig, wenn man das Preisschild der neuen Bestellung mit dem der vorherigen Lieferung vergleicht. Deshalb ist auf diesem Gebiet Sparsamkeit am Platze.
Aber nich nur Sparsamkeit, sondern auch die einwandfreie werkstoffmäßige Versorgung des Patienten sind Richtlinien, an die sich die Helferin beim Umgang mit Materialien halten muß. Folgende Grundsätze sind deshalb zu beachten:

1. Durch die Vielzahl der in der Praxis verwendeten Materialien hat die Helferin keinen Überblick über den Bestand und Verbrauch der verschiedenen Artikel. Deshalb muß sie sich schriftliche Notizen machen, um nichts zu übersehen. Ein Materialbestellbuch (Abb. 19b) erleichtert ihr diese Aufgabe und verhindert Fehl- und Doppelbestellungen.

2. Die Helferin muß wissen, welche Materialien zur Zeit verwendet werden! Namen, Verpackung, Größe und Form wechseln so häufig (wegen „Einführungs-" oder „Sonderangeboten"), daß eine stetige Information, sei es bei der Kollegin oder im Rahmen einer Mitarbeiterbesprechung, notwendig ist.

3. Für jeden Artikel muß die notwendige Vorratshaltung gesondert festgelegt sein. Da sich manches rasch verbraucht, anderes wieder nur selten verwendet wird, ist eine starre Festlegung einer bestimmten Stückzahl nicht empfehlenswert. Als Faustregel gilt: Mindestens eine Packung in Reserve!

4. Bei jedem Material (besonders bei neu eingeführtem) muß die Lagerungsart der Helferin vertraut sein. Einige sind dunkel, andere im Kühlschrank, wieder andere bei Zimmertemperatur usw. aufzubewahren. Nur die Befolgung dieser Vorschriften kann einem vorzeitigen Verderben entgegenwirken. Auch Überlagerungen sind durch Beachtung der Aufbewahrungsfristen zu vermeiden.

5. Die Helferin muß bei Bestellungen (ganz gleich, ob telefonisch oder beim Vertreter) stets die exakte Bezeichnung (Type, Nummer, Form, Anzahl, Größe, Farbe usw.) des Materials angeben.

6. Nachlieferungen, falsch geliefertes Material oder sonstige Schwierig-

keiten bei der Beschaffung sind umgehend dem Zahnarzt mitzuteilen, damit es nicht zu bösen Überraschungen kommt. Der Chef entscheidet dann, ob gewartet werden kann oder anderweitig bestellt werden soll.

7. Die Helferin sollte sich beim Vertreter oder im Depot auch informieren, ob die benötigten Artikel im Vergleich zu gleichartigen preisgünstig oder teuer sind. Voraussetzung ist eine Rücksprache mit dem Zahnarzt und die Zusicherung, daß das billigere Produkt qualitativ gleich gut ist.

Anleitung von Kolleginnen

Jede Auszubildende hat einen guten Teil ihrer Kenntnisse von Kolleginnen erworben. Dies geschieht im Auftrag des Zahnarztes, der die Unterweisung in bestimmten Bereichen der erfahrenen Helferin überträgt. Vereinzelt kann diese Aufgabe auch an eine Auszubildende delegiert werden, wenn diese auf einem Gebiet schon gesicherte Kenntnisse und genügend Erfahrung besitzt.
Nach der Teilnahme an einem Fortbildungskurs kann die Helferin sogar ihren gleichgestellten Kolleginnen neu erlerntes Wissen oder moderne Techniken beibringen. Unterweisungen in der Praxis sind unerläßlich und sind für den Kontakt der Helferinnen untereinander sehr förderlich. Fehler und Mißverständnisse können allerdings zu schweren Störungen des Betriebsklimas führen. Aus diesem Grund ist es wichtig, wenn die Helferin vor der Unterrichtung bestimmte Überlegungen anstellt:

1. Zuerst muß sich die Helferin darüber klarwerden, was sie der Auszubildenden vermitteln möchte; sie muß also das „Lernziel“ genau vor Augen haben. Am Ende der Unterweisung sollte die Lernende ein bestimmtes Wissen besitzen oder eine neue Fertigkeit beherrschen.

2. Die Unterweisung muß im freundlichen Ton und in verständlicher Sprache erfolgen. Der Lernstoff sollte in überschaubare „Portionen“ aufgegliedert in „Lernschritten“ vermittelt werden.

3. Je nach den zu vermittelnden Kenntnissen wird einmal das „Erklären“ und „Beschreiben“ im Vordergrund stehen, ein andermal das „Vormachen“ und „Zeigen“. Die unterrichtende Helferin hat darauf zu achten, daß das Arbeitstempo der Aufnahmefähigkeit der Auszubildenden entspricht.

4. Nach der Demonstration schließt sich immer die „Erfolgskontrolle“ an; die übermittelte Technik muß von der Kollegin „nachvollzogen“ werden können. Das Verständnis des Erlernten wird auch durch Fragen überprüft.

5. Wenn durch Proben sichergestellt ist, daß die neue Technik oder die Informationen verstanden wurden, folgt der Unterweisung eine Zeit der „Festigung“. In dieser Phase kontrolliert die Helferin, ob Korrekturen notwendig sind oder schon eine gewisse Sicherheit erreicht worden ist.

6. Es empfiehlt sich – nach einer bestimmten Zeit –, durch eine Art „Wiederholung“ des Stoffes zu prüfen, ob sich nicht im Lauf der Zeit Fehler eingeschlichen haben. Diese müssen ausgemerzt werden. Durch eine erneute Anleitung wird das Wissen oder die Technik so wieder in „richtige Bahnen“ gelenkt.

7. Bei allen Unterweisungsmaßnahmen sollte sich die Helferin daran erinnern, wie schwer ihr selbst einmal die Verarbeitung der vielen neuen Eindrücke fiel und wie mühsam auch für sie das Lernen war. Deshalb soll sie bei Fehlern der Auszubildenden sparsam mit Kritik, dafür aber großzügig mit Lob und Anerkennung sein. Geduld und Optimismus sind für einen Lernerfolg unbedingte Voraussetzung.

Fragen zum Verständnis und zur Selbstkontrolle

Die „delegierbaren" Tätigkeiten

52. Welche Bestrahlungsart hat die größere Eindringtiefe ins Gewebe?
53. Können die verwendeten Strahlen Schäden verursachen?
54. Welche Verordnung regelt die Anwendung von Röntgenstrahlen zu Untersuchungszwecken in der Praxis?
55. Wie oft muß die vorgeschriebene Röntgenbelehrung in der Praxis stattfinden?
56. Welche Aufgaben kann die Helferin im Praxislabor übernehmen?
57. Wodurch kann es zu Verzögerungen bei einer Zahnersatzarbeit im Labor kommen?
58. Welche Angaben sollte die Helferin ins Laborterminbuch eintragen?
59. Wozu werden Patrizen und Matrizen verwendet?
60. Wie kann sich die Helferin davon überzeugen, daß die Putztechnik richtig beherrscht wird?
61. Welche Faustregel gilt für die Lagerhaltung von Verbrauchsmaterialien?
62. Welche Angaben sind für eine exakte Bestellung im Depot nötig?
63. Wie soll die unterweisende Helferin den zu vermittelnden Stoff einteilen?
64. Welche Möglickeiten der Wissensvermittlung hat die Helferin?
65. Wie kann sie das vermittelte Wissen kontrollieren?

(Die Antworten stehen auf Seite 75.)

Elektronische Datenverarbeitung

Zahnarzt Eberhard Höfling, Kirchen

Die elektronische Datenverarbeitung (EDV) mit Computer spielt in der Zahnarztpraxis eine immer größere Rolle. So müssen sich auch Zahnarzthelferinnen mit dieser Materie befassen. Es gilt, die Schwellenangst gegenüber der Technik zu überwinden, deshalb wurde dieses Fach zusätzlich in den Berufschulunterricht aufgenommen.
In vielen Berufen sind die Computer heute nicht mehr wegzunehmen. In Banken, Hotels und in fast allen Betrieben der Industrie und des Handels sind diese Hilfen unentbehrlich geworden. Sie können uns in der Zahnarztpraxis die immer größer werdende Menge der Verwaltungsarbeit bewältigen helfen. Sie übernehmen Routinevorgänge, wie Rechnen, Speichern und Wiederausdrucken von eingegebenen Daten. Sie reduzieren und ordnen die Verwaltungsarbeit, führen aber nicht zu Personaleinsparungen, wie in anderen Berufen. Dafür ist die Arbeit am Computer bei uns nicht so umfangreich.

Aufbau einer EDV-Anlage

Eine EDV-Anlage setzt sich zusammen aus
- den Geräten (= der Hardware) und
- den Programmen (= der Software), die diese Geräte erst bedienbar machen.

Nach der Größe der Anlagen unterscheidet man zwischen
- den Großcomputern (= Mainframe), wie sie in Rechenzentren stehen,
- der mittleren Datentechnik (= Minicomputer), wie sie z. B. in unseren KZV-Abrechnungsstellen eingesetzt werden, und
- den Mikrocomputern, die sich in Arbeitsplatzcomputer oder Personalcomputer und Heimcomputer (= Homecomputer) aufteilen.

Durch die Weiterentwicklung in der Mikroelektronik zu immer kleineren und leistungsfähigeren Geräten sind die Grenzen fließend geworden. Heute haben Mikrocomputer Kapazitäten, die noch vor einigen Jahren nur Großgeräte bewältigen konnten.

Abb. 20 Mikrocomputer mit Zentraleinheit, Bildschirm und Tastatur

Die Hardware

Die Hardware eines Mikrocomputers (Abb. 20) besteht aus
- dem Bildschirm = Monitor
- der Zentraleinheit oder CPU (= Central Processing Unit), dem eigentlichen Rechner und
- der Tastatur (= Keyboard).

Ferner brauchen wir noch Peripheriegeräte, die an den Computer angeschlossen werden, z. B.
- einen Drucker, der einen Ausdruck auf Papier erst ermöglicht.

Ferner gibt es
- Lesestifte, auch Barcodeleser genannt, die den Strichcode von Artikelnummern und Preise in Registrierkassen einlesen,
- Graphikschreiber (= Plotter), die gegenüber den Druckern Zeichnungen herstellen,
- Akustikkoppler und Modem, die über das Telefonnetz Verbindung zu anderen Computern herstellen können.

Zusatzgeräte zum Anschluß an einen Computer werden immer mehr angeboten. Sie erweitern den Einsatz der EDV in der zahnärztlichen Praxis bis hin zum digitalen Aufzeichnen von Röntgenbildern.

Nun zu den einzelnen Geräten einer EDV-Anlage:

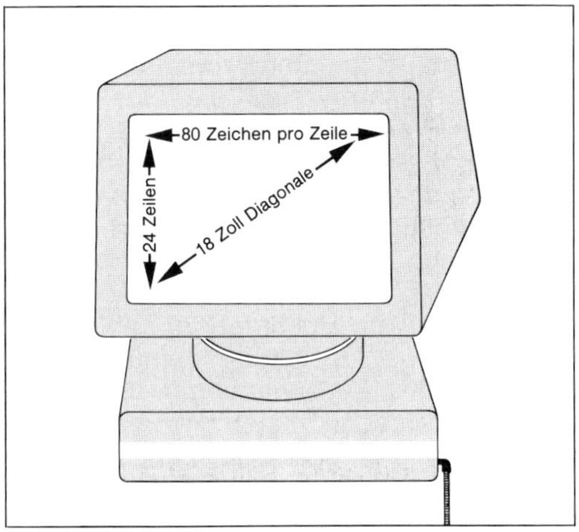

Abb. 21 Auf einem 18-Zoll-Monitor können 24 Zeilen zu je 80 Zeichen überblickt werden

Der Monitor (Abb. 21)

Er ist technisch wie eine Bildröhre im Fernseher gebaut, hat aber eine wesentlich höhere Auflösung eines Bildes in Punkte (= Pixel), aus dem sich das Bild in der Röhre zusammensetzt. Die geringere Auflösung eines Fernsehers würde den Augen auf die Dauer schaden. Der Bildschirm für einen Computer hat normalerweise 24 Zeilen zu je 80 Zeichen, entspricht also einer halben Briefbogenseite

(= DIN A5) und ist in der Diagonalen meistens 14 Zoll groß. In unserem Bereich werden einfarbige (= monochrome) Bildschirme verwendet. Farb-(= Color)monitore sind nur für Farbgrafiken sinnvoll. Sie sind wesentlich teurer, wenn sie eine gute Bildschirmauflösung haben. Neben den Bildröhren-Monitoren gibt es noch Flachbildschirme (= Plasmabildschirme, LCD), wie wir sie von den Taschenrechnern kennen. Sie werden für tragbare Computer eingesetzt, sind aber nicht so scharf zeichnend und lassen sich nur gut ablesen, wenn man direkt vor ihnen sitzt.

Die Zentraleinheit

Sie enthält den eigentlichen Computer mit seinen Chips. Das sind kleinste elektronische Bauteile, die eine Unmenge von elektrischen Schaltungen ausführen können. Prozessoren sind die eigentlichen Rechner in der Zentraleinheit. Sie können unheimlich schnell arbeiten, werden immer kleiner konstruiert und haben eine immer größere Rechenkapazität und Speicherleistung. Es sind elektronische Bauteile, die den Strom nur ein- und ausschalten können. Um Buchstaben, Zahlen und Zeichen eingeben zu können, müssen diese in Ein- und Ausschaltungen umgesetzt werden. Man bedient sich dazu einer alten Erfindung, dem binären Zahlensystem, das gegenüber unseren Dezimalzahlen nur aus 0 und 1 besteht. *Leibniz* (Philosoph und Mathematiker, 1646–1716) hat schon dieses binäre System entwickelt. Hierbei werden die verschiedenen Zahlen durch eine unterschiedliche Reihenfolge von 0 und 1 dargestellt, was in unserem Fall dem Ein- und Ausschalten des elektrischen Stroms entspricht (Abb. 22). Für das Darstellen von Zahlen werden dazu 4 Schaltungen benötigt, für Buchstaben 7. Eine Schaltung wird 1 Bit in der EDV genannt. Mit 1 zusätzlichen Schaltung für die Steuerung werden diese 8 Schaltungen ein Byte genannt. Mit dieser Methode können auch Buchstaben und Zeichen definiert werden, denn damit sind 256 verschiedene Schaltungen möglich.

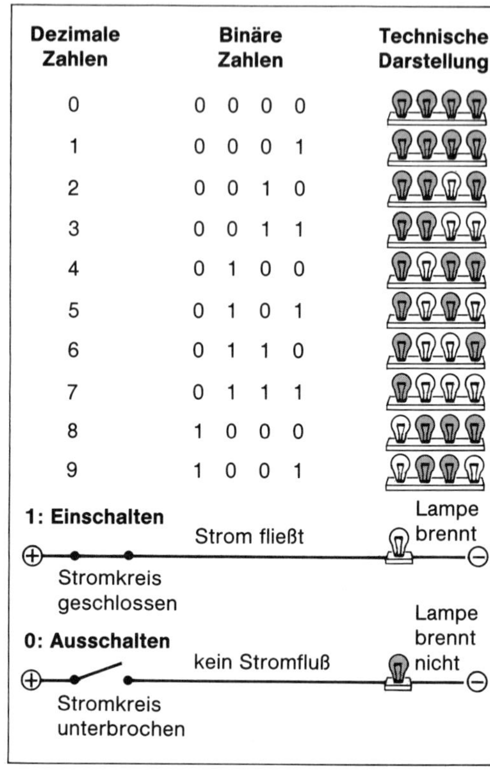

Abb. 22 4 Zeichen sind erforderlich, um eine Dezimalzahl im binären System auszudrücken. Das elektronische System „liest“ den Zahlenwert, indem es innerhalb dieser 4er-Sequenzen den Stromfluß (1) bzw. seine Unterbrechung (0) registriert

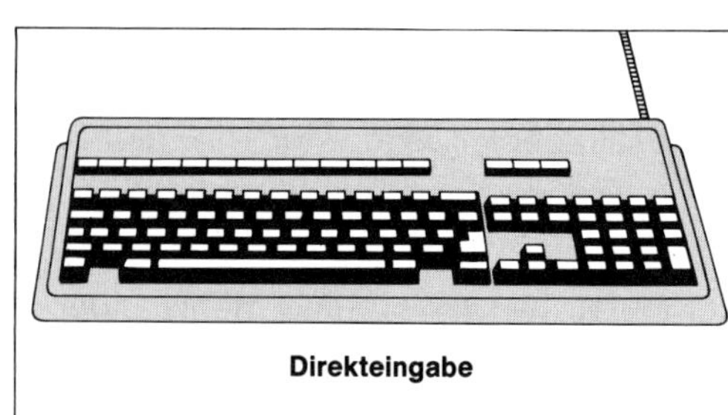

Abb. 23 Die MF-Tastatur eines Computers entspricht im wesentlichen der Schreibmaschinentastatur

Merke:
8 Bit sind 1 Byte also 1 Buchstabe, Zahl oder Zeichen.

Demnach sind 1 Kilobyte (KB) = 1000 Byte und 1 Megabyte (MB) = 1 Million Byte. Mit diesen Maßen wird in der Computertechnik das Fassungsvermögen eines Speichers angegeben.
Ein 8-Bit-Prozessor ist in den kleinen Home- und Personalcomputern, den PCs, eingebaut, die im beruflichen Einsatz kaum noch Bedeutung haben.
Ein 16-Bit-Prozessor arbeitet im AT (engl.: Advanced Technology), und ist der für uns von der Schnelligkeit, seinem Arbeitsvermögen und seinem Preis-/Leistungsverhältnis günstigste Mikrocomputer. Der noch größere, aber auch teurere 32-Bit-Prozessor, ist in Computern eingebaut, die sich erst für Mehrplatzanlagen rentieren. In der Zentraleinheit arbeiten verschiedene Speicherarten, solche, die beim Ausschalten des Computers alle dort gespeicherten Daten löschen, also immer wieder für neue Arbeiten frei sind, und Speicher, die einmal eingegebene Werte auch beim Ausschalten behalten, z. B. für das Betriebssystem, ohne das der Computer nicht wieder in Betrieb genommen werden könnte.

Die Tastatur

Sie entspricht im wesentlichen der Schreibmaschinentastatur (Abb. 23). Im Deutschen erkenntlich an der oberen Buchstabenreihe, die mit qwertz beginnt. Rechts daneben liegt eine numerische Tastatur, wie wir sie von der Rechenmaschine kennen. Sie ist gleichgeschaltet mit der Zahlenreihe oberhalb der Buchstabentastatur. Neben diesen alpha-numerischen Tasten sind nun Tasten vorhanden, mit denen man den Computer bedienen kann. Zu den wichtigsten zählt die ←-Taste, die, wie bei der Schreibmaschine, Wagenrücklauftaste genannt wird, auch „Return" oder „Enter". Sie funktioniert in einem Textprogramm wie bei der Schreibmaschine, indem die Eingabestelle, der Cursor, in eine neue Zeile springt. Daneben hat sie aber noch die Funktion, Eingaben, die auf dem Bildschirm gemacht wurden, zu bestätigen, damit der Rechner mit diesen arbeiten kann. Identisch mit der Schreibmaschine ist noch die Großbuchstabentaste, „Shift" genannt. Eine neue Taste ist die „Escapetaste" (engl.: entfliehen, entweichen). Damit kann man aus einem Programmteil herausgehen oder zurück in einen vorherigen Teil springen. Um das zuletzt eingegebene Zeichen und folgende löschen zu können, gibt es die „Del(ete)"-Taste; um das Vorherige zu löschen, die ←- oder „Back"-Taste.
Damit man die Eingabestelle, den Cursor, auf dem Bildschirm verschieben kann, werden Pfeiltasten benutzt, die diesen Cursor nach oben oder unten und nach links oder rechts verschieben. Bei der heute am meisten verwendeten MF-Tastatur, die inzwischen als Standard für die meisten Mikrocomputer angeboten wird, sind diese Pfeiltasten in einem separaten Cursorblock neben den alpha-numerischen Tasten angeordnet.
Oberhalb dieser Tastatur finden wir noch Sondertasten, die Funktionstasten F1–F12, die von den Programmen mit unterschiedlichen Aufgaben belegt werden. Sie sind frei definierbar. Ein paar weitere Computertasten erleichtern dem Bediener die Arbeit und führen bestimmte Funktionen aus, die man im Handbuch der Geräte nachlesen sollte.

Der Drucker

Als wichtigstes Peripheriegerät benötigen wir einen Drucker, der neben unseren Briefen auch Endlosausdrucke, wie die Quartalsabrechnung, ausdrucken kann. Dafür eignen sich aus der Vielzahl der Drucker am besten die Nadeldrucker. 9 oder 24 Nadeln im Schreibkopf schlagen über ein Farbband die Zeichen auf das Papier. Sie arbeiten schnell, können Durchschläge liefern und haben heute, besonders bei den 24-Nadel-Druckern, ein annehmbares Schriftbild, das die Schreibmaschine alter Art für die Praxis überflüssig macht.
Es gibt noch weitere Druckerarten, wie die Tintenstrahldrucker. Hierbei werden

die Zeichen aus feinsten Farbdüsen auf das Papier gespritzt. Sie sind leise und haben ein schönes Schriftbild, können aber keine Durchschläge liefern, wie wir sie für Formularsätze brauchen.
Laserdrucker arbeiten wie ein Kopiergerät, liefern also einen fotomechanischen Ausdruck in Buchdruckqualität. Sie können ebenfalls keine Durchschläge herstellen, sind langsamer und noch verhältnismäßig teuer.

Die Datenübertragung

Neben dem Ausdruck wird der Datentransfer, die direkte Datenübermittlung, in Zukunft immer rationeller. Dabei werden die Daten von einem Computer zu einem anderen über verschiedene Systeme der Postleitungen durch ein Modem, einen fest installierten Zusatzkasten, transportiert, so daß sich der Ausdruck, der Versand und die erneute Eingabe erübrigen.

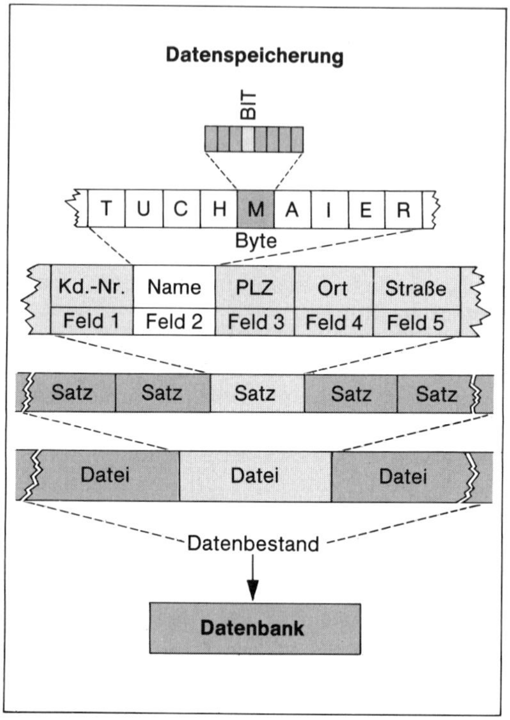

Abb. 24 Die Fülle der Einzeldaten wird gegliedert in Felder, Sätze und Dateien

Externe Speicher

Die Datenspeicherung braucht also 8 Bit für 1 Byte um 1 Buchstaben/Zahl oder Zeichen zu erzeugen. Ein Name wird in einem Feld abgelegt, mehrere Felder, z. B. die Patientenadresse, bilden 1 Satz, die Daten der prothetischen Leistungen führt man in einer Datei zusammen, und alle Dateien bilden die Datenbank, wie die Abrechnungsdaten einer Praxis (Abbildung 24).
Die Speicherkapazität des Arbeitsspeichers, des Prozessors, ist für die Programme und die Daten, mit denen man arbeitet, nur begrenzt. Um die nicht direkt benötigten Daten abspeichern zu können, brauchen wir zusätzliche Speicher, die externen Speicher. In unserem Bereich sind das Disketten, Festplatten (= Harddisk) und Magnetbandgeräte (= Streamer).
Disketten sind flexible Scheiben, ähnlich der Schallplatte, deren Oberfläche aber wie Musikkassettenbänder beschichtet sind. Ein Schreib-/Lesekopf, wie beim Kassettenrecorder, überträgt die Daten in einzelnen Rillen auf diese Schicht, aber nicht wie bei der Schallplatte zur Mitte zulaufend, sondern in einzelnen parallel laufenden. Die runde Scheibe ist in einen quadratischen Schutzkarton eingepackt und nur über einen eingestanzten Schlitz kann der Schreib-/Lesekopf auf die Diskette zugreifen. Das übliche Maß im PC-Bereich für Disketten sind 5 1/4-Zoll Durchmesser. In dieser Größe gibt es je nach der Ausführung des Diskettenlaufwerks (= der Floppy), der verschiedene Kapazitäten mit unterschiedlichen Spurenzahl von 360 KB bis 1,2 Megabyte. Letztere ist im AT-Mikrocomputer üblich. Neben diesen flexiblen Disketten gibt es neue, kleinere von 3 1/2-Zoll Durchmesser, die 720 KB oder 1,44 Megabyte Speichervolumen haben. Sie sind in einer festen Plastikumhüllung untergebracht und dadurch nicht so empfindlich. Mit Disketten können Programme oder Programmänderungen, sogenannte Updates, in den Computer eingelesen werden, aber auch Daten

ausgelagert und dadurch gesichert werden. Die Kapazität der Disketten reicht für unsere umfangreichen Programme und ihre Daten nicht aus. Daher brauchen wir ein größeres Speichermedium.

Festplatten sind beschichtete Scheiben, wie die Disketten. Nur sind hier beschichtete Aluminiumscheiben festverschlossen in einem Gehäuse untergebracht. Der Schreib-/Lesekopf schwebt über der Platte und damit nicht die kleinste Verschmutzung Datensalat hervorruft, wird in dem Gehäuse durch einen Ventilator ein Überdruck erzeugt. Deshalb läuft ein Festplattenlaufwerk immer, wenn der Computer eingeschaltet wird, im Gegensatz zum Diskettenlaufwerk, das nur bei der Ein- und Ausgabe von Daten läuft. Die Kapazität von Festplatten ist sehr groß. Die kleinsten mit 10 MB werden kaum noch verwendet. Üblich sind Platten von 20 bis 40 MB und mehr. Darauf lassen sich, z. B. je nach Programm und Praxisgröße, die Patientenstammdaten über 3–7 Jahre und mehr speichern.

Streamer sind Magnetbandgeräte, die ähnlich Musikkassettengeräten, mit einem Magnetband arbeiten, auf das die Daten hintereinander eingelesen werden. Sie werden zur Sicherung von Daten benutzt.

Damit eine EDV-Anlage, die Hardware, überhaupt arbeiten kann, brauchen wir Programme, die Software, die ihr sagt, was sie tun soll.

Die Software

Dies sind
- das Betriebssystem, das man meistens mit dem Gerät erwirbt, und
- die Anwenderprogramme, die für die zahnärztliche Verwaltungsarbeit wichtig sind.

Das Betriebssystem macht den Computer erst lauffähig. Es startet die Maschine, sagt ihm, mit welcher Tastenbelegung er jetzt arbeitet, bei uns beispielsweise mit der deutschen DIN-Tastatur. Es enthält andere Arbeitsanweisungen, wie das Kopieren von Daten auf einen anderen Datenträger, z. B. zum Sichern von abgelegten Daten. Als wichtigstes Betriebssystem in unserem Bereich gilt das von der amerikanischen Firma Microsoft entwickelte MS-DOS (Microsoft Disk Operating System), das in verschiedenen Versionen ausgeliefert wird. Daneben gibt es noch andere Betriebssysteme, die aber nicht so verbreitet sind oder für andere Anwenderbereiche eingesetzt werden, z. B. Unix oder OS/2 für Mehrplatzsysteme.

Programme werden in Computersprachen von Programmierern geschrieben. Hier ist BASIC die am meisten verbreitete Programmiersprache, die für Einsteiger den Vorteil bietet, aus verkürzten, englischen Begriffen zu bestehen. Weitere Sprachen sind Pascal, C u. a. Sie sind aber nur für das Schreiben von Programmen interessant. Wir arbeiten mit professionellen Anwenderprogrammen, wie einem Zahnarztprogramm, das aus verschiedenen Programmteilen bestehen kann (Abb. 25). Die wichtigsten sind:
- die Stammdatenverwaltung. Dazu gehört die Eingabe und das Verwalten der Patientendaten, die Gebührenlisten, die Krankenkassenadressen u. a.,
- das Privatrechnungschreiben für unsere Patienten, bei denen die erbrachten Leistungen nach der Gebührenordnung für Zahnärzte und Ärzte abgerechnet werden.
- Die Zahnersatzabrechnung brauchen wir zum Ausstellen und Abrechnen von Heil- und Kostenplänen und Wiederherstellungsformularen.
- Das Zahnarztlaborprogramm verwendet man, wenn zahntechnische Leistungen im eigenen Labor erbracht werden. Die Werte dieser Rechnungen werden für die Privatrechnungen und die Heil-Kostenplanabrechnung übernommen.
- Die allgemeinen, konservierenden und chirurgischen Leistungen erfassen wir für die Quartalsabrechnung der Kassenpatienten in einem weiteren Programmteil.
- Das Textprogramm ermöglicht das Schreiben von Briefen, speichert praxisspezifische Formulare, schreibt Serienbriefe u. a.
- Das Buchhaltungsprogramm verwaltet alle Finanzbewegungen der Praxisein- und -ausgaben.
- Der Statistikteil gibt jederzeit Auskunft

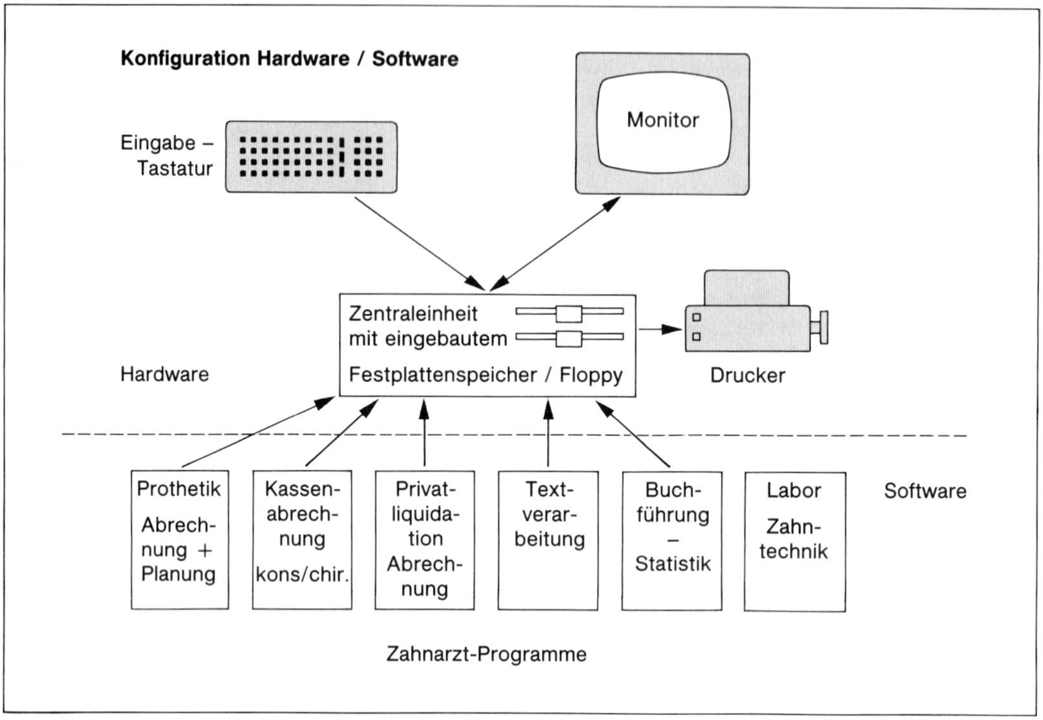

Abb. 25 Das Zusammenwirken der verschiedenen Bestandteile einer EDV-Anlage

über alle Leistungen, die in den einzelnen Bereichen erbracht wurden, und setzt sie in Vergleich zu anderen, wie zum Vorquartal oder Vorjahr usw. Diese Statistik wird für das Führen einer Praxis nach betriebswirtschaftlichen Grundsätzen immer wichtiger.

Zahnarzt-Programme werden von verschiedenen Softwarefirmen angeboten. Es gibt sie in sehr unterschiedlichen Ausführungen und unterschiedlicher Qualität der Handhabung. Wenn die EDV im kassenzahnärztlichen Bereich eingesetzt wird, muß dieses der Kassenzahnärztlichen Vereinigung gemeldet werden. Für die Quartalsabrechnung muß neben der Meldung an die KZV für das Programm eine Genehmigung vorliegen, sonst ist die Abrechnung nicht statthaft. Dieses Verfahren ist in den Verträgen mit den Krankenkassenverbänden bundesweit vereinbart.

Einarbeiten in die EDV

Wenn Sie sich in ein Zahnarzt-Programm oder überhaupt in die EDV einarbeiten wollen, sollten Sie schrittweise vorgehen; d. h., fangen Sie mit einem Programmteil an, z. B. den Patienten-Stammdaten und den Rechnungen für die Privatpatienten. Dieser Teil ist ähnlich dem Schreiben mit der Schreibmaschine, mit der Sie ja bisher auch die Rechnungen geschrieben haben. Wenn Sie diesen Teil in allen Arbeitsschritten beherrschen, wagen Sie sich an das nächste Programmpaket. In der oben beschriebenen Reihenfolge ist dieser Einstieg am günstigsten, da die Schwierigkeiten der Handhabung des Programms mit dem Umfang der Teile wächst.

Da der Umfang und die Führung in den Programmen sehr unterschiedlich ist, hat es keinen Zweck, hier im einzelnen darauf einzugehen. Darüber müssen die Handbücher der Hersteller genügend Auskunft

geben und ausführliche Anleitungen enthalten. Allen gemeinsam ist, daß man über den Bildschirm im Dialog durch das Programm geführt wird. Viele Firmen bieten über die Funktionstasten, meisten die F1-Taste, zusätzliche Hilfen an, so daß man nicht immer im Handbuch nachblättern muß. Die Bedienerfreundlichkeit eines Programms ist im übrigen eines der wichtigsten Auswahlkriterien.
Neben dem z. Zt. üblichen EDV-Einsatz im Verwaltungsbereich der zahnärztlichen Praxis werden in Zukunft Computer auch Erleichterungen im zahnmedizinischen Behandlungsbereich durch sogenannte Expertensysteme bringen. Dafür werden die Kenntnisse und Fähigkeiten der Bedienung eines Verwaltungsprogramms eine große Erleichterung sein.
Der Einsatz der Mikroelektronik wird immer weiter fortschreiten. An uns liegt es, ihn in vernünftige Bahnen zu lenken, zum Wohle der Patienten und des Praxisteams.

Fragen zum Verständnis und zur Selbstkontrolle

Elektronische Datenverarbeitung

52. Was versteht man unter a) Hardware
und b) Software?
53. Woraus besteht eine Personalcomputeranlage?
54. Was ist ein Byte?
55. Nennen Sie die wichtigsten zusätzlichen Tasten in einer PC-Tastatur neben denen für die Schreibmaschine?
56. Was verstehen Sie unter einem Cursor?
57. Wozu braucht man für eine EDV-Anlage ein Betriebssystem?
58. Was ist a) eine Diskette
b) eine Festplatte?
59. Welche Anwendungsgebiete kennen Sie für die EDV in der Zahnarztpraxis?

(Die Antworten stehen auf Seite 75/76.)

4. Weiterbildungsmöglichkeiten

Die eigenverantwortliche Tätigkeit der Zahnarzthelferin hat in den letzten Jahren ständig an Umfang zugenommen. Die Auffächerung der delegierbaren Arbeiten hat dazu geführt, daß eine spezialisierte, weiterführende Ausbildung geschaffen wurde.

In der Bundesrepublik Deutschland kann sich eine Helferin entweder zur „Zahnmedizinischen Fachhelferin" (ZMF) oder zur Zahnmedizinischen Verwaltungshelferin" (ZMV) weiterbilden. Voraussetzung dafür sind das Helferinnenexamen und zwei Berufsjahre. Die Tabelle 5 gibt einen Überblick über die zur Zeit bestehenden Ausbildungsmöglichkeiten. Von den aufgeführten Anschriften erfährt die interessierte Helferin, wann und unter welchen Bedingungen die einzelnen Kurse und Prüfungen absolviert werden können.

In der Schweiz erteilen die Leiter der Gehilfinnenschulen oder die Zentralstelle für die SSO-Diplomausbildung: Dr. Chlaus Walter, Postfach, CH-8706 Meilen, Auskunft über die Weiterbildung zur „Diplomierten Zahnarztgehilfin (SSO)". Wie in der Bundesrepublik Deutschland ist dazu das erfolgreiche Bestehen verschiedener Kurse nötig. Diese erstrecken sich auf die Gebiete: „Prophylaxe II", „Röntgen", „Praxisorganisation", „Chair-side Assistance", „Psychologie", „Labortechnik" und „Erste Hilfe" sowie auf einen Sprachtest.

In Österreich sind in fast allen Landeshauptstädten Fachkurse eingerichtet, die von den Landesärztekammern (Fachgruppe für Zahn-, Mund- und Kieferheilkunde), der Österreichischen Dentistenkammer oder auch von diesen gemeinsam durchgeführt werden. Eine zentrale Ausbildungsorganisation mit einheitlichen Ausbildungsplänen und Prüfungsordnungen ist im Entstehen begriffen, geregelte Fort- und Weiterbildung in Diskussion.

Tabelle 5 Fortbildungsmöglichkeiten in der Bundesrepublik Deutschland

1. Anschriften der ZMF-Schulen:	
Bundesland	*Schule*
Hamburg, Bremen, Schleswig-Holstein	Norddeutsches Institut für Zahnmedizinische Fachhelferinnen Möllner Landstraße 31 D-2000 Hamburg 74 (Tel. 040/7311335)
Baden-Württemberg	Zahnärztliches Fortbildungszentrum mit Institut für Zahnmedizinische Fachhelferinnen Herdweg 50 D-7000 Stuttgart 1 (Tel. 0711/292946)
2. Fortbildung zur ZMF im dualen System (keine Vollzeitschule):	
Bundesland	*Schule*
Hessen	Landeszahnärztekammer Hessen Lyoner Straße 21 D-6000 Frankfurt am Main 71 (Tel. 0611/6607-1)
Rheinland-Pfalz	Landeszahnärztekammer Rheinland-Pfalz Frauenlobplatz 2 D-6500 Mainz 1 (Tel. 06131/614488)
Nordrhein-Westfalen (Kammer Nordrhein)	Karl-Häupl-Institut (Modellversuch) Emanuel-Leutze-Straße 8 D-4000 Düsseldorf 11 (Tel. 0211/593066)
Nordrhein-Westfalen (Kammer Westfalen-Lippe)	Zahnärztekammer Westfalen-Lippe Auf der Horst 29 D-4400 Münster 1 (Tel. 0251/490902)
Niedersachsen	Zahnärztekammer Niedersachsen Hildesheimer Straße 35 D-3000 Hannover (Tel. 0511/853085)
Bayern	Bayerische Landeszahnärztekammer Fallstraße 34 D-8000 München 70 (Tel. 089/72401-0)
3. Fortbildung zur ZMV:	
Bundesland	*Schule*
Bayern	Schule für Zahnmedizinische Verwaltungshelferinnen Orleansstraße 46 D-8000 München 80 (Tel. 089/4488171)

Antworten zu den Fragen auf Seite 25 „Das Aussehen der Helferin“

1. a) nicht verwischbar, sehr dezent
   b) sauber, nicht fettig, gesichert
   c) sauber, gepflegt
   d) sauber, nicht zu lang
   e) einfach, bedeckt, nicht störend
2. Aus hygienischen Gründen und wegen der möglichen Verfärbungsgefahr.
3. Wegen der Unfallgefahr durch laufende Motoren und der Belästigung des Patienten sowie der möglichen Sichtbehinderung beim Arbeiten.
4. Zu eingeschränkter Beweglichkeit, Hitzestau und Beengungen.
5. Wegen der Austrocknungsgefahr durch häufiges Reinigen und Desinfizieren müssen die Hände mit einer pflegenden, rückfettenden Creme behandelt werden.
6. Sie sollen bequem, leise, sicher und unempfindlich sein
7. Grelle Farben wirken abschreckend und können mit Praxismaterialien chemische Reaktionen eingehen.
8. Entwickler, Abdruckmassen, Injektionslösungen usw.

Antworten zu den Fragen auf Seite 28 „Das Verhalten der Helferin“

9. Fähigkeit zur Zusammenarbeit, Einsatzfreudigkeit, Mitdenken, Anpassungsfähigkeit, Kontaktfreudigkeit, seelische Eignung.
10. Nicht vor dem Patienten oder vor Unbeteiligten herausplatzen; bei geeigneter Gelegenheit anbringen (Pause, Feierabend, Mitarbeiterbesprechung).
11. Vorausdenken.
12. Durch Anpassungsfähigkeit, Weiterbildungsfreudigkeit.
13. freundlich, kontaktfreudig, sicher.
14. a) aufmunternd, ablenkend
    b) ehrlich, erklärend
    c) korrekt, höflich
    d) bestimmt, konsequent
    e) reserviert, distanziert
    f) zurückhaltend
15. Toleranz, Großzügigkeit, Nachsichtigkeit, Verständnis, Anteilnahme, Zuverlässigkeit, Sympathie, Kameradschaft.

Antworten zu den Fragen auf Seite 37 „Die Betreuung der Patienten“

16. Ist der Patient bestellt, pünktlich, neu, unbestellt usw.?
17. Buchstabieren lassen.
18. Ja, aber nur, soweit sie nicht der Schweigepflicht unterliegen.
19. Erst nach dem Anliegen fragen.
20. Auf jeden Fall das Untersuchungsbesteck (Spiegel, Sonde und Pinzette).
21. Das Wetter, das Fernsehprogramm – also möglichst neutrale Themen.
22. Vorsichtige Säuberung, Kontrolle seines Aussehens, Suche nach evtl. liegengebliebenem Eigentum.
23. Die Schwere des Falles, die Dringlichkeit der Behandlung.
24. Durch ausreichenden Spielraum für das Labor zwischen den Terminen, durch Einplanung von Ausweich- oder Ersatzterminen.
25. Um Unordnung im Wartezimmer oder Verletzungen beim Herumtoben zu vermeiden.
26. Durch Belohnung und lobende Anerkennung.
27. Neugierige Fragen, möglichst keine anderen Patienten gleichzeitig bestellen.
28. Das Besteigen des Behandungsstuhles und das Gehen auf glatten Böden.
29. Die Abholung durch Taxi oder Angehörige mittels Telefon zu organisieren.
30. Ob der Patient zum Allgemeinarzt oder zum Zahnarzt will.
31. Durch schriftliche mehrsprachige Verständigungshilfen oder Dolmetscher.

Antworten zu den Fragen auf Seite 49 „Verwaltung und Schriftverkehr“

32. Nach den ABC-Regeln (DIN 5008).
33. Der Schweigepflicht und des Datenschutzes.
34. Name, Vorname(n), Geburtstag, ferner: Anschrift, Telefon, Arbeitgeber, Kostenträger, Versicherungsverhältnis, Beruf.

35. Gravidität (Schwangerschaft), Medikamenteneinnahme (z. B. Antikoagulantien), Zahnfarbe, Duplikat usw.
36. Datum, Zahn, behandelte Gegend, Anzahl und Art der Leistung, Medikament, Material, Diagnose, Befund, Begründung usw.
37. Cave bedeutet „Vorsicht"; es fehlt die genaue Angabe, worauf Bedacht genommen werden muß (z. B. Krankheit, Allergie usw.).
38. Datum der letzten Aufnahme im Kopfbereich, Vorliegen einer Schwangerschaft bei weiblichen Patienten, Röntgennachweisheft (Rö-Paß).
39. Die verwendete Strahlendosis.
40. Durch Verwendung von Kurzbriefen, Formularen oder EDV.
41. Befunde, Stellungnahmen, Bestellungen, Beschwerden, Mängelrügen, Ärztliche Briefe.
42. Datum, Anschrift des Absenders oder Adressaten, Porto, Inhalt.

Antworten zu den Fragen auf Seite 57/58 „Abrechnung"

43. Direkt mit dem Patienten oder direkt mit dem Kostenträger (Krankenkasse).
44. Nach den Bestimmungen der Gebührenordnung für Ärzte und Zahnärzte (GO-Ä, GO-Z).
45. Datum, Zahn, Leistung, Anzahl, Steigerungssatz und Betrag.
46. Berechtigungsschein.
47. Heil- und Kostenpläne, Par-Status, Wiederherstellungs-/bzw. Einzelkronenformular.
48. Unterschrift des Versicherten, Datum der Ausstellung.
49. Anschrift (Wohnung), Arbeitgeber, Familienname (nach Heirat).
50. M (für mesial), D (für distal), V (für vestibulär, labial und bukkal), O für okklusal und inzisal), L (für lingual und palatinal).
51. Durch Kontrolle der Aufzeichnung (schriftlich auf dem Krankenblatt, im Tagebuch, Diktat auf Band)

Antworten zu den Fragen auf Seite 64 „Die ‚delegierbaren' Tätigkeiten"

52. Mikrowellen (Kurzwellen)
53. Ja, Augenschäden.
54. Die Röntgenverordnung vom 1. 9. 1973.
55. Alle 6 Monate.
56. Kennzeichnung und Markierung von Abdrücken und Modellen, Modellherstellung, kleinere Kunststoffarbeiten (Reparaturen).
57. Durch zu geringe Kapazität, Fehlgüsse usw.
58. Datum der Absendung, Laborzeichen, Name des Patienten, Art der Arbeit (mitgeliefertes Material), Rückgabetermin, Zeichen der kontrollierenden Helferin usw.
59. Zur Verankerung von Zahnersatz.
60. Durch Kontrolle mittels Belag-(Plaques-)färbung.
61. Mindestens eine Packung als Vorrat.
62. Anzahl, Größe, Nummer, Farbe, Form, Bestellnummer, Größe des Artikels usw.
63. In kleine Abschnitte („Lernschritte").
64. Durch „Erklären", „Beschreiben", „Vormachen", „Zeigen" usw.
65. Durch „Wiederholung", „Abfragen", „Nachvollziehenlassen" usw.

Antworten zu den Fragen auf Seite 71 „Elektronische Datenverarbeitung"

52. a) die Geräte
    b) die Programme
53. Tastatur, Zentraleinheit, Bildschirm
54. Eine Einheit aus 8 Bit = 8 Schaltungen zur Darstellung von einem Buchstaben oder Zeichen.
55. Return oder Enter oder Wagenrücklauftaste ←
    Esc(ape)
    Cursor- oder Pfeiltasten
    Del(ate) oder Entfernentaste
    Back- oder ←-taste
56. Cursor ist die Eingabestelle auf dem Bildschirm.

57. Das Betriebssystem ist ein Programm, um die Funktionen des Computers auszuführen.
58. a) Eine Diskette ist eine flexible Speicherplatte ähnlich einer Schallplatte.
    b) Eine Festplatte ist eine in den Computer eingebaute magnetische Speicherplatte.
59. In der Praxisverwaltung das Anlegen und Speichern der Daten für
    Patienten,
    Zahnersatz,
    allgemeine, konservierende u. a. Leistungen,
    Quartalsabrechnung,
    Privatrechnungen,
    Zahnarztlabor,
    Textverarbeitung,
    Finanzverwaltung-Buchhaltung

Drittes Kapitel

Die Gestaltung der Zahnarztpraxis

Dr. med. dent. Bert Wagner, Weißenstadt

Die Gestaltung der Zahnarztpraxis wird von zwei Gesichtspunkten beherrscht:

von den **Arbeitsmitteln** und der **Arbeitsweise**.

Die Gestaltung der Arbeitsmittel

Unter Arbeitsmitteln sind im weiten Sinne alle Gegenstände zu verstehen, die der Praxisführung dienen, von den Räumen bis zu den Instrumenten. In diesem Abschnitt werden behandelt:

a) Die Praxisräume

b) Die Ausrüstung der Praxisräume

1. Die Praxisräume

Lage

Die Lage der Praxisräume ist von Gegebenheiten des Bedarfes an zahnärztlicher Versorgung, vom Verkehr (Parkplätze), u. U. auch von der örtlichen Beziehung zu ärztlichen Praxen, Behörden und Geschäften abhängig.

Anzahl

Die Anzahl der Praxisräume hängt von der Größe und den Schwerpunkten der Praxisführung des Zahnarztes ab. Ein allgemein praktizierender Zahnarzt wird räumliche Schwerpunkte anders setzen, als ein kieferorthopädisch oder parodontologisch orientierter Zahnarzt.

Größe

Von der Gesamtgröße einer Praxis sind 15% des Raumes für die Verwaltung einzukalkulieren.
Die Größe der Behandlungsräume soll wegen der erforderlichen Luftmenge für Zahnarzt, Helferin und Patienten bei normaler Raumhöhe mindestens 14 m^2 betragen.

Anordnung der Funktionsbereiche

Die Praxisräume sollen so angeordnet sein, daß die drei Funktionsbereiche (Abb. 26 bis 27) wenig Überschneidungen haben. Diese Funktionsbereiche sind:

Öffentlicher Bereich:

Patienteneingang
Wartezimmer (Abb. 28)
Garderobe
Patiententoilette

Kommunikationsbereich:

Empfang (Rezeption, Abb. 29 und 30)
Behandlungsräume (Abb. 31)
Prophylaxe (Abb. 32)
Röntgendiagnostik, Bestrahlung (Abb. 33)

Interner Bereich:

Hygiene und Wartung (Abb. 34)
Röntgenentwicklung
Innere Verwaltung
Laborbereich (Abb. 36)
Sozialbereich
Personaltoiletten
Chefbereich
Technische Versorgung (Abb. 35)

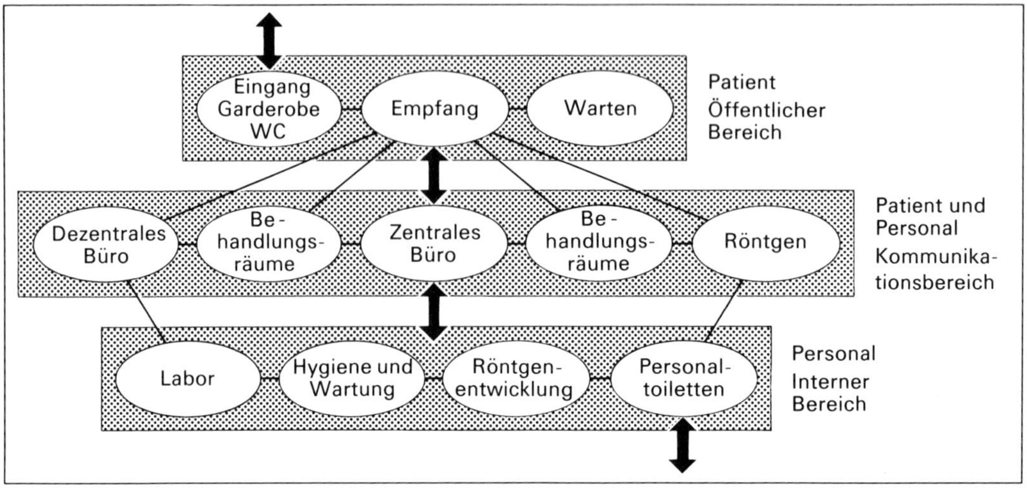

Abb. 26 Funktionsbereiche in der Zahnarztpraxis *(Kimmel)*

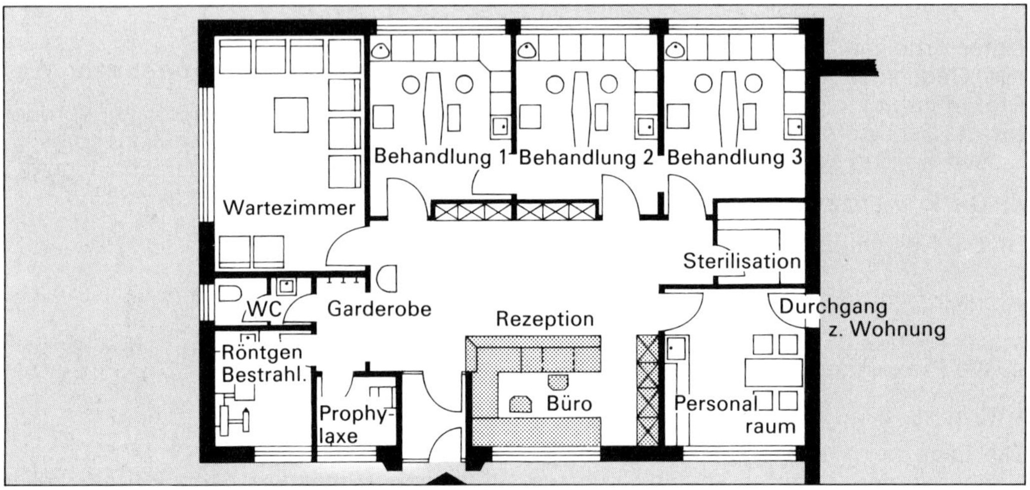

Abb. 27 Grundriß einer Praxis auf einer Ebene

Ausstattung

Bei der Ausstattung der Praxisräume muß man unterteilen in klinisch genutzte Räume und nicht-klinisch genutzte.
Die funktionellen Anforderungen sind – jeweils individuell auf den entsprechenden Raum zugeschnitten – in beiden Raumarten zu erfüllen.

Klinisch genutzte Räume sind: Behandlungsräume, Prophylaxeraum, Röntgenraum, zentrale Hygiene und Wartung. Hier bestehen besondere hygienische, biologische und ergonomische Bedingungen.

Die übrigen Räume (Wartebereich, Verwaltung, Rezeption, Sozialbereich, Chefbereich usw.) sind weniger hygienisch-

Abb. 28 Wartezimmer

Abb. 29 Empfang (Rezeption) aus der Sicht der Patienten

Abb. 30 Rezeption (Helferinnenseite)

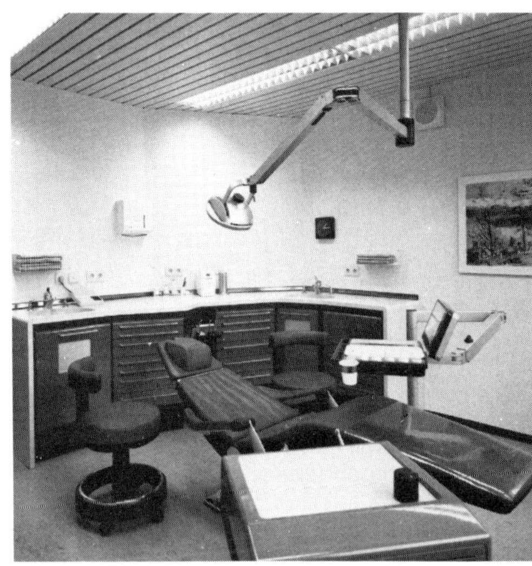

Abb. 31 Behandlungsraum (Sprechzimmer)

ergonomisch, als vielmehr architektonisch und psychologisch zu betrachten.

Klinisch genutzte Räume

Hygienische Anforderungen:
- Glatte Flächen
- Oberflächen desinfizierbar und leicht zu reinigen
- Keine Schmutzecken und Nischen
- Fugenlose Wände und Böden
- Berührungsfreie Bedienung der Waschbecken (Fuß, Lichtschranke)
- Keine Teppichbeläge
- Möglichst wenig umherstehende Gegenstände
- Keine Pflanzen (Erdsporen!)

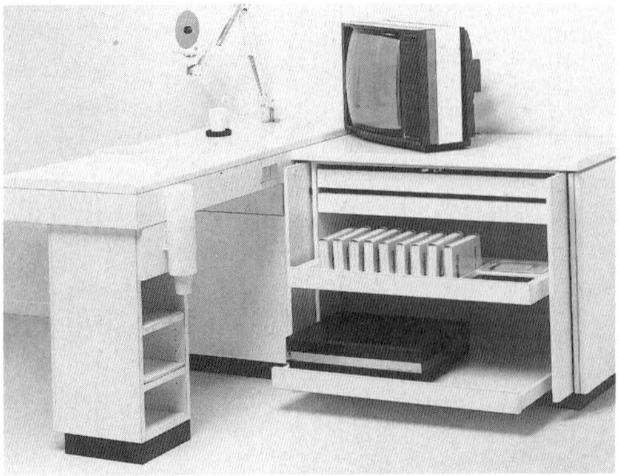

Abb. 32 Beispiel für Prophylaxe-Arbeitsplatz

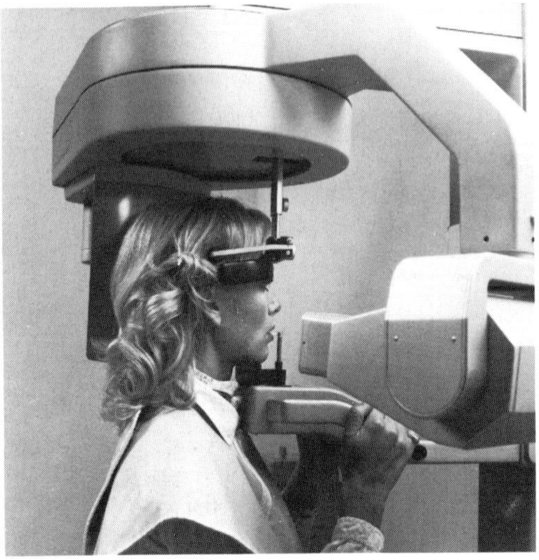

Abb. 33 Röntgengeräte

Abb. 34 Hygienebereich

Klimatisch-biologische Anforderungen:
- Hell – entweder mit natürlichem, oder/ und künstlichem Licht nach DIN 67505
- Belüftbar und entlüftbar
- Nicht zu warm
- Nicht zu kalt
- Richtige Luftfeuchtigkeit (ca. 45%)
- Psychologisch günstige Fensteranordnung
- Ruhige Anordnung von Einrichtung und Ausstattung, farblich ausgewogene Gestaltung
- Farbanordnung so, daß Zahnfarbenauswahl nicht beeinträchtigt wird

Ergonomische Anforderungen:
- Anordnung der Ausrüstung nach anerkannten ergonomischen Gesichtspunkten (siehe auch S. 78)
- Koordinierte Griffwege zwischen Zahnarzt und Helferin
- Leichte Erreichbarkeit der Hilfsmittel ohne Dehnen, Strecken, Drehen, Bücken

Arbeitssicherheit:
- Beachtung der Medizingeräteverordnung, der Röntgenverordnung, der Druckbehälterverordnung, der Unfallverhütungsvorschriften und der Normen

Ganz allgemein gilt für klinisch genutzte Räume die Regel, daß funktionelle Gesichtspunkte absoluten Vorrang vor architektonischen Wünschen haben müssen. Nur wo diese mit den hygienischen, biologischen, ergonomischen und Sicherheits-Anforderungen in Einklang stehen, sind sie durchführbar.

Nicht-klinisch genutzte Räume

In diesen Räumen gelten die allgemeinen Regeln des Bürobetriebes, der Patientenkommunikation, des angenehmen Aufenthaltes (Abb. 37). Innenarchitektonische Regeln haben hier Gültigkeit bei
- Wand-
- Decken-
- Boden
- Fensterbekleidung,
- Licht
- Pflanzen.

Funktionelle Anforderungen müssen aber

auch hier Vorrang haben. Dies gilt insbesondere für:
- Auswahl und Anordnung von Möbeln
- Auswahl und Anbringung von Leuchten

Elektrotechnische Anforderungen

Die elektrotechnischen Installationen müssen den Regeln und Gesetzen der Arbeitssicherheit und den Unfallverhütungsvorschriften entsprechen:
- Unterteilung in einzelne Stromkreise
- Fehlerstromschalter
- Evtl. zentrale Stromabschaltung – auch Wasserabschaltung empfehlenswert, wenn möglich

Klimatische Anforderungen

Die Anforderungen an das Klima in den Räumen einer Praxis sind je nach Lage der Praxis in verschiedener Weise zu erfüllen:
- Ausreichende Heizung (um 20° C)
- Ausreichende Kühlung – künstlich oder natürlich
- Regulierung der Luftfeuchtigkeit (um 45% relativ); Klimaanlagen müssen allen lufthygienischen Anforderungen entsprechen

Abb. 35 Kompressoren

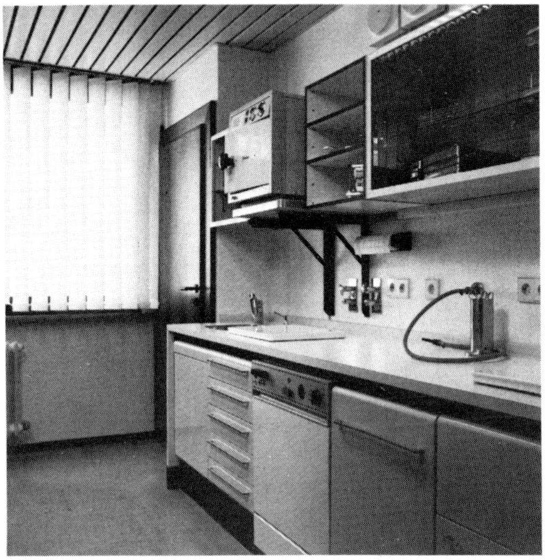

Abb. 36 Laborbereich

Abb. 37 In nicht-klinisch genutzten Räumen gelten die architektonischen Regeln des angenehmen Aufenthaltes

Fragen zum Verständnis und zur Selbstkontrolle

Die Praxisräume

1. Welche drei Funktionsbereiche in der Zahnarztpraxis kennen Sie?
2. Zählen Sie die „klinisch genutzten" Räume auf!
3. Welchem Praxisteil wird der Empfang (Rezeption) zugerechnet?
4. Auf wieviel % Luftfeuchtigkeit sollte eine Klimaanlage ungefähr eingestellt werden?

(Die Antworten stehen auf Seite 97.)

2. Die Einrichtung und Ausrüstung der Praxisräume

Wartezimmer

Das Wartezimmer ist die Visitenkarte der Praxis. Decken, Wände, Böden sollen in Farbe und Ausstattung einen angenehmen und aufheiternden Eindruck machen. Dabei ist – schon aus psychologischen Gründen – der Eindruck einer protzenden Schatzkammer zu vermeiden. Die Farben sollen warm sein, Natur soll natürlich oder künstlich ins Zimmer gebracht werden. Immergrüne Pflanzen, Blumen müssen stets gepflegt und gesund sein und sich der gesamten Raumgestaltung anpassen. Tapeten vermögen auf künstliche Weise „Natur" ins Wartezimmer zu bringen, sofern dies anders nicht möglich ist.

Die Beleuchtung soll hell sein, schummrige Atmosphäre entspricht eher einer Bar; doch wirken Leuchtstoffröhren immer kalt. Sie sind allenfalls als Hinter-Gardinen-Beleuchtung annehmbar.

Die Möblierung muß den Bedürfnissen aller Patientengruppen angepaßt sein. Stühle mit Armlehnen werden als angenehm empfunden. Nebeneinander unlösbar aufgereihte Stuhlreihen vermitteln, so schön sie gestaltet sein mögen, Wartesaalatmosphäre. Andererseits können tiefe Sessel, so bequem sie aussehen mögen, älteren Menschen Schwierigkeiten beim Aufstehen bereiten. Kleine Tische sind für die Ablage von Zeitschriften hilfreich. Es sollten nicht mehr Sitzgelegenheiten vorhanden sein, als im Normalfall erforderlich. Richtzahl sind 5 Sitze. Wenn in einer gut geführten Bestellpraxis mehr Patienten warten müssen, besteht entweder eine Ausnahmesituation, oder das System funktioniert nicht.

Für Kinder ist ein besonderer Bereich vorzusehen, am besten in einer abgegrenzten Ecke. Kindermöbel und entsprechender Wandschmuck bezeichnen das Reich der kleinen Patienten (Abb. 38). Kindgemäße Bücher und Spiele sollten nicht fehlen.

Die Wartezimmerlektüre muß sorgsam ausgewählt werden. Wenige Zeitungen und Zeitschriften, die aber sauber, aktuell und auf bestimmte Lesergruppen zugeschnitten sind, sind wahlloser Ausstreuung von gedrucktem Material vorzuziehen. Speziell ältere Patienten bevorzugen gute Bildbände.

Aufklärungsschriften, gleich welcher Art,

brauchen in keinem Wartezimmer zu fehlen, müssen aber gezielt ausgelegt werden.
Aktuelle Bilder heben das Image der Praxis. Sie dürfen nicht aufregend wirken. Wechselrahmen sind empfehlenswert, um ältere Bilder durch andere ersetzen zu können. Das werden vor allem regelmäßig erscheinende Patienten schätzen.
Die Zur-Schau-Stellung künstlerisch und wirtschaftlich besonders wertvoller Gemälde könnte, wenn sie als solche überhaupt erkannt werden, u. U. zwiespältige Emotionen wecken.
Die Überwachung der Pflanzen im Wartezimmer muß einer bestimmten Helferin übergeben werden, die für deren Gesundheitszustand verantwortlich ist.
Kranke Pflanzen sind aus dem Wartezimmer zu entfernen. Sie werden entweder ersetzt oder in einem Nebenraum kuriert.
Uhren sind im Wartezimmer unvorteilhaft, da sie die Patienten allzu eindringlich darauf aufmerksam machen, wie lange sie bereits warten. Termingebundene Menschen haben ihre eigene Uhr bei sich.
An bestimmter Stelle kann eine geeignete und milieugerechte Anschlagtafel Hinweise an die Patienten vermitteln: Neue Verordnungen, Fahrpläne der öffentlichen Verkehrsmittel, Hinweise über die Art des Bestellsystems oder auch Ankündigungen von Änderungen in der Praxisorganisation (Urlaub, vorübergehende Engpässe) können dort bekanntgegeben werden.
Eine Vorstellung des Praxisteams in Wort und Bild, einschließlich des Chefs bzw. der Chefin, schlägt bereits im Wartezimmer psychologische Brücken, besonders für neue Patienten.
Aufklärung der Patienten mittels Videobändern, Endlos-Tonbandkassetten ist heute nicht mehr so aktuell wie früher. Es ist zu bedenken, daß der Medieneinsatz im Wartezimmer nur im „Gießkannenprinzip“ erfolgen kann.
Hintergrundmusik („Background-music“) im Wartezimmer kann entspannend wirken, weil die Patienten im allgemeinen nur für kurze Zeit dort bleiben. Diese Musik muß aber sorgsam ausgewählt werden. Es gibt spezielle Programme hierfür.

Abb. 38 Kinderecke

Garderobe und Toilette

Die Patienten haften für das Abhandenkommen ihrer abgelegten Garderobe selbst. Dennoch muß das Personal, speziell die Helferin am Empfang, eine gewisse allgemeine Kontrollmöglichkeit gegen Diebstahl haben. Deshalb sollte die Kleiderablage einsehbar sein.
Kinder können von ihrer Körpergröße her normale Garderobehaken nicht erreichen; deshalb sind kindergerechte Garderobeeinrichtungen vorzusehen.
Die Anbringung von Spiegeln muß auch auf die weibliche Durchschnitts-Körpergröße Rücksicht nehmen.
Schirmhalter oder -ständer sind vorzusehen.
Die Patiententoilette ist sozusagen die Rückseite der Visitenkarte der Zahnarztpraxis. Der allgemeine Hygienezustand muß sich dort widerspiegeln.
Flüssigseife und Einmalhandtücher sind selbstverständlich. In allgemein benützbaren Toiletten (öffentliche und Gasthaus-WCs) sind sie überwachte Pflicht. Bei den Handtüchern kann man zwischen Papierhandtüchern oder Stoffhandtuchspendern mit auswechselbaren Handtuchrollen wählen. Hierbei ist darauf zu achten, daß von

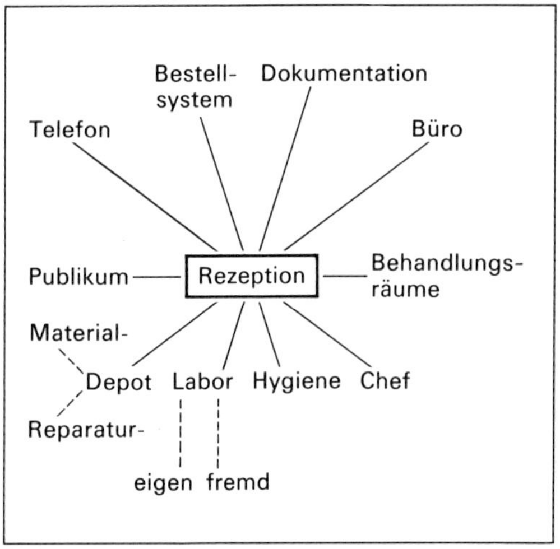

Abb. 39 Die Rezeption als „Spinne im Netz"

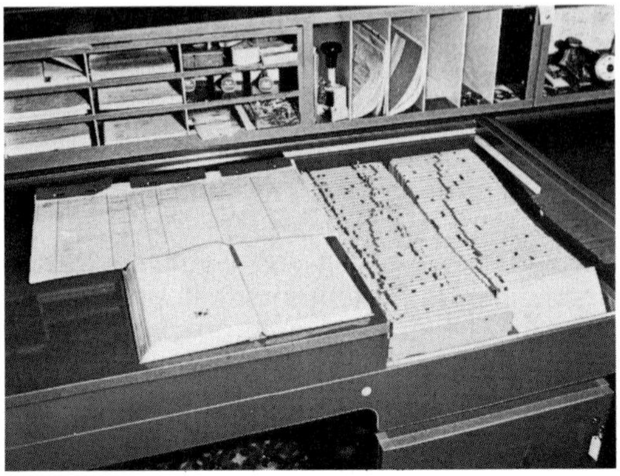

Abb. 40 Bestellbuch, Tagebuch (Journal) und Patientenkartei (im Trog) sind Kernstück der Rezeption

Abb. 41 Registratur, Aufbewahrungsort für Rechnungen, Heil- und Kostenpläne sowie sonstige schriftliche Unterlagen

der Konstruktion her die benutzten Teile nicht mit den frischen Teilen Kontakt bekommen. Warmluftstrom-Trockner sind erhebliche Bakteriensprüher und daher abzulehnen.
Eine Sprühflasche mit Oberflächen-Desinfektionsmittel ist ratsam. Auch wenn die wenigsten Patienten damit umgehen, so stellen sie doch einen Hygiene-Anreiz dar.

Empfang (Rezeption) und Verwaltung

Die Rezeption ist zur Leitzentrale der Praxis geworden. Sie ist gewissermaßen als die „Spinne im Netz" anzusehen (Abb. 39) und sollte auch räumlich unter diesem Begriffsbild stehen. In vielen Fällen ist sie auch Verwaltungszentrale. Die Rezeption hat *Einfluß* auf

- *das Publikum.* Jeder, der die Praxis betritt, muß sich zunächst am Empfang melden, seien es Patienten, deren Verteilung hier erfolgt, seien es sonstige Personen mit ihren Anliegen, vom Postboten bis zum Einzahler von Liquidationen.
- *den Telefonverkehr.* Die telefonische Korrespondenz nimmt zu. Immer mehr Schriftverkehr wird durch Telefonate ersetzt.
- *das Bestellsystem.* Die Steuerung des Bestellsystems der Praxis erfolgt an der Rezeption, und zwar in zwei Richtungen: nach außen, um Termine entweder mündlich oder telefonisch zu koordinieren und zu vereinbaren; nach innen, um

den Arbeitsablauf in den Behandlungsräumen an die fixierten Termine anzupassen und umgekehrt.

- *die Dokumentation.* Die Dokumentation erfolgt entweder ausschließlich oder in ihrer Koordination an der Rezeption. Karteischränke und -tröge (Abb. 40) liegen im Griffbereich der Empfangshelferin (Rezeptionistin), die für die ordnungsgemäße Durchführung vom Heraussuchen bis zum Ablegen verantwortlich ist. Zur Dokumentation gehört auch die Erstellung von verschiedenen Formularen, wie Rezepten, Arbeitsunfähigkeitsbescheinigungen, Fahrgeldbescheinigungen usw., die direkte Beziehung zum Patienten bzw. zum Publikum haben. Auch die Registraturablage ist dazuzuzählen (Abb. 41).
- *das Büro (Verwaltung).* Wenn die zentrale Verwaltung mit der Rezeption eine räumliche Einheit bildet, liegt eine nahtlose Verknüpfung zwischen Publikumsverkehr und Büro vor. Wenn eine Trennung vorliegt, so hat der Empfang die Leitfunktion in Richtung Büro. Wie auch immer, so sind die Bürovorgänge der Kassenabrechnung, der Privatliquidation, des Schriftverkehrs usw. ohne die Rezeption und die dort vorliegenden oder zu erarbeitenden Unterlagen undenkbar.
- *die Behandlungsräume.* Die Verteilung der Patienten, der Helferinnen, aber auch die Einweisung des Chefs in die richtigen Behandlungsräume geschieht von der Rezeption aus. Wenn eine ineinandergreifende, gleichmäßige und sinngerechte Belegung der Behandlungsräume gewährleistet werden soll, so ist dies nur von der Rezeption her möglich, in der allein bekannt ist, welche Patienten sich wo befinden und in welcher Reihenfolge diese behandelt werden müssen. Dies gilt besonders bei größeren Praxen mit mehr als zwei Behandlungsräumen.
- *Hygienemaßnahmen.* In gewissen Fällen kann die Koordination der Praxishygiene von der Rezeption ausgehen, wenn diese – wie von manchen Autoren empfohlen – Bestandteil eines sog. Zentralraumes ist.
- *den Chef.* Der Zahnarzt als Chef ist zwar Leiter des gesamten Betriebes „Zahnarztpraxis", aber im täglichen Arbeitsablauf wird er ohne die Leit- und Informationszentrale „Empfang" nicht zu einer geordneten Harmonie bei der Durchführung seiner vielfältigen Einzelaufgaben kommen können. Umgekehrt muß sich der Zahnarzt selbst, wenn optimale Arbeitsergebnisse erzielt werden sollen, entsprechend den Gegebenheiten des koordinierten Arbeitsablaufes den Sachanweisungen der Rezeption unterordnen. Viele Praxen laufen „unrund", nur weil sich der Chef vorbehält, vor allem beim Bestellsystem nach Gutdünken selbstherrlich einzugreifen. Im Arbeitssystem „Zahnarztpraxis" ist der Zahnarzt als eine der Arbeitspersonen zwar der wichtigste Baustein, er kann aber nicht ohne die anderen Bausteine zu einem geordneten Ganzen beitragen.
- *das Labor.* Die Rezeption ist – via Haussprechanlage oder Telefon – die Verbindungs- und Schaltstelle zum praxiseigenen und zu den Fremdlabors. Terminabsprachen, Vorausanmeldungen, Terminmahnungen, Klärung von Mißverständnissen laufen beim Fremdlabor ausnahmslos, beim Eigenlabor weitgehend über den Empfang.
- *das Depot.* Das gleiche wie für das Fremdlabor gilt für das Dental-Depot und die sonstigen Zulieferer sowie für die diversen technischen Kundendienste.

Behandlungsräume

Ausstattung und Gestaltung der Behandlungsräume (Abb. 42) unterliegen einem Mindeststandard, bestehend aus:

- Behandlungsstuhl
- Arbeitsstühle für Zahnarzt und Helferin
- Behandlungsgerät, bestehend aus Zahnarztelement, Helferinnenelement, Patientenelement (DIN 13936)
- Ablagetablett
- Schrankelement(e)
- Absauganlage
- Arbeitsfeld-Leuchte
- Wascheinrichtung
- Sonstiges

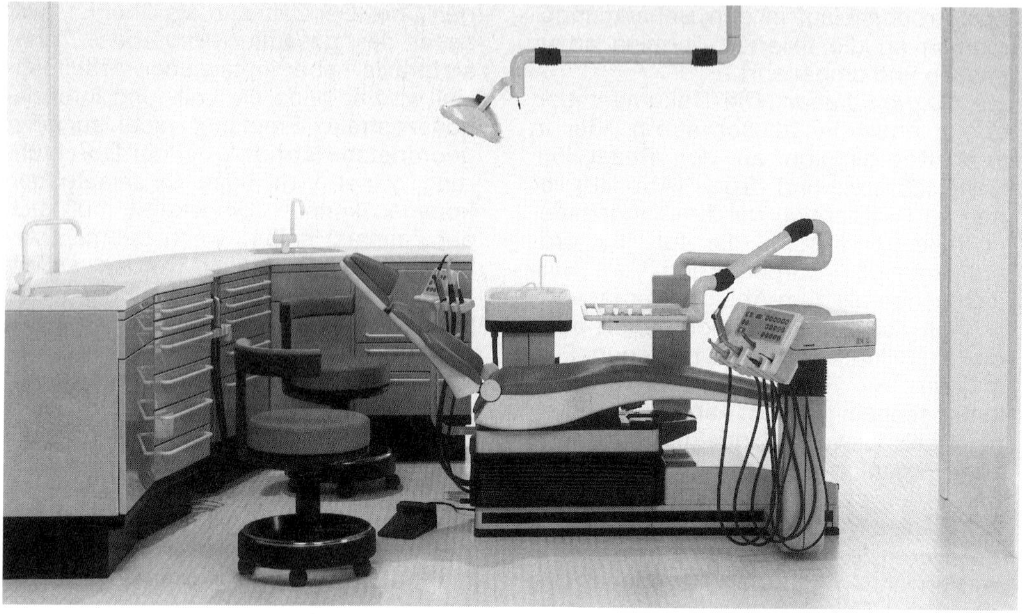

Abb. 42 Grundausrüstung eines Behandlungsraumes

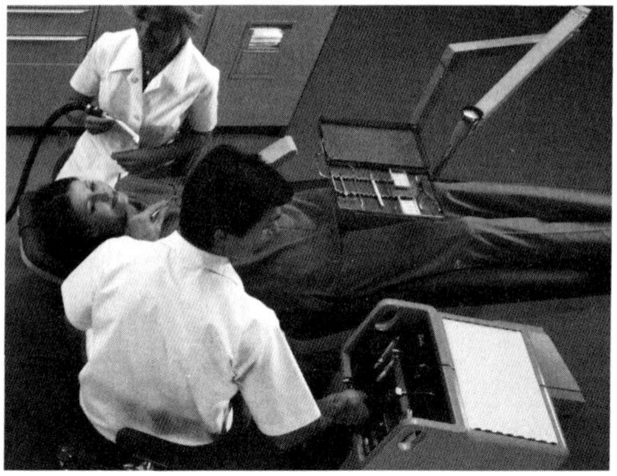

Abb. 43 Entspannte Lagerung auf dem Patientenstuhl

Behandlungsstuhl

Der Patienten- oder Behandlungsstuhl steht im Zentrum des Arbeitsplatzes (nicht immer des Behandlungsraumes).

– *Ausstattung:* Moderne Behandlungsstühle (Abb. 43) sind alle so gestaltet, daß der Patient entspannt auf ihnen gelagert werden kann. Dünne Rückenlehnen sind für die Erreichbarkeit des Arbeitsfeldes vorteilhaft. Von der Rückenlehne getrennte Kopfauflagen werden wieder bevorzugt. Rechte Armlehne: Ihre Existenz ermöglicht dem Patienten bequemere Armauflage und schafft eine psychologische Schranke zwischen dem Patientenkörper und dem Körper des Zahnarztes. Ihr Fehlen schafft mehr Platz und damit bessere Einsicht in das Arbeitsfeld.
  Der Stuhl muß gut kippbar sein. Grundsätzlich soll der Patient zur Erreichung der Rücklage zuerst bei gleichbleibendem Beckenwinkel im ganzen gekippt werden. Erst wenn dies nicht reicht, folgt die Streckung im Becken. Im voll zurückgeneigten Zustand befinden sich die Unterschenkel in Höhe des Kopfes über dem Boden.
– *Bedienung:* Fußbedienung für alle Bewegungsarten des Behandlungsstuhles ist aus hygienischen und ergonomischen Gründen optimal. Handbedienung in der Mitte der Rückenlehne muß für

Zahnarzt und Helferin gleichermaßen erreichbar sein. Tasten zu beiden Seiten der Lehne sind bei richtiger Arbeitshaltung schwer bedienbar.

Arbeitsstühle

Die Arbeitsstühle müssen der Norm und damit den Sicherheitsbestimmungen entsprechen (5 Rollen, im unbelasteten Zustand gebremst). Armlehnen dienen während der Ruhehaltung als Rückenstütze. Da Zahnarzt und Helferin während der Arbeit am Patienten die Rückenstütze nicht benützen, hat diese nur Hilfsfunktion und muß funktionell nicht so ausgewogen gestaltet sein wie bei einem Bürostuhl. Die Abstützung des Armes während der Arbeitshaltung kann für das Schultergelenk schädlich sein.
Die Höhenverstellung (mittels Gasfeder) erfolgt aus hygienischen Gründen mit dem Fuß.
Wenn das Fahrwerk einen Ring besitzt, so dient dieser nicht dazu, um beide Füße während der Arbeit daraufzustellen. Dies könnte zu Unfällen durch Wegrollen führen. Umgekehrt sind Feststellbremsen unnütz, weil sie die Stuhlbeweglichkeit während der Arbeit hemmen.

Zahnarztelement

Das Zahnarztelement als Teil des Behandlungsgerätes enthält die Bedienteile, die der Zahnarzt während seiner Arbeit benötigt (Abb. 44 und 45).

- *Ausstattung:* Mindestens zwei bis drei Antriebe (Mikromotoren oder Turbinen)
  Kombinations-Luft-Wasserspritze (Mehrfunktionsspritze), die sofort trokkene Luft geben muß,
  Ultraschall-Zahnsteinentfernungsgerät mit verschiedenen Ansätzen
  Evtl. Elektrotom
- *Gestaltung:* Die Flächen sollen aus hygienischen Gründen möglichst glatt sein. Die Höhe ist durch die Norm bestimmt: 73–87 cm, je nach Anordnung auf der rechten Seite und bis 95 cm von der linken Seite her über dem Patienten. Die Zahnarztelemente müssen leicht beweglich sein, entweder durch Scherenarmausleger oder mittels Rollen. Motorische Antriebe sind selten.
  Das Schlauchwerk für die Motoren und Spritzen ist entweder verdeckt mit Aufzugrollen (komplizierter, schwerer ausziehbar; leichteres Zurückführen der Instrumente, da blind zu betätigen) oder

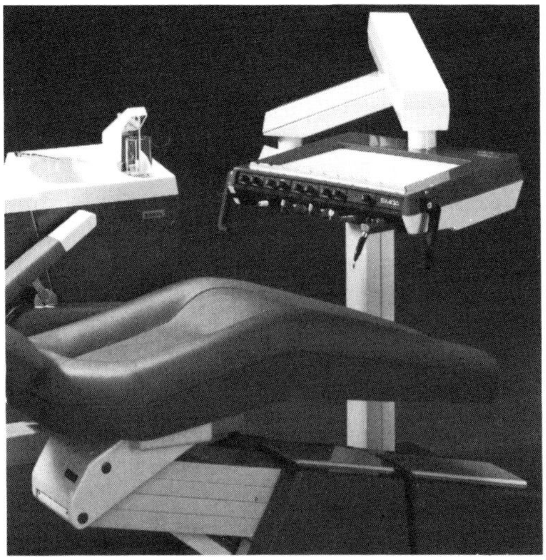

Abb. 44 Zahnarztelement mit verdeckten Schläuchen

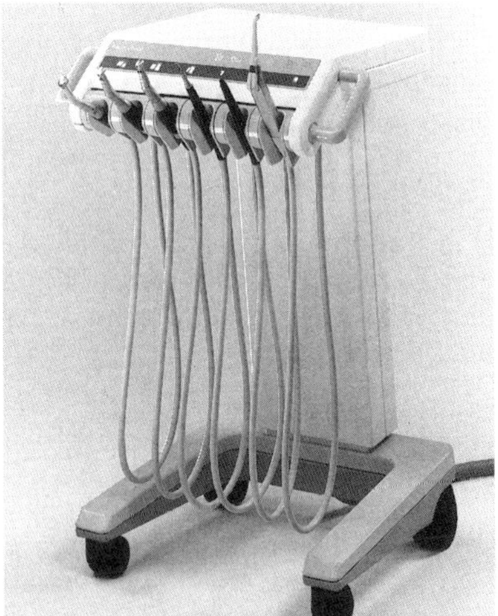

Abb. 45 Zahnarztelement mit offenen Schläuchen

offen (einfacher und billiger, Instrumente leichter herbeizuholen, nur mit Blickkontakt wegzulegen, optische Unruhe). Vom hygienischen Standpunkt sind offene Schläuche verdeckten gleichzusetzen. Wenn ein Elektrotom im Zahnarztelement elektrisch fest installiert ist, unterliegt das ganze Element der wiederkehrenden Prüfung durch den Gerätehersteller bzw. den -lieferanten.

Helferinnenelement

Das Helferinnenelement, zweiter Teil des Behandlungsgerätes, enthält die Instrumente und Aggregate, die die Helferin während der Behandlung benötigt.

- *Ausstattung:*
  - Kombinations-Luft-Wasserspritze (Mehrfunktionsspritze), die sofort trockene Luft geben muß.
  - Speichelsauger oder Absaugeinrichtung mit Kanülen, ev. Reinigungsautomatik.

Patientenelement

Das Patientenelement enthält die Gegenstände, die der Patient benötigt. In gewissen Praxen wird ganz oder teilweise darauf verzichtet.

- *Ausstattung:*
  - Mundglas oder Einmalbecher.
  - Spülbecken (früher auch „Speifontäne“ genannt). Das Spülbecken ist von seiner Funktion her prädestiniert, daß der Patient wegen Zielungenauigkeiten daneben- und darüber hinausspuckt – mit allen hygienischen Problemen.
  - Spucktrichter. Der an die Absaugeanlage angeschlossene Spucktrichter ist der gegenwärtig angemessene Kompromiß zwischen moderner Arbeitsweise, Hygiene und psychologisch begründbarem Bedürfnis des Patienten, seinen Mund selbst zu reinigen. Der Spucktrichter erfordert aber im allgemeinen die Assistenz der Helferin, die den Trichter dem Patienten an den Mund führen muß, damit er nicht danebenzielt.

Ablagefläche

Zahnarzt und Helferin brauchen genügend Ablagefläche in unmittelbarem räumlichen Zusammenhang mit dem Patientenmund. Diese Ablageflächen sollen im Bereich des Griffweges der Arme von Zahnarzt und Helferin liegen. Je nach dem Konzept der Ausrüstung des zahnärztlichen Arbeitsplatzes kann diese Ablagefläche mit dem Zahnarztelement oder dem Helferinnenelement verbunden sein; es kann allerdings auch erforderlich sein, ein eigenes schwenkbares Traytablett – meist mit Ausleger vom Helferinnenelement aus – vorzusehen (entsprechend dem Basiskonzept der Ausrüstung und der Arbeitsweise des Zahnarztes).

Schrankelemente

Die Schrankelemente dienen der Aufnahme der im Behandlungsraum ständig benötigten Hilfsmittel, wie konservierende, chirurgische Instrumente, Materialien, Abformlöffel, technische Zangen usw.

- *Form:* Es gibt feststehende, teilweise miteinander sowie fest mit Wand bzw. Boden verbundene Tür- oder Schubladenschränke und fahrbare Einzelelemente, die – zweckmäßig bestückt – zu bestimmten Behandlungen in Griffnähe herbeigezogen werden.
  Die Schrankelemente haben eine genormte Höhe von 83 bis 90 cm (für sitzende Arbeitsweise). Sie können
  - bis zum Boden mit Türen oder Schüben bestückt sein (Abb. 46),
  - im unteren Teil Beine haben (günstigere Möglichkeit für die Arbeitspersonen, davor zu sitzen),
  - bodenfrei an der Wand befestigt sein

  Es werden auch Schrankelemente als Oberschränke, von Augenhöhe der sitzenden bis zur Augenhöhe der stehenden Arbeitspersonen eingebaut.
- *Ausstattung:* Bei der Ausstattung der Schrankelemente muß auf die Gegebenheiten des Arbeitsablaufes Rücksicht genommen werden:
  - Griffwege
  - Häufigkeit des Zugriffes

Abb. 46 Formen und Kombinationen von Schrankelementen

- Zugriffsmöglichkeiten durch Helferin, Zahnarzt, oder beide
- Größe der unterzubringenden Gegenstände
- Bewegbarkeit der unterzubringenden Gegenstände
- Kombinationen für Zugriffe aus mehreren Schubladen

Da im Laufe der Praxistätigkeit immer wieder Änderungen in der Arbeitsmethodik, der Arbeitsweise und des Arbeitsablaufes vorkommen können, sind auswechselbare Schubladen vorteilhaft.

Absaugeanlage

Jede Praxis, in der mit Spraykühlung gearbeitet wird, muß eine Absaugeanlage haben. Mit ihrer Hilfe wird das mit den Bohr- und Schleifhandstücken zugeführte Kühlwasser, zusammen mit Schleifstaub, Speichel und sonstigen kleinen Gegenständen sowie ein Teil des beim Schleifen entstandenen Wassernebels (Aerosols) abgesaugt. Absaugeanlagen müssen eine hohe Leistung erbringen, sie müssen sehr schnell, in weniger als 1 Sekunde, auf ihre Maximalleistung kommen und sollen so wartungsarm wie möglich sein.

- *Sauganlagen:* Es gibt zwei Typen von Sauganlagen: Die Einzelsauganlage in jedem Behandlungsraum und die Zentralsauganlage in einem gesonderten Raum. Letztere ist vom Geräusch her günstiger, da die lärmintensive Saugmaschine weit vom Arbeitsplatz entfernt ist. Da Zentralsauganlagen im allgemeinen weite Saugwege haben, müssen sie besonders stark sein.
- *Saugprinzip:* Das Erfordernis, das abgesaugte Gut in Luft und Wasser sowie feste Bestandteile zu trennen, hat teilweise komplizierte Prinzipien der Absaugung entstehen lassen. Die Absaugeanlagen der früheren Generation arbeiteten mit Abscheidegefäßen, die regelmäßig entleert und gereinigt werden mußten. Diese teilweise ekelerregende Tätigkeit wird bei den modernen Saugprinzipien auf ein akzeptables Minimum reduziert. Die neueren Absaugeanlagen sind sehr wartungsfreundlich. Die Absaugeluft muß stets ins Freie geleitet werden.
- *Saugmundstück:* Drei Saugmundstücke sind Standard:
  - Mundstück für normale Absaugkanüle
  - Mundstück für chirurgische Absaugung oder Speichelsauger
  - Mundstück für Spucktrichter
- *Saugkanülen:* Die fabrikmäßig angebotenen Saugkanülen sind entweder aus Metall oder aus Kunststoff. Metall ist sterilisierbar, langlebiger, infolge der strömungsgünstigeren Gestaltung der Öffnung (nicht bei allen verwirklicht) etwas leiser, aber kälter (Abb. 47a). Kunststoffkanülen machen beim Anfassen einen wärmeren Eindruck. Sie sind nicht sterilisierbar, werden aber vom Hersteller in die Nähe der Einmalhilfsmittel eingeordnet.

Die Länge der Kanüle ist für die Handhabung von Bedeutung. Bei der Verwendung zu langer Kanülen zieht der Ansatz des Saugmundstückes allzusehr an der abgestützten Hand der Helferin, deshalb wird bei zu langen Kanülen die Abstützung vernachlässigt. Als günstigste Länge von Absaugkanülen haben sich 11–12 cm erwiesen.

Absaugkanülen sollten immer einen tellerartigen Abhalteschild haben. Dessen Aussehen ist verschieden; die günstigste Form ist kreisrund, weil dabei der Radius des äußeren Randes überall derselbe ist und unbeabsichtigtes Eindrük-

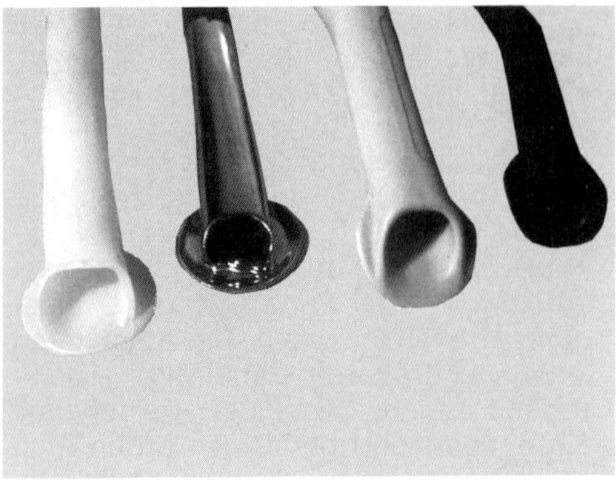

Abb. 47a Vier Arten von Saugkanülen. Am günstigsten sind die mit rundem Schild

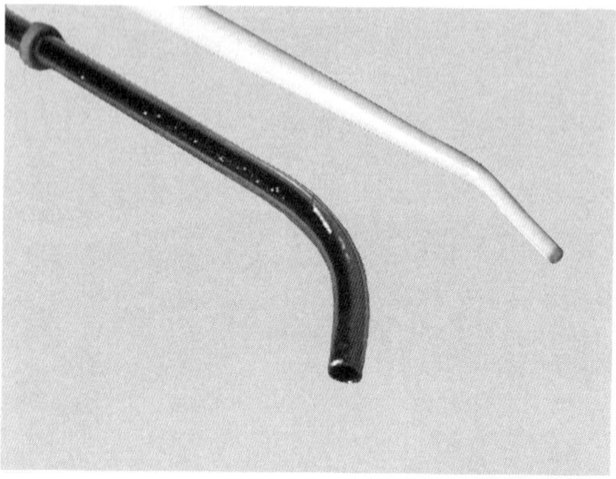

Abb. 47b Zwei Arten von chirurgischen Saugkanülen

ken der – wenn auch abgerundeten – Ecken in die Schleimhaut leichter vermieden wird.
Chirurgische Saugkanülen haben einen Durchmesser von ca. 7 mm. Ihre lichte Weite ist entweder gleichmäßig oder verringert sich zur Spitze hin. Letztere verschließen sich bereits durch kleinere feste Partikel (Knochensplitter); bei ersteren werden größere feste Stückchen noch hindurchgesaugt und setzen sich im Sieb fest (Abb. 47b).
- *Spucktrichter:* Die meisten angebotenen Spucktrichter mit Durchmessern von 10–12 cm sind für den praktischen Gebrauch zu klein, da die Patienten vor allem bei anästhesierten Lippen danebenspucken; besser sind Spucktrichter von 20 cm Durchmesser mit eingebördeltem Rand. Bespülbar müssen sie vor allem dann nicht sein, wenn ein Mundspülglas verwendet wird, dessen Inhalt nach der Behandlung in den Trichter gegossen wird.

Arbeitsplatzbeleuchtung

Der zahnärztliche Arbeitsplatz ist gut auszuleuchten. Für die Beleuchtung existiert die DIN-Norm 67505; deren wichtigste Bestandteile sind:
- Beleuchtungsstärke im Zentrum (Mundhöhle) = 8000–12000 Lux

Abb. 48 Arbeitsfeldleuchte nach DIN 67505

- Beleuchtungsstärke des Umfeldes (1 m im Umkreis des Patientenmundes) = 1000 Lux
- Raumbeleuchtung = 500 Lux

Die gängigen Arbeitsfeldleuchten (Abbildung 48) erfüllen die Forderungen nach einer Mindest-Beleuchtungsstärke von 8000 Lux. Sie dürfen Zahnarzt und Helferin nicht blenden.
Sie sind so einzustellen, daß das im allgemeinen rechteckige Beleuchtungsfeld mit der oberen Kante an der Nase des Patienten endet, um unzumutbare Belästigungen zu vermeiden. Lichtempfindlichen Pa-

tienten kann man eine desinfizierbare Sonnenbrille aufsetzen.
Die Farbtemperatur der gesamten Raumbeleuchtung, die vor allem zur Zahnfarbauswahl erforderlich ist, soll 5000 Kelvin betragen. Es gibt im Handel passende Leuchtröhren (z. B. Osram D 19). Zahnfarbauswahl „am Fenster“ bei Tageslicht gibt wechselnde Ergebnisse.
Allzu große Unterschiede in der Leuchtdichte im Raum sind zu vermeiden. Sie führen zu Ermüdungen und zu Augenschmerzen bei Zahnarzt und Helferin. Auch sind Blendungen durch Chromleisten etc. auszuschalten.
Die Wände des Behandlungsraumes sollen farbneutral und hell sein. Zu dunkle Wandbekleidungen (Stoffbespannungen, „gemütliche Atmosphäre“) erfordern wesentlich mehr Beleuchtungsintensität und damit bis zu doppelten Stromkosten. Die Beleuchtungskörper sind regelmäßig zu reinigen, da durch Staubansatz bis zu 40% der ursprünglichen Helligkeit verlorengehen. Intensive Wandfarben führen durch Reflexion zu Farbverschiebungen in der Zahnfarbauswahl.

Wascheinrichtung

Die Wascheinrichtung im zahnärztlichen Behandlungsraum umfaßt
- 2 Waschbecken (zumeist in die Schrankelemente eingebaut und damit in der hierfür genormten Arbeitshöhe von 83–90 cm).
- Bedienung der Wasserhähne nicht manuell: Fußbedienung (am häufigsten), Ellenbogenbedienung (hygienisch einwandfrei), Ultraschall, Lichtschranke.
- 2 Spender für flüssige Seife und alkoholische Händedesinfektionsmittel.
- Behälter für frische Einmalhandtücher. Einmalhandtücher sind auch in den Unfallverhütungsvorschriften der Berufsgenossenschaft Vorschrift, ebenso wie Flüssigseife. Wiederverwendbare Stoffhandtücher und Wegwerfhandtücher aus geeignetem Material halten sich kostenmäßig die Waage.
- Behälter für gebrauchte Tücher.

Fragen zum Verständnis und zur Selbstkontrolle

Einrichtung und Ausrüstung der Praxisräume

5. Für welchen Patientenkreis sollte im Wartezimmer ein besonderer Bereich eingerichtet werden?
6. Welcher Praxisteil hat eine gewisse Leitfunktion für Behandlung und Verwaltung?
7. Welche beiden „Elemente“ sind im Sprechzimmer besonders wichtig für die Behandlung?
8. Zählen Sie die zwei Typen von Absaugeanlagen auf!
9. Welche Länge und Form sollten Absaugkanülen haben?
10. Wie soll das Beleuchtungsfeld der OP-Lampe auf dem Gesicht des Patienten eingestellt sein?

(Die Antworten stehen auf Seite 97/98.)

Sonstiges

Der zahnärztliche Behandlungsraum ist über die Grundausstattung hinaus mit weiteren Gegenständen ausgerüstet, deren Zahl individuell verschieden ist. Die folgenden Angaben gelten nur als Hinweis:

- Uhr.
  Die Anbringung der Uhr sollte so erfolgen, daß sie von Zahnarzt und Helferin gleichmäßig gut zu erkennen ist. Wenn möglich, sollte der Patient keine Beobachtungsmöglichkeit der Uhr haben.
- Papier und Spender.
  Papiertücher im geeigneten Spender werden für viele Zwecke benötigt. Spender, die mit einer Hand bedient werden können, sind vorzuziehen.
- Behälter für Desinfektionsmittel.
  Benützte Instrumente müssen sofort, ohne sie weiter berühren zu müssen, desinfiziert werden. Dies geschieht am besten durch Einbringen in eine Desinfektionslösung unmittelbar nach Gebrauch oder in die mit Griffen versehenen Körbe für den Thermodesinfektor.
- Röntgenfilmbetrachter.
- Anrühr- und Rüttelgeräte sowie Polymerisationsleuchten für Füllungsmaterialien.
- Hilfsmittel für die Abformtechniken, z. B. für Hydrokolloide und Alginate.
- Gegensprechanlage.
- Bildschirm und Tastenfeld des Praxiscomputers.

Aus Gründen des übersichtlichen Eindruckes, aber auch wegen der Reinigungs- und Flächendesinfektionsprobleme sollten so wenig Hilfsmittel wie möglich offen im Raum stehen. Alle Gegenstände, die in den Schrankelementen unterzubringen sind, sollten dort untergebracht sein.
Die mühsam erreichte Glattflächigkeit im zahnärztlichen Behandlungsraum sollte nicht durch nutzlos aneinandergereihte Gegenstände, wie Flaschen, Schachteln, Formulare usw., wieder zerstört werden.
Insbesondere sollen möglichst wenig bewegliche Teile im Bereich des Aerosolnebels (2 m ∅ um den Patientenmund) stehen.

Prophylaxeraum

Parodontalprophylaxe, Kariesprophylaxe und Mundhygiene haben in den letzten Jahren in den Praxen immer mehr an Bedeutung gewonnen. In zunehmendem Maße werden eigene Räume oder Raumteile als Prophylaxeplätze eingerichtet. Die Ausstattung und Gestaltung wechseln. In erster Linie findet man dort:

Prophylaxe-Arbeitsplatz

Fabrikmäßig werden eigene Prophylaxeplatzausrüstungen angeboten. Sie enthalten einen Demonstrationstisch mit je einem gleich hohen Stuhl für Patient und Zahnarzt, ein Becken, einen größeren und beleuchteten Spiegel, evtl. mit Vergrößerungswirkung sowie entsprechende Hilfsmittel zur Durchführung der Mundhygiene (siehe Abb. 32).

Aufklärungsmaterial

Auf dem Gebiet der Mundhygiene existieren mannigfache Aufklärungsmedien:
- Tafeln
- Dia-Serien
- Merkblätter
- Bücher und Broschüren
- Audiovisions-Einrichtung
- Mundhygiene-Sets
- Zahnbürsten
- Zahnseide
- Färbemittel

Mundhygiene-Hilfsgeräte

Die Hilfsgeräte zur Mundhygiene dienen im allgemeinen dazu, durch pulsierende Wasser- oder Luft-Wasserstrahlen (Spray) eine anregende (irrigierende) Zahnfleischmassage durchzuführen, gegebenenfalls mit medikamentösen Beigaben. Paradentospray, Mundduschen sind hier beispielhaft.

Behandlungsplatz-Ausrüstung

Wenn in einer Zahnarztpraxis eine ZMF im

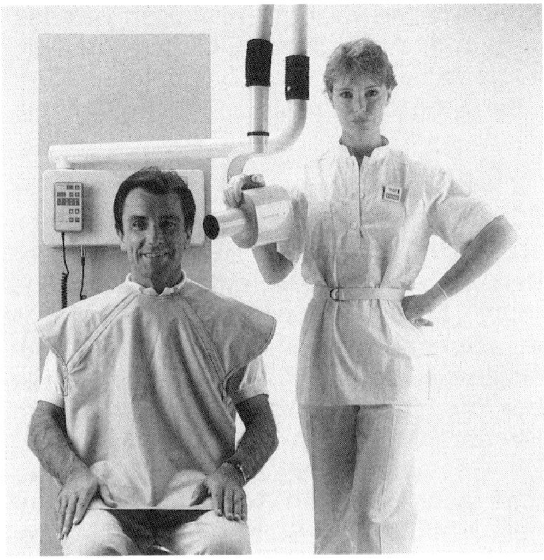

Abb. 49a Röntgeneinrichtung für Zahnfilmaufnahmen

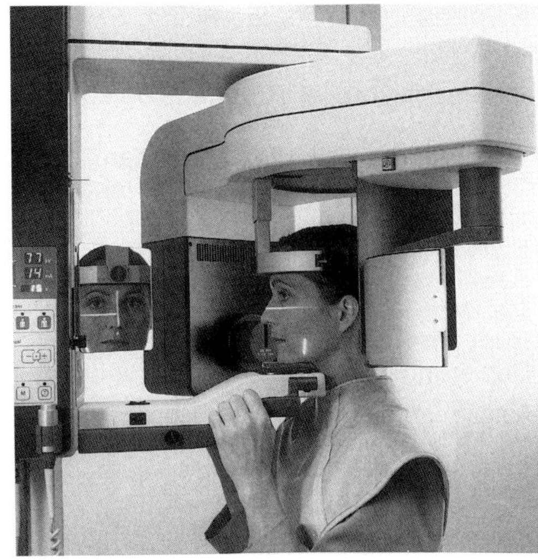

Abb. 49b Röntgeneinrichtung für Panoramafilmaufnahmen

Rahmen ihres Tätigkeitsbereiches Prophylaxeaufgaben wahrnimmt (Zahnsteinentfernung, Anwendung von Zahnseide, Superfloss, Belaganfärbung), kann u. U. eine Behandlungsplatzausrüstung in Mindestausstattung zweckmäßig sein. In einem solchen Fall kann der Prophylaxe-Behandlungsplatz auch für einfachere Behandlungen verwendet werden, wenn die anderen Behandlungsräume besetzt sind.

Röntgenraum

In der früheren Zahnarztpraxis mit nur einem Behandlungsraum war die übliche Röntgeneinrichtung, der Zahnfilm-Apparat, Bestandteil des zahnärztlichen Arbeitsplatzes. Diese Anbringung hat Vorteile, weil der Patient zum Röntgen nicht den Behandlungsraum verlassen muß. Aus rationellen und wirtschaftlichen Gründen sind das oder die Röntgengeräte heute in einem gesonderten Raum untergebracht. Bei mehreren Behandlungsräumen braucht dabei nur jeweils ein Röntgengerät in der Praxis eingerichtet zu werden. Ausrüstung und Gestaltung des Röntgenraumes sehen folgendermaßen aus (Abb. 49).

Röntgenapparat für Zahnfilme

Der Röntgenapparat hat aufgrund der Röntgenverordnung mancherlei Neuerungen erfahren, wie exakte Zeitschaltung, Dosierungshilfen für optimalen Strahlenschutz, verlängerte Auslösekabel. Optimaler Strahlenschutz für die Zahnarzthelferin ist gewährleistet, wenn die Bedienung mittels Fernauslösung aus einem anderen Raum (mit Sichtkontrolle durch ein Fenster) erfolgt. Dabei besteht allerdings die Gefahr, daß der alleingelassene Patient den Film verschiebt oder zum Brechreiz kommt. Laut Röntgenverordnung genügt es, wenn sich die Person, die das Gerät bedient, im Moment der Aufnahme außerhalb des Kontrollkreises befindet, der einen Radius von 1,5 m hat. Eine geeignete Anzeige dieses Kontrollkreises (durch Klebeband auf dem Fußboden) ist erforderlich.

Panoramagerät

Panoramageräte sind empfehlenswerte Hilfsmittel in der Röntgentechnik, aber nicht selbstverständliche Ausrüstung. Zusatzeinrichtung für Fernröntgenbilder ist in der Kieferorthopädie nützlich.

Pflichtvorschriften, speziell für Strahlenschutz

(siehe auch Kapitel Röntgenologie, Seite 187 ff.)
Die Röntgenverordnung macht dem Zahnarzt bestimmte Auflagen, unter anderem für den Strahlenschutz:
- Bleischürze
- Strahlenschutzschild
- Markierung des Kontrollkreises
- Röntgen-Kontrollbuch
- Dosierungsprüfgerät am Arbeitskittel (nur erforderlich, wenn sich die Helferin während der Einschaltung des Gerätes innerhalb des Kontrollkreises aufhält)
- Liste über Röntgenbelehrung
- Aushängung der Röntgenverordnung
- Abnahmeprüfung (Lieferant)
- Wiederkehrende Prüfung nach § 45 Röntgenverordnung (Sachverständiger)
- Monatliche Kontrollaufnahme mit Prüfkörper

Röntgenentwicklung

Die Entwicklung der Röntgenfilme erfolgt entweder in der Dunkelkammer und/oder mit kompletten Röntgenfilm-Entwicklungsautomaten. Diese arbeiten schnell und sauber, müssen aber peinlich gereinigt werden.

Röntgenfilm-Auswertung

Die Auswertung fertiger Röntgenbilder erfolgt zumeist am Röntgenfilmbetrachter im Behandlungsraum.
Die fertigen Filme müssen beschriftet, der Befund in der Kartei fixiert werden und jederzeit greifbar aufbewahrt werden. Röntgenfilm-Karteien sind im Handel erhältlich. Die technischen Aufnahmedaten gemäß Röntgenverordnung müssen einwandfrei ermittelt werden können.

Röntgenfilm-Hygiene

Der Röntgenfilm ist bevorzugtes Übertragungsmedium für alle pathogenen Keime, die sich in der Mundhöhle des Patienten befinden. Die erwärmten Entwickler- und Fixierflüssigkeiten sind Nährböden für Bakterien. Deshalb sind die belichteten Röntgenfilme vor der Entwicklung zu desinfizieren: Absprühen, Einlegen in Desinfektionslösung (nur bei bestimmten Fabrikaten möglich). Einwirkzeit beachten!

Hygieneraum

Für Hygiene und Wartung ist in der Zahnarztpraxis ein eigener Raum vorzusehen, der im allgemeinen mit „Sterilisationsraum" bezeichnet wird. Seine Größe ist ausreichend zu bemessen. Besser größer, als zu klein, da dann evtl. auch ein Kleinlabor oder die technische Versorgung untergebracht werden kann.
Die Gestaltung des zentralen Hygieneraumes steht unter den Gesichtspunkten seiner Funktionen: Sterilisation, Desinfektion, Reinigung (als Übergang zur) Wartung.

Sterilisation

- Autoklav oder
- Chemiklav oder
- Heißluftsterilisator mit Umwälzung: Welches Sterilisationsgerät verwendet wird, ist individuell verschieden. Alle Gerätearten haben Vor- und Nachteile. Wichtig ist, daß das oder die jeweils verwendeten Geräte funktionstüchtig und zuverlässig sind. Sie sind regelmäßig (jährlich) auf ihre Sterilisationswirkung zu überprüfen (durch Einlegen von Sporenpäckchen, die in Universitätsinstituten für Hygiene und Bakteriologie erhältlich sind).
- Sterilisations-Hilfsmittel:
  Sterilisationsfolien (nach DIN-Vorschrift aus einer Plastik-Papier-Kombination) im Spender mit Schneideeinrichtung,
  Folienschweißgerät mit mindestens 5 mm breiter Schweißnaht,
  Markierungshilfen wie Steri-Marker, Aufkleber usw. (Abb. 50).

Desinfektion

- Chemische Desinfektion im Bottich:
  Die Desinfektionsmittel müssen ausreichende Wirkung gegen alle pathogenen Keime einschl. Viren (bis zu Hepatitis und HIV) haben (Eintrag in der VII. Liste der Deutschen Gesellschaft für Hygiene

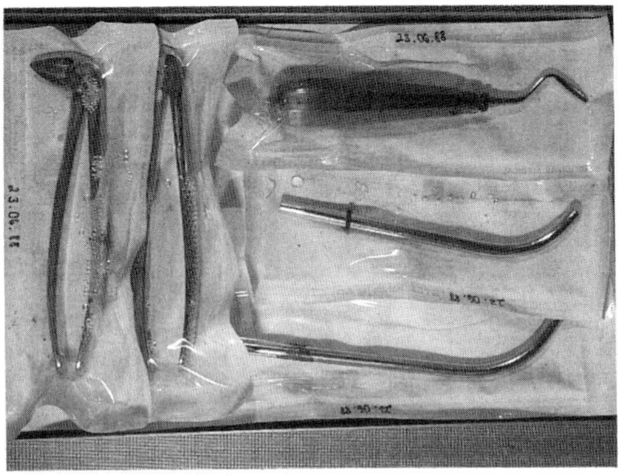

Abb. 50 Eingeschweißte Zangen mit Sterilisationsmarkierung mit Datum

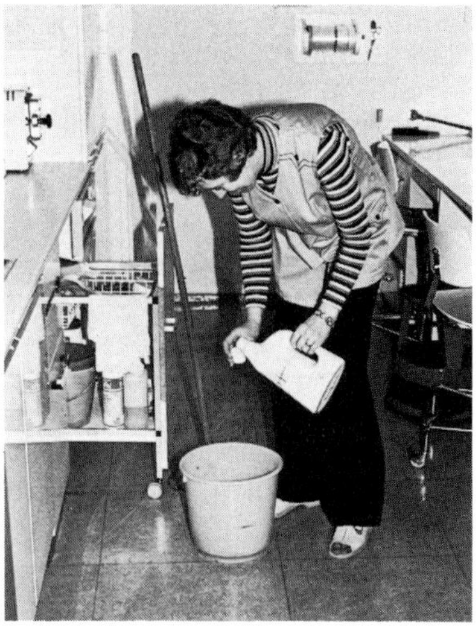

Abb. 51 Die Reinigung ist eine hygienisch wichtige Aufgabe, die überwacht werden muß

und Mikrobiologie sowie Begutachtungen über die Viruswirksamkeit). Die vorgeschriebene Konzentration und die Einwirkzeit sind einzuhalten.

- Thermodesinfektion:
  Die physikalische Desinfektion durch Wärme (mindestens 93° C über 10 Minuten) ist gegenüber der chemischen Desinfektion umweltfreundlicher, trotz der beigegebenen Reinigungsmittel. Sie erfolgt in Thermodesinfektoren, die nach dem Prinzip der Haushaltsgeschirrspülmaschinen arbeiten, aber weit höhere Temperaturen erreichen. Die Desinfektion muß spätestens 5 Stunden nach Kontamination erfolgen, um Antrocknung zu verhindern.
- Oberflächendesinfektion:
  Die Oberflächendesinfektionsmittel mittels Sprüh- oder Sprayeinrichtungen sind in allen Behandlungsräumen rasch erreichbar aufzustellen. Desinfektionstücher werden für Oberflächen benötigt, die nicht angesprüht werden dürfen (Operationsleuchten).
- Prothesendesinfektion:
  Für die Desinfektion von prothetischen Hilfsmitteln (Prothesen, kieferorthopädische Geräte, Wachsmodelle, Silikonabdrücke) ist ein eigenes Gefäß bereitzustellen.

Reinigung

Im zentralen Hygiene- und Wartungsraum können auch die Hilfsmittel für die Grobreinigung untergebracht werden. Alle daran beteiligten Personen sind darüber aufzuklären, worin der Unterschied zwischen Reinigung (grobmechanische Entfernung von Schmutz) und Desinfektion (Entfernung von pathogenen Keimen, die unsichtbar sind) liegt (Abb. 51).

- Reinigungsmittel wie im Haushalt üblich
- Reinigende Desinfektionsmittel für Flächen und Böden
- Eimer (2 Stück für „Zwei-Eimer-Methode“ oder Doppeleimer)
- Tücher
- Schrubber oder Putzmop
- Besen
- Staubsauger für nicht-klinisch genutzte Räume
- Reinigungspapier im Einhandspender

Wartung und Vorrat

Der zentrale Hygiene- und Wartungsraum dient auch der allgemeinen Wartung und Durchsicht von Geräten, wozu im weiten Sinne die Vorratshaltung gehört, sofern diese aus räumlichen Gründen nicht ganz

oder teilweise in andere, abseits gelegene Räume verlegt werden muß:
- Instrumentenpflege
  Spezialöle für bewegliche Teile einschl. rotierende Instrumente
  Fett (Vaseline), Molykote
  Klebstoff
  Klebeband
  Schnur
  Markierungshilfen
  Reinigungsbürstchen
  Lupe
  Feinzange(n)
- Kartei für notwendige Durchsichten und Reparaturen an Geräten in der Praxis durch Personal oder Mechaniker
- Vorratshaltung: Vorratsschränke mit Kennzeichnung für zu Ende gehende Materialien, Vorrats-Bestellbuch

Technische Versorgung

Die technische Versorgung kann im günstigsten Fall in einem eigenen Raum sein, der alle hierfür erforderlichen Aggregate aufnimmt. Aus Gründen der Lärmbelästigung sollten folgende Gegenstände möglichst weit von den Behandlungsräumen entfernt sein:
- das Zentralgerät für Absaugeanlage
- der Kompressor für Druckluft

Kleinlabor

Auch wenn die Praxis kein ausgesprochenes Labor mit einem festbeschäftigten Zahntechniker hat, sollte doch ein kleinerer Laborplatz für technische Vorbereitungsarbeiten vorgesehen werden, die die Zahnarzthelferin leicht erlernen und ausführen kann: Ausgießen von Abdrücken, Modelle sockeln, kleinere Reparaturen an Kunststoffprothesen usw.

Sozialraum

Das Personal sollte Gelegenheit haben, Ruhepausen an einem möglichst wenig durch den Praxisbetrieb gestörten Ort zu verbringen (Abb. 52). Die Gestaltung dieses Sozialraumes soll gemütlich und zweckmäßig sein:
- Sitzgelegenheiten für alle Teamangehörigen

Abb. 52 Der Sozialraum sollte möglichst gemütlich eingerichtet sein

- Tisch
- Kleiderschränke in ausreichendem Umfang, gemäß den Unfallverhütungsvorschriften geteilt für Straßen- und Dienstkleidung
- Kaffeemaschine
- Kocheinrichtung
- Spülbecken
- Kühlschrank

Im Sozialraum können auch Mitarbeiterbesprechungen und Unterweisungen durchgeführt werden.

Personal-WC

Die Einrichtung für das Personal-WC unterscheidet sich nicht von der üblichen Toiletteneinrichtung. Es sollten aber vorhanden sein:
- Oberflächendesinfektionsmittel
- Händedesinfektionsmittel
- Flüssigseife
- Einmalhandtücher

Chefbüro

Das Chefbüro erfüllt zwei Aufgaben. Es dient dem Zahnarzt zur Erfüllung seiner

Verwaltungs-Aufgaben und zur zwischenzeitlichen Erholung, soll aber auch für persönliche Gespräche mit Besuchern (Patienten und deren Angehörigen, Vertretern usw.) eingerichtet sein.

Fragen zum Verständnis und zur Selbstkontrolle

11. Was stellen Sie sich unter der „Audiovisionseinrichtung" im Mundhygieneraum vor?
12. Was ist bei Röntgen-Entwicklungsautomaten besonders zu beachten?
13. Welche Maßnahmen zur Sauberhaltung der Praxis sind neben Desinfektion und Sterilisation noch auf hygienischem Gebiet notwendig?
14. Wozu dient der „Sozialraum" in der Praxis?

(Die Antworten stehen auf Seite 98.)

Antworten zu den Fragen auf Seite 82 „Praxisräume"

1. Öffentlicher Bereich, Kommunikationsbereich und Interner Bereich.
2. Behandlungsräume, Röntgenraum, Prophylaxeraum, zentraler Hygieneraum.
3. Den „nicht-klinisch-genutzten" Räumen.
4. Ungefähr 45%.

Antworten zu den Fragen auf Seite 81 „Einrichtung und Ausrüstung der Praxisräume"

5. Für Kinder.
6. Der Empfang.
7. Das Zahnarztelement und das Helferinnenelement.
8. Einzelsauganlage und Zentralsauganlage.

9. Ca. 11–15 cm und kreisrunde Form mit Abhalteschild.
10. Die obere Kante sollte auf die Nase des Patienten gerichtet sein.

Antworten zu den Fragen auf Seite 97

11. Die Anwendung von Filmen, Dias, Ton- und Videobändern.
12. Peinliche Reinigung.
13. Die Reinigung (Grobreinigung) durch die Raumpflegerin.
14. Zur Erholung des Praxisteams in den Ruhepausen, zu Mitarbeiterbesprechungen usw.

Viertes Kapitel

Instrumentenkunde

Dr. med. dent. Siegwart Peters, Leichlingen

Einleitung

Schon seit den allerersten Anfängen unseres Berufes waren Instrumente für die Zahnbehandlung notwendig. In vielfältiger Art und großer Anzahl sind sie durch Funde, Literatur und Tradition fast aus allen Zeiten der Geschichte bekannt. Abgesehen von primitiven Drillbohrern handelte es sich jedoch fast nur um reine Handinstrumente. Erst in den letzten hundert Jahren haben Maschineninstrumente Eingang in die Zahnarztpraxis gefunden. Heute läßt sich fast jede Verrichtung sowohl von Hand (manuell) als auch maschinell (mechanisch, elektrisch, elektronisch) ausführen. Das hat dazu geführt, daß die Vielzahl der angebotenen Geräte und Instrumente schier unüberschaubar geworden ist. Dies Kapitel soll daher die Grundprinzipien von Gerätegruppen aufzeigen und ihre Wirkungsweise und Handhabung beispielhaft erklären.

Handinstrumente

Trotz aller Mechanisierung kommt den Handinstrumenten heute immer noch große Bedeutung zu. Durch jahrhundertelange Entwicklung haben sie sich vervollkommnet und sind seit etwa 150 Jahren im wesentlichen gleichgeblieben. Die Helferin soll über Aufbau, Einteilung und spezielle Anwendung genau Bescheid wissen. Außerdem muß sie über Pflege und Wartung informiert sein, damit die Funktionstüchtigkeit erhalten bleibt.

Aufbau

Alle Handinstrumente haben einen ähnlichen Aufbau (Abb. 53):
- Griff,
- Verbindungsteil,
- Arbeitsteil.

Der Griff vermittelt die entscheidende Verbindung von Körper (Hand) und Werkzeug. Hier ist leichte und sichere Handhabung wichtigstes Ziel. Wird lediglich ein statisches Festhalten des Griffes verlangt, ist eine anatomische Grifform optimal (Abb. 54); diese Verbindung von Hand und Instrument wird als „Formschluß" bezeichnet und ermöglicht den sichersten Halt und die bequemste Führung. Die Bewegung erfolgt hierbei aus Arm- oder Schultergelenk (Beispiel: Wurzelheber nach *Bein*).

Soll jedoch eine dynamische Arbeit ausgeführt werden, muß die Griffgestaltung der Hand verschiedene Haltungen beim Zugreifen ermöglichen. Dabei kommt die Verbindung zwischen Hand und Griff dadurch zustande, daß die Haut mit größerer Kraft auf die Instrumentenoberfläche gepreßt wird. Diese Kopplungsart wird als „Reibeschluß" bezeichnet. Je glatter die Oberfläche, umso mehr Kraft muß für das Halten aufgewendet werden und erschwert so eine feinfühlige Führung. Praktisch alle zahnärztlichen Handinstrumente haben daher eine mehr oder weniger geriffelte Griffoberfläche (Beispiel: Füllinstrumente).

Der Verbindungsteil oder Hals ist der Übergang vom Griff zum Arbeitsteil. Er hat eine sich verjüngende, meist gekrümmte Form. Wenn der Hals nicht nur einmal zur

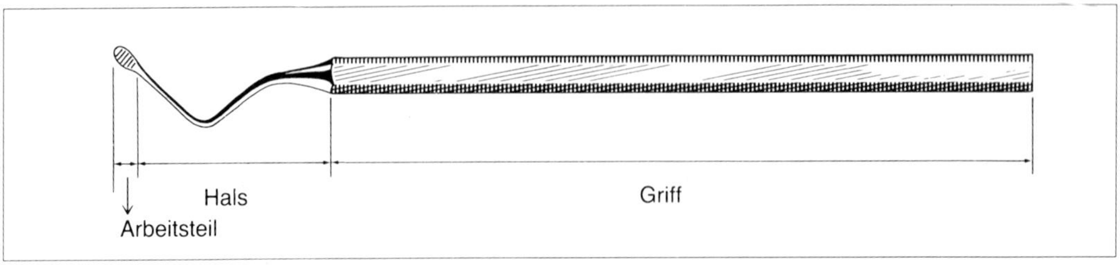

Abb. 53 Aufbau eines Handinstrumentes

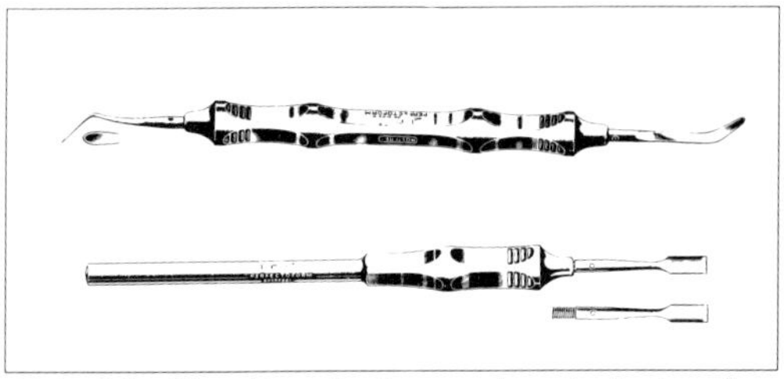

Abb. 54 Handforminstrumente sind der besonderen Anatomie der greifenden Hand angepaßt

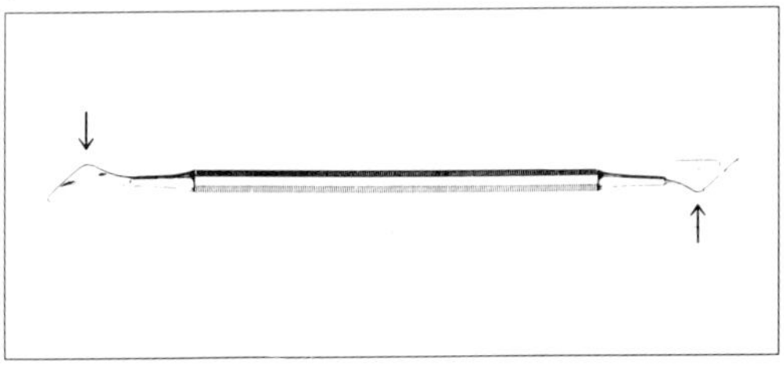

Abb. 55 Durch den Kontrawinkel wird erreicht, daß die Spitze des Arbeitsteils und der Griff in eine Ebene zu liegen kommen

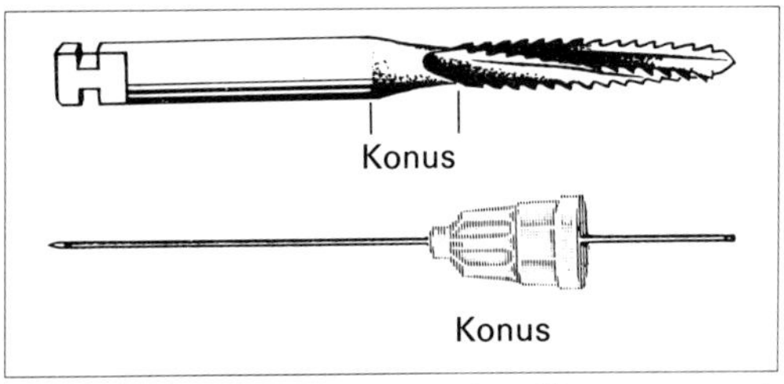

Abb. 56 Der Konus stellt den Übergang zwischen Schaft und Arbeitsteil dar

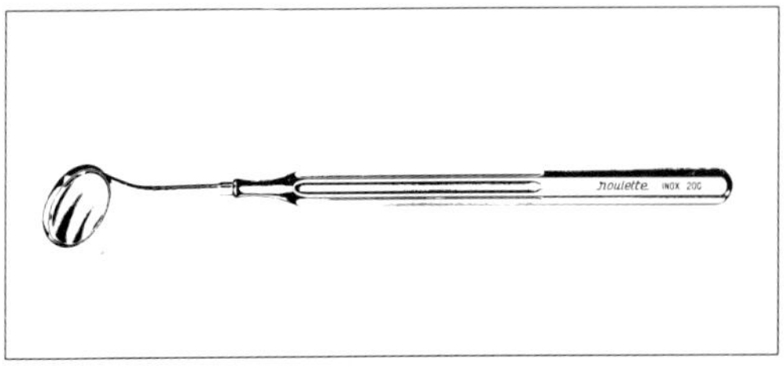

Abb. 57 Konkaver Rundspiegel

Seite, sondern wieder zurück abgeknickt ist, so daß der Arbeitsteil in der Verlängerung des Griffes steht, spricht man von einem „Kontrawinkel“ (Abb. 55). Dadurch wird eine bessere Kraftübertragung vom Griff auf die Spitze des Instrumentes erzielt.

Bei den Zangen, Scheren und Klemmen ist das Verbindungsstück der Kreuzungspunkt der beiden Handgriffe. Er wird als „Schloß“ bezeichnet. Bei Maschineninstrumenten und Kanülen nennt man den Übergang „Konus[1]“ (Abb. 56).

Der Arbeitsteil eines Handinstruments ist ganz auf den jeweiligen Zweck abgestimmt. So ist er bei den Hebeln kräftig und stabil, bei den Sonden grazil und spitz auslaufend, bei den Küretten angeschliffen, bei den Spateln flach, bei den Skalpellen scharf, bei den Kugelstopfern rund usw. Eine erfahrene Helferin kann deshalb auch bei einem Instrument, das ihr zum ersten Mal zu Gesicht kommt (weil es bisher nie verwendet wurde), allein aus der Form des Arbeitsteils Rückschlüsse auf dessen Verwendung ziehen.

Einteilung

Die Einteilung der Instrumente richtet sich nach den zu erledigenden Aufgaben. Man unterscheidet:

- Untersuchungsinstrumente,
- Behandlungsinstrumente.

Die ersteren muß die Helferin bei jedem Patientenwechsel bereitlegen, da sie für jede Art der Behandlung benötigt werden.

1 Konus (lat.): Kegel, sich verjüngende Form

Untersuchungsinstrumente

Das „klassische Trio" der zahnärztlichen Untersuchungsinstrumente, das sog. „Grundbesteck", besteht aus:

- Mundspiegel,
- Sonde und
- Pinzette.

Der Mundspiegel ermöglicht dem Zahnarzt, auch die Teile der Mundhöhle zu betrachten, die der direkten Sicht nicht zugänglich sind. Er besteht aus einem Griff, einem leicht gekrümmten Verbindungsteil und dem runden Spiegel, der einen Durchmesser von 1–3 cm hat. Es gibt ihn in verschiedenen Ausführungen (Abb. 57):
- plan (flach): er zeigt ein normales Bild der Umgebung;
- hohl (konkav): er vergrößert die betrachtete Gegend.

Beide Arten können auch in einer speziellen Ausführung als
- „Clar" geliefert werden. Sie enthalten eine wärmespeichernde Einlage, die das Beschlagen der Spiegeloberfläche verhindern soll.

Denselben Effekt kann man auch mit speziellen „Anti-Beschlag"-Flüssigkeiten, -Sprays oder -Pasten erreichen. Eine andere Möglichkeit besteht in der leichten Erwärmung der Oberfläche über einer Flamme, z. B. vom Spiritusbrenner.

Da die Oberfläche der Mundspiegel durch Zerkratzen oder Verunreinigung mit Medikamenten, Zement, Blut usw. sehr leicht „blind" wird, muß die Helferin darauf achten, daß:
- verschmutzte Spiegel sofort gereinigt werden, um ein Anbacken zu verhindern;
- zerkratzte Spiegel ausgewechselt werden (bei den meisten Arten ist Kopf- und Verbindungsteil abschraubbar);
- stets genügend Ersatzspiegel in der richtigen Größe und Art vorhanden sind.

Die Sonden dienen der Untersuchung der Zahnoberfläche. Sie stellen ein spezielles Tastinstrument dar, mit dessen Hilfe versteckte oder beginnende Karies entdeckt werden soll. Der Griff ist entweder dünn oder in Handform ausgeführt, bei einigen läßt sich der Verbindungsteil abschrauben. Sonden haben ein empfindliches Arbeitsteil, das leicht abstumpft.
Die Helferin muß beim Umgang mit Sonden folgende Grundsätze beachten:

1. Wegen der Verletzungs- und Infektionsgefahr sind Sonden vorsichtig zu behandeln!
2. Stumpfe und verbogene, geknickte und unansehnliche Exemplare aussondern!
3. Sonden nicht zu anderen Arbeiten (Öffnen von Verschlüssen usw.) mißbrauchen!

Pinzetten werden bei der Untersuchung z. B. dazu benützt,
- Wattekugeln bzw. -pellets zu halten, mit denen die Zahnoberflächen abgewischt werden, um
- diese so der visuellen Inspektion (Betrachtung) und der Palpation (Abtastung) mit der Sonde besser zugänglich zu machen;
- durch Anfassen und Bewegen eines Zahnes seinen eventuellen Lockerungsgrad festzustellen;
- lockere Füllungs- oder Zahnteile sowie Fremdkörper, z. B. Speisereste (eingebissene Körnchen), zu entfernen.

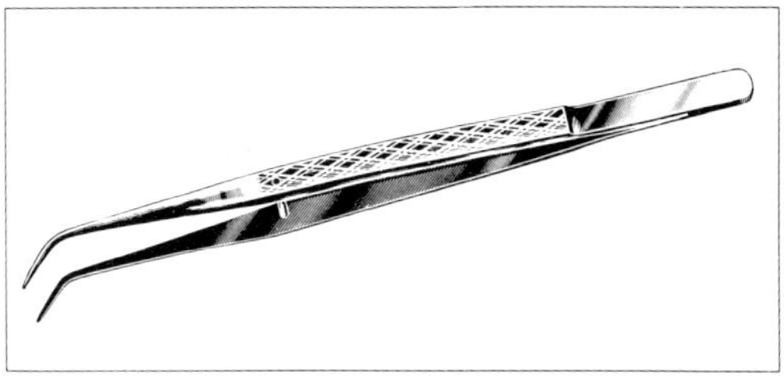

Abb. 58 Die am häufigsten in der Praxis verwendete Pinzettenart ist die „College-Pinzette"

Normalerweise wird hierfür die zahnärztliche Pinzette, die sog. „College-Pinzette" (Abb. 58), benützt. Sie hat zwei Griffteile, die leicht federnd miteinander verbunden sind. Zum Arbeitsteil hin ist das Instrument über einen Kontrawinkel gebogen.

Die Spitzen der Pinzettenarme, der „Branchen“, sind an der Innenseite leicht geriffelt (Spezial-Pinzetten siehe Kapitel „Chirurgie“, Seite 225, und „Parodontologie“, Seite 327).
Die Branchen sind sehr empfindlich und werden leicht verbogen. Da eine Pinzette auch sehr kleine Gegenstände fassen soll, muß die Helferin darauf achten, daß
- die Enden des Arbeitsteils beim Schließen genau aufeinandertreffen;
- die Innenseiten an der Riffelung immer sauber sind;
- die Branchen nicht durch Unachtsamkeit verbogen werden.

Das „Untersuchungsbesteck“ (Grundbesteck) aus Spiegel, Sonde und Pinzette wird fast immer gemeinsam benützt. Deshalb empfiehlt es sich, sie immer zusammen aufzubewahren, entweder in „Untersuchungstrays“ oder in Folien eingeschweißt. Bei gesonderter Lagerung sollte die Einordnung so erfolgen, daß sie möglichst nahe zueinander zu liegen kommen.
Neuerdings wird empfohlen, zu dieser „klassischen Trias“ grundsätzlich eine Parodontalsonde hinzuzufügen, da parodontale Aspekte (Taschentiefe, Blutungsgrad) auch bei der Grunduntersuchung schon mit berücksichtigt werden sollten (siehe Abb. 237, 239).

Behandlungsinstrumente

Die Arbeitsteile der speziellen zahnärztlichen Instrumente sind ebenfalls zweckentsprechend gestaltet. Sie sind in den einzelnen Kapiteln der Zahnheilkunde genauer beschrieben:
- chirurgische Instrumente auf Seite 253ff.,
- konservierende auf Seite 310ff.,
- parodontologische auf Seite 358ff.,
- prothetische auf Seite 392ff.,
- kieferorthopädische auf Seite 462ff.

Pflege und Wartung

Für Pflege und Wartung der einzelnen Instrumente gibt es spezielle Vorschriften, die mit den jeweiligen Funktionen zusammenhängen. Für alle gelten aber folgende Grundregeln:

1. Das zahnärztliche Instrumentarium muß immer schonenend behandelt werden, da es sehr teuer ist und daher eine möglichst lange Lebensdauer angestrebt werden muß.
2. Benützte Instrumente sind immer als infiziert zu betrachten. Deshalb: Alle Grundsätze der Hygiene streng beachten! (Siehe auch Kapitel „Hygiene“, Seite 137ff.)
3. Instrumente müssen stets voll einsatzbereit und funktionstüchtig sein!
4. Instrumente, die sich schnell abnützen oder nur zum einmaligen Gebrauch bestimmt sind, müssen immer in genügender Anzahl in der Praxis vorrätig sein!
5. Alle Instrumente sind stets allgemein zugänglich aufzubewahren und müssen immer griffbereit sein!
6. neue Instrumente sind vor dem Einsatz von der Helferin auf ihre volle Funktionstüchtigkeit zu überprüfen!
7. Wartungsvorschriften der Gebrauchsanweisung sind exakt einzuhalten (Reinigung, Schmierung usw.)!

Maschineninstrumente

Wenn man primitive Drillbohrer als Maschine ansieht – was sie im physikalischen Sinne sind –, dann wurde das Prinzip der Maschine schon sehr früh in die Zahnbehandlung eingeführt. Aber erst mit der 1871 von dem Amerikaner *Morrison* entwickelten Tretbohrmaschine begann die eigentliche Maschinisierung der zahnärztlichen Praxis. Seither wurden immer wirkungsvollere Apparaturen für die Zahnbehandlung und die Arbeiten in ihrem Umfeld entwickelt.
Bei den eigentlichen Behandlungsmaschinen bilden Antrieb und Übertragungsteil zusammen mit den einspannbaren rotierenden Instrumenten eine funktionelle Einheit. Solche Maschineninstrumente werden in der Praxis eingesetzt, um:

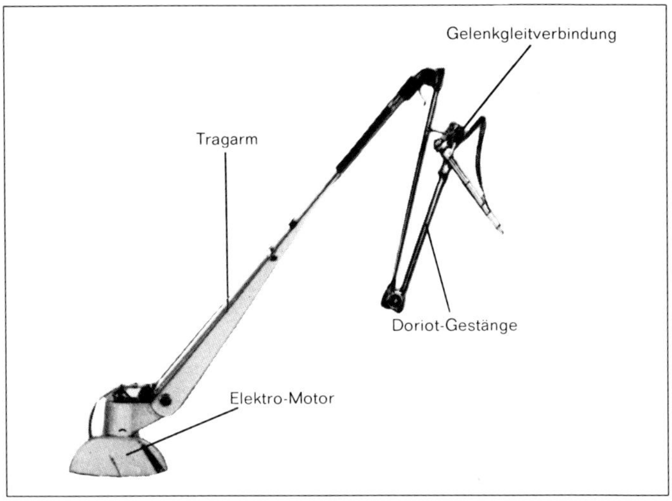

Abb. 59 Die früher gebräuchliche Art des Antriebes war das Doriot-Gestänge

- Zahnhartgewebe abzutragen,
- Zahn- und Wurzeloberflächen zu bearbeiten,
- Wurzelkanäle zu erweitern, zu glätten und zu füllen,
- scharfe Kanten von Kronen und Füllungen zu beseitigen,
- Oberflächen von Werkstoffen innerhalb und außerhalb der Mundhöhle zu polieren,
- störende Teile an Zahnersatz abzuschleifen,
- festsitzenden Zahnersatz durch- oder abzutrennen,
- Knochen bei Operationen abzutragen, usw.

Die Helferin muß zwar über den mechanischen Feinaufbau der einzelnen Maschinenteile nicht genau Bescheid wissen, sollte aber

- die einzelnen Maschinensysteme in der Praxis unterscheiden können,
- ihre Funktionen für die jeweiligen Behandlungsarten kennen.
- die einzelnen Funktionsteile der Apparaturen richtig zusammensetzen können,
- die nötige Pflege und Wartung richtig durchführen können.

Mikromotor

Die früher gebräuchliche und weitverbreitete „Bohrmaschine" mit Schnurübertragung und Doriot-Gestänge (Abb. 59) hat im Laufe der letzten zwanzig Jahre dem Mikromotor, der nur noch die Größe einer verdickten Antriebswelle hat, Platz gemacht (Abb. 60). Mikromotoren sind Dreh- oder Gleichstrommotoren, deren Drehzahl sich im Bereich zwischen 4000 bis 40000 Umdrehungen pro Minute (UpM) bewegt. Die bekanntesten sind:

- der Intra-Motor (Fa. KaVo),
- der Sirona-Motor (Fa. Siemens/Micro-Mega),
- der Kerr-Motor (Fa. Ritter/Kerr).

Da diese Antriebe praktisch immer fest in der Behandlungseinheit eingebaut sind, hat die Helferin lediglich darauf zu achten, daß

- die Motoren nicht verschmutzen,
- kein Öl ins Innere der Geräte gelangt und
- nur die richtige Arbeitsansätze verwendet werden.

Tritt eine Funktionsstörung auf, darf die Helferin den

Mikromotor nicht auseinandernehmen!

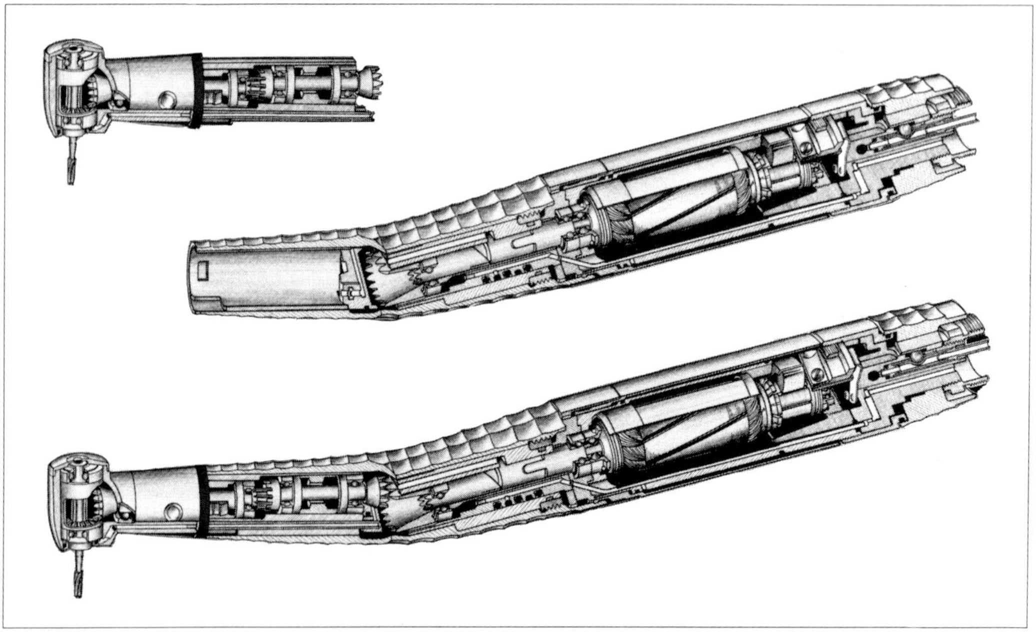

Abb. 60 Heute werden Mikromotoren als hauptsächliche Antriebsart verwendet

Gerades Handstück

Dieser Übertragungsteil ist ein gerader Aufsatz, der auf die Achse des Mikromotors aufgesteckt wird. Um die richtige Umdrehungszahl für die geplante Arbeit sicherzustellen, sind die Handstück-Aufsätze mit farbigen Ringen gekennzeichnet (Abb. 61):

- Grüne Markierung:
  Herabsetzung der Drehgeschwindigkeit („Untersetzung") des Motors für Arbeiten im erweichten Dentin, für Wurzelfüllungen usw.
- Blaue Markierung:
  Übertragung der normalen Drehzahl des Mikromotors.
- Rote Markierung:
  Heraufsetzung der Drehzahl („Übersetzung") auf hohe Geschwindigkeiten, z. B. für Arbeiten im Zahnschmelz oder an Metall.
- Gelbe Markierung:
  Wechsel der Drehbewegung für maschinell angetriebene Wurzelkanalinstrumente, z. B. für Erweiterer.

Durch elektronische Steuerung werden die Drehzahlen auch bei zunehmender Belastung weitgehend gleichgehalten, so daß dem Zahnarzt immer der notwendige „Andruck" und die „Durchzugskraft" für das Bohren, Schleifen und Fräsen zur Verfügung steht.

Winkelstück

Auch bei diesem Übertragungsteil ist eine Veränderung der Drehzahl durch Über- oder Untersetzung möglich. Die farbigen Markierungen auf den Aufsätzen entsprechen denen auf den Handstücken. Im Gegensatz zu diesem ist der Kopf des Winkelstücks jedoch leicht gebogen, so daß das rotierende Maschineninstrument im rechten Winkel zur Antriebsachse eingesetzt werden kann (Abb. 62). Dies ist für das Arbeiten im Seitenzahnbereich wichtig, da die Handstücke nur bei direkter Sicht und im Frontzahnbereich wirkungsvoll eingesetzt werden können.
Gerade beim Winkelstück ist es wichtig, daß die Helferin sich über die Art infor-

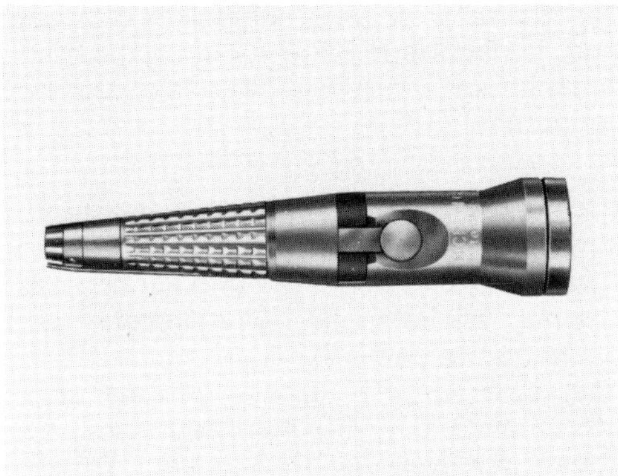

Abb. 61 Durch farbige Kennzeichnung kann die Art der Übersetzung bei Hand- und Winkelstücken schnell erkannt werden

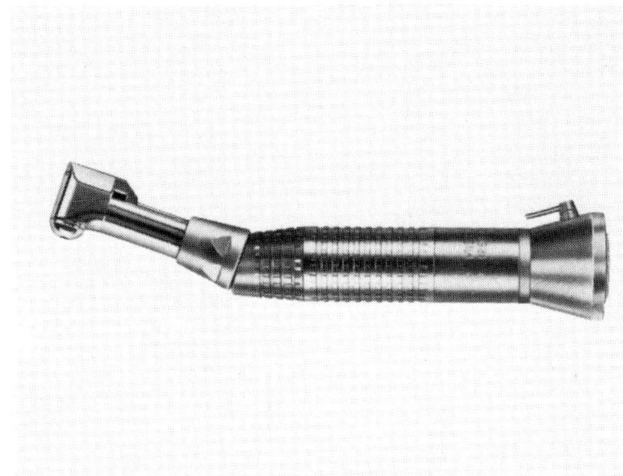

Abb. 62 Beim Winkelstück ist die Achse des Maschineninstruments im rechten Winkel zur Antriebswelle versetzt

miert, wie die einzelnen rotierenden Instrumente eingespannt bzw. entfernt werden. Hier gibt es Schiebearretierungen, Dreharretierungen und Druckarretierungen, die mit leichtem Fingerdruck auf das Kopfteil das Instrument freigeben. Da ein unkorrektes Einspannen stets Defekte und teure Reparaturen nach sich zieht, ist die Helferin zu Information und Sorgfalt verpflichtet.

Imperator – Miniaturkopf – Wurzelkanalaufbereiter

Neben den in allen Praxen vorhandenen Hand- und Winkelstücken gibt es noch einige Spezialausführungen von Übertragungsteilen. Es sind dies:

- Der Imperatorkopf, dessen Kupplung einen besonders ruhigen Lauf der rotierenden Instrumente gewährleistet. Diese müssen allerdings nach Gebrauch durch eine spezielle „Preßdruckölung“ geschmiert werden (Abb. 63).
- Der Miniaturkopf, dessen kleine Gestalt ein Arbeiten in den distalen Bereichen der Zähne erleichtern soll. Er ist winkelstückartig gestaltet (Abb. 64) und verlangt bei Bohrern und Diamanten besonders kurze Schäfte.

Abb. 63 Der Antrieb nach dem Imperator-Prinzip muß durch eine besondere Schmierungsart gepflegt werden

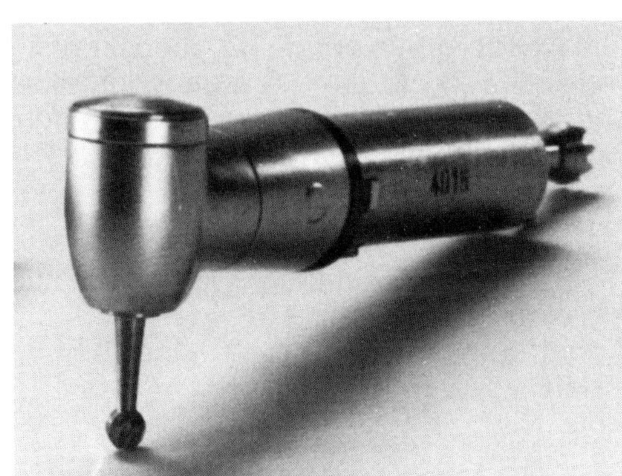

Abb. 64 Der Miniaturkopf soll das Arbeiten in schlecht zugänglichen Bereichen der Mundhöhle erleichtern

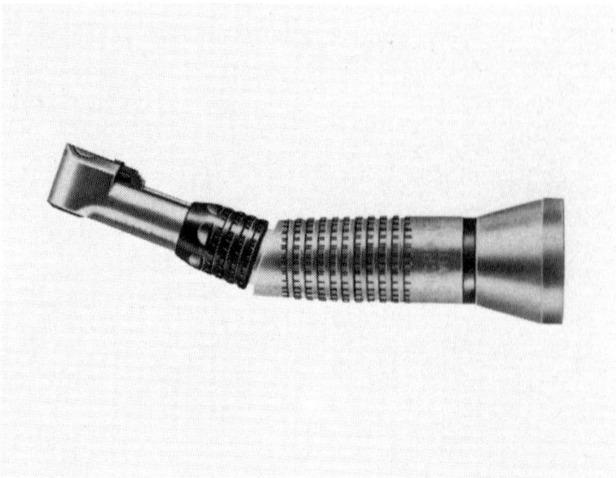

Abb. 65 Der Giromatic-Aufsatz ist vor allem für die Aufbereitung von Wurzelkanälen gedacht

– Wurzelkanalaufbereiter, z. B. Giromatic (Abb. 65), Canal-Finder o. ä., die keine reine Drehbewegung in einer Richtung durchführen. Hier werden unterschiedliche Bewegungsabläufe erzeugt, die das leichte Eindringen des aufgesteckten Instruments in den Wurzelkanal gewährleisten sollen (siehe auch Kapitel Zahnerhaltung, Seite 275 ff.)

Rotierende Instrumente

Antriebe und Übertragungsteile dienen dem Zweck, den Maschineninstrumenten die für die Bearbeitung von Werkstoffen und Hartgeweben nötige Rotationskraft zu verleihen. Auch ihre Anwendungsweise und das Material, aus dem sie bestehen, sind diesem Zweck angepaßt.

Aufbau

Rotierende Instrumente bestehen aus mehreren Teilen:
- dem Schaft, an dessen einem Ende sich
- die Kupplung für den Übertragungsteil befindet,
- dem Verbindungsteil, meist in Form eines „Konus“,
- dem Arbeitsteil, der auch als „Kopf“ bezeichnet wird.

Der Schaft ist unterschiedlich dick und lang, je nachdem, ob er für ein Handstück, Winkelstück, Turbine oder Miniaturkopf gedacht ist.

Auch die Kupplungsart ist dementsprechend. Sie ist
- beim Handstück gerade und kantig,
- beim Winkelstück eingekerbt, das Schaftende halbiert,
- bei der Turbine abgerundet als „FG“ (Friction Grip = Reibhaftung),
- beim Miniaturkopf ähnlich dem Winkelstück, nur zierlicher,
- beim Imperator dick und stark gegliedert (mit Loch für Preßdruckölung).

Der Verbindungsteil oder „Konus“ ist der Schwachpunkt aller rotierenden Instrumente, der besondere Aufmerksamkeit verdient. So hat die Helferin zu überprüfen, ob er
- verbogen,
- geknickt,
- rissig oder
- rostig ist.

In diesen Fällen muß sie sofort für Ersatz sorgen, weil mit beschädigten Instrumenten der Patient verletzt werden könnte.

Beim Arbeitsteil oder „Kopf“ unterscheidet man:
- die Spitze oder „Stirn“ als oberstes Ende,
- die Seiten oder „Flanken“ und
- den Hals, der in den Konus übergeht.

Diese Teile sind sehr verschieden geformt, je nachdem, ob sie zum Bohren, Schleifen, Fräsen (Spanabheben) oder Glätten (Polieren) gedacht sind.
Der jeweiligen Aufgabe ist der sog. „Hieb“ angepaßt. Das sind Einkerbungen an den Flanken und an der Stirn. Deren Tiefe und Lage zur Bohrerachse bestimmen weitgehend die Intensität der Abtragung. Es gibt einen (Abb. 66):
- Längshieb,
- Querhieb,
- Kreuzhieb oder
- Schräghieb.

Bei Diamanten und Schleifkörpern spricht man von der „Belegung“ des Kopfes (Abb. 67). Diese Bezeichnung bezieht sich auf die Lage der Diamantsplitter bzw.

der schleifenden Substanzen (z. b. Karborund) am Kopf. So teilt man sie ein in:
- an der Stirn belegt („vor Kopf belegt");
- einseitig belegt;
- beidseitig belegt usw.

Die Helferin muß bei allen rotierenden Instrumenten darauf achten, daß
- der Hieb völlig scharf ist;
- keine Gewebs- oder Zementreste mehr vorhanden sind;
- die belegten Flächen nicht abgenützt sind (keine „Glatzen").

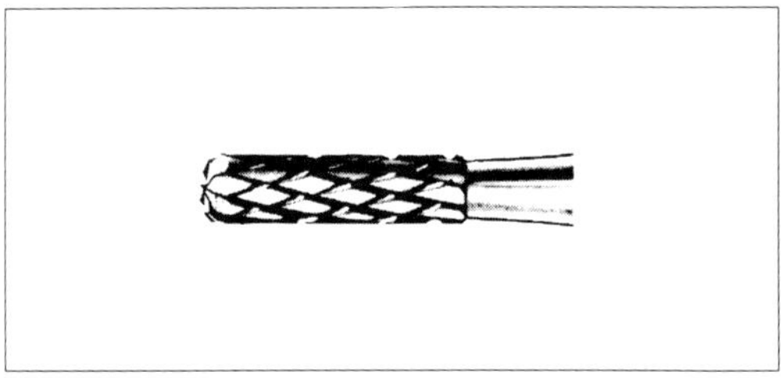

Abb. 66 Arbeitsteil mit doppeltem Schräghieb

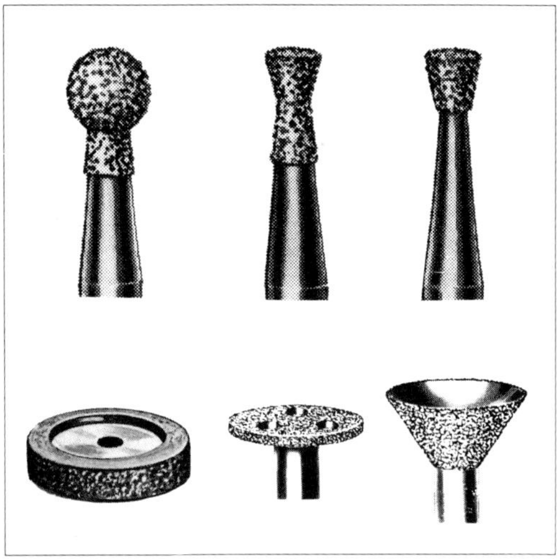

Abb. 67 Diamanten mit verschiedener Ausformung des Kopfes (oben) und unterschiedlicher Belegungsart (unten)

Einteilung und Anwendung

Die Einteilung der rotierenden Instrumente richtet sich vor allem nach dem zu bearbeitenden Material. So werden:
- für harte Substanzen wie Schmelz oder Stahl Diamanten bzw. spezielle Hartmetallfräsen mit hohen Drehzahlen,
- für mittelharte Werkstoffe, z. B. Porzellan oder Gold, vor allem Schleifkörper und Schmirgelscheiben,
- für weichere Materialien wie Kunststoff, Knochen oder Dentin Stahlbohrer und -fräsen verwendet.

Dabei spielt das Gebiet, in dem sie eingesetzt werden, nur eine untergeordnete Rolle. So werden z. B. Rosenbohrer sowohl in der Chirurgie als auch in der Zahnerhaltung, in der Prothetik und Kieferorthopädie eingesetzt. Entscheidend ist meist nur die Form des Arbeitsteiles.

Die Helferin muß bei jeder Anwendung von rotierenden Instrumenten dafür sorgen, daß
- für die vorgesehene Behandlung die richtigen Aufsätze auf den Antriebsteil montiert sind (einschließlich Sprayansatz!);
- alle Ventile für die Kühlwasserzufuhr geöffnet sind;
- die Sprayeinrichtung mit allen Austrittslöchern frei durchgängig ist (Probelauf!);
- bei nicht genügender Kühlungsmöglichkeit zusätzlich mit Wasserspritze oder Kochsalzlösung berieselt wird, um die Schädigung der Pulpa durch das „Hitzetrauma[1]" zu vermeiden.

Pflege und Wartung

Antriebe

Maschineninstrumente bedürfen einer sehr unterschiedlichen Betreuung, soll ihre Funktionstüchtigkeit über längere Zeit erhalten bleiben. Vor allem die Antriebe und Übertragungsteile müssen regelmäßig gewartet werden. Wichtig ist, daß die Helferin:
- für jedes Antriebsteil das richtige Reinigungsspray (Abb. 68) benützt (es ist farblich gekennzeichnet und mit dem Namen des Systems beschriftet!);

1 Trauma (gr.): Verletzung, Verwundung

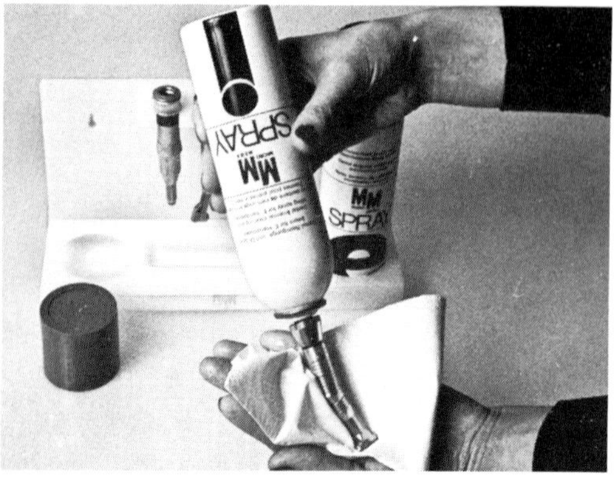

Abb. 68 Reinigungsspray

Abb. 69 Für die Reinigung von Maschineninstrumenten wird meist ein besonderer Behälter, der sogenannte „Fräsator", benutzt

- die entsprechenden Ansätze des Reinigungssprays in die richtigen Einlässe des Übertragungs- bzw. Antriebsteils hält (genau nach Vorschrift!);
- die Reinigung regelmäßig nach Benützung vornimmt (mittags und abends), damit der beim Arbeiten eingedrungene Schmutz (Bohrstaub, Speichel usw.) nicht antrocknen und sich festsetzen kann;
- die Sprayöffnungen durchbläst, aber nicht durch unsachgemäßes Stochern mit Nadeln oder Kanülen die Strahlrichtung des Kühlwassers verändert;
- die äußeren Teile hygienisch einwandfrei hält durch Desinfektion bzw. Sterilisation;
- Öl und Reinigungsmittel nur dort anwendet, wo sie erlaubt sind (nach Gebrauchsanweisung).

Da sich Konstruktion und Pflegeanleitungen bei den vielen verwendeten Antriebssystemen immer wieder ändern, soll sich die Helferin

Über geänderte Vorschriften informieren!

Rotierende Instrumente

Die Reinigung und Wartung der rotierenden Instrumente ist nicht einfach, da
- sie sehr schnell und intensiv verschmutzen und
- das Material (Schneiden des Hiebs, belegte Flächen) gegen hohe Temperaturen sehr empfindlich ist (das kann zur Abstumpfung bzw. zum Lösen der Kittmasse bei diamantierten Flächen führen).

Es bleibt daher der Helferin im wesentlichen nur:
- eine gründliche Kontrolle auf weitere Gebrauchsfähigkeit;
- intensive mechanische Reinigung mit Reinigungsbürstchen, Ultraschall oder Spezialstein;
- gesonderte Reinigung im Fräsator (Abb. 69);
- Verwendung von – soweit möglich – auswechselbaren Arbeitsteilen, z. B. bei Schleifkörpern;
- Verhindern von neuer Verunreinigung und Beschädigung bei bereits gereinigten Instrumenten.

Fragen zum Verständnis und zur Selbstkontrolle

Hand- und Maschineninstrumente

1. Wie bezeichnet man den Verbindungsteil zwischen Griffen und Arbeitsteil bei einer Zange?
2. Wie nennt man den Arbeitsteil eines rotierenden Maschineninstruments?
3. Welche Instrumente zählt man zum „Untersuchungsbesteck“ (Grundbesteck)?
4. Welche Mundspiegelart vergrößert die betrachtete Gegend?
5. Wie wird die zahnärztliche Pinzette mit einem Fachausdruck noch bezeichnet?
6. Was bedeutet die Abkürzung: „UpM“?
7. Wodurch läßt sich die Art der Über-(Unter)setzung bei Hand- und Winkelstükken erkennen?
8. Welche beiden Arten der Lagerung bei Turbinen kennen Sie?
9. Welche Kupplungsart wird mit der Abkürzung „FG“ bezeichnet?
10. Welche Substanzen werden mit Diamanten bearbeitet?
11. Was versteht man unter dem Begriff „Hitzetrauma“?
12. Warum müssen Antriebe gleich nach dem Abschluß der Arbeit gereinigt werden?

(Die Antworten stehen auf Seite 123.)

Druckluftinstrumente

Turbine

Die Drehkraft der Turbine wird nicht wie beim elektrischen Mikromotor durch die Drehung der Achsenwelle erzeugt, sondern direkt im Kopf des winkelstückartigen Aufsatzes. Dort befindet sich ein kleines Schaufelrad, der Turbinenrotor oder „Läufer“, der mit Preßluft in schnelle Rotation versetzt wird. Auf diese Weise kann der in der Achse des Rotors befindliche Diamant oder Bohrer auf Geschwindigkeiten bis zu 450000 UpM beschleunigt werden. Je nach Lagerung des Läufers spricht man von:

– luftgelagerter Turbine (Abb. 70) oder
– kugelgelagerter Turbine (Abb. 71).

Während die erste Art die höheren Drehzahlen erreicht, geräuschärmer und erschütterungs-(vibrations-)freier läuft, hat die zweite Art die größere Durchzugskraft und damit die Voraussetzung zum Einsatz größerer Instrumente.
In der Praxis werden daher hauptsächlich kugelgelagerte Turbinentypen verwendet. Wichtig ist, daß die Pflege und Wartung dieser beiden verschiedenen Funktionsarten grundsätzlich unterschiedlich erfolgt (s. u.)!

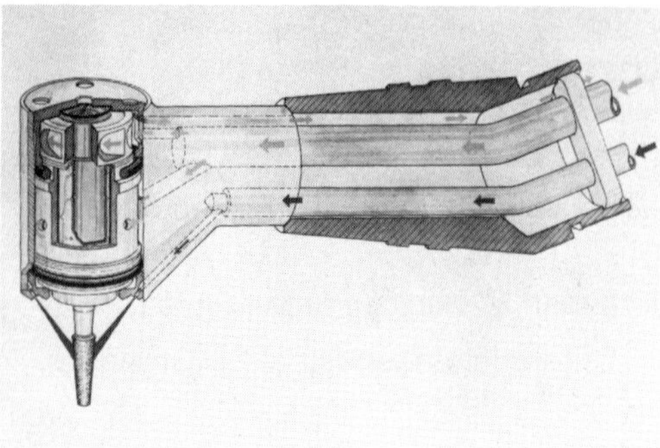

Abb. 70 Luftgelagerte Turbine

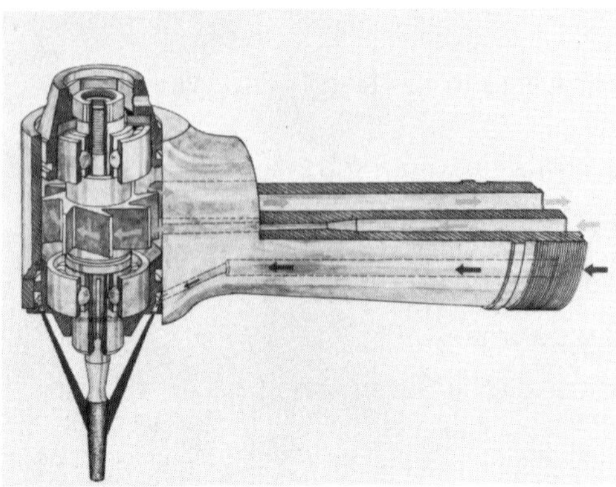

Abb. 71 Kugelgelagerte Turbine

Luft-/Wasser-Spritze

Die Luft/Wasser-Spritze (Medienspritze, Mehrzweckspritze) ist fest in die zahnärztliche Einheit eingebaut. Sie besteht aus einem Griff mit leicht abgewinkelter Spitze, in der zwei Düsenöffnungen liegen. Diese beiden Auslaßöffnungen werden über einen Schlauch aus der Einheit mit Druckluft und Wasser beschickt. Durch gemeinsames Verwenden beider Auslöser wird ein feiner, kräftiger Spraystrahl erzeugt, wie er zur raschen und gründlichen Säuberung von Kavitäten, geätzten Oberflächen o. ä nötig ist.
Da die Instrumentenspitze praktisch in jeden Mund gelangt, ist hier eine gründliche Desinfektion unbedingt notwendig!

Zahnreinigungsinstrumente

Seit wenigen Jahren werden eigene Geräte zur Zahnreinigung angeboten, die – ebenfalls auf Druckluftprinzip basierend – unter hohem Druck ein Pulver/Luft-Gemisch über eine Düse auf die Zahnoberfläche sprühen. Diese Apparate dienen zur Entfernung von Plaques und anderen Ablagerungen auf den Zähnen.
Alle abnehmbaren Anteile dieser Geräte sind sorgfältig zu reinigen und die Vorratsbehälter gefüllt zu halten.

Ultraschallgeräte

In der Zahnarztpraxis werden heute vor allem zwei Typen von Ultraschallgeräten verwendet:
- Zahnreinigungsinstrumente zum Entfernen harter Zahnbeläge
- Reinigungswannen zum Säubern von Instrumenten.

Beide Gerätearten arbeiten mit sehr hohen Schwingungszahlen, um den gewünschten Effekt zu erreichen. Zur Übertragung auf die zu reinigenden Objekte (Zähne, Instrumente usw.) werden verschiedene Flüssigkeiten eingesetzt, die außerdem noch die gelösten Teile abschwemmen helfen.

Zahnreinigungsinstrumente

Zur Entfernung von Zahnstein und Konkrementen werden Geräte benutzt, die mit verschiedenartigen Ansätzen versehen werden können (Abb. 72). Ihr Aussehen und ihr Einsatz im Rahmen einer parodontologischen Behandlung wird im Kapitel „Parodontologie“ auf Seite 327 beschrieben. Ihre Anwendung ist dem Zahnarzt und ggf. der ZMF und der Dentalhygienikerin (DH) vorbehalten.
Die Zahnarzthelferin hat bei der Wartung und Pflege der Instrumente folgendes zu beachten:

- Die Spitzen der Arbeitsteile sind sehr empfindlich und müssen schonend behandelt werden!

- Einige Ansätze sind sehr scharf, bei ihnen besteht erhöhte Verletzungsgefahr!
- Falls der Wasserzulauf noch nicht wie bei den neueren Instrumenten durch den Arbeitsteil selbst erfolgt, ist auf das dünne Sprayröhrchen zu achten. Der Wasserstrahl muß genau auf die Spitze des Arbeitsteils gerichtet sein, da sonst die Wirkung stark beeinträchtigt wird. Verbiegungen dieser Teile vermeiden!
- Auch der Handgriff ist pfleglich zu behandeln, da er den empfindlichen Magneten enthält, der die Metallschichten (Lamellen) des Zahnreinigungsinstrumentes in Schwingungen versetzt!
- Das Grundgerät ist nach Gebrauch auszuschalten, sowohl der Strom-(„Power")- als auch der Wasser-(„Water")-Zufluß.

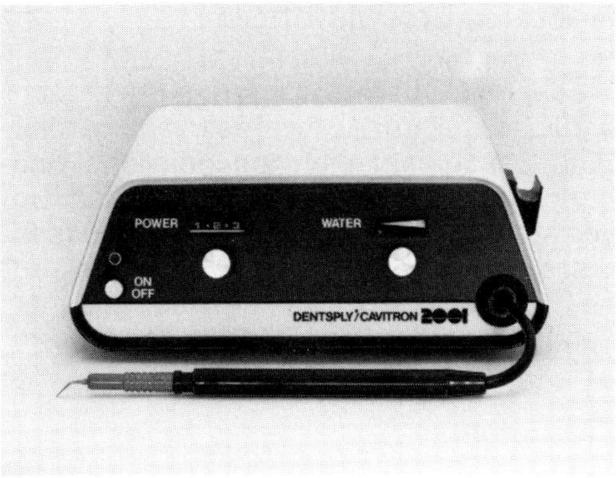

Abb. 72 Ultraschall-Zahnreinigungsgerät

Reinigungswannen

Im Labor und bei der Instrumentenhygiene hat sich der Einsatz von Ultraschall-Reinigungswannen bewährt (siehe auch Kapitel „Hygiene", Seite 125ff.). Sie werden vor allem zur Grobreinigung und Lösung von hartnäckigem Schmutz verwendet.

Mit Hilfe von speziellen Halterungen und Einsätzen können z. B. Abdrucklöffel, Maschineninstrumente, stark mit Zahnstein behaftete Prothesen, mit Zement verunreinigte Spatel usw. in eine Reinigungslösung gehängt werden. Diese wird dann durch einen Ultraschallerzeuger am Boden des wannenartigen Gerätes in Schwingungen versetzt. Mit einer Zeitschaltuhr kann die Einwirkungsdauer individuell eingestellt werden. Nach Ablauf von 10–20 Minuten (je nach Verschmutzungsgrad) entnimmt man die gereinigten Objekte und spült sie ab. Einsätze, Halterungen und Reinigungslösungen sind je nach Fabrikat verschieden. Einige Regeln gelten aber für den Umgang mit allen derartigen Geräten:

1. Die Reinigungslösungen sind aggressiv und greifen die Haut an. Deshalb muß sich die Helferin vor einem direkten Kontakt hüten, besonders beim Ein- und Umfüllen!

2. Das zu reinigende Gut muß vollständig von Flüssigkeit bedeckt sein, sonst wird die Wirkung beeinträchtigt.

3. Beim Betrieb der Geräte werden oft für das menschliche Ohr unangenehme Geräusche erzeugt. Deshalb sollten Ultraschallgeräte möglichst nur in abgeschlossenen Räumen oder in Pausen (mittags, abends) benutzt werden.

4. Die Betriebsdauer darf nicht zu kurz angesetzt werden, denn festhaftender Schmutz löst sich erst langsam. Auch bei längerer Behandlung läßt sich nicht alles sauberbekommen. Deshalb sind Kontrolle und Nachreinigung unerläßlich.

5. Die Reinigungslösung muß nach einiger Zeit gewechselt werden, da sonst der Wirkungsgrad schnell nachläßt und resistente Keime gezüchtet werden.

6. Die Reinigungswannen müssen fest und gerade stehen, da es sonst bei ungünstiger Eigenschwingung („Resonanz") der Unterlage zu „Wanderungen" des Gerätes und Beschädigungen (Herunterfallen vom Arbeitstisch) kommen kann.

Hochfrequenzgeräte

Diese Instrumente werden in der zahnärztlichen Chirurgie eingesetzt. Ihre Wartung beschränkt sich auf peinliche Sauberkeit, sorgsame Manipulation und Bevorratung ausreichend vieler Arbeitsenden (Elektroden). Bei längerer Abwesenheit ist es ratsam, das Netzkabel von der Leitung zu trennen.

Elektrotom

Elektrochirurgiegeräte arbeiten mit Hochfrequenzstrom und müssen vom TÜV abgenommen sein (vgl. Abb. 157). Neben den üblichen Schaltern hat jedes Gerät einen Regler, mit dem die Frequenz einstellbar ist. Die Leistung wird über einen Leiter in ein Handstück weitergeleitet, wo spezielle Elektroden einzuspannen sind. Mit diesen Elektroden wird die eigentliche Arbeit verrichtet. Da die Energie sowohl über Hand- als auch Fußschalter aktiviert werden kann, ist bei der Handhabung einige Vorsicht geboten.

Thermokauter

Kauterisierung (elektrische Verbrennung) wird in der zahnärztlichen Praxis praktisch nicht mehr durchgeführt. Die entsprechenden Geräte geben die Arbeitsenergie ebenso wie die elektrischen Schneidegeräte über Handstücke ab.

Bestrahlungsgeräte

Den mit Licht arbeitenden Geräten ist allen gemeinsam, daß sie relativ unkompliziert aufgebaut sind und praktisch keine Pflege außer korrekter Reinigung benötigen. Eine aufmerksame Bevorratung der entsprechenden Glühbirnen ist ratsam.

Untersuchungslampe

Die Untersuchungslampe oder auch Operationsleuchte ist baulich in die zahnärztliche Einheit integriert. Sie sitzt auf einem in drei Dimensionen beweglichen Armgerüst, um die Ausleuchtung des Patientenmundes in alle Winkel zu ermöglichen. Während sie von außen möglichst glattflächig konstruiert sein soll (Reinigung), enthält sie gelegentlich hinter einer Deckglasschicht eine Lamellenkonstruktion, die als Blendschutz für den Patienten dient.

Infrarotlampe

Infrarotlampen werden als Bestrahlungslampen zur Wärmeerzeugung eingesetzt. Die heilende und schmerzlindernde Wirkung des Infrarotlichts wird gelegentlich bestritten (die Strahlen dringen nicht in die Gewebetiefe ein). Diese Geräte benutzen eine Wellenlänge, die für das bloße Auge nicht sichtbar ist. Um den Betriebszustand anzuzeigen, geben diese Geräte daneben auch einen sichtbaren Lichtanteil (meist Rot) ab.
Im wesentlichen handelt es sich um eine Glühlampenfassung auf einem entsprechenden Standfuß, in die dann eine wärmeproduzierende Glühbirne eingeschraubt wird. Vorsichtige Handhabng (kein Fallenlassen) und ordentliche Reinigung reichen als Pflege aus. Über den Umgang mit diesen Lichtquellen siehe auch Kapitel „Die Zahnarzthelferin“, Seite 23ff.

Lichtpolymerisationsgeräte

Diese Geräte wurden als Polymerisationshilfe für Composite-Kunststoffe entwikkelt. Damit die Aushärtung dieser Kunststoffe überhaupt erfolgen kann, müssen sogenannte Starter-Radikale vorhanden sein. Hierbei handelt es sich um Molekülbruchstücke, deren Anwesenheit die Verbindung der einzelnen Kunststoffmoleküle zu langen Ketten auslöst. Die Bestrahlung führt eine inaktive Vorstufe dieser Substanzen in die aktive Form über und damit kann die eigentliche Aushärtung des Kunststoffs beginnen.
Die gebräuchlichsten Geräte arbeiten mit

- ultraviolettem Licht (UV-Strahlung) oder
- sichtbarem Licht (meist im blauen Bereich).

Beiden gemeinsam ist die Tatsache, daß das Composite nur dann völlig aushärtet, wenn
- die Bestrahlungszeit ausreichend lang ist und
- die Schichtdicke der Füllung dabei berücksichtigt wird.

Dies ist besonders wichtig, da die Bestrahlung von lichthärtenden Composites-Füllungen vielfach von der Helferin vorgenommen wird. Sie muß dabei wissen:
- Da die Strahlungsintensität von Lichtquellen mit dem Quadrat der Entfernung zum bestrahlten Objekt (Lampenoberfläche – Füllung) nachläßt, muß der vorgeschriebene Abstand genau eingehalten werden!
- Umgekehrt darf die noch weiche Füllung nicht mit der Lampe gedrückt werden, da sie sich sonst verformt!
- Das verwendete Licht ist der Katalysator, der die Aushärtung „startet"; die Füllung muß also von allen Seiten bestrahlt werden (besonders wichtig bei dicken und umfangreichen Füllungen)!

Für beide Strahlenquellen wurde nachgewiesen, daß längeres Hineinsehen zu Augenschäden führt. Um hiergegen vorzubeugen, wurden verschiedene Filter (zum Aufstecken auf den Quarzstab selbst, zum Vorstecken an der Brille etc.) entwickelt, die die schädigende Strahlenart ausfiltern. Zum Selbstschutz sollten solche Filter grundsätzlich verwendet werden. Zusätzlich ist ein direktes Schauen auf das Polymerisationslicht zu vermeiden.

Geräte mit UV-Licht

Die ersten lichtpolymerisierenden Kunststoffe benötigten die Energie von UV-Lampen. Die in einem entsprechenden Gehäuse erzeugte Strahlung wird über einen Lichtleiter (Quarzstab) auf den Zahn bzw. die Füllung gebracht.

Geräte mit sichtbarem Licht

Nach demselben Prinzip arbeiten Lichtgeräte, die mit der Wellenlänge des Blaulichtes (ca. 470 nm) arbeiten (Abb. 73). Das Licht wird wie bei UV-Geräten über einen Quarzstab auf die Füllung geleitet. Die Pflege der Geräte beschränkt sich auf die Sauberhaltung der Gehäuse, sorgfältige Handhabung (kein Fallenlassen) sowie Desinfektion der Quarzstäbe, die an den Mund gelangen.

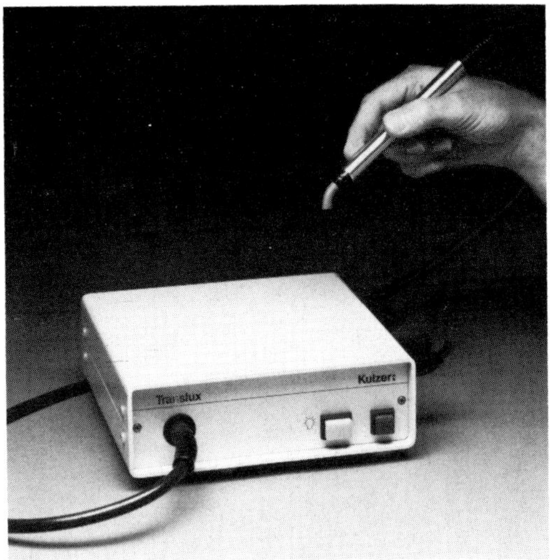

Abb. 73 Lichtpolymerisationsgerät

Kaltlichtgeräte

Solche Geräte sind oft in die zahnärztliche Einheit direkt eingebaut. Sie bestehen aus einer sehr hellen Lichtquelle, deren Licht über einen biegsamen Leiter auf die Spitze eines Handstücks geleitet wird. Sie werden zur Untersuchung in besonders unzugänglichen und dunklen Mundpartien oder bei Operationen eingesetzt. Da das Handstück in den Mund eingeführt wird, sind alle Hygieneforderungen entsprechend zu beachten.

Mikrowellengeräte

Im wesentlichen handelt es sich bei diesen Geräten (Abb. 74) um Sender, die besonders kurzwellige Strahlung erzeugen.

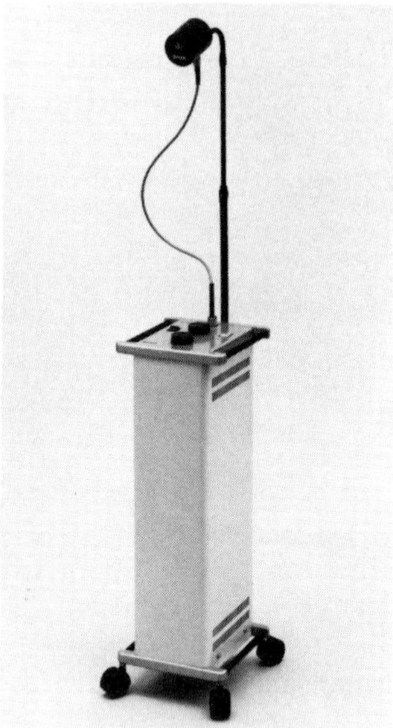

Abb. 74 Mikrowellen-Bestrahlungsgerät

Daher muß der Zahnarzt zum Betreiben dieser Apparate eine „Sendelizenz“ der Deutschen Bundespost erwerben.

Da die Eindringtiefe von Mikrowellen viel größer ist als bei Infrarotstrahlen, hat sich das Kurzwellengerät in den letzten Jahren immer mehr in den Praxen durchgesetzt.
Für die Helferin ist von Bedeutung, daß sie

- die Vorsichtsmaßregeln genau beachtet (siehe auch Kapitel „Die Zahnarzthelferin“, Seite 23ff.);
- stets den richtigen Strahler (kleine oder große Spule) verwendet;
- nur die angegebene Dosis einstellt;
- darauf achtet, daß der Patient den Strahler richtig hält, denn nur so können die Mikrowellen Haut und Fettgewebe durchdringen und ihre erwärmende Wirkung entfalten;
- ab und zu mit Hilfe des Kontrolldrahtes die (sonst unsichtbare) Strahlung überprüft.

Röntgengeräte

In der zahnärztlichen Praxis werden Röntgenapparate lediglich zu diagnostischen Zwecken eingesetzt. Aufbau, Benutzung und Pflege siehe Kapitel „Röntgenologie“.

Fragen zum Verständnis und zur Selbstkontrolle

Ultraschall- und Bestrahlungsgeräte

13. Wodurch erzielen Ultraschallgeräte ihre Wirkung?
14. Warum soll die Helferin den Hautkontakt mit den Reinigungslösungen vermeiden?
15. Bei welcher Bestrahlungsart ist die Eindringtiefe ins Gewebe nur sehr gering?
16. Warum darf die Strahlenquelle bei einer Lichtpolymerisation nicht zu weit von der Füllungsoberfläche entfernt sein?
17. Welche zwei Möglichkeiten der Lichtpolymerisation kennen Sie?
18. Welchen Vorteil hat der Einsatz von Lichtpolymerisation?

(Die Antworten stehen auf Seite 123.)

Absauganlage

Die Absauganlage ist integraler Teil der zahnärztlichen Einheit. Bei gesplitteter Aufstellung ist sie in der Regel links vom Patienten auf der Helferinnenseite untergebracht (vgl. Kapitel „Die Gestaltung der Zahnarztpraxis", Seite 77ff.).

Entwicklerautomaten

Zur standardisierten und automatisierten Entwicklung belichteter Röntgenfilme wurden Entwicklungsautomaten entwikkelt. Die gebräuchlichsten Versionen führen entweder die in Halterahmen eingespannten Filme durch die verschiedenen Bäderwannen, oder der Film selbst wird durch Führungsrillen vorwärtstransportiert und vom Entwicklerbad über das Fixierbad zur Wässerung geführt. Gelegentlich werden die Bilder anschließend noch maschinell getrocknet (siehe Kapitel Röntgenologie, Seite 187ff.).

Laborgeräte (Maschinen)

Die Ausstattung der einzelnen Praxen mit zahntechnischen Instrumenten und Geräten ist sehr unterschiedlich. Meist hängt dies davon ab, ob ein eigenes Praxislabor mit einem oder mehreren Technikern vorhanden ist oder ob der Zahnarzt bzw. seine Helferin kleinere Arbeiten selbst durchführen.
Da es den Rahmen dieses Buches sprengen würde, alle Geräte und Hilfsmittel eines vollständig eingerichteten Labors zu beschreiben, sollen hier nur diejenigen erklärt werden, die normalerweise in jeder Praxis vorhanden sind:

- Technikmotor mit -handstück,
- Poliermotor,
- Rüttler (Vibrator),
- Gipstrimmer.

Folgende Geräte sollte die Helferin zumindest dem Namen nach kennen und über ihre Aufgabe Bescheid wissen:

- Abzuganlagen (Absaugeinrichtung),
- Auswachs- bzw. Ausbrühgeräte,
- Dubliergeräte,
- Evakuieranlagen,
- Gießgeräte,
- Keramiköfen,
- Küvettenpressen,
- Polymerisationsgeräte,
- Tiefziehgeräte,
- Trockenschränke,
- Vorwärmeöfen,
- Vermessungsgeräte.

Die wichtigsten zahntechnischen Instrumente, mit denen eine Helferin in Berührung kommt, sind:

- Gipsmesser,
- Gipsspatel,
- Gipszange (Ausbettzange),
- Muffelzange,
- Wachsmesser,
- Modellsockelformer.

Technikmotor und -handstück

Bei diesen Maschinen handelt es sich um Antriebsmotoren, die nach demselben Prinzip wie die zahnärztliche „Bohr"maschine arbeiten. Der Unterschied besteht darin, daß sie robuster und etwas langsamer sind als diese. Sie erreichen in der Regel nur etwa 10000–20000 UpM. Meist sind diese Geräte neben dem zahntechnischen Arbeitsplatz befestigt (Abb. 75) und über die Antriebswelle (den „Bohrschlauch") mit dem speziellen Technikhandstück verbunden (Abb. 76). Letzteres ist ebenfalls dem zahnärztlichen Handstück sehr ähnlich (und kann deshalb auch alle rotierenden Instrumente mit Handstückkupplung aufnehmen), aber kräftiger und unempfindlicher.
Als Anlasser wird entweder ein Fußschalter wie bei der Behandlungseinheit verwendet oder ein Knieschalter. Die Helferin muß beim Umgang mit diesem Gerät wissen, daß

- sie den Bohrschlauch niemals knicken darf;

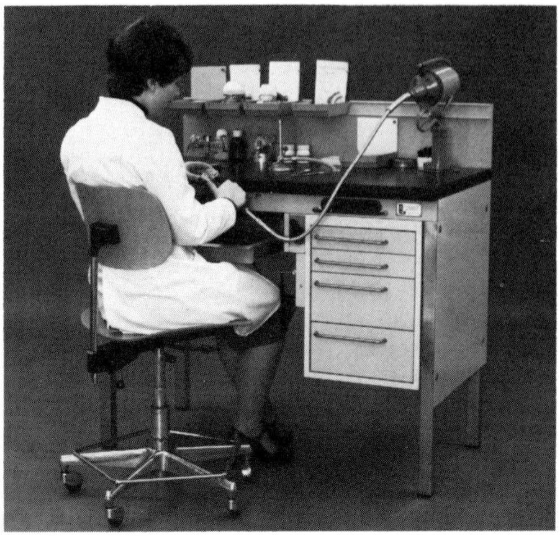

Abb. 75 Arbeitsplatz mit Technikmotor zum Ausarbeiten von Zahnersatz

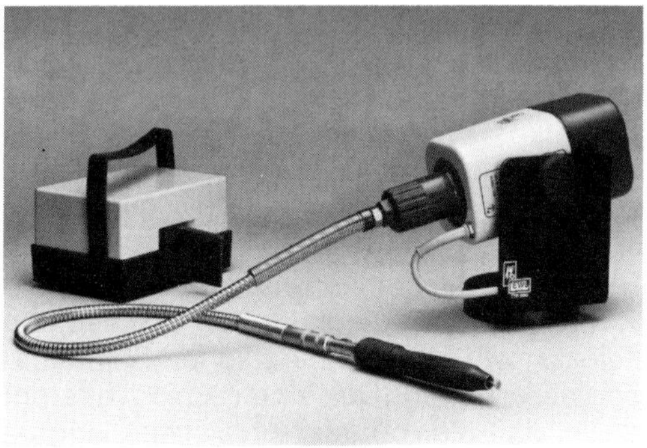

Abb. 76 Fußanlasser, Technikmotor, Antriebswelle und Technikhandstück

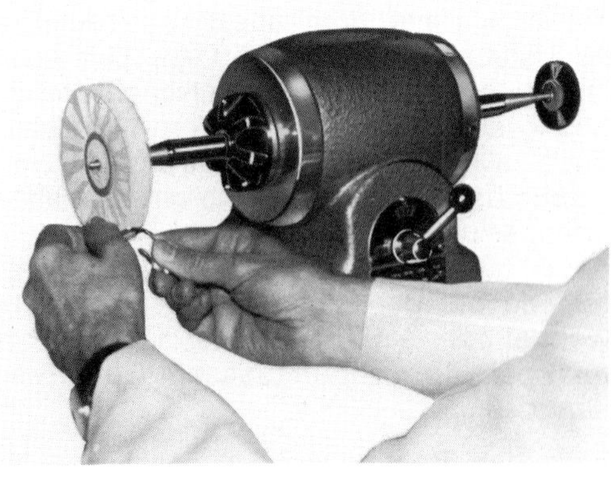

Abb. 77 Poliermotor mit zwei Ansätzen

- das Handstück nach der Arbeit fest arretiert werden muß, damit das eingespannte Instrument nicht durch unbeabsichtigtes Herunterfallen beschädigt wird;
- sie Motor, Anlasser und Handstück immer sauberhält.

Der Technikmotor wird vor allem zum Ausarbeiten von Zahnersatz oder zum Beseitigen von störenden Stellen an einer Prothese benützt.

Poliermotor

Der Poliermotor ist ein festmontiertes Gerät, dessen Drehachse horizontal liegt (Abb. 77). Meist besitzt es an beiden Seiten eine Verlängerung der Achse, auf die Arbeitsteile aufgeschraubt werden können. Es sind dies vor allem:
- Filzkegel zum Bearbeiten von Metall und Kunststoff (Abb. 78),
- runde Bürsten für Reinigung und Vorpolitur (Abb. 79),
- Leinen- oder Wollschwabbeln zum Hochglanzpolieren (Abb. 80).

Durch Einschalten des Motors werden die Aufsätze zum Rotieren gebracht (meist auf 1500 oder 3000 UpM). Um ein Überhitzen des Materials zu vermeiden, beschickt man das Werkstück mit speziellen Poliermitteln wie Tripel-Paste, Pariser Rot, Poliergrün, Bimsmehl, Schlämmkreide, Sidol usw. Sie sollen den Poliervorgang vervollkommnen und beschleunigen.
Falls die Helferin mit diesen Geräten arbeitet, muß sie

- sich vor dem Einatmen des Polierstaubs schützen (Absauganlage einschalten!);
- einen „Poliertrog“ als Schleuderschutz für die Schleifpartikel und den Schleifstaub verwenden;
- das Werkstück fest in der Hand halten, damit es ihr nicht aus der Hand gleitet (besonders bei Klammern!);
- auf ihre Haare achten („Skalpiergefahr!“);
- das Werkstück immer wieder neu mit Paste bzw. Bimsmehl bestreichen, um ein „Trockenlaufen“ und Überhitzung zu vermeiden.

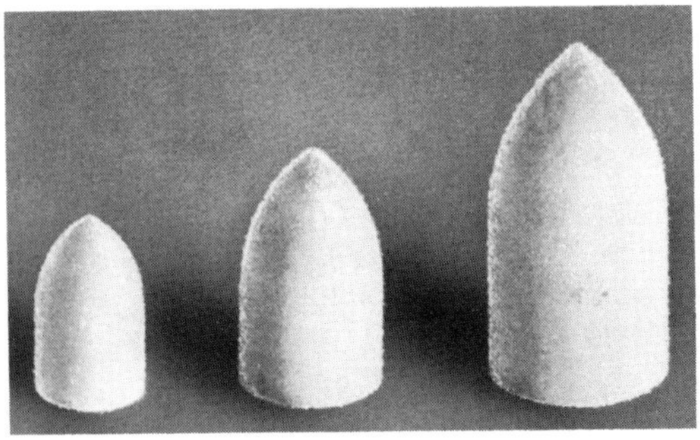

Abb. 78 Filzkegel

Abb. 79 Polierpaste und -bürste

Rüttler (Vibratoren)

Beim Ausgießen von Abdrücken und beim Einbetten von Gußobjekten werden im zahntechnischen Labor Rüttelplatten benützt. Es handelt sich dabei um runde oder viereckige Geräte, deren Oberfläche durch einen Motor in leichte Schwingungen versetzt wird (Abb. 81). Durch diese Vibrationen können die im Gips oder der Einbettmasse enthaltenen Luftblasen an die Oberfläche der noch weichen Masse gelangen. Dadurch wird das Material dichter und fester, bei Gußstücken können so poröse Stellen vermieden werden.
Einige Geräte können auch an eine zusätzliche Evakuiereinrichtung (siehe Seite 119) angeschlossen werden, um die Wirkung der „Entlüftung" noch zu verbessern. Die Schwingungszahl der Vibratoren variiert von Gerätetyp zu Gerätetyp, meist ist eine Wahlmöglichkeit zwischen zwei Geschwindigkeiten (z. B. 3000 oder 6000 pro Minute) vorhanden. Auch die Heftigkeit der Rüttelbewegungen kann bei fast allen Geräten gesteigert werden.
Die Helferin hat beim Arbeiten mit dem Rüttler auf folgendes zu achten:

1. Rüttelplatte immer a b s o l u t s a u b e r h a l t e n, damit auch das nächste Stück sicher steht!

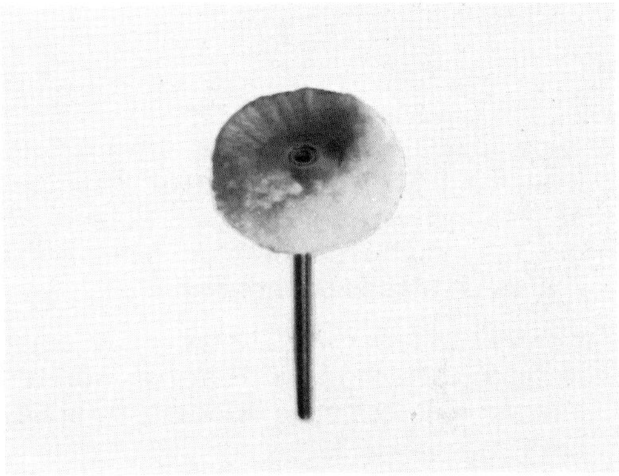

Abb. 80 Montierte Wollschwabbel

Abb. 81 Rüttelplatte

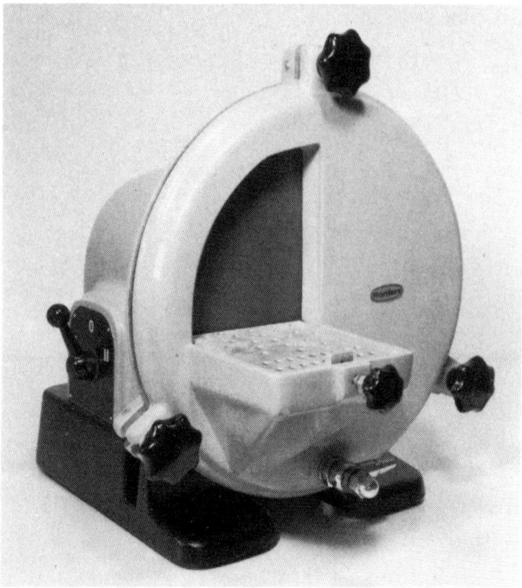

Abb. 82 Gipstrimmer

2. Gips bzw. Einbettmasse immer in kleinen Mengen einfüllen, anschließend warten, bis alle Blasen an die Oberfläche gekommen sind, dann erst neue Masse nachgeben!
3. Kontakt mit der Rüttelplatte auf einer möglichst großen Fläche herstellen, um eine optimale Wirkung zu erzielen!
4. Gips bzw. Einbettmasse immer genau nach Vorschrift anrühren, also nicht zu dünn oder zu dick!

Gipstrimmer

Um ein Modell in eine handliche Form bringen zu können, die auch mit früheren Abdrücken vergleichbar ist, benützt man den Gipstrimmer (Abb. 82). Das ist eine Schleifscheibe (meist aus Karborund), die durch einen Motor in Drehung versetzt wird. Vor der Öffnung der zu drei Viertel abgedeckten Scheibe befindet sich die Auflageplatte für das zu bearbeitende Modell. Mit der Inbetriebnahme des Trimmers wird gleichzeitig eine Wasserpumpe eingeschaltet, welche die drehende und schleifende Scheibe berieselt, um ein Verschmieren des Karborunds zu vermeiden. Beim Arbeiten am Trimmer ist zu beachten:

1. Keinen zu großen Druck ausüben, damit die Scheibe nicht gebremst und dadurch der Antriebsmotor zu sehr belastet wird!
2. Möglichst kleine Gipsflächen an die Scheibe halten, die Trimmleistung ist dann besser als bei völliger Bedeckung der Schleiffläche!
3. Bei Vergleichsmodellen, z. B. für die Kieferorthopädie, immer denselben Winkel an der Auflageplatte einstellen!
4. Vorsichtig bei kleinen Modellen, Kontakt der Fingerkuppen mit der drehenden Scheibe unbedingt vermeiden. Gefahr von Schürfwunden!

Übrige Geräte

Neben den geschilderten Geräten für zahntechnische Arbeiten gibt es noch eine Vielzahl von anderen Maschinen, Hilfsmitteln und Instrumenten. Die meisten sind allerdings recht teuer und umfangreich, so daß sie in einer Zahnarztpraxis aus wirtschaftlichen und räumlichen Gründen seltener anzutreffen sind. Deshalb kommt die Helferin nur manchmal mit ihnen in Berührung. Sie werden daher im folgenden nur kurz erklärt:

Abzuganlagen (Absaugeinrichtungen)

Da bei zahntechnischen Arbeiten durch Schleifen, Fräsen, Bohren und Polieren viel Staub entsteht, ist für die Arbeitsräume eine spezielle Absauganlage erforderlich. Es gibt dabei Einzelanlagen, mit denen nur bestimmte Plätze staubfrei gehalten werden, z. b. Poliermotoren, Arbeitstische usw., oder zentrale Einrichtungen, die ganze Räume versorgen. Es sind Motoren, die die verunreinigte Luft ansaugen, filtern (wobei auch Goldstaub rückgewonnen werden kann), befeuchten und wieder in den Raum zurückblasen.

Auswachs- bzw. Ausbrühgeräte

Diese Geräte entfernen das Wachs aus Küvetten, in denen modellierte Prothesen bzw. Verblendungen eingegipst sind. Die geöffneten Küvettenhälften werden mit Hilfe von warmem Wasser völlig wachsfrei gemacht. Es sind Kessel mit eingebauter Heizung und einer Umwälzpumpe, die das erwärmte Wasser immer wieder über die Küvette spülen. Zusätzlich können wachslösende Substanzen beigemischt werden, um das Ergebnis des Ausbrühvorgangs zu beschleunigen und zu verbessern.

Dubliergeräte

Um ein vorhandenes Gipsmodell möglichst getreu zu kopieren, benützt man spezielle Dubliermassen und -geräte. Über das Originalmodell wird eine erwärmte gallertartige Substanz gegossen, die erstarrt und nach Herausnahme des Originals erneut mit Gips ausgegossen werden kann. Für diesen Vorgang werden besondere Küvetten („Dublierküvetten“) benötigt, in die Dubliergelatine und Modelle eingebracht werden. Vorher muß die Dubliermasse in einem Kessel mit eingebautem Rührwerk auf 90° C erhitzt und verflüssigt werden. Anschließend wird sie unter Kontrolle eines Thermostaten auf 40–50° C abgekühlt. Bei dieser Temperatur kann die Dubliermasse aus dem Kessel abgelassen und auf das zu kopierende Modell in die Dublierküvette gegossen werden.
Nach dem Erkalten wird die Küvette geöffnet, das Originalmodell entfernt und die Hohlform mit Gips ausgegossen. Ist das neue Modell erhärtet, kann die Dubliergelatine zerkleinert und in den Kessel zur Wiederverwendung gebracht werden.

Evakuieranlagen

Diese Apparate sind Pumpen, die in Verbindung mit Anmischgeräten, Rüttlern usw. die mit eingerührte Luft absaugen. Dadurch soll ein Einschluß von Bläschen vermieden und eine porenfreie Oberfläche bei Gußobjekten erreicht werden. Meist werden Evakuiergeräte mit verschiedenen Anschlüssen geliefert, damit sie an Einbett-, Rüttel- oder Anmischgeräte befestigt werden können. Spezielle Verbindungen gibt es für Brennöfen und Gußanlagen.

Gießgeräte

In modernen Labors arbeiten heute meist vollautomatische Gußanlagen. Bei ihnen erfolgt das Schmelzen der Metalle (Gold bei 900–1000° C, Chrom-Kobalt-Molybdän-Legierung bei 1200–1500° C) und das Schleudern in die vorbereiteten Hohlformen (Tiegel, Muffeln[1]) mit Hilfe von elektronischen Steuerungen (Wärmefühlern). Auf diese Weise vermeidet man Gußfehler (Lunker[2], unvollständiges Einfließen der Metalle usw.) fast völlig. Wichtig ist allerdings, daß die Gußanlagen nur mit den vorgeschriebenen Materialien beschickt werden.

Keramiköfen

Ein meist rechteckiger oder röhrenförmiger Brennraum wird durch eine elektrische Vorrichtung so erhitzt, daß Keramik darin gebrannt werden kann.
Bei modernen Keramiköfen werden heute die meisten Arbeitsabläufe automatisch gesteuert. Sowohl die einzelnen Brennzeiten (Vorwärmen, Vorbrand, Haupt-, Zwischen- und Glanzbrand) als auch die Temperaturen und die Evakuierung sind programmierbar. Der Transport des Brenngutes kann in einer Art „Lift“ vorgenommen werden.

Küvettenpressen

Wurden die Küvetten früher von Hand mit einer Spindelpresse unter Druck geschlossen, um den überschüssigen Kunststoff zu entfernen, so geschieht dies heute hydraulisch. Diese Pressen erfordern keinen großen Kraftaufwand mehr und verteilen den Druck gleichmäßiger. An einem Manometer wird der Druck der Öl-

1 Muffel: Hohlform zur Aufnahme von Gußstücken
2 Lunker: Hohlraum im Gußstück

hydraulik abgelesen, so daß es zu keiner Überlastung (und möglichem Bruch) der Küvette kommen kann. Auch der Inhalt (Einbettgips, Kunststoff, Zähne) wird besser geschont.

Polymerisationsgeräte

Die Verfahren der Kunststoffpolymerisation für Verblendungen und Prothesenbasen sind heute sehr vielfältig. Daher gibt es sehr verschiedene Möglichkeiten, den Kunststoff auszuhärten. Man unterscheidet Heiß-, Druck-, Naß- und Trockenpolymerisation, die jeweils mit verschiedenen Geräten durchgeführt werden. Trotz ständiger Verbesserung der einzelnen Verfahren hat sich bis jetzt keines so durchsetzen können, daß es andere verdrängt hätte.

Tiefziehgeräte

Diese Geräte drücken Kunststoff-Folien oder -Platten durch Anwendung von Wärme und Unterdruck eng an Modelle. Dadurch wird eine sehr genaue Paßform, z. B. für individuelle Abdrucklöffel oder Bißschablonen, erreicht. Bei den meisten Typen können Unterdruck und Hitze reguliert werden, dadurch wird die Verwendung verschieden starker Platten oder Folien ermöglicht.

Trockenschränke

In den Trockenschränken wird der Abbindevorgang bei Gipsmodellen und die Aushärtung von Einbettmassen beschleunigt. So kann schneller an einem Werkstück weitergearbeitet werden. Die Geräte sind recht geräumig und trocknen bei konstanter Temperatur. Die beheizbaren Schränke sind oft mit Absauganlagen verbunden, um die Verdunstungsfeuchtigkeit zu beseitigen.

Vorwärmöfen

Eine sehr ähnliche Funktion besitzen die elektrisch beheizten Vorwärmöfen. Im Unterschied zu den Trockenschränken sind sie jedoch kleiner und nur für die Aufnahme von Muffeln und Tiegeln gedacht. Außerdem ist die Temperatur, die sie erreichen können, wesentlich höher (Trockenschrank etwa 300° C, Vorwärmeofen bis 1100° C). Das Vorwärmen soll den Gießvorgang verbessern und beschleunigen.

Vermessungsgeräte (Parallelometer)

Um eine genau definierte Einschubrichtung auf dem Arbeitsmodell festlegen zu können (wichtig bei Klammern, Teleskopkronen, Adhäsivanker etc.) benutzt der Techniker ein Parallelometer. Hierbei handelt es sich um ein Gestell, das einen auf einem Kugelgelenk sitzenden und dadurch beweglichen Tisch (auf den das Modell gelegt wird) besitzt. Darüber ist ein Gelenkarm montiert, der Bewegungen in drei Freiheitsgraden zuläßt und an dessen Ende je nach Arbeitsgang ein Bleistift zum Anzeichnen von Zahnäquatoren o. ä. oder ein Schleifinstrument zum parallelen Ausarbeiten von Werkstückseiten befestigt ist.

Zahntechnische Instrumente (Handinstrumente)

Mit folgenden zahntechnischen Handinstrumenten sollte die Helferin umgehen können:

Gipsmesser

Das Gipsmesser (Abb. 83) ist ein besonders robustes Schneidwerkzeug, dessen Klinge am Rücken verkleidet ist, um größeren Druck auf den Gips ausüben zu können. Oft ist es am Ende des Handgriffs mit einer kleinen Metallzunge kombiniert, die zum Öffnen von Küvetten benutzt werden kann.

Gipsspatel

Der Gipsspatel (Abb. 84) ist dem Alginatspatel sehr ähnlich, nur der Arbeitsteil ist breiter. Er dient dem Anrühren von Gips und Einbettmassen (sofern es nicht maschinell erfolgt) und dem Einfüllen in Abdrücke, Muffeln usw.

Gipszange

Die Gipszange wird zum Ausbetten von Zahnersatz benützt. Nach dem Entfernen der Metallküvetten soll mit ihrer Hilfe der Einbettgips entfernt werden. Die Ausbettzange hat daher besonders kräftige Arme und stabile Griffe (Abb. 85). Der Umgang mit diesem Instrument verlangt neben Kraft auch Geschicklichkeit und Erfahrung, damit eine Selbstverletzung vermieden und die auszubettende Prothese nicht beschädigt wird.

Muffelzange

Die Muffelzange wird zum Transport von heißen (z. b. vorgewärmten) Muffeln und Tiegeln benützt. Ihre Arme sind so gebogen, daß sie – geschlossen – die Muffel genau umfassen (Abb. 86). Da der Umgang mit heißen Gußobjekten immer gefährlich und unfallträchtig ist, soll die Helferin immer die richtige Zangengröße wählen, damit sie die Muffel sicher halten kann (Arme und Zange sollen die Muffel vollständig – flächenhaft anliegend – umschließen!).

Wachsmesser

Das Wachsmesser ist zwar hauptsächlich zum Modellieren von Wachsmodellen gedacht, wird aber auch für viele andere Arbeiten im Labor verwendet. Die übliche Ausführung besitzt zwei Arbeitsteile an den beiden Enden des Griffes (Abb. 87). Meist ist eines als Klinge, das andere als Hohlkehle ausgebildet. Es ist in verschiedenen Größen erhältlich.
Für die Aufwachstechnik gibt es sehr verschiedene, spezielle Formen (Abb. 88), auf die hier nicht eingegangen werden soll; Hinweise sind im Kapitel „Prothetische Zahnheilkunde“, Seite 391 ff. aufgeführt.

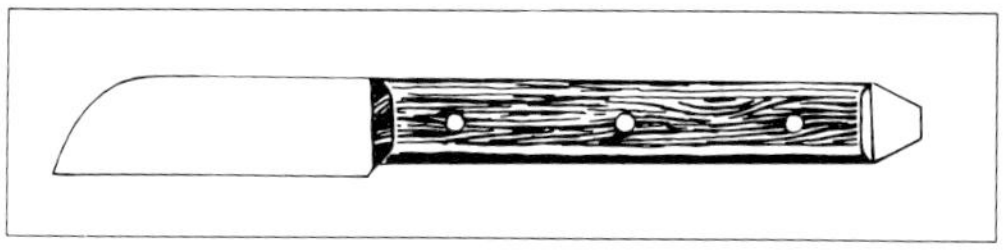

Abb. 83 Gipsmesser mit Küvettenöffner

Abb. 84 Gipsspatel

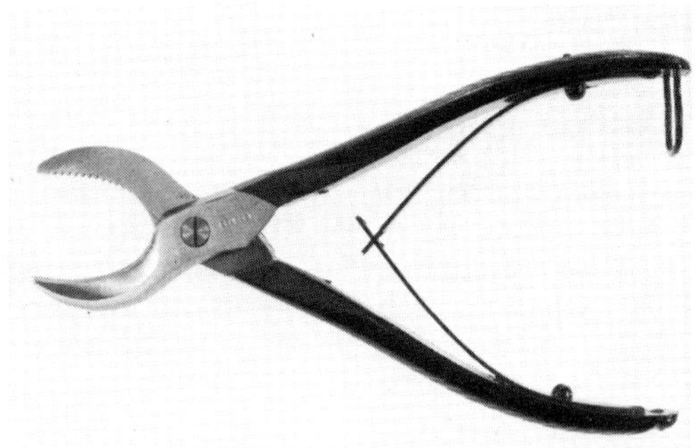

Abb. 85 Die Gipszange dient dem Ausbetten von Zahnersatz und besitzt besonders stabile Arme

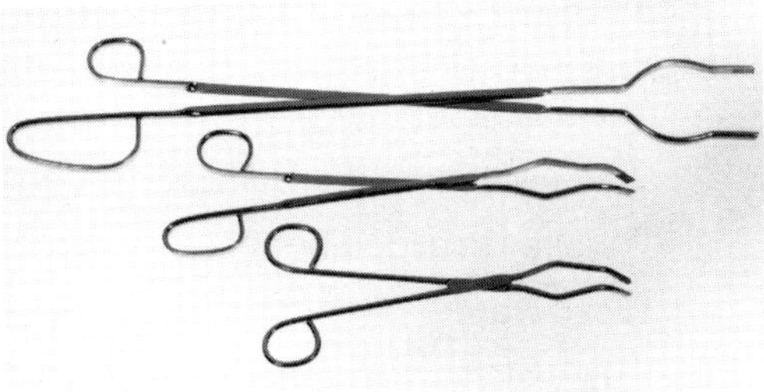

Abb. 86 Verschiedene Muffelzangen

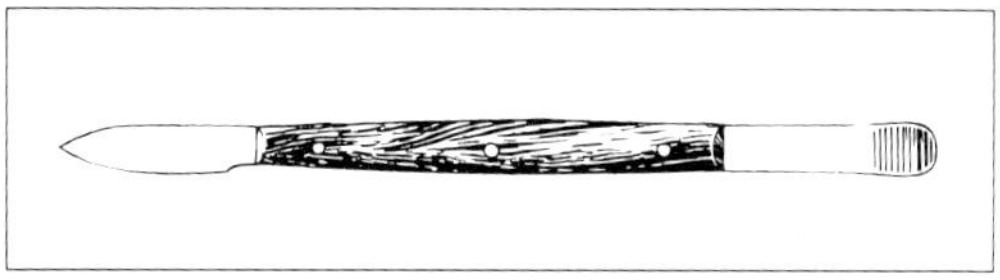

Abb. 87 Wachsmesser

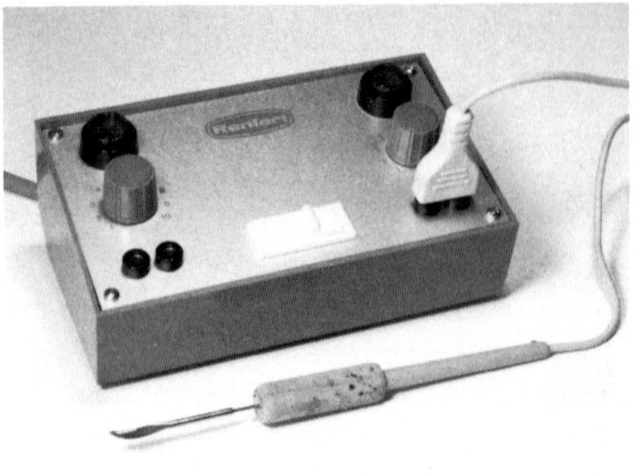

Abb. 88 Wachsmesser mit elektrischer Vorwärmung

Abb. 89 Modellsockelformer für Ober- und Unterkiefer

Modellsockelformer

Modellsockelformer werden Schaumstoff-, Gummi- oder Kunststoffbehälter genannt, in die bei der Modellherstellung der weiche Gips eingebracht wird (Abb. 89). Es gibt sie in verschiedenen Größen und Formen für „Oberkiefer“ und „Unterkiefer“. Sie erleichtern das Herstellen der Modelle, da sie nach dem Aushärten des Gipses einfach abgezogen werden können. Wichtig ist bei ihrer Anwendung, daß sie immer saubergehalten werden!

Fragen zum Verständnis und zur Selbstkontrolle

Laborgeräte und zahntechnische Instrumente

19. Welcher Unterschied besteht zwischen einem zahnärztlichen und einem Technikhandstück?
20. Wozu wird eine Wollschwabbel benützt?
21. Welche Unfallgefahr besteht beim Arbeiten am Poliermotor?
22. Wozu werden Vibratoren in der Zahntechnik benützt?
23. Aus welchem Material besteht in der Regel die Schleifscheibe am Gipstrimmer?
24. Welche Aufgabe hat eine Evakuieranlage?
25. Was versteht man unter dem Vorgang des „Dublierens“?
26. Womit wird das „Tiefziehen“ erreicht?
27. Welche zwei Arbeitsteile hat ein Wachsmesser?

(Die Antworten stehen auf Seite 123.)

Antworten zu den Fragen auf Seite 109 „Hand- und Maschineninstrumente“

1. Als „Schloß“.
2. „Kopf“.
3. Mundspiegel, Sonde und Pinzette.
4. Hohlspiegel mit konkaver Oberfläche.
5. Als „College-Pinzette“.
6. „Umdrehungen pro Minute“.
7. Durch farbige Ringe.
8. Luftgelagerte und kugelgelagerte.
9. Die Kupplung von Turbineninstrumenten.
10. Schmelz und sehr harte Materialien.
11. Die Schädigung der Pulpa durch die Reibungshitze beim Schleifen.
12. Damit eingedrungene Verunreinigungen (Bohrstaub, Speichel, usw.) nicht antrocknen können.

Antworten zu den Fragen auf Seite 114 „Ultraschall- und Bestrahlungsgeräte“

13. Durch ihre hohen Schwingungzahlen.
14. Sie sind sehr aggressiv und schädigen die Haut.
15. Bei der Infrarotlampe.
16. Weil die Strahlungsintensität mit dem Quadrat der Entfernung abnimmt.
17. Ultraviolettes Licht und sichtbares Licht (Blaulicht).
18. Die Füllung kann unbeschränkt lange modelliert werden.

Antworten zu den Fragen auf Seite 122 „Laborgeräte und zahntechnische Instrumente“

19. Das Technikhandstück ist robuster.
20. Zum Erzeugen von Hochglanz.
21. Das Aufwickeln von zu langen Haaren.
22. Zur Vermeidung von Luftblasen in Gips und Einbettmassen.
23. Aus Karborund.
24. Das Absaugen von Luft aus Gips und Einbettmassen.
25. Das Kopieren eines Modells.
26. Mit Wärme und Unterdruck.
27. Eine Klinge und eine Hohlkehle.

Fünftes Kapitel

Hygiene

Dr. med. dent. Bernd-Jörg Heinenberg, Hamburg

Einleitung

Als Hygiene bezeichnet man alles, was sich mit der Erhaltung der Gesundheit beschäftigt. In der zahnärztlichen Praxis beziehen sich die hygienischen Maßnahmen auf die Vernichtung von Krankheitserregern (sogenannten Mikroorganismen), durch die möglicherweise Krankheiten von einem Menschen auf einen anderen Menschen übertragen werden könnten. Da diese Übertragung aber nicht nur von Patient zu Patient, sondern auch von Patient zu Praxisangehörigen möglich ist, dienen alle hygienischen Maßnahmen nicht nur zum Schutz der Patienten, sondern auch zum eigenen Schutz vor ansteckenden Krankheiten.
Jeder Praxisinhaber ist durch bestimmte gesetzliche Vorschriften dazu verpflichtet, für die Durchführung bestimmter hygienischer Maßnahmen in seiner Praxis zu sorgen und die Durchführung ständig zu kontrollieren.

Geschichte

Erst seit etwa 100 Jahren wissen wir, daß eine Infektionskrankheit durch mikroskopisch kleine Lebewesen hervorgerufen wird, die man mit bloßem Auge nicht erkennen kann.
Schon die Griechen ahnten einen Zusammenhang zwischen sauberem Wasser und Gesundheit. Sie machten die Tochter des *Asklepios* zur Göttin der Quellen und der Gesundheit. Ihr Name war *Hygieia* (Abb. 90), und von diesem Namen leitet sich der Begriff Hygiene her.
Im Jahre 1663 entdeckte der Niederländer *Leeuwenhoek* mit Hilfe eines selbstgebastelten Mikroskops kleine Lebewesen im Zahnbelag. In Wien führte der junge Arzt *Semmelweis* 1847 die Händedesinfektion ein.
Semmelweis begründete mit der Händewaschung die Asepsis. Unter Asepsis versteht man das Fehlen von Infektionserregern.
1871 stellte *Lister* ein von ihm konstruiertes Gerät vor, das sowohl im Operationssaal als auch über das eigentliche Operationsfeld einen feinen Karbolnebel versprühte. Wegen dieser Erfindung galt *Lister* als Begründer der Antisepsis.

Abb. 90 Hygieia – Göttin der Quellen und Gesundheit

Unter Antisepsis versteht man die Vernichtung von Erregern, die bereits in eine Wunde gelangt sind.
Als Begründer der modernen Mikrobiologie aber gilt der deutsche Arzt *Robert Koch*. 1889 wurde er als Professor Leiter des Berliner Instituts für Infektionskrankheiten, das als Robert-Koch-Institut noch heute seinem Namen trägt.

Begriffe

Unser heutiges hygienisches Wissen basiert wesentlich auf der Mikrobiologie, d. h. der Lehre von den mit bloßem Auge nicht sichtbaren Kleinstlebewesen, den Mikroorganismen. Aus diesen Kenntnissen leiten sich auch die antimikrobiellen Maßnahmen her; es sind dies vor allem die Desinfektion und die Sterilisation, mit denen Mikroorganismen wirkungsvoll zu bekämpfen sind.
In der Natur kommen Tausende von Mikroorganismen vor, die für den Menschen ungefährlich (apathogen), krankmachend (pathogen) oder möglicherweise krankmachend (fakultativ pathogen) sein können. Die krankmachenden Keime stellen häufig erst dann eine Gefahr für den Menschen dar, wenn sie in das Gewebe oder in die Blutbahn gelangen (Infektion).
Je nach der Anfälligkeit (Disposition) des Infizierten bricht die Krankheit mit unterschiedlicher Heftigkeit aus. Kommt es trotz Infektion nicht zum Krankheitsausbruch, sprechen wir von einer widerstandsfähigen (resistenten) Person.
Infektionsquellen können alle jene Patienten sein, die eine Infektionskrankheit durchgemacht haben oder noch an ihr leiden. Eine besondere Gefährdung stellen hier die Patienten mit infektiöser Leberentzündung (Hepatitis) oder erworbener Immunschwäche (AIDS) dar. Eine gesundheitliche Gefährdung sind aber auch Patienten mit Schnupfen, grippalen Infekten, Erkrankungen des Rachens oder der Haut.

Fragen zum Verständnis und zur Selbstkontrolle

Begriffe

1. Übersetzen Sie folgende Fachausdrücke:

a) Asepsis	g) pathogen
b) Antisepsis	h) fakultativ pathogen
c) Infektion	i) Disposition
d) Mikrobiologie	j) resistent
e) Hygiene	k) Hepatitis
f) apathogen	l) AIDS

(Die Antworten stehen auf Seite 144.)

Infektionswege

Ein Kontakt mit Mikroorganismen (mikrobielle Kontamination) kann in der zahnärztlichen Praxis auf verschiedene Weise erfolgen:
Man unterscheidet

1. Sprühinfektion
2. Kontaktinfektion
3. Schmierinfektion

Beim Bohren und Schleifen in der Mundhöhle sprüht ein Wasserschleier (Aerosol) aus dem Munde des Patienten (Abb. 91). Wird dieses Aerosol von der assistierenden Helferin nicht richtig abgesaugt, so kontaminiert es die Hände der Behandler und die nähere Umgebung des Behandlungsplatzes. Zusammen mit Speichel, Schleifresten von Zahn oder Füllung werden auch Keime aus dem Munde des Patienten herausgeschleudert. Mit wissenschaftlichen Methoden (Abklatschversuchen) kann man diese Keime sogar für das bloße Auge sichtbar machen. Nach 24 Stunden im Brutschrank haben sich vorhandene Bakterien soweit vermehrt, daß sie als große Kolonien zu erkennen sind (Abb. 92).
Mit den Händen der Helferin oder des Zahnarztes lassen sich Keime über die sogenannte Kontaktinfektion auf andere Hände übertragen.
Werden Geräte oder Abdrücke auf kontaminierten Stellen abgelegt, so kommt es über die Schmierinfektion zur Keimverschleppung in andere Räume oder sogar bis in das zahntechnische Labor. Wie auf einer Kette reiht sich also eine Verunreinigung durch Keime an die andere, so daß man auch von einer Kontaminationskette spricht.
Alle hygienischen Maßnahmen werden sich also mit der Unterbrechung solcher Kontaminationsketten beschäftigen. Vor allem die Verfahren der Desinfektion und Sterilisation stehen dabei im Vordergrund und sollen deswegen zuerst besprochen werden.

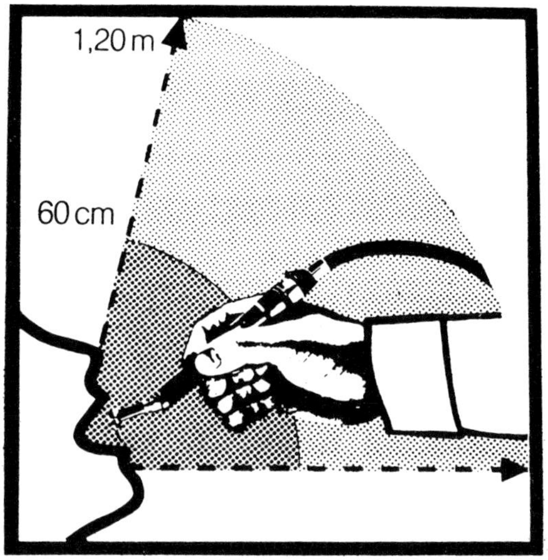

Abb. 91 Bakterienhaltiger Sprühkegel (Aerosol) bei hochtourigem Bohren und Schleifen

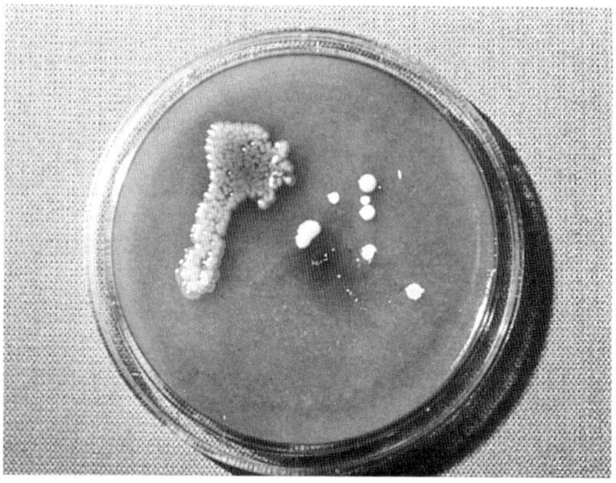

Abb. 92 Bakterienwachstum in Kolonien nach Abklatsch von einem Turbinenkopf

Desinfektion

Unter Desinfizieren wird das Abtöten der Erreger übertragbarer Krankheiten verstanden. Bei Viren wird dieser Vorgang übrigens Inaktivieren genannt. Desinfizieren bedeutet also, daß nicht alle Mikroorganismen vernichtet werden, sondern nur diejenigen, die Krankheiten hervorrufen können. In der Zahnarztpraxis kommen Desinfektionsverfahren mittels Chemikalien und mittels Temperatur zur Verwendung.

Chemische Desinfektion

Von der Industrie werden verschiedene chemische Desinfektionsmittel angeboten. Vor allem handelt es sich dabei um Phenolabkömmlinge und Perverbindungen. Sie kommen in den Handel als

- Konzentrat, das mit Wasser zu der benötigten Konzentration verdünnt werden muß,
- als gebrauchsfertige Lösung,
- als Seife,
- als Aerosole (Sprayflaschen mit Fluorkohlenwasserstoffen als Treibmittel sollten heute jedoch aus Gründen des Umweltschutzes nicht mehr verwendet werden).

Alle Desinfektionsmittel weisen auf ihren Etiketten den Anwendungsbereich, die Konzentration und die Einwirkzeit sowie die Keimarten aus, gegen die sie wirksam sind.
Der Anwendungsbereich ist durch Farben gekennzeichnet:

- rosa für Hände
- blau für Instrumente
- grün für Flächen
- gelb für Absauganlagen
- weiß für Wäsche
- rot für Abdrücke und Zahnersatz.

Ist auf einem blauen Etikett eine 2%oige Lösung mit einer Stunde Einwirkzeit vorgeschrieben, so bedeutet dies, daß es sich um ein Instrumentendesinfektionsmittel handelt, das zu einer 2%oigen Lösung verdünnt werden muß. In diese Lösung müssen kontaminierte Instrumente für mindestens eine Stunde eingelegt werden. Die Präparate werden von der Industrie mit Dosierhilfen angeboten: sie sind entweder als kleine Becher beigefügt oder aber direkt in die Flaschen eingebaut. Solche Dosierhilfen geben meistens 20 ml ab. Ein Becher des Konzentrats oder ein einmaliges Kippen der Flasche mit eingebau-

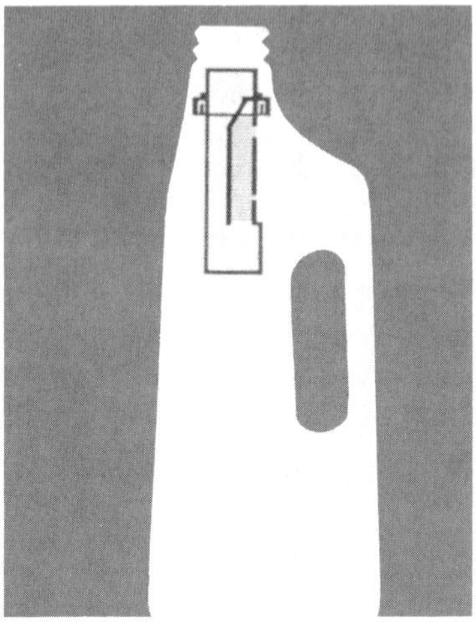

Abb. 93 Zum richtigen Dosieren Dosierhilfen benutzen. Hier ist schon eine in die Originalflasche eingebaut

ter Dosierhilfe vermengt mit einem Liter Wasser ergeben eine 2%oige Lösung (Abb. 93). Dieses meist wöchentliche Ansetzen der Desinfektionslösung muß mit größter Sorgfalt vorgenommen werden: zu starke Konzentrationen sind unwirtschaftlich und können bestimmte Instrumente schädigen, zu schwache Lösungen sind möglicherweise unwirksam.
Bevor man ein neues Desinfektionsmittel in der Praxis einführt, sollte man sich vergewissern, ob diese Mittel in der Liste der Deutschen Gesellschaft für Hygiene und Mikrobiologie aufgeführt sind. Wichtig ist auch die Überprüfung, gegen welche Arten von Mikroorganismen das Desinfektionsmittel wirkt. Man sollte ein Mittel mit breitem Wirkungsspektrum wählen, das heißt, das Mittel muß:
- bakterizid (bakterienabtötend),
- tuberkulozid (tuberkelbakterienabtötend),
- fungizid (pilzabtötend) und
- viruzid (vireninaktivierend)
sein.

Eine nach den Anweisungen des Herstellers korrekt angesetzte Lösung ist meist

Tabelle 6 Richtiges Dosieren

Prozent der Lösung	0,5%	1%	2%	3%	4%	5%	10%	
	–	–	1mal	–	2mal	–	5mal	zuzüglich 1 Liter Wasser
	–	1mal	2mal	3mal	4mal	5mal	10mal	zuzüglich 2 Liter Wasser

Die Angaben 1mal, 2mal usw. beziehen sich auf jeweils 20 ml. Das ist die Menge, die von den meisten Dosierhilfen pro Betätigung abgegeben wird.

über einen Zeitraum von sieben Tagen wirksam. Je nach Verschmutzungsgrad muß die Lösung eventuell früher erneuert werden.
Moderne Desinfektionsmittel desinfizieren auch das verschmutzte Instrumentarium, weil die Lösung durch Eiweiß, Blut, Öl oder ähnliches hindurch an die darunterliegenden Keime gelangt.

Fragen zum Verständnis und zur Selbstkontrolle

Notwendigkeit der Desinfektion

2. Welche Arten der Infektion unterscheidet man?
3. Was ist ein Aerosol?
4. Welche Schwebstoffe befinden sich im Aerosol?
5. Was heißt Desinfektion?
6. Welche Arten der Desinfektion kommen zur Anwendung?
7. Was ist ein Konzentrat?
8. Wie ist der Farbcode für
   a) Händedesinfektionsmittel?
   b) Instrumentendesinfektionsmittel?
   c) Flächendesinfektionsmittel?
9. Was bedeutet
   a) bakterizid?
   b) tuberkulozid?
   c) fungizid?
   d) viruzid?

(Die Antworten stehen auf Seite 144.)

Thermische Desinfektion

Neben der chemischen Desinfektion findet die thermische Desinfektion immer mehr Eingang in die zahnärztlichen Praxen. Bei der Benutzung eines Thermodesinfektors kann weitgehend auf den Einsatz von chemischen Mitteln verzichtet werden, was aus Umweltgründen heute überall angestrebt wird.
Thermodesinfektoren sind den im Haushalt üblichen Geschirrspülmaschinen vergleichbar. Die eingelegten Instrumente werden in ihnen gleichzeitig gereinigt und desinfiziert. Das geschieht mit einer heißen Reinigungslösung, die über einen Zeitraum von zehn Minuten auf eine Temperatur von 93 bis 95° C aufgeheizt wird.
Das Instrumentarium wird sofort nach Gebrauch trocken im Thermodesinfektor gelagert. Es sollen allerdings 6 Stunden nicht überschritten werden. Nach dem Einschalten des Gerätes läuft dann der Reinigungs- und Desinfektionsvorgang automatisch ab.
Anschließend kann das Instrumentarium sofort sterilisiert werden. Thermodesinfektoren bieten ein sehr sicheres Desinfektionsverfahren, weil in diesen Geräten alles automatisch abläuft.

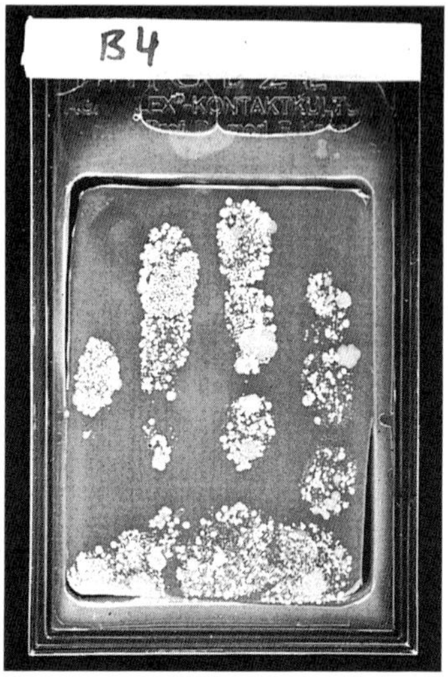

Abb. 94 Keimbesiedlung auf der Hand einer Helferin nach einem halben Praxistag

Desinfektion der Hände

Jeder, der neu in eine Praxis eintritt, muß zunächst lernen, daß viele Arbeitsgänge besser mit Instrumenten als mit der ungeschützten Hand durchzuführen sind. So wird der Mundwinkel nicht mit den Fingern, sondern mit dem Mundspiegel abgehalten. Benutzte Instrumente werden nicht mit den Händen, sondern mit der Instrumentenzange weggeräumt. Eine Begrüßung der Patienten kann mit Worten ebenso überzeugend sein wie mit dem unhygienischen Händeschütteln.
Trotzdem wird es sich nicht vermeiden lassen, daß nach jeder Behandlung die Hände der assistierenden Helferin mit Keimen aus der Mundhöhle des Patienten übersät sind (Abb. 94).
Die chemische Industrie hat deswegen Einreibepräparate entwickelt, die Mikroorganismen in kurzer Zeit wirkungsvoll vernichten. Die Unfallverhütungsvorschrift fordert, daß solche Schnelldesinfektionsmittel neben den Händewaschmitteln über jedem Waschplatz angebracht sein müssen. Die modernen Händedesinfektionspräparate entfalten ihre Wirkung schon nach etwa 30 Sekunden. Es gibt auf die Hauttypen abgestimmte Präparate mit unterschiedlichen pH-Werten. Sie alle haben eine alkoholische Basis, so daß sie rasch verdunsten. Diese Mittel können bedenkenlos 30- bis 40mal pro Tag ohne Hautreizung angewendet werden (Abb. 95). Es ist jedoch sehr wichtig, dann auf die bisher übliche Seifenwaschung weitgehend zu verzichten.

Zur hygienischen Händedesinfektion bei unverschmutzten Händen 3 ml alkoholisches Einreibepräparat in die Handoberflächen 30 Sekunden lang einreiben. Nicht abtrocknen!

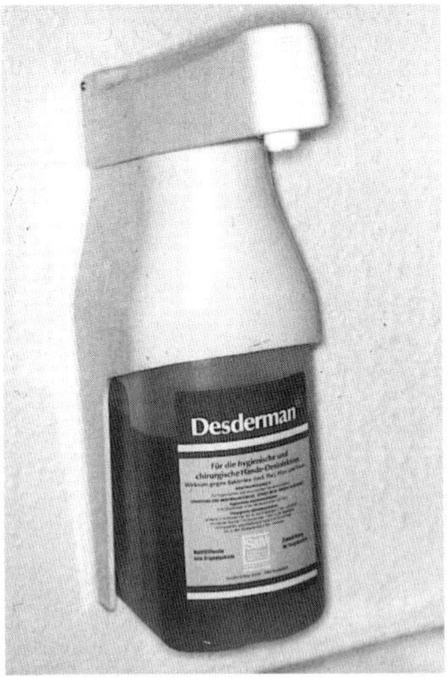

Abb. 95 An jedem Händewaschplatz muß ein alkoholisches Einreibepräparat vorhanden sein

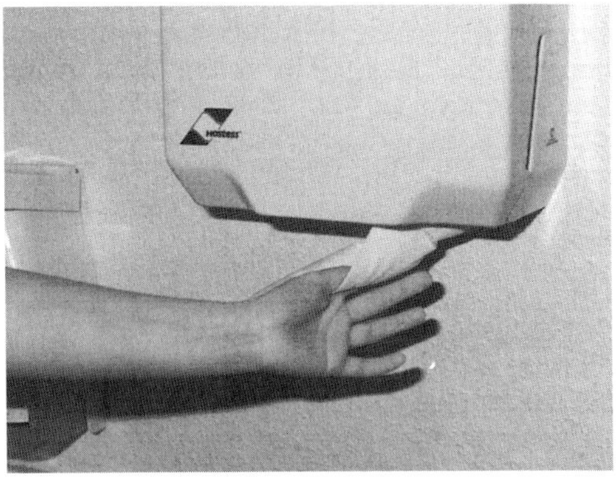

Abb. 96 Zum Trocknen werden Einmalhandtücher benutzt. Sie müssen in geeigneten Spendern aufbewahrt werden.

Die beschriebene Art alkoholischer Schnelldesinfektion der Hände hat die Waschung mit Seife fast völlig verdrängt. Nötig ist die Seifenwaschung nur noch in Fällen, in denen die Hände wirklich sichtbar schmutzig sind.

Kommt es zu einer Austrocknung der oberen Hautschichten, empfiehlt es sich, seifenfreie Waschpräparate – sogenannte Syndets – zu benutzen.

Kurzgefaßt gilt also für die Seifenwaschung:

- so selten wie möglich,
- nur bei grober, sichtbarer Verschmutzung,
- eventuell seifenfreie Präparate,
- Präparate nur in flüssiger Form.

Der beim Waschen entstandene Schaum und die abgelösten Schmutzpartikel werden mit kaltem Wasser abgespült. Die niedrige Wassertemperatur ist sehr wichtig! Sie darf auf keinen Fall über der Zimmertemperatur liegen; nur so bleiben die Poren der Haut geschlossen, und der Haut wird nicht noch zusätzlich Fett entzogen.

Da normale flüssige Seifen nicht desinfizieren, müßte nach der Behandlung und vor dem Waschen ein Desinfektionsvorgang durchgeführt werden. Um diese umständliche Prozedur abzukürzen, hat die Industrie desinfizierende Waschpräparate entwickelt, die gleichzeitig waschen und desinfizieren.

Zur hygienischen Händedesinfektion bei verschmutzten Händen desinfizierendes Waschpräparat nach Herstellerangaben erst einreiben und dann nach Wasserzugabe waschen. Danach mit Einmalhandtuch abtrocknen.

Die Unfallverhütungsvorschrift schreibt für moderne Händewaschplätze Direktspender mit einem alkoholischen Einreibepräparat und mit flüssiger Seife sowie Einmalhandtücher vor (Abb. 96).

Chirurgische Händedesinfektion

Vor chirurgischen Eingriffen müssen die Hände besonders gründlich gereinigt werden. Während bei der hygienischen Händedesinfektion nur die Zahl der Anflugkeime reduziert wird, muß vor Operationen auch die hauteigene Keimflora vernichtet werden. Dies hat seinen Grund darin, daß jeder Mensch Krankheitskeime mit sich herumträgt, die für ihn selber apathogen sind. Werden sie jedoch auf Wunden anderer Menschen übertragen, so können sie für den neuen Wirtsorganismus plötzlich pathogen sein und schlimme Infektionskrankheiten hervorrufen.

Vor operativen Eingriffen

2 × 3 ml alkoholisches Einreibepräparat in die Hautoberfläche bis zu den Ellenbogen 120 Sekunden lang einreiben,
anschließend daran
1 ml alkoholisches Einreibepräparat in die Nagelfalze 60 Sekunden lang einmassieren,
anschließend daran
2 × 2 ml alkoholisches Einreibepräparat in die Hautoberfläche bis zu den Handgelenken 120 Sekunden lang einreiben.
Auch nach dem operativen Eingriff müssen die Hände desinfiziert werden. Dabei spielt es keine Rolle, ob man zum Eingriff Handschuhe getragen hat.

Nach operativen Eingriffen

2 × 5 ml alkoholisches Einreibepräparat in die Hautoberfläche 5 Minuten lang einreiben.

Desinfektion der Instrumente

Bevor kontaminierte Instrumente weiter entsorgt werden, müssen sie zunächst – sofort nach Gebrauch! – desinfiziert werden. Am besten geschieht dies in Instrumentenwannen, die einen Deckel mit Einwurfschlitz und einen herausnehmbaren Siebeinsatz haben (Abb. 97). Desinfektionswannen für Instrumente sollen möglichst dicht bei jedem Arbeitsplatz stehen, um lange Wege mit den kontaminierten Instrumenten zu vermeiden. Das Füllvolumen dieser Wannen beträgt üblicherweise

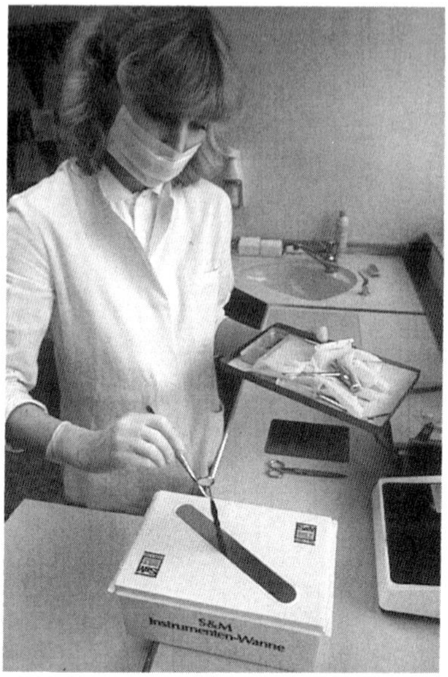

Abb. 97 Eine brauchbare Instrumentenwanne muß einen Deckel zum Abklappen oder mit Einwurfschlitz und einen Siebeinsatz mit Abtropfeinrichtung haben

zwei Liter Desinfektionsmittel. Damit reicht das Fassungsvermögen etwa für den Instrumentenanfall eines halben Tages aus. Als grobe Richtlinie sollte man sich merken, daß *alle* eingelegten Instrumente vollständig von Flüssigkeit bedeckt sein müssen. Instrumentendesinfektionsmittel werden von der Industrie meistens als Konzentrat geliefert und müssen also verdünnt werden. Das Vermischen von Konzentrat und Wasser geschieht am einfachsten, wenn man zuerst das Desinfektionsmittel und anschließend das Wasser in die Wanne einfüllt. „Eine Stunde Einwirkzeit" bedeutet, daß auch das Instrument, das zuletzt in die Lösung gelegt worden ist, eine Stunde der desinfizierenden Lösung ausgesetzt sein muß. Sehr wichtig ist das exakte Einhalten dieser Einwirkungszeit. Es hat sich bewährt, eine Stunde vor Praxisschluß die bis dahin benutzte Wanne gegen eine leere auszutauschen. Wenn die Instrumente nach dem Praxisende dann weiterbehandelt werden,

ist auf diese Weise sichergestellt, daß mindestens die Instrumente in der ersten Wanne der desinfizierenden Lösung eine Stunde lang ausgesetzt waren.
Die Einwirkungszeit der aggressiven Lösung soll vier Stunden nicht überschreiten! Niemals das Instrumentarium über Nacht oder gar über das Wochenende in der Desinfektionslösung liegen lassen: das hätte unweigerlich Materialschäden zur Folge! Bei richtigem Vorgehen werden die Instrumente kurz nach der jeweils benötigten Einwirkungszeit aus der Instrumentenwanne entnommen. Das anschließende Abspülen unter fließendem Wasser muß sehr sorgfältig vorgenommen werden, um auch die letzten Desinfektionsmittelreste von den Instrumenten zu entfernen. Falls einige Instrumente auch zu diesem Zeitpunkt noch Verschmutzungen aufweisen, können sie jetzt gefahrlos mit einer Instrumentenbürste gereinigt werden (Abb. 98).

Abb. 98 Erst nach der Desinfektion werden Instrumente bei Bedarf noch zusätzlich gereinigt

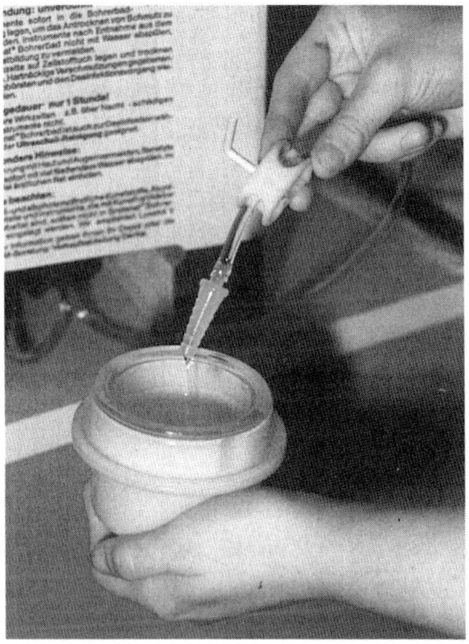

Abb. 99 Bohrerbäder sind gebrauchsfertige Lösungen und brauchen nicht verdünnt zu werden

Desinfektion der rotierenden Instrumente

Selbstverständlich müssen auch Bohrer und Schleifer nach Gebrauch desinfiziert werden. Für die Desinfektion gibt es sogenannte „Bohrerbäder". Das sind gebrauchsfertige Lösungen, die also nicht zu einer bestimmten Konzentration verdünnt werden dürfen (Abb. 99). Als Aufbewahrungsgefäß dienen die Fräsoren. In den Bohrerbädern ist ein Korrosionsschutz enthalten, der das Rosten der Instrumente verhindern soll. Nach dem mindestens einstündigen Einlegen im Fräsator werden die Instrumente mit dem Siebeinsatz entnommen, eventuell mit einem Drahtbürstchen gereinigt (Abb. 100) und anschließend auf eine saugfähige Unterlage zum Trocknen ausgelegt.
Bohrerbäder schädigen die eingelegten Instrumente auch bei längerer Dauer nicht. Es schadet also nicht, wenn die Instrumente über Nacht eingelegt bleiben. Das rotierende Instrumentarium wird *nicht unter fließendem Wasser abgespült*: dieses Vorgehen würde den im Bohrerbad enthaltenen Korrosionsschutz zunichte machen. Das Nicht-Abspülen ist ein wichtiger Unterschied zur Instrumentendesinfektion.
Chirurgisches rotierendes Instrumenta-

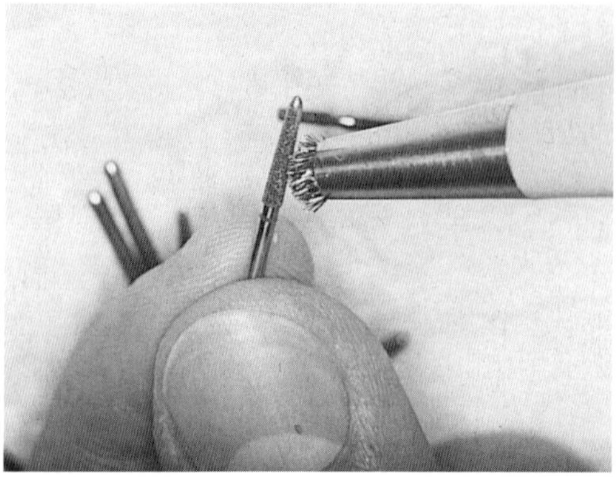

Abb. 100 Hartnäckige Verschmutzungen werden nach der Desinfektion mit einem kleinen Drahtbürstchen entfernt

rium, z. B. Lindemannfräsen, wird anschließend eingeschweißt oder auf die chirurgischen Trays einsortiert und dann sterilisiert.

In die meisten handelsüblichen Bohrerbäder dürfen nicht eingelegt werden:
- Endodontieinstrumente mit Aluminiumhandgriffen
- Schleifsteine, die mit Kunstharzklebern verklebt sind
- rotierendes Instrumentarium mit alkoholempfindlichen Kunststoffen.

Solche Instrumente müssen mit alkoholfreien Desinfektionsmitteln entsorgt werden. Ohne Probleme kann das rotierende Instrumentarium in den Thermodesinfektor eingelegt werden. Es empfiehlt sich jedoch, das Instrumentarium in einem speziellen Bohrerbehältnis zu sammeln, damit das Kleininstrumentarium nach dem Ablauf des Reinigungs- und Desinfektionsprogramms nicht mühsam zusammengesucht werden muß. Solche Bohrerbehältnisse sind im Deckel und Boden perforierte Metalldöschen, die durch einen Schraubverschluß zu verschließen sind.

Fragen zum Verständnis und zur Selbstkontrolle

Desinfektionsverfahren

10. Wie lange ist eine Trockenlagerung im Thermodesinfektor zulässig?
11. Aus welchem Grundstoff bestehen die Hände-Schnelldesinfektionsmittel?
12. Welches Desinfektionsmittel und welche Menge davon muß wie lange zur Desinfektion der Hände verrieben werden?
13. In welchen seltenen Fällen soll eine Seifenwaschung durchgeführt werden?
14. Was sind Syndets?
15. Welche Mindestausstattung ist in der UVV für Händewaschplätze vorgeschrieben?
16. Wie lange dürfen Instrumente höchstens in der Desinfektionslösung liegen?
17. Unterschiede zwischen Instrumentendesinfektion und Bohrerbädern.

(Die Antworten stehen auf Seite 144f.)

Abb. 101 Sprühdesinfektion nur an zerklüfteten Oberflächen, die sich für eine Wischdesinfektion nicht eignen

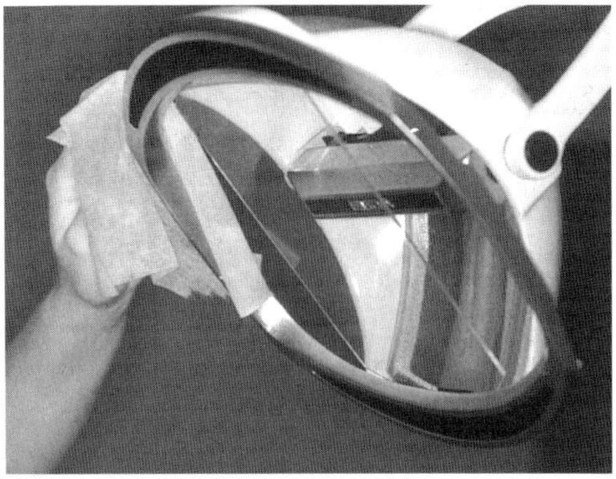

Abb. 102 Anwendung der Wischdesinfektion am kontaminiertem Lampengriff

Desinfektion der Flächen

Durch das Aerosol, mit dem Keime aus der Mundhöhle des Patienten geschleudert werden, oder durch das Ablegen kontaminierter Gegenstände auf Flächen außerhalb des Behandlungsbereichs sind möglicherweise auch diese Flächen mit Mikroorganismen verunreinigt.
Bei der Desinfektion solcher Flächen unterscheidet man

- Wischdesinfektion und
- Sprühdesinfektion.

Die Sprühdesinfektion wird grundsätzlich für solche Teile benutzt, die für eine Wischdesinfektion nur schwer zugänglich sind (z. B. die Ablageköcher für Hand- und Winkelstücke, oder andere Teile der Einheit (Abb. 101) mit zerklüfteter Oberfläche).
Im allgemeinen aber wird die Desinfektion von Flächen (z. B. die Ablage an der Einheit oder die Schubladen), mit der Wischdesinfektion vorgenommen (Abb. 102). Dazu dienen Einmaltücher, die mit Flächendesinfektionsmittel getränkt sind. Man kann sie fertig von der Industrie beziehen oder aber auch selber in der Praxis herstellen. Zwischen den einzelnen Patienten wird in einer sogenannten Schnelldesinfektion die Behandlungs-Einheit mit Zahnarzt- und Helferinnen-Teil, der Behandlungsstuhl und die Speischale abgewischt. Innerhalb kurzer Zeit werden auf diese Weise Bakterien und Pilze vernichtet.
Nach einer Langzeitdesinfektion, die am Ende des Arbeitstages durchgeführt wird, kann das Desinfektionsmittel über Nacht seine Wirkung entfalten. Auf diese Weise wirkt die Wischdesinfektion auch auf Viren ein.
Besondere Sorgfalt muß man auch den Kontaktflächen, die von mehreren Personen berührt werden, widmen. Solche Flächen finden sich an:

- Türdrückern,
- Schubladengriffen,
- Lichtschaltern und
- Telefonbüchern im Behandlungszimmer.

Desinfektionsmittel dürfen nicht mit den üblichen Reinigungsmitteln kombiniert werden. Beim Hantieren mit Reinigungs- und Desinfektionsmitteln Handschuhe tragen!

Sterilisation

Unter Sterilisation versteht man die Maßnahmen zur Abtötung bzw. zum Inaktivieren aller Mikroorganismen bzw. aller Viren. Das Ergebnis der Sterilisation ist die völlige Keimfreiheit. In der Zahnarztpraxis gibt es drei Sterilisationsverfahren:

- durch gespannten Dampf im Autoklaven,
- durch heiße Luft im Heißluftsterilisator,
- durch mikrobizide Gase im Chemiklaven.

Allgemeine Maßnahmen vor der Sterilisation

1. Es müssen für die jeweilige Sterilisationsart (Gas, Heißluft, Autoklav) geeignete Trays oder Folien benutzt werden.
2. Feine Drähte (Mandrine) werden in Hohlnadeln eingezogen, damit deren Durchgängigkeit erhalten bleibt.
3. Schneidende Instrumente umwickelt man am Arbeitsteil mit Watte. Wenn sie abrupt hohen Hitzegraden ausgesetzt werden, verlieren sie ihre Schärfe.
4. Die Einordnung hat nach einem bestimmten System zu erfolgen, das sich nach den räumlichen Gegebenheiten des Gerätes und den Gepflogenheiten der Praxis richtet.
5. Sterile Trays oder Folien sind als solche zu kennzeichnen, damit Irrtümer vermieden werden.
6. Für die Temperaturkontrolle muß bei jeder Sterilisation ein Prüfstreifen als „Indikator" beigegeben werden.

Heißdampfsterilisation

Im Autoklaven wird Wasser zum Verdampfen gebracht. Durch den im Kessel entstehenden Überdruck werden Temperaturen von 124° C (bei 1 bar Überdruck) und von 134° C (bei 2,1 bar Überdruck) erreicht, bevor das Wasser in den gasförmigen Zustand übergeht. Bei der kleineren Temperatur werden Verbandstoffe, Gummiwaren, Kunststoffe usw. sterilisiert, während bei 134° C Metallinstrumente und Glasgegenstände sterilisiert werden.
Beim Autoklaven bewirkt der warme Dampf eine Korrosion (Rost) von Metallgegenständen. Sterilisiergut aus verschiedenen Metallen darf also nicht so gelagert werden, daß es zu Kontaktkorrosion kommen kann. Außerdem muß auf eine ausreichende Beladung der Sterilisationskammer geachtet werden.

Heißluftsterilisation

In diesen Geräten wird durch eine elektrisch betriebene Heizung die Luft soweit erwärmt, daß sie mindestens über eine halbe Stunde 180° C erreicht.
Es können dabei verständlicherweise nur Materialien sterilisiert werden, die thermostabil sind. Das Verfahren ist also nicht geeignet zur Sterilisation von Gummi, Kunststoff, Verbandstoffen usw. Beim Heißluftsterilisator ist vor allem auf die richtige Beladung zu achten, damit die heiße Luft ungestört zwischen dem Sterilisiergut zirkulieren kann.

Gassterilisation

In den Chemiklaven wird ein Alkohol-Aldehyd-Gemisch durch Temperaturen bis 130° C zum Verdampfen gebracht. Sowohl diese hohe Temperatur wie auch die chemische Wirkung ermöglichen eine Sterilisation der eingelegten Instrumente.
Bei den Chemiklaven ist es zweifelhaft, ob auch Sporen (Überlebensformen von Pilzen) abgetötet werden. Die Chemikalien, die zur Sterilisation benutzt werden, können nach den geltenden Vorschriften zwar in das Abwasser gegeben werden, belasten aber auch dort die Umwelt.

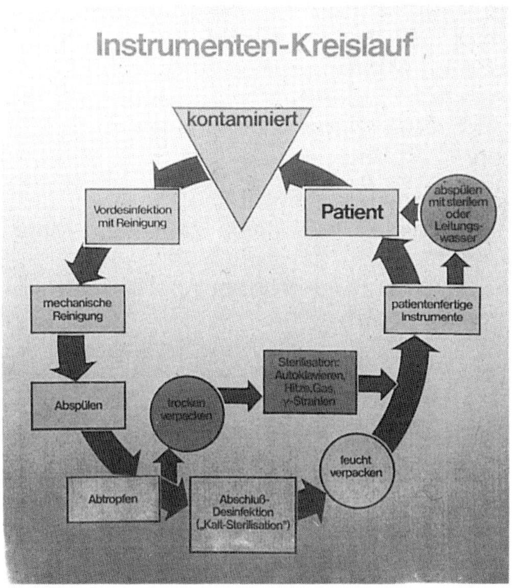

Abb. 103 Instrumenten-Kreislauf von der Verunreinigung bis zur erneuten Verwendung

Instrumentenentsorgung: Arbeitsablauf (Abb. 103)

1. Schritt: Desinfektion

Entweder im Thermodesinfektor: Trockenlagern bis 6 Stunden, dann automatischer Desinfektions- und Reinigungsvorgang.
Oder durch chemische Desinfektion:
Für mindestens 1 Stunde in Instrumentenwanne mit Instrumentendesinfektionsmittel einlegen. Mit dem Siebeinsatz entnehmen und unter Wasser abspülen. Hautkontakt mit dem Desinfektionsmittel vermeiden.

2. Schritt: Reinigung

Die desinfizierten Instrumente werden anschließend auf noch vorhandene Verschmutzungen überprüft und eventuell gereinigt und dann getrocknet. Dann werden die Vorbereitungen für die Sterilisation getroffen: entweder verpacken in Sterilgutverpackungen oder einsortieren in Trays oder Kassetten.

3. Schritt: Sterilisation

Je nach Praxis entweder Heißluft-, Heißdampf- oder „Gas"-Sterilisation. Jedes Verfahren erfordert große Umsicht und Genauigkeit bei der Bedienung, damit das Ziel „Keimfreiheit" erreicht werden kann.

Fragen zum Verständnis und zur Selbstkontrolle

Sterilisationsverfahren

18. Welche beiden Arten der Flächendesinfektion kennt man?
19. Wie heißen die drei in der Zahnarztpraxis üblichen Sterilisationsverfahren?
20. Wie heißen die drei zu den Sterilisationsverfahren gehörenden Geräte?
21. Welche Höchsttemperatur wird bei der Heißdampfsterilisation erreicht?
22. Welche Gegenstände dürfen nicht im Heißluftsterilisator eingelegt werden?
23. Wie lauten die drei Schritte der Instrumentenentsorgung?

(Die Antworten stehen auf Seite 145.)

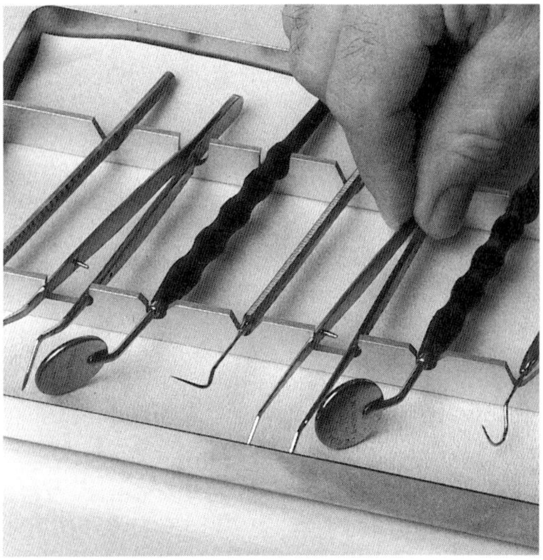

Abb. 104 Die Instrumente müssen so gelagert werden, daß man sie ohne Berührung des Nachbarinstruments entnehmen kann

Lagerung der Instrumente

Bis zu ihrer erneuten Verwendung müssen sterile Instrumente so gelagert werden, daß jeder neue Kontakt mit Keimen ausgeschlossen ist. Folgende Möglichkeiten der Aufbewahrung sind zulässig.:

- in verschweißten Sterilisationsfolien
- in Trays für bestimmte Behandlungen
- in Trays mit bestimmten Instrumenten, die bei Bedarf mit einer sterilen Zange entnommen werden.

Steriles Instrumentarium lagert man am besten zentral in einem gesonderten Raum.
Die Vorteile einer zentralen Lagerung sind:

- die Zahl der benötigten Instrumente kann kleingehalten werden
- die Instrumente werden öfter benutzt und auch öfter desinfiziert, gereinigt und sterilisiert
- zeitraubendes Suchen nach einem bestimmten Instrument entfällt.

Ist eine zentrale Lagerung in der Praxis nicht möglich, so werden die Instrumente in Schubladen oder Schränken unmittelbar am Arbeitsplatz untergebracht (Abb. 104). Dabei ist folgendes zu beachten:

- trockene und staubfreie Lagerung
- Schubläden aus desinfizierbarem Material
- Instrumente in großem Abstand voneinander lagern

Die früher üblichen Kunststoffeinsätze für die Schubladen dienen zwar der Übersicht, sind aber wegen ihrer zerklüfteten Oberfläche schwierig zu desinfizieren und deswegen oftmals wahre Bakterienbrutstätten. Besser sind Trays aus Metall oder Kunststoff mit entsprechenden Instrumentensätzen.
Schubladen werden durch gründliches Auswischen mit in Desinfektionslösung getränkten Einmaltüchern routinemäßig in die Flächendesinfektion mit einbezogen.

Wartung von Hand- und Winkelstücken und Turbinen

Hand- und Winkelstücke und Turbinen moderner Bauart können zwar ohne Materialschäden sterilisiert werden (Abb. 105); meistens ist dies jedoch in den Praxen nicht möglich, weil eine Sterilisation nach jeder Benutzung eine große Zahl von Hand- und Winkelstücken voraussetzt. Hand- und Winkelstücke oder Turbinen, die nicht für chirurgische Eingriffe benutzt werden sollen, werden deshalb lediglich nach dem Gebrauch desinfiziert.
Äußerlich ist dies durch Absprühen mit einem Flächendesinfektionsmittel möglich oder durch Abwischen mit Desinfektionstüchern (Abb. 106).
Problematisch ist die Innenreinigung: dazu benutzt man eine Kombination von Reinigungs- und Schmierflüssigkeit. Bei einigen im Handel befindlichen Verfahren werden durch Preßluft die beweglichen Teile in Bewegung gesetzt, so daß alle Teile mit

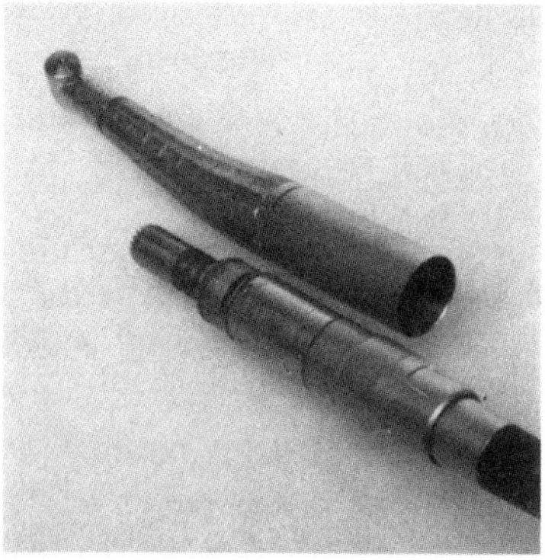

Abb. 105 Sirona-System 4000: Nach Herausziehen des Motors aus der Griffhülse kann diese zusammen mit dem Behandlungskopf sterilisiert werden

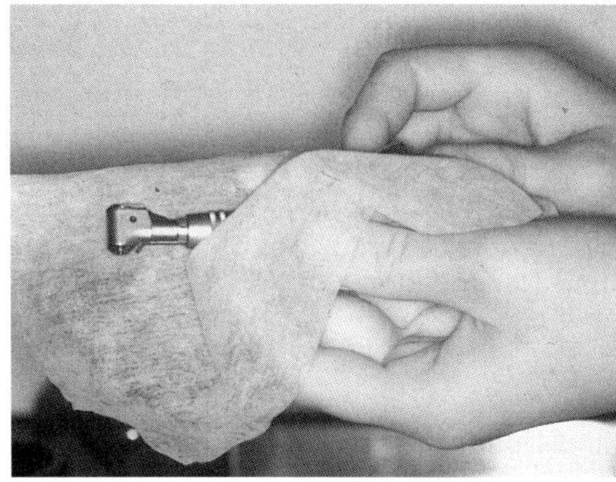

Abb. 106 Abwischen eines Winkelstücks mit einem feuchten Einmaltuch, das ein Desinfektionsmittel enthält

der Reinigungs- und Schmierflüssigkeit in Kontakt kommen können. Während die Reinigungskomponente schnell verfliegt, bleibt der Schmierfilm erhalten (Abb. 107). Durch diese mit der Reinigung kombinierte Wartung erübrigt sich das mühsame Zerlegen der Hand- und Winkelstücke.
Chirurgische Hand- und Winkelstücke werden nach der Desinfektion eingeschweißt und dem in der Praxis üblichen Sterilisationsverfahren zugeführt. Hand- und Winkelstücke dürfen im Autoklaven, Chemiklaven und im Heißluftgerät sterilisiert werden. Turbinen, die die Bezeichnung „135 Grad" tragen, können nur im Autoklaven und im Chemiklaven bis zu der angegebenen Temperatur sterilisiert werden.

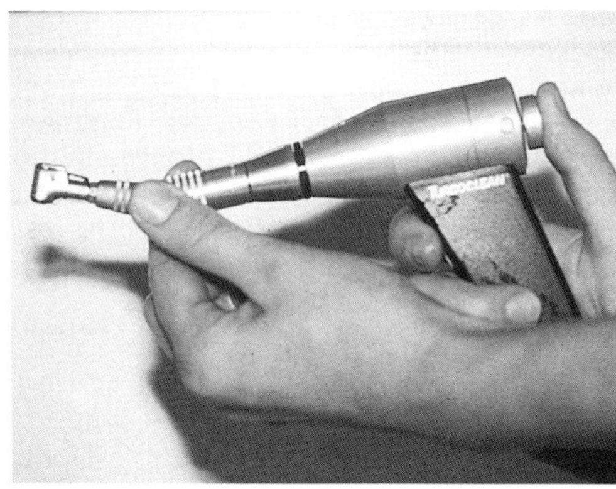

Abb. 107 Desinfektion und gleichzeitige Schmierung beim preßluftgetriebenen Verfahren

Schutzkleidung

Die UVV „Gesundheitsdienst" schreibt vor, daß Berufskleidung immer dann getragen werden muß, wenn die Kleidung mit Krankheitskeimen verschmutzt werden kann.

Es gibt heute eine große Zahl verschiedener Kittelmodelle, die auch nicht das früher ausschließlich übliche Weiß haben müssen. Über solchen Fragen des persönlichen Geschmacks stehen jedoch allgemeine Forderungen, die die Berufskleidung erfüllen muß.

- Die Kleidung muß die Vorderseite des Körpers bis zu den Knien bedecken.
- Die Ärmel sollen höchstens bis zu den Ellbogen reichen.

- Verschlüsse sollen auf dem Rücken oder seitlich liegen. Knöpfe im vorderen Bereich müssen verdeckt sein.
- Das Material muß kochbar sein.
- Schutzkleidung darf nur in der Praxis getragen werden.

Zur Schutzkleidung gehören auch der Mund-Nasenschutz und die Einmalhandschuhe.

Mund-Nasenschutz

Das Tragen eines Mund-Nasenschutzes (auch Gesichtsschutz genannt) findet in zahnärztlichen Praxen in den letzten Jahren vermehrt Verwendung. In dem beim Bohren und Schleifen oder beim Zahnsteinentfernen mit Ultraschall entstehenden Aerosol schweben eine Menge – möglicherweise – infektiöser Substanzen. Diese Teilchen sind so klein, daß sie nicht wie z. B. Staubteilchen von den Flimmerhärchen im Atmungstrakt festgehalten werden können. Ein Mund-Nasenschutz dient also vor allem zum Selbstschutz vor schweren Infektionskrankheiten der Lunge und der Atemwege.
Grundsätzlich muß ein Gesichtsschutz getragen werden

- bei Präparationen im Frontzahnbereich
- bei Zahnsteinentfernung mit Ultraschall.

Einmalhandschuhe

Da Infektionskrankheiten wie Hepatitis und AIDS möglicherweise auch durch Kontakt mit Blut und Speichel übertragen werden können, muß sich das zahnärztliche Personal vor solchen Kontakten schützen. Auch bei scheinbar unverletzter Hautoberfläche sind an den Händen oft kleine, unsichtbare Rhagaden (Hautrisse) zu finden, die als Eintrittspforten der Keime dienen können.
Zum anderen aber – und dieser Aspekt bekommt immer mehr Bedeutung – müssen auch die Patienten vor einer möglichen Infektion während der zahnärztlichen Behandlung geschützt werden.

Schutzhandschuhe sollen mindestens bei folgenden Fällen getragen werden:

- bei Patienten, die in der Anamnese eine Infektionskrankheit (Hepatitis, AIDS-HIV, Tbc) angeben
- wenn Zahnarzt oder Helferin Dauerausscheider von Krankheitserregern sind
- bei möglichem Kontakt mit Blut oder Speichel: also bei fast allen zahnärztlichen Maßnahmen.

Da der Zahnarzt niemals mit Sicherheit ausschließen kann, daß ein Patient vielleicht doch zu den Risikogruppen (Homosexuelle, Prostituierte, Drogenabhängige) gehört oder Kontakt zu ihnen hat, empfiehlt es sich, die komplette Schutzkleidung bei jeder Behandlung zu tragen.
Handschuhe können aus Latex oder Vinyl hergestellt werden und müssen nur zu operativen Eingriffen steril sein.
Für sterile Handschuhe gibt es eine bestimmte Technik des Anziehens, damit die Handschuhe bis zum Gebrauch steril bleiben.
Mit den chirurgisch gewaschenen Händen entnimmt man die verpackten Handschuhe aus der äußeren Umhüllung, die von der Helferin zugereicht wird. Das Paket wird dann so auf eine Unterlage abgelegt, daß die mit „Rechts" beschriftete Seite zur rechten Hand zeigt. Nach dem Aufklappen der Papierumhüllung blickt man auf die Handschuhe, deren Daumen nach außen zeigen. Zunächst gleitet man mit der rechten Hand (Handfläche nach oben!) in den rechten Handschuh, wobei mit der linken Hand zur Unterstützung nur die Innenseite des Handschuhs berührt werden darf. Niemals mit der sterilen Außenseite in Berührung kommen. Anschließend wird der linke Handschuh übergestreift (Innenfläche wieder nach oben). Man kann dabei mit der behandschuhten rechten Hand helfen, die jetzt aber nur noch mit der sterilen Außenfläche in Berührung kommen darf. Man greift dazu unter die umgeschlagene Stulpe im oberen Teil des Handschuhs.

Desinfektion von Abdrücken

Natürlich sind auch die Abdrücke, die aus dem Mund des Patienten kommen, mit dessen Keimen kontaminiert. Zur Desinfektion scheiden die physikalischen Verfahren aus: möglich ist allein eine chemische Desinfektion. Es muß jedoch völlig sichergestellt sein, daß der Abdruck durch die aggressive Desinfektionslösung keine Formveränderungen erfährt.
Damit auch die Modelle, die später aus den desinfizierten Abdrücken hergestellt werden sollen, keine Materialveränderungen erfahren, empfehlen Hygieniker und Materialkundler das folgende Vorgehen:

1. 15 Sekunden Abspülen mit H_2O
2. 10 Sekunden Einlegen in 0,2% Peressigsäure
   Freka-Peressigsäure-Lösung
3. 5 Minuten Einwirkenlassen in Hygrophor
4. 15 Sekunden Abspülen und Abschütteln
5. Ausgießen möglichst bald

Fragen zum Verständnis und zur Selbstkontrolle

Arbeitsabläufe

24. Wie geschieht die Außenreinigung von Hand- und Winkelstücken?
25. Können bestimmte Turbinen sämtlichen Sterilisationsverfahren unterworfen werden?
26. Nennen Sie einige Forderungen an die Berufskleidung.
27. Warum ist das Tragen eines Gesichtsschutzes so wichtig?
28. Wann muß ein Gesichtsschutz getragen werden?
29. Warum sind Handschuhe wichtig?
30. Wann müssen Handschuhe getragen werden?
31. Warum müssen Abdrücke desinfiziert werden?

(Die Antworten stehen auf Seite 145.)

Wartung der Absauganlage

Eine hygienische Wartung der Absauganlagen ist notwendig wegen der Gefahr der

- Infektion und der
- Geruchsbelästigung.

Aus dem Mund werden die verschiedensten Substanzen abgesaugt: Zahnreste, Füllungsmaterialien, Blut, Eiter, Speichel, Kühlflüssigkeit. Bei diesem Nahrungsangebot und den vielen Nischen im Schlauchinneren werden den Keimen ideale Vermehrungsbedingungen geboten. In älteren Einheiten ist das eigentliche Sammelbecken für abgesaugte Substanzen und Keime der Sekrettopf.
Beim Reinigen der Töpfe auf jeden Fall Handschuhe tragen!

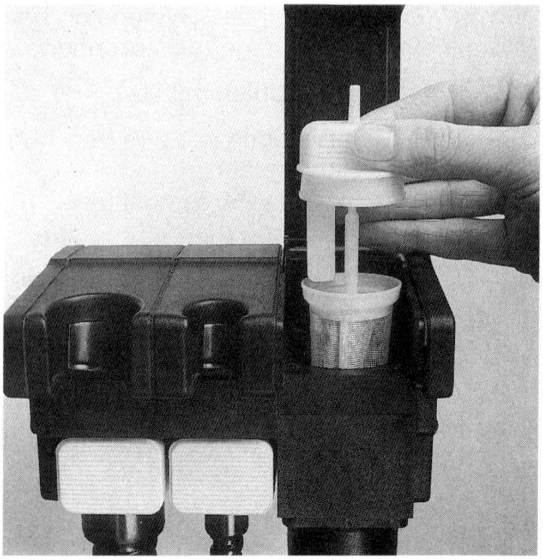

Abb. 108 Die Filter in den neueren Separierautomaten müssen einmal wöchentlich gewechselt werden

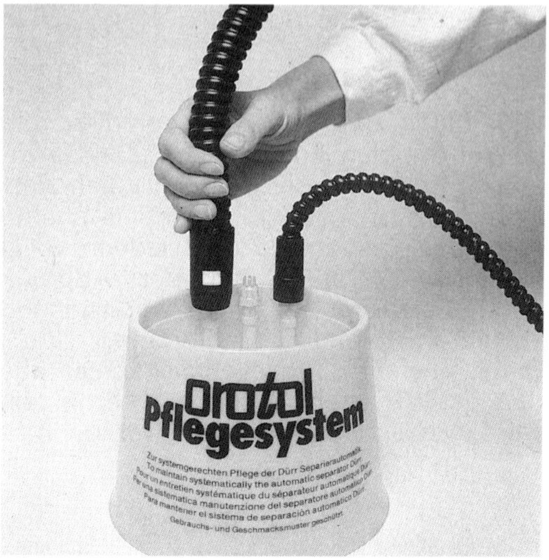

Abb. 109 Mit einem Absaugtopf wird Desinfektionslösung automatisch in der richtigen Zeit und mit der richtigen Menge angesaugt

In Einheiten neuerer Bauart sind die Sekrettöpfe durch Separierautomaten ersetzt, in denen nur die Filter ausgewechselt werden (Abb. 108). Dies muß einmal wöchentlich geschehen.
Für die Desinfektion der Absauganlagen dürfen keine Haushaltsreiniger verwendet werden: die zu erwartende Schaumbildung würde den Saugmotor zerstören.
Es sollen nur Spezialpräparate in der vom Hersteller angegebenen Konzentration benutzt werden.
Spezielle Pflegesysteme erleichtern das Durchsaugen von Desinfektionsmittellösungen, weil sie den Vorgang halbautomatisch durchführen (Abb. 109).
Zum Durchspülen nach chirurgischen Eingriffen immer kaltes Wasser verwenden.

Immunisierung

Aktive Immunisierung

Unter Impfung versteht man das Einbringen von geschwächten oder toten Bakterien, Viren oder Toxinen in einen fremden Organismus. Diese abgeschwächten oder toten Krankheitserreger sind nicht mehr kräftig genug, eine Krankheit hervorzurufen. Sie wirken aber noch als Antigene und regen den Körper an, aktiv eigene Antikörper gegen die eingespritzten Erreger zu bilden. Diese Antikörper werden dann als Schutztruppe wirksam, wenn der Körper später einmal von lebenden Bakterien der injizierten Art befallen wird.
Antikörper bilden sich am wirksamsten, wenn der Körper mehrmals demselben Antigen ausgesetzt wird, das heißt, wenn mehrere Impfungen durchgeführt werden.
Beispiele: Pockenschutzimpfung, Diphtherieimpfung und seit 1982 die Hepatitis B-Schutzimpfung.

Passive Immunisierung

Wird ein Organismus nicht mit eingedrungenen Erregern fertig, so kann man ihn in seinem Abwehrkampf durch das Einspritzen fertiger Antikörper unterstützen. Die Antikörper gewinnt man aus dem Serum von Tieren und Menschen, die eine entsprechende Krankheit durchgemacht haben.

Beispiel: Impfung mit Immunglobulinen gegen Hepatitis B.

Die Vorbemerkung war nötig, weil sich dieses Kapitel mit dem Impfschutz gegen die Hepatitis B beschäftigt. Bei der Hepatitis werden die A-Form und die B-Form unterschieden. In jüngster Zeit ist noch eine dritte Form hinzugekommen. Die Hepatitis B ist für uns die wichtige, weil sie durch Blut und Speichel übertragen werden kann.
Früher kannte man nur den Schutz durch eine passive Immunisierung. Man ließ sich also impfen, wenn man befürchtete, sich an einem „hepatitisverdächtigen" Patienten infiziert zu haben.
Seit 1982 gibt es auch in Deutschland eine aktive Immunisierung. Man kann sich also vorher impfen lassen und erkrankt dann nicht, auch wenn man sich zu einem späteren Zeitpunkt mit Hepatitis B infizieren sollte. Diese Impfung wird von der Berufsgenossenschaft nachdrücklich empfohlen.
Für die Infektionskrankheit AIDS, die in ihrer Häufigkeit nicht mit der Hepatitis verglichen werden kann, gibt es zur Zeit noch keine Impfung. Gegen diese Krankheit schützen nur alle Maßnahmen, die eine Kontamination verhindern, sowie alle bekannten Maßnahmen der Desinfektion und der Sterilisation.

Hygiene und die Gefahren

Mit dem Vordringen lebensbedrohender Infektionskrankheiten – seien es nun die lange bekannten wie Hepatitis oder die neueren wie AIDS-HIV – hat die Hygiene einen neuen Stellenwert in der Praxis erhalten. Aber wenn sie auch der Gesundheit dient, indem sie Infektionen unterbindet, so birgt die Hygiene doch auch einige gesundheitliche Gefahren in sich.
Um Allergien oder Verätzungen zu vermeiden, sollen Desinfektionsmittel niemals mit der bloßen Haut in Berührung kommen. Die Verwendung von Gummihandschuhen, Zangen und Pinzetten ist deshalb zwingend vorgeschrieben.
Es sollte jedem klar sein, daß Konzentrate von Desinfektionsmitteln wesentlich giftiger sind als die verdünnten gebrauchsfähigen Lösungen. Beim Hantieren mit diesen Konzentraten ist also größte Vorsicht geboten. Wird trotzdem einmal etwas verschüttet, so muß es sofort mit viel Wasser abgewaschen werden.
Etwaige Hautveränderungen sollte man genau beobachten. Ist seit dem Auftreten ein neues Mittel in der Praxis eingeführt worden? Verschwinden die Veränderungen über das Wochenende oder in den Ferien, wenn nicht gearbeitet wird? Bei einem eindeutigen Zusammenhang zwischen den Hautveränderungen und einem Desinfektionsmittel wird wohl jeder Chef bereit sein, das fragliche Mittel gegen ein anderes auszutauschen. Gefahren durch Verbrennen, wie sie beim Autoklaven auftreten, oder durch Atembeschwerden, etwa beim „Gas-Sterilisator", lassen sich ebenfalls vermeiden, wenn man die Vorschriften der Hersteller penibel beachtet. Und das gilt nicht nur, wenn das Mittel oder das Gerät neu in die Praxis kommt, sondern im Umgang mit der Hygiene ist die allergrößte Sorgfalt Tag für Tag neu gefordert.

Fragen zum Verständnis und zur Selbstkontrolle

Immunisierung

32. Warum ist eine regelmäßige Wartung der Absauganlage wichtig?
33. Was ist der Unterschied bei Absauganlagen älterer und neuerer Bauart?
34. Welche Temperatur soll das Wasser zum Durchspülen nach chirurgischen Eingriffen haben?
35. Was versteht man unter Impfung?
36. Nennen Sie einige Krankheiten, gegen die man sich impfen lassen kann.
37. Welche Form der Hepatitis wird durch Blut und/oder Speichel übertragen?
38. Welche Krankheiten können durch unsachgemäßen Umgang mit Desinfektionsmitteln hervorgerufen werden?

(Die Antworten stehen auf Seite 145.)

Antworten zu den Fragen auf Seite 126 „Begriffe“

1. a) keine Infektionserreger vorhanden
   b) Vernichtung eingedrungener Erreger
   c) Ansteckung
   d) Lehre von den Kleinstlebewesen
   e) Lehre von der Gesundheit
   f) nicht krankmachend
   g) krankmachend
   h) möglicherweise krankmachend
   i) Anfälligkeit
   j) widerstandsfähig
   k) infektiöse Leberentzündung
   l) erworbene Immunschwäche

Antworten zu den Fragen auf Seite 129 „Notwendigkeit der Desinfektion“

2. Kontakt-, Schmier-, Sprühinfektion
3. Wasserschleier aus dem Munde des Patienten
4. Speichel, Schleifreste von Zahn und Füllung und Bakterien des Patienten
5. Desinfektion bedeutet das Abtöten bzw. Inaktivieren pathogener Keime
6. Chemische und thermische Verfahren
7. Hochprozentige Lösung, die zum Gebrauch meistens mit Wasser verdünnt werden muß.
8. a) rosa
   b) blau
   c) grün
9. a) bakterienabtötend
   b) Tuberkelbakterien abtötend
   c) pilzabtötend
   d) vireninaktivierend

Antworten zu den Fragen auf Seite 134 „Desinfektionsverfahren“

10. Bis zu 6 Stunden
11. Alkoholbasis
12. 3 ml für 30 Sekunden
13. bei verschmutzten Händen
14. seifenfreie Waschpräparate
15. Alkoholisches Einreibepräparat und flüssige Seife

16. höchstens 4 Stunden
17. 1. Konzentrat – gebrauchsfertige Lösung
    2. Nach dem Entnehmen abspülen mit Wasser – nach dem Entnehmen nicht abspülen
    3. Einwirkzeit nicht über 4 Stunden – Einwirkzeit auch länger

Antworten zu den Fragen auf Seite 137 „Sterilisationsverfahren"

18. Wisch- und Sprühdesinfektion
19. Heißdampf-, Heißluft-, Gassterilisation
20. Autoklav, Heißluftsterilisator, Chemiklav
21. 134° C
22. Brennbare Gegenstände, da Temperatur bis 180° steigt
23. 1. Schritt: Desinfektion
    2. Schritt: Reinigung
    3. Schritt: Sterilisation

Antworten zu den Fragen auf Seite 141 „Arbeitsabläufe"

24. Durch Absprühen oder Abwischen mit Flächendesinfektionsmittel
25. Turbinen mit „135°" dürfen nicht in den Heißluftsterilisator
26. Vorderseite bedeckt, Ärmel nur bis zum Ellbogen, Verschlüsse verdeckt, Material kochbar
27. Im Aerosol schweben infektiöse Teilchen, die leicht tief in die Lunge eingeatmet werden können.
28. Bei Präparation im Frontzahnbereich
    bei Zahnsteinentfernung mit Ultraschall
29. Infektionskrankheiten werden häufig durch Blut und Speichel übertragen
30. Bei Infektionspatienten
    Im Falle, daß Personal Dauerausscheider ist
    Bei Kontakt mit Blut und Speichel
31. Auch Abdrücke sind mit Keimen des Patienten kontaminiert, wenn sie dem Munde entnommen werden

Antworten zu den Fragen auf Seite 144 „Immunisierung"

32. Wegen der Infektionsgefahr und wegen der möglichen Geruchsbelästigung
33. Ältere Einheiten haben als Sammelbecken einen Sekrettopf. Bei neueren wird dieser durch die Separierautomatik ersetzt.
34. KALT
35. Das Einbringen geschwächter oder toter Mikroorganismen in einen fremden Organismus
36. Pocken, Diphtherie, Hepatitis B
37. Hepatitis B
38. Hautveränderungen wie Allergien oder Verätzungen

Sechstes Kapitel

Pharmakologie, allgemeiner Teil

Dr. med. Gabriele Laschinski, Berlin

Begriffsdefinition

Die Pharmakologie ist die Lehre von den Arzneimitteln. Als medizinische Wissenschaft untersucht sie Wechselwirkungen zwischen Medikamenten (Pharmaka) und dem Organismus. Sie soll die Wirkungsweise dieser Stoffe aufklären und dem Arzt einen gezielten, wissenschaftlich begründeten Einsatz bei der Therapie ermöglichen.
Pharmaka sind Substanzen, die dazu bestimmt sind, Krankheiten bei Mensch und Tier zu verhindern oder zu erkennen, zu lindern oder zu heilen. Von der sprachlichen Wurzel her hat das Wort „Pharmakon" eine zweifache, im ersten Augenblick widersprüchliche Bedeutung, nämlich Heilmittel und Gift. Bei vielen Arzneimitteln entscheidet die Dosis, ob sie zum Nutzen oder Schaden des Patienten sind, die Dosis macht das Gift. In niedrigen Dosen sind sie Heilmittel, in höherer Dosierung überwiegen nachteilige Wirkungen bis hin zur Vergiftung (Intoxikation). Gifte im eigentlichen Sinne sind dagegen Stoffe, die unabhängig von der Dosis keine vorteilhaften Wirkungen haben.

Allgemeine Pharmakologie

Applikation

Um wirken zu können, müssen Pharmaka an den Ort gelangen, an dem sie wirken sollen, das heißt, sie müssen dem Patienten verabreicht werden. Die Art der Verabreichung nennt man Applikation. Es gibt zwei Applikationsweisen, die lokale und die systemische.
Bei der lokalen Therapie wird das Arzneimittel direkt an das erkrankte Gewebe gebracht. Beispiele sind Augentropfen zur Behandlung einer Bindehautentzündung, Salben zur Abheilung von Druckstellen im Mund, Lokalanästhetika mit Vasokonstringenzien zur lokalen Schmerzbekämpfung. Systemische Applikation bedeutet, daß das Pharmakon in den Körper aufgenommen und in alle Gewebe verteilt wird, wie bei der Behandlung von Kopfschmerzen mit Tabletten und der Therapie schwerer Infektionen mittels Dauerinfusion eines Antibiotikums.
Für die lokale und die systemische Therapie gibt es verschiedene Applikationsarten. Sie werden nach dem Ort der Verabreichung unterschieden und sind in Tabelle 7 zusammengefaßt. Muß man ein Medikament systemisch verabfolgen, gibt man es am besten oral. Für die sublinguale Applikation stehen nur wenige Präparate zur Verfügung. Die rektale Gabe (als Zäpfchen) ist zu unzuverlässig und sollte nur bei Kindern angewendet werden. Alle anderen Möglichkeiten zur systemischen Gabe (intravenös, intramuskulär) beinhalten eine Injektion und sind demnach Eingriffe, bei dem der Patient verletzt werden kann. Sie bleiben den Fällen vorbehalten, in denen eine orale Verabreichung nicht möglich ist oder schnell hohe Konzentrationen des Medikaments im Blut erreicht werden müssen.

Tabelle 7 Applikationsarten

Applikationsart	Abkürzung	Ort der Applikation	Beispiele
perkutan	p.c.	auf die Haut	Salbe, Creme
subkutan	s.c.	unter die Haut	Lösungen
submukös	s.m.	unter die Schleimhaut	Lösungen
oral, enteral	p.o.	Magen-Darm-Trakt	Tabletten
bukkal		Wangenschleimhaut	Lösungen
sublingual		unter die Zunge	Lösungen
nasal		Nasenschleimhaut	Aerosole
pulmonal		Lunge	Gase, Aerosole
rektal		in den Mastdarm	Zäpfchen
vaginal		in die Scheide	Zäpfchen
intravenös	i.v.	in die Vene	Lösungen
intraarteriell	i.a.	in die Arterie	Lösungen
intraartikulär		in das Gelenk	Lösungen
intramuskulär	i.m.	in den Muskel	Lösungen

Handelsformen

Je nach Applikationsart müssen die Wirkstoffe fest, flüssig oder gasförmig sein. Der gleiche Stoff kann in unterschiedlichen Handelsformen vorliegen, so z. B. Valium® für die orale Gabe als Tablette und für die i.v.-Gabe als Lösung. Eine Übersicht über die gebräuchlichsten Handelsformen gibt Tabelle 8.
Außer dem Wirkstoff enthalten viele Arzneimittel noch Zusatzstoffe. Um eine bakterielle Besiedlung zu verhindern, sind häufig Konservierungsstoffe nötig. Antioxidantien müssen zugefügt werden, wenn ein Stoff chemisch nicht stabil ist. Für einige Substanzen sind Lösungsvermittler, wie z. B. Alkohol, notwendig. Salben haben eine Grundlage aus Fetten, in der der Wirkstoff gelöst ist und einige Arzneimittel (Hustensaft) enthalten Geschmackskorrigentien.
Die Darreichungsformen sind für eine Applikationsart gedacht und dürfen nicht in anderer Weise benutzt werden, auch wenn sie die gleichen Wirkstoffe enthalten. Ein Rheumaeinreibemittel, das Salicylsäure enthält, darf nicht oral als Kopfschmerzmittel genommen werden. Mittel, die äußerlich angewendet werden, enthalten oft Zusatzstoffe, die bei oraler Anwendung giftig sind. Damit man äußerliche und innerliche Anwendung auf den ersten Blick unterscheiden kann, sind äußerlich anzuwendende Flüssigkeiten in sechseckigen Flaschen mit rotem Etikett verpackt. Flüssigkeiten für die „innere" Anwendung befinden sich in runden Flaschen mit weißem Aufkleber.

Wege des Pharmakons im Organismus

Stellen Sie sich vor, Sie hätten Kopfschmerzen und nehmen eine Tablette. Was passiert mit dieser Tablette?
Sie gelangt in den Magen und löst sich auf. Der Wirkstoff wird frei. Je nach der chemischen Beschaffenheit dieser Substanz wird sie im Magen oder erst im Dünndarm resorbiert. Resorption bedeutet, daß ein Stoff in den Körper aufgenommen wird. Bei der Resorption im Dünndarm gelangt der Stoff vom Innenraum des Darmes in die Darmzelle. Er muß bei diesem Vorgang die Zellwand durchdringen. Das gelingt nur Substanzen, die fettlöslich sind, da die Zellwände Fette enthalten und fettlösliche Pharmaka durchlassen. Außerdem darf das Molekül nicht zu groß sein. Die Resorption kann gestört sein, wenn sich das Medikament an Nahrungsbestandteile bindet. Das Mo-

Tabelle 8 Handelsformen

Zustand	Handelsform	Abkürzung	Beschreibung
fest	Pulver	Pulv.	fein zerkleinerter Wirkstoff
	Puder	Pud.	fein zerkleinerter Wirkstoff
	Granulat	Gran.	unregelmäßige Körner
	Tabletten	Tabl.	gepreßtes Pulver
	Dragées	Drag.	mit Glasur überzogene Tabletten
	Kapseln	Caps.	enthalten in einer Gelatinehülle die Wirksubstanz in fester oder flüssiger Form
	Zäpfchen	Supp. (ositorien)	der feste Wirkstoff ist mit Überzug versehen, der bei Körpertemperatur schmilzt
flüssig	Lösungen	Sol. (utionen)	in Wasser oder Lösungsmittel gelöste Wirkstoffe
	Mischungen	Mixt. (urae)	aus Flüssigkeiten zusammengesetzt, die sich miteinander mischen
	Emulsion	Emuls.	aus Flüssigkeiten bestehend, die sich nicht ineinander lösen
	Saft	Succ. (us)	Lösung mit geschmacksverbessernden Substanzen
	Sirup	Sir.	eingedickte, gezuckerte Lösung
	Salbe	Ung. (uentum)	Wirkstoff in einer fettigen Grundmasse
	Paste	Past.	pulverförmiger Wirkstoff in einer Füllmasse
gasförmig	Aerosole	Aeros.	in Gas fein verteilte Stoffe

lekül ist dann zu groß oder schwer löslich und wird mit dem Stuhl ausgeschieden. Auch bei schweren Darmerkrankungen und Durchfällen wird häufig nicht ausreichend resorbiert.
Das Innere der Darmzelle ist aber noch nicht der Bestimmungsort für Ihr Kopfschmerzmittel. Es muß noch die andere Zellwand durchdringen und gelangt dann ins Blut. Im Blut schwimmen die Moleküle zum Teil frei herum, ein Teil wird an die Serumproteine gebunden.
Blut, das mit den resorbierten Stoffen aus dem Darm beladen ist, gelangt über die Pfortader als erstes in die Leber. Die Leber dient als eine Art „Klärwerk". Sie nimmt einen Teil der Stoffe aus dem Blut auf und verarbeitet sie sofort weiter. Das gilt für Nahrungsbestandteile wie Fette, Kohlenhydrate und Eiweiße genauso wie für Pharmaka. Bei Medikamenten bedeutet eine Umwandlung durch die Leber häufig, daß sie unwirksam werden. Der Anteil, der bei der ersten Leberpassage unwirksam gemacht wird, ist bei einigen Stoffen so groß, daß nicht mehr genügend wirksame Substanz in den Kreislauf gelangt. Für solche Medikamente ist eine orale Gabe nicht sinnvoll. Diese Schwierigkeit kann man umgehen, wenn man sie rektal oder sublingual appliziert. Das Blut, das den Mastdarm und den Mund versorgt, gelangt nicht erst in die Leber, sondern gleich in den systemischen Kreislauf.
Im Anschluß an die Leberpassage erfolgt die Verteilung des Pharmakons im ganzen Organismus. Es hängt von den chemischen Eigenschaften eines Stoffes ab, wie gut er sich in den verschiedenen Geweben verteilt und wo er sich unter Umständen anreichert. In Organen, die gut durch-

blutet werden wie Leber, Niere und Gehirn, werden schneller hohe Konzentrationen erreicht als in weniger gut durchbluteten Geweben (Knochen, Fett). Systemisch verabreichte Wirkstoffe erreichen also nicht nur den Wirkort, sondern werden im ganzen Körper verteilt, sie passieren auch die Plazenta und gehen auf den Föten über.

Der Wirkstoff hat nun seinen Bestimmungsort erreicht und Ihre Kopfschmerzen beseitigt. Jetzt soll er den Körper wieder verlassen. Dafür gibt es zwei Möglichkeiten:

1. Der Stoff ist wasserlöslich. Dann wird er beim Durchgang durch die Nieren filtriert und mit dem Urin ausgeschieden.
2. Der Stoff ist nicht wasserlöslich. Dann muß er in der Leber so lange umgebaut werden, bis er wasserlöslich ist, und kann anschließend auch über die Niere ausgeschieden werden.

Den Umbau eines Moleküls in ein anderes nennt man Verstoffwechselung oder *Metabolismus*. Das wichtigste Organ dafür ist die Leber. Sie enthält eine Vielzahl von Enzymen, die den Auf- und Abbau von körpereigenen und körperfremden Stoffen vornehmen. Jedes Enzym ist auf bestimmte Reaktionen spezialisiert. Einige kommen auch in anderen Geweben vor. Enzyme sind nicht immer gleich aktiv. Durch manche Medikamente können sie zu einer schnelleren Tätigkeit angeregt werden. Die Verstoffwechselung dieser Medikamente ist dann schneller als man erwartet hat.

Ist das Molekül wasserlöslich geworden, wird es über die Niere, in einigen Fällen auch über die Galle, ausgeschieden. Von der Geschwindigkeit, mit der ein Wirkstoff umgebaut und ausgeschieden wird, hängt die *Wirkdauer* ab. Schnelle Ausscheidung über die Niere führt zu einer raschen Abnahme der Konzentration, langsame Metabolisierung in der Leber sorgt für eine lange Verweildauer im Organismus und eine lange Wirkung. Man beschreibt die Verweildauer im Organismus mit der *Halbwertzeit*. Sie gibt an, in welcher Zeit die Konzentration im Blut auf die Hälfte des Ausgangswertes abgesunken ist. Diese Größe ist wichtig zur Festlegung des Dosierungsintervalls. Gibt man eine zweite Dosis innerhalb der ersten Halbwertszeit, ist noch mehr als die Hälfte des Medikaments im Körper. Wenn man so fortfährt, wird die Konzentration im Blut immer höher, weil mehr zugeführt wird als ausgeschieden – das Medikament *kumuliert*. Unter Umständen kann eine Kumulation zur Vergiftung führen.

Wie wir gesehen haben, sind Leber und Niere unentbehrliche Organe für Metabolismus und Ausscheidung von Medikamenten. Schwere Erkrankungen dieser Organe können zu einer längeren Verweildauer der Medikamente und zur Kumulation führen. Es ist daher unbedingt notwendig, vor Beginn der Therapie nach einer bestehenden Niereninsuffizienz oder schweren Lebererkrankung zu fragen.

Wirkungen

Von einem Pharmakon erwartet man, daß es eine Wirkung hat. Diese Wirkungen werden in den meisten Fällen durch eine Bindung an biologische Reaktionspartner im Körper hervorgerufen. Man nennt diese Strukturen *Rezeptoren*. Rezeptoren sind größere Moleküle, meist Proteine. Nachdem sich der Wirkstoff an diese gebunden hat, vermitteln sie eine chemische Reaktion, die zu der erwünschten Wirkung führt.

Die Wirkung ist dosisabhängig. Als *Dosis* bezeichnet man die verabreichte Menge eines Pharmakons. Die therapeutisch wirksame Dosis, das heißt die Menge Pharmakon, die zur erwünschten Wirkung führt, variiert individuell. Der Wert wird durch Erfahrung ermittelt und bezieht sich auf einen erwachsenen Menschen von 70 kg Körpergewicht. Weicht das Gewicht des Patienten stark von 70 kg ab, muß man die Dosis pro kg Körpergewicht berechnen. Bei Kindern bezieht man sich besser auf die Körperoberfläche. Vom Hersteller angegeben werden die *Einzeldosis* (ED, Dosis, die bei einmaliger Gabe wirksam ist) und die *Tagesdosis* (TD), die bei Gabe mehrerer Einzeldosen

über den Tag verteilt nicht überschritten werden sollte. Für Betäubungsmittel hat der Gesetzgeber maximale Einzeldosen (MED) und maximale Tagesdosen (MTD) festgelegt, die nur in besonderen Fällen überschritten werden dürfen. Davon zu unterscheiden ist die Höchstmenge – die Menge, die pro Tag an einen Patienten abgegeben werden darf.
Die therapeutische Dosis wird an einem Kollektiv ermittelt, sie ist somit ein statistischer Durchschnittswert. Die Empfindlichkeit des einzelnen gegenüber pharmakologischen Wirkungen ist genetisch festgelegt. Darüber hinaus können Erkrankungen der Ausscheidungsorgane Leber und Niere zu einer erhöhten Empfindlichkeit führen. Abweichungen von den normalen Funktionen dieser Organe kommen bei Säuglingen und alten Menschen vor, so daß in diesen Fällen die Dosis angepaßt werden muß.

Gewöhnung (Toleranz)

Bei wiederholter Gabe der gleichen Dosis eines Medikaments kann die Wirkung nachlassen. Man bezeichnet diesen Wirkverlust als Toleranz. Er beruht auf dem schnelleren Abbau des Wirkstoffes oder einer Veränderung am Wirkort. Nach einem einnahmefreien Intervall tritt die ursprüngliche Wirkung wieder ein.

Unerwünschte Wirkungen

Ein ideales Pharmakon hat nur eine Wirkung, die therapeutische. Einen solchen Wirkstoff gibt es bisher nicht und nur wenige Arzneimittel kommen diesem Ideal nahe. Die meisten haben schädliche Zusatzwirkungen, man bezeichnet diese auch als „Nebenwirkungen". Unerwünschte Arzneimittelwirkungen treten bei therapeutischer Dosierung auf. Sie sind ein wichtiges Kriterium zur Beurteilung der Sicherheit einer Substanz. Vor Beginn der Therapie muß man Nutzen und Risiko gegeneinander abwägen. Je ernster die Erkrankung, desto eher wird man geneigt sein, schwere Nebenwirkungen in Kauf zu nehmen.

Es gibt dosisabhängige und dosisunabhängige Nebenwirkungen. Dosisabhängige Nebenwirkungen treten auf, weil die meisten Arzneimittel mehrere Körperfunktionen gleichzeitig beeinflussen. Die Empfindlichkeit für diese Nebenwirkungen ist genetisch bedingt und hängt auch vom Lebensalter und dem Gesundheitszustand ab.
Dosisunabhängige Nebenwirkungen sind Allergien. Auch für ihr Auftreten sind genetische Faktoren mitverantwortlich. Die Häufigkeit, mit der ein Pharmakon Allergien hervorruft, hängt mit seiner chemischen Struktur zusammen.
Von diesen Nebenwirkungen, die im therapeutischen Bereich auftreten, sind die toxischen Wirkungen zu unterscheiden. Diese sind Zeichen einer Überdosierung.

Allergie

Das Immunsystem ist ein Abwehrsystem. Es schützt den Körper gegen alle eindringenden Fremdstoffe oberhalb einer bestimmten Molekülgröße, die als nicht körpereigen erkannt werden. Strukturen, die eine Immunantwort auslösen, bezeichnet man als Antigen. Dies können z. B. Mikroorganismen, Blutkörperchen einer anderen Blutgruppe, transplantierte Organe oder Pharmaka sein.
Träger des Immunsystems sind die Lymphozyten. Ein Teil der Lymphozyten übernimmt die Bildung von Antikörpern gegen das Antigen. Sie binden sich an das Antigen und aktivieren körpereigene Stoffe, die den Fremdkörper zerstören. Andere Lymphozyten zerstören fremde Zellen. Ist das Immunsystem einmal durch ein Antigen aktiviert (sensibilisiert), bleiben von beiden Lymphozytenarten immer einige wenige Gedächtniszellen im Körper zurück. Bei einem erneuten Kontakt mit dem Antigen kommt es dann nach einer kurzen Latenzzeit wieder zur immunologischen Reaktion. Das erklärt, warum wir bestimmte Krankheiten (Masern, Mumps) nur einmal im Leben bekommen. Die Immunantwort dient also dem Schutz des Organismus. Krankheitswert bekommt sie, wenn die Reaktion überschießend ist. Dann ru-

fen die körpereigenen Stoffe und Zellen, die der Abwehr dienen, eine Erkrankung hervor. Man bezeichnet diese Reaktion eines sensibilisierten Organismus als Allergie.
Für das Entstehen einer Allergie ist die individuelle Veranlagung mitverantwortlich. Außerdem spielen die Eigenschaften des Antigens eine Rolle, da sich bestimmte chemische Gruppen besser dazu eignen, die Bildung von Antikörpern zu veranlassen als andere. Auch die Art der Applikation kann die Sensibilisierung begünstigen. Am geringsten ist das Risiko bei oraler Gabe, am größten bei Applikation auf Haut und Schleimhäute.
Ist eine Sensibilisierung einmal erfolgt, kann die allergische Reaktion mit winzigen Mengen des Antigens hervorgerufen werden. Sie ist damit dosisunabhängig. Nach der Schnelligkeit, mit der die Antwort erfolgt, unterscheidet man allergische Sofortreaktionen und solche vom verzögerten Typ.
Zu den Sofortreaktionen gehört die anaphylaktische Reaktion. Sie kann verschiedene Schweregrade haben. Ist sie lokalisiert, äußert sie sich in juckendem Hautauschlag, Asthma und einem Schnupfen. Die schwerste Form ist der anaphylaktische Schock, ein lebensbedrohlicher Zustand mit Blutdruckabfall, Herzrasen und Luftnot. Ein anderes Beispiel für eine Sofortreaktion ist die Serumkrankheit (Fieber, Erbrechen, Übelkeit, Gelenkschmerzen) und die Zerstörung der roten Blutkörperchen (Hämolyse). Auch diese Erkrankungen können für den Patienten bedrohlich werden.
Allergische Reaktionen vom verzögerten Typ treten nach einem Tag oder später auf. Die Transplantatabstoßung gehört dazu. Für Arzneimittel spielt das Kontaktekzem eine große Rolle. Das ist ein juckender Hautausschlag an der Stelle, an der man mit der Substanz in Berührung gekommen ist.
Die Art der Reaktion ist für eine Substanz nur in seltenen Fällen typisch. Viele Arzneimittel können alle denkbaren Arten von allergischen Erscheinungen hervorrufen.

Abhängigkeit

Werden Medikamente ohne Notwendigkeit eingenommen, spricht man von Arzneimittelmißbrauch. Wenn sich ein Zwang entwickelt, das Medikament regelmäßig einzunehmen, wird daraus eine Arzneimittelabhängigkeit. Man unterscheidet psychische und körperliche Abhängigkeit. Psychische Abhängigkeit bedeutet, daß ein Stoff wegen seiner aufmunternden oder die Stimmung aufhellenden Wirkung eingenommen wird. Entzugssymptome sind dabei selten. Von körperlicher Abhängigkeit spricht man, wenn eine Substanz eingenommen wird, um Entzugssymptome zu vermeiden. Die körperliche Abhängigkeit ist auch häufig mit einer Toleranzentwicklung verbunden, so daß die Dosis gesteigert werden muß.
Die drei Phänomene – körperliche Abhängigkeit, psychische Abhängigkeit und Toleranz – treten nicht immer gemeinsam auf, wie z. B. bei Alkohol, Morphium und Barbituraten. LSD führt nur zu psychischer Abhängigkeit und Toleranz.

Arzneimittel in der Schwangerschaft

Neben Greisen und Kleinkindern sind Schwangere die dritte Gruppe, die hinsichtlich der Nebenwirkungen besonders gefährdet ist. Die Plazenta hält größere Partikel zurück. Da nahezu alle Pharmaka aber aus sehr kleinen Molekülen bestehen, muß man damit rechnen, daß sie auf den kindlichen Organismus übergehen.
Die Empfindlichkeit des Keims ist in den verschiedenen Entwicklungsphasen unterschiedlich. Während der ersten zwei Wochen wird ein Schaden entweder vollständig behoben oder die Frucht stirbt ab. Nach heute gültiger Lehrmeinung kann in dieser Zeit kein bleibender Schaden gesetzt werden. Während des folgenden Zeitraums, der 3.–7. Schwangerschaftswoche, werden die Organe angelegt. Man bezeichnet diesen Abschnitt als Embryogenese. Es ist die empfindlichste Entwicklungsperiode. Störungen während dieser Zeit führen zu schweren Mißbildungen. Die Anlage der Organe ist mit der

8. Schwangerschaftswoche abgeschlossen. Wirken bis zur Geburt noch Schadstoffe ein, führen sie zu Wachstumshemmungen und leichteren Funktionsstörungen. Besonders empfindlich aber bleibt in der letzten Periode die Entwicklung des kindlichen Gehirns.
Nicht alle Arzneimittel rufen Mißbildungen hervor, sind teratogen. Bei vielen ist das Risiko aber nicht bekannt. Das gilt besonders für Arzneimittel, die noch nicht so lange auf dem Markt sind. In der Schwangerschaft muß eine Arzneimitteltherapie deshalb besonders sorgfältig erwogen werden. Es müssen die Mittel gegeben werden, die nach dem Stand der Erfahrung in der Schwangerschaft sicher sind.

Arzneimittelinteraktionen

Viele Patienten nehmen mehr als ein Medikament, teils vom Arzt verordnet, teils durch Selbstmedikation. Häufig werden auch Arzneimittel verwendet, die mehr als einen Wirkstoff enthalten. Bei Gabe zweier Pharmaka kann die Wirkung verändert, abgeschwächt oder verstärkt werden. Es sind Wechselwirkungen zwischen beiden bei der Resorption, beim Transport im Blut und bei Verstoffwechselung und Ausscheidung möglich. Meist ist das Ergebnis zum Schaden des Patienten. Es ist daher unbedingt notwendig, vor Beginn der Therapie nach der Einnahme von Medikamenten zu fragen. Es sollten Präparate verwendet werden, die nur einen Wirkstoff enthalten. Arzneimittelkombinationen sind auch aus Gründen der gegenseitigen Beeinflussung der Komponenten zu vermeiden.
Zu völlig unvorhergesehenen Wirkungen kann es bei der Einnahme von Medikamenten zusammen mit Alkohol kommen. Das gilt insbesondere für Wirkstoffe, die die Hirntätigkeit beeinflussen (Morphin, Tranquilizer, Psychopharmaka, einige Grippemittel). Pharmaka dürfen deshalb nie zusammen mit Alkohol eingenommen werden.

Der Waschzettel

Die Gebrauchsinformation, der sogenannte Waschzettel, enthält wichtige Informationen über Anwendung und Lagerung des Medikaments. Er muß vor Einnahme sorgfältig gelesen werden. Der Patient sollte darauf hingewiesen werden. Nachfolgend werden die wichtigsten Begriffe erläutert.

Zusammensetzung

Der Name des Präparates ist vom Hersteller erfunden. Er soll sich möglichst gut merken lassen und sagt oft nichts über die enthaltenen Wirkstoffe aus. Medikamentennamen sind patentrechtlich geschützt. Zum Zeichen dafür steht hinter dem Firmennamen ein ® (für registriert).
Die Wirkstoffe haben alle chemische Namen, die international sind und deshalb auch internationale Freinamen heißen. Dieser chemische Name ist in der Zusammensetzung genannt. Außerdem werden alle im Präparat enthaltenen Zusatzstoffe aufgezählt.

Anwendungsgebiete

Es werden Erkrankungen und Zustände genannt, bei denen das Medikament angewendet werden kann. Man bezeichnet die Anwendungsgebiete eines Pharmakons auch als seine Indikationen. Bei Medikamenten mit gravierenden Nebenwirkungen sind die Anwendungsgebiete von der Aufsichtsbehörde (Bundesgesundheitsamt) stark eingeschränkt.

Gegenanzeigen

Gegenanzeigen sind Erkrankungen (z. B. Niereninsuffizienz, Herzinsuffizienz) oder Zustände (Schwangerschaft), bei denen ein Präparat nicht angewendet werden darf. Sie heißen deshalb auch Kontraindikationen. Nur selten ist das Medikament dann für die Erkrankung ausgeschlossen, die Kontraindikation absolut. Manchmal genügt eine Dosisanpassung oder eine veränderte Therapie der Grunderkrankung.

Nebenwirkungen

Alle möglichen Nebenwirkungen werden geschildert und es wird darauf hingewiesen, in welchen Fällen der Arzt aufgesucht und die Therapie abgebrochen werden muß. Eventuell wird die Kontrolle klinischer Parameter (Blutbild, Nierenfunktion) empfohlen.

Wechselwirkungen

Patienten nehmen häufig mehr als ein Arzneimittel. Die Medikamente können sich dann gegenseitig in ihren Wirkungen beeinflussen. Klinisch relevante Wechselwirkungen treten aber nur bei wenigen Pharmagruppen auf. Auf diese wird in der Gebrauchsinformation hingewiesen und eventuell auch die Kontrolle von Laborwerten (Blutzucker, Blutgerinnung) empfohlen.

Dosierungsanleitungen

Die Dosis und das Dosierungsintervall werden für die entsprechende Indikation angegeben. Empfohlene Dosen sollten nur bei Verordnung durch den Arzt überschritten werden. Die Resorption kann durch Nahrungsbestandteile verschlechtert, manchmal auch verbessert werden. Medikamente, die als Granulat vorliegen oder auch sogenannte Retardpräparate, die sich erst im Dünndarm auflösen, bleiben in den oberen Abschnitten liegen, wenn sie nicht mit genügend Flüssigkeit eingenommen werden. Sie können an diesen Stellen Geschwüre hervorrufen. Der Patient ist deshalb auf die Art der Einnahme – nüchtern, mit den Mahlzeiten, mit viel Flüssigkeit – besonders hinzuweisen.

Fragen zum Verständnis und zur Selbstkontrolle

Allgemeine Pharmakologie

1. Was unterscheidet ein Arzneimittel von einem Gift?
2. Welche Vorteile hat die lokale Therapie gegenüber der systemischen?
3. Sie behandeln Ihren Sonnenbrand mit einer Creme. Ist das eine lokale oder systemische Applikation?
4. Welche Stoffeigenschaften bestimmen die Resorption?
5. Wie wird die Resorption von Seiten des Patienten beeinflußt?
6. Beschreiben Sie den Weg eines fettlöslichen Wirkstoffes, der oral appliziert wird.
7. Beschreiben Sie, welchen Weg ein wasserlösliches Medikament nimmt, das i.v. gegeben wird.
8. Welchen Weg nimmt ein Pharmakon, das sublingual gegeben wird?
9. Wovon hängt die Konzentration ab, die ein Medikament in einem Gewebe erreicht?
10. Welche Bedeutung hat die Leber für den Arzneimittelstoffwechsel?
11. Unter welchen Bedingungen kumuliert ein Medikament?
12. Was sind Enzyme?
13. Welche Faktoren beeinflussen die Empfindlichkeit für Arzneimittelwirkungen und Nebenwirkungen?

(Fortsetzung auf der nächsten Seite)

Fragen (Fortsetzung)

14. Ein Medikament soll nach Körpergewicht dosiert werden. Die Einzeldosis ist 700 mg. Der Patient wiegt 45 kg. Wieviel darf er bekommen?
15. Die Halbwertzeit eines Medikaments ist 8 Stunden. Sie nehmen 2 g. Wieviel sind davon nach 8 Stunden noch vorhanden?
16. Wie kann man die gewünschte Wirkung bei einer Gewöhnung (Toleranz) wieder erzielen?
17. Welche unerwünschte Wirkung kann bei allen Medikamenten auftreten?
18. Was bezeichnet man als Sensibilisierung?
19. Welche Faktoren sind für das Entstehen einer Allergie verantwortlich?
20. Zu welchem Zeitpunkt ist eine Arzneimitteltherapie in der Schwangerschaft besonders kritisch?
21. Was bedeutet „teratogen"?
22. Warum ist es notwendig, die genaue Zusammensetzung eines Präparates zu kennen?

(Die Antworten stehen auf Seite 173.)

Chemotherapie

Der Begriff Chemotherapie umfaßt Mittel zur Behandlung von Infektionen mit Bakterien, Viren, Pilzen, Einzellern und Parasiten (z. B. Bandwürmer) sowie Medikamente zur Behandlung von Tumoren. Als Antibiotika bezeichnete man ursprünglich von Pilzen synthetisierte, gegen Bakterien gerichtete Wirkstoffe. Der bekannteste ist das Penicillin. Heute werden viele Antibiotika synthetisch hergestellt und die Bezeichnungen Chemotherapie und Antibiotika synonym gebraucht.
Die meisten Infektionen werden bei uns in Mitteleuropa durch Bakterien oder Viren hervorgerufen. Für die Therapie bakterieller Infektionen stehen in fast allen Fällen gute Chemotherapeutika zur Verfügung. Im Gegensatz dazu ist die Bekämpfung viraler Erkrankungen nur selten möglich. Im folgenden werden nur Medikamente besprochen, die bei bakteriellen Infektionen angewendet werden.

Ziel der Therapie ist es, die in den Körper eingedrungenen Mikroorganismen zu beseitigen ohne den Mensch zu schädigen. Voraussetzung für die Anwendbarkeit eines Chemotherapeutikums ist damit, daß es in Stoffwechselprozesse eingreift, die beim Menschen nicht vorhanden sind oder etwas anders ablaufen als bei Bakterien. Die zur Zeit gängigen Medikamente arbeiten mit drei Wirkmechanismen.

1. Störung der Zellwandsynthese (Penicilline, Cephalosporine)
   Die bakterielle Zellwand besteht aus miteinander verflochtenen Ketten von Eiweißmolekülen, die der Zelle ihre Festigkeit geben. Penicilline stören die Vernetzung dieser Molekülketten. Die Zellwand wird durchlässig, Flüssigkeit kann eindringen und die Bakterien platzen. Da die Bausteine der Zellhülle beim Menschen nicht vorkommen, wird nur der Mikroorganismus geschädigt. Penicillin ist damit ein ideales Antibiotikum.

2. Hemmung der Eiweißsynthese (Tetracycline, Erythromycin, Clindamycin)
Eiweiße müssen in der lebenden Zelle ständig neu gebildet werden, um die normalen Stoffwechselfunktionen aufrecht zu erhalten. Wird dieser Prozeß gestört, stellt die Zelle zunächst ihre Funktionen ein und stirbt schließlich. Dieser Vorgang läuft im Prinzip in der menschlichen Zelle genauso ab wie im Bakterium. Die daran beteiligten Zellbestandteile, die die Eiweiße zusammensetzen, unterscheiden sich aber in beiden Organismen, so daß das Chemotherapeutikum bevorzugt das Bakterium schädigt.

3. Hemmung wichtiger Enzyme (Sulfonamide, Trimethoprim)
Enzyme sind Eiweiße, die im Körper den Auf- und Abbau von Molekülen fördern, sie regulieren den Stoffwechsel. Hemmt man ein Enzym, das die Synthese eines lebensnotwendigen Stoffes veranlaßt, muß die Zelle sterben. So nehmen Bakterien Folsäure nicht als Vitamin mit der Nahrung auf wie der Mensch. Ihre Zellwand ist dafür nicht durchlässig und sie müssen Folsäure selbst herstellen. Sulfonamide verhindern diese Bildung und führen zum Untergang der Mikroorganismen.

Die verschiedenen Wirkmechanismen erklären, daß Bakterien von Antibiotika unterschiedlich stark geschädigt werden. Ein Antibiotikum kann bakterizid oder bakteriostatisch sein, man bezeichnet das als seinen Wirktyp.
Ein bakteriostatisch wirkendes Medikament verhindert die Vermehrung der Bakterien. Es bleibt dann der körpereigenen Immunabwehr überlassen, die Krankheitserreger zu beseitigen. Bevor der Körper die Infektion völlig unter Kontrolle hat, sollte die Konzentration des Antibiotikums nicht so weit absinken, daß die Bakterien sich wieder vermehren können. Dann kommt es zu einem erneuten Aufflackern der Infektion. Bakteriostatisch wirkende Antibiotika sind Tetrazycline, Erythromycin, Clindamycin, Sulfonamide und Trimethoprim.

Bakterizid wirkende Medikamente töten die Bakterien. Von den meisten am Menschen angewendeten Antibiotika werden nur die Bakterien getötet, die sich in einer Vermehrungsphase befinden. Am besten wird dieser Vorgang beim Penicillin klar. Penicillin verhindert den Aufbau einer belastungsfähigen Zellwand. Eine neue Zellwand brauchen aber nur die Bakterien, die sich gerade teilen. Ruhende Keime werden nicht geschädigt. Penicillin wirkt sekundär bakterizid.
Im Gegensatz dazu wirken Desinfektionsmittel auf alle Keime unabhängig von der Zellteilung. Sie sind primär bakterizid und so toxisch, daß sich eine Anwendung am Menschen verbietet.
Eine Infektion läßt sich nicht mit einem beliebigen Antibiotikum bekämpfen, da ein Medikament nicht alle Arten von Bakterien schädigt. Man bezeichnet die Mikroorganismen, gegen die ein Chemotherapeutikum wirksam ist, als sein Wirkspektrum. Dieses kann klein sein und ausschließlich grampositive Erreger umfassen wie beim Penicillin G oder fast alle grampositiven und gramnegativen Erreger enthalten wie bei den Tetracyclinen.
Resistent ist ein Erreger, der für ein Chemotherapeutikum nicht empfindlich ist. Diese Resistenz ist natürlich, wenn der Erreger nicht im Wirkspektrum liegt. Ursprünglich empfindliche Bakterien können eine Resistenz bei Kontakt mit einem Antibiotikum aber auch erwerben. Ursache ist häufig eine zu niedrige Dosierung des Medikaments oder eine zu kurze Therapie. Dadurch wird vereinzelten unempfindlichen Bakterien, die in fast jeder Population vorhanden sind, Gelegenheit gegeben, sich zu vermehren. Auch wenn mit Substanzen gearbeitet wird, die ein größeres Spektrum als nötig haben, die Behandlung also ungezielt erfolgt, fördert man die Bildung von Resistenzen. Auf diese Weise sind heute bis zu 90% der Staphylokokkenstämme gegen Penicillin unempfindlich geworden. In Krankenhäusern, wo im großen Umfang mit Chemotherapeutika gearbeitet wird, kommt es daher zu Infektionen mit Erregern, die für mehrere Antibiotika unempfindlich und daher sehr schwer zu bekämpfen sind.

Um die Entwicklung von Resistenzen möglichst gering zu halten, sollten folgende Richtlinien beachtet werden:

- Eine Therapie erfolgt nur, wenn sie indiziert ist.
- Die Therapie erfolgt möglichst nach Erregernachweis mit dem Antibiotikum mit dem kleinsten möglichen Spektrum.
- Die Dosierung muß ausreichend hoch sein.
- Die Therapie muß lange genug sein. Eine Infektion wird nicht kürzer als 7–10 Tage behandelt. Auch wenn eine Besserung der Symptome eintritt, das Fieber aufhört und der Patient sich nicht mehr krank fühlt, müssen die Tabletten weiter eingenommen werden.

Eine Chemoprophylaxe, das heißt die Gabe eines Antibiotikums bevor eine Infektion eingetreten ist, ist nur in seltenen Fällen angezeigt. Sie sollte erfolgen, wenn die Wahrscheinlichkeit einer Infektion groß ist (Malaria) oder eine Infektion für diesen Patienten besondere Gefahren birgt. In der zahnärztlichen Praxis ist das z. B. der Fall, wenn ein Eingriff bei einem Patienten mit Herzklappenprothesen vorgenommen werden soll. Die Risiken einer Keimverschleppung und anschließender Infektion der Prothesenränder ist so groß, daß sie die Gefahren aufwiegen (Nebenwirkungen, Resistenzentwicklung).

Nebenwirkungen

Die Nebenwirkungen werden für die verschiedenen Antibiotika getrennt besprochen, da sie für die einzelnen Substanzklassen typisch sind. Hier soll nur auf die allen Chemotherapeutika gemeinsame unerwünschte Wirkung eingegangen werden.
Auf der Haut und im Magen-Darm-Trakt des Menschen leben eine Vielzahl von Bakterien, ohne Schaden anzurichten. Im Darm sind sie für eine geordnete Verdauungsfunktion sogar notwendig. Bei der Gabe von Antibiotika beseitigt man nicht nur Krankheitserreger, sondern auch diese gutartigen Bakterien. Je breiter das Spektrum des verwendeten Pharmakons, desto mehr Bakterien der natürlichen Darmflora werden in Mitleidenschaft gezogen. Die Folge ist ein Durchfall, der zu großen Flüssigkeitsverlusten führen und für den Patienten gefährlich werden kann. Wird die natürliche Bakterienflora beseitigt, entsteht eine Lücke, in der sich Krankheitserreger ausbreiten können. Auf den Schleimhäuten kommt es dann häufig zum Befall mit Pilzen, die einen weißlichen Belag bilden (Soor). Der Darm kann von einem Bakterium befallen werden, das die Darmwand zerstört. Es treten dann massive, wäßrige, mit Blut und Schleim vermischte Durchfälle auf. Dann besteht Lebensgefahr, und der Patient sollte einer stationären Behandlung zugeführt werden.

Penizilline

Wirkmechanismus

Penizilline hemmen die Zellwandsynthese. Sie wirken deshalb bakterizid auf sich teilende Keime.

Wirkspektrum

Das ursprünglich aus Penicillium notatum gewonnene Benzyl-Penicillin ist fast nur bei grampositiven Bakterien wirksam. Die heutigen, zum Teil synthetischen Penizilline haben ein erweitertes Wirkspektrum. Man teilt die Penizilline danach in vier Gruppen ein (Beispiele siehe Tabelle 3). Da Penizilline durch die Magensäure zerstört werden, stehen nicht alle auch für die orale Applikation zur Verfügung.

Nebenwirkungen

Penicillin ist das Medikament, das am häufigsten allergische Reaktionen hervorruft; bei bis zu 5% der Patienten ist damit zu rechnen. Ein Teil der anaphylaktischen Reaktionen endet tödlich. Es ist daher unerläßlich, den Patienten vor Beginn der Therapie nach Reaktionen auf frühere Penicillingaben zu fragen. Trotzdem kann man von einer allergischen Reaktion überrascht werden, da Antibiotika in der Tierzucht großzügig gebraucht werden und

Tabelle 9 Chemotherapeutika

Freiname	Spektrum	Beispiele
A) Penizilline		
1. Schmalspektrum P.	grampositive Keime	Penicillin-Heyl®
Penicillin G	ohne die meisten	Megacillin®
Penicillin V	Staphylokokken	Isocillin ®
Propicillin		Baycillin®
		Oricillin®
2. Staphylokokken-P.		
Oxacillin	wie 1 + Staphylokokken	Cryptocillin® Stapenor®
3. Penizilline mit erweitertem Wirkspektrum		
Ampicillin	wie 1 + einige gram-	Amblosin®
Amoxicillin	negative Bakterien	Binotal®
		Amoxypen®
		Augmentan®
		Clamoxyl®
4. Breitsprektrum-Penizilline		
Carindacillin	fast alle grampositiven	Carindapen®
Ticarcillin	und gramngativen	Aerugipen
Temocillin	Bakterien	Temopen®
Piperacillin		Pipril®
B) Clindamycin	hauptsächlich gram-positive Keime	Sobelin®
C) Erythromycin	hauptsächlich gram-positive Keime	Pharyngocin®
D) Tetrazykline	fast alle gram-	Hostacyclin®
Tetracyclin	positiven und	Supramycin®
Doxycyclin	gramnegativen Bakterien	Doxy-Puren®
		Vibramycin

eine Exposition über Lebensmittel unbemerkt erfolgen kann. Um eine weitere Sensibilisierung der Bevölkerung zu verhindern, sollte Penicillin nur noch nach strenger Indikationsstellung gegeben werden. Die lokale Applikation auf Haut und Schleimhäute ist wegen der besonders großen Sensibilisierungsgefahr verboten.

Erythromycin, Clindamycin

Wirkmechanismus

Beide stören die Bildung neuer Proteine und hemmen damit die Vermehrungsfähigkeit der Bakterien. Sie wirken bakteriostatisch.

Wirkspektrum

Das Spektrum umfaßt fast ausschließlich Bakterien aus dem grampositiven Bereich.

Nebenwirkungen

Clindamycin führt relativ häufig zu schweren Durchfällen durch Störung der natürlichen Darmflora. Es können sich Bakterien ausbreiten, die die Darmwände zerstören. Wenn blutig-schleimige Durchfälle auftreten, muß die Therapie sofort unterbrochen und der Patient stationär behandelt werden.
Außerdem treten Übelkeit, Erbrechen und Bauchschmerzen auf.

Bei zu schneller i.v.-Gabe kann es zu Kreislaufstörungen mit starkem Blutdruckabfall und Herzstillstand kommen.
Patienten mit einem Parkinsonsyndrom müssen besonders überwacht werden, da sich die Krankheit unter der Therapie verschlimmern kann.
Erythromycin kann Übelkeit, Erbrechen, Bauchschmerzen und Durchfälle verursachen.
Bei hohen Dosen können vorübergehend Ohrensausen und Taubheit auftreten.

Gegenanzeigen

Erythromycin ist während der Stillperiode kontraindiziert.
Clindamycin ist kontraindiziert bei schweren Nierenerkrankungen.

Tetrazykline

Wirkmechanismus

Tetrazykline greifen in die Neusynthese von Eiweißen ein. Sie wirken bakteriostatisch.

Wirkspektrum

Das Spektrum ist sehr breit und umfaßt fast alle grampositiven und gramnegativen Bakterien.

Nebenwirkungen

Häufig sind Übelkeit, Erbrechen und Druckgefühl.
Unter Sonneneinstrahlung kann es zu Hautverbrennungen und Schädigung der Nägel kommen. Nach einigen Wochen heilen diese Schäden ab, eine veränderte Pigmentierung kann aber bleiben. Die Patienten dürfen deshalb unter der Therapie keine Sonnenbäder nehmen.
Tetrazykline werden in den Zähnen abgelagert. Bei Einnahme während der Schwangerschaft oder vor Abschluß der 2. Dentition führt das zu einer Verfärbng der Zähne und zu einer Störung der Mineralisierung des Zahnschmelzes. Solche Zähne sehen nicht nur häßlich aus, sie sind auch gegen Karies sehr viel anfälliger. Tetrazykline sind deshalb in der Schwangerschaft und vor Abschluß des Zahnwechsels kontraindiziert.
Leberschäden treten bei Überdosierung und bei Ausscheidungsstörungen auf. Sie äußern sich in Übelkeit, Erbrechen, Müdigkeit, Gelbsucht, Fieber und Gerinnungsstörungen.
In seltenen Fällen erhöht sich der Hirndruck. Symptome sind Kopfschmerzen, Übelkeit, Erbrechen und Lichtscheu.
Überalterte Präparate führen zu Nierenschäden.

Wechselwirkungen

Tetrazykline lagern sich an bestimmte Spurenelemente wie Kalzium, Magnesium, Eisen und Aluminium an. Sie bilden dann große Komplexe, die die Darmwand nicht mehr passieren können. Da Milch besonders reich an Kalzium ist, dürfen Tetrazykline nicht mit Milch oder Milchprodukten eingenommen werden.
Patienten, die an Magengeschwüren leiden, nehmen oft Antazida. Das sind Medikamente, die die Magensäure abpuffern sollen. Diese vermindern die Resorption von Tetrazyklinen aus dem Magen-Darm-Trakt. Bei gleichzeitiger Einnahme der Anti-Baby-Pille ist ein Schutz vor einer Schwangerschaft nicht sicher.

Gegenanzeigen

Schwangerschaft, Stillzeit
Kinder vor Abschluß der 2. Dentition
schwere Ausscheidungsstörungen
Tetrazykline haben eine begrenzte Haltbarkeit. Da überlagerte Präparate zu schweren Nebenwirkungen führen können, sollte der Patient darauf aufmerksam gemacht werden, daß nicht aufgebrauchte Tabletten nicht aufgehoben werden sollen.

Fragen zum Verständnis und zur Selbstkontrolle

Chemotherapie

23. Bei welchen Infektionen ist eine antibiotische Therapie nicht sinnvoll?
24. Was zeichnet ein „ideales“ Chemotherapeutikum aus?
25. Warum müssen die Medikamente bei einer antibiotischen Therapie unbedingt regelmäßig genommen werden?
26. Was sagen Sie einem Patienten, der antibiotisch behandelt werden soll?
27. Was ist der Unterschied zwischen einem bakteriostatisch und einem bakterizid wirkenden Antibiotikum?
28. Was begünstigt die Entwicklung resistenter Bakterien?
29. Warum kommt es bei antibiotischer Therapie häufig zu Durchfällen? Wann sind diese gefährlich?
30. Wie vermeidet man eine Penicillin-Allergie?
31. Was muß der Patient vor Beginn einer Therapie mit Tetrazyklinen gefragt werden?
32. Worauf weisen Sie einen Patienten hin, der mit Tetrazyklinen behandelt wird?

(Die Antworten stehen auf Seite 173/174.)

Schmerzbekämpfung

Schmerz ist ein Warnsymptom, das auf ein Krankheitsgeschehen im Körper hinweist. Ist die Ursache bekannt, sollte er beseitigt werden, da er dann für den Patienten nur noch störend ist.
Ausgelöst werden Schmerzen meist durch Zerstörung von Gewebe, wie beispielsweise bei Entzündungen, Brandverletzungen, Operationen oder Tumorwachstum. Beim Untergang von Zellen werden Stoffe frei, die die Schmerzrezeptoren erregen. Diese sind in fast allen Geweben vorhanden. Ihre Erregung wird über Nervenfasern weitergeleitet und an das Gehirn gemeldet. Erst im Gehirn erfolgt die Bewertung des Schmerzes: der Schmerz wird bewußt, erst jetzt tut es weh.

An diesen drei Strukturen, die für die Entstehung des Schmerzes eine Rolle spielen – Schmerzrezeptoren, Nervenfasern, Gehirn – kann man bei seiner Bekämpfung ansetzen. Dafür stehen folgende Pharmagruppen zur Verfügung:

1. kleine Analgetika – hemmen die Freisetzung von endogenen Stoffen, die die Schmerzrezeptoren aktivieren.
2. Lokalanästhetika – blockieren die Nerven und damit die Weiterleitung.
3. Opiate – wirken im Gehirn und verhindern das Bewußtwerden des Schmerzes.

Die Indikation dieser Medikamente ist unterschiedlich je nach Ursache, Schwere und Lokalisation des Schmerzes.

Kleine Analgetika

Indikationen

Kleine Analgetika (Analgesie: Aufhebung der Schmerzempfindung) werden bei schwachen bis mittleren Schmerzen eingesetzt. Ursache dieser Schmerzen ist häufig eine Entzündung. Das dabei zerfallende Gewebe setzt Stoffe frei, die das Entzündungsgeschehen weiter begünstigen und die Schmerzrezeptoren reizen.
Beispiele: Acetylsalicylsäure (Aspirin®, ASS 500®), Paracetamol (ben-u-ron®, Neuridal® P), Ibuprofen (Brufen®, Dolgit®).

Wirkmechanismus

Eine Stoffgruppe, die bei der Entzündung eine wichtige Rolle spielt, sind die Prostaglandine. Sie kommen in allen Geweben vor. Eine Vorstufe wird aus den Zellwänden freigesetzt und dann durch mehrere Enzyme zu einer Vielzahl von Verbindungen verarbeitet. Ihre Wirkungen im Körper sind vielfältig. Außer an Schmerzen und an der Entzündung sind sie an der Blutgerinnung, der Bildung von Magenschleim, der Nierendurchblutung, der Kontraktion der schwangeren Gebärmutter, der Weitstellung der Bronchien und der Temperaturerhöhung bei Fieber beteiligt. Kleine Analgetika hemmen ein Enzym, das an der Synthese der Prostaglandine beteiligt ist. Nach diesem Enzym werden sie auch Cyclooxygenasehemmstoffe genannt. Sie wirken auch fiebersenkend.
Alle Präparate werden oral gegeben. Die Wirkung setzt dann innerhalb einer halben Stunde ein und hält 2–4 Stunden an.

Nebenwirkungen

Da Prostaglandine viele Funktionen haben, kann ihr Fehlen nicht ohne Folgen bleiben. Kleine Analgetika haben deshalb viele Nebenwirkungen. Eine Ausnahme ist nur Paracetamol, das praktisch frei von unerwünschten Wirkungen ist. Bei allen anderen Medikamenten dieser Gruppe ist zu rechnen mit:

- Blutgerinnungsstörungen
- Magen- und Darmgeschwüren
- Hemmung der Wehen.

Außerdem kann die ganze Gruppe, einschließlich Paracetamol, pseudoallergische Reaktionen hervorrufen. Sie äußern sich in Symptomen, die wie eine Allergie aussehen (Hautausschläge, Asthma), aber nicht auf einer Antigen-Antikörper-Reaktion beruhen. Der Patient verträgt dann kein Medikament aus dieser Gruppe.
Hierzu kommen noch einige Nebenwirkungen, die für die jeweilige Substanz typisch sind.
Ibuprofen vermindert das Reaktionsvermögen.
Acetylsalicylsäure hemmt die Harnsäureausscheidung. Dadurch kann ein Gichtanfall ausgelöst werden.
Bei Kindern und Jugendlichen kann das Reye-Syndrom hervorgerufen werden. Es tritt auf, wenn Acetylsalicylsäure bei Virusinfektionen (Grippe, Mumps, Windpokken) gegeben wird. Nach mehreren Tagen, in denen eine vorübergehende Besserung der Symptome eintritt, wird das Kind zunehmend übellaunig und apathisch, verliert den Appetit und verstirbt innerhalb weniger Tage unter dem Bild eines Leberversagens. Die Aussichten auf eine Heilung sind auch bei optimaler Therapie nicht günstig.

Gegenanzeigen

Paracetamol: Bei Glukose-6-Phosphat-Dehydrogenase-Mangel kann es zur Zerstörung der roten Blutkörperchen (hämolytische Anämie) kommen. Diese Erkrankung ist bei uns selten, kommt aber in den Mittelmeerländern häufiger vor. Es handelt sich um eine Stoffwechselstörung der roten Blutkörperchen, die normalerweise ohne Folgen bleibt.
Chronischer Alkoholkonsum und die Einnahme bestimmter Medikamente (Antiepileptika, Rifampicin, Barbiturate) führt dazu, daß Paracetamol in der Leber zu toxischen Verbindungen umgebaut wird und die Leberzellen zerstört.
Acetylsalicylsäure und Ibuprofen dürfen in den letzten 3 Monaten der Schwangerschaft nicht gegeben werden, da die Wehentätigkeit gehemmt wird. Es besteht dann die Gefahr einer Übertragung. Außerdem wird die Blutgerinnung beeinflußt.

Unter der Geburt können bei der Mutter und beim Neugeborenen schwere Blutungen auftreten.
Beide sind kontraindiziert bei

- Glukose-6-Phosphat-Dehydrogenase-Mangel
- Blutgerinnungsstörungen
- Magen- und Darmgeschwüren.

Acetylsalicylsäure ist zusätzlich kontraindiziert bei Kindern und Jugendlichen mit Virusinfekten.

Wechselwirkungen

Bei Alkoholikern und bei der Einnahme gerinnungshemmender Medikamente wird die Blutungsgefahr erhöht.

So häufig wie keine andere Gruppe von Therapeutika werden kleine Analgetika als Mischpräparate angeboten. Eine Arzneimittelkombination ist sinnvoll, wenn

- die Wirkung verbessert wird,
- die Nebenwirkungen vermindert werden.

Beides trifft für eine Kombination zweier Analgetika dieser Gruppe nicht zu. Die Wirkungen addieren sich nicht, der Patient nimmt statt einer Tablette zwei und ist dann mit einem Wirkstoff bei der auch sonst üblichen Einzeldosis. Die Nebenwirkungen sind für die ganze Gruppe weitgehend gleich. Darüber hinaus sind in den Kombinationen häufig Stoffe enthalten, die die Schmerzen nicht beeinflussen und deshalb überflüssig sind, die Präparate nur verteuern. Als Beispiel seien hier genannt: Vitamine (überflüssig), Codein (in der verwendeten Menge nicht schmerzlindernd wirksam, kann aber zur Arzneimittelabhängigkeit führen), Coffein (wirkt nicht schmerzlindernd, aber aufmunternd und verführt dadurch zum Mißbrauch) und Barbiturate (gefährlich, da der Leberstoffwechsel verändert wird). Tritt eine Allergie auf, ist es dann schwer, die verursachende Komponente zu finden.

Opiate

Opiate sind stark wirksame Analgetika. Wegen der schweren Nebenwirkungen und der Gefahr, eine Abhängigkeit hervorzurufen, bleibt ihre Anwendung schweren Schmerzzuständen vorbehalten. Die Verordnung von Opiaten unterliegt dem Betäubungsmittelgesetz.
Beispiele: Morphin (MST 10®), Pentazocin (Fortral®), Pethidin (Dolantin®), Buprenorphin (Temgesic®).

Wirkmechanismus

Im Gehirn gibt es Rezeptoren, die unter bestimmten Streßzuständen von körpereigenen Botenstoffen besetzt werden. Dadurch wird die Schmerzwahrnehmung vermindert. Das könnte eine Erklärung dafür sein, warum die Zahnschmerzen im Wartezimmer des Zahnarztes nachlassen. Opiate besetzen die Rezeptoren an Stelle der körpereigenen Stoffe und schalten dort die Schmerzempfindung aus.
Eine zweite Wirkung der Opiate kann therapeutisch ausgenutzt werden – die Hemmung des Hustenreizes. Zu diesem Zweck wird Codein eingesetzt, ein Opiat, das in erster Linie auf den Husten und erst in sehr viel höheren Dosen auf die Schmerzen wirkt. Es steht nicht unter dem Betäubungsmittelgesetz, ist aber rezeptpflichtig.
Opiate können oral und parenteral gegeben werden. Die Wirkung hält 2–4 Stunden bzw. 8 Stunden (Buprenorphin) an.

Nebenwirkungen

- Hemmung des Atemzentrums
  Damit kommt es zu einer verminderten Sauerstoffversorgung, was besonders für das Gehirn gefährlich ist. Bei Überdosierung tritt eine Atemlähmung mit oft tödlichem Ausgang ein.
- Sedation
  Bei höherer Dosierung tritt ein narkoseähnlicher Zustand ein. Alte Menschen sind unter Umständen erregt.
- Euphorie
  Die Grundstimmung wird angehoben. Diese positive Erfahrung kann der Grund für einen Mißbrauch sein. Seltener wird eine negative Stimmungslage (Dysphorie) hervorgerufen.
- Übelkeit, Erbrechen
  Treten nur bei der ersten Gabe auf.

- Miosis
  Die Pupille ist stecknadelkopfgroß und reagiert nicht auf Lichteinfall.
- Verstopfung (Obstipation)
- Harnverhaltung
- Entwicklung einer psychischen und körperlichen Abhängigkeit
  Die Schnelligkeit, mit der sich eine Abhängigkeit entwickelt, soll bei den einzelnen Präparaten unterschiedlich sein. Sie ist aber auch vom Patienten abhängig, so daß auf alle Fälle mit der Möglichkeit gerechnet werden muß.
- Toleranz
  Für die analgetische Wirkung entwickelt sich eine Toleranz, so daß nach längerer Therapie die Dosis gesteigert werden muß. Dieser Toleranz unterliegt auch die Wirkung auf das Atemzentrum und die Euphorie. Dagegen bessern sich Obstipation, Harnverhalten und Miosis nicht.

Symptome einer Morphinvergiftung sind

- Koma
- Miosis (stecknadelkopfgroße Pupillen)
- reduzierte Atmung (2–4 Atemzüge/Minute).

Der Vergiftete hat eine kalte, bläuliche Haut. Er muß sofort in ärztliche Behandlung, sonst stirbt er an der verminderten Sauerstoffversorgung.

Lokalanästhetika

Lokalanästhetika dienen der Schmerzausschaltung bei kurzen operativen Eingriffen. Das kann erfolgen in Form einer

- Oberflächenanästhesie-Gabe auf die Schleimhaut
- Infiltrationsanästhesie-Infiltration des Gewebes oder
- Leitungsanästhesie – Blockade eines größeren Nerven.

Beispiele: Lidocain (Xylocain®, Xylestesin®), Articain (Ultracain®), Mepivacain (Scandicain®, Meaverin®).

Wirkmechanismus

Lokalanästhetika wirken an den Nervenfasern. Die Weiterleitung der Information geschieht in Nerven über einen elektrischen Impuls. Geladene Teilchen strömen über kleine Kanäle in der Zellwand in die Nervenfaser und polen sie um. Der Impuls pflanzt sich dann entlang der Faser bis ins Gehirn fort. Lokalanästhetika blockieren die Kanäle, über die Ladungen in die Nervenfaser treten und unterbrechen damit die Weiterleitung.

Es gibt Präparate mit und ohne Vasokonstringenzien (Adrenalin, Noradrenalin). Diese Stoffe kommen im Körper überall vor, wenn auch in sehr viel geringeren Konzentrationen als im Medikament. Es sind die Botenstoffe des autonomen Nervensystems. Lokal angewandt führen sie zur Engstellung der Gefäße, zur Vasokonstriktion. Die Durchblutung des Gewebes wird dadurch vermindert. Das hat mehrere Vorteile. Erstens bleibt das Lokalanästhetikum länger am Wirkort, da es nicht über das Blut abtransportiert werden kann. Zweitens verringert sich mit dem verminderten Abtransport auch die Gefahr einer systemischen Wirkung, das Mittel ist damit weniger toxisch. Die Folge ist, daß Lokalanästhetika mit Vasokonstringenzien höher dosiert werden können. Und drittens kann man manche Eingriffe besser in Blutleere ausführen.

Vasokonstringenzien sind in Lösung nicht stabil. Es ist deshalb meist Natriumdisulfit in der Injektionslösung enthalten, um sie vor dem Zerfall zu schützen. Da Wärme und Licht diesen Prozeß beschleunigen, müssen Lokalanästhetika mit Zusätzen immer dunkel und kühl gelagert werden.

Einige Präparate enthalten als Konservierungsstoff Methyl-4-Hydroxybenzoat gegen eine bakterielle Besiedlung.

Nebenwirkungen

Auf die geschilderte Weise werden nicht nur Schmerzen, sondern auch alle anderen Informationen im Körper über Nervenfasern weitergegeben. Lokalanästhetika sind deshalb sehr gefährlich, sie können die Erregungsweiterleitung an lebensnotwendigen Stellen blockieren. Besonders gefährdet sind hierdurch

1. das Herz – Lokalanästhetika können alle Formen von Herzrhythmusstörungen bis hin zum Herzstillstand auslösen;
2. das Gehirn – Lokalanästhetika können das Atem- und Kreislaufzentrum lähmen und so zum Tode führen.

Lokalanästhetika dürfen nie i.v. appliziert werden, da sonst systemische Nebenwirkungen zu befürchten sind. Für den einzelnen Patienten muß unter Berücksichtigung des Körpergewichtes die Höchstmenge errechnet werden. Aus Sicherheitsgründen empfiehlt es sich, von der berechneten Menge nur maximal die Hälfte während einer Behandlung zu verabreichen.
Auch Vasokonstringenzien haben Nebenwirkungen. In den Kreislauf gelangt, können sie den Blutdruck erhöhen und zu einer Beschleunigung des Herzrhythmus führen. Durch den erhöhten Blutdruck sind besonders ältere Leute gefährdet, deren Gefäße nicht mehr ganz so widerstandsfähig sind wie die jüngerer Menschen. Sie können eine Hirnblutung erleiden. Patienten mit vorgeschädigtem Herzen können Herzrhythmusstörungen oder einen Angina-pectoris-Anfall bekommen.
Wie alle anderen Medikamente können auch Lokalanästhetika Allergien verursachen. Das gilt ebenfalls für die in der Injektionslösung enthaltenen Zusätze (Natriumdisulfit, Methyl-4-hydroxy-benzoat). Allergien gegen Methyl-4-hydroxy-benzoat sind relativ häufig, da es Träger einer Para-Gruppe ist. Diese chemische Struktur kommt nicht nur in anderen Medikamenten (Sulfonamide, Antidiabetika), sondern auch in Konservierungsstoffen für Kosmetika und Lebensmittel (Paraaminobenzoesäure) vor. Es gibt damit viele Möglichkeiten, sich mit diesem Stoff zu sensibilisieren. Eine Allergie erstreckt sich dann auf alle Chemikalien, die eine Para-Gruppe tragen.

Intoxikation

Zur Intoxikation kommt es bei versehentlicher i.v.-Gabe oder bei Überdosierung.
Erste Zeichen können Nervosität, Herzklopfen und Anstieg des Blutdruckes sein – Symptome, die ein ängstlicher Patient auch ohne Intoxikation hat. In diesem Falle reicht es meist, dem Patienten gut zuzureden und das Fenster zu öffnen.
Ernstere Symptome sind Zuckungen in der Mundgegend, Übelkeit, Schwindel, starke Unruhe und Rededrang. Das können die ersten Zeichen einer drohenden Intoxikation sein. In diesem Stadium ist manchmal die Gabe eines Beruhigungsmittels nötig.
Sehr schnell kann dann das Vollbild der Vergiftung eintreten mit Krämpfen, Atemstillstand und Bewußtlosigkeit. Spätestens jetzt muß der Notartzwagen gerufen werden. Bis ein Transport ins Krankenhaus möglich ist, werden die Atemwege freigehalten. Der Patient muß Sauerstoff bekommen und unter Umständen beatmet werden. Von der Effektivität dieser Maßnahmen hängt sein Überleben ab.

Interaktionen

Bei Patienten, die Antidepressiva nehmen, können die Wirkungen der Vasokonstringenzien derart verstärkt werden, daß es zu tödlichen Zwischenfällen kommen kann. Lokalanästhetika mit vasokonstriktorischen Zusätzen sind bei diesen Patienten kontraindiziert.

Fragen zum Verständnis und zur Selbstkontrolle

Schmerzbekämpfung

33. Durch welche Nebenwirkung sind Alkoholiker bei der Einnahme kleiner Analgetika gefährdet?
34. Warum darf Acetylsalicylsäure bei unklaren Infekten bei Kindern nicht zur Fiebersenkung eingesetzt werden?
35. Was spricht gegen die Einnahme von Acetylsalicylsäure oder Ibuprofen während der letzten 3 Schwangerschaftsmonate?
36. Warum werden Opiate nur in Ausnahmefällen verordnet?
37. Welche Analgetika passieren die Plazenta und gehen auf das Kind über?
38. Wie unterscheiden sich kleine Analgetika und Opiate hinsichtlich a) Wirkmechanismus, b) Wirkstärke?
39. Was muß bei der Lagerung von Lokalanästhetika mit vasokonstriktorischen Zusätzen beachtet werden?
40. Sie haben eine 2%ige Injektionslösung eines Lokalanästhetikums. Wieviel Milligramm sind in 2 ml enthalten?
41. Ein Patient hat bei einer Injektion einer 4%igen Lidocainlösung allergische Reaktionen gezeigt. Darf er bei einer erneuten Lokalanästhesie eine 1%ige Lösung bekommen?
42. Warum sind alte Menschen stärker von den Nebenwirkungen der vasokonstriktorischen Zusätze betroffen als jugendliche Patienten?

(Die Antworten stehen auf Seite 174.)

Entzündung

Eine Entzündung ist die Reaktion des Gewebes auf eine Schädigung. Ursache sind physikalische (Verbrennungen, Schnittwunden) oder chemische Reize (Säuren, Laugen) oder auch eine Infektion. Die geschädigten Zellen setzen Entzündungsmediatoren frei. Das sind körpereigene Stoffe (Prostaglandine, Histamin, Bradykinin), die das Entzündungsgeschehen hervorrufen. Sie verursachen gemeinsam die klassischen Entzündungszeichen: Rötung, Schwellung, Hitze, Schmerz und eingeschränkte Funktion.
Eine Entzündungsreaktion dient dem Abbau der zerstörten Zellen. Sie kann akut oder chronisch verlaufen und manchmal die Heilung verzögern. Das gilt z. B. für Operationswunden oder lokale Injektionen, bei denen eine starke Schwellung durch Ödembildung auftritt. Auch die Schmerzen und die eingeschränkte Funktion können therapiebedürftig werden.
Der erste Schritt zur Linderung der Symptome sind physikalische Maßnahmen – z. B. kalte Umschläge bei einer „dicken Backe". Ist der Erfolg nicht ausreichend kann medikamentös antiphlogistisch (entzündungshemmend) behandelt werden. Dafür stehen zwei Wirkstoffgruppen zur Verfügung:

1. kleine Analgetika mit entzündungshemmender Wirkung,
2. Nebennierenrindenhormone (Cortison).

Kleine Analgetika mit entzündungshemmender Wirkung

Entzündungshemmende Wirkung haben alle kleinen Analgetika mit Ausnahme des Paracetamol. Ihre Wirkung beruht auf der Hemmung der Prostaglandinsynthese, also einer körpereigenen Stoffklasse, die für Entzündungsgeschehen und Schmerzen mitverantwortlich ist. Die Dosierung für eine antiphlogistische Therapie ist bei einigen Präparaten etwas höher, woraus besonders bei Langzeittherapie ein Anstieg der Nebenwirkungen resultiert.
Beispiele: Acetylsalicylsäure (Acetylin®, Apyron®, Solpyron®), Ibuprofen (Dolgit®, Brufen®, Ibu-Attritin®, Opturem®).

Nebennierenrindenhormone

Nebennierenrindenhormone (Kortison, Kortisol) regulieren den Kohlenhydrat-, Eiweiß- und Fettstoffwechsel. Sie sind außerdem an der Aufnahme und Ausscheidung von Kalzium beteiligt. Unter Streßbedingungen werden sie verstärkt freigesetzt. Sie helfen dann mit der Bereitstellung von Energiereserven (Erhöhung des Blutzuckers), sind aber auch an den negativen Auswirkungen des Streß (Magengeschwüre) beteiligt.
Die antiphlogistische Therapie erfolgt mit sehr viel größeren Mengen als sie vom Körper freigesetzt werden. Die antientzündliche Wirkung beruht auf einer verminderten Prostaglandinsynthese, die Reaktionen des Immunsystems werden zum Teil unterdrückt und eine überschießende Narbenbildung wird verhindert.
Beispiele: Außer den natürlich vorkommenden Hormonen Kortison (Cortison CIBA®) und Kortisol (Hydrocortison®) werden synthetische Präparate verwendet: Prednison (Decortin®), Prednisolon (Deltacortril®), Betamethason (Bethnesol®) und Dexamethason (Fortecortin®).

Nebenwirkungen

Die antientzündliche Therapie erfordert Hormonmengen, die weit über der natürlichen Freisetzung liegen. Die physiologischen (biologischen) Wirkungen werden dadurch so verstärkt, daß sie bei langfristiger Therapie Krankheitswert bekommen können. Bei einer Langzeittherapie treten auf:

- Diabetes
- Hypertonie
- Cushing-Syndrom (Vollmondgesicht, Stiernacken, Stammfettsucht, dünne Extremitäten)
- Magen- und Darmgeschwüre
- erhöhte Infektanfälligkeit
- Osteoporose
- psychische Störungen
- Katarakt (grauer Star)
- Glaukom (grüner Star)
- bei Kindern Wachstumsstörungen
- Thrombosen
- Akne, Hautveränderungen.

Beim Absetzen der Therapie sind diese Erscheinungen nur teilweise reversibel. Der Patient muß während der Therapie ständig überwacht und einige Laborwerte (Blutzucker, Gerinnung, Blutdruck) müssen überprüft werden. Eine langfristige Therapie darf nicht plötzlich abgebrochen werden, da die körpereigene Produktion von Nebennierenrindenhormonen durch die ständig erhöhten Blutspiegel unterdrückt wird. Man senkt die Dosis deshalb langsam. Wegen der schweren Nebenwirkungen kommt eine systemische Therapie für die zahnärztliche Praxis nicht in Frage.

Lokale Therapie

Wegen der schweren Nebenwirkungen werden Nebennierenrindenhormone in der zahnärztlichen Praxis nur lokal verwendet, z. B. Prednisolon als Salbe (Dontisolon®). Die Anwendung sollte möglichst nur kurzfristig erfolgen. Bei längerer Anwendung in hoher Dosierung oder auf großen Flächen können systemische Nebenwirkungen auftreten. Lokal kann es zu

- Wundheilungsstörungen und
- Infektionen mit Pilzen oder Bakterien kommen. Bei Pilzbefall bildet sich dann im Mund ein weißlicher Belag (Soor). Häufiger davon betroffen werden Menschen mit reduzierter Infektabwehr (alte Menschen, Krebskranke, Diabetiker).

Sehr selten treten auch bei lokaler Therapie allergische Reaktionen bis zum Schock auf.
Kortison und seine Abkömmlinge wirken als wahre Wundermittel. Ein Patient, der ihre Wirkung einmal kennengelernt hat, wird nur mit Mühe davon zu überzeugen sein, daß die Präparate nicht ständig und zu jedem Zweck angewendet werden dürfen.

Fragen zum Verständnis und zur Selbstkontrolle

Entzündung

43. Welche 3 Wirkungen, die therapeutisch ausgenutzt werden, hat Acetylsalicylsäure?
44. Warum kann es bei lokaler (und systemischer) Therapie mit Kortison zu Pilzbefall kommen?
45. Welches Entzündungssymptom wird – im Gegensatz zu antiphlogistisch wirkenden Analgetika – von Kortison schlecht beeinflußt?

(Die Antworten stehen auf Seite 174.)

Psychopharmaka

Psychopharmaka haben ihren Angriffspunkt im Gehirn. Sie verändern zentralnervöse Funktionen und seelische Abläufe. Man teilt sie nach dem angestrebten therapeutischen Effekt ein.
Tranquillanzien führen zu Entspannung, beseitigen Angstzustände und beruhigen.
Stimulanzien haben erregende Wirkung, wirken leistungssteigernd und vermindern Müdigkeit.
Für die Behandlung von Psychosen geeignet sind Neuroleptika (zur Behandlung der Schizophrenie) und Antidepressiva (zur Behandlung von Depressionen).

Tranquillanzien

Im Gehirn sind die Nervenzellen durch viele Verbindungen miteinander verschaltet. Je nach Wachzustand und Aufmerksamkeit überwiegen Verbindungen erregender Art oder solche mit dämpfender Wirkung. Tranquillanzien unterstützen die Dämpfung. Dosisabhängig kommt es damit zu folgenden Wirkungen:

- Beseitigung von Angstzuständen
- Beruhigung und schlafanstoßende Wirkung
- Dämpfung zentraler Krämpfe.

Dementsprechend werden Tranquillanzien eingesetzt als Beruhigungsmittel, Schlafmittel und bei der Epilepsie. Tranquillanzien sind Benzodiazepine. Die einzelnen Mitglieder dieser Gruppe unterscheiden sich durch ihren Metabolismus und damit durch ihre unterschiedliche Wirkdauer.
Beispiele: Triazolam (Halcion®, Wirkdauer 2–5 Stunden), Flurazepam (Dalmadorm®, Wirkdauer 2 Stunden) und Diazepam (Valium®, Wirkdauer 20–40 Stunden).

Nebenwirkungen

- Benzodiazepine führen zu einer Verminderung der Reaktionsgeschwindigkeit, beeinflussen intellektuelle Leistungen, können auch motorische Funktionen beeinträchtigen und reduzieren die Selbstkontrolle. Je nach Wirkdauer hält dieser Zustand wenige Stunden oder noch am nächsten Tag (Diazepam) an. Ein Kraftfahrzeug sollte man während dieser Zeit nicht steuern. Verstärkt wird diese Wirkung von anderen sedierend wirkenden Pharmaka und Alkohol.
- Bei Kindern und alten Leuten kann statt der erwarteten Beruhigung ein Erregungszustand eintreten.
- Werden Benzodiazepine längere Zeit eingenommen und dann plötzlich abgesetzt, können Angstzustände, Alpträume, Schlaflosigkeit, Schwindel oder Schwächegefühle auftreten.
- Es kann sich bei Einnahme über Wochen eine physische Abhängigkeit, in sehr seltenen Fällen auch eine körperliche Abhängigkeit mit Entziehungserscheinungen entwickeln (Krämpfe, Delirium tremens, Wahnvorstellungen).

Gegenanzeigen

- Kinder und alte Leute, da es zu Erregungszuständen kommen kann
- Berufskraftfahrer und Leute, deren Beruf hohe Aufmerksamkeit erfordert
- Alkoholiker und ehemals Alkoholkranke, Drogen- und Arzneimittelabhängige, da Benzodiazepine zu einem erneuten Auftreten der Sucht führen können. In diesen Fällen wählt man ein Beruhigungsmittel aus der Gruppe der Neuroleptika (s. unten).

Wechselwirkungen

Alle Medikamente, die sedierend wirken (Antidepressiva, Neuroleptika, Mittel gegen Grippe und Allergien, die Antihistaminika enthalten, Opiate) sowie Alkohol verstärken die dämpfende Wirkung der Benzodiazepine auf die Hirnfunktion.
Es kann vorkommen, daß ein Patient vor der Behandlung ein Beruhigungsmittel bekommen muß. Man gibt ihm am besten ein Benzodiazepin mit kurzer Wirkdauer (Triazolam, Flurazepam) und wartet eine halbe Stunde. Die Wirkung tritt schnell ein. Vielfach reicht allein die Vorstellung, daß das Mittel hilft, aus. Der Patient darf anschließend kein Kraftfahrzeug steuern und sollte keinen Alkohol trinken. Benzodiazepine mit langer Wirkdauer (Diazepam) sind für diese Zwecke nicht geeignet.

Neuroleptika

Ist ein Patient alkohol-, tabletten- oder rauschgiftsüchtig, darf man als Beruhigungsmittel kein Benzodiazepin geben. Das gilt auch, wenn der Patient eine erfolgreiche Entziehungskur hinter sich hat und seit Jahren nicht mehr an seiner Sucht leidet. Benzodiazepine können sie sofort wieder hervorrufen.
Als Ersatz kommen in diesen Fällen aus der Gruppe der Neuroleptika in Frage: Promethazin (Atosil®) und Levomepromazin (Neurocil®). Neuroleptika wirken antipsychotisch. Die Veränderungen, die sie im Gehirn hervorrufen, sind umfassender und schwerer als bei den Benzodiazepinen. Deshalb ist ihre Verordnung als Beruhigungsmittel eine Ausnahme. Als Prämedikation werden sie zur Hemmung des Brechreizes (Antiemetika) eingesetzt.
Beispiel: Trifluopromazin (Psyquil®).

Nebenwirkungen

- Störungen der Motorik, die einem Parkinsonsyndrom ähnlich sind
- Sedierung, Aufmerksamkeit und Reaktionsfähigkeit lassen nach
- Mundtrockenheit
- Harnverhaltung
- Obstipation
- Blutdruckabfall
- Anstieg der Herzfrequenz
- Anstieg des Augeninnendruckes, u. U. Glaukomanfall.

Gegenanzeigen

- Parkinsonsyndrom, der Patient muß neu eingestellt werden
- Glaukom (Grüner Star)

- Vergrößerung der Prostata
- vorgeschädigtes Herz (Herzrhythmusstörungen, Angina pectoris)
- Schwangerschaft.

Wechselwirkungen

Die sedierende Wirkung wird durch Opiate, Benzodiazepine, Antidepressiva, Antihistaminika und Alkohol verstärkt. Die Wirkung von Mitteln zur Therapie des Parkinsonsyndroms wird vermindert.

Fragen zum Verständnis und zur Selbstkontrolle

Psychopharmaka

46. Ein Patient hat zur Beruhigung ein Benzodiazepin bekommen. Worauf machen Sie ihn aufmerksam?
47. Für welche 2 Indikationen werden Neuroleptika in der Zahnmedizin verwendet?
48. Welche Medikamente, die Sie bisher kennengelernt haben, können zur Arzneimittelabhängigkeit führen?
49. Sie haben Valium® als Schlafmittel genommen. Was merken Sie am nächsten Morgen?

(Die Antworten stehen auf Seite 175.)

Narkose

Die Narkose ist ein schlafähnlicher Zustand, aus dem der Patient nicht erweckbar ist. Sie verfolgt drei Ziele:

1. Schmerzlosigkeit (Analgesie)
2. Bewußtseinsverlust
3. Muskelerschlaffung.

Nach der Applikationsart unterscheidet man zwei Gruppen von Narkotika:

a) Inhalationsnarkotika, die als Gase oder Aerosole verabreicht werden
b) Injektionsnarkotika, die intravenös gegeben werden.

Eine Narkose erfordert genaue Beobachtung des Patienten. Blutdruck und Herzfunktion müssen ständig kontrolliert und eventuell muß der Patient beatmet werden. Möglichkeiten für eine Reanimation müssen vorhanden sein. Eingriffe unter Narkose können deshalb nur unter Mithilfe eines Anästhesisten und von geschultem Personal vorgenommen werden. Für eine normale zahnärztliche Praxis kommen sie damit nicht in Frage.

Narkosestadien

Narkotika lähmen verschiedene Hirnfunktionen. Die Narkosetiefe hängt von der Konzentration ab, die das Narkotikum im Gehirn erreicht. Es gibt 4 Narkosestadien, die für die Inhalationsnarkose mit Äther festgelegt wurden. Da Äther mit Luft ein brennbares und explosibles Gemisch bildet, wird er heute nicht mehr verwendet. Auf die moderne Kombinationsnarkose mit der zusätzlichen Gabe von Muskelrelaxanzien läßt sich diese Stadieneinteilung nur bedingt anwenden. Sie bietet aber

trotzdem einen Anhaltspunkt für die Narkosetiefe und eine eingetretene Überdosierung.
Stadium I (Analgesiestadium, Rauschstadium) erstreckt sich vom Narkosebeginn bis zum Bewußtseinsverlust. Die Schmerzwahrnehmung wird zunehmend ausgeschaltet. Der Patient kann sich an dieses Stadium häufig nicht erinnern, obwohl er unter Umständen ansprechbar ist.
Stadium II (Exzitationsstadium) ist durch eine gesteigerte motorische Aktivität gekennzeichnet. Die Atmung ist unregelmäßig und verstärkt. Die Pupillen sind erweitert und reagieren auf Licht. Manchmal treten Würgen und Erbrechen auf. Dieses Stadium ist für den Patienten gefährlich, da er sich selbst verletzen kann. Jegliche Manipulation am Patienten sollte während dieser Zeit unterlassen werden.
Stadium III (Toleranzstadium) ist das Stadium, in dem operative Eingriffe vorgenommen werden. Je nach Bedarf des Operateurs wird die Narkosetiefe innerhalb dieses Stadiums gesteuert. Die Reflexe werden dabei nacheinander aufgehoben. Die Atmung ist regelmäßig, das Atemvolumen nimmt mit der Narkosetiefe ab. Die Pupillen sind anfangs mittelweit und reagieren auf Licht. Schluck-, Husten- und Würgereflexe sind unterdrückt. Die Narkose wird innerhalb dieses Stadiums möglichst oberflächlich gehalten, wenn nötig unter Verwendung von Muskelrelaxantien. Ist sie zu tief, kommt es zu ersten Zeichen einer toxischen Überdosierung. Die Pupillen sind dann weit und reaktionslos, die Atmung hört schließlich auf.
Stadium IV (Asphyxiestadium) ist durch einen Atemstillstand gekennzeichnet. Wenn sofortige Wiederbelebungsmaßnahmen ergriffen werden, kann der Patient noch gerettet werden.
Beim Aufwachen werden die Narkosestadien in umgekehrter Reihenfolge durchlaufen.

Inhalationsnarkotika

Inhalationsnarkotika werden als Aerosole oder Gase in einem Gemisch mit wenigstens 25% Sauerstoff verabreicht. Sie werden aus der Lunge in das Blut aufgenommen und ins Gehirn transportiert. Ihre Wirkung ist abhängig von der Konzentration im Gehirn. Da selten alle Anforderungen an eine Narkose von einem Medikament erfüllt werden, kombiniert man heute häufig mehrere Inhalationsnarkotika miteinander.

a) Lachgas (Stickoxydul)

Lachgas ist ein süßlich riechendes Gas. Es ist weder brennbar noch explosiv und reizt die Schleimhäute nicht.
Lachgas wirkt stark analgetisch, aber nicht muskelrelaxierend. Mit einer Konzentration von 80% läßt sich bestenfalls Stadium II der Narkose erreichen. Da in diesem Falle zu wenig Sauerstoff zugeführt wird, läßt sich eine Narkose mit Lachgas alleine nicht durchführen. Es wird deshalb häufig in Kombination mit Halothan benutzt. Für zahnärztliche Eingriffe reicht das Rauschstadium meist aus, da die Analgesie in diesem Stadium durch Lachgas schon gut ist. Eine tiefere Narkose ist hier sogar unerwünscht. Stickoxydul ist deshalb und wegen seiner wenigen Nebenwirkungen das wichtigste Narkotikum für die zahnärztliche Praxis.

Nebenwirkungen

Lachgas ist praktisch frei von Nebenwirkungen auf Atmung, Herz und Kreislauf. Es gelangt rasch in Körperhöhlen, die mit Luft gefüllt sind (Darm, Mittelohr, Nebenhöhlen) und kann dort eine Druckerhöhung verursachen. Nach Ende der Narkose wird es über die Lunge abgeatmet. Dies erfolgt so schnell, daß der Sauerstoff in der Lunge stark verdünnt wird. Nach einer längeren Narkose mit Lachgas muß deshalb die Sauerstoffkonzentration in der Einatmungsluft erhöht werden.

b) Halothan

Halothan ist eine süßlich riechende Flüssigkeit, die nicht reizend auf die Schleimhäute wirkt. Sie ist weder brennbar noch explosibel. Halothan wirkt nicht analgetisch und nur gering muskelrelaxierend.

Das Stadium der Bewußtlosigkeit wird rasch erreicht. Im Toleranzstadium genügen 0,5–1,2 Vol.%.

Nebenwirkungen

Halothan unterdrückt die Atmung.
Bei längerer Narkose kommt es zu vorübergehenden Störungen in der Lunge, die den Gasaustausch behindern.
Die Gefäße werden erweitert, die Herzkraft vermindert. Beides zusammen verursacht einen Blutdruckabfall. Die Herzfrequenz wird gesenkt, evt. kann ein Herzstillstand eintreten.
Bei zusätzlicher Gabe von Lokalanästhetika mit Vasokonstringenzien kann es zu schweren Herzrhythmusstörungen kommen.
Mit einer Häufigkeit von 1:100000 tritt nach Halothannarkose eine Leberzellschädigung auf. Meist sind mehrere Narkosen in kurzen Abständen vorausgegangen oder der Patient hat eine vorgeschädigte Leber. Bei diesen Patienten sollte man deshalb Halothan meiden.

c) Enfluran

Enfluran ist eine süßlich riechende nicht brennbare Flüssigkeit. Sie wirkt nicht reizend auf die Schleimhäute.
Mit Enfluran kann jede Narkosetiefe erreicht werden. Die Muskelrelaxation ist gut, die analgetische Wirkung aber gering, so daß es meist mit Lachgas kombiniert angewendet wird.

Nebenwirkungen

Enfluran verändert das Atemzugsvolumen. Eine kontrollierte Beatmung ist nötig.
Ähnlich wie bei Halothan führen Lokalanästhetika mit vasokonstriktorischen Zusätzen zu Herzrhythmusstörungen.
Bei Patienten mit Neigung zu zentralen Krämpfen (Epileptiker) können Anfälle auftreten.
Der Blutdruck wird durch eine Gefäßerweiterung und Abnahme der Herzleistung gesenkt.
Bei Halothan und allen anderen Inhalationsnarkotika (außer Lachgas) kann es zur malignen Hyperthermie kommen. Es ist dies ein seltener Narkosezwischenfall, der selbst bei Behandlung bei 30% der Patienten tödlich endet. Unter der Narkose oder einige Stunden danach kommt es zu Muskelkrämpfen, raschem Temperaturanstieg und Schock. Da diesem Syndrom eine vererbte Veranlagung zugrunde liegt, muß unbedingt bei der Anamnese nach Narkosezwischenfällen in der Familie gefragt werden.

Injektionsnarkotika

Wird eine Narkose mit einem Inhalationsnarkotikum eingeleitet, vergeht einige Zeit bis eine ausreichende Konzentration im Gehirn erreicht ist. Der Patient kommt in das Exzitationsstadium, das für ihn unangenehm und gefährlich ist.
Injektionsnarkotika wirken sofort. Die ersten beiden Narkosestadien werden übersprungen und Bewußtlosigkeit tritt noch während der Injektion ein. Anschließend wird die Narkose dann mit einem Inhalationsnarkotikum weitergeführt.
Die Dosierung erfolgt nach Wirkung. Einmal verabreicht, ist das Geschehen nicht mehr zu beeinflussen. Auf eine lebensbedrohliche Komplikation mit Atemstillstand und Herz-Kreislauf-Versagen durch Überdosierung muß man vorbereitet sein. Genauso schnell, wie die Wirkung einsetzt, hört sie auch wieder auf. Die Narkose sollte dann nicht durch eine zweite Injektion verlängert werden, da das Narkotikum noch im Körper ist und kumuliert. Die Bewußtlosigkeit dauert dann unnötig lange, es kann zu toxischen Erscheinungen kommen. Wegen der schlechten Steuerbarkeit gehören deshalb Injektionsnarkotika nur in die Hand eines Anästhesisten, der die personellen und instrumentellen Möglichkeiten für eine Wiederbelebung hat.

Prämedikation

Als Prämedikation bezeichnet man die medikamentöse Vorbereitung des Patienten auf einen Eingriff. Sie wird nach den Bedürfnissen des Patienten vorgenommen und auf seinen Allgemeinzustand und die Art des beabsichtigten Eingriffes abgestimmt. Ziel ist, daß der Patient beruhigt wird (Sedativa, Hypnotoka), keine Angst (Tranquillanzien) und keine Schmerzen hat (Analgetika). Der Brechreiz kann durch die Gabe von Antihistaminika (Bonamine®, Vomes A®, Lenotan®) oder bestimmter Neuroleptika (Trifluopromazin, Psyquil®) ausgeschaltet werden.

Atropin

Atropin ist das Gift der Tollkirsche. Es hemmt einen Teil des autonomen Nervensystems, den Parasympathikus. Für die Prämedikation wird diese Wirkung ausgenutzt, denn Reizung des Parasympathikus kann bei der Intubation zu einem Herzstillstand führen. Für den Zahnarzt wichtiger ist die Hemmung der Speichel- und Bronchialsekretion durch Atropin.

Nebenwirkungen

Der Genuß von Tollkirschen führt zu Vergiftungen. Die tödliche Dosis ist individuell verschieden, Kinder sind besonders empfindlich. Atropin muß deshalb sehr vorsichtig und bezogen auf das Körpergewicht dosiert werden. Die Wirkungen sind streng dosisabhängig. Eine Hemmung der Speichelsekretion erreicht man mit einer Dosis von 0,01 mg/kg Körpergewicht. Bei dieser Dosis treten noch keine Nebenwirkungen auf. Größere Mengen bewirken

- eine Beschleunigung der Herzfrequenz,
- weite Pupillen, die Augen können nicht auf Nahsicht eingestellt werden,
- Harnsperre,
- Verstopfung,
- Erhöhung der Körpertemperatur durch Hemmung der Schweißsekretion,
- Unruhe bis zu Tobsuchtsanfällen, Halluzinationen, Desorientiertheit,
- schließlich Atemlähmung, Koma und Tod.

Neben symptomatischen Maßnahmen muß bei einer Vergiftung Physiostigmin als Gegenmittel (Antidot) gegeben werden; dieses Mittel muß deshalb auch immer bereit liegen, wenn man mit Atropin umgeht. Es wird nach Wirkung dosiert.

Fragen zum Verständnis und zur Selbstkontrolle

Narkose

50. Warum ist Stadium II der Narkose für den Patienten gefährlich?
51. Welches sind lebensbedrohliche Komplikationen einer Narkose?
52. Warum kann man mit Lachgas nur Stadium I der Narkose erreichen?
53. Warum dürfen Lokalanästhetika mit vasokonstriktorischen Zusätzen nicht in Halothan- oder Enflurannarkose verabfolgt werden?
54. Über welche „Nebenwirkung“ klagt ein Patient, der als Prämedikation Atropin erhalten hat?

(Die Antworten stehen auf Seite 175.)

Antworten zu den Fragen auf Seite 155 „Allgemeine Pharmakologie“

1. Bei beiden ist die Vergiftung eine Frage der Dosis. Gifte haben aber keine vorteilhaften Wirkungen.
2. Bei der lokalen Therapie werden die Wirkungen auf ein kleines Gebiet, den Krankheitsherd, begrenzt. Der restliche Organismus ist nicht dem Medikament ausgesetzt, es gibt keine systemischen Nebenwirkungen.
3. Über diese Frage entscheidet, ob der Wirkstoff in die Haut eindringt oder nicht. Bleibt er auf der Haut liegen, ist es eine lokale Appliktion. Wenn er resorbiert wird, erfolgt die Verteilung im ganzen Körper. Dann ist die Applikation systemisch.
4. Fettlöslichkeit, Molekülgröße.
5. – Einnahme zusammen mit den Mahlzeiten
   – Einnahme mit anderen Medikamenten
   – Schwere Darmerkrankungen, Durchfälle.
6. Resorption im Dünndarm – Pfortader – Leber – Venen – rechtes Herz – Lunge – linkes Herz – Arterien-Leber (Verstoffwechselung) – Ausscheidung über Niere und/oder Galle.
7. Vene – rechtes Herz – Lunge – linkes Herz – Arterien – Ausscheidung über die Niere.
8. Vene – rechtes Herz – Lunge – linkes Herz – Arterien – Leber – Ausscheidung über Niere und/oder Galle.
9. Von der Fettlöslichkeit der Substanz und
   von der Durchblutung des Gewebes.
10. Sie baut fettlösliche Pharmaka zu Metaboliten um, die über die Niere oder Galle ausgeschieden werden.
    Sie baut viele Arzneimittel zu unwirksamen Stoffen um.
11. Wenn mehr zugeführt als ausgeschieden wird. Ursachen können sein
    a) zu kurzes Dosisintervall
    b) Ausscheidungsstörungen.
12. Enzyme sind Eiweiße, die Reaktionen fördern. Sie können aufbauenden (z. B. Synthese von Hormonen, rotem Blutfarbstoff, Muskelproteinen) und abbauenden (Arzneimittelabbau, Verdauungsenzyme) Charakter haben. Enzyme sind auf bestimmte Stoffe spezialisiert.
13. – Individuelle Veranlagung
    – Lebensalter
    – Andere Erkrankungen
    – Ausscheidungsstörungen
    – Einnahme anderer Medikamente
14. 450 mg
15. 1 g
16. Durch Erhöhung der Dosis oder eine Therapiepause.
17. Allergische Reaktionen
18. Sensibilisierung ist die Aktivierung des Immunsystems durch ein Antigen.
19. – Chemische Struktur des Antigens
    – Veranlagung des Patienten
    – Applikationsart.
20. Während der Embryogenese (3.–7. Schwangerschaftswoche).
21. Ein Stoff ruft Mißbildungen bei Einnahme während der Schwangerschaft hervor.
22. Medikamente enthalten oft Zusatzstoffe, gegen die der Patient allergisch sein kann.

Antworten zu den Fragen auf Seite 160 „Chemotherapie“

23. Bei viralen Infekten.
24. Es benutzt Angriffspunkte im Stoffwechsel der Bakterien, die beim Menschen nicht vorhanden sind und hat deshalb (keine) wenig Nebenwirkungen.
25. Bei unregelmäßiger Einnahme sinkt der Plasmaspiegel der Wirksubstanz ab und die Bakterien können sich wieder vermehren.
26. – Tabletten nach Vorschrift nehmen
    – Auch wenn Schmerzen und Fieber aufhören, müssen die Tabletten weiter genommen werden
    – Nebenwirkungen (Allergien, Durchfälle) sofort melden.
27. Bakteriostatisch wirkende Antibiotika hemmen nur die Vermehrung, sie töten die Bakterien nicht. Für die Beherrschung der Infektion ist der Pa-

tient auf seine Immunabwehr angewiesen.

28. – Gabe von Antibiotika ohne Indikation (Virusinfekte: Grippe!)
    – Verwendung von Antibiotika mit zu breitem Spektrum
    – Zu kurze Therapie
    – Zu niedrige Dosierung.
29. Zu Durchfällen kommt es durch Beseitigung der Darmbakterien.
    Die Durchfälle sind gefährlich, wenn
    – große Flüssigkeitsverluste auftreten;
    – es zu einer Besiedlung des Darms mit Krankheitserregern kommt.
30. Genaue Anamnese: hat der Patient schon früher Penicillin bekommen? Wie wurde es vertragen?
    Die Behandlung muß indiziert sein.
    Penicillin wird nie auf Haut und Schleimhäute gegeben.
31. – Bestehen Leber- oder Nierenerkrankungen?
    – Werden andere Medikamente genommen?
    – Besteht eine Allergie?
    – Bei Frauen: Besteht Schwangerschaft, wird ein Kind gestillt?
32. – Nicht in die Sonne gehen.
    – Die Tabletten nicht zusammen mit Milch oder Milchprodukten einnehmen.

Antworten zu den Fragen auf Seite 165 „Schmerzbekämpfung"

33. Alkohol führt zur Schädigung der Schleimhäute im Magen-Darm-Trakt. Eine geschädigte Leber stellt nicht mehr so viele Gerinnungsfaktoren her. Beides führt zur Gefahr von Blutungen im Magen-Darm-Bereich. Kleine Analgetika verstärken die Gefahr, da sie zu Gerinnungsstörungen und Ulzera führen.
    Bei chronischem Alkoholgenuß wird Paracetamol in der Leber zu einem toxischen Produkt umgebaut, das die Leberzellen zerstört.
34. Es könnte sich um eine Virusinfektion handeln. Bei Kindern und Jugendlichen kann dann ein Reye-Syndrom auftreten.
35. a) Die Wehen werden gehemmt. Dadurch wird evt. die Geburt zu spät eingeleitet und der Geburtsvorgang verzögert.
    b) Die Blutungsgefahr bei Mutter und Kind steigt, da beide Stoffe auch in den kindlichen Kreislauf gelangen.
36. Da sie zu einer Reduktion der Atmung und zu Abhängigkeit führen.
37. Alle.
38. a) Kleine Analgetika wirken im Gewebe. Die Schmerzrezeptoren werden nicht gereizt, der Schmerz entsteht nicht. Opiate wirken im Gehirn – der Schmerz wird nicht wahrgenommen.
    b) Kleine Analgetika wirken nur bei schwachen bis mittelstarken Schmerzen, Opiate auch bei schweren Schmerzzuständen.
39. Sie müssen kühl und lichtgeschützt gelagert werden.
40. 2 ml sind 2000 mg, 2% entsprechen 40 mg.
41. Auf keinen Fall! Allergien sind dosisunabhängige Nebenwirkungen. Es ist deshalb unwichtig, wie hoch die Konzentration in der Injektionslösung ist.
42. Die vasokonstriktorischen Zusätze wirken auf Herz und Kreislauf, können eine Blutdruckerhöhung und erhöhte Herzfrequenz verursachen. Ein jugendlicher Organismus ist noch anpassungsfähiger, er kann solche vorübergehenden Störungen besser ausgleichen. Außerdem haben ältere Menschen häufiger ein vorgeschädigtes Herz- und Kreislaufsystem, was ihre Empfindlichkeit gegenüber Nebenwirkungen noch einmal erhöht.

Antworten zu den Fragen auf Seite 167 „Entzündung"

43. – analgetisch
    – antiphlogistisch (entzündungshemmend)
    – fiebersenkend.
44. Nebennierenrindenhormone beeinträchtigen die Immunabwehr.
45. Der Schmerz.

Antworten zu den Fragen auf Seite 169 „Psychopharmaka“

46. Er ist für die nächsten Stunden nicht verkehrstauglich und sollte nicht mit dem eigenen Auto nach Hause fahren.
Er sollte in der nächsten Stunden keinen Alkohol trinken.
47. Als Beruhigungsmittel bei Suchtanamnese und als Antiemetikum (Mittel gegen Brechreiz).
48. Tranquillantien (Benzodiazepine)
Opiate.
49. Sie fühlen sich trotz einer durchschlafenen Nacht nicht ausgeruht. Sonst merken Sie wahrscheinlich nichts, denn Reduktion der Selbstkontrolle und ein emotionaler Abstand werden nicht ohne Anlaß wahrgenommen. Ihr vermindertes Reaktionsvermögen merken Sie spätestens, wenn Sie einen Verkehrsunfall verursacht haben.

Antworten zu den Fragen auf Seite 172 „Narkose“

50. Kräftige Patienten, die ungenügend angeschnallt und schlecht gelagert sind, können vom Operationstisch stürzen und sich verletzen.
51. – Atemstillstand.
– Starker Blutdruckabfall (Sauerstoffminderversorgung des Gehirns und der Organe. Längerer Sauerstoffmangel während einer Narkose kann zu bleibenden Hirnschäden führen.)
– Herzrhythmusstörungen, Herzstillstand
52. Die Konzentration in der Einatmungsluft müßte über 80% erhöht werden. Dann würde dem Patienten aber zu wenig Sauerstoff zugeführt. Unter der Narkose sollte die Sauerstoffkonzentration nicht unter 25% im Inhalationsgemisch sinken.
53. Weil durch Halothan und Enfluran das Herz empfindlicher für die Wirkungen der Vasokonstriktoren wird und Herzrhythmusstörungen auftreten können.
54. Mundtrockenheit.

Pharmakologie, spezieller Teil

Zahnarzt Heiner Schleithoff, Berlin

Lokal angewandte Medikamente in der zahnärztlichen Praxis

Medikamente zur Vitalerhaltung des Zahnes

Calciumhydroxyd

$Ca(OH)_2$ („gelöschter" Kalk) wird bei der Behandlung der tiefen Karies, bei der Versorgung der freiliegenden Pulpa nach Kariesentfernung oder Traumen (Verletzungen) sowie als Pulpenschutz nach dem Beschleifen oder nach Kronenfrakturen (Kronenbrüchen) angewendet.
Durch die Applikation (Einbringung) von Calciumhydroxyd kann einerseits eine Umstimmung (Neutralisierung) des mit Bakterien durchsetzten Dentins und andererseits die Anregung zur Dentin-Neubildung erreicht werden.
Der Neutralisierungseffekt ist auf den pH-Wert-Unterschied zwischen dem alkalischen Calciumhydroxyd (pH 12,4) und dem sauren infizierten Dentin (pH ca. 6,7) zurückzuführen. Wird Calciumhydroxyd auf eine geschlossene Dentinschicht gelegt (sog. indirekte Überkappung), wird ein gewisser Reiz auf die Odontoblasten (Dentinbildungszellen) ausgeübt und diese werden zur Dentinproduktion angeregt. Diese Hartgewebsneubildung nennt man Sekundärdentin (Zweitdentin) oder Reizdentin. Erfolgt die Applikation auf die eröffnete Pulpa (direkte Überkappung), entsteht an dieser Stelle eine oberflächliche Nekrose (Gewebstod) mit einer narbigen Abgrenzung zum gesunden Zahnmark. Nach einigen Wochen entsteht eine verkalkte Schutzdecke und es werden durch Umwandlung von Pulpazellen neugebildete Odontoblasten angesiedelt, die neues Dentin, das sog. „Tertiärdentin" (drittes Dentin) produzieren können.
Calciumhydroxyd kann vom Zahnarzt selbst hergestellt werden, indem Calciumoxyd (gebrannter Kalk) mit Wasser zu einer pastösen Masse angemischt wird.

Präparate:
Calxyl, Hypocal, Reogan

Kortikosteroidpräparate

Das Nebennierenrindenhormon Korticosteron wirkt entzündungshemmend und schmerzlindernd. Es kann als vorübergehende Einlage bei der Pulpitis-Therapie (Behandlung des entzündeten Zahnmarks) zu einer raschen Linderung der Beschwerden führen.
Diese Effekte sind auf eine Hemmung des Stoffwechsels des Entzündungsgeschehens zurückzuführen. Da Kortikoide die Abwehrfähigkeit des Gewebes herabsetzen können, werden sie häufig mit einem Antibiotikum kombiniert. (Siehe auch „Nebennierenrindenhormone", Seite 166).

Präparate:
Ledermix-Paste, Dontisolon

Medikamente zur Devitalisation des Zahnes

Arsen

Arsen als Devitalisationsmittel wird entweder als metallisches Arsen (Scherben-

kobalt) oder als Arsenik (Arsentrioxyd) angewendet.
In der Regel wird es in dosierter Form als Kügelchen (Causticin) in den Zahn gelegt. An der Farbe dieser Kügelchen erkennt man die Dosierung, die wiederum wichtig für die Liegedauer ist. So sollte Causticin rot nach ca. 3 Tagen, Causticin schwarz nach etwa 8 Tagen entfernt werden. Arsen ist ein Zellgift, das vor allem auf die Gefäße der Pulpa einwirkt, diese schädigt und so zu einem Absterben des Zahnmarks führt.

Präparate:
Causticin rot
Causticin schwarz
Causticin Lösung

Paraformaldehyd

Die arsenfreien Paraform-Präparate wirken in ähnlicher Weise wie Arsen als Zellgift; auch hier tritt als Folge von Gefäßschädigungen der Gewebstod der Pulpa ein. Paraformaldehyd wirkt jedoch langsamer und milder, so daß die Liegedauer länger ist und nicht unbedingt genau eingehalten werden muß. Diese Präparate haben inzwischen das Arsen als Devitalisationsmittel weitgehend verdrängt, da die Gefahr einer Schädigung des den Zahn umgebenden Gewebes nicht so hoch eingeschätzt wird. Vor allem bei der Devitalisation von Milchzähnen werden arsenfreie Mittel bevorzugt. Paraformaldehyd sollte nach 2–3 Wochen aus dem Zahn entfernt werden.

Präparate:
Toxavit, Doloform, Caustinerf

Medikamente zur Behandlung des Wurzelkanals

Wasserstoffperoxyd (H_2O_2)

Dies ist ein häufig verwendetes Mittel zur Reinigung und Desinfektion der Wurzelkanäle. Durch die Freisetzung von atomarem Sauerstoff (O), der den Stoffwechsel der Bakterien hemmt, wirkt es bakterizid (bakterientötend), und durch die starke Schaumbildung tritt eine Reinigungswirkung auf. Wasserstoffperoxyd kann als 3%ige Verdünnung oder als 30%ige Lösung bezogen werden. Durch die Zugabe von Wasser zu einer 30%igen Lösung kann die gewünschte Verdünnung selbst frisch zubereitet werden.

Natrium-Hypochlorit

Natrium-Hypochlorit wird als 2,5%ige oder 5%ige Lösung zur Spülung der Wurzelkanäle verwendet und wirkt bakterientötend und gewebsauflösend. Die Kanäle werden einerseits desinfiziert und andererseits wird die Entfernung von Gewebsresten aus der abgestorbenen Pulpa erleichtert. Natrium-Hypochlorit sollte wegen seiner reizenden Wirkung nicht auf die Mundschleimhaut gelangen.

CHKM (Chlorphenol-Kampfer-Menthol)

Dieses aus verschiedenen Wirkstoffen zusammengesetzte Mittel wird wegen seiner entzündungshemmenden und schmerzstillenden Wirkung als Einlage in marktote Zähne verwendet. Chlorphenol wirkt bakterientötend, indem die Wände der Bakterien verändert und angegriffen werden. Die Zusätze Kampfer und Menthol, beides Naturprodukte, sollen ebenfalls bakterientötend, aber auch krampflösend, durchblutungsfördernd und schmerzstillend wirken.
Da Chlorphenol zu Gewebsreizungen und Nervenschädigungen führen kann, ist Vorsicht im Umgang mit diesem Mittel geboten.

Korticoide

Auch bei der Wurzelkanalbehandlung nutzt man den entzündungshemmenden und schmerzlindernden Effekt der Nebennierenrindenhormone und deren Abkömmlinge. Es wird bei akuten und schmerzhaften Entzündungsvorgängen als Wurzelkanaleinlage verwendet. Durch die Hemmung des Entzündungsstoffwechsels und die Verhinderung einer Ödembildung (vermehrte Flüssigkeitsansammlung) wird eine rasche Linderung der Beschwerden erreicht.

Medikamente für die Wurzelfüllung

Guttaperchastifte

Diese für die Wurzelkanalfüllung verwendeten Stifte setzen sich aus dem Naturharz Guttapercha (ca. 20%), Zinkoxyd als Füllstoff (ca. 65%), Metallsulfat als Röntgenkontrastmittel (ca. 12%) sowie Wachse und Kunststoffe als Weichmacher (ca. 3%) zusammen. Da Guttaperchastifte nicht vom Körper abgebaut werden können, sind sie für Milchzähne nicht geeignet, da die Milchzahnwurzeln während des Zahnwechsels resorbiert (aufgelöst) werden.

Endomethasone

Dieser Wurzelfüllzement besteht aus einem Zinkoxyd-Eugenol[1]-Gemisch, dem ein Röntgenkontrastmittel sowie desinfizierende und entzündungshemmende Substanzen, u. a. ein Kortikoid (Nebennierenrindenhormon bzw. ein Abkömmling) zugesetzt wurden.

N2

Auch dieser Wurzelfüllpaste auf Zinkoxyd-Eugenol-Basis sind desinfizierende und entzündungshemmende Substanzen beigefügt. Neben Paraform[2] enthält es u. a. Blei-, Wismut- und Titanverbindungen.

Calciumhydroxyd-Pasten

Calciumhydroxyd (gelöschter Kalk) als Wurzelfüllpaste kann vom Körper abgebaut und somit aufgelöst werden. Bei der Versorgung von bleibenden Zähnen ist dies ein Nachteil, der gegen die Anwendung dieser Präparate spricht. Bei der Wurzelfüllung von Milchzähnen ist dies jedoch ein erwünschter Effekt. Deshalb werden hier Calciumhydroxyd-Pasten verwendet.

Diaket, AH 26

Dies sind Wurzelfüllpasten auf Kunstharzbasis, die zunehmend bevorzugt werden, da sie als relativ gut verträglich eingeschätzt werden. Der Nachteil der Kunstharzwurzelzemente ist die schwere Entfernbarkeit einer ausgehärteten Wurzelfüllung.

Medikamente zur Behandlung bei Parodontopathien

Parodontopathien können allein durch den Einsatz von Medikamenten nicht therapiert werden. Als unterstützende Behandlung finden sie jedoch häufigen Einsatz.

H_2O_2

H_2O_2 wird als 3%ige (Wasserstoffperoxyd) und als 30%ige Lösung (Perhydrol) angeboten. Es kann nach Angabe des Arztes mit Wasser beliebig verdünnt werden. Kommt H_2O_2 in Kontakt mit Blut, so bewirkt das im Blut vorhandene Enzym[3] Katalase eine rasche Abspaltung des Sauerstoffs. Es kommt zu einer starken Schaumbildung. Die Anwendung von H_2O_2 dient durch die Sauerstoffabspaltung und Schaumbildung der lokalen Reinigung der Zahnfleischtaschen.
In stärkerer Verdünnung kann es auch als Medikament zur Mundspülung verwendet werden.

Natriumpercarbonat

Auch hierbei erfolgt eine Sauerstoffabgabe mit schaumbildendem Effekt und dadurch eine Reinigung der Mundhöhle. In begrenztem Umfang werden durch die Sauerstoffabgabe Bakterien, die Anaerobier[4], bekämpft.

Chlorhexidin

Chlorhexidin wirkt antibakteriell und ist in der Lage, die Bildung des Zahnbelags (Plaque) zu unterdrücken. Der bittere Geschmack, die Beeinträchtigung der Geschmacksempfindung, die bräunliche Verfärbung der Zunge, der Zahnoberflächen und der Kunststoffüllungen begrenzen den Einsatz der Spüllösungen.
Chlorhexidin findet seine Verwendung vor allem in der Vorbehandlungsphase zur sy-

1 Eugenol = künstlich hergestelltes Nelkenöl
2 Paraform = Desinfektionsmittel aus umgewandeltem Formaldehyd
3 Enzym = körpereigene Stoffe, die chemische Reaktionen in Gang setzen
4 Anaerobier = Bakterien, die ohne Sauerstoff leben; bei Sauerstoffzutritt gehen sie zugrunde.

stematischen Paradontalbehandlung sowie bei schweren, rasch fortschreitenden Parodontopathien.

Entzündungshemmende Medikamente

Entzündete Zahnfleischtaschen können lokal mit entzündungshemmenden Salben und Pasten behandelt werden. Hierbei wird die Entzündungshemmung durch die Kortikoide (siehe S. 166) bewirkt. Meist sind den Präparaten antibiotische Zusätze beigegeben, da durch die Kortikoide die Infektabwehr vermindert wird.
Entzündungshemmende Präparate bewirken eine rasche Linderung der Beschwerden, sind jedoch nicht in der Lage, die Ursache der Entzündung zu beseitigen.

Medikamente zur Behandlung nach chirurgischen Eingriffen

Gerinnungsfördernde Schwämmchen

Die aus Gelatine hergestellten Schwämmchen werden im Bedarfsfall in die Alveole eingebracht und quellen durch die Aufnahme von Gewebswasser und Blut auf. Sie dienen als Gitter, an das sich ein Blutgerinnsel leicht anheften kann. So wird die Bildung des Blutkoagulums, das für eine komplikationslose Ausheilung notwendig ist, erleichtert. Häufig sind die Schwämmchen mit einem antibiotischen Zusatz getränkt, der die Infektion der Alveole verhindern soll. Die Schwämmchen brauchen nicht wieder entfernt zu werden, da sie sich selbst nach einigen Tagen auflösen.

Gerinnungsfördernde Pulver

Die Blutgerinnung wird durch eine Kettenreaktion verschiedener Bestandteile aus dem Blut und dem Gewebe eingeleitet. Fehlt hierbei ein Faktor, so ist die gesamte Kette unterbrochen, die Blutgerinnung ist gestört. Häufig fehlen die Faktoren Thrombokinase oder Thrombin, was dazu geführt hat, daß die pharmazeutische Industrie diese Faktoren in Pulverform anbietet. Durch das Einbringen des Pulvers in die Alveole kann somit – wenn es den fehlenden Faktor enthält – die Blutgerinnung eingeleitet werden.

Kariesvorbeugende Mittel

Bei diesen Medikamenten unterscheidet man je nach ihrer Anwendung zwei Gruppen:

- die allgemein (über den Körper) wirkenden, wie Kalzium und Fluoride;
- die speziell (lokal auf den Zahn) einwirkenden Fluoride.

Hinzu kommen die Vitamine, die durch eine ausgewogene Ernährung zugeführt werden sollten.

Kalzium

Da Kalzium (Kalk) den Hauptbestandteil der menschlichen Hartgewebe (Knochen, Zähne) ausmacht, muß vor allem während der Schwangerschaft der Mutter genügend von diesem Element zur Verfügung stehen, damit das Wachstum von Kiefer und Zähnen richtig erfolgen kann. Eine entsprechende Verordnung muß aber immer mit dem Frauenarzt abgesprochen werden, damit es zu keiner ungewollten Überdosierung dieses Minerals kommt. Die Helferin sollte die werdende Mutter zudem dazu anhalten, während der Schwangerschaft möglichst viel kalziumreiche Nahrung (Milch und Milchprodukte) zu sich zu nehmen.

Fluoride

Neben Kalzium ist Fluorid das wichtigste Mineral für den Aufbau der Zahnhartsubstanz. Da in die Hydroxylapatitkristalle (siehe Zahnbildung) des Schmelzes Fluoride eingebaut werden können und dies zu einer stabileren, säurefesteren Struktur des Schmelzes führt, ist die Verabreichung von Fluoriden in der Schwangerschaft sinnvoll. Auch nach dem Zahndurchbruch hat die ausreichende Fluoridzufuhr eine karieshemmende Wirkung. Daher werden in vielen Staaten dem Trinkwasser Fluoride beigegeben (Trinkwasserfluoridierung, TWF), oder es werden

Fluortabletten zur Einnahme empfohlen. Voraussetzung für einen Erfolg ist jedoch in beiden Fällen genügende Konzentration im Trinkwasser (1 mg/Liter) bzw. eine regelmäßige Einnahme der Tabletten während der Zahnentwicklung. Die Helferin muß daher die Mutter darauf hinweisen, daß nur so ein günstiger Einfluß auf die Zähne erreicht werden kann, anderenfalls die Einnahme sinnlos wäre. Da Fluoride, in zu hoher Konzentration verabreicht, in den Knochen eingelagert werden und an den Zähnen zu Mineralisationsstörungen in Form von Flecken (“mottled teeth”, Fluorose) führen, ist die Gabe von Fluoriden umstritten.

Präparate:
Zymafluor, Fluoretten usw.

Vitamine

Ein dritter Faktor für die gesunde Bildung von Zähnen und Kieferknochen sind die Vitamine. Obwohl sie für die Zahnarztpraxis keine direkte pharmakologische Bedeutung besitzen, muß die Helferin bei der Mundhygiene darauf hinweisen, daß nicht nur allgemein eine gemischte, vitaminreiche Kost für Zähne, Zahnfleisch und Kiefer wichtig ist, sondern Mangelerscheinungen zu Störungen führen können: Vitamin-A-Mangel zu Schmelzmißbildungen (Hypoplasien), Vitamine-C-Mangel zu Zahnfleischerkrankungen, Vitamin-D-Mangel zu mangelnder Hartgewebebildung (Rachitis). Bei Verdacht auf diese Erscheinung ist jedoch der Allgemeinarzt, Internist oder Kinderarzt aufzusuchen, da Vitaminmangel (Hypovitaminose) in Mitteleuropa nur bei extrem einseitiger Kost vorkommt und der Verdacht auf eine andere innere Erkrankung (Leukämie, Tumor usw.) naheliegt.
Ein gewisser Einfluß bei der Behandlung des „Zungenbrennens“ (Glossodynie) wird dem Vitamin-B-Komplex zugeschrieben.

Lokale Kariesvorbeugungsmittel

Dazu zählt man die Mittel, die zur sog. „Schmelzhärtung“ verwendet werden; in der Praxis sind das hauptsächlich die Fluoride (siehe auch Kapitel „Karies und Kariesprophylaxe“, Seite 357 in Band 1). Sie kommen als Pinsellösungen, Lacke und Gelees zur Anwendung, die auf die Zähne aufgetragen werden.
Daneben wird noch der Gebrauch von Fluorid-Zahnpasten empfohlen, die in ihrer Wirkung aber nur unterstützende Funktion haben.

Präparate:
Elmex fluid, Elmex Gelee, Blend-a-med Fluor Gel, Duraphat, Controcar, Cervin, usw.

Einige dieser Mittel werden auch zur Behandlung überempfindlicher Zahnhälse benutzt.

Fragen zum Verständnis und zur Selbstkontrolle

Lokal angewandte Medikamente in der zahnärztlichen Praxis

1. Wie wirkt Calciumhydroxyd?
2. Was ist der Unterschied zwischen Causticin rot und Causticin schwarz?
3. Welcher Stoff wird als arsenfreies Devitalisationsmittel verwendet?
4. Welchen Nachteil haben Calciumhydroxyd-Pasten als Wurzelfüllmittel und in welchen Fällen erweist sich dieser als erwünschter Effekt?
5. Welche unerwünschten Wirkungen treten bei der Mundspülung mit Chlorhexidin auf?

(Die Antworten stehen auf Seite 186.)

Das Rezept

Allgemeines

Früher diente das Rezept dem Arzt als Schriftstück, auf das er die Inhaltsstoffe, die der Apotheker zur Herstellung des Medikamentes verwenden sollte, aufschrieb. Der Apotheker stellt dann nach Anweisung des Arztes das Medikament her. Die industrielle Fertigung (durch die pharmazeutische Industrie) hat heute die individuelle Herstellung (durch den Apotheker) von Medikamenten in den meisten Bereichen ersetzt. Die industriell hergestellten Medikamente sind sogenannte Fertigarzneimittel. Trotzdem wird auch heute die Verschreibung von Medikamenten auf einem Rezeptformular vorgenommen, da es als geschriebenes Dokument die sicherste Art der Auftragsüberlieferung an den Apotheker darstellt. Verschrieben werden müssen Medikamente, die nicht frei verkäuflich sind. Die betreffenden Medikamente sind in einer Anlage zum Arzneimittelgesetz aufgeführt. Form und Inhalt des Rezeptes werden durch das Arzneimittelgesetzt festgelegt.
Zur Vereinfachung der Abrechnung haben die Krankenkassen einheitliche Rezeptformulare erstellt, die bei der Verordnung von Medikamenten, die zu Lasten der Krankenkasse verordnet werden können, verwendet werden müssen. Werden Medikamente verschrieben, die der Patient selber bezahlen muß (sogenannte Bagatellmedikamente [z. B. Mund- und Rachentherapeutika, wenn keine gesetzlich geregelte Ausnahme vorliegt] und alle Verschreibungen für privat versicherte Patienten), so werden hierzu Formulare verwendet, die als Leerformular nur die Anschrift des Arztes und das Kürzel „Rp.“ enthalten. Was dieses „Rp.“ bedeutet, das immer die eigentliche Verschreibung einleitet ist ungeklärt. Es kann die Befehlsform von recipere = nehmen bedeuten, also die Aufforderung an den Apotheker: Nimm; oder es ist ein in Jahrhunderten entstandes Kurzzeichen für *Jupiter*, den höchsten Gott des Altertums, der bemüht wird, damit die Arznei auch wirklich hilft.

Bestimmte Medikamente, z. B. stark wirkende Analgetika sind aber weder frei zugänglich, noch lassen sie sich auf üblichen Rezeptformularen verschreiben. Es sind Medikamente, die unter das Betäubungsmittelgesetz fallen und daher einer besonderen Verschreibungsform unterliegen. Die Form der Verschreibung ist in der Betäubungsmittelverschreibungsverordnung (BtMVV) festgelegt.

Das Kassenrezept

Beim Ausfüllen eines Kassenrezeptes (Abb. 110) sind einige Angaben notwendig, die die Weiterreichung des Rezeptes an die Krankenkasse ermöglichen. Diese Angaben betreffen den oberen Teil (den sogenannten Kopf) des Rezeptes.

- Zeile 1 (Rezeptformular Zeile 1)

  Die zutreffende Kassenart ist zu kennzeichnen.

  Es gelten für die Kassenarten folgende Abkürzungen:

  AOK = Allgemeine Ortskrankenkasse
  LKK = Landwirtschaftliche Krankenkasse
  BKK = Betriebskrankenkasse
  IKK = Innungskrankenkasse
  VdAK = Verband der Angestellten-Krankenkassen
  AEV = Verband der Arbeiter-Ersatzkassen
  Knappschaft = Bundesknappschaft

- Zeile 2

  Um eine Zuordnung der Rezepte zu ermöglichen, ist in der zweiten Zeile die Krankenkasse genau zu bezeichnen, z. B. bei der Allgemeinen Ortskrankenkasse für die Stadt Osnabrück = Osnabrück Stadt

  Bei Ersatzkassen-Versicherten ist die betreffende Krankenkasse und die aus dem Krankenschein ersichtliche Geschäftsstelle einzutragen, z. B. DAK München-Pasing. Für die Ersatzkassen werden folgende Abkürzungen verwendet:

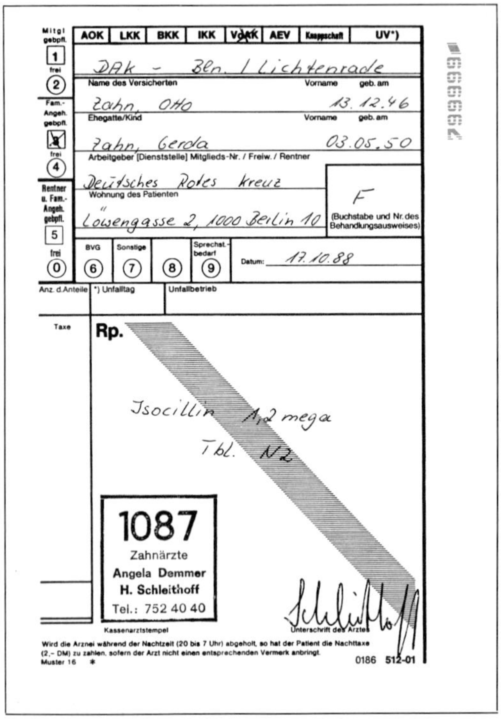
AOK LKK BKK IKK VdAK AEV Knappschaft UV*)

Mitgl. gebpfl. 1 frei 2 Fam.-Angeh. gebpfl. 3 frei 4 Rentner u. Fam.-Angeh. gebpfl. 5 frei 0

DAK – Bln. / Lichtenrade

Name des Versicherten Vorname geb. am

Zahn, Otto 13.12.46

Ehegatte/Kind Vorname geb. am

Zahn, Gerda 03.05.50

Arbeitgeber (Dienststelle) Mitglieds-Nr. / Freiw. / Rentner

Deutsches Rotes Kreuz

Wohnung des Patienten

Löwengasse 2, 1000 Berlin 10

F (Buchstabe und Nr. des Behandlungsausweises)

BVG 6 Sonstige 7 8 Sprechst.-bedarf 9 Datum: 17.10.88

Anz. d. Anteile *) Unfalltag Unfallbetrieb

Taxe Rp.

Isocillin 1,2 mega

Tbl. N2

1087 Zahnärzte Angela Demmer H. Schleithoff Tel.: 752 40 40

Kassenarztstempel Unterschrift des Arztes

Wird die Arznei während der Nachtzeit (20 bis 7 Uhr) abgeholt, so hat der Patient die Nachttaxe (2,– DM) zu zahlen, sofern der Arzt nicht einen entsprechenden Vermerk anbringt.

Muster 16 * 0186 512-01

Abb. 110 Kassenrezept

Barmer Ersatzkasse = BEK

Deutsche Angestellten-Krankenkasse = DAK

Hamburg-Münchner Ersatzkasse = HaMü

Handelskrankenkasse = HKK

Hanseatische Ersatzkasse = HEK

Kaufmännische Krankenkasse = KKH

Techniker Krankenkasse = TK

Braunschweiger Kasse = Braunschweiger

Gärtner-Krankenkasse = Gärtner

Schwäbisch-Gmünder-Ersatzkasse = GEK

u. a.

- Zeile 3 (Rezeptformular Zeile 3)
  Name und Geburtsdatum des Versicherten

  Hier ist immer derjenige einzutragen, der Mitglied bei der entsprechenden Kasse ist. Wird also das Kind von Herrn X behandelt, und wird dem Kind ein Medikament verordnet, so ist hier trotzdem Herr X einzutragen.

- Zeile 4 (Rezeptformular Zeile 4)
  Sollte die Verordnung für einen Mitversicherten erfolgen (z. B. Kind), so ist diese Zeile auszufüllen. Ist die Verordnung für den Versicherten selbst, so bleibt diese Zeile frei.

- Zeile 5 (Rezeptformular Zeile 5)
  In diese Zeile wird der Arbeitgeber des Versicherten eingetragen.

- Zeile 6 (Rezeptformular Zeile 6)
  Hier wird die Anschrift des Versicherten eingetragen.

- Feld für Buchstabe und Nr. des Behandlungsausweises (Rezeptformular Buchst)
  In dieses Feld wird der Buchstabe M, F, R und falls bekannt, die Nummer des Behandlungsausweises eingetragen.
  M: Mitglied, F: Familienangehörige, R: Rentner

- Datumsfeld (Rezeptformular mit Datumsfeld)
  Hier ist das Datum einzutragen, an dem das Rezept ausgestellt wird

- Die Außenfelder Nr. 1–9 haben folgende Bedeutung:
  1 Kostenpflichtige Mitglieder (ohne Rentner)
  2 Kostenanteilfreie Mitglieder (ohne Rentner)
  3 Kostenanteilpflichtige Familienangehörige
  4 Kostenanteilfreie Familienangehörige (mitversicherte Kinder)
  5 Kostenanteilpflichtige Rentner und deren Familienangehörige (selbstversicherte Kinder, Waisenrentner)

- O Kostenanteilfreie Rentner (mitversicherte Kinder)
- 6 Anspruchsberechtigte nach dem Bundesversorgungsgesetz (nur bei Behandlung auf Bundesbehandlungsschein)
- 7 Sonstige Kostenträger (z. B. Sozialhilfe)
- 8 z. Z. ohne Bedeutung
- 9 Sprechstundenbedarf

Das Kästchen „Anz. d. Anteile" (Anzahl der Anteile) und die Taxspalte werden vom Apotheker ausgefüllt.

Die eigentliche Verschreibung beginnt mit dem Kürzel Rp. (s. Seite 182.)
Darunter wird der Name des Arzneimittels eingetragen; also nicht der Name des Wirkstoffs, sondern der Präparatname, zum Beispiel
Isocillin, Ben-u-ron, Ass-ratiopharm

Dann folgt die Abkürzung der Arzneiform, z. B.

Caps.	= Capsula, in einer Gelatinekapsel verpackter Wirkstoff
Drag.	= Dragée, mit Glasur überzogene Tablette
Emuls.	= Emulsion, Mischung von ineinander nicht löslichen Flüssigkeiten
Past.	= Pastilla, Lutschtablette
Pulv.	= Pulvis, Arzneimittelpulver
Sir.	= Sirup, gezuckerte, eingedickte Flüssigkeit
Sol.	= Solutio, Lösung
Succ.	= Succus, Saft
Supp.	= Suppositorium, Zäpfchen
Tabl.	= Tabuletta, Tablette
Tinct.	= Tinctura, Tinktur, in Alkohol gelöster Wirkstoff

- Es folgt die Menge des Wirkstoffes pro Einheit, d. h. wieviel Wirkstoff z. B. in einer Schmerztablette enthalten ist, oder wie konzentriert die Lösung eines Mund- und Rachentherapeutikums gewählt wird.

  Beispiel: 2 mg Wirkstoff
  5%ige Lösung
- Danach wird die Stückzahl, die verordnet wird festgelegt. Heute werden durch die industrielle Abpackung Medikamente in vorgegebenen Stückzahlen vertrieben. Da in der Regel nur unter diesen Normpackungen ausgewählt wird, kann statt der Stückzahl auch die Normpackungsgröße angegeben werden.

  Es gibt drei Normpackungsgrößen:
  - N1 = kleine Menge, bei kurzer Behandlungsdauer, z. B. postoperativer Schmerz
  - N2 = mittlere Menge, bei mittlerer Behandlungsdauer, z. B. Antibiotikagabe
  - N3 = große Menge, bei der Dauertherapie, diese ist in der zahnärztlichen Praxis sehr selten.

  Die früher übliche Angabe „1 OP" ist heute nicht mehr zu verwenden.
- Hieran kann sich eine Signatur anschließen.
  Die Signatur ist eine Anweisung zur Einnahme des Medikamentes, die der Apotheker auf die Arzneimittelpackung überträgt. Die Signatur ist vor allem dann notwendig, wenn auf dem Medikamentenbeipackzettel ein anderer Einnahmezyklus verzeichnet ist, als der Arzt ihn festgelegt hat.
- Danach können besondere Vermerke angebracht werden,
  z. B. noctu = nachts.
  Das bedeutet, daß der Nachtzuschlag für Medikamente, die nachts von der Apotheke abgeholt werden, entfällt.
  Oder ad man. med.,
  das bedeutet, daß ein Medikament vom Patienten aus der Apotheke abgeholt wird, und anschließend in der Praxis verabreicht wird, z. B. Heilinjektionen.
- Erst zum Schluß wird unten links der Kassenstempel angebracht und weiter rechts erfolgt die Unterschrift des Arztes. Der verbleibende freie Teil des Rezeptes kann mit einem Schrägstrich gegen Zusatzeintragungen geschützt werden. Danach darf das Rezept nicht mehr verändert werden. Jede nachträgliche Änderung ist im juristischen Sinn eine Urkundenfälschung.

Neben der Verschreibung für den Patienten gibt es auch die Möglichkeit, in be-

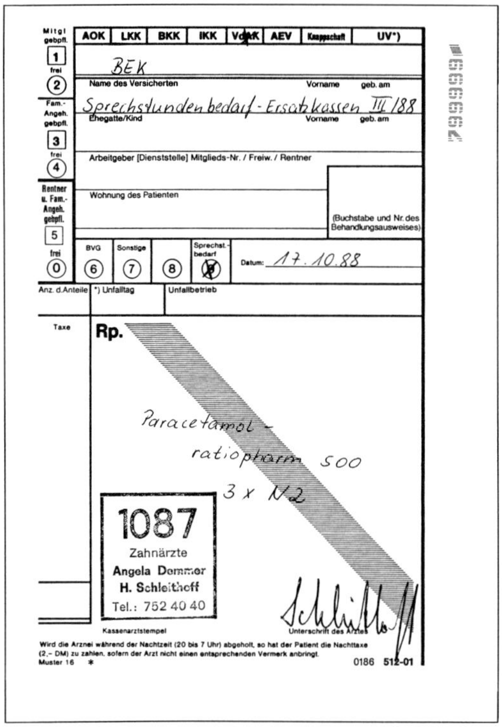

AOK | LKK | BKK | IKK | VdAK | AEV | Knappschaft | UV*)

BEK

Name des Versicherten — Vorname — geb. am

Sprechstundenbedarf - Ersatzkassen III/88

Ehegatte/Kind — Vorname — geb. am

Arbeitgeber (Dienststelle) Mitglieds-Nr. / Freiw. / Rentner

Wohnung des Patienten

(Buchstabe und Nr. des Behandlungsausweises)

BVG — Sonstige — Sprechst.-bedarf — Datum: 17.10.88

Anz. d. Anteile — *) Unfalltag — Unfallbetrieb

Taxe

Rp.

Paracetamol-ratiopharm 500

3 x N2

1087
Zahnärzte
Angela Demmer
H. Schleithoff
Tel.: 752 40 40

Kassenarztstempel — Unterschrift des Arztes

Wird die Arznei während der Nachtzeit (20 bis 7 Uhr) abgeholt, so hat der Patient die Nachttaxe (2,- DM) zu zahlen, sofern der Arzt nicht einen entsprechenden Vermerk anbringt.
Muster 16 * — 0186 512-01

Abb. 111 Rezept für die Verordnung von Sprechstundenbedarf

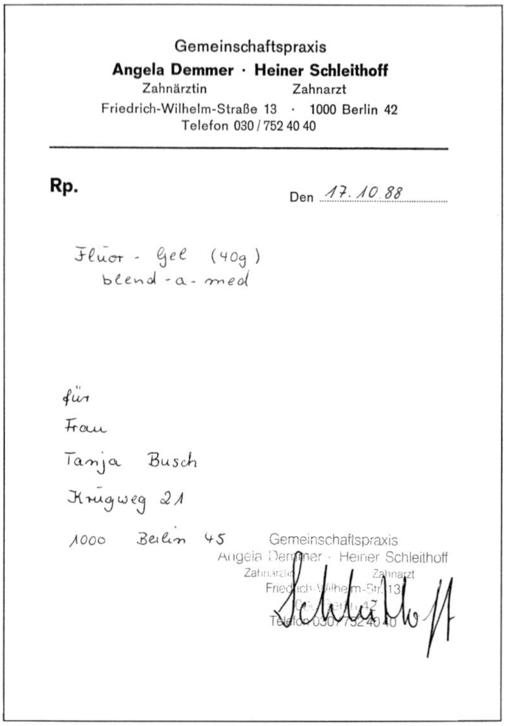

Gemeinschaftspraxis
Angela Demmer · Heiner Schleithoff
Zahnärztin — Zahnarzt
Friedrich-Wilhelm-Straße 13 · 1000 Berlin 42
Telefon 030 / 752 40 40

Rp. — Den 17.10.88

Fluor - Gel (40g)
blend-a-med

für
Frau
Tanja Busch
Krugweg 21
1000 Berlin 45

Abb. 112 Privatrezept

grenztem Umfang Medikamente für die Praxis zu verschreiben, den sogenannten Sprechstundenbedarf (pro statione). Das Rezeptmuster (Abb. 111) zeigt, welche Angaben ein Rezept für die Verschreibung des Sprechstundenbedarfs enthalten muß.

Medikamente, die für den Sprechstundenbedarf zu Lasten der Kassen verschrieben werden können, sind dem Handbuch der kassenzahnärztlichen Vereinigung zu entnehmen.

Das Privatrezept

Für die Ausstellung eines Privatrezeptes werden Formulare verwendet, die der Zahnarzt selber drucken läßt (Abb. 112). Im oberen Teil sind Name und Praxisanschrift des Zahnarztes vorgedruckt. Die Verordnung wird auch hier mit dem Kürzel „Rp" eingeleitet und wird wie beim Kassenrezept durchgeführt:

- Name oder Zusammensetzung des Medikamentes
- Abgabemenge (N1, N2, N3)
- Handelsform (s. Tabelle 8)
- Wirkstoffmenge der Einzeltablette oder Wirkstoffgehalt in Prozent der Lösung
- evt. Signatur (Einnahmevorschrift, die der Apotheker auf Medikamentepakkung überträgt)
- evt. besondere Vermerke (Verschreibung bei nacht = noctu, zur Gabe in der Praxis = ad man. med.)
- Name und Anschrift des Patienten (Anders als beim Kassenrezept erfolgt diese erst nach der Verordnung)

Auch das Privatrezept wird vom Zahnarzt unterschrieben und ist ebenso wie das Kassenrezept eine Urkunde, die nachträglich nicht verändert werden darf.

Das Betäubungsmittelrezept

Die Verschreibung von Medikamenten, die der Betäubungsmittel-Verschreibungs-Verordnung (BtMVV) unterliegen, ist in der zahnärztlichen Praxis sehr selten. Hierbei gelten strenge Vorschriften, um die Verschreibungen kontrollieren zu können.

- Die Verordnung eines Betäubungsmittels darf nur auf den amtlichen, grünen, durchnumerierten Formularen des Bundesgesundheitsamtes (BGA) erfolgen. Sie werden direkt vom BGA an den einzelnen Zahnarzt abgegeben und sind mit einem persönlichen Kennzeichen (BGA-Nummer) versehen.
- Die drei Teile des Rezeptes müssen zusammenhängend ausgefüllt werden und dürfen erst nach vollständiger Beschriftung getrennt werden.
- Teil III des Rezeptes (mittleres Blatt) ist drei Jahre lang aufzubewahren, ebenso fehlerhaft ausgefertigte Teile I und II.
- Über die Verordnungen ist eine Kartei oder ein Betäubungsmittelbuch anzulegen. Für den Nachweis des Verbleibs ist der Zahnarzt verantwortlich.
- Die Angaben auf dem Rezept dürfen nicht abgekürzt werden.
- Folgende Angaben sind als Aufdruck, Stempel oder Eintragung mit der Schreibmaschine, mit Tinte oder Tintenstift erforderlich:
  1. Name des Arztes
  2. Berufsbezeichnung (z. B. Zahnarzt, Tierarzt)
  3. Anschrift des Arztes
  4. Angabe der Telefonnummer
  5. Datum der Ausstellung
  6. Name und Anschrift des Patienten
  7. Kostenträger (Krankenkasse)
- Folgende Angaben müssen unbedingt mit Tinte oder Tintenstift eingetragen werden:
  1. alle Bestandteile des Medikaments
  2. Stückzahl der Tabletten in arabischen Zahlen mit anschließender Wiederholung in Worten (z. B. 20 Tabletten, zwanzig)
  3. Gesamtmenge des verordneten Betäubungsmittels in Gramm
  4. Gebrauchsanweisung, aus der Einzelgaben und Häufigkeit der Anwendung ersichtlich sein müssen („bei Schmerzen eine Tablette“ ist z. B. unzulässig; richtig wäre: „10.00 Uhr erste Tablette, 20.00 Uhr zweite Tablette“)
  5. Eigenhändige ungekürzte Unterschrift des Arztes
- Die Formulare müssen diebstahlsicher aufbewahrt werden.
- Ein Verlust der Rezeptvordrucke ist sofort bei der zuständigen Polizeidienststelle zu melden und dem BGA unter Angabe der Rezeptnummer unverzüglich mitzuteilen.
- Die Rückgabe der nicht verwendeten Formulare muß an das BGA erfolgen.

Fragen zum Verständnis und zur Selbstkontrolle

Das Rezept

6. Welche Angaben enthält das Leerformular für ein Privatrezept?
7. Was bedeuten die Angaben N1, N2 und N3
8. Was bedeutet die Angabe „ad man. med.“?
9. Was ist bei der Verordnung von Medikamenten, die der Betäubungsmittel-Verschreibungs-Verordnung unterliegen, zu beachten?

(Die Antworten stehen auf Seite 186.)

Antworten zu den Fragen auf Seite 180

1. Es kommt zu einer Neutralisierung des durch die bakterielle Durchsetzung sauer reagierenden Dentins. Darüberhinaus wird die Dentinneubildung angeregt.
2. Causticin rot hat eine Liegedauer von 3 Tagen,
   Causticin schwarz hat eine Liegedauer von 8 Tagen.
3. Paraformaldehyd
4. Calciumhydroxyd-Pasten können vom Körper abgebaut und somit aufgelöst werden. Bei Wurzelfüllung von Milchzähnen ist dies ein erwünschter Effekt, da sie während des Zahnwechsels resorbiert (abgebaut) werden müssen.
5. Der bittere Geschmack, die Beeinträchtigung der Geschmacksempfindung sowie die bräunliche Verfärbung von Zunge, Zahnoberflächen und Kunststoffüllungen.

Antworten zu den Fragen auf Seite 185 „Das Rezept“

6. Die Anschrift des Arztes und das Kürzel „Rp.“
7. N1 = kleine Menge, bei kurzer Behandlungsdauer
   N2 = mittlere Menge bei mittlerer Behandlungsdauer
   N3 = große Menge, bei der Dauertherapie
8. „zu Händen des Arztes“, das heißt, ein Medikament wird vom Patienten aus der Apotheke abgeholt und anschließend in der Praxis verabreicht.
9. Die Verordnung eines Betäubungsmittels darf nur auf den amtlichen, durchnumerierten Formularen des Bundesgesundheitsamtes erfolgen. Die Eintragungen müssen genau den Vorschriften entsprechen. Über die Verordnungen muß eine Kartei oder ein Betäubungsmittelbuch geführt werden.

Siebentes Kapitel

Röntgenologie

Zahnarzt Johann Heinrich Albers, Bremen

Einleitung

Am 8. November 1885 entdeckte der Physiker *Wilhelm Conrad Röntgen* (1845–1923) in Würzburg die später nach ihm benannten „Röntgenstrahlen" als eine neue Art von Strahlung, die Materie durchdringen und das Innere auf Fotoplatten sichtbar machen kann (Abb. 113). Diese Entdeckung machte ihn schnell weltweit bekannt und berühmt. 1901 wurde er dafür mit dem erstmalig verliehenen Nobelpreis für Physik ausgezeichnet.
Prof. *Röntgen* hat es abgelehnt, auf seine Entdeckung ein Patentrecht zu nehmen. Eine Entscheidung, die auf moralischer Ebene ebenso hoch zu bewerten ist wie der wissenschaftliche Rang seiner Entdeckung. Mit diesem Verzicht ermöglichte er es allen Interessierten, die Anwendungsmöglichkeiten der „X-Strahlen", wie Röntgen sie bezeichnete, in kürzester Zeit weiter zu erforschen.
Ihre Bedeutung für die medizinische Diagnostik wurde sehr schnell erkannt. Zu den ersten Röntgenaufnahmen vom Menschen gehören die wenige Wochen nach *Röntgens* Veröffentlichung angefertigten Röntgenbilder von Zähnen.
Mit großer Begeisterung wurden die neuen Geräte angeschafft und eingesetzt. In Unkenntnis, daß mit der Anwendung der Röntgenstrahlen auch Gefahren für Gesundheit und Leben verbunden waren, bezahlten viele Forscher ihren Einsatz mit Siechtum und Tod.
Diese Tatsache, daß mit der Nutzung von Röntgenstrahlen nicht nur Segen, sondern auch Gefährdung verbunden ist, muß jedem, der mit ihnen arbeitet, stets bewußt sein, um die sich ihm anvertrauenden Patienten vor Schaden zu bewahren. Darum wird auch von der Zahnarzthelferin verlangt, zuerst ausreichende Kenntnisse im Strahlenschutz zu erwerben, bevor sie als Hilfskraft im Rahmen der Zahnheilkunde unter Aufsicht und Verantwortung einer fachkundigen Person Röntgenstrahlen anwendet.

Abb. 113 *Wilhelm Conrad Röntgen*, geboren 27. März 1845 in Lennep, gestorben 10. Februar 1923 in München

Entstehung der Röntgenstrahlen, physikalische Eigenschaften und biologische Wirkungen

Die Röntgenstrahlen gehören wie das für uns sichtbare Licht zu den elektromagnetischen Wellen oder Strahlen. Deshalb haben sie auch einige lichtähnliche Eigenschaften: Mit ihnen können Filme belichtet werden und sie lassen Leuchtstoffe fluorizieren (= aufleuchten). Diese Eigenschaft wird z. B. zur Verringerung der Strahlenbelastung mit Hilfe der Verstärkerfolien in den Kassetten für extraorale Röntgenaufnahmen (Panorama-, Fernröntgenaufnahmen) genutzt. Vom sichtbaren Licht unterscheiden sich die Röntgenstrahlen durch ihre für unser Sehvermögen nicht erkennbaren Wellenlängen. Mit einer Kürze unter einem 10millionstel Millimeter (0,1 Nanometer) sind sie kleiner als die Abstände zwischen und innerhalb der kleinsten Materieteilchen, den Atomen.
Diese Eigenschaft und ihre Energie ermöglicht es ihnen, in Materie und lebendes Gewebe einzudringen oder sie zu durchdringen und dabei Energie abzugeben. Diese Energieabgabe bewirkt die erwünschte fotochemische Reaktion, aber auch die gefürchteten Strahlenschäden bei Mißachtung der Anwendungsgrundsätze.

Entstehung der Röntgenstrahlen

Die Röntgenstrahlen werden in der Röntgenröhre dadurch erzeugt, daß durch Auslösen der Belichtung von einer glühenden Wolframdrahtwendel (Kathode) ein unter hoher Spannung stehender energiereicher Strom von Elektronen ausgeht, der beim Auftreffen auf eine wenige Quadratmillimeter kleine hitzebeständige Wolframscheibe (Anode mit Brennfleck) 1% seiner Energie in Röntgenstrahlung umwandelt (Abb. 114).
Die restlichen 99% werden zu Hitze und werden von der Ölfüllung des Röntgenstrahlers aufgenommen.
In der Röntgenröhre entsteht ein Gemisch

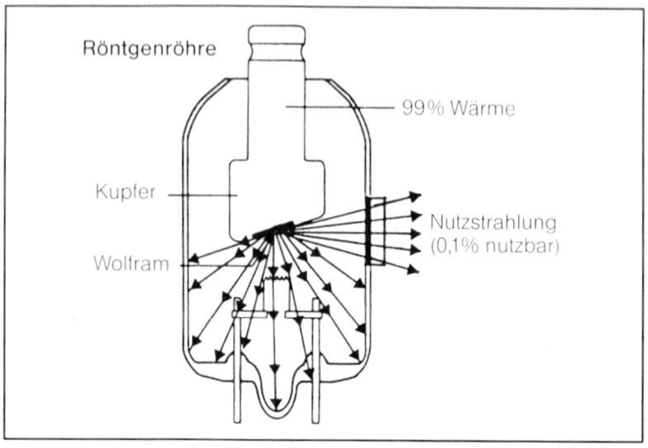

Abb. 114 Entstehung und Ausbreitung der Röntgenstrahlung

vieler Wellenlängen, die sich nach allen Seiten ausbreiten. Eine hohe Spannung verkürzt die Wellenlänge und verbessert die Durchdringungsfähigkeit. Sehr kurze, besonders energiereiche Wellen heißen auch „harte“ Strahlung, entsprechend wird die langwelligere als „weiche“ Strahlung bezeichnet. Sie gibt ihre Energie schon an der Oberfläche oder in geringer Tiefe der Gewebe ab und hat auf das Ergebnis einer Röntgenaufnahme keinen Einfluß. Sie muß deshalb als schädliche und für die Filmbelichtung unnütze Strahlung durch eine Aluminiumscheibe (Strahlenfilter) hinter dem Strahlenaustrittsfenster des Strahlers ausgefiltert werden.
Die so gewonnene Nutzstrahlung (Primärstrahlung) wird durch die Bleiblende im Tubus des Röntgengerätes noch von zu stark gespreitzten Strahlenanteilen bereinigt. Mit dem Tubus können dann die Röntgenstrahlen auf den zu untersuchenden Bereich eingestellt werden.
Der durch die Mitte des Strahlenbündels gehende Zentralstrahl hat dabei die Aufgabe eines Leitstrahles zum genauen Ausrichten der Strahlung auf den Röntgenfilm (Abb. 115a).
Die Wellenlänge und die Energie der Strahlen wird durch die Höhe der Strom-Spannung (kV-Zahl) bestimmt.

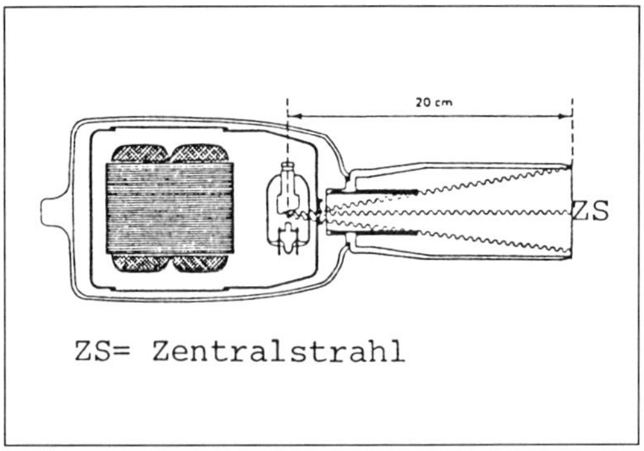

Abb. 115a Das Nutzstrahlenbündel mit dem Zentralstrahl

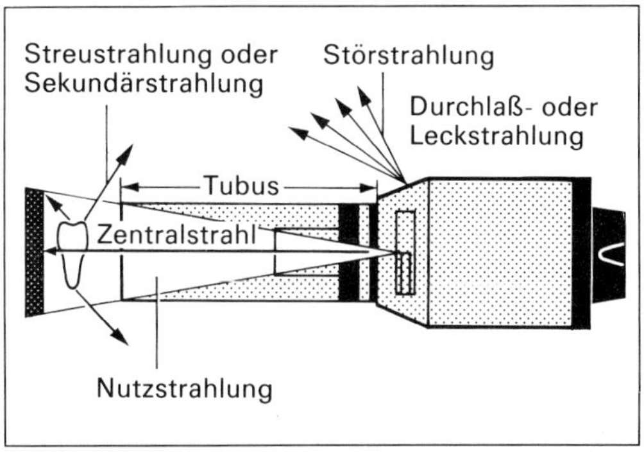

Abb. 115b Austritt von Durchlaßstrahlung = Störstrahlung, Entstehung der Streustrahlung = Sekundärstrahlung

Die in der Zahnarztpraxis betriebenen Geräte für Zahnfilmaufnahmen arbeiten überwiegend mit Spannungen zwischen 50000 und 75000 Volt = 50/75 Kilovolt (kV), für Panorama- und Fernröntgenaufnahmen bis 90 kV, und erzeugen damit eine mittelharte Strahlung.
Die Strahlenmenge wird durch die Stromstärke erreicht.
Sie liegt bei den zahnärztlich genutzten Röntgengeräten je nach Höhe der kV-Spannung zwischen 7 und 20 mA (Milliampere).
Mit Zunahme der mA wird die Strahlung und die Schwärzung eines Röntgenfilmes dichter.
Die Werte für die Spannung (kV) und die Stromstärke (mA) sind bei zahnärztlichen Röntgenapparaten für Zahnfilmaufnahmen meist nicht veränderbar, während sie bei Panorama- und Fernröntgengeräten umschaltbar sind, um deren Leistung den verschiedenen Patiententypen und Aufnahme-Indikationen anpassen zu können.
Röntgenstrahlen können beim Auftreffen auf Materie eine weitere Röntgenstrahlung, die Sekundär- oder Streustrahlung, auslösen, die hauptsächlich vom Patienten ausgeht. An diese zusätzliche Strahlung muß bei den Strahlen-Schutzmaßnahmen ebenso gedacht werden wie daran, daß trotz aller Sorgfalt bei der Herstellung die Röntgenapparate nicht absolut strahlendicht sind und eine Durchlaß- oder Leckstrahlung auftreten kann (Abb. 115b).
Die Stärke und damit die Wirkungskraft der Röntgenstrahlen nimmt mit dem Quadrat der Entfernung von der Strahlenquelle ab, d. h., daß sie bei einer Verdoppelung dieser Strecke auf ein Viertel abgeschwächt wird. Darum soll an dieser Stelle schon betont werden:

Der beste Strahlenschutz während der Aufnahme ist ein Abstand von 2 m hinter dem Röntgengerät.

Biologische Wirkungen der Röntgenstrahlen

Einen Teil ihrer Energie verlieren die Röntgenstrahlen bei Kontakt mit Materieteilchen (Elektronen, Atomkernen), die dadurch Energie gewinnen und chemisch aktiviert werden.
Diese Vorgänge heißen Anregung, wenn ein Elektron, und Ionisation, wenn ein Atomkern Energie aufnimmt. Die Röntgenstrahlen gehören deshalb zu den ionisierenden Strahlen.
Finden Anregung und Ionisation in lebendem Gewebe statt, werden biochemische Reaktionen ausgelöst, die wie Gifte oder Verbrennungen zellschädigend wirken können. Diese Gefahr ist in der Teilungsphase der Zellen am größten, weil dann

die Träger der Erbmerkmale in den Chromosomen, die Gene, ausgebreitet leichter „Treffern" ausgesetzt sind.
Röntgenstrahlen wirken auf biologische Systeme um so intensiver, je größer deren vermehrende Aktivität und ihre Zellteilungsrate ist und je weniger ihre Form und Funktion festgelegt sind.
Darum müssen Gewebe mit hoher Vermehrungsrate zuverlässig vor Beeinträchtigungen durch Röntgenstrahlen geschützt werden.
Das gilt besonders für die heranreifende Leibesfrucht und die männlichen und weiblichen Geschlechtszellen in den Keimdrüsen, um Veränderungen der Erbmerkmale zu vermeiden.
Um die Patienten und auch Sie vor Schädigungen bei der Anwendung von Röntgenstrahlen zu bewahren, wurde die

> Verordnung über den Schutz vor Schäden durch Röntgenstrahlen (Röntgenverordnung – RöV) erlassen (siehe Seite 191 ff.).

Die Maßeinheit für die biologische Wirksamkeit einer ionisierenden Strahlung ist die Äquivalentdosis mit der Bezeichnung „Sievert" – Sv, für die Röntgenstrahlung meist in Tausendsteln, Millisievert – mSv – angegeben. In der RöV sind die höchstzulässigen Jahresbelastungen für beruflich Röntgenstrahlen anwendende Personen festgelegt.

Ende Teil 1

Fragen zum Verständnis und zur Selbstkontrolle

Entstehung der Röntgenstrahlen, physikalische Eigenschaften und biologische Wirkungen

1. Wie unterscheiden sich Röntgenstrahlen vom sichtbaren Licht und warum können sie in Materie und Gewebe eindringen?
2. Was geschieht, wenn Röntgenstrahlen in Gewebe eindringen, und was bewirken sie dabei?
3. Wie nennt man die für die Anwendung nutzbare Strahlung?
4. Was sind Streustrahlen?
5. Welchen Einfluß hat die Entfernung vom Röntgengerät auf die Strahlungsstärke?
6. Welche biologischen Wirkungen können Röntgenstrahlen auslösen und welche Gewebe sind besonders strahlenempfindlich?
7. Welche Verordnung regelt den Umgang mit Röntgenstrahlen?

(Die Antworten stehen auf Seite 221.)

Die Röntgenverordnung

Am 1. Januar 1988 ist die „Verordnung über den Schutz vor Schäden durch Röntgenstrahlen“ (RöV) vom 8. Januar 1987 in Kraft getreten.
Sie regelt in fünf Abschnitten die Anwendung von Röntgenstrahlen.
Ihr ernstzunehmendes Anliegen ist es, die Bevölkerung vor den Einwirkungen der ionisierenden Strahlung, zu der auch die Röntgenstrahlen gehören, auf das größtmögliche Maß zu schützen.

Die für Zahnarzthelferinnen bedeutsamen Bestimmungen bei dem Einsatz von Röntgenstrahlen in der Zahnheilkunde

Personen, die in Ausübung ihres Berufes zur Anwendung von Röntgenstrahlen auf Menschen berechtigt sind, werden in § 23 aufgeführt.
In Absatz 4 heißt es sinngemäß:
Hilfskräfte (also auch Zahnarzthelferinnen) dürfen Röntgenstrahlen in Ausübung ihres Berufes nur anwenden, wenn sie unter ständiger Aufsicht und Verantwortung einer Person tätig sind, die zur Ausübung des ärztlichen oder zahnärztlichen Berufes berechtigt ist, und die den Nachweis der für den Strahlenschutz erforderlichen Fachkunde besitzt.
Hilfskräfte müssen die für diese Tätigkeit erforderlichen Kenntnisse im Strahlenschutz haben. Nach Ablauf von drei Jahren seit dem Inkrafttreten der RöV 87 (1. 1. 1988) dürfen Hilfskräfte Röntgenstrahlen unter den genannten Bedingungen jedoch nur noch anwenden, wenn ihnen die nach Landesrecht zuständige Behörde den Besitz der erforderlichen Kenntnisse bescheinigt hat.
Die Lehrinhalte für Kurse zum Erwerb der Kenntnisse im Strahlenschutz bei der Anwendung von Röntgenstrahlen in der Zahnheilkunde sind in der Anlage 8 der Richtlinien zur RöV festgelegt.
Das bedeutet, daß Zahnarzthelferinnen Röntgenaufnahmen nur im Rahmen der Zahnheilkunde anfertigen dürfen, und wenn sie die erforderlichen Kenntnisse im Strahlenschutz und bei der Anwendung besitzen. Fachfremde Aufnahmen sind ihnen untersagt.
§ 36 bestimmt, daß Personen, die Röntgenstrahlen anwenden, vorher über die Arbeitsmethoden, die möglichen Gefahren, die anzuwendenden Schutzmaßnahmen, den für ihre Tätigkeit wesentlichen Inhalt der Röntgenverordnung und erteilte Genehmigungen zu belehren sind.
Die Belehrung ist halbjährlich, auf Anordnung der zuständigen Behörde in kürzeren Zeitabständen, zu wiederholen.
Über den Inhalt und den Zeitpunkt der Belehrung sind Aufzeichnungen zu führen, die von der zu belehrenden Person zu unterzeichnen sind.
Die Aufzeichnungen sind fünf Jahre aufzubewahren und der zuständigen Behörde auf Verlangen vorzulegen.
Eine Aufstellung über Belehrungspunkte befindet sich am Ende dieses Kapitels.
Nach § 15 hat der Strahlenschutzverantwortliche durch geeignete Schutzmaßnahmen, geeignete Räume, Schutzvorrichtungen und -ausrüstungen sowie geschulten Personals dafür zu sorgen, daß jede unnötige Strahlenbelastung von Menschen vermieden und jede notwendige Strahlenbelastung so gering wie möglich gehalten wird.
Eine umfassende Bedeutung für die Röntgentätigkeit der Zahnarzthelferin hat § 16.
Er dient der Qualitätssicherung der Röntgeneinrichtungen und der Aufnahmen zur Untersuchung von Menschen und bestimmt:
Vor jeder ersten Inbetriebnahme und nach jeder Änderung des Betriebes, welche die Bildqualität beeinflußt, ist eine sogenannte Abnahmeprüfung mit Aufzeichnung des Ergebnisses durchzuführen.
Zur Abnahmeprüfung gehören auch die Aufnahmen von einem Prüfkörper (Abb. 116a) mit allen in der Praxis betriebenen Röntgengeräten und Filmtypen. Diese Aufnahmen sind Dokumente, die sorgfältig aufbewahrt werden müssen, weil sie die Vergleichsaufnahmen für die anschließend zu besprechenden Konstanzprüfungsaufnahmen sind.
In regelmäßigen Zeitabständen, mindestens jedoch monatlich, auf Antrag an die

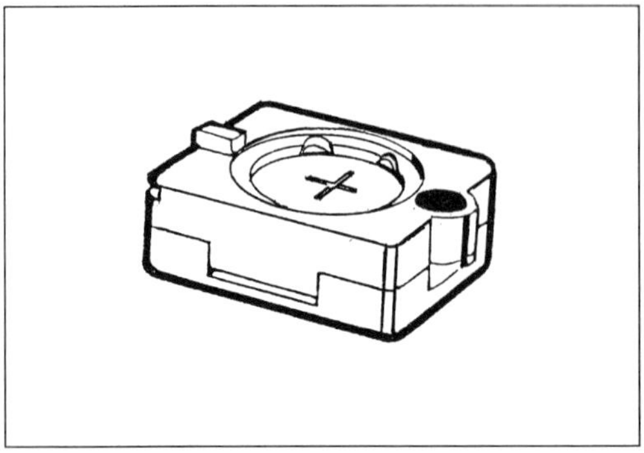

Abb. 116a Prüfkörper für die monatliche Konstanzprüfung

Behörde in längeren Intervallen, ist durch eine neue Aufnahme des Prüfkörpers, ebenfalls mit allen in der Praxis benutzten Röntgengeräten und Filmtypen, festzustellen, ob die Bildqualität dem Ergebnis der Abnahmeprüfung noch entspricht (K o n s t a n z p r ü f u n g). Ist das nicht der Fall, dürfen weitere Aufnahmen von Patienten erst wieder gemacht werden, wenn die Ursache ermittelt und beseitigt worden ist.

Das Ergebnis dieser Konstanzprüfung ist auch abhängig von einer einwandfreien Weiterverarbeitung der Röntgenfilme. Weil die meisten Abweichungen ihre Ursache in verbrauchten Entwicklungs- und Fixierbädern haben, sollten die Bäder jeweils am Wochenbeginn vor der Anfertigung von Patientenaufnahmen mit einem Konstanzprüfungsfilm überprüft und eine Temperaturkontrolle durchgeführt werden.

Die Ergebnisse der Konstanzprüfungen sind fortlaufend aufzuzeichnen (Formblatt und Datierung der Aufnahmen).

Die Aufzeichnungen der Abnahmeprüfung und die Prüfkörperaufnahmen sind 10 Jahre aufzubewahren und bei Beendigung des Betriebes bei einer von der zuständigen Behörde bestimmten Stelle zu hinterlegen.

Die Aufzeichnungen über die Konstanzprüfungen und die Konstanzprüfungsaufnahmen müssen zwei Jahre aufbewahrt werden.

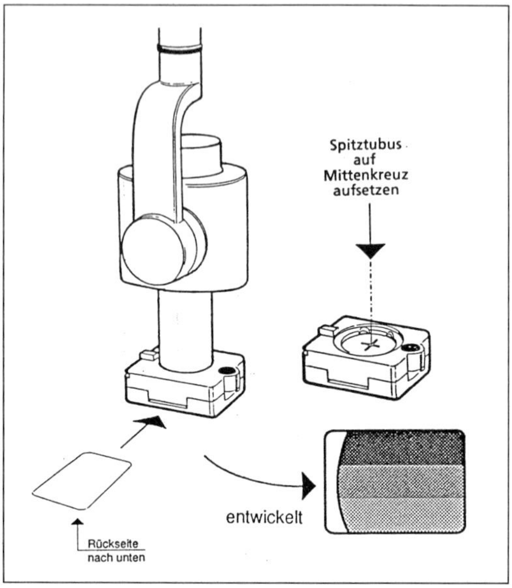

Abb. 116b Durchführung der monatlichen Konstanzprüfung

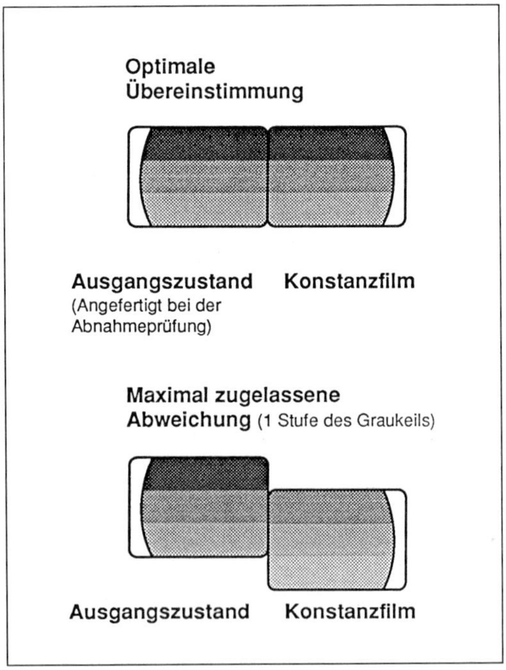

Abb. 116c Vergleich der Dichte der Prüfaufnahme von der Abnahmeprüfung mit der Konstanzprüfungsaufnahme

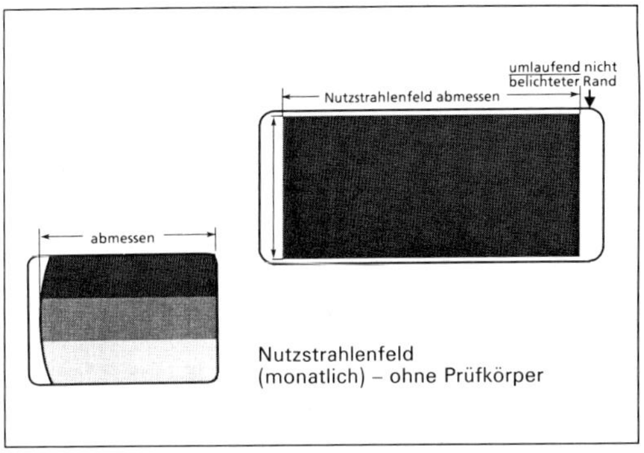

Abb. 116d Prüfung der Begrenzung des Nutzstrahlenfeldes

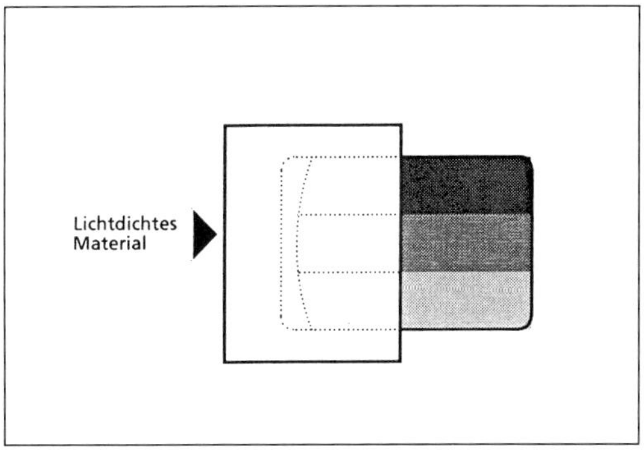

Abb. 117 Jährliche Kontrolle der Dunkelkammerleuchte

Es empfiehlt sich die Archivierung in einem Röntgenordner.
Auf Anforderung müssen sie zusammen mit den Prüfkörperaufnahmen und den Aufzeichnungen von der Abnahmeprüfung und mit Röntgenaufnahmen von Patienten einer Zahnärztlichen Stelle zugänglich gemacht werden. Diese Stelle hat die Aufgabe, dem Zahnarzt Vorschläge zu einer möglichen Verringerung der Strahlenexposition zu machen.
Der Prüfkörper ist für Aufnahmen mit den meisten praxisüblichen zahnärztlichen Röntgengeräten, also auch für Panorama- und Fern-Rö-Apparate geeignet. Wegen der unterschiedlichen Gerätekonstruktionen muß für sie eine individuelle Einweisung durch den Hersteller/Lieferanten erfolgen.
Für Panoramageräte mit intraoralem Strahler gibt es keinen Prüfkörper.
Für die Konstanzprüfung mit Zahnfilmen wird ein Zahnfilm in den Prüfkörper eingeführt. Ein Stück des Filmes ragt dabei über den Prüfkörper hinaus. An diesem nach der Aufnahme unbelichteten Streifen muß die Begrenzung des Nutzstrahlenfeldes erkennbar sein.
Markierungen auf der Oberfläche des Prüfkörpers dienen zur Einstellung des Tubus'. Runde und eckige Tubusse rasten in Aussparungen ein, beim Spitztubus ist auf eine exakte, nicht verwinkelte Einstellung zu achten, um keine Verzeichnungen und Überstrahlungen zu erhalten (Abb. 116b).

Der Zahnfilm wird mit der Dosis für einen oberen Molaren belichtet.
Für Panorama- und Fernröntgen-Konstanzprüfungs-Aufnahmen müssen die bei der Abnahmeprüfung festgelegten Werte benutzt werden.
Nach der Entwicklung findet der Vergleich mit der Prüfkörperaufnahme von der Abnahmeprüfung statt. Dabei ist darauf zu achten, daß stets der Filmtyp zur Anwendung kommt, der bei der Abnahmeprüfung und den Patientenaufnahmen benutzt wurde. Empfehlenswert ist es auch, diese Aufnahmen immer zur gleichen Tageszeit zu machen, um tageszeitliche Spannungsunterschiede im Stromnetz auszugleichen.
Zuerst werden die drei Dichten bzw. Schwärzungsunterschiede durch Anlegen an die Vergleichsaufnahme von der Abnahmeprüfung beurteilt. Sie dürfen um eine Graustufe abweichen (Abb. 116c).
Dann ist abzuschätzen, ob der unbelichtete Rand der Konstanzprüfungsaufnahmen der Begrenzung des Nutzstrahlenfeldes auf den Vergleichsaufnahmen von der Abnahmeprüfung noch entspricht. Die Kassettenaufnahmen müssen rundherum von einem unbelichteten Rand begrenzt sein. Abweichungen von ± 2 mm werden toleriert (Abb. 116d).
Einmal jährlich muß die Dunkelkammerlampe überprüft werden. Zu diesem Zweck wird ein für eine Konstanzprüfung belichteter Film zur Hälfte mit der Bleifolie der Filmpackung bedeckt und für eine Mi-

nute dem Licht der Dunkelkammerlampe ausgesetzt. Nach der üblichen Entwicklung darf kein Schwärzungsunterschied erkennbar sein. Ist der vor der Entwicklung abgedeckte Teil heller als die Kontrollseite, muß die Dunkelkammerleuchte überprüft werden (Abb. 117).
Es wird wesentlich von einer sorgfältigen Arbeit der Zahnarzthelferin abhängen, daß diese Auflagen ohne Beanstandungen erfüllt werden können.
§ 18 legt fest, daß der Betreiber einer Röntgeneinrichtung dafür zu sorgen hat, daß die beim Betrieb der Röntgeneinrichtung Beschäftigten durch jemanden, der über die dafür erforderliche Fachkunde verfügt, anhand der Gebrauchsanweisung in die sachgerechte Handhabung eingewiesen werden. Bei der ersten Inbetriebnahme muß das durch eine Fachkraft des Herstellers oder Lieferanten erfolgen.
Die Genehmigungsurkunde, die Betriebsanleitung, die Gebrauchsanweisung und der letzte Prüfbericht eines Sachverständigen sind bei der Röntgeneinrichtung bereit zu halten.
Um diese und weitere Unterlagen stets und vollständig zur Hand zu haben, ist es empfehlenswert, ein Röntgenanlagenbuch anzulegen. Ein Vorschlag für den Inhalt befindet sich auf Seite 219f. Die Röntgenverordnung muß zur Einsicht zugänglich sein.
In Zeitabständen von fünf Jahren ist die Röntgeneinrichtung durch einen Sachverständigen zu überprüfen. Eine Durchschrift des Prüfberichtes ist der zuständigen Behörde zu übersenden.
Eine wichtige Bestimmung ist auch § 19. Der Bereich, in denen Personen im Kalenderjahr höheren Ganzkörperdosen als -5 mSv (siehe Rö-Physik) ausgesetzt sein können, heißt Kontrollbereich. Er ist durch bauliche Maßnahmen (Schutzwand) oder durch Markierung auf dem Fußboden deutlich erkennbar abzugrenzen und muß während der Betriebsbereitschaft und der Einschaltzeit durch die Worte

„Röntgen – Kein Zutritt
Mindestabstand 1,50 m“

gekennzeichnet sein. Das kann durch den behördlich genehmigten gelben Aufkleber auf dem Röntgengerät geschehen.
Bei zahnärztlichen Röntgenapparaten entspricht der Kontrollbereich einem Abstand von 1,5 m bis 2 m abgewandt vom Strahlenaustritt des Gerätes. Im Kontrollbereich soll sich während der Auslösung der Aufnahme nur der Patient befinden!
Deshalb muß das Kabel des Auslöseknopfes so lang sein, daß dieser Bereich sicher verlassen werden kann. Während der Belichtung soll Sicht- und Sprechkontakt mit dem Patienten bestehen. Die Auslösung muß durch ein optisches oder akustisches Signal angezeigt werden.
Die anschließende Zone, in der Personen im Jahr eine höhere Strahlenbelastung als 5 mSv erhalten können, heißt betrieblicher Überwachungsbereich. Sie ist innerbetrieblich festzulegen, muß aber nicht besonders gekennzeichnet sein.
Nach § 20 dürfen Röntgengeräte nur in dem vom Sachverständigen bezeichneten allseitig umschlossenen Raum (Sprechzimmer, Röntgenraum) betrieben werden. Ausnahmen sind nur zulässig, wenn es der Zustand des Patienten zwingend erfordert. Z. B. bei Schwerverletzten am Krankenbett.
§ 25 umfaßt die Anwendungsgrundsätze.
Röntgenaufnahmen dürfen in Ausübung der Heilkunde und der Zahnheilkunde nur angewendet werden, wenn dafür eine individuelle ärztliche Indikation besteht. Dabei ist die Belastung des Patienten mit Röntgenstrahlung so weit einzuschränken, wie es mit dem Anlaß und der Erzielung eines guten Ergebnisses vereinbar ist.
Diese Forderung wird unterstützt durch:

- Genaue Einstellung des Gerätes
- Benutzung empfindlicher Filme
- Einsatz von Filmhaltern für die Halbwinkel- oder Rechtwinkeltechnik (siehe Einstellregeln)
- Korrekte Belichtung
- Vermeidung von Wiederholungsaufnahmen
- Fehlerfreie Entwicklung und Weiterverarbeitung

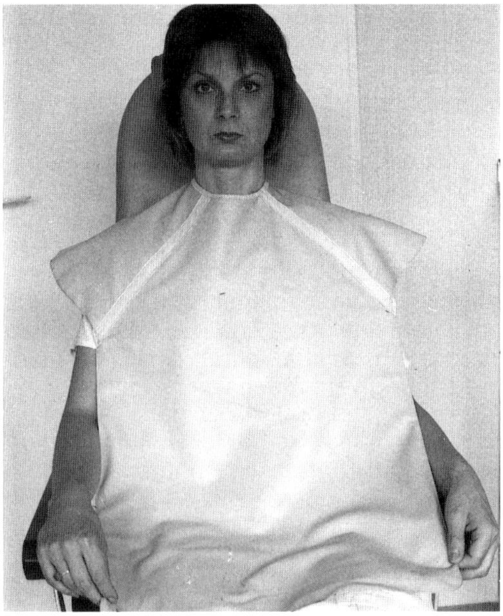

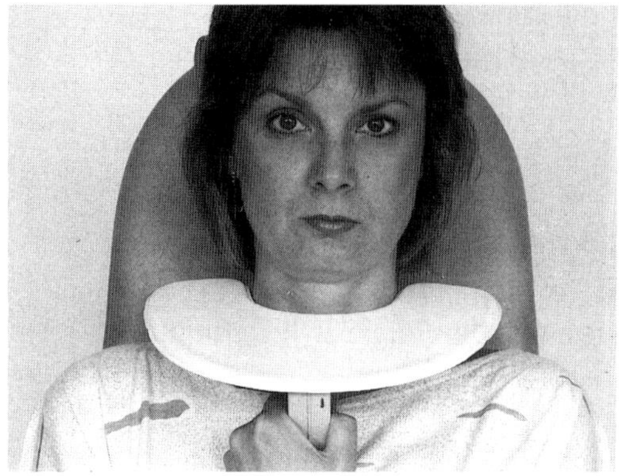

Abb. 118a und b Röntgenschutzschürze und -schild müssen oberhalb des Kehlkopfes dicht am Hals abschließen. (Die Schilddrüse ist das „kritische Organ" bei der Aufnahme von Zahnfilmen!)

- Verstärkerfolien bei Kassettenaufnahmen (z. B. Panorama- und Fernröntgenaufnahmen)
- Zuverlässige Aufbewahrung der Aufnahmen.

Körperbereiche, die bei der vorgesehenen Anwendung nicht von der Nutzstrahlung getroffen werden müssen, sind vor einer Strahlenbelastung so weit wie möglich zu schützen.
Bei bestehender Schwangerschaft und zwingender Indikation müssen alle Möglichkeiten zur Vermeidung einer Strahlenbelastung der Leibesfrucht ausgeschöpft werden.
Im zahnärztlichen Arbeitsbereich wird das durch die richtige Anwendung zugelassener Röntgen-Schutzschürzen oder Röntgenschutz-Schilder erreicht, die einen Schutz wie eine 0,4 mm starke Bleischicht bieten (Abb. 118a und b).
Für die Zahnarzthelferin besteht der beste Schutz in einem 2-m-Abstand vom Röntgengerät während der Aufnahme.
In § 31 sind die höchstzulässigen Äquivalentdosen (mSv pro Jahr) vorgeschrieben.

Bei Einhaltung der Schutzvorschriften kann davon ausgegangen werden, daß eine Zahnarzthelferin bei durchschnittlicher Belichtung mit einer Sekunde pro Film etwa 100 Zahnfilme oder bei Panorama-Schichtaufnahmen 30 Aufnahmen an einem Arbeitstag anfertigen könnte, ohne die Jahreshöchstdosis zu überschreiten – eine Zahl, die in einer Zahnarztpraxis nicht erreicht wird.
Wird durch behördliche Anordnung der ganze Röntgenraum zum Kontrollbereich erklärt, und kann er zur Aufnahme nicht verlassen werden, muß ein Schutzschirm mit Bleiglasfenster vorhanden sein, und es kann erforderlich werden, daß die Körperdosis nach § 35 durch Dosimeter und deren monatliche Auswertung durch eine Strahlenschutzstelle überprüft wird.
Abschließend muß eingegangen werden auf die Aufzeichnungspflicht nach § 28.
Vor der Anwendung von Röntgenstrahlen sind die Patienten nach früheren Aufnahmen in dem zu untersuchenden Bereich zu fragen und ggf. müssen diese angefordert werden.
Weibliche Personen im gebärfähigen Alter müssen nach dem Bestehen einer

Schwangerschaft befragt und die Angaben aufgezeichnet werden. Für die Aufzeichnungen soll nach dem Röntgennachweisheft (Rö-Paß) gefragt werden.
Über jede Anwendung von Röntgenstrahlen sind Aufzeichnungen anzufertigen.
Das heißt, daß der Zeitpunkt, die Art der Anwendung, die untersuchte Region sowie Angaben, die zur Ermittlung der Körperdosen erforderlich sind, aufgeschrieben werden müssen. Die Aufzeichnungen sind auf Verlangen der zuständigen Behörde vorzulegen.
Diese Dokumentationspflicht wird bei Zahnaufnahmen mit den üblichen Geräten dadurch erfüllt, daß auf der Karteikarte das Datum der Aufnahme, und der geröntgte Bereich (einschließlich Befund) notiert wird. Mit Hilfe der Betriebsanleitung und der Gebrauchsanweisung sind dann die weiteren Forderungen festzustellen. Bei Panoramageräten sind die kV und ggf. mA, bei Fernröntgenapparaten die kV und die Belichtungszeit hinzuzufügen.
Dem Patienten ist auf dessen Wunsch eine Abschrift oder Kopie dieser Aufzeichnungen auszuhändigen.
Wird ein Röntgennachweisheft vorgelegt, sind die darin vorgesehenen Eintragungen vorzunehmen.
Die Röntgenaufnahmen und die Aufzeichnungen über die Röntgenuntersuchungen hat der Betreiber einer Röntgeneinrichtung zehn Jahre nach der letzten Untersuchung aufzubewahren.
Wer eine Person mit Röntgenstrahlen untersucht, hat einem später untersuchenden oder behandelnden Arzt oder Zahnarzt auf dessen Verlangen die Aufzeichnungen einschließlich der Röntgenaufnahmen vorübergehend zu überlassen. Auch ohne dieses Verlangen sind dem Patienten die Röntgenaufnahmen, in besonderen Fällen unter Wahrung der ärztlichen Schweigepflicht auch Dritten, zur Weiterleitung an einen später untersuchenden oder behandelnden Arzt oder Zahnarzt zu überlassen, wenn dadurch eine Doppeluntersuchung vermieden werden kann.
Dieser Passus bedarf der ganz besonderen Aufmerksamkeit und Dokumentation auf der Karteikarte. Die Röntgenaufnahme stellt ein u. U. unersetzliches Beweismittel dar.
Eine Herausgabe der Originalaufnahme darf erst nach ausdrücklicher Zustimmung durch eine dazu berechtigte Person erfolgen.
Wenn nicht absolut sichergestellt ist, daß die Aufnahmen zurückgegeben werden, sollten nur Röntgenkopien auf Kosten des Patienten ausgehändigt werden!
Wenn Sie Aufnahmen abgeben, machen Sie sich eine verläßliche Notiz, wann und an wen Sie Aufnahmen gegeben haben, und erinnern Sie an die Rückgabe. Haben Sie eine Aufnahme angefordert, senden Sie sie ebenfalls baldmöglichst zurück.

Fragen zum Verständnis und zur Selbstkontrolle

Röntgenverordnung

8. Was sind Röntgenstrahlen, und warum ist der Schutz der Patienten vor ihren physikalischen und biologischen Wirkungen so wichtig?
9. Wer kann die Anordnung für eine Röntgenuntersuchung geben?
10. Welche Zahnarzthelferinnen dürfen Röntgenaufnahmen unter Verantwortung und Aufsicht eines Arztes/Zahnarztes für zahnärztliche Zwecke anfertigen?

11. Wonach muß vor der Anfertigung von Röntgenaufnahmen gefragt werden?
12. Welche Körperbereiche und Zellarten sind besonders strahlenempfindlich und müssen sorgfältig geschützt werden?
13. Bei welchem Personenkreis besteht eine zusätzliche Strahlenschutzverantwortung?
14. Was ist der Kontrollbereich?
15. Welches sind die üblichen Schutzmaßnahmen zum Schutz vor Schäden durch Röntgenstrahlen für Patienten?
16. Wie müssen bei Panoramaschicht- und Fernröntgenaufnahmen die Schutzschürzen angelegt werden?
17. Welches ist der beste Schutz für Praxismitglieder?
18. Was trägt zur Verringerung der Strahlenbelastung bei?
19. Was wird bei der Abnahmeprüfung zu welchem Zweck angefertigt?
20. Was ist eine Konstanzprüfung, wie und wie oft muß sie durchgeführt werden?
21. Was soll mit der Konstanzprüfungsaufnahme festgestellt werden?
22. Wie soll die Filmverarbeitung geprüft werden?

(Die Antworten stehen auf Seite 221/222.)

Teil 3

Anwendung der Röntgenstrahlen in der Zahnarztpraxis

Ein Röntgengerät für Aufnahmen in der Zahnarztpraxis besteht aus dem Röntgenstrahler, der von einem kräftigen Stativ schwingungsfrei getragen wird, und einem Belichtungsregler. Im Strahler befindet sich in einer Ölfüllung der Transformator, der die erforderliche hohe Stromspannung liefert, die Röntgenröhre, in der die Röntgenstrahlung erzeugt wird, eine 2 mm Aluminiumscheibe zur Ausfilterung der unerwünschten langwelligen Strahlen und die Bleiblende zur Zentrierung des Nutzstrahlenbündels, das durch den Tubus auf den Aufnahmebereich ausgerichtet wird (Abb. 119).

In der Zahnarztpraxis werden Röntgenstrahlen zu Untersuchungszwecken dann angewendet, wenn mit den üblichen klinischen Methoden keine sichere Diagnose möglich ist. Es werden zwei Untersuchungsarten unterschieden:

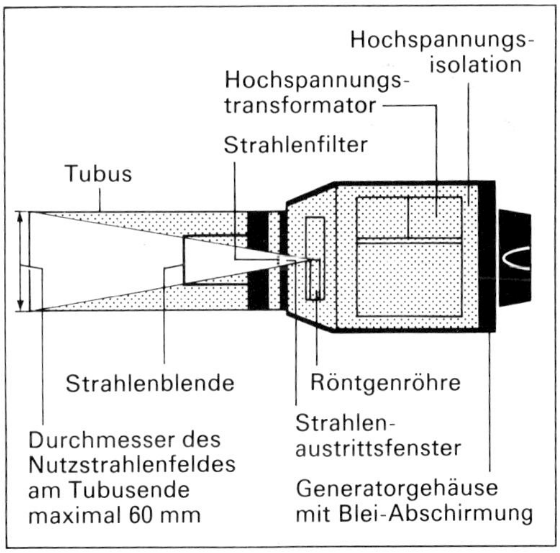

Abb. 119 Aufbau eines Röntgengerätes

1. Intraorale Aufnahmeverfahren
Dabei liegt ein Zahnfilm in der Mundhöhle zwischen Zahnreihe und Zunge bzw. Gaumen und wird durch die Gesichtsweichteile hindurch belichtet. Mit ihnen werden einzelne Zähne, Zahngruppen und zahnlose Abschnitte aufgenommen.
Zu ihnen gehören auch der Bißflügelfilm zur Sichtbarmachung der Zahnzwischenräume und der Aufbißfilm zum Auffinden verlagerter Zähne, Speichelsteine u. ä.

2. Extraorale Aufnahmeverfahren
Mit ihnen werden durch den Kopf hindurch größere Kieferabschnitte, die Kiefergelenke, der ganze Schädel in seitlicher oder frontaler Ansicht dargestellt. Zu ihnen gehören auch die Panorama-Aufnahmeverfahren und die Fernröntgenaufnahme. Sie sind zur Reduzierung der Strahlendosis immer Kassettenaufnahmen, bei denen der Röntgenfilm zwischen zwei Verstärkerfolien in einer strahlendurchlässigen Kassette liegt.

Der Röntgenfilm

Der Röntgenfilm besteht aus einem 0,2 mm dünnen, durchsichtig-farblosen (transparenten) oder leicht bläulichen Kunststoffträger aus Polyester, der auf beiden Seiten mit einer feinen Emulsion (Mischung) überzogen ist. Sie enthält die in Gelatine eingebetteten lichtempfindlichen Silberbromid-Kristalle. Eine Haftschicht verbindet die Emulsion mit der Trägerfolie. Um den Film kratzfest zu machen, wird er durch eine besondere Hartgelatineschicht geschützt.
In dem meist aus einer licht- und feuchtigkeitsdicht verschweißten Plastikhülle bestehenden Zahnfilm-Päckchen ist der Film zum weiteren Schutz, z. B. gegen Berühren beim Öffnen, von einem schwarzen Papier umgeben. Doppelfilmpackungen enthalten zwei Filme. Dahinter liegt eine verzinnte Blei-Antimon-Folie zur Verbesserung der Bildqualität durch Verminderung der Unschärfe erzeugenden Streustrahlen (Abb. 120a).
Bei der Aufnahme muß die weiße unbedruckte Vorderseite immer zum Tubus

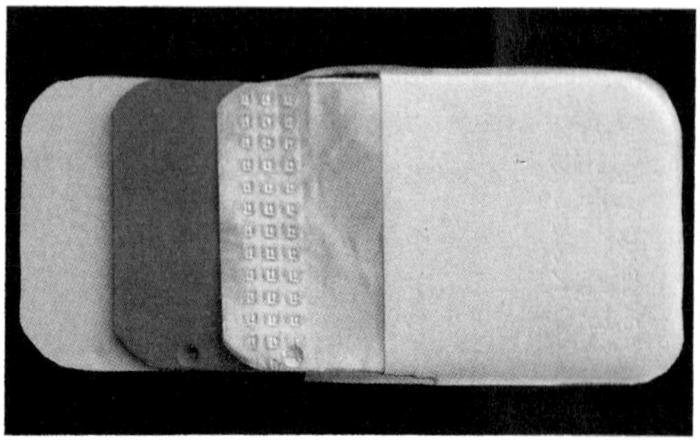

Abb. 120a Das auseinandergezogene Filmpäckchen

Abb. 120b Vorderseite des Zahnfilmes mit Markierungspunkt

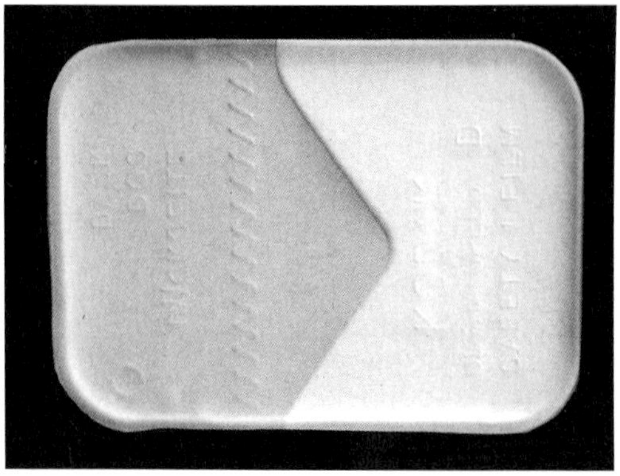

Abb. 120c Rückseite des Zahnfilmes

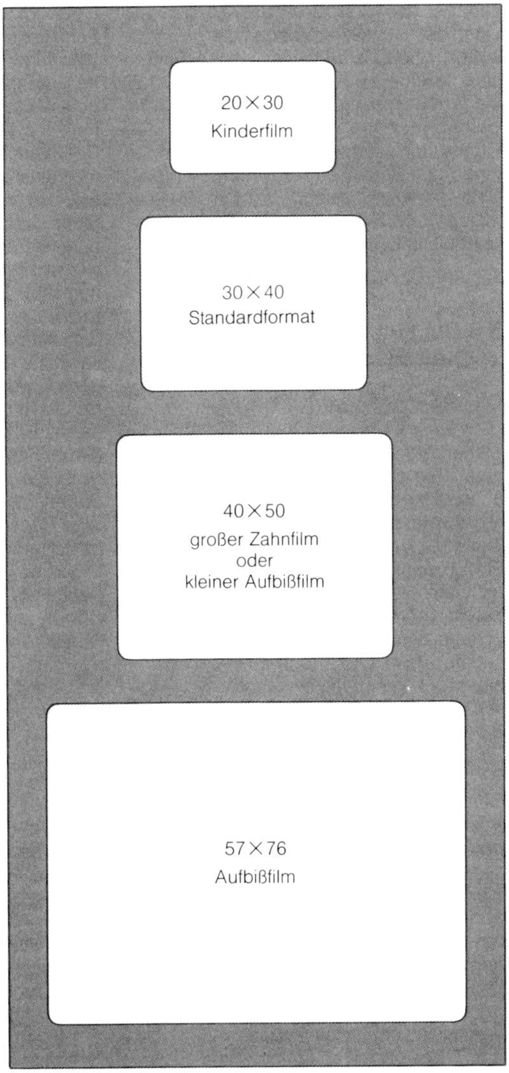

Abb. 120d Zahnfilmformate

des Röntgengerätes zeigen. Der in einer Ecke eingeprägte kleine Punkt soll dabei kauflächen- bzw. schneidekantenwärts liegen. Er befindet sich auch auf dem Film, oder die Ecke ist an dieser Stelle abgeschrägt. Dieses Hilfsmittel erleichtert die Zuordnung der fertigen Aufnahmen zur linken oder rechten Seite. (Siehe Abbildung 126a bis c.)

Die dunklere Rückseite trägt den Firmeneindruck und die Filmbezeichnung. Eine Falte oder Lasche erleichtert das Öffnen des Filmpäckchens (Abb. 120b und c).

Zahnfilme gibt es in verschiedenen Formaten. Die Standardgröße für intraorale Aufnahmen ist 3×4 cm, für Milchzähne und enge Eck- oder Frontzahnbereiche 2×3 cm. Filme für Aufbißaufnahmen sind 4×5 oder 5,7×7,5 cm groß (Abb. 120d). Bißflügelfilme können aus dem Standard- oder Milchzahnformat durch Aufkleben einer Aufbißlasche bzw. Einschieben in eine Plastikschlaufe selbst hergestellt werden. Eine fertige Spezialgröße ist der 2,7×5,4-cm-Film.

Sondergrößen gibt es für die extraoralen Techniken. Dazu gehören z. B. die Panorama-, Fernröntgen- und Kiefergelenkaufnahmen. Um die Belichtungszeit zur Verminderung der Strahlenbelastung des Patienten stark zu verkürzen und eine Verwackelung auszuschließen, dürfen extraorale Röntgenaufnahmen nur mit Kassetten gemacht werden. In ihnen liegt der Film glatt angepreßt zwischen zwei Verstärkerfolien. Mit ihnen wird die Fähigkeit der Röntgenstrahlen ausgenutzt, diese Folien bei der Belichtung aufleuchten (fluorizieren) zu lassen. Dadurch wird der Film im wesentlichen tatsächlich durch Licht „belichtet“ und nur zu einem kleineren Teil durch die direkte Wirkung der Röntgenstrahlen.

Fragen zum Verständnis und zur Selbstkontrolle

Anwendung der Röntgenstrahlen

23. Aus welchen wesentlichen Teilen besteht der Röntgenstrahler (wenigstens 4)
24. Welche Aufnahmeverfahren kennen Sie (2), und worin unterscheiden sie sich?
25. Welche Zahnfilmformate kennen Sie (wenigstens 4)?
26. Welche Filmpäckchenseite muß bei der Aufnahme zum Gerät zeigen und wo soll der eingeprägte Punkt liegen?
27. Welche Aufgabe haben die Verstärkerfolien in den Kassetten für extraorale Aufnahmen, und wie wirken sie?

(Die Antworten stehen auf Seite 222.)

Die Einstellregeln für intraorale Aufnahmen

Neben den allgemeinen Kenntnissen im Strahlenschutz und der zuverlässigen Weiterverarbeitung muß die Zahnarzthelferin die Einstellregeln beherrschen, um mit der geringst möglichen Strahlendosis die bestmöglichen Röntgenaufnahmen zu erzielen.

Die Zahnfilmaufnahmen

Der erste Schritt nach der Anordnung durch den Zahnarzt muß die richtige Einstellung des Patientenkopfes sein. Der Patient soll aufrecht und nur leicht angelehnt sitzen. Von vorn gesehen muß der Kopf genau waagerecht ausgerichtet sein (Abb. 121a).

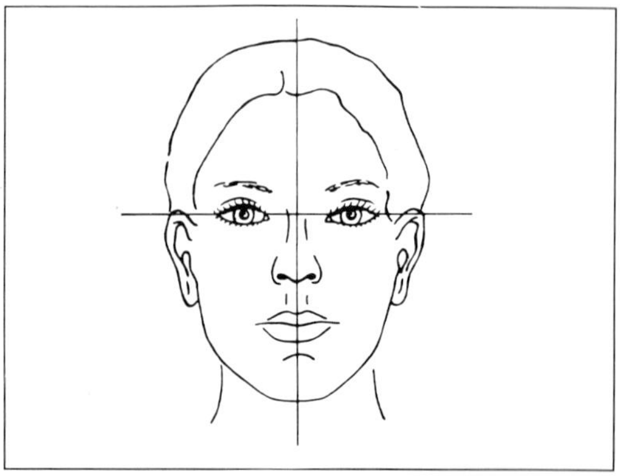

Abb. 121a Frontalansicht mit waagerechter Ausrichtung des Kopfes

Weil sich alle Winkelangaben auf eine parallel zum Fußboden gedachte Ebene beziehen, ist es wichtig, daß bei Aufnahmen im Oberkiefer die Verbindung Nasenunterkante-Ohröffnung (Abb. 121b), bei Aufnahmen im Unterkiefer die Verbindung etwa Kinnfurche-Ohrläppchen genau horizontal verlaufen (Abb. 121c).
Auf diesen Linien liegen auch die Einstellpunkte für die verschiedenen Zähne.
Der erste obere Molar befindet sich hinter den Wangenweichteilen dort, wo eine vom äußeren Augenwinkel senkrecht absteigende Linie die Oberkiefer-Bezugslinie erreicht (Abb. 121d).
Wo diese Verbindung auf die Unterkiefer-Bezugslinie stößt, liegt der Einstellpunkt für den unteren ersten Molaren (Abb. 121c). Von diesen Sechser-Punkten ausgehend, können auf den Bezugslinien die weiteren Einstellpunkte leicht gefunden werden (Abb. 121f und g).

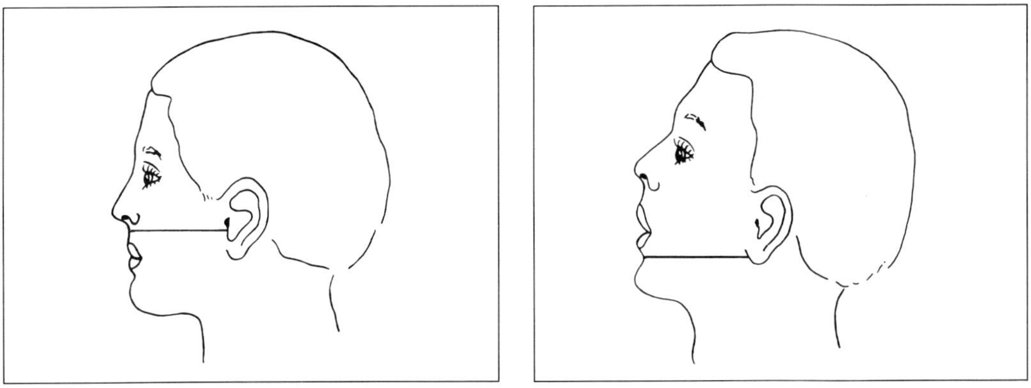

Abb. 121 b und c Einstellung des Kopfes für die Oberkieferseitenzähne (b), für die Unterkieferseitenzähne (c)

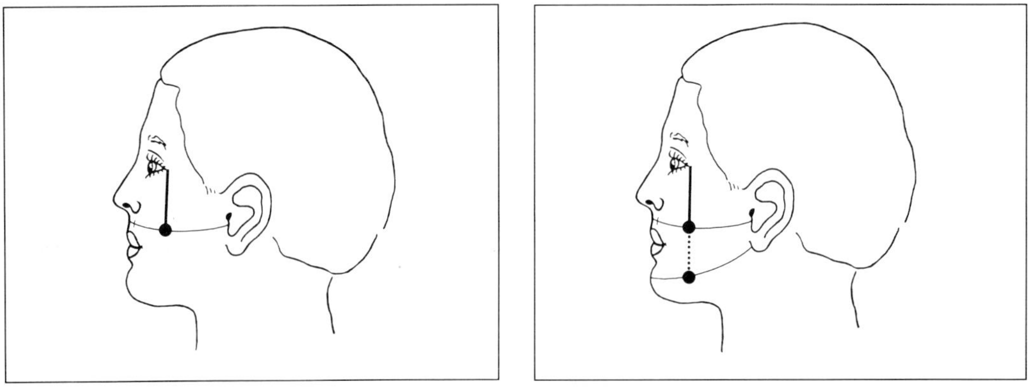

Abb. 121 d und e Aufsuchen des Sechserpunktes im Oberkiefer (d) und im Unterkiefer (e)

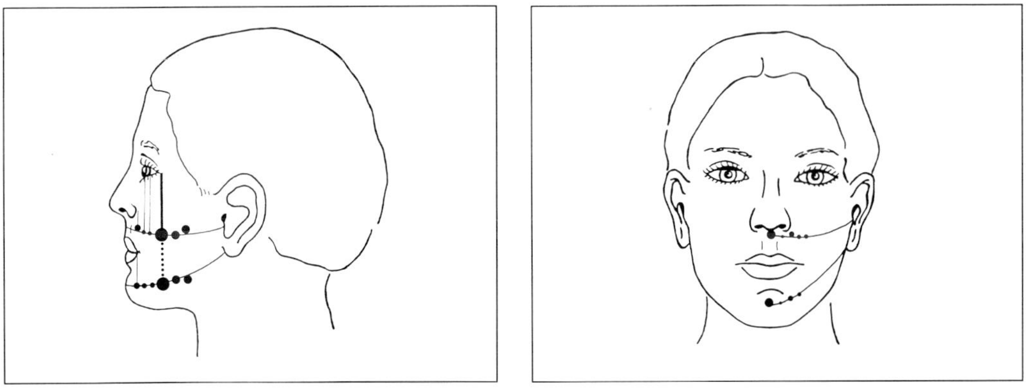

Abb. 121 f und g Aufreihung der Einstellpunkte für die Seitenzähne (f) sowie für die Frontzähne (g)

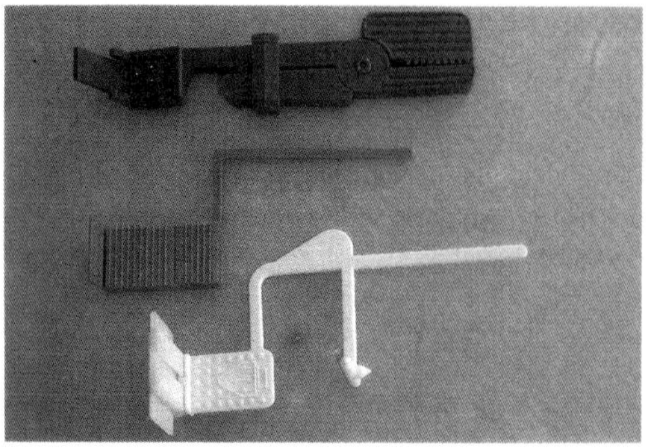

Abb. 121h Zahnfilmhalter

Um die Vorbelichtung der Filme durch Streustrahlung zu vermeiden, ist es zweckmäßig, sie vor und nach der Belichtung in strahlendichten Behältern aufzubewahren.
Bei der Aufnahme muß der Zahnfilm so nahe wie möglich an die Zahnreihe herangebracht werden. Die kronennahe Filmkante soll dabei mit der Kauebene bzw. Schneide der Frontzähne abschließen. Diese Forderungen und hygienische Gesichtspunkte sind mit Zahnfilmhaltern am sichersten zu erfüllen (Abb. 121h).
Nur in Ausnahmefällen, z. B. im unteren Front- und Eckzahnbereich, kann es nötig werden, daß der Patient den Film mit einem Finger am Zahnbogen stützt. Dann sollte ein Hygienetuch bereitliegen.
Für die Beurteilung einer Zahnfilmaufnahme ist es wichtig, daß die Zähne größenrichtig abgebildet sind.
Um das zu erreichen, gibt es verschiedene Techniken.

Die Rechtwinkeltechnik

Ein Zahn wird dann größenrichtig wiedergegeben, wenn er und der Zahnfilm parallel zueinander stehen und der Zentralstrahl im Röntgenstrahlenbündel senkrecht (im rechten Winkel) auf die Filmmitte trifft (Abb. 122a).
Diese auf den ersten Blick einfache Technik kann nur mit speziellem Zubehör wie dem Rinn- oder Pasler-System ausgeführt werden, bei denen ein Langtubus mit einem Zahnfilmhalter gekoppelt wird,

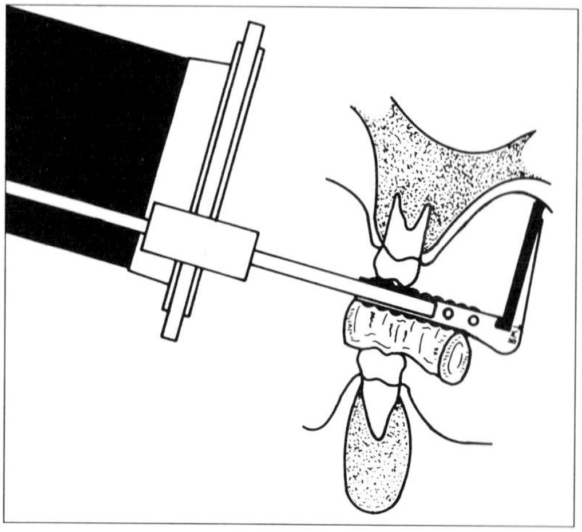

Abb. 122a Das Prinzip der Rechtwinkeltechnik

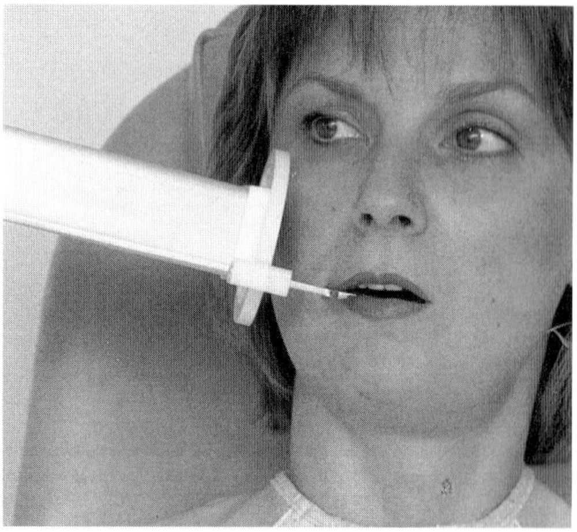

Abb. 122b Aufnahme des Zahnes 16 mit der Rechtwinkeltechnik

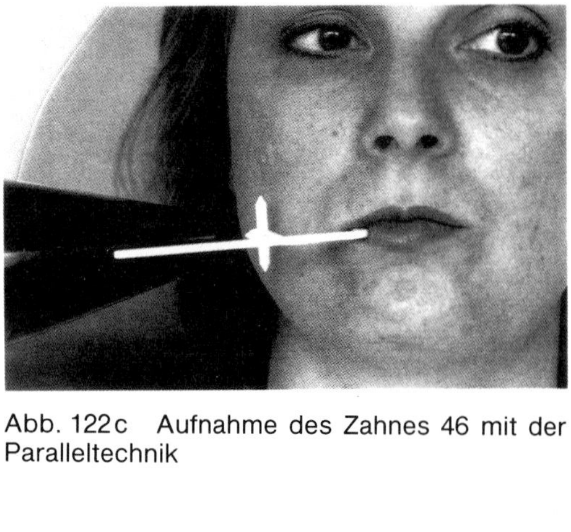

Abb. 122c Aufnahme des Zahnes 46 mit der Paralleltechnik

und der Patient durch Aufbeißen auf den Filmhalter die Einstellung stabilisiert (Abb. 122b).
Mit der Rechtwinkeltechnik werden sehr scharfe, nur gering vergrößerte Aufnahmen der Zähne und ihrer Umgebung gewonnen. Darum ist ihr Haupteinsatzbereich die Endodontie und die Parodontologie, also dann, wenn es auf eine besonders genaue Darstellung von Feinheiten ankommt. Ihr Nachteil ist das für den Patienten unbequeme Instrumentarium.
Mit einfacheren Haltern ist es im Unterkieferseitenzahnbereich möglich, die Zähne und Filme parallel zueinander einzustellen (Abb. 122c).
Diese vereinfachte Rechtwinkeltechnik wird deshalb auch Paralleltechnik genannt; sie ist der Übergang zur Halbwinkeltechnik.

Die Halbwinkeltechnik

Wenn die Rechtwinkel- oder Paralleltechnik nicht eingesetzt werden soll oder kann, sind auch mit der Halbwinkeltechnik brauchbare Aufnahmen zu erzielen.
Bei dieser Technik muß der Zentralstrahl durch die Wurzelspitze des eingestellten Zahnes senkrecht auf die Winkelhalbierende treffen, die die Zahnachse mit der Filmebene bildet (Abb. 123a).
Das Einstellen des richtigen Einfallwinkels verlangt einige Übung und eine gute räumliche Vorstellungsgabe, um die Lage des Filmes im Munde zur Stellung der Zahnachse ausreichend genau abschätzen zu können. Ein zu steiler Winkel verkürzt, ein zu flacher Winkel vergrößert die Wiedergabe (Abb. 123b und c).
Die Einstellungen werden bei der Halbwinkeltechnik sehr erleichtert, wenn der Zahnfilm mit einem Zahnfilmhalter zwischen den Zähnen fixiert wird.
Tabelle 10 enthält für die einzelnen Zahngruppen durchschnittliche Winkelwerte.
Bei der Aufnahme wird der Tubus im richtigen Winkel auf den Einstellpunkt des Zahnes eingestellt, der in der Mitte des Filmes abgebildet werden soll und so ausgerichtet, daß sich die Zähne im Approximalraum nicht überschneiden (Abb. 124). Diese Einstellung heißt orthoradiale Projektion.

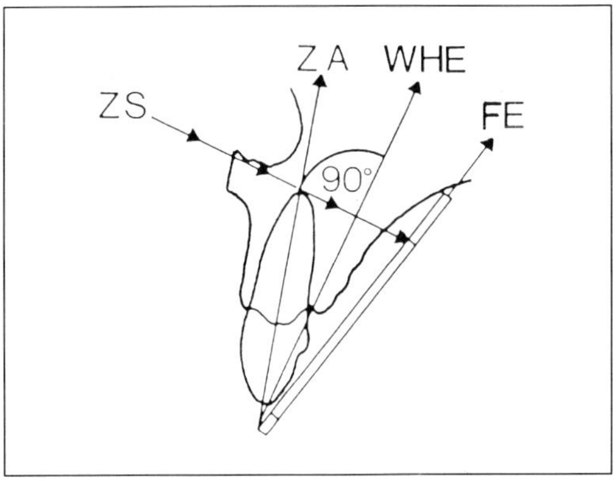

Abb. 123a Das Prinzip der Halbwinkeltechnik (ZS = Zentralstrahl, ZA = Zahnachse, WHE = Winkelhalbierungsebene, FE = Zahnfilmebene

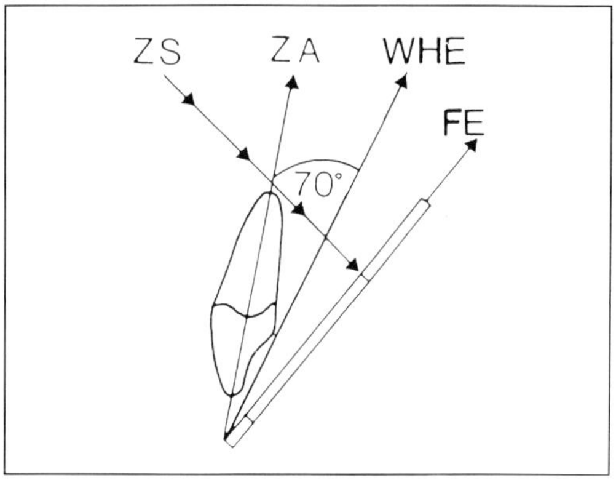

Abb. 123b Der Zahn wird zu kurz abgebildet, wenn der Zentralstrahl zu steil auf die Winkelhalbierungsebene fällt

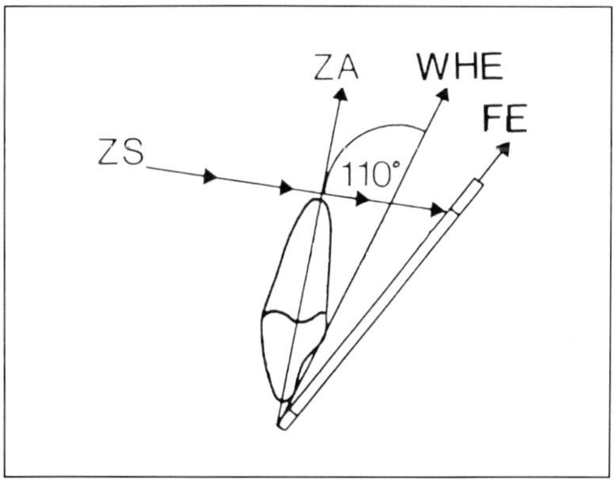

Abb. 123c Der Zahn wird zu lang abgebildet, wenn der Zentralstrahl zu flach auf die Winkelhalbierungsebene fällt

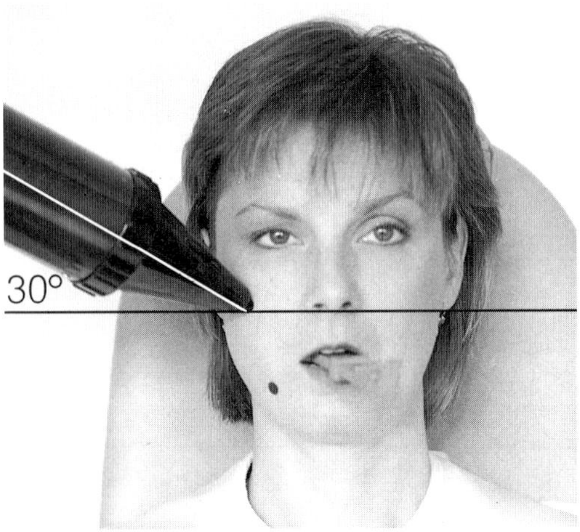

Abb. 124 Einstellung des Tubus bei der Halbwinkeltechnik auf den Zahn 16

Tabelle 10 Einstellwinkel für die Halbwinkeltechnik

Oberkiefer	
Weisheitszähne	+45° bis +50°
Molaren	+30° bis +35°
Prämolaren	+40° bis +45°
Eckzähne	+45° bis 50°
Schneidezähne	+50° bis +55°
Unterkiefer	
Weisheitszähne	+ 5° bis 0°
Molaren	0° bis − 5°
Prämolaren	−10° bis −20°
Eckzähne	−15° bis −20°
Schneidezähne	−20° bis −25°

Diese Werte sind durchschnittliche Werte aus jeweils 50 Einstellungen. Sie können je nach Kieferform und -größe abweichen.

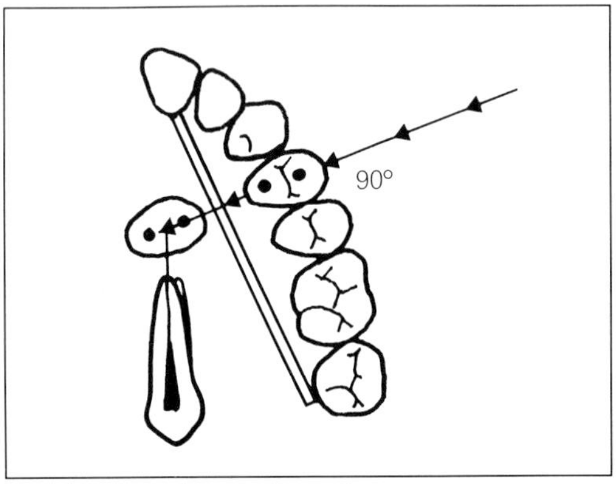

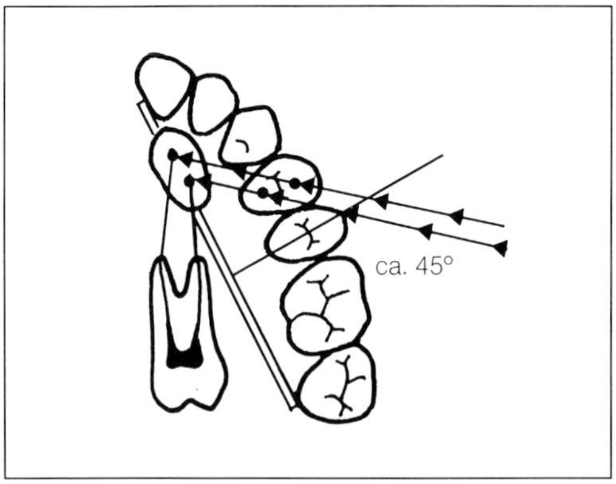

Abb. 125a und b Das Prinzip der exzentrischen Einstellung zur Darstellung hintereinanderliegender Wurzelkanäle

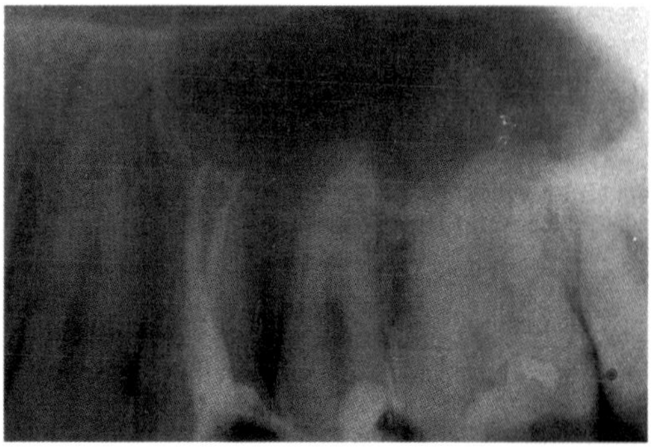

Abb. 125c Mit der distalexzentrischen Einstellung aufgenommenes Röntgenbild

Zur Darstellung der einzelnen Wurzelkanäle oberer Prämolaren oder zur Bestimmung der Lage retinierter (verlagerter) Zähne, wird der Tubus nach mesial oder distal um ca. 45° verschwenkt. Diese Einstellung heißt mesial- oder distalexzentrische Projektion (Abb. 125a bis c).

Das Gefühl für die richtige Einstellung muß durch Übung unter kundiger Anleitung erworben und ständig verbessert werden.

Der Röntgenstatus

Die umfassende Aufnahme aller Zähne und der zahnlosen Kieferabschnitte mit Einzel-Zahnfilmen ist der Röntgenstatus.

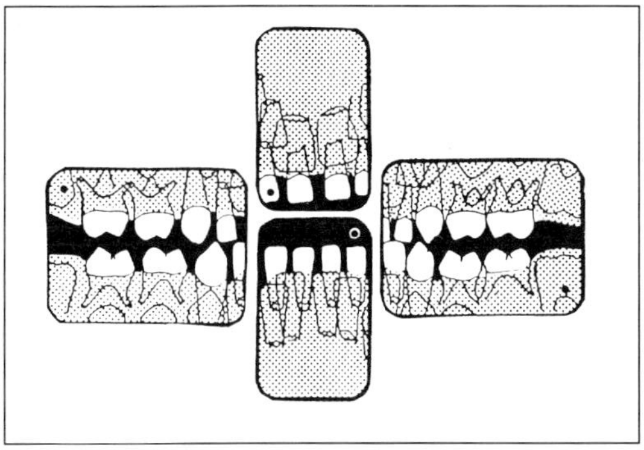

Abb. 126a Status im Milchgebiß

Dazu können je nach Zahnbogengröße und -ausbildung bei Kindern im Milchgebiß 4 Filme (je eine Frontaufnahme und zwei Bißflügel-Filme), 10 Normalfilme im Wechselgebiß und zur Erfassung aller permanenten Zähne 14 und mehr Filme benötigt werden.

Untere Weisheitszähne werden erfaßt, wenn die vordere Filmkante mesial am ersten unteren Molaren abschließt. Weil verlagerte Achter auch so nicht vollständig darstellbar sind, kann zur Sicherung des Befundes eine Panorama-Schichtaufnahme erforderlich sein.

Dient der Status dem Parodontalbefund, wird der Zentralstrahl nicht auf die Wurzelspitzen, sondern auf die Wurzelmitte eingestellt. Die Anordnung der Filme und ihre Formate zeigt Abbildung 126a bis c.

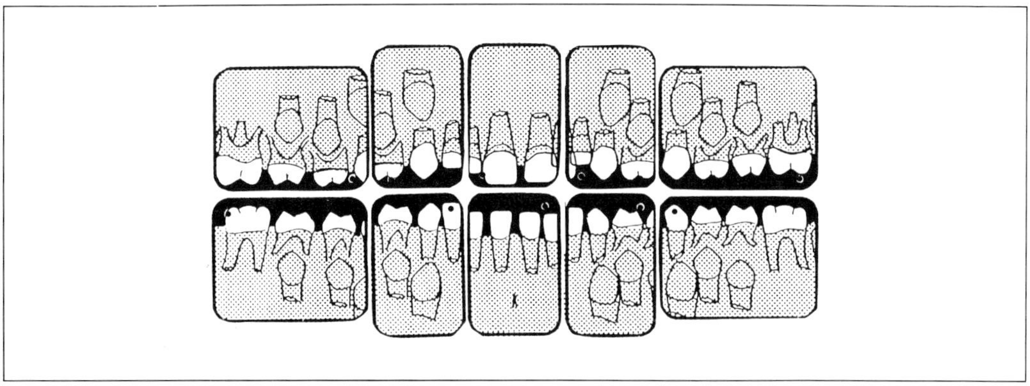

Abb. 126b Status im Wechselgebiß

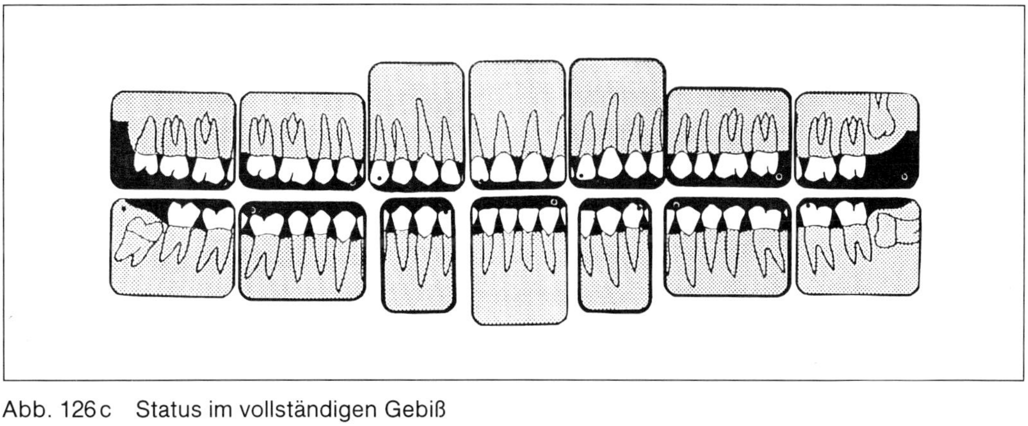

Abb. 126c Status im vollständigen Gebiß

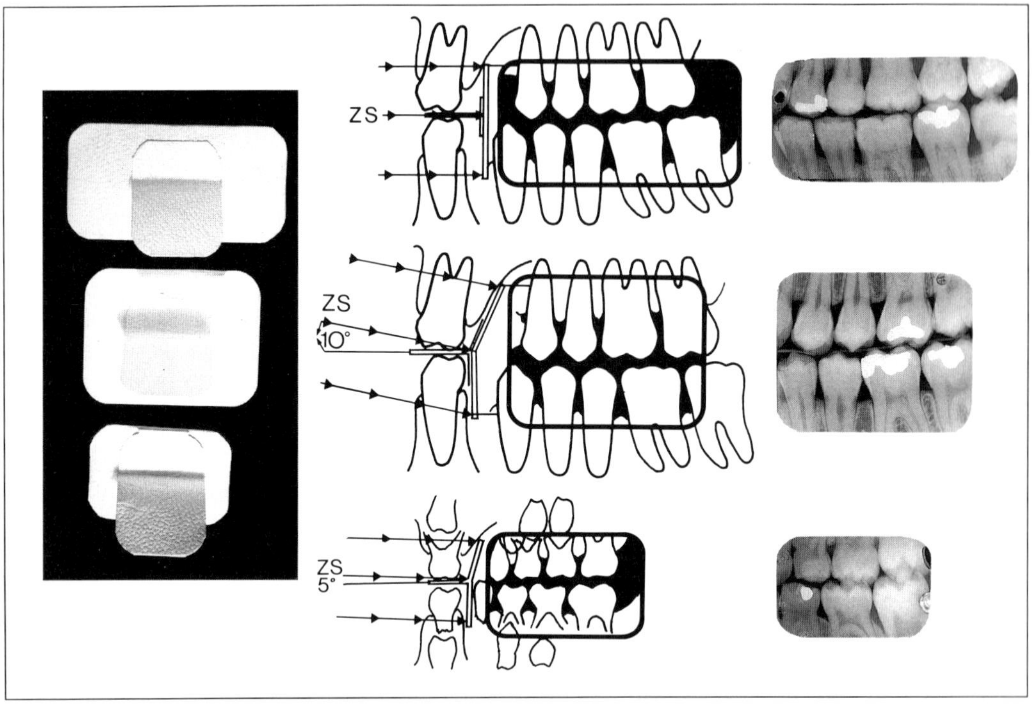

Abb. 127 Die Bißflügelfilm-Formate, die Einstellung und dazugehörige Aufnahmen

Die Bißflügelaufnahme

Zum Auffinden der frühen Zahnzwischenraumkaries, Überprüfung von Füllungs- und Kronenrändern und Erkennung versteckter Zahnsteinansätze dient im Seitenzahnbereich die Bißflügelaufnahme. Durch Aufbeißen auf den in der Filmmitte angebrachten „Bißflügel" können die Zahnkronen und ihre Kontaktbereiche annähernd verzerrungsfrei aufgenommen werden. Der Tubus wird bei Benutzung der 27 × 54-mm-Bißflügelfilme im Molarenbereich waagerecht (0°) in Mundwinkelhöhe auf die Filmmitte eingestellt. Wird durch Aufkleben des Flügels auf einen 30 × 40-mm- bzw. 20 × 30-mm-Film selbst hergestellt, muß der Tubus etwas nach unten geneigt werden, um eine geringe Abknickung am Gaumen auszugleichen (Abb. 127).

Die Aufbißaufnahmen

Zur Ergänzung unklarer Befunde, z. B. zur Abschätzung der Ausdehnung einer Zyste im Frontbereich, von Speichelsteinen und zur Darstellung verlagerter oberer Eckzähne oder unterer Weisheitszähne in einer zweiten Ebene, wird die Aufbißaufnahme im Format 4 × 5 cm oder 5,7 × 7,5 cm gemacht.
Der Film liegt dabei zwischen den Zahnreihen mit der unbeschrifteten Seite zum Aufnahmebereich. Der Zentralstrahl wird so geleitet, daß er möglichst senkrecht auf die Filmmitte trifft (Abb. 128a bis e).

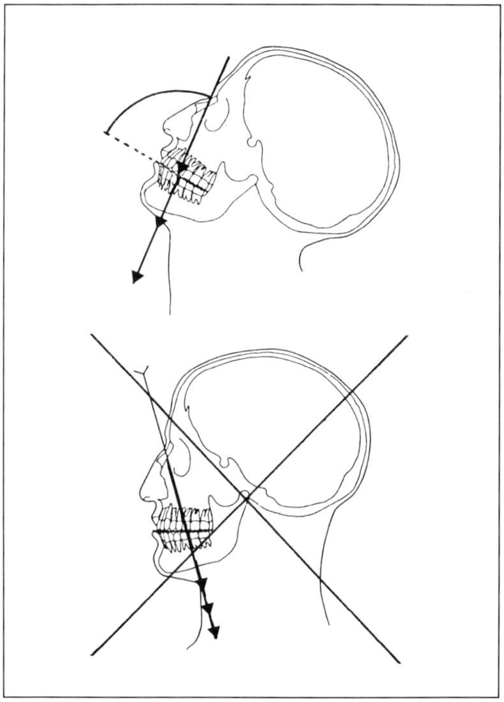

Abb. 128a Falsche und richtige Einstellung einer Oberkieferaufbißaufnahme

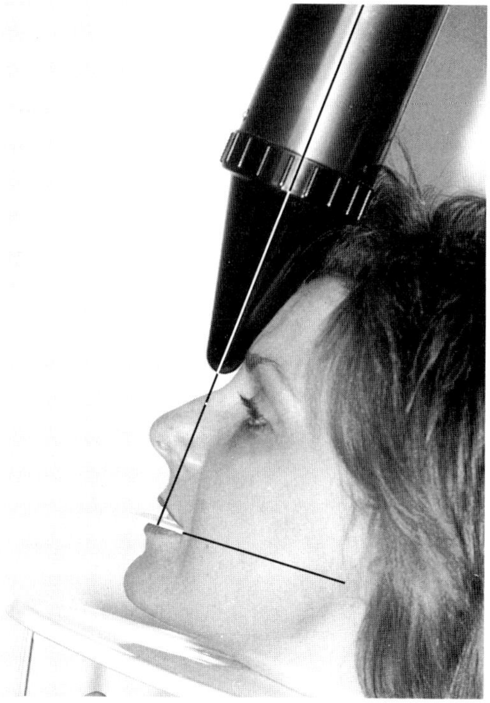

Abb. 128b Einstellung der Oberkieferaufbißaufnahme

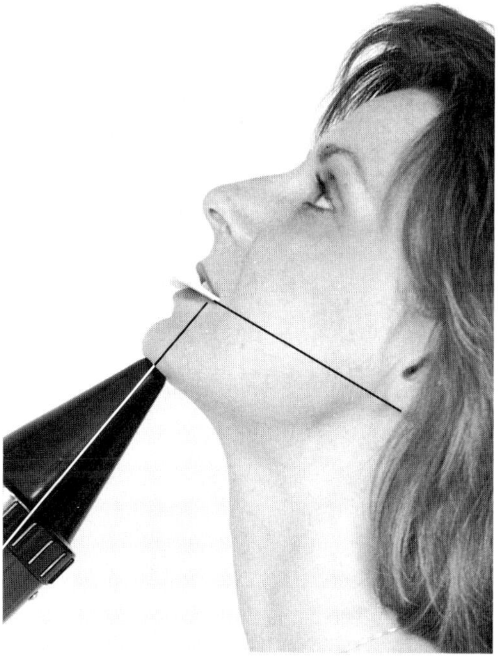

Abb. 128c Einstellung der Unterkieferaufbißaufnahme

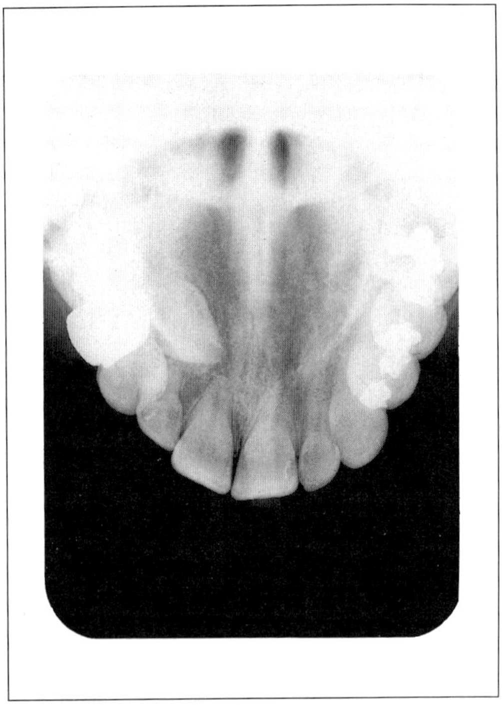

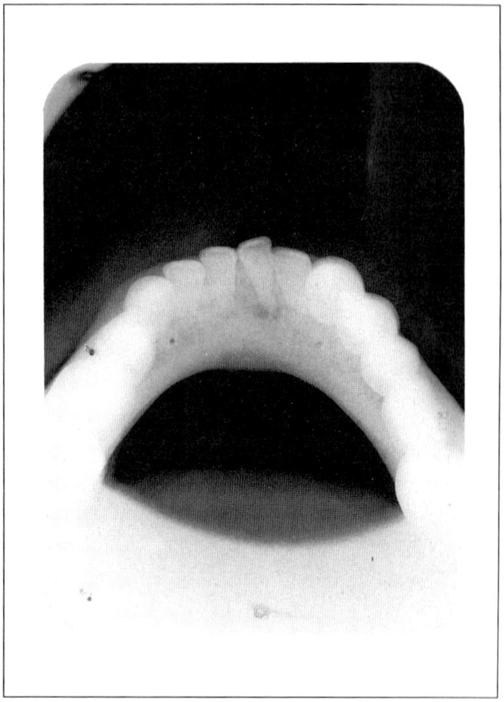

Abb. 128 d und e Ober- und Unterkieferaufbißaufnahmen

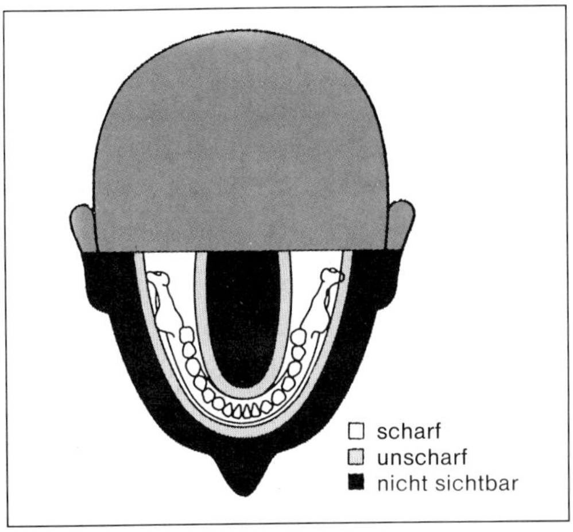

Abb. 129 a Die Schärfe- und Unschärfezonen bei der Panorama-Schichtaufnahmetechnik

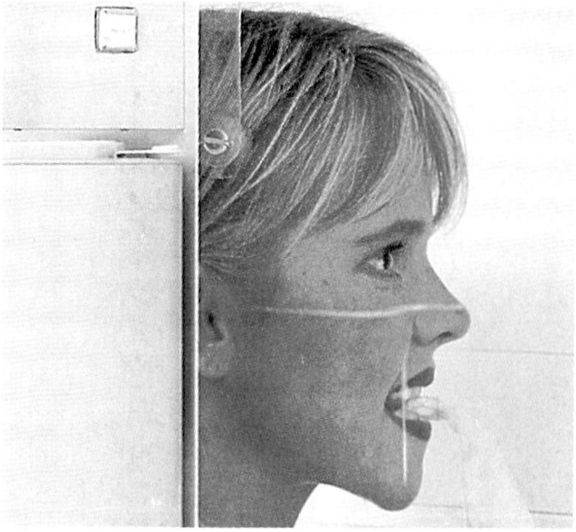

Abb. 129 b Lichtvisiere zum Einstellen der Schärfezone

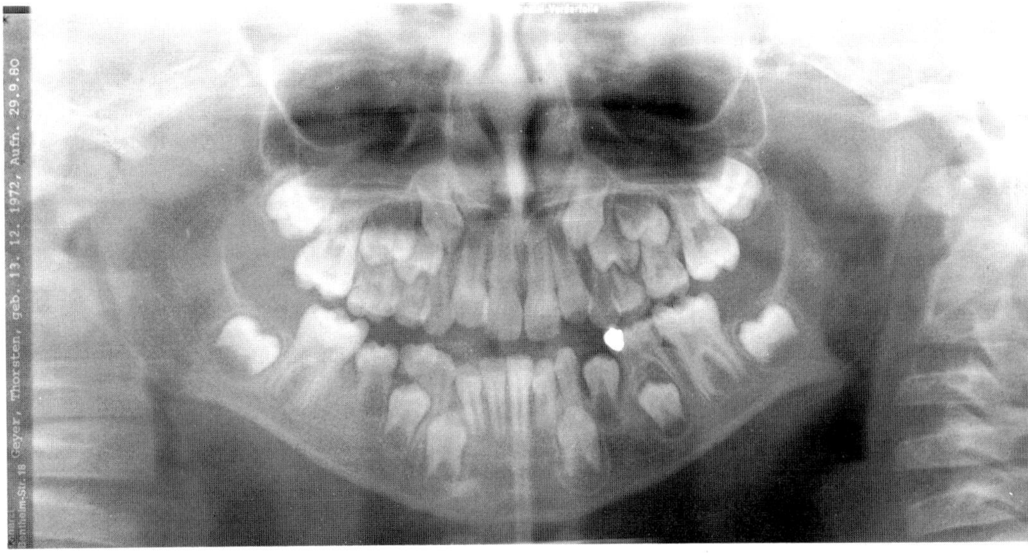

Abb. 129c Panoramaschichtaufnahme-Röntgenbild

Die extraoralen Aufnahmeverfahren

Wenn es darum geht, größere Bereiche aufzunehmen, die mit intraoralen Röntgenbildern nicht erfaßbar sind, kommen die extraoralen Aufnahmeverfahren zum Einsatz. Extraoral genannt, weil sich der Film außerhalb des Mundes in einer Kassette zwischen den Verstärkerfolien befindet.
Zu ihrer Anfertigung werden spezielle Röntgeneinrichtungen oder Einstellgeräte benötigt.

Die Panorama-Schichtaufnahme (Das Orthopantomogramm)

Alle Geräte basieren auf dem Prinzip, daß sich die Kassette mit dem Film und der Röntgenstrahler auf elliptischen Bahnen um den Kopf des Patienten herum gegeneinander drehen. Dabei kommt es durch Verwischung filmferner Bereiche zur Aufnahme der filmnahen Strukturen beider Kiefer in einer durch den Bahnverlauf vorgegebenen 9 bis 14 mm tiefen Schärfenzone (Abb. 129a).

Die Kunst bei der Anwendung der Panoramaschichtaufnahmetechnik liegt darin, den Kopf des Patienten mit Lichtvisieren oder anderen Einstellhilfen so einzustellen, daß die Zahnbögen in dieser Schicht liegen. Durch den großen Film-Zahnbogenabstand werden die Zähne vergrößert wiedergegeben (Abb. 129b und c).
Die Einstellregeln, die den Gebrauchs- und Betriebsanweisungen der Gerätehersteller zu entnehmen sind, müssen strikt eingehalten werden, weil schon geringe Abweichungen starke Verzeichnungen ergeben können.
Der Hauptvorteil der Panoramaschichtaufnahme liegt darin, daß sie eine umfassende Übersicht mit vielen Nebenbefunden bei geringer Strahlendosis ergibt. Ihr Nachteil ist der apparative Aufwand, und daß die Schärfe von intraoralen Aufnahmen nicht erreicht wird. Daraus ergibt sich ihr Einsatz in der Zahnarztpraxis. Wo es auf die Darstellung feiner Strukturen ankommt, in der apikalen und parodontalen Diagnostik z. B., haben die Einzelfilme ihre Vorteile. Wenn es bei Planungsaufgaben in der Prothetik oder Kieferorthopädie um

eine allgemeine Übersicht, um das Auffinden von Kieferbrüchen, raumfordernde Prozesse oder die Lagebestimmung retinierter Zähne im Unterkiefer geht, dann ist die Panoaufnahme angezeigt, die durch Einzelaufnahmen ergänzt werden kann. Durch Veränderung der Kopfstellung, der Bahnführung und der Bahnhöhe können mit Panoramageräten dieser Art auch Aufnahmen der Kiefergelenke und der Kieferhöhlen angefertigt werden.
Zur Anpassung der Strahlenqualität an den Patiententyp (Kind, Mann, Frau) können die Stromspannung (kV-Zahl) und zum Teil auch die Stromstärke (mA-Zahl) nach Tabellen oder Symbolen variiert werden.

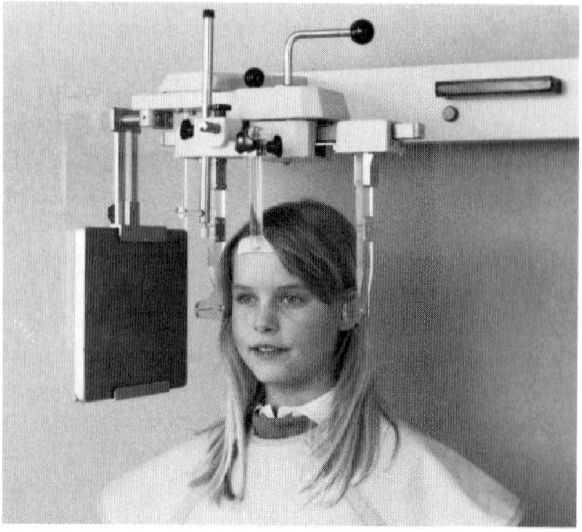

Abb. 130a Einstellung für eine Seiten(Profil)-Fern-Rö-Aufnahme

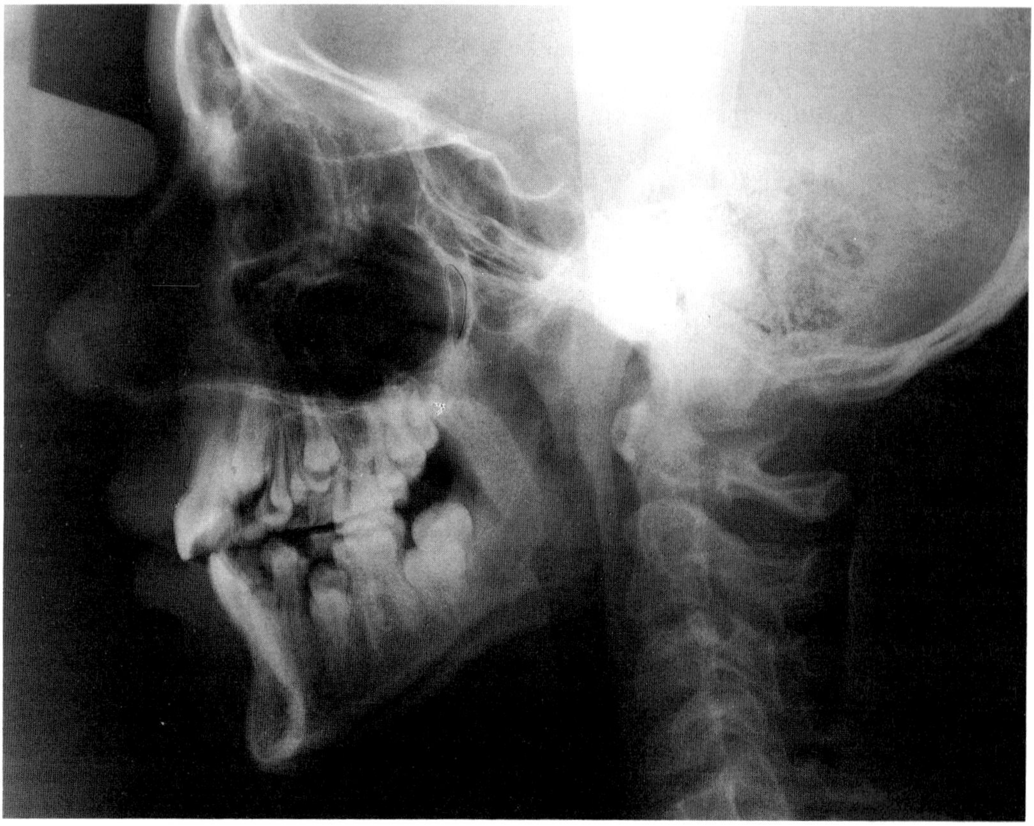

Abb. 130b Profil-Fern-Röntgenaufnahme

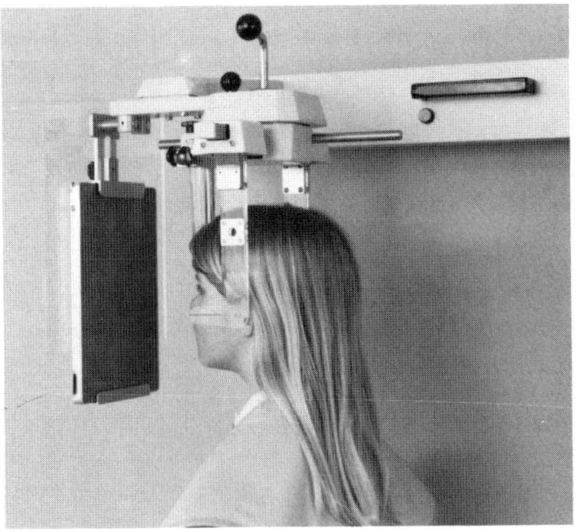

Abb. 131 Einstellung für eine posterior-anteriore Fernröntgenaufnahme

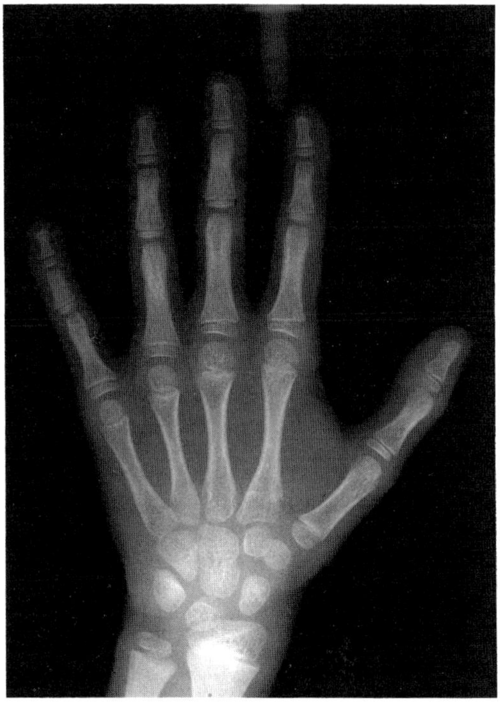

Abb. 132 Handaufnahme für den kieferorthopädischen Befund

Die Fernröntgenaufnahme

Die Fernröntgenaufnahme ist eine aus einer Entfernung von meistens 1,50 m aufgenommene seitliche Schädelaufnahme (Abb. 130a). Durch den weiten Abstand zwischen Strahler und Schädel und der Nähe des Kopfes zur Filmkassette ergeben sich annähernd größenrichtige und vermeßbare Röntgenbilder, die für die Befunderhebung in der Kieferorthopädie und der zahnärztlichen Prothetik benutzt werden. Mit Hilfe von speziellen Verlaufsverstärkerfolien oder metallischen Filtern läßt sich auch das Weichteilprofil erkennen (Abb. 130b). Die Fernröntgenaufnahme wird deshalb auch in der Kieferchirurgie vor profilverändernden Eingriffen, z. B. einer Progenieoperation, eingesetzt. Die Auswertung erfolgt mit Durchzeichnungen auf Transparentpapier. Die Mittelebene des Patientenkopfes wird mit einer Haltevorrichtung, dem Cephalostat, durch Einführen von Ohroliven in den Gehörgang parallel zur Filmkassette ausgerichtet und mit einer auf die Nasenwurzel geschobenen Stütze die Verbindung Nasensattel-Ohröffnung waagerecht eingestellt. Dadurch können spätere Aufnahmen auf dieser Linie überlagert und Veränderungen durch das Wachstum oder die Behandlung erkannt werden. Durch Drehen des Cephalostaten um 90° sind auch frontale Schädelaufnahmen möglich, mit denen z. B. die Kieferhöhlen oder Ursachen von Asymmetrien der Schädelhälften gesehen werden können. (Abb. 131). Für die Aufnahme müssen die kV-Zahl und die Belichtungszeit eingestellt werden, die in der Betriebsanleitung stehen.

Für die kieferorthopädische Wachstumsaussage werden mit dem Fernröntgengerät auch Aufnahmen der Handknochen und des Handgelenkes gemacht (Abbildung 132).

Heute werden für die Panoramaschicht- und die Fernröntgenaufnahmen meist kombinierte Geräte eingesetzt (Abb. 133).

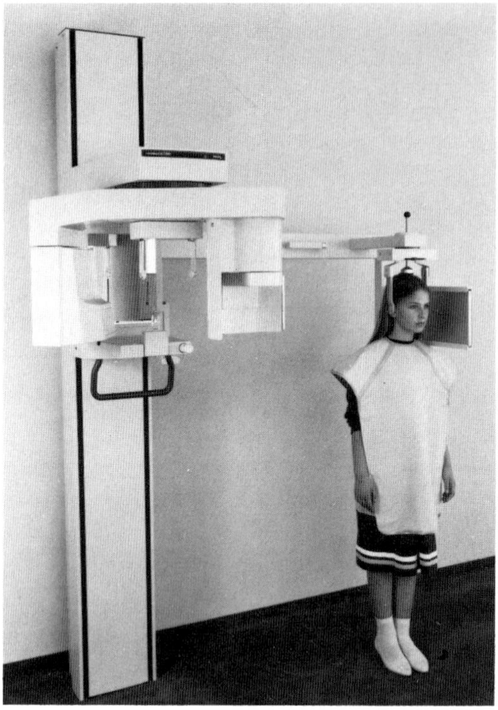

Abb. 133 Ansicht eines Panorama-Fernröntgengerätes

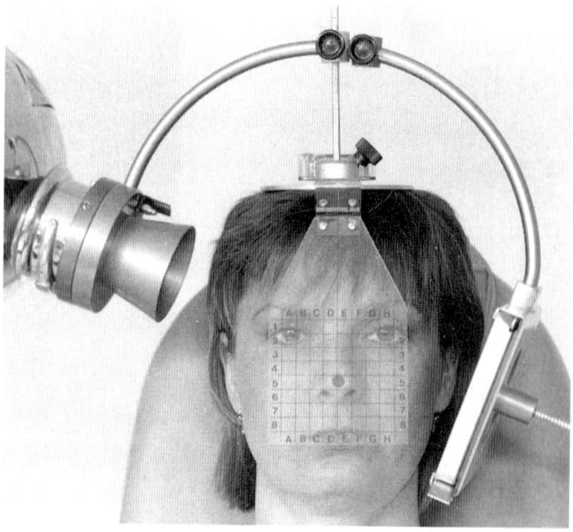

Abb. 134a Einstellung einer Kiefergelenkaufnahme

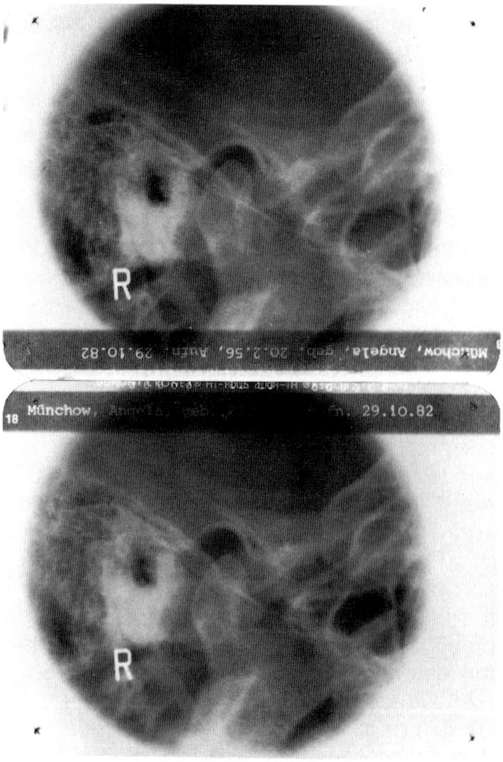

Abb. 134b Kiefergelenkaufnahme

Die Kiefergelenkaufnahmen

Zur Erkennung von Veränderungen der knöchernen Gelenkanteile können mit Dentalröntgenapparaten, die mit Einstellbögen verbunden werden, Übersichtsaufnahmen der Kiefergelenke aufgenommen werden. Die häufigste Einstellung ist die schräglaterale Projektion nach Schüller, bei der der Zentralstrahl so durch den Schädel geleitet wird, daß er durch die Achse der Gelenkwalze auf den Film trifft. Dabei werden 9 × 13-cm-Kassetten oder Doppelkassetten benutzt (Abbildung 134a und b).

Fragen zum Verständnis und zur Selbstkontrolle

Einstellregeln für intraorale Aufnahmen

28. Welches sind die Grundeinstellungen des Patientenkopfes vor Anfertigung einer Zahnfilmaufnahme?
29. Welches Hilfsmittel erleichtert das Halten des Zahnfilmes im Munde des Patienten?
30. Wie heißt die Einstellregel für die Rechtwinkeltechnik?
31. Wie heißt die Einstellregel für die Halbwinkeltechnik?
32. Wann wird die Abbildung der Zähne zu kurz? Wann werden sie zu lang wiedergegeben?
33. Welches sind die Einstellwinkel für
    a) Oberkiefer-Molaren?
    b) Oberkiefer-Prämolaren?
    c) Unterkiefermolaren?
34. Zu welchen Zwecken werden exzentrische Einstellungen benutzt?
35. Wofür werden Bißflügelaufnahmen gemacht?
36. Wofür werden die Aufbißaufnahmen angefertigt?

Die extraoralen Aufnahmeverfahren

37. Welchen Vorteil haben die Panoramaschichtaufnahmen gegenüber einem Zahnfilmstatus?
38. Haben sie auch Nachteile?
39. Warum werden Fernröntgenaufnahmen für die Kieferorthopädie gemacht?
40. Wozu werden Kiefergelenkaufnahmen gemacht?

(Die Antworten stehen auf Seite 222/223.)

Die Belichtung und Weiterverarbeitung

Die Menge der Röntgenstrahlen, die auf einen Film fallen, muß zur Erzielung einheitlicher Ergebnisse immer gleich sein. Weil die Stromstärke und die Stromspannung bei den meisten Zahnfilmgeräten festgelegt sind, lassen sich bei ihnen die unterschiedlichen Objektdichten und Netzspannungsschwankungen nur durch eine Anpassung der Belichtungszeit ausgleichen. Das geschieht bei diesen Apparaten vorwiegend mit elektronisch gesteuerten Zeitschaltern, auf denen der aufzunehmende Bereich mit Hilfe von Beschriftungen oder Symbolen eingestellt wird. (Objektwahlschalter).
Bei neueren Geräten können verschiedene Spannungswerte zur Anpassung an die Indikation gewählt werden. Ihre Belichtungsautomaten regulieren auch die Stromspannung zur Optimierung der Dosis und der Bildqualität.

Die Bildentstehung und Entwicklung

Trifft bei der Aufnahme Röntgenstrahlung auf Silberbromidkristalle in der Filmemulsion, wird diese Verbindung in den getroffenen Kristallen durch Energieaufnahme gelöst (latentes Bild) und im Entwickler endgültig chemisch getrennt. Dabei entsteht das metallische, schwarze Silber, das in verschiedenen Schwärzungsstufen (Kontrasten) je nach Dichte des durchstrahlten Gebietes das Röntgenbild aufbaut.

Hohlräume und Muskulatur lassen mehr Strahlung auf den Film treffen als Knochen oder Zähne. Im Bereich von Metallfüllungen oder -kronen erreicht keine Strahlung den Film, es erfolgt keine Silberabspaltung, und der Film bleibt an diesen Stellen nach Abschluß der Weiterverarbeitung transparent.

Das Fixierbad löst die unbelichteten Kristalle aus den Filmschichten heraus und härtet die Schutzschicht wieder. Dabei sammeln sich im Fixierbad Silbersalze an. Es muß sicher verhindert werden, daß das damit angereicherte Fixierbad in das Abwasser gelangt und hier unlösliche giftige, umweltschädigende Verbindungen eingeht, die über die Nahrungskette in Lebensmittel gelangen könnten. Darum müssen verbrauchte Fixierbäder und Entwicklerbäder getrennt in Kanister abgelassen und von einem dafür von der zuständigen Behörde zugelassenen Entsorgungsunternehmen entsorgt werden. Wenn der Film das Fixierbad durchlaufen hat, kann er bei Licht betrachtet werden.

Durch die anschließende Wässerung werden alle verbliebenen Chemikalien ausgewaschen.

Nach dem abschließenden staubfreien Trocknen sind die Filme archivfähig.

Dieser Gesamtvorgang wird das Entwickeln genannt.

Damit die Lösungen die Emulsion gut durchtränken und ihre chemischen Reaktionen entfalten können, müssen die Bäder über eine ausreichende Zeit und Temperatur einwirken. Dabei werden sie verbraucht. Eine rechtzeitige Erneuerung oder die Zugabe von Regenerierlösung sichert eine gleichbleibende Bildqualität. Bei zu kurzer oder zu kalter Entwicklung werden nicht alle belichteten Partien voll ausentwickelt, und die Aufnahme sieht blaß aus.

Ist das Bad zu warm oder wird der Film darin zu lange belassen, wird das Bild zu dunkel, weil auch nicht belichtete Partien geschwärzt werden. Mit Farmerschem Abschwächer kann die Aufnahme wieder aufgehellt werden. Durch zu kurzes Belichten (Unterbelichtung) oder kalte Entwicklerlösung zu hell gewordene Aufnahmen sind verdorben.

Eine zu kurze oder zu kalte Fixierung oder Wässerung ergibt nichtarchivfähige Filme, die sich nach einiger Zeit braun oder mehrfarbig verfärben.

Bei zu langer oder zu warmer Wässerung kann die Haftschicht gelöst werden, und die ganze Emulsion schwimmt vom Träger ab.

Das Entwickeln kann in einer lichtdichten Dunkelkammer manuell oder in Halb- bzw. Vollautomaten geschehen.

Bei der Handentwicklung in Schalen oder Tanks soll die Entwicklungszeit bei 20° C 4 Minuten betragen. Für jeden Temperaturgrad mehr oder weniger muß die Entwicklungszeit um eine halbe Minute verkürzt bzw. verlängert werden. Eine anschließende 15 bis 20 Sekunden dauernde Zwischenwässerung soll eine Verschleppung von Entwicklerlösung in das Fixierbad vermeiden. Schlimmer ist ein Übertragen von Fixierbad in den Entwickler, weil der dadurch zerstört wird.

Darum soll beim Ansetzen frischer Lösungen für Tankanlagen immer zuerst das Fixierbad eingefüllt werden, um ein Überspritzen in den Entwickler sicher zu vermeiden.

Im Fixierbad bleibt der Film die doppelte Zeit, und das Wässern soll wenigstens 10 Minuten in fließendem Wasser betragen.

Das abschließende Trocknen in staubfreier Luft macht die Filme archivfähig.

Durch eine höhere Konzentration der Chemikalien und Erhöhung der Badtemperaturen verlaufen die Entwicklungsschritte in Entwicklungsmaschinen schneller, und der Film kann schon nach wenigen Minuten beurteilt werden.

Tabelle 11 Fehlerquellen bei Röntgenaufnahmen

Erscheinungsform des Fehlers	Ursachen
„Tubusschatten“: Teilkreisförmige Bildbegrenzung eines unbelichteten Filmteiles	Zentralstrahl war nicht auf die Filmmitte gerichtet
Teilkreisförmige Bildbegrenzung mit schwacher Zeichnung (Eckzahnbereich)	Röntgenschatten einer Brille
Gradlinig begrenzter Filmabschnitt ohne Schwärzung (klar-durchsichtig)	Fehlende Entwickler-Tankfüllung
Gradlinig begrenzter Filmabschnitt mit grau-grüner Färbung	Fehlende Fixierbadfüllung
Schwache Zeichnung, Film zu hell: „flaues Bild“	Unterbelichtung: a) Entwickler verbraucht oder zu kalt b) zu kurz entwickelt c) Film zu alt, überlagert
Schwache Zeichnung mit geometrischem Muster	Film von der Rückseite belichtet
Film zu dunkel	Überbelichtung: a) Entwickler zu warm b) Entwickler zu konzentriert c) zu lange entwickelt d) Film durch Röntgenstrahlung oder Licht vorbelichtet
Film verschleiert, unscharfe Zeichnung, Verfärbungen	a) Verbrauchte Lösungen b) Zu kurz fixiert b) Zu wenig gewässert d) Entwickler durch Fixierbad verunreinigt e) Dunkelkammer nicht lichtdicht f) Falsche Dunkelkammerlampe
Streifen auf dem Film	a) Verunreinigte Filmklammern b) Knickung des Filmes im Munde c) Elektrische Entladungen
Flecken auf dem Film	Wasserspritzer sind vor der Entwicklung auf den Film gelangt
Luftbläschen (helle Kreise)	a) Spritzer von Entwickler (dunkle Flecken), von Fixierbad (helle Flecken) b) Zusammengeklebte Filmteile c) Fingerabdruck
Kratzer, Schrammen	Mechanische Verletzungen der Filmoberfläche
Zähne zu kurz	Zu steiler Zentralstrahl
Zähne zu lang	Zu flacher Zentralstrahl
Doppelbilder	a) Doppelbelichtung b) Verwackelung (Rö.-Stativ) c) Bewegungsunschärfe (Patient)
Bei Panorama-Schichtaufnahmen:	
Frontzähne zu kurz, unscharf; Bild zu schmal	Zähne standen vor der Tiefenschicht
Frontzähne zu lang; Bild zu breit	Zähne standen hinter der Tiefenschicht
Frontzahnbereich zu blaß	Halswirbelsäule nicht gestreckt
Zahnbogen nach oben gewölbt	Kopf zu weit nach hinten geneigt
Zahnbogen nach unten geneigt	Kopf zu weit nach unten geneigt

Fragen zum Verständnis und zur Selbstkontrolle

Belichtung und Weiterverarbeitung

41. In welcher Reihenfolge muß ein Röntgenfilm die Bäder zu seiner Entwicklung durchlaufen?
42. Wozu dient das Fixierbad?
43. Wie wird die Dunkelkammerlampe überprüft?
44. Wie entsteht die teilkreisförmige, unbelichtete Bildbegrenzung?
45. Wann wird eine Aufnahme zu dunkel, wann zu hell?
46. Wodurch entstehen Streifen auf dem Film?
47. Warum wird ein Film nach einiger Zeit braun?
48. Wie müssen verbrauchte Fixier- und Entwicklerbäder entsorgt werden?

(Die Antworten stehen auf Seite 223.)

Kennzeichnung und Aufbewahrung der Röntgenaufnahmen

Die Archivierung

Von der Belichtung an muß jede Aufnahme verwechslungsfrei dem Patienten zugeordnet werden können und bei Bedarf ohne Verzögerung zur Hand sein.
Die Zahnarzthelferin hat dabei die Aufgabe:

- die Filme zu kennzeichnen,
- einzuordnen und sie in der dafür vorgesehenen Weise
- aufzubewahren.

Die Zuordnung und Archivierung sollte sofort nach der Trocknung erfolgen, um Verwechselungen sicher auszuschließen.
Vor der Belichtung können kleine Blechbuchstaben und Ziffern auf die kauflächen- bzw. schneidennahe unbedruckte Seitenkante des Zahnfilmpäckchens aufgesteckt und auf den Film mitbelichtet werden (Abb. 135a und b).
Für den fertigen Film gibt es wasserfeste Stifte zum Beschriften. Wichtig ist, daß das unmittelbar nach der Trocknung geschieht und nicht Tage später versucht wird, wenn die Erinnerung verblaßt ist.

Abb. 135a Metallbuchstabenset

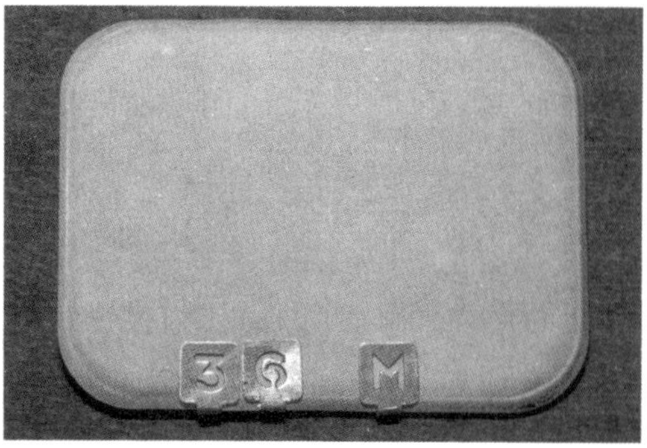

Abb. 135b Aufgesteckte Metallbuchstaben

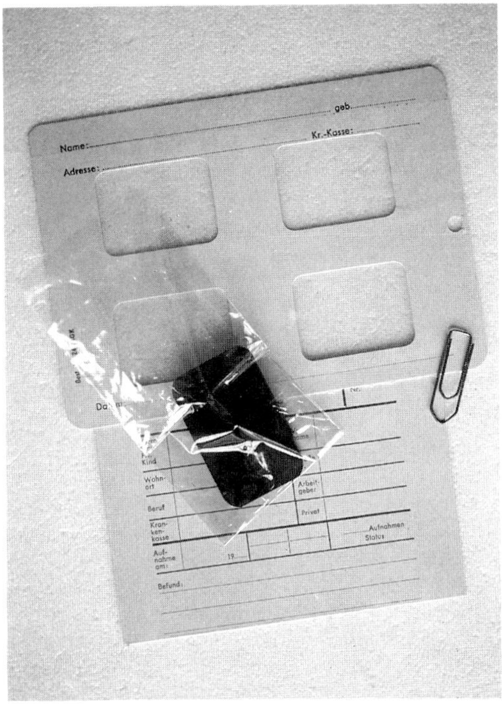

Abb. 136a Ungeeignete Aufbewahrungshilfen

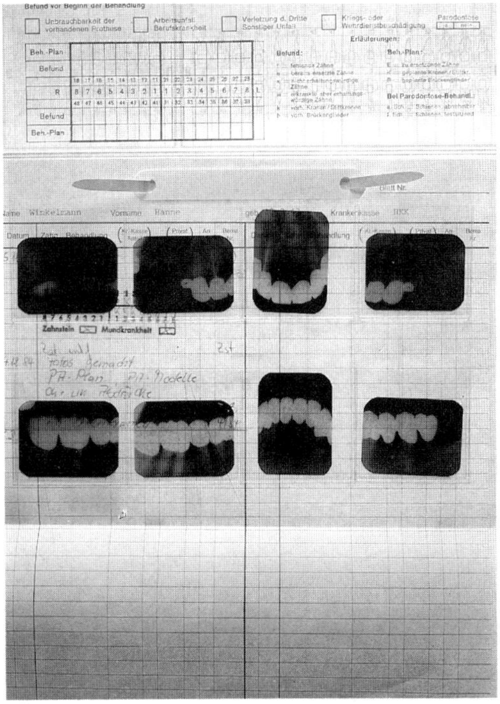

Abb. 136b Beispiel für gute Archivierung

Andere Methoden verwenden Numerierungen, Beschriftungsfolien oder Signierzangen.

Es ist darauf zu achten, daß mit der Kennzeichnung keine bildwichtigen Partien verdeckt werden.

Die gekennzeichneten Aufnahmen müssen nach einem in der Praxis bewährten System eingeordnet werden. Völlig ungeeignet sind kleine Tütchen, Einsteckkarten für einzelne Filme oder gar das Zusammenheften mit Büroklammern (Abbildung 136a).

Am sichersten ist das fortlaufende Einstecken in Plastikfolientaschen, die das Betrachten in Lang- und Querformat gestatten und in der Karteitasche abgeheftet werden können (Abb. 136b). Bei derart abgelegten Aufnahmen ist es dann möglich, auch einen kompletten Röntgenstatus mit einem Blick zu übersehen. Wichtig ist es, die Bilder in der richtigen Reihenfolge und formatentsprechend einzuordnen (Abb. 137a und b).

Dabei muß die Helferin aber darauf achten, daß es zu keiner Verwechslung der Kieferhälften kommt. Wenn bei der Aufnahme der kleine Hilfspunkt immer kauflächen- bzw. schneidenwärts gelegen hat, brauchen die Bilder nur noch so sortiert zu werden, daß die Erhebung des Punktes der Helferin zugewandt ist (siehe Abbildung 126a bis c).

Für die extraoralen Aufnahmen gibt es spezielle Beschriftungsgeräte (Scribor), mit denen die Daten vor der Entwicklung auf den Film belichtet werden (Abbildung 138).

Die Seitenbezeichnung wird mit einem umgekehrt auf die Kassette geklebten Metallbuchstaben angegeben (Abbildung 139).

Diese Großaufnahmen kommen in passenden Plastikhüllen zur Aufbewahrung.

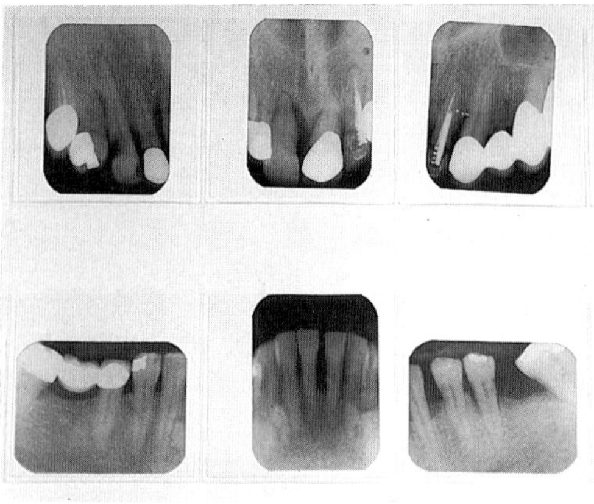

Abb. 137a Übersichtliche Einordnung der Aufnahmen

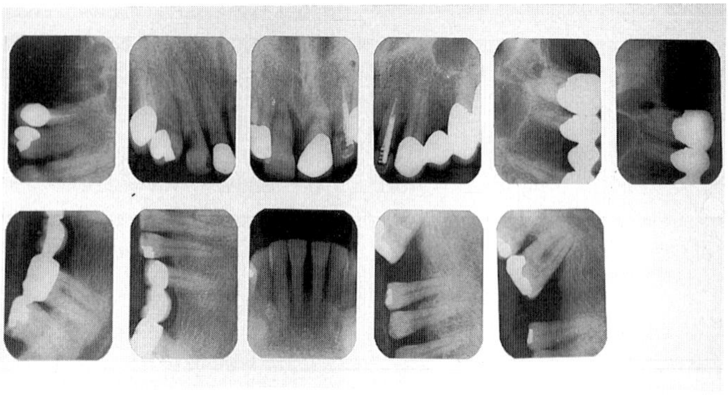

Abb. 137b Falsche, unübersichtliche Einordnung der Aufnahmen

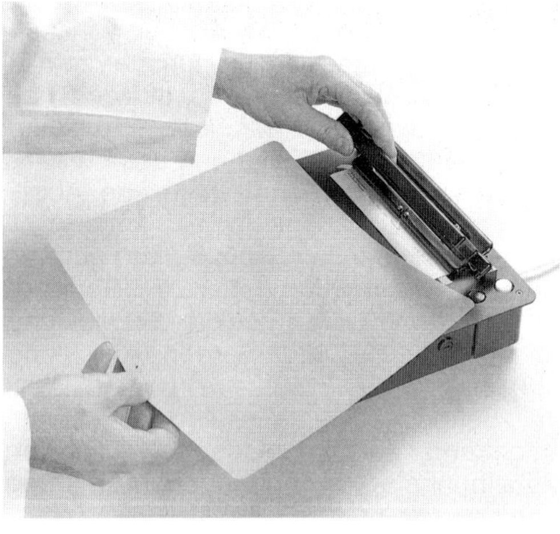

Abb. 138 Beschriftungsautomat für größere Filmformate (Scribor)

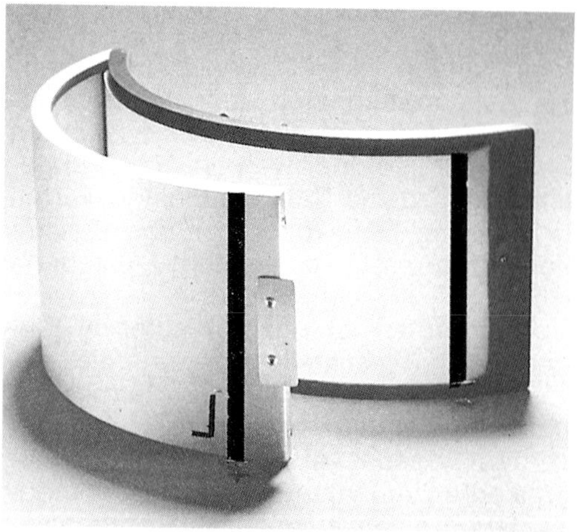

Abb. 139 Panoramafilm-Kassette mit Seitenbezeichnung L = links

Mit einer Zick-Zack-Schere in der Längsmitte durchgeschnittene und mit Tesafilm wieder zusammengefügte Panoramaaufnahmen passen, zusammengefaltet, in die Karteitasche.

Ein Röntgenbuch, in dem alle Aufnahmen mit Patienten-, Aufnahmebereichs- und fortlaufende Datumangabe vor der Entwicklung eingetragen werden, ist eine zusätzliche Unterstützung einer sicheren Archivierung.

Fragen zum Verständnis und zur Selbstkontrolle

Kennzeichnung und Aufbewahrung der Röntgenaufnahmen

49. Welche Kennzeichnungsmöglichkeiten für Zahnfilme kennen Sie?
50. Wie werden extraorale Aufnahmen gekennzeichnet?
51. Worin können Zahnfilme sicher und zugriffsschnell aufbewahrt werden?
52. Womit kann die Archivierung unterstützt werden?

(Die Antworten stehen auf Seite 223.)

Röntgenanlagenbücher
(Sammelordner für Röntgenunterlagen)

Es ist zweckmäßig, die für die Aufzeichnung erforderlichen Daten zusammen mit den übrigen nach den Bestimmungen der Röntgenverordnung und den hierzu erlassenen Richtlinien aufzubewahrenden Unterlagen in einem Anlagenbuch zusammenzufassen und gesammelt aufzubewahren.

Im Röntgenanlagenbuch für die jeweilige Röntgeneinrichtung sind aufzunehmen:

Unterlagen von allgemeiner Bedeutung
- Text der Röntgenverordnung,
- Genehmigungsbescheid nach § 3 RöV oder Bestätigung der vollständigen Anzeige nach § 4 RöV,
- wenn eine Bauartzulassung erteilt ist: Abschrift des Zulassungsscheins und der Betriebsanleitung nach § 9 Nr. 5 RöV,
- Abschrift der Anzeige mit Abschrift der Bescheinigung einschließlich des Prüfberichtes des von der zuständigen Behörde bestimmten Sachverständigen nach § 4 Abs. 1,
- letzter Prüfbericht nach § 18 Nr. 4 RöV.

Für Röntgeneinrichtungen zur Untersuchung des Menschen
- Ergebnisse der ersten Abnahmeprüfung und der Abnahmeprüfungen nach wesentlichen Änderungen nach § 16 Abs. 1

Belehrung der Mitarbeiter gem. § 36 der Röntgenverordnung

Diese Belehrungen sind halbjährlich zu wiederholen und von der belehrten Person mit Datumsangabe zu unterzeichnen und fünf Jahre aufzubewahren.

Frau ....

wurde über die Arbeitsmethoden, die möglichen Gefahren, die anzuwendenden Schutzmaßnahmen, den für ihre Tätigkeit wesentlichen Inhalt der Röntgenverordnung belehrt. Die halbjährliche Wiederholung wurde von ihr mit Datumsangabe auf der Rückseite bestätigt.

1. Es wird bestätigt, daß die erforderlichen Kenntnisse im Strahlenschutz erworben wurden und das von der nach Landesrecht zuständigen Stelle bescheinigt worden ist (gültig ab 1. 1. 1991).
2. Die Anordnung zur Durchführung einer Röntgenuntersuchung muß in jedem Fall durch mich als dem Strahlenschutzverantwortlichen oder einem von mir eingesetzten Strahlenschutzbeauftragten erfolgen.
3. Patienten müssen befragt werden, ob und wann in dem aufzunehmenden Bereich Röntgenaufnahmen angefertigt worden sind.
4. Weibliche Patienten in gebärfähigem Alter sind nach bestehender oder vermuteter Schwangerschaft zu befragen. Die Antworten zu 3. und 4. sind aufzuzeichnen.

   Soweit nicht mit Standarddaten (festliegende Werte) gearbeitet wird, müsen die Abweichungen ebenfalls aufgezeichnet werden.
5. Die Patienten sind nach dem Röntgennachweisheft zu fragen. Angaben zum aufgenommenen Bereich sind darin mit Datumsangabe und evtl. Abweichungen von den Standarddaten einzutragen.
6. Den Patienten sind bei allen Röntgenaufnahmen die Röntgenschutzschürze bzw. das Schutzschild anzulegen.
   Bei vermuteter oder bestehender Schwangerschaft sind alle Schutz- und strahlenverringernde Maßnahmen besonders sorgfältig durchzuführen.
7. Während der Aufnahme darf sich kein Praxisangehöriger im Kontrollbereich aufhalten. Dieser gekennzeichnete Bereich umfaßt einen Umkreis von wenigstens 1,50 m um das Röntgengerät.
8. Zahnfilme nie selbst halten, sondern wo immer möglich, Zahnfilmhalter benutzen. In Ausnahmefällen sollen sie von einer Begleitperson gehalten werden.
9. Die Auflagen des § 16 RöV zur Qualitätssicherung müssen einschließlich der Aufzeichnungen gewissenhaft durchgeführt werden.
10. Die Röntgenchemikalien sind nach Gebrauch so zur Entsorgung bereitzuhalten, daß die gesetzlichen Auflagen eingehalten werden können.

Datum — Unterschrift der belehrten Person

Unterschrift des Strahlenschutzverantwortlichen

bzw. erneuter Überprüfung nach § 18 Nr. 4,
- die für die Anlage festgelegten Standarddaten,
- Ergebnisse der Wartung und Instandsetzung einschließlich der dazu durchgeführten Messungen (z. B. im Serviceschein) mit Angabe der Person, die die Arbeiten durchgeführt hat,
- Datum und Ergebnisse der Konstanzprüfung,
- Ersatz von Anlagenteilen.

Hinweis:

Für die Konstanzprüfung der Filmverarbeitung und deren Ergebnisse können Röntgenanlagenbücher oder Protokolle gesondert geführt werden (Anlagenbuch für Entwicklungsmaschinen).

Für die Führung des Röntgenanlagenbuches wird im einzelnen folgendes empfohlen:

- Das Anlagenbuch sollte als Loseblattsammlung im DIN-A-4-Format geführt werden. Die einzelnen Abschnitte sind am Rande zu vermerken.
- Das Vorblatt des Anlagenbuches (Anlagenstammdaten) ist gleichzeitig als Erfassungsbogen für das Bestandsverzeichnis anzusehen.
- Im Röntgenanlagenbuch sind nur solche Angaben aufzunehmen, die von der Röntgenverordnung oder den zur Röntgenverordnung erlassenen Richtlinien gefordert werden.
  Gegen die Aufnahme zusätzlicher Daten, die im Einzelfall strahlenschutz- oder sicherheitsrelevant sind, bestehen keine Bedenken, wenn sie getrennt aufgeführt werden.
- Das Anlagenbuch ist bis zur endgültigen Aussonderung der Anlage lückenlos zu führen und bei der Anlage aufzubewahren.

Antworten zu den Fragen auf Seite 190 „Entstehung der Röntgenstrahlen, physikalische Eigenschaften und biologische Wirkungen“

1. Röntgenstrahlen unterscheiden sich durch ihre kurze Wellenlänge und ihre Energie von den Lichtstrahlen. Diese Eigenschaften befähigen sie, in Materie oder Gewebe einzudringen.
2. Röntgenstrahlen geben im Gewebe Energie ab und bewirken dadurch schädliche biochemische Veränderungen (Ionisation, Anregung).
3. Nutzstrahlung.
4. Streustrahlen sind die beim Auftreffen von Röntgenstrahlung auf Materieteilchen entstehenden Röntgenstrahlen.
5. Die Strahlenstärke nimmt mit dem Quadrat der Entfernung von der Strahlenquelle ab. Darum ist Abstand der beste Strahlenschutz.
6. Röntgenstrahlen können in den Zellkernen die Erbsubstanz schädigen oder zerstören. Keimgewebe und die Leibesfrucht sind besonders strahlenempfindlich und müssen deshalb sicher vor der ionisierenden Wirkung der Röntgenstrahlen geschützt werden.
7. Die Verordnung zum Schutz vor Schäden durch Röntgenstrahlen (RöV).

Antworten zu den Fragen auf Seite 196 Röntgenverordnung

8. Röntgenstrahlen sind sehr kurzwellige, energiereiche elektromagnetische Strahlen, die die Erbsubstanz schädigen oder zerstören können.
9. Die Anordnung darf nur durch eine Person erteilt werden, die zur Ausübung des ärztlichen oder zahnärztlichen Berufes berechtigt ist und die

den Nachweis der für den Strahlenschutz erforderlichen Fachkunde besitzt.
10. Helferinnen, die die erforderlichen Kenntnisse im Strahlenschutz haben. Ab 1991 müssen diese durch die zuständige Behörde bescheinigt sein.
11. Nach früheren Aufnahmen im Aufnahmebereich.
Weibliche Personen im gebärfähigen Alter nach einer bestehenden Schwangerschaft.
Nach dem Röntgennachweisheft (Rö.-Paß).
12. Die Schoßregion mit den Keimdrüsen.
13. Bei Schwangeren und Kindern.
14. Ein Abstand von 1,50–2,00 m vom Röntgengerät.
15. Schutzschürze und Schutzschild mit 0,4 mm Bleigleichwert.
16. In Richtung zum Strahler.
17. Ein ausreichender Abstand (außerhalb der Kontrollzone).
18. Die genaue Einstellung, empfindliche Filme, Zahnfilmhalter, Verstärkerfolien bei extraoralen Aufnahmen, fehlerfreie, zuverlässige Aufbewahrung.
19. Röntgenaufnahmen vom Prüfkörper als Vergleichsaufnahme für die monatliche Konstanzprüfung.
20. Die Aufnahme mit dem Prüfkörper mit allen in der Praxis betriebenen Röntgengeräten, mindestens monatlich.
21. Ob die erforderliche Bildqualität erreicht wird.
22. Mit einer Konstanzprüfungsaufnahme jeweils am Arbeitswochenanfang und nach Neuansatz der Lösungen.

Antworten zu den Fragen auf Seite 200 „Anwendung der Röntgenstrahlen“

23. Aus der Röntgenröhre als Strahlenquelle, dem Transformator für die hohe Spannung von 50–80 kV, dem Strahlenfilter von 2 mm Aluminium zur Erzielung einer gleichmäßigen Strahlenqualität und dem Tubus mit der Strahlenblende zur Ausrichtung der Nutzstrahlung.
24. Die intraoralen Zahnfilmaufnahmen und die extraoralen Kassettenaufnahmen, die mit Verstärkerfolien arbeiten und durch Verkürzung der Belichtungszeit die Strahlenbelastung erheblich verringern.
25. Den 2 × 3-cm-Kinderfilm, das 3 × 4-cm-Standardformat, die Aufbißfilme 4 × 5 und 5,7 × 7,5 cm und die Bißflügelfilme.
26. Die unbedruckte, meist weiße Seite. Der Punkt soll zur Kaufläche oder zur Schneidekante liegen.
27. Die Verstärkerfolien leuchten beim Auftreffen von Röntgenstrahlung auf (fluoreszieren). Dadurch verkürzen sie die Belichtungszeit erheblich.

Antworten zu den Fragen auf Seite 213 „Die Einstellregeln für intraorale Aufnahmen“

28. In der Frontalansicht Augenverbindungslinie waagerecht, für Oberkieferaufnahmen die Verbindung Nasenunterkante-Ohröffnung, für Unterkieferaufnahmen Kinnfurche-Ohrläppchen horizontal.
29. Zahnfilmhalter.
30. Ein Zahn wird größenrichtig wiedergegeben, wenn er und der Zahnfilm parallel zueinander stehen, und der Zentralstrahl im rechten Winkel auf die Filmmitte trifft.
31. Ein Zahn wird größenrichtig wiedergegeben, wenn der Zentralstrahl in einem Winkel von 90° auf die Winkelhalbierende zwischen der Zahnachse und der Filmebene trifft.
32. Wenn der Einfallwinkel des Zentralstrahles auf die Winkelhalbierende zu klein (zu steil) ist. Wenn der Einfallwinkel zu groß (zu flach) ist.
33. a) ca. +35°, b) +45°, c) 0 bis −5°.
34. Zur Lokalisierung verlagerter Zähne, zur Darstellung hintereinander liegender Wurzelkanäle.
35. Zur Früherkennung der approximalen (Zahnzwischenraum-)Karies.
36. Beispielsweise zur Auffindung verlagerter Eckzähne im Oberkiefer oder zur Darstellung von Speichelsteinen in Unterkiefer.

Antworten zu den Fragen auf Seite 213 „Die extraoralen Aufnahmeverfahren“

37. Sie bieten eine gute Übersicht und decken viele Nebenbefunde auf. Die Strahlenbelastung ist erheblich geringer als bei einem Zahnfilmstatus (entspricht etwa 2 Zahnfilmaufnahmen).
38. Für Feinbefunde, z. B. in der Endodontie (sogen. Wurzelbehandlung), sind sie weniger geeignet.
39. Sie dienen der Ausmessung der Zahn-, Gebiß- und Schädelbeziehungen.
40. Zur Feststellung von Fehllagen des Kiefergelenkkopfes.

Antworten zu den Fragen auf Seite 216 „Belichtung und Weiterverarbeitung“

41. Entwicklerbad, (Zwischenwässerung), Fixierbad, Wässerung.
42. Zur Entfernung nicht belichteter Silbersalze und zur Aushärtung der Emulsion (Filmschicht).
43. Ein belichteter Zahnfilm (z. B. Prüfkörperaufnahme) wird vor seiner Entwicklung zur Hälfte mit einer lichtdichten Folie, z. B. Bleifolie aus dem Zahnfilmpäckchen, dicht bedeckt und eine Minute dem Licht der Dunkelkammerlampe ausgesetzt. Nach der Entwicklung müssen beide Hälften gleich sein. Ist die abgedeckte Hälfte dunkler, muß die Lampe überprüft werden.
44. Wenn der Zentralstrahl nicht auf die Filmmitte ausgerichtet war.
45. Eine Aufnahme wird zu dunkel, wenn sie überbelichtet wird, wenn sie zu lange oder in einem zu stark konzentrierten oder zu warmen Bad entwickelt wurde, wenn sie durch Streustrahlung z. B. oder ungeeignetes Dunkelkammerlampenlicht vorbelichtet ist oder wenn der Film stark überaltert ist.
    Zu hell wird sie, wenn der Film unterbelichtet ist, zu kurz oder in zu kalten oder verbrauchten Bädern entwickelt wird.
46. Durch unsaubere Filmklammern, schlechte Wässerung, zu schnelle Trocknung.
47. Wenn er schlecht oder in verbrauchtem Fixierbad fixiert und/oder zu kurz gewässert wurde.
48. Verbrauchte Fixier- und Entwicklerbäder müssen in getrennte Kanister aufgefangen und von dafür zugelassenen Entsorgungsfirmen entsorgt werden.

Antworten zu den Fragen auf Seite 219 „Kennzeichnung und Aufbewahrung der Röntgenaufnahmen“

49. Aufsteckbare Buchstaben und Ziffern, Beschriftungen.
50. Mit Beschriftungsbelichter, z. B. dem Scribor.
51. In fortlaufenden Klarsichttaschen in der Karteikarte.
52. Durch ein Röntgen(tage)buch.

Achtes Kapitel

Chirurgie

Dr. med. dent. Helmut Simon, Kaufbeuren

Einleitung

Das Entfernen schmerzender Zähne steht am Beginn der Zahnheilkunde. Dies zeigen zahlreiche Funde von Extraktionszangen aus früheren Jahrhunderten (Abbildung 140). Die Chirurgie ist also der älteste Zweig der Zahnmedizin, denn Zahnersatz, Zahnerhaltung und Kieferorthopädie haben sich erst viel später entwickelt. Wenn diese inzwischen auch immer mehr an Bedeutung gewonnen haben und die Haupttätigkeit des Zahnarztes nicht mehr nur aus dem geschickten Umgang mit Zange und Hebel besteht, so bleibt der chirurgische Eingriff zur Schmerzbeseitigung doch eine der wichtigsten Aufgaben in der Praxis.

1. Grundbegriffe

Für viele Helferinnen ist die Chirurgie der attraktivste Teil ihres Berufes, vor allem, weil dieses Aufgabengebiet am interessantesten wirkt und stets mit einem Hauch von „großer Medizin" umgeben ist. Außerdem wird bei einer Operation die Hilfeleistung für den Patienten offensichtlicher als bei anderen Behandlungsmaßnahmen. Die Helferin „sieht" auch mehr und kann bei der Assistenz ihre Fertigkeiten voll zum Einsatz bringen. Um diese Fähigkeit der Operationshilfe zu erreichen, muß die Auszubildende sich allerdings eine Fülle von Kenntnissen über dieses Teilgebiet der Zahnmedizin aneignen. Dazu gehört in erster Linie die Beherrschung der Fachsprache, die in der Chirurgie verwendet wird.

Die Helferin muß wissen, daß die operative Tätigkeit des Zahnarztes nach zwei verschiedenen Gesichtspunkten eingeteilt wird:

1. Ambulante[1] und stationäre[2] Eingriffe, das heißt in „leichtere" Behandlungen, nach denen der Patient wieder nach Hause geschickt werden kann (ambulante Therapie), und in Operationen, bei denen er im Krankenhaus („stationär") bleiben muß.

2. In septische und aseptische Eingriffe, das heißt, ob das Operationsfeld gesund und infektionsfrei („aseptisch", „bland[3]") ist oder ob sich dort bereits entzündliche Prozesse abspielen, es also infiziert („septisch") ist.

In der Zahnheilkunde kann eine Trennung nur nach den ersten beiden Unterscheidungsmerkmalen vorgenommen werden, wobei auch der Zustand des Patienten zu berücksichtigen ist. Eine normalerweise ambulant durchführbare Operation kann bei schlechter Verfassung des Patienten oder erhöhtem Risiko durchaus auch zu einer stationären Aufnahme zwingen.

Die Unterteilung in „septisch" und „aseptisch", die in der Allgemeinmedizin sehr

1 ambulant (lat.): „spazierengehend", d. h. nicht im Krankenhaus aufgenommen

2 stationär (lat.): „auf Station", d. h. im Krankenhaus(bett) aufgenommen

3 bland (lat.): „mild", reizlos, ruhig (ohne Bakterien)

Abb. 140 Zahnärztlich-Chirurgische Instrumente aus römischer Zeit

streng vorgenommen wird (getrennte Operationssäle!), läßt sich in der Zahnmedizin nicht durchführen, da nur wenige Eingriffe (z. B. Zahnentfernung bei kieferorthopädischer Behandlung) im völlig gesunden Gewebe vorgenommen werden. Bei den meisten anderen Operationen ist eine Infektion der Wunde nicht immer von vornherein auszuschließen, z. B. bei Entfernung eines verlagerten Zahnes. Grundsätzlich wird daher immer davon ausgegangen, daß bei jeder chirurgischen Tätigkeit in der Mundhöhle eine Einimpfung von vorhandenen Mikroben, der sog. „residenten[1] Flora", erfolgt. Deshalb ist darauf zu achten, daß nicht noch zusätzliche Krankheitserreger (als „transiente[2] Flora") durch zufälligen Kontakt eingebracht werden (siehe auch Kapitel „Hygiene", Seite 125ff.).

2. Zahnärztliche Operationen

Aufgaben (Ziele)

Bis vor etwa hundert Jahren beschränkte sich die chirurgische Zahnheilkunde im wesentlichen auf die Entfernung von Zähnen und die Eröffnung von Abszessen (Inzisionen). Nur ganz selten wagten sich Ärzte an größere Operationen im Kieferbereich, da wegen des schwierig einzusehenden Operationsgebietes und der großen Infektionsgefahr die Erfolgsaussichten sehr gering waren. Erst nach der Entdeckung der Schmerzausschaltung und der Einführung der Asepsis in der Praxis hat die Tätigkeit des Zahnarztes auf diesem Gebiet den heutigen Umfang erreichen können.

Heute umfaßt die zahnärztliche Chirurgie sowohl im ambulanten als auch im stationären Bereich eine immer größer werdende Zahl von Eingriffen, die teils in der Praxis vom Zahnarzt, teils in der Klinik vom Mund-Kiefer-Gesichtschirurgen bzw. Zahnarzt für Oralchirurgie durchgeführt werden. Die verbesserten Methoden der Schmerzausschaltung (Narkose, Lokalanästhesie) und der Operationstechnik ermöglichen unterstützende Behandlungen auch für andere Teilgebiete der Zahnmedizin:

- der längeren Zahnerhaltung dienen Wurzelspitzenresektionen (Apektomien) und Zahnfleischoperationen (Parodontalchirurgie) wie Taschenkürettagen, Zahnfleischentfernungen (Gingivektomien), Lappenplastiken usw.;
- den Halt von Zahnersatz unterstützen Verbesserungen des Prothesenlagers (präprothetische Chirurgie) wie Knochenglättungen, Mundvorhofplastiken, Beseitigung störender Schleimhautansätze, Einpflanzung von tragenden Gerüsten (Implantate) und Aufbau von Kieferkämmen (z. B. mit Hydroxylapatit);
- Behandlungsmaßnahmen in der Kieferorthopädie erleichtern Kieferkorrekturen (z. B. Progenieoperationen) und Operationen bei Lippen-, Kiefer-, Gaumenspalten.

Daneben dienen chirurgische Eingriffe noch

- der Beseitigung von krankhaften Zuständen im Zahn-, Mund- und Kieferbereich (Entfernung von Zähnen, Geschwülsten und Entzündungen);
- der Wiederherstellung der normalen Kaufunktion durch Behandlung von Kieferbrüchen (Schienung, Einrenkung usw.) und Kiefergelenkschäden.

1 resident (lat.): zurückbleibend, dauernd
2 transient (lat.): kurzdauernd, vorübergehend

Fragen zum Verständnis und zur Selbstkontrolle

Grundbegriffe und Operationen

1. Übersetzen Sie folgende Fachausdrücke!

a) bland	e) septisch
b) transiente Flora	f) Gingivektomie
c) residente Mikroben	g) Inzision
d) Apektomie	h) Implantat

2. Welche Methoden der Schmerzausschaltung kennen Sie?
3. Wie kann operativ das Prothesenlager verbessert werden?
4. Wann wird eine üblicherweise ambulant durchgeführte Operation stationär ausgeführt?
5. Durch welche chirurgischen Eingriffe kann der Zahn länger erhalten bleiben, auch wenn er bereits nicht mehr konservierend behandelt wird?
6. Nennen Sie Hemmungsmißbildungen im Bereich des Gesichts, die durch Spaltenoperationen beseitigt werden können!

(Die Antworten stehen auf Seite 271.)

Die Schmerzausschaltung

Aufgaben des Schmerzes

Überall im Körper gibt es feinste Verzweigungen von empfindlichen (sensiblen oder sensorischen) Nerven. In der Haut und in den Zähnen (im Zahnmark) sind diese kleinen Endigungen besonders zahlreich. Sie haben die Aufgabe, Reize aufzunehmen (als „Rezeptor[1]" zu wirken) und die Empfindung z. B. als Information „Schmerz" oder „Druck" zum Gehirn zu leiten. Dies geschieht nach Umschaltungen in verschiedenen Nervenknoten, den „Ganglien". Im Schmerzzentrum des Gehirns wird der ankommende Reiz verarbeitet und als unangenehme Schmerzempfindung oder Druck dem Bewußtsein zugeführt. Von dort werden dann die nötigen Abwehrreaktionen eingeleitet.

Dieser Vorgang erklärt die dreifache Bedeutung des Schmerzes für den menschlichen Körper:

1. Der Schmerz hat die Aufgabe, Alarm zu schlagen. Er macht bewußt: Etwas ist nicht in Ordnung!

2. Der Schmerz zeigt die Stelle der Gefahr; er gibt die Möglichkeit, die Ursache der Störung zu lokalisieren!

3. Der Schmerz weist in seiner unterschiedlichen Qualität (Heftigkeit, Dauer, Häufigkeit und Erscheinungsform) auf die Gründe und die Auslösung der Erkrankung hin.

1 Rezeptor (lat.): „aufnehmender Teil" eines Sinnesorganes (z. B. Zunge beim Geschmackssinn)

Ziele der Schmerzausschaltung

So unangenehm die Schmerzempfindung für den Menschen auch ist, so wichtig ist für Patient und Arzt ihre richtige Deutung. Daher geht es bei einer Behandlung nicht nur darum, diesen Reiz auszuschalten und seine Erscheinungsformen (Symptome) zum Verschwinden zu bringen, sondern seine Ursache (Causa) zu ergründen und – wenn möglich – zu beseitigen. Der Schmerz darf also nicht einfach „symptomatisch" bekämpft werden, sondern sein Vorhandensein muß „kausal" behandelt werden. Deshalb ist die Schmerzausschaltung in der zahnärztlichen Praxis immer nur Vorstufe einer Behandlung, um vorbeugend (präventiv, prophylaktisch) oder heilend (kurativ) Schäden zu vermeiden oder zu beheben.
Im einzelnen hat die Anästhesie folgende Ziele:

1. Bei schon vorhandenen Schmerzen eine Beruhigung des Patienten zu erreichen.

2. Dem Patienten die Angst vor den Schmerzen bei einem notwendigen Eingriff zu nehmen.

3. Dem Zahnarzt die Möglichkeit zu geben, die Behandlung des Patienten in aller Ruhe durchführen zu können.

4. Durch gezielte Schmerzbekämpfung vor und nach einem Eingriff (Prä- und Postmedikation) dem Patienten Erleichterung bei Wundschmerzen zu verschaffen.

Methoden der Schmerzausschaltung

Für die Anästhesie stehen verschiedene Verfahren zur Verfügung. Sie unterscheiden sich im wesentlichen darin voneinander, wo die Schmerzempfindung unterbrochen wird:
- im Gehirn durch Dämpfung des Schmerzzentrums (Analgesie) oder Ausschaltung des Bewußtseins (Narkose, Hypnose);
- außerhalb des Gehirns durch Unterbrechung der Nervenleitung (örtliche Betäubung = Lokalanästhesie) oder durch Reizung bestimmter Punkte (Akupunktur, Akupressur).

Im ersten Fall spricht man von „zentraler Anästhesie", im zweiten von „lokaler Anästhesie". Bei beiden Verfahren wird durch chemische und physikalische Reaktionen die Schmerzwahrnehmung „blockiert". Die genauen Vorgänge sind noch nicht restlos geklärt, man vermutet jedoch, daß durch Anlagerung bestimmter Substanzen an die Nervenverbindungen diese für eine gewisse Zeit ausgeschaltet werden.
Die Helferin muß die wichtigsten der heute gebräuchlichen Methoden kennen. Dazu gehören:
- als *zentrale Anästhesie:*
  die zentrale Analgesie,
  die intravenöse Kurznarkose,
  die Kombinationsnarkose (Intubationsnarkose);
- als *lokale Anästhesie:*
  die Oberflächenanästhesie,
  die Infiltrationsanästhesie (terminale Anästhesie),
  die Leitungsanästhesie (Stammanästhesie),
  die Akupunktur,
  die Akupressur.

Wenn auch die Helferin von allen genannten Verfahren in der Regel nur einige kennenlernen wird, so sollte sie doch über Anwendung und Gefahren Bescheid wissen.

Zentrale Anästhesie

Diese Art der Schmerzausschaltung ist die älteste Methode. Bereits 1842 hat der amerikanische Zahnarzt *Horace Wells* Lachgas zur Entfernung eines schmerzenden Weisheitszahnes angewendet. Nur wenig später (1844) entdeckte sein Kollege *Morton* die anästhesierende Wirkung des Äthers. Seit dieser Zeit ist die Narkose aus der Medizin nicht mehr wegzudenken. In der Zahnheilkunde wird heute die zentrale Anästhesie allerdings nur noch selten angewendet, da sie bei ihrer Durch-

führung ein geschultes und geübtes Team von Zahnärzten bzw. Ärzten verlangt.
Am ehesten wird in der Praxis die Analgesie mit Lachgas (Stickoxydul) durchgeführt, während die anderen Methoden dem Facharzt und der Klinik vorbehalten bleiben.
Allen Verfahren gemeinsam ist der Ablauf einer Narkose. Er läßt sich in fünf Phasen aufteilen:

1. Das Analgesiestadium

Nach der Verabreichung des Narkosemittels tritt eine Bewußtseinstrübung ein, die mit einer Verringerung der Schmerzempfindung (Analgesie) einhergeht. Dieser Zustand wird auch „pränarkotisches" oder „Rauschstadium" genannt. Die Reflexe des Patienten sind noch erhalten, aber bereits deutlich verlangsamt. Zuweilen ist gehobene Stimmung (Euphorie) als Begleiterscheinung zu beobachten.

2. Das Exzitationsstadium

Nach einer weiteren Gabe von Narkosemitteln wird ein Zustand starker Erregung erreicht. Damit keine Verletzungen durch heftige Körperbewegungen auftreten, muß der Patient am Operationstisch festgeschnallt sein. Das Bewußtsein ist jetzt bereits ausgeschaltet, die Reflexe sind „überschießend".

3. Das Toleranzstadium

Diese Phase bedeutet das eigentliche Operationsstadium, da sowohl das Bewußtsein erloschen ist als auch die Reflexe ausgeschaltet sind. Alle Schmerzwahrnehmungen sind beseitigt, der geplante Eingriff kann ohne Störung vorgenommen werden.

4. Das Asphyxiestadium

Würden weiter Narkosemittel zugeführt, käme der Patient über das Toleranzstadium hinaus. In dieser „Phase der Gefahr" können durch Ausschaltung auch lebensnotwendiger Hirnzentren Atemlähmung und Erstickung eintreten. Da alle Abwehrreaktionen ausgelöscht sind, kann sehr schnell der Tod die Folge sein, wenn nicht sofort Gegenmaßnahmen eingeleitet werden. Um dieses Risiko zu vermeiden, werden heute in den meisten Krankenhäusern Narkosen von Narkosefachärzten (Anästhesisten) durchgeführt. Dieser ist für die gesamte Dauer des Eingriffs für die Einleitung, Steuerung und Überwachung der Narkose verantwortlich und kontrolliert alle Geräte, die für die Schmerzausschaltung benötigt werden.

5. Die Reanimationsphase

Nach dem Ende der Operation (und der Narkose) werden alle aufgezählten Stadien „rückwärts" durchlaufen, bis der Patient „reanimiert" ist (aufwacht). Da dieser Vorgang oft nicht komplikationslos verläuft, ist die dauernde Überwachung seiner Körperfunktionen (Herz, Kreislauf, Atmung) notwendig. Deshalb verbringt der Patient diese Phase häufig in einem besonderen Raum unter dauernder Beobachtung („Reanimationsraum"). Auch die oft auftretenden Nachwirkungen der Narkosemittel (Übelkeit, Erbrechen, Schwindel, Benommenheit) machen diese Maßnahmen notwendig.

Analgesie mit Lachgas (Stickoxydul)

Lachgas wird zur zentralen Betäubung durch Inhalation verabreicht, der Patient atmet das Gas über eine Maske ein (Abb. 141). Dabei wird das Stickoxydul (N_2O, Distickstoffmonoxid) nicht in reiner Form verwendet, sondern stets mit Sauerstoff gemischt. Bei richtiger Konzentration (40–50% N_2O) wirkt Distickstoffmonoxid nur analgetisch (schmerzbetäubend), aber nicht narkotisch (einschläfernd). Es kommt beim Patienten nur zu einer Vorstufe der Narkose, dem sog. „pränarkotischen Stadium", das mit einer Herabminderung der Schmerzwahrnehmung und einer Bewußtseinstrübung einhergeht. Diese Phase der Analgesie muß unbedingt eingehalten werden, da es sonst zum Abgleiten in das Exzitationsstadium kommt. Dieser Zustand, der ab 70% Stickoxydul eintreten kann, birgt die Gefahr in sich, daß

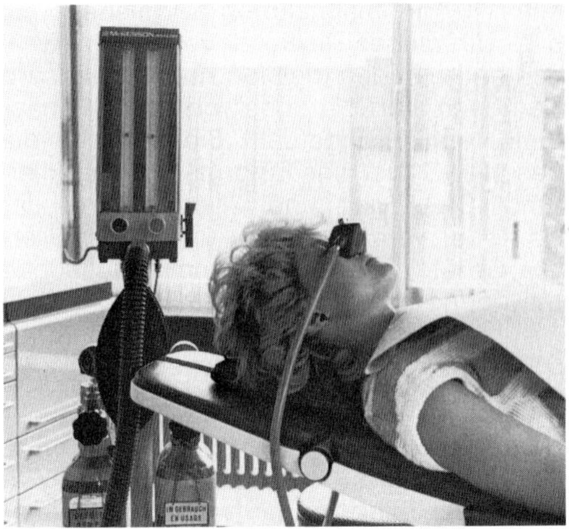

Abb. 141 Lachgasanalgesie

- es zu unbewußten Abwehrbewegungen des Patienten kommt, welche die Behandlung empfindlich stören oder gar unmöglich machen können;
- der Patient intensive Träume (u. U. mit sexuellen Inhalten) erlebt, die so stark sein können, daß sie für Realität gehalten werden und Anlaß für Beschwerden sein können;
- es bei weiterem Sauerstoffmangel zu völligem Bewußtseinsverlust und zur Hypoxie (zuwenig Sauerstoff im Gewebe) kommen kann, die bei längerem Andauern zu Schäden führen.

Als Vorsichtsmaßregel dürfen deshalb in der Praxis nur Analgesiegeräte verwendet werden, bei denen die richtige Lachgas-Sauerstoffmischung fixiert werden kann, damit nicht durch technische Mängel eine zu hohe Konzentration des Betäubungsmittels erreicht wird.

Neuroleptanalgesie

Eine spezielle Art der Analgesie ist die in der Klinik verwendete Neuroleptanalgesie. Dabei wird dem Patienten ein besonders stark wirkendes Analgetikum (z. B. Fentanyl) zusammen mit einem Psychopharmakon (z. B. Haloperidol) verabreicht. Durch die sich gegenseitig verstärkende Wirkung dieser Medikamente kann eine Schmerzausschaltung bewirkt werden. Wegen der Gefahr von starken Nebenwirkungen (z. B. Atemlähmungen) und der schlechten Steuerbarkeit eignet sich diese Kombinationsmethode nicht für die allgemeine zahnärztliche Praxis.

Inhalationsnarkose

Die dafür am häufigsten verwendeten Mittel sind:
- Äther,
- Halothan,
- Fluothan.

Die Inhalationsnarkose wird in reiner Form heute nur selten angewendet, häufiger ist die Kombination mit rektalen und Injektionsnarkotika. Die Einatmung geschieht wie bei der Lachgasnarkose über eine Atemmaske. Da dies im Mund-Kieferbereich für einen operativen Eingriff nur hinderlich wäre, wird fast ausschließlich die Kombinationsnarkose mittels Intubation (s. u.) für diese Zwecke eingesetzt.

Intravenöse Kurznarkose

Sie wird auch als „Kurz-" oder Ultrakurznarkose" bezeichnet, da ihr Wirkungseintritt nur Sekunden dauert und die beiden ersten Stadien der Analgesie und Exzitation im Erscheinungsbild „übersprungen" werden. Nach der Verabreichung der Narkotika (Evipan, Epontol, Trapanal, Inactin usw.) durch intravenöse Injektion kann das Toleranzstadium für 2–20 Minuten Dauer (je nach Dosis) gehalten werden. Allerdings ist diese Narkose
- nicht steuerbar,
- mit der Gefahr von Nebenwirkungen (Kehlkopfkrampf, Atemlähmung usw.) behaftet und
- genauso plötzlich beendet, wie sie begonnen hat.

Als weiterer Nachteil für den Einsatz kommt noch die Schwere der Nachwirkungen hinzu, die auch noch Stunden nach dem Eingriff auftreten können und so den Patienten stark beeinträchtigen.

Kombinationsnarkose (Intubationsnarkose)

Es handelt sich hierbei um eine Kombination von Injektions- und Inhalationsnarkose. Dabei wird der Patient zuerst mit Hilfe einer „Kurznarkose“ intravenös betäubt. In dieser Zeit wird ihm ein Schlauch, ein sog. „Trachealtubus[1]“ mit aufblasbarer Manschette über Nase oder Mundhöhle in die Luftröhre eingeführt, wo durch Einblasen von Luft in die Manschette eine Fixierung erfolgt. Der Tubus wird anschließend mit dem Narkosegerät verbunden. Bevor die Injektionsnarkose in ihrer Wirkung nachläßt, wird durch Verabreichung von Halothan oder ähnlichen Inhalationsmitteln über den Schlauch des Toleranzstadium aufrechterhalten. Dadurch wird nicht nur die Menge an Narkosemitteln reduziert und so eine geringere Belastung des Patienten erreicht, sondern es ist auch möglich, die Mundhöhle für den Eingriff völlig freizuhalten, da keine Atemmaske benötigt wird.

1 Trachealtubus (gr./lat.): „Luftröhrenschlauch“

Fragen zum Verständnis und zur Selbstkontrolle

Schmerzausschaltung und Zentrale Anästhesie

7. Zählen Sie die drei Bedeutungen des Schmerzes für den Körper auf!
8. Übersetzen Sie folgende Fachausdrücke!

a) Rezeptor	f) präventiv
b) sensibel	g) Hypoxie
c) kurativ	h) Euphorie
d) Symptom	i) narkotisch
e) analgetisch	j) reanimieren

9. Erklären Sie den Unterschied zwischen „symptomatischer“ und „kausaler“ Schmerzbekämpfung!
10. Wo kann die Unterbrechung der Schmerzwahrnehmung stattfinden?
11. Wie wird das zweite Narkosestadium bezeichnet?
12. Welche Nachwirkungen können sich nach der Narkose einstellen?
13. Welche Narkoseart wird auch als „Kurz-“ oder „Ultrakurznarkose“ bezeichnet?
14. Zur Schmerzausschaltung können zwei oder mehrere Medikamente kombiniert werden. Nennen Sie zwei Arten dieser Möglichkeiten!
15. Warum ist die Inhalationsnarkose speziell im Bereich der Zahnmedizin mit Schwierigkeiten verbunden?
16. Wie bezeichnet man die Schmerzausschaltung durch Reizung bestimmter Körperpunkte?

(Die Antworten stehen auf Seite 271.)

Lokale Anästhesie

Im Gegensatz zur zentralen Anästhesie wird bei der örtlichen Betäubung das Bewußtsein des Patienten nicht beeinflußt. Lediglich die Fortleitung des Nervenreizes von der Einwirkungsstelle zum Schmerzzentrum wird unterbrochen. Je nachdem, an welcher Stelle der zum Gehirn führenden („zentripetalen") Nervenfasern die Blockade erfolgt, unterscheidet man die verschiedenen Formen der Lokalanästhesie:

- die Oberflächenanästhesie,
- die Infiltrationsanästhesie (terminale Anästhesie),
- die Intraligamentalanästhesie[1],
- die Leitungsanästhesie (Stammanästhesie),
- die Akupunktur,
- die Akupressur.

Die Bedeutung der örtlichen Betäubung für die zahnärztliche Praxis ist heute überaus groß. Ohne sie sind nicht nur chirurgische, sondern auch konservierende (Vitalexstirpation, Pulpenüberkappung usw.) und prothetische (Pfeilerpräparation, Brückenentfernung usw.) Behandlungsmaßnahmen undenkbar.

Oberflächenanästhesie

Werden nur die oberflächlich in der Lederhaut liegenden feinsten Endigungen der sensorischen Nerven ausgeschaltet, so spricht man von einer „End(verzweigungs")anästhesie. Hierfür gibt es zwei Möglichkeiten:

- die chemische Blockierung durch Aufsprühen, Aufpinseln oder Aufheften von anästhesierenden Mitteln (siehe auch Kapitel „Pharmakologie", Seite 148ff.);
- die thermische Ausschaltung durch „Vereisung" mittels rasch verdunstenden und kälteerzeugenden Substanzen wie Chloräthyl und anderen.

Da die Oberflächenanästhesie keine besondere Tiefe erreicht, kommt sie hauptsächlich als Vorbereitung (zur Unempfindlichmachung der Schleimhaut vor dem Einstich mit der Kanüle) einer Infiltrations- bzw. Leitungsanästhesie zur Anwendung. Auch läßt sich nach oberflächlicher Betäubung ein lockerer Milchzahn entfernen, ein kleiner Einschnitt (Inzision) im Gewebe vornehmen, der Würgereiz bei Abdrükken oder Röntgenaufnahmen bekämpfen oder eine geringe Schleimhautwucherung abtragen (Exzision).

Die Kälteanwendung ist allerdings wegen ihrer Unsicherheit und geringen Wirkung sowie der unangenehmen Begleiterscheinungen (Schmerzen beim „Vereisen" und „Auftauen") kaum mehr gebräuchlich.

Infiltrationsanästhesie

(Terminale Anästhesie)

Diese Betäubung wird in der Regel mittels einer Injektion vorgenommen. Die Möglichkeit der Einpressung mit hohem Druck unter die Haut (als sog. „Düseninjektion" oder „Jet-Injection") hat sich wegen der bisher nicht beseitigten Nebenwirkungen (Blutergüsse, Hautzerreißungen, Knall beim Einpressen) in der Praxis nicht durchsetzen können.

Bei der Infiltrationsanästhesie werden im Gegensatz zur Oberflächenanästhesie nicht nur die obersten Schmerzpunkte in der Haut betäubt, sondern auch kleinere Nervenäste. Da es sich dabei um die Endverzweigungen großer Nervenstämme handelt, spricht man von einer „Endanästhesie" oder „terminaler Anästhesie".

In den meisten Fällen wird bei dieser Betäubungsart die Kanüle unter die Schleim- bzw. Knochenhaut (Periost) in der Gegend der Zahnwurzeln geführt und das Lokalanästhetikum langsam abgelagert (deponiert). Von dort aus kann es durch den Knochen des Kieferkamms einsickern (infiltrieren). Die Injektion einer Ampulle (oder Carpule) reicht im Oberkiefer für den Bereich zweier benachbarter Zähne aus. Lediglich bei den mittleren beiden Schneidezähnen ist wegen der großen Entfernung zwischen den beiden Wurzelspitzen und der Anastomosen (dichten Verzweigungen der Nervenendigungen) eine weitere Terminalanästhesie nötig.

1 intraligamental (lat.): „innerhalb eines Bandes"; hier: in das Ligamentum circulare (Teil des Zahnhalteapparates) hinein

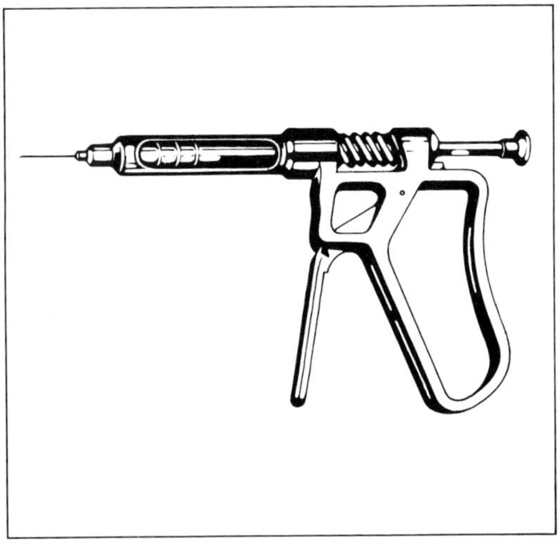

Abb. 142 Ligmaject Anästhesie-Instrument zur intraligamentalen Anästhesie

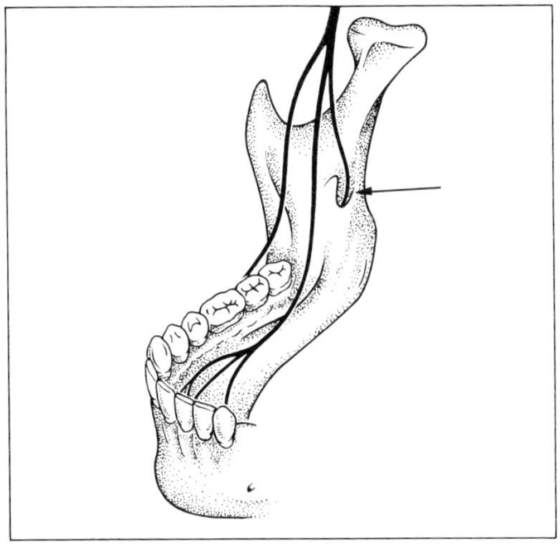

Abb. 143 Lage des Foramen mandibulae. An diese Stelle wird die Leitungsanästhesie gesetzt

Intraligamentalanästhesie

Sie ist eine Abart der Infiltrationsanästhesie und dient ebenfalls der Betäubung terminaler Nervenäste im Bereich des Kiefers. Im Gegensatz zu ihr umfaßt der ausgeschaltete Bereich allerdings nur einen Zahn.

Bei dieser Art der Lokalanästhesie muß eine besonders feine Nadel in den Spalt zwischen Knochenfach (Alveole) und Zahnwurzel eingeführt werden. Mit Hilfe einer besonderen Einrichtung (z. B. Peri-Press-System) (Abb. 142) läßt man das Lokalanästhetikum in den Bereich des dort befindlichen Gewebes (*Sharpey*sche Fasern, Ligamentum circulare) infiltrieren.

Leitungsanästhesie

(Stammanästhesie)

Der Unterkieferknochen ist für eine Infiltration zu kompakt, deshalb ist die Ausschaltung der terminalen Nerven nicht möglich. Auch kann eine Schwellung (Ödem) im Zielgebiet des Oberkiefers einen direkten Einstich wegen der Gefahr der Keimverschleppung verhindern. In beiden Fällen muß deshalb die Unterbrechung der zentripetalen Nerven näher beim Gehirn stattfinden. Dabei wird ein größerer Nervenast (Nerven„stamm") ausgeschaltet und damit die Weiterleitung zu den Schmerzzentren unterbrochen.

Die Blockade des Unterkiefernervs wird im Bereich des Unterkieferloches (Foramen mandibulae) vorgenommen (Abbildung 143). Dadurch werden alle Zähne auf der betreffenden Kieferhälfte schmerzfrei gemacht. Im Oberkiefer wird das Betäubungsmittel für das Frontzahngebiet in der Gegend des Unteraugenloches (Foramen infraorbitale), für den Seitenzahnbereich beim Tuber (maxillae) bzw. beim großen Gaumenloch (Foramen palatinum maius) deponiert. Bei der „Infraorbitalanästhesie" werden so die Front- und Eckzähne der jeweiligen Kieferhälfte betäubt, bei der „Tuberanästhesie" die Seitenzähne.

Die Methode der Verabreichung entspricht derjenigen der Infiltrationsanästhesie, d. h., das Mittel wird in der Nähe des auszuschaltenden Nerven deponiert und dringt langsam in das dortige Gewebe ein. In der Regel erfolgt auch der Einstich in der Mundhöhle (intraoral); nur in Ausnahmefällen (bei Kieferklemme) wird er von außerhalb (extraoral) gemacht.

Akupunktur

Diese Methode der Schmerzausschaltung stammt aus China. Obwohl ihre genaue Wirkungsweise noch nicht bekannt ist, kann doch durch sie allein oder in Kombination mit chemischen Mitteln eine Unempfindlichkeit erreicht werden. Hierfür werden Punkte, die auf dem Körper entlang in gedachten „Linien", den sog. „Meridianen", angeordnet sind, mit Hilfe von Schwachstromgeräten gesucht (Abb. 144). Leuchtet an diesen Sonden ein Kontrollicht auf, wird der Punkt markiert. Eine Unterart der Akupunktur legt die Punkte ausschließlich auf der Ohrmuschel fest (Aurikuloakupunktur). Ist eine ausreichende Zahl von Punkten gefunden worden, werden

- diese mit Nadeln aus Gold, Silber oder Stahl durch Einstechen gereizt;
- die Nadeln zusätzlich mit Schwachstrom beschickt;
- die Punkte mit Laserlicht bestrahlt (Laserakupunktur).

Die Anwendung der Akupunktur verlangt nicht nur eine intensive Schulung, sondern auch sehr viel Geduld, außerdem muß die Reaktion des Patienten genau bekannt sein. In der Zahnmedizin hat sich diese Methode deshalb noch nicht durchsetzen können. Auf verschiedenen allgemeinmedizinischen Gebieten nimmt sie allerdings einen immer breiteren Raum ein. Im Mund-Kieferbereich hat sie für die Behandlung chronischer Schmerzzustände (Neuralgien, Gelenkbeschwerden) eine gewisse Bedeutung erlangt.

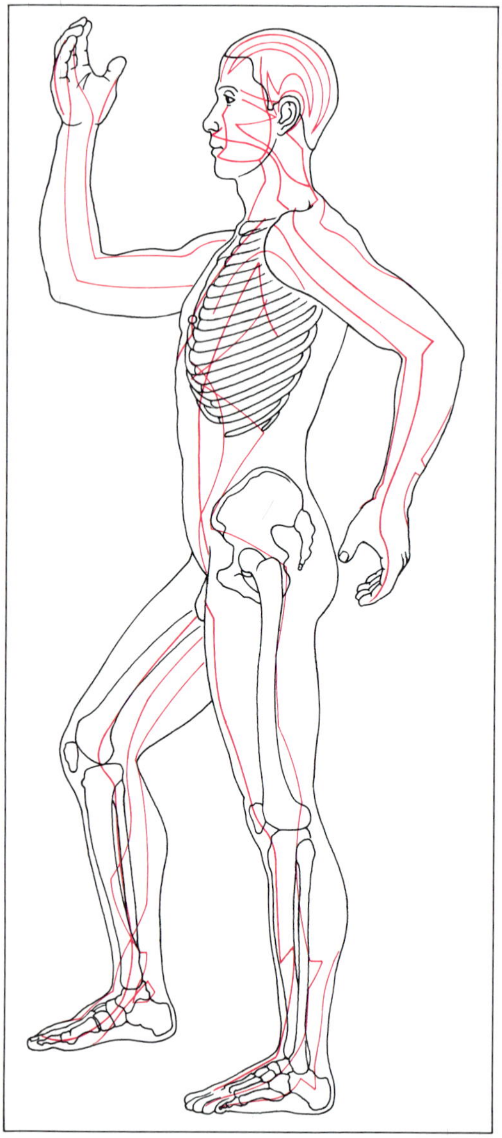

Abb. 144 Auf diesen Linien, den sogenannten „Meridianen", sitzen die Punkte für die Reizung durch Nadeln, Schwachstrom oder Laserlicht

Akupressur

Auch die Akupressur stammt aus dem Fernen Osten und arbeitet mit der Reizung bestimmter Körperpunkte, um Schmerzen zu betäuben. Im Unterschied zur vorgenannten Methode werden aber keine Nadeln eingestochen, sondern die speziellen Punkte mit Hilfe der Finger unter Druck gesetzt (gepreßt). Eine vollkommene Betäubung ist damit nicht möglich, aber eine gewisse Erleichterung ist zu erreichen.

Bei Zahnschmerzen liegen die zu pressenden Körperpunkte:

- in der Mitte der Oberlippe (je nach Heftigkeit des Schmerzes Druck steigern!);
- in der Mitte des Schädeldaches (leicht, aber ausdauernd – 8 Minuten – drükken!);

- auf der höchsten Stelle der Innenkante des Fußristes (Beruhigungspunkt des Milzmeridians);
- Druck mit dem Daumen gegen die zugewandte Seite des Mittelfingerendgliedes.

Inwieweit eine echte Wirkung eintritt oder ein psychologischer Effekt im Vordergrund steht, ist nicht genau bekannt, doch läßt die Ähnlichkeit mit der Akupunktur die Vermutung zu, daß es sich um bisher noch unerforschte hormonell gesteuerte Wechselwirkungen handeln könnte.

Hypnose

Seit etwa hundert Jahren wird mit wechselndem Erfolg versucht, das Phänomen der Bewußtseinsbeeinflussung zur Schmerzausschaltung bei chirurgischen Eingriffen zu nützen. Dabei wird der Patient als „Medium[1]" durch den Hypnotiseur in einen Dämmerzustand versetzt („Trance"), in dem die Wahrnehmung eingeschränkt ist. Das Medium reagiert dann nur noch auf Befehle des Hypnotiseurs. Entscheidend für die Wirkung ist jedoch die bewußte Mitarbeit des Patienten.

In der Zahnarztpraxis läßt sich dieses Verfahren, das eine lange und intensive Vorbereitung verlangt, nur in Ausnahmefällen anwenden. Lediglich das erste Stadium der Hypnose, die „vertiefte Ruhe", kann durch geschickte psychologische Beeinflussung des Patienten mit Erfolg erreicht werden. Die weiteren Stadien, die „Trance" und die „Tiefenhypnose" dürfen nur von geschulten und erfahrenen Personen ausgeübt werden, da sie eine exakte „Führung" des Mediums voraussetzen.

Durch hypnotische Beeinflussung lassen sich zapplige Kinder oder ängstliche Erwachsene auch ohne Prämedikation (durch Sedativa oder Psychopharmaka) beruhigen und danach leichter behandeln. Die „vertiefte Ruhe" wird durch eindringliches „Besprechen" des Patienten (sog. „Suggestion[2]") erreicht, wobei mit ruhiger Stimme bestimmte Sätze immer wieder vorgetragen werden. Bei einer richtigen Mitarbeit des Patienten (durch „Autosuggestion"), der die vorgesprochenen Sätze wiederholt („Ich bin ganz ruhig", „Meine Arme sind schwer" usw.), ist diese Methode durchaus erfolgreich.

Die Helferin muß bei dieser Art der Behandlung dafür sorgen, daß:
- keine Störung durch laute Geräusche auftritt;
- bei Bedarf passende Hintergrundmusik als akustische Unterstützung eingespielt wird;
- ihr persönliches Verhalten sich der Behandlung unterordnet;
- die Behandlung sofort beginnen kann, sobald der Patient beruhigt ist.

Nach Beendigung des Eingriffs muß der Patient wieder in den „Normalzustand" versetzt werden. Dies geschieht z. B. durch die Aufforderung: „Ich bin wieder munter und aktiv" oder ähnliche Befehle. Die Helferin kann auch hierbei durch ruhiges, einfühlsames Verhalten mithelfen.

1 Medium (lat.): „Mittel" hier: hypnotisierte Person
2 Suggestion (lat.): seelische Beeinflussung

Fragen zum Verständnis und zur Selbstkontrolle

Lokale Anästhesie

17. Zählen Sie die zwei Verfahren der Oberflächenanästhesie auf!
18. Wie bezeichnet man das Verfahren der Einpressung von Lokalanästhetika unter die Haut?
19. Wohin zielt die Kanüle bei der Unterkiefer-Leitungsanästhesie?
20. Übersetzen Sie folgende Fachausdrücke
    a) zentripetal e) intraoral
    b) Ödem f) infiltrieren
    c) Periost g) Foramen infraorbitale
    d) terminal h) deponieren
21. Erklären Sie den Unterschied zwischen Akupunktur und Akupressur!
22. Wieviel Zähne kann man mit einer Infiltrationsanästhesie in der Regel betäuben?
23. Wie bezeichnet man die Leitungsanästhesie der Mahlzähne im Oberkiefer?
24. Wann muß der Einstich für eine Leitungsanästhesie von außerhalb der Mundhöhle durch die Wangenhaut erfolgen?
25. Welcher hypnotische Zustand wird in der Praxis am ehesten angewandt?

(Die Antworten stehen auf Seite 271.)

Ambulante Eingriffe

Die häufigsten chirurgischen Leistungen, die in der Praxis durchgeführt werden, sind:
- Entfernung von Zähnen durch einfachen oder komplizierten Eingriff (Extraktionen bzw. Osteotomien),
- Exzisionen (Weichgewebeentfernungen),
- Inzisionen (Einschnitte, z. B. zur Abszeßeröffnung),
- Verschluß einer eröffneten Kieferhöhle (durch plastische Deckung),
- Knochentrepanationen (Aufbohrung von Kieferknochen),
- Sequestrotomien (Entfernung abgestorbener Knochenteile),
- Apektomien (Wurzelspitzenresektionen),
- Reimplantationen (Wiedereinpflanzung von Zähnen),
- Zystenoperationen (Hohlgeschwulstbeseitigung),
- präprothetische Chirurgie (Verbesserung des Prothesenlagers),
- Parodontalchirurgie (Eingriffe am Zahnhalteapparat).

Je nach räumlichen, personellen und apparativen Gegebenheiten werden heute viele dieser Eingriffe nicht mehr in der Allgemeinpraxis ausgeführt, sondern an den Zahnarzt für Oralchirurgie, eine Klinik oder an einen Arzt für Mund-, Kiefer- und Gesichtschirurgie überwiesen. Dies ist besonders bei umfangreichen, langwierigen und risikoreichen Operationen der Fall, damit bei auftretenden Komplikationen sofort Gegenmaßnahmen eingeleitet werden können.

Zahnentfernung

Den Schwierigkeitsgrad einer Zahnentfernung beeinflussen verschiedene Faktoren:
- der Zustand des Zahnes selbst (Kronendefekte, Grad der Füllungen, Devitalität[1] usw.);
- die anatomische Gestalt der Wurzel (gerade, krumm, verzweigt, geknickt, verdickt);
- die Lage im Kiefer (normal, gekippt, gedreht, verlagert, impaktiert usw.);
- die Festigkeit des Zahnhalteapparates (Lockerungsgrad, Knochenabbau, Taschen usw.);
- die Zugänglichkeit und Sicht auf das Operationsfeld (Frontzahn, Seitenzahn).

Infolgedessen gibt es für das Entfernen von Zähnen zwei Verfahren:
- das „Herausziehen" (Extrahieren) aus dem Knochen (als „Extraktion") und
- das „Aufklappen" der Schleimhaut und das Abtragen des Kieferknochens (die „Osteotomie").

Extraktionen

Um die Wunde bei einer Zahnentfernung möglichst klein zu halten, ist der Zahnarzt bestrebt, den Zahn mit Zange und Hebel auf „natürlichem Wege" aus seiner Alveole zu entfernen. Er wird zuerst durch Kipp- und Drehbewegungen (Rotationen)
- gelockert („luxiert"), wobei die *Sharpey*schen Fasern zerreißen, danach
- angehoben („entwickelt") und langsam aus dem Knochenfach gezogen.

Dieser Vorgang verlangt viel Geschicklichkeit, Kraft, Konzentration, Geduld und Ausdauer. Je nachdem, wie fest der Zahn noch „sitzt", dauert eine Extraktion unterschiedlich lange. Für den Patienten ist der dabei anzuwendende Druck, den er trotz völliger Schmerzausschaltung durch mechanische Fortleitung wahrnimmt, nicht immer angenehm und verleitet oft zu spontanen Äußerungen von Abwehr und Beschwerden. Die Helferin muß dies wissen, damit sie nicht fälschlicherweise annimmt, die örtliche Betäubung habe nicht gewirkt. Auch die eine Zahnentfernung begleitenden Geräusche (Knacken, Krachen, Knirschen, Reiben usw.) klingen oft bedrohlich, sind aber meist harmlos. Sie sind auf das im Zahn vorhandene Füllungsmaterial oder auf Sprünge im Schmelz der Krone zurückzuführen.

Wenn von vornherein zuwenig Substanz „zum Anfassen" für die Zange vorhanden oder ein Teil der Krone abgebrochen ist, kann der Zahnarzt versuchen,
- durch Wurzeltrennung (Abb. 145)
  oder
- durch Umfräsung

noch einen Ansatzpunkt für eine Entfernung mit dem Hebel zu finden. Dies gelingt bei mehrwurzeligen Zähnen leichter als bei einwurzeligen, da die abgetrennten Wurzelteile als Drehpunkt und Abstützung benutzt werden können.

Osteotomien

Führt eine Extraktion nicht zum Erfolg oder ist sie wegen der weitgehenden Zerstörung der Zahnkrone von vornherein aussichtslos, dann muß eine „Aufklappung" vorgenommen werden. Dabei wird nach Zahnfleischschnitt und Wegschiebung der Knochenhaut die vestibuläre Wand der Alveole abgetragen (Abb. 146). Anschließend wird mesial und distal der zu entfernenden Wurzel so viel weggefräst, bis ein ausreichender Halt für Hebel und Zange vorhanden ist. Mit diesen Instrumenten wird dann der Zahnrest entfernt und die Wunde über dem Knochendefekt vernäht.

Bei verlagerten Zähnen (besonders bei Weisheits- und Eckzähnen) muß die Osteotomie oft wesentlich umfangreicher gestaltet werden, da der deckende Knochen nicht so rasch beseitigt werden kann. Auch erlaubt die notwendige Schonung der Nachbarzähne nur ein vorsichtiges Hebeln. So muß für einen richtigen Ansatzpunkt der Zange manchmal sogar der zu entfernende Zahn erst geteilt oder ein Stück von ihm abgeschnitten werden.

1 Devitalität (lat.): „Abgestorbenheit" hier: Zustand einer toten Pulpa

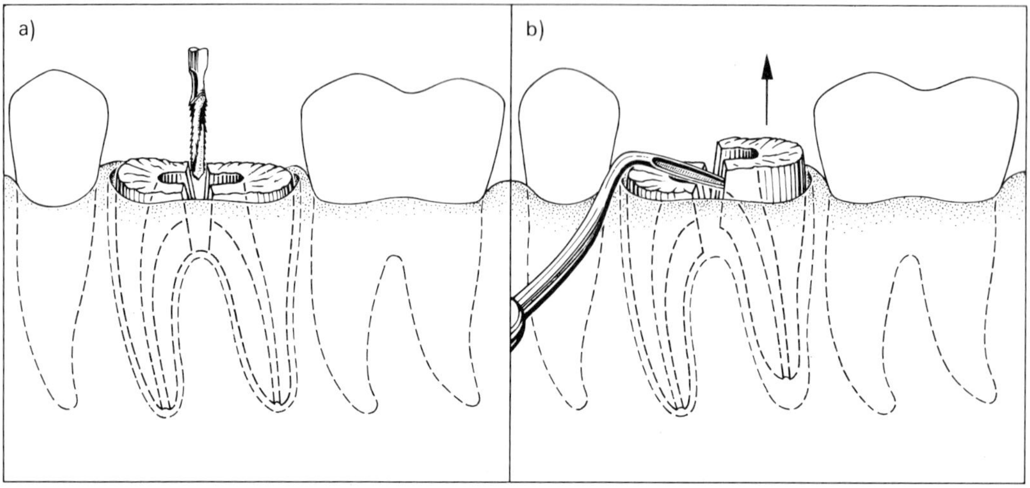

Abb. 145 Durch die Wurzeltrennung wird versucht, mittels Hebel und Zange auch einen zerstörten Zahn ohne Aufklappen zu entfernen

Dieselbe Technik wird auch bei der Entfernung überzähliger Zähne oder Zahnkeime angewandt. Ein solcher Eingriff wird als „Germektomie" (Keimentfernung) bezeichnet. Er gestaltet sich oft sehr umfangreich und schwierig, da die zu entfernenden Objekte tief im Kiefer liegen und sich über ihnen die zu schonenden Zähne befinden. Meist ist der Zugang nur durch einen tiefen vestibulären oder lingualen Schnitt und ausgedehnte Knochenabtragungen zu erreichen.

Exzisionen

Das Herausschneiden von Weichgewebe im Mund-Kieferbereich wird meist aus drei Gründen notwendig:

1. Gewebeproben müssen entnommen werden, um die Ursache von krankhaften Schleimhautveränderungen zu klären. Diese Schleimhautteile werden konserviert (in speziellen Gläschen) und zur Untersuchung in ein Pathologisches Institut geschickt.

2. Störende Schleimhaut ist zu entfernen, wie Zahnfleischgeschwülste (Epuliden) oder Wucherungen unter Prothesen.

3. Die Form der Muskelansätze und Schleimhautbänder behindert geplante Behandlungsmaßnahmen in der Kieferorthopädie oder Prothetik. Deshalb werden z. B. stark ausgeprägte Lippenbändchen durch „Frenulumexzision" entfernt oder störende Schleimhautfalten abgetrennt.

Ähnlich wird auch bei manchen Eingriffen der präprothetischen Chirurgie (siehe Seite 220ff.) vorgegangen. Im wesentlichen handelt es sich bei den meisten Exzisionen um kleinere Maßnahmen, die entweder mit Skalpell oder Elektrotom ausgeführt werden.

Inzisionen

Im Gegensatz zu den gerade genannten „Ausschneidungen" handelt es sich bei den Inzisionen um „Einschnitte" ins Gewebe, die dem Abfluß von Flüssigkeit (Blut, Eiter, Wundsekret) dienen sollen. Je nach Lage muß der „befreiende Schnitt" unter die Schleimhaut (submukös), unter das Zahnfleisch (subgingival) oder unter das Periost (subperiostal) bis auf den Knochen geführt werden. Bei diesen Eingriffen gestaltet sich die Schmerzausschaltung oft schwierig. Da unbedingt eine Keimverschleppung vermieden wer-

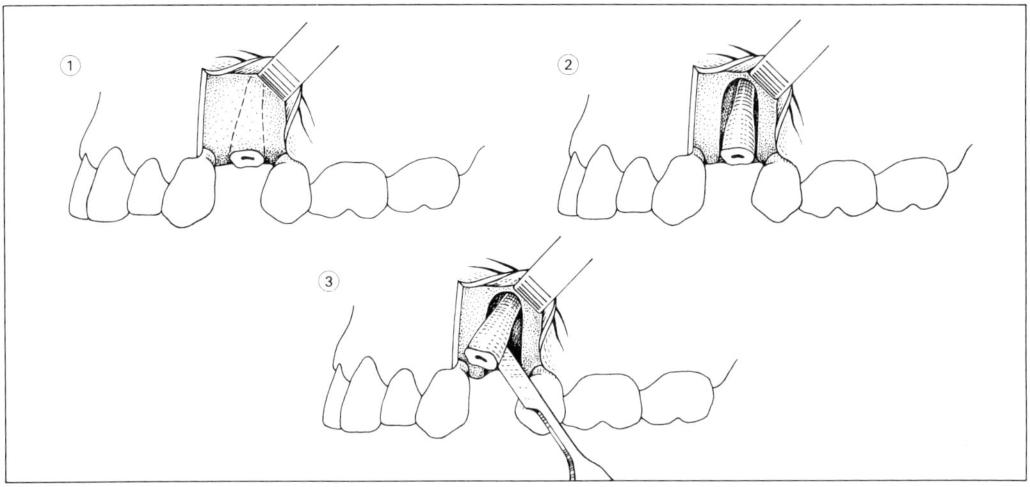

Abb. 146 Vorgang bei einer Aufklappung (Osteotomie)

den muß, darf die Injektion des Lokalanästhetikums nicht in unmittelbarer Nähe des Abszesses erfolgen. Es muß daher oft auf eine Lachgasanalgesie oder Leitungsanästhesie ausgewichen werden, wenn eine Oberflächenanästhesie nicht ausreicht.

Ein weiteres Problem ist die Feststellung der Größe, Tiefe und „Reife" des Abszesses. Die Inzision sollte nämlich nicht zu früh vorgenommen werden, damit nicht nur eine teilweise Eröffnung („Spaltung") gelingt. Die Reife läßt sich aber auch durch genaueste Tastung (Palpation) nicht immer sicher feststellen. Selbst wenn bereits eine „Fluktuation" (ein Hin- und Herschwappen der Flüssigkeitsansammlung im Gewebe) beobachtet werden kann, ist dies noch kein untrügliches Anzeichen.

Aus diesem Grund muß der Zahnarzt nach jeder Inzision dafür sorgen, daß möglichst alles Sekret abgesaugt wird. Das geschieht zuerst mit der chirurgischen Absaugkanüle, danach muß allerdings eine weitere Trockenlegung (Drainage) erfolgen. Dies kann in Form von eingelegten Gazestreifen (als „Tamponade") geschehen. Diese Drainagen sind nach einigen Tagen zu wechseln (Streifenwechsel, Tamponwechsel).

Da die Eiteransammlung meist von einem erkrankten Zahn herrührt, ist die Inzision nur eine unterstützende Maßnahme zur Beseitigung von Schmerzen und entzündlichem Material. Die Ursache, z. B. eine Eiterung an der Wurzelspitze, muß daher gesondert behandelt werden.

Verschluß einer eröffneten Kieferhöhle

Bei der Entfernung von Seitenzähnen im Oberkiefer wird manchmal die Kieferhöhle (Sinus maxillaris, Antrum Highmori) ungewollt eröffnet. Die Ursache dafür liegt in der engen anatomischen Beziehung zwischen den Wurzeln der Prämolaren und Molaren und dem Boden der Kieferhöhle in diesem Bereich. Durch einen entzündlichen Prozeß kann die dünne Knochenwand zerstört werden, so daß nach der Extraktion keine Trennung zwischen Mund- und Kieferhöhle mehr besteht.

Bei Verdacht auf Vorliegen einer solchen Mund-Kieferhöhlen-Verbindung versucht der Zahnarzt, sich durch den „Nasen-Blas-Versuch" Klarheit zu verschaffen. Er läßt den Patient bei geöffnetem Mund durch die zugehaltene Nase ausatmen. Entweicht dabei die Atemluft mit charak-

teristischem Geräusch durch die Mund-Antrum-Verbindung (MAV), ist der Beweis für eine Kieferhöhleneröffnung erbracht. Entleert sich zusätzlich aus der Wunde reichlich Eiter, liegt in der Regel eine Kieferhöhleneiterung (Empyem) vor. In diesem Falle wird der Patient an einen Mund-Kiefer-Gesichtschirurgen oder Hals-Nasen-Ohren-Arzt zur Weiterbehandlung überwiesen.
Bringt der Nasen-Blas-Versuch kein eindeutiges Ergebnis, kann der Zahnarzt noch durch vorsichtiges Tasten mit der Knopfsonde die Wunde austasten. Bei sehr kleinen Eröffnungen (Perforationen) oder beim Vorliegen von Wucherungen („Polypen") im Sinus maxillaris bleibt auch dieses Verfahren unsicher.
Bei jeder Eröffnung der Kieferhöhle muß eine Röntgenaufnahme der Nasennebenhöhlen angefertigt werden, damit klargestellt wird, ob eine gesunde oder eine entzündlich veränderte – im Röntgenbild verschattete – Kieferhöhle vorliegt.
Eine Mund-Antrum-Verbindung muß bei gesunder Kieferhöhle sofort geschlossen werden, damit durch die Öffnung keine Keime in die Kieferhöhle gelangen können und dort eine Entzündung der empfindlichen Schleimhaut auslösen. Außerdem würden beim Essen und Trinken Fremdkörper in die Nasennebenhöhle eindringen und der Patient durch das Austreten von Flüssigkeit aus der Nase beim Trinken empfindlich gestört.
Der Verschluß der MAV erfolgt durch
- Beweglichmachung (Mobilisierung) der Wundränder und
- dichte Vernähung der Schleimhautlappen als „plastische Deckung".

Zum Schluß gibt ein erneuter Nasen-Blas-Versuch Aufschluß über den Erfolg der Operation. Dies ist wichtig, damit gewährleistet ist, daß die Heilung zur völligen Schließung der Schleimhautdecke führt, denn sonst könnte sich eine dauernde Verbindung zwischen beiden Körperhöhlen in Form einer „Kieferhöhlenfistel" entwickeln.

Trepanation des Kieferknochens

Diese Operation ist in der Praxis auch unter der Bezeichnung „*Schröder*sche Lüftung" bekannt. Sie ist – wie die Inzision – eine Notmaßnahme, wenn sich ein entzündlicher Prozeß im Bereich der Wurzelspitze eines Zahnes gebildet hat. Nach Anästhesie legt der Zahnarzt durch einen kleinen Schleimhautschnitt vestibulär in der Gegend des betroffenen Apex Knochenhaut und Knochen frei, schiebt das Periost weg und durchbohrt den Alveolarknochen in Richtung Wurzelspitze, bis der entzündliche Prozeß eröffnet (trepaniert) ist.
Durch Absaugen des Eiters, anschließende Drainage und Wundversorgung kann die Zeit bis zur Wurzelspitzenresektion überbrückt und so eine Zahnentfernung vermieden werden. Dies kann besonders im Frontzahnbereich wichtig sein, denn nicht immer sind Zeit und Möglichkeit für eine endgültige Versorgung gegeben.

Sequestrotomien

Bei Zahnentfernungen kommt es zu einer starken Beanspruchung des umgebenden Knochenfachs, vor allem durch Quetschung mit der Zange beim Luxieren. Nicht immer lösen sich die geschädigten Teile des Alveolarfortsatzes und der Zwischenwurzelknochen (interradikuläres Septum) schon bei der Extraktion. Oft stirbt das gequetschte Stück erst später ab; es kommt zur „Nekrose" des betroffenen Hartgewebes. In den meisten Fällen löst es sich von der gesunden Umgebung und bildet einen „Sequester". Dieser wird – wenn es sich nur um kleine Teilchen handelt – vom Körper durch spezielle Zellen (Osteoklasten[1]) abgebaut und resorbiert („aufgesogen"). Bei größeren Geweberesten gelingt dies nicht, deshalb grenzt der Organismus diese toten Knochenstückchen durch eine Zellschicht aus Bindegewebe ab. Diese Zone der Abkapselung kann man im Röntgenbild deutlich erkennen. Man spricht dann von einer

1 Osteoklasten (gr.): „Knochenzerstörer", knochenabbauende Zellen

sog. „Totenlade“, die als aufgehellte Zone den Sequester umschließt.
Die Beseitigung dieser abgestorbenen (nekrotischen) Knochenteile nennt man „Sequestrotomie“. Sie wird im Prinzip nach der gleichen Technik vorgenommen wie die Osteotomie eines verlagerten Zahnes. Nach Schleimhautschnitt, Abdrängung des Periostes und Wegfräsen des deckenden Knochens wird die Totenlade eröffnet, der Sequester entfernt und das umgebende gesunde Hartgewebe geglättet. Wichtig ist dabei auch die vollständige Entfernung der bestehenden Bindegewebeschicht, damit der Knochen wieder völlig nachwachsen kann. Darüber hinaus wird auch ein Teil des gesunden umgebenden Knochens entfernt, damit sichergestellt ist, daß keine nekrotischen Gewebereste zurückbleiben.

Fragen zum Verständnis und zur Selbstkontrolle

Ambulante Eingriffe

26. Welche Faktoren können die Schwierigkeit einer Zahnentfernung beeinflussen?
27. Übersetzen Sie folgende Fachausdrücke!

a) extrahieren	f) Epulis
b) luxieren	g) Palpation
c) Apektomie	h) Drainage
d) Rotation	i) Empyem
e) Frenulumexzision	j) Fluktuation

28. Wie bezeichnet man die Trepanation des Kieferknochens mit einem Eigennamen?
29. Erklären Sie den Begriff „Sequester“!
30. Warum muß eine Mund-Antrum-Verbindung bei gesunder Kieferhöhle sofort geschlossen werden?
31. Welche störenden Schleimhautwucherungen werden durch Exzision entfernt?
32. Wie kann die Drainage nach einer Inzision erfolgen?
33. Wodurch kann bei einem stark geschädigten Zahn versucht werden, eine Osteotomie zu vermeiden und eine Entfernung „auf natürlichem Wege“ zu erreichen?
34. Warum ist die Anästhesie vor Inzisionen oft problematisch?

(Die Antworten stehen auf Seite 271f.)

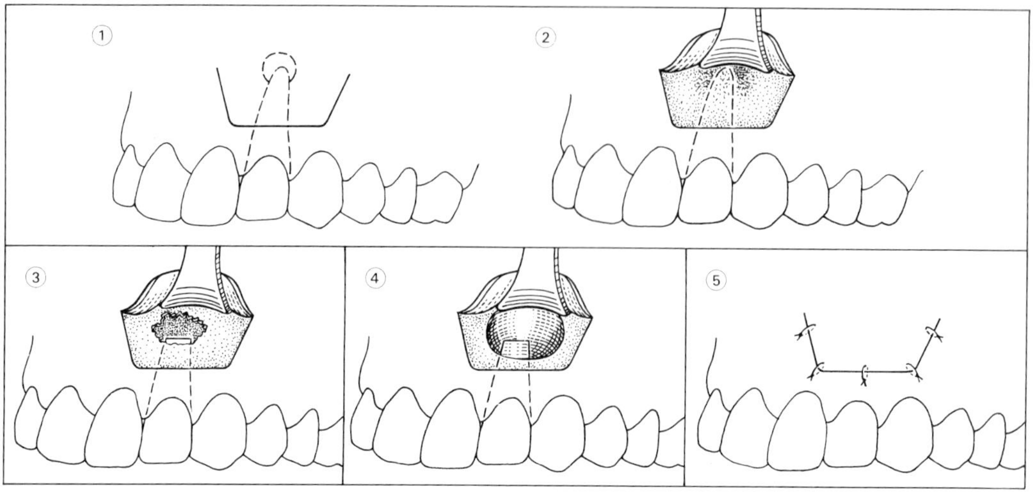

Abb. 147 Abtrennung einer Wurzelspitze bei der Apektomie

Apektomien

Die Abtragung der Wurzelspitze bei einem erkrankten Zahn ist der Versuch, die Entstehung einer Lücke, vor allem im Frontzahnbereich, zu vermeiden. Dieser Eingriff unterstützt in gleicher Weise zahnerhaltende und prothetische Maßnahmen, da apektomierte Zähne sowohl Einzelkronen tragen können als auch – bei sorgfältiger Planung – als Brückenpfeiler dienen.

Die Operation (Abb. 147) ist fast immer von einer Wurzelbehandlung begleitet. Dabei wird die Wurzelfüllung entweder

- vor oder während der Resektion von der Zahnkrone her über den Wurzelkanal, „orthograd", oder
- während der Operation („intra operationem") von der Wurzelspitze aus, „retrograd",

durchgeführt. Die Technik des Eingriffs gleicht der der Osteotomie und der *Schröder*schen Lüftung. Es wird nach Schleimhautschnitt das Periost abgeschoben, der vestibuläre Alveolarknochen weggefräst und die freigelegte Wurzelspitze reseziert.

Nach dem Auskratzen der Knochenhöhle und dem Anfrischen des Hartgewebes wird der entstandene Defekt mit Nähten verschlossen. Während des Heilungsvorganges füllt der nachwachsende Knochen den Raum um die Wurzelspitze wieder völlig aus, so daß von der Wurzelspitzenresektion nur die kleine Narbe des Schleimhautschnittes zurückbleibt.

Replantationen

Die Rückverpflanzung durch Unfall ausgeschlagener Zähne ist nur in bestimmten Fällen möglich. Meist handelt es sich bei dieser Maßnahme um eine Übergangslösung bis zur endgültigen prothetischen Versorgung der entstandenen Lücke. Am erfolgreichsten sind die Aussichten bei Kindern und Jugendlichen mit noch nicht abgeschlossenem Wurzelwachstum. Voraussetzung für eine Replantation ist, daß der

- Zahn vollständig erhalten und die
- Alveole nicht beschädigt ist.

Der Eingriff selbst gestaltet sich wie folgt:

- Der ausgesprengte Zahn wird außerhalb der Mundhöhle mit steriler Kochsalzlösung abgewaschen, trepaniert, die Pul-

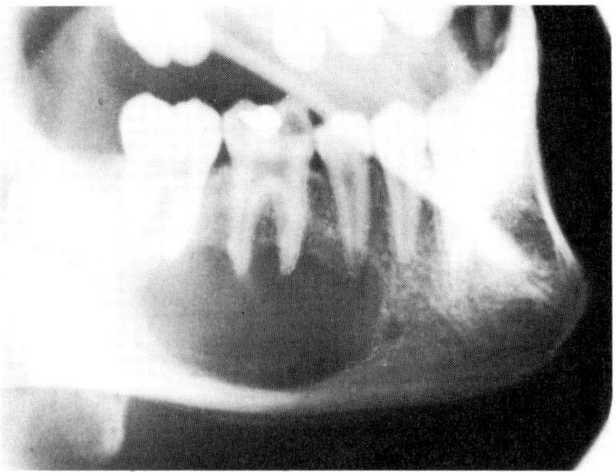

Abb. 148 Radikuläre Zyste

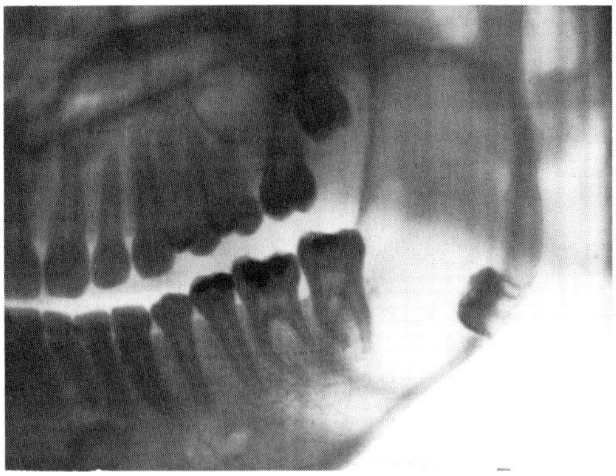

Abb. 149 Follikuläre Zyste

pa vollständig entfernt (exstirpiert), der Wurzelkanal aufbereitet und gefüllt.
- Danach wird der Zahn in sein ursprüngliches Knochenfach zurückgebracht und dort durch Schienung an den Nachbarzähnen mit Draht oder Kunststoff befestigt (fixiert).

Durch Narbenschrumpfung (Kontraktur) im Bereich des Periodontalspaltes kommt es zu einer Art von „Einheilung", die – bei ausreichender Abstützung durch die Nachbarzähne – für eine bestimmte Zeit den Zahn erhält. Im Lauf von einigen Monaten oder Jahren wird der reimplantierte Zahn aber meist wieder locker und muß durch eine endgültige Versorgung ersetzt werden.

Zystenoperationen

Im Knochen können durch verschiedene Reize Resorptionsprozesse stattfinden (siehe auch Kapitel „Spezielle Pathologie", Band 1, Seite 325). Am häufigsten ist die Entstehung von Hohlräumen, den sogenannten „Zysten". Für die zahnärztliche Chirurgie sind am wichtigsten:
- radikuläre Zysten (Wurzelzysten), die sich von einer Zahnwurzel aus in den umgebenden Knochen ausbreiten, diesen verdrängen und auflösen (resorbieren) (Abb. 148);
- follikuläre Zysten (Kronenzysten), deren Ursprung in einer Ausdehnung des Zahnsäckchens eines noch nicht durchgebrochenen (verlagerten oder retinierten) Zahnes liegt (Abb. 149).

Meist verursachen die Zysten dem Patienten keine Beschwerden und werden durch die Knochenauftreibung oder anläßlich einer Röntgenuntersuchung zufällig entdeckt. Sie bergen aber bei entsprechend großer Ausbreitung die Gefahr eines plötzlichen Knochenbruchs ohne äußere Gewalteinwirkung („Spontanfraktur") in sich. Durch die Verdrängung und Auflösung (Resorption) des Hartgewebes wird die verbleibende Knochenwand oft so dünn, daß sie dem normalen Kaudruck nicht mehr standhält.

Die Beseitigung dieser Hohlgeschwülste erfolgt nach zwei Methoden, die beide nach dem Kieferchirurgen *Partsch* benannt sind:
- Die Zystostomie (Partsch I):
  Eine ausgedehnte Zyste wird nicht entfernt, da sonst ein zu großer Defekt entstehen würde, sondern sie wird nur breit eröffnet, „gefenstert" (Abb. 150). So wird der Druck auf dem umliegenden Knochen beseitigt, und dieser kann wieder nachwachsen. Auf diese Weise wird der Zystenhohlraum zur „Nebenbucht" der Mundhöhle gemacht, die sich durch

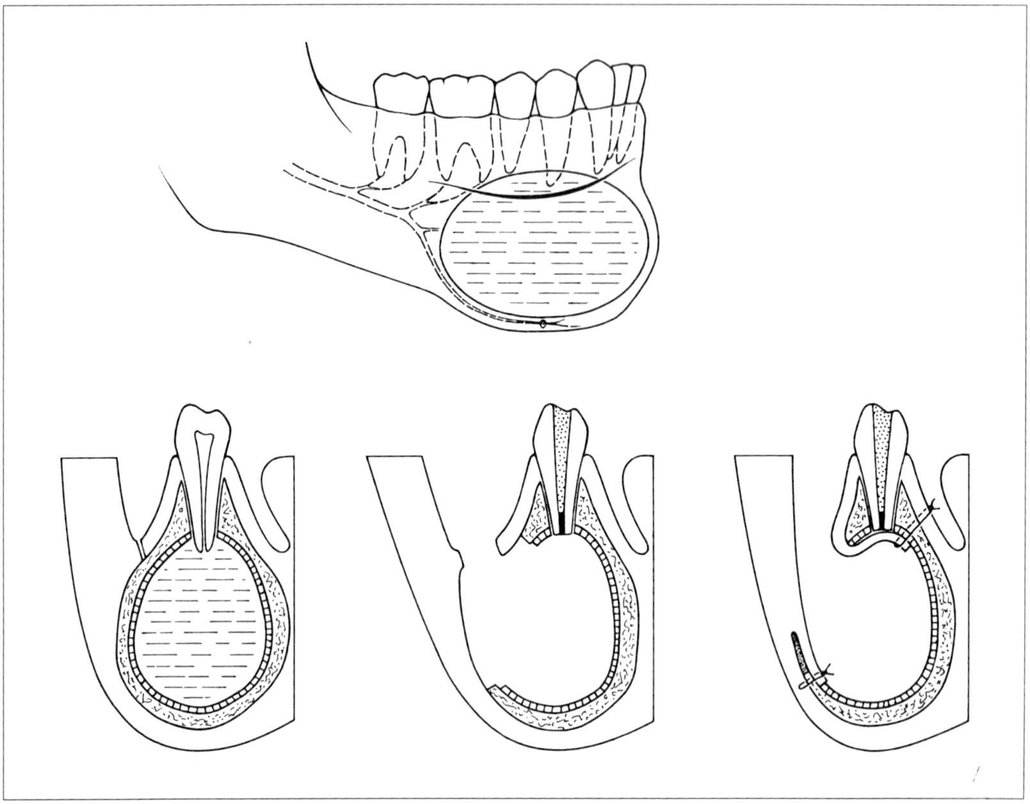

Abb. 150 a Fensterung einer großen Zyste (Partsch I)

Knochenwachstum langsam wieder verkleinert. Bei größeren Defekten und Hohlräumen werden diese oft durch Kunststoffabdeckungen (an herausnehmbaren Platten), sog. „Obturatoren", geschützt. Wenn der nachwachsende Knochen die Höhlung wieder schließt, wird der deckende Kunststoffteil mit fortschreitender Verkleinerung durch Fräsung gekürzt.

- Die Zystektomie (Partsch II):
  Kleine Zysten bis etwa Kirschgröße können ausgeschabt (exkochleïert) werden (Abb. 151). Dabei muß der Zahnarzt allerdings darauf achten, daß die gesamte Zystenwand, der „Zystenbalg", zusammen mit dem Inhalt der Hohlgeschwulst, einer weißlichen, leicht glitzernden Masse aus Cholesterin-Kristallen, ausgekratzt wird. Ein Verbleiben von Zellresten der Wand, den sog. *„Malassez-schen Epithelresten"*, könnte nach einiger Zeit zu einem erneuten Auftreten, einem „Rezidiv" der Zyste führen.

Präprothetische Chirurgie

Bei diesen Eingriffen handelt es sich um eine Vielzahl von größeren und kleineren Operationen, die alle als Vorbereitung für eine prothetische Versorgung dienen:

- Die Beseitigung durch Exzision von störenden Schleimhautbändern, Muskelansätzen oder eines „Schlotterkammes" (einer Bindegewebswucherung, die oft durch schlechtsitzende Prothesen verursacht wird).

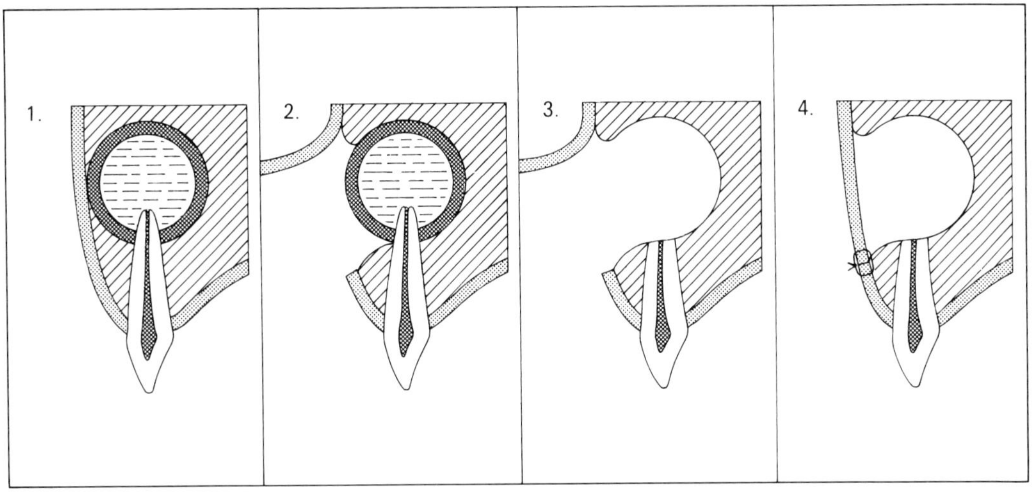

Abb. 151 Entfernung einer kleinen Zyste (Partsch II)

- Die Abtragung (Ablatio) von unebenen Knochenrändern am Alveolarfortsatz, die Anlaß zu Druckstellen (Dekubitus) sein können, entweder im Zusammenhang mit Zahnentfernungen als „Alveolotomie" oder am schon verheilten Kiefer als „Knochenresektion". Dabei wird nach Schleimhautschnitt und Periostabdrängung der störende Knochenteil mit Hilfe einer Fräse abgetragen, der Kieferkamm geglättet und die Wunde anschließend vernäht.
- Die operative Formung des Mundbodens oder des Tuber im Oberkiefer, um für den Prothesenrand einen besseren Abschluß zu haben. Je nach angewandter Technik und anatomischer Gegend spricht man dabei von einer Mundboden-, Vestibulum- (Mundvorhof-) oder Tuberplastik.
- Die Durchtrennung des Lippenbändchens („Frenulumexzision"), die sowohl bei prothetischer als auch bei kieferorthopädischer Behandlung notwendig werden kann (siehe auch unter „Exzision", Seite 214).
- Die Entfernung eines überzähligen, verlagerten, retinierten oder impaktierten Zahnes oder Zahnkeims (als „Germektomie", siehe Seite 214) kann ebenfalls Voraussetzung für eine kieferorthopädische oder prothetische Behandlung sein.

Parodontalchirurgie

Es gibt verschiedene Operationstechniken, die eine Verbesserung des Zahnhalteapparates zum Ziel haben. Dabei lassen sich im wesentlichen drei verschiedene Methoden unterscheiden:

1. Die Taschenkürettage
2. Die Gingivektomie
3. Die Lappenoperationen

Ihre Anwendung, Durchführung und Technik ist auf den Seiten 323 bis 327 des Kapitels „Parodontalbehandlung" ausführlich beschrieben.

Implantationen

Diese noch in der Entwicklung befindliche Technik wird zum Teil in der Praxis als ambulante Behandlung durchgeführt, meistens jedoch ist sie Spezialpraxen oder Kliniken vorbehalten. Implantationen (Abb. 152) stellen gewissermaßen einen Übergang von der ambulanten zur stationären Behandlung dar, vor allem weil da-

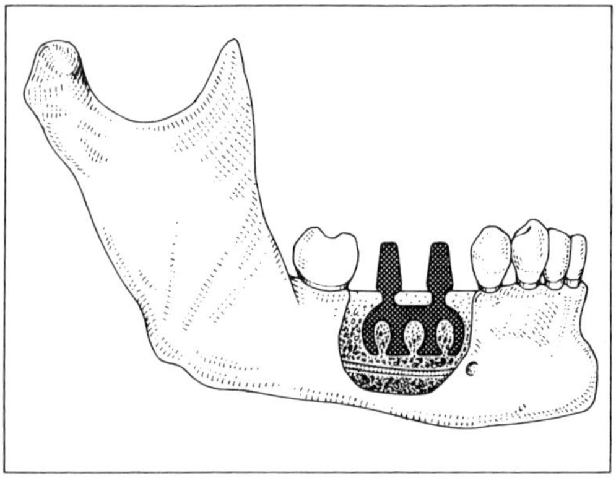

Abb. 152 Mit Hilfe von Gerüsten dieser oder ähnlicher Art, die in den Kieferknochen eingepflanzt werden, soll der Prothesenhalt verbessert oder erst ermöglicht werden

bei die verschiedensten Materialien und Verfahren angewendet werden. Gemeinsam ist allen Maßnahmen jedoch das Ziel,

- den Halt von Zahnersatz zu verbessern (durch Einpflanzung von Abstützungen und Ankerelementen);
- die noch vorhandenen Restzähne zu schonen (um möglichst wenige von ihnen beschleifen zu müssen und den Kaudruck auf viele Pfeiler zu verteilen);
- den vorgesehenen Zahnersatz so klein wie möglich zu halten (um eine Brücke statt einer sonst notwendigen Prothese eingliedern zu können).

Voraussetzungen für den Erfolg einer Gerüsteinpflanzung sind:

- gründliche Befunderhebung (das Vorliegen von inneren Erkrankungen wie Diabetes kann eine Kontraindikation sein);
- genaue Planung des Eingriffs unter Berücksichtigung der vorliegenden Kieferknochen- und Schleimhautverhältnisse;
- Beherrschung der Operationstechnik;
- Auswahl des geeigneten Gerüstmaterials;
- Anpassung des Implantates an die individuellen Erfordernisse;
- bestmögliche Abstützung im Knochen und am Restgebiß, um Fehlbelastungen und Knochenabbau zu vermeiden;
- intensive Kontrolle der Einheilung und des eingegliederten Zahnersatzes;
- Mitarbeit des Patienten durch richtige Mundhygiene.

Man unterscheidet die Implantate nach drei Gesichtspunkten:

1. Nach dem Material (Keramik, Biogläser, Metalle wie Titan, Tantal, teilsorbierbares Material wie Trikalziumphosphat).

2. Nach dem Einpflanzungsgebiet (über der Knochenhaut = superperiostal; unter die Knochenhaut = subperiostal; in den Knochen hinein = enossal; durch den Wurzelkanal des Zahnes hindurch, über die Wurzelspitze hinaus = Transfixation).

3. Nach dem Aussehen des Implantates (Nadel, Klinge, Schraube, Sattel, Blatt usw.).

Die Operationstechniken sind bei fast allen Verfahren im wesentlichen gleich: Es werden Schleimhautschnitte nach genauer Planung und Vermessung gelegt, das Periost abgehoben und mit speziellen Bohrern und Fräsen die nötigen Vertiefungen in den Kieferknochen gestanzt. Dorthin werden die vorbereiteten Gerüste eingesetzt, geschraubt, gebolzt oder mit Knochenzement eingeklebt. Darüber wird anschließend die Schleimhaut wieder vernäht.
Im Gegensatz dazu werden die Nadelimplantate durch die geschlossene Schleimhautdecke in Form einer Reihe („Straße") oder eines kleinen Dreiecks („Dreifuß") eingedreht oder gehämmert. Ähnlich wird auch bei der Transfixation verfahren, bei der Metallstifte über die Wurzelspitze des gelockerten Zahnes hinaus in den Kieferknochen getrieben werden.
Nach Verheilung der Operationswunden ist von den Implantaten nur noch der kleine, über das Zahnfleisch ragende Stützteil zu sehen, der dann das im Labor gefertigte Gerüst des Zahnersatzes aufnimmt. Je nach Erfolg kann dieses durchaus 10–15 Jahre funktionstüchtig bleiben.

Problematisch ist bei den Implantationen weniger die Operationstechnik als die unterschiedliche und nicht immer vorhersehbare Reaktion des aufnehmenden Gewebes (Knochen, Periost, Zahnfleisch). Es kann nach einiger Zeit des Tragens zu einer Art „Abstoßung“ des Fremdkörpers kommen. Dieses Risiko ist Ursache für die verzögerte Einführung dieser Technik in die tägliche Praxis des Zahnarztes.

Fragen zum Verständnis und zur Selbstkontrolle

Ambulante Eingriffe

35. Erklären Sie den Unterschied zwischen einer orthograden und einer retrograden Wurzelfüllung!
36. Welche Behandlungsmaßnahmen muß der Zahnarzt vor der Reimplantation am Zahn durchführen?
37. Welche zwei hauptsächlichen Zystenarten kennen Sie?
38. Warum müssen auch schmerzfreie Zysten operiert werden?
39. Wie bezeichnet man die Entfernung eines Zahnkeims?
40. Wie können unebene Knochenränder am Alveolarfortsatz geglättet werden?
41. Nennen Sie die drei Implantationsarten nach ihrem Einpflanzungsgebiet!
42. Übersetzen Sie folgende Fachausdrücke!

a) Intra operationem	f) exstirpieren
b) fixieren	g) Alveolotomie
c) Zystostomie	h) exkochleïeren
d) Ablatio	i) Dekubitus
e) nekrotisch	j) Rezidiv

43. Warum muß bei einer Zystektomie der ganze Zystenbelag entfernt werden?
44. Welche Operationen zur Formung des Prothesenlagers im Ober- und Unterkiefer kennen Sie?

(Die Antworten stehen auf Seite 272.)

Stationäre Eingriffe

Zu diesen Behandlungen zählen vor allem großflächige und tiefgehende Operationen, die ohne ein größeres Chirurgenteam nicht durchgeführt werden können:

- Spaltenoperationen (Beseitigung von Hemmungsmißbildungen),
- Behandlung von Kieferbrüchen (Weichteile und Hartgewebe),
- Korrekturen von extremen Bißlagen (operative Kieferorthopädie),
- Entfernung von gut- und bösartigen Geschwülsten (Tumoroperationen),
- Gelenkoperationen.

Für die Helferin in der durchschnittlichen

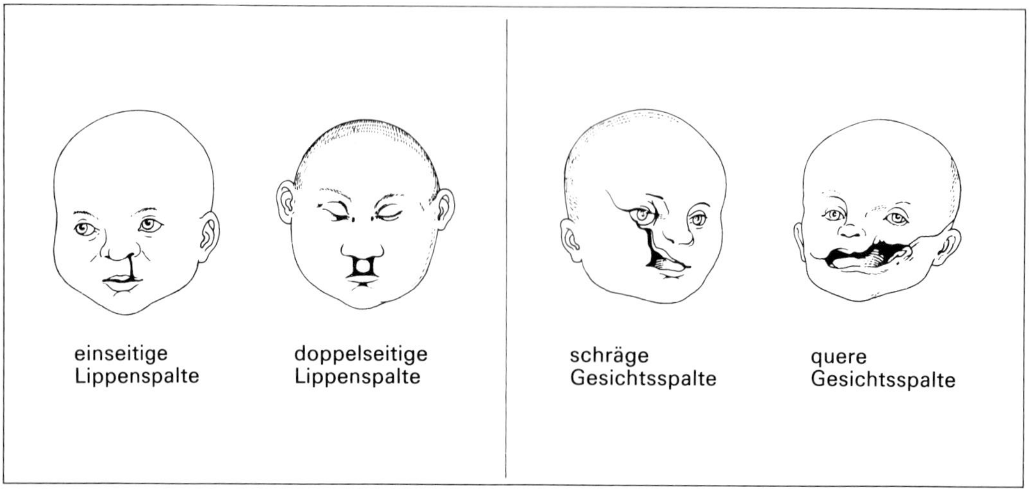

Abb. 153 Spaltenbildung im Gesichtsbereich

Zahnarztpraxis ist es wichtig, daß sie über Art, Ziel und Umfang der Behandlung Bescheid weiß, damit sie

- bei Rückfragen der Klinik Auskunft geben kann;
- Fragen von Patienten möglichst korrekt beantwortet;
- beim Schriftverkehr über geplante Maßnahmen den Inhalt versteht;
- Überweisungen korrekt ausfüllen kann.

Deshalb soll an dieser Stelle nicht über genaue Operationstechniken berichtet werden, sondern nur ein Überblick über die bestehenden Verfahren und Möglichkeiten gegeben werden.

Spaltenoperationen

Unter diesem Begriff faßt man die operative Behandlung von Hemmungsmißbildungen zusammen, die beim Neugeborenen (etwa jedes 1200. Kind ist davon betroffen) in Form von

- Lippenspalten (Hasenscharte),
- Lippen-Kieferspalten,
- Lippen-Kiefer-Gaumenspalten (Wolfsrachen); seltener als
- Gesichtsspalten

auftreten können (Abb. 153). Die Behandlung dieser Entwicklungsstörung muß schon sehr früh erfolgen, damit dem Neugeborenen möglichst Schwierigkeiten bei der Nahrungsaufnahme und in der Sprachentwicklung erspart bleiben. Die Wiederherstellung der richtigen Kaufunktion und des normalen Aussehens geschieht in mehreren Eingriffen, von denen der erste meist schon im Säuglingsalter durchgeführt wird. Je nach Schwere und Umfang der Mißbildung wird Schritt für Schritt der vorhandene Defekt geschlossen. Die begleitende Behandlung umfaßt neben kieferorthopädischen Maßnahmen auch Spracherziehung durch Logopäden (Sprecherzieher), kosmetische (plastische) Korrekturen an den sichtbaren Narben und eventuell eine psychologische Behandlung von Eltern und Kind. Nicht zuletzt gehört dazu auch die intensive Kariesprophylaxe durch einen Zahnarzt.

Kieferbruchbehandlung

In der Zahnarztpraxis erfolgt allgemein meist nur eine Erstversorgung von Unfallverletzten mit Kieferbrüchen:

- Befunderhebung und Röntgenaufnahmen,
- Mitteilung an den Kostenträger (siehe auch Seite 56),
- Säuberung von Weichteilwunden einschließlich möglicherweise notwendigem Verband,
- Blutstillung bei verletzten Gefäßen,
- Entfernung von Fremdkörpern aus der Wunde,
- provisorische Versorgung von beschädigten Zähnen,
- Schmerzbekämpfung durch Anästhesie und Analgetike,
- Fixierung von Bruchstücken (soweit möglich) durch Kunststoff oder Drahtschlingen (Ligaturen),
- Bekämpfung von Infektionen, vor allem bei offenen Brüchen,
- Organisation von Transport in eine Fachpraxis oder Klinik,
- Ausstellung einer Überweisung zur Weiterbehandlung,
- Information der Angehörigen (falls nötig).

Nicht immer müssen alle diese Maßnahmen durchgeführt werden; die Notwendigkeit orientiert sich jeweils am Verletzungsgrad und -umfang. Einfache Brüche (Frakturen) mit geschlossener Schleimhautdecke, bei denen nur eine geringe Infektionsgefahr besteht, werden weniger aufwendig und zeitraubend behandelt als komplizierte Frakturen mit offener Weichteilwunde.

Eine Verletzung an der Zahnsubstanz muß gesondert behandelt werden, je nachdem, ob eine Beschädigung an der
- Krone (Abb. 154)
- Wurzel oder eine
- Lockerung (Luxation) bzw.
- Verlagerung (Dislokation) des ansonsten unbeschädigten Zahnes

vorliegt (siehe auch Kapitel „Zahnerhaltung", Seite 275).

In der Klinik oder Fachpraxis werden dann die endgültigen Versorgungsmaßnahmen für die Knochenheilung ergriffen:

1. Eine genaue Untersuchung und röntgenologische Klärung der Fraktur. Dabei unterscheidet der Chirurg nach:

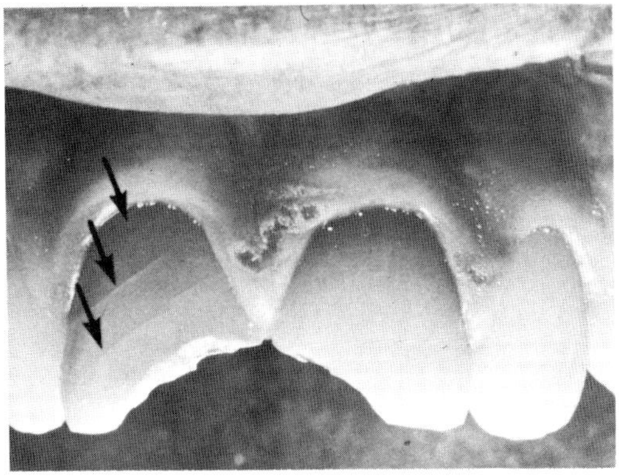

Abb. 154 Kronenfrakturen

- Infraktur (unvollständiger Bruch, Knochenriß),
- Querfraktur,
- Längsbruch,
- Schrägbruch (Diagonalfraktur),
- Gelenkfortsatzfraktur,
- Gelenkköpfchenabriß im Unterkiefer,
- Trümmer(Splitter-)bruch oder
- Defektfraktur, bei der Knochenteile fehlen;

nach einem Bruch
- mit oder
- ohne Verlagerung (Dislokation) der Bruchstücke (Fragmente).

Im Oberkiefer bezeichnet man die typischen Bruchlinien nach dem französischen Chirurgen *Le Fort* (Abb. 155):

- Le Fort I: Abriß des Oberkieferalveolarfortsatzes in Höhe der Wurzelspitzen.
- Le Fort II: Querfraktur des Oberkiefers in Höhe der Nasenwurzel und Sprengung der Oberkiefer-Jochbein-Naht.
- Le Fort III: Querbruch in Höhe der Nasenwurzel und Bruch der Jochbein-Schläfenbein-Naht.

2. Die Reposition (Zurückbringen in die ursprüngliche Lage) der verschobenen (dislozierten) Bruchenden, die oft nicht auf einmal gelingt, sondern nur schrittweise vorgenommen werden kann.

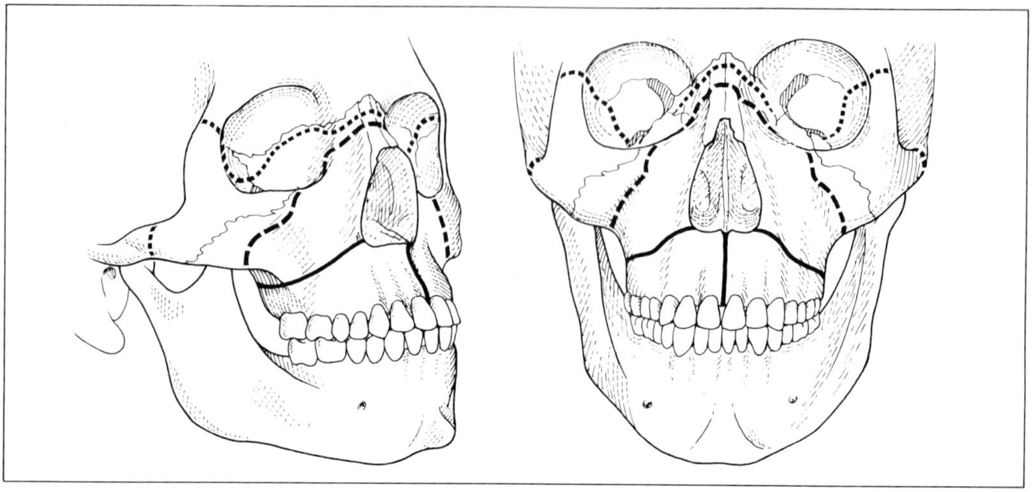

Abb. 155 Typische Bruchlinien im Bereich des Gesichtsschädels
—— Le Fort I
--- Le Fort II
.... Le Fort III

3. Die Fixierung (Befestigung) und Schienung der Fragmente, die manchmal mit einer festen Verbindung beider Kiefer vorgenommen wird als „intermaxilläre[1] Immobilisierung[2]". Der Patient muß für die Dauer dieser Schienung über einen Schlauch („Sonde") ernährt werden.

4. Die Vorbeugung gegen mögliche Infektionen durch gezielte Antibiotikagaben, um das Entstehen der gefürchteten Knochenmarkentzündung (Osteomyelitis) zu verhindern.

5. Die Überwachung und Kontrolle des Heilungsverlaufes durch Dehnung von Narbenkontrakturen, Einübung der Kaufunktion, Anpassung der Schienen an die jeweiligen Phasen der Abheilung.

6. Entfernung und eventuelle Erneuerung der Ligaturen und Fixationen bis zur endgültigen Verheilung.

7. Eingliederung von Zahnersatz, um die verlorengegangenen Zähne zu ersetzen und so die Kaufähigkeit in vollem Umfang wiederherzustellen.

Kieferkorrekturen (Operative Kieferorthopädie)

Aus kieferorthopädischen Gründen kann eine Operation notwendig werden, wenn durch andere Behandlungsmaßnahmen kein Erfolg zu erwarten ist. Am häufigsten werden diese chirurgischen Eingriffe ausgeführt bei:

- echter Progenie, wenn der Unterkiefer zu groß ist und weit über die Oberkieferzähne vorbeißt;
- ausgeprägter Retrogenie, dem sog. „Vogelgesicht", bei dem der Unterkiefer zu klein ist und gegenüber dem Oberkiefer zu weit zurückliegt;
- extrem offenem Biß, wenn sich die Frontzähne beim Zubeißen nicht berühren, sondern Okklusion erst ab dem Bereich der zweiten Prämolaren besteht;
- Tiefbiß mit Berührung der Unterkieferzähne im Bereich der Schleimhaut des Oberkiefers, was

1 intermaxillär (lat.): „zwischen den Kiefern", zwischen Ober- und Unterkiefer

2 Immobilisierung (lat.): „Unbeweglichmachung"; hier: Ruhigstellung

zu Geschwüren (Ulzera) im betroffenen Gebiet führen kann und dann als „traumatisierender Deckbiß“ bezeichnet wird;
- sehr starker Protrusion (Vorkippung) der Frontzähne in einem oder beiden Kiefern;
- zu großer Zunge (Makroglossie), die zu einer Verdrängung der Zähne führt;
- Verlagerung, Retention (Zahn bricht nicht durch) oder Impaktierung (Zahn ist durch Nachbarn eingekeilt), wenn der betreffende Zahn, z. B. ein Eckzahn, für die Bißstützung bzw. -führung notwendig ist.

Je nach Anomalie müssen dann entweder:

- Knochen entfernt oder ergänzt werden, z. B. durch eingepflanzte „Späne“ aus dem Hüftknochen oder vom Rippenbogen;
- Weichteile herausgeschnitten werden wie beim Vorliegen einer Makroglossie durch „Keilexzision“ der Zungenmuskulatur;
- Zähne durch Osteotomie freigelegt oder entfernt werden, z. B. bei der „Germektomie“ (siehe auch Seite 214).

Diese Maßnahmen müssen sorgfältig geplant und anhand von Messungen mittels Fernröntgenaufnahmen, Kephalometrie[1], Fotografien, Modellanalyse, Funktionsdiagnostik, Kiefermuskeluntersuchungen (Myogramme) exakt festgelegt werden. Bei den vorgesehenen Eingriffen sind nämlich auch die Auswirkungen auf das umliegende Gewebe zu berücksichtigen, damit durch Narbenschrumpfungen (Kontrakturen) keine kosmetischen Störungen auftreten. Entstellungen durch Narbenwucherungen (Keloide) können gerade im Gesichtsbereich den Erfolg einer kieferorthopädisch notwendigen Operation stark in Frage stellen.

Ähnlich wie bei den Spaltenoperationen bedarf es auch bei der operativen Kieferorthopädie eines Zusammenwirkens von mehreren Teilbereichen der Zahnheilkunde, um für den Patienten den angestrebten Erfolg zu gewährleisten.

Tumorentfernung

Die Entfernung eines gutartigen (benignen) Gewächses oder einer bösartigen (malignen) Geschwulst gehört zu den schwierigsten chirurgischen Eingriffen überhaupt. In der Zahnheilkunde kommt hinzu, daß die Entfernung eines Kieferteiles nur sehr schwer auszugleichen ist. Trotzdem sind die Chirurgen bemüht, die Kaufunktion, das Sprachvermögen und das Aussehen des Patienten möglichst vollständig zu erhalten. Der betroffene Gewebeteil wird durch Abtrennung (Resektion, Amputation) oder Ausschneidung (Exzision) entfernt. Meist werden bei bösartigen Geschwülsten auch noch in der betreffenden Kieferhälfte Lymphknoten und die Lymphbahnen „ausgeräumt“, um eine Verschleppung von Krebszellen als „lymphogene Aussaat“ in den Körper und eine Bildung von Tochtergeschwülsten (Metastasen) zu verhindern. Dies gelingt nicht immer rechtzeitig, so daß die Aussicht (Prognose) auf eine völlige Heilung zweifelhaft (dubios) ist.

Bei den bösartigen Neubildungen (Neoplasmen) unterscheidet man:
- Karzinome (Krebs der Epithelschichten),
- Sarkome (bösartige Wucherung von Bindegewebszellen oder Organgewebe)

(siehe auch Kapitel „Allgemeine Pathologie“, Band 1, Seite 326ff.).

Neben der chirurgischen Behandlung dieser Geschwülste wird eine Therapie mit harten (Röntgen-, Beta- oder Gamma-)-Strahlen vorgenommen. Damit versucht man, die rasch wachsenden Krebszellen an einer Vermehrung zu hindern.

Als dritte Behandlungsart neben „Stahl und Strahl“ (Chirurgie und Radiologie) setzt man bei der Bekämpfung von Tumoren auch spezielle Medikamente ein. Meist handelt es sich dabei um zellteilungs- und zellwachstumshemmende Mittel, die sog. „Zytostatika“, die aus Giften (z. B. der Herbstzeitlose und des Immergrüns) entwickelt werden. Auch Hormone und Enzyme (Fermente) sowie den Kampfstoffen[2]

1 Kephalometrie (gr.): Schädelvermessung

2 Kampfstoffe: Mittel zur chemischen Kriegführung wie Giftgas, Ätzmittel usw.

(Lost) verwandte Substanzen kommen in manchen Fällen zur Anwendung. Dabei werden allerdings auch gesunde Zellen mitgeschädigt, so daß diese Medikamente einer strengen Indikation unterliegen.

Gelenkoperationen

Durch Infektionen während des Knochenwachstums bei Unfällen im Gesichtsbereich, aber auch durch Fehlbelastungen, können Beschädigungen und Erkrankungen des Kiefergelenks entstehen. Werden diese Störungen nicht frühzeitig erkannt und behandelt, kann es zu einer Gelenkentzündung (Arthritis), zu Abnützungen und Veränderungen (Deformationen) der Knorpelfläche im Gelenkbereich, im schlimmsten Fall zu einer Gelenkversteifung (Ankylose) kommen. Dadurch wird die normale Kieferbewegung (Artikulation und Okklusion) beeinträchtigt; es entwikkelt sich im Lauf der Zeit eine Kieferklemme (Mundöffnung eingeschränkt) oder eine Kiefersperre (Mundschluß gestört).
Ist eine deformierende Arthritis oder Ankylose festgestellt und röntgenologisch gesichert, wird sie nach sorgfältiger Planung operiert. Dabei versucht der Chirurg, die störenden Knochenflächen abzutragen und Gelenkköpfchen mit Gelenkgrube neu zu formen. Dieser sehr schwierige und zeitraubende Eingriff wird als „Arthroplastik" bezeichnet.
Nach Unfällen mit Schäden im Kiefergelenkbereich steht die Wiederherstellung der vollen Kaufunktion im Vordergrund der Behandlung. Dabei wird die chirurgische Behandlung meist kombiniert mit kieferorthopädischen und prothetischen Maßnahmen (Schienung, Bißführungsplatten, Kauflächenaufbau usw.). Diese Maßnahmen sind sehr langwierig und verlangen eine intensive Überwachung der Heilung. Nachoperationen sind oft nicht zu umgehen.

Fragen zum Verständnis und zur Selbstkontrolle

Stationäre Eingriffe

45. Wie bezeichnet man in der Umgangssprache eine „Lippenspalte" und eine „Lippen-Kiefer-Gaumenspalte"?
46. Wie bezeichnet man eine Knochenmarkentzündung?
47. Wie bezeichnet man die zellteilungs- und zellwachstumshemmenden Mittel, die zur Krebsbekämpfung eingesetzt werden?
48. Welche begleitenden Maßnahmen werden bei einem Kind mit LKG-Spalte neben dem chirurgischen Eingriff nötig?
49. Übersetzen Sie folgende Fachausdrücke!

a) Dislokation	f) Neoplasmen
b) Reposition	g) Resektion
c) Protrusion	h) Luxation
d) Kontraktur	i) maligne
e) benigne	j) Infraktur

50. Erklären Sie den Unterschied zwischen einer einfachen und einer komplizierten Fraktur!
51. Warum werden bei Tumorentfernungen im Kieferbereich gleichzeitig die regionären Lymphknoten mit „ausgeräumt"?

(Fortsetzung auf der nächsten Seite)

Fragen (Fortsetzung)

52. Wie bezeichnet man eine völlige Kiefergelenksversteifung?
53. Welche vier Arten von Verletzungen (Traumata) können am Zahn auftreten?
54. Warum muß bei einer Makroglossie manchmal eine Keilexzision vorgenommen werden?
55. Aus welchen Zellen bildet sich ein Sarkom?
56. Wie werden Narbenwucherungen genannt?

(Die Antworten stehen auf Seite 272.)

3. Chirurgische Instrumente

Chirurgische Instrumente für Eingriffe im Mund-Kieferbereich gibt es schon seit Jahrtausenden. Sie sind in zahlreichen Formen bei Ausgrabungen gefunden worden und zeigen, daß sich ihr Aussehen bei vielen kaum geändert hat. Im Lauf der Zeit sind sie lediglich im Material verbessert und für ihre Aufgabe weiterentwickelt worden. Man unterscheidet fünf Gruppen von Instrumenten:

- schneidende (Messer, Scheren, Zangen),
- festhaltende (Klemmen, Pinzetten, Extraktionszangen),
- hebende (Löffel, Hebel, Schaber, Haken),
- stechende (Kanülen, Nadeln),
- rotierende (Fräsen, Bohrer, Schleifer):

Bei einer Operation werden meist mehrere Arten aus verschiedenen Gruppen benötigt. Die Helferin muß deshalb die exakte Bezeichnung kennen und über

- Aufgabe,
- Anwendungsbereich und
- Pflege

dieser Instrumente genau Bescheid wissen. Nur dann kann sie bei der Assistenz richtig und schnell instrumentieren.

Schneidende Instrumente

Zu dieser Gruppe von Instrumenten zählt man:

- chirurgische Messer (Skalpelle),
- Zahnfleischmesser (Gingivektomiemesser),
- elektrische Messer (Kauter, Elektrotom),
- Scheren (Zahnfleischscheren, Nahtscheren),
- Trennzangen (Resektionszangen, Knabberzangen).

Sie haben die Aufgabe, Knochen oder Weichgewebe (Schleimhaut, Zahnfleisch, Periost) zu durchtrennen, zu öffnen (inzidieren) oder zu entfernen (exzidieren), die Wunde mit einem sauberen Rand zu versehen, sie zu kürzen oder Nähte abzuschneiden.

Skalpelle

Chirurgische Messer werden in vielfachen Größen und Formen verwendet. Neben „feststehenden“ Skalpellen mit aus einem Stück geschmiedetem Griff und Klinge (Abb. 156 a) setzen sich heute immer mehr Exemplare mit auswechselbarer Klinge (Abb. 156 b) oder Einmalskalpelle (Abb. 156 c) durch. Die beiden letztge-

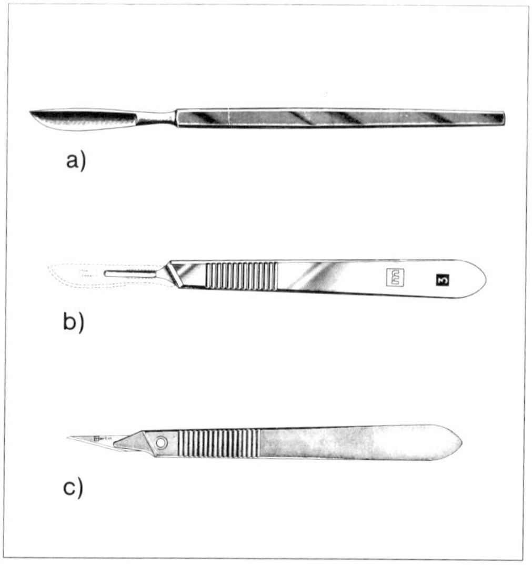

Abb. 156 a–c.
a) feststehendes Skalpell
b) Skalpell mit auswechselbarer Klinge
c) Einmalskalpell

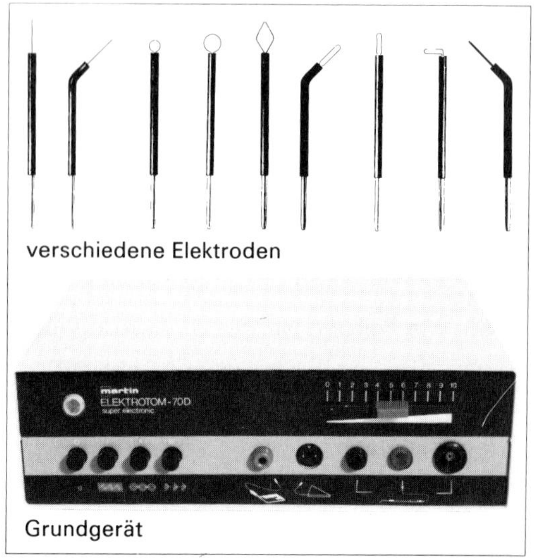

Abb. 157 Mit Hilfe des Elektrotoms kann Weichgewebe wie mit einem Messer geschnitten werden

nannten haben den Vorteil der absoluten Keimfreiheit und optimalen Schärfe (die durch mehrfaches Sterilisieren bei „normalen" Skalpellen verlorengeht).

Zahnfleischmesser

Zur Abtrennung und Neuformung des Zahnfleischrandes werden spezielle Messer verwendet, die meist eine feststehende Klinge haben. Sie ist in einem stumpfen Winkel zum Griff angeordnet, der besonders lang und stabil ist. Die Form des Arbeitsteiles ist unterschiedlich und je nach Anwendungsbereich mit einer oder zwei Schneiden versehen. Die genaue Bezeichnung richtet sich daher auch nach der speziellen Aufgabe: Papillenmesser, Universalmesser, Gingivektomiemesser (siehe Abb. 293).

Elektrische Messer

Die gebräuchlichsten Geräte sind das Elektrotom, das durch Hochfrequenz den schneidenden Effekt erreicht (Abb. 157), und der Thermokauter (Glühschlinge). Weichgewebe kann mit Hilfe einer erhitzten Metallschleife ebenso leicht durchtrennt werden wie mit einem Messer. Die feinen Platindrähte werden dabei unter Strom gesetzt und bringen das Metall zum Glühen. Dadurch kann ohne Druck geschnitten werden. Gleichzeitig werden die durchgetrennten Blutgefäße verschmort, so daß es im Operationsfeld weniger blutet.

Scheren

Es gibt sehr verschiedenartige chirurgische Scheren. Die Schneiden können spitz auslaufen, abgebogen oder gerade sein (Abb. 158). Auch der Griff ist je nach Verwendungszweck lang oder kurz gestaltet. Diese Instrumente werden zum Abtrennen von chirurgischen Nähten oder zum Ausschneiden von Weichteilen verwendet. So gibt es für die Entfernung der Schleimhautkapuze über dem Weisheitszahn eine spezielle Schere, die sog. „Kapuzenstanze" nach *Mörle.*

Zangen

Einige Zangen, die in der zahnärztlichen Chirurgie benützt werden, sind nicht nur zum Festhalten gedacht, sondern auch zum Abtrennen von Gewebeteilen. Dazu

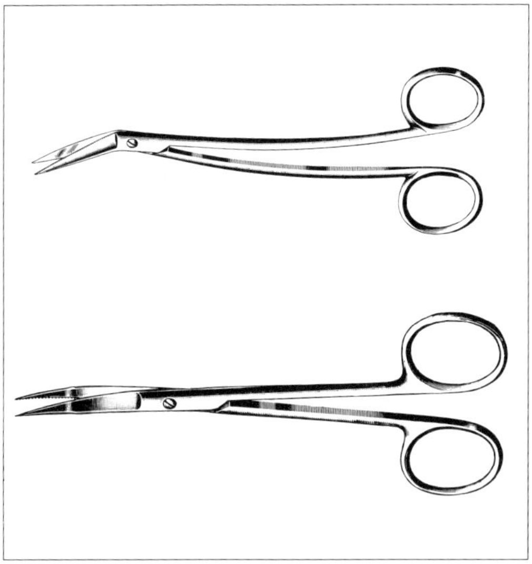

Abb. 158 Verschiedene Scherenformen

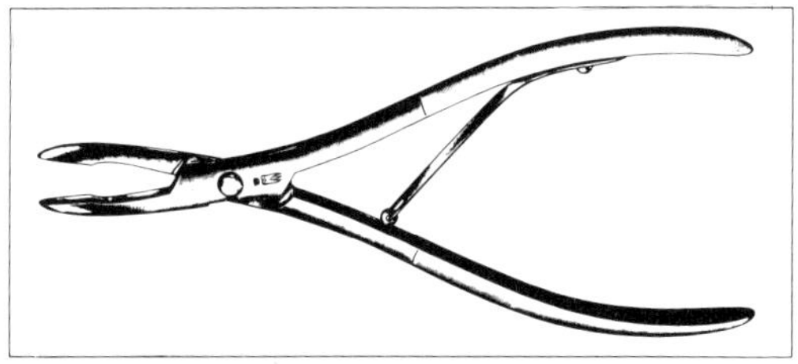

Abb. 159 Zange nach *Luer*

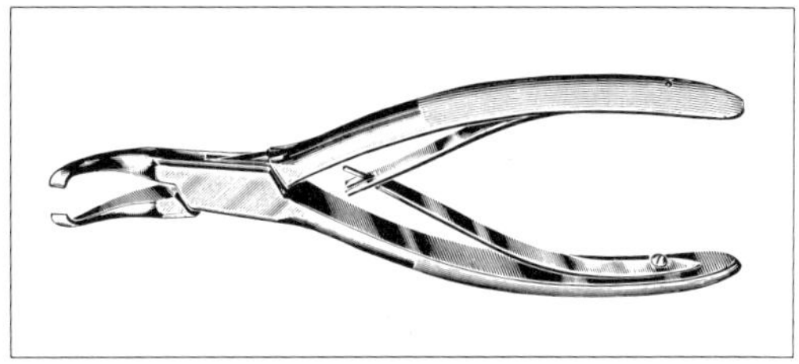

Abb. 160 Größere Knochenteile können mit der Knochenschneidezange abgetrennt werden

gehört die Knochenknabberzange (Knochenresektionszange, Hohlmeißelzange nach *Luer*), mit der vorspringende Knochenkanten abgeschnitten werden. (Abb. 159). Größere und dickere Knochenteile, z. B. bei Tumoroperationen, können mit der Knochenschneidezange (Abb. 160) durchtrennt werden.

Festhaltende Instrumente

Für das Fassen und Festhalten wurden entwickelt:
- Pinzetten,
- Klemmen,
- Zangen.

Ihr Aussehen ist sehr unterschiedlich, da sie sowohl größere Objekte (Zähne, Knochen) als auch kleinere (Wundkegel, Splitter usw.) sicher umschließen oder festhalten müssen. Sie sind deshalb in Griff und Arbeitsteil sehr speziell geformt.

Pinzetten

Für das Festhalten von Wundrändern ist die „chirurgische“ Pinzette mit gezähnten Spitzen (Abb. 161 a) gedacht. Die „anatomische“ Pinzette hat ein stumpfes Ende (Abb. 161 b) und wird vor allem für das Einbringen von Tupfern und Gazestreifen verwendet. Bei chirurgischen Eingriffen kommt auch die „zahnärztliche“ Pinzette (College-Pinzette) (Abb. 161 c) oder die Splitterpinzette für die Entfernung kleiner Splitter aus dem Operationsbereich zum Einsatz. Die Nahtpinzette (Abb. 161 d) findet beim Schließen einer Wunde Anwendung, die Markierungspinzette (Abb. 161 e) zeichnet mit ihren kleinen spitzen Arbeitsteilen die Taschentiefe vor einer Gingivektomie an.

Klemmen

Das entscheidende Merkmal dieser Instrumente ist die sog. „Arretierung[1]“. Mit Hilfe dieser Sperre an den Griffen ist es möglich, einen Gegenstand – auch ohne Kraftaufwand – festzuklemmen. Ein weiterer Druck auf die Griffe bewirkt dann wieder die Lösung der Arretierung. Zu den Klemmen gehören:

1 Arretierung (fr.): Sperre, Sperrvorrichtung

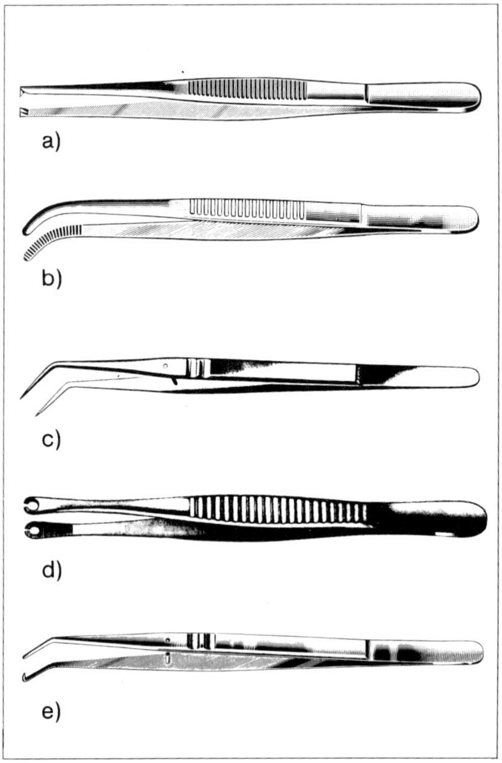

Abb. 161 a–e
a) chirurgische Pinzette
b) anatomische Pinzette
c) zahnärztliche Pinzette (Collegepinzette)
d) Nahtpinzette
e) Markierungspinzette

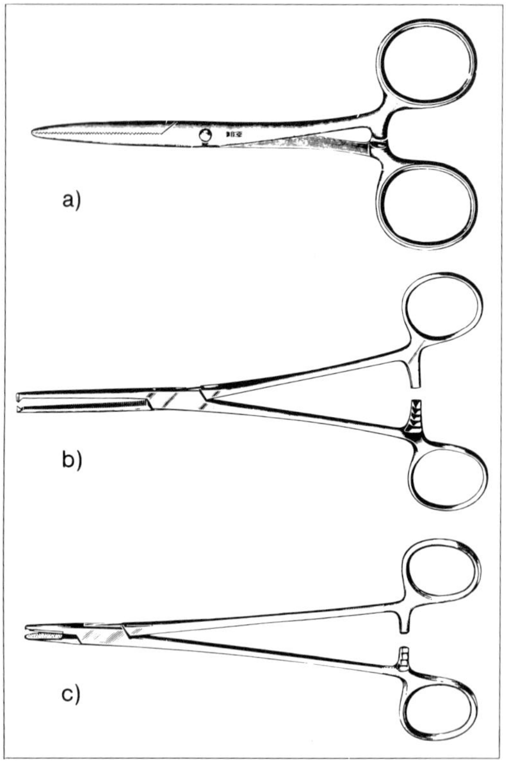

Abb. 162 a–c a) Tuchklemme
b) Arterienklemme
c) Nadelhalter

- die Tuchklemme zur Fixierung von Abdecktüchern (Abb. 162 a);
- die Gefäßklemme zum Verschluß von Arterien (Abb. 162 b);
- der Nadelhalter zum Festhalten der chirurgischen Nadeln (Abb. 162 c).

Zangen

Zangen sind die in der Zahnarztpraxis wohl die am häufigsten verwendeten chirurgischen Instrumente. Bei allen Typen sind Griffe und Schloß (Abb. 163) bis auf kleine Abweichungen sehr ähnlich. Zangenmaul und Arme (Branchen) dagegen sind ganz auf ihren Zweck und Einsatzort hin ausgerichtet. Es gibt Zangen für:

- die oberen Frontzähne mit geraden Armen und einem offenen Maul (Abb. 164 a);
- die oberen Prämolaren mit leicht gekrümmten Branchen, die sich beim Zangenschluß fast berühren (Abb. 164 b);
- die oberen Molaren mit einer Zacke für die Bifurkation der vestibulären Wurzeln (Abb. 164 c);
- die oberen Weisheitszähne mit einem zum Griff versetzten Arbeitsteil, um besser an die zu fassende Krone zu gelangen (Abb. 164 d);
- die unteren Frontzähne mit rechtwinkelig zum Griff versetzten Armen und schmalen Arbeitsteilen als sog. „Rabenschnabel" (Abb. 164 e);

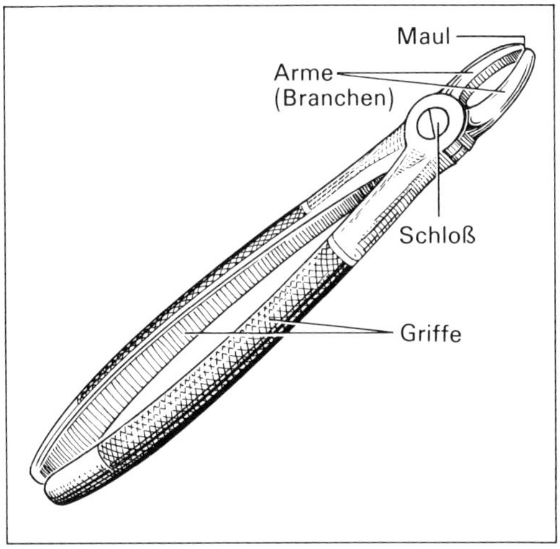

Abb. 163 Aufbau einer Zange

Abb. 164 a–j
a) obere Frontzahnzange
b) obere Prämolarenzange
c) obere Molarenzange
d) obere Weisheitszahnzange
e) untere Frontzahnzange
f) untere Prämolarenzange
g) untere Molarenzange
h) untere Weisheitszahnzange
i) obere Wurzelzange
j) untere Wurzelzange

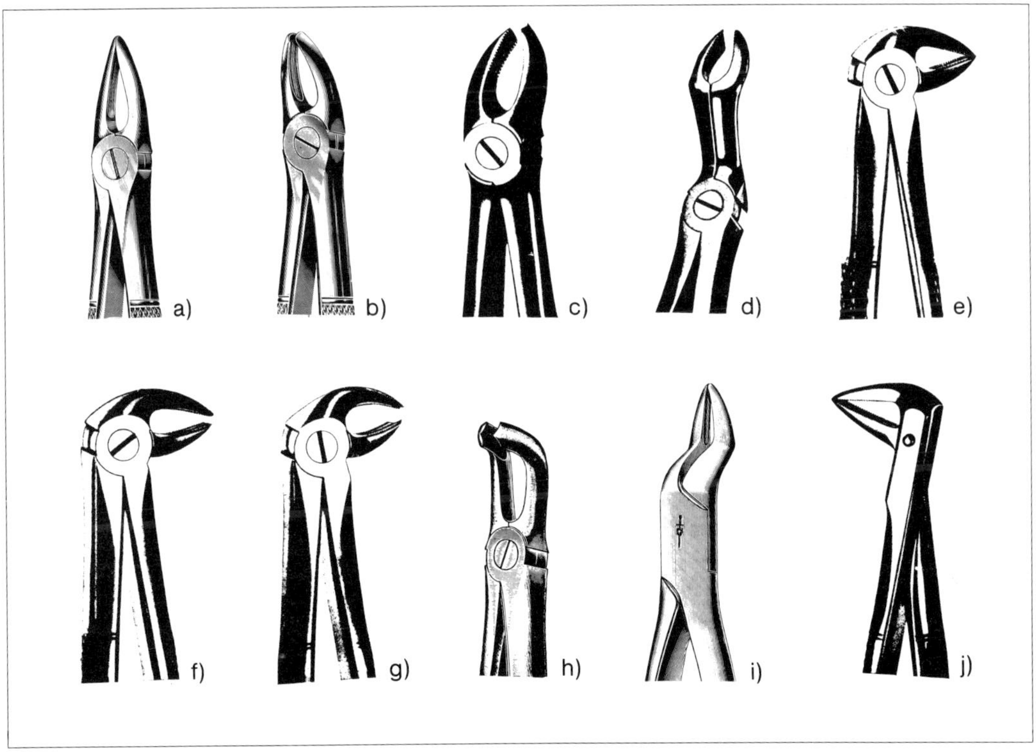

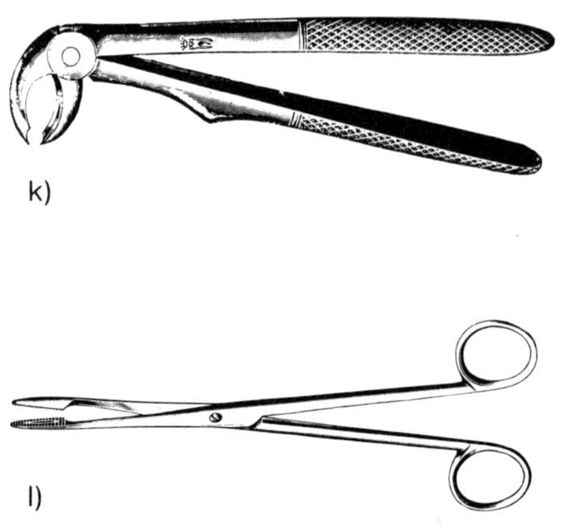

Abb. 164 k und l
k) Milchzahnzange, (für Molaren im UK)
l) Kornzange

- die unteren Prämolaren mit etwas breiter gestalteten Rabenschnabelarmen (Abb. 164f);
- die unteren Mahlzähne mit Branchen, an denen Zacken für die Wurzelgabelung vorhanden sind (Abb. 164g);
- die unteren Weisheitszähne mit zum Griff versetzten Armen (Abb. 164h);
- die Wurzeln im Oberkiefer mit seitlich abgewinkelten Arbeitsteilen und kleinem geschlossenem Zangenmaul als sogenanntem „Bajonett“[1] (Abb. 164i);
- die Wurzeln im Unterkiefer, das sind besonders grazil gestaltete Rabenschnabelzangen (Abb. 164j);
- die Milchzähne, speziell klein geformte Zangen in der Art von Bajonett-, Rabenschnabel-, Frontzahn- und Molarenzangen (Abb. 164h).

Eine besondere Form der festhaltenden Zangen ist die „Kornzange“ (Abb. 164l). Sie wird für die Entfernung von Fremdkörpern und kleinen Splittern aus Kieferhöhle und Extraktionswunden verwendet. Sie hat oft eine Arretierung zwischen den Griffen, um den zu entfernenden Knochenteil oder Fremdkörper besser fixieren zu können.
Auch die Zungenzange (Zungenhalter), die besonders bei großen Eingriffen der Fixierung der Zunge dient, ist meist mit einer Klemmvorrichtung versehen.

Hebende Instrumente

Entsprechend der sehr unterschiedlichen Aufgaben sind diese chirurgischen Instrumente recht verschiedenartig:
- Hebel für Extraktionen,
- Haken zum Abhalten,
- Löffel zum Auskratzen,
- Schaber zum Abdrängen von Gewebe,
- Stopfer für Tampons und Gazestreifen.

Sie bestehen alle aus einem kräftig ausgebildeten Griff und einem verhältnismäßig kleinen Arbeitsteil, der stumpf oder scharf, rund oder spitz, massiv oder hohl ausgeformt sein kann.

Hebel

Diese Instrumente mit kräftigem Griff und geradem oder leicht abgewinkeltem Arbeitsteil dienen vor allem zum Lockern der Zähne. Am bekanntesten ist der „*Beinsche Hebel*“ (Abb. 165a). Daneben gibt es zum Entfernen von Wurzelresten noch die „Krallenhebel“ (Abb. 165b), deren leicht gekrümmte Spitze rechtwinkelig zum Griff abgebogen ist.
Hebel werden immer in den Spalt zwischen Zahnfleisch und Wurzel (Periodontalspalt) eingebracht, um die *Sharpey*schen Fasern zu zerreißen. Benützt der Zahnarzt einen Nachbarzahn als Drehpunkt für den Hebel, kann er dadurch die gewünschte Wurzel lockern bzw. herausheben.

Haken

Zum Abhalten von Zunge, Wange oder Mundwinkel während einer Operation werden hauptsächlich zwei Arten von Haken verwendet:

1 Bajonett (frz.): „Seitengewehr“, Klinge, die seitlich versetzt – wie der Arbeitsteil der Frontzahnzange – auf die Gewehrspitze aufgesetzt wird

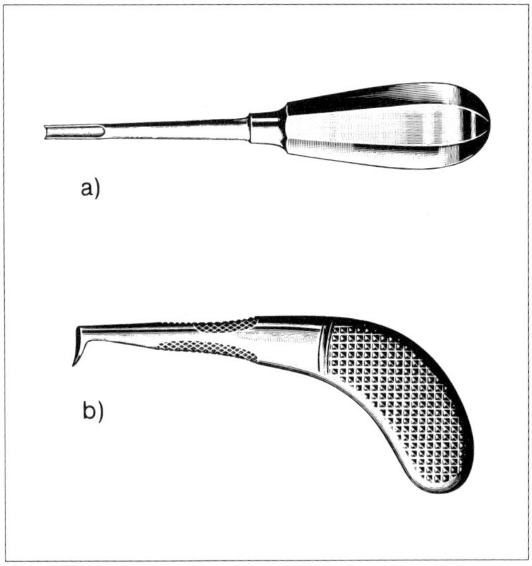

Abb. 165 a und b
a) *Bein*scher Hebel
b) Krallenhebel

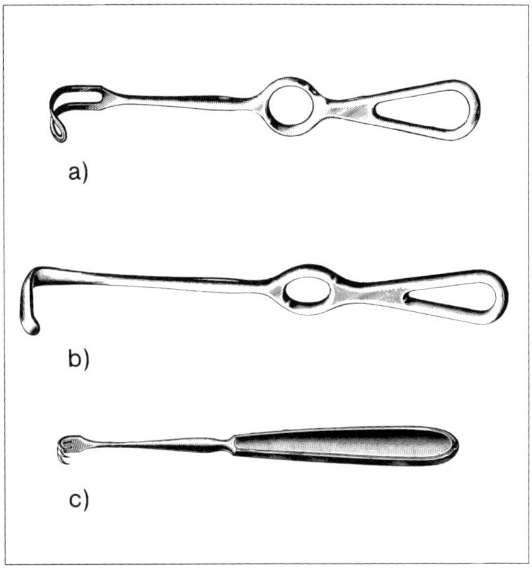

Abb. 166 a–c
a) Haken nach *Middeldorpf*
b) Haken nach *Langenbeck*
c) kleinerer Wundhaken

- der Mundhaken nach *Middeldorpf* (Abb. 166 a) mit gelochtem Arbeitsteil,
- der Wundhaken nach *Langenbeck* (Abb. 166 b) mit schmalem Arbeitsteil.

Außerdem gibt es noch kleinere Haken mit einem abgewinkelten, rechenartigen Ende (Abb. 166 c), mit denen Wundränder (Lefzen) abgehalten werden können.

Löffel

Meist besitzen chirurgische Löffel an beiden Enden verschieden große Hohlformen, mit denen Wunden ausgekratzt werden können. Wichtig für ihr einwandfreies Funktionieren ist der scharfe Rand, der für das Herausheben von Fremdkörpern und das Ausschaben entscheidend ist. Neben geraden Formen gibt es auch abgewinkelte Arbeitsteile (Abb. 167), die auch zum Griff etwas versetzt sein können.

Schaber

Das gebräuchlichste Schabinstrument in der zahnärztlichen Chirurgie ist das Raspatorium. Sein Arbeitsteil ist abgerundet, flach auslaufend, aber scharf angeschliffen (Abb. 168). Damit lassen sich Weichgewebe vom Knochen abschieben und das Periost abdrängen, um das Operationsfeld für eine Aufklappung freizulegen.

Ein ähnlich aussehendes Instrument ist das Elevatorium. Es ist aber am Arbeitsteil nicht angeschliffen und verjüngt sich nur zu einem stumpfen Ende (Abb. 169). Es dient der Abhebung und Trennung von Gewebeschichten (Muskeln, Schleimhaut, Zahnfleisch).

Stopfer

Zum Einbringen von Gazestreifen und Tampons, von Tupfern und Drainagen eignet sich am besten ein spezieller Stopfer. In der Praxis ist der nach *Luniatschek* am weitesten verbreitet. Er hat ein schmales, leicht gegabeltes Arbeitsteil, das gerade oder nur wenig über die Fläche gebogen ist (Abb. 170).

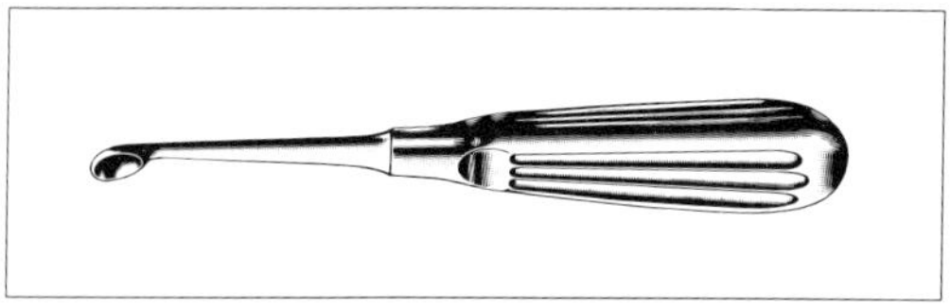

Abb. 167 Chirurgischer Löffel zum Auskratzen von Wunden

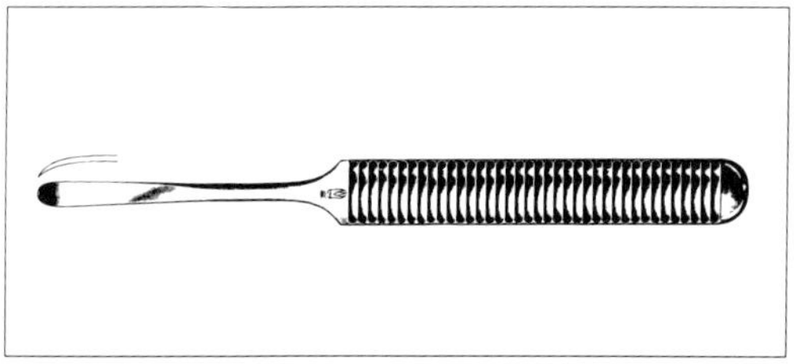

Abb. 168 Das Raspatorium dient dem Abschieben von Weichgewebe und Periost

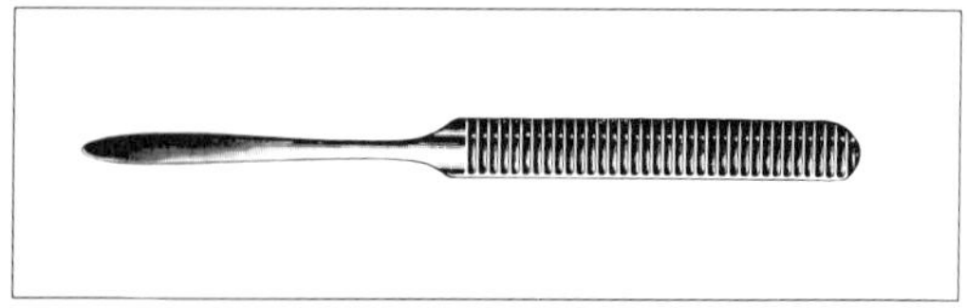

Abb. 169 Mit dem Elevatorium werden Gewebschichten stumpf getrennt

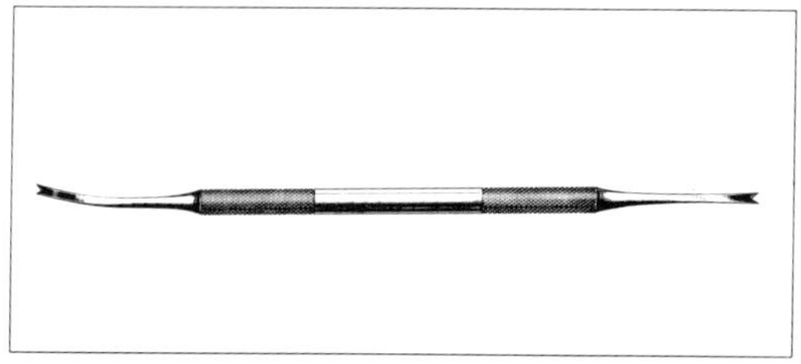

Abb. 170 Der bekannteste Tamponstopfer ist der nach *Luniatschek*

Stechende Instrumente

Neben spitzen Skalpellen, mit denen eine Stichinzision eines kleinen Abszesses durchgeführt werden kann, gibt es noch zwei weitere chirurgische Hilfsmittel in der Praxis, die ins Gewebe „eingestochen" werden:

- Kanülen (Spritzennadeln),
- Nadeln für chirurgische Nähte.

> Alle stechenden Instrumente sind scharf angeschliffen und deshalb leicht Ursachen für Verletzungen. Die Helferin muß daher im Umgang mit ihnen besondere Vorsicht walten lassen.

Spritzen und Kanülen

Der „klassische" Spritzentyp, der heute in der zahnärztlichen Praxis weniger gebraucht wird, ist die Rekordspritze (Abb. 171). Sie besteht aus einem Metallgehäuse mit Stempel und einem Glaszylinder. Durch die aufgesteckte Nadel (Kanüle) wird die Injektionsflüssigkeit eingesaugt (aspiriert). Das geschieht entweder aus kleinen Flaschen (50 oder 100 ml), deren abdeckende Gummimembran durchstochen wird, oder aus Ampullen (Phiolen).

Diese zugeschmolzenen Glasgefäße werden mit einer kleinen („Ampullen"-)Säge leicht angeritzt, bis ein kratzendes Geräusch hörbar ist und das Gefühl entsteht, die Säge „greift". Dann wird der Ampullenhals in einem kleinen darumgelegten Zellstoffviereck gebrochen[1]. In die nun offene Phiole wird die Kanüle der Spritze eingeführt und durch langsames Zurückziehen des Stempels die Flüssigkeit aufgesaugt. Um ein Aspirieren von kleinen Glassplittern zu vermeiden, muß die Ampulle während dieses Vorgangs leicht schräg gehalten werden. Außerdem sollte das „letzte Tröpfchen" in der Phiole bleiben. Nach dem Aufsaugen wird die Spritze mit der Kanüle nach oben gehalten und durch leichten Druck auf den Stempel die eingeströmte Luft aus dem Glaszylinder gepreßt. Wenn aus der Kanüle Flüssigkeit austritt, ist die Spritze injektionsbereit.

Ähnlich aufgebaut ist die heute in der Zahnmedizin fast ausschließlich benützte

1 Ampullen mit einem weißen Ring um den Hals können ohne Ansägen gebrochen werden

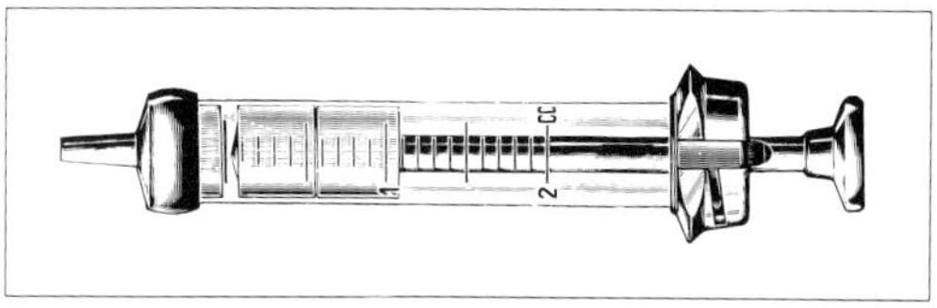

Abb. 171 Mit einer Rekordspritze kann auch Flüssigkeit aufgesaugt werden

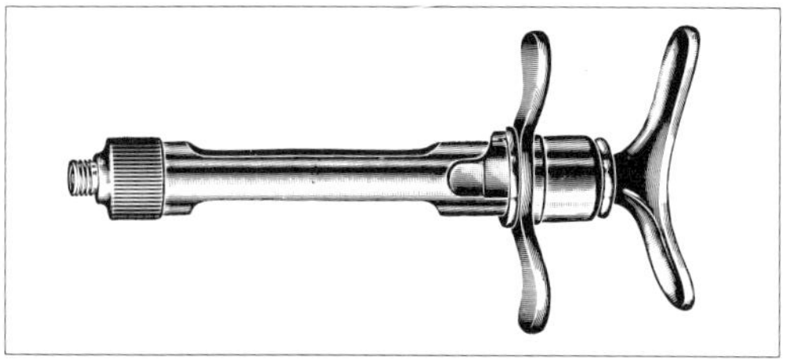

Abb. 172 Carpulenspritze

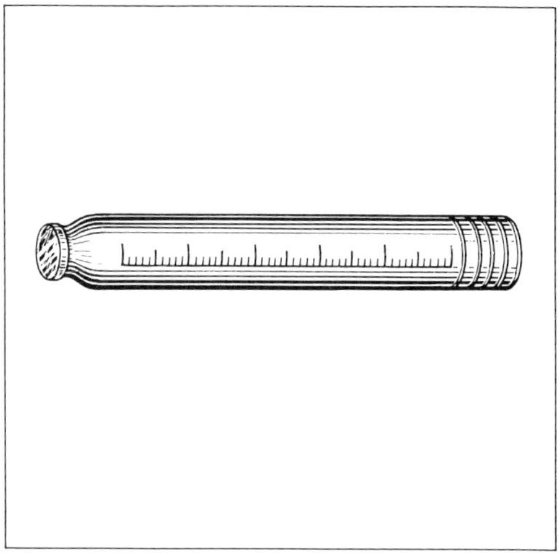

Abb. 173 Zylinderampulle (Carpule)

Spritzenart, die Carpulenspritze (Abbildung 172). Sie besteht ebenfalls aus einem Metallgehäuse, nur fehlt der Glaszylinder. An dessen Stelle wird eine Carpule nach dem Prinzip des Hinterladers oder Seitenladers eingeschoben. Diese Abart der Ampulle („Zylinderampulle") besteht aus einem kleinen Glasröhrchen von etwa 2 cm^3 Inhalt, das an einem Ende mit einem Gummistopfen, am anderen mit einer dünnen Membran verschlossen ist (Abb. 173). Um diese Spritzenart injektionsbereit zu machen, muß die Helferin nach dem Einlegen der Carpule die Kanüle durch die Gummimembran stoßen und den „Konus" (die Verdickung der Kanüle) auf der Spritze festschrauben.

Wegen der Schwierigkeit, Injektionsnadeln keimfrei zu machen und die Lichtung der Kanüle vor Verkalkung zu schützen, hat sich in der Praxis die Verwendung der Einmalkanülen weitgehend durchgesetzt. Diese bieten nämlich folgende Vorteile: Sie sind

- absolut steril und pyrogenfrei (siehe Kapitel „Hygiene", Seite 125ff.);
- immer scharf geschliffen und ohne Widerhaken an der Spitze;
- nie zu verkalken und immer völlig durchgängig;
- weniger bruchgefährdet;
- verursachen durch ihre Verpackung in einer Schutzhülle weniger Verletzungen;
- vermindern nach Gebrauch durch die Möglichkeit der Zurückbringung in die Verpackung das Risiko der Inokulationsinfektion.

Einmalkanülen gibt es sowohl für Rekord- als auch für Carpulenspitzen. Sie unterscheiden sich lediglich im Konus. Wegen der verminderten Bruchgefahr werden heute meist keine kurzen Nadeln mehr verwendet, sondern nur noch die „Leitungskanülen" von 42 mm Länge.

In den letzten Jahren wurden auch komplette Einmalspritzen mit bereits aufgesetzter Kanüle entwickelt, die nur noch mit Carpulen bestückt werden müssen. Sie sind absolut keimfrei und ersparen Wartung und Reinigung der herkömmlichen Carpulen bzw.. Rekordspritzen. Ihr hoher Preis und die Vergrößerung des Abfalls macht ihre Anwendung in der Praxis zu einem Problem.

Nadeln für chirurgische Nähte

Für das Schließen von Operationswunden durch Nähte (Ligaturen) werden spezielle

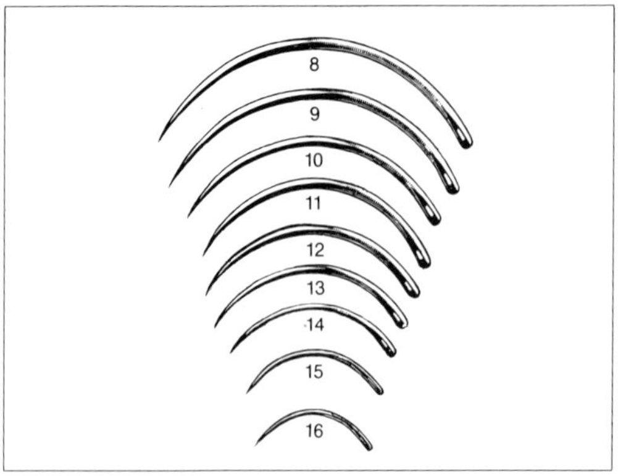

Abb. 174 Verschiedene Formen von chirurgischen Nadeln

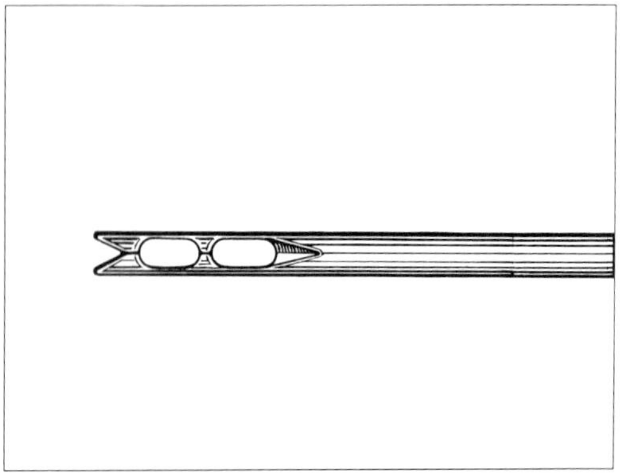

Abb. 175 Herkömmliche Form des Öhrs einer chirurgischen Nadel

Nadeln verwendet. Sie sind im Querschnitt entweder rund oder dreikantig angeschliffen. Um möglichst beide Wundränder mit einem Stich verbinden zu können, sind die Nadeln in der Längsrichtung halbkreisförmig gekrümmt (Abb. 174).
Das Nadelöhr ist ein federnder Schlitz mit widerhakenartigem Aussehen (Abb. 175). In ihn wird der Faden einfach durch Druck eingebracht. Leider kommt es dabei aber oft zum Bruch der dünnen Öhrwände. Aus diesem Grund haben sich in der Praxis in letzter Zeit die Einmalnadeln mit angegossenem Faden, die sog. „atraumatischen[1] Nadeln", durchgesetzt (Abb. 176). Ihr Vorteil besteht darin, daß sie
- absolut steril und pyrogenfrei sind,
- nicht eingefädelt werden müssen,
- immer scharf geschliffene Kanten besitzen,
- den Stichkanal verkleinern, da sie im Querschnitt dünner sind,
- das Öhr nicht brechen kann.

Der Nachteil der atraumatischen Nadeln ist
- ihr relativ hoher Preis und
- die etwas geringere Härte.

Rotierende Instrumente

Drehende Instrumente benötigen einen Antrieb (siehe Kapitel „Instrumentenkunde", Seite 99ff.) Sie müssen daher vor ihrem Einsatz auf ein Hand- oder Winkelstück bzw. in eine Turbine gesteckt werden. Sie dienen vor allem der Bearbeitung von Hartgewebe (Knochen, Schmelz, Dentin). Je nach der Form des Arbeitsteiles spricht man bei ihnen von:
- Fräsen (zum Abtragen von Knochen),
- Bohrern (zum Trepanieren[2] und Perforieren[3]),
- Schleifern (zum Glätten von Hartgewebe).

Der Aufbau dieser Instrumente unterscheidet sich lediglich in der Gestaltung des Arbeitsteiles, des sog. „Kopfes", während Schaft und Kupplung je nach Antriebsart genormt sind.

Fräsen

Die bekannteste Fräse zur Durchtrennung und Abtragung des Knochens ist die nach *Lindemann.* Der Kopf des Instrumentes ist mit einem kräftigen Schräg- und einem leichten Querhieb versehen (Abb. 177). Durch die *Lindemann*-Fräse wurde der

1 atraumatisch (gr.): „nicht verletzend", verletzungsarm
2 trepanieren (gr.): aufbohren, eröffnen
3 perforieren (lat.): durchlöchern, durchbohren

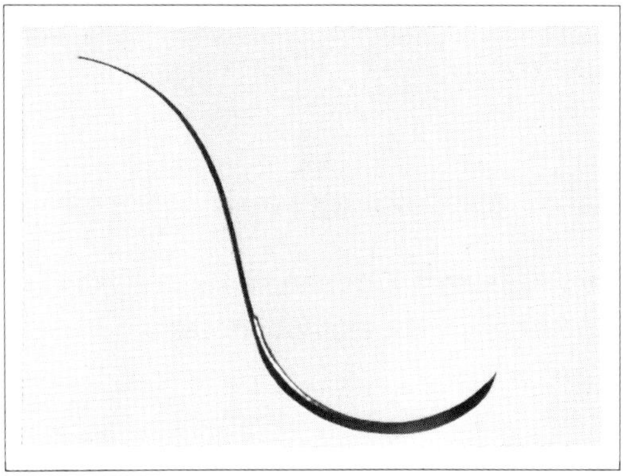

Abb. 176 Nadel mit angegossenem Faden, sog. „atraumatische Nadel“

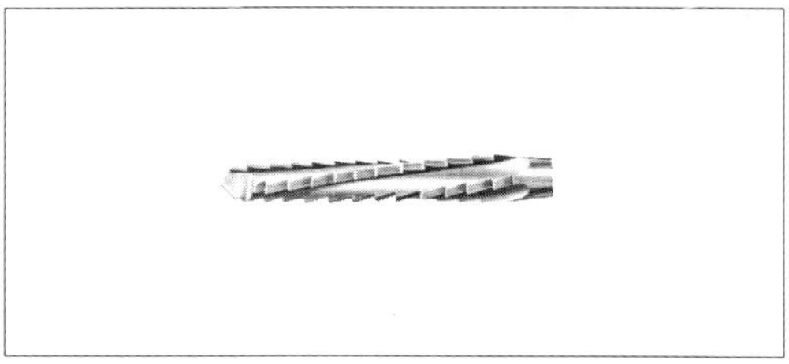

Abb. 177 Die in der Chirurgie gebräuchlichste Knochenfräse nach *Lindemann*

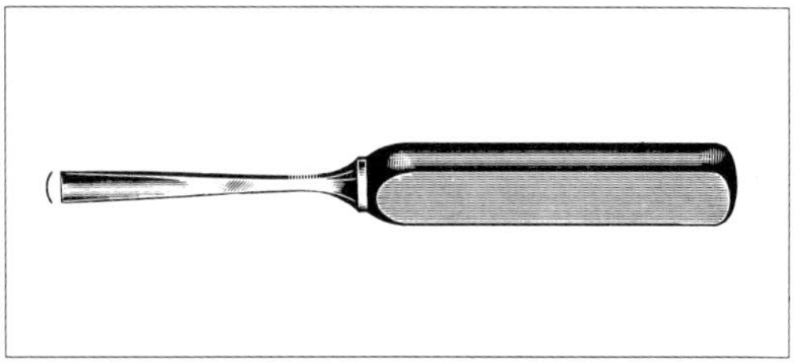

Abb. 178 Chirurgischer Meißel

früher übliche Meißel (Abb. 178) aus der zahnärztlichen Chirurgie praktisch völlig verdrängt.

Bohrer

Im Prinzip gleichen die Bohrer in der Chirurgie denen, die in der Zahnerhaltung (siehe Seite 107) benutzt werden. Es gibt:
- Rosenbohrer,
- Kegelbohrer,
- Fissurenbohrer,

die alle zum Vorbohren von Löchern in den Kieferknochen eingesetzt werden. Eine spezielle Form, die aber heute nicht mehr allzu oft benutzt wird, ist der Trepanbohrer (Abb. 179), der bei der Kiefertrepanation („*Schröder*sche Lüftung“) die Verbindung zwischen dem Abszeß an der Wurzelspitze und der Mundhöhle schafft.
Im allgemeinen haben chirurgische Bohrer im Verhältnis zu den in der konservierenden Zahnheilkunde verwendeten einen etwas längeren Schaft und einen breiteren Hieb im Arbeitsteil.

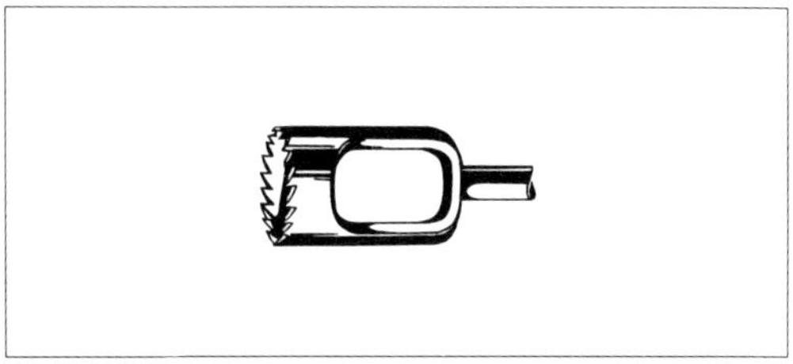

Abb. 179 Der Trepanbohrer wurde vor allem zur *Schröder*schen Lüftung benützt

Schleifer

Zum Glätten von Knochenvorsprüngen in der Präprothetik und bei umfangreichen Resektionen werden vor allem schleifende Instrumente benützt. Sie besitzen einen relativ glatten Arbeitsteil mit nur angedeutetem Hieb. Sie glätten die Knochenoberfläche und sollen so die Wundheilung beschleunigen.

Fragen zum Verständnis und zur Selbstkontrolle

Chirurgische Instrumente

57. Beschreiben Sie den Unterschied zwischen einer chirurgischen und einer anatomischen Pinzette!
58. Wie heißt der bekannteste Tamponstopfer mit seinem Eigennamen?
59. Mit welchem Instrument kann Periost vom Knochen abgeschoben werden?
60. Wie wird die Zange nach *Luer* noch bezeichnet?
61. Aus welchen drei Teilen besteht ein rotierendes Maschineninstrument?
62. Übersetzen Sie folgende Fachausdrücke!
    a) Arretierung d) aspirieren
    b) Branchen e) Phiole
    c) Ligatur f) atraumatisch
63. Wie heißt die Zange, mit der Fremdkörper oder Knochensplitter entfernt werden können?
64. Wozu kann eine Bajonettzange verwendet werden?

(Die Antworten stehen auf Seite 273.)

4. Chirurgisches Material

Für die Versorgung von Operationswunden benützt man in der Zahnheilkunde verschiedene Materialien. Hauptsächlich sind dies:
- Trockenlegungsmaterial,
- Verbandsstoffe,
- Nahtmaterial.

Meist werden bei einem Eingriff alle drei Arten benötigt. Die Helferin hat darauf zu achten, daß
- immer genügend steriler Vorrat vorhanden ist;
- das bereitgestellte Material für die Assistenz ausreicht;
- in jedem Operationsstadium das richtige Material bereitliegt;
- bei der Vorbereitung zur Einbringung in die Wunde auf peinlichste Hygiene geachtet wird.

Gaze, Mull und Tupfer dürfen nicht mit der Hand berührt werden!

Trockenlegungsmaterial

Die während einer Operation anfallende Flüssigkeit (Speichel, Blut, Eiter, Schleim, kühlende Kochsalzlösung usw.) muß möglichst rasch und vollständig aus dem Bereich des Eingriffs entfernt werden. Dies geschieht in der Regel mit der Absaugkanüle, die an die Einheit angeschlossen ist. In kleinen Operationsfeldern ist diese einfache Methode oft nicht anwendbar. Besteht nämlich die Gefahr, daß kleine Objekte (z. B. die gesuchte Wurzelspitze) abgesaugt werden, darf mit dem Sauggerät

(Orosuc) nicht gearbeitet werden. Dann bleibt nur die Wahl zwischen:
- Tupfern aus Baumwollgaze, die es von Haselnußgröße bis Walnußgröße gibt,
- Wattekugeln oder -pellets[1] oder
- Papierspitzen, die durch Hochdruckpressung extrem saugfähig gemacht wurden.

Die Helferin muß diese Austrocknungsmittel mit einer Pinzette entweder dem Zahnarzt reichen oder selbst – auf Anweisung – tupfend die Wunde trocknen. Dabei muß sie folgende Hinweise berücksichtigen:
- Es darf kein Tupfer, Pellet oder Papierspitzenrest in der Wunde verbleiben!
- Sobald die Saugfähigkeit nachläßt, neues Material verwenden!
- Möglichst keine anderen Teile der Mundhöhle berühren, damit keine Keime eingeschleppt werden!

Die Assistenz bei der Trockenlegung verlangt viel Geschick, Konzentration und Ausdauer. Oft dauert es länger, durch intensives Trockenlegen das Operationsfeld übersichtlich zu machen, als den Eingriff selbst durchzuführen. Deshalb ist die richtige Hilfeleistung der Helferin auf diesem Gebiet für den Zahnarzt außerordentlich wichtig, auch wenn das „Stehvermögen“ bei einer langwierigen Operation oft sehr beansprucht wird.

Verbandstoffe

Da es in der Mundhöhle immer sehr feucht ist, müssen die Verbandsmaterialien in der zahnärztlichen Chirurgie ausgesprochen saugfähig sein. Es werden deshalb vor allem folgende Stoffe verwendet:
- Gaze aus Baumwolle für Tamponaden und Drainagen, für Blutstillung (mit Hämostyptika imprägniert) und Keimbekämpfung (als Jodoformgaze);
- Pasten aus Zinkoxid-Eugenol-Mischungen nach Zahnfleischoperationen zur Abdeckung der Wundfläche (siehe auch Kapitel „Pharmakologie“, Seite 149) als „Zahnfleischverbände“;
- Pulver, Granulate und Salben, die bei Einwirkung von Feuchtigkeit abbinden und zur Blutstillung und Keimbekämpfung verwendet werden;
- Gewebekleber aus Cyanoacrylat, die als Abdeckung kleinerer Wunden (z. B. Aphthen) benützt werden.

Nahtmaterial

Für chirurgische Nähte werden je nach Aufgabe und Lage der Ligatur verschiedene Materialien verwendet:
- für Knochennähte (Osteosynthesen[2]): spezielle Metalldrähte aus Silber;
- für Weichteilnähte: resorbierbare Fäden, die sich nach einigen Tagen von selbst auflösen. Das bekannteste ist aus Schafsdarm hergestellt und wird als „Catgut“ bezeichnet. Es kommt vor allem bei tiefen Nähten zum Einsatz, die nach der Wundheilung der darüberliegenden Schicht nicht mehr zugänglich sind;
- bei oberflächlichen Schleimhautnähten: Nähseiden oder Kunststoff (Polyamid). Diese Fäden werden nach der Wundheilung wieder entfernt („gezogen“). Wichtig ist dabei, daß diese Nahtentfernung nicht zu früh vorgenommen wird, da es sonst zu erneutem Aufplatzen der Wundränder, zu Verziehungen und häßlichen Narben kommen kann. Auch bei zu straff gespannten Nähten kann es durch Spannung zum Reißen der Naht (Dehiszenz) kommen.

Die Helferin muß beim Vorbereiten der Naht und der Assistenz sorgfältig vorgehen, damit
- der Faden nicht zu kurz (mindestens 20 cm) oder zu lang wird;
- die Keimfreiheit erhalten bleibt;
- der Nadelhalter arretiert ist;
- die Naht richtig gereicht wird;
- bei Bedarf der Knoten festgehalten wird;
- die Fäden nicht zu kurz abgeschnitten werden;
- die Wundränder während und nach dem Nähen trocken und saubergehalten werden;
- falls notwendig, die Hautlappen mit der Pinzette fixiert werden.

1 Pellet (engl.): kleine Wattezylinder
2 Osteosynthese (gr.): Knochenverbindung

Fragen zum Verständnis und zur Selbstkontrolle

Chirurgisches Material

65. Welche Arten von Baumwollgaze kennen Sie?
66. Wann dürfen Sie nicht mit der Absaugkanüle in eine Wunde gehen?
67. Was verstehen Sie unter „Catgut"?
68. Wie lautet die Bezeichnung für das Reißen und Klaffen einer chirurgischen Naht?
69. Welcher oberste Grundsatz gilt bei der Assistenz einer Helferin in der Chirurgie?
70. Womit werden Knochen verbunden?
71. Wie lang soll der Faden für eine chirurgische Naht mindestens sein?

(Die Antworten stehen auf Seite 273.)

5. Ablauf eines Eingriffs in der Praxis

So unterschiedlich die einzelnen Operationen in Verlauf und Technik auch sind, so läuft eine chirurgische Behandlung doch nach einem Schema ab:
- Vorbereitung,
- Schmerzausschaltung,
- Freilegung des Operationsfeldes,
- Eingriff,
- Wundversorgung,
- Entlassung,
- Medikation[1],
- Nachbehandlung.

Die ersten sieben Stufen finden meist in einer Sitzung statt, während die Nachbehandlung nach einem mehr oder weniger kurzen Abstand zum Eingriff selbst erfolgt. Der eigentlichen Vorbereitung kann auch eine genaue Planung der Operation vorausgehen, sofern es sich nicht um einen akuten Fall handelt, der ein sofortiges Eingreifen verlangt. Vorausgeplant werden umfangreiche Maßnahmen der Präprothetik und Implantologie, aber auch die meisten Extraktionen, Gingivektomien, Alveolotomien usw. Überraschend notwendig werden meist nur Inzisionen, Knochentrepanationen und Osteotomien. Die Helferin muß rasch und umsichtig handeln, damit der Eingriff dann reibungslos ablaufen kann und der Praxisablauf nicht allzu sehr gestört wird.

Vorbereitung

Die Operationsvorbereitung gliedert sich in drei Abschnitte:

1. Vorbereitung der Instrumente und Materialien.
2. Vorbereitung des Patienten.
3. Vorbereitung von Zahnarzt und Helferin.

Zweckmäßigerweise werden zuerst das Material (Tupfer, Medikamente, Verband- bzw. Nahtmaterial, Röntgenaufnahmen usw.) und die Instrumente vorbe-

1 Medikation (lat.): Verabreichung von Medikamenten

reitet. Je nach Einrichtung und Methode der Praxis werden dazu
- Trays bereitgestellt,
- Instrumente den Kunststoff-Folien entnommen,
- Einmalinstrumente (Kanülen, Skalpelle, Nähte) aus ihren Verpackungen geholt,
- Spritzen injektionsbereit gemacht bzw. aufgezogen,
- Ablagen für gebrauchte Instrumente vorbereitet,
- Tücher zur Abdeckung bereitgelegt,
- Absaugkanülen aufgesteckt und auf Durchgängigkeit überprüft,
- sterile Tupfer oder Papierspitzen aus den *(Schimmelbusch-)*Behältern genommen,
- Scheren, Zangen usw. auf ihre Beweglichkeit im Schloß überprüft usw.

Wenn möglich, sollte dies alles noch vor der Ankunft des Patienten im Sprechzimmer geschehen, um durch den Anblick der Instrumente keine unnötigen Ängste hervorzurufen. Wenn dies nicht möglich ist, hat es sich bewährt, den Patienten durch ein ablenkendes Gespräch zu beruhigen (siehe auch Seite 33 im Kapitel „Die Zahnarzthelferin").

Dieses Gespräch ist schon ein Teil der Patientenvorbereitung. Die Helferin fordert dabei, beengende und zu warme Kleidung abzulegen, eine möglichst bequeme Lage einzunehmen, eventuell die Brille abzusetzen. Danach kann sie den Patienten mit sterilen Tüchern abdecken. Ein leichtes Eincremen der Mundwinkel ist ebenfalls empfehlenswert, vor allem dann, wenn schon Einrisse (Faulecken, Rhagaden, Perlêches) vorhanden sind. Dadurch werden während der extremen Mundöffnungen im Verlauf des Eingriffs weitere Verletzungen (Traumatisierungen, Läsionen) weitgehend vermieden.

Unmittelbar vor Beginn der Operation muß die Helferin ihre persönliche Vorbereitung beginnen und die des Zahnarztes unterstützen:
- die Sicherung der Haare;
- die Umbindung einer zusätzlichen Schürze;
- das Anlegen von Mundschutz und Schutzbrille;
- die Durchführung der hygienischen oder chirurgischen Händedesinfektion (siehe Kapitel „Hygiene", Seite 130ff.);
- das Anlegen von Handschuhen und Mundschutz.

Je nach Praxisorganisation erfolgt jetzt ergänzend der Hinweis an die Kolleginnen, daß mit dem Eingriff begonnen wird. Damit sollen unnötige Störungen vermieden werden.

Schmerzausschaltung (Anästhesie)

Die erste chirurgische Maßnahme am Patienten ist die Durchführung der Lokalanästhesie bzw. der Narkose. In den meisten Fällen beginnt man mit einer einleitenden Oberflächenanästhesie der Einstichstelle und setzt anschließend die Infiltrations- bzw. Leitungsanästhesie. Je nach Lage des Operationsfeldes muß die Helferin:
- die Injektionsnadel auf Durchgängigkeit prüfen,
- Vorspritzmittel (Hyaluronidase) und Lokalanästhetikum in der richtigen Reihenfolge bereitlegen,
- die fertige Spritze richtig zureichen,
- nach der Injektion für eine sichere Ablage sorgen,
- bei Bedarf eine neue Carpule oder Ampulle bereitstellen,
- bei ängstlichen Patienten oder Kindern den Kopf halten oder beruhigend einwirken.

Freilegung des Operationsfeldes

Nach Eintritt der Schmerzfreiheit bzw. Erreichen des Analgesiestadiums kann das Operationsgebiet freigelegt werden. Dazu wird das Skalpell (oder Elektrotom) benützt, womit Schleimhaut und Periost eröffnet werden. Jetzt hat die Helferin die Aufgabe,
- das Operationsfeld möglichst trockenzuhalten (mit Absaugkanüle oder/und Tupfern);
- Wange, Lippe und Zunge mit Mundhaken oder Zungenhalter abzuhalten;

- für ausreichende Sicht zu sorgen (Licht nachstellen);
- den abgeschobenen Schleimhaut-Periostlappen festzuhalten (z. B. mit chirurgischer Pinzette);
- die nötigen Instrumente zu reichen (Raspatorium, Wundhaken usw.).

Diese Zureichung der benötigten Instrumente muß möglichst unter strikter Wahrung der Keimfreiheit erfolgen, deshalb:

Nie Arbeitsteil anfassen!

Die Durchführung des Eingriffs

Nach der Freilegung des Kieferknochens und der Abschiebung des Periosts beginnt der eigentliche Eingriff, das Ziel der Operation. Mit Knochenbohrer wird der deckende Knochen abgetragen. Die Helferin muß jetzt

- den anfallenden Bohrstaub absaugen oder -tupfen,
- bei Bedarf mit steriler Kochsalzlösung berieseln,
- die nötigen rotierenden Instrumente bereithalten und in den Antriebsteil einspannen (falls ein Bruch oder zu große Verschmutzung eingetreten ist),
- weiterhin für einwandfreie Sicht durch Abhalten von Weichteilen und Lichteinstellung sorgen,
- für ausreichende Trockenheit sorgen,
- Instrumente in der richtigen Reihenfolge reichen (Zangen, Hebel, Löffel, Pinzetten, Scheren usw.),
- benützte Instrumente so ablegen, daß sie nicht stören oder verletzen können,
- zusätzlich notwendige Instrumente herbeiholen oder von der Zweithelferin bringen lassen.

Ist das Operationsziel erreicht (der verlagerte Zahn entfernt, die abgebrochene Wurzel beseitigt, die Zyste ausgeschält, die Resektion vorgenommen usw.), muß die Helferin darauf achten, daß das entfernte Teil nicht verlorengeht!

Der Zahnarzt muß sich nämlich immer vergewissern können, ob die Entfernung oder Abtragung des Zahnes, der Wurzel oder des Knochenteiles auch restlos gelungen ist. Dies gelingt oft nur nach genauem Studium des entfernten Objektes und Vergleich mit einer Röntgenaufnahme. Deshalb muß er oft die Einzelteile außerhalb der Mundhöhle wieder zusammensetzen. Daher:

Nie ohne ausdrückliche Anweisung des Zahnarztes operativ entfernte Gewebestücke wegwerfen!

Wundversorgung (Wundtoilette)

Unmittelbar an die Operation schließt sich die Versorgung der Wunde an. Durch diese Maßnahme, die auch „Wundtoilette" genannt wird, soll eine schnelle Heilung gefördert werden und eine möglichst kleine Narbe entstehen. Deshalb wird bei der Wundversorgung darauf geachtet, daß

- saubere und glatte Knochenränder geformt werden:
- kein loses Gewebe (Bohrmehl, Knochensplitter, Zahnreste usw.) in der Wundhöhle zurückbleibt;
- Schleimhaut- und Periostlappen scharf und gerade begrenzt sind;
- die Wundoberfläche glatt und eben erscheint;
- die Nähte dicht genug und trotzdem spannungsfrei sind;
- die Blutversorgung des genähten Teils erhalten bleibt;
- Höhlen und Defekte gegen das Eindringen von Speiseresten gesichert sind;
- eventuelle Sekrete[1] (Eiter, Speichel) genügend Platz zum Abfließen haben;

1 Sekret (lat.): Absonderung

- eingebrachte Medikamente fixiert sind und nicht verlorengehen.

Für die Helferin besteht in dieser Phase die Hauptaufgabe darin, daß sie

- für abschließende Trockenlegung sorgt;
- gegebenenfalls das Material für Defektfüllung (Gelatineschwamm, Wundkegel usw.) bereithält;
- die nötigen Instrumente reicht (Löffel, Stopfer, Pinzetten, Nadelhalter, Nähte);
- die Wundränder für die Naht festhält (chirurgische Pinzette, Nahtpinzette);
- die Nähte auf Anweisung abschneidet (in der richtigen Länge);
- durch richtiges Abhalten keine zu große Spannung der Wundränder erzeugt;
- nach der Wundversorgung Material und Instrumentarium wegräumt.

Erst nach Beendigung der Wundtoilette kann die Abdeckung des Patienten vorgenommen, Mundschutz und Handschuhe ausgezogen werden. Jetzt ist die eigentliche Operation beendet.

Die Entlassung

Vor der Entlassung des Patienten aus dem Sprechzimmer hat die Helferin

- den Patienten zu säubern,
- das Befinden des Patienten abzuschätzen, damit er u. U. gestützt oder zum Erholen auf eine Liege geleitet werden kann,
- dem Patienten Vorsichtsmaßnahmen zu geben, falls dies nicht schon durch den Zahnarzt selbst geschehen ist,
- ihn auf die eingeschränkte Verkehrstüchtigkeit hinzuweisen.

Danach sollte der Patient der Kollegin am Empfang oder im Büro mit genauen Anweisungen zur Terminvergabe übergeben werden.

Medikation

Ergänzend zur Entlassung wird in vielen Fällen eine Medikation notwendig sein. Nicht nur gegen das Auftreten von Nachschmerzen, dem „Dolor post (operationem)" sind

- Analgetika mitzugeben oder zu rezeptieren, sondern möglicherweise auch
- Antibiotika (als Streuschutz),
- Antiphlogistika (gegen das Auftreten von Schwellungen),
- Hämostyptika (bei Patienten mit Nachblutungsneigung),
- Analeptika oder
- Kardiaka.
- Auch ein Desinfektionsmittel zum Spülen kann zur lokalen Keimreduzierung angebracht sein.

Die Helferin muß auf Anweisung des Zahnarztes das jeweilige Rezept ausstellen und zur Unterschrift vorlegen. Nicht vergessen darf sie den Hinweis auf mögliche

- Nebenwirkungen (Benommenheit, Schlafbedürfnis, Übererregung, Schwindelgefühl, Alkoholunverträglichkeit usw.).

Nachbehandlung

Je nach Schwere des Eingriffs und der Reaktion des Gewebes ist nach den meisten operativen Behandlungen eine Nachsorge nötig. Entweder wird der Patient dazu auf einen bestimmten Termin bestellt oder er erscheint wegen seiner Beschwerden spontan.

In diesem Fall muß die Helferin

- bei Schilderung von Schmerzen möglichst genaue Informationen erfragen, ob leichte, starke, bohrende, klopfende, ziehende, reißende oder ausstrahlende Schmerzen vorliegen;
- diese Angaben möglichst genau an den Zahnarzt übermitteln;
- bei Nachblutungen den Patienten (auch fernmündlich) beruhigen und ihm richtige Anweisungen erteilen: Kompresse durch Taschentuchbeißen, keine Wärme und übermäßigen Spülungen – bei Versagen dieser Mittel sofort in die Praxis kommen lassen;
- dafür sorgen, daß der Patient mit Nachschmerzen nicht zu lange warten muß.

Die Art der Nachbehandlung richtet sich nach dem Zustand der Wunde. So kann

- eine einfache Kontrolle des Heilungsprozesses (Wund-Inspektion),
- eine Wundrevision durch Spülung, Auskratzung und Anfrischung der Wundränder,
- eine Erneuerung oder Beseitigung der Tamponade oder Naht („Nachnähen"),
- eine Versorgung mit Wundkegel, -salbe oder -puder,
- eine unterstützende Wärmeapplikation durch Infrarot- oder Mikrowellenbestrahlung oder
- eine erneute Medikation erfolgen.

Für die Helferin ergeben sich entsprechend der unterschiedlichen Behandlungsmaßnahmen verschiedene Aufgaben:

- Bereitstellung der benötigten Instrumente und Medikamente;
- Vorbereitung einer Anästhesie;
- Durchführung einer Bestrahlung;
- Erstellung einer Röntgenkontrollaufnahme;
- Assistenz bei der Wundrevision, Nahterneuerung bzw. -entfernung,
- Hilfeleistung bei einer notwendigen Nachoperation (Knochenglättung usw.).

Fragen zum Verständnis und zur Selbstkontrolle

Ablauf in der Praxis

72. Nennen Sie die Maßnahmen für die persönliche Vorbereitung der Helferin vor einem Eingriff!
73. Womit kann die Helferin dafür sorgen, daß das Operationsfeld möglichst trokken und übersichtlich bleibt?
74. Bei der Abtragung von Knochen mit der Fräse ist es oft notwendig, daß die Helferin mit einer Kühlflüssigkeit das Gewebe berieselt. Woraus besteht diese in der Regel?
75. Warum darf die Helferin entfernte Knochen- und Zahnteile nach einer Operation nicht eigenmächtig wegwerfen?
76. Welche Absicht wird mit der Durchführung einer exakten Wundtoilette verfolgt?
77. Worauf muß die Helferin den Patienten nach einer Operation besonders hinweisen?
78. Welche Anweisungen kann die Helferin dem Patienten bei geringfügigen Nachblutungen geben?
79. Wie bezeichnet man die Nachschmerzen nach einem chirurgischen Eingriff?
80. Welche Grundregel muß die Helferin bei der Zureichung von Instrumenten immer beachten?
81. Wie heißen die Medikamente, die am häufigsten nach einem Eingriff mitgegeben werden?

(Die Antworten stehen auf Seite 273.)

Antworten zu den Fragen auf Seite 227 „Grundbegriffe und Operationen“

1. a) nicht infektiös, reizlos,
   b) zufällig im Gewebe befindliche Keime,
   c) normalerweise vorhandene Kleinlebewesen,
   d) Wurzelspitzenentfernung (-resektion),
   e) infiziert, nicht keimfrei,
   f) Zahnfleischentfernung durch „Wegschneidung“,
   g) Einschnitt (ins Gewebe),
   h) eingepflanztes Gerüst.
2. Zentrale und lokale Anästhesie.
3. Durch präprothetische Eingriffe (Knochenglättungen, Entfernung störender Schleimhautbänder usw.) und Implantate.
4. Bei schlechter Verfassung des Patienten oder erhöhtem Operationsrisiko.
5. Durch Zahnfleischoperationen (Parodontalchirurgie).
6. Hasenscharte und Wolfsrachen.

Antworten zu den Fragen auf Seite 231 „Schmerzausschaltung und Zentrale Anästhesie“

7. (1) Alarmierung, (2) Lokalisierung, (3) Hinweis auf Ursachen.
8. a) aufnehmender Teil eines Sinnesorgans
   b) empfindlich
   c) heilend
   d) Erscheinungsform
   e) schmerzbetäubend
   f) vorbeugend, vorsorgend
   g) Sauerstoffmangel im Gewebe
   h) gehobene Stimmung
   i) einschläfernd
   j) aufwecken
9. symptomatisch = nur die Erscheinungsform wird bekämpft;
   kausal = die Ursache wird beseitigt.
10. Innerhalb und außerhalb des Gehirns.
11. Exzitationsstadium, Erregungsphase.
12. Übelkeit, Erbrechen, Benommenheit usw.
13. Die Injektionsnarkose.
14. (1) Die Intubationsnarkose (Injektion und Inhalation);
    (2) Die Neuroleptanalgesie (Analgetikum und Psychopharmakon).
15. Die Atemmaske stört bei Eingriffen im Mund-Kieferbereich.
16. Akupunktur und Akupressur.

Antworten zu den Fragen auf Seite 236 „Lokale Anästhesie“

17. (1) Chemische Blockierung der Nervenendigungen,
    (2) Vereisung der Hautnerven.
18. Als „Düseninjektion“ (Jet-Injection).
19. In die Gegend des Foramen mandibulae (Unterkieferloch).
20. a) zum Gehirn führend
    b) Schwellung
    c) Knochenhaut
    d) am Ende befindlich, endständig
    e) innerhalb der Mundhöhle
    f) einsickern
    g) Unteraugenloch
    h) ablagern
21. Bei der Akupunktur werden bestimmte Körperpunkte mit Hilfe von Nadeln, Schwachstrom oder Laserlicht gereizt, bei der Akupressur dagegen werden sie nur mit den Fingern gedrückt.
22. Zwei benachbarte.
23. Tuberanästhesie.
24. Bei einer Kieferklemme, wenn die Mundöffnung nicht normal möglich ist.
25. Vertiefte Ruhe.

Antworten zu den Fragen auf Seite 241 „Ambulante Eingriffe“

26. Die Festigkeit von Knochen und Zahn, Wurzelgestalt, Lage im Kiefer, Zugänglichkeit usw.

27. a) herausziehen
    b) lockern
    c) Wurzelspitzenresektion
    d) Drehbewegung
    e) Lippenbändchenausschneidung
    f) Zahnfleischgeschwulst
    g) Tastung
    h) Trockenlegung
    i) Kieferhöhleneiterung
    j) Hin- und Herschwappen
28. „*Schröder*sche Lüftung".
29. Abgestorbenes Knochenstück.
30. Damit keine Fremdkörper oder Keime in die Kieferhöhle gelangen können.
31. Schleimhautkapuzen über den Weisheitszähnen, Zahnfleischgeschwülste (Epuliden).
32. Durch Tamponade mittels Jodoformgazestreifen, Tupfer oder Tampons.
33. Durch Wurzeltrennung oder Umfräsung.
34. Weil ein Einstich in unmittelbarer Umgebung die Gefahr einer Keimverschleppung bedeutet.

Antworten zu den Fragen auf Seite 247 „Ambulante Eingriffe"

35. Die orthograde Wurzelfüllung wird von der Krone her, die retrograde vom Apex her eingebracht.
36. Eine Wurzelbehandlung einschließlich Wurzelfüllung.
37. Wurzelzysten (radikuläre) und Kronenzysten (follikuläre).
38. Durch ihr knochenverdrängendes Wachstum könnte es sonst zur Spontanfraktur kommen.
39. Germektomie.
40. Durch Abtragung (Ablatio) mittels Knochenfräse *(Lindemann)*
41. Superperiostale, subperiostale, enossale und Transfixationen.
42. a) während der Operation
    b) befestigen
    c) Hohlgeschwulst (Zysten-)fensterung
    d) Abtragung
    e) abgestorben
    f) entfernen
    g) Kieferknochenabtragung
    h) ausschaben, auskratzen
    i) Druckstelle
    j) erneutes Auftreten
43. Durch Wucherung der Zystenwand (*Malassez*sche Epithelreste) könnten sich erneut Zysten bilden.
44. Mundboden-, Vestibulum- (Mundvorhof-) und Tuberplastik.

Antworten zu den Fragen auf Seite 252f. „Stationäre Eingriffe"

45. Hasenscharte und Wolfsrachen.
46. Die Knochenmarkentzündung (Osteomyelitis).
47. Zytostatika.
48. Kieferorthopädische, logopädische, kosmetische, psychologische und kariesprophylaktische Maßnahmen.
49. a) Verlagerung
    b) Zurückbringung (in die ursprüngliche Lage)
    c) Vorkippung (von Zähnen)
    d) Zusammenziehung, Schrumpfung
    e) gutartig
    f) Neubildungen
    g) Abtrennung, Ausschneidung
    h) Lockerung (Ausrenkung)
    i) bösartig
    j) Knochenriß (unvollständiger Bruch)
50. Bei einer einfachen Fraktur ist die Schleimhautdecke geschlossen und die Bruchstücke sind nicht verlagert; bei einer komplizierten Fraktur besteht eine offene Wunde und (eventuell) eine Dislokation der Fragmente.
51. Um eine lymphogene Aussaat und damit eine Metastasierung zu verhindern.
52. Ankylose.
53. Kronenfraktur, Wurzelfraktur, Zahnlokkerung (Luxation), Verlagerung (Dislokation)
54. Weil eine zu große Zunge die Zähne auseinanderdrängt.
55. Aus Bindegewebszellen und Organgeweben.
56. Keloide.

Antworten zu den Fragen auf Seite 264 „Chirurgische Instrumente“

57. Eine chirurgische Pinzette hat eine gezähnte Spitze, eine anatomische ist stumpf auslaufend.
58. *Luniatschek.*
59. Mit dem Raspatorium.
60. Mit Knochenknabberzange, Hohlmeißelzange, Knochenresektionszange.
61. Aus dem Schaft, dem Kopf und der Kupplung.
62. a) Sperre
    b) Arme (Zangenarme)
    c) Naht
    d) einsaugen, ansaugen
    e) Ampulle
    f) ohne Verletzung
63. Kornzange.
64. Zum Entfernen von Wurzeln im Oberkiefer.

Antworten zu den Fragen auf Seite 266 „Chirurgisches Material“

65. Jodoformgaze, mit Hämostyptika imprägnierte Gaze (z. B. Claudengaze), reine Gaze.
66. Wenn die Gefahr besteht, daß versehentlich etwas abgesaugt werden kann, z. B. eine kleine Wurzelspitze.
67. Resorbierbares chirurgisches Nahtmaterial aus Schafsdarm.
68. Dehiszenz.
69. Keine Keime in die Wunde einschleppen!
70. Durch Metall, z. B. durch Silberdrähte.
71. Etwa 20 cm.

Antworten zu den Fragen auf Seite 270 „Ablauf in der Praxis“

72. Sicherung der Haare, Umbinden einer Schürze und Anlegen von Mundschutz, Aufsetzen der Schutzbrille, chirurgische oder hygienische Händedesinfektion, Anlegen von Handschuhen und Mundschutz.
73. Durch Absaugen mit einer chirurgischen Kanüle, durch Zunge abhalten, Tupfen usw.
74. Aus steriler Kochsalzlösung.
75. Weil der Zahnarzt oft die Einzelteile der Zähne und Wurzeln außerhalb der Mundhöhle wieder zusammensetzen muß, um sich zu vergewissern, daß alles entfernt wurde.
76. Eine schnelle Heilung und eine möglichst kleine Narbe.
77. Auf die eingeschränkte Fahrtauglichkeit, die Nebenwirkungen von Medikamenten usw.
78. Eisbeutel auflegen, Kompresse durch Taschentuchbeißen, Vermeidung von Wärme und übermäßigen Spülungen.
79. Dolor post (operationem).
80. Nie das Arbeitsteil anfassen!
81. Analgetika (Schmerzmittel).

Neuntes Kapitel

Zahnerhaltung

Dr. med. dent. Siegwart Peters, Leichlingen

Einleitung

Die Zahnerhaltungskunde kann als eine Kombination von Chirurgie und Prothetik aufgefaßt werden. Wenn Zahnsubstanz beschliffen wird, so wird lebendes Gewebe weggeschnitten (amputiert), nämlich Zahnhartsubstanz und die darin befindlichen Zellfortsätze (Odontoblasten). Anschließend wird dieser Substanzdefekt durch einen Fremdstoff in Form einer „Miniprothese", einer Füllung, ersetzt.
Deutlich sichtbar wird die Verbindung zwischen den genannten Teilgebieten der Zahnheilkunde bei der Wurzelspitzenresektion (siehe auch Seite 242 im Kapitel „Chirurgie"), die ja hauptsächlich der Zahnerhaltung dient, und bei der Versorgung eines Zahnes mit einer Einzelkrone (siehe Abschnitt „Festsitzender Zahnersatz", Seite 396ff.).

Grundbegriffe

Im Bereich der konservierenden Zahnheilkunde konzentriert sich die Tätigkeit des Zahnarztes auf drei Hauptgebiete:

1. Die Restaurative[1] Zahnheilkunde beschäftigt sich mit der Wiederherstellung des Zahnes hauptsächlich durch Füllungen. Je nach dem Ziel der Behandlung ergibt sich folgende Unterteilung:
a) temporäre Füllungsbehandlung
 aa) therapeutische temporäre Füllungen
 ab) provisorische temporäre Füllungen
b) endgültige (definitive oder Deck-) Füllungsbehandlung
 ba) plastische definitive Füllungen
 bb) starre definitive Füllungen.

2. Die Endodontie hat die Behandlung des Zahninneren, der Pulpa und des angrenzenden Dentins zur Aufgabe. Sie läßt sich ebenfalls untergliedern:
a) Behandlung der vitalen Pulpa
 aa) Versuch der Vitalerhaltung
 ab) Entfernung (Vitalamputation, Vitalexstirpation)
b) Behandlung der devitalen Pulpa (Wurzelkanalbehandlung)
 ba) Beschwerdenbeseitigung
 bb) definitive Wurzelkanalfüllung.

3. Die Parodontologie umfaßt alle Maßnahmen zur Behandlung des Zahnhalteapparates, des Parodontiums. Dabei gliedert sie sich in mehrere Behandlungsstadien:
a) Zahnreinigung (Zahnbelagentfernung, Wurzelglättung usw.)
b) Taschenbehandlung (Kürettage, „Leichttherapie", usw.)
c) Parodontalchirurgie (Gingivektomie, Gingivoplastik usw.)
d) Schienungen
 da) festsitzend – herausnehmbar
 db) temporär – dauernd
e) Einschleiftherapie (Belastungsausgleich).

Vergleiche hierzu Kapitel „Parodontologie", Seite 327ff.
Eine solche Einteilung ist jedoch nur zum Verständnis der Zielvorstellungen einzel-

1 restaurativ (lat.): wiederherstellend

ner Behandlungsschritte sinnvoll; eine wirklich strenge Abgrenzung gibt es nicht, die Übergänge sind fließend. So ist eine Wurzelkanalbehandlung unvollständig, wenn der Zahn später nicht mit einer Füllung oder einer Krone weiterversorgt wird. Eine Behandlung von Zahnbetterkrankungen (Parodontopathien) ist demgegenüber ohne eine Kontrolle der Füllungsränder und ihre eventuell notwendige Korrektur unvollständig.
Die Helferin muß sich daher, wie der Zahnarzt auch, der jeweiligen Behandlungssituation immer wieder neu anpassen. Entscheidend für eine gute Assistenz ist neben der Beherrschung der notwendigen Instrumentierung die richtige Behandlung des Materials und der Medikamente. Eine korrekte Verhaltensweise setzt also immer eine gründliche Kenntnis der angewandten Methoden sowie der Beschaffenheit und Besonderheiten verwendeter Werkstoffe voraus.

Restaurative Zahnheilkunde

Diagnostik

Die Untersuchung und Diagnosestellung dient dem Auffinden aller Defekte und Erkrankungen im Gebißsystem. Im Hinblick auf die restaurative Therapie muß also klinisch:
- jeder Zahn besehen (inspiziert) und auf Karies sowie Anomalien untersucht,
- die Vitalität aller Zähne festgestellt,
- die Zahnstellung registriert, beachtet,
- die Lockerungsgrade aller Zähne erkannt,
- Anzeichen für Fehlbelastungen (Schliffstellen) gesucht,
- der Gesundheitszustand des Parodonts registriert,
- der Sauberkeitsgrad der Mundhöhle berücksichtigt werden.

Hinzu tritt bei Bedarf die Röntgendarstellung des Gebisses, die Aufschluß über

- die Tiefe der Defekte in den Zähnen,
- Entzündungen im apikalen Bereich der Zähne,
- verlagerte Zähne und Wurzelreste,
- Entzündungen und Abbauvorgänge des Alveolarkammes,
- Stellungsfehler,
- Exaktheit schon vorhandener Restaurationen gibt.

Füllungstherapie

Mit einer Füllung erstrebt der Zahnarzt, die funktionell ideale (oder ursprüngliche) Form und Funktion des Zahnes (wieder-)herstellen (zu „restaurieren"). Je nach Situation und geplanter Endversorgung des Zahnes stehen dazu nach der Entfernung der Karies sowie Gestaltung der Kavität* verschiedene Möglichkeiten zur Auswahl:
1. Provisorische Füllung des Zahnes und spätere Weiterbehandlung.
2. Temporärer Verschluß des Zahnes mit einem therapeutisch wirksamen Material; danach Abwarten über einen bestimmten Zeitraum und Weiterbehandlung je nach Erfolg dieser Maßnahme.
3. Sofortige Füllung des Zahnes mit einem definitiven plastischen Füllmaterial.
4. Abdrucknahme und Anfertigung einer starren Einlagefüllung in einem Labor. Diese wird dann in den Zahn einzementiert.
5. Legen einer Aufbaufüllung mit einem definitiven Werkstoff als Voraussetzung für eine anschließende Überkronung.

Nicht immer ist schon bei Beginn der Behandlung klar, ob die vorgesehene Methode letztendlich die richtige ist. Manchmal muß der Zahnarzt im Laufe der Therapie sein Konzept ändern, wenn sich z. B. herausstellt, daß ein Zahn doch nicht mehr so stabil ist, oder wenn das verwendete Material der Belastung beim Kauen nicht standhält. Auch kann die Pulpareaktion nicht immer klar erkannt werden, was zur Veränderung des Behandlungsplanes und -ablaufs führt.

Kavitätengestaltung

Schon bei Beginn der Arbeit muß der Zahnarzt sich darüber klar sein, welches

* Kavität = (lat.) Hohlraum

Material er für die Füllung verwenden will, da sich die Auswahl des Füllungsmaterials und die Kavitätengestaltung gegenseitig bedingen. Die Kavitätenformen werden nach dem amerikanischen Zahnarzt *Black* in „Klassen" eingeteilt (siehe Abb. 251, Band 1):

Klasse I	Fissuren oder Grübchen der Kaufläche
Klasse II	Approximalflächen an Prämolaren und Molaren
Klasse III	Approximalflächen an Frontzähnen bei intakter Schneidekante
Klasse IV	Eckenverlust an Frontzähnen
Klasse V	Zahnhals

Je nach *Black*-Klasse behandelt der Zahnarzt den erkrankten Zahn unterschiedlich. Bei der Präparation der Kavität (dem Beseitigen der Karies und dem Vorbereiten der „Zahnhöhle") hat er mehrere Gesichtspunkte zu berücksichtigen:

Die Umrißform

Die Füllung muß so gestaltet sein, daß ein erneuter Kariesbefall (Kariesrezidiv) möglichst verhindert wird. Dies wird durch vorsorgliche Ausdehnung (präventive Extension) der Kavität bis in weniger kariesanfällige (der Mundhygiene zugängliche) Bereiche angestrebt (Abb. 180).

Die Retentionsform

Die Verankerung der Füllung muß sicher genug sein, damit sie nicht bei (Zug-)Belastung wieder herausfällt. Dieser mechanische Halt, die „Retention", wird für plastisches Füllmaterial durch eine untersichgehende Präparation (Boden der Kavität hat eine größere Fläche als die Öffnung) oder durch eine sogenannte „Schwalbenschwanz"-gestaltung erreicht (Abb. 181).
In bestimmten Fällen kann auf eine Retentionsform verzichtet werden, wenn statt dessen die Säure-Ätztechnik für eine ausreichende Verankerung der Füllung sorgt (siehe Seite 306). Wird eine starre Füllung eingebracht, muß die Retention durch ein möglichst paralleles Ausrichten der korrespondierenden (einander entsprechenden, gegenüberliegenden) Wände erzielt werden.

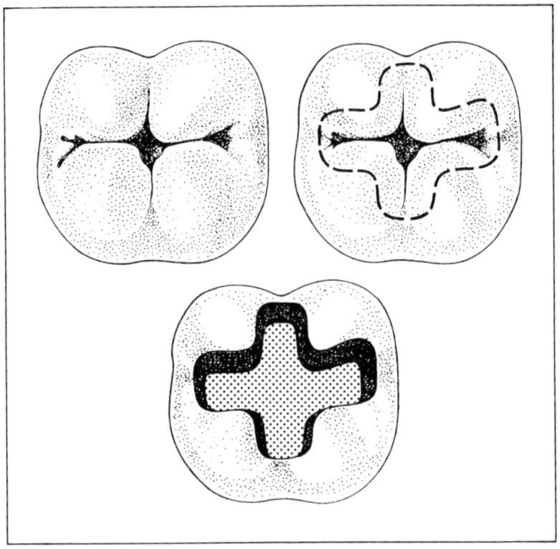

Abb. 180 Vorsorgliche Ausdehnung einer Kavität bis in kariesimmune Zonen

Die Widerstandsform

Jede Füllung muß eine genügende Schichtdicke aufweisen, um dem einwirkenden Kaudruck widerstehen zu können; in der Regel erfordert dies eine Verankerung im Dentin. Außerdem muß darauf geachtet werden, daß keine „angeschnittenen" und nicht durch Dentin abgestützten Schmelzteile belassen werden, die bei Belastung abbrechen können. Die dadurch entstehenden Randspalten laden geradezu zur Bakterienbesiedelung ein und sind deshalb bevorzugte Stellen für neuen Kariesbefall.

Weitere Forderungen

Black fordert weiterhin, die Kavität so „aufzuziehen", daß die Behandlungsinstrumente leichten Zugang haben. Selbstverständlich ist, daß alle Karies aus der Kavität zu entfernen, und die Kavität abschließend zu reinigen ist.
Die Berücksichtigung der genannten Aspekte ergibt für jede *Black*-Klasse eine typische Form der Präparation (siehe Abb. 251 in Band 1). Ist aufgrund großflächiger kariöser Zerstörung die Modella-

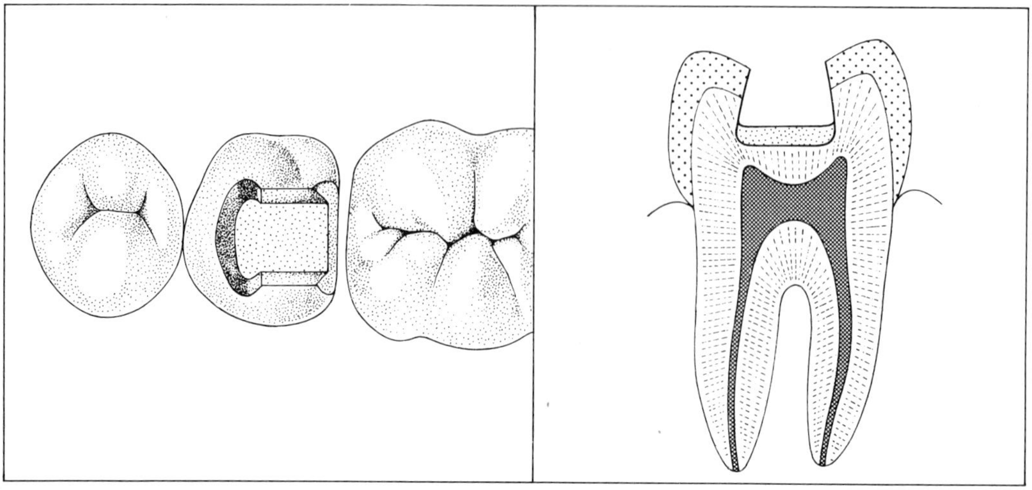

Abb. 181 Durch Unterschnitte und Schwalbenschwänze wird die Retention einer Füllung erreicht

tion einer korrekten Kavitätenform nicht mehr möglich, müssen andere Versorgungsarten gewählt werden, z. B. Kronen.

Temporäre Füllungen

Indikation

Der temporäre (vorübergehende) Verschluß eines Zahnes kann aus mehreren Gründen notwendig werden:
1. als Notbehandlung z. B. aus Zeitmangel;
2. als indirekte Überkappung bei einer tiefen Kavität, um der Pulpa eine vermehrte Hartsubstanzbildung zu ermöglichen;
3. als Abdeckung einer direkten Überkappung, um die Pulpa zum Verschluß der Hartsubstanzdecke anzuregen;
4. als Verschluß über einer medikamentösen Einlage;
5. als hinhaltende Maßnahme nach Wurzelfüllung, um die biologische Reaktion der Wurzelhaut abzuwarten (bei notwendigem Zweiteingriff ist der Zugang leichter);
6. als Schutz für eine Kavität, die mit einer Gußfüllung versorgt werden soll;
7. zur Verhinderung einer weiteren Kariesausbreitung und Veränderung des Mundmilieus;
8. als Vorbehandlung für eine Überkronung;
9. bei schwerkranken Patienten.

Anforderungen

Ein temporäres Füllungsmaterial soll
- die Kavität dauerhaft dicht verschließen,
- für Pulpa und Parodont verträglich,
- gegenüber Mundeinflüssen widerstandsfähig und
- einfach zu verarbeiten sein, sowie
- im Mund schnell aushärten.

Material

Als Material für eine solch zeitlich begrenzte Versorgung eignen sich verschiedene Werkstoffe, die sich in ihrer Beschaffenheit, Festigkeit und Wiederentfernbarkeit stark unterscheiden:

Guttapercha

Sie besteht aus einem eingedickten, weißlichen Milchsaft von Bäumen, Zinkoxid, Harzen und Schlämmkreide. Durch Erwärmen an einer Flamme wird sie plastisch und kann so in eine Kavität eingedrückt werden. Durch Betupfen mit chloroformhaltiger Watte oder mit einem erwärmten Instrument kann der Rand geglättet werden. Guttapercha ist nicht randständig, reizt durch Pumpwirkung die Pulpa, ist aber zum Verdrängen des Zahnfleisches am Kavitätenrand gut geeignet. Ihre Haltbarkeit ist gering, die Wiederentfernbarkeit ist sehr gut.

Zinkoxid-Eugenol-Paste

Das weiße Pulver Zinkoxid (ZnO) wird mit Eugenol oder Nelkenöl (einer zähfließenden klaren Flüssigkeit) zu einer kittartigen Paste angemischt. Je nach Anwendungswunsch kann diese weicher belassen oder sehr fest geknetet werden. Grundsätzlich ist der festeren Konsistenz[1] der Vorzug zu geben, weil
- die Abbindezeit nicht zu lang dauert,
- eine ausreichende Festigkeit nach der Abbindung erreicht wird,
- eine Reizung der Pulpa durch größere Mengen Eugenol (Nelkenöl) vermieden wird.

Der wichtige Vorteil dieser Verschlußmasse liegt in der leicht sedierenden (beruhigenden) und schwach desinfizierenden Wirkung. Die Haltbarkeit und Randständigkeit dieses provisorischen Zementes sind gering, mit einem rotierenden Instrument ist er relativ gut zu entfernen.

Fletcher-Zement

Bei diesem provisorischen Zement handelt es sich um eine Mischung aus Zinkoxid und Zinksulfat (Pulver) sowie um eine Flüssigkeit aus Wasser, Alkohol, Gummi arabicum und Karbolsäure. Die Eigenschaften entsprechen denen von Zinkoxid-Eugenol.
Fletcher-Zement wird heute kaum noch verwendet.

Phosphatzement

Diese Zemente bestehen aus Zinkoxid mit Zusätzen von Magnesiumoxid oder Kupfer im Pulveranteil. Als Flüssigkeit wird ca. 60%ige Orthophosphorsäure verwendet. Pulver wird in kleinen Portionen rasch in die Flüssigkeit eingerührt, bis eine Paste entsteht, die schnell zu verarbeiten ist. Phosphatzemente sind wenig kantenfest, kaum randständig und nicht mundbeständig; bei korrekter Konsistenz schädigen sie die Pulpa nicht – eine leichte Reizung durch die Säure ist bei tiefen Kavitäten nicht immer auszuschließen. Meist sind zwei unterschiedliche Versionen im Handel: N = normalhärtend und S = schnellhärtend; für die Härtung spielt aber die Raumtemperatur auch eine wichtige Rolle. Durch vorherige Kühlung der Anmischplatte kann die Helferin die Verarbeitungszeit im Sommer verlängern.
Nachteilig wirkt sich bei den Phosphatzementen ihre Speichellöslichkeit und ihre geringe Dichte aus, die das Eindringen von Bakterien kaum verhindert.
Karies kann daher auch unter einer Phosphatzementfüllung weiter fortschreiten. Deshalb sind Phosphatzemente im Rahmen der definitiven Versorgung nur geeignet, wenn sie von einem haltbareren Material abgedeckt werden. Aus diesem Grund werden sie hauptsächlich als Unterfüllung zum Schutz der Pulpa unter anderen Materialien verwendet. Hier dienen sie hauptsächlich als Isolierung gegen eine mögliche Gefährlichkeit des definitiven Füllmaterials (chemische Schädigung) als auch gegen weitergeleitete Reize aus der Mundhöhle (Temperatur, Bakterien). Weiterhin eignen sie sich sehr gut zum Festsetzen von Gußfüllungen, Kronen und Brücken. Gelegentlich wird dem Phosphatzement Kupfer zugemischt, um eine bakterizide Wirkung zu erzielen. Diese Substanzen werden als Kupferzement bezeichnet.
Präparate: Harvard, Fixodont, Tenet, Lumicon Phosphatzement usw.; mit Kupferzusatz: Cupro-Dur, Kupferzement usw.

Carboxylatzemente

Auch das Pulver dieser Zemente besteht hauptsächlich aus Zinkoxid. Als Flüssigkeit wird jedoch keine Orthophosphorsäure, sondern Polyacrylsäure verwendet. Wegen ihres niedrigeren Säuregrades (pH

1 Konsistenz (lat.): Beschaffenheit, Zustand

ca. 6) ist die mögliche Gefahr einer Pulpaschädigung geringer. Im Gegensatz zu den anderen Zementen weist Carboxylatzement eine gewisse Haftfähigkeit am Dentin auf (gelegentlich wichtig für Stumpfaufbauten), haftet ebenfalls an Metall und erreicht sehr dünne Schichtstärken. Beim Abbinden entsteht praktisch keine Wärme (Pulpa!) und die Feuchtigkeitsempfindlichkeit ist geringer.
Randschlußverhalten, Härte, Speichellöslichkeit und Kantenfestigkeit sind jedoch nicht zufriedenstellend. Manche Carboxylatzemente enthalten einen Fluorzusatz. Außer für kurzfristige Provisorien eignen sie sich daher nur für Unterfüllungen und zum Zementieren von Inlays und Kronen.
Präparate: Durelon, Poly F, Lumicon Polycarboxylatzement.

EBA-Zemente

Das Pulver dieser Zemente besteht aus Zinkoxid mit Quarz- und Aluminiumoxidzusätzen. Die Flüssigkeit enthält zu etwa einem Drittel Eugenol und zu zwei Dritteln Äthoxybenzoesäure (engl.: **E**thoxy-**B**enzoic-**A**cid). Dadurch wird die Festigkeit des erhärteten Zementes wesentlich größer. Auch die geringere Empfindlichkeit gegen Feuchtigkeit bei der Aushärtung und seine lange Verarbeitungszeit sind vorteilhaft zu werten. Mit rotierenden Instrumenten ist er leicht zu entfernen.
Demgegenüber sind einige Füllungskunststoffe durch den Eugenolanteil in ihrer Polymerisation gefährdet, weshalb eine Unterfüllung aus EBA-Zement nur bedingt empfehlenswert ist. Obwohl diese Zemente gute mechanische Eigenschaften aufweisen, lösen sie sich im Mundmilieu auf; sie sind also nur für kurzfristige Provisorien einsetzbar.
Präparate: Kalsogen, Opotow EBA-Zement.

Fertige Pasten

Diese Präparate werden gebrauchsfertig geliefert. Sie enthalten Zinksulfat, Aluminiumsulfat, Kalziumsulfat im Pulver, während die Flüssigkeit organische Bindemittel, ggf. auch Eugenol, enthält. Unter Feuchtigkeit erhärten sie und quellen etwas durch Wasseraufnahme, weil sie hygroskopisch[1] sind. Wegen der teilweise beachtlichen Härte sind sie nicht immer leicht wieder aus der Kavität zu entfernen.
Präparate: Cavit, Cavitec, Coltosol, Lumicon, Pro 17, Provis usw.

1 hygroskopisch (gr.): feuchtigkeitsanziehend

Fragen zum Verständnis und zur Selbstkontrolle

Grundbegriffe und Temporäre Füllungen

1. In welche drei Hauptgebiete gliedert sich die konservierende Zahnheilkunde?
2. Was sind die Haupteinsatzgebiete von Phosphatzement?
3. Was gehört zu einer vollständigen Diagnostik?
4. Was muß die klinische Untersuchung beachten?
5. In wieviel Klassen hat Black die Kavitätenpräparation eingeteilt?
6. Welche Anforderungen an eine richtige Kavitätenform sind nach Black zu stellen?

(Fortsetzung auf der nächsten Seite)

Fragen (Fortsetzung)

7. Was soll die präventive Extension verhindern?
8. Woraus besteht Guttapercha?
9. Übersetzen Sie folgende Fachausdrücke!
   a) Kavität c) temporär
   b) sedierend d) restaurieren.
10. Warum müssen fertige Pasten für provisorische Verschlüsse immer verschlossen aufbewahrt werden?
11. Welche Forderungen stellen wir an temporäre Füllungsmaterialien?

(Die Antworten stehen auf Seite 323/324.)

Definitive Füllungen

Die definitive Auffüllung einer Kavität kann mit sehr unterschiedlichen Materialien erfolgen. Je nach Lage und Größe der Füllung müssen diese verschiedene Eigenschaften besitzen. Hier ist insbesondere zu denken an:

- Pulpaverträglichkeit,
- Kantenfestigkeit,
- Randbeständigkeit,
- Farbbeständigkeit,
- Polierfähigkeit,
- Mundbeständigkeit (Speichelunlöslichkeit),
- Reizlosigkeit (Zahnfleisch),
- Reaktionslosigkeit (gegenüber anderem Material chemische Neutralität).

Da keiner der Füllungswerkstoffe alle geforderten Eigenschaften besitzt, muß der Zahnarzt für jeden Fall gesondert entscheiden, welches Material am geeignetsten ist.

Dabei hat er die Wahl zwischen:
- plastischen Werkstoffen, die weich (plastisch) in die Kavität eingebracht werden und dort abbinden:
- starren Werkstoffen, die nach Abdruck der Kavität im Labor gegossen (Metalllegierungen), gebrannt (Keramik) oder polymerisiert (Kunststoff) und anschließend einzementiert werden.

Plastische Füllungen

Die schnellste Möglichkeit, einen Zahn wiederherzustellen, ist die Auffüllung des Zahnes mit einem plastischen Werkstoff. Nach entsprechender Vorbereitung wird dieser in die Kavität eingebracht und dort durch Drücken und Stopfen, durch Formen und Modellieren mit Instrumenten und Matrizen in die gewünschte Form gebracht. Für diese Anwendung werden folgende Materialien verwendet:

a) Zemente
b) Kunststoffe
c) Amalgame
d) Metallfolien („Pellets", Stopfgold).

Je nach den unterschiedlichen Eigenschaften und Anforderungen dieser Werkstoffe müssen sie individuell von der Helferin verarbeitet werden, wenn die Füllung alle Anforderungen an eine langlebige Restauration erfüllen soll.

Zemente

Je nach ihrer chemischen Zusammensetzung werden die Zemente in verschiedene Gruppen eingeteilt:

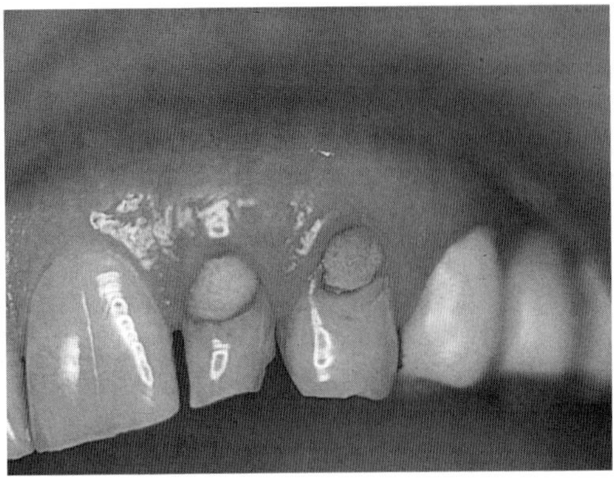

Abb. 182a Verfärbung und Randspaltbildung sind die größten Nachteile der Silikatzemente

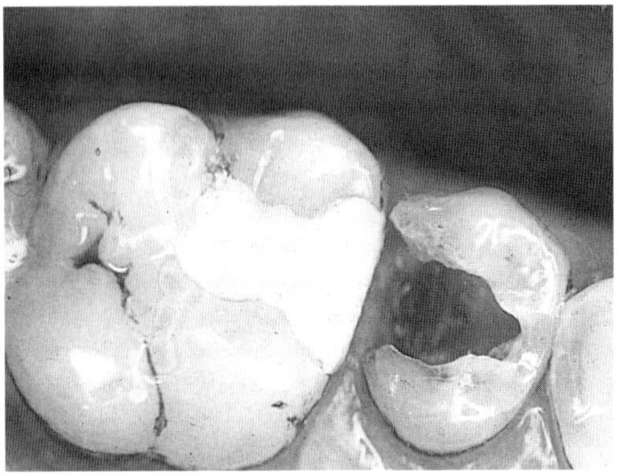

Abb. 182b Alte Silikophosphatzementfüllungen in den Zähnen 15 und 16. Während die Füllung im 16 die schlechte Randständigkeit erkennen läßt, zeigt die aus 15 entfernte Füllung die ausgedehnte Sekundärkaries, die praktisch unter jeder Steinzementfüllung vorhanden ist.

1. Silikatzemente
2. Silikophosphatzemente
3. Glasionomerzemente.

All diesen – wie auch den temporären – Zementsorten ist gemeinsam, daß
- sie aus Pulver- und Flüssigkeitsanteil bestehen;
- ihre Abbindezeit temperaturabhängig ist (je wärmer, desto kürzer);
- das Pulver Feuchtigkeit anzieht, es also „hygroskopisch" ist (falls es nicht in Kapseln verpackt ist, muß es stets gut verschlossen aufbewahrt werden);
- die Flüssigkeit leicht verdunstet und deshalb wegen der Austrocknungs- und Eindickungsgefahr nie offen stehenbleiben darf;
- sie auf Verunreinigungen sehr empfindlich reagieren (nur völlig saubere Anmischplatten und Spatel benutzen);
- beim Anrühren von Hand immer das Pulver in die Flüssigkeit eingemischt werden muß.

a) Silikatzemente

Im Unterschied zu den Phosphatzementen bestehen die Silikatzemente in ihrem Pulveranteil aus einer Mischung von Siliziumoxid (Quarz), das den Zementen den Namen gibt, und Aluminiumoxid, Beimengungen von Beryllium- und Kalziumoxid sowie Flußmitteln wie Kryolith oder Flußspat. Die Flüssigkeit ist die gleiche wie bei den Phosphatzementen (Orthophosphorsäure).

Das Material ist durchscheinender (transparenter), in der Farbe zahnähnlicher, weniger speichellöslich, kantenfester und besser polierbar. Aus diesen Gründen wurde es früher im Frontzahnbereich fast ausschließlich verwendet.

Es darf wegen der Verfärbungsgefahr nicht mit Metallinstrumenten angerührt werden.

Heute ist dieser Werkstoff allerdings fast völlig aus der Praxis verschwunden, da er sehr große Nachteile besitzt:
- Er schädigt die Pulpa.
- Er ist nicht genügend randständig, sondern neigt zu Spaltenbildungen an den Grenzflächen zum Schmelz (Abb. 182a).
- Die Haftung in der Kavität ist nur gering, es ist ein starker mechanischer Halt in Form von Unterschnitten erforderlich.
- Auch der Zusatz von Glasfasern steigert die Kantenfestigkeit und den Widerstand gegen den Abrieb nur unbedeutend.

- Die Verfärbungsgefahr ist groß, selbst der Überzug mit Zahnlack schützt nur wenig.

Präparate: Super-Syntrex, Achatit, Silicap usw.

b) Silikophosphatzemente

Eine Mischung aus Phosphatzement und Silikatzement, die die Vorteile beider in sich vereinen sollte, ist der Silikophosphatzement. Er wird auch „Steinzement" genannt und besteht zu 80% aus Silikat- und zu 20% aus Phosphatzement. Er wird vor allem bei Milchzähnen verwendet oder für Füllungen, die in direktem Kontakt mit Gold (Inlays oder Kronen) stehen.
Um die Gefahr von Kariesrezidiven (Abb. 182b) zu vermindern, ist oft Kupfer beigemengt. Zur Erhöhung der Festigkeit werden entweder Glasfasern oder feinste Teilchen von rostfreiem Stahl zugegeben („Stahlzement").
Nachteilig wirkt sich bei den Silikophosphatzementen die stumpfe (opake) Farbe aus, weswegen die Anwendung im Frontzahngebiet ausgeschlossen ist. Auch die Kantenfestigkeit und die Mundbeständigkeit ist trotz aller Beimengungen gering. Deswegen ist die Gefahr einer erneuten Karies im Grenzflächenbereich zur Zahnsubstanz relativ groß. Wegen der Gefährdung der Pulpa infolge des großen Silikatzementanteils ist bei jeder Steinzementfüllung immer eine ausreichend dicke Unterfüllung vonnöten.
Wegen der ungünstigen Eigenschaften ist die Verwendung von Steinzementen heutzutage nicht mehr empfehlenswert.
Präparate: Boston, Drala-Steinzement, Zhanelka, Marmorzement, Trans-Lit, usw.
mit Kupferzusatz: Cupro-Dur, DeTrey-Kupferzement, Keratit-Cuprox usw.
mit Stahlzusatz: Drala-Stahlzement usw.

c) Glasionomerzemente
(Glas-Polyalkenoatzemente)

Die Glasionomerzemente wurden 1972 in die Zahnheilkunde eingeführt. Die Flüssigkeit ist eine wäßrige Lösung von Polyacrylsäure und Itakonsäure mit 5% Weinsäure, gelegentlich ist auch Maleïnsäure enthalten. Das Pulver besteht aus speziell vorbehandelten Glassplittern und ggf. auch Metallzusätzen (Glass-Cermets). Die interessanteste Eigenschaft dieser Zemente ist ihre Haftfähigkeit am sauberen Schmelz und Dentin. Außerdem ist vorteilhaft, daß sie Fluorid an den umgebenden Zahn abgeben, eine gute Pulpaverträglichkeit zeigen und nach der Aushärtung wie Schmelz ätzbar sind (zur Verbindung mit Composite-Kunststoff).
Das Pulver wird portionsweise innerhalb von 15–60 Sekunden in die Flüssigkeit eingemischt. Die Verarbeitung muß peinlich genau erfolgen, insbesondere das angegebene Pulver/Flüssigkeits-Verhältnis muß exakt eingehalten werden. Anderenfalls erhöht sich die Wasserlöslichkeit, und die Härte nimmt ab. Feuchtigkeit während der Verarbeitung und der Abbindung

Fragen zum Verständnis und zur Selbstkontrolle

Definitive Füllungen und Zemente

12. Wovon hängt die Abbindezeit eines Zementes sehr stark ab?
13. Welchen großen Nachteil haben die Silikatzemente?
14. Welcher Unterschied besteht zwischen den Phosphat- und den Carboxylatzementen?
15. Was ist klinisch am Glasionomerzement interessant?

(Die Antworten stehen auf Seite 324.)

hemmt die Dentinhaftung; der Auftrag eines Schutzlacks nach dem Einbringen empfiehlt sich. Im ausgehärteten Zustand stellen sie ein Gel aus Glas (Calcium-Aluminium-Fluorosilikat) und polymeren Carbonsäuren dar. Während das Glas für Stabilität sorgt, vermitteln die polymeren Carbonsäuren die Haftung an Schmelz, Dentin und Metall. Hauptindikationsgebiet sind Zahnhalsfüllungen (Klasse V) und Fissurenversiegelungen.
Präparate: Ketac-Fil, Ketac-Silver, Fuji-Glasionomerzement.

Kunststoffe

Kunststoff-Füllungswerkstoffe haben in den letzten zehn bis fünfzehn Jahren die Zemente im Frontzahnbereich fast völlig verdrängt. Im wesentlichen sind hier zwei Stoffgruppen vertreten:
- die einfachen Kunststoffe auf PMMA-Basis (**P**oly**m**ethyl**m**eth**a**crylat)
- die aus Kunststoff und einem Füllmaterial zusammengesetzten Werkstoffe (Kompositmaterial, englisch: Composite Material).

Bei beiden Gruppen handelt es sich um sogenannte Kaltplaste oder Autopolymerisate, also um nach Anmischen von selbst aushärtendem Material. Zu den Produkten der ersten Gruppe zählten die ersten Kunststoff-Füllungsstoffe überhaupt. Gravierende materialbedingte Nachteile (siehe unten) haben dazu geführt, daß diese Materialien weitestgehend wieder vom Markt verschwunden sind, während die Entwicklung der Komposit-Kunststoffe offensichtlich noch immer nicht zu Ende ist.

a) PMMA-Kunststoffe

Diese Materialien werden als Pulver und Flüssigkeit geliefert, die miteinander zu vermischen sind und dann in weichem oder plastischem Zustand in die Kavität eingebracht werden. Dort härten sie dann aus (polymerisieren).
Vorteile sind:
- ihre einfache Verarbeitung,
- ihre große Transparenz,
- ihre zahnähnliche Farbe.

Nachteile sind:
- ihre Empfindlichkeit gegen Verunreinigung und Speichel,
- keine Aushärtung bei Kontakt mit Eugenol u. ä.,
- ihre Erwärmung während der Aushärtung (Pulpa!),
- ihre Schrumpfung nach der Polymerisation (Randspaltbildung),
- Verfärbungsneigung (Nachdunkeln),
- hohe Abrasion.

Wegen der genannten Nachteile sind die PMMA-Kunststoffe heute nicht mehr zu empfehlen.
Präparate: Sevriton, Merdon 7, Palakav, Palavit 55 usw.

b) Komposit-Kunststoffe

Die chemische Grundlage dieser Materialien ist die nach ihrem Erfinder benannte „*Bowen*-Formel", nach der die meisten Komposits aufgebaut sind. Die Grundmasse ist mit ihren großen Molekülen dem Dentin verwandt und stellt dadurch eine bessere Verbindung mit dem Zahnbein her. Als Füllstoffe (Füllkörper, „Füller") sind anorganische Substanzen wie Quarz, Glas, Silikat oder ähnliches eingelagert. Die Verbindung beider Anteile wird durch die Oberflächenbehandlung der Füllkörper mittels „Silanisierung" erreicht.
Je nach der Größe der Füllkörper unterscheiden wir sogenannte
- Makrofüller mit Füllkörpern von ca. 1–100/µm Größe,
- Mikrofüller mit Füllkörpern von ca. 0,04–0,3/µm Größe,
- Hybride, die sowohl Makro- als auch Mikrofüller enthalten.

Vorteile dieser Werkstoffe sind
- ihre gute Farbgestaltung,
- ihre Kantenfestigkeit (Eckenaufbauten),
- Volumenausgleich zwischen Polymerisationsschrumpfung und Wasseraufnahme,
- gute Haftung in Verbindung mit der Ätztechnik.

Als Nachteile sind zu nennen:
- ihre Pulpaunverträglichkeit,
- ihre nicht ausreichende Abrasionsbeständigkeit,

- ihre schlechte Polierbarkeit,
- starke Volumenschwankungen bei Temperaturbelastung.

Angeboten werden Komposit-Kunststoffe in drei verschiedenen Darreichungsformen:
- Zwei-Pasten-System
  Grundmasse (Base) und Härter (Katalysator) werden beide in Pastenform geliefert und miteinander vermischt.
- Pulver-Flüssigkeits-System
  Der Härterflüssigkeit wird das Pulver zugemischt und dann kräftig durchgespatelt.
- Einkomponenten-System
  Der Katalysator ist dem Material schon beigefügt und die Aushärtung (Polymerisation) wird durch Bestrahlen mit Blaulicht (Wellenlänge um 470 nm) oder auch mit ultraviolettem (UV-)Licht (Wellenlänge um 320–340 nm) gestartet.

In allen Fällen müssen sich aus den erst kurzen Kunststoffmolekülen zur Aushärtung langkettige und verzweigte Molekülfäden und -netze bilden. Um diese Reaktion in Gang zu bringen, sind bestimmte Aktivator- oder Katalysatormolekülbruchstücke (sogenannte Radikale) notwendig. Entweder werden diese vor der Verwendung eingemischt, oder sie entstehen durch die Bestrahlung. Erst diese Radikale starten dann die Verknüpfung der kurzen Kunststoffmoleküle zu langen Ketten bzw. Netzen.

Gegen die Nachteile
- daß eine Polymerisationslampe angeschafft werden muß,
- daß das Licht nur bis zu einer bestimmten Tiefe eindringen und dort die Polymerisation auslösen kann,
- daß die Polymerisation auch unter der Arbeitslampe startet,

stehen die Vorteile,
- in Ruhe die Füllung ausmodellieren zu können,
- daß der Kunststoff nicht angemischt werden muß,
- daß weniger Poren entstehen,
- daß eine rasche Härtung möglich ist.

Präparate:
Chemisch härtende Komposit-Kunststoffe mit Makrofüllern: Adaptic, Classecond, Composite-Merz, Concise, Nimetic, P 30, Restodent, Superdenta-Compo usw.
Chemisch härtende Komposit-Kunststoffe mit Mikrofüllern: Estic Microfill, MFR-Merz, Silar, usw.

Fragen zum Verständnis und zur Selbstkontrolle

Kunststoffe

16. Was bedeutet PMMA?
17. Welche drei Gruppen unterscheiden wir bei den Komposit-Kunststoffen?
18. Wodurch kann es zu einer Störung der Aushärtung von Kunststoffen kommen?
19. Wie wird beim „Ein-Komponenten-System" die Aushärtung der Füllung erreicht?
20. Welche Form haben Kunststoffmoleküle nach der Polymerisation?
21. Welche Größe haben die Füllpartikel der makro- und mikrogefüllten Komposit-Kunststoffe?

(Die Antworten stehen auf Seite 324.)

Lichthärtende Komposit-Kunststoffe: Durafill, Estilux, Fotofil, Occlusin, Superlux, Visio-Dispers usw.
Füllungsmaterial auf Isositbasis: Isopast/Isocap, Heliosit.

Amalgame

Diese metallischen Verbindungen des Quecksilbers mit Kupfer, Silber, Gold, Zinn und Zink sind die häufigsten Füllungswerkstoffe im Seitenzahnbereich. Wegen der
- leichten Verarbeitung (Stopf- und Schnitzbarkeit),
- guten Belastbarkeit,
- ausreichenden Härte,
- schnellen Abbindung,
- geringen Feuchtigkeitsempfindlichkeit und
- guten Polierfähigkeiten

sind sie bis jetzt noch durch kein anderes gleichwertiges Material zu ersetzen, trotz ihrer Nachteile:
- Verfärbung (Schwärzung, die auch auf den umliegenden Zahn übergreifen kann),
- geringe Haftung am Zahn (nur mechanischer Halt durch Unterschnitte),
- Gefährlichkeit des Quecksilbers (siehe unten!),
- Veränderung bei Belastung und Spannung, das sog. „Kriechen" (Creep) und „Fließen" (Flow).

Chemisch bestehen die Amalgame aus:
- ca. 65–75% Silber, es garantiert die Formstabilität;
- ca. 20–25% Zinn, es beeinflußt Farbe und Polierfähigkeit;
- ca. 2–5% (bis 30%) Kupfer, es verleiht der Mischung Härte, und
- ca. 2% Zink, um die Zähigkeit zu erhöhen (wird aber wegen seiner hygroskopischen Wirkung in den „Non-Zink-Amalgamen" weggelassen).

Bei der Herstellung werden die Metalle zusammengeschmolzen und anschließend zu Pulver gemahlen. Diesem wird meist 2% Quecksilber zugesetzt und kommt so als „voramalgamierte Feilung" (englisch: „Alloy") in den Handel. Bei der Verarbeitung in der Praxis wird die pulverartige Feilung mit der „Flüssigkeit", dem reinen

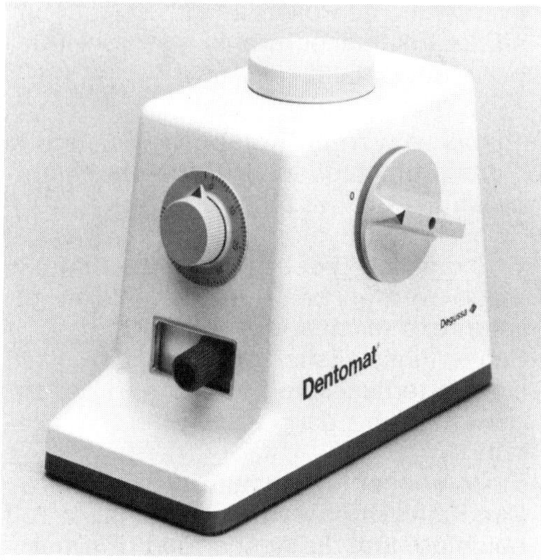

Abb. 183 Mit diesem Gerät kann das Amalgam gleichzeitig dosiert und gemischt werden

Quecksilber, in Verbindung gebracht. Früher geschah dies im Mörser, wo beide Teile mit dem Pistill mehrere Minuten lang fest verrieben werden mußten. Heute benützt man für diesen Vorgang, der „Trituration" genannt wird:
- einen Automat zum Dosieren und Vermischen (Abb. 183) oder
- Kapseln, die in einem Mischgerät (Abb. 184) verarbeitungsfertig gerüttelt werden.

Mit diesen Methoden wird stets das richtige Verhältnis von Feilung zu Quecksilber („Pulver zu Flüssigkeit") gewährleistet. Die Mischung erreicht bei etwa fünf Teilen Alloy zu vier Teilen Quecksilber optimale Eigenschaften.
Beim Umgang mit Amalgamen muß die Helferin besondere Vorsicht walten lassen. Durch unvorsichtiges Hantieren mit Quecksilber besteht nämlich die Gefahr einer Vergiftung, die vor allem durch Dämpfe verursacht werden kann. Quecksilber verdampft bereits bei Zimmertemperatur!
Da dieses Schwermetall im Körper des Menschen ähnlich „gespeichert" wird wie Röntgenstrahlen, muß besonders beim

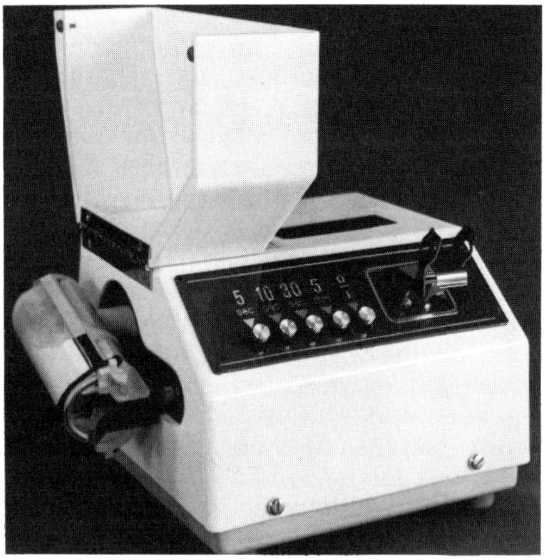

Abb. 184 Amalgam kann auch bereits vordosiert in Kapseln im Mischgerät verarbeitungsfertig gemacht werden

Nachfüllen des Mischautomaten ein Verschütten vermieden werden. Sollte es dennoch dazu kommen, ist es am besten, gleich einen Tropfen Amalgam anzumischen und mit diesem das verschüttete Quecksilber aufzusaugen. Dies gelingt am besten, da das Schwermetall sich dem Einfangen sonst durch „Wegrollen" leicht entzieht.
Auch beim Entfernen alter Amalgamfüllungen mit der Turbine muß sich die Helferin schützen, damit sie keinen Quecksilberstaub einatmet. Am zweckmäßigsten geschieht dies mit einer Schutzbrille und mit einem Mundschutz.

a) Silberamalgame

Silber-Quecksilber-Mischungen werden heute in der Praxis am meisten verwendet. Sie werden geliefert als
- Pulver (Feilung, Alloy), das bereits voramalgamiert ist oder als
- Kapseln, in denen Feilung und Quecksilber durch eine dünne Membran getrennt sind und die erst unmittelbar vor dem Einlegen in das Mischgerät zusammengebracht werden.

Bei den Feilungsformen unterscheidet man drei Typen:

1. reines Splitteramalgam, z. B. Standalloy;
2. reines Kugelamalgam, z. B Indilloy;
3. Mischungen von beiden, z. B. Luxalloy und Dispersalloy.

Eine neue Entwicklung ist das Non-Gamma-2-Amalgam, bei dem die unerwünschte (unstabile) Abbindungsphase „Gamma-2" (Zinn-Quecksilberverbindung) fehlt. Es unterscheidet sich von normalem Silberamalgam durch:
- bessere Farbstabilität durch geringere Korrosion;
- höhere Druckfestigkeit;
- weniger Fließeigenschaften („Flow");
- geringeres „Kriechen" (Creep) der Füllung nach dem Abbinden.

Präparate: Quickalloy, Septalloy, Standalloy usw. (Feilung), Amalcap, Stavit usw. (Kapseln), Amalcap-Non-Gamma-2, Dispersalloy, Oralloy, Luxalloy Non-Gamma-2, Dentina Non-Gamma-2, Sybralloy Non-Gamma-2, Topalloy Non-Gamma-2 (Non-Gamma-2-Amalgame) usw.

b) Kupferamalgame

Im Gegensatz zu den Silberamalgamen enthält dieses Material mehr Kupfer in der Feilung. Dieses ist mit dem Quecksilber in einem Mischungsverhältnis von 35:65 bereits in kleinen Würfeln gepreßt. Sie müssen deshalb in einem kleinen Löffel nur noch über einer Flamme erhitzt werden, bis das Quecksilber in kleinen Perlen austritt. Dann kann es im Mörser mit dem Pistill geknetet werden. Anschließend ist es sofort – nach Abpressung von etwaigem Quecksilberüberschuß – verarbeitungsfähig.
Durch den hohen Kupferanteil wirkt dieser Werkstoff stark keimtötend und verhindert so Kariesrezidive.
Nachteilig ist allerdings:
- die geringe Haltbarkeit (es löst sich langsam unter ständiger Quecksilberabgabe auf);
- die dadurch bedingte Gefahr der Vergiftung (Intoxikation) des umliegenden Gewebes;
- die ausgeprägte bläuliche Verfärbung der Zahnsubstanz.

Aus diesen Gründen wird es auch bei Milchzähnen – wo es früher wegen seiner karieshemmenden Wirkung angewendet wurde – praktisch nicht mehr eingesetzt.
Präparate: Cupro-Muc.

c) Goldamalgame

Neben Silber ist bei diesen – nur noch selten verwendeten – Amalgamen ein geringer Zusatz Gold enthalten, das dem fertigen Gemisch eine hellere Farbe und eine etwas größere Festigkeit verleiht. Auch Platin wird in ähnlicher Weise bestimmten Amalgamen zugesetzt. Jedoch bringen diese Spuren von Edelmetall keine so wesentliche Verbesserung der Eigenschaften, daß sie von Bedeutung wären.

Metallfolien (Stopfgold)

Hierbei handelt es sich um dünne Feingoldfolien oder -plättchen („Pellets"), die portionsweise in die vorbereitete Kavität eingebracht und mit entsprechenden Instrumenten angedrückt und festgehämmert werden. Die Goldhämmerfüllungen (Goldklopffüllungen) müssen mit viel Geduld sehr vorsichtig Schicht für Schicht aufgebaut werden. Halt und Festigkeit werden durch das kohäsive Haften der biegsamen Plättchen aneinander erzielt. Der wohl entscheidendste Vorteil dieser Füllungsart ist die randspaltlose Anpassung an die Zahnwand: Obwohl der ursprünglich verwendete Bleihammer durch ein rotierendes Klopfinstrument ersetzt wurde, ist diese Methode sehr aufwendig. Der große Einsatz an Zeit, Kraft, Trockenlegung und Geduld schränkt ihre Anwendung sehr deutlich ein.
Handelsnamen: Finest Gold Foil, Mat Foil, Electraloy R. V., Goldent usw.

Fragen zum Verständnis und zur Selbstkontrolle

Amalgame und Metallfolien

22. Welches sind die wichtigsten Bestandteile der Amalgamfeilung?
23. Welche Nachteile hat das Kupferamalgam?
24. Übersetzen Sie folgende Fachausdrücke!
    a) Creep d) Intoxikation
    b) Pellet e) Flow
    c) Alloy f) hygroskopisch
25. Warum darf das Mischungsverhältnis, das in Kapseln und automatischen Anmischgeräten vorgegeben ist, nicht verändert werden?
26. Wie ist die Fachbezeichnung für das verbesserte Silberamalgam?
27. Warum ist Quecksilber gefährlich? Geben Sie zwei Gründe an.

(Die Antworten stehen auf Seite 324.)

Starre Füllungen

Starre Füllungen werden außerhalb des Mundes nach der Form der Kavität angefertigt und im ganzen als Einlagefüllung oder Inlay zementiert.
Hierfür gibt es zwei Verfahren:
- die direkte Methode (die Füllung wird im Mund modelliert);
- die indirekte Methode (die Füllung wird nach Abdrucknahme auf einem Modell hergestellt).

Bei der direkten Methode wird die Kavität des Zahnes präpariert und anschließend mit einem isolierenden Material überzogen. In die Hohlform wird erwärmtes Wachs eingebracht und die Füllung fertig modelliert. In die Mitte des Wachsinlays wird ein kleiner Metallstift eingeschmolzen. Ist das Wachs durch Abkühlung genug erhärtet, wird die Wachsfüllung an ihrem Stift herausgehoben und ins Labor gebracht. Nach dieser Form wird die definitive Füllung hergestellt und später eingesetzt (Abb. 185). Der Vorteil der Methode liegt in der richtigen Modellierung der Kaufläche, der sicheren Kontrolle der Bißhöhe und des Randschlusses. Nachteilig ist die Gefahr des Verbiegens (beim Abheben) und die schlechte Ausarbeitungsmöglichkeit im Labor. Besonders kleine Inlays lassen sich schwer festhalten.
Die indirekte Methode zur Inlayherstellung verwendet den „Umweg" über die Abformung der Kavität. Entsprechend dem Abdruck der Zahnreihe und des Gegenkiefers sowie der Bißnahme werden im Labor Modelle hergestellt. Danach wird die Kavität mit Wachs gefüllt und die endgültige Form modelliert. Das fertige Objekt wird abgehoben und weiterbehandelt wie bei der direkten Methode. Der Nachteil dieses Verfahrens liegt in den vielen Fehlerquellen bei den Abdruck- und Modellmassen sowie dem enormen Materialaufwand. Der Vorteil besteht in der besseren Gestaltungs- und Kontrollmöglichkeit auf dem Modell sowie der günstigen Ausarbeitungsbedingungen.
Für starre Füllungen werden folgende Materialien verwendet:
- Goldplatinlegierungen,
- Palladiumbasislegierungen,
- Kunststoffe,
- Keramik (Porzellan),
- Gußglas.

Der Vorteil aller starren Füllungen liegt in der
- größeren Kantenfestigkeit,
- besseren Oberflächengestaltung,
- vollständigen Polierfähigkeit (auch unter dem Kontaktpunkt),
- guten Gewebeverträglichkeit (keine Pulpenreizung),
- absoluten Farbstabilität (bis auf die Kunststoffe),
- völligen Unlöslichkeit im Speichel,
- einwandfreien Formstabilität (kein Kriechen, Quellen, Schrumpfen oder Fließen),
- Möglichkeit, auch große und schwierige Zahnflächen versorgen zu können (wenn eine ganze Kaufläche erfaßt ist, spricht man von einem „Onlay").

Nachteilig wirkt sich bei allen starren Füllungen aus:
- aufwendige Herstellung mit ihren Fehlerquellen;
- schwierige Befestigung in der Kavität (keine mechanischen Retentionen durch Unterschnitte);
- Anfälligkeit der Zementfuge gegen das Eindringen von Bakterien;
- erheblicher finanzieller Aufwand;
- Schwierigkeiten bei der Farbgebung im Frontzahnbereich.

Trotzdem sind die starren Füllungen auf Dauer den plastischen überlegen, wobei es jedoch sehr auf die exakte Technik und die richtige Materialbehandlung ankommt, die je nach Werkstoff sehr unterschiedlich ist. Auch die Helferin muß deshalb – besonders bei der indirekten Methode – sehr darauf achten, daß sie Fehler bei der Abdrucknahme und Befestigung vermeiden hilft. Dies kann sie vor allem durch exaktes Anrühren der Abdruckmaterialien und Zemente erreichen.

Goldplatinlegierungen (Zahngold)

Sie bilden das beste Material für die Herstellung starrer Füllungen. Goldlegierungen sind nämlich:

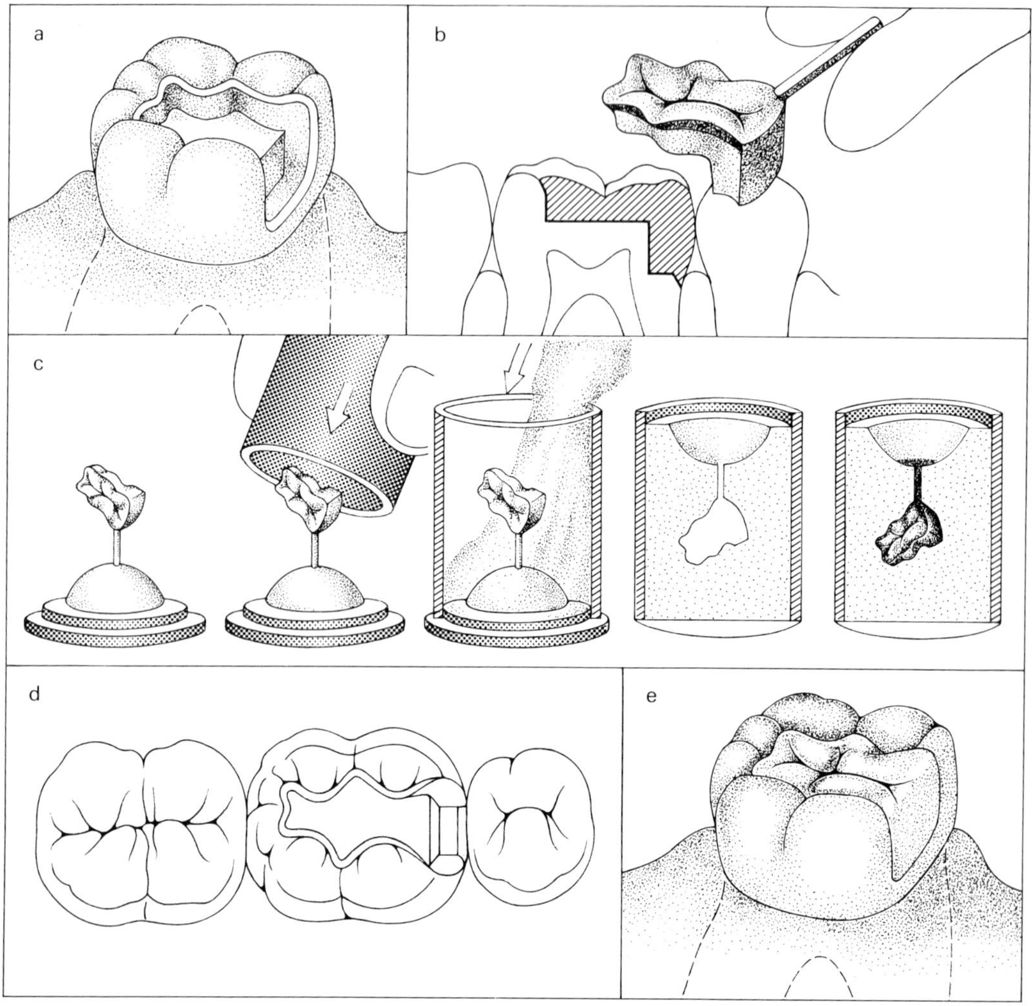

Abb. 185 Das direkte Verfahren bei der Herstellung einer Gußfüllung

- gut verträglich gegenüber Zahnfleisch,
- reizlos gegenüber der Pulpa,
- kantenfest und abriebstabil,
- an der Oberfläche glatt und polierfähig bis zum Hochglanz,
- bakterienfeindlich (kaum Kariesrezidive!),
- mundbeständig gegen alle Einflüsse von Speichel und Nahrung,
- elastisch (durch „Anschlagen" kann die Zementfuge überdeckt werden),
- farblich angenehm (im Seitenzahnbereich),
- auch für extrem ausgedehnte Füllungen wie beim Scheibenschnitt (Slice-cut) verwendbar (Abb. 186),
- hochbelastbar, so daß auch gefährdete Teile der Kaufläche in die Inlaygestaltung mit einbezogen und vor Abnutzung ge-

schützt werden können („Kaukantenschutz"),
- im Labor leicht gußfähig.

Die beiden einzigen Nachteile der Goldlegierungen sind:
- der hohe Preis,
- die gelbe Farbe,

die der Anwendung im Frontzahnbereich Grenzen setzten. Zusätze anderer Metalle wie Platin, Iridium, Silber, Palladium und Kupfer können das Gold zwar „silbriger" und zum „Weißgold" machen, beseitigen aber nicht den „Metalleffekt", der sich besonders ungünstig bei Kunstlicht auswirkt. Metallfüllungen erscheinen dann im sichtbaren Bereich als völlig schwarz; die Zähne wirken an diesen Stellen wie defekt und mit Löchern behaftet.
Handelsnamen: Degudent, Herador, V-44 etc.

Palladiumbasislegierungen

Seit kurzem gelten unter Kassenrichtlinien die Palladiumbasislegierungen als Regelversorgung. Hierbei handelt es sich um Legierungen, die hauptsächlich Palladium (ein Edelmetall der Platingruppe) und Silber (im ungefähren Verhältnis von 40% zu 60%) enthalten. Weiterhin sind oft Zink, Kupfer und Gold enthalten.
Für ihre Verwendung spricht
- ihr geringes spezifisches Gewicht,
- ihre geringe thermische Leitfähigkeit,
- ihr geringerer Preis.

Nachteile dieser Legierungen sind
- praktisch kaum vorhandene Langzeiterfahrungen,
- ihre Empfindlichkeit gegen Verarbeitungsfehler (z. B. Überhitzung),
- ihre größere Härte als Goldlegierungen,
- ihre silbrige Farbe.

Der Anteil der Palladiumbasislegierungen an der Versorgung der Bevölkerung nimmt ständig zu.
Handelsnamen: Palliag, Albabond, Phöbus, Pangold, Pors-on 4, Simidur, Microbond usw.

Gußkunststoffe

Besonders im Frontzahnbereich wird immer wieder versucht, die Vorteile der Guß-

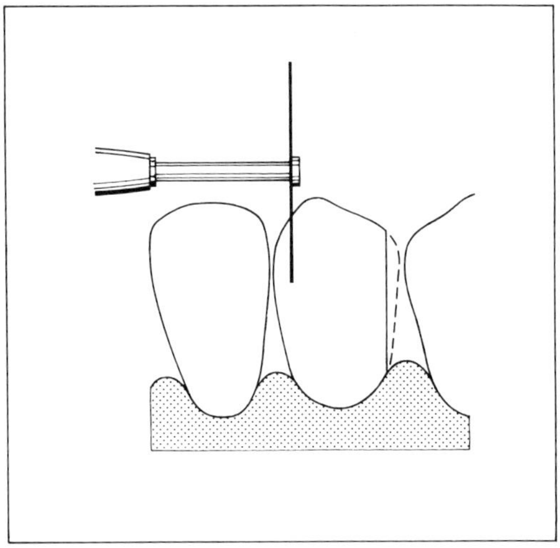

Abb. 186 Scheibenschnitt-Präparation

füllungen mit denen der zahnfarbigen Kunststoffe zu verbinden. Dies gelingt nur zum Teil, da sich zwar nach einem Abdruck ein Kunststoffinlay aus Verblendungsmaterial herstellen läßt, aber:
- die Kantenfestigkeit ist nicht optimal;
- der Kunststoff dunkelt nach;
- die Zementfuge verfärbt sich;
- der Zahnfleischrand kann sich durch Reizung von Restmonomer entzünden.

Aus diesem Grund ist das Kunststoffinlay nur in Ausnahmefällen oder als Verblendung eines Goldinlays möglich.
Neuerdings werden Materialien für Kunststoffinlays angeboten, die einige dieser Nachteile nicht mehr haben sollen. Darüber hinaus läßt sich das Problem des Randspaltes durch die Ätztechnik und die Eingliederung mit Adhäsivkunststoff teilweise umgehen. Als wesentlicher Nachteil bleibt aber nach wie vor die mangelhafte Abrasionsstabilität.
Handelsname: Isosit.

Keramik

Dieses Material hat den Vorteil der guten Gewebeverträglichkeit und Farbanpassung. Das Problem der Zementfuge und ihrer Verfärbung setzten der Indikation von Porzellaninlays bisher aber enge

Grenzen. Weitere Nachteile waren die geringe Kantenfestigkeit und die Bruchgefahr bei stärkeren, besonders scherenden Kaubelastungen.
Mit der Möglichkeit, Keramik zu ätzen und mit Hilfe eines Adhäsivkunststoffs festzusetzen, eröffneten sich für diesen Werkstoff jedoch neue Anwendungsbereiche (insbesondere mehrflächige Einlagefüllungen).

Glaskeramik

Gegenüber der Keramik hat Glas den Vorteil der größeren Kantenfestigkeit und Zähigkeit und der guten ästhetischen Wirkung. Eine hohe Druck- und Zugfestigkeit erlaubt dünne Schichtstärken. Nachteilig wirkt sich die Glassprödigkeit (Empfindlichkeit gegen Biegung und punktuelle Belastung) aus. Durch spezielle Verfahren, die eine Einfärbung des Glases in jede gewünschte Zahnfarbe ermöglichen, können Glasinlays gegossen werden, die mit Hilfe von Zementen oder Adhäsivkunststoffen eingesetzt werden können. Durch Materialeigenschaften bedingt ist jedoch der Einsatzbereich dieser Werkstoffe relativ begrenzt.
Handelsname: Dicor.

Fragen zum Verständnis und zur Selbstkontrolle

Starre Füllungen

28. Nach welchen zwei Methoden lassen sich starre Füllungen herstellen?
29. Welche Materialiengruppen werden für starre Füllungen verwendet?
30. Welche Vorteile bieten Palladiumbasislegierungen?
31. Welche Metalle werden dem Gold beigemischt, um seine Eigenschaften noch zu verbessern?
32. Warum ist die Zementfuge bei nichtmetallischen Inlaymaterialien problematisch?
33. Welches Material für starre Füllungen hat die meisten Nachteile? Welche?

(Die Antworten stehen auf Seite 324.)

Endodontie

Die Endodontie ist die Lehre von Aufbau und Behandlung des Zahninneren, also des Zahnmarks und des umgebenden Dentins. Die wichtigste Aufgabe der Endodontie ist die Vitalerhaltung der Pulpa. Erst, wenn dies nicht mehr möglich ist, soll die Wurzelkanalbehandlung den Zahn vor der frühzeitigen Extraktion bewahren. Daher gliedert sich die Endodontie in zwei große Gebiete: Die Behandlung

- der lebenden (vitalen) Pulpa,
- des Zahninneren bei devitaler Pulpa.

Die Ursachen für eine derartige Therapie sind in beiden Fällen gleich:

- Tiefgreifende Schädigung des Zahnes durch Karies.
- Verletzung (Trauma) der Hartsubstanzen (Abb. 187) und/oder des Zahnmarks durch einen Unfall (Schlag, Sturz usw.), durch Beschleifen („Präparationstrauma“) oder Überlastung beim Kauen („Okklusionstrauma“).
- Chemische Reize, die sich schädigend auf die Pulpa auswirken (z. B. durch Silikatzement).

Je nach dem Stadium der Karies ergeben sich unterschiedliche Behandlungsziele und Therapieabläufe (mit teilweise fließenden Übergängen), die hier im einzelnen besprochen werden sollen.

Behandlung der vitalen Pulpa

Um das gesunde Zahnmark vor einer Entzündung zu schützen oder eine erkrankte Pulpa eventuell wieder auszuheilen, gibt es verschiedene Methoden:
- die Unterfüllung als vorbeugende Maßnahme gegen schädigende Reize („Noxen"), die unter jede (tiefere) Füllung gehört,
- die „indirekte Überkappung" durch eine medikamentöse Abdeckung bei einer noch vorhandenen dünnen Dentinschicht,
- die „direkte Überkappung" einer bei der Präparation im Gesunden eröffneten Pulpa,
- die Vitalamputation[1], bei der ein Teil der erkrankten Pulpa abgetragen wird, um wenigstens das Zahnmark im Wurzelbereich vital zu erhalten,
- die Vitalexstirpation[2], bei der die lebende Pulpa im ganzen aus allen Kanälen entfernt (exstirpiert) wird.

Unterfüllung

Am Boden einer mitteltiefen Kavität liegen nach der Präparation ca. 50000 Dentinkanälchen pro mm² angeschnitten frei. Da praktisch alle Deckfüllungsmaterialien gewebereizend sind, muß eine schützende Unterfüllung eingebracht werden. Sie dient
- dem mechanischen Schutz der Pulpa gegen den Druck des Stopfens oder des Inlayeinsetzens;
- der Isolierung gegen thermische Reize, die vom Füllungsmaterial weitergeleitet werden;
- der Abschirmung gegen chemische Reize (meist Säuren), die die Pulpa schädigen könnten;

1 Vitalamputation (lat.): „Lebendabtrennung", Abtrennung eines Teils der lebenden Pulpa
2 Vitalexstirpation (lat.): „Lebendherausreißung", Entfernung der lebenden Pulpa im ganzen

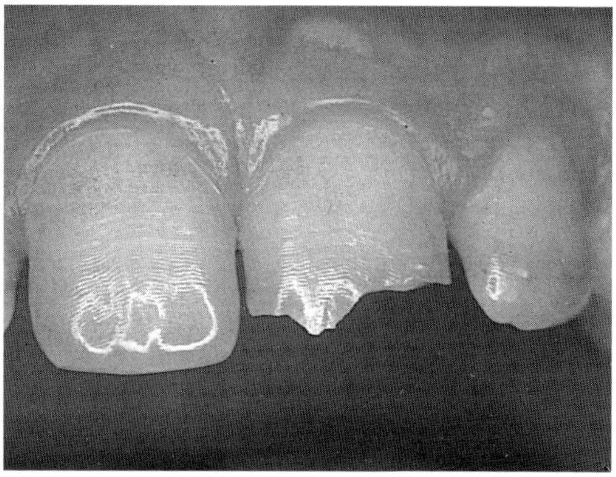

Abb. 187 Frontzahntrauma beim Jugendlichen mit Schneidekantenfraktur bei Zahn 21

- der Abstützung des Füllungsmaterials, das dem Kaudruck ausgesetzt ist.

Für diese Aufgaben eignen sich besonders
- Zinkphosphatzemente,
- Carboxylatzemente,
- EBA-Zemente.

In sehr flachen Kavitäten (Klasse V am Zahnhals, Klasse III am Frontzahn) kann man sich auch mit sogenannten Lacken oder „Linern" behelfen. Hierbei handelt es sich um fertige Kunstharzlösungen, die durch Verdunstung des Lösungsmittels erhärten und einen filmartigen Überzug auf der Unterlage bilden. Es empfiehlt sich jedoch, solche Liner zwei- oder mehrmals aufzutragen, da während der Abtrocknung häufig Risse entstehen, die dennoch Außenreize an das Dentin durchlassen würden. Für alle Unterfüllungsmaterialien gilt gleichermaßen, daß sie
- genau nach Gebrauchsanweisung angerührt werden (weder zu dünn noch zu dick!);
- absolut saubergehalten werden, um das Eindringen von Bakterien zu verhindern;
- gleichmäßig durchgespatelt sind, um eine möglichst große Dichte zu erreichen (entfällt bei Kapselanmischung);
- gut gekühlt sind, um eine möglichst lange Verarbeitungszeit zu gewährleisten.

Präparate: Phosphatzemente, Carboxylatzemente, EBA-Zemente siehe unter den jeweiligen Abschnitten bei „Temporäre Füllungen", S. 278, Liner: Cavity Liner, Copalite, Hydroxyline usw.

Überkappungen

Hat der kariöse Prozeß schon die Mitte des Zahnbeins überschritten, so spricht man von einer „tiefen Karies" (= Caries profunda, Abkürzung: Cp). Es gibt zwei Möglichkeiten, dieses fortgeschrittene Zerstörungsstadium zu behandeln:

- die verbleibende Deckschicht wird weitestgehend von Karies gereinigt. Obwohl evtl. noch eine leichte Erweichung und auch Verfärbung zu erkennen sind, ist das Pulpadach geschlossen geblieben. Diese verbliebene Restwand zwischen Kavität und Pulpa wird mit einer therapeutisch wirksamen Masse abgedeckt, wenn der Zahn noch beschwerdefrei ist:
  dies bezeichnet man als „indirekte Überkappung";
- mit der vollständigen Entfernung allen erweichten Materials wird – im Gesunden – die Pulpa eröffnet. Wenn der Dentinrand um diese Eröffnungsstelle offensichtlich hart und gesund ist, wird ein Medikament direkt auf das Zahnmark aufgetragen:
  dies bezeichnet man als „direkte Überkappung" (Abb. 188).

Die Entscheidung, wie weit der Zahnarzt das erweichte Dentin aus der Kavität entfernen kann, ist nicht immer leicht und erfordert viel Gefühl, anatomische Kenntnis und Erfahrung. In der Regel sind die Heilungsaussichten nach einer indirekten Überkappung günstiger.

Notwendig für eine erfolgreiche Behandlung des Zahnmarks ist in beiden Fällen:

- eine exakte Vitalitätsprüfung vor und nach der Überkappung;
- die völlige Abdeckung der betroffenen Stelle mit Medikamenten und
- eine absolut dichte und reizlose Deckfüllung als Verschluß.

Da die Pulpa gegen bakterielle Infektionen sehr empfindlich ist, hat die Helferin darauf zu achten:

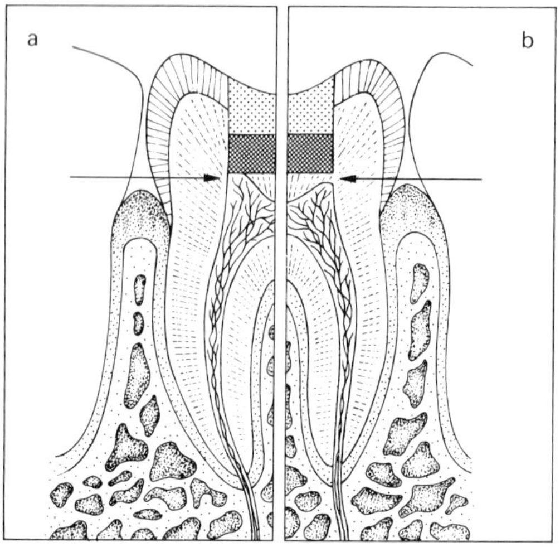

Abb. 188 Je nach Tiefe der Kavität und Sauberkeit des Dentins am Kavitätenboden ist zur Erhaltung der Pulpa eine direkte (a) oder eine indirekte (b) Überkappung notwendig. Die direkte Überkappung ist nur bei Eröffnung der Pulpa im Gesunden erlaubt.

- Instrumente, Anrührplatten und Überkappungsmittel müssen absolut sauber und keimfrei sein! (Keimeinschleppungen würden die ganze Behandlung in Frage stellen!)
- Auch Konsistenz und Abbindezeit müssen für diese schwierigen Behandlungsmaßnahmen immer richtig sein!

Indirekte Überkappung

Als Material für indirekte Überkappungen kommen vor allem zwei Arten von Medikamenten in Betracht:

- Zinkoxid-Eugenol-Mischungen und
- Kalziumhydroxid-Präparate.

Beide sollen:

- das Eindringen von Keimen in die dünne Dentinschicht verhindern;
- einen Schutz gegen weitere Noxen – wie bei einer Unterfüllung – bilden;
- schon vorhandene Keime abtöten und
- die Bildung von neuem Zahnbein (sog. „Reizdentin" oder „Sekundärdentin") anregen (Abb. 189);

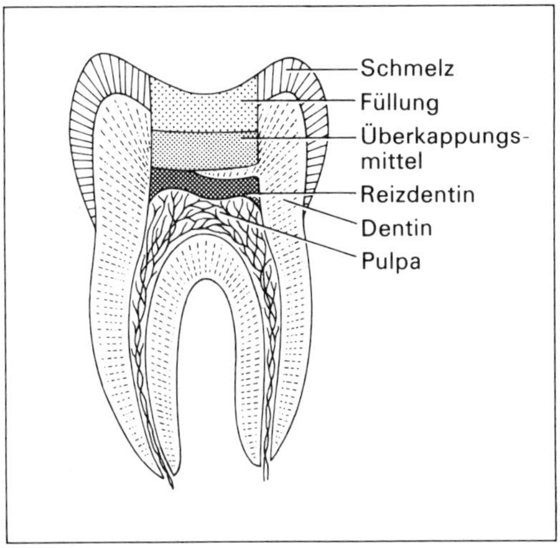

Abb. 189 Durch die Überkappung soll die Pulpa angeregt werden, neues Dentin zu bilden

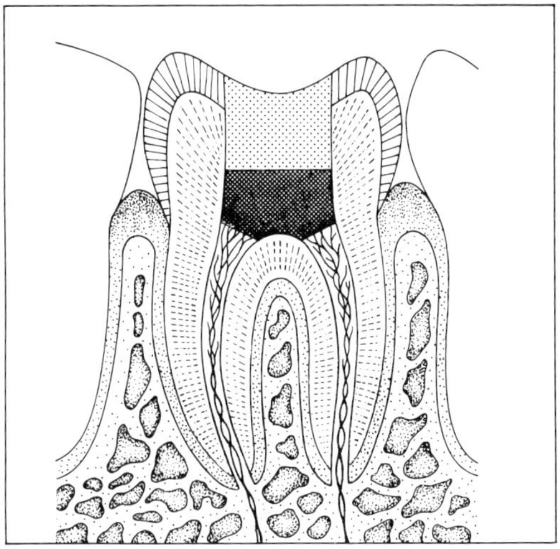

Abb. 190 Vitalamputation

- leicht sedierende, schmerzdämpfende Wirkung haben.

Zinkoxid-Eugenol-Mischungen werden vor allem als EBA-Zemente verwendet, um eine möglichst stabile Abdeckung zu erzielen. Kalziumhydroxid(Ca[OH]2)-Präparate sind in verschiedenen Formen im Handel: als Paste, Liner oder Zement.

In unmittelbarer Nähe der Pulpa wird die Verwendung von $Ca(OH)_2$-Medikamenten vorgezogen, da sie weniger Nebenwirkungen besitzen als die Eugenol-Zemente und das Zahnmark eher zur Sekundärdentinbildung anregen.

Präparate: Pulpal, Kalsogen, usw. (ZnO-Eug.-Mischungen);
Perutin, Pulpa-Percha, Tector, New Cavity Liner, Hydroxyline usw. (Liner);
Dycal, Calxyl, Cavitec, Tubulitec usw. (Pasten, z. T. auch aushärtend, meist auf Zweikomponentenbasis).

Direkte Überkappung

Auch für die direkte Überkappung der Pulpa kommen im wesentlichen die gleichen Substanzen wie bei der indirekten in Frage. Ihre Hauptaufgabe ist aber die

- Bildung einer neuen Dentinschicht über der eröffneten Pulpa, die sog. „Brückenbildung" aus Sekundärdentin.
- Abtötung der in die Pulpa eingedrungenen Keime.
- Reparaturvorgänge schon geschädigter Zahnmarkschichten fördern.

Gelegentlich werden auch Antibiotika und Kortisone den Überkappungsmaterialien beigefügt. Dabei sollen die Antibiotika eine Abtötung der Bakterien, die Kortisone eine Unterdrückung der Entzündungserscheinungen bewirken. Diese Mischungen haben sich aber nicht bewährt, es sollte daher ein reines Kalziumhydroxidpräparat verwendet werden.

Präparate: Calxyl, Dycal usw.

Vitalamputation

Hauptsächlich bei Kronenfrakturen von Zähnen mit noch nicht abgeschlossenem Wurzelwachstum, wenn die Pulpa mechanisch eröffnet wurde, kann das Weichgewebe der gesamten Kronenpulpa bis unterhalb der Schmelz-Zement-Grenze abgetragen werden.

Durch diese Maßnahme soll das Zahnmark im Bereich der Wurzeln – möglichst die ganze Wurzelpulpa – lebendig erhalten werden. Der Zahnarzt amputiert zu diesem Zweck unter Anästhesie und unter Verwendung von Kofferdam den sichtbaren Teil des Zahnmarks mit einem schar-

fen Instrument und deckt die verbleibenden Stümpfe der Wurzelpulpa mit Überkappungsmitteln (Abb. 190). Der Erfolg ist nur bei guter Reaktionslage des Zahnmarks sicher; daher muß auch hier von Zeit zu Zeit der Zustand des Zahnes mit Hilfe von Vitalitätsprüfungen kontrolliert werden.
Bei dieser Behandlungsmaßnahme gilt ganz besonders:

Einhaltung unbedingter Sterilität!

Die verwendeten Präparate sind identisch mit denen, die zur direkten Überkappung benutzt werden.

Vitalexstirpation

Ist das Wurzelwachstum des Zahnes abgeschlossen und die Pulpa ist (durch Trauma oder Karies) entzündet, muß eine Pulpektomie, eine Vitalexstirpation durchgeführt werden.

Abb. 191 Exstirpationsnadel

Hierfür wird der Zahn unter Anästhesie so weit ausgebohrt oder trepaniert, daß sämtliche Wurzelkanäle gut zugänglich sind. In diese führt dann der Zahnarzt vorsichtig eine gezähnte Nadel (Exstirpationsnadel) ein und entfernt – durch leichtes Drehen – mit Hilfe der feinen Zacken des Arbeitsteils (Abb. 191) das Zahnmark möglichst im ganzen. Dies gelingt bei einer noch nicht stark geschädigten Pulpa recht gut, bei schon zerfallenem, z. B. gangränösem, Gewebe nur sehr schwer.
Anschließend an diese Vitalexstirpation erfolgt die Behandlung des Wurzelkanals.

Fragen zum Verständnis und zur Selbstkontrolle

Behandlung der vitalen Pulpa

34. Wodurch kann eine Pulpa traumatisch geschädigt werden?
35. Welche Reize soll eine Unterfüllung von der Pulpa abhalten?
36. Welche Möglichkeiten der Unterfüllung gibt es für sehr flache Kavitäten?
37. Wieviel lebendes Gewebe wird am Boden einer mitteltiefen Kavität verletzt?
38. Welcher Teil der Pulpa wird bei der Vitalamputation entfernt?
39. Warum müssen Behandlungsmaßnahmen an der vitalen Pulpa immer aseptisch sein?
40. Welche Eigenschaften sollen Unterfüllungswerkstoffe besitzen?
41. Mit welchem Instrument entfernt der Zahnarzt das Zahnmark bei einer Vitalexstirpation?
42. Übersetzen Sie folgende Fachausdrücke!
    a) Noxen
    b) Caries profunda
    c) Bridging
    d) Vitalexstirpation
    e) palpieren
    f) exkavieren

(Die Antworten stehen auf Seite 324/325.)

Behandlung der devitalen Pulpa

Eingriffe im Zahninnern sind notwendig, wenn die Pulpa infolge einer Pulpitis
- abgestorben (zerfallen) oder
- stark geschädigt ist und nur noch eine „Restvitalität" besitzt bzw.
- eine Stiftverankerung im Wurzelkanal notwendig ist.

In diesen Fällen muß das Zahnmark aus der Pulpenhöhle entfernt (exstirpiert) werden. Bei einer lebenden oder noch zum Teil vitalen Pulpa geschieht dies entweder unter Anästhesie durch Vitalexstirpation (s. o.) oder nach Abtötung (Devitalisation).

Ein schon zerfallenes Zahnmark oder eine devitalisierte Pulpa wird möglichst vollständig in Form einer Mortalexstirpation[1] aus den Wurzelkanälen geholt. Meist muß der Zahn vorher eröffnet (aufgebohrt, trepaniert) werden. Nach dieser Trepanation erfolgt die eigentliche Wurzelbehandlung mit
- Wurzelkanalaufbereitung,
- medikamentösen Einlagen, eventuell
- physikalischen Maßnahmen und der
- Wurzelfüllung.

Da die Pulpenhöhle sehr infektionsgefährdet ist, gilt für die Helferin auch bei einer devitalen Pulpa:

> Absolute Keimfreiheit aller Instrumente!
> Benützte Wurzelkanalinstrumente immer als infiziert betrachten!

Falls devitalisiert wird, erfolgt diese Maßnahme mit Zellgiften, die das Weichgewebe durch direkten Kontakt abtöten. Meist werden dazu
- arsenhaltige Mittel oder
- formaldehydabgebende Substanzen

benützt. Sie werden in Form von kleinen „Ätztampons" in die Nähe der Pulpa gebracht und mit provisorischen Verschlußmassen abgedeckt. In kurzer Zeit kommt es durch die Anwendung der Gifte zu einer Fällung des Gewebeeiweißes und zu einer Verhärtung. Diesen Vorgang bezeichnet man als „Verlederung" oder „Mumifizierung" der Pulpa.

Beide Devitalisierungsmittel können allerdings auch Schäden verursachen. So kommt es durch die Einwirkung von Arsen zu Nekrosen auch im Bereich des Knochens in der Gegend der Wurzelspitze und durch die Paraformpasten zu Reizungen der Wurzelhaut.

Um möglichen Schmerzen vorzubeugen, enthalten Devitalisationsmittel oft Zusätze von Anästhetika.

Wegen der Gefahr von unerwünschten Nebenwirkungen ist diese Methode der Abtötung einer geschädigten Pulpa heute nicht mehr sehr gebräuchlich. Muß das Zahnmark entfernt werden, geschieht dies heute durch eine Vitalexstirpation (s. o.).

Präparate: Causticin, Necropulp, Dosarsen, Holundermark-Ätzstoff usw. (arsenhaltig);
Paraformpaste, Toxavit, usw. (formaldehydabgebend).

Mortalamputation

Während im Normalfall die mumifizierten Reste des Zahnmarks mit einer Exstirpationsnadel restlos entfernt werden, um keinen Nährboden für Bakterien im Wurzelkanal zurückzulassen, wird unter bestimmten Umständen ein Teil der toten Pulpa im Zahninnern zurückgelassen. Dies geschieht nur bei Milchzähnen, deren Wurzelverhältnisse eine Aufbereitung der Kanäle nicht zulassen (Verletzungsgefahr des nachschiebenden bleibenden Zahnes). In diesen Fällen wird auf die mumifizierte Restpulpa eine „Dauerdesinfektionspaste" aufgebracht, die ein Eindringen von Erregern verhindern soll. Dieses Verfahren ist allerdings recht unsicher und führt in vielen Fällen zum Entstehen von Gangrän.

Präparate: Dycal, Calxyl (Kalziumhydroxid-Verbindungen);
Asphalin A, Novatrix, Chlorthysol (Dauerdesinfektionspasten).

1 Mortalexstirpation (lat.): „Totentfernung", Entfernung der abgestorbenen Pulpa

Medikamentöse Einlagen

Zur Unterstützung der mechanischen und chemischen Kanalaufbereitung werden verschiedene Medikamente angewendet. Sie sollen vor allem:
- vorhandene Schmerzen mildern,
- eingedrungene Keime bekämpfen,
- vor neuen Infektionen schützen und
- letzte Weichgewebereste auflösen.

Für diese Aufgaben werden meist Kombinationspräparate verwendet, die als
- Lösung zur Spülung oder Tamponade mit Kanüle, Watte oder Papierspitze,
- Brei (aus Pulver und Flüssigkeit gemischt) oder
- Paste (in fertiger Mischung) mittels Spritze, Pinzette oder Maschineninstrument

in den Kanal eingebracht werden. Die Substanzen sind meist bakterizid und enthalten oft zusätzlich noch entzündungshemmende und schmerzstillende Stoffe.
Die gebräuchlichsten Mittel sind:
- Chlor-Phenol-Kampfer(-Menthol), abgekürzt CHKM,
- Quecksilberverbindungen, z. B. Merfen,
- Natriumhypochlorit,
- Wasserstoffperoxid (H_2O_2),
- Jodverbindungen oder
- Kortison-Antibiotika-Mischungen.

Die Wirkung dieser Mittel ist umstritten, da die Konzentration im engen Wurzelkanal oft nicht ausreichend ist, um das angestrebte Ziel zu erreichen. Aus diesem Grund müssen sie oft mehrmals angewendet werden, ohne daß dadurch allerdings der Erfolg gewährleistet ist.
Für die Helferin verlangt der Umgang mit diesen Mitteln:
- äußerste Vorsicht bei direkter Berührung, da alle sehr aggressiv sind;
- sofortige Beseitigung von Flecken, da einige stark färben können;
- exaktes Absaugen (z. B. bei Kanalspülung), da das Zahnfleisch nicht mit ihnen in Berührung kommen soll;
- gewissenhafte Aufzeichnung der verwendeten Substanzen, um auftretende Nebenwirkungen (z. B. Allergien) sofort erfassen zu können und eine künftige Anwendung auszuschließen.

Physikalische Therapie

Weitere Hilfsmittel bei der Wurzelkanalbehandlung sind
- die Ionophorese (Iontophorese),
- die Chlorgasbehandlung.

Beide Verfahren dienen der Keimbekämpfung in den Wurzelkanälen. Bei der Ionophorese wird durch einen Schwachstrom die Gewebeflüssigkeit „ionisiert" und dadurch eine keimtötende Wirkung angestrebt. Meist werden dazu zwei Elektroden benützt, von denen die eine an das Wurzelkanalinstrument geklemmt wird und die andere vom Patienten in der Hand gehalten wird. Beide sind an ein Schwachstromgerät angeschlossen, das der Zahnarzt von Hand aussteuert, um dem Patienten keine Schmerzen zu bereiten.
Die Chlorgasmethode verwendet feine Kanülen, durch die das Giftgas in den Wurzelkanal geblasen wird, um die dort befindlichen Keime zu töten. Das Gas wird beim Austritt aus dem Wurzelkanal gleich wieder abgesaugt und neutralisiert.
Der Aufwand, den beide Verfahren benötigen, und der zweifelhafte Erfolg bei der komplizierten Anatomie der Wurzelkanäle haben dazu geführt, daß diese Methoden nur noch in Ausnahmefällen praktiziert werden.

Wurzelkanalfüllung

Nach der Kanalaufbereitung und einer möglichst intensiven Desinfizierung des Zahninneren muß die Pulpenhöhle gefüllt werden. Dies soll möglichst
- bakteriendicht und keimfrei (aseptisch),
- röntgenologisch sichtbar,
- vollständig bis zum Apex,
- ohne Reizung für das periapikale Gewebe,
- stabil im Hinblick auf die abdeckende Füllung,
- ohne Verfärbung für den Zahn,
- leicht und drucklos, aber randständig und
- volumenbeständig (ohne Schrumpfung und Quellung)

geschehen. Um möglichst alle diese Forderungen, die an eine exakte Wurzelfüllung gestellt werden, erfüllen zu können,

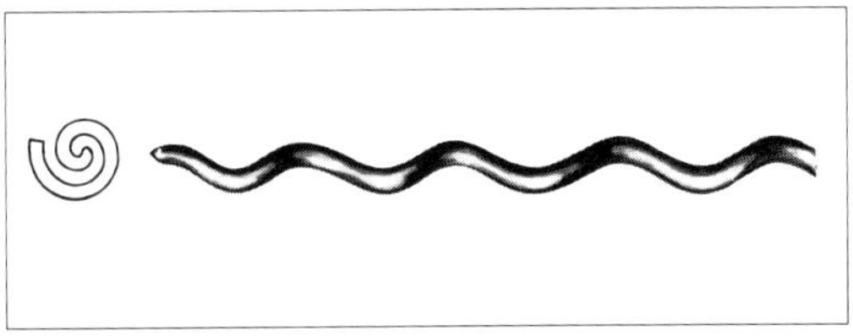

Abb. 192 Wurzelfüller (Lentulo)

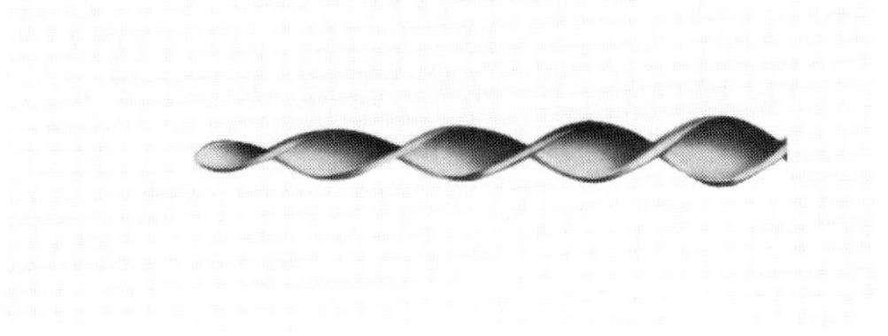

Abb. 193 Förderspirale „Pastinject"

benützt der Zahnarzt für den Verschluß der Pulpenhöhle verschiedene Mittel:

- eine Verschlußmasse, die maschinell einrotiert wird;
- Stifte aus Guttapercha, Kunststoff oder Silber;
- Abdeckmaterialien, die die noch weiche Masse schützen sollen;
- eine Kontrollaufnahme, die über das Ergebnis der Wurzelfüllung Aufschluß geben soll.

Als ausfüllendes Material kann der Zahnarzt entweder

- weichbleibende oder aushärtende,
- beständige oder resorbierbare

Werkstoffe benützen. Zum Einbringen der verschiedenen Massen wird ein rotierendes Instrument benützt, das nach dem Prinzip der „Archimedischen Schraube" arbeitet: Es transportiert durch seine Drehung die Wurzelfüllmasse in Richtung Apex. Der bekannteste Wurzelfüller wird meist als „Lentulo" (Abb. 192) bezeichnet. Ein ähnlich arbeitendes Instrument ist der sogenannte „Pastinject" (Abb. 193).

Zu den weichbleibenden Wurzelfüllpasten gehören:

- die resorbierbare Jodoformpaste,
- das Kalziumhydroxid (Calxyl),
- die Triopaste (aus Desinfektionsmitteln wie Paraformaldehyd, Trikesol usw.).

Aushärtende Materialien sind:

- Kunstharzmischungen,
- Zemente, z. B. „Jodoformzemente",
- Präparate auf Zinkoxid-Eugenol-Basis.

Präparate: Asphalin A, Chlorthymol-Paste, Jodoformpaste, Rieblers Paste, N 2 usw. (weichbleibend); Hermetic, Diaket, AH 26, Endomethasone usw. (aushärtend); Amalgam, Silberstifte, Guttaperchastifte.

Bei den weichbleibenden Pasten ist hauptsächlich die Jodoformpaste nach *Walkhoff* beliebt. Nach Exstirpationen an jugendlichen Zähnen bewährt sich auch Kalziumhydroxid, z. B. Calxyl.

Bei den aushärtenden Pasten spielen die früher oft verwendeten Jodoformzemente keine Rolle mehr. Kunstharzmischungen sind gut einbringbar, werden aber anschließend oft resorbiert. Das N2 nach *Sargeni* enthält gewebetötende Substanzen, die zu lokalisierten Nekrosen führen. Weite Verbreitung haben heute Chloropercha-Präparate, z. B. Aptal-Harz-Chloropercha, weil sie angenehm reizlos am gesunden Gewebe anliegen.

Immer häufiger wird das Einbringen von Guttaperchaspitzen empfohlen, die im Kanal mit geeigneten Stopfern festgepreßt werden können. Sie ergeben einen reizlosen, bakteriendichten Verschluß des Wurzelkanals, der eine Ausheilung des apikalen Gewebes begünstigt.

Präparate: AH 26, Aptal-Harz-Chloropercha, Asphalin A, Diaket, Guttaperchaspitzen, Jodoformpaste, N2, Rieblers Paste, usw.

Fragen zum Verständnis und zur Selbstkontrolle

Behandlung der devitalen Pulpa

43. Welche zwei Grundsätze muß die Helferin bei der Endodontie beherzigen?
44. Welche Zellgifte enthalten die devitalisierenden Mittel?
45. Wozu dienen medikamentöse Einlagen?
46. Warum werden bei Milchzähnen Mortalamputationen durchgeführt?
47. Erklären Sie den Unterschied zwischen einer Vital- und einer Mortalexstirpation!
48. Womit können medikamentöse Einlagen in einen Wurzelkanal eingebracht werden?
49. Wodurch kann man an Meßinstrumenten die erreichte Aufbereitungstiefe erkennen?
50. Welche Möglichkeiten physikalischer Wurzelkanalbehandlung gibt es?
51. Was sind die Ziele einer Wurzelfüllung?

(Die Antworten stehen auf Seite 325.)

Parodontologie

Schon zur Grunduntersuchung bei der ersten Vorstellung gehört unbedingt auch die Beurteilung des Zahnhalteapparates (sozusagen der Kupplung zwischen Körper und hartem Zahn). Es hilft dem Patienten wenig, wenn die harten Zähne ordnungsgemäß mit Füllungen versorgt werden, die vernachlässigten Haltegewebe jedoch unbehandelt bleiben. Da gerade zu diesem Thema erhebliche Wissenslücken bei den Patienten vorhanden sind, ist seine Beachtung im Rahmen der zahnerhaltenden Therapie sehr wichtig. Zu den routinemäßig wiederkehrenden Aufgaben zahnärztlicher Betreuung gehören die Erkennung und die Beseitigung weicher und harter Beläge an Zähnen und Gingiva.

Entfernung weicher Beläge

Wenngleich die Entfernung weicher Beläge eigentlich die Aufgabe der häuslichen Pflege ist, müssen wir sie auch in der Praxis oft vornehmen, weil Beläge

- die korrekte Sicht stören,
- eine unzulässige Verschmutzung während der konservierenden Arbeit darstellen,
- den Erfolg der konservierenden Arbeit in Frage stellen,
- für Zahnarzt und Helferin zusätzliche Infektionsquellen darstellen.

Die Reinigung der Zähne geschieht am besten mit rotierenden Bürstchen bei langsamer Umdrehung und einer leicht abrasiven Paste. Hierzu werden verschiedene fertige Pastenmischungen, teilweise mit Fluoridzusatz, angeboten. Bei starken Belägen kann auch ein einfacher Wasser/Bimsmehl-Brei verwendet werden, während bei geringeren Belägen auch Zahnpaste verwendet werden kann.

Entfernung harter Beläge

Entfernung supragingivaler harter Beläge (Zahnstein)

Die Beseitigung harter Beläge im zugänglichen Bereich kann mit Hilfe von Handinstrumenten, Ultraschallreinigern oder Sprühgeräten vorgenommen werden.
Bei Verwendung von Handinstrumenten ist das Arbeitsgebiet mit Watterollen trokkenzulegen, damit eine gute Sicht möglich wird. Nach vorsichtigem Ansetzen des Instrumentes wird mit schabend-ziehenden Bewegungen von gingival nach okklusal/inzisal der harte Belag abgezogen.
Bei Anwendung von Ultraschallgeräten wird die Zahnoberfläche mit leicht streichenden Bewegungen der Instrumentenspitze gereinigt. Da die Anwendung solcher Geräte nicht ganz unproblematisch ist, muß auf gute Wasserzufuhr, richtigen Ansatz der Instrumentenspitze und sanfte Oberflächenberührung geachtet werden. Die assistierende Helferin saugt das Kühlwasser des Gerätes in einiger Entfernung von dem behandelten Zahn ab, damit das Gerät nicht trocken arbeitet.
Neben den Ultraschallgeräten werden auch Sprühgeräte angeboten, die mit einem Spraystrahl aus Wasser, Luft und einem Reinigungspulver (z. B. Natriumhydrogenkarbonat) harte und weiche Auflagerungen supragingival entfernen.

Entfernung subgingivaler harter Beläge (Konkremente)

Die Beseitigung harter Beläge im Gingivasulkus ist nur zum Teil im Rahmen der üblichen konservierenden Therapie möglich. Nur im obersten Sulkusanteil kann wie oben beschrieben der harte Belag entfernt werden. Tiefergehende Maßnahmen sind der Parodontalbehandlung vorbehalten (siehe Kapitel Parodontologie, s. 327ff.).

Ablauf in der Praxis

Alle zahnerhaltenden Maßnahmen laufen grundsätzlich nach einem bestimmten Schema ab:
- Untersuchung,
- ggf. Schmerzausschaltung,
- Präparation,
- Trockenlegung,
- ggf. endodontische Maßnahmen,
- Deckfüllung,
- Nachbehandlung.

Befunderhebung (Untersuchung)

Es sollte heutzutage die Regel sein, daß die Patienten nach vorheriger Terminabsprache zur Kontrolluntersuchung bzw. Behandlung erscheinen, ohne daß sie schon von Beschwerden oder gar Schmerzen dazu gezwungen werden. Falls dennoch ein Patient Beschwerden äußert, ist es wichtig, diese zuerst vom Patienten beschreiben zu lassen. Meist gibt diese sogenannte Anamnese (Anhören der Krankengeschichte) schon wichtige Aufschlüsse über Art, Lokalisation und Gefährlichkeit der Erkrankung; daraus lassen sich weiterhin sofort Therapiemaßnahmen ableiten.
Selbstverständlich muß der Patient aber vorher noch vom Zahnarzt untersucht werden. Dazu stehen folgende Methoden zur Verfügung:
- Inspektion[1] und Palpation[2] von Zähnen, Gingiva und Parodont,
- Reaktionsprüfung der Pulpa auf Außenreize: sogenannte „Vitalitätsprüfung" durch thermische, elektrische oder mechanische Verfahren,
- Testen der Festigkeit des Zahnhalteapparates,
- Abklopfen (Perkutieren) bei Schmerzen und Feststellen der Empfindlichkeit und des Klopfschalls,
- Röntgenuntersuchung.

1 Inspektion: Untersuchung durch das Auge, Betrachtung
2 Palpation (lat.): Betastung, Austastung

Je nach den geäußerten Beschwerden oder der Unklarheit erhobener Befunde werden mehrere dieser Untersuchungsmethoden gleichzeitig notwendig.
Die Zahnarzthelferin deckt für die Untersuchung einen Mundspiegel, eine zahnärztliche Sonde und eine zahnärztliche Pinzette auf. Zu diesem Grundinstrumentarium gehört bei der Erstuntersuchung ggf. auch eine Parodontalsonde.

Feststellen von Karies

Die Untersuchung beginnt mit einem Mundspiegel, dem Luftbläser und einer zahnärztlichen Sonde. Der Reihe nach werden mit dem Spiegel alle Zähne einzeln und von allen Seiten betrachtet. Um eine gute Sicht zu haben, ist das Trockenblasen mit dem Luftbläser sowie eine gute Ausleuchtung des Mundes Vorbedingung. Die große Mehrzahl der kariösen Defekte ist auf diese Weise mit dem bloßen Auge zu erkennen. In Zweifelsfällen nimmt der Zahnarzt die Sonde zu Hilfe, mit der er die betreffenden Stellen abtastet (palpiert).
Die Aufgabe der Helferin bei der Kariessuche besteht in
- dem Aufdecken der Grundinstrumente,
- der richtigen Lagerung des Patienten,
- der korrekten Ausleuchtung des Mundes,
- ggf. der Trockenlegung und -haltung des Mundes,
- dem nachträglichen Anreichen weiterer benötigter Instrumente,
- der zügigen Weiterleitung des Patienten zu weiteren Untersuchungen, z. B. Röntgen,
- der schriftlichen Fixierung der Befunde auf der Karteikarte.

Feststellen der Pulpavitalität

Die Untersuchung der Pulpa auf ihre Reaktionsfähigkeit kann nach drei grundlegenden Prinzipien erfolgen:
- elektrisch mit Schwachstrom,
- thermisch mit Hitze oder Kälte,
- mechanisch mit Bohrer oder Sonde

Alle drei Methoden erlauben aber keinen eindeutigen Schluß, weil:
- der Patient aus Angst vor Schmerzen eine falsche Reaktion zeigt;

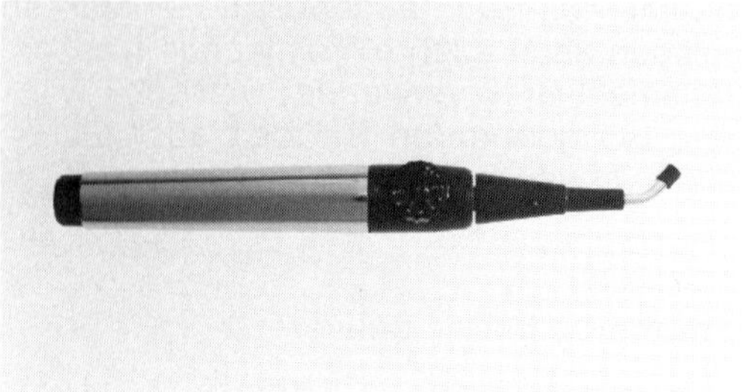

Abb. 194 Gerät für die elektrische Vitalitätsprüfung: Pulpentester

- die Empfindlichkeit gegenüber Reizen sehr unterschiedlich ist;
- die Ansprechbarkeit der Pulpa trotz Schädigung und bevorstehendem Zerfall noch in Form einer „Restvitalität“ erhalten sein kann.

Aus diesem Grund wendet der Zahnarzt oft mehrere Verfahren an, um sicherzugehen, daß sein Testergebnis mit dem tatsächlichen Zustand der Pulpa übereinstimmt.

Elektrische Vitalitätsprüfung

Die Feststellung der Vitalität mittels Schwachstrom ist mit Hilfe von speziellen „Pulpentestern“ möglich. Sie sind mit einer Meßeinrichtung versehen, auf der die Impulse und ihre Stärke eingestellt und abgelesen werden können (Abb. 194). Die Vitalität wird festgestellt, sobald der Zahn auf eine bestimmte Stärke anspricht oder nicht. Im letzteren Fall ist er als devital anzusehen.
Durch eine stufenlose Steuerung der Stromreize kann der Zahnarzt auch Rückschlüsse auf eine zu große Empfindlichkeit (Hypersensibilität) oder auf eine zu geringe Ansprechbarkeit (Hyposensibilität) ziehen.
Die elektrische Vitalitätsprüfung kann neuerdings auch durch elektronische Geräte mit Digitalanzeige durchgeführt werden. Nachteilig ist bei der Testung mit Schwachstrom, daß das Ergebnis bei überkronten oder stark gefüllten Zähnen äußerst unsicher ist.

Thermische Vitalitätsprüfung

Auch mit Wärme- oder Kältereizen kann der Zahn getestet werden. Meist wird hierfür
- ein Kugelstopfer über einer Flamme erhitzt und an den Zahn gedrückt oder
- ein kälteerzeugender Stoff (Chloräthyl, Kohlensäureschnee usw.) direkt oder mittels eines kleinen Pellets (Watte, Schaumstoff) auf die Zahnoberfläche gebracht.

Empfindet der Patient deutlich den thermischen Reiz, ist der Zahn mit einiger Sicherheit vital. Die Reaktion ist aber oft als heftiger Schmerz zu spüren, so daß diese Methode bei ängstlichen Patienten unsichere Ergebnisse bringt.

Mechanische Vitalitätsprüfung

Ist mit den beiden vorgenannten Verfahren kein eindeutiges Resultat zu erzielen, bleibt dem Zahnarzt nur die Prüfung mit einer Sonde oder dem Bohrer, mit denen er in der Tiefe der Kavität einen mechanischen Reiz setzt. Auch dieser Test ist naturgemäß mit Schmerzen verbunden und führt deshalb nicht immer zu dem erwünschten zweifelsfreien Ergebnis.
Die Helferin muß die Vitalitätsprobe je nach gewünschter Methode den Pulpaprüfer, Kältespray oder Kohlensäure, heiße Guttapercha oder Turbine bereitlegen bzw. vorbereiten.

Feststellen von Parodontopathien

Auch der Gesundheitszustand des Zahnhalteapparates, des Parodonts, ist zu untersuchen. Der Zahnarzt inspiziert zuerst das Aussehen der Zahnfleischmanschette (Form, Farbe), um anschließend mit der Parodontalsonde die Taschentiefen zu ertasten. Neben dem Registrieren der Taschentiefen (Angabe in Millimetern) gibt auch eine dabei evtl. auftretende Blutung Aufschluß über den Zustand des Parodonts. Mit der Pinzette ist abschließend die Zahnbeweglichkeit zu überprüfen (siehe Kapitel Parodontologie, S. 327ff.).
Die Helferin legt zur Sondierung der Taschen eine Parodontalsonde bereit, während die zahnärztliche Pinzette sowieso zum Grundinstrumentarium gehört.

Abklopfen des Zahnes

Klagt der Patient bei der Untersuchung bereits über Schmerzen an einem bestimmten Zahn, ohne daß dort ein kariöser Defekt oder eine deutliche Verfärbung (opak, bräunlich, schwarz) erkennbar ist, versucht der Zahnarzt, durch Abklopfen (Perkussion) Rückschlüsse auf die Empfindlichkeit zu ziehen. Er verwendet dazu meist den Handgriff des Mundspiegels oder der Sonde und führt so die Perkussion durch. Reagiert der Zahn auf diese Erschütterung mit starken Schmerzen, liegt der Verdacht eines entzündlichen Prozesses im Zahninneren oder am apikalen Parodont nahe.
Auch der Klopfschall des Zahnes kann einen Hinweis auf mögliche apikale Veränderungen geben. Der normalerweise hellmassive Klang hört sich eher dumpf an, wenn eine apikale Veränderung vorliegt.

Feststellen weiterer Schäden

Verletzungen durch Unfall oder Fehlverhalten, Schleimhautveränderungen, die nicht in unmittelbarer Nähe der Zähne liegen, Tumoren etc. müssen ebenfalls bei der Untersuchung erfaßt werden. Fast immer fallen solche Zusatzbefunde schon bei der Inspektion ins Auge.
Instrumente dafür sind anfangs von der Helferin nicht vorzusehen, können aber nachträglich vom Zahnarzt benötigt werden. Stellt der Zahnarzt solche zusätzlichen Befunde fest, sind sie sorgfältig auf der Karteikarte zu vermerken.

Feststellen von Allgemeinerkrankungen

Da wir ja nicht Zähne, sondern den Mund eines Menschen behandeln, ist das Registrieren allgemeiner Erkrankungen aufschlußreich und gelegentlich sehr wichtig. Bestimmte Krankheiten und Medikamente verursachen eine verstärkte Blutungsneigung, auf die bei der Behandlungsplanung Rücksicht genommen werden muß. Einige internistisch verordnete Diäten dürfen von uns nicht gestört werden, Herzbeschwerden müssen im Behandlungsablauf wie auch bei Injektionen und Rezepturen berücksichtigt werden. Herzschrittmacherpatienten dürfen nur unter besonderer Vorsicht mit Ultraschall oder elektronischen Geräten behandelt werden. Diese und viele andere Einflußfaktoren sollten zu Beginn der Behandlung sorgfältig registriert werden. Auch eine vorhandene Schwangerschaft (obwohl natürlich keine Krankheit) muß notiert werden, da sie unseren Therapieablauf beeinflußt.

Schmerzausschaltung

Die örtliche Betäubung bei einer konservierenden Behandlung läuft genauso ab wie bei chirurgischen Eingriffen (siehe Kapitel „Chirurgie", Seite 225ff.). Im wesentlichen handelt es sich dabei um die Infiltrations- bzw. Leitungsanästhesie, die nach Umfang, Schmerzhaftigkeit und voraussichtlicher Dauer der geplanten Behandlung eingesetzt wird. Für die Helferin sind deshalb dieselben Grundsätze zu beachten wie bei der Vorbereitung zu operativen Maßnahmen.
Je nach vorgesehener Betäubung sind von der Helferin Oberflächenspray oder -tabs, Injektionsspritzen, Analgesiegerät oder Narkoseapparat vorzubereiten bzw. anzureichen.

Präparation

Unter dem Begriff „Präparation" versteht man in der konservierenden Zahnheilkunde die Bearbeitung des Zahnhartgewebes mit Hand- oder Maschineninstrumenten.

Instrumentenwahl

Allgemein gelten für diese Arbeit folgende Richtlinien bei der Auswahl der Instrumente:
- Entfernen von unterminiertem Zahnschmelz: Walzen (Zylinder), flammen-, birnen-, kugel- oder kegelförmige FG-Diamanten für Turbinenantrieb;
- Bearbeiten des Dentins: Rosenbohrer, Fissurenbohrer, umgekehrte Kegelbohrer als FG-Instrument oder für Winkelstückantrieb durch Mikromotor;
- Formung der Kavität: Stufenversenkbohrer, Radbohrer, Finierer, linsenförmige Diamanten für Unterschnitte und Retentionen, für Randgestaltung und Stufenglättung, meist als Winkelstück-Maschineninstrument;
- Ausschaben von Detritus: Exkavator, Blacklöffel als Handinstrumente, um keine ungewollte Pulpenöffnung zu riskieren;
- Gestaltung der gingivalen Stufen: Exkavator, Blacklöffel oder Gingivalrandschräger;
- Legen einer zusätzlichen Stiftverankerung: Spezialbohrer (meist mit Längs- oder Schräghieb) in verschiedenen Stärken und Längen, um die Löcher für die Aufnahme der Stifte vorzubohren (Abb. 195).

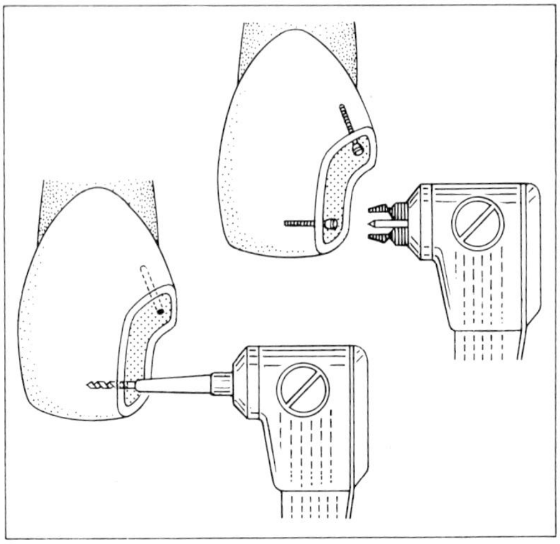

Abb. 195 Legen von Stiftverankerungen (MTS-System)

Am Ende der Präparationsphase hat die Kavität dann das für die jeweilige Kariesklasse typische Aussehen (siehe Abb. 180 und 181).

Aufgaben der Helferin

Die Aufgaben der Helferin bei diesem Arbeitsgang sind
- ein sicheres Halten des Patientenkopfes, damit es nicht durch ruckartige Be-

wegungen zu Verletzungen kommen kann;
- ein korrektes Offenhalten des Patientenmundes;
- eine gezielte Einstellung der Beleuchtung;
- ein sicheres Abhalten von Wangen und Zunge, damit das Arbeitsfeld übersichtlich und leicht zugänglich ist;
- das Absaugen des Spül- und Kühlwassers.

Nur in einem gut ausgeleuchteten und flüssigkeitsfreien Gebiet kann der Zahnarzt die notwendigen Behandlungen rasch und sicher ausführen. Besonders wichtig ist es, daß der Patient keine unkontrollierten Bewegungen ausführen kann, die zu Verletzungen führen könnten.

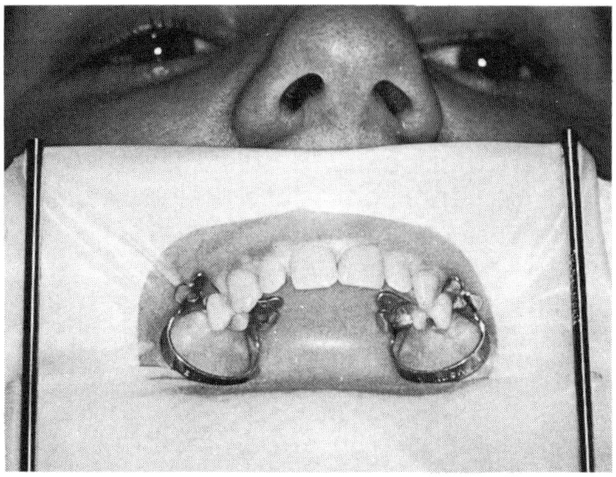

Abb. 196 Mit Hilfe von Kofferdam kann eine *absolute* Trockenheit erreicht werden

Trockenlegung

Die Trockenlegungsmaßnahmen sind für die Helferin eine sehr wichtige und verantwortungsvolle Aufgabe, mit der sie dem Zahnarzt die Arbeit wesentlich unterstützt! Sie muß deshalb hier gut Bescheid wissen und aufmerksam den Arbeitsgang verfolgen.

Die Trockenhaltung des Arbeitsgebietes kann auf verschiedene Weise geschehen:
- im einfachsten Falle werden Watterollen vestibulär (und im Unterkiefer auch oral) der Zahnreihe in den Mund eingebracht,
- diese können mit einem Watterollenhalter (Automaton) festgehalten werden,
- im Arbeitsbereich wird ein Speichelsauger eingehängt,
- mit Absaugkanülen wird das Wasser und der Speichel aus dem Mund abgesaugt,
- mit Kofferdamgummi (oder Minidam) werden die Zähne, die behandelt werden sollen, isoliert (Abb. 196),
- mit Wattepellets oder Rollen können Zähne, Kavitäten trockengetupft werden,
- mit Trocknungsflüssigkeiten kann die Kavität ausgetupft werden,
- mit Blutstillmitteln wird die Schleimhaut trocken gehalten.

Einbringen der Füllung

Wenn die Kavität kariesfrei gemacht wurde und die Form den Regeln entsprechend präpariert ist, kann sie gereinigt, getrocknet und gefüllt werden. Um ein rasches und effizientes Arbeiten zu gewährleisten, muß die Helferin nun alle für den Füllvorgang benötigten Instrumente auf das verwendete Material abgestimmt aufdecken, sofern sie nicht vor Arbeitsbeginn ein entsprechendes Tray mit Instrumenten aufgelegt hat. Als erstes wird dann eine Unterfüllung zum Schutz der Pulpa (oder als stabile Abdeckung der Wurzelkanalfüllung) eingebracht. Hierzu mischt die Helferin den entsprechenden Zement an (s. S. 281) und reicht ihn zur Weiterverarbeitung dem Zahnarzt an.

Während der Zahnarzt noch die Unterfüllung gestaltet und die Sauberkeit der Kavitätenränder kontrolliert, bereitet die Helferin das Material für die Deckfüllung vor. Es wird dann ebenfalls zum Einbringen angereicht. Wie dieses Anreichen im einzelnen zu geschehen hat, wird weitestgehend von dem behandelnden Zahnarzt bestimmt werden.

Dieser Abfüllvorgang kann nur dann rasch und zügig ablaufen, wenn die Helferin
- die Trockenlegung der Kavität gut vorbereitet hat,

- benötigte Verankerungsstifte oder Befestigungszemente vorgelegt hat,
- die anzumischenden Füllungswerkstoffe gut dosiert,
- die anzumischenden Füllungswerkstoffe korrekt anmischt (falls keine Kapseln verwendet werden),
- die Konsistenz der Materialien nach Wunsch des Zahnarztes bzw. nach Vorschrift einhält,
- ggf. beim Einfüllen auf Blasenfreiheit achtet,
- beim Fixieren von Strips, Klemmen, etc. mithilft,
- die nötigen Schutzmittel (Zahnlack, Vaseline, Glaze o. ä.) bereithält bzw. aufträgt,
- nicht mehr benötigte Hilfsmittel rasch beseitigt,
- Überschußmaterial vorsichtig entfernt,
- ggf. den Aushärtungsgrad von Zement oder Kunststoff durch Vergleich mit einer zurückgehaltenen Probe beobachtet.

Je nach verwendetem Material (Amalgam, Komposit, Zement, Inlay usw.) sind die aufgeführten Tätigkeiten in unterschiedlicher Reihenfolge auszuführen. Außerdem sind natürlich die Anzahl der Füllungen, deren Größe und Lage im Gebiß von Bedeutung. Auch der individuelle Behandlungsstil des Zahnarztes und die Arbeitsverteilung im Team (eine oder zwei assistierende Helferinnen) spielen eine große Rolle (siehe auch Kapitel „Die Zahnarzthelferin", Seite 23ff.).

Nach dem Legen der Deckfüllung sorgt die Helferin noch dafür, daß der Patient
- von eventuell haftenden Füllungsresten gesäubert wird;
- die entsprechenden Verhaltensregeln erhält,
- wenn nötig, über die Eigenschaften und Belastbarkeitsgrenzen des verwendeten Füllungsmaterials aufgeklärt wird wie Verfärbungsgefahr, Randspaltbildung, Rezidivgefahr, nötige Kontrolle usw.

Ätztechnik

Indikation

Bei Komposit-Kunststoffen besteht die Möglichkeit, zusätzliche Retention durch Anätzen der die Kavität umgebenden Schmelzränder zu gewinnen. Das ist dann besonders wichtig, wenn die präparatorisch gewonnene Retention nicht ganz optimal ist, z. B. bei flachen Zahnhalsfüllungen, bei großen Eckenaufbauten o. ä. Da mit Anwendung der Ätztechnik aber auch ein verbesserter Randschluß zu erzielen ist, gewinnt jede derart zusätzlich gesicherte Füllung an Qualität.

Wirkungsweise

Durch die Vorbehandlung mit Säure werden bestimmte Schmelzanteile aus dem Verband ausgelöst, sodaß eine stark aufgerauhte und reaktionsfreudige Oberfläche entsteht.

Bei einem Prismendurchmesser von ca. 4–6 µm ergibt sich dabei ein oberflächlicher Abtrag von ca. 10 µm Dicke. Diese Schicht geht mit jedem Ätzvorgang unwiederbringlich verloren.

Bis in ca. 30 µm Tiefe findet dann die eigentliche Gestaltveränderung der Prismen statt. Dabei können vorzugsweise drei unterschiedliche mikroskopische Ätztypen auftreten:
- Typ I : Die Prismenkerne werden herausgelöst, während die Ränder stehenbleiben,
- Typ II : Die Prismenränder werden herausgelöst, während die Kerne stehenbleiben,
- Typ III: Auftreten unregelmäßiger Veränderungen, wo kein vorherrschendes Ätzmuster erkennbar ist.

Dies ist die Zone, in die der Kunststoff (das Bonding Agent oder Bond) einfließt und sich dort mechanisch verkrallt.

Auf der so neugeschaffenen Oberfläche wird weiterhin bis in eine Tiefe von ca. 10 µm die Kristallstruktur des Schmelzes angegriffen und aufgelokkert. In diese winzigsten Zwischenräume dringt der dünnflüssige Kunststoff ebenfalls ein, sodaß es zu einer innigen Durchmischung von Schmelz- und Kunststoffanteilen kommt. In diesem Bereich spielen sich auch chemische Vorgänge ab, die zur Verbindung beider Anteile beitragen.

Ablauf

- Alle pulpawärtigen Dentinanteile der Kavität werden mit einer Unterfüllung geschützt.
- Der die Kavität umgebende Schmelz wird mit einer Reinigungspaste (am besten nur Bimsmehl mit Wasser) gesäubert.
- alle Kavitätenränder (nur der Schmelz!!!) werden mit 30–40%iger Phosphorsäure bedeckt.
- Nach einer Minute Einwirkdauer spült ein starker Spraystrahl die Säure und die ausgelösten Schmelzanteile gründlich fort.
- Der Zahn wird sorgfältig trockengeblasen, wobei korrekt geätzter Schmelz ein milchig-weißes stumpfes Aussehen bekommt. Jede Berührung mit Speichel oder Wasser zerstört wieder die jetzt erreichte Benetzbarkeit.
- Möglichst rasch wird nun das Bondmaterial (flüssiger Kunststoff) dünn aufgetragen, das in alle durch die Säureeinwirkung geschaffenen Räume und Formen der Schmelzoberfläche (s. o.) eindringt.
- Darüber wird der Komposit-Kunststoff eingebracht und entsprechend der Zahnform in der Kavität ausgeformt.
- nach der Aushärtung können formende Hilfsmittel wie Zelluloidstreifen, Interdentalkeile o. ä. entfernt werden.
- Bei Bedarf wird abschließend eine Glasurschicht aufgetragen.

Nachbehandlung

Die Inspektion der Füllung und die Überprüfung auf richtige Höhe und Form schließen sich unmittelbar an das Legen an. Wenn nötig, muß die Okklusion mit Hilfe von Artikulationspapier oder färbender Prüffolie sofort nach dem Legen der Deckfüllung korrigiert werden, um keine Schäden durch Überbelastung des Zahnes zu verursachen.

Nach einiger Zeit, wenn das Material bereits völlig ausgehärtet ist, muß der Patient nochmals bestellt werden. In dieser Sitzung muß der Zahnarzt:

- die Füllungsoberfläche auf etwaige Risse abtasten;
- die Ränder von Überschuß befreien;
- die Bißhöhe und Kauflächenform kontrollieren;
- den Kontaktpunkt zum Nachbarzahn überprüfen;
- alle zugänglichen Stellen der Füllung polieren.

Die Helferin legt für diese Nachbehandlung je nach Bedarf und Werkstoff bereit:

- Untersuchungsbesteck: Spiegel, Sonde und Pinzette,
- Hand- und Winkelstück für Mikromotor,
- polierende Maschineninstrumente: Finierer, Polierer, Schleifkörper, Scheiben, Streifen, Mandrel, Polierpaste, montierte Bürstchen usw.,
- glättende Streifen (sortiert nach Körnung),
- Artikulationskontrollen (Blaupapier, Prüffolie usw.),
- Schutzmittel (Zahnlack, Vaseline, Glaze usw.).

Behandlung der vitalen Pulpa

Die häufigsten Möglichkeiten der Pulpabehandlung sollen hier nur kurz vorgestellt werden. Bei einer Pulpabehandlung ist im Zusammenhang mit jeder üblichen Füllung eine Unterfüllung nötig. Diese besteht in der Regel aus Phosphatzement. Pulver und Flüssigkeit werden im angegebenen Verhältnis miteinander gemischt und dem Zahnarzt sofort angereicht.

Wenn die Kavität etwas tiefer ist, kann eine sedierende Unterfüllung besser sein. Alle Materialien, die für die Cp-Behandlung geeignet sind, können hierfür ebenfalls verwendet werden. Handelt es sich um Zemente (Zinkoxid-Eugenol oder Kalziumhydroxidbasis), so wird wiederum

Pulver mit Flüssigkeit vermischt. Bei fertigen Präparaten wird ein wenig Masse auf einer Glasplatte oder im Dappenglas vorgegeben, sofern kein spezieller Applikator mitgeliefert wird.
In gleicher Weise ist vorzugehen, wenn eine direkte Überkappung notwendig ist. Da hierbei gleichzeitig peinliche Keimfreiheit anzustreben ist, sollte zur Vorbereitung solcher Massen mit sauberen, sterilisierten Instrumenten gearbeitet und möglichst schnell angereicht werden, damit die Wunde so rasch wie möglich wieder verschlossen wird (auch in der Atemluft fliegen Keime).

Wurzelkanalfüllung

Trepanation

Um mit Instrumenten und Medikamenten an das Innere des Zahnes heranzukommen, muß das Hartgewebe durchbohrt (trepaniert) werden. Mit einem Diamanten dringt der Zahnarzt unter hohen Umdrehungszahlen, meist einer Turbine, durch den Schmelz und das Zahnbein. Dabei versucht er, auf möglichst kurzem Wege in Zahnachsenrichtung die Pulpenhöhle zu erreichen. Ist diese eröffnet, wird der Zugang verbreitert, bis ein Einführen der Wurzelkanalinstrumente möglich ist.
Der Helferin obliegt dabei die Aufgabe der Halte- und Absaugtechnik, um Blick und Zugang freizuhalten.

Wurzelkanalaufbereitung

Nach der Trepanation und der möglichst vollständigen Exstirpation (Mortal- bzw. Vitalexstirpation) muß der Wurzelkanal zur Aufnahme einer Wurzelfüllung vorbereitet werden:
- Die Kanalwände werden gesäubert und geglättet.
- Anhaftende Zellreste der Pulpa werden vollständig beseitigt.
- Der Kanal (die Kanäle) wird (werden) bis zum Apex durchgängig gemacht.
- Das Zahninnere wird bestmöglich trokkengelegt.

Wichtig ist, daß ein guter Einblick in die Kavität möglich ist, damit die Instrumente korrekt in den Kanal eingeführt werden können.
Schwierig gestaltet sich die Aufbereitung vor allem bei
- mehrwurzeligen Zähnen mit gekrümmten Wurzeln und Kanalverzweigungen;
- älteren Patienten mit bereits verkalkten (obliterierten) Kanälen, die nur sehr schwer gefunden und nicht immer durchgängig gemacht werden können.

Als Hilfsmittel bei schwer zugänglichen Kanälen werden deshalb
- chemische Substanzen (kalziumlösende Flüssigkeiten) oder
- maschinelle Erweiterer (meist rotierende Feilen)

benützt. Ihre Wirkung ist jedoch umstritten. Kalk- und Eiweißlöser können nicht immer genau an die richtige Stelle gebracht werden, rotierende Erweiterer verkanten leicht und brechen ab. Auch die Gefahr einer Durchbohrung (Perforation) des Pulpenhöhlenbodens oder die Entstehung einer „Via falsa" ist groß. Mit Antrieben (wie der Giromatic), die keine volle Umdrehung ausführen, sondern nur einen Viertelkreis beschreiben, versucht man, diese Schwierigkeiten zu umgehen.
Auch mit Ultraschallgeräten kann die Wurzelkanalaufbereitung durchgeführt werden, wobei durch die Ultraschallschwingungen eine gründliche Reinigung der Kanäle versprochen wird.
In zunehmender Größe werden die Wurzelkanäle mit entsprechenden Feilen und Räumern gereinigt, bis zum Apex geöffnet und geglättet. Anschließend wird der Gummistop auf dem Instrument bis zum Kontakt an die Okklusalfläche oder Inzisalkante angeschoben und so eine Röntgenkontrolle (Nadelaufnahme) durchgeführt (Abb. 197).
Diese Kontrolle ist vor allem deshalb wichtig, weil bei gekrümmten Wurzelkanälen oder schlecht zugänglichen Kanaleingängen während der Aufbereitung ein Instrument in die Kanalwand abgleiten kann (Abb. 198). Dies bezeichnet man als „Via falsa" (lat. = falscher Weg) oder „Fausse route" (sprich: Foß ruht, frz. = falscher Weg).
Ist klar, daß die Aufbereitung des Kanals

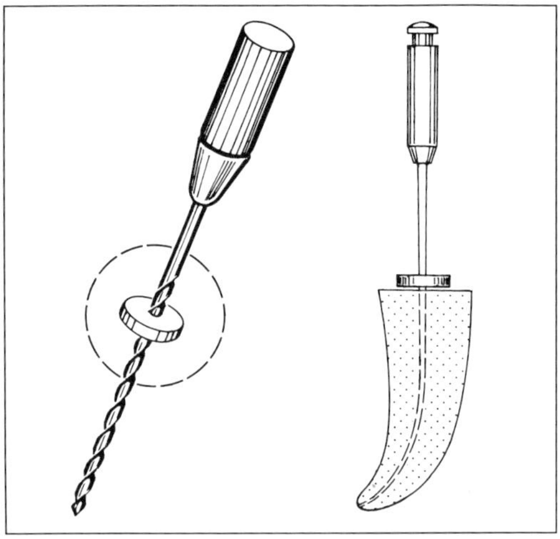

Abb. 197 Messung der Kanallänge mit Hilfe von Gummistops.

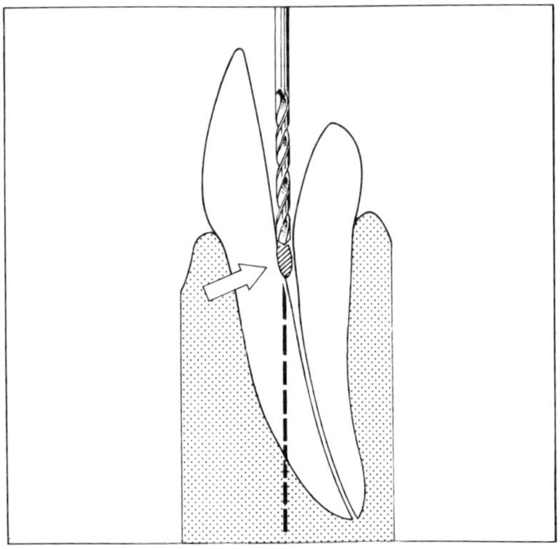

Abb. 198 Bei gekrümmten Kanälen kann es leicht zur Entstehung einer „Via falsa“ (Fausse route) kommen

bis zur gewünschten Länge gelungen ist, wird der Kanal gespült und desinfiziert. In der Regel wird mit 3%iger H_2O_2-Lösung und mit Natriumhypochlorit gespült, auch andere Lösungen werden verwendet (vgl. S. 298). Die Helferin muß diese Spülungen vorbereiten und bei Bedarf anreichen. Während der Spülung muß direkt neben dem Wurzelkanaleingang abgesaugt werden, weil diese Flüssigkeiten möglichst nicht mit der Schleimhaut in Kontakt gelangen sollen.

Definitive Füllung

Je nach Art der geplanten Wurzelfüllung ist das entsprechende Material (z. B. Guttaperchastifte, Silberstift, Alkoholbrenner, Stopfinstrumente etc.) bereitzulegen sowie die zusätzlich verwendete Paste vorzubereiten. Dazu gehört auch das Einspannen eines Wurzelfüllinstruments in das Winkelstück des Mikromotors. Möglichst rasch rotiert der Zahnarzt die Paste in den Kanal ein. Stifte müssen dann sofort nachgeschoben und festgedrückt werden. Während der Aktion ist das Arbeitsgebiet trocken und einsehbar zu halten.

Versorgung über der Wurzelfüllung

Über die fertige und röntgenologisch kontrollierte Wurzelfüllung wird in der Regel ein temporärer Verschluß aus provisorischem Füllmaterial gelegt (siehe Temporäre Füllung, S. 278). Da auch eine mechanisch offensichtlich einwandfrei gelungene Wurzelkanalfüllung gelegentlich biologisch nicht akzeptiert wird, ist ein erneuter Zugang zum Kanalsystem dadurch erleichtert. Nach einer gehörigen Wartezeit kann dann der Zahn mit einer definitiven Füllung oder einer Krone weiterversorgt werden.

Belagentfernung

Während der Belagentfernung mit einem Ultraschallgerät saugt die Helferin das Kühlwasser und den Speichel ab, wobei das Arbeitsgebiet frei zugänglich und einsehbar zu halten ist. Das Kühlwasser wird dabei in einiger Entfernung von der Arbeitsspitze des Handstücks fortgesaugt. Die gewünschte Wirkung ist nur mit Hilfe des Wassers auf der Instrumentenspitze

zu erzielen; darüber hinaus können Schäden am Zahn verursacht werden.
Setzt der Zahnarzt für die Entfernung der Beläge einen Pulversprayapparat ein, muß die Helferin auf eine besonders sorgfältige Absaugung achten. Nur zu leicht bildet sich sonst ein Wasser/Pulver-Nebel, der eingeatmet werden kann.

Werden die Beläge mit Handinstrumenten beseitigt, so ist das gesamte Arbeitsgebiet sauber und trocken zu halten. Hier gilt es besonders, Speichel und Blut (am besten mit einem chirurgischen Sauger) abzusaugen, damit die Instrumente unter Sicht korrekt angesetzt werden können.

Fragen zum Verständnis und zur Selbstkontrolle

Ablauf in der Praxis

52. Welche drei Arten von Vitalitätsprüfung kennen Sie?
53. Was versteht man unter dem Begriff „Perkussionsempfindlichkeit“?
54. Wozu benützt der Zahnarzt Exkavatoren und Blacklöffel?
55. Womit kontrolliert der Zahnarzt die Artikulation einer Füllung?
56. Welche Instrumente werden für die Bearbeitung von Zahnschmelz bevorzugt verwendet?
57. Übersetzen Sie folgende Fachausdrücke!
    a) Palpation c) Inspektion e) Hyposensibilität
    b) Perkussion d) Präparation f) Trepanation
58. Warum sollen Allgemeinerkrankungen vor der Behandlung bekannt sein?
59. Wie groß ist die Tiefenveränderung des Schmelzes nach der Ätzung?
60. Welche wichtigen Methoden der Trockenlegung gibt es?
61. Was ist das wichtigste Problem der Ätztechnik?

(Die Antworten stehen auf Seite 325.)

Instrumente für die Zahnerhaltung

Im Gegensatz zu den chirurgischen Instrumenten ist der Arbeitsteil der konservierenden meist kleiner und zierlicher geformt, da es bei ihnen weniger um eine Kraftübertragung als um eine kleinräumige Bearbeitung von Zahn- oder Füllungssubstanz geht.
Man unterscheidet fünf Gruppen:

1. Untersuchende (sondierende Instrumente)
2. Abtragende (bohrende, fräsende) Instrumente
3. Füllende (einbringende, verdichtende) Instrumente
4. Formende (füllungsgestaltende) Instrumente
5. Oberflächenglättende (polierende) Instrumente

Bei fast allen konservierenden Behandlungsmaßnahmen werden die genannten Instrumente meist in einer bestimmten Reihenfolge eingesetzt.
Eine ähnliche Einteilung gilt auch für die Instrumente, die der Zahnarzt bei einer Wurzelbehandlung benötigt. Bei fast jeder Gruppe gibt es darüber hinaus auch noch die Unterteilung in
- Handinstrumente (manuell verwendete) und
- Maschineninstrumente (zusammen mit einem Antrieb wie Turbine oder Handstück verwendete).

Während Maschineninstrumente bevorzugt für den anfänglichen, mehr abtragenden Teil der konservierenden Behandlung eingesetzt werden, eignen sich Handinstrumente aus Sicherheitsgründen besser für die abschließenden Feinarbeiten.

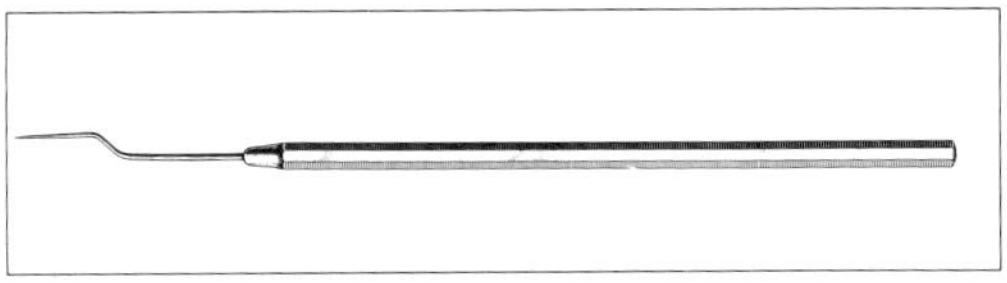
Abb. 199 Gerade Sonde

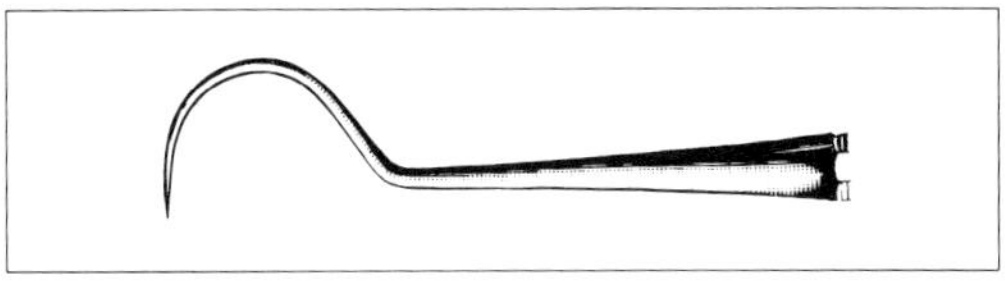
Abb. 200 Sichelsonde

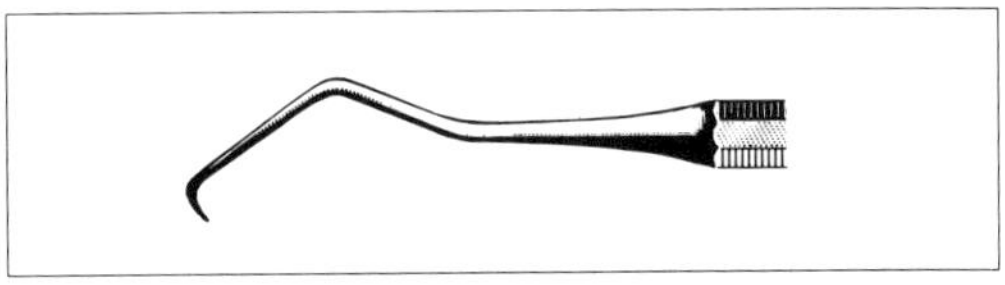
Abb. 201 Distalsonde

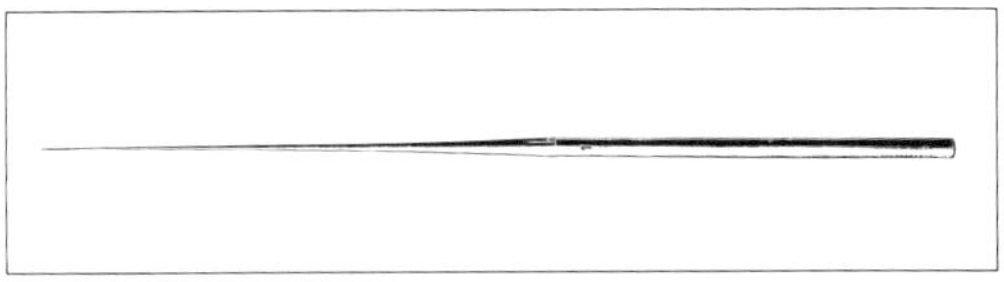
Abb. 202 *Miller*nadel

Untersuchende Instrumente

Hierbei handelt es sich hauptsächlich um das sog. Grundbesteck: Spiegel, Sonde, Pinzette und Parodontalsonde.
Der Mundspiegel dient
- zum Abhalten von Wange oder Zunge, um freie Sicht auf ein bestimmtes Mundgebiet zu erhalten,
- zum Beleuchten begrenzter Mundpartien aus einer anderen Perspektive,
- zum Betrachten derjenigen Zahnflächen, die von vorne nicht in direkter Sicht zu sehen sind.

Mundspiegel werden mit planem oder gewölbtem Spiegelfeld geliefert. Während plane Spiegel die unverzerrte Situation in vertrauter Weise wiedergeben, zeigt die konkave Form das betrachtete Gebiet etwas vergrößert, dafür aber verzerrt.
Zahnärztliche Sonden dienen dem Zahnarzt zum Abtasten (Palpieren) der Zähne, um festzustellen, ob z. B.
- das Zahnhartgewebe kariös erweicht ist;
- die Füllungen randständig und dicht sind;
- scharfe Kanten vorliegen;
- überstehende Füllungs- und Kronenränder vorhanden sind;
- der Boden der Kavität zur Pulpenhöhle hin geschlossen ist;
- die Eingänge der Wurzelkanäle gut zugänglich sind;
- die Kanäle durchgängig sind.

Je nach Anwendungsbereich sind die Sonden im Arbeitsteil unterschiedlich gestaltet. Für die Kariessuche sind sie mit einem langen Handgriff und einer spitz auslaufenden, gebogenen Spitze ausgestattet. Je nach deren Aussehen spricht man von:
- gerader Sonde (Abb. 199),
- gebogener („Sichel"-)Sonde (Abb. 200),
- Häkchen- oder „Distal"-Sonde (Abb. 201).

Für die Untersuchung der Pulpenhöhle und der Wurzelkanäle ist das Arbeitsteil der Sonden besonders lang und dünn geformt, der Griff meist kurz und stabil (Abb. 202). Diese spezielle Art, die es in runder, vierkantiger und im Arbeitsteil auswechselbarer Form gibt, nennt man Millernadel.

Pinzetten dienen zum Anfassen von Zähnen und Material und sind für den zahnärztlichen Gebrauch besonders lang und schlank. Die gebräuchlichste sogenannte College-Pinzette ist ca. 2–3 cm vor dem Maul über die Kante abgewinkelt.

Parodontalsonden dienen zum Messen von Taschentiefen und tragen deshalb alle eine Art von Kalibrierung, die eine Messung in Millimeter erlaubt (vgl. Kapitel Parodontologie S. 327ff.).

Abtragende Instrumente

Instrumente zur Abtragung von Zahnhartsubstanz sind:

Maschineninstrumente:
- Diamanten
- Fräsen

Handinstrumente:
- Exkavatoren
- Blacklöffel
- Gingivalrandschräger

Im Wurzelkanal werden zur Abtragung von Zahnhartsubstanz verwendet:
Maschineninstrumente:
- Beutelrockbohrer
- Kanalerweiterer
- Gatesbohrer

Handinstrumente:
- Reibahlen
- Hedströmfeilen
- Kerrfeilen
- Rattenschwanzfeilen

Diamanten

Diese Instrumente bestehen aus einem kurzen Schaft und dem Arbeitsteil, der auch als „Kopf" bezeichnet wird. Den Übergang bildet der „Konus", der sich vom Schaft her zum Arbeitsteil verjüngt. Mit dem Antrieb wird der Diamant über den Kupplungsteil am Ende des Schaftes verbunden. Je nach Art des Maschinenantriebs (Turbine, Mikromotor, Hand- bzw. Winkelstück) ist diese Kupplung unter-

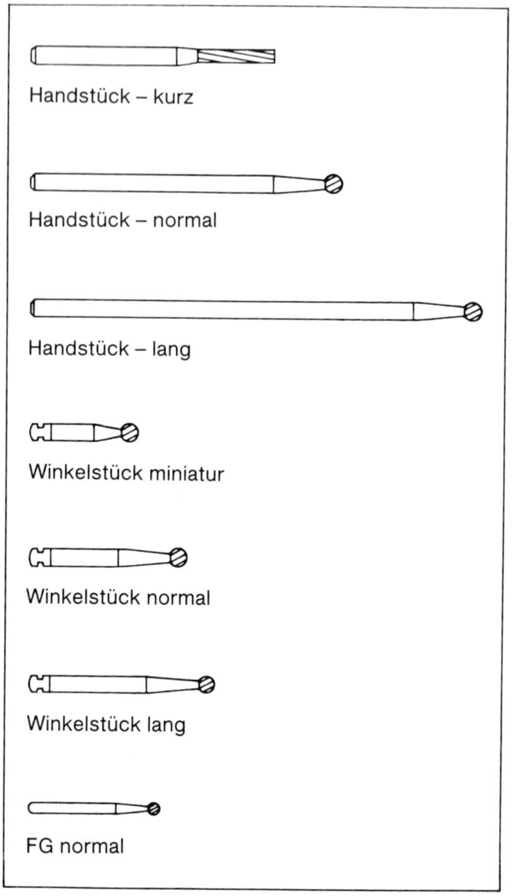

Abb. 203 Schaftarten bei rotierenden Instrumenten

schiedlich gestaltet (Abb. 203). Sie trägt die Bezeichnungen:
- FG (**F**riction **G**rip = „Reibungshaftung")
  - für Turbinen: abgerundetes Schaftende;
- Handstück: glattes, langes, gerades Schaftende;
- Imperator (spezielles Winkelstück): verschiedene Kerben und Loch für Preßdruckölung;
- Winkelstück: Kurzes Schaftende mit Einkerbung.

Die „Köpfe" der einzelnen Diamanten sind sehr unterschiedlich. Man nennt die ein-

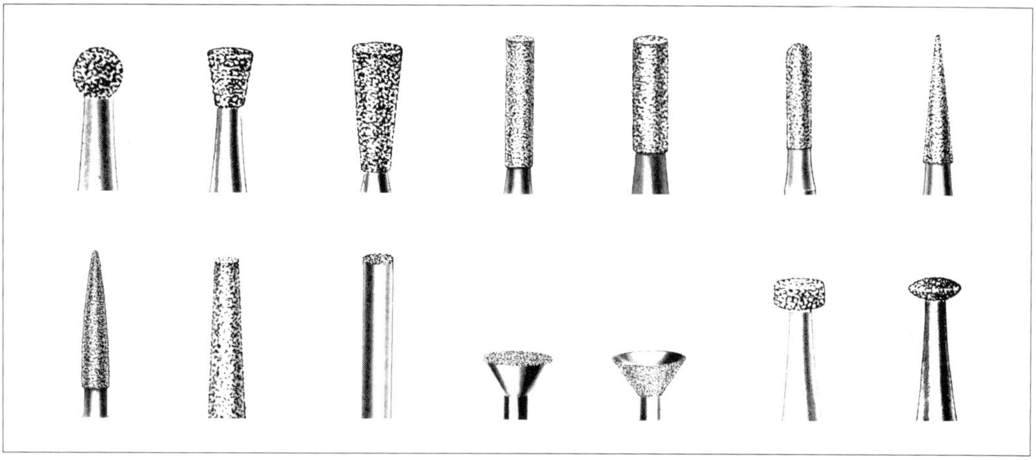

Abb. 204 Diamanten

zelnen Instrumente nach dem Aussehen (Abb. 204):
- Walzen (Zylinder),
- Spitzen,
- Flammen,
- Kugeln,
- Linsen,
- Scheiben,
- Räder,
- Kegel (normal und „umgekehrt").

Die Größe des Arbeitsteils ist international genormt und wird in Zahlen angegeben. Der abtragende Teil des Kopfes ist mit feinen Diamantsplittern besetzt, die in einer Kittmasse verteilt sind und während der Drehung die Zahnhartsubstanz abschleifen. Mit den Diamanten soll nur Schmelz bearbeitet werden, da weichere Substanzen wie Zement oder Dentin die Köpfe verkleben und so zu schnell unbrauchbar machen. Die Helferin muß benützte Diamanten daher überprüfen, ob
- der Arbeitsteil noch genügend diamantiert ist,
- bereits kahle Stellen („Glatzen") zu erkennen sind,
- alle schleifenden Flächen unverklebt sind.

Für die Einordnung der Diamanten gibt es eine weitere Einteilung, nämlich nach „Schaftlänge". Dies wird bezeichnet als:
- mini,
- kurz,
- normal,
- lang oder
- überlang („chirurgisch").

Um die Übersichtlichkeit im Diamantenbehälter aufrechtzuerhalten, muß die Helferin diese Einteilung kennen und die Instrumente nach der Reinigung wieder ganz genau nach dem in der Praxis üblichen Schema einordnen.

Bohrer und Fräsen

Im Gegensatz zu den mit Diamanten besetzten Arbeitsteilen der Schmelzbearbeitungsinstrumente bestehen die Köpfe der Bohrer aus Hartmetall. Sie sind für die Bearbeitung des Dentins, alter Füllungen und von Kunststoffen gedacht, denn ihre Härte reicht für ein Abtragen von Zahnschmelz nicht aus.

Schaft, Kupplung und Konus sind gestaltet wie bei den Diamanten. Der Arbeitsteil ist dagegen anders geformt. Es gibt:
- Radbohrer,
- normale oder umgekehrte Kegelbohrer,
- Rosenbohrer,
- Fissurenbohrer,
- Stufenversenkbohrer und verschiedene Spezialbohrer (Abb. 205).

Abb. 205 Bohrer

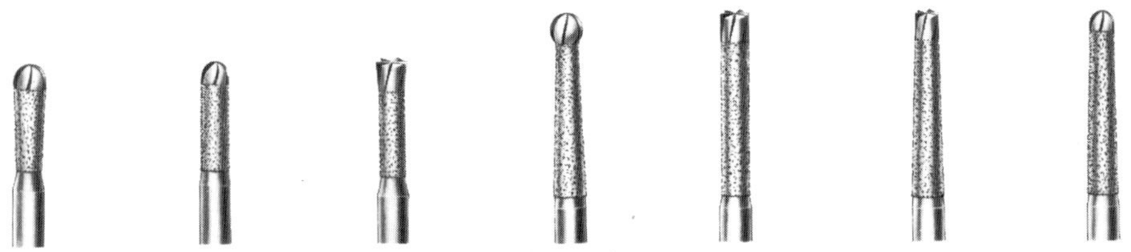

Abb. 206 Kombination von Bohrern und Diamanten für spezielle Präparationsarten

Sie haben neben ihrer typischen Form im Kopf auch noch einen sog. „Hieb". Diese Kerben sind scharf angeschliffen und bewirken das spanende Abtragen des bearbeiteten Stoffes. Einen reinen Längshieb besitzt der Rosenbohrer; der Fissurenbohrer trägt zusätzlich noch einen Querhieb. Daneben gibt es auch Formen mit schrägverlaufenden Kerben, einige haben nur an der Stirnseite einen abtragenden Teil wie der Stufenversenkbohrer, andere wieder nur an den Flanken.

Die Größe des Bohrerkopfes ist ebenfalls genormt und wird in den Größen 4/0 bis 20 (sehr klein bis sehr groß) angegeben.

Kombinationen von Diamanten und Bohrern werden zur Präparation von Kronen und bei stark unterminierender Karies verwendet (Abb. 206). Sie werden als „Cardia-Instrumente" bezeichnet.

Kanalinstrumente

Instrumente für die Wurzelkanalbehandlung gibt es

- als Handinstrumente mit festem langem Griff,
- als Handinstrumente zum Einschrauben in einen entsprechenden Halter,
- als Handinstrument mit kurzem Griff (meist als Sets mit mehreren genormten Größen, Endotray oder Endobox, (Abb. 207),
- als Maschineninstrumente (mit kurzem oder langem Schaft).

Für die Exstirpation der Pulpa werden gezähnte Nadeln (Exstirpationsnadeln, siehe Abb. 191) verwendet.

Mit *Miller*-Nadeln (Abb. 208) kann der Kanal sondiert werden. Es handelt sich um glatte, lange Nadeln mit eckigem oder rundem Querschnitt, die mit Griff oder

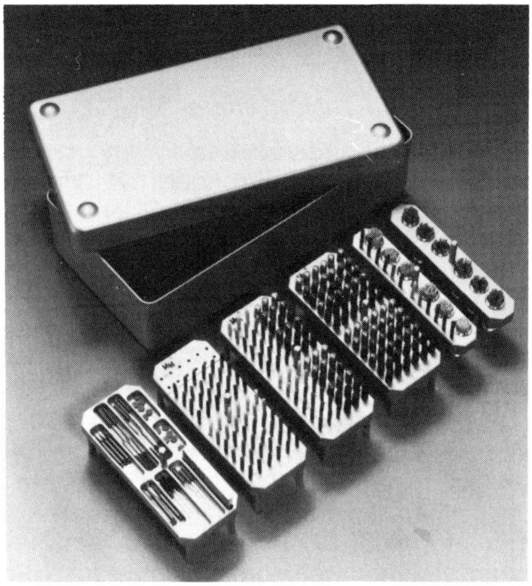

Abb. 207 Endotrays und Endobox

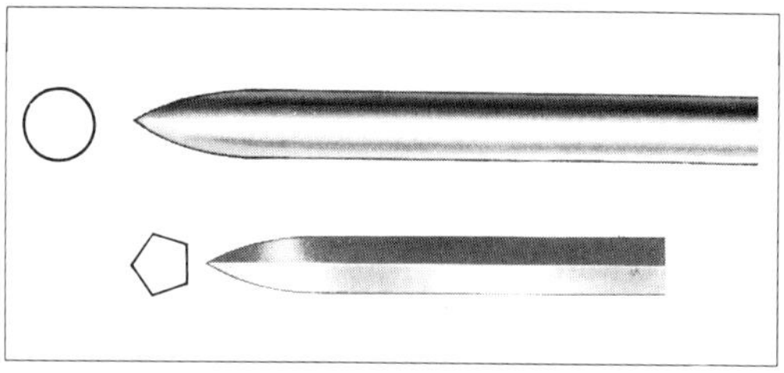

Abb. 208 *Miller*nadel (rund und kantig)

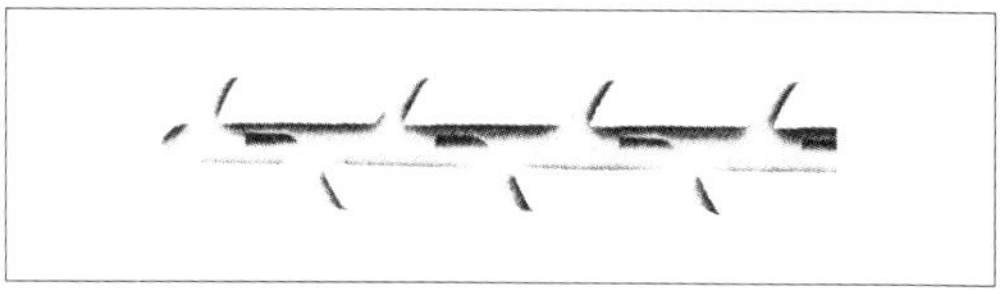

Abb. 209 Reibahle

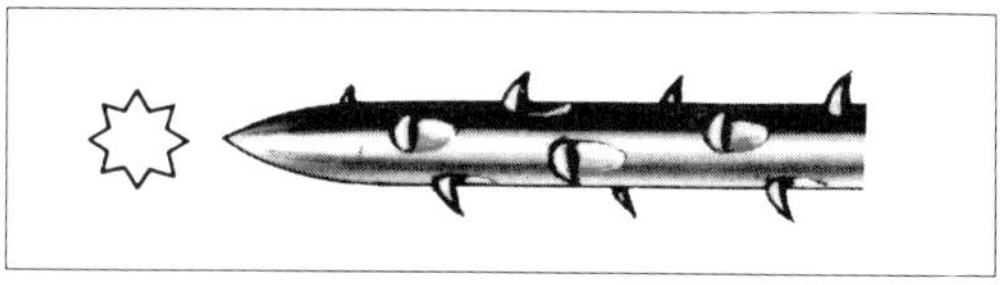

Abb. 210 Rattenschwanzfeile

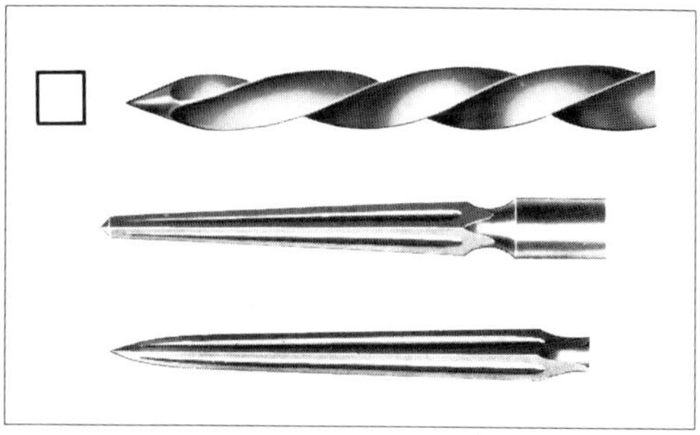

Abb. 211 Erweiterer

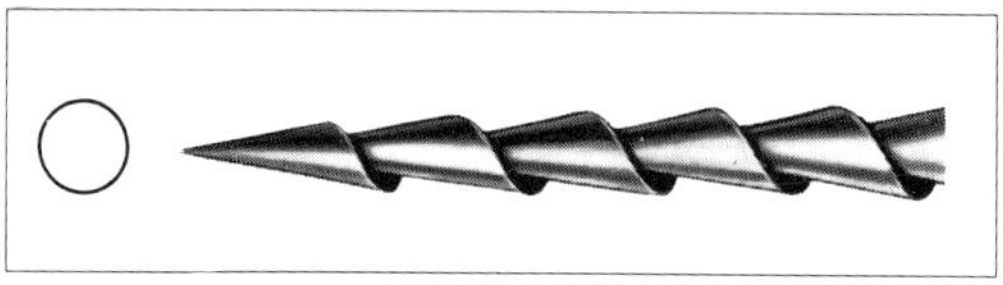

Abb. 212 *Hedström*feile

auch lose zum Einschrauben in einen Halter erhältlich sind.

Die Säuberung der Kanalwände nimmt der Zahnarzt mit Reibahlen (Abb. 209) und/oder Rattenschwanzfeilen vor (Abb. 210). Sie zeichnen sich durch kurze, scharfkantige, dornartige Haken aus, die der Feile insgesamt einen sternförmigen Querschnitt geben.

Die Erweiterung des Kanallumens erfolgt mit Feilen, Bohrern oder Raspeln, z. B. der *Hedström*feile (Abb. 211, 212). Sie zeichnen sich alle durch einen gewendelten Schaft mit durchgehender Schneide aus und können runden wie auch kantigen Querschnitt aufweisen. Alle diese Instrumente sollen beim Einführen in den Wurzelkanal möglichst wenig Substanz abtragen, während beim Zurückziehen aus dem Kanallumen die Wände durch schabendes Reiben erweitert, geglättet und gereinigt werden.

Falls keine Instrumente mit langem Griff verwendet werden, sollte die Benutzung unbedingt mit einem Sicherheitskettchen (Abb. 213) erfolgen, um ein unbeabsich-

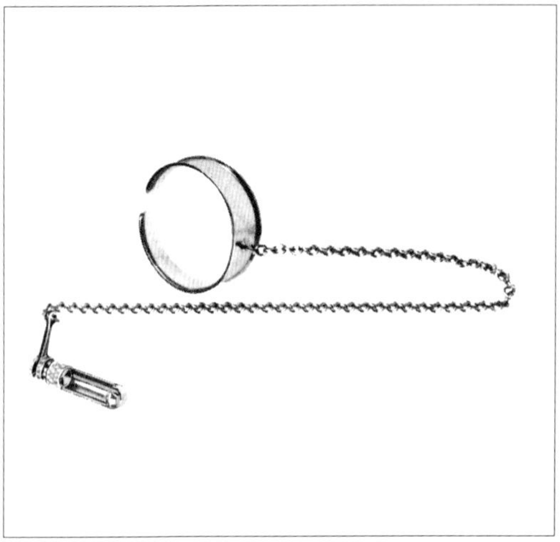

Abb. 213 Sicherheitskettchen

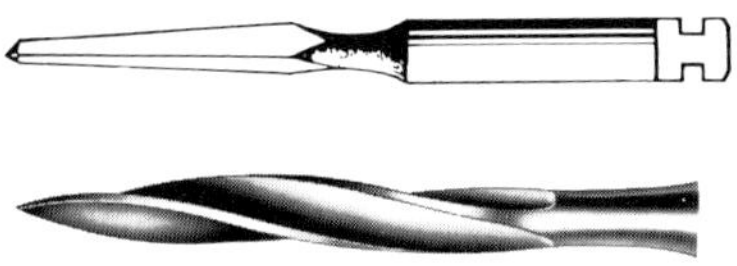

Abb. 214 Maschinelle Wurzelkanalerweiterer
a) *Gerlach* b) *Beutelrock*

Abb. 215 *Black*löffel

Abb. 216 Gingivalrandschräger

tigtes Verschlucken des Instrumentes durch den Patienten zu verhindern.

Maschinelle Kanalerweiterer

Einige der obengenannten Feilen gibt es auch in Spezialausführungen mit Winkelstückkupplung für den Giromaticantrieb.
Für die Erweiterung des Wurzelkanales selbst und seiner Eingänge gibt es spezielle Bohrer (Abb. 214), von denen die bekanntesten die nach
- *Beutelrock*
- *Gates* und *Gerlach*

sind. Sie besitzen einen sehr schlanken und schmalen Schaft und einen Arbeitsteil mit feinem, langgezogenen bzw. kurzem, blütenförmigen Querhieb. Ihre Anwendung verlangt viel Vorsicht, da sonst die Gefahr einer Fausse route bzw. Perforation besteht.

Handinstrumente

Exkavatoren

Diese Handinstrumente dienen der Entfernung von erweichtem Dentin, dem „Detritus", aus der Kavität. Sie haben an beiden Enden schaufelförmige Arbeitsteile. Bei Ausführungen, bei denen Wolframkarbidauflagen („Widia-Instrumente") die Kanten verstärken, muß die Helferin bei der Reinigung besonders vorsichtig sein. Diese Instrumente, mit denen das erweichte Zahnbein glatt abgetragen werden kann, können schnell Verletzungen hervorrufen!

Blacklöffel

Ähnlich geformt wie die Exkavatoren sind die *Black*löffel. Sie sind für den gleichen Zweck (Auskratzen der Kavität) gedacht und unterscheiden sich nur darin, daß ihr Arbeitsteil etwas runder und geschwungener ausgeformt ist (Abb. 215).

Gingivalrandschräger

Mit diesen Instrumenten wird der Gingivalrand einer Kavität geglättet; angeschliffene Schmelzteile können durch den scharfen Arbeitsteil beseitigt werden. Auf diese Weise läßt sich ein sauberer Rand für die

Füllung schaffen (Abb. 216). Ihr angeschrägter Arbeitsteil bedingt die Ausführung von zwei verschiedenen Formen:
- mesial und distal bzw.
- links- und rechtsseitig.

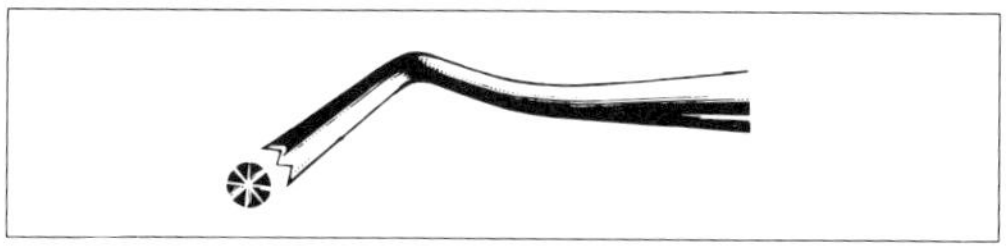

Abb. 217 Amalgamträger

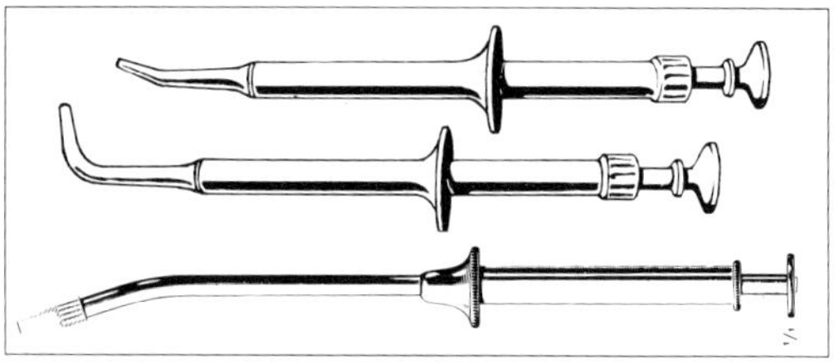

Abb. 218 Amalgampistolen

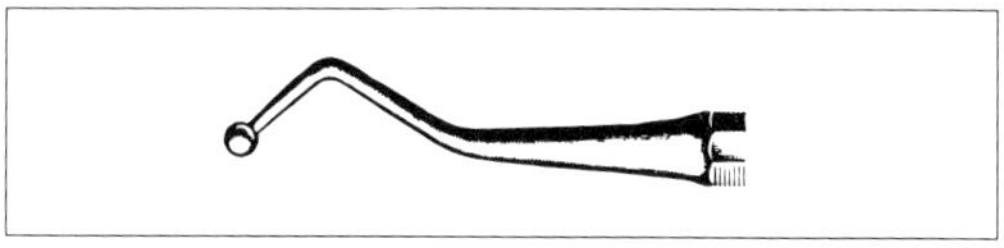

Abb. 219 Kugelstopfer

Füllende Instrumente

Nach der Präparation des Zahnes oder der Glättung und Säuberung des Wurzelkanales werden Instrumente benötigt, die Füllungswerkstoffe einbringen können. Als Handinstrumente werden dazu benützt:
- Amalgamträger,
- Amalgampistolen,
- Zementstopfer und
- Spatel.

Für die Einbringung von Wurzelfüllungsmaterial benützt der Zahnarzt meist maschinelle Instrumente wie Lentulo und Pastinject (siehe Seite 299).

Amalgamträger

Amalgamträger haben beidseitig ein Arbeitsteil, das meist gebogen und zur besseren Kraftübertragung mit einem Kontrawinkel ausgestattet ist (Abb. 217). Die Köpfe sind verschieden stark eingekerbt, um das weiche Füllungsmaterial in die Kavität einbringen zu können.

Amalgampistolen

Bei diesen Geräten wird das weiche Amalgam durch Eindrücken in eine zylindrische Hohlfrom gebracht, aus der es mit Hilfe eines Stempels wie bei einer Injektionsspritze in die Kavität gedrückt werden kann (Abb. 218).

Auf diese Weise ergibt sich für die Helferin der Vorteil, daß sie dem Zahnarzt das stopfbereite Amalgam besser zureichen kann. Das Füllungsmaterial ist dadurch völlig vor Verunreinigung durch Hautfett und -feuchtigkeit geschützt.

Es sind verschiedene Modelle im Handel, die aber alle nach dem gleichen Prinzip arbeiten. Für die Helferin ist bei der Anwendung von Amalgampistolen wichtig, daß
- das Gerät immer peinlich saubergehalten werden muß, da sonst der Mechanismus versagt;
- ein „Nachladen“ ohne Verzögerung stattfinden kann;
- nach Angabe des Zahnarztes immer der richtige Einsatz eingeschraubt ist.

Stopfer

Die Stopfer sind wie die Amalgamträger beidseitig mit einem gebogenen Arbeitsteil versehen. Je nach Form nennt man sie:
- Kugelstopfer (Abb. 219),
- Flachstopfer (Abb. 220),
- birnenförmige Stopfer (Abb. 221).

Sie dienen der Verdichtung der eingebrachten Unterfüllungs- bzw. Deckfüllungsmasse und sollen die plastischen Werkstoffe an den Kavitätenrand andrükken.

Spatel

Füllungswerkstoffe können auch mit Hilfe von Spateln in eine Kavität eingebracht

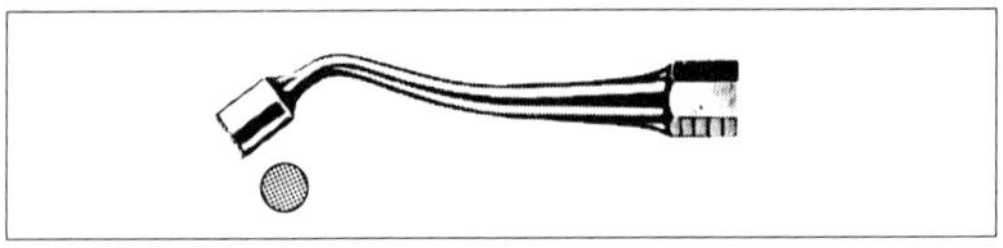

Abb. 220 Flachstopfer

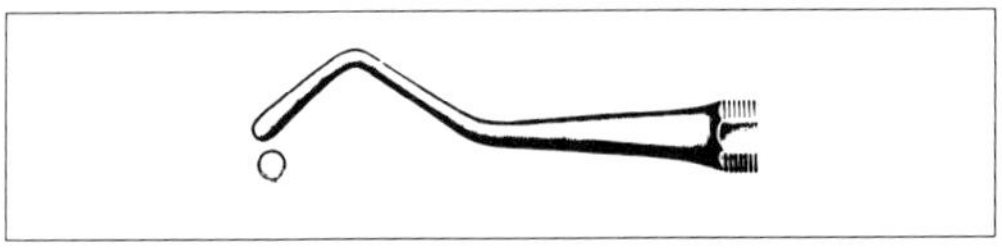

Abb. 221 Birnenförmige Stopfer

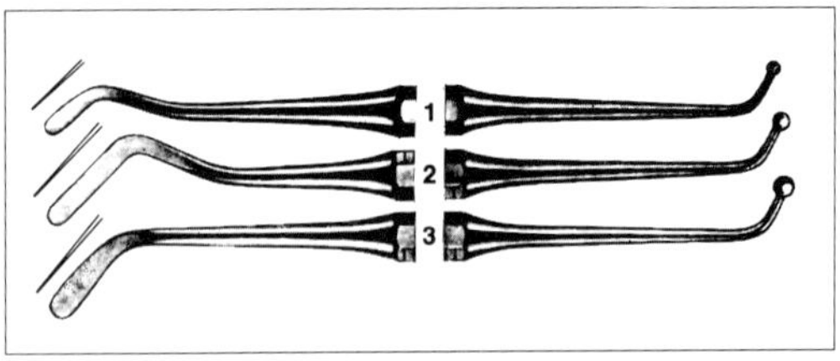

Abb. 222 Kugelstopfer mit Spatel kombiniert

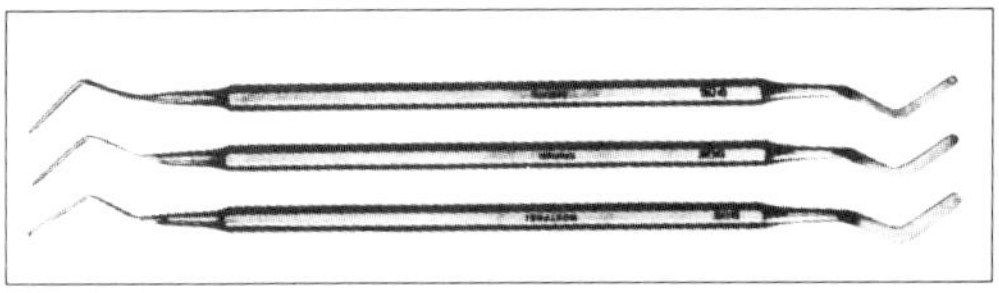

Abb. 223 *Heidemann*spatel

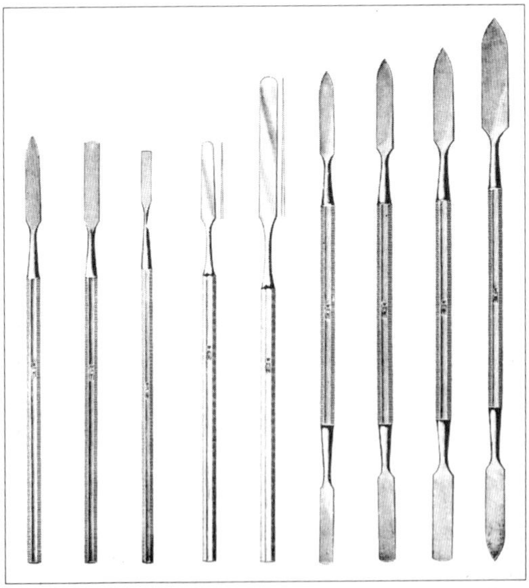

Abb. 224 Zementspatel

werden. Davon gibt es verschiedene Ausführungen:
- Spatel mit Kugelstopfer kombiniert (Abb. 222);
- an einem Ende über die Fläche, am anderen über die Kante gebogen als sog. *„Heidemannspatel“* (Abb. 223);
- aus speziellen Materialien wie Achat, Glas, Elfenbein, Kunststoff, Horn, Tantal usw.;
- zum Anrühren von Zementen und Composites (Abb. 224);
- zum Formen und Glätten von Füllungen in dicker und graziler Ausgestaltung.

Für die Helferin ist wichtig:
- Alle Spatel müssen für den Gebrauch stets völlig sauber sein!
- Die Reinigung benützter Spatel soll nicht zu spät erfolgen, damit anhaftende Reste nicht zu hart werden.
- Bei der Säuberung darf nicht mit roher Gewalt vorgegangen werden, damit die Oberfläche der Spatelenden nicht leidet.
- Verbogene oder nicht völlig sauber zu bekommende Spatel eignen sich nicht mehr für die Formung und Glättung von Füllungen!

Formende Instrumente

Um die Füllungswerkstoffe nach dem Einbringen und Verdichten in die endgültige Form zu bringen, benützt der Zahnarzt verschiedene Hilfsmittel. Neben den schon erwähnten Spateln sind dies:
- Matrizen und Matrizenspanner,
- Streifen, Klemmen und Keile,
- Schleifkörper,
- Kondensationsinstrumente,
- Schnitzinstrumente.

Matrizen und Matrizenspanner

Diese Geräte gibt es in den verschiedensten Ausführungen, als:
- Ganzbandmatrizen, z. B. *Ivory*, Meba, *Hedström* und *Tofflemire*, bei denen das formende Band um den ganzen Zahn herumgelegt und strammgezogen wird (Abb. 225).

- Halbbandmatrizen, z. B. nach *Ivory* oder die „Einwandmatrize“, mit denen zweiflächige Füllungen im Seitenzahnbereich unter Zuhilfenahme eines Matrizenspanners Halt und Form gegeben werden kann (Abb. 226).
- Selbstspannende Matrizen, z. B. „Apis“, „Walser“ usw.
- Einflächige Zahnhalsmatrizen, die auf die weiche Füllung gedrückt werden.

Alle Arten sind sowohl in glatter als auch gewölbter (bombierter) Form im Handel.
Die Anwendung und der Mechanismus ist bei den einzelnen Systemen sehr unterschiedlich. Jeder Zahnarzt hat seine individuelle Auswahl an Matrizensystemen, die er bevorzugt, und auf die die Helferin sich einarbeiten muß. Je nach Lage und Ausdehnung der präparierten Füllung ist von der Helferin das richtige Matrizensystem vorzubereiten und aufzudecken.

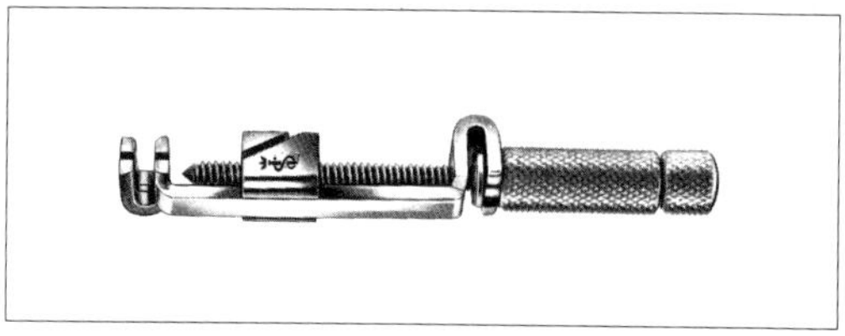

Abb. 225 Tofflemire-Matrizenspanner

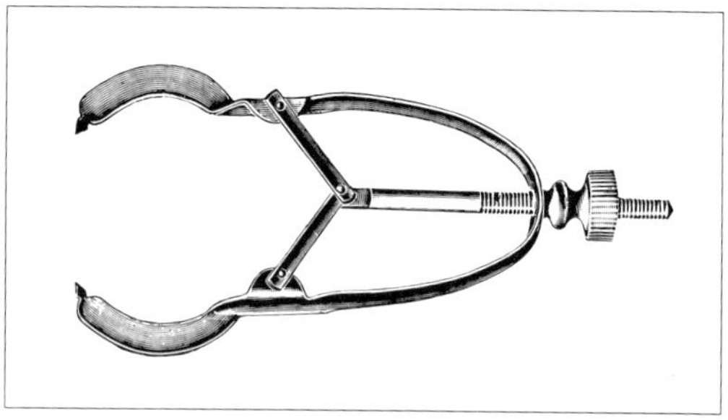

Abb. 226 Ivory-Matrizenspanner

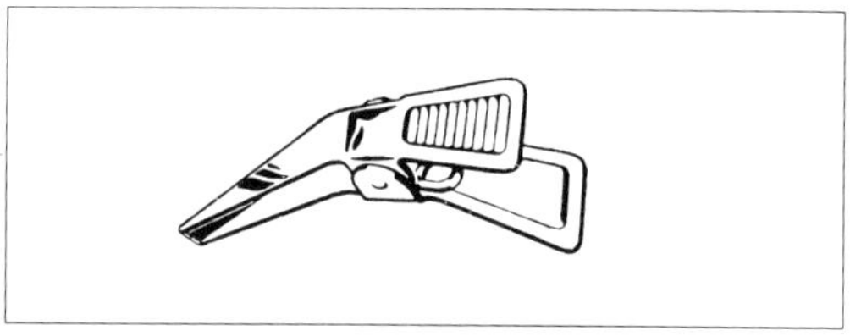

Abb. 227 Stripklemme

Streifen, Klemmen und Keile

Für das Frontzahngebiet sind Matrizen weniger geeignet, deshalb werden dort meist Streifen („Strips“) aus Kunststoff-Folien für das Ausformen der Füllung benützt. Diese werden mit Hilfe von speziellen Klemmen, den „Stripklemmen“ oder „Krokodilklemmen“ (Abb. 227), an der füllungsabgewandten Seite fixiert. Am Zahnhals stehen die Strips – wie auch die Matrizen im Seitenzahnbereich – allerdings oft ab und führen zu Überschußbildungen am gingivalen Füllungsrand. Daher drückt der Zahnarzt in diesem Bereich kleine Keile aus Kunststoff oder Ahornholz, sog. „Interdentalkeile“, ein.
So wird eine Schädigung des Parodontiums weitgehend vermieden.
Für Eckenaufbauten an Frontzähnen hat sich auch die Verwendung von speziellen Matrizen („Angulus-Matrizen“) und zugeschnittenen provisorischen Kronen („Stripkronen“) bewährt.
Für lichthärtende Kunststoffe werden neuerdings lichtleitende Interdentalkeile angeboten, die bei seitlicher Bestrahlung eine korrekte Aushärtung des Kunststoffs auch im Interdentalbereich gewährleisten sollen.

Schleifkörper

Bei schnell aushärtenden Zementen und Composites müssen die Füllungen oft – trotz Verformung durch Matrizen und Streifen – sofort nach dem Abbinden grob beschliffen werden, damit keine Okklusionsstörungen auftreten.
Dazu werden Schleifkörper in Form von:
- Kugeln,
- Spitzen,
- Walzen,
- Flammen oder
- Scheiben

verwendet (Abb. 228). Sie sind meist von unterschiedlicher Körnung und Abriebfähigkeit, um der Füllung in möglichst kurzer Zeit die richtige Form zu geben. Einige

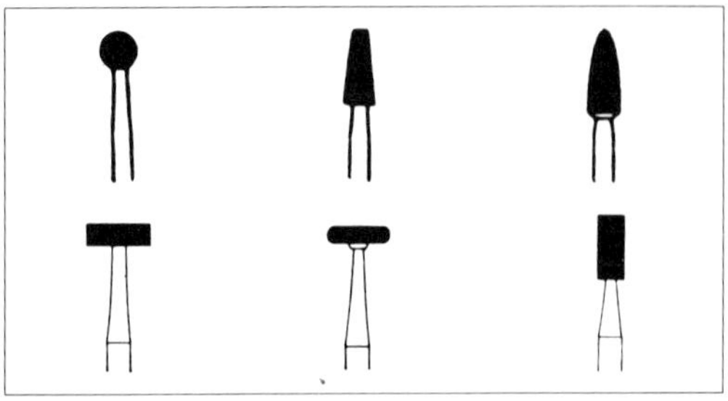

Abb. 228 Schleifkörper

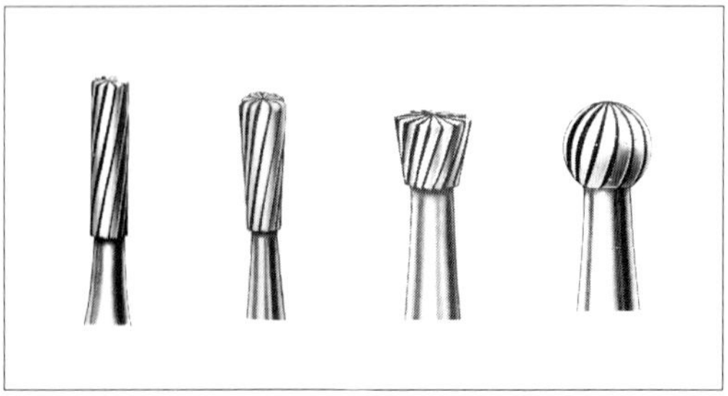

Abb. 229 Finierer

werden als „Heatless"-Steine („Hitzefrei"-), andere als „Soft-Schleifer" („Weich") bezeichnet, wieder andere als „Arkansas"-Steine. Sie sollen alle möglichst schonend abtragen und gleichzeitig die Oberfläche glätten.

Kondensationsinstrumente

Im Gegensatz zu den schnell aushärtenden Zementen und Composite-Massen kann das langsam abbindende Amalgam noch verdichtet (kondensiert) werden. Dies geschieht meistens mit Handstopfern, kann aber auch mit maschinellen Kondensatoren am Mikromotor (z. B. *Bergendal*-Kondensor) oder am Ultraschallgerät (z. B. Cavitron) erfolgen. Auch bei den Maschineninstrumenten werden Arbeitsköpfe verwendet, die den Flach- oder Birnenstopfern nachgebildet sind. Durch die maschinelle Rüttelbewegung wird das noch weiche Amalgam unter leichtem Druck verdichtet.

Schnitzinstrumente

Die Kaufläche des noch weichen Amalgams kann nach der Kondensation im Munde noch mit Hilfe spezieller Handinstrumente anatomisch gestaltet werden. Dabei wird die okklusale Fläche nach Kontrolle der Bißhöhe (mit Okklusionsfolien oder -papier) mit Fissuren und Höckern versehen.
Meist wird dazu entweder
- ein Schnitzsatz (verschieden geformte Arbeitsteile) oder
- ein Universalschnitzer (mit dreieckiger Spitze)

benützt.

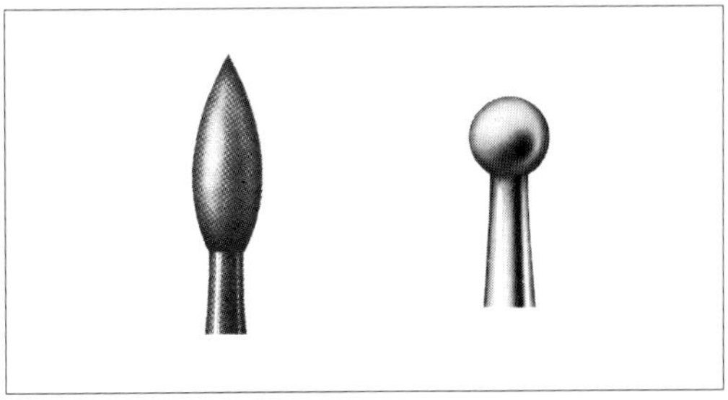

Abb. 230 Flammen- bzw. kugelförmiger Polierer.

Polierende Instrumente

Nach dem endgültigen Aushärten der Füllungswerkstoffe oder dem Abbinden des Befestigungszementes bei Inlays muß die Oberfläche geglättet, der Überschuß entfernt bzw. die Zementfuge durch Anschlagen verkleinert werden.
Dazu benützt man:
- Finierer,
- Polierer,
- Scheiben,
- Streifen mit oder ohne zusätzliche Polierpasten.

Handinstrumente

Schleif- und Polierstreifen

Schleif- und Polierstreifen aus Leinen, Kunststoff oder Stahl mit körniger Auflage auf einer oder beiden Seiten dienen dem Finieren und Polieren der Füllung. Sie eignen sich besonders zum Glätten im Interdentalraum. Die Einteilung der Körnung entspricht derjenigen von Scheiben für Maschinenantrieb und reicht von grob bis sehr fein. Um die manuelle Anwendung

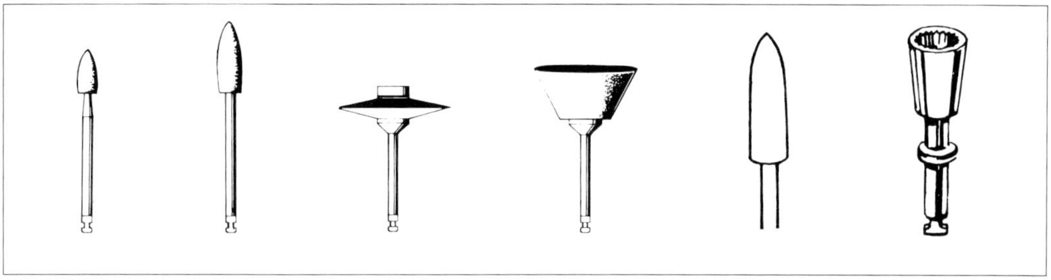

Abb. 231 Gummipolierer

dieser Streifen zu erleichtern, gibt es auch Halter, in die sich die verschiedenen Stükke einspannen lassen.
Es ist jedoch festzuhalten, daß eine Füllung aus Composite-Kunststoff nicht sofort bearbeitet werden sollte. Erst nach einem bis zwei Tagen, wenn die Aushärtung und die durch Wasseraufnahme bedingte Expansion abgeschlossen sind, darf eine solche Füllung beschliffen und finiert werden.
Bei Amalgamfüllungen verbietet sich ein solches Vorgehen am selben Tage schon dadurch, daß die Füllung noch zu weich zur Bearbeitung ist, und Gußfüllungen sollten an der Kontaktfläche überhaupt nicht mehr nachgearbeitet werden, weil dadurch nur die korrekte Politur verletzt wird.

Maschineninstrumente

Finierer

Finierer sind Hartmetallbohrer mit besonders feinem Querhieb. Sie werden meist verwendet in Form von:
- Kugeln,
- Flammen,
- Walzen und als
- Interdentalfinierer (Abb. 229).

Mit diesen Maschineninstrumenten kann man relativ rasch arbeiten, aber die Arbeitsteile nützen sich sehr schnell ab und werden stumpf. Deshalb muß die Helferin dafür sorgen, daß unbrauchbare und verklebte Stücke ausgesondert werden. Nur mit frischen und funktionstüchtigen Finierern kann die „Vorpolitur" effektiv ausgeführt werden.

Polierer

Diese ebenfalls maschinell angetriebenen Instrumente gibt es in verschiedenen Arten und Formen. Die wichtigsten sind:
- geriefte Polierer mit breitem, stumpfem Querhieb (Schlagpolierer) zum Anschlagen von Inlays;
- glatte Polierer mit völlig runden Köpfen (Kugelpolierer) für Amalgamfüllungen (Abb. 230);
- elastische Polierer mit kelchartigen, spitzen, zylindrischen, rad- oder birnenförmigen Arbeitsteilen (Gummipolierer) für Zement- und Composite-Füllungen (Abb. 231).

Die letzte Gruppe ist zur besseren Unterscheidung eingefärbt, da ihre Härtegrade durch verschieden starke Zumischung von Schleifkörpern von weich bis hart schwanken. Die gebräuchlichsten Farben sind:
- weiß oder grün für weiche Polierer,
- braun für mittelharte,
- schwarz oder gelb für harte.

Alle Poliererarten brauchen sich sehr rasch auf. Oft sind sie deshalb nur auf einen Schaft montiert und können bei Bedarf erneuert werden. Der Träger, auf den die Polierköpfe aufgeschraubt werden, heißt „Mandrel" (Abb. 232).

Scheiben

Auch diese Polierinstrumente sind auf einem Träger montiert. Sie werden als
- Sandpapierscheiben oder
- Kunststoffscheiben

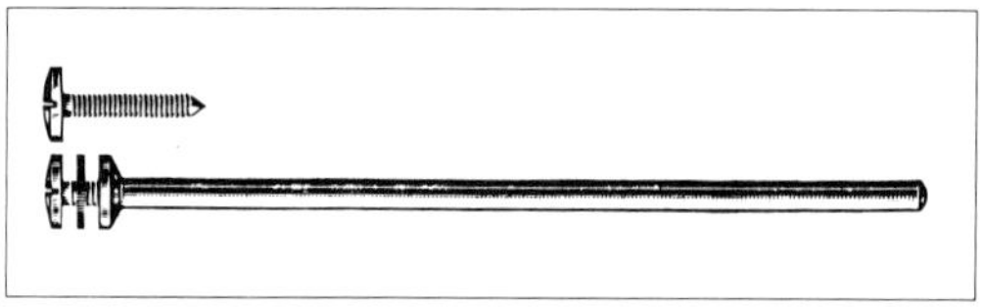

Abb. 232 Scheibenträger (Mandrel) für Polierscheiben

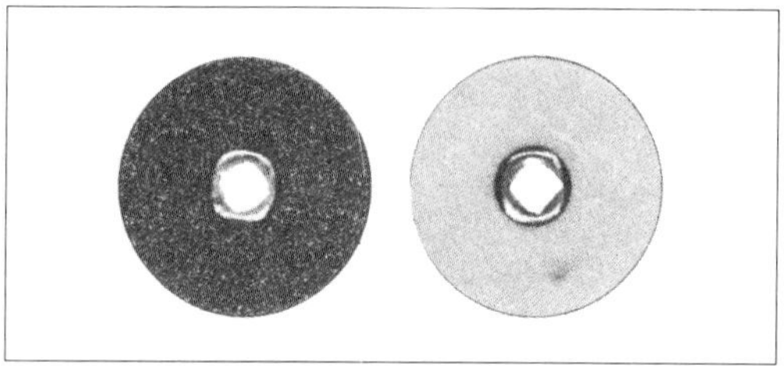

Abb. 233 Schleifscheiben

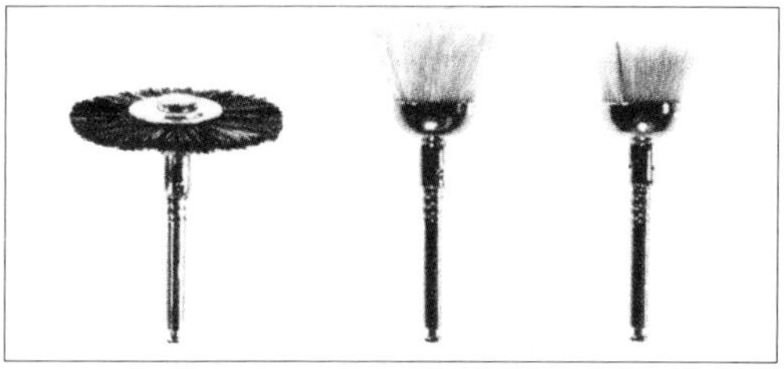

Abb. 234 Polierbürsten

hergestellt und enthalten feine Schleifkörnchen, die verschieden groß sind. Daraus ergeben sich die Typen (Abb. 233):
- grob,
- mittel,
- fein und
- sehr fein.

In der genannten Reihenfolge werden sie auch beim Polieren von Füllungsoberflächen eingesetzt.

Polierbürsten und -pasten

Um auf den Füllungen „Hochglanz" zu erzeugen, sind verschiedene Polierpasten im Handel. Sie enthalten meist feinste Schleifkörper (fein gemahlener Bimsstein, Schlämmkreide usw.) in der Pastengrundlage (Fett oder Talkum). Vor dem Polieren werden sie auf die Oberfläche der Füllungen aufgetragen. Anschließend wird mit montierten Bürstchen, die eine Hand- bzw. Winkelstückkupplung besitzen, bei mittlerer Geschwindigkeit poliert (Abb. 234).

Für die Helferin ist bei der Verwendung von Polierpasten wichtig, daß
- die benötigte Paste in ausreichender Menge zur Verfügung steht (am besten im „Dappengläschen");
- auf herumspritzende Teile der Paste geachtet wird (gleich wegputzen, nicht antrocknen lassen!);
- die Konsistenz der Polierpaste ausreichend dünn ist (sie trocknet leicht aus!), damit sie schnell aufgebracht werden kann;
- die benützten Bürstchen gründlich gesäubert werden (durch eingetrocknete Pastenreste verlieren sie schnell an Elastizität!).

Fragen zum Verständnis und zur Selbstkontrolle

Konservierende Instrumente

62. Übersetzen Sie folgende Fachausdrücke!
    a) Heatless- d) Soft-
    b) Strips e) palpieren
    c) Mandrel f) Konus
63. Was verstehen Sie unter dem Begriff „FG“ (Friction Grip)?
64. Wie bezeichnet man die Sondenart, mit der der Zahnarzt den Wurzelkanal austastet?
65. Wodurch können Diamanten für das Beschleifen unbrauchbar werden?
66. Welche Bohrerart trägt nur an der Stirnseite („vor Kopf“) einen Hieb?
67. Wie heißen die bekanntesten maschinellen Wurzelkanalerweiterer?
68. Erklären Sie den Unterschied zwischen einer Rattenschwanz- und einer Hedströmfeile!
69. Wozu werden Interdentalkeile benötigt?
70. Warum sind die Gummipolierer verschieden eingefärbt?
71. Mit welchem Maschineninstrument kann Polierpaste auf der Füllungsoberfläche verteilt werden?
72. Wann kann eine Amalgamfüllung poliert werden?
73. Wann kann eine Goldgußfüllung poliert werden?

(Die Antworten stehen auf Seite 325.)

Antworten zu den Fragen auf Seite 280 „Grundbegriffe und Temporäre Füllungen“

1. Restaurative Zahnheilkunde
   Endodontie
   Parodontologie
2. Temporäre Füllung
   Unterfüllung
   Festsetzung von Gußfüllungen, Kronen und Brücken.
3. Die klinische Untersuchung und Röntgenaufnahmen.
4. Das Vorhandensein von Karies,
   die Vitalität,
   die Lockerung,
   Fehlbelastungen,
   die Gesundheit der Gingiva,
   den Pflegezustand.
5. In fünf Klassen.
6. korrekte Umrißform
   korrekte Retentionsform
   korrekte Widerstandsform
7. Erneuten Kariesbefall in einem schon behandelten Bereich.
8. Aus eingedicktem Pflanzensaft.
9. a) Hohlraum (im Zahn)
   b) beruhigend
   c) vorübergehend
   d) wiederherstellen
10. Da sie bei Zutritt von Luftfeuchtigkeit abbinden.

11. Dauerhaftigkeit
 dichter Verschluß
 Verträglichkeit für Pulpa und Parodont
 Widerstandsfähigkeit
 einfache Verarbeitung
 schnelle Aushärtung

Antworten zu den Fragen auf Seite 283 „Definitive Füllungen und Zemente"

12. Von der Raumtemperatur.
13. Sie schädigen das Zahnmark und können zur Pulpagangrän führen
14. Carboxylatzemente enthalten keine Orthophosphorsäure, sondern die Flüssigkeit besteht aus Polyacrylsäure.
15. Haftfähigkeit
 Ätzbarkeit
 Fluoridabgabe.

Antworten zu den Fragen auf Seite 285 „Kunststoffe"

16. Polymethylmethakrylat
17. Makrogefüllte, mikrogefüllte, Hybride.
18. Durch Medikamente (Eugenol, Thymol usw.).
19. Durch Lichtpolymerisation mit UV- oder sichtbarem Licht.
20. lange, verzweigte Ketten und Netze
21. 1–100 μm und 0,004–0,3 μm.

Antworten zu den Fragen auf Seite 288 „Amalgame und Metallfolien"

22. 65–75% Silber
 20–25% Zinn
 2–5% Kupfer.
23. Es verfärbt die Zähne, birgt die Gefahr einer Vergiftung und löst sich langsam auf.
24. a) Kriechen
 b) Plättchen
 c) Pulver, Feilung
 d) Vergiftung
 e) Fließen
 f) feuchtigkeitsanziehend
25. Stopfbarkeit, Festigkeit und Dichte verschlechtern sich sonst.
26. Non-Gamma-2-Amalgam.
27. Quecksilberdämpfe sind giftig und werden im Körper gespeichert. Verschüttetes Quecksilber ist schwer wieder aufzusammeln.

Antworten zu den Fragen auf Seite 292

28. Nach der direkten und nach der indirekten Methode.
29. Goldplatinlegierungen
 Palladiumbasislegierungen
 Kunststoffe
 Keramik
 Gußglas.
30. geringes spezifisches Gewicht
 geringe thermische Leitfähigkeit
 geringerer Preis
31. Platin, Iridium, Palladium, Kupfer und Silber.
32. Weil sie nicht wie bei Gold- und Silberlegierungen „angeschlagen" (überdeckt) werden kann.
33. Kunststoff:
 Schlechte Kantenfestigkeit
 Farbinstabilität
 Verfärbung der Zementfuge
 Reizung des Zahnfleischrandes durch Restmonomer.

Antworten zu den Fragen auf Seite 296 „Behandlung der vitalen Pulpa"

34. Durch Unfall, Beschleifen oder Überlastung beim Kauen.
35. Mechanische, thermische und chemische.
36. Die Verwendung von Lacken und Linern.
37. ca. 50000 Dentinkanälchen pro Quadratmillimeter!
38. Die Kronenpulpa.
39. Damit keine Keime in die empfindliche Pulpa eingeschleppt werden.
40. Sie sollen neutral sein, gut isolieren, abdichten, desinfizieren und sedieren.
41. Mit einer gezähnten Nadel (Exstirpationsnadel).

42. a) schädliche Reize
 b) tiefe Karies
 c) Brückenbildung (durch Reizdentin)
 d) Lebendausreißung
 e) tasten
 f) auskratzen

Antworten zu den Fragen auf Seite 300 „Behandlung der devitalen Pulpa"

43. (1) Absolute Keimfreiheit!
 (2) Benutzte Wurzelkanalinstrumente sind immer infiziert!
44. Arsen und Formaldehyd.
45. Schmerzen zu lindern
 Bakterien zu bekämpfen
 als Infektionsschutz
 zur Auflösung von Weichgewebsresten.
46. Die Wurzelverhältnisse (Resorption) und die Gefahr der Schädigung des bleibenden Zahnes lassen keine Aufbereitung zu.
47. Bei einer Vitalexstirpation wird noch lebendes Gewebe entfernt, bei einer Mortalexstirpation bereits abgestorbenes (mortales) Pulpengewebe.
48. Mit Füllspiralen (Lentulo, Pastinject).
49. An den angebrachten Kerben, Skalen, Kontrollscheibchen oder Markierungen.
50. Ionophorese
 Chlorgas.
51. bakteriendichter Verschluß
 Röntgenpositivität
 vollständiges Ausfüllen des Kanals
 Reizlosigkeit
 Stabilität
 Farbstabilität
 Randbeständigkeit
 Volumenbeständigkeit.

Antworten zu den Fragen auf Seite 310 „Ablauf in der Praxis"

52. Die elektrische, thermische und mechanische.
53. Klopfempfindlichkeit des Zahnes.
54. Zum Auskratzen des erweichten Dentins.
55. Mit Artikulationspapier oder Okklusionsprüffolie.
56. Diamanten.
57. a) Abtasten
 b) Abklopfen
 c) Betrachtung
 d) Vorbereitung
 e) geringere Empfindlichkeit
 f) Eröffnung.
58. Sie können den Behandlungsablauf mitbestimmen oder stören.
59. 10 µm Abtragung
 30 µm Veränderung der Prismenformen
 10 µm Strukturveränderung der Prismenoberflächen.
60. Watterollen
 Speichelsauger
 Absaugung
 Kofferdam.
61. Die Trockenhaltung.

Antworten zu den Fragen auf Seite 323 „Konservierende Instrumente"

62. a) Hitzefrei-
 b) Streifen
 c) Träger für Polierer, Scheiben usw.
 d) Weich-
 e) tasten
 f) sich verjüngender Teil bei Schäften von Bohrern, Diamanten, Kanülen usw.
63. Die Kupplungsart für Turbinenantrieb (Halt durch Reibung).
64. *Mille*nadel (rund).
65. Durch Kahlstellen („Glatzen"), durch Verkleben oder Verschmieren.
66. Der Stufenversenkbohrer.
67. Beutelrock und Gates.
68. Eine Rattenschwanzfeile hat scharfe, abstehende Zacken am Arbeitsteil, eine Hedströmfeile ist schraubenartig gestaltet.
69. Zum Vermeiden von interdentalen Füllungsüberschüssen.
70. Um ihre unterschiedliche Härte zu kennzeichnen.
71. Mit montierten Bürstchen
72. Frühestens nach einem Tag.
73. Vor dem Eingliedern (im Labor).

Zehntes Kapitel

Parodontologie

Prof. Dr. med. dent. Dieter E. Lange, Münster

Assistenz der zahnärztlichen Helferin bei der Parodontalbehandlung

Instrumentenkunde und Instrumentierung

Als Parodontologie wird das zahnärztliche Fachgebiet verstanden, das sich vornehmlich mit der Erkennung und Behandlung von Zahnbetterkrankungen beschäftigt. Da die Häufigkeit der Parodontalerkrankungen stark zunimmt und deshalb mehr Zahnärzte speziell in diesem Fachgebiet ausgebildet werden, wird in der zahnärztlichen Praxis die Anzahl der Parodontalbehandlungen künftig zunehmen. Gerade auf diesem Gebiet nimmt die zahnärztliche Helferin eine bedeutsame Stellung ein. Ihre Mithilfe im zahnärztlichen Arbeitsteam ist für die Bewältigung des Behandlungsumfanges von großer Wichtigkeit.

1. Einteilung der Parodontalerkrankungen

Für die zahnärztliche Helferin ist es notwendig, daß sie die verschiedenen Formen und Unterteilungen der Parodontalerkrankungen kennt.
Als Oberbegriff für alle Erkrankungen des Zahnhalteapparates (Parodontium oder Parodont) wird der Begriff Parodontopathien benutzt. Sie werden unterteilt in:

- entzündliche Formen;
- atrophische Formen;
- hyperplastische Formen

(siehe auch Kapitel „Parodontalerkrankungen“, Band 1, Seite 413 ff.).

2. Befunderhebung bei parodontalen Erkrankungen

Besteht Verdacht auf Vorliegen von Gingiva- und Parodontalerkrankungen oder soll eine systematische Parodontaltherapie durchgeführt werden, müssen vorher folgende drei wichtige Untersuchungen erfolgen:

a) Untersuchungen auf Vorkommen und Tiefe von Zahnfleisch- und Knochentaschen;
b) Feststellung der Zahnbeweglichkeit;
c) Bewertung der pathologischen Veränderungen im Röntgenbild.

a) Untersuchung der Zahnfleischtaschen

Wie im Kapitel „Anatomie und Histologie des Zahnes und des Zahnhalteapparates (Parodontium)“, Band 1, festgestellt wurde, ist die normale Zahnfleischfurche (Sulcus gingivae) 0,4 bis 0,6 mm tief. Geht durch pathologische Prozesse der Epithelansatz-Mechanismus verloren, bildet sich zunächst im Sulcusboden eine Tasche aus, die bei Fortbestehen entzündlicher Abläufe in das faserige Bindegewebe

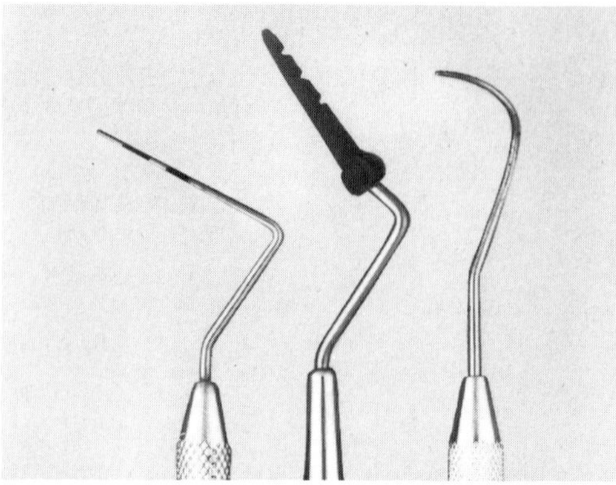

Abb. 237 Meßinstrumente und Meßsonden für die Zahnfleischtaschenmessung und die Bestimmung der Tiefe von Knochentaschen und von Furkationsbefunden. Links starres Metall-Parodontometer, in der Mitte die bewegliche Plast-o-Probe und rechts die Taschensonde nach Nabers

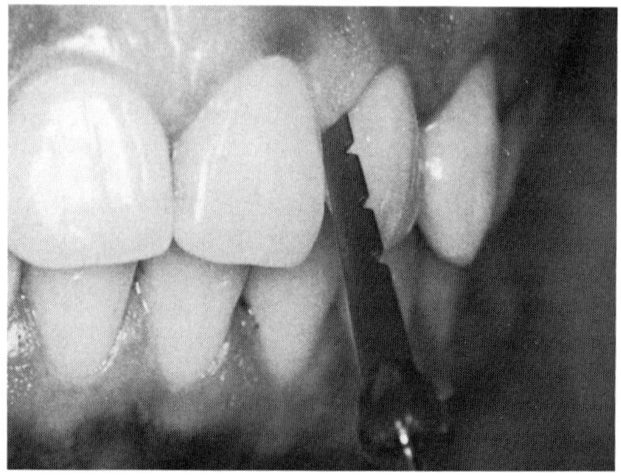

Abb. 238 Verwendung der Plast-o-Probe zur Taschenmessung. Die Einkerbungen sind jeweils bei 3 mm

der Gingiva und später in den Alveolarfortsatzknochen vordringt. Zur Ermittlung der Tiefe der pathologischen Zahnfleischtasche werden Parodontalsonden benutzt, die man als „Parodontometer" bezeichnet. Bei einer Eindringtiefe von mehr als 2 mm, wobei der Gingivarand als Bezugspunkt dient, spricht man von pathologischen Zahnfleischtaschen.
Als Parodontometer dienen drei unterschiedliche Arten von Instrumenten

- Drahtschlaufen-Parodontometer
- gelenkige Kunststoff-Parodontometer
- starre Metallparodontometer.

Die Drahtschlingen-Parodontometer sind Meßsonden, die aus gedrehten Drahtschlaufen bestehen. Diese Instrumente sind ungenau; die Dicke des Drahtes verhindert die Messung fein auslaufender Zahnfleischtaschen, die Bruchgefahr der Schlaufen ist relativ hoch. Deswegen wird dieses Instrument nur noch in Einzelfällen für die systematische Ausmessung der Zahnfleischtaschen benutzt.
Eine sehr gebräuchliche Meßsonde ist die Plast-o-probe (Abb. 237 und 238), die aus einem Handgriff mit Kugelkopf besteht, auf den ein Plastikansatz aufgesetzt werden kann. Der Plast-o-probe-Ansatz ist als Wegwerfartikel gedacht. Die genaue Messung (Kalibrierung) beträgt mittels der verschiedenen Einkerbungen 3-3-3 mm mit einer Meßstrecke bis zu 9 mm. Die Plast-o-probe ist ein sehr häufig benutztes Meßinstrument, das für die Routine-Erfassung der Zahnfleischtaschen in der zahnärztlichen Praxis geeignet ist.

Starre Sonden aus Metall werden je nach Herstellungsort oder Autor als Michigan-o-probe, *Williams*-Sonde oder *Marquise*-Sonde bezeichnet. Zwischen den einzelnen Formen bestehen nur geringfügige Unterschiede (Abb. 239a). Diese Sonden haben unterschiedliche Einkerbungen, die in Abständen von 3, 6, 8 und/oder 11 mm variieren. Neuerdings gibt es farbcodierte Sonden, die ein leichtes Bestimmen der Zahnfleischtasche gestatten, z.B. Aesculap, PCP 11, American Dental (Abb. 239b). Besonders bei schmalen schlitzförmigen Taschen und Knochentaschen ist die starre Parodontalsonde anderen Formen überlegen.
Mit der sogenannten FDI/WHO-Sonde wird der Community Periodontal-Index of Treatment Need (CPITN) erhoben. Der Index dient zur schnellen Abschätzung des Entzündungszustandes des Parodon-

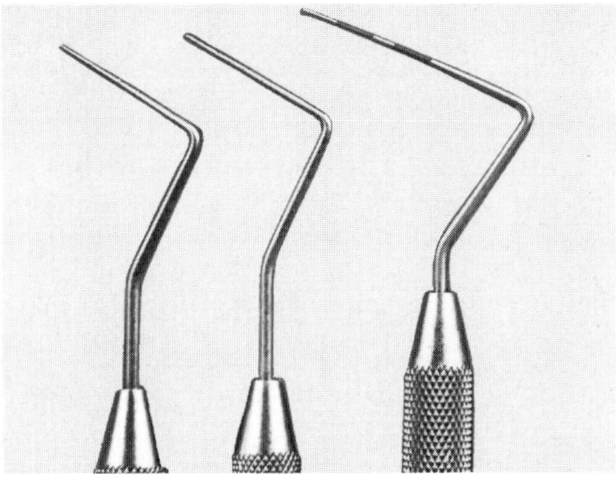

Abb. 239a Starre Metall-Parodontometer amerikanischer Herkunft. Links die Michigan-o-Probe und rechts das farbkodierte PCP 11 Instrument

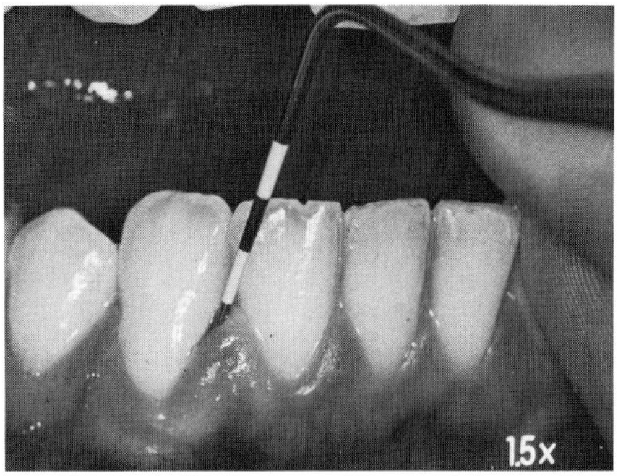

Abb. 239b Farbcodierte Parodontometer (PCP 11. American Dental)

tiums, der Mundhygiene und des Parodontalzustandes. Die ballförmige Abrundung verhindert eine Verletzung der Weichgewebe und kann zur Aufdeckung von Rauhigkeiten und subgingivalem Zahnstein auf der Wurzeloberfläche dienen. Die Einteilung der Sonde durch Farbmarkierung erfolgt im Bereiche 3,5 mm und 5,5 mm (Abb. 239c).

b) Bestimmung der pathologischen Zahnbeweglichkeit

Der Lockerungsgrad der Zähne wird am besten mit einem starren Instrument in der einen Hand, z. B. Spiegelgriff, Kugelstopfer oder Plast-o-probe-Halter und mit der Fingerkuppe der anderen Hand bestimmt (Abb. 240). Damit ist es möglich, die Auslenkung der Zähne zu erfassen. Folgende Lockerungsgrade (Abb. 241) werden unterschieden:

I = gerade fühlbar
II = sichtbar, d. h. man kann ein Auslenken der Schneidekanten an Höckerspitzen von 1 bis 2 mm in horizontaler Richtung feststellen
III = Auslenkung der Zähne in horizontaler Richtung von mehr als 2 mm, Beweglichkeit auf Lippen- und Zungendruck und in axialer Richtung; der Zahn kann vertikal bewegt werden.

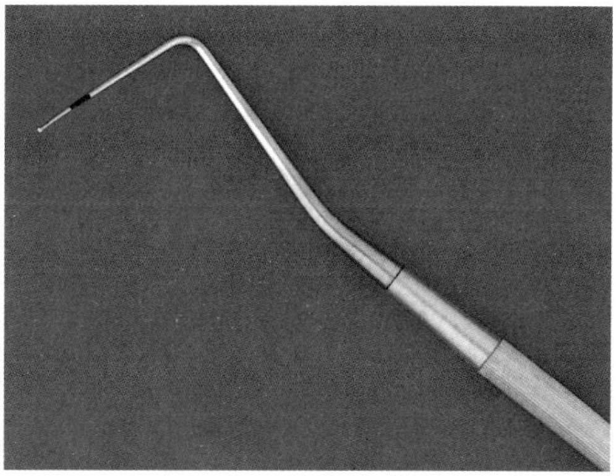

Abb. 239c WHO/FDI-Parodontometer (Modell Morita oder LM) zur Ermittlung des CPITN und Abschätzung des parodontalen Behandlungsbedarfs sowie der Mundhygiene und des Entzündungszustandes der Gingiva. Das Parodontometer hat ein kugelförmiges Ende sowie eine Colorkodierung bis 5,5 mm Sondiertiefe

Die erhöhte Zahnbeweglichkeit, die fühlbar oder sichtbar erkannt werden kann, zeigt an, daß ein pathologischer Prozeß im

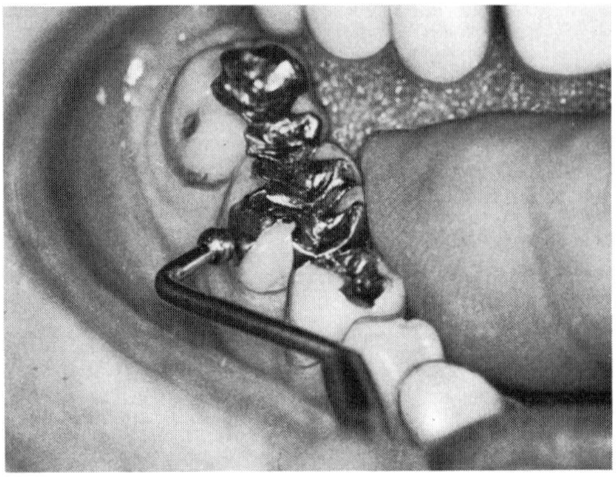

Abb. 240 Messungen der Zahnbeweglichkeit mit starrem Instrument und Fingerkuppe

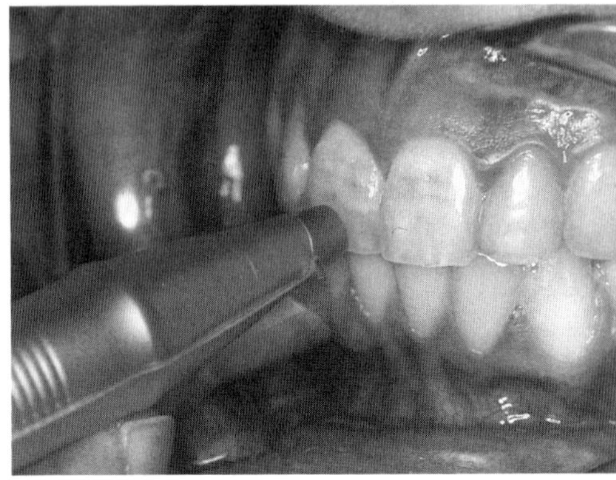

Abb. 242a Periotestsystem. Das Handstück enthält einen Stößel, der zur Schwingungserzeugung dient und gleichzeitig die „Dämpfung" des Desmodonts mißt

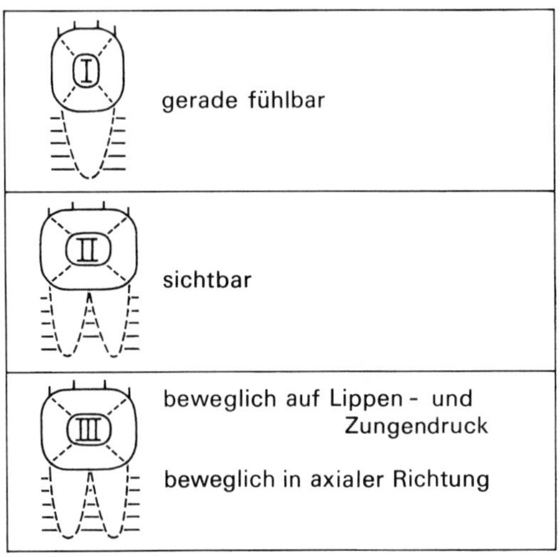

Abb. 241 Lockerungsgrad (I. II. III.)

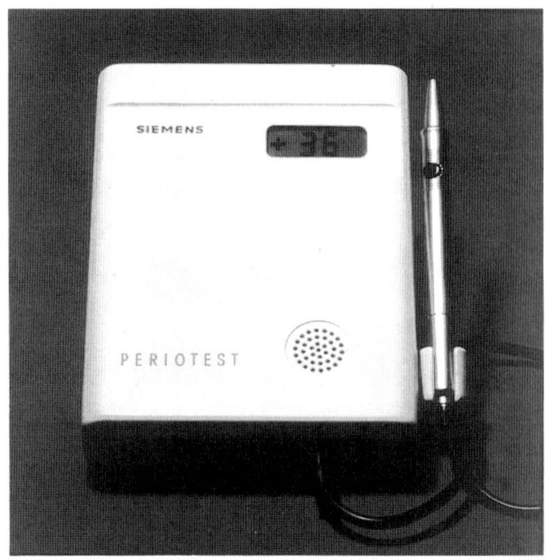

Abb. 242b Periotestgerät. Die Dämpfungscharakteristika des Desmodonts werden elektronisch registriert und können im Fenster abgelesen werden. Gleichzeitig gibt das Gerät diese Zahlen akustisch wieder

Parodontium und im Desmodont vorhanden ist. Ursache kann eine mechanische Störung (zu hohe Füllung, zu hohe Krone) oder ein entzündlicher Prozeß im Parodontium sein.
Seit kurzem steht ein elektronisches Meßgerät (Periotest) zur Verfügung, mit dem die Dämpfungseigenschaften des Desmodontes und damit indirekt die Zahnbeweglichkeit beurteilt werden kann. Das Gerät besteht aus einem Stößel, der auf die Zahnoberfläche trifft und die durch den Aufprall erzeugte Dämpfungsschwingung elektronisch registriert (Abb. 242a und b).

c) Die Erhebung der röntgenologischen Befunde

Das Röntgenbild ist ein wichtiges Hilfsmittel bei der Diagnostik, der Behandlungsplanung und der Prognose parodontaler Erkrankungen. Es gibt dem Zahnarzt Informationen über Veränderungen im Desmodontalraum und im Alveolarknochen. Für die systematische Parodontalbehandlung ist die Herstellung eines „guten" Röntgenbildes unbedingt erforderlich. Um Fehlinterpretationen und Mißverständnisse zu vermeiden, ist es notwendig, mit äußerster Präzision zu arbeiten und besondere Röntgentechniken zu benutzen. Projektionsbedingte Verzerrungen sind in der Röntgendiagnostik parodontaler Erkrankungen wesentlich ungünstiger als bei der Untersuchung periapikaler Veränderungen.
Auf die besonderen Röntgentechniken wurde bereits grundsätzlich im Kapitel „Röntgenologie", Seite 187ff., hingewiesen.
Für die systematische PA-Behandlung ergeben sich gewisse Besonderheiten, so daß eine kurze Zusammenstellung der Techniken sinnvoll erscheint, die sich für eine röntgenologische Befunderhebung besonders eignen.

Orthopantomogramme (OPG)

Vorteile:

Abbildung aller Zähne in der Übersicht. Sehr geringe Strahlenbelastung. Ausgezeichnete Übersichtsaufnahmen mit zusätzlicher Beurteilungsmöglichkeit von Maxilla, Mandibula, Kiefergelenk und Kieferhöhle.

Nachteile:

1. Unscharfe Detaildarstellung: Schmelz-Zement-Grenze nicht deutlich erkennbar, Wurzelspitzen nur undeutlich zu erkennen, keine Darstellung der Lamina dura, Veränderungen im periapikalen Bereich erst bei größerem Umfang der Veränderung festzustellen.
2. Unscharfe Darstellung im Frontzahnbereich durch Wirbelsäulenüberlagerung.
3. Im Prämolarenbereich häufig Übereinanderprojektion der Kronen.
4. Bei leichter Veränderung der Kopfneigung verzerrende Darstellung des Unterkiefers und des aufsteigenden Astes mit veränderter Achsenneigung der Zähne.
5. Unzureichende Darstellung von Knochentaschen.
6. Abstand vom Limbus alveolaris zur Schmelz-Zement-Grenze nur in Einzelfällen auszumessen.
7. Destruktionsvorgänge im Bereich des Limbus alveolaris erst im Spätstadium erkennbar.

Parallel-Technik

Bei dieser Aufnahmetechnik wird die Filmebene mit einem Filmhalter parallel zum abzubildenden Zahn eingestellt. Der Zentralstrahl ist senkrecht auf die Filmebene gerichtet. Bei der Rechtwinkeltechnik besteht eine starre Fixierung des parallel zur Zahnachse angeordneten Films mit dem Tubus des Röntgengerätes. Bei der Parallel-Rechtwinkeltechnik kommen Langtuben zur Anwendung.

Vorteile:

1. Beziehung der deutlich erkennbaren Schmelz-Zement-Grenze zum Limbus alveolaris gut sichtbar.
2. Gesamtdarstellung des Zahnes und der periapikalen Gewebe in ausreichender Deutlichkeit.
3. Gute Detailzeichnung.
4. Lamina dura deutlich erkennbar.
5. Zwei- und dreiwandige Knochentaschen beurteilbar.
6. Veränderungen im Desmodontalspalt auch im Frühstadium sichtbar.
7. Nahezu anatomisch getreue und größenidentische Abbildung des Zahnes.
8. Möglichkeit des Vergleichs zwischen Molaren- und Frontzahnbereich.

Nachteile:

1. Einsatz von Filmhaltern und Gestängen.
2. Für ungeübte Behandler zeitaufwendig.

Abb. 243 RWT-Filmhalter. Dieser Satz enthält: 4 Führungsstangen (je 1 Stange für den Frontzahnbereich und Flügelbißaufnahmen und 2 Stangen für den Seitenzahnbereich); 4 Visierringe (je 2 Ringe für den Frontzahnbereich oder für Flügelbißaufnahmen und 2 Ringe für den Seitenzahnbereich); 14 Bißplatten (4 Halter für den Frontzahnbereich, 8 für den Seitenzahnbereich und 2 für Flügelbißaufnahmen). Alle Teile sind auch einzeln erhältlich. Filmhalter für Flügelbißaufnahmen gibt es noch zusätzlich für verschiedene Filmgrößen

3. Sterilisation der Filmhalter.
4. Bei Lückengebissen oft Verrutschen des Halters beim Zusammenbiß durch den Patienten.
5. Durch Langtubus verlängerte Belichtungszeit. Dadurch Auftreten von Unschärfen durch Verwackeln.

Hilfsmittel und Geräte zur vereinfachten röntgenologischen Darstellung pathologischer Veränderungen im parodontalen Bereich

Weder Orthopantomogramme noch Röntgenaufnahmen nach der Halbwinkeltechnik ergeben eine exakte Detaildarstellung parodontaler Strukturen. Freihändig durchgeführte röntgenologische Paralleltechniken ergeben ebenfalls ungenaue Darstellungen und lassen sich bei Routineuntersuchungen besonders in der zahnärztlichen Praxis kaum exakt durchführen. Es war daher naheliegend, industriell gefertigte Geräte zu benutzen, die meistens mit Gestängen oder Filmhaltern arbeiten.

RW-(Rechtwinkel-)Technik (RWT) nach Updegrave (1968)

Die RW-Technik ist vor allem in den USA und auch in der Bundesrepublik Deutschland verbreitet. Das Verfahren arbeitet mit einem Langtubus. Der Zahnfilm wird im Filmhalter fixiert. Ein am Filmhalter verschiebbar angebrachter Justierring ermöglicht eine zentrische Einstellung des Zentralstrahls auf .die Filmmitte. Eine in den Visierring eingelassene Nut ermöglicht eine Ausrichtung des Tubus und damit ein senkrechtes Auftreffen des Zentralstrahls auf die Filmebene.

Gebrauchshinweise für die Verwendung der RW-Technik (Parallel-Rechtwinkeltechnik)

Die RWT-Filmhalter sollen den Röntgenfilm in eine parallele Lage zur Zahnachse bringen. Auf diese Weise entstehen verzerrungsfreiere Röntgenaufnahmen, die die anatomischen Verhältnisse wiedergeben. Alle Aufnahmen, die mit dem RWT-Filmhalter gemacht werden, sind gewissermaßen standardisiert.

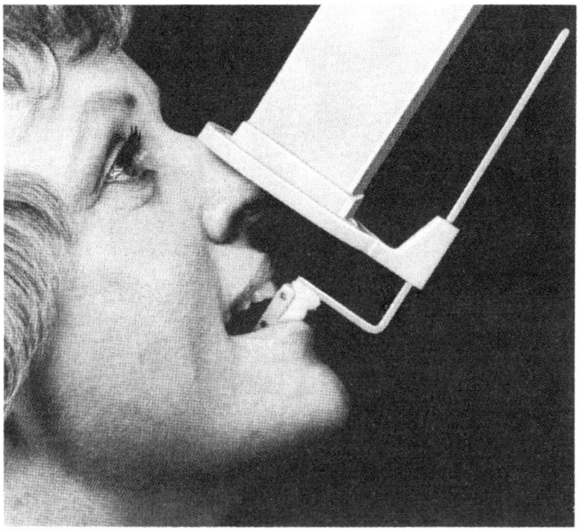

Abb. 244 Einstellung für den Oberkieferfrontzahnbereich

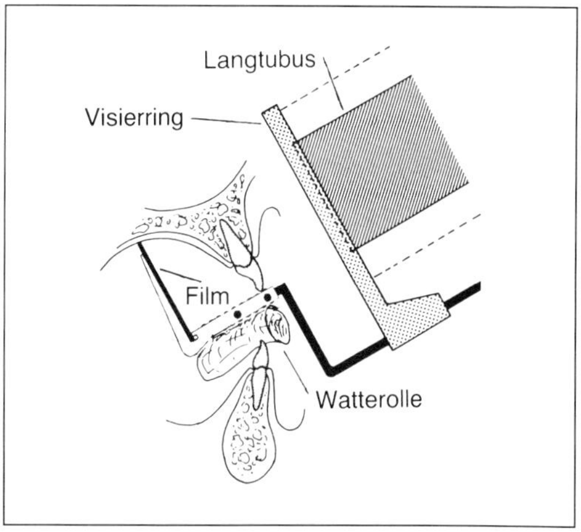

Abb. 245 Schematische Darstellung von Visierring, Langtubus, Film in paralleler Ausrichtung zur Zahnachse (RWT-System)

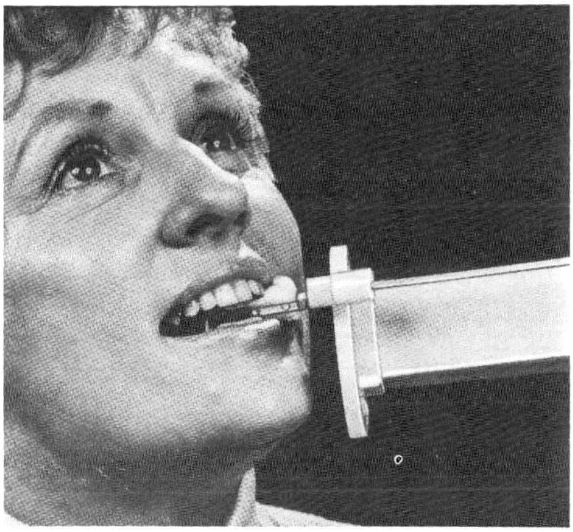

Abb. 246 Einstellung für den seitlichen UK-Bereich (RWT-System)

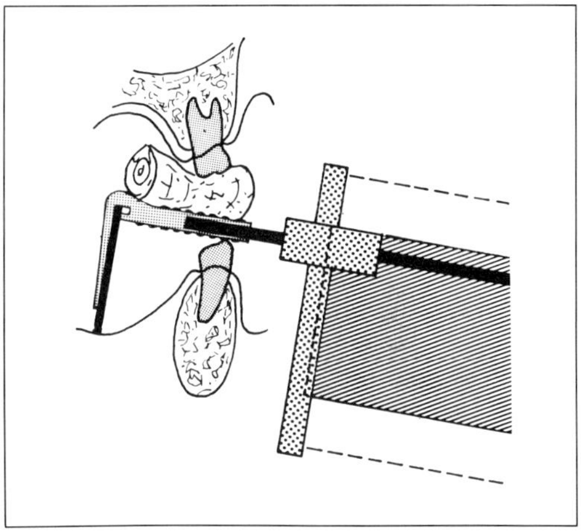

Abb. 247 Schematische Darstellung von Visierring und Langtubus, im Unterkiefer

Generelle Vorteile des RWT-Systems (Rinn- oder Parallel-Technik)

1. Der Zahnfilm liegt parallel zum Zahn.
2. Rechtwinkliges Auftreffen des Zentralstrahls. Verzerrungen sind gering und nicht größer als 5 bis 7%.
3. Einfache Anwendung.
4. Standardisierung, Genauigkeit, weniger Verzerrungen oder Verprojizierungen und Überlagerungen.

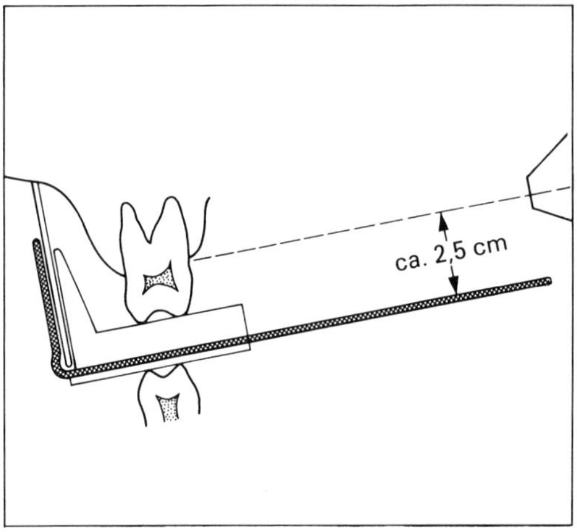

Abb. 248 Schematische Darstellung des Eggen-Systems. Zwischen Beißblock und Halter wird der Röntgenfilm eingeschoben und parallel zur Zahnachse ausgerichtet

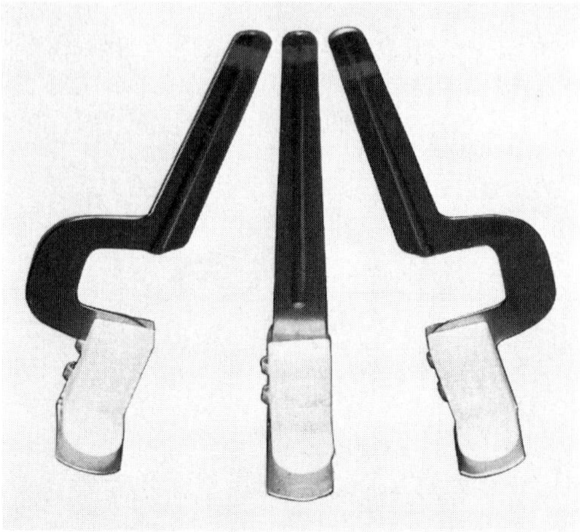

Abb. 249 Eggen-Filmhalter. Abgebogene Halter für 2. und 3. Molaren bei engen Mundwinkeln. Plastik-Beißblöcke werden durch Eindrücken arretiert und sichern die Lage des Röntgenfilmes

Die Rechtwinkel-Parallel-Technik nach Eggen

Die *Eggen*-Methode bedient sich rechtwinklig abgebogener sterilisierbarer Filmhalter. Plastikbeißblöcke können mittels eines Druckknopfsystems an den Filmhalterenden befestigt werden. Zwischen Filmhalter und Beißblock besteht ein Spalt zur Aufnahme des Röntgenfilms (Abb. 248). Der gerade Filmhalter wird für die Front- und Seitenzahnregion im Ober- und Unterkiefer benutzt. Bei normaler Mundgröße kann man mit dem geraden Halter mit Sicherheit die ersten Molaren erreichen. Für die zweiten und dritten Molaren benutzt man abgebogene Halter. Hier gibt es nach links und nach rechts abgewinkelte Formen (Abb. 249). Während der eine abgebogene Halter im linken Ober- und rechten Unterkiefer benutzt wird, wird der andere gebogene Halter für den rechten Ober- und linken Unterkieferbereich verwendet.

Die Filmhalter mit den eingelegten Röntgenfilmen werden parallel zur Zahnachse ausgerichtet und durch Aufbeißen fixiert (Abb. 250–253). Zwischen der Unterseite des Filmhalters und den aufbeißenden Zahngruppen sollte eine Watterolle zur besseren Fixierung eingebracht werden. Der aus dem Munde herausragende Filmhalter dient zum einen der Einhaltung eines konstanten Film-Fokus-Abstandes, zum anderen kann der Tubus des Röntgenapparates so ausgerichtet werden, daß der Zentralstrahl parallel zum Filmhalter verläuft (Abb. 248). Beim *Eggen*-System kann sowohl ein runder als auch ein eckiger Langtubus verwendet werden (Abb. 250 bis 253).

Dieses System ergibt eine verzeichnungsfreie Darstellung des alveolären Knochens und der Abstände zwischen Limbus alveolaris und Schmelz-Zement-Grenze sowie die sichere Lokalisation von Knochendestruktionen (Abb. 254). Bei Beurteilung der gesamten Zahn- und Zahnwurzellänge ist eine etwa 6%ige Vergrößerung anzusetzen; das bedeutet, daß von der Schneidekante eines Zahnes bis zum Apex des Zahnes von der gemessenen Länge etwa 1,4 mm abzuziehen sind.

Das *Eggen*-System hat unbestrittene Vorteile in der täglichen Routineradiologie. Die einfache Applikation des Filmhalters, die ausgezeichneten Sterilisationsmög-

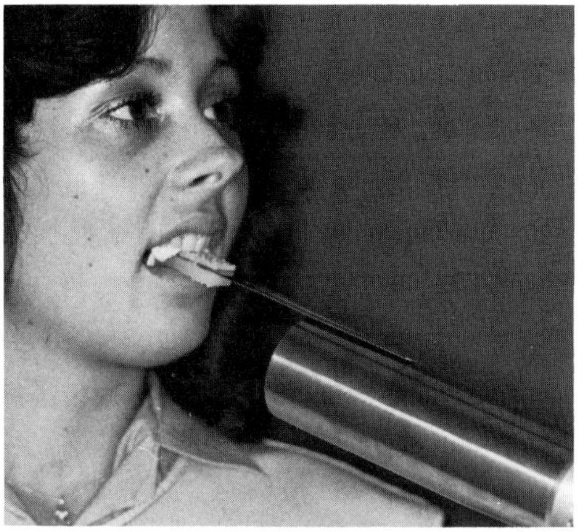

Abb. 250

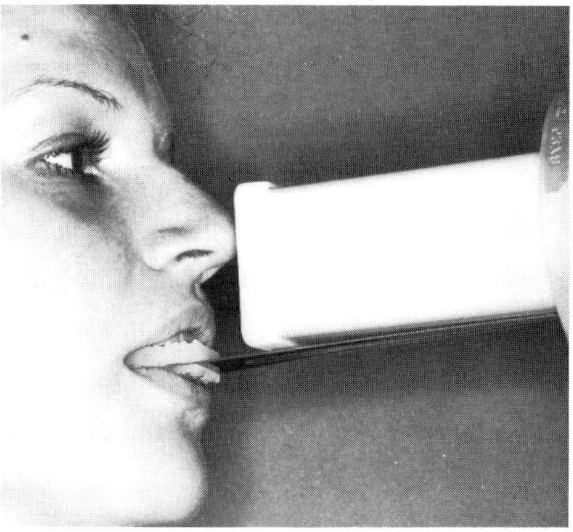

Abb. 251

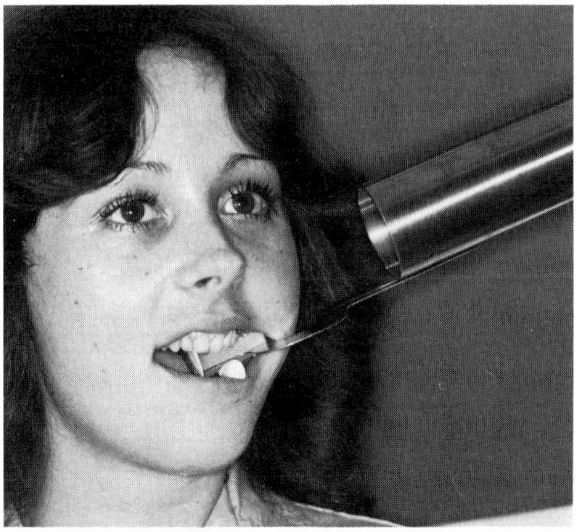

Abb. 252

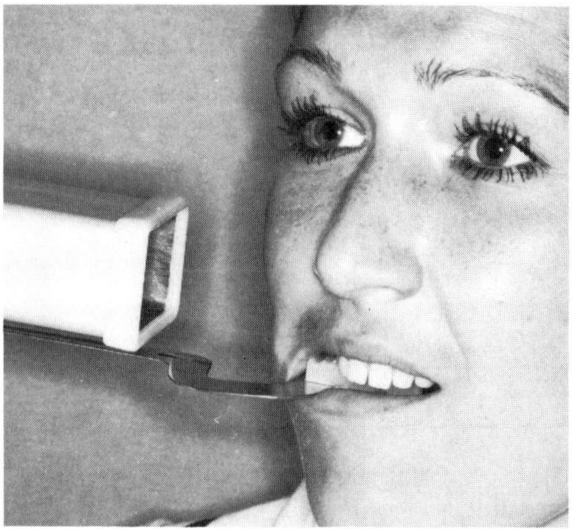

Abb. 253

Abbildungen 250–253 Eggen-Filmhalter (Fa. Ubert oder Dentaurum) mit unterschiedlichen Langtubussen für Röntgenaufnahmen nach der Rechtwinkel-Parallel-Technik im Ober- und Unterkiefer

lichkeiten, die Verwendung von Einmalbeißblöcken bieten Vorteile für die zahnärztliche Praxis. Von den Röntgenaufnahmen kann der ungefähre Verlauf des knöchernen Limbus alveolaris auf den PAR-Status übertragen werden. Hier liegen Hilfslinien in 2-mm-Abständen vor, die das Eintragen erleichtern.

Filmanordnung für intraorale Röntgenstaten

Für eine Reihe von klinischen Problemstellungen, insbesondere für die PAR-Behandlung, benötigt man nicht nur einzelne Zahnfilme, sondern man fertigt intraorale Röntgenaufnahmen sämtlicher Zähne und zahnloser Kieferabschnitte an

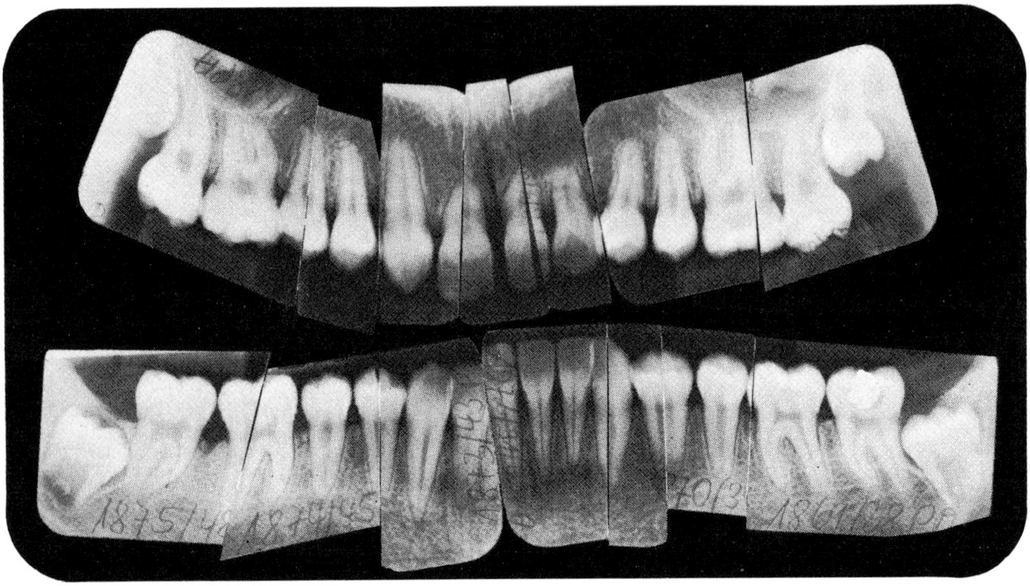

Abb. 254 Röntgenstatus nach der Parallel-Rechtwinkel-Technik (der Status wurde zusammengeschnitten)

(Status). Das ist besonders wichtig, um den Zahn in seiner Gesamtheit, den Desmodontalspalt und die periapikale Region ausreichend beurteilen zu können.

Der PAR-Röntgenstatus

Bei Parodontopathien mit Knochendestruktion reicht eine extraorale Röntgentechnik (OPG-Aufnahme oder Status-X) nicht aus. Für die einwandfreie Röntgendiagnostik von Parodontopathien ist daher in jedem Fall ein Röntgenstatus mit einzelnen Zahnaufnahmen durchzuführen. Bei oberflächlichen Parodontopathien, bei denen zunächst eine Übersichtsaufnahme zur Orientierung gemacht wurde, müssen einzelne Zahnfilme z. B. im Molarenbereich zur besseren Beurteilung des Alveolarfortsatzes nachgefertigt werden. Die primäre Aufgabe eines optimalen Röntgenstatus muß es sein, den Verlauf des Alveolarkammes in allen Abschnitten des Zahnbogens einwandfrei wiederzugeben. Ohne Überlagerung durch die Halswirbelsäule und verzerrungsfrei dürfte dies nur mit dem besprochenen Filmhaltersystem möglich sein.

Da die Krümmungsradien in den einzelnen Abschnitten des Ober- und Unterkiefers veschieden sind, gibt es große Schwierigkeiten, die Zahnzwischenräume überlagerungsfrei darzustellen. Es ist möglich, im Prämolaren- und Molaren-Bereich bis zu drei Zahnzwischenräume überlagerungsfrei zu projizieren, während es im Bereich der Frontzähne unmöglich sein kann, auch nur zwei interdentale Septen auf demselben Film ideal darzustellen. Man müßte daher den 14-Bilder-Status um insgesamt 4 Bilder zum 18-Bilder-Status erweitern, wobei die Aufnahmen im Bereich des Eckzahnes mit einem 2-cm- × 3-cm-Film anzufertigen sind (Abb. 255). Dieser erweiterte PAR-Status mit einer besseren Übersicht bedeutet andererseits eine größere Strahlenbelastung für den Patienten. Daher sollte man stets bemüht sein, bei günstigem Verlauf des Zahnbogens und bei Zahnlücken den 18-Bilder-Status zugunsten einer geringeren Strahlenbelastung auf 14 Bilder zu reduzieren.

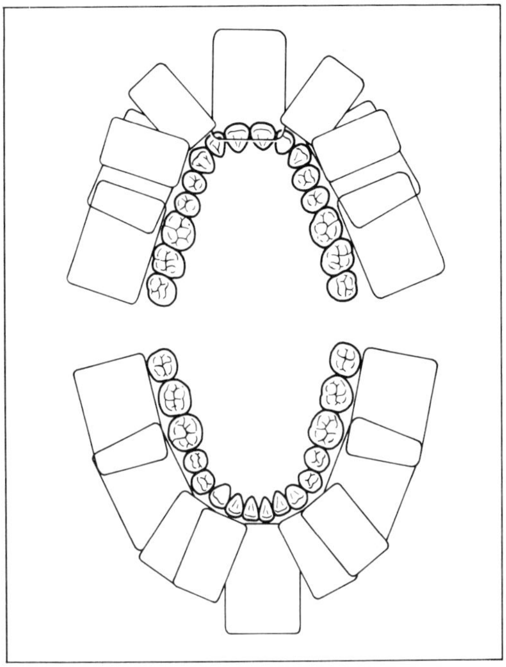

Abb. 255 Anordnung der Filme für einen umfassenden parodontalen Röntgenstatus mit 18 Bildern: Der 14-Bilder-Status wird im Bereich der Eckzähne um insgesamt 4 Bilder erweitert mit dem Ziel, die mesialen und distalen Septen zu erfassen (nach *Passler*)

Die Röntgenaufnahmen werden am besten in Folienkarten einsortiert und kommen in die Karteikartentasche des Patienten. Stets ist zu bedenken, daß das Röntgenbild eine wichtige Krankenunterlage (Dokument) darstellt und eine Aufbewahrungsfrist von 10 Jahren vom Gesetzgeber vorgeschrieben ist.

Befunderhebung unter Verwendung des PAR-Status

Von den gesetzlichen Krankenkassen (VdAK und RVO) ist für die systematische Parodontalbehandlung der sogenannte PAR-Status vorgesehen. Dieser erlaubt eine schnelle Befunderhebung und gibt dem behandelnden Zahnarzt den besten Überblick über den gesamten Zahn- und Parodontalzustand eines Patienten. Der Parodontalstatus wird in doppelter Ausfertigung (im Durchschreibeverfahren) erstellt, wobei der Zahnarzt der zahnärztlichen Helferin die Befunde diktiert, die sie direkt in das Formblatt einträgt. Auf der Vorderseite des Parodontalstatus (Abb. 256) werden neben den notwendigen Angaben zur Person des Patienten die Ergebnisse der allgemeinen und speziellen Anamneseerhebung vermerkt. Weiterhin sind hier die Befunde, soweit sie nicht im Lokalbefund auf der zweiten Seite erfaßt sind, einzutragen. Die Fragen zu den angegebenen Punkten sind durch Ankreuzen zu beantworten. Auf der Rückseite (Abb. 257) werden in einem speziellen Zahnschema alle Angaben zum Lokalbefund, Funktionsbefund, zur Therapieplanung und zur Abrechnung erfaßt.

Zum Zeitpunkt der Drucklegung wird ein neuer PAR-Status vorbereitet, der den alten Status ablösen soll. Dieser Status wird den neueren Erkenntnissen Rechnung tragen, da eine genaue Befunderhebung und Diagnostik für das Einzel-Parodontium notwendig ist. Ebenfalls wird dieser PAR-Status computerisierte Auswertungen gestatten. Da zum gegenwärtigen Zeitpunkt der Status in den Verhandlungen zwischen KZBV und gesetzlichen Krankenkassen noch nicht feststeht, ist eine weitere Beschreibung nicht möglich.

Vorgeschriebene Symbole für PAR-Befunde (Abb. 258 und 259)

- Fehlende, tiefzerstörte und nicht erhaltungswürdige Zähne, auch geplante Extraktionen
- Zähne mit freiliegenden Bi- oder Trifurkationen
- Pulpentote Zähne (negative Vitalitätsprüfung mit gleichzeitiger röntgenologischer Beurteilung)
- Pathologisch vertiefte Zahnfleischtaschen mit mm-Angaben. Angabe mesial, distal im Approximalraum
- Zahnlockerungen mit den Graden I, II, III.

Nach Erhebung der Einzelbefunde durch den Zahnarzt stellt dieser die endgültige Diagnose. Diese wird auf der Vorderseite des Parodontalstatus vermerkt.

PARODONTALSTATUS

....
(Name und Vorname des Mitglieds)

....
(Name, Vorname des Patienten, Geb.-Datum)

....
(Wohnort und Straße)

I. ALLGEMEINE VORGESCHICHTE:

Besteht ein Diabetes? .... ☐
Vasomotorische Erkrankungen? .... ☐
(Migräne, Akrozyanose, kalte Hände etc.)
Magen-Darmstörungen? .... ☐
(z. B. Druckgefühl nach Mahlzeiten)
Sonstige gegenwärtige Erkrankungen:
....
....

II. SPEZIELLE VORGESCHICHTE:

Bestand eine Gingivitis oder Stomatitis ulcerosa?
Einmal? .... ☐
Mehrmals? .... ☐
Besteht oder bestand Zahnfleischbluten? .... ☐
Besteht Tendenz zur Bildung von Belägen? .... ☐
Beobachtet der Patient Zahnwanderungen? .... ☐
Ist Zahnverlust durch Zahnlockerung eingetreten? .... ☐
Frühere kieferorthopädische Behandlung .... ☐

III. Befund

A Parafunktionen und Folgen:

Knirschen? .... ☐
Pressen? .... ☐
Lippenpressen? .... ☐
Zungenpressen? .... ☐
Abrasionen; Schliff-Flächen? .... ☐
Sonstige? ....

B Herausnehmbarer Zahnersatz? .... ☐
seit .... Jahren
Festsitzender Zahnersatz? .... ☐
seit .... Jahren

C Marginales Parodontium:

Entzündung
generell? .... ☐
lokalisiert? .... ☐
Taschensekretion? .... ☐
Konkremente? .... ☐

....
(Vertragskasse)

....
(Mitglieds-Nr.)

....
(Mitglied seit)

....
(Arbeitgeber)

Rentner: ....
(ja/nein)

DIAGNOSE:

....
....

....
Ort Datum Stempel u. Unterschrift d. Zahnarztes
(Aufnahme d. Status)

Stellungnahme des Gutachters (falls angefordert):

Gutachter: ....
Wohnort: ....
Straße: ....

1. Die Übernahme der Kosten wird von mir befürwortet/ nicht befürwortet.
2. Begründung, falls nicht befürwortet (ggf. auf besonderem Blatt).

....
....
....

....
Ort Datum Stempel u. Unterschrift d. Gutachters

Vermerke der Vertragskasse

[M] [R] Zutreffendes ankreuzen

Die Kosten für die vorgesehene systematische Pa-Behandlung werden übernommen/nicht übernommen.

....
....
....

....
Ort Datum Stempel der Vertragskasse

Abb. 256 PAR-Status 1. Seite: Vorderseite des für die gesetzlichen deutschen Krankenkassen vorgesehenen Parodontalstatus

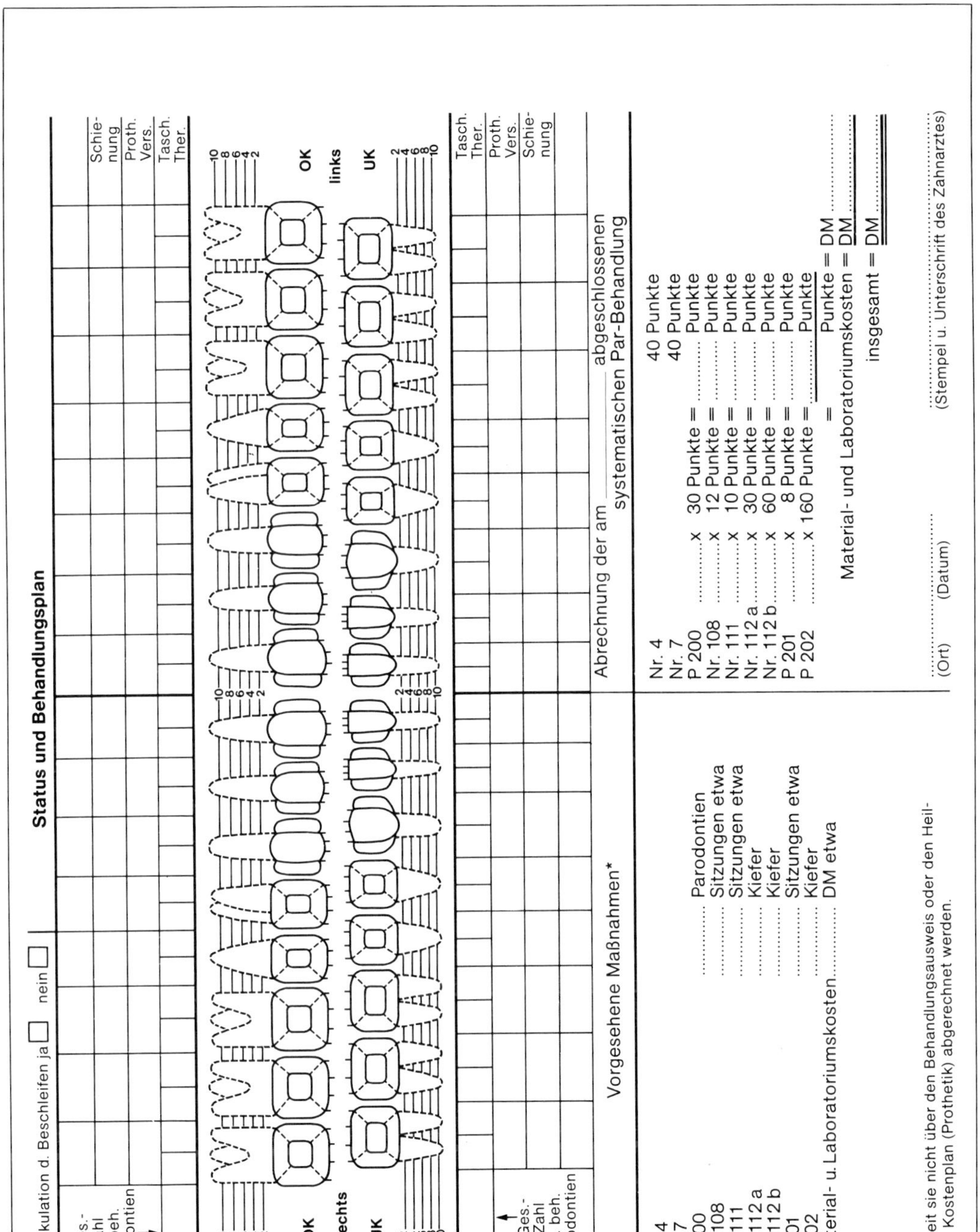

Einartikulation d. Beschleifen ja ☐ nein ☐

Status und Behandlungsplan

Ges.-Zahl d. beh. Parodontien

Schienung / Proth. Vers. / Tasch. Ther.

OK rechts UK — OK links UK

10 8 6 4 2

Tasch. Ther. / Proth. Vers. / Schienung

Vorgesehene Maßnahmen*

Nr. 4
Nr. 7
P 200 .... Parodontien
Nr. 108 .... Sitzungen etwa
Nr. 111 .... Sitzungen etwa
Nr. 112 a .... Kiefer
Nr. 112 b .... Kiefer
P 201 .... Sitzungen etwa
P 202 .... Kiefer
Material- u. Laboratoriumskosten.............. DM etwa

* soweit sie nicht über den Behandlungsausweis oder den Heil- und Kostenplan (Prothetik) abgerechnet werden.

Abrechnung der am ______ abgeschlossenen systematischen Par-Behandlung

Nr. 4 40 Punkte
Nr. 7 40 Punkte
P 200 ....x 30 Punkte = ... Punkte
Nr. 108 ....x 12 Punkte = ... Punkte
Nr. 111 ....x 10 Punkte = ... Punkte
Nr. 112 a ....x 30 Punkte = ... Punkte
Nr. 112 b ....x 60 Punkte = ... Punkte
P 201 ....x 8 Punkte = ... Punkte
P 202 ....x 160 Punkte = ... Punkte
= Punkte = DM ....
Material- und Laboratoriumskosten = DM ....
insgesamt = DM ....

.... (Ort) (Datum)

.... (Stempel u. Unterschrift des Zahnarztes)

Abb. 257 PAR-Status: Rückseite des PAR-Status (Befund und Therapie)

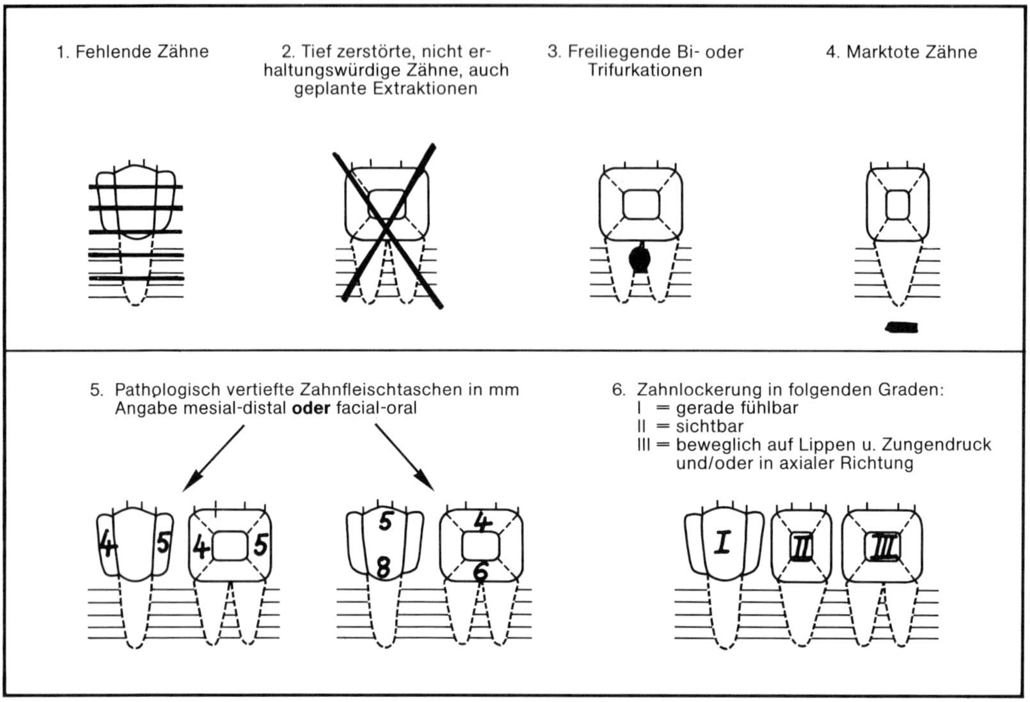

Abb. 258 Hinweisblatt für Symbole, die für die korrekte Anfertigung eines Parodontalstatus benutzt werden müssen

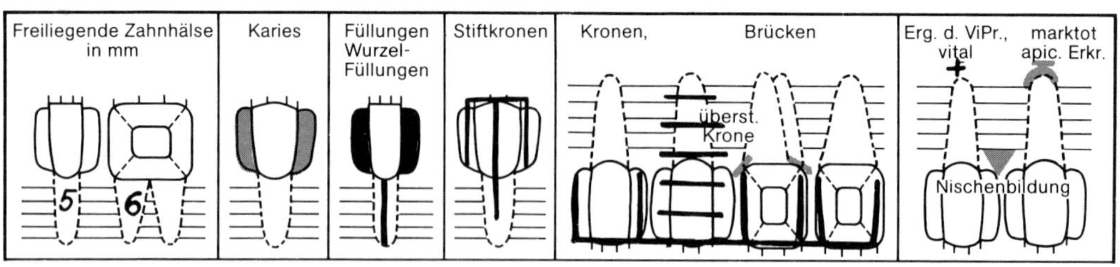

Abb. 259 Sogenannte „Kann"-Befunde, die zusätzlich in das Zahnschema eingetragen werden. Durch sie wird die Planung erleichtert und Zusammenhänge zwischen der vorliegenden Erkrankung und den örtlichen Kausalzusammenhängen leichter erkannt

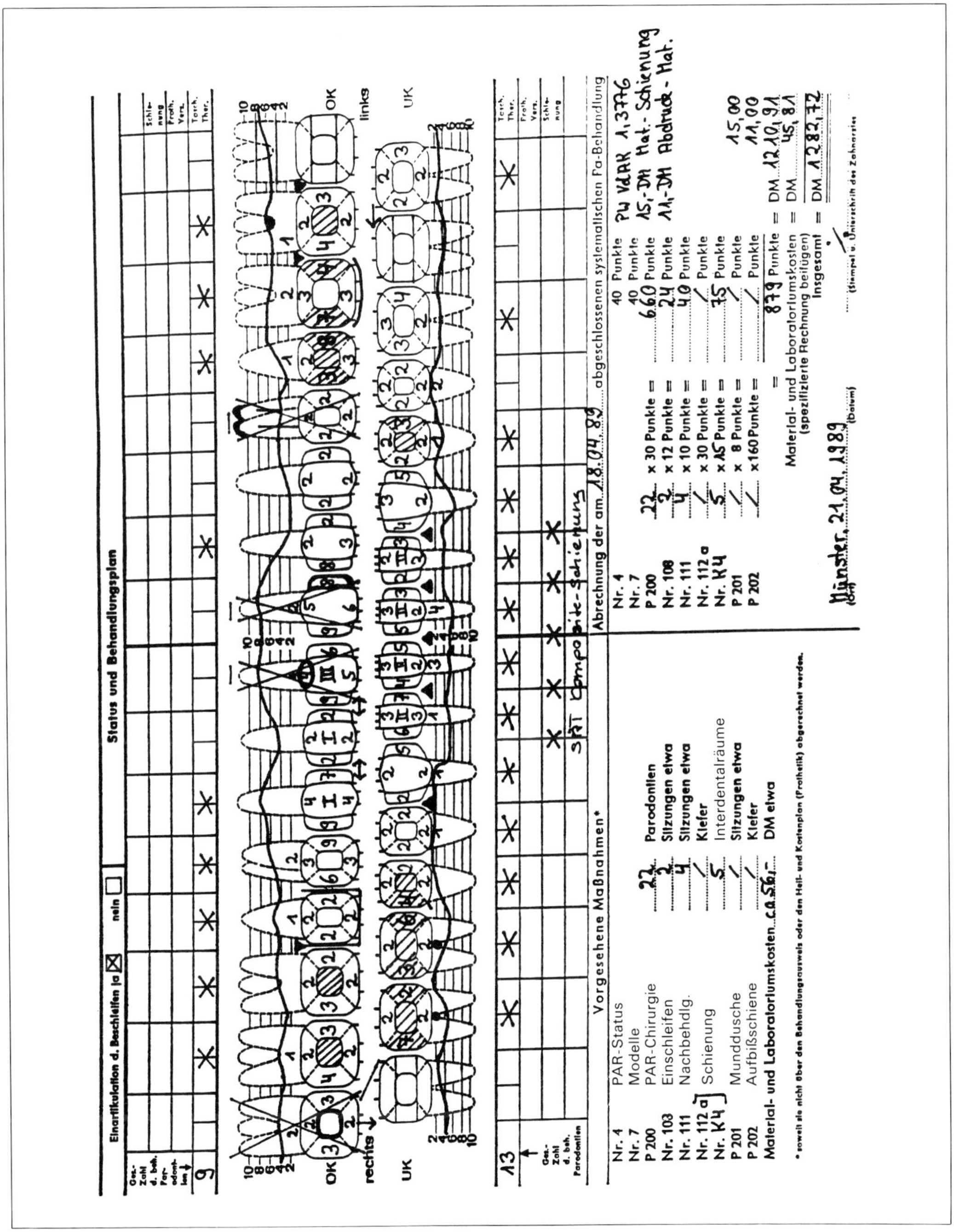

Abb. 260a Ausgefüllter Parodontalstatus mit Eintragung der wichtigsten Befunde. Bei pathologischen Zahnfleischtaschen (tiefer als 2 mm) und Vorliegen von Nischen (Dreiecke) muß eine chirurgische Parodontaltherapie erfolgen. Diese chirurgische Parodontaltherapie wird kenntlich gemacht durch Ankreuzen über den Wurzelfeldern. Die Gesamtzahl der zu beantragenden, chirurgisch zu behandelnden Parodontien erfolgt auf der Unterseite des Formulars als Behandlungsplanung durch den Zahnarzt

Behandlungsplan (Abb. 260a)

Auf der Rückseite des PAR-Status werden über den Wurzelabschnitten des Zahnschemas die geplanten Maßnahmen eingetragen. In der ersten Spalte (Taschentherapie) wird durch Ankreuzen der jeweilige Einzelzahn markiert, der aufgrund einer pathologischen Situation (pathologische Zahnfleischtasche) die Notwendigkeit eines parodontalchirurgischen Eingriffes aufweist. Die Summe der parodontalchirurgischen Eingriffe wird links in der Spalte „Gesamtzahl“ vermerkt. Außer der Taschentherapie werden Maßnahmen wie Einschleifen, Schienung, Aufbißplatten, Mundusche nach den jeweiligen Positionen sowie Material- und Laboratoriumskosten beantragt. Der an die Krankenkassen eingeschickte Antrag im Duplikat (Original bleibt beim Zahnarzt) kommt nach Genehmigung in die Praxis zurück. Nach Durchführung der systematischen Behandlung erfolgt die Abrechnung der vorgenommenen Maßnahmen auf dem Duplikat.

Die relativ rasche Befunderhebung und die klare Konzeption des PAR-Status erlauben es, in kurzer Zeit einen Überblick über den Parodontalzustand zu erhalten. Der zeitliche Aufwand für die Erstellung ist verhältnismäßig gering, wenn mittels eines gut eingespielten Teams von Zahnarzt und zahnärztlicher Helferin die klinische Befunderhebung am Stuhl zügig durchgeführt wird. Zusätzlich zum PAR-Status sind für die Durchführung der systematischen Behandlung außer dem schon erwähnten Röntgenstatus Situationsmodelle vom Ober- und Unterkiefer notwendig. Röntgenaufnahmen und Modelle sind gemäß den gesetzlichen Vorschriften aufzubewahren.

Fragen zum Verständnis und zur Selbstkontrolle

Einteilung der Parodontalerkrankungen, Befunderhebung parodontaler Erkrankungen

1. Wie heißen die Sonden, mit denen man bei einer Untersuchung die Taschentiefe mißt?
2. Welche drei empfehlenswerte Hauptarten dieser Instrumente gibt es?
3. Nennen Sie die drei Hauptformen der Parodontopathien!
4. Wie tief ist normalerweise die gesunde Zahnfleischfurche (Sulcus gingivae)?
5. Beschreiben Sie kurz die Lockerungsgrade bei Zähnen!
6. Welche röntgenologische Methode hat sich für eine parodontologische Befunderhebung am besten bewährt?
7. Welche Unterlagen müssen in der Praxis neben dem PAR-Status und den Röntgenaufnahmen noch aufbewahrt werden?
8. Welche Angaben bezüglich der Zahnfleischtaschen müssen auf dem PAR-Status gemacht werden?
9. Was sind freiliegende Bi- und Trifurkationen?

(Die Antworten stehen auf Seite 389.)

3. Die Vorbehandlung (Initialbehandlung)

Da der Hauptanteil der Parodontalerkrankungen in der zahnärztlichen Praxis rein entzündlicher Natur ist und man andererseits weiß, daß diese als reine Belagserkrankungen anzusehen sind, wird die Belagskontrolle und im erweiterten Sinne die Mundhygieneverbesserung zum entscheidenden Punkt in der Therapie. Die gesetzlichen Krankenkassen haben vor der systematischen PAR-Behandlung die Durchführung einer Anfangsbehandlung („Initialbehandlung") zur Pflicht gemacht. Dies bedeutet, daß zunächst die Mundhygiene des Patienten zu verbessern ist, ehe mit der eigentlichen Behandlung begonnen werden darf.

Die gesetzlichen Krankenkassen machen es neuerdings zur Pflicht, die Vorbehandlungsmaßnahmen durch gesonderte Aufkleber auf dem PAR-Status auszuweisen.

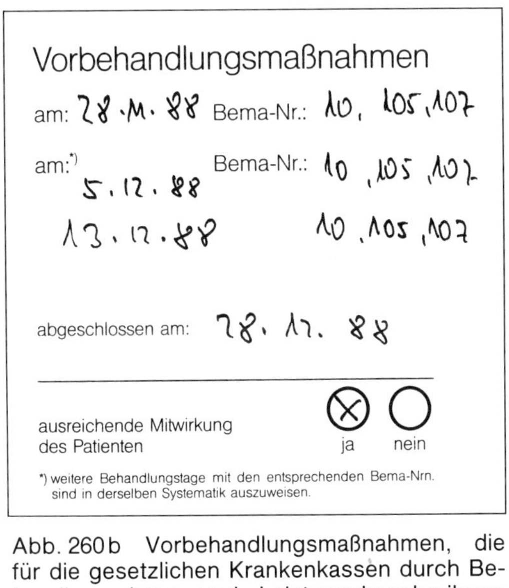
Vorbehandlungsmaßnahmen

am: 28.11.88 Bema-Nr.: 10, 105, 107

am:*) 5.12.88 Bema-Nr.: 10, 105, 107

13.12.88 10, 105, 107

abgeschlossen am: 28.12.88

ausreichende Mitwirkung des Patienten ⊗ ja ○ nein

*) weitere Behandlungstage mit den entsprechenden Bema-Nrn. sind in derselben Systematik auszuweisen.

Abb. 260 b Vorbehandlungsmaßnahmen, die für die gesetzlichen Krankenkassen durch Behandlungsdaten und Leistungsbeschreibung der einzelnen Sitzungen gefordert wird. Vor der Aufnahme von Befunddaten und Erstellung des PAR-Status muß eine mindestens 14tägige Exspektationszeit ablaufen, nach der die Mundhygiene und die Entzündungsreduktion günstig bewertet werden (Indizes)

Dabei sind die Sitzungsinhalte der Vorbehandlung durch Leistungsbeschreibungen für die einzelnen Behandlungstage anzugeben. Nach den Richtlinien der systematischen Parodontalbehandlung muß innerhalb der Vorbehandlungszeit eine 14-tägige „Exspektationszeit" zwischengeschaltet werden, bevor die diagnostischen Maßnahmen beginnen dürfen (Abb. 260 b). Der Abschluß der Vorbehandlung ist ebenfalls anzugeben. Zu diesem Zeitpunkt müssen gute Mundhygieneverhältnisse und entzündungsarmes Parodontalgewebe vorhanden sein (API unter 35%, SBI unter 10%). Sollten die Mundhygieneverhältnisse ungünstiger sein, darf der Parodontalstatus nicht aufgenommen werden.

Am günstigsten ist es analog der in Abb. 260 c niedergelegten Verfahrensweise die Vorbereitung der Patienten vorzunehmen.

Verbesserung der Mundhygiene unter Einbeziehung der Patientenmitarbeit

Motivation

Schon das Aufzeigen des bakteriellen Belages, seines Sitzes, die Erklärung der aufgetretenen Erkrankung, die Blutungsbereitschaft des Gewebes kann viele Patienten zu einer besseren Mundhygiene motivieren. Macht man dem Patienten klar, daß bakterielle Zahnbeläge Entzündungen und Blutungen hervorrufen, wird der Motivationseffekt bei den Patienten den Willen verstärken, diese schädlichen Einflüsse zu vermindern.

Plaquediagnostik

Es ist sinnvoll, dem Patienten mit einem Spiegel in der Hand durch Abschaben von Plaquemengen dessen Beläge sichtbar zu machen, wirkungsvoller ist aber die Darstellung der Plaque mit Farbstoffen. Für diese Plaqueerkennung werden sogenannte „Plaquerevelatoren" (Plaqueenthüller) oder „Plaqueindikatoren" (Plaqueanzeiger) verwendet. Diese sind be-

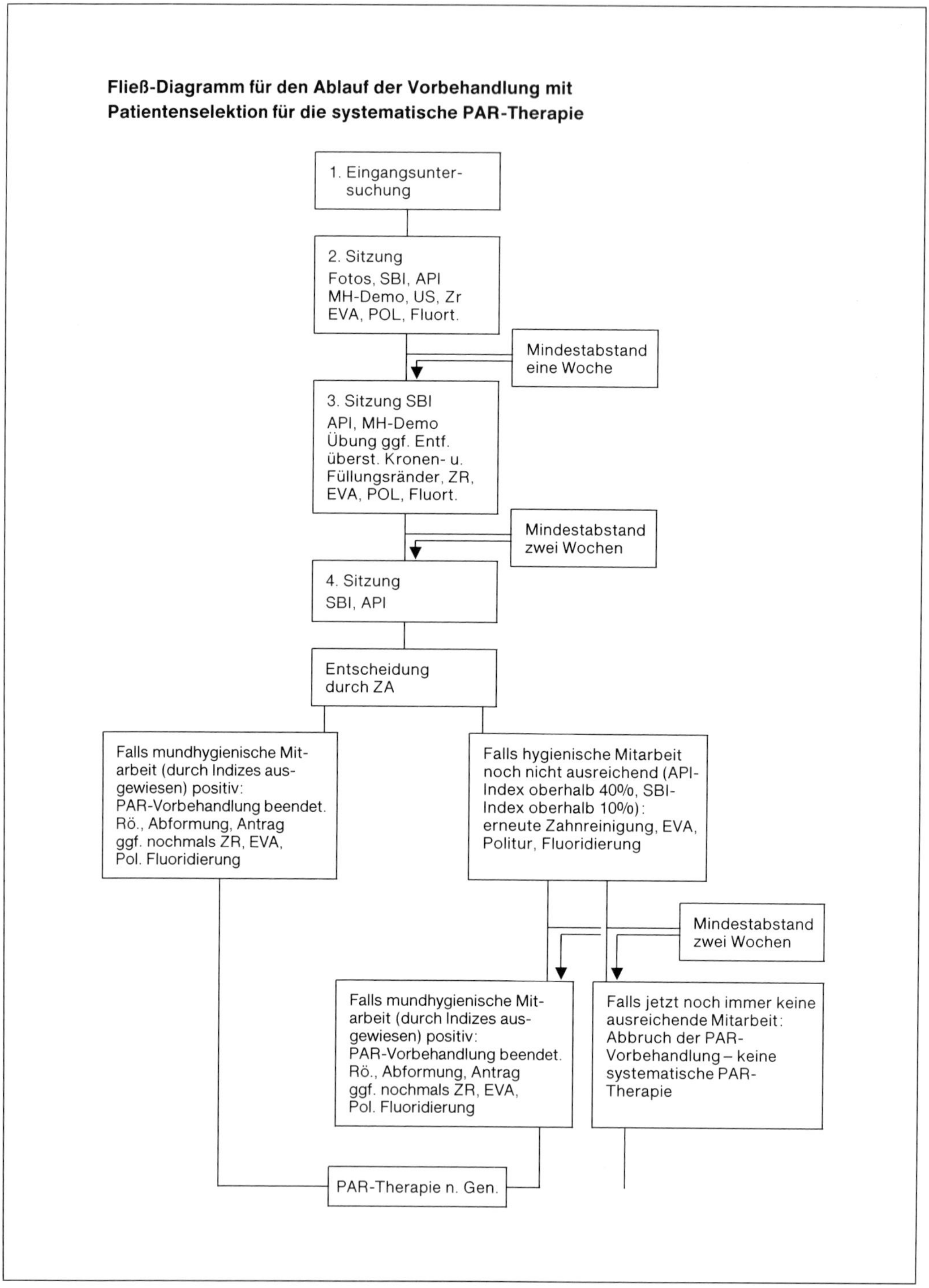

Abb. 260c Ablauf der Vorbehandlung innerhalb der systematischen PAR-Therapie. Es ist wichtig, daß keinerlei diagnostische Maßnahmen, wie Abdrucknahme, Sondiertiefenbestimmung, PAR-Status ergriffen werden, bevor die Mundhygiene positiv verändert wurde

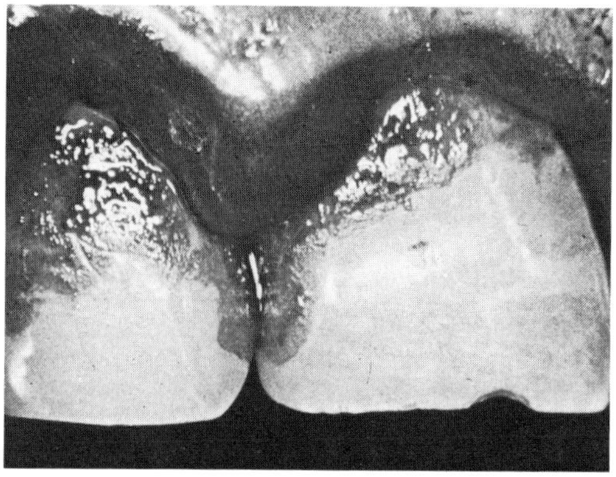

Abb. 261a Plaqueauffärbung mit einem Farbstoff

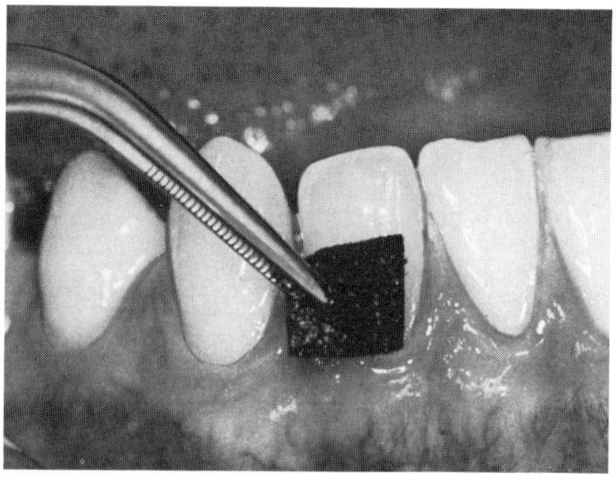

Abb. 261b Die Anfärbung der Zahnoberfläche erfolgt am besten mit einem mit Erythrosin-Farbstoff getränkten Pellet

sondere Farbstoffe wie Erythrosin, Tartrazin oder Fluoreszenzfarbstoffe, die eine Anfärbung der Plaque ermöglichen. Die meisten Farbstoffe werden als Kautabletten, gebrauchsfertige Lösungen oder in Form von mit Farblösungen getränkten Wattetips bzw. Pellets angeboten. Beispielsweise kann man sehr gut wäßrige Erythrosinlösungen (2%ig) mittels eines Wattepellets auftragen. Hierbei kommt es zu einer guten Anfärbung der Plaque und zur kontrastreichen Abgrenzung gegenüber der Schmelzoberfläche (Abb. 261a bis c). Der Patient muß nach dem Auftragen der Farblösung sorgfältig ausspülen.

Erythrosin Lösung	3%
Erythrosin	2 g
Aqua dest.	100 ml
Anisöl	2 Tropfen

Abb. 261c Zusammensetzung eines gebräuchlichen Plaque-Indikators oder einer Revelator-Lösung

Mundhygiene-Indizes (Anzeigemöglichkeiten der Mundhygiene)

In zunehmendem Maße verwenden Zahnärzte zur Objektivierung und zur Abschätzung der Mundhygiene eines Patienten Mundhygieneindizes. Die wiederholte Aufnahme eines solchen Hygieneindexes kann als Erfolgsmesser den Patienten in seinem „Weitermachen“ ermutigen. Derartige Plaqueindizes sind:

- Mundhygieneindex (OHI)
- Plaqueindex (PI) nach *Silness* und *Löe*
- Plaqueindex nach *Quigley* und *Hein*
- Approximalraumplaqueindex (API) nach *Lange*.

Sollten die prophylaktischen und präventiven Tätigkeiten in der zahnärztlichen Praxis in der Zukunft zunehmen, werden solche Plaqueindices zur objektiven Einschätzung der Mundhygiene vonnöten sein. Nur mit ihnen ist es möglich, dem Patienten das genaue Ausmaß seines Plaquebefalls anzugeben und die Erfolge der instruierten Mundhygiene im Laufe der Behandlung unter Kontrolle zu dokumentieren (Abb. 262 und 263).

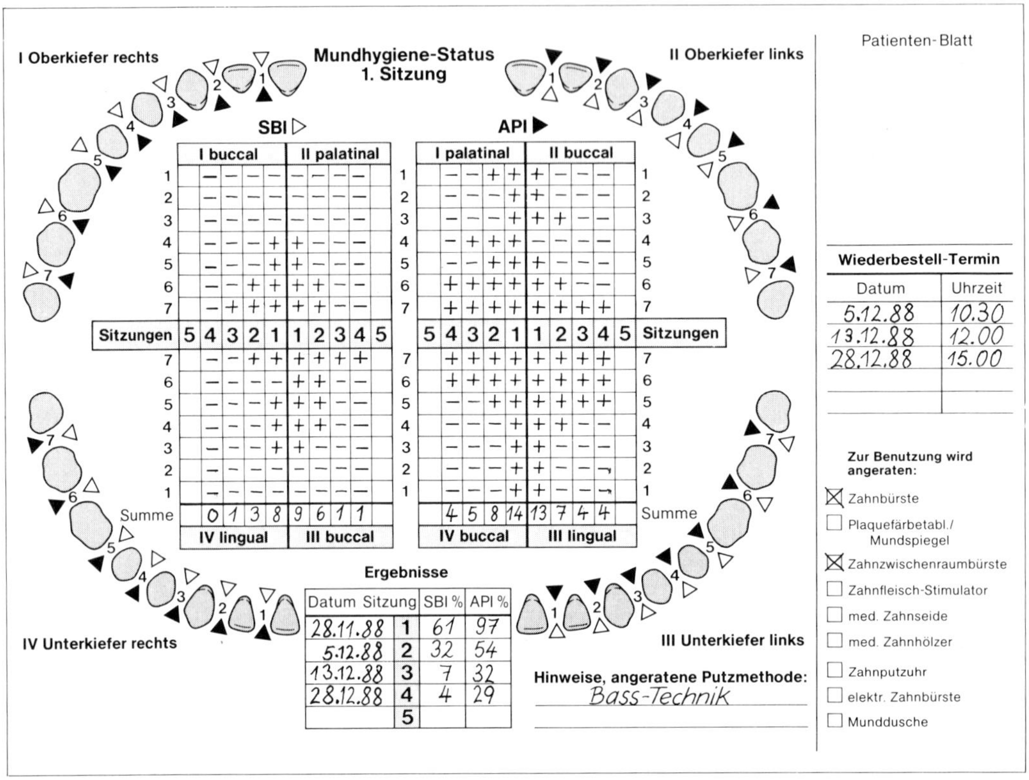

Mundhygiene-Status 1. Sitzung

I Oberkiefer rechts — II Oberkiefer links — IV Unterkiefer rechts — III Unterkiefer links

SBI ▷

	I buccal					II palatinal					
1		–	–	–	–	–	–	–	–		1
2		–	–	–	–	–	–	–	–		2
3		–	–	–	–	–	–	–	–		3
4		–	–	–	+	+	–	–	–		4
5		–	–	–	+	+	–	–	–		5
6		–	–	+	+	+	+	–	–		6
7		–	+	+	+	+	+	–	–		7
Sitzungen	5	4	3	2	1	1	2	3	4	5	
7		–	–	+	+	+	+	+	+		7
6		–	–	–	–	+	+	–	–		6
5		–	–	–	+	+	+	–	–		5
4		–	–	–	+	+	+	–	–		4
3		–	–	–	+	+	–	–	–		3
2		–	–	–	–	–	–	–	–		2
1		–	–	–	–	–	–	–	–		1
Summe		0	1	3	8	9	6	1	1		
	IV lingual					III buccal					

API ▶

	I palatinal					II buccal					
1		–	–	+	+	+	–	–	–		1
2		–	–	–	+	+	–	–	–		2
3		–	–	–	+	+	+	–	–		3
4		–	+	+	+	–	–	–	–		4
5		–	–	+	+	+	–	–	–		5
6		+	+	+	+	+	+	–	–		6
7		+	+	+	+	+	+	+	+		7
	5	4	3	2	1	1	2	3	4	5	Sitzungen
7		+	+	+	+	+	+	+	+		7
6		+	+	+	+	+	+	+	+		6
5		–	–	+	+	+	+	+	+		5
4		–	–	–	+	+	+	–	–		4
3		–	–	–	+	+	–	–	–		3
2		–	–	–	+	+	–	–	¬		2
1		–	–	–	+	+	–	–	¬		1
		4	5	8	14	13	7	4	4		Summe
	IV buccal					III lingual					

Ergebnisse

Datum	Sitzung	SBI %	API %
28.11.88	1	61	97
5.12.88	2	32	54
13.12.88	3	7	32
28.12.88	4	4	29
	5		

Hinweise, angeratene Putzmethode: Bass-Technik

Patienten-Blatt

Wiederbestell-Termin

Datum	Uhrzeit
5.12.88	10.30
13.12.88	12.00
28.12.88	15.00

Zur Benutzung wird angeraten:

- [x] Zahnbürste
- [ ] Plaquefärbetabl./Mundspiegel
- [x] Zahnzwischenraumbürste
- [ ] Zahnfleisch-Stimulator
- [ ] med. Zahnseide
- [ ] med. Zahnhölzer
- [ ] Zahnputzuhr
- [ ] elektr. Zahnbürste
- [ ] Mundddusche

Abb. 262 API und SBI mit Befundbogen nach *Lange.* Diese kann für die Plaquebefundung aber auch in Kombination für die Erhebung des Sulkus-Blutungs-Indexes benutzt werden. Es wird eine Ja/Nein-Entscheidung gefällt. Die Vorbehandlungsdaten werden ausgewiesen. Der jeweilige Index wird dokumentiert. (Siehe Vorbehandlungsmaßnahmen, Abb. 260b).

Methoden der mechanischen Plaqueentfernung

An Hilfsmitteln für die mechanische Plaqueentfernung stehen zur Verfügung:
- Handzahnbürsten
- Elektrozahnbürsten
- Medizinische Zahnhölzer, Stimulatoren
- Zahnzwischenraumzahnbürsten (Approximalraumbürsten) und Monobürsten
- Zahnseide
- Wasserstrahlgeräte (Mundduschen)

(siehe auch Kapitel „Karies und Kariesprophylaxe“, Band 1 Seite 379).

Alle modernen Zahnbürsten haben Borsten aus Kunststoffasern. Eine gute Zahnbürste weist folgende Vorteile auf:
- flache, plane Bürstenoberflächen
- feste, biegsame Borsten
- kleiner Bürstenkopf, der Zugang zu allen Teilen der Zahnoberflächen und der Approximalräume ermöglicht
- abgerundete oder zumindest stumpfe Borstenenden
- Anordnung der Borstenbündel in einer Multi-tufted-Form

An Zahnbürsten auf dem deutschen Markt, die vom Multi-tufted-Typus (Abb. 264a bis c) sind, stehen unter anderem folgende Formen zur Verfügung: Oral B 40 Plus, Oral B 35 Plus, Blend-a-medal, Blend-a-medic, Colgate-Mediform, Aronalbürste usw.

Neben der mechanischen Zahnbürste werden elektrische Zahnbürsten zur Pla-

Anzahl der Meßpunkte	**Interdentale Befunde** (Summe der gesamten positiven Messungen)																											
	1	2	3	4	5	6	7	8	9	10	11	12	13	14	15	16	17	18	19	20	21	22	23	24	25	26	27	28
1	100																											
2	50	100																										
3	33	67	100																									
4	25	50	75	100																								
5	20	40	60	80	100																							
6	16	33	50	67	84	100																						
7	14	29	43	57	72	86	100																					
8	13	25	38	50	63	75	88	100																				
9	11	22	33	45	56	67	78	89	100																			
10	10	20	30	40	50	60	70	80	90	100																		
11	9	18	27	36	46	55	64	73	82	91	100																	
12	8	17	25	33	42	50	59	67	75	83	92	100																
13	8	15	23	31	39	46	54	62	69	77	85	92	100															
14	7	14	21	28	36	43	50	57	64	72	79	86	93	100														
15	7	13	20	27	33	40	47	53	60	67	73	80	87	93	100													
16	6	13	19	25	31	37	44	50	56	63	69	75	81	87	94	100												
17	6	12	18	24	29	35	41	47	53	59	65	71	77	82	88	94	100											
18	6	11	17	22	28	33	39	44	50	56	61	67	72	78	83	89	95	100										
19	5	11	16	21	26	31	37	42	47	53	58	63	69	74	79	84	89	95	100									
20	5	10	15	20	25	30	35	40	45	50	55	60	65	70	75	80	85	90	95	100								
21	5	10	14	19	24	29	33	38	43	48	52	56	62	67	71	76	81	86	91	95	100							
22	5	9	14	18	23	27	32	36	41	46	50	55	59	64	68	73	77	82	86	91	95	100						
23	4	9	13	18	22	26	30	35	39	44	48	52	57	61	65	70	74	79	83	87	91	96	100					
24	4	8	13	17	21	25	30	33	38	42	46	50	54	58	64	67	71	75	79	83	88	92	96	100				
25	4	8	12	16	20	24	28	32	36	40	44	48	52	56	60	64	68	72	76	80	84	88	92	96	100			
26	4	8	12	15	19	23	27	31	35	39	42	46	50	53	58	62	66	69	73	77	81	85	88	92	96	100		
27	4	7	11	15	19	22	26	30	33	38	41	45	48	52	56	59	63	67	70	74	78	82	85	89	93	96	100	
28	**4**	**7**	**11**	**14**	**18**	**21**	**25**	**29**	**32**	**36**	**39**	**43**	**46**	**50**	**54**	**57**	**61**	**64**	**68**	**72**	**75**	**77**	**82**	**86**	**89**	**93**	**97**	**100**
	1	2	3	4	5	6	7	8	9	10	11	12	13	14	15	16	17	18	19	20	21	22	23	24	25	26	27	28
	Interdentale Plaque und Blutung (Summe der gesamten positiven Messungen)																											

Ablesetabelle:

Suchen Sie die Summe der positiven Messungen in der Zeile „Interdentale Befunde" (oben oder unten waagerecht). Dann fixieren Sie die Meßpunktzahl (links senkrecht). Im Schnittkreuz beider Werte lesen Sie den API oder SBI in % ab.

Abb. 263 Ablesetabelle zur prozentualen Ermittlung der Indexwerte für den API und SBI (nach *Lange*)

quehemmung eingesetzt. Viele Untersuchungen der letzten Jahre haben gezeigt, daß die Handzahnbürste der Elektrozahnbürste ebenbürtig oder sogar überlegen ist. Die Reinigungswirkung der elektrischen Zahnbürste läßt besonders im Approximalraum zu wünschen übrig. Elektrische Schwingzahnbürsten führen unkontrollierte Bewegungen durch, die eine „Auswisch"-Bewegung nicht zulassen. Der „Motivationseffekt" läßt außerdem bei den meisten Patienten nach kurzer Zeit nach.

Häufigkeit des Zähneputzens und Putztechniken

Bei Kindern und Jugendlichen ist aus kariesprophylaktischen Gründen und um diese Patienten gingivitisfrei zu halten, die Reinigung der Zähne nach jeder Mahlzeit anzustreben. Im Erwachsenenalter, wenn die Gefahr der Karies geringer ist, dürfte bei parodontalanfälligen Patienten eine zweimalige Reinigung pro Tag genügen. Gefordert wird eine Zahnreinigung mittels einer guten Handzahnbürste 3 Minuten morgens nach dem Frühstück und 5 Minuten abends vor dem Schlafengehen. Zahlreiche Putztechniken sind zur optimalen Plaqueentfernung empfohlen worden. Anerkannte Zahnputzmethoden sind:

- die *Bass*-Technik;
- Die *Stillman*-Technik;
- die *Charters*-Methode.

Die *Bass*-Technik wird einheitlich für die Mundhygieneverbesserung bei parodontalerkrankten Patienten empfohlen. Besonderer Wert wird darauf gerichtet, daß eine Hälfte der Borsten der Zahnbürste einer Multi-tufted-Zahnbürste auf den Zäh-

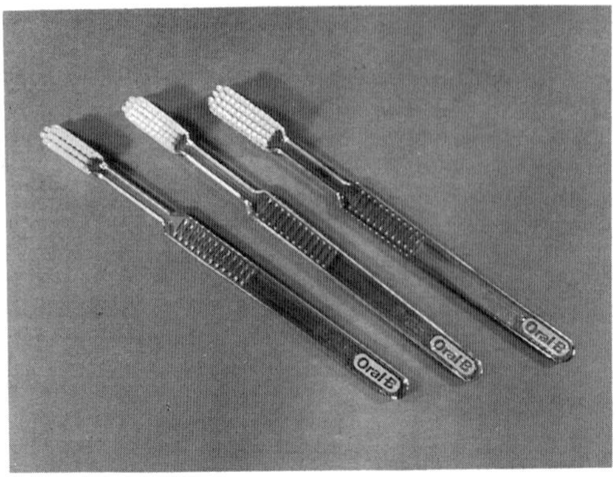

Abb. 264a Gebräuchliche Zahnbürsten vom „Multi-tufted"-Typus. Die Zahnbürsten weisen ein planes Borstenfeld und ein abgerundetes Ende auf. Je nach Kieferform wählt man große, mittelgroße oder kleine Zahnbürsten aus

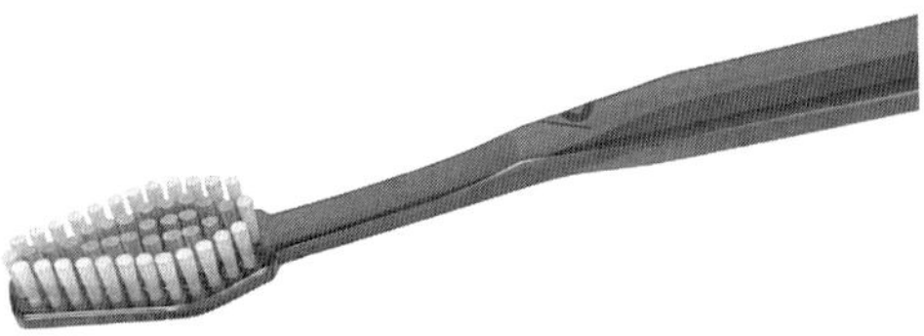

Abb. 264b Spezialzahnbürste mit stromlinienförmigem Kopf. Durch die Neugestaltung des Kopfes kommt es zu einer besseren Reinigung in den seitlichen und hinteren Partien des Gebisses

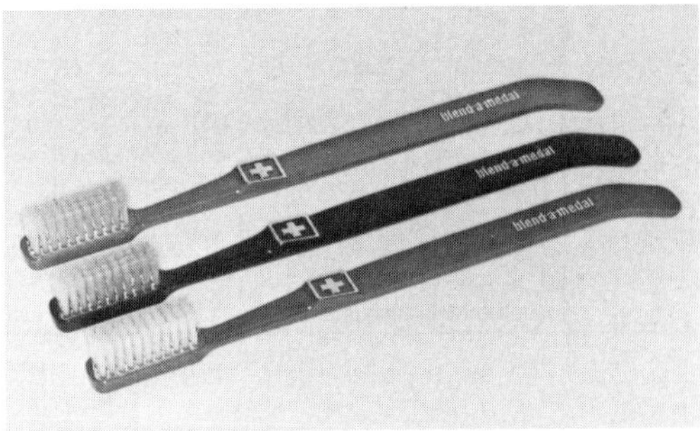

Abb. 264c Multi-tufted Zahnbürste mit konventionellem Griff, die bei Parodontopathien eingesetzt werden kann

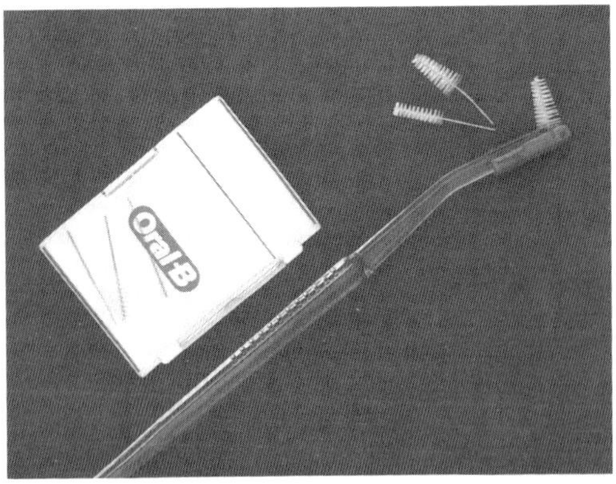

Abb. 264d Interdentalraumbürsten in Zylinder- und Kegelform für die aktive Reinigung der Zahnzwischenräume. Wichtig ist die besondere Befestigung des Bürstchen im Handgriff

nen liegt, während die andere das Zahnfleisch reinigt. Es werden kurze, langsame zirkulär-ellipsoide Bewegungen gemacht, wobei sich jedoch die Bürste als Ganzes nicht von der Stelle bewegen sollte. Die vibrierenden Bewegungen führen dazu, daß die Borsten zwischen die Zähne und in die Zahnfleischtaschen beziehungsweise in den Sulcus eindringen, so daß dort bakterielle Plaque entfernt werden kann. Bei der *Bass*-Technik werden die Borsten in einem Winkel von etwa 45 Grad in Richtung auf das Zahnfleisch angesetzt.

Weitere Hilfsmittel zur Mundhygiene

Stimulatoren, Interdentalraumbürsten und medizinische Zahnhölzer dienen der zusätzlichen Reinigung des Approximalraumes und sind hervorragend geeignet, die Sulcusplaque aus dem Approximalraum zu entfernen. Die Zahnseide wird weniger für Parodontalpatienten als zur Kariesprophylaxe benutzt. Wasserstrahlgeräte können zwar die oberflächlichen Plaqueanteile entfernen und den Patienten helfen, Speisereste aus den Zwischenräumen herauszuwaschen; sie können jedoch nicht Handzahnbürsten, Interdentalhölzer und vor allem Interdentalbürstchen (Abb. 264d) ersetzen, die viel besser die interdentale Plaque und die Beläge von der Zahnoberfläche entfernen.

Die Verbesserung der Mundhygiene durch zahnärztliche Maßnahmen

Während die erste Mundhygienephase die persönliche Zahnreinigung des Patienten verbesserte, werden in der zweiten Phase durch den Zahnarzt die Störungen und schädliche Reize ausübenden („irritierenden") Faktoren entfernt, die sich in der Mundhöhle des Patienten befinden. Vornehmlich werden folgende Maßnahmen durchgeführt:

1. Entfernung von supra-/subgingivalem Zahnstein und von erreichbaren Konkrementen

2. Entfernung von marginalen Reizen („Irritationen") wie überstehende Füllungsränder, Kronenränder, falsch geformte („konturierte") Kronen, kariöse Schäden („Läsionen")

3. Formverbesserung („Konturierung") und Politur alter Füllungen

4. Entfernung von Wurzelresten und nicht mehr erhaltungswürdigen Zähnen

5. Morphologisches Einschleifen

6. Überprüfung der Okklusion, gegebenenfalls Entfernung von zu frühen Aufbißstellen („Suprakontakten") und Gleithindernissen.

Bei jedem parodontalerkrankten Patienten muß in der Initialbehandlung jeglicher vermeidbare Reiz aus dem parodontalen Bereich entfernt werden. Mit flammenförmigen Finierern, flammenförmigen Diamanten oder am besten mit dem Dentatus Winkelstück EVA, das mit einem einseitig plattierten Diamantspatel ausgestattet ist, muß eine vollständige Abtragung der interdentalen Füllungsüberschüsse und teilweise der Kronenränder erfolgen, wenn man nicht ohnehin die Kronen oder die Füllungen erneuert.
Eine Hauptaufgabe der Anfangsbehandlung besteht in der Entfernung der supragingivalen und subgingivalen harten Beläge. Über den Zahnstein wird ständig aktive mikrobielle Plaque näher an das Weichgewebe herangeführt und die Entzündung verschlimmert. Durch die Rauhigkeit des Zahnsteins wird die Haftung (Retention) der Plaque begünstigt. Das Vorliegen von Zahnstein ist immer Ausdruck einer schlechten und unzureichenden Mundhygiene, da sich ohne Plaque kein Zahnstein entwickeln kann.

Ultraschallgeräte

In der Praxis erfolgt das Entfernen von supragingivaler Plaque und Zahnstein mit Ultraschallgeräten (Abb. 265).
Die gefahrlose Behandlung mit Ultraschall setzt eine leicht streichende Arbeitsweise ohne Druck voraus. Besonders beim Arbeiten mit breitflächigen oder scharfen Instrumentenansätzen kann es zur Beschädigung des Zahnes kommen. Eine Beschädigung von metallischen Kronen und besonders von Keramikkronen sowie von Füllungen ist möglich. Das Entfernen von Belägen, Zahnstein und zugänglichen Konkrementen dürfte die Hauptindikation für die Anwendung der Ultraschallgeräte in der Parodontologie sein. Moderne Apparate verfügen über eine interne Wasserzufuhr. Dies ist von großer Wichtigkeit, da bei zu geringem Wasserdurchfluß und einem zu hohen Druck Temperaturen von über 195° C eintreten können. Nekrosen der Gingiva und des Wurzelzementes sind damit besonders bei vorher anästhesierten Patienten möglich. Da eine sichere Kühlung in einer profunden Zahnfleischtasche nicht möglich ist, verbietet sich der Einsatz von Ultraschallgeräten in tieferen Zahnfleischtaschen.

Ultraschall-gerät	Effekt m*	Effekt rp**	Frequenz	Wasserzufuhr intern	Wasserzufuhr extern	Sterilisation (im Autoklav) Instrumentenspitze	Hand-stück
Amdent 6	+		25 kHz	+		+ und Lamellenbündel	+
Cavitron 700	+		25 kHz	+	+	+ und Lamellenbündel	–
Rittertron	+		40 kHz	+		+ und Lamellenbündel	–
Optison II/III	+		18 kHz	+		+ und weiße Schraub-kappe	–
Suprasson piezomatic		+	32 kHz	+		+	–

m* magnetostriktiver Effekt
rp** reziprok piezoelektrischer Effekt

Abb. 265 Physikalische und technische Daten gebräuchlicher Ultraschall-Geräte

Neuere Untersuchungen haben gezeigt, daß mit Ultraschallgeräten stärkere Erosionen und Abtragungen der Schmelzoberfläche stattfinden. Es ist daher Wert darauf zu legen, nur bei stärkerem Zahnsteinbefall mit Ultraschallgeräten zu arbeiten. Keinesfalls ist es gestattet, verfärbte Zähne mit Ultraschallgeräten zu säubern. Hierbei würde es zu unnötigen Anrauhungen der Schmelzoberfläche kommen. Nach jeder Ultraschallgerätbehandlung der Schmelzoberfläche ist eine sorgfältige Politur wichtig.
Die Bearbeitung der Wurzeloberfläche (Scaling, Root planing) sollte Handinstrumenten vorbehalten bleiben.

Das Entfernen von weichen und harten Zahnbelägen mit Handinstrumenten

Trotz der großen Verbreitung von Ultraschallgeräten schlagen viele Autoren die ausschließliche Anwendung von Handinstrumenten zur Beseitigung von Zahnstein vor. Bei der Beseitigung des supragingivalen Zahnsteins und der erreichbaren Konkremente in Taschen bis zu 3 mm eignen sich besonders gut die sogenannten „Scaler“ (Schaber). In Frage kommen Instrumente wie der Sichelscaler (H 6, H 7) (Abb. 266) (siehe Seite 362ff.). Die Scaler werden flächig der Zahn- bzw. Wurzeloberfläche angelegt, meist unterhalb der harten Beläge und in Richtung auf die Zahnkrone hin bewegt, wobei meistens ein Anstellwinkel von 80 Grad verlangt wird. Die Bearbeitung der Zahn- und Wurzeloberfläche mit Handinstrumenten zur Entfernung von harten Belägen wird bei der subgingivalen Kürettage ebenfalls durchgeführt (siehe Kapitel „Parodontalchirurgie“, S. 354ff.).

Glättung und Politur der Zahnoberfläche

Sowohl nach Anwendung von Handinstrumenten als auch besonders nach der Anwendung von Ultraschallgeräten ist eine nachfolgende Politur der Zahn- und Wurzeloberfläche wichtig. Die alleinige Entfernung des Zahnsteins mit einem Ultraschallgerät hinterläßt eine derart rauhe Zahnoberfläche, daß nachfolgend eine schnelle Plaquebesiedelung und eine neue Zahnsteinbildung einsetzen muß. Die Politur der Zahn- und Wurzeloberflächen wird mit Gummikelchen, Bürsten und Polierpasten durchgeführt (Abb. 267a und b).

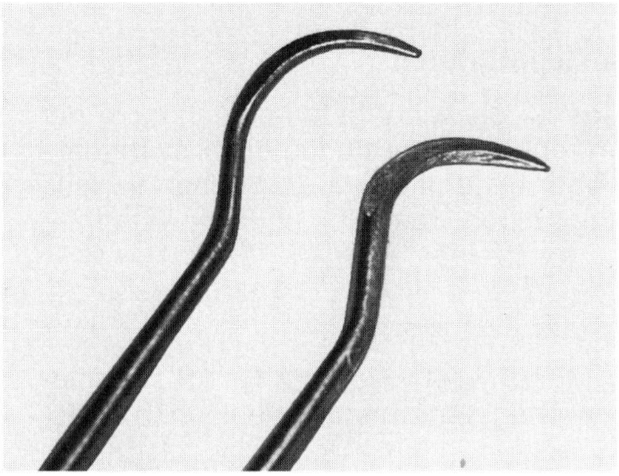

Abb. 266 Scaler H6/H7

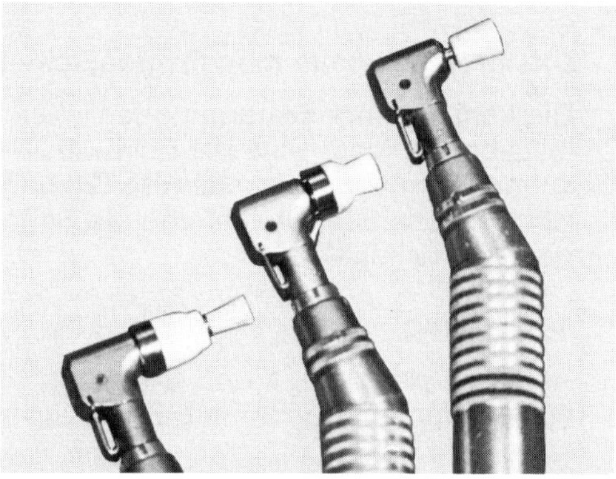

Abb. 267a Prophylaxe-Köpfe der Fa. Kavo mit verschiedenen Ansätzen, bestehend aus Gummikelch und Bürstchen

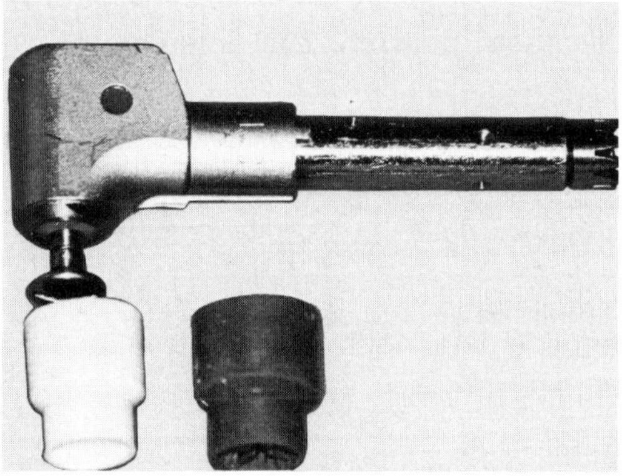

Abb. 267b Prophylaxe-Kopf (Kavo) mit aufsteckbaren Gummikelchen

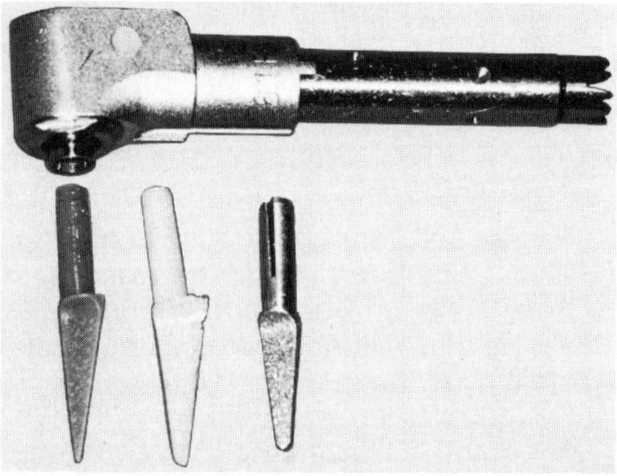

Abb. 268 EVA-System, bestehend aus einem Kavo-Arbeitskopf mit einsteckbaren Kunststoffspateln (EVA-Tips [z.B. Ansätze Nr. 4 und Nr. 2]) sowie von einem mit Diamanten belegtem Spatel zur Politur von überstehenden Füllungen

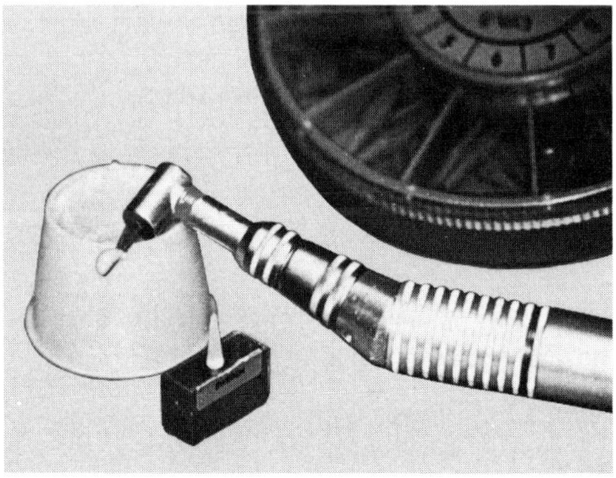

Abb. 269a Mit Polierpaste beschickter Spatel zur Politur des Approximalraumes

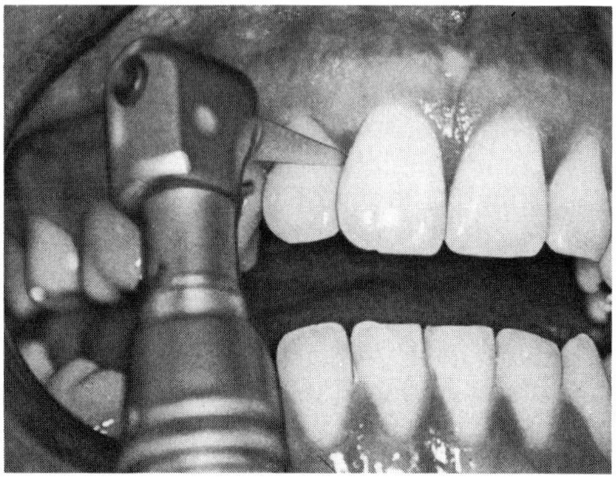

Abb. 269b Der Einsatz des EVA-Instrumentes im Approximalraum einer Patientin

Das professionelle mundhygienische Intensivprogramm

Die konsequente Entfernung jeglicher Beläge ist die wichtigste Maßnahme in der Initialbehandlung. Dies hat bei parodontalerkrankten Patienten in einer systematischen Form und über mehrere Sitzungen, über mindestens 3–5 Wochen verteilt, zu geschehen. Das nachfolgende Schema gibt einen Überblick über die verschiedenen Arbeitsabläufe.

1. Sitzung

Anfärben der Beläge und Erhebung eines Mundhygieneindex (z.B. API). Mundhygienedemonstration mit Erklärung der wichtigsten mundhygienischen Hilfsmittel.
Zahnreinigung durch Ultraschall
Entfernung überschüssiger Füllungsmaterialien im Approximalraum mit anschließender Glättung der Füllungsränder durch EVA-System.
Interdental-Räume mit EVA-System und Polierpaste unter Verwendung von Kunststoffspateln polieren
Glattflächen mit Gumminäpfchen und Polierpaste polieren, evtl. interdental – Finierstreifen – Finishingstrips
Touchierung mit Fluorgel

2. Sitzung

Patient soll Zahnbürste für Putzübung mitbringen.
Plaqueanfärbung und Mundhygieneindex
Putzübung am Becken und Mundhygienedemonstration
Vorsichtige Ultraschallreinigung und Entfernung von noch belassenem Zahnstein
Rekonturierung und Politur von Füllungen
Interdentale Räume mit EVA-System polieren
Zahnflächen mit Gumminäpfchen unter Verwendung von fluorhaltiger Polierpaste polieren
Touchierung mit Fluorgel

3. Sitzung

Falls die Mundhygiene noch schlecht ist (API höher als 60%), sollte der gesamte Inhalt der 2. Sitzung wiederholt werden. Falls ein günstiger Mundhygienewert (API unter 40%) vorliegt, können folgende Maßnahmen durchgeführt werden:
- Röntgenstatus nach Rechtwinkeltechnik bei profunden Parodontopathien
- Gesamtpolitur aller Zahnoberflächen und Zwischenräume mit EVA-System, Gumminäpfchen und Polierpaste
- Touchierung mit Fluorgel

4. Sitzung

Plaqueanfärbung
Politur mit EVA-System, Gumminäpfchen mit Polierpaste (falls erforderlich)
Aufstellen des PAR-Status
Therapieplan und Aufstellung der parodontalchirurgischen Behandlungsmaßnahmen

Die professionelle Zahnreinigung

Die Gesamtheit der zahnärztlichen kontrollierten Zahnreinigungsmaßnahmen unter Verwendung von Ultraschallgeräten, Handinstrumenten, EVA-System und Poliermitteln wird als professionelle Zahnreinigung (siehe S. 352) bezeichnet. Sie stellt eine der wichtigsten Maßnahmen in der Parodontalbehandlung dar und hat einen hohen Stellenwert in der Prophylaxe der Karies- und Parodontalerkrankungen (siehe Seite 360ff.). Die professionelle Zahnreinigung (PZ) ist in den einzelnen, in mindestens einwöchentlichen Abständen durchzuführenden Sitzungen der entscheidende Teil des mundhygienischen Intensivprogramms in der Parodontalbehandlung. Allein durchgeführt, stellt die PZ, bestehend aus der Zahnreinigung mit Ultraschall und Handinstrumenten, Glättung sämtlicher Zahnoberflächen mit EVA-System und Prophylaxe-Köpfen sowie anschließender Fluoridierung, den Inhalt einer Prophylaxe-Sitzung dar, die mehrmals im Jahr durchgeführt, als beste Form einer Individual-Prophylaxe in der zahnärztlichen Praxis gilt. Sie ist in der Lage, Patienten karies- und gingivitisfrei zu halten (siehe Seite 387 und 388).

Fragen zum Verständnis und zur Selbstkontrolle

Die Vorbehandlung (Initialbehandlung)

10. Welche Hilfsmittel stehen dem Patienten außer Zahnbürsten, Mundduschen und Zahnzwischenraumbürsten noch zur Plaqueentfernung zur Verfügung?
11. Wie wird die zweckmäßige Anordnung der Bürstenbündel auf einer Zahnbürste bezeichnet?
12. Welche Nachteile hat die Elektrozahnbürste?
13. Welche Putztechnik wird beim Vorliegen von Parodontalerkrankungen empfohlen?
14. Übersetzen Sie folgende Fachausdrücke!
    a) Suprakontakt
    b) Konturierung
    c) Rentention
    d) Revelator
    e) Läsion
    f) Scaler
15. Womit kann man die Zahnbeläge sichtbar machen?

(Die Antworten stehen auf Seite 389.)

4. Methoden der chirurgischen Parodontaltherapie

Wenn sich während der Initialbehandlung herausstellt, daß die Mitarbeit des Patienten im Hinblick auf eine korrekte Mundhygiene vorhanden ist, kann die systematische Parodontalbehandlung nach den Richtlinien des Parodontalvertrages eingeleitet werden. Der PAR-Antrag wird den Krankenkassen zugeschickt und von ihnen genehmigt.
Vor Beginn der PAR-Behandlung müssen folgende Unterlagen vorhanden sein:

- der komplette PAR-Status einschließlich Behandlungsplanung
- Modelle des Ober- und Unterkiefers
- kompletter Röntgenstatus (nach Möglichkeit nach der Parallel-Rechtwinkeltechnik)

Einteilung der Eingriffe

Die Behandlung pathologischer Veränderungen des Parodontiums, die nach durchgeführter Initialbehandlung noch bestehen, erfolgt ausschließlich durch chirurgische Maßnahmen. Früher übliche Methoden der sogenannten lokalen Taschenbehandlung mit in die Zahnfleischtaschen eingeführten Medikamenten und Ätzmitteln sind vollständig aufgegeben worden. Im Rahmen der systematischen Parodontalbehandlung sind folgende parodontalchirurgische Eingriffe wichtig:

- subgingivale Kürettage und Scaling
- Gingivektomie
- Gingivoplastik
- Lappenoperationen

Mukogingivale Eingriffe sind zusätzlich in manchen Fällen notwendig, fallen jedoch nicht unter den PAR-Vertrag.

Die subgingivale Kürettage

Sie wird durchgeführt bei supraalveolären Zahnfleischtaschen, die Tiefen bis ca. 5 mm aufweisen können. Gesamtziel dieser Behandlung ist, die tiefer gelegenen

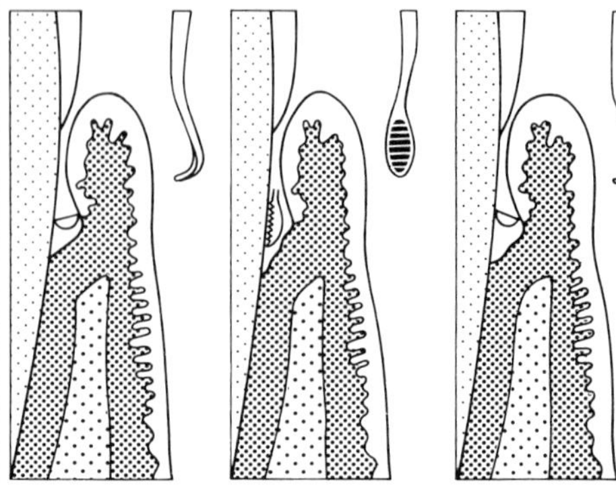

a b c

Abb. 270 Operative Phasen der subgingivalen Kürettage
a Scaling der Wurzeloberfläche mit sichelförmigen Scalern oder Küretten
b Wurzelglättung mittels Feilen nach *Hirschfeld, Orban* oder *Bunting*
c Ausschabung des pathologisch veränderten inneren Saumepithels und Anfrischung des subepithelialen Bindegewebes mit Küretten

harten Zahnsteinablagerungen zu entfernen, das bakteriell befallene Wurzelzement herauszuschaben und die Wurzeloberfläche bis in den gesunden Bereich anzufrischen. Gleichzeitig wird das Taschenepithel vorsichtig entfernt.
Die subgingivale Kürettage besteht damit aus drei Phasen (Abb. 270):

1. Enfernen des subgingivalen Zahnsteins und der Konkremente (Scaling) mit Sichel- und Hakenscalern.

2. Ausschaltung des erweichten, mikrobiell befallenen Zementes und Abschabung bis in gesunde Bereiche mit Küretten und Feilen sowie Glättung der Wurzeloberfläche (Root planing).

3. Entfernen der pathologisch veränderten Zahnfleischtaschenwand. Mit Küretten werden durch die Schneidekanten der Instrumente Taschenepithel und Granulationsgewebe schabend abgetragen.

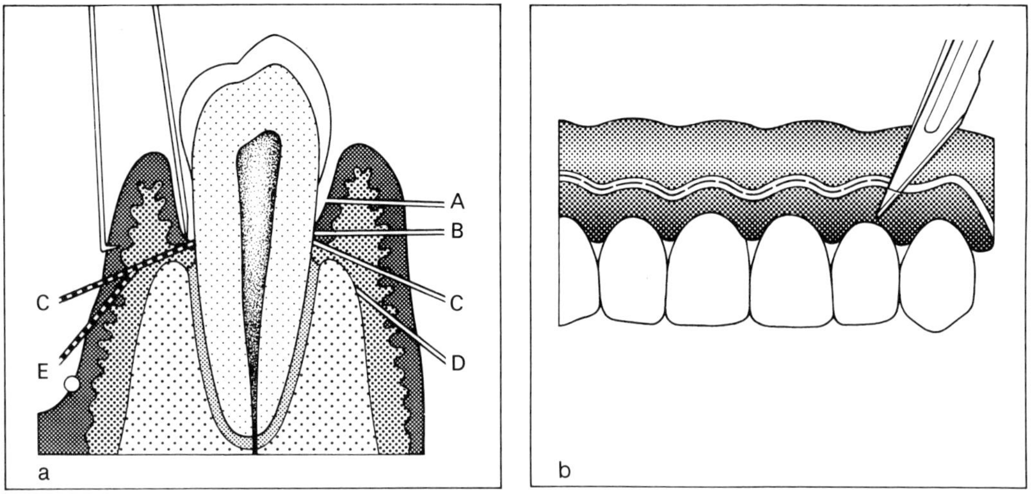

Abb. 271a und b Schnittführung bei der externen Gingivektomie. Der Schnitt verläuft vom tiefsten Punkt der Zahnfleischtasche oberhalb des Alveolarfortsatzes schräg nach außen (Gingivektomie (C). Es kann eine leicht modellierende Korrektur am Gingivarand (Gingivoplastik) erfolgen (E). Die Schnittführungen A, B und D sind falsch. Die Schnittführung C ist richtig mit der Gingivoplastik (E)

Die Gingivektomie

Die Gingivektomie ist ein Operationsverfahren mit dem Ziel, durch Abtragen des gesamten Gingivarandes einschließlich der pathologisch veränderten Gewebe die vertieften Zahnfleischtaschen zu entfernen und der Gingiva dabei wieder eine anatomisch richtige Form zu geben. Die Gingivektomie wird durchgeführt bei supraalveolären Taschen und gleichzeitigem Vorliegen einer fibrösen Verdickung sowie bei Gingivahyperplasien mit Pseudotaschen.
Je nach Umfang kann die Gingivektomie umfassend für ganze Kieferabschnitte oder lokal in Form von Exzision an einzelnen Zähnen und als Papillektomien (Entfernung der Zahnfleischpapillen) ausgeführt werden.

Operationsablauf

Nach durchgeführter Anästhesie werden mit (z.B. *Crane-Kaplan*-Taschenmarkierungspinzetten) Orientierungspunkte gesetzt. Anschließend erfolgt mit speziellen Messern die Abtragung des Gingivarandes, wobei in etwa eine Schnittrichtung von 45 Grad zur Längsachse des Zahnes gewählt wird (Abb. 271a und b). Zum Abtragen der Gingiva benutzt man entweder feststehende Gingivamesser, sogenannte Gingivabeile, oder Wechselskalpelle in Verbindung mit speziellen Messerhaltern (siehe S. 367). Die Formung des Gingivarandes nach Abtragung der Gingivamanschette erfolgt mit Scheren. Nach Lostrennung und Exzision des Gewebes müssen die Zahn- und Wurzeloberflächen genauso wie bei der Kürettage bearbeitet werden (Scaling und Root planing). Es erfolgt eine Säuberung der Wundoberfläche mit physiologischer Kochsalzlösung. Anschließend wird ein Zahnfleischverband angelegt.

Gingivoplastik

Die Gingivoplastik soll die natürliche anatomische Form des Zahnfleischrandes wiederherstellen. Sie ist damit kein Eingriff, der der Taschenbeseitigung dient, sondern hat das Ziel, einen glatten, spitzwinkligen Übergang von der Zahnoberfläche zur Zahnfleischmanschette zu schaffen, um ein Einpressen von Speisebrei in den Sulcus zu verhindern. Die Gingivoplastik wird daher bei wulstartigen Verdikkungen des gingivalen Saumes ohne Vorliegen von pathologischen Zahnfleischtaschen durchgeführt (Abb. 272).

Operatives Vorgehen

Nach lokaler Anästhesie kann man die Gingivaoberfläche mit schneidenden Instrumenten wie Skalpellen, Gingivascheren und Gingivakneifern modellieren oder auch fräsend mit schnellaufenden Diamantsteinen die Gingivaränder bearbeiten. Da jedoch die schneidenden, kneifenden und fräsenden Instrumente für die feine Ausgestaltung der Kontur des Gingivarandes versagen, ist die elektrochirurgische Ausformung der Gingiva das Verfahren der Wahl. Zur Verwendung gelangen Hochfrequenz-Chirurgiegeräte, die mit besonderen runden oder rautenförmigen Elektroden eine drucklose, formende Gestaltung der Gingivaoberfläche gestatten. Beim Elektrotom muß die Stromqualität (vollgerichteter und geglätteter Strom) eingestellt werden. Man sollte jedoch immer wissen, daß kein „elektrisches Messer", sondern ein Hochfrequenz-Chirurgiegerät verwendet wird. Nach dem elektrochirurgischen Eingriff wird die Wundoberfläche von allen Gewebsresten und dem leicht verschorften Randsaum durch kräftiges Reiben mit H_2O_2 getränkten Tupfern gesäubert und anschließend ein Zahnfleischverband gelegt. Nach der Medizingeräte-Verordnung (1. 1. 87) müssen alle 70-Watt-Geräte mit zusätzlicher Neutralelektrode betrieben werden.

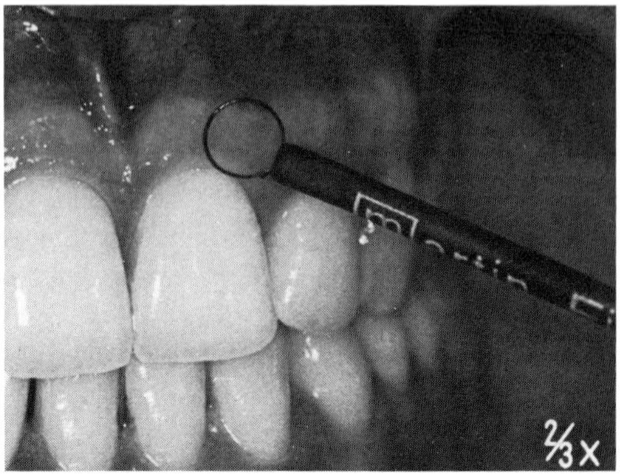

Abb. 272 Gingivoplastische Korrektur des Zahnfleischsaumes mittels Elektrotom und runder Elektrode

Lappenoperationen

Unter einer Lappenoperation wird ein parodontalchirurgisches Verfahren verstanden, bei dem ein Schleimhaut- bzw. ein Schleimhautperiostlappen vom Zahn und vom oberen Rand des Alveolarfortsatzes abgelöst wird (Abb. 273a bis d). Die heute durchgeführte Operationsmethode wird als Lappen-Kürettage-Technik bezeichnet. Sie wird bei tiefen Zahnfleischtaschen (mehr als 4 bis 5 mm) unter Knochenbeteiligung, interdentalen Knochenkratern und Taschen mit Furkationsbeteiligung (bei denen die Wurzelgabelung zum Teil freiliegt) angewendet.

Operatives Vorgehen

Nach erfolgter Anästhesie wird eine innere Ausschneidung (interne Gingivektomieschnittführung des pathologisch veränderten inneren Saumepithels sowie eine vorsichtige Lostrennung vom oberen Rand des Alveolarfortsatzes durchgeführt. Das pathologisch veränderte interdentale Weichgewebe wird dabei umschnitten und muß anschließend mit Scalern oder scharfen Löffeln entfernt werden.
Durch die Abklappung hat man einen guten operativen Zugang zu den Knochentaschen und kann ebenfalls unter Sicht die Wurzeloberflächen bearbeiten (Scaling und Root planing). die Knochentaschen werden auskürettiert und bei der modifizierten Lappen-Kürettage-Technik nicht mehr mit Knochenfräsen bearbeitet. Anschließend werden die äußeren und inneren Lappenteile durch interdentale Knopfnähte miteinander vereinigt. Wahlweise erfolgt das Legen eines Zahnfleischverbandes. Die Nähte werden nach einer Woche entfernt.

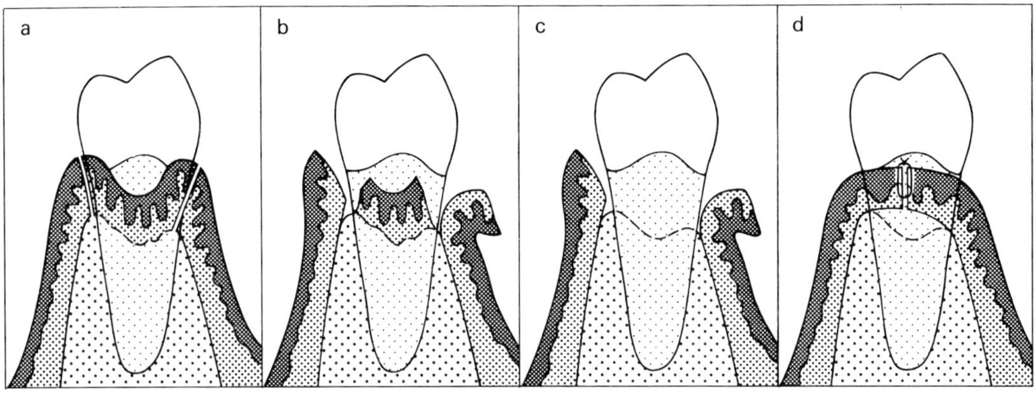

Abb. 273a bis d Darstellung der Lappen-Kürettage. Es erfolgt zunächst die interne Gingivektomie-Schnittführung (a). Danach wird die Lappenbildung vorgenommen (b). Es erfolgt nun die Abtrennung und Ausschabung des umschnittenen interdentalen und approximalen Weichgewebes (b). Nach Ausschabung des Taschengewebes erfolgt eine Knochentaschenkürettage und eine exakte Wurzelbearbeitung (Scaling und Root planing). Der Lappen wird nur so weit freigelegt, daß man den Rand des Alveolarfortsatzknochens erkennen kann (c). Die beiden Lappen werden sorgfältig durch interdentale Knochennähte vereinigt (d)

Mukogingivale Eingriffe

Bei den mukogingivalchirurgischen Verfahren steht die Verbreiterung der angehefteten Gingiva, die Entfernung von Lippen-, Wangen- und Zungenbändchen im Vordergrund. In manchen Fällen sind für die Verbreiterung der angehefteten Gingiva oder für die Deckung von gingivalen Rezessionen freie oder gestielte Schleimhauttransplantationen notwendig (freie Schleimhauttransplantate, laterale oder koronale Verschiebeplastiken). Die mukogingivale Chirurgie stellt keine Routinebehandlung dar, sondern wird in Einzelfällen durchgeführt.

Fragen zum Verständnis und zur Selbstkontrolle

Methoden der chirurgischen Parodontaltherapie

16. Bis zu welcher Taschentiefe wird normalerweise die subgingivale Kürettage durchgeführt?
17. Was versteht man unter Scaling und Root planing?
18. Mit welcher Operationstechnik wird versucht, die vertieften Zahnfleischtaschen zu entfernen?
19. Wie wird das Operationsverfahren genannt, mit der die natürliche anatomische Form des Zahnfleischrandes wiederhergestellt werden soll?
20. Bei welchem Eingriff werden auch die Knochentaschen auskürettiert?
21. Wie werden die Verfahren genannt, mit denen eine Verbreiterung der angehefteten Gingiva angestrebt wird?

(Die Antworten stehen auf Seite 389.)

5. Das Instrumentarium für die Parodontalbehandlung

Gerade für die Parodontaltherapie ist es vielfach notwendig, ein spezielles Instrumentarium zu benutzen. Nachfolgend sollen die Hauptgruppen der Instrumente zusammengestellt werden. Auf die Funktion und die Verwendung der Instrumente wurde bereits vorher eingegangen (siehe Seite 350ff.).

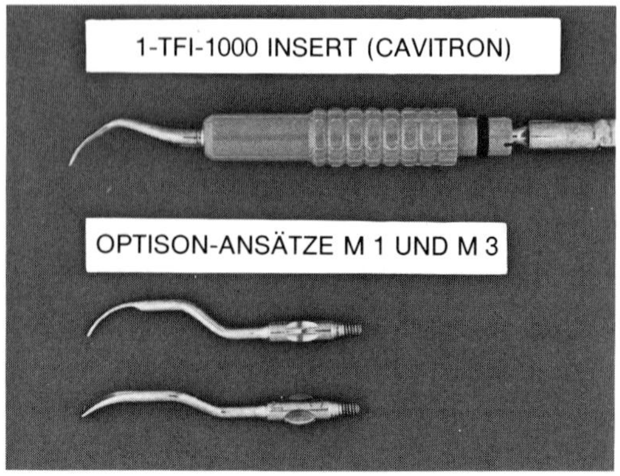

Abb. 274 Gebräuchliche Ansätze für das Zahnsteinentfernungsgerät Cavitron (TFI-1000) und für das Zahnsteinentfernungsgerät Optison (Ansätze M 1 und M 3)

a) Untersuchungsinstrumente

Speziell geformte zahnärztliche Sonden, Sonden für Knochentaschen sowie Parodontometer dienen der Diagnostik der Parodontalerkrankungen. Häkchensonden wie die doppelendige Sonde EX5 erleichtern die Feststellung von Konkrementen auf der Wurzeloberfläche und die Aufdekkung tiefer kariöser Läsionen. Für die Taschendiagnose kommen die Plast-o-probe von *Maillefer* sowie farbmarkierte Parodontalsonden (Aesculap PCP 11 und American Dental, KKD) in Betracht. Zur Diagnostik von Bi- und Trifurkationen und von tiefen gewundenen Knochentaschen empfiehlt sich die Verwendung der abgebogenen stumpfen Sonde nach *Nabers* (HuFriedy 2 N).

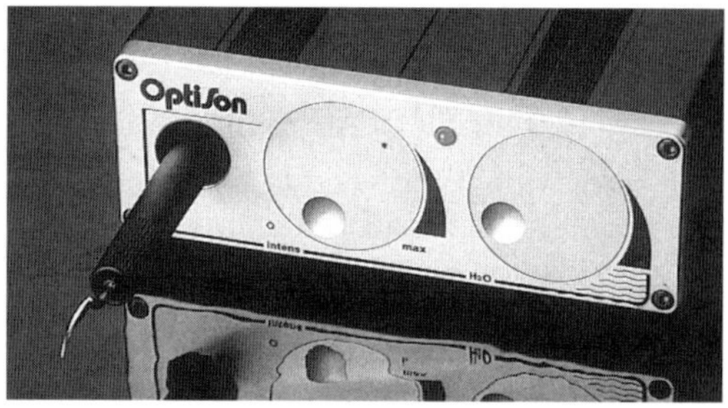

Abb. 275 Modernes Ultraschall-Zahnreinigungsgerät mit hygienegerechter Frontplatte. Im Handstück befinden sich auswechselbare Arbeitsspitzen (Optison)

b) Zahnreinigungsinstrumente und Polituransätze

Ultraschallgeräte

Ultraschallgeräte mit ihren speziellen Ansätzen können für das Entfernen von Belägen, Zahnstein und Farbniederschlägen benutzt werden. Es wird eine ganze Reihe von verschiedenen Ansätzen für die Zahnsteinentfernung angeboten. Für das Cavitrongerät werden die Ansätze Nr. TFI 10, für das Optisongerät (Abb. 274) die Ansätze M 1 und M 6 vorgeschlagen. Die Arbeitsspitze muß leicht und möglichst drucklos über die Zahnoberfläche gleiten, am besten in kurzen, schnellen streifenden Bewegungen. Der Ansatzwinkel zwischen Zahnoberfläche und Arbeitsspitze sollte nicht größer als 15 Grad sein.

Einstellung der Geräte

Eine mittelstarke Einstellung genügt normalerweise. Bei sehr festsitzendem Zahnstein kann die Intensität erhöht, bei Patienten mit hypersensiblen Zahnhälsen kann sie verringert werden.

Wasserdurchfluß

Sollte sich das Handstück übermäßig erwärmen, ist eine Erhöhung des Wasserdurchflusses erforderlich.

Mögliche Schädigungen und Nebenwirkungen

Wird mit übermäßigem Druck (etwa ab 70 Pond aufwärts) gearbeitet oder die Arbeitsspitze senkrecht auf die Zahnoberfläche aufgesetzt, kann die Zahnoberfläche erheblich verletzt werden (Krater bis 1/10 mm Tiefe im Schmelz bei normaler Einwirkungsdauer). Die Zementschicht der Wurzel kann bei falscher Anwendung sogar vollkommen zerstört werden.
Bei Patienten mit Herzschrittmachern sind vor der Anwendung von zahnärztlichen Hochfrequenzgeräten grundsätzlich entsprechende Vorsichtsmaßnahmen zu treffen.

Unterschiede zwischen den einzelnen Geräten

Cavitron: Der lange Instrumenteneinsatz mit Lamellenkörper wird nur eingesteckt. Bei der Wasserführung extern, muß die Wasserkanüle jeweils vor dem Einstecken eingestellt und fixiert werden.
Optison: Die kurze Arbeitsspitze wird in das Handstück eingeschraubt, Wasserführung intern, Feinabstimmung automatisch.

Allgemeine Hinweise für Ultraschallgeräte

Die Frequenzabstimmung auf die jeweilige Arbeitsspitze wird mit der Hand vorgenommen (Tuningknopf). Die Einstellung ist optimal, wenn der Spray am feinsten vernebelt wird und der charakteristische Pfeifton hörbar ist.
Instrumentenspitzen und Handstücke von Ultraschallgeräten kommen bei der Zahnsteinentfernung direkt und indirekt mit dem Mundhöhleninnern und den Mundhöhlenkeimen der Patienten in Kontakt. Bei der Entfernung von Zahnstein und Konkrementen entstehen häufig leichte Blutungen der Gingiva. Blut und Speichel sowie die in ihnen enthaltenen Keime werden versprüht und in einem größeren Umkreis extraoral verteilt. Durch den Sprüheffekt lagern sich die Keime nicht nur auf den Handstücken und Griffhülsen der Geräte ab, sondern sind auch in der weiteren Umgebung festzustellen. Es ist daher notwendig, nach jeder Ultraschallbehandlung die Instrumentenspitzen und Ansätze auszuwechseln und sie im Heißluftverfahren oder im Autoklaven zu sterilisieren. Je nach Fabrikat werden entweder die Instrumentenspitzen oder sogar der Griff ausgewechselt. Die nicht sterilisierbaren Griffhülsen müssen sorgfältig desinfiziert werden. Für einige Ultraschallgeräte können spezielle Kunststoffhüllen benutzt werden, die, steril geliefert, mittels einer seitlichen Lasche über das Ultraschallhandstück gezogen werden können (Abb. 276). Die Hüllen sind als Einmalartikel gedacht und werden nach der Behandlung abgestreift. Instrumentenspitzen und Schraubkappen müssen erneut sterilisiert werden.
Gerade bei Ultraschallgeräten besteht immer die Gefahr, daß Zahnarzt oder Helferin durch Sprühnebel bzw. durch das Aerosol infiziert werden. Ferner sind Kontaktinfektionen über die Hand des Zahnarztes oder der zahnärztlichen Helferin sowie Infektionen durch Hautläsionen möglich. Es ist viel zu wenig bekannt, daß Hepatitiserkrankungen als Tröpfcheninfektion über den Respirationstrakt sowie über die Augenbindehäute übertragen werden. Es ist daher darauf zu achten,

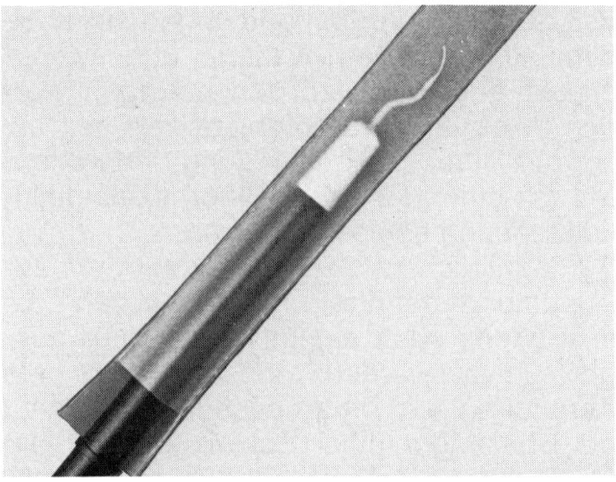

Abb. 276 Eine spezielle Kunststoffhülle wird über das Ultraschallhandstück gezogen, um die nicht sterilisierbaren Teile abzudecken (Fa. Wisse Dental)

daß bei Ultraschallbehandlungen außer einem kombinierten Nasen- und Mundschutz auch Schutzbrillen getragen werden (Abb. 277). Empfehlenswert ist es, vor der Ultraschallbehandlung den Patienten mit einer 0,2%igen Chlorhexidindiglukonatlösung spülen zu lassen.
Bei tagtäglichem Gebrauch kommt es zur Abnutzung der Instrumentenspitzen, die spätestens nach einem halben Jahr ausgewechselt werden müssen. Durch die Abnutzung wird die Anpassung und damit die Übertragung der Schwingungen vom Gerät auf die Arbeitsspitze in zunehmendem Maße verschlechtert. Als Folge von Materialfehlern oder durch Materialermüdung kann es zur Fraktur der Instrumentenspitze bei normalem Gebrauch kommen. Es besteht hierbei Aspirationsgefahr oder die Gefahr des Verschluckens der kleineren Instrumententeile. Nach der Ultraschallanwendung ist in jedem Falle eine Nachglättung der Oberfläche mit Politursystemen (siehe Seite 350 und 361 ff.) vorzunehmen, da sonst die entstandenen Rauhigkeiten zu einer schnelleren Plaqueanheftung und neuen Zahnsteinbildung führen.
Neuerdings sind Geräte auf dem Markt, die mittels eines Luft-/Wasser-Stroms ein speziell aufbereitetes Natriumbikarbonatpulver auf die Zahnoberfläche sprayen. Dieses sogenannte „Aerpolishing“ gestattet bei einer minimalen Abrasion der Schmelzoberbläche eine Glättung und eine zeitsparende Politur. Insbesondere bei Zahnverfärbungen lassen sich diese Geräte günstig und schonend in Hinblick auf die Schmelzerosion verwenden. Wichtig ist jedoch der Hinweis, daß im Zahnhalsbereich und auf der ungeschützten Wurzeloberfläche diese Pulverstrahl-Systeme abrasiv wirken und bei Mehrfachanwendung zu Zahnhalsüberempfindlichkeiten führen können.

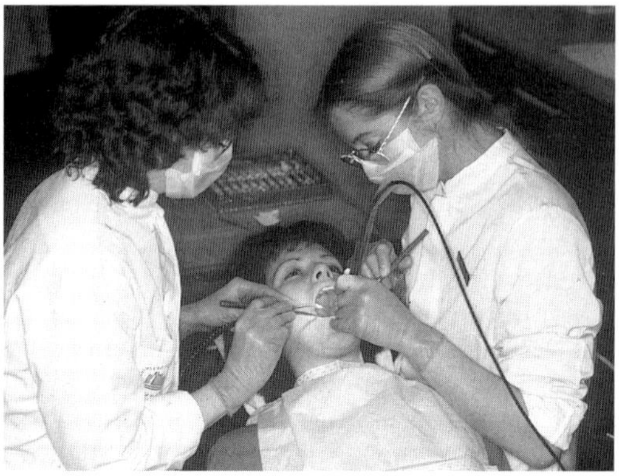

Abb. 277 Bei Ultraschallbehandlungen müssen Schutzbrillen, Nasen- und Mundschutz getragen werden, um Infektionen durch das bei der Ultraschallbehandlung entstehende Aerosol mit der Möglichkeit von Tröpfcheninfektionen zu vermeiden. Wichtig ist es, mit Gummihandschuhen zu arbeiten

Maschineninstrumente

Das EVA-System

Für das Entfernen von Füllungsüberschüssen und überstehenden Rändern sowie für die Politur der Zahnflächen im Approximalraum, die unbedingt durchgeführt werden muß, hat sich das EVA-System bewährt. Es ist ein überaus geeignetes Instrument für die Anwendung durch die zahnmedizinische Fachhelferin und die speziell ausgebildete Helferin, da im Gegensatz zu rotierenden Instrumenten, Bohrern und Finierern keine Schäden gesetzt werden können. Das EVA-System besteht aus einem Handstück und einem Arbeitskopf, in dem mechanische Vibrationen in Längsrichtung erzeugt werden. Verschiedene kunststoff-, holz- und diamantbelegte Spitzen werden angeboten. Besonders für das Entfernen von Füllungsüberschüssen sind die keilförmigen diamantbelegten Spitzen empfehlenswert. Durch die einseitige Belegung mit Diamanten ist jeweils nur eine aktive Arbeitsfläche vorhanden, während die gegenüberliegende Seite durch die Kunststoffbeschichtung poliert wird.
Normalerweise kommt man mit den Spitzen Nr. 2 und 4 aus. Das EVA-System kann entweder in Form eines Spezialhandstückes der Firma Micro-Mega (Abb. 278) benutzt werden oder mit austauschbaren Köpfen der Firma Kavo (Abb. 279). Vorteilhaft beim Kavo-System ist die Kombination mit Polierköpfen. Neu-

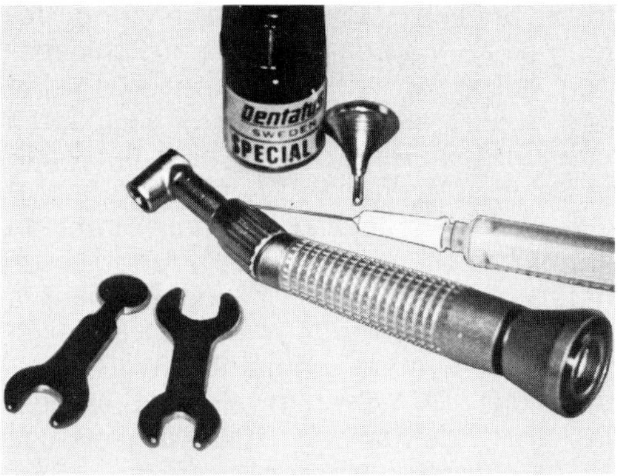

Abb. 278 EVA-System der Firma Micro-Mega

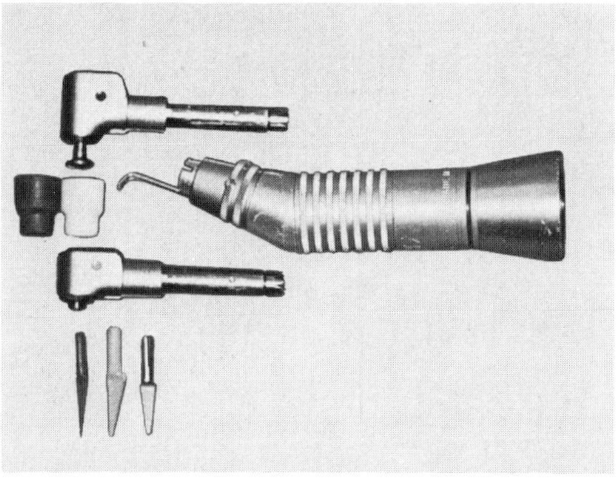

Abb. 279 EVA-System der Firma Kavo in Kombination mit dem Prophylaxekopf

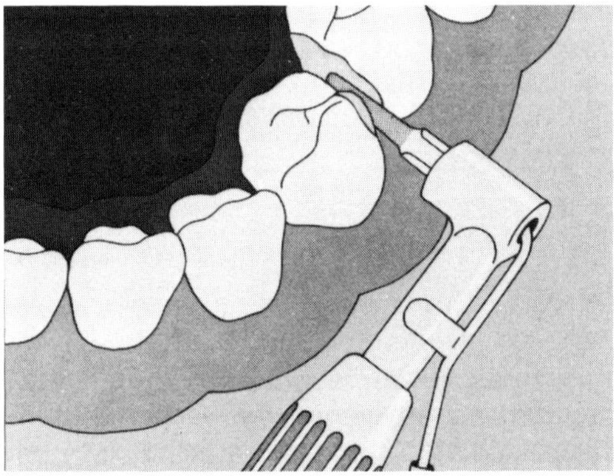

Abb. 280a Proxo-Shape-System der Firma Hubschmidt als Ergänzung zum EVA-System mit feinen und feinsten Schleifkörpern plattierten Spateln

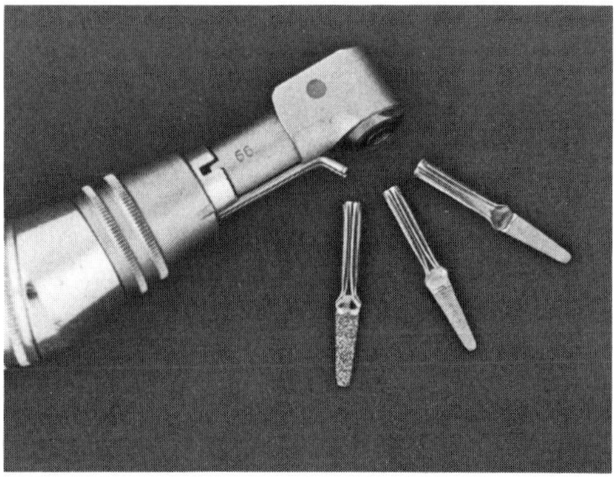

Abb. 280b Proxo-Shape-Spatel in den EVA-Kopf hineinpassend

erdings werden von der Firma Dentatus für das EVA-System direkt oder in Ergänzung zum EVA-System von der Firma Hubschmidt, Lugano, das Proxo-Shape-System (Abb. 280a und b) geliefert. Hierbei handelt es sich um abgestufte feine und feinste, mit Schleifkörpern belegte („plattierte") Spatel, die zum Teil unter Wasserberieselung eine Politur des Approximalraumes, der Füllungen und der Zahnoberflächen gestatten.

Mechanische Zahnreinigung mit Polieransätzen (Abb. 281a)

Gumminäpfe zur Aufnahme von Polierpasten sowie kleine Polierbürsten sind für die Politur der Zahn- und Wurzeloberflächen notwendig. Besser als mit den rotierenden Bürstchen gelingt mit muldenförmig ausgestalteten Gumminäpfchen unter Verwendung von Polierpasten die Politur der Glattflächen der Zähne. Allzu großer Druck und damit die Gefahr einer Überhitzung sind besonders auf der Zementoberfläche zu vermeiden. Bei intensiver Zahnverfärbung und Belagsbildung kommen

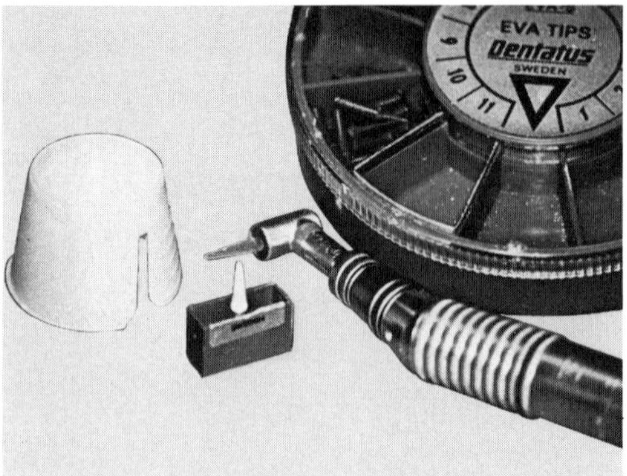

Abb. 281 a EVA-System zur Politur der Zahnoberflächen und des Approximalraumes mit Spender für Kunststoffansätze und für Diamantspatel

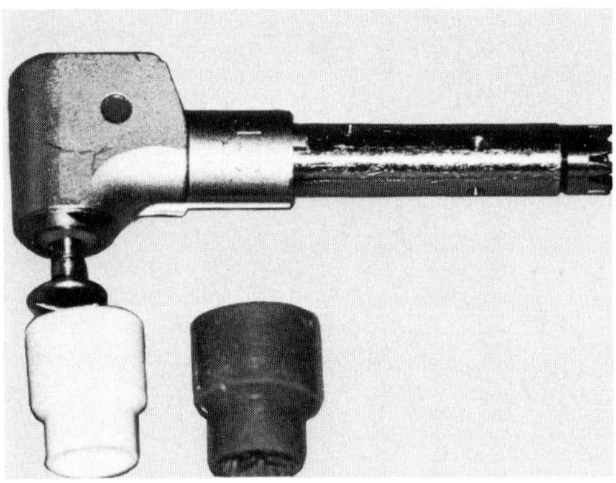

Abb. 281 b Prophylaxekopf der Firma Kavo zur Politur der Glattflächen der Zähne als Ergänzung des EVA-Systems

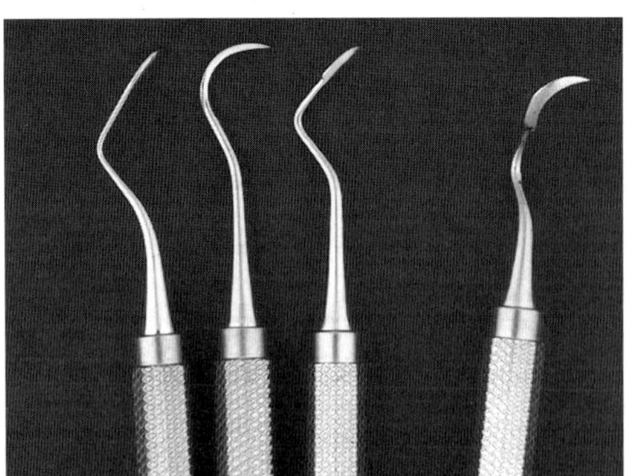

Abb. 282 Handinstrumente (Kürette COL 4R/4L links sowie Scaler H6/H7, T2/T3, Cl 2/3 von links nach rechts)

grobe Schleifpasten zur Anwendung. Jedoch sollte man darauf folgend Schleifpasten mit einer mittleren Körnung sowie zum Schluß in jedem Falle Schleifpasten mit einer feinsten Körnung oder fluorhaltige Zahnpasten für die Endglättung benutzen. Die Polieransätze können direkt an ein normales Winkelstück arretiert oder mittels sogenannter Prophylaxeköpfe (Abb. 281 b) verwendet werden. Hierbei ist das Kavo-System empfehlenswert, welches das EVA-System sinnvoll ergänzt und mit demselben Kavo-Winkelstück Nr. 7 b betrieben werden kann.
Die Roto-Pro-Instrumente, die als Schlagpolierer anzusehen sind, können für die Zahnreinigung, Zahnsteinentfernung und Füllungspolitur auf keinen Fall von zahnärztlichen Helferinnen benutzt werden. Beschädigungen von Füllungen, Kronen und Zahnoberflächen und auch Verletzungen des Wurzelzementes sind nicht auszuschließen.

Handinstrumente

Scaler

Die im Querschnitt meist dreieckigen Scaler werden für den supragingivalen Einsatz benutzt, da es wegen der Größe der Instrumente meistens unmöglich ist, mit diesen in die tieferen Zahnfleischtaschen einzudringen. Die Sichel-Scaler haben zwei schneidende Kanten und laufen am Ende in einer Spitze aus (Abb. 282). Empfehlenswerte Scaler sind die Typen H 6/H 7, Cl 2/3, Taylor T2/T3.
Seltener werden von Zahnärzten sogenannte Hakenscaler, Hauen oder Hoes zur Entfernung des subgingivalen Zahnsteins benützt.

Küretten (Abb. 284)

Während Scaler ausschließlich zum Entfernen von harten Belägen verwendet werden, also körperfremdes Material entfernen (Scaling), werden die Küretten sowohl zur Entfernung von tiefgelegenen, subgingivalen Zahnsteinablagerungen als auch zum Entfernen des nekrotischen Zementes von der Wurzeloberfläche (Abb. 284) und zum Entfernen von Taschenepithel

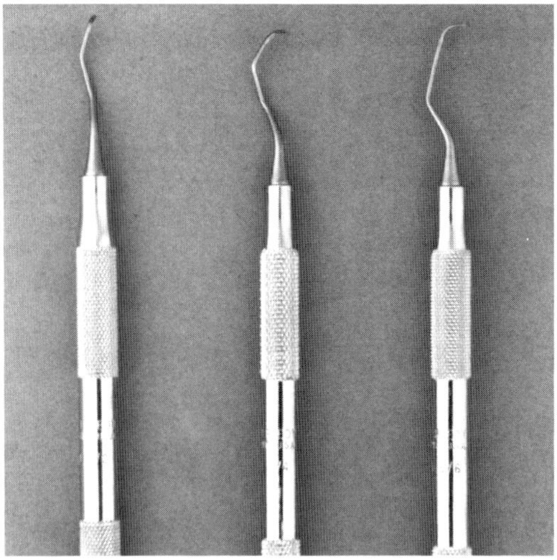

Abb. 283 Spezialküretten nach *Langer* speziell zur Wurzelglättung, von links nach rechts unterscheidet man SL 1/2 für Unterkiefer-Molaren und Prämolaren, mesiale und distale Zahnflächen; SL 3/4 für Oberkiefer-Molaren und Prämolaren (mesiale und distale Zahnflächen); SL 5/6 für Ober- und Unterkiefer-Frontzähne und bukkale Flächen

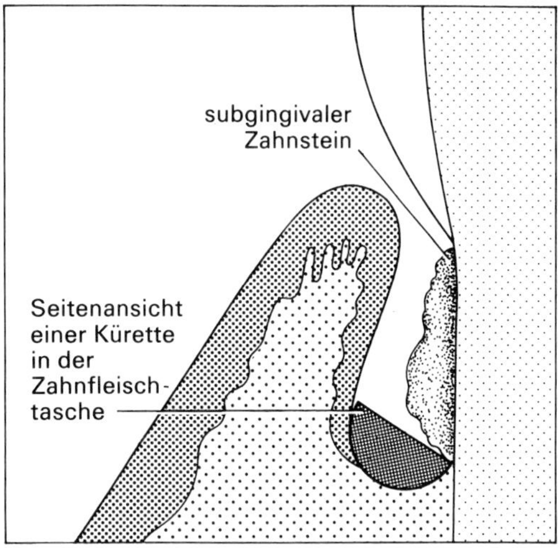

Abb. 284 Entfernung des nekrotischen Zementes und der subgingivalen Zahnsteinablagerungen mit einer Kürette

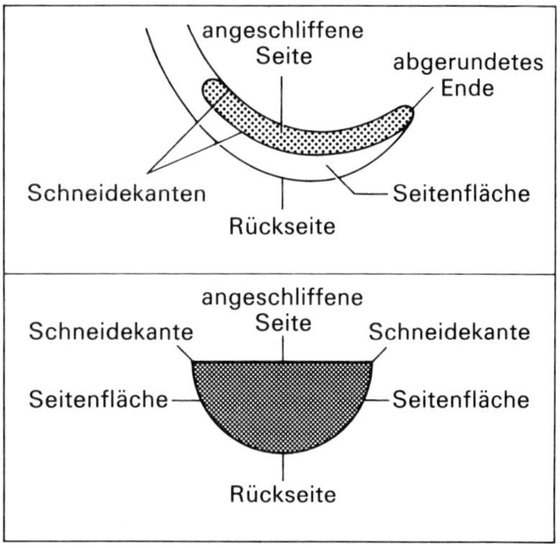

Abb. 285 Hauptmerkmale der Universal-Küretten

und Granulationsgewebe benutzt. Durch ihre meist zierliche Form, abgerundete Spitze und ihre löffelartige Gestalt können sie leicht ohne Beschädigung des Gewebes in die Zahnfleischtaschen eingeführt werden (Abb. 284). Zwei Arten von Küretten werden unterschieden (Abb. 286):

- Universalküretten und
- Spezialküretten.

Die Form der Universalküretten ist so ausgerichtet, daß sie in allen Quadranten eines Gebisses und dort wiederum an allen Zahnflächen verwendet werden können. Empfehlenswert sind doppelendige Instrumente, so daß man mit einem Instrument jeweils alle Zahnoberflächen behandeln kann. Schaft und Kante der Arbeitsseite bilden beidseitig rechte Winkel. Universalküretten sind Instrumente z.B. vom Typ Columbia 2R-2L, 4R-4L (Abb. 285).
Als Spezialküretten (Abb. 283 u. 287) sind die *Langer*-Küretten und *Gracey*-Küretten anzusehen. Hierbei handelt es sich um Kürettensets aus verschiedenen Formen, die je nach Wurzelquerschnitt in den verschiedenen Kieferquadranten zur Anwendung kommen. *Gracey*-Küretten sind doppelendig und das geeignetste Instrumentarium für das tiefe, subgingivale Scaling und die Anfrischung des Zements (Root planing).
Die *Gracey*-Küretten sind als Feinküretten anzusehen und haben jeweils nur eine Ar-

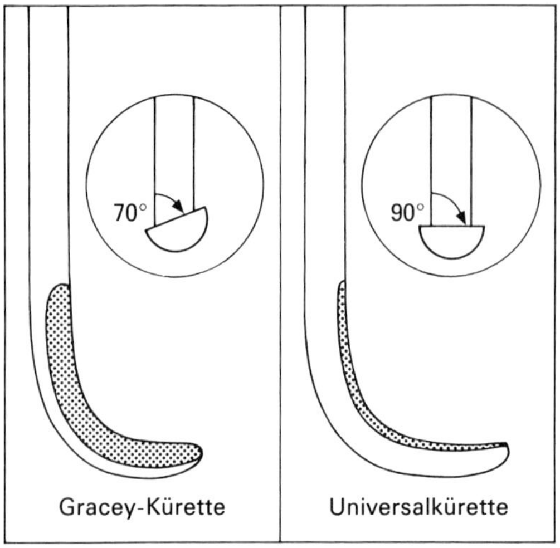

Abb. 286 Unterschiede zwischen Universalküretten und den *Gracey*-Küretten. Die *Gracey*-Küretten sind nur einseitig angeschliffen, während die Universalküretten zwei Schneidekanten aufweisen

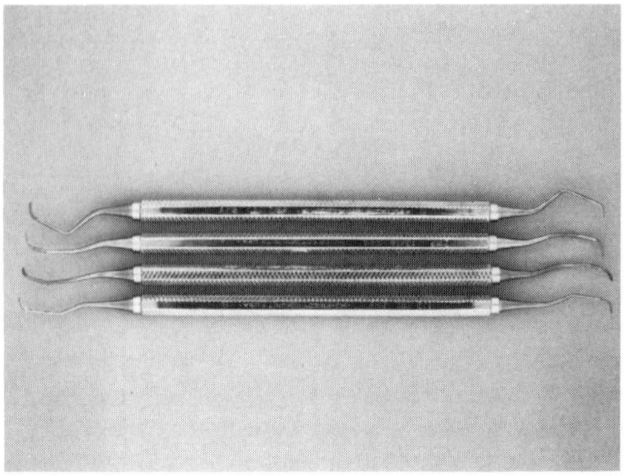

Abb. 287 Spezialküretten nach *Gracey*. Es handelt sich um einen doppelendigen Instrumentensatz mit nur einseitig arbeitenden Küretten

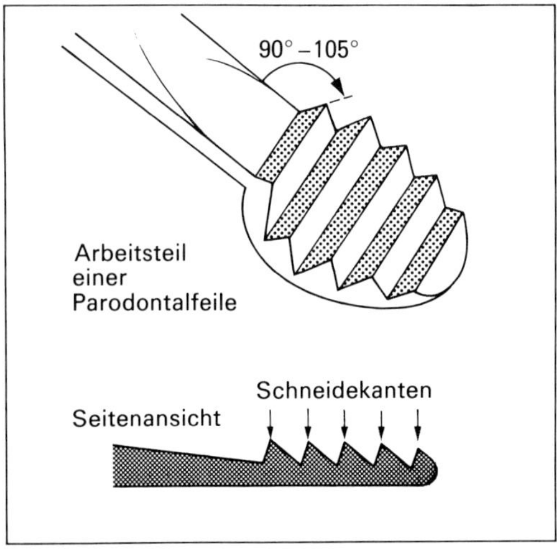

Abb. 288 Hauptmerkmale der sogenannten Parodontalfeilen

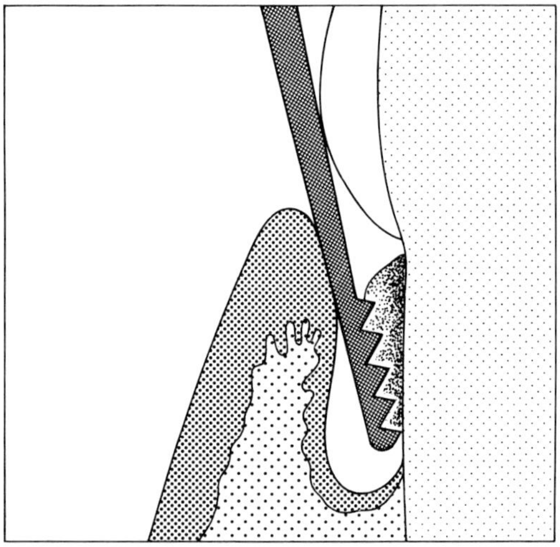

Abb. 289 Seitenansicht einer Parodontalfeile bei der Entfernung von subgingivalem Zahnstein und dem darunterliegenden erkrankten Wurzelzement

beitsseite. Im Gegensatz zur Universalkürette weisen sie einen Winkel von 60 bis 70 Grad zwischen Schaft und Arbeitskante auf. *Gracey*-Küretten erfordern ein besonderes Einfühlungsvermögen bei der Anwendung. Nach einer gewissen Einarbeitungszeit sind sie ein überaus geeignetes Instrumentarium zur Wurzelglättung und zum Feinscaling. Sie werden wie die *Langer*-Küretten bei der Kürettage, aber

auch bei der Lappenoperation als Endglättungs-Kürette (Finishing-Curettes) verwendet (Abb. 287).
Neben der Bearbeitung der Wurzeloberfläche werden Küretten besonders zur Ausschabung des inneren Saumepithels und des Granulationsgewebes bei der Kürettage benutzt. Hierzu richtet man ihre schneidenden Kanten wie ein Messer gegen das Weichgewebe und schabt es vorsichtig aus.

Feilen (Abb. 288 und 289)

In tiefen, schlitzförmigen Taschenbereichen kann man für die Bearbeitung der Zementoberfläche und der Wurzeloberfläche die zierlichen *Bunting*-, *Hirschfeld*- und *Orban*-Feilen benutzen. Diese Instrumente sind wesentlich feiner gestaltet als die größeren *Tompkins*-Feilen und werden daher in der modernen Parodontaltherapie bevorzugt benutzt.

Zusammenstellung von bewährten Instrumenten

1. Handinstrumente

- Parodontalsonde PCP 11 oder American Dental mit Farbcodierung
- Doppelendige Sonde (normale zahnärztliche Sonde mit einer Häkchen-Sonde) EX 5
- Sichelscaler H 6/H 7
- Sichelscaler Taylor T2/T3
- Universalkürette Columbia 2R/2L oder 4R/4L
- Spezial-Küretten nach *Langer*
- Kürette *Gracey* 1/2 GRA
- Kürette *Gracey* 7/8 GRA
- Kürette *Gracey* 11/12 GRA
- Kürette *Gracey* 13/14 GRA

2. Ultraschallgeräte

- Zahnsteinentfernungsgerät Optison mit den Ansätzen M 1 und M 6
- Zahnsteinentfernungsgerät DeTrey Cavitron 1010 mit dem Ansatz TFI 10

3. Maschineninstrumente

- Kavo-Intra-EVA-Kopf 61 F mit den Ansätzen Nr. 1 (grün), Nr. 3 (gelb) sowie den Diamantspateln Nr. 20 und 21 der Firma Dentatus
- Kavo-Intra-Prophylaktic-Kopf 31 F mit den Polierkelchen Nr. 202 und den Polierbürsten Nr. 206 und 207 der Firma Becht
- EVA-Instrument der Firma Micro-Mega
- Zusatzteil für EVA-System der Firma Hubschmidt, Lugano (Proxo-Shape)

4. Poliermittel

- Fluorhaltige Schleifpasten: Oral B = Polierpaste mit Fluor (feinkörnig). Spearmint medium. Polierpaste Prophylaxis Cleanser (grob, grobkörnig)
- Schleifpasten Oral-Lust
- Finishing-Strips (Sof-Lex 3M).

Fragen zum Verständnis und zur Selbstkontrolle

Das Instrumentarium für die Parodontalbehandlung

22. Bei welcher Patientengruppe ist vor der Anwendung von Ultraschall- und Hochfrequenzgeräten (z.B. Elektrotom) unbedingte Vorsicht geboten?
23. Welche Gefahren können bei falscher Anwendung von Ultraschallgeräten dem Zahnhartgewebe drohen?
24. Warum sollen bei der Anwendung von Ultraschallgeräten Schutzbrillen und Mund- und Nasenschutzmasken getragen werden?
25. Mit welchen Maschineninstrumenten kann die Wurzeloberfläche zusammen mit Polierpasten am besten geglättet werden?
26. Wozu werden Scaler verwendet?
27. Welche zwei Arten von Küretten kennen Sie?
28. Womit kann man am besten in tiefe, schlitzförmige Taschen eindringen und dort die Wurzeloberfläche glätten?

(Die Antworten stehen auf Seite 389.)

c) Chirurgische Instrumente

Das Instrumentarium für parodontalchirurgische Eingriffe unterscheidet sich stark von den herkömmlichen chirurgischen Instrumenten. Zur Anwendung gelangen Instrumente, deren Arbeitsspitzen und Ansätze aus Spezialstählen hergestellt werden. Die außer den eigentlichen parodontalinstrumenten verwendeten chirurgischen Instrumente sind besonders grazil und zierlich gestaltet.

Chirurgisches Grundinstrumentarium

Zum chirurgischen Grundinstrumentarium gehören:
- Pinzetten,
- Nadelhalter,
- Scheren,
- schneidende Instrumente,
- Spezialmesser,
- Haken.

Pinzetten

Zur Anwendung kommen zierliche anatomische Pinzetten, chirurgische Pinzetten, Iris-Pinzetten sowie Taschenmarkierungspinzetten, die für das Setzen der Blutungspunkte bei Gingivektomien und Lappenoperationen eingesetzt werden. Diese Pinzetten haben eine gerade Branche und eine rechtwinklig abgebogene Branche.

Nadelhalter

Als Nadelhalter können die Modelle nach *Axhausen*, *Mathieu-Kocher* und besonders der Nadelhalter nach *Olson-Hegar* mit einer im Nadelhalter eingebauten Schere verwendet werden (Abb. 290).

Scheren

Für parodontalchirurgische Eingriffe und Nachversorgung braucht man gebogene und gerade Nahtscheren sowie die gebogene Gingivaschere nach *Goldman-Fox* oder *Neumann* (z.B. DO 251 von der Fir-

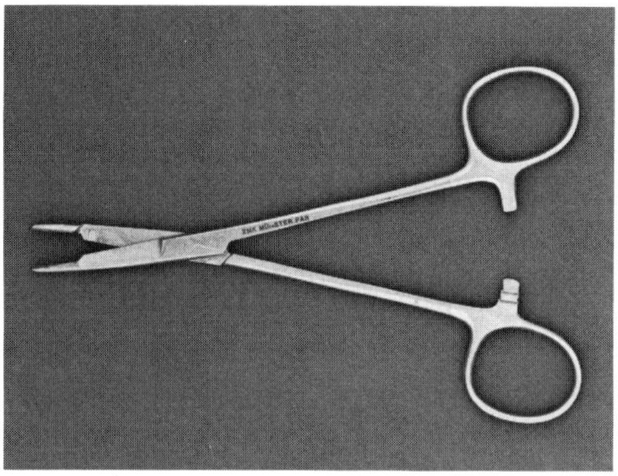

Abb. 290 Spezialnadelhalter nach *Olson-Hegar* mit Kombination von Nadelhalter und Schere für atraumatisches Nahtmaterial

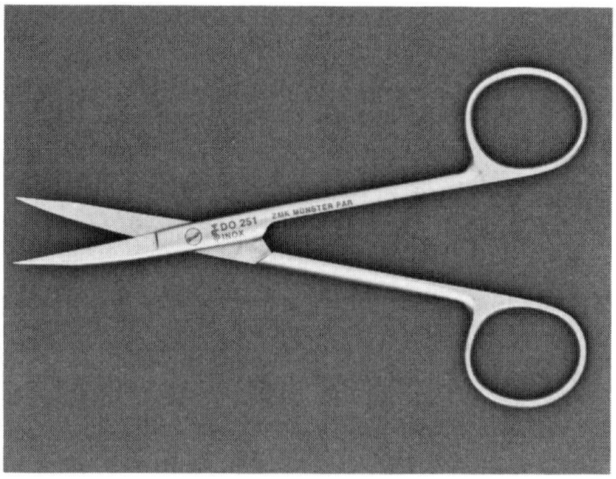

Abb. 291 Gingivaschere nach *Neumann* zum Ausschneiden der Gingivaränder bei Lappenoperationen

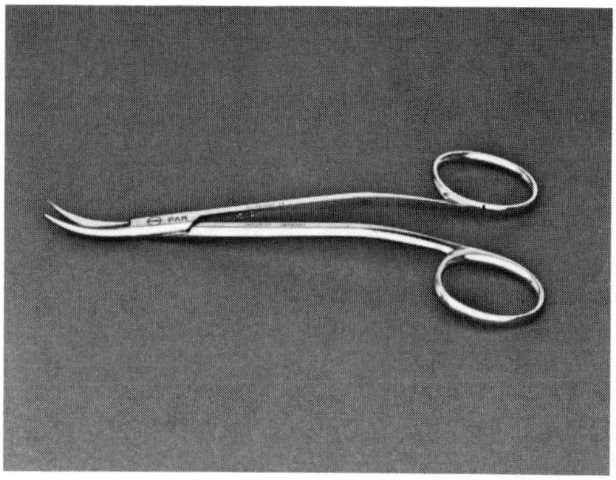

Abb. 292 Gingivaschere nach *La Grange* zur Ausdünnung von Lappen

ma Aesculap) (Abb. 291) sowie die stark gebogene Gingivaschere nach *La Grange* zur Lappenausdünnung (BC 154) der Firma Aesculap (Abb. 292).

Schneidende Instrumente

Für alle parodontalchirurgischen Eingriffe ist die Verwendung von Skalpellhaltern mit auswechselbaren Skalpellklingen sinnvoll, wenn man nicht von vornherein Einmalskalpelle benutzt. Dieses hat den Vorteil, daß stets sterile und scharfe Skalpelle verwendet werden können. Als Skalpellklingen (auswechselbar) für parodontalchirurgische Eingriffe sind die Nr. 11 (lanzettförmig), Nr. 15 (geballt), die außen- und innenschneidende Sichel Nr. 12d (z. B. von Firma Martin, Tuttlingen) geeignet (Abb. 293).
Für Gingivektomien ist die Verbindung von auswechselbaren Skalpellklingen mit Spezialgingivektomiemessern sinnvoll (Gingivektomiemesser nach *Blake* [Fa. Ash], Gingivektomiemesser MO 4659 von der Firma HuFriedy). Mit Imbusschlüsseln können die Skalpellklingen in der gewünschten Position und in der Winkelgröße zum Schaft fixiert werden.

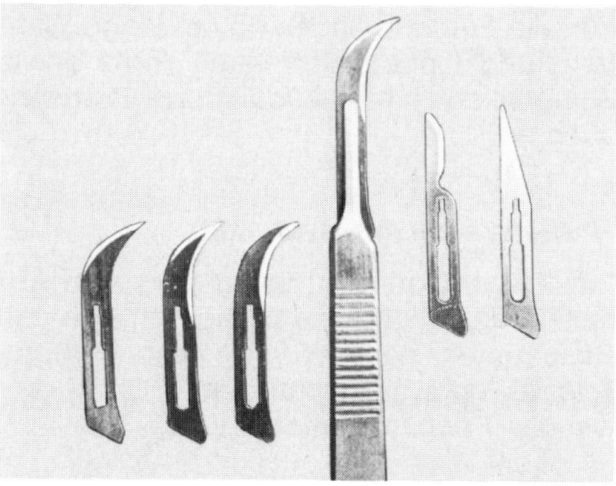

Abb. 293 Auswechselbare Skalpellklingen (von rechts nach links: Nr. 11 lanzettförmig, Nr. 15 geballt, Nr. 12d innen und außen schneidende Sichel sowie weitere Sichel-Skalpellklingen)

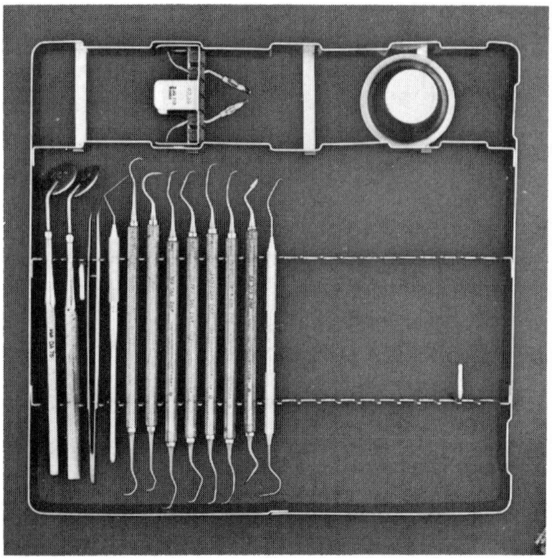

Abb. 294a Tray für Parodontalbehandlung. Instrumentenzusammenstellung für die Vorbehandlung mit Ansätzen für Ultraschallgeräte, verschiedenen Scalern, Sonden und Spiegeln

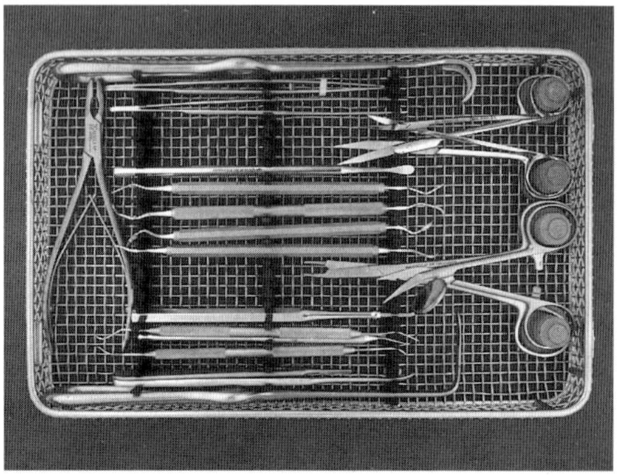

Abb. 294b Tray für Parodontalchirurgie in der zahnärztlichen Praxis. Alle Instrumente sind auf Bänken fixiert bzw. durch Spezialvorrichtungen gehalten, so daß bei geschlossenem Deckel der sichere Sitz der Instrumente in der Kassette gewährleistet ist. Das Tray ist autoklavengerecht und für Waschmaschinen geeignet (Aesculap Nr. JF 345)

Wangen- und Lippenhalter, Wundhaken

Für alle Eingriffe finden 15 cm lange Wangen- und Lippenhalter nach *Roux* sowie Wundhaken nach *Middeldorpf* Verwendung.

Raspatorien und Elevatorien

Zur Präparation der Lappen und zum Abhalten der Wundränder eignen sich die Raspatorien nach *König*, nach *Williger*, Spezial-Gingiva-Raspatorium DO 642 sowie das *Prichard*-Raspatorium.

Knochenbearbeitende Instrumente

Hohlmeißel-Zangen nach *Luer* sowie Knochenmesser nach *Ochsenbein* werden hier vorzugsweise benutzt.

Klemmen

Auch hier werden für alle Eingriffe die in der Chirurgie üblichen feinen Arterienklemmen sowie – für die Abdeckung der Patienten – Tuchklemmen verwendet.

Pflege und Wartung

Mehr noch als bei anderen Instrumenten ist für das Parodontalinstrumentarium eine besondere Wartung und Pflege notwendig. Die meisten von ihnen weisen Schneidekanten oder angeschärfte Teile auf, laufen häufig spitz zu und sind äußerst grazil. Um Instrumentenfrakturen, Abbrechen der Spitzen und Abstumpfung zu vermeiden, ist eine sichere Lage in einem Instrumententray (Beispiel: Tray für Parodontalchirurgie, Abb. 294b) oder auf

PAR-Trays für die zahnärztliche Praxis (Beispiele)

Tray für Zahnreinigung und Zahnsteinentfernung (supra- und subgingivales Scaling, Root Planing und subgingivale Kürettage)

1 Parodontometer PCP 11	DB 768	(AE)
1 Spezialsonde, doppelendig, EXD 5	DA 470	(AE)
1 Scaler H6/H7	DB 530	(AE)
1 Scaler CI 2/3	DB 529	(AE)
1 Scaler T 2/3, Taylor	DB 550	(AE)
1 *Columbia*-Kürette 4R/4L	DB 543	(AE)
1 *Gracey*-Kürette 1/2	SG 1/2 (HUF; KKD)	
1 *Gracey*-Kürette 7/8 wahlweise in	SG 7/8 (HUF; KKD)	
1 *Gracey*-Kürette 11/12 SG 11/14 und	SG 11/12 (HUF; KKD)	
1 *Gracey*-Kürette 13/14 SG 12/13 erhältlich	SG 13/14 (HUF; KKD)	
1 *Langer*-Kürette Oberkiefermolaren/Prämolaren mesial und distal	SL 3/4 (HUF; KKD)	
1 *Langer*-Kürette Unterkiefermolaren/Prämolaren mesial und distal	SL 1/2 (HUF; KKD)	
1 *Langer*-Kürette Oberkiefer- und Unterkieferfrontzähne und bukkale Flächen	SL 5/6 (HUF; KKD)	
1 Wangenhalter	BT 343 Inox matt	(AE)
1 *Middeldorpf*-Mundwinkelhalter	BT 405 Inox matt	(AE)
1 Contacto-Schälchen	JG 513	(AE)
1 Optison-Ansatz M1 und/oder M6	WI	
1 Kunststoff-Schutz-Überzug	WI	

1 EVA-Dentatus-System
bestehend aus KaVo-Unterteil mit EVA-Kopf 61F oder 61G und Prophylaxekopf 31F (zusätzlich EVA-Spitzen Nr. 1 (grün) und 3 (gelb) und *Becht*-Gumminäpfchen und Bürsten), zusammen mit KaVo-Winkelstück Nr. 7B.

Tray für Parodontalchirurgie (Abb. 294b)

1 Wangenhaken nach *Middeldorpf*	BT 405 Inox matt	(AE)
1 Skalpellgriff	BB 73 Inox matt	(AE)
1 Raspatorium nach *Koenig*	OM 309 Inox matt	(AE)
1 Anatomische Pinzette	BD 217 Inox matt	(AE)
1 Paro-Pinzette	BD 669 Inox matt	(AE)
1 Gingiva-Raspatorium	DO 642 Inox matt	(AE)
1 Mundspiegel	DA 14 Inox matt	(AE)
1 Mundspiegelgriff	DA 74 Inox matt	(AE)
1 Parodontometer, PCP 11	DB 768	(AE)
1 Spezialsonde, doppelendig, EXD 5	DA 470	(AE)
1 Furkationssonde P2N nach *Nabers*	DA 482	(AE)
1 Scaler T 2/3 nach *Taylor*	DB 530	(AE)
1 Kürette GF 4 nach *Goldman-Fox*	DB 534	(AE)
1 Scaler, CI 2/3, sichelförmig	DB 529	(AE)
1 Kürette 4R/4L, *Columbia*	DB 543	(AE)
1 Scaler H 6/7, sichelförmig	DB 550	(AE)
1 Wangenhaken	BT 343 Inox matt	(AE)
1 Hohlmeißelzange nach *Luer-Friedmann*	FO 409 Inox matt	(AE)
1 Arkansas-Schleifstein	DB 94	(AE)
1 Nahtschere	BC 117 Inox matt	(AE)
1 Gingivaschere nach *LaGrange,* gezahnt	BC 154 Inox matt	(AE)
1 Gingivaschere nach *Goldman-Fox,* gezahnt	DO 251 Inox matt	(AE)
1 Paro-Nadelhalter mit Schere nach *Olson Hegar*	BM 128 Inox matt	(AE)
1 Tuchklemme nach *Jones*	BF 407 Inox matt	(AE)
1 Schälchen Contacto	JG 513	(AE)
1 Wasch-Tray mit 3 Kunststoff-Lagerungsstegen und 4 Kunststoff-Haltestiften für Ringgriff-Instrumente am Tray-Boden sowie 2 Noppenstege am Tray-Deckel	JF 345	(AE)
1 Packschablone	TE 596	(AE)

(Fortsetzung auf der nächsten Seite.)

PAR-Trays (Fortsetzung)

Zusatzinstrumentarium

für **Gingivoplastik**

2 Elektrotomansätze *Martin* 1, 12, 14
1 hölzerner Zungenspatel

für **Gingivektomie**

1 Universal-Gingivektomiemesser	
nach *Blake*	Ash-England
nach *HuFriedy*	UBH

für **Lappenoperation und Knochenchirurgie**

Knochenfeilen nach *Sugarman* und *Schluger*	FS3/4S und FS9/10S (HUF,KKD)
Spezialskalpellklingen für Wechselskalpell Nr. 12d, 14, 15	
Perioset, bestehend aus 12 Diamanten für die Odontoplastik und Furkationserweiterung sowie für die Cementoplastik und das Root Planing	Intensiv SA CH-6962 Viganello-Lugano

für **spezielles Aufschleifen**

Arkansas-Schleifstein 75 × 25 × 7	SS4 (KKD)

Tray für mukogingivalchirurgische Eingriffe

Die für die mukogingivalchirurgischen Eingriffe gebräuchlichen Instrumente sind zierlicher und graziler als die Instrumente für die Taschenchirurgie. Oftmals benutzt man augenärztliche (ophthalmologische) Instrumente. Empfehlenswert sind Iris-Pinzetten und Spezialnadelhalter, wie z. B. vom Typus Castro-Viejo. Für die zahnärztliche Praxis sind Mukotome (Schleimhautschneider) zur Gewinnung der frei zu verpflanzenden Schleimhauttransplantate empfehlenswert. Hierbei kann das Aesculap-Mukotom Verwendung finden.

1 Mundspiegel			
1 Zahnärztliche Pinzette			
1 Anatomische Pinzette			
1 Chirurgische Paro-Pinzette	BD 669	Inox matt	(AE)
1 Iris-Pinzette	BD 668	Inox matt	(AE)
1 Skalpellhalter			
1 Raspatorium	OM 309	Inox matt	(AE)
1 Gebogene Nahtschere			
1 Gingivaschere	DO 251	Inox matt	(AE)
2 Middeldorpfhalter			
1 Wangenhaken	BT 343	Inox matt	(AE)
1 Paro-Castro-Viejo-Nadelhalter	BM 4	Inox matt	(AE)
1 Mukotom nach Aesculap	GB 270	(AE)	

einer Instrumentenbank notwendig. Keinesfalls sollte man das Parodontalinstrumentarium unsortiert in Metall-Kästen aufbewahren. Andererseits ist es möglich, einzelne Instrumente oder Instrumentensätze in Folien einzuschweißen und sie zu autoklavieren. Dabei sind die Schneidekanten des Arbeitsteils mit Tupfern abzudecken.

Sehr leicht kann man die Schärfe eines Instrumentes durch optischen oder mechanischen Test feststellen. Eine scharfe Schneide ist dann vorhanden, wenn sich zwei Ebenen zu einem spitzen Winkel treffen. Diese scharfe Linie kann kein Licht reflektieren. Ein Instrument ist stumpf, wenn die Schnittkante durch Verschleiß abgetragen wurde und die entstandene Fläche das Licht reflektiert. Die Schärfe eines Instrumentes kann man ferner durch Tests am Fingernagel oder am Daumenballen bestimmen. Hierbei kommt es zum Abheben von Hornmaterial oder zum leichten Abschaben von Hautteilchen.

Das Schleifen von Parodontalinstrumenten erfordert viel Sorgfalt und eine besondere Ausbildung. Besonders für Küretten und Scaler benutzt man Schleifsteine (Abb. 295). Zum Schärfen von sehr stumpfen Instrumenten und zum Ausschleifen von Scharten und Kanten werden gröbere Schleifsteine (India-Steine) benutzt. Für das feinere Anschleifen kommen Arkansas-Steine in Frage.

Die Verwendung von Steinöl ist zur Vermeidung von Hitzeentwicklung und zur Schonung des Steines sinnvoll. Mit Stahlpartikel verschmierte Steine können mit Benzin und anderen Reinigungsmitteln gesäubert werden. Ebenso können sie mit Sandpapier oder anderen Schleifsteinen abgeschliffen werden. Alle Instrumente sollten im Rahmen des gründlichen Schärfens immer von der seitlichen und äußeren Oberfläche geschliffen werden. Von außen verwendet man die flachen Arkansas-Steine Nr. 4 und AS 22 (Abb. 296 und 297).

Die wiederangeschliffenen Instrumente sollen im Autoklaven bei max. 186° C sterilisiert werden. Es ist darauf zu achten, daß eine sorgfältige Trocknung stattfindet. Gegen Korrosion schützt eine dünne Schicht von Silikonöl.

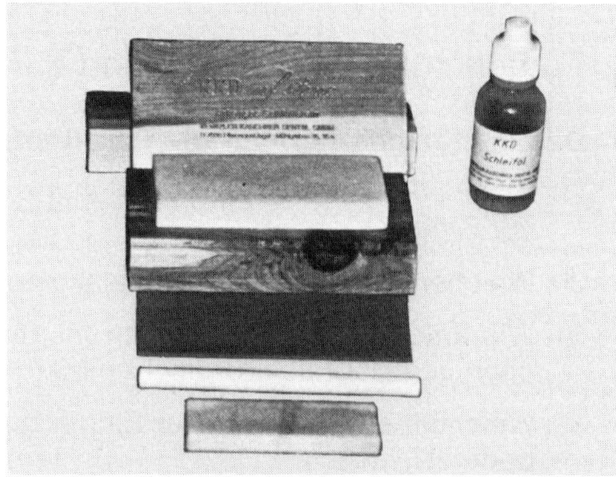

Abb. 295 Steine zum Aufschleifen von PAR-Instrumentarium. Zur Vermeidung von Überhitzung wird ein spezielles Steinöl benutzt

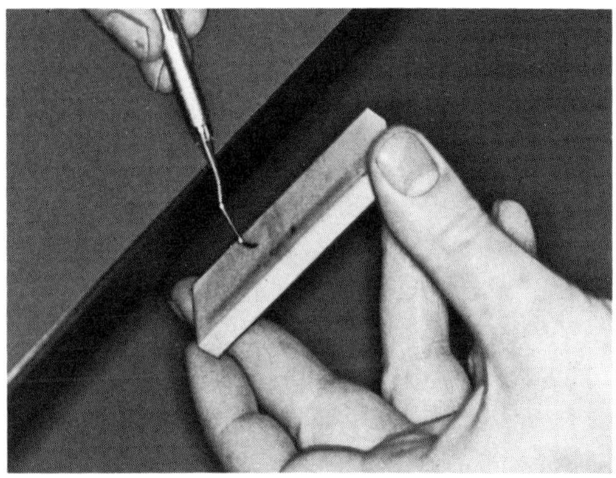

Abb. 296 Mit feinen Arkansas-Steinen werden Scaler und Küretten von außen nachgeschärft

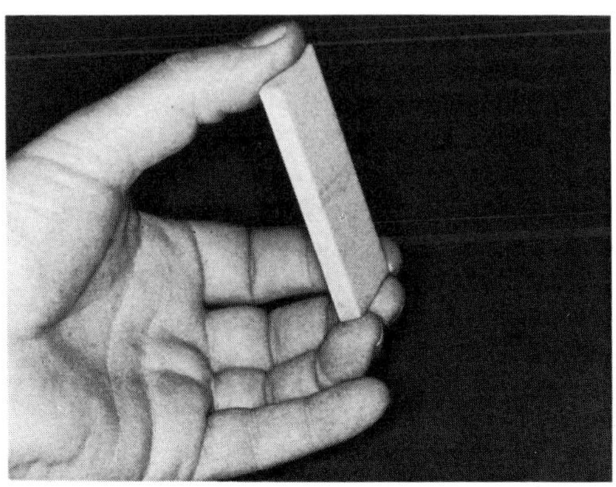

Abb. 297 Der Arkansas-Stein wird mit der linken Hand in der angegebenen Fingerposition gehalten

Fragen zum Verständnis und zur Selbstkontrolle

Das Instrumentarium für die Parodontalbehandlung

29. Welche Pinzettenart eignet sich am besten für das Setzen der Blutungspunkte vor Gingivektomien?
30. Welchen Vorteil haben Einmalskalpelle?
31. Wie unterscheiden sich Instrumente für mukogingivale Eingriffe von den üblichen parodontalchirurgischen Instrumenten?
32. Welche Instrumente außer Einmalskalpelle werden bei der Gingivektomie noch benützt?
33. Wie kann man parodontalchirurgische Instrumente vor Korrosion schützen?
34. Welche Arten von Hilfsmitteln kennen Sie, mit denen man stumpfgewordene Parodontalinstrumente wieder schärfen kann?

(Die Antworten stehen auf Seite 389.)

6. Wundversorgung, Nachbehandlung und medikamentöse Behandlung

Wie bei jeder anderen chirurgischen Tätigkeit folgt auch bei der Parodontalchirurgie auf die Wundsetzung die Wundversorgung sowie Vorsorgemaßnahmen und Kontrollen, die die nachfolgende Wundheilung begleiten und sie günstig beeinflussen sollen. Man unterscheidet:

- die direkt die Wundheilung unterstützenden Maßnahmen
- die nachfolgenden Behandlungen wie temporäre Schienungen, Mundhygienekontrollen, Einschleifmaßnahmen
- die Nachsorge
- das sogenannte Recall und
- die Weiterbehandlung.

Allgemeine Maßnahmen zur Wundversorgung

Sterilität des Instrumentariums, das Arbeiten mit Gummihandschuhen, Mundschutz und Haarbedeckung, Desinfektion des Behandlungsstuhls und der Einheit sowie der Lampe und Gebrauch von steriler Abdeckung sind wichtige Voraussetzungen für einen komplikationslosen Heilungsverlauf bei parodontalchirurgischen Eingriffen. Sie stellen auf keinen Fall übertriebene Maßnahmen dar, wenn man bedenkt, daß die Größe einer Wundsetzung bei der Lappenoperation häufig ein Mehrfaches der Größe einer operativen Weisheitszahnwunde beträgt. Während die Verordnung von Analgetika, Antiphlogistika und Antibiotika sehr zurückhaltend beurteilt wird, kann man zur Vermeidung von Schwellungen physikalische Maßnahmen wie das Kühlen des Operationsgebietes für ein bis zwei Tage und danach folgend warme Umschläge für den Abbau des entstandenen Ödems oder Hämatoms empfehlen. Präoperativ empfiehlt es sich, die Mundhygiene zu kontrollieren, gegebenenfalls eine Zahnreinigung durchzuführen und mit chlorhexidindigluconathaltigen Präparaten Mundspülungen vornehmen zu lassen.

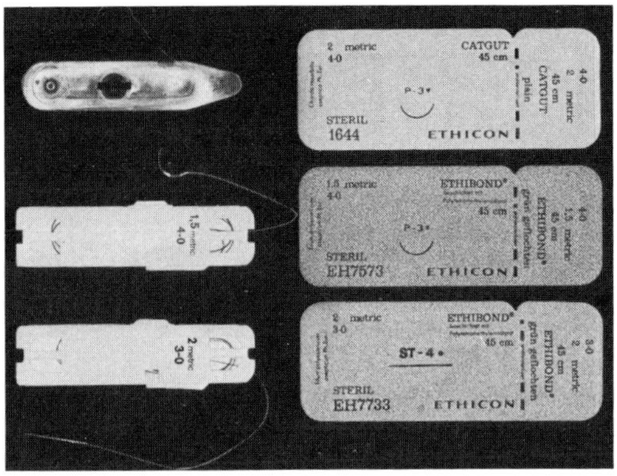

Abb. 298 Kombination verschiedener Nadeln und Fäden in atraumatischer Version für die PAR-Chirurgie (gerade Nadel ST 4, kleine, gebogene Nadel P-3). Als Nahtmaterial werden entweder Kunststoffäden oder resorbierbares Catgut benutzt. Die Stärke beträgt wahlweise 3/0, 4/0 und beim Catgut bis zu 5/0

Spezielle Maßnahmen zur Wundversorgung

Unter der speziellen Wundversorgung versteht man:

- die Nahtversorgung der Wunde
- die Auswahl eines Zahnfleischverbandes und
- die lokale Applikation von Medikamenten.

Nahtversorgung

Grundsätzlich empfiehlt es sich, mit atraumatischen Nadeln zu arbeiten, bei denen ein stufenloser Übergang zwischen Nadel und Faden (siehe Kapitel „Chirurgie“, Seite 225ff.) vorhanden ist, der tiefe Einrisse und ausgestanzte Löcher vermeidet, wie sie früher bei Federöhr-Nadeln üblich waren. Für die Nähte bei Lappenoperationen haben sich gerade Nadeln (ST 4) bewährt (Abb. 298). Für senkrechte Schnittwunden („Vertikalinzisionen“) und deren Nähte werden kleinere gebogene Nadeln benutzt (P/3). In der mukogingivalen Chirurgie verwendet man vorzugsweise resorbierbares Catgut-Nahtmaterial in der Stärke 4/0 und 5/0 und eine P-3-Nadel. Die meisten Fäden sind ca. 45 cm lang.

Zahnfleischverbände

In der Parodontalchirurgie nimmt der chirurgische Wundverband eine besondere Stellung ein. Die gebräuchlichsten Zahnfleischverbände (Abb. 299) setzen sich entweder aus Zinkoxid und Eugenol sowie aus Kunststoffkomponenten und auch aus Kalziumsulfat und Zinkoxid zusammen. Bei Patienten mit Eugenol-Allergie werden eugenolfreie Verbände wie Peripak oder auch die eugenolfreie Version von Coe-Pak benutzt. Nobetec ist ein sehr stark klebender und fest anhaftender Verband von ausgezeichneter Härte. Die Oberfläche der Verbände ist mit vaselinierten Fingern zu glätten, damit keine Rauhigkeiten zurückbleiben.

Zusammensetzung einiger Zahnfleischverbände

Peripac (De Trey)

Zusammensetzung:
Zinkoxid
Zinksulfat
Kalziumsulfat (Gips)

Nobetec (Ubert)

Flüssigkeit:
Eugenol, Perubalsam

Pulver:
Zinkoxid, Colophonium
Terylene-Fasern

Coe-Pak (ICI-England)

Zusammensetzung:
Eugenolfreier Wundverband mit bakteriostatisch wirkendem Chlorothymol und Lorothidol (abweichende Zusammensetzung)

Gewebekleber

Histoacryl Blau (Braun)

Flüssigkeit:
Butyl-2-Cyanoacrylat-Monomer

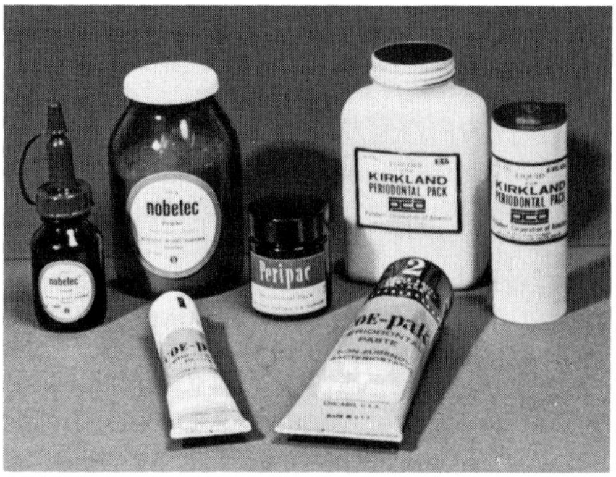

Abb. 299 Gebräuchliche Zahnfleischverbände (von links nach rechts: Nobetec, Peripac, Kirkland-Verband, im Vordergrund das eugenolfreie Coe-pak)

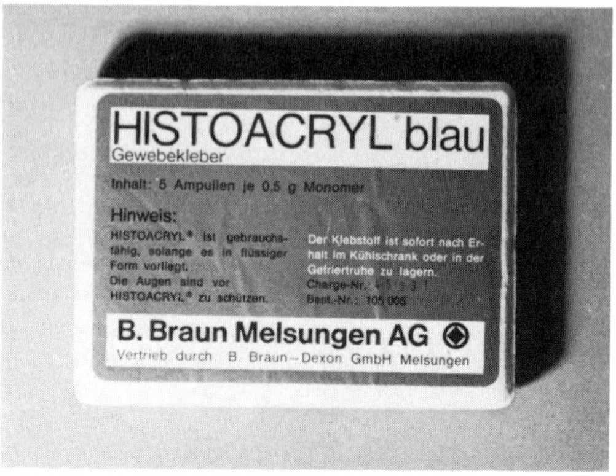

Abb. 300 Selbsthärtender Feincomponenten-Klebstoff vom Cyanoacrylat-Typus für die Anheftung von Schleimhauttransplantaten und zur Versorgung großflächiger Wunden. Der Klebstoff wird bei Zutritt von Serum und Mundflüsigkeit sofort fest. Vorsicht bei der Anwendung, um Augenverletzungen zu vermeiden

Wundkleber

Speziell für die Anheftung von Schleimhauttransplantaten werden selbsthärtende Feinkomponenten-Klebestoffe vom Cyanoacrylat-Typus verwendet (Abb. 300). Diese Schnellkleber werden in Kunststoffphiolen angeboten.

> Wichtig ist für die Helferin, beim liegenden Patienten in jedem Fall den Wundkleber von der Seite und nicht über den Kopf des Patienten anzureichen, um ein unbeabsichtigtes Eintropfen in das Auge des Patienten zu vermeiden. Dies kann zur Erblindung führen!

Durch das Gewebswasser und den Eiweißgehalt kommt es in Form eines Katalysator-Effektes zu einer momentanen Erstarrung des Materials. Dieses kann man dadurch gut entweder zu einer flächenhaften Abdeckung von größeren Wunden oder zur punktartigen „Anschweißung" von Gewebeanteilen benutzen.

Medikamentöse Maßnahmen

Zur Desinfektion des Operationsgebietes vor der Wundsetzung, aber auch zur Infektionsprophylaxe und zur Wundbehandlung kommen Medikamente wie H_2O_2 und Chlorhexidindigluconat in Betracht. Das H_2O_2 wird normalerweise 3%ig benutzt und kann zur Wundreinigung mit Wattepellets sowie mit Tupfern eingesetzt werden. Eine ähnliche Wirkung geht von Perborat-Präparaten aus.

Das Chlorhexidin liegt als Digluconatsalz meistens in einer Verdünnung von 0,1 bis 0,2% vor. Es ist eines der wirksamsten „Anti"-Plaquemittel unter den zahnärztlichen Medikamenten. Bei Dauergebrauch kann es zu Nebenwirkungen wie Braunfärbung der Zähne und der nichtmetallischen Füllungen, temporären Geschmacksreizungen mit Verlust des Feingeschmackes sowie zum Auftreten von schwarzen Zungenbelägen kommen. Die Nebenwirkungen treten bei kurzfristigen Applikationen nicht auf. Es sollten daher Chlorhexidinverordnungen nicht länger als über eine Woche erfolgen.

Nachsorge

Nach Entfernung des Verbandes durch den Patienten oder den Zahnarzt muß sofort eine intensive Mundhygiene mit weichen „Multi-tufted"-Bürsten aufgenommen werden. Diese sollten in der ersten postoperativen Phase in einer Vertikalbewegung über die Wundoberflächen in Richtung auf den Zahn ohne allzu starken Druck geführt werden (Rot-Weiß-Methode). Später erscheint die *Bass*-Technik sinnvoll (siehe Kapitel „Karies und Kariesprophylaxe", Band 1 und Seite 355).
Spätestens nach der Verbandsabnahme (etwa 5 Tage nach der durchgeführten Kürettage, 6 bis 8 Tage nach der durchgeführten Gingivektomie bzw. Lappenoperation) sind vorsichtige professionelle Zahnreinigungen mit Politur der Zahnoberflächen, die an die Wunde angrenzen, notwendig. Plaqueansammlungen, Verfärbungen und Blutrückstände müssen gegebenenfalls durch Schleifpasten mit Gummikelchen oder auch vorsichtig mit dem EVA-Instrument aus den Zwischenräumen entfernt werden.

Wiederbestellung („Recall")

Nach Abschluß der direkten parodontalchirurgischen Therapie ist der Patient mindestens drei- bis viermal pro Jahr zu kontrollieren. Bei diesen Sitzungen ist die Erhebung von Plaqueindices, die Überprüfung der Mundhygiene mit Revelatoren sowie eine eingehende professionelle Plaque- und Zahnsteinentfernung (supra- und subgingival) sowie Taschenmessungen und gegebenenfalls Nachkürettagen vorzunehmen. Erfolgen diese Nachbehandlungen in einem gut organisierten Wiederbestellsystem (Recall) nicht, ist mit einem erneuten Auftreten der Parodontalerkrankung zu rechnen. Mit einer einmaligen großen chirurgischen Sanierung ist keinem Patienten auf die Dauer geholfen. Deswegen ist durch die zahnärztliche Praxis eine Wiederbestellung meistens in Form von schriftlichen Aufforderungen (Recall-Karten) notwendig.
Die Besonderheit im Wesen der entzündlichen Parodontopathien liegt darin, daß auch ein optimaler primärer Operationserfolg nur die derzeitige Erkrankung beendet, aber keinen dauernden Schutz vor einer neuen plaquebedingten Infektion und Parodontalerkrankung bietet. Es ist deswegen dem Recall wie auch der dauernden Nachsorge ein erheblicher Wert beizumessen.

Weiterführende Behandlung

Als Nachbehandlungsmaßnahmen sind die Überprüfung der Okklusion mit Einschleifen von störenden Frühkontakten, provisorische und definitive prothetische Maßnahmen anzuführen. Wegen der nach Parodontaloperationen häufig eintretenden Zahnhalsüberempfindlichkeit ist eine einmal pro Woche durchzuführende Fluoridierung mit Fluor-Gelen gegebenenfalls möglich. Falls die Zähne postoperativ eine stärkere Lockerung aufweisen, sind übergangsweise temporäre Schienen in Form von Parodontalschienen notwendig. Neuerdings verzichtet man auf Drahtligaturen und auf Kunststoffschienen und verwendet statt dessen intraapproximale Verklebungen mit Säureätztechnik-Komposite-Materialien. Normalerweise sind diese Schienen spätestens nach 4 Monaten zu entfernen. Häufig erfolgen nach Ausheilung der parodontalen Erkrankung prothetische Maßnahmen in Form von festsitzendem Zahnersatz.

Fragen zum Verständnis und zur Selbstkontrolle

Wundversorgung, Nachbehandlung und medikamentöse Behandlung

35. Wie kann man Schwellungen nach parodontalchirurgischen Eingriffen vermeiden?
36. Welchen Vorteil bieten atraumatische Nadeln?
37. Welches Nahtmaterial wird vorzugsweise bei mukogingivalen Eingriffen verwendet?
38. Welche Stoffe enthalten die gebräuchlichsten Zahnfleischverbände?
39. Was muß die Helferin bei der Anwendung von Gewebeklebern (Wundklebern) unbedingt beachten?
40. Welches Mittel wird neben Wasserstoffsuperoxid (H_2O_2) noch zur Desinfektion der Wunde verwendet?
41. Wie nennt man das Wiederbestellsystem zur Kontrolle von Patienten?
42. Wie kann man der nach parodontalchirurgischen Eingriffen oft auftretenden Zahnhalsüberempfindlichkeit begegnen?

(Die Antworten stehen auf Seite 389f.)

7. Die Mithilfe der zahnärztlichen Helferin bei der Prävention und Therapie der Parodontalerkrankungen

Karies und Parodontalerkrankungen sind Volksseuchen, die die höchste Erkrankungsrate aller Erkrankungen des menschlichen Organismus aufweisen und zusammen mit ihren Folgeerscheinungen die Ursache für den Verlust des Kauorgans darstellen (Abb. 301 und 302). *Ketterl* (1978) hat für die Karies und die marginalen Parodontopathien Gemeinsamkeiten und Unterschiede der Krankheitsentstehung, des Krankheitsverlaufes und der Prophylaxe dargestellt:

Unterschiede

1. Die Karies ist eine auf die Zahnhartsubstanz beschränkte Erkrankung. Die marginale Parodontopathie umfaßt eine Vielzahl von Geweben (Zahnfleisch, Wurzelhaut, Zement, Alveolarknochen).
2. Die kariöse Zahnhartsubstanz kann restlos entfernt und der Defekt versorgt werden. Bei der marginalen Parodontopathie kann nur eine Vielzahl von Maßnahmen im Rahmen einer systematischen Therapie die Krankheit zum Stillstand bringen.

Gemeinsamkeiten

1. Für beide Erkrankungen spielen die Mikroorganismen der Plaque eine ausschlaggebende Rolle.
2. Der Beginn der Erkrankung spielt sich im elektronenmikroskopischen Bereich ab und entzieht sich über Monate unserer Diagnose.
3. Schmerzen treten bei beiden Erkrankungen erst in einem relativ späten Stadium auf.
4. Eine Heilung im Sinne einer Wiederherstellung gibt es bei beiden Formen nicht.
5. Beide Erkrankungen stellen keinen lebensbedrohlichen Zustand dar, führen aber zum Verlust des natürlichen Kauorgans.
6. Eine Immunität gibt es nicht, weder gegen Karies noch gegen Parodontopathie.
7. Beide Erkrankungen erfordern hinsichtlich ihrer Prophylaxe eine weit über das übliche Maß hinausgehende Mundhygiene vom Patienten.
8. Ziel bei beiden Erkrankungen muß es sein – da eine kausale Therapie nicht möglich ist –, auf präventivem Wege das Auftreten der Erkrankungen zu verhindern.

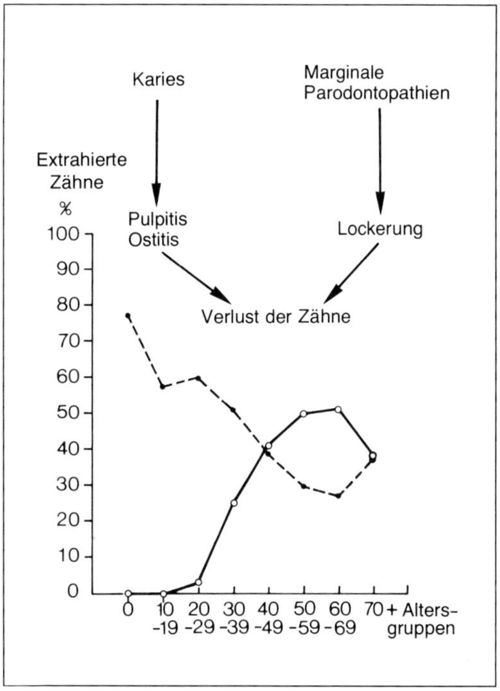

Abb. 301 Prozentsatz der infolge von Karies und marginalen Parodontopathien in Verlust geratenen Zähne zur Abhängigkeit vom Alter
•--• Karies
○—○ Parodontopathien
(nach *Ketterl,* 1978)

Es herrscht somit völlige Übereinstimmung, daß die systematische und vollständige Plaqueentfernung die wichtigste Maßnahme zur Prävention der Karies und der Gingivitis ist. Karies und Parodontalerkrankungen sind nach den wissenschaftlichen Erkenntnissen als Plaqueerkrankungen anzusehen. Da es sich um bakteriell ausgelöste Erkrankungen handelt, ist es nicht länger zu verantworten, von Karies und Parodontopathien als einem schicksalhaften Ereignis zu sprechen.

„Ein sauberer Zahn wird nicht kariös und zeigt keine Zahnfleischentzündungen." Mit diesem Grundsatz von *Mühlemann* wird das Problem treffend bezeichnet, das darin besteht, daß bei perfekter Mundhygiene die beiden in der Zahn-, Mund- und Kieferheilkunde am häufigsten vorkommenden Erkrankungen t h e o r e t i s c h vollständig vermeidbar sind.

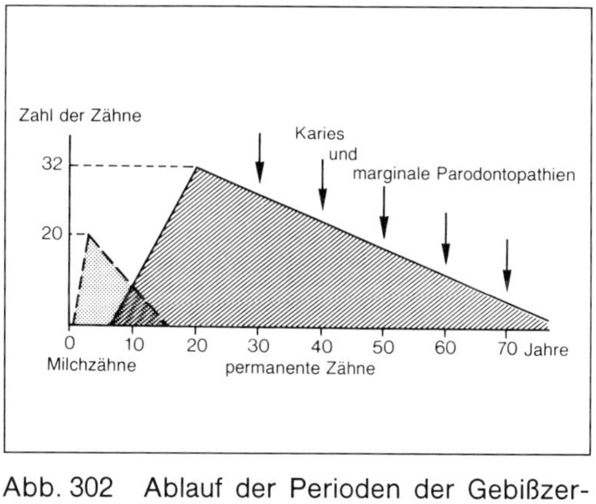

Abb. 302 Ablauf der Perioden der Gebißzerstörung beim Menschen:
a) Zerstörung des Milchgebisses
b) Zerstörung des permanenten Gebisses
(nach *Ketterl,* 1978)

Praktisch sind wir aber von dem großen Ziel, kariesfreie und parodontal gesunde Gebisse am überwiegenden Teil unserer Bevölkerung zu erzeugen, weit entfernt. Es liegen zahlreiche Angaben vor, die übereinstimmend zeigen, daß man Karies und Parodontopathie durch breite Beeinflussung der Öffentlichkeit in Großversuchen nicht verhindern kann. Andererseits sind der Wert und der Erfolg individueller prophylaktischer Maßnahmen unbestritten. Untersuchungen, die an Einzelpersonen oder kleineren Gruppen von instruierten und motivierten Patienten durchgeführt wurden, zeigen in Verbindung mit einer mehrmals im Jahre erfolgten professionellen Zahnreinigung (siehe Seite 352ff.), daß Karies und Gingivaerkrankungen günstig beeinflußt oder vermieden werden können. Die mundhygienische Betreuung Erwachsener und erst recht der Kinder hat stets individuell zu erfolgen. Je schlechter die individuelle Mundhygiene angetroffen wird, desto häufiger muß der Patient intensiv unterwiesen werden. Die ausschließliche Behandlung der schon entstandenen kariösen Defekte und der eingetretenen Parodontalerkrankungen ist an einem Wendepunkt. Den Eingeweihten und Einsichtigen ist klar, daß die auf diesem Sektor anfallenden Erkrankungen zahlenmäßig und kostenmäßig nicht mehr beherrscht werden können, wenn man ausschließlich reparative Maßnahmen anwendet. Die durchschnittliche Arbeitszeit des Zahnarztes reicht nicht einmal aus, den Mehrbedarf wieder abzuarbeiten, der durch das Legen einer Füllung, das Einsetzen einer Krone entsteht (Mühlemann). Jede mehrflächige Füllung, jede Krone ist meistens nur ein unvollständiger Ersatz für den natürlichen Zahn und erzeugt entweder oder verschlimmert parodontale Erkrankungen. Den prophylaktischen Maßnahmen gebührt daher der Vorrang. Sie stellen zukünftig das wichtigste Aufgabengebiet in der zahnärztlichen Praxis dar.

Regelmäßige Mundhygienekontrolle und professionelle Zahnreinigungen gerade unter Mithilfe der zahnärztlichen Helferinnen und speziell ausgebildeten zahnmedizinischen Fachhelferinnen sind in bezug auf die Langzeiterhaltung des Gebisses und des Parodontiums der bisher üblichen Kontrolle, bei er nur festgestellt wurde, ob neue kariöse Defekte entstanden sind, überlegen.

Die zahnärztliche Helferin nimmt innerhalb des zahnärztlichen Praxisteams eine verantwortliche Stellung ein. Sie kann gerade im Hinblick auf die Prophylaxe eine sinnvolle, mithelfende und hilfreiche Tätigkeit ausüben. Es sollen daher im folgenden einige Aufgabenbereiche erläutert werden, in der die zahnärztliche Helferin sowie die ZMF gemeinsam mit dem Zahnarzt tätig werden kann.

Ernährungsberatung

Es mag vielleicht ungewöhnlich erscheinen, aber die Ernährungsberatung hat gerade in der zahnärztlichen Praxis eine besondere Bedeutung. (Die Zähne brechen immer mit einer gesunden Zahnoberfläche und mit einer gesunden Zahn-Zahnfleischverbindung in die Mundhöhle durch. Diese Zähne erkranken nicht schicksalhaft.) Kariöse Zerstörungen der Zähne und Parodontalerkrankungen entstehen durch falsche Ernährungsweise und durch vernachlässigte Mundhygiene.

Die zahnärztliche Helferin soll daher über die geeignete Ernährungsberatung Bescheid wissen. Die nachfolgenden Ausführungen stützen sich auf Hinweise zur Ernährungsberatung, die von Professor *König* von der Universität Nijmegen, Niederlande, erarbeitet wurden.

Wissen Sie, was Sie essen?

Die Ernährungsgewohnheiten eines Menschen sind seine ganz persönliche Angelegenheit. Die meisten Menschen wissen, daß sie bei ihrer Ernährung Fehler machen, aber häufig sind ihnen die Risiken ihrer falschen Ernährungsweise nicht bekannt. Vor allem wissen die meisten nicht, wie oft und in welchem Umfang sie Risiken eingehen. Information und praktische Unterweisung ist deswegen unumgänglich. Die Informationen sollten auf wissen-

schaftlicher Basis beruhen, ohne aber beim Patienten Fachkenntnisse vorauszusetzen. Man sollte deswegen mit gewissen Vereinfachungen arbeiten und zunächst eine Korrektur der alltäglichen Ernährungsfehler vornehmen. Das informative Gespräch sollte motivierend wirken, dem Patienten aber eine selbständige Analyse seiner Ernährungsgewohnheiten und Verbesserungsmöglichkeiten offenlassen.
Eine Einteilung der Nahrungsmittel ist zur vereinfachten Darstellung wichtig. Eine Möglichkeit, sie einzuteilen, wäre zum Beispiel die folgende:

1. Einteilung der Nahrungsmittel nach Fettanteil
2. Einteilung der Nahrungsmittel nach Mineral-, Vitamin- und Rohfasergehalt
3. Einteilung der Nahrungsmittel nach Gehalt an Schadstoffen und Konsevierungsmitteln
4. Einteilung der Nahrungsmittel nach Zuckergehalt.

Man sollte die Ernährungsgewohnheiten genauestens beobachten und sich der Ernährungsweise bewußt werden. Die ungünstigen Nahrungsmittel sollten gegen günstige ausgetauscht werden. Da jeder Prozeß der Bewußtseinswerdung eine gewisse Zeit dauert, wird das Austauschen einzelner Nahrungsmittel als wichtiger Teilerfolg angesehen.
Für den Bereich der Erkrankungen der Zähne und des Parodontiums sind die nachfolgenden Risikofaktoren als besonders wichtig anzusehen.
Neben der allgemeinen Gefährdung der Gesundheit in den Bereichen Herz, Kreislauf, Verdauung durch ungeeignete Nahrungsmittel, der Alkoholgefährdung und der Gefährdung durch das Rauchen, ist es darüber hinaus erstrebenswert, die Risikofaktoren für das Gebiß zu verringern. Besonders aufgeführt werden sollten deshalb die zuckerhaltigen Nahrungsmittel.
Der Hauptfeind der Zähne ist die Aufnahme von Süßigkeiten und gesüßten Speisen und Nahrungsmitteln zwischen den Hauptmahlzeiten:

1. Zucker
2. Bonbons
3. Schokolade
4. Süßgebäck
5. Gezuckerte Kondensmilch
6. Süße Cremes
7. Gesüßte Getränke
8. Stark klebriges Dörrobst.

Nach jedem Genuß zuckerhaltiger Nahrung (besonders bei Zwischenmahlzeiten) bleibt ein Rest von aufgenommener zukkerhaltiger Nahrung auf der Zahnoberfläche in den Zahnbelägen zurück, wo durch Bakterien Säure gebildet wird, die den Zahn entkalken und die kariösen Läsionen entstehen lassen. Diese Gefahr ließe sich bannen, wenn nach jedem Genuß zuckerhaltiger Nahrung oder Getränke die Zähne geputzt werden würden. Erfahrungsgemäß wird dieses Zähneputzen jedoch kaum durchgeführt. Deshalb ist es sinnvoller, den Genuß zuckerhaltiger Nahrung soweit wie möglich zu verringern.
Zucker ist ein hochkonzentrierter Kalorienlieferant. Unsere Gesundheit ist ganz allgemein durch Übergewicht bedroht. Der Kreislauf wird belastet, die Gefäße, vor allem die des Herzmuskels, werden geschädigt. Wenn man nicht viel in Bewegung ist oder schwer arbeitet und dadurch die aufgenommenen energiereichen Nahrungsmittel verbrennt, setzt man unvermeidlich Fett an. Man muß daher dem Patienten eine Kontrolle über den Energieverbrauch empfehlen.

Eine wichtige Ernährungsregel aus zahnärztlicher Sicht lautet:

Möglichst selten zuckerhaltige Zwischenmahlzeiten zu sich nehmen.
Man sollte auch nicht Süßigkeiten zwischen den Mahlzeiten etwa durch Nüsse oder Chips ersetzen, denn ihr Fettgehalt ist sehr hoch, was den Energiehaushalt des Körpers stark belasten kann.
Es ist ohne Zweifel, daß Fehlernährung in engem Zusammenhang mit der Entstehung von Karies und Parodontopathien steht. In der zuckerarmen Kriegs- und Nachkriegszeit (1940–1948) wurde ein starker Kariesrückgang in vielen europäischen Ländern festgestellt, da Zucker schwer erhältlich war.

Folgende Grundsätze bei der Ernährungsberatung sollten beachtet werden:
1. Zähne brechen immer gesund in die Mundhöhle durch.
2. Man sollte intensive Mundhygiene betreiben, so daß die Zähne auch gesund bleiben.
3. Kariöse Defekte und Parodontopathien entstehen durch falsche Ernährungsweise und bei gleichzeitig mangelnder Zahnpflege.
4. Karies und Parodontopathien sind durch Unwissenheit selbstverschuldete Erkrankungen.

Einige Grundregeln zur Verhütung des Zahnzerfalls und der Anfangsstadien der Parodontopathien:

Die Nahrungsaufnahme soll auf möglichst wenige Mahlzeiten beschränkt werden. Falls Zuckermengen aufgenommen werden, sollte dies immer zu den Mahlzeiten erfolgen. Dann ist die Kariesbildung relativ gering und unabhängig von der Menge des Zuckers. Geregelte Mahlzeiten sollten eingehalten werden, wobei die Zwischenmahlzeiten so selten wie möglich sein sollten. Harte, faserige Nahrung (Frischobst; Frischgemüse, Salate, körniges und grobes Brot) erhalten die Zähne gesund und helfen als Abschluß der Mahlzeit, die Zähne von Speiseresten zu reinigen. Trotzdem sollten, wenn möglich, nach jeder Nahrungsaufnahme, immer aber nach Süßigkeiten und gesüßten Mehlspeisen, sofort die Zähne geputzt werden. Bei Zwischenmahlzeiten sollten auf keinen Fall Süßigkeiten aufgenommen werden.
Wenn man auf Süßigkeiten nicht völlig verzichten will, gelten folgende Richtlinien:
1. Möglichst selten Süßigkeiten.
2. Höchstens dreimal pro Woche Aufnahme von Süßigkeiten, dafür dann in höheren Quantitäten als Nachtisch.
3. Süßes nur dann, wenn die Möglichkeit besteht, unmittelbar danach die Zähne zu putzen.

Süßigkeiten verderben den Appetit, verdrängen die gesündere Kost, sind extrem kalorienreich und damit gewichtssteigernd und zerstören die Zähne und den Zahnhalteapparat.

Im Prinzip sind alle Nahrungsmittel, die Zucker enthalten, schädlich.
Kohlenhydrate zerfallen in zwei Gruppen:

1. Zucker
2. Stärke.

Die Zucker sind wesentlich karieserzeugender als die Stärke. Die Zucker sind leicht und schnell löslich, die Stärkearten hingegen sind unlöslich. Stärke (Kartoffeln, Weizen- und Reisstärke) ist aus stark verketteten Zuckerbausteinen zusammengesetzt, die von den Bakterien der Plaque jedoch nicht verarbeitet werden können, da diese nur Einfachzucker (Monosaccharide) und Doppelzucker (Disaccharide) zu Säuren abbauen. Bei der Stärke läuft der Abbau in Einfachzucker relativ langsam ab. Daher sind alle Stärkearten weniger zahn- und zahnfleischschädigend.
Zucker löst sich dagegen sehr schnell in der Mundflüssigkeit auf und dringt in die Plaque ein. Dort wird er zu zahnentkalkenden Säuren abgebaut und teilweise auch zu klebrigen Schleimsubstanzen (Polysacchariden) aufgebaut, die die Zahnbeläge verstärken und „verkleistern". Stärkeprodukte wie zum Beispiel Brot, Nudeln, Reis und Mehl lösen sich dagegen im Speichel fast nicht auf und müssen erst langsam durch Mundhöhlenenzyme in Doppel- oder Einfachzucker zerlegt werden, bevor sie für die Bakterien verwertbar sind. Daher sind Stärkeprodukte in bezug auf die Entstehung von Karies und Parodontalerkrankungen weniger schädlich als Zucker oder zuckerhaltige Nahrungsmittel. Nur kalorisch sind sie bei übermäßiger Aufnahme für den Patienten unvorteilhaft.

Ernährungsvorschlag (nach *König*):
Frühstück

Getränke nach Belieben, Brot mit Butter, Käse, Quark, Wurst, Ei. Danach sofort Reinigen der Zähne mit Bürste und Zahnpasta (vor dem Frühstück, beim Aufstehen, genügt Mundspülen zur Erfrischung).

Zwischenmahlzeiten auf ein Minimum beschränken

Höchstens eine zwischen Frühstück und Mittagessen und eine zwischen Mittag- und Abendessen. Die Zwischenmahlzeiten können bestehen aus: Apfel, gut gewaschenen Karotten, Nüssen, allgemein Frischfrüchten und Frischgemüse, Joghurt. (Nicht zu empfehlen sind Bananen und Dörrobst.) Brot oder Semmel mit Butter, Käse, Quark, Wurst, Fleisch. Keine Konfitüre, keinen Honig, keinen Zucker aufs Butterbrot. Kein gesüßtes Brot. Das beste Getränk ist normale, trinkfertige Milch ohne Zusätze. Am schädlichsten für die Zähne sind Süßigkeiten als Zwischenmahlzeit.

Mittag- und Abendessen

Suppen und Hauptgang nach freier Wahl, Abschluß mit Salat (Grüner, Rüben-, Kraut-, Roter Rüben-, Rettich-, Sellerie-Salat) oder Frischobst, bevorzugt Apfel. Nachtisch: vor allem Käse, Süßes nur ausnahmsweise, und dann möglichst Fruchtpudding oder Joghurtspeise, Quarkspeise, Kompott, Apfelmus.

Danach sofort Zähne bürsten!

Süßigkeiten

Wenn man auf Süßigkeiten nicht völlig verzichten will, gelten folgende Richtlinien:
1. Möglichst selten Süßigkeiten.
2. Höchstens dreimal pro Woche, dafür in größeren Quantitäten als Nachtisch.
3. Süßes strikt nur dann, wenn die Möglichkeit besteht, unmittelbar danach die Zähne zu bürsten.

„Schleckereien" und gesüßte Getränke zwischen den Mahlzeiten begünstigen Zahnzerfall. Kuchen und Obstkuchen sind ebenfalls Süßigkeiten, die man nicht als Zwischenmahlzeiten essen und nach deren Genuß man die Zähne reinigen soll. „Betthupferl" sind die größten Feinde der Zähne.
Süßigkeiten verderben den Appetit, verdrängen gesündere Kost und zerstören die Zähne.

Der Einsatz der zahnärztlichen Helferin bei der Motivation und Instruktion der Patienten zur Verbesserung der Mundhygiene und zur Prophylaxe von Parodontalerkrankungen

Ein wesentlicher Punkt bei der Verbesserung der Mundhygiene ist das direkte und persönliche Gespräch mit dem Patienten. Besser als audiovisuelle Programme oder das Aushändigen von Merkblättern ist die persönlich gegebene Information und die persönliche Schulung. Innerhalb des zahnärztlichen Praxisteams kann hier gerade die Tätigkeit der zahnärztlichen Helferin von großem Nutzen sein. Voraussetzung ist allerdings, daß sie dem Patienten in einfachen und klaren Worten „semi-professionell" die wichtigen Krankheitsbilder Karies und Parodontalerkrankungen erklären kann. Sie muß über einige psychologische Tricks verfügen, um die Patienten interessiert zu machen. Sie muß informieren, ohne zu langweilen. Sie muß dem Patienten sowohl die Notwendigkeit als auch den Vorteil einer besseren Mundhygiene aufzeigen können. Betätigt sie sich auf diesem Gebiete mit großem Engagement, wird sie nicht nur eine segensreiche Tätigkeit im Hinblick auf den Patienten ausüben, sondern wird häufig auch persönlich berufliche Erfolge haben und berufliche Erfüllung finden.
Im nachfolgenden sollen in laienhafter Form die Ursachen und die Entwicklung von Parodontalerkrankungen zusammengestellt werden, die die zahnärztliche Helferin als Grundinformation an den Patienten weitergeben sollte.

Parodontalerkrankungen

Wie entstehen sie?
Was bewirken sie?
Wie laufen sie ab?
Wie können sie vermieden werden?

Parodontalerkrankungen (laienhaft Parodontose) sind der Hauptgrund dafür, daß jenseits des 30. Lebensjahres die Zähne verlorengehen und Prothesen sowie abnehmbarer Zahnersatz notwendig werden.

Diese Feststellung ist deshalb so unbegreiflich, weil alle Faktoren, die die Parodontalerkrankungen auslösen, bekannt sind, sie behandelt werden können und sie kontrollierbar sind.
Es ist sinnvoll, den Patienten einen Ernährungsfragebogen auszuhändigen, mit dem sie zu Hause ihre Ernährungsgewohnheiten analysieren. Wichtig ist herauszufinden, welche Zwischenmahlzeiten die Patienten lieben – ob sie zuckerhaltig sind und ob grundsätzlich Ernährungsfehler gemacht werden.
Nach *König* sind günstige Nahrungsbestandteile unter anderem:
Eiweiß, Stärke, ungehärtete pflanzliche Fette, Rohfaser, Mineralien und Spurenstoffe, Vitamine.
Ungünstige Nahrungsbestandteile sind unter anderem:
Zucker, tierisches und gehärtetes Fett, Colesterin.
Nach *König* ist es wichtig, daß sowohl der Zahnarzt als auch die zahnärztliche Helferin mit besonderem Nachdruck auf die ungünstige örtliche Nebenwirkung von Zukkern im Munde hinweisen.
Abgesehen davon, daß Zucker auch allgemein betrachtet ungünstige Nahrungsmittel sind, liefern sie zuviel Energie und enthalten keine wertvollen Bestandteile. Das gilt nicht nur für den gewöhnlichen Haushaltszucker (Rohrzucker, Rübenzucker, Saccharose), sondern auch für Traubenzucker, Fruchtzucker und andere Zuckerarten.

Mit anderen Worten: Die gewöhnliche Vorstellung, daß Zahnverlust im Alter unausweichlich auftreten muß, ist einfach nicht wahr.

Weitere Erklärungen zum Verständnis der Parodontalerkrankungen

Was bewirken Parodontalerkrankungen?:

Zahnverlust

Was ist eine Parodontalerkrankung?

Ein Zahn ist mit seinem Zahnbett im Knochen verankert wie ein Zaunpfahl im Erdreich. Sind mehr als zwei Drittel im Untergrund verankert, ergibt dies einen sicheren Halt. Ist nur ein Drittel verankert, beginnt der Pfahl zu schwanken. Das gleiche gilt für Zähne.
Parodontalerkrankungen bedeuten, daß die Krankheitszeichen in der Umgebung des Zahnes, im sogenannten Zahnbett, auftreten. Parodontium ist der lateinische Ausdruck für das Weichgewebe und den Knochen, die um den Zahn herum gelagert sind.
Parodontalerkrankungen führen in den meisten Fällen zu einer Knochenauflösung im Bereich des Zahnbettes. Wenn ein Zahn seinen Halt verliert, beginnen die Beschwerden. Der Zahn ist nicht mehr fest und kann nicht mehr ausreichend belastet werden.
Parodontalerkrankungen werden durch bakteriellen Zahnbelag (Plaque) ausgelöst. Der bakterielle Zahnbelag besteht aus einem nahezu unsichtbaren Häutchen auf den Zähnen, besonders im Bereich des Zahnfleischsaumes. Wenn die Plaque nicht vollständig ein- bis zweimal innerhalb von 24 Stunden entfernt wird, führt sie zu Entzündungen im Zahnfleischgewebe und zu einer Parodontalerkrankung.
Eines der ersten und wichtigsten Symptome einer entzündlichen Zahnfleischerkrankung ist das Auftreten von Blutungen. Blut bedeutet immer Erkrankung, Verletzung, Gewebsschädigung. Das Auftreten von Blutungen im Munde stellt eines der wichtigsten Warnzeichen dar. Blut im Munde führt zu Mundgeruch und stört das persönliche Wohlbefinden. Darüber hinaus zeigt das Auftreten von Blutungen bereits die beginnende Knochenauflösung an, eine der schwerwiegendsten Probleme der Parodontalerkrankung. Eine der hauptsächlichsten Ursachen dafür, daß viele Leute vollkommen sorglos Zahnfleischbluten über Jahrzehnte ertragen und Opfer einer Parodontalerkrankung werden, ist die Tatsache, daß sie den allmählich fortschreitenden Zerstörungsprozeß im Zahnbett nicht erkennen können.
Selbst mit einem Mundspiegel und bei genauester Betrachtung ist der nicht vorgebildete Patient unmöglich in der Lage,

Krankheitsanzeichen in seinem Zahnfleisch und erst recht im Kieferknochen zu entdecken. Das leicht geschwollene und leicht gerötete Zahnfleisch bedeckt den Krankheitsprozeß und täuscht dem Patienten eine scheinbare Gesundheit vor. Nicht nur wegen des Mundgeruchs, sondern besonders als Signal für die meistens schon fortgeschrittenen Parodontalerkrankungen ist somit die Zahnfleischblutung so außerordentlich wichtig.
Nur wenn man über die Abläufe einer Erkrankung und speziell einer Parodontalerkrankung informiert wird und dadurch das Verständnis für die Erkrankung entwickelt, kann man diese Erkrankung beherrschen bzw. sie sogar vermeiden. Die Erkrankung ist weit verbreitet. Man kann annehmen, daß über 90% aller Deutschen im Alter über 30 Jahre bereits mehr oder minder von Parodontalerkrankungen befallen sind.

Wie entsteht eine Parodontalerkrankung?

Bakterieller Zahnbelag zerstört den Kieferknochen und bewirkt den Zahnverlust. Er ist deswegen so besonders gefährlich, weil er sich in einer Nische zwischen Zahnfleisch und Zahnhals ansiedelt und wie ein Keil in das Zahnbett hineinbewegt.
Zucker, Kuchen, Süßigkeiten sowie an Kohlenhydraten reiche Nahrungsmittel schaffen geeigneten Nährboden für die Bakterien, die den Zahnbelag aufbauen. Es entsteht zunächst ein weicher Belag, der – wird er nicht weggeputzt – schon nach kurzer Zeit zu Zahnstein zu erhärten beginnt. An diesem Zahnstein wiederum sammelt sich immer mehr Belag an, der sich allmählich immer tiefer unter das Zahnfleisch vorschiebt. Das Zahnfleisch wird dabei durch die von den Bakterien erzeugten Giftstoffe entzündet. Zahnfleischbluten und Schwellungen treten auf. Die Zahnfleischtaschen vertiefen sich. Das Zahnbett wird angegriffen und zerstört. Tiefe Knochentaschen entstehen. In diesen Knochentaschen sammeln sich immer mehr Bakterien an, die unter dem Schutz des noch den Zahn bedeckenden Zahnfleisches ihre gefährliche Zerstörungsarbeit entfalten. Ein „Teufels“kreis beginnt. Erst im weiteren Verlauf der Erkrankung beginnt das Zahnfleisch zu schwinden. Der Zahnhals wird entblößt, und der haltgebende Kieferknochen wird abgebaut. Eiter fließt aus den Zahnfleischtaschen. Der Zahn lockert sich. Erst jetzt beginnt der Patient zu merken, daß eine Erkrankung vorliegt. Häufig besteht zu diesem Zeitpunkt bereits eine Situation, die die Erhaltung derartig erkrankter Zähne nur mit Mühe gestattet.
Bei weiter fortschreitender Knochenzerstörung wird der Zahn derart locker, daß er bei der Nahrungsaufnahme von selbst ausfällt oder daß plötzlich intensive Schmerzen das Endstadium der Erkrankung anzeigen. Wird jetzt der Zahnarzt aufgesucht, bleibt ihm meistens nichts anderes übrig, als solch einen Zahn zu entfernen.

Wie kann man Parodontalerkrankungen vermeiden?

Nur diejenigen Menschen, die sich verpflichten, täglich intensiv ihre Zähne und ihr Zahnfleisch zu reinigen und dadurch den bakteriellen Zahnbelag und seine Giftstoffe zu entfernen, können erwarten, daß sie keine Parodontalerkrankungen bekommen. Die Vorbeugung von Parodontalerkrankungen besteht darin, daß der Mensch lernen muß, mit neuen und speziellen Wegen seinen Mund, seine Zähne und sein Zahnfleisch zu reinigen.
Zwei Faktoren bewirken den Zahnverlust:
1. Der bakterielle Belag
2. Die Nachlässigkeit.
Der Patient kann beide Faktoren beherrschen, wenn er will.

Die zahnärztliche Helferin und ihre Mithilfe bei der Unterrichtung der Patienten im Hinblick auf die Verbesserung der Mundhygiene

Besser als der überlastete Zahnarzt, einfühlsamer und nicht mit einem „Autoritäts-Manko“ belastet, kann gerade die zahnärztliche Helferin durch Hinweise, Tips und gegebenenfalls auch durch Schulung die Mundhygiene der Patienten verbessern. Im nachfolgenden sind wiederum einige Leitsätze und Hinweise zusammengestellt, die die zahnärztliche Helferin als Grundlage für die Mundhygiene-Schulung der Patienten benutzen kann.

Hinweise zur Mundhygiene

Der Patient steht vor einer Parodontalbehandlung. Ganz gleich, ob es sich dabei um eine leichte, mittelschwere oder bereits fortgeschrittene Erkrankung eines entzündlich bedingten Zahnfleischschwundes (Parodontitis) oder um die nichtentzündliche Schwundform (Parodontose) mit freiliegenden Zahnhälsen handelt – über eines müssen sich die Patienten im klaren sein: Eine Behandlung aller Formen von Zahnfleisch- oder Zahnbetterkrankungen ist ohne die Mitarbeit des Patienten ein völlig aussichtsloses, nutzloses und kostspieliges Unternehmen.
Es gibt hier nur zwei Möglichkeiten: Entweder der Patient legt Wert darauf, daß er seine Zähne so lange wie möglich erhält und sich dabei einen großen Dienst erweist. Oder aber das Schicksal seiner Zähne und damit auch seiner Gesundheit ist ihm gleichgültig. Dann darf er auch nicht von seinem Zahnarzt verlangen, daß dieser die mühe- und verantwortungsvolle Aufgabe einer zahnärztlichen Intensivbehandlung überhaupt erst übernimmt.
Es gibt in unserem Lande nur sehr wenige Menschen, die eine ausreichende und gezielte Zahnpflege betreiben. Würde nur ein Bruchteil an Zeit, Energie und Kosten von dem, was für Genußmittel aufgewendet wird, in eine vernünftige Zahnpflege investiert werden, stünde es um die allgemeine Zahngesundheit besser. Weisen Sie die Patienten darauf hin, daß Werbeversprechungen der pharmazeutischen und der Zahnpasta-Industrie nicht die Sicherheit geben können. Teilen Sie dem Patienten mit, daß er alles, was er bisher über Zahnpflege gehört, gelesen, gesehen und selbst praktiziert hat, vergessen soll und sich nur nach den Anweisungen des Zahnarztes und der zahnärztlichen Helferin richten soll. Man kann die Bereitschaft zur mundhygienischen Mitarbeit und auch den Willen des Patienten, den Anweisungen der jeweiligen zahnärztlichen Praxis zu folgen, durch Testverfahren (Bakterienteste mit Farbstoffen) kontrollieren und überprüfen. Es sollte den Patienten klargemacht werden, daß dort, wo Zahnarzt und zahnärztliche Helferin kein Verständnis und keine Mitarbeit finden, Konsequenzen gezogen werden müssen. Um dem Patienten Enttäuschungen, Kosten und Zeit zu ersparen, sollte ihm klargemacht werden, daß die Möglichkeit, gesund zu bleiben oder wieder gesund zu werden, auch beim heutigen Stand unserer hochentwickelten Medizin und Zahnmedizin zum großen Teil von seinem Willen und von seinem persönlichen Einsatz abhängt.

Informationen zur Mundhygiene

Das Gebiß des zivilisierten Menschen benötigt die Pflege durch die Zahnbürste. Wesentlich ist dabei nicht die Zahnbürstenmarke, ob viele Borsten, ob wenig Borsten, Nylonborsten oder andere Kunststoffborsten benutzt werden. Kunststoff als Bürstenmaterial ist allerdings wichtig. Entscheidend ist nicht, ob mit dieser oder jener Zahnpasta geputzt wird. Viel wichtiger ist, wie lange, wie häufig und wie geschickt die Zahnbürste gehandhabt wird.
Unterbleibt die Zahnpflege für ein bis zwei Tage, stellt sich der bakterielle Zahnbelag ein. Die Gefahr dieser Beläge kann man sich am besten vor Augen führen, wenn man sich vorstellt, daß in einem einzigen Milligramm (ein Tausendstel Gramm) dieser Beläge 100 bis 200 Millionen Mikroorganismen vorhanden sind. Mit einem sogenannten Bakterientest mittels eines unschädlichen Farbstoffes können die Zahnbeläge durch den Patienten selbst, durch den Zahnarzt oder durch die zahnärztliche Helferin intensiv rot angefärbt werden. Nur so kann man erkennen, wo der Zahnbelag sich am Zahn festgesetzt

hat. Eine gezielte Mundhygiene beginnt mit der Auswahl der Zahnbürste. Sie sollte einen kurzen Kopf haben und glattes und planes Borstenfeld und möglichst viele feine Borsten enthalten (Typus der Viel-Büschel-Zahnbürste [Multitufted]). Ja – und es leuchtet nicht so leicht ein, ist aber so – das Zähneputzen will gelernt sein. Spezielle Zahnputztechniken werden dem Patienten durch den Zahnarzt und die zahnärztliche Helferin vermittelt. Wichtig sind die Zeiten. Nach dem Frühstück 3 Minuten, nach Möglichkeit nach dem Mittagessen und abends vor dem Schlafengehen in jedem Fall 5 Minuten eine gründliche Zahnreinigung vornehmen. Wenn der Patient derart intensiv putzt, ist es notwendig, seine Zahnbürste, die sich dann zu verformen beginnt, nach ca. 4 bis 6 Wochen zu wechseln.
Moderne Parodontalbehandlung heißt, den Patienten in den ersten Sitzungen in der Mundhygiene und in der Entfernung der bakteriellen Beläge zu informieren, zu instruieren und zu motivieren. Derart geschulte Patienten vermögen innerhalb von 3 bis 4 Wochen, ihre oberflächlichen entzündlichen Zahnfleischerkrankungen unter ärztlicher Aufsicht selbst zu beeinflussen und zu stoppen. Man sollte immer daran denken, daß der Patient durch regelmäßige Fütterung der bakteriellen Beläge mit Zucker in „ausgezeichneter" Weise das Zerstörungswerk der Bakterien beschleunigt. Nicht nur der guten Figur zuliebe, sondern besonders der Zähne und des Zahnfleisches wegen, sollte man bei Zuckerkonsum zurückhaltend sein.

Hilfsmittel, Zahnpasten, Putztechniken

Die zahnärztliche Helferin ist gut beraten, den Patienten mit den nachfolgenden Informationen zu versorgen und ihm Hinweise für die Anschaffung von Zahnbürsten, mundhygienischen Hilfsmitteln und Zahnpasten zu geben. Diese sollten vom Zahnarzt für die jeweilige Praxis bestimmt und festgelegt werden. Wichtig ist es ebenfalls, daß in einer zahnärztlichen Praxis nach Möglichkeit nur eine einheitliche Putztechnik vermittelt wird. Naheliegend ist es, die modifizierte *Bass*-Technik zu empfehlen.

Das Mundhygiene-Konzept

1. Die Mundhygiene dient der Verhütung von Karies und Parodontalerkrankungen

Ohne Zahnpflege und mundhygienische Vorkehrungen kommt es auf Zähnen und Zahnfleisch zu lokalen Bakterienansammlungen, der sogenannten mikrobiellen Plaque. Ein völlig sauberer Zahn bekommt keine Karies; ein sauberer Zahnhalsbereich weist keine Zahnfleischentzündungen auf. Bei der Mundhygiene ist nicht die Zahnbürstenmarke von entscheidender Bedeutung. (Wesentlich ist wie lange, wie häufig und wie geschickt die Zahnbürste gehandhabt wird.)

2. Zahnbürsten (Multi-tufted)

Material: Nylonborsten, weiche oder mittlere Härte, Kurzkopfbürsten.
Vorschlag: Blend-a-medal-Bürste, Oral B 40 plus oder Oral B 35 plus, Mentadent C plus, Blend-a-medic-Bürste
Form: kurzer Kopf, breiter Stiel, abgewinkelt. Borstenfeldlänge ca. 26 mm.
Lebensdauer: Die Zahnbürsten müssen nach 3 bis 6 Wochen erneuert werden, da die bakterielle Verunreinigung der Zahnbürsten zunimmt und die Putzleistung der Zahnbürsten nachläßt.
Hilfsmittel für den Zahnzwischenraum: Medizinische Zahnhölzer, Proxabrush-Zahnzwischenraumbürste, Oral B Interdental-Zwischenraumbürste, Superfloss.

3. Reinigungsdauer

3 Minuten Morgens nach dem Frühstück, 5 Minuten vor dem Schlafengehen und nach Möglichkeit 3 Minuten nach der Mittagsmahlzeit.

4. Überprüfung der Reinigungstechnik

Kontrolle im Spiegel, Bakterienanfärbung mit Plaque-Revelatoren. Färbetabletten (Oral B, Mentadent C, Blend-a-med) in Apotheken und zum Teil auch in Drogerien erhältlich. Rotangefärbte Zahn- und Zahnfleischpartien zeigen eine ungenügende Reinigung an. Individuelle Kontrolle durch Benutzung eines zahnärztlichen Mundspiegels (Einmalspiegel).

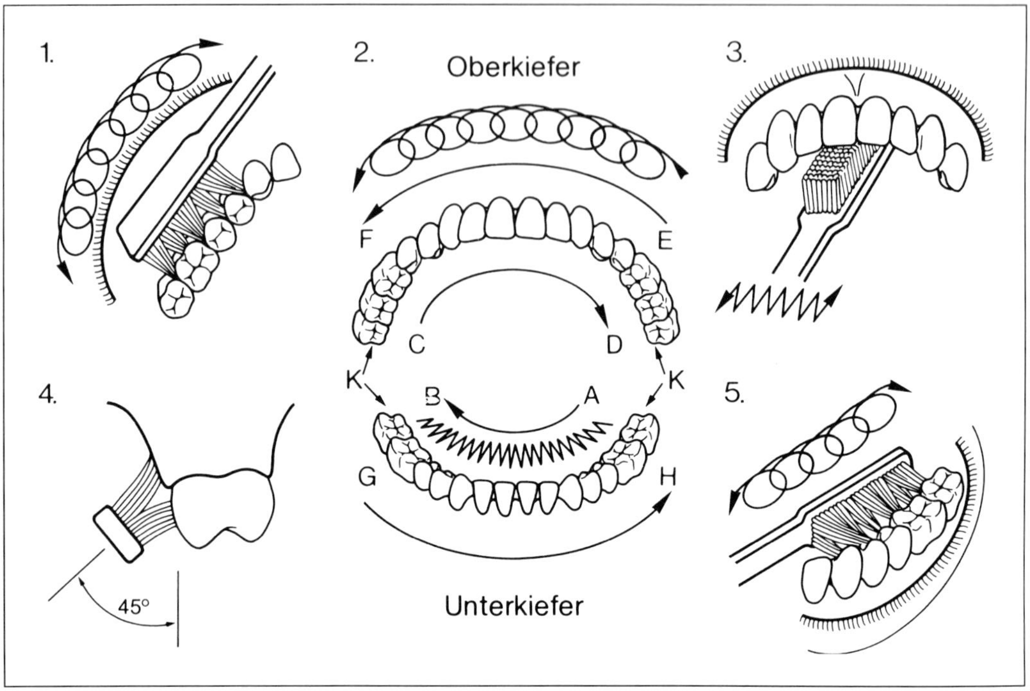

Abb. 303 Putztraining bei parodontalerkrankten Patienten, Kurzanleitung: Start: A (Innenseite Unterkiefer links), nach B (Innenseite Unterkiefer rechts) übergehend; neu ansetzen bei C (Innenseite Oberkiefer rechts), nach D (Innenseite Oberkiefer links) gehen; neu ansetzen bei E (Außenseite Oberkiefer links); nach F (Außenseite Oberkiefer rechts) übergehen; neu ansetzen bei G (Außenseite Unterkiefer rechts); nach H (Außenseite Unterkiefer links) bürsten. Anschließend Kauflächen K im Ober- und Unterkiefer reinigen

5. Zahnpasta

Individuell nach Maßgabe des behandelnden Zahnarztes und der zahnärztlichen Praxis.
Vorschlag: Mentadent C, Blend-a-med, Aronal forte, Oral B-sensibel und Elmex besonders zur Kariesprophylaxe.

6. Putztechnik
(modifizierte *Bass*-Technik)

Reinigungstechnik: Die Zahnbürste wird so auf die zu reinigenden Zahnflächen gesetzt, daß bei paralleler Stellung des Bürstenkopfes und Bürstenstieles zum Zahnfleisch die Hälfte der Borsten die Zahnoberfläche, die andere Hälfte die an den Zahn angrenzende Zahnfleischfläche bedeckt (50% Zahnkrone, 50% Zahnfleisch!). Die Borsten sind dabei in einem Winkel von ca. 45° auf den Kiefer gerichtet (Abb. 303 [4]). Andruck gerade soviel, daß sich die Borsten zu biegen beginnen.

Systematisches Vorgehen
An den Zahninnenflächen des Unterkiefers hinten links (A) mit kleinen Rüttelbewegungen (Abb. 303 [1]) beginnen. Im Backenzahnbereich waagerechte Bewegungen, dann bis zu den Innenseiten der Schneidezähne langsam die Bürste aufrichten und hier kleine senkrechte Rüttelbewegungen durchführen (Abb. 303 [2]).

Beim weiteren Vorwandern auf die Innenseite der rechten Backenzähne wieder in die horizontale Richtung übergehen. Schrittweises Vorgehen, 15 bis 20 Rüttelbewegungen pro Zahn, im hinteren Backenzahnbereich etwas länger verweilen.

Nach Putzen der Innenseiten der Unterkieferzähne vom Unterkiefer in den Oberkiefer übergehen, bei Punkt C die Zahnbürste auf die Innenseite der Oberkieferbackenzähne anlegen und mit kleinen Rüttelbewegungen die Zahnbürste langsam nach Punkt D (Innenseite der linken oberen Backenzähne) führen. Jetzt die Bürste auf der Außenseite der linken oberen Backenzähne (Punkt E) ansetzen und in kleinen horizontalen Rüttelbewegungen oder kleinen kreisenden Bewegungen (Abb. 303 [3]) (Durchmesser maximal 2–3 mm) die Zahnbürste über den gesamten Zahnbogen bis nach Punkt F (Außenseite der Oberkieferzähne rechts) führen. Im Backenzahnbereich etwas länger putzen, da diese Zähne bei der Reinigung sonst zu kurz kommen. Anschließend dann in gleicher Weise von der Außenseite der unteren Backenzähne rechts (Punkte G) nach H (Außenseite der unteren Backenzähne links) vorgehen. Zum Schluß folgen dann die Kauflächen (K) des Unter- und Oberkiefers, wobei die Bürste wiederum in kleinen kreisenden Bewegungen geführt wird.

In der Anfangsphase auftretende Zahnfleischblutungen können unberücksichtigt bleiben. Sie verschwinden von selbst nach einigen Wochen. Dieses ist als Erfolg der besseren Mundhygiene anzusehen und zeigt den Entzündungsrückgang an.

Die Mitwirkung der zahnärztlichen Helferin bei mundhygienischen Intensivprogrammen

Mehrere wissenschaftliche Untersuchungen haben Hinweise ergeben, daß sowohl an einer marginalen Parodontitis erkrankte und behandelte Patienten wie aber auch nicht erkrankte Personen ihr Zahnfleisch, ihr Parodontium und ihre Zähne gesund erhalten können. Diese Untersuchungen basieren auf sogenannte professionelle Zahnreinigungen, die unter zahnärztlicher Kontrolle in Zusammenarbeit mit der Dentalhygienikerin oder zahnmedizinischen Fachhelferin durchgeführt werden können. *Axelsson* und *Lindhe* (1978) berichteten über die Effizienz der Mundhygiene und der sogenannten professionellen Prophylaxe, ausgeführt durch zahnärztliches Hilfspersonal an etwa 500 Erwachsenen in einem über 3 Jahre dauernden Versuch. Vor Beginn der Studie wurden bei allen Patienten einwandfreie Mundhygieneverhältnisse geschaffen. 300 dieser Patienten wurde 4- bis 6mal pro Jahr jeweils in 1/2stündigen Sitzungen durch eine Dentalhygienikerin betreut. Diese entfernte den Zahnstein und die Beläge und kontrollierte und korrigierte die Mundhygienetechnik der Patienten. Durchschnittlich dauert die „prophylaktische" Behandlung in den ersten 2 Jahren 3 Stunden, in den nachfolgenden Jahren 2 Stunden pro Jahr und Patient. Die übrige Gruppe von etwa 200 Personen (Kontrollgruppe) wurde in ihre normale zahnärztliche Betreuung, d.h. eine jährliche Kontrolle, entlassen. Während es in der mundhygienisch kontrollierten und behandelten Gruppe zu einer Normalisierung des Zahnfleischbefundes kam und keinerlei neue Karieserkrankungen auftraten, wurden in der lediglich kontrollierten, aber nicht behandelten Gruppe nach derselben Zeit 7 neue kariöse Läsionen und ein Verlust des Zahnstützgewebes um 0,7 mm festgestellt. Der Unterschied zwischen den beiden Gruppen bestand darin, daß man in der einen Gruppe nur nach neuen Erkrankungen schaute und kontrollierte, während in der anderen Gruppe die in Kapitel 10, Seite 352, beschriebene professionelle Zahnreinigung durchgeführt wurde.

Im Ausland haben Untersuchungen zeigen können, daß regelmäßige Mundhygienekontrolle und professionelle Zahnreinigungen in enger Zusammenarbeit von Zahnarzt und speziell geschulten zahnärztlichen Helferinnen in bezug auf die Langzeiterhaltung des Gebisses, der Zähne und des Parodontiums den bisher üblichen Zahnarztkontrollen überlegen sind. In jeder zahnärztlichen Praxis muß daher eine praktizierte Mundhygiene und Prophylaxe in Form von professionellen Zahnreinigungen, regelmäßigem Recall, Unterweisungen der Patienten in der Mundhygiene begonnen werden. Nur unter intensiver Mithilfe der zahnärztlichen Helferinnen und der zahnmedizinischen Fachhelferinnen ist diese Aufgabe mit der erforderlichen Breitenwirkung lösbar. Es dürfte als Selbstverständlichkeit vorausgesetzt werden, daß die fachliche und ärztliche Verantwortung beim Zahnarzt zu liegen hat.

Fragen zum Verständnis und zur Selbstkontrolle

Die Mithilfe der zahnärztlichen Helferin bei der Prävention und Therapie der Parodontalerkrankungen

43. Nennen Sie Gemeinsamkeiten bei der Krankheitsentstehung und dem Krankheitsverlauf von Karies und Parodontopathien.
44. Welche Nahrungsmittel gefährden Zähne und Parodontium?
45. Welche Richtlinien müssen eingehalten werden, wenn man auf Süßigkeiten nicht völlig verzichten will?
46. Wie müssen Zwischenmahlzeiten zusammengesetzt sein, um Karies und Parodontopathien zu meiden?
47. Welches Mundhygienekonzept dient der Verhütung von Karies und Parodontalerkrankungen?

(Die Antworten stehen auf Seite 390.)

Antworten zu den Fragen auf Seite 342f. „Einteilung der Parodontalerkrankungen", „Befunderhebung parodontaler Erkrankungen"

1. Parodontometer.
2. Gelenkige Kunststoffparodontometer, starre Metallparodontometer, WHO-Sonde.
3. Entzündliche, atrophische und hyperplastische Formen.
4. 0,4 bis 0,6 mm.
5. Lockerungsgrad I = generell fühlbar, II = sichtbar, III = vertikal und auf Lippen- und Zungendruck auszulösen, mehr als 2 mm.
6. Die Rechtwinkel-Parallel-Technik-(RWT)-Methode.
7. Situationsmodelle von Ober- und Unterkiefer.
8. Angabe der mm-Tiefe und anatomische Lage (mesial, distal usw.).
9. Freiliegende Wurzelgabelungen (Furkationen) bei zwei- oder dreiwurzeligen Zähnen.

Antworten zu den Fragen auf Seite 353 „Die Vorbehandlung (Initialbehandlung)"

10. Zahnseide, Stimulatoren, Zahnhölzer, Monobürsten.
11. Multi-tufted.
12. Die Reinigungswirkung im Approximalraum ist zu gering.
13. Die modifizierte *Bass*-Technik.
14. a) Frühkontakt, zu feste Aufbißtelle
    b) Ausformung, Ausgestaltung
    c) Haftung, Halt, Verankerung
    d) Enthüller, Aufdecker
    e) Schädigung, Verletzung
    f) Schaber.
15. Mit Färbemitteln.

Antworten zu den Fragen auf Seite 357 „Methoden der chirurgischen Parodontaltherapie"

16. Bis 5 mm.
17. Scaling bedeutet Abtragen von harten Zahnbelägen, Root planing Glättung der Wurzeloberfläche.
18. Mit der Gingivektomie.
19. Gingivoplastik.
20. Bei der Lappenoperation.
21. Mukogingivale Eingriffe.

Antworten zu den Fragen auf Seite 366 „Das Instrumentarium für die Parodontalbehandlung"

22. Bei Trägern von Herzschrittmachern.
23. Es kann zu Schmelzkratern und Wurzelzementschäden kommen.
24. Weil die Gefahr der Infektion (Tröpfcheninfektion) relativ groß ist.
25. Mit Gumminäpfchen oder Polierbürstchen.
26. Für den manuellen Einsatz bei der Zahnsteinentfernung.
27. Universal- und Spezialküretten.
28. Mit zierlichen Feilen (*Bunting, Hirschfeld, Orban*).

Antworten zu den Fragen auf Seite 372 „Das Instrumentarium für die Parodontalbehandlung"

29. Die Markierungspinzette (*Crane-Kaplan*).
30. Sie sind immer steril und scharf.
31. Sie sind wesentlich graziler und zierlicher als die für die Taschenentfernung.
32. Spezialmesser (Gingivektomiemesser).
33. Durch Auftragen einer dünnen Schicht Silikonöl.
34. Schleifsteine gröberer und feinerer Art (India- bzw. Arkansas-Steine).

Antworten zu den Fragen auf Seite 376 „Wundversorgung, Nachbehandlung und medikamentöse Behandlung"

35. Durch Kühlung (ein bis zwei Tage) und anschließend warme Umschläge.
36. Sie hinterlassen keine Einrisse und ausgestanzte Löcher.
37. Catgut (resorbierbares Nahtmaterial).
38. Zinkoxid und Eugenol.

39. Nie über den Kopf des Patienten zureichen (Verklebungen der Augen!).
40. Chlorhexidin (digluconat).
41. Recallsystem.
42. Durch Auftragen von Fluor-Gelen (einmal wöchentlich).

Antworten zu den Fragen auf Seite 388 „Die Mithilfe der zahnärztlichen Helferin bei der Prävention und Therapie der Parodontalerkrankungen“

43. Für beide Erkrankungen spielen die Mikroorganismen der Plaque eine ausschlaggebende Rolle. Schmerzen treten bei beiden Erkrankungen erst relativ spät auf. Eine Heilung im Sinne einer Wiederherstellung gibt es bei beiden Formen nicht. Eine Immunität gibt es weder gegen Karies noch gegen Parodontopathien.
44. Zucker, Bonbons, Schokolade, Süßgebäck, gezuckerte Kondensmilch, süße Cremes, gesüßte Getränke, stark klebriges Dörrobst.
45. Möglichst selten Süßigkeiten. Höchstens 3mal pro Woche Aufnahme von Süßigkeiten, dafür in höheren Quantitäten. Süßes nur dann, wenn die Möglichkeit besteht, unmittelbar danach die Zähne zu putzen.
46. Äpfel, Nüsse, Joghurt, Brot mit Butter, Käse, Quark, Wurst. Keine Konfitüre, keinen Honig, keinen Zucker aufs Butterbrot. Als Getränk Milch ohne Zusatz.
47. 1. Intensivierung des Zahnbürstens
    2. Auswahl geeigneter Multi-tufted-Zahnbürsten
    3. Verlängerung der Reinigungsdauer
    4. Überprüfung der Reinigungstechnik mit Hilfsmitteln
    5. Auswahl einer geeigneten, zumeist fluorhaltigen Zahnpasta
    6. Vermittlung einer speziellen Putztechnik (modifizierte *Bass*-Technik).

Elftes Kapitel

Prothetische Zahnheilkunde

Dr. med. dent. Paul Ferger, Münster

Einleitung

Die Aufgabe der zahnärztlichen Prothetik[1] ist es, die Funktionstüchtigkeit des Kauorgans wiederherzustellen bzw. durch den Ersatz verlorengegangener Zähne das noch vorhandene Restgebiß eines Patienten vor dem weiteren Verfall zu bewahren. Bei Nichtersatz z. B. eines fehlenden unteren 1. Molaren sind auf Dauer durch Kippungen und Herunterwachsen von Zähnen in die Zahnlücke schwerwiegende Schäden für das gesamte Gebiß zu befürchten, obwohl die Möglichkeit der Nahrungszerkleinerung durch das Fehlen des Molaren zunächst sicher nicht wesentlich beeinträchtigt ist. Andererseits sind durch das Fehlen z. B. ausschließlich der 2. Molaren im Ober- und Unterkiefer derselben Seite keine nachteiligen Folgen zu befürchten, so daß in einem solchen Fall auf den Ersatz dieser Zähne verzichtet werden kann.
Wenn man sich das oben genannte Ziel der Versorgung eines Patienten vor Augen hält, wird ersichtlich, daß es in der prothetischen Zahnheilkunde nicht ausschließlich darum geht, lückenhafte Zahnreihen zu komplettieren. Es hat sich nämlich gezeigt, daß Zahnersatz – wie jedes wirksame Medikament – auch schädliche Nebenwirkungen auf die Gewebe der Mundhöhle entfalten kann. Es bedarf deshalb eines sehr sorgfältigen Abwägens der Vorteile und der möglichen Nachteile einer Versorgung mit Zahnersatz durch den Zahnarzt, bevor mit einer prothetischen Behandlung begonnen wird. Bei diesen Überlegungen müssen auch die Fragen nach dem jeweilig zweckmäßigen Zahnersatz gestellt und beantwortet werden. Da als Grundlage derartiger Überlegungen neben einer möglichst ausführlichen Anamnese[2] ein exakter klinischer und röntgenologischer Befund unerläßlich ist, wird in der ersten Behandlungssitzung das Hauptgewicht auf die Erhebung und schriftliche Niederlegung dieser Daten gelegt werden. Darüber hinaus wird in dieser Sitzung eine Abformung des Ober- und Unterkiefers vorgenommen, um anhand der durch Ausgießen dieser Abformungen in Gips gewonnenen Kiefermodelle die Mundsituation des betreffenden Patienten übersichtlicher darzustellen und jederzeit wieder zur Verfügung zu haben. Aus diesem Grunde werden derartige Abformungen auch als Situationsabformungen und die entsprechenden Modelle als Situationsmodelle bezeichnet.

Situationsabformung und -modell

Die Situationsabformung mit Alginat

Für Situationsabformungen werden heute im allgemeinen Alginate verwendet (Markennamen: Zelgan, Palgat, Xantalgin usw.). Dabei handelt es sich um ein Material, das aus Meeresalgen gewonnen und

1 Prothetik (gr.): Zahnersatzkunde
2 Anamnese (gr.): Krankengeschichte

Abb. 304 Anmischbecher, Spatel und Dosierhilfen für Alginate

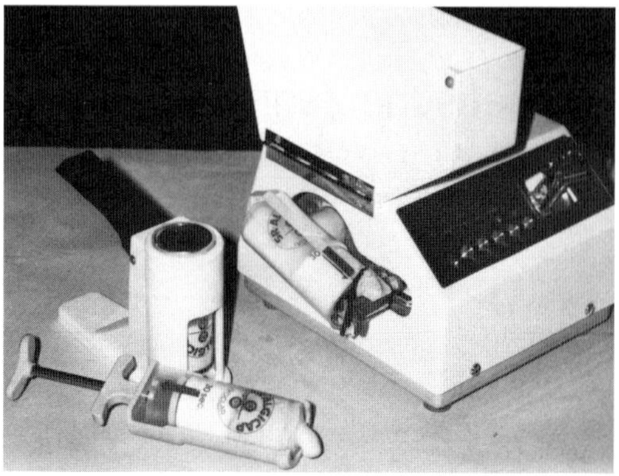

Abb. 305 Automatisches Anmischgerät für vordosierte Kapseln

in Pulverform geliefert wird. Mit Wasser kann das Alginatpulver zu einem Brei angerührt werden, der sich nach einer bestimmten Zeit zu einem elastischen Gel verfestigt. Die Lagerung des Alginatpulvers hat immer in fest verschlossenen Behältern zu erfolgen, die Entnahme ausschließlich mit trockenen Instrumenten. Da das Alginatpulver Bestandteile unterschiedlichen Gewichts enthält, die sich bei Lagerung absetzen können, ist das Alginatpulver vor Gebrauch aufzuschütteln.

Das Anteigen der Alginatmasse erfolgt in einem Gumminapf mit einem bruchsicheren Metall- oder Kunststoffspatel. Alginatpulver und Wasser müssen exakt mit Hilfe entsprechender, vom jeweiligen Hersteller mitgelieferter Meßbecher dosiert werden (Abb. 304). Obwohl man häufig zunächst das Gefühl hat, es wäre zuwenig Wasser vorhanden, darf man sich keinesfalls dadurch verleiten lassen, weiteres Wasser hinzuzufügen. Nach etwa 30 bis 45 Sekunden muß die Masse zu einem gleichmäßigen Teig durchgespatelt sein, wozu durchaus ein gewisser Kraftaufwand nötig ist. Es ist ferner darauf zu achten, daß das zum Anrühren benutzte Wasser eine Temperatur von ca. 15 bis 17 °C nicht überschreitet, da sonst der Abbindevorgang so stark beschleunigt wird, daß eine korrekte Verarbeitung des Alginats nicht mehr möglich ist. Erheblich erleichtert wurde das Anmischen des Alginats durch die Entwicklung automatischer Anrührgeräte, bei denen entweder die abgemessenen Mengen Alginatpulver und Wasser in das Gerät eingefüllt oder aber Kapseln eingelegt werden, die bereits dosierte Mengen Pulver und Flüssigkeit in zwei durch eine Membran[1] voneinander getrennten Kammern enthalten. Vor dem Einlegen der Kapseln muß diese Membran zerstört werden, um der Flüssigkeit den Zutritt zum Pulver zu gestatten (Abb. 305). Als Träger für das Abformmaterial benötigt man in jedem Fall Abdrucklöffel, die für Ober- und Unterkiefer unterschiedlich geformt sind. So sind Oberkieferlöffel mit einem gewölbten Gaumenteil versehen, während bei Unterkieferlöffeln der Raum für die Zunge ausgespart bleibt. Es stehen Abdrucklöffel für vollbezahnte, teilbezahnte und unbezahnte Kiefer in verschiedenen Größen, die auf dem Löffelgriff angegeben sind, und in unterschiedlicher Ausführung zur Verfügung (Abb. 306). Metallische Löffel haben den Vorteil, sterilisierbar und damit beliebig oft verwendbar zu sein, während die meisten Kunststofflöffel für den einmaligen Gebrauch bestimmt sind. Kunststofflöffel erfüllen darüber hin-

1 Membran (lat.): Trennhäutchen

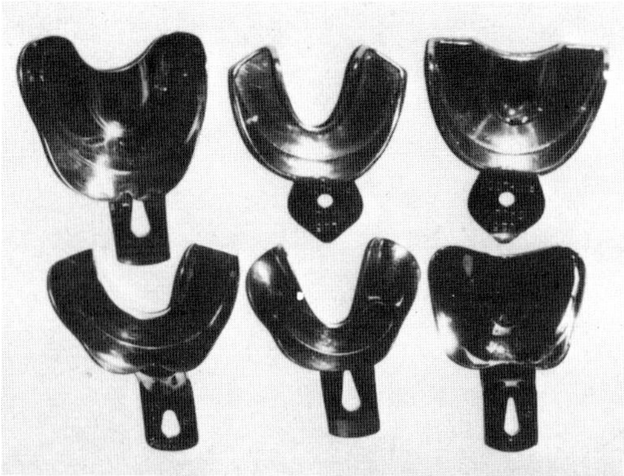

Abb. 306 Unterschiedliche Abdrucklöffel

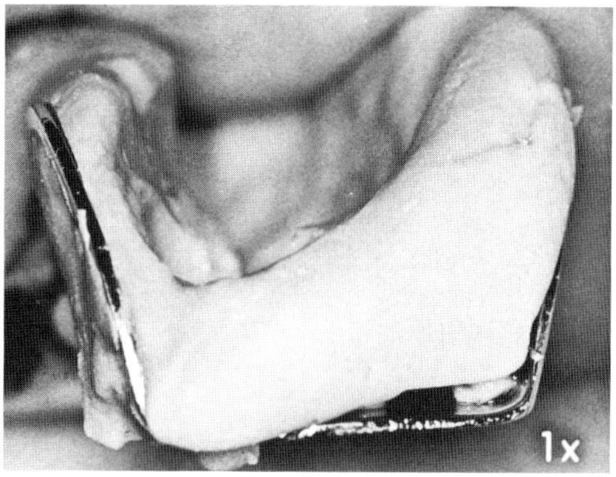

Abb. 307 Vom Löffel gelöster, unbrauchbarer Alginatabdruck

aus häufig nicht die Forderung, daß ein Abdrucklöffel starr bzw. verwindungssteif sein muß.

Da das Alginat nicht an glatten Löffelwandungen haftet, sollten für Alginatabformungen nur solche Abdrucklöffel Verwendung finden, in denen das Material einen ausreichenden Halt findet, etwa durch am Löffelrand angebrachte Wülste (Rim-lock-Löffel), oder durch Bekleben des Löffelrandes mit Tesa-Krepp. Perforierte Abdrucklöffel sind deshalb weniger geeignet, weil einerseits das Alginat zu leicht durch die Öffnungen abfließt, so daß eine notwendige Stauchung der Masse in die Feinheiten und Nischen der abzuformenden Zahnreihen ausbleibt. Andererseits führen die zum Herausnehmen der Abformungen notwendigen Hebel- und Kippbewegungen häufig dazu, daß das durch die Perforationen gepreßte Alginat abreißt und nicht wieder in die Ausgangslage zurückfedern kann (Abb. 307).

Das angemischte Alginat wird mit dem Anrührspatel auf den Löffel gestrichen, wobei die Größe des Löffels so bemessen sein sollte, daß die Alginatschichtdicke der fertigen Abformung an keiner Stelle 5 mm unterschreitet. Bevor der Abdruck über die Zahnreihe geschoben wird, sind größere Unterschnitte, etwa im Bereich von Schwebebrücken, mit einer zähplastischen Silikonmasse ohne Härterzusatz auszublocken, da sonst bei der Herausnahme des Abdrucks ein unkontrolliertes Ausreißen des Materials in diesem Bereich zu befürchten ist (Abb. 308). Nach einigen Minuten – wenn der Abbindeprozeß beendet ist – wird der Abdruck entfernt. Es empfiehlt sich dabei nicht, am Löffelgriff zu ziehen, weil sich dann das Alginat leicht vom Löffel löst, sondern man drückt besser auf das seitlich über den Löffelrand gequollene Material. Der fertige Abdruck wird unter fließendem Wasser von Speichelresten gesäubert und

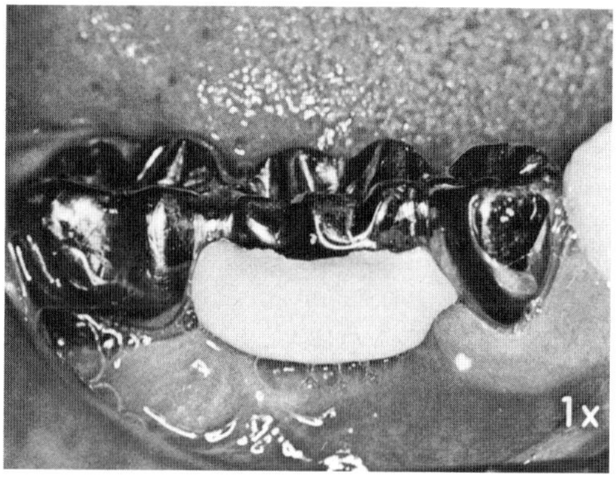

Abb. 308 Ausgeblockter Unterschnitt bei Schwebebrücken

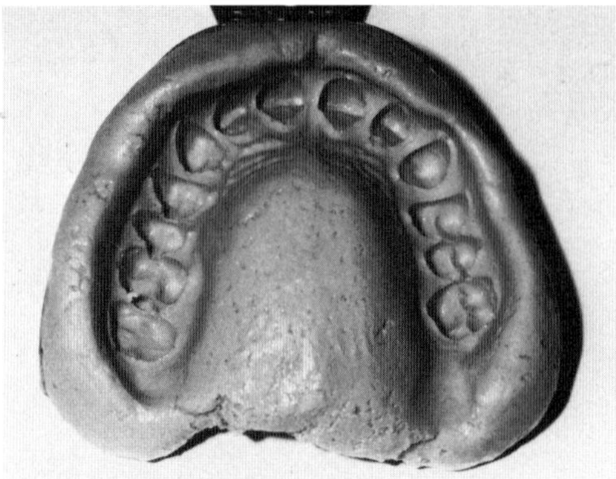

Abb. 309 a Fertiger Oberkiefer-Alginatabdruck

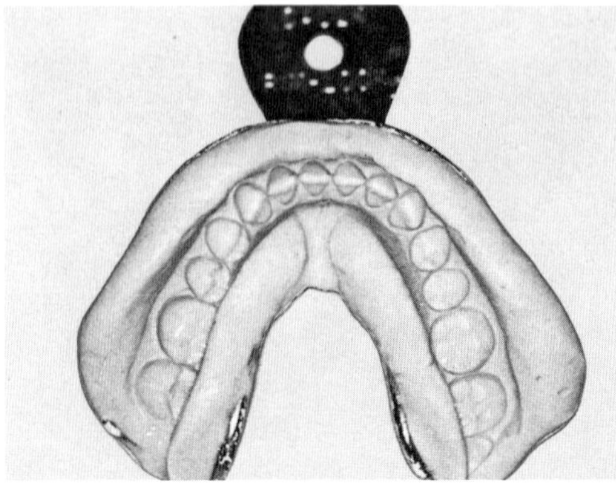

Abb. 309 b Fertiger Unterkiefer-Alginatabdruck

auf Vollständigkeit überprüft (Abb. 309 a und b).

Situationsmodell nach Alginatabformung

Alginatabdrücke müssen sofort ausgegossen werden, weil durch Verdunsten von Wasser das Alginat in kürzester Zeit erheblich schrumpft. Das Ausgießen der Abdrücke geschieht mit Gips, der in einem glattwandigen Gumminapf mit Wasser angerührt wird, sofern nicht – ähnlich wie bei den Alginaten – vordosierte Kapseln mit einem entsprechenden Anmischgerät zur Verfügung stehen. In eine vorgegebene Menge Wasser wird das Gipspulver in kleinen Portionen eingestreut, bis einige kleine trockene Gipsinseln auf der Oberfläche zurückbleiben. Diese Mischung läßt man einige Minuten unangetastet und beginnt erst dann mit dem Anrühren, was nicht zu heftig durchgeführt werden sollte, um das Unterschlagen von Luftblasen zu vermeiden.
Das Füllen des Abdrucks geschieht in kleinen Portionen auf einem Rüttler, der durch feine Vibrationen[1] ein blasenfreies Fließen des Gipses in die Negative der Zähne ermöglicht (Abb. 310). Wenn der Abdruck gefüllt ist, wird der Rest des Gipses in einen Sockelformer gegeben und dieser über den Abdruck gestülpt (Abb. 311). Vom häufig geübten Vorgehen, den Rest des Gipses auf eine Glaskachel zu häufen und den gefüllten Abdruck umgedreht hineinzudrücken, wird dringend abgeraten. Einerseits besteht die Gefahr, den Abdruck dabei zu verformen, und andererseits können durch Herauslaufen des Gipses aus dem Abdruck erhebliche Ungenauigkeiten entstehen. Sobald der Modellgips erhärtet ist, sollte man unverzüglich den Abdruck vorsichtig vom Modell abziehen, und – wenn nötig – den Modellsockel an einem Gipstrimmer in die gewünschte Form bringen (Abbildung 312).
Keinesfalls gerechtfertigt ist die Annahme, Situationsabformung und anschließende Modellherstellung seien Maßnahmen, bei denen es nicht auf Präzision ankomme bzw. man gewisse Unzulänglichkeiten in Kauf nehmen könne.
Einerseits werden nämlich häufig bereits auf Situationsmodellen prothetische Arbeiten angefertigt, andererseits dienen sie regelmäßig als Gegenbißmodelle, mit dessen Hilfe der Zahnersatz bei seiner Herstellung an die Verhältnisse des Gegenkiefers genauestens angeglichen werden

1 Vibrationen (lat.): Erschütterungen

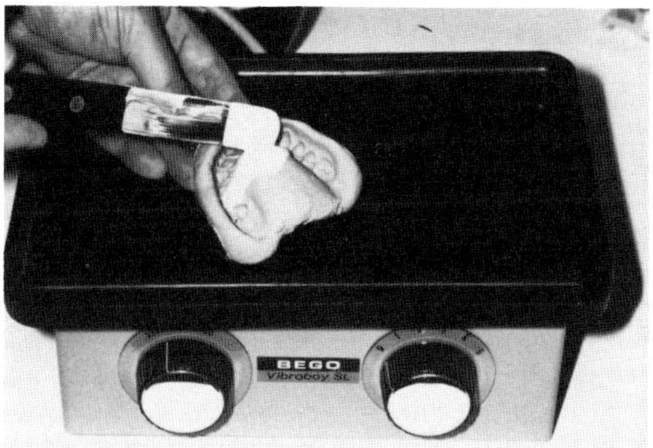

Abb. 310 Ausgießen des Abdrucks auf dem Rüttler

Abb. 311 Herstellung des Modellsockels mit Sockelformer

soll, und drittens sollen in vielen Fällen Situationsmodelle über kleinste Störungen des Zahnreihenschlusses Aufschluß geben (Okklusionsdiagnostik).
Besteht keine Möglichkeit, eine Situationsabformung unmittelbar auszugießen, darf Alginat als Abformmaterial nicht eingesetzt werden, sondern man muß auf Abformmaterialien und -methoden zurückgreifen, die im Abschnitt „Ringlose Abformung präparierter Zähne“, Seite 407f., ausführlich dargestellt werden.

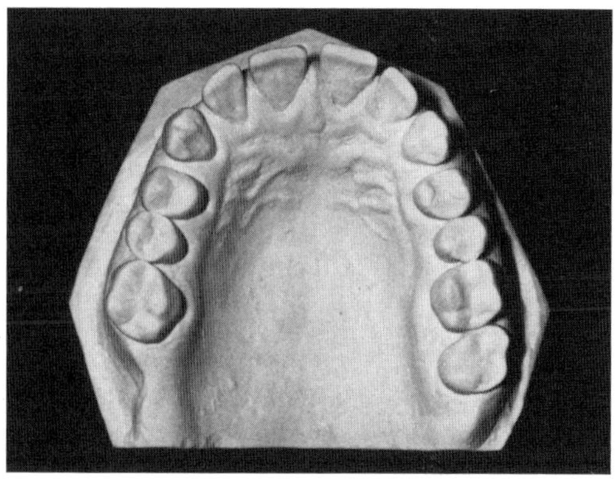

Abb. 312 Fertiges Oberkiefermodell

Fragen zum Verständnis und zur Selbstkontrolle

Situationsabformung und Situationsmodell

1. Warum muß das Alginatpulver vor Gebrauch durchgeschüttelt werden?
2. In welcher Zeit muß die Alginatmasse durchgespachtelt sein?
3. Wieviel Grad sollte das Wasser haben, das zum Anrühren des Alginates verwendet wird? Warum?
4. Welche Abdrucklöffel sind für Alginate besonders geeignet?

(Fortsetzung auf der nächsten Seite)

Fragen (Fortsetzung)

5. Wie kann man verhindern, daß Unterschnitte (z. B. im Bereich von Schwebebrücken) zu einem unkontrollierten Abreißen der Abformmassen führen?
6. Wie entfernt man den ausgehärteten Abdruck aus dem Munde des Patienten?
7. Warum müssen Alginatabdrücke sofort mit Gips ausgegossen werden?
8. Wie rühren Sie Gips an?

(Die Antworten stehen auf Seite 441.)

Vorbereitende Maßnahmen bei Zahnersatz

Auf der Grundlage der in der ersten Behandlungssitzung gewonnenen Unterlagen (Anamnese, klinischer, röntgenologischer und Modellbefund) ist der Zahnarzt in der Lage, für den jeweiligen Patienten einen Behandlungsplan zu erarbeiten. Häufig zeigt sich dabei, daß der eigentlichen prothetischen Behandlung vorbereitende Maßnahmen chirurgischer, konservierender, parodontaltherapeutischer und kieferorthopädischer Art vorauszugehen haben und erst nach dieser Vorbehandlung ein endgültiger prothetischer Behandlungsplan erstellt werden kann.
Da die Auswahl des prothetischen Behandlungsmittels nicht willkürlich erfolgt, sondern sich nach dem jeweiligen Befund richten muß, sollen die unterschiedlichen Behandlungsmittel im Zusammenhang mit den dazugehörigen Befunden vorgestellt werden. Ferner erscheint es sinnvoll, gleichzeitig den Behandlungsablauf Schritt für Schritt zu beschreiben, unter besonderer Berücksichtigung der Aufgaben, die dabei die zahnärztliche Helferin betreffen.
Grundsätzlich können die prothetischen Behandlungsmittel in drei Kategorien eingeteilt werden:

1. Festsitzender Zahnersatz
2. Herausnehmbarer Zahnersatz
3. Kombination von festsitzendem und herausnehmbarem Zahnersatz (Kombinationsarbeit).

Festsitzender Zahnersatz

Hierunter fallen alle Zahnersatzarbeiten, die durch das Einsetzen mit Befestigungszement für den Patienten unlösbar mit noch vorhandenen Zähnen verbunden werden.

Kronenersatz

Die kleinste festsitzende prothetische Einheit ist die künstliche Krone. Mit ihr werden Zähne versorgt, deren natürliche Kronen z. B. durch Karies oder unfallbedingt in einem Ausmaß zerstört sind, daß durch eine Füllung ihre dauerhafte Wiederherstellung unmöglich geworden ist. Auch können gewisse Fehlstellungen einzelner Zähne, die auf kieferorthopädischem Wege nicht mehr behoben werden können, durch Überkronung korrigiert werden, ebenso wie verfärbte oder mißgebildete Zähne.

Gußkrone

Im unter normalen Bedingungen nicht sichtbaren Zahnbereich ist die Vollgußkrone das Behandlungsmittel der Wahl. Die Vollgußkrone ist eine Metallkappe, die normalerweise aus einer Goldlegierung gegossen wird und äußerlich der Form des betreffenden Zahns im unversehrten Zustand entspricht (Abb. 313). Um eine künstliche Krone aufnehmen zu können, muß der Zahn durch Beschleifen dafür vorbereitet werden, was selbstverständlich auch das vollständige Entfernen kariöser Prozesse beinhaltet. Da das Beschleifen eines vitalen Zahnes meist außerordentlich schmerzhaft ist, ist es unerläßlich, dies unter Lokalanästhesie durchzuführen. Das Ziel der Präparation ist es, durch Abtragen einer möglichst gleichmäßig dicken Schicht von Zahnhartsubstanz Platz für die künstliche Krone zu schaffen und darüber hinaus Unterschnitte – sog. untersichgehende Stellen – am Zahn zu beseitigen, so daß ein allseitig leicht konischer Stumpf entsteht. Ferner kommt beim Präparieren eines Zahns dem Übergang von beschliffener zu unbeschliffener Hartsubstanz – der Präparationsgrenze – eine besondere Bedeutung zu. Es hat sich gezeigt, daß die Paßgenauigkeit von Kronen erhöht wird, wenn die Präparationsgrenze am Zahn deutlich erkennbar gestaltet wird (Abb. 314).
Die Schleifkörperformen, die eine korrekte Präparation von Zähnen erleichtern, sind häufig als Satz zusammengefaßt (z. B. nach *Marxkors, Lustig* u. a.; Abb. 315).

Teilkrone

Gußkronen, die nicht den gesamten Zahn bedecken, nennt man Teilkronen und unterscheidet entsprechend ½- und ¾-Kronen. Sie können bei ganz bestimmten Voraussetzungen angewendet werden und bieten den Vorteil, daß gesunde, natürliche Zahnhartsubstanz weitgehend ge-

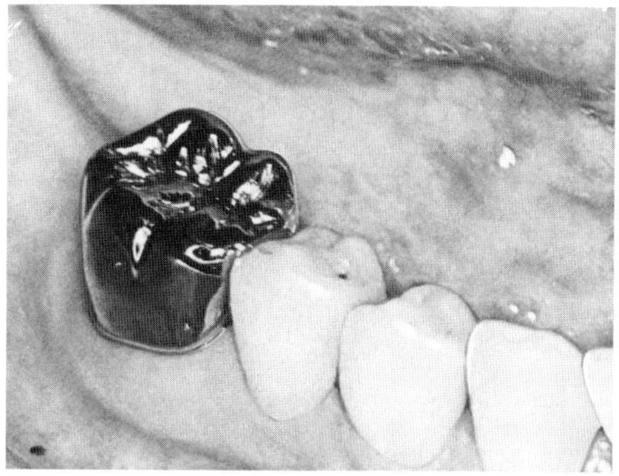

Abb. 313 Gußkrone im Munde

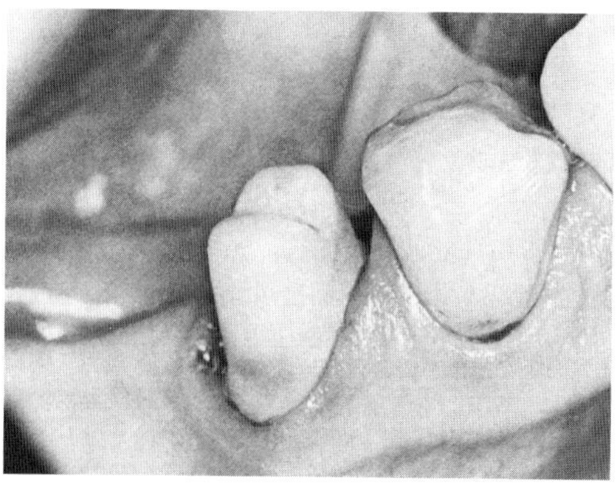

Abb. 314 Mit erkennbarer Präparationsgrenze (abgeschrägte Stufe) präparierter Zahn

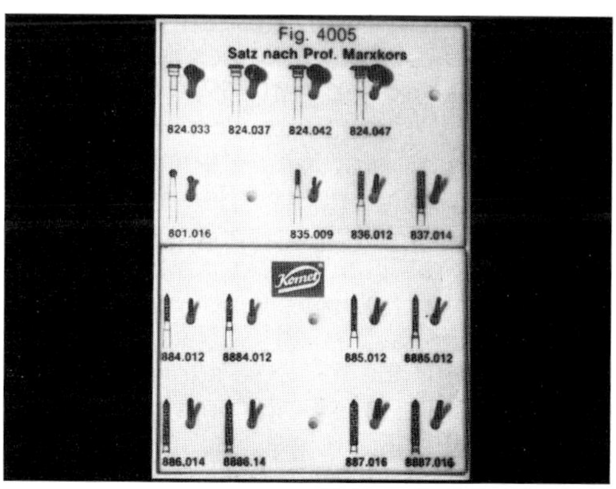

Abb. 315 Schleifkörpersatz für die Kronenpräparation

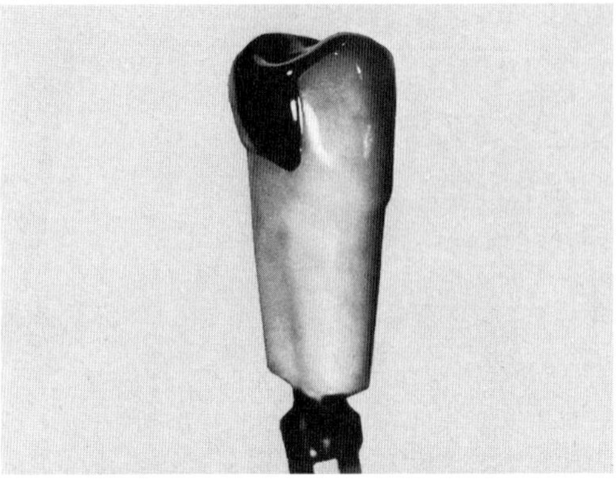

Abb. 316 Teilkrone

schont und von Gold unbedeckt bleibt (Abb. 316).

Verblendkrone

Im sichtbaren Zahnbereich können Gußkronen mit zahnfarbenem Material überzogen bzw. verblendet werden. Als Verblendmaterial haben sich dabei Kunststoff und keramische Massen bewährt, wobei jedoch die keramischen Massen den Kunststoffen in vieler Hinsicht überlegen sind. So unterliegen Kunststoffe im Munde einer gewissen Alterung, was zu Verfärbungen und Abnutzungserscheinungen (Abrasion) führt und nach einigen Jahren die Erneuerung der Kronen notwendig machen kann. Auch können wegen der mangelnden Abriebfestigkeit Kunststoffe nicht zur Verblendung von Kauflächen herangezogen werden. Keramisch verblendete Kronen haben diese Nachteile nicht, sind allerdings wegen ihres aufwendigeren Herstellungsverfahrens entsprechend teurer. Da die Verbindung zwischen Verblendkunststoff und Gußkrone nur auf rein mechanischem Wege zustande kommen kann, muß die Gußkrone im entsprechenden Bereich so gestaltet sein, daß der Kunststoff dort z. B. an feinen Drähtchen oder Kügelchen Halt findet (Abb. 317 a und b).

Bei metallkeramischen Kronen wird die Haftung der keramischen Massen am Metallgerüst durch komplizierte physikalisch-chemische Vorgänge erzielt, die während des Aufbrennens zwischen ihr und dem Metall ablaufen. Dieser Sachverhalt bedingt, daß einerseits auf Retentionshilfen verzichtet werden muß, aber andererseits spezielle Metallegierungen verwendet werden müssen, die den Aufbrennvorgang bei ca. 1000 °C – ohne selbst zu schmelzen – überstehen (Abb. 318 a und b).

Die Präparation eines Zahnes, der für die Aufnahme einer Verblendkrone vorgesehen ist, unterscheidet sich nur insofern von der Präparation für eine Gußkrone, als dem erhöhten Platzbedarf des Verblendmaterials, das eine Schichtdicke von ca. 1 mm nicht unterschreiten sollte, Rechnung zu tragen ist.

Mantelkrone

Eine Kronenart, die sich speziell im Frontzahnbereich bewährt hat, ist die Mantelkrone. Hierunter versteht man eine künstliche Krone, die gänzlich aus zahnfarbenem Material (Kunststoff oder keramische Massen) besteht, das den Zahn wie ein Mantel umgibt. Für die Keramik-Mantelkrone hat sich die Bezeichnung Jacketkrone eingebürgert (Abb. 319).

Kunststoff-Mantelkronen werden normalerweise zunächst aus Wachs modelliert und dann in Kunststoff überführt. Die Modellation der Jacketkronen erfolgt aus keramischen Massen, die bei ca. 1000 °C in speziellen Öfen gebrannt und dadurch verfestigt werden. Dadurch, daß Kunststoffe und keramische Massen in vielen Farbschattierungen zur Verfügung stehen, gelingt es, den Mantelkronen ein täuschend echtes Aussehen zu geben. Auch für die Mantelkronen trifft zu, daß wegen der unterschiedlichen Materialeigenschaften die Jacketkrone der Kunststoff-Mantelkrone überlegen ist.

Bei der Präparation eines Zahnes zur Aufnahme einer Mantelkrone ist zu beachten, daß einerseits die Präparationsgrenze als rechtwinklige Stufe ausgeführt werden muß und andererseits so viel Hartsub-

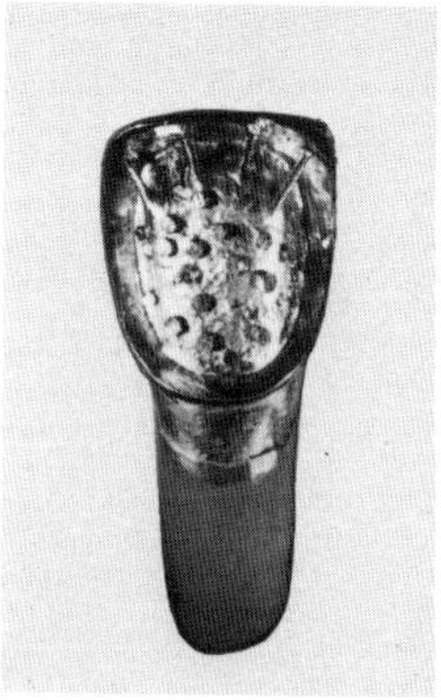

Abb. 317 a Metallgerüst einer Kunststoffverblendkrone

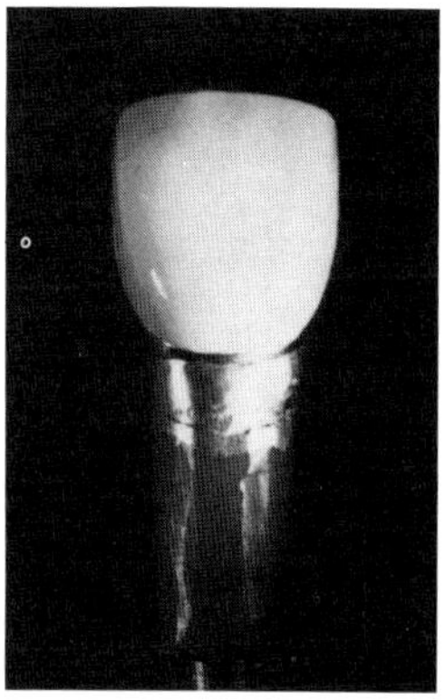

Abb. 317 b Fertige Kunststoffverblendkrone

Abb. 318 a Metallgerüst einer Keramikverblendkrone

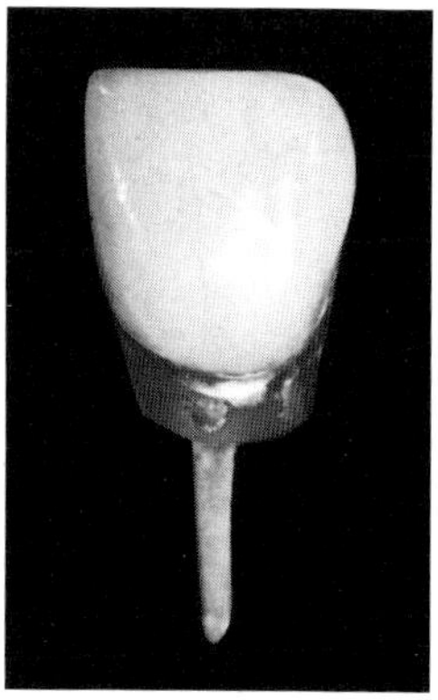

Abb. 318 b Fertige Keramikverblendkrone

stanz abgetragen wird, daß die Wandstärke der Mantelkrone an keiner Stelle 1 mm unterschreitet. Daraus ergibt sich, daß nicht jeder Zahn geeignet ist, mit einer Mantelkrone versorgt zu werden; bei sehr grazilen, stark schaufelförmigen Frontzähnen z. B. würde ein Stumpf resultieren, der einer Mantelkrone keinen ausreichenden Halt bietet.

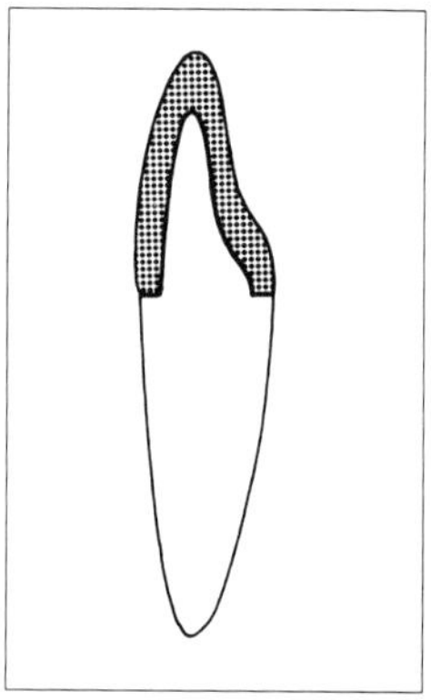

Abb. 319 Mantelkrone (schematisch)

Stiftkrone
(Überkronung marktoter Zähne)

Bei der Überkronung marktoter (devitaler) Zähne treten im wesentlichen zwei Probleme auf: Erstens ist häufig die natürliche Krone in einem Ausmaß zerstört, daß die Verankerung einer künstlichen Krone unmöglich ist. Zweitens neigen devitale Zähne durch zunehmende Versprödung ihrer Hartsubstanz dazu, bei Belastung abzubrechen.
Die Lösung beider Probleme besteht darin, vor der Überkronung die Zähne mit sog. Stiftaufbauten oder Stiftinlays zu versorgen. Dabei handelt es sich um entweder genormte, vorgefertigte oder individuell aus Edelmetall gegossene Stifte, die zu ca. 2/3 der Wurzellänge in den Wurzelkanal eingeschraubt oder zementiert werden. Im Bereich der Krone sind die Stiftaufbauten wie ein präparierter Zahn geformt (Abb. 320 a und b). Durch Stiftinlays

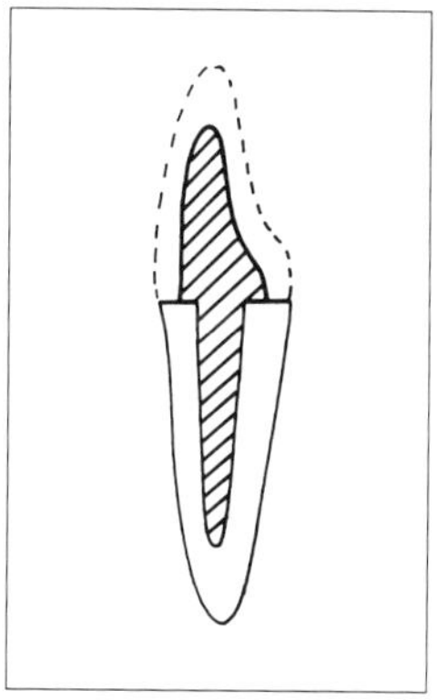

Abb. 320 a Stiftaufbau (schematisch)

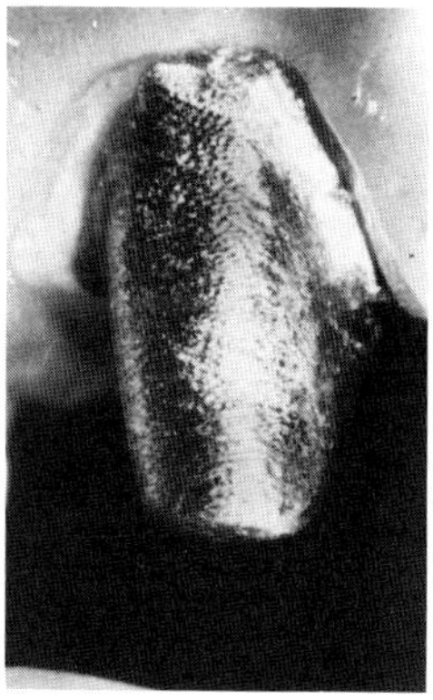

Abb. 320 b Stiftaufbau im Munde

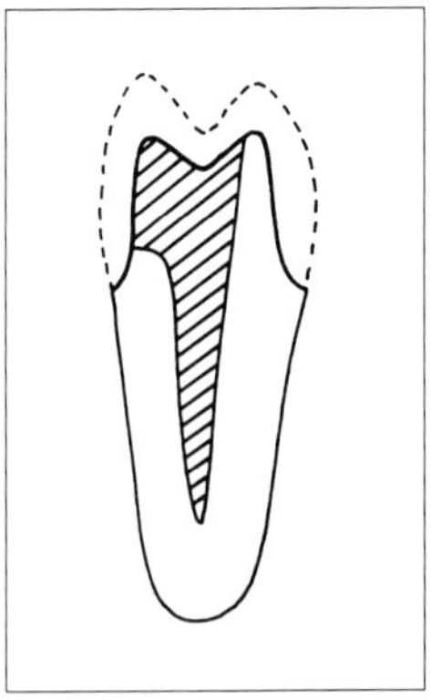

Abb. 321 a Stiftinlay (schematisch)

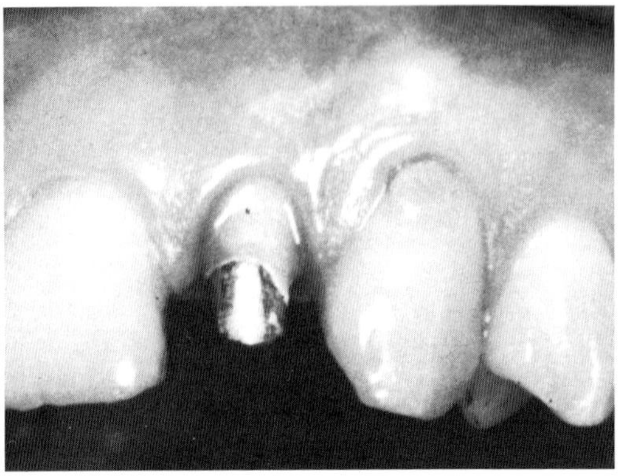

Abb. 321 b Stiftinlay im Munde

dagegen werden die im koronalen Bereich noch vorhandenen Zahnanteile zu einem Zahnstumpf ergänzt (Abb. 321 a und b). In beiden Fällen unterscheidet sich der Zahnstumpf in seiner äußeren Form durch nichts von einem präparierten vitalen Zahn. Entsprechend können durch Stiftaufbauten bzw. -inlays versorgte Zähne mit Vollgußkronen, Verblend- und Mantelkronen wiederhergestellt werden.

Fragen zum Verständnis und zur Selbstkontrolle

Kronenersatz

9. Welche Kronenart wird im nicht sichtbaren Zahnbereich bevorzugt angewendet?
10. Was ist eine Verblendkrone und woraus kann das Verblendmaterial bestehen?
11. Zählen Sie Vor- und Nachteile einer Kunststoffverblendung auf!
12. Was sind Vor- und Nachteile bei metallkeramischen Verblendungen?
13. Wie werden auf dem Metallgerüst verankert:
    a) Kunststoffverblendungen?
    b) Keramische Massen?
14. Was ist eine Mantelkrone?
15. Was verstehen Sie unter einer Jacketkrone?
16. Beschreiben Sie eine Stiftkrone!

(Die Antworten stehen auf Seite 441.)

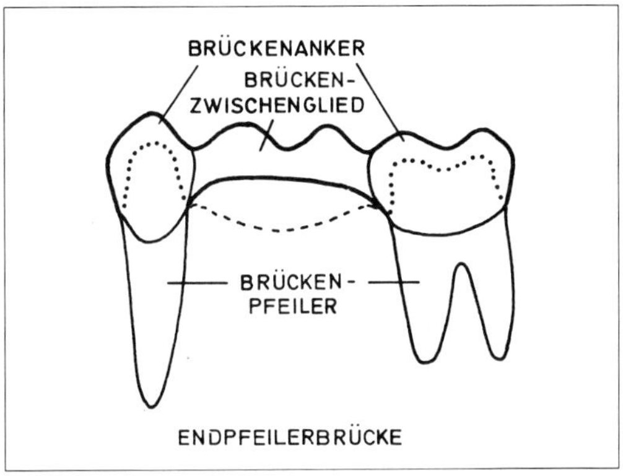

Abb. 322 Bauelemente einer Brücke

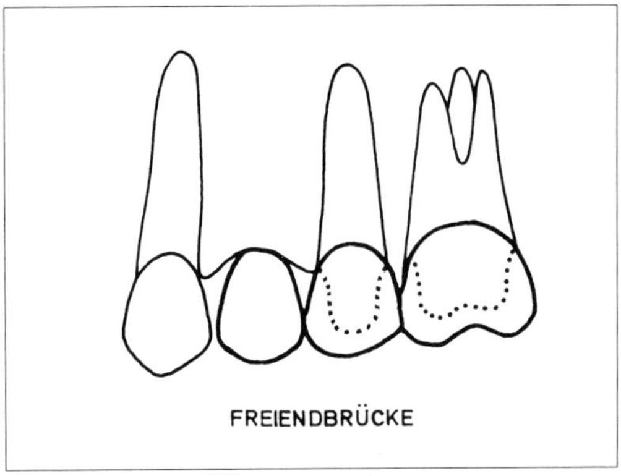

Abb. 323 Freiendbrücke (schematisch)

Brückenersatz

Brückenersatz setzt normalerweise zahnbegrenzte Lücken – anders formuliert: unterbrochene Zahnreihen voraus. Die einzelnen Bauelemente einer Brücke sind: Brückenpfeiler = Zähne, auf denen die Brücke befestigt ist.
Brückenanker = die Teile der Brücke, mit denen die Verbindung zu den Brückenpfeilern herbeigeführt wird.
Brückenkörper oder Brückenzwischenglied = die zu ersetzenden Zähne (Abb. 322).
Befinden sich die Brückenpfeiler jeweils am Ende des Brückenzwischengliedes, handelt es sich um eine Endpfeilerbrücke, anderenfalls um eine Freiendbrücke (Abb. 323). Normalerweise werden Brükken als Endpfeilerbrücken konstruiert, jedoch können besondere Befunde auch den Einsatz von Freiendbrücken ratsam erscheinen lassen.
Als Brückenanker haben sich Vollgußkronen und Verblendkronen bewährt. In Einzelfällen können Teilkronen oder Inlays zur Verankerung herangezogen werden, wobei das Hauptproblem dieses Brückenankers darin besteht, eine dauerhafte, sichere Verbindung zum Pfeilerzahn zu schaffen. Dieses Problem steht auch bei der Klebe- oder „Maryland"-Brücke im Vordergrund, bei der die Verankerung des Brückenzwischengliedes durch metallische Flügel erfolgt, die den oralen Zahnflächen anliegen. Nach entsprechender Vorbehandlung sowohl der betreffenden Schmelzareale (Anätzen) wie auch des Metalls (Anätzen, Silanisieren, Sandstrahlen o. a.) wird die Brücke mit speziellen Kompositen einge„klebt". (Abbildung 324a bis c).
Auch nach der Gestaltung des Brückenzwischengliedes kann man zwei Brückenarten unterscheiden. Brücken, bei denen sich zwischen der Schleimhaut des Alveolarfortsatzes und der Unterkante des Brückenzwischengliedes ein breiter Zwischenraum befindet, nennt man S c h w e b e b r ü c k e n (Abb. 325), deren Vorteil darin besteht, besser saubergehalten werden zu können. Liegt das Brückenzwischenglied der Schleimhaut auf, spricht man von einer B a s i s b r ü c k e, deren Vorteil es ist, daß durch Verblendung des Brückenzwischengliedes auch ästhetische Belange berücksichtigt werden können. (Abb. 326 a und b). Infolgedessen beschränkt sich der Anwendungsbereich der Schwebebrücke vorzugsweise auf den Unterkiefer-Seitenzahnbereich.
Als eine Sonderform der Basisbrücke bleibt die sog. Fingerhutbrücke zu erwähnen, bei der auf ein entsprechend modelliertes Metallgerüst die Brückenglieder in Form einzelner Mantelkronen aufzementiert werden (Abb. 327). Gelingt es nicht, ohne Gefahr für die Pulpa eines Brückenpfeilers bei der Präparation eine gemeinsame Einschubrichtung für eine Brücke

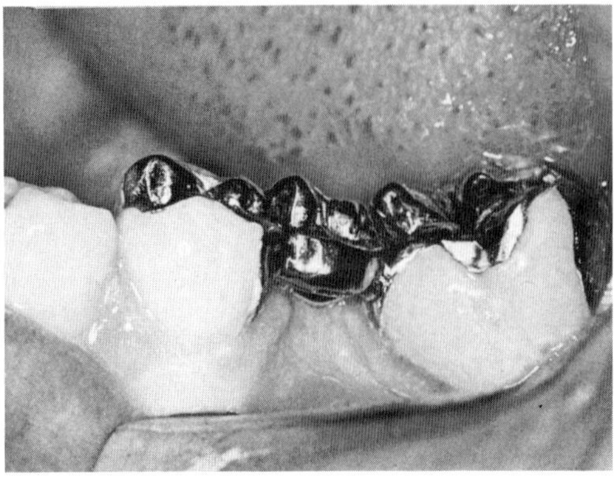

Abb. 324a Inlaybrücke

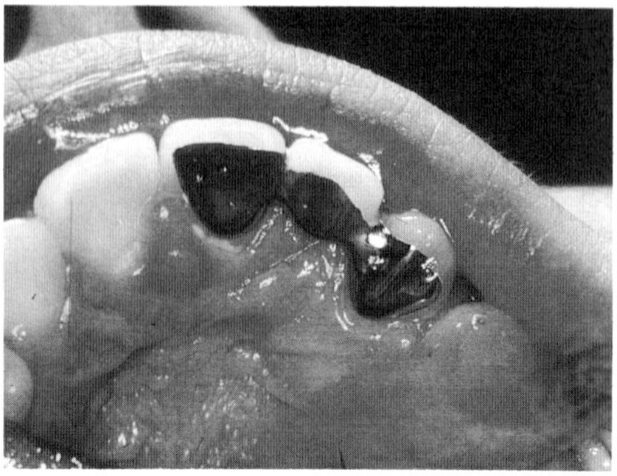

Abb. 324b Marylandbrücke von palatinal

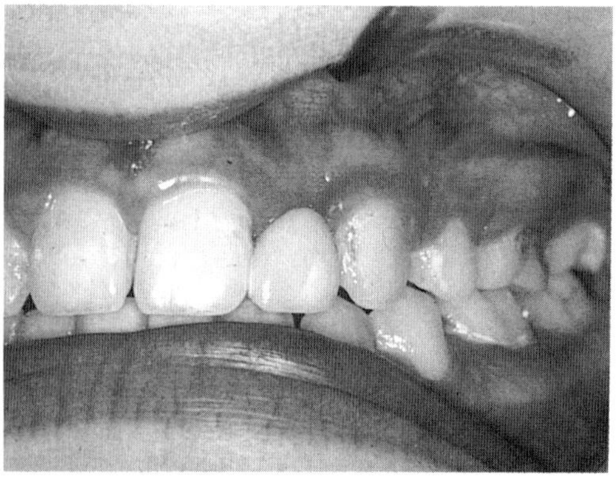

Abb. 324c Marylandbrücke von vestibulär

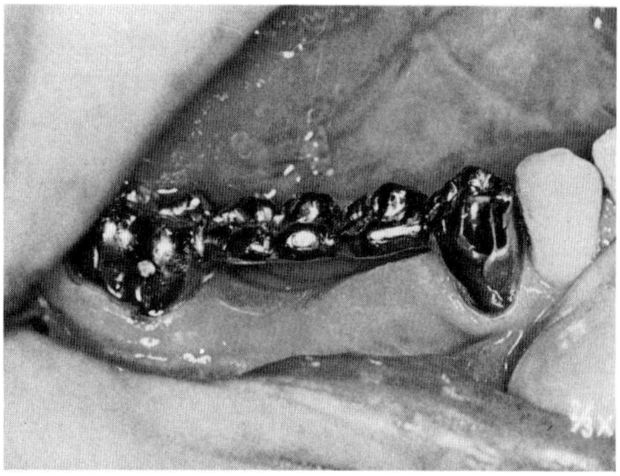

Abb. 325 Schwebebrücke im Munde

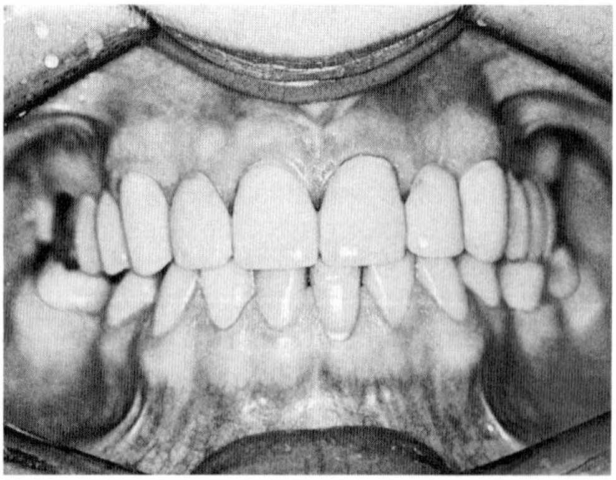

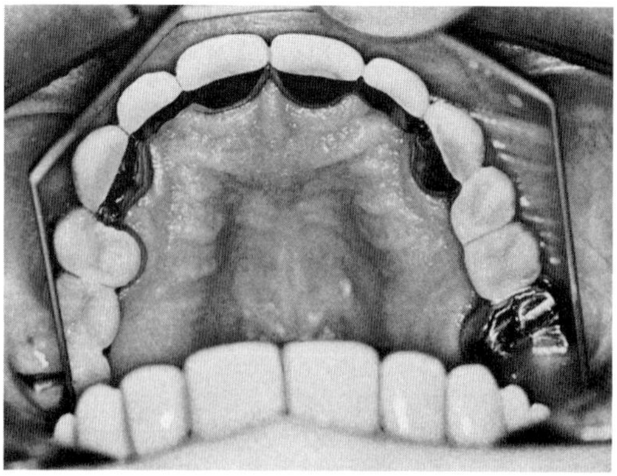

Abb. 326 a und b Basisbrücke im Oberkieferfrontzahnbereich

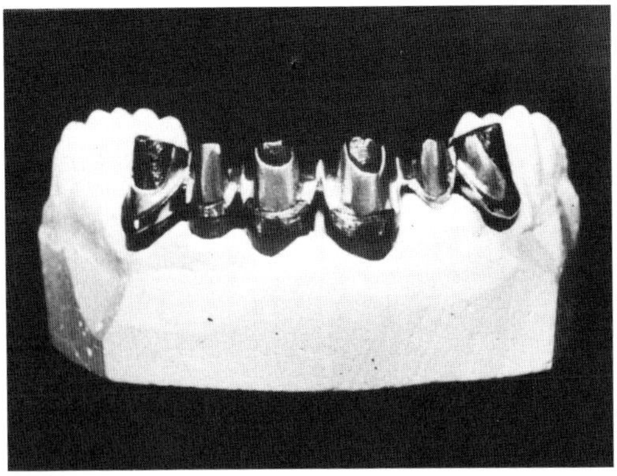

Abb. 327 Gerüst einer Fingerhutbrücke

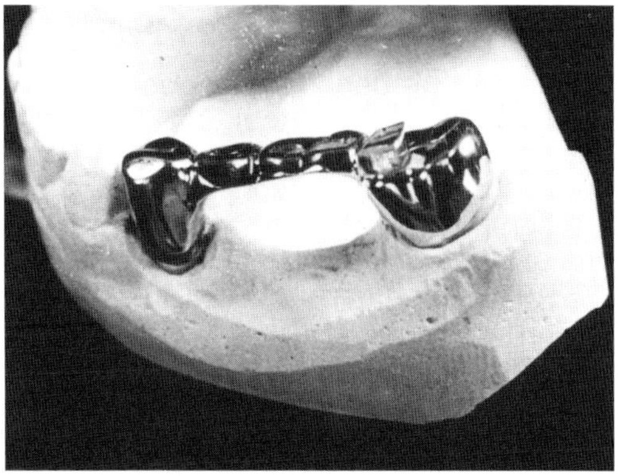

Abb. 328 Geteilte Brücke auf Modell (vorderer Teil etwas angehoben)

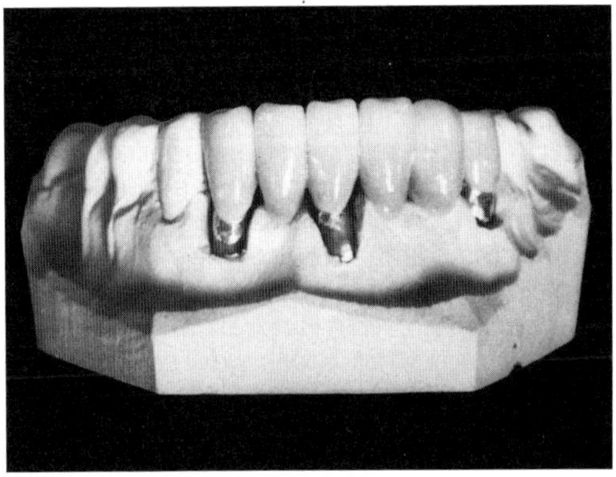

Abb. 329 Zweispannige Unterkieferbasisbrücke auf Modell

herzustellen – wegen z. B. der starken Kippung eines Pfeilers –, muß die Brücke geteilt hergestellt und eingesetzt werden. Die Verbindung der beiden Teile übernehmen dann Geschiebe, Verschraubungen o. ä. (Abb. 328).
Unabhängig von ihrer Konstruktion wird die Länge einer Brücke durch die Anzahl ihrer Brückenglieder angegeben, wobei jeder Brückenanker und jeder ersetzte Zahn als Brückenglied zählen.
Je nach Anzahl der durch die Brücke versorgten Zahnlücken können Brücken dadurch näher beschrieben werden, daß man sie als ein-, zwei- usw. -spannige Brücken bezeichnet (Abb. 329).

Fragen zum Verständnis und zur Selbstkontrolle

Brückenersatz

17. Was ist ein(e):
    a) Brückenpfeiler?
    b) Brückenanker?
    c) Brückenkörper?
    d) Endpfeilerbrücke?
    e) Freiendbrücke?
    f) Schwebebrücke?
    g) Basisbrücke?
    h) Fingerhutbrücke?
18. Wie setzt sich die Anzahl der Brückenglieder einer Brücke zusammen?

(Die Antworten stehen auf Seite 441.)

Abdruck und Modell

Gußkronen werden – wie gegossene Einlagefüllungen – auf indirektem Wege hergestellt, d. h., sie werden auf einem Modell des präparierten Zahnes im zahntechnischen Laboratorium in Wachs modelliert und dann durch ein präzises Gußverfahren in Edelmetall überführt. Da die fertige Gußkrone nicht nur spaltfrei auf den präparierten Zahn passen muß, sondern auch die Beziehungen zu den Nachbarzähnen und zu den Antagonisten gewissen Anforderungen entsprechen müssen, reicht es nicht aus, nur ein Modell des präparierten Zahnes herzustellen. Es müssen daher in jedem Fall Modelle des gesamten Ober- und Unterkiefers dem Zahntechniker als Arbeitsunterlagen zur Verfügung stehen.
Modelle werden durch Ausgießen von Abdrücken mit geeigneten Materialien (z. B. Gips, Kunststoff) gewonnen, und es leuchtet ein, daß die Paßgenauigkeit der fertigen Arbeit in hohem Maße davon abhängt, wie exakt einerseits die Mundverhältnisse durch den Abdruck wiedergegeben werden und andererseits, wie formgetreu der Abdruck durch die Modellmaterialien ausgefüllt wird.
Für das Gelingen eines einwandfreien Abdrucks – besser formuliert: „Abformung" sind viele Faktoren von Bedeutung, von denen einige in starkem Maße durch die Helferin beeinflußt werden, da es zu ihren Hauptaufgaben gehört, bei der Abformung zu assistieren.
Die Kenntnis der unterschiedlichen Abformmethoden und der dabei verwendeten Abformmaterialien ist hier unerläßlich.

Ringabformung präparierter Zähne

Sie dient der Abformung eines präparierten Zahnes, wobei ein Ring als Träger des Abformmaterials benutzt wird, der normalerweise aus weichem Kupfer besteht, das sich, ohne zurückzufedern, leicht an einen Zahnquerschnitt anformen läßt. Die Auswahl der passenden Größe aus einem Kupferring-Sortiment wird durch ein Ringmaß oder ein Dentimeter erleichtert, mit denen der größte Umfang des präparierten Zahnes gemessen wird. Nachdem der Ring dem Verlauf der Präparationsgrenze entsprechend mit geraden oder gebogenen Blechscheren zurechtgeschnitten ist, empfiehlt sich eine Anrauhung der Ringinnenwand, um eine bessere Anhaftung des Abformmaterials am Ring zu erzielen. Zusätzlich wird der Ring an zwei sich gegenüberliegenden Stellen durchbohrt, um mit Hilfe der Furrerzange das Abziehen der fertigen Ringabformung vom Zahn zu erleichtern (Abb. 330).

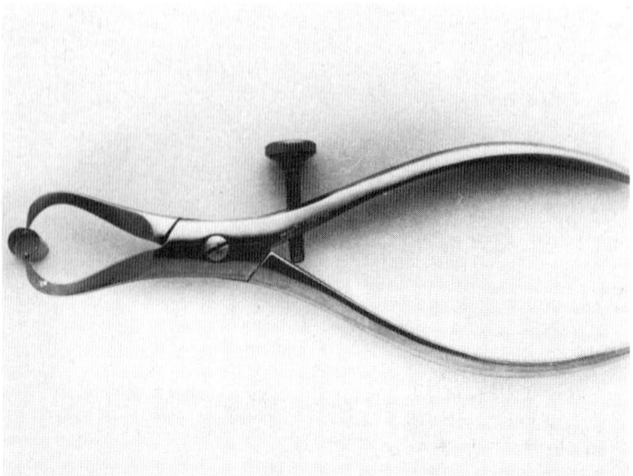

Abb. 330 Furrerzange und perforierter Kupferring

Als Abformmaterial für Ringabformungen werden thermoplastische oder elastomere Abformmassen eingesetzt.
Thermoplastisch nennt man Materialien, die in erwärmtem Zustand weich und fließfähig sind und durch Abkühlen in einen festeren Zustand überführt werden. Bei allen thermoplastischen Materialien ist dieser Vorgang beliebig oft wiederholbar („reversibel"). Für Ringabformungen mit thermoplastischem Abformmaterial haben sich die Stents- oder Kerrmassen bewährt, die auch als Kompositionsmassen bezeichnet werden, da sie aus verschiedenen Wachsen (Paraffin, Stearin), Harzen (Kopal), Kolophonium, Talkum sowie geschmackskorrigierenden und färbenden Zusätzen zusammengesetzt sind (lat. componere = zusammensetzen). Die Kerrmasse die in Platten oder Stangen

Abb. 331 Wasserbad und Kerrmasse in Stangenform

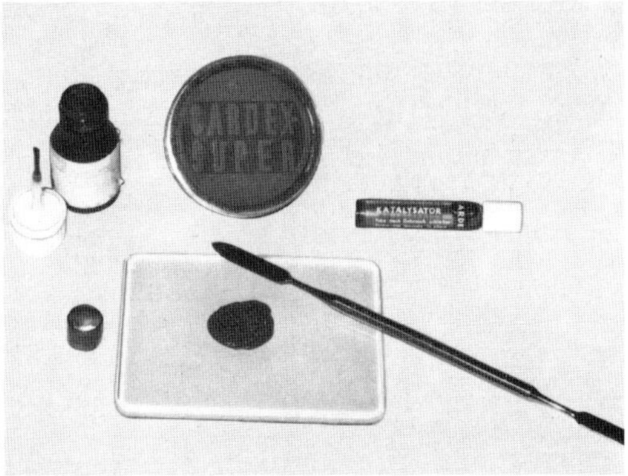

Abb. 332 Vorbereitung für Kupferring-Silikon-Abdruck

geliefert wird, wird im Wasserbad auf 70° C erwärmt und in den trockenen Ring gefüllt. Der gefüllte Ring wird für kurze Zeit wieder in das Wasserbad zurückgelegt, um zu gewährleisten, daß im Moment der Abformung die im Ring befindliche Kerrmasse gleichmäßig und vollständig erweicht ist. Von einer Erwärmung der Kerrmasse über einer Flamme wird in diesem Zusammenhang abgeraten, da einerseits eine gleichmäßige Erwärmung erschwert wird und andererseits sehr leicht Bestandteile der Kerrmasse dabei verbrennen können, was eine Veränderung der Zusammensetzung und damit der physikalischen Eigenschaften des Materials nach sich zieht und so das Gelingen der Abformung gefährdet (Abb. 331).
Statt der Kerrmasse können zur Ringabformung auch elastomere Abformmassen wie mittelfließende Silikone, Polysulfide oder Polyäther (z. B. Cardex super, Permlastic, Impregum) verwendet werden. Bei diesen Abformmassen kommt die Verfestigung auf chemischem Wege dadurch zustande, daß die Grundmasse mit einer „Härter", „Starter", „Accelerator" oder „Katalysator" genannten Substanz vermischt wird. Diese Härtersubstanzen werden gewöhnlich als Flüssigkeit oder in Pastenform geliefert und sind häufig mit Farbzusätzen versehen, so daß durch Farbänderung beim Anmischen der Abformmassen die gleichmäßige Durchmischung der Einzelkomponenten kontrolliert werden kann. Darüber hinaus sind beim Anmischen die Dosierungsvorschriften des Herstellers peinlich genau zu beachten und insbesondere eine Überdosierung des Härters unter allen Umständen zu vermeiden. Man muß sich nämlich vergegenwärtigen, daß die Abbindereaktion in dem Moment beginnt, in dem der Härter Kontakt mit der Grundmasse bekommt, und eine Überdosierung des Härters wie auch ein zu langes Anmischen dazu führt, daß der Abbindeprozeß zum Zeitpunkt der Abformung bereits zu weit fortgeschritten ist.
Werden dagegen im Kühlschrank gekühlte Materialien exakt dosiert auf gekühlten Anmischplatten zügig angemischt, kann dadurch die Abbindereaktion während des Anmischens verzögert werden, was die Genauigkeit der Abformung wesentlich erhöht. Mit der angemischten Abformmasse wird nun der Kupferring beschickt, den man inwendig mit einem Haftlack bestrichen hat, um ein Lösen der Masse vom Ring zu vermeiden.
Da die elastomeren Abformmassen im erhärteten Zustand im Gegensatz zur Kerrmasse nicht starr, sondern gummiartig (gummielastisch) sind, ist hier die Gefahr groß, beim Abziehen des Abdrucks vom Zahn den Ring zu verformen. Daher ist es ratsam, Kupferringe, deren Umfang größer als 25 mm ist, am oberen Ende zu verstär-

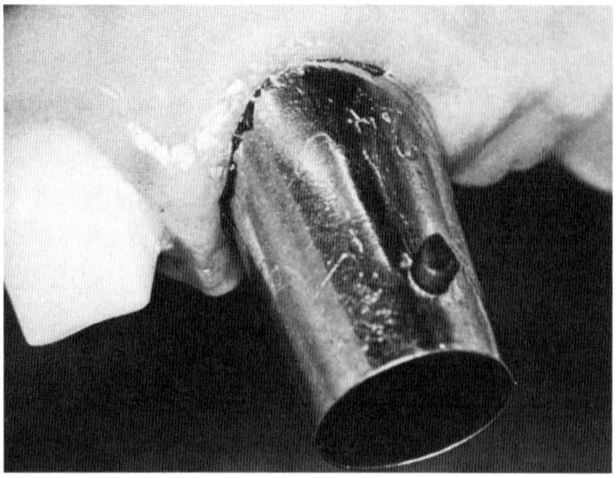

Abb. 333 a Kupferringabdruck auf Zahn

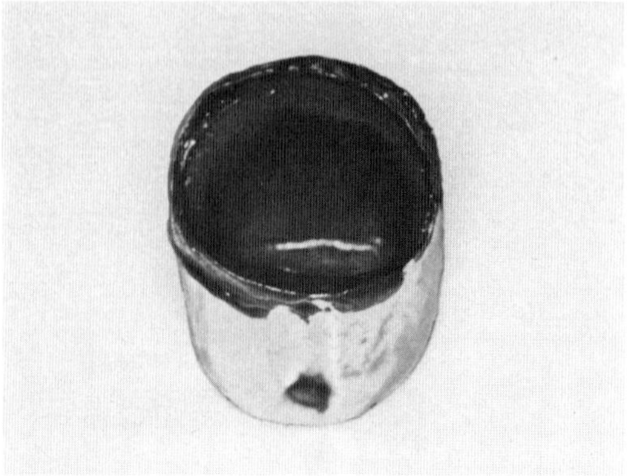

Abb. 333 b Fertiger Ringabdruck

ken. Dies läßt sich dadurch erreichen, daß man mit dem über einer Flamme erhitzten Ring aus einer thermoplastischen Kunststoffplatte (z. B. Bayer-Basisplatte) einen Deckel ausstanzt, der an dem heißen Ring klebenbleibt. Anschließend wird dieser Deckel wieder mit einem dicken Rosenbohrer durchbohrt, damit die Abformmasse besser abfließen kann (Abb. 332).
Ein Ringabdruck kann als gelungen bezeichnet werden, wenn er sämtliche präparierten Zahnanteile blasenfrei wiedergibt, die Präparationsgrenze erkennen läßt und die innere Ringwandung überall von einer Schicht der Abformmasse bedeckt ist (Abb. 333 a und b).

Überabdruck (Gesamtabdruck, Schachtelabdruck, Schlüsselabdruck)

Durch einen Ringabdruck gewinnt man zwar ein exaktes Negativ eines präparierten Zahnes, über die Stellung dieses Zahnes im Zahnbogen hat man jedoch keine Angabe. Dazu ist ein Gesamtabdruck oder Überabdruck notwendig, der genommen wird, während sich der Ringabdruck noch auf dem präparierten Zahn befindet.
Als Abformmaterialien für Überabdrücke kommen Abdruckgips und elastomere Massen in Frage, wobei letztere im abgebundenen Zustand eine ausreichende Härte aufweisen müssen, um zu gewährleisten, daß der Ring im Überabdruck eindeutig unverrückbar fixiert ist.
Der Gipsüberabdruck wird mit glatten, unperforierten Abdrucklöffeln genommen. Das Anmischen des Gipses erfolgt in einem Gummi- oder Plastiknapf auf folgende Weise: Der Napf wird mit ca. 100 cm^3 Wasser gefüllt, in das solange Gipspulver langsam eingestreut wird, bis eine rissig aussehende Oberfläche entsteht. In glatten, kreisenden Bewegungen wird die Masse mit einem Spatel zu einem dicksahnigen, klümpchenfreien Brei verrührt und blasenfrei auf den Löffel gestrichen. Es empfiehlt sich, an einer kleinen Probe den Abbindezustand des Gipses laufend zu überprüfen, so daß die Entfernung des Abdrucks aus dem Munde zum richtigen Zeitpunkt vorgenommen werden kann. Es ist wichtig zu wissen, daß die Abbindezeit des Gipses durch Verwendung warmen Wassers zum Anrühren verkürzt, durch kaltes Wasser verlängert wird.
Da Gips im abgebundenen Zustand starr ist, ist der Gipsabdruck mit dem Nachteil behaftet, daß er normalerweise nur in Bruchstücken aus dem Munde entfernt werden kann, die sorgfältig in einer Nierenschale gesammelt und wieder im Löffel zusammengesetzt werden müssen. Dieser Nachteil und der Umstand, daß Gipsabdrücke für den Patienten eine äußerst unangenehme Prozedur darstellen, haben dazu geführt, daß Überabdrücke vorzugs-

weise mit gummielastischen Materialien durchgeführt werden, für deren Anmischen die im Abschnitt „Ringabformung präparierter Zähne“, Seite 404 bzw. „Ringlose Abformung“ gegebenen Hinweise entsprechend zu beachten sind. Als Abformmassenträger wird ein perforierter, mit Haftlack bestrichener Löffel benutzt.

Gesamtabdruck über Transferkäppchen

Unabhängig davon, welches Material verwendet wird, besteht die Gefahr, mit einem Überabdruck die Ringabformungen zu beschädigen. Eine Möglichkeit, dieser Gefahr zu begegnen, besteht darin, den Überabdruck nicht direkt über der Ringabformung vorzunehmen, sondern Ring- und Überabdruck voneinander zu trennen. Dazu wird mit Hilfe der Ringabformung zunächst ein Modell des präparierten Zahnes (Modellstumpf) hergestellt; häufig in der Weise, daß vor dem Ausfüllen des Rings mit Kunststoff eine Verkupferung oder Versilberung des Abdrucks auf galvanischem Wege herbeigeführt wird (Galvanoplastik; Abb. 334). Darauf wird ein sog. „Übertragungs-“ oder „Transferkäppchen“ aus Kunststoff oder Phantommetall (Messing) angefertigt, das am Übergang von vestibulär nach okklusal mit einem Fenster versehen wird, damit man überprüfen kann, ob das Käppchen exakt auf dem Modellstumpf und auch auf den präparierten Zahn paßt (Abb. 335 a und b). Über dem Transferkäppchen wird nun der Überabdruck entweder mit Abdruckgips oder (zähplastischen) Elastomeren genommen, der Modellstumpf in das Transferkäppchen gesteckt und der Abdruck ausgegossen (Abb. 336 a und b).

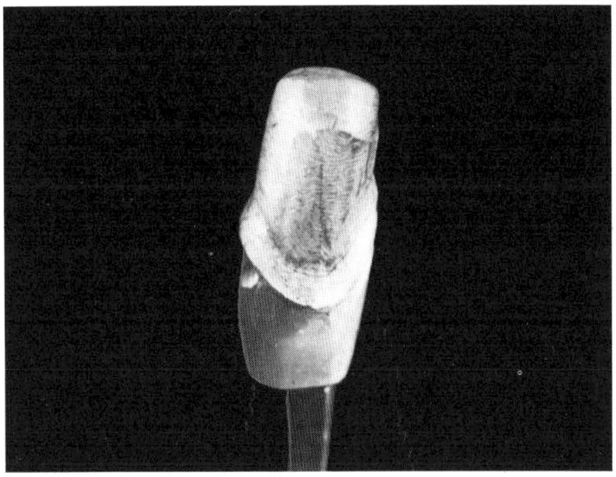

Abb. 334 Versilberter Modellstumpf

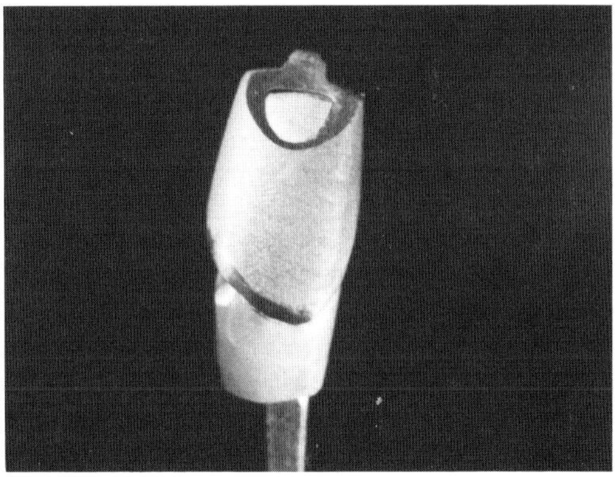

Abb. 335 a Transferkäppchen auf Modellstumpf

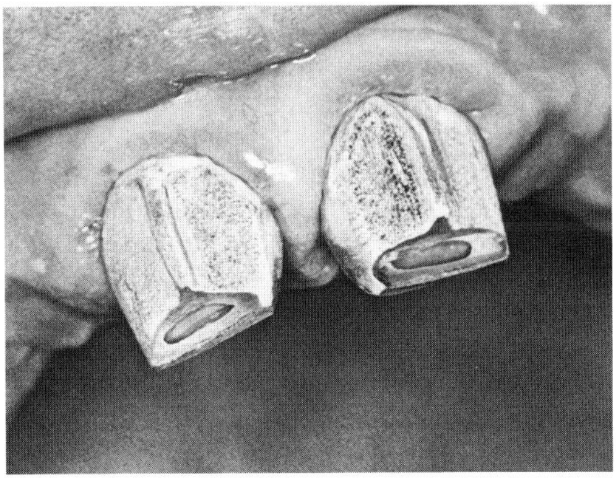

Abb. 335 b Transferkäppchen auf präparierten Zähnen

Ringlose Abformung präparierter Zähne

Die Weiterentwicklung der elastomeren Abformmaterialien, insbesondere der Silikone, hat in Verbindung mit neuen Abformtechniken die Abformung präparierter Zähne ohne Zuhilfenahme eines Kupferrings ermöglicht. Ein weiterer Vorteil dieser Abformtechniken, des Korrektur-, des Doppelmisch- und des Sandwichabdrucks

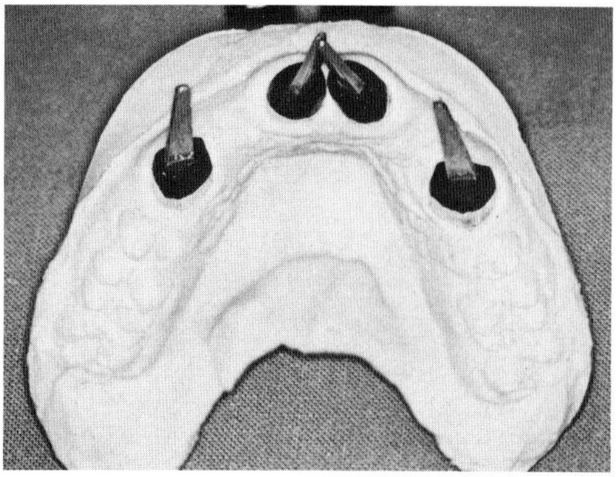

Abb. 336 a Gipsabdruck über Transferkäppchen; Modellstümpfe in Transferkäppchen gesteckt

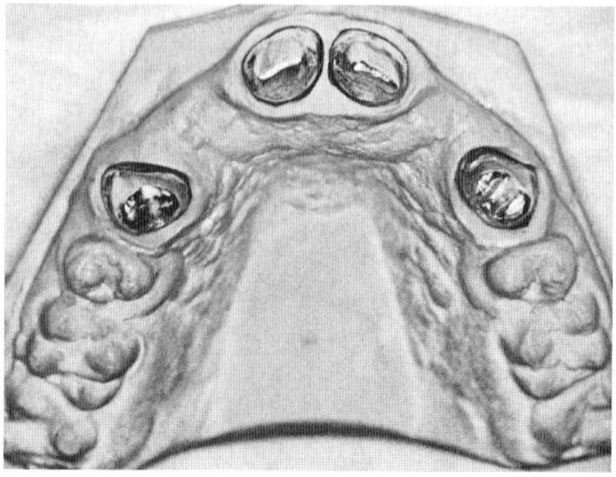

Abb. 336 b Modell fertig

besteht darin, daß in jedem Falle gleichzeitig mit dem präparierten Zahn die gesamte Zahnreihe abgeformt wird.
Allen drei Techniken gemeinsam ist, daß die Abformung mit zwei in ihrem Fließverhalten unterschiedlichen Massen vorgenommen wird; einer zähplastischen (heavy body) und einer dünnfließenden (light body) Masse, die von verschiedenen Herstellern aufeinander abgestimmt geliefert werden. Macht es beim Ringabdruck wenig Schwierigkeiten, eine unterhalb des Zahnfleisches angelegte Präparationsgrenze mit dem Abdruck zu erfassen, so liegen gerade dort die größten Probleme bei der ringlosen Abformung. Aus diesem Grunde empfiehlt es sich, vor der Abformung durch das Einlegen eines Baumwollfadens, eines Kompressionshütchens oder sog. Retraktionsringe das Zahnfleisch ein wenig vom Zahn abzudrängen und so die Präparationsgrenze der Abformung zugänglich zu machen. Das Einlegen der Retraktionsfäden, die mit Medikamenten zur Blutstillung getränkt werden können, in die Zahnfleischfurche geschieht mit einem *Heidemann*-Spatel (Abb. 337), wobei besonders darauf zu achten ist, daß der Faden während dieses Vorgangs nicht mit Speichel in Berührung kommt.

Korrekturabdruck

Das Prinzip des Korrekturabdrucks besteht darin, daß mit dem zähplastischen Material ein Vorabdruck des gesamten Kiefers genommen wird, der in jedem Falle, insbesondere im Bereich präparierter Zähne, noch erhebliche Ungenauigkeiten aufweist. Diese Ungenauigkeiten werden dadurch „korrigiert“, daß der Vorabdruck mit dem dünnfließenden Material beschickt und wieder auf die Zahnreihe zurückgesetzt wird. Dabei wird das dünnfließende Material vom Erstabdruck wie von einem Stempel in die Bereiche gepreßt, die durch den Vorabdruck noch nicht exakt erfaßt wurden.
Das Anmischen des zähplastischen Erstmaterials sollte auf einer gekühlten Glasplatte mit einem stabilen Metallspatel in der Weise begonnen werden, daß man die abgemessene Masse relativ flach ausstreicht und ein Waffelmuster einritzt (Abb. 338). Der exakt nach Vorschrift dosierte Härter wird gleichmäßig über die gesamte Oberfläche verteilt und durch Eindrücken zahlreicher Dellen mit der Spatelspitze in viele kleine Tröpfchen verteilt. Dann klappt man die Hälfte des Teiges um und drückt wiederum zahlreiche Dellen ein (Abb. 339). So wird sowohl eine gleichmäßigere Durchmischung erreicht als auch vermieden, daß Härterflüssigkeit

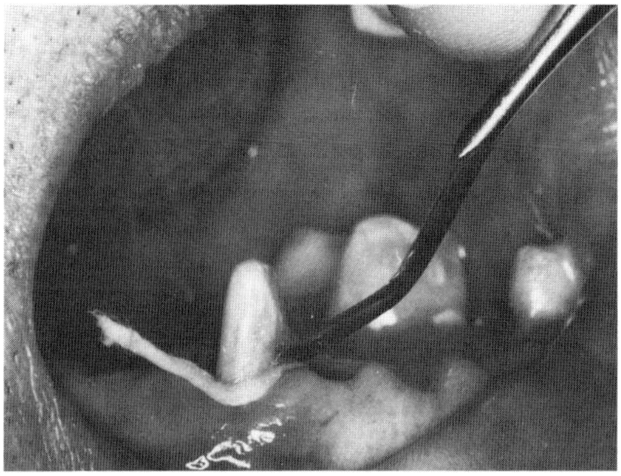

Abb. 337 Einlegen eines Retraktionsfadens

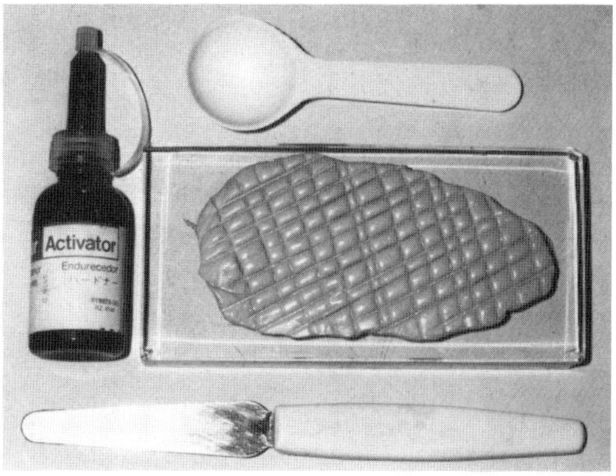

Abb. 338 Vorbereitung für Erstabdruck

durch den Knetdruck versprüht und die Dosierung ungenau wird. Nachdem die Masse etwa 20 bis 30 Sekunden auf der Platte durchgespatelt wurde, wird sie für weitere 10 bis 15 Sekunden intensiv in der Hand durchgeknetet. Den gesamten Anmischvorgang in der Hand durchzuführen, empfiehlt sich nicht, weil einerseits ein Verspritzen von Härterflüssigkeit unvermeidbar wäre und andererseits die Aushärtung der Abdruckmasse in unerwünschter Weise durch die Handwärme beschleunigt würde.
Die Abdruckmasse wird nun in einen perforierten, mit Haftlack bestrichen Abdrucklöffel eingelegt und unverzüglich der Abdruck genommen. Die Retraktionsfäden verbleiben während dieses Abdrucks in der Zahnfleischfurche der präparierten Zähne.
Bevor der Erstabdruck mit der dünnfließenden Korrekturmasse beschichtet und wieder auf die Zahnreihe zurückgesetzt wird, müssen die untersichgehenden Stellen und die zwischen den Eindrücken der Zähne gelegenen feinen Fahnen mit einem kleinen Skalpell beseitigt werden. Das ist notwendig, um einerseits der Korrekturmasse einen gewissen Abfluß zu ermöglichen und andererseits ein präzises Zurücksetzen des Abdrucks zu erleichtern. Ferner ist der Erstabdruck sorgfältig von Speichel und Blutresten zu reinigen und

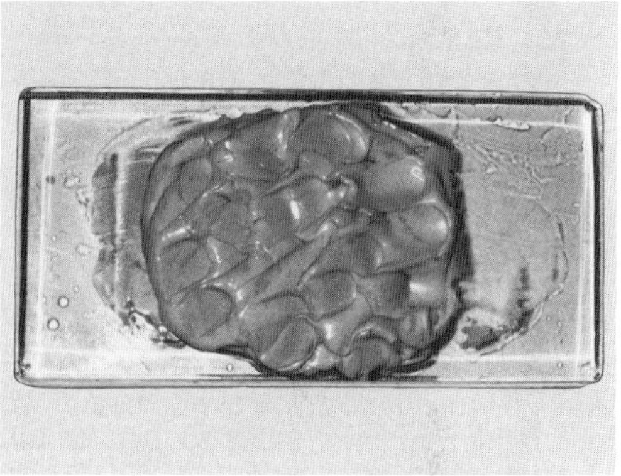

Abb. 339 Anmischen des Erstmaterials

zu trocknen, da nur so eine feste chemische Verbindung zwischen Erst- und Korrekturmaterial zu erreichen ist.
Für das Anmischen des Korrekturmaterials ist aus bereits erwähnten Gründen exaktes Dosieren, zügiges, aber dennoch gründliches Durchmischen und vorheriges Abkühlen des Instrumentariums und der Pasten von größter Wichtigkeit. Das Anmischen selbst erfolgt entweder in einem kleinen Plastiknäpfchen, in das eine bestimmte Menge Grundmasse vorgegeben und dann mit einer Härterflüssigkeit versetzt wird, oder auf einer Anmischplatte, auf der eine bestimmte Stranglänge der

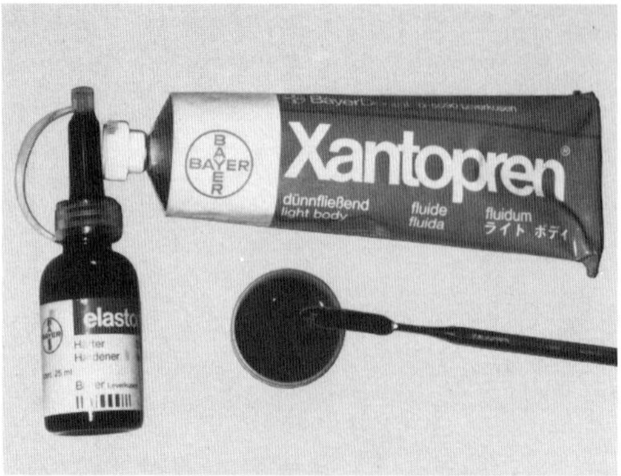

Abb. 340 Anmischen der Korrekturmasse

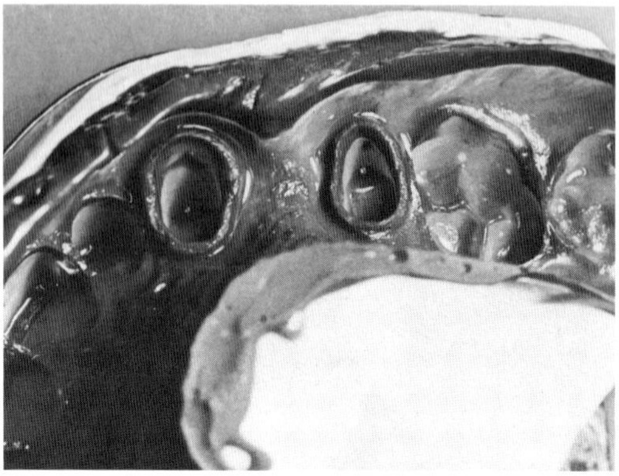

Abb. 341 Fertiger Korrekturabdruck

Grundmasse mit einer entsprechenden Stranglänge Härterpaste durchgemischt wird. In jedem Falle sollte die zum Anmischen benötigte Zeit 25 Sekunden nicht überschreiten (Abb. 340).
Der gesamte Erstabdruck wird sparsam mit dem Korrekturmaterial beschichtet, die Retraktionsfäden aus der Zahnfleischtasche entfernt und der Abdruck in den Mund zurückgesetzt, wobei darauf zu achten ist, daß nur während der ersten 5 Sekunden Druck ausgeübt werden darf und das Aushärten der Korrekturmasse drucklos erfolgen muß (Abb. 341).

Doppelmischabdruck

Im Gegensatz zum Korrekturabdruck erfolgt hierbei das Einbringen der zähplastischen und der dünnfließenden Abformmasse in den Mund gleichzeitig, wobei das dünnfließende Material mit einer Spritze um den präparierten Zahn gespritzt und unmittelbar danach der mit dem zähplastischen Material beschickte Abdrucklöffel nachgeschoben wird, so daß sich im Munde beide Massen vermischen und gemeinsam abbinden. Der Vorteil dieser Methode liegt in einer gewissen Zeitersparnis und in einer nachgewiesenermaßen größeren Genauigkeit der Abformung; Schwierigkeiten bereitet jedoch das zeitlich genau aufeinander abgestimmte Anmischen der zähplastischen und der dünnfließenden Komponente, wozu in jedem Fall zwei Personen benötigt werden. Alle benötigten Materialien und Instrumente müssen gut vorbereitet und griffbereit sein: Das zähplastische Material liegt abgemessen auf der Anrührplatte, das dünnfließende im Anmischschälchen; Härtersubstanzen, Spritze, mit Haftlack bestrichener, perforierter Abdrucklöffel, Anrührspatel sind zur Hand (Abb. 342). Eine Helferin übernimmt das Anmischen des zähplastischen, die zweite das des dünnfließenden Materials. Beide beginnen gleichzeitig mit dem Anmischen, wie im vorhergehenden Abschnitt beschrieben.
Der Anmischvorgang und das Einbringen des dünnfließenden Materials in die Spritze muß nach etwa 35 Sekunden beendet sein. In derselben Zeit hat das Ankneten des zähplastischen Materials zu erfolgen. Der Zahnarzt hat nun 10 Sekunden Zeit, das dünnfließende Material mit der Spritze an den präparierten Zahn zu bringen. Während dieser Zeit wird das zähplastische Material in den Abdrucklöffel eingelegt und dem Zahnarzt, sobald dieser die Spritze aus der Hand legt, angereicht.
Ein Abdruckmaterial, das sich in besonde-

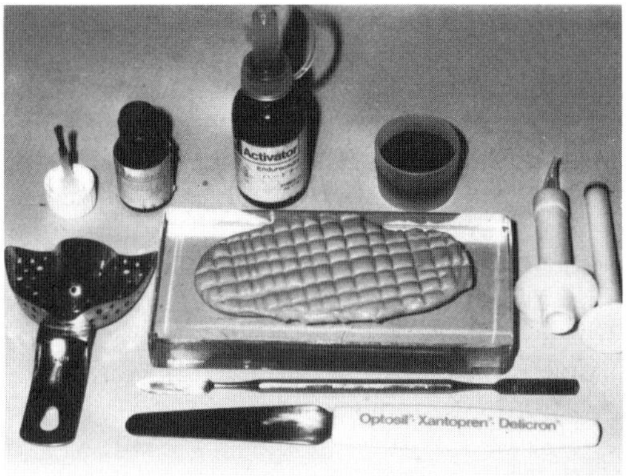

Abb. 342 Vorbereitung für Doppelmischabdruck

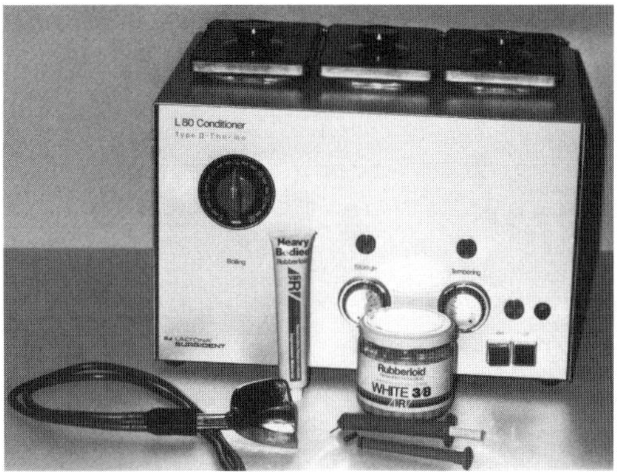

Abb. 343 Instrumentarium für Hydrokolloidabdruck

rer Weise für Abformungen nach der Doppelmischtechnik eignet, ist das Hydrokolloid. Es handelt sich dabei um ein Material, das vom chemischen Aufbau und in seinen Eigenschaften den Alginaten sehr ähnlich ist, aber im Gegensatz zu den Alginaten zu den thermoplastischen Materialien gehört. Die Besonderheit des Hydrokolloids besteht darin, daß es durch Erwärmen auf 100 °C verflüssigt werden kann und diesen Zustand beibehält, solange es nicht unter 40 °C abgekühlt wird. Bei Abkühlung unter 40 °C geht es in einen gummiartig festen Zustand über. Dieser Vorgang ist beliebig oft wiederholbar.

Auch das Hydrokolloid wird in verschiedenen Zubereitungen hergestellt, so daß Massen von (in erwärmtem Zustand) unterschiedlicher Fließfähigkeit zur Verfügung stehen, die eine Verarbeitung nach der Doppelmischtechnik gestatten; das zähplastische Material wird dabei in Tuben und das dünnfließende in Stangen zum Einlegen in die Spritze geliefert. Allerdings ist die Verwendung eines speziellen Instrumentariums unerläßlich, wozu spezielle kühlbare und deshalb doppelwandige Abdrucklöffel mit Kühlwasseranschluß und auch ein sog. „Conditioner" gehören. Darunter versteht man ein elektrisch beheiztes Wasserbad, dessen drei Kammern auf unterschiedliche Temperaturen aufgeheizt werden können.

Vor der Verarbeitung muß das Hydrokolloid durch 10minütiges Kochen im ersten Behälter des Conditioners verflüssigt werden. Im zweiten Bad (Vorratsbad) werden Tuben- und Spritzenmaterial auf 60 °C abgekühlt und können darin tagelang aufbewahrt werden. Vor der Abformung wird das Tubenmaterial dem Vorratsbehälter entnommen, in den Abdrucklöffel gefüllt und ggf. im dritten Behälter auf die Arbeitstemperatur von ca. 45 °C gebracht. Die gefüllte Spritze wird direkt aus dem Vorratsbehälter dem Zahnarzt gereicht. Unmittelbar nach dem Umspritzen der abzuformenden Präparationen kann dann der Abdrucklöffel mit dem Tubenmaterial nachgeschoben und an den Kühlschlauch angeschlossen werden. Dadurch, daß bei Verwendung des Hydrokolloids keine Dosierungs- und sonstigen Anrührprobleme auftauchen können, stehen Hydrokolloidabdrücke an der Spitze der Genauigkeit ringloser Abformungen (Abb. 343).

Sandwichabdruck

Für die Abformung präparierter Zähne, deren Präparationsgrenzen oberhalb des

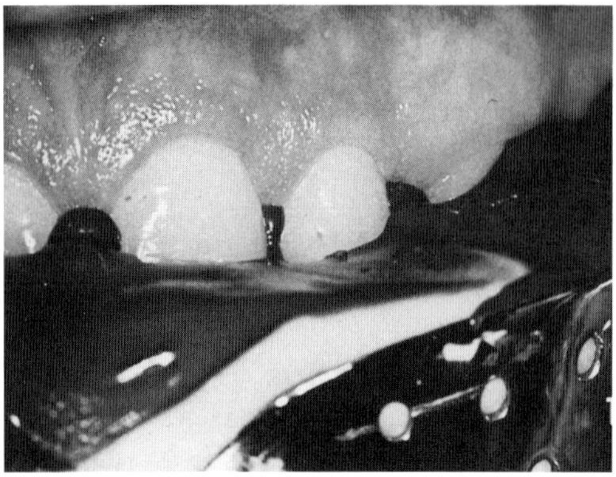

Abb. 344 Sandwichabdruck beim Einbringen in den Mund

Zahnfleischsaumes verlaufen, hat sich eine Variante der Doppelmischtechnik bewährt, bei der auf die Anwendung einer Spritze zum Einbringen des dünnfließenden Materials verzichtet wird. Beide Materialien werden wiederum gleichzeitig angerührt, das dünnfließende jedoch mit dem Spatel direkt auf das im Löffel befindliche zähplastische aufgestrichen (wie die Butter aufs Brot – daher Sandwichabdruck) und unverzüglich in den Mund eingebracht (Abb. 344).

Fragen zum Verständnis und zur Selbstkontrolle

Abdruck und Modell

19. Was für Materialien werden bei der Ringabformung von präparierten Zähnen verwendet?
20. Welche Aufgabe hat ein Überabdruck zu erfüllen?
21. Was verstehen Sie unter ringloser Abformung von präparierten Zähnen?
22. Warum müssen bei diesem Verfahren sog. Retraktionsringe um den präparierten Zahn gelegt werden?
23. Was ist ein:
    a) Korrekturabdruck?
    b) Doppelmischabdruck?
    c) Sandwichabdruck?

(Die Antworten stehen auf Seite 442.)

Umgang mit Abdrücken

Mit den vorgestellten Abformmaterialien und -methoden können, korrektes Arbeiten vorausgesetzt, Abformungen vorgenommen werden, die zum Zeitpunkt der Entnahme aus dem Munde eine ausreichende Genauigkeit aufweisen. Diese anfängliche Genauigkeit kann jedoch durch Fehler bei der weiteren Verarbeitung bis zur Unbrauchbarkeit des Abdrucks nachteilig beeinflußt werden. Daher sind einige grundsätzliche Bemerkungen zum Umgang mit Abdrücken angebracht.

Unmittelbar nach der Entfernung aus dem Munde sind die Abdrücke von Speichel- und Blutresten unter kaltem Wasser zu reinigen. Ferner sind sie auf Vollständigkeit und sicheres Haften des gesamten Abdrucks am Löffel zu überprüfen. In Abhängigkeit vom verwendeten Material werden Abdrücke durch Lagerung (Verschikken) unterschiedlich stark beeinflußt. So sind Alginat- und Hydrokolloidabdrücke nicht lagerfähig, sondern müssen sofort ausgegossen werden, da sie durch Lagerung im feuchten Milieu (feuchte Tücher) quellen.

Silikonabdrücke dagegen sind begrenzt lagerfähig, jedoch ist auch hier mit Veränderungen zu rechnen, so daß ein Ausgießen nach 30 Minuten angeraten wird. Nur bei additionsvernetzten Silikonen und bei Polyäthern kann eine längere Lagerzeit zugestanden werden, wobei die Lagerung aber in jedem Falle an der Luft und in möglichst gleichbleibender Temperatur erfolgen sollte.

Modellherstellung nach ringloser Abformung

Die Modellherstellung nach ringlosen Abformungen erfolgt im allgemeinen in zwei Abschnitten. Zunächst wird der gesamte Abdruck nur bis zur halben Höhe des Alveolarfortsatzes mit Spezialhartgips ausgegossen. Zum Anrühren des Gipses (Klasse IV) bedient man sich dabei elektrischer Anrührgeräte, die es gestatten, den Vorgang unter Unterdruck durchzuführen, um Lufteinschlüsse zu verhindern („evakuierter Gips“). Das Einfüllen des Gipses in

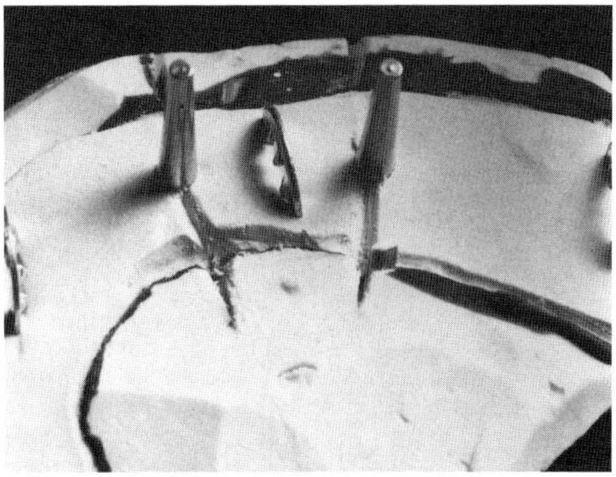

Abb. 345 Zahnkranz ausgegossen, Dowel-pins und Retentionsringe eingebracht

den Abdruck geschieht in kleinen Portionen auf dem Rüttler. Solange der Gips noch weich ist, steckt man in die Negative der präparierten Zähne metallische Verstärkungs- bzw. Führungsstifte (Dowel-pins) und legt im übrigen Bereich des Zahnkranzes einige Metallringe (Retentionsringe) ein, die die Verbindung zum Sockelgips herstellen sollen (Abb. 345). Nach dem Abbinden wird der Gips in der Gegend der Dowel-pins mit einem geeigneten Mittel (Gips gegen Gips) isoliert, und als zweiter Abschnitt der Modellherstellung erfolgt nun das restliche Auffüllen des Abdrucks ebenfalls mit (ggf. andersfarbenem) Hartgips (Klasse IV).

Nach der vorsichtigen Trennung des Abdrucks vom abgebundenen Gips kann man nun mit einer feinen Säge die Stümpfe der präparierten Zähne einzeln aus dem Modell heraustrennen, indem man den Spezialhartgips bis zum Sockelgips einsägt (Abb. 346). Das fertige Modell wird entsprechend als Sägemodell, Arbeitsmodell oder Meistermodell bezeichnet.

Bißnahme und Modellmontage

Im natürlichen bezahnten Gebiß greifen die Zahnreihen des Ober- und Unterkiefers in ganz bestimmter Weise ineinander,

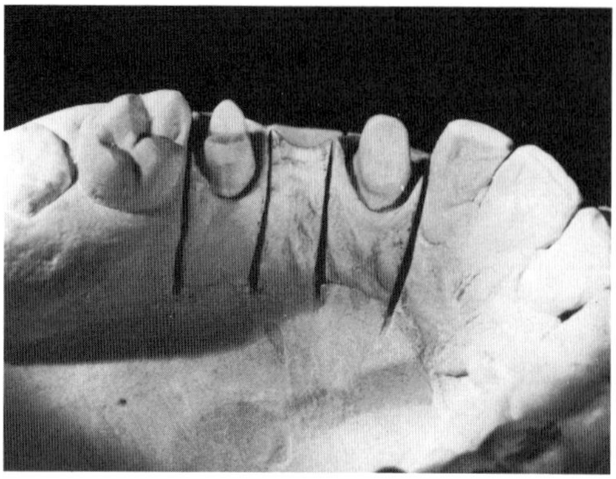

Abb. 346 Modell fertig gesägt

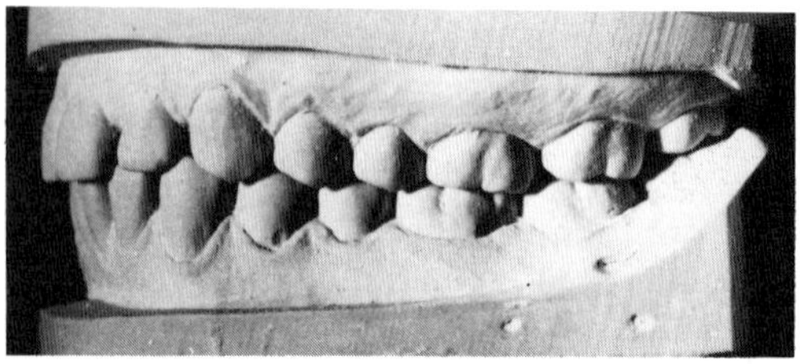

Abb. 347 Modelle im maximalen Zahnreihenschluß (maximale Interkuspidation)

wenn der Unterkiefer dem Oberkiefer bis zum größtmöglichen Zahnreihenschluß (= maximale Interkuspidation) angenähert wird. Der maximale Zahnreihenschluß wird auch als Schlußbiß oder habituelle Okklusion bezeichnet (Abb. 347).

Damit das zwanglose Einnehmen des Schlußbisses durch das Einfügen von Zahnersatz nicht behindert wird, reicht zur Herstellung des Zahnersatzes das (Meister-)Modell nur eines Kiefers nicht aus. Es muß in jedem Fall auch ein (Situations-)Modell des Gegenkiefers (= Gegenbiß) dem Techniker zur Verfügung stehen. Beide Modelle werden in der Schlußbißstellung in einen Artikulator eingegipst.

Das Auffinden der Schlußbißstellung zweier Modelle ist verhältnismäßig einfach, wenn noch ausreichend viele natürliche, unbeschliffene Zähne vorhanden sind, die ein schaukelfreies Zuordnen der Modelle gestatten. Besteht diese Möglichkeit nicht, können zur Ermittlung der richtigen Zuordnung der Modelle in ihrem Umfang sehr unterschiedliche Maßnahmen notwendig werden, die man auch als Bißnahme bezeichnet.

Eine häufig angewendete Methode besteht darin, einen Streifen rosa Wachs im Wasserbad gleichmäßig zu erwärmen und auf die Zahnreihen im Munde aufzubringen. Mit Hilfe der Eindrücke, die beim Zahnreihenschluß im Wachs entstehen, können dann die Modelle in die richtige Stellung zueinander gebracht werden (Abb. 348 a und b).

Besonders bei Vorliegen größerer Zahnlücken reichen derartige „Wachsbisse" oder „Wachsregistrate" oft nicht aus, so daß man sich einer Bißschablone bedienen muß. Dabei handelt es sich um Wachs- oder Kunststoffplatten, die dem Modell angepaßt werden und im Bereich der fehlenden Zähne einen Wachswall aufweisen (Abb. 349 a und b). Die Bißschablone wird in den Mund gebracht, und durch den Einbiß der Gegenkieferzähne in den erweichten Wachswall werden Anhaltspunkte gewonnen, die nach dem Zurücksetzen der Bißschablonen auf das Modell die korrekte Zuordnung beider Modelle gestatten.

Bißschablonen können auch mit Registrierbehelfen versehen werden, die das Auffinden der richtigen Schlußbißstellung des Unterkiefers erleichtern (vgl. „Bißnahme für totale Prothesen", Seite 398).

Der Artikulator ist ein Gerät, das es ermöglicht, bestimmte Unterkieferbewegungen nachzuahmen. Es gibt eine Vielzahl unterschiedlich konstruierter Artikulatoren. Bei den einfachsten können nur die Beziehungen der Zähne des Ober- und Unterkiefers in der Schlußbißstellung überprüft werden (Okkludatoren). Die aufwendiger konstruierten Geräte können auch die Kontaktverhältnisse der Zähne während der Vorschub- und Seitwärtsbewegungen des Unterkiefers wiedergeben, die für jeden Menschen verschiedenartig ablaufen. Dabei hängt die Wiedergabegenauigkeit dieser Bewegungen durch den

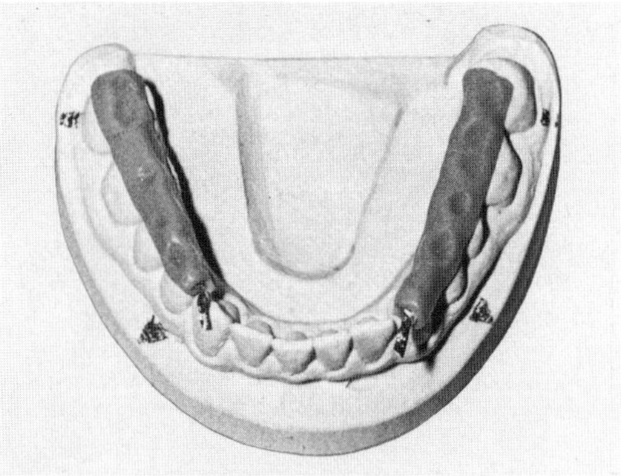

Abb. 348 a Wachsregistrate auf Unterkiefermodell

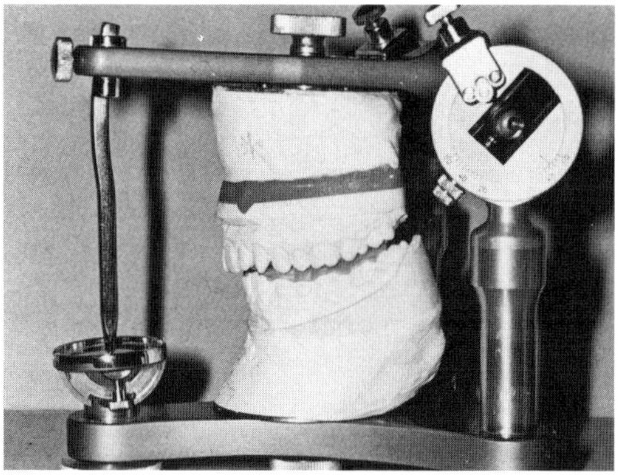

Abb. 348 b Modelle mit Hilfe von Wachsregistraten im Artikulator montiert

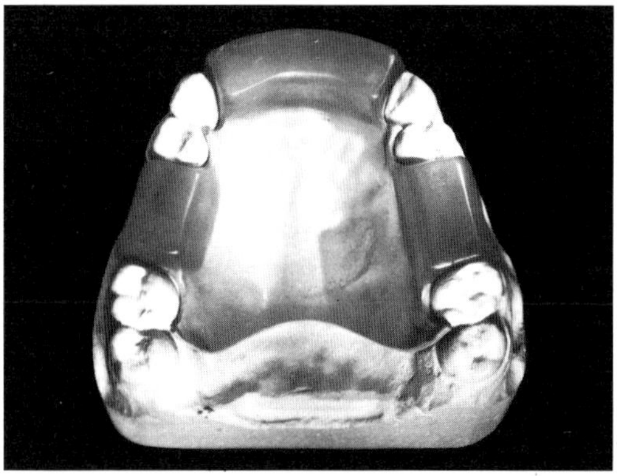

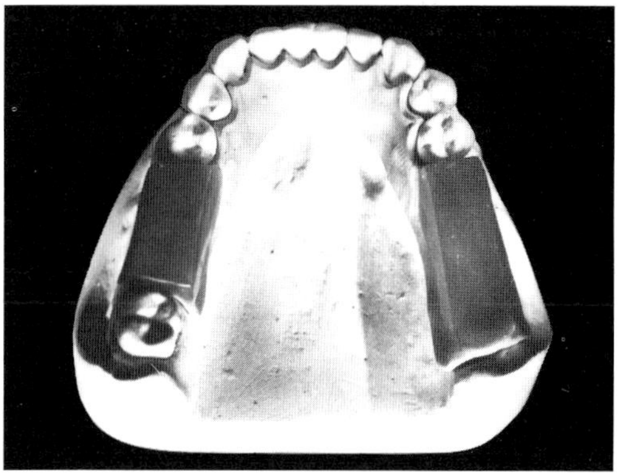

Abb. 349 a und b Bißschablonen. Links: Oberkiefer; rechts: Unterkiefer

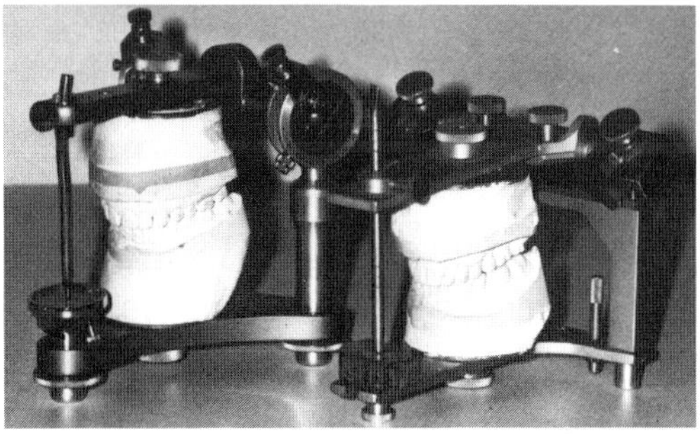

Abb. 350 a Artikulatoren, halbeinstellbar: links Dentatus-, rechts Whip-mix-Artikulator

Abb. 350 b Artikulatoren, volleinstellbar: links TMJ, Mitte Stuart-, rechts Denar-Artikulator

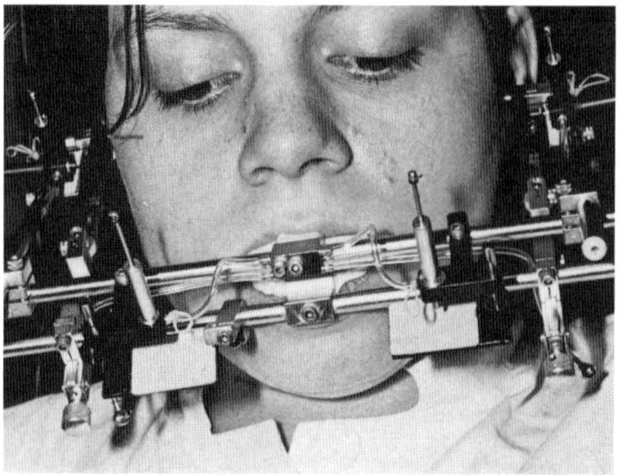

Abb. 351 Pantograph

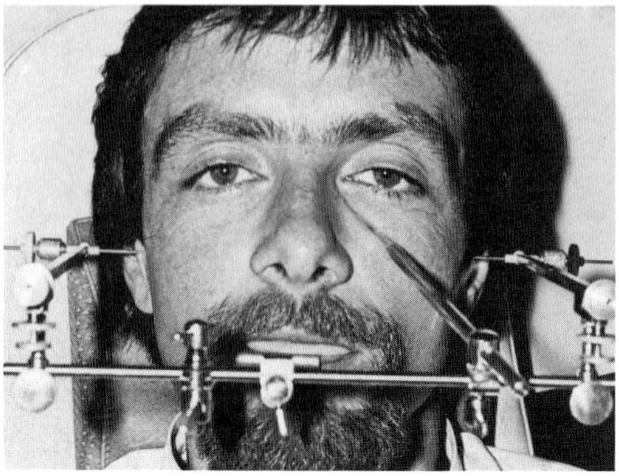

Abb. 352 Übertragungsbogen (Gesichtsbogen)

Artikulator davon ab, inwieweit diese Bewegungen vorher am Patienten gemessen (registriert) worden sind bzw. in welchem Maße sich der Artikulator den gemessenen Werten entsprechend einstellen läßt. So lassen sich Mittelwert-, halb- und volleinstellbare Artikulatoren voneinander unterscheiden (Abb. 350a und b). Die Registrierung der Unterkieferbewegungen kann entweder durch Wachsbisse, die in Vorschub- und Seitwärtsstellungen des Unterkiefers genommen werden (Positionsregistrate), oder mit Hilfe komplizierter Geräte (Pantographen) durch Aufzeichnen der Bewegungsbahnen des Unterkiefers erfolgen (Abb. 351).
Bißnahme und Eingipsen der Modelle in den Artikulator sind Maßnahmen, die in stärkstem Maße die Qualität des Zahnersatzes beeinflussen und daher mit größter Sorgfalt durchgeführt werden müssen. Aus diesem Grunde gehen auch immer mehr Zahnärzte dazu über, das Eingipsen der Modelle, die Modellmontage, in den Artikulator selbst in der Praxis durchzuführen.
Damit die Gipsmodelle im Artikulator zu den Artikulatorgelenken die gleiche räumliche Beziehung aufweisen wie Ober- und Unterkiefer des Patienten zu seinen Kiefergelenken, bedient man sich bei der Modellmontage häufig (insbesondere bei Benutzung halb- und volleinstellbarer Artikulatoren) eines Gesichts- oder Übertragungsbogens. Ein solches Vorgehen wird auch als schädel- bzw. gelenkbezügliche Modellmontage bezeichnet (Abb. 352).

Provisorische Versorgung präparierter Zähne

Bei der Präparation entsteht durch das Abtragen des Schmelzes eine ausgedehnte „Dentinwunde“, die auf Berührungs-, Temperatur- und chemisch-osmotische Reize außerordentlich schmerzhaft reagiert. In die eröffneten Dentinkanälchen können außerdem Bakterien eindringen und zu einer Entzündung des Zahnmarks führen. Darüber hinaus besteht die Gefahr, daß der beschliffene Zahn seine Stellung zu den Antagonisten und den Nachbarzähnen verändert, da durch die Präparation der okklusale und approximale Kontakt aufgehoben wird. Daß ein beschliffener Zahn im sichtbaren Bereich zusätzlich eine starke ästhetische Beeinträchtigung darstellt, ist selbstverständlich.
Aus diesen Gründen ist eine Versorgung präparierter Zähne durch provisorische Kronen oder Brücken unerläßlich.
Im nicht sichtbaren Zahnbereich können Zinnkäppchen, die aus einem Sortiment in passender Größe ausgewählt werden, als provisorische Kronen dienen. Sie

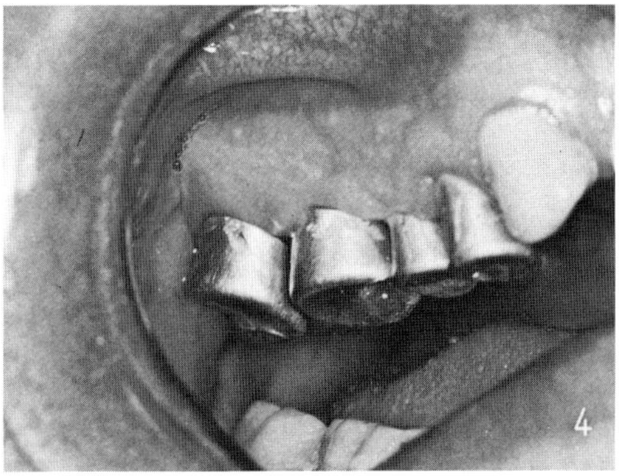

Abb. 353 Provisorische Versorgung mit Zinnkäppchen

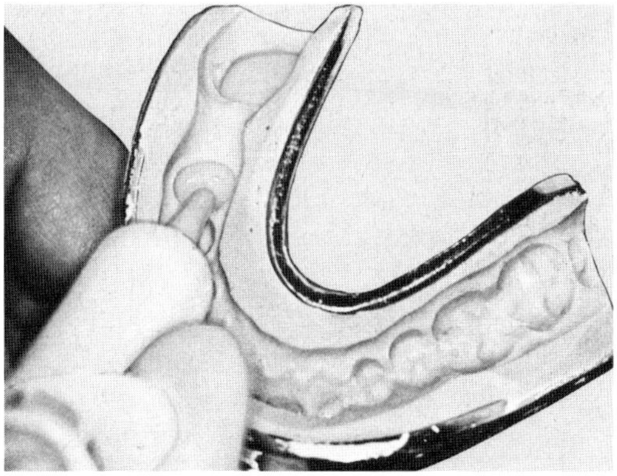

Abb. 354 Füllen der Abdrucklumina mit Kunststoff

werden dem Verlauf der Präparationsgrenze entsprechend zurechtgeschnitten und dabei soweit gekürzt, daß sie im Schlußbiß gerade Kontakt mit dem Antagonisten haben. Dann werden sie mit einem provisorischen Befestigungszement (Temp-Bond, ZnO-Eugenol-Paste o. ä.) gefüllt und über den präparierten Zahn geschoben. Nach dem Erhärten des provisorischen Zementes ist der am Zahnfleischrand hervorgequollene Überschuß sorgfältig und restlos zu entfernen. Keinesfalls darf durch abstehende oder schartige Ränder des Zinnkäppchens das Zahnfleisch verletzt oder gereizt werden (Abb. 353).

Im sichtbaren Zahnbereich können statt der Zinnkäppchen vorgefertigte Kronen z. B. aus Zelluloid oder Kunststoff verwendet werden. Zur Erhöhung der Stabilität empfiehlt es sich, die angepaßten Zelluloidhülsen (Frasaco-Strips-Kronen) oder Kunststoffkronen zunächst mit einem zahnfarbenen selbsthärtenden Kunststoff zu füllen und über den mit Vaseline isolierten Zahnstumpf zu schieben. Sobald der Kunststoff einen gummiartigen Zustand angenommen hat, wird die provisorische Krone vom Stumpf abgezogen und das weitere Aushärten des Kunststoffs außerhalb des Mundes abgewartet. Dieser Vorgang läßt sich durch Einlegen der Krone in heißes Wasser beschleunigen. Nach dem Erhärten des Kunststoffes wird die Krone im Bereich der Präparationsgrenze vom Kunststoffüberschuß befreit und mit provisorischem Zement eingesetzt.

Eine Methode zur Herstellung provisorischer Kronen, die sich in jüngerer Zeit immer mehr durchgesetzt hat, besteht darin, daß vor der Präparation ein Alginat- oder Silikonabdruck des betreffenden Kieferabschnittes genommen wird. Ist der zu präparierende Zahn stark zerstört, empfiehlt es sich, ihn vor dieser Abdrucknahme durch Wachs oder provisorische Füllungsmaterialien in seiner äußeren Form wiederherzustellen. Nach der Präparation wird das Negativ des betreffenden Zahns mit einem selbsthärtenden Kunststoff blasenfrei (ggf. mit Hilfe einer Spritze) aufgefüllt und der Abdruck auf die Zahnreihe zurückgesetzt (Abb. 354). Auch hier sollte die Entnahme des Abdrucks aus dem Munde erfolgen, solange der Kunststoff noch nicht vollständig erhärtet ist, um zu verhindern, daß der Kunststoff, der bei seiner Erhärtung stark schrumpft, auf den präparierten Zahn aufschrumpft und sich die provisorische Krone dadurch nicht mehr komplikationslos entfernen läßt. Nach der Aushärtung wird die provisorische Krone aus dem Abdruck gelöst, ausgearbeitet und mit provisorischem Zement eingesetzt (Abb. 355 a und b).

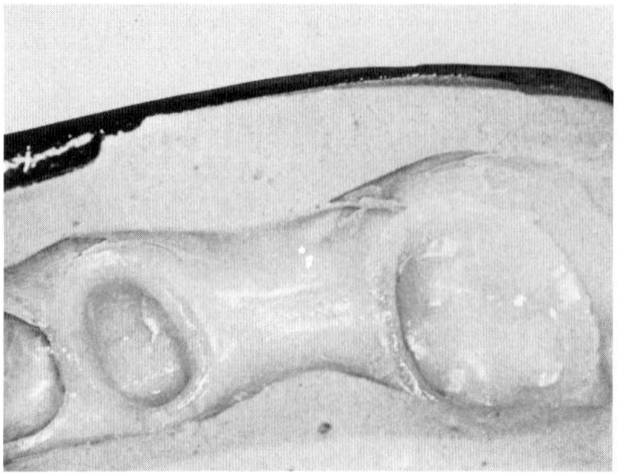

Abb. 355 a Provisorische Kronen im Abdruck

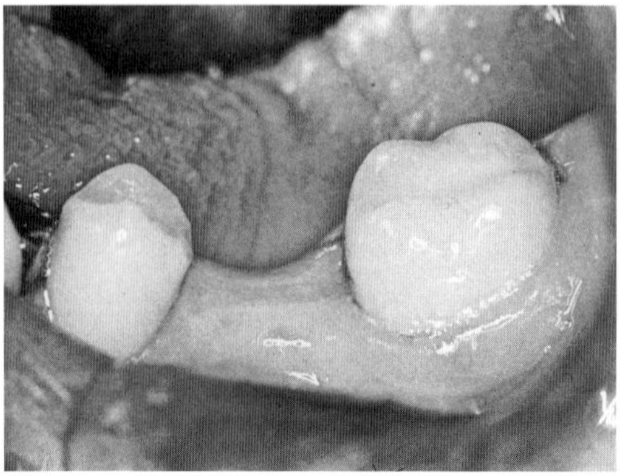

Abb. 355 b Provisorische Kronen im Munde

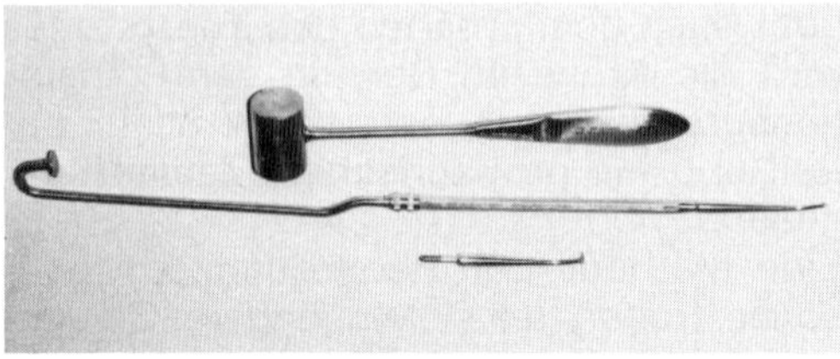

Abb. 356 Hirtenstab mit Bleihammer

Anprobe und provisorisches Einsetzen festsitzenden Ersatzes

Einzelkronen werden in der Regel ohne weitere Kontrollen am Patienten im zahntechnischen Laboratorium auf den im Artikulator montierten Modellen fertiggestellt.
Die Vorbereitung des Patienten bei der Einprobe einer Krone besteht im Entfernen der provisorischen Krone, das vorsichtig mit einer Kralle oder einem Hirtenstab vorgenommen wird (Abb. 356). Der Zahnarzt überprüft nun mit einer Sonde, ob die Krone einen exakten Randschluß an der Präparationsgrenze aufweist. Bereitgelegte Okklusionsprüffolien erlauben die Kontrolle über die regelrechte Beziehung der Krone zu den Antagonisten im Schlußbiß und bei bestimmten Unterkieferbewegungen. Häufig sind hier kleinere Korrekturen vonnöten (Einschleifen). Selbst wenn keinerlei Mängel mehr erkennbar sind, empfiehlt es sich, Kronen nicht sofort endgültig einzuzementieren, sondern nach dem Einsetzen mit provisorischem Zement dem Patienten eine gewisse Zeit Gelegenheit zu geben, die neue Krone im Gebrauch zu testen. Erst wenn während dieser Zeit keine Beschwerden auftreten, darf man sich zum Festzementieren des Ersatzes entschließen.
Bei umfangreicheren, aufwendigeren Arbeiten wie größeren Brücken oder keramisch verblendetem Ersatz ist es ratsam, Zwischeneinproben der (unverblendeten) Metallgerüste vorzunehmen, um frühzeitig Fehler zu erkennen und zu beseitigen. So kann es bei nicht spannungsfrei passenden Brückengerüsten notwendig sein, nach Durchtrennung des Gerüstes die Einzelteile entweder durch selbsthärtenden Kunststoff direkt im Munde oder durch einen Überdruck mit Gips oder Silikonmassen neu einander zuzuordnen und vom Zahntechniker in dieser Stellung zusammenlöten zu lassen (Lötabdruck).

Einzementieren

Die Assistenz der zahnärztlichen Helferin beim endgültigen Einzementieren festsitzenden Zahnersatzes gehört zu ihren ver-

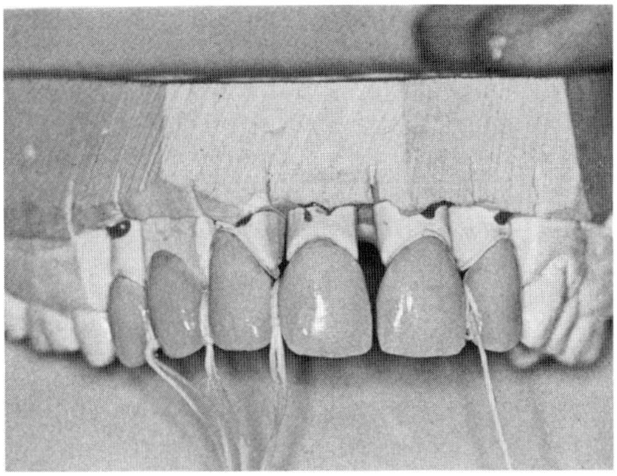

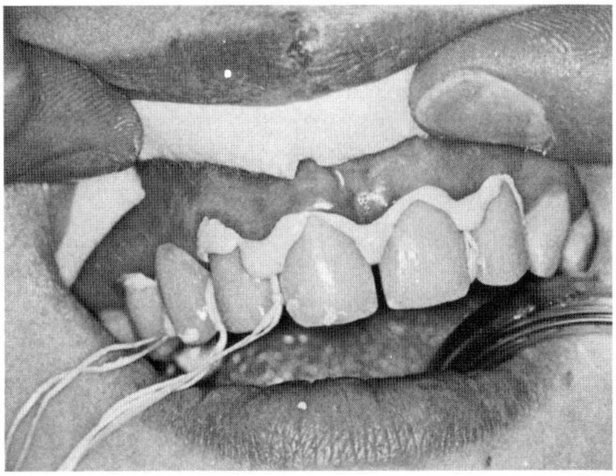

Abb. 357 a und b Brücken interdental mit Zahnseide umschlungen. Links: auf Modell; rechts: im Munde

antwortungsvollsten Tätigkeiten, da Fehler, die hier unterlaufen, häufig den Mißerfolg der gesamten bisher geleisteten Arbeit bedeuten.

Der provisorisch bereits getragene Ersatz wird aus dem Munde entfernt, von Resten anhaftenden provisorischen Zements gereinigt und getrocknet. (Vorsicht: Kein Chloroform zur Säuberung von Kunststoffmantel- bzw. -verblendkronen verwenden, da Kunststoff durch Chloroform angelöst wird!) Bei Brücken empfiehlt sich eine interdentale Umschlingung mit Zahnseide, um Zementüberschüsse nach dem Einsetzen besser entfernen zu können (Abb. 357 a und b). Die Zahnstümpfe werden ebenfalls gereinigt und getrocknet, was bei empfindlichen Patienten durchaus eine Anästhesie der beschliffenen Zähne erforderlich machen kann. Keinesfalls sind hier Kompromisse auf Kosten einer unzureichenden Trockenlegung der Zähne am Platze, da die zum Einsetzen benutzten Carboxylat- oder Phosphat-Zemente wasserlöslich sind, und infolgedessen keine feste Verbindung zwischen Krone und Zahnstumpf zustande käme.

Unter lockeren Kronen kommt es jedoch binnen kürzester Zeit zur kariösen Zerstörung der Zahnhartsubstanz. Da insbesondere die Lockerung von Kronen innerhalb eines größeren Brückenverbandes nicht direkt vom Patienten bemerkt wird, können sich geradezu katastrophale Folgen ergeben.

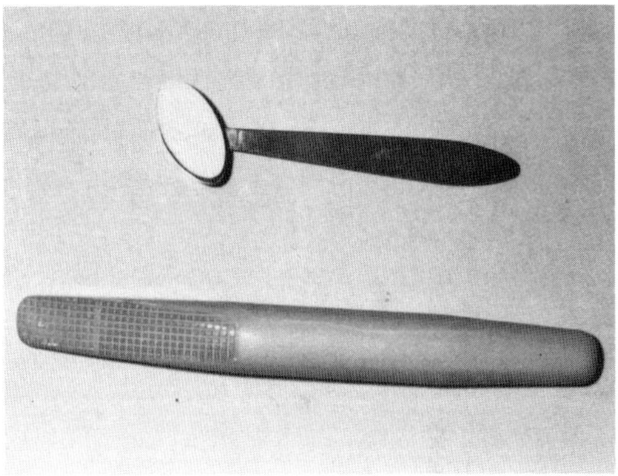

Abb. 358 Kroneneinsetzgeräte

Die Lockerung von Kronen kann ebenso Folge eines nicht vorschriftsmäßig angerührten, zu dünnflüssigen Zementes sein. Die Anrührtechnik des Phosphatzementes ist im Kapitel „Zahnerhaltung“, Seite 275 ff., ausführlich beschrieben; hier sei noch einmal darauf hingewiesen, daß man vorzugsweise mit gekühlten Materialien auf einer gekühlten Glasplatte arbeiten sollte, um die Verarbeitungszeit des Phosphatzementes zu verlängern, was gerade beim Einsetzen von umfangreichen Brükken mit vielen Kronen von Vorteil ist. Nie darf eine Verlängerung der Verarbeitungszeit durch zu dünnflüssiges Anrühren herbeigeführt werden. Auch für das Anmischen des Befestigungszementes stehen heute vordosierte Kapseln und entsprechende Anmischgeräte zur Verfügung. Die Kronen werden blasenfrei etwa zur Hälfte mit Zement gefüllt, die Wandungen überall benetzt und dem Zahnarzt angereicht. Das Erhärten des Zementes soll unter Druck erfolgen. Aus diesem Grunde wird der Patient aufgefordert, während dieser Zeit auf ein Kroneneinsetzgerät (Abb. 358) oder ein Stück Balsaholz zu beißen.

Fragen zum Verständnis und zur Selbstkontrolle

Modellherstellung und Bißnahme

24. Wie wird ein Modell hergestellt?
25. Was verstehen Sie unter Bißnahme?
26. Warum müssen präparierte Zähne provisorisch geschützt werden?
27. Wie wird eine provisorische Krone hergestellt?
28. Warum sollten Kronen erst eine gewisse Zeit nur provisorisch einzementiert werden?
29. Warum muß bei Kronen- und Brückenarbeiten der Zement besonders sorgfältig angerührt werden?

(Die Antworten stehen auf Seite 443.)

Herausnehmbarer Zahnersatz

Hat das Ausmaß des Zahnverlustes bestimmte Grenzen überschritten, erfolgt die Wiederherstellung des Kauorgans durch herausnehmbaren Zahnersatz, und zwar bei völliger Zahnlosigkeit eines Kiefers durch Vollprothesen (Totale Prothesen), bei teilweisem Zahnverlust durch Teilprothesen (Partielle Prothesen). Es hat sich dabei bewährt, das Restgebiß des Patienten einer von vier Klassen zuzuordnen, die von *Kennedy* angegeben wurden (Abb. 359 a–d). Je nach Anzahl und Verteilung der noch vorhandenen Zähne eines Kiefers wird der Zahnersatz entweder so konstruiert, daß er ausschließlich den zahnlosen Kieferabschnitten und, im Oberkiefer, dem knöchernen Gaumen aufliegt, oder aber daß er zusätzlich auf Zähnen abgestützt wird. Im ersten Fall wird der Zahnersatz, da ja die tragenden Kieferknochen von Schleimhaut bedeckt

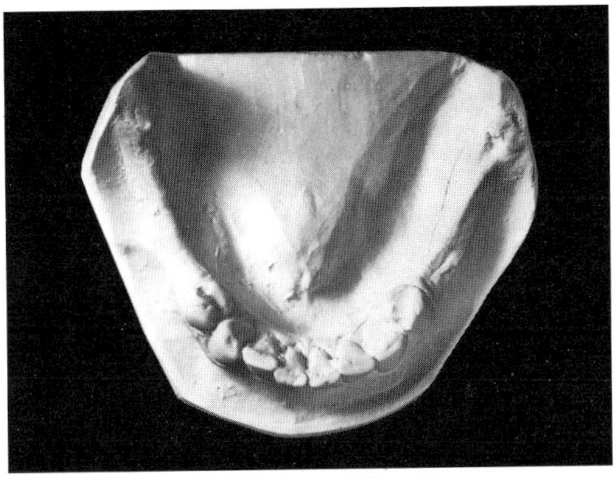

Abb. 359 a Kennedy-Klasse I = beidseitig verkürzte Zahnreihe

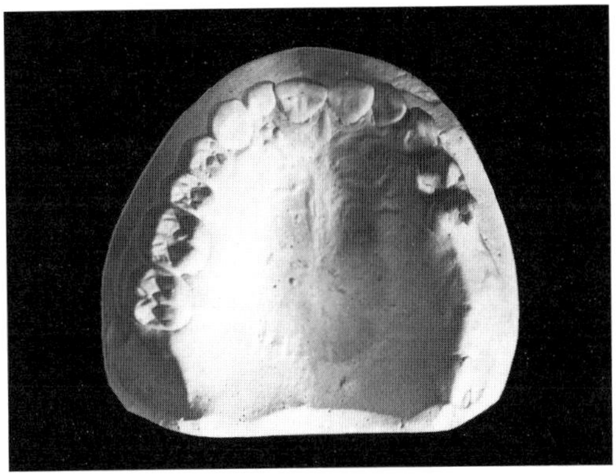

Abb. 359 b Kennedy-Klasse II = einseitig verkürzte Zahnreihe

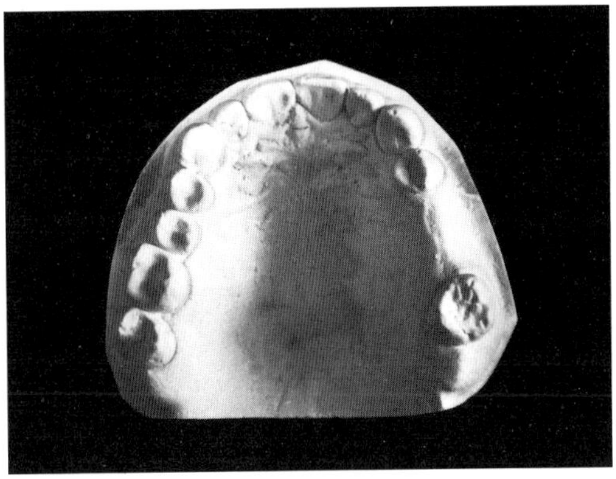

Abb. 359 c Kennedy-Klasse III = unterbrochene Zahnreihe

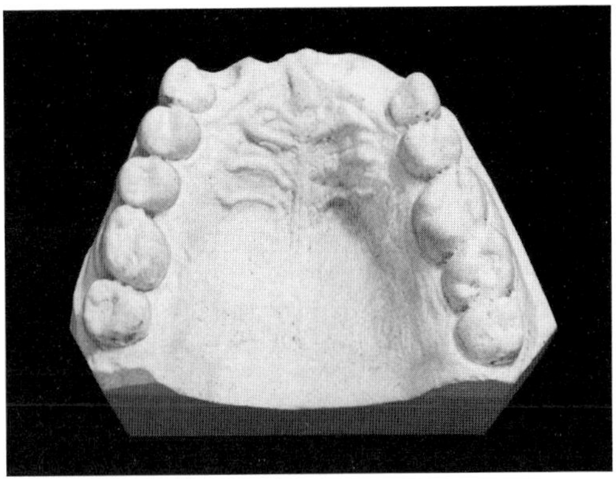

Abb. 359 d Kennedy-Klasse IV = Lücke mesial vom Restgebiß

sind, als schleimhautgelagerte (= gingival gelagerte) Prothese bezeichnet, im zweiten Falle spricht man von parodontal-gingivaler Lagerung.
Unabhängig von ihrer Konstruktion kann man sich alle partiellen Prothesen aus folgenden Einzelbauteilen zusammengesetzt denken:

1. Die Prothesensättel. Hierbei handelt es sich um die Anteile der Prothesen, die im Bereich der zahnlosen Kiefer die künstlichen Zähne tragen. Eine zahnbegrenzte Lücke wird durch einen Schaltsattel geschlossen, eine verkürzte Zahnreihe mit einem Freiendsattel versorgt.

2. Die Verbindung der Prothesensättel. Die einzelnen Prothesensättel werden durch Kunststoff- oder Metallbügel miteinander verbunden. Im Oberkiefer verläuft die Verbindung als mehr oder weniger breites Band quer über den Gaumen (Transversalbügel), im Unterkiefer als Sublingualbügel an der Zungenseite des Alveolarfortsatzes.

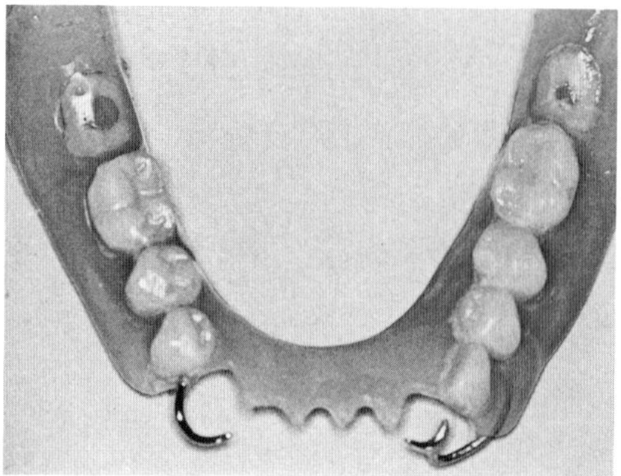

Abb. 360 Drahtklammerverankerte Kunststoffprothese

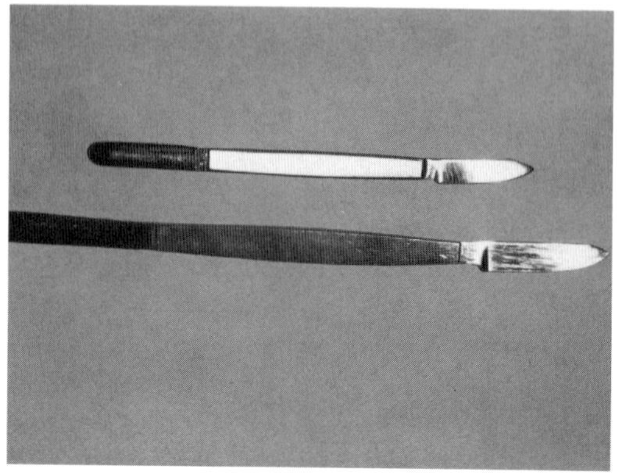

Abb. 361 Sterilisierbare Wachsmesser

3. Die Prothesensättel und ihre Verbindung werden als Prothesenbasis bezeichnet.

4. Die Prothesenbasis wird durch die Verankerungselemente mit dem Restgebiß verbunden.

Schleimhautgelagerte Teilprothese

Es handelt sich um eine Prothese mit einer Kunststoffbasis, die mit gebogenen Drahtklammern am Restgebiß verankert wird (Abb. 360). Aufgrund der fehlenden Abstützung und der lockeren Verankerung sind derartige Teilprothesen nur in sehr begrenztem Maße einsatzfähig (z. B. als provisorische Prothesen oder sog. Aufbauprothesen, die bei einem nicht mehr erhaltungsfähigen Restgebiß schrittweise zu einer totalen Prothese erweitert werden).
Die Herstellung erfolgt auf Situationsmodellen, die mit Hilfe von Bißschablonen im Artikulator montiert werden. Der Techniker modelliert die Prothesenbasis aus Wachs und stellt im Bereich der Prothesensättel künstliche Zähne auf, deren Form und Farbe vom Zahnarzt ausgewählt wurden. Es empfiehlt sich, die in Wachs aufgestellten Zähne am Patienten anzuprobieren, wobei Korrekturen der Zahnstellung mit einem erhitzten Wachsmesser vorgenommen (Abb. 361) und der Zahnreihenschluß (die Okklusion) überprüft werden können. Erst dann werden die Halteklammern gebogen und die Prothese in Kunststoff überführt.

Teilprothese mit modellgegossener Metallbasis

Herausnehmbare Teilprothesen werden normalerweise parodontal-gingival gelagert, d. h. sie werden auf noch vorhandenen Zähnen des Restgebisses abgestützt (dentale Abstützung), um die Überlastung der zahnlosen Kieferabschnitte beim Kauen zu verhindern. Die Abstützung selbst erfolgt durch spezielle Teile der zur Verankerung der Prothese benutzten Klammern, die der Kaufläche oder Schneidekante der betreffenden Zähne aufgelegt werden (okklusale Aufruhe). Es ist heute üblich, die gesamte Prothesenbasis inklusive der Halte- und Stützelemente aus Chrom-Kobalt-Legierungen zu gießen (Einstückmodellgußprothese). Die Voraussetzung dafür ist jedoch ein sorgfältiges Vermessen der Modelle in Vermessungsgeräten (Parallelometer; Abb. 362),

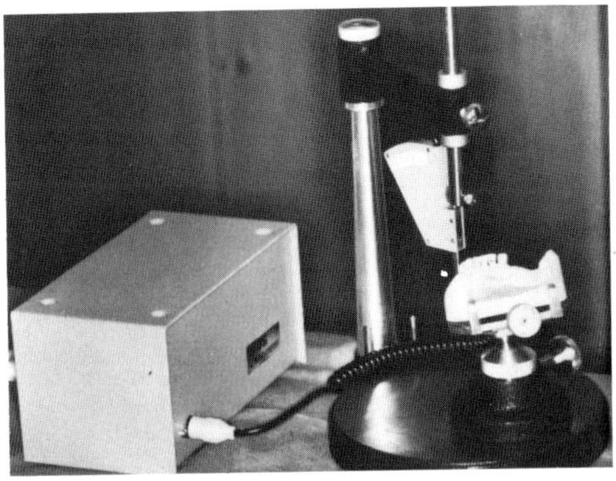

Abb. 362 Vermessen eines Modells zur Herstellung einer Metallbasis

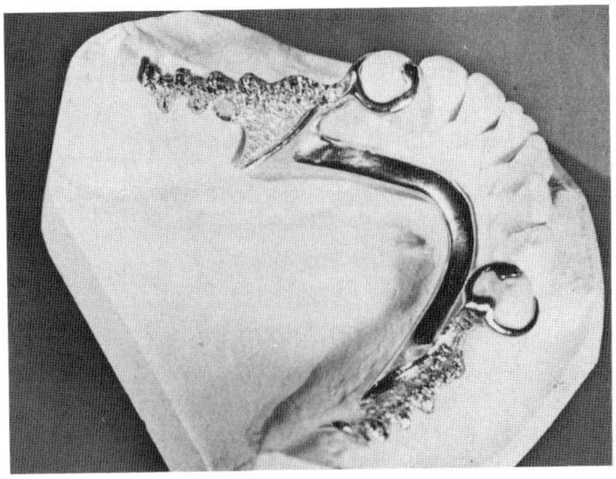

Abb. 363 Gegossene Metallbasis auf Modell

um den Verlauf der vorgesehenen Klammern aufeinander abzustimmen.
Die Verwendung einer Metallbasis bietet wegen ihrer im Vergleich zum Kunststoff größeren Festigkeit den Vorteil, die Prothese so zu gestalten, daß das marginale Parodontium der Restzähne weiträumig umgangen werden kann (Parodontalprophylaxe; Abb. 363).
Die Versorgung eines Lückengebisses durch eine Teilprothese mit modellgegossener Metallbasis beginnt mit der Planung der Metallbasis. Nach der Vorbereitung des Restgebisses (Füllungen, Parodontalbehandlung) werden Situationsmodelle erstellt, auf denen der Zahnarzt nach dem Vermessen einen Entwurf der Basis skizziert. Häufig zeigt sich dabei die Notwendigkeit, bei den dafür vorgesehenen Zähnen durch Präparation kleiner Kavitäten Platz für die Aufnahme okklusaler Aufruhen zu schaffen, um eine Störung des Zahnreihenschlusses durch die Abstützungen zu vermeiden.
Nach erneuter Situationsabformung und Modellherstellung erfolgt das endgültige Einzeichnen des Entwurfs der Metallbasis und ihre Herstellung im Labor. Die gegossene Metallbasis wird am Patienten auf einwandfreien Sitz überprüft. Für das nun folgende Aufstellen der künstlichen Zähne müssen die Modelle durch eine Bißnahme in den Artikulator montiert werden, wobei man vorteilhafterweise die Metallbasis als Bißschablone benutzt, nachdem man sie im Bereich der Sättel mit einem Wachswall versehen hat. Nach der Anprobe der Metallbasis mit den in Wachs aufgestellten Zähnen wird die Prothese fertiggestellt und eingegliedert.

Fragen zum Verständnis und zur Selbstkontrolle

Herausnehmbarer Zahnersatz

30. Was verstehen Sie unter:
    a) Totaler Prothese?
    b) Partieller Prothese?
    c) Prothesensattel?
    d) Prothesenbasis?
    e) Prothesenlager?
    f) schleimhautgelagerter Prothese?
    g) parodontal-gingivalgelagerter Prothese?
    h) Schaltsattelprothese?
    i) Freiendsattelprothese?
31. Wann wird eine schleimhautgetragene Prothese angefertigt?
32. Was verstehen Sie unter okklusaler Aufruhe?
33. Was ist eine Einstückmodellgußprothese?
34. Bei welcher Prothesenart wird das marginale Parodontium umgangen?

(Die Antworten stehen auf Seite 443.)

Totale Prothese

Der vollständige Zahnverlust eines Kiefers wird durch die Versorgung mit einer totalen Prothese behandelt, die ihren Halt dadurch findet, daß die aus Kunststoff bestehende Prothesenbasis (die der Kieferschleimhaut zugewandte Fläche der Prothese) möglichst exakt mit dem Prothesenlager (den von der Prothese bedeckten Kieferanteilen) übereinstimmt. Durch das Vorhandensein eines dünnen Speichelfilms zwischen Prothesenbasis und Kieferschleimhaut kommt es zu einem Klebeeffekt, der demjenigen vergleichbar ist, der auftritt, wenn zwei Glasplatten mit einem Tropfen Wasser dazwischen aufeinandergelegt werden (Adhäsion). Zusätzlich werden die Prothesen durch die Zungen-, Wangen- und Lippenmuskulatur am Ort gehalten. Ein ganz entscheidender Faktor für den „Sitz" und die Funktionstüchtigkeit totaler Prothesen ist die Art und Weise, wie die künstlichen Zähne mit ihren Antagonisten bei den verschiedenen Unterkieferbewegungen in Beziehung treten, also die Okklusion und Artikulation der Prothesen. Die Probleme bei der Anfertigung totaler Prothesen betreffen also vorzugsweise die Ausdehnung und die Paßgenauigkeit der Prothesenbasis, ihre Randgestaltung und die Stellung der künstlichen Zähne.

Am Beispiel eines unbezahnten Ober- und Unterkiefers soll der Behandlungsablauf bei der Versorgung mit totalen Prothesen erläutert werden.

In der ersten Behandlungssitzung werden Situationsabformungen des Ober- und Unterkiefers mit Alginat vorgenommen, auf denen alle Bereiche dargestellt sein müssen, die die korrekte Ausdehnung der späteren Prothesenbasis ermöglichen. Besonders im Unterkiefer gelingt die Ab-

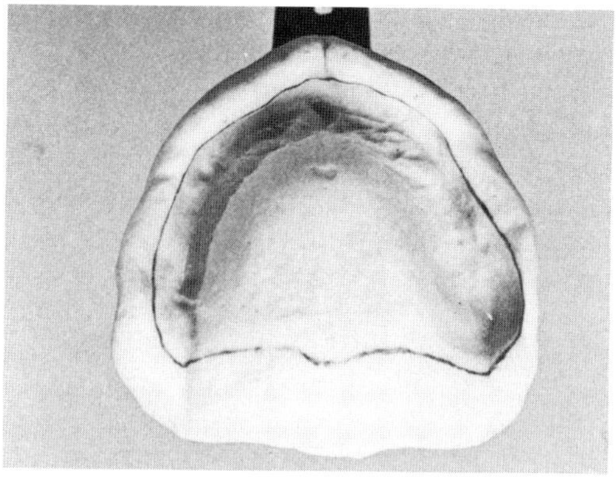

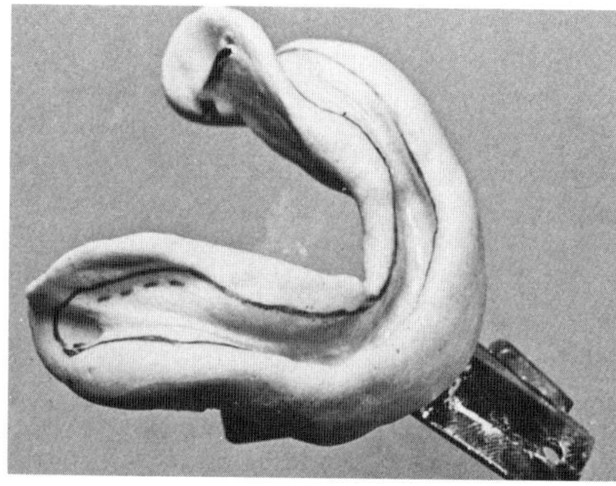

Abb. 364 a und b Situationsabdrücke unbezahnter Kiefer mit eingezeichneten Grenzen für individuellen Abdrucklöffel. Links: Oberkiefer; rechts: Unterkiefer

formung mit Serienabdrucklöffeln häufig nicht, so daß auf Spezialabdrucklöffel (z. B. das *Schreinemaker*-Sortiment) zurückgegriffen werden muß.
Auf dem Situationsabdruck bzw. dem Situationsmodell zeichnet der Zahnarzt die Begrenzung für einen individuellen Abdrucklöffel ein (Abb. 364a und b). Dieser individuelle Abdrucklöffel, der im Labor aus Kunststoff hergestellt wird, aber keinesfalls flexibel sein darf, entspricht in seiner Ausdehnung bereits annähernd der späteren Prothesenbasis und dient als Träger für das Abformmaterial bei der in der zweiten Sitzung erfolgenden Funktionsabformung. Ziel der Funktionsabformung ist es, durch Verwendung spezieller Abdruckmaterialien einen Abdruck zu erhalten, dessen Ränder den Bewegungen der angrenzenden Weichteile und Muskelzüge entsprechen und es dadurch der Muskulatur ermöglichen, den Halt der späteren Prothesen zu stabilisieren.

Funktionsabformung

Es gibt eine Reihe unterschiedlicher Verfahren und Materialien, mit denen Funktionsabformungen vorgenommen werden können. Bei der mundoffenen Methode hält der Zahnarzt den individuellen Löffel, der dann mit einem Griff versehen ist, im Munde des Patienten am Ort; bei der mundgeschlossenen Methode tragen die individuellen Löffel einen Wachswall und können durch den Patienten selbst fixiert werden, indem er den Mund schließt (Abb. 365). Die für die Funktionsabformung notwendigen Muskel- und Unterkieferbewegungen können ebenfalls vom Zahnarzt durchgeführt werden (= passive Funktionsabformung) oder aber vom Patienten selbst (= aktive Funktionsabformung).
Ferner unterscheiden sich die Funktionsabformmethoden dadurch, daß sie entweder einzeitig oder zweizeitig ablaufen. Bei der einzeitigen Methode wird der gesamte individuelle Löffel auf einmal mit dem Abformmaterial beschickt, bei der zweizeitigen erfolgt zunächst eine Randvorformung und im Anschluß daran durch nochmaliges Beschicken des gesamten individuellen Löffels mit einem dünnfließenden Material die Schlußabformung.
Als Abformmaterialien für das einzeitige Vorgehen sind thermoplastische (z. B. Adheseal, Ex-3-N), selbsthärtende Kunststoffe (z. B. Ivoseal), mittelfließende (regular-body) gummielastische Massen (Permlastic, Xantopren grün usw.) sowie Mate-

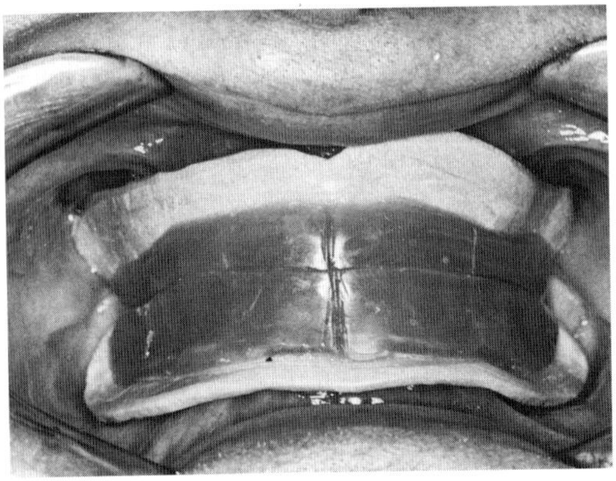

Abb. 365 Individuelle Abdrucklöffel mit Bißwällen im Munde

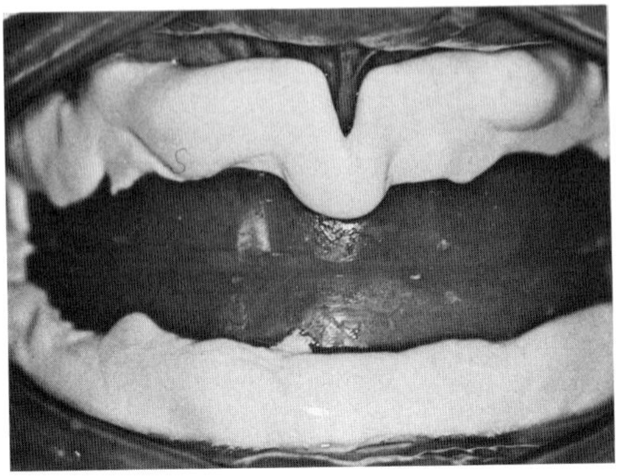

Abb. 366 Funktionelle Randgestaltung

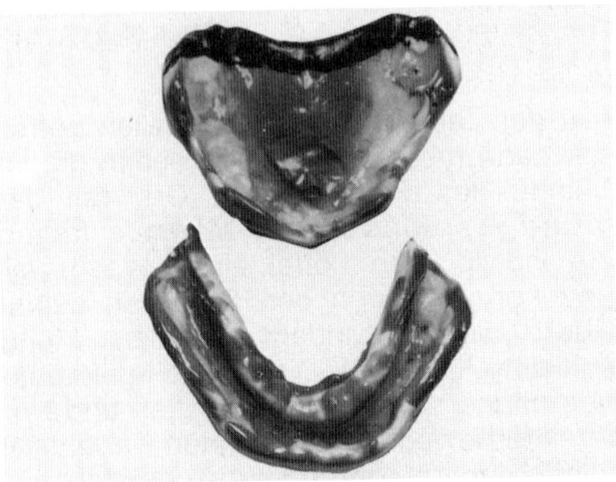

Abb. 367 Fertige Funktionsabformungen

rialien auf ZnO-Eugenol-Basis (Opotow-Paste, Cero-Paste usw.) gebräuchlich.
Die Randformung bzw. Randkorrektur beim zweizeitigen Vorgehen kann mit Kerrmasse oder vorzugsweise mit elastomeren Materialien vorgenommen werden. Die Kerrmasse wird über der Flamme erhitzt, auf den (trockenen) Löffelrand aufgelegt und nach dem Herunterkühlen auf eine für den Patienten erträgliche Temperatur in den Mund gebracht. Von den elastomeren Materialien hat sich die Silikonmasse Xantopren-function besonders bewährt, da sie in ihrem Fließverhalten speziell auf die Erfordernisse einer funktionellen Randgestaltung abgestimmt ist. Der Rand des individuellen Löffels wird mit Haftlack bestrichen und mit einem etwa griffeldicken Strang der angerührten Masse belegt (Abb. 366). Das Anmischen geschieht mit Hilfe eines speziellen „Langzeithärters", der dafür sorgt, daß genügend Zeit zur Ausformung des Randes zur Verfügung steht.
Für die sich anschließende Schlußabformung oder das sog. Pastenfutter finden normalerweise dünnfließende Silikonmassen Verwendung, die mit Normalhärter den im Abschnitt „Ringlose Abformung", Seite 407, entsprechenden Vorschriften angemischt werden.
Die Funktionsabformung im Oberkiefer wird häufig durch das Anbringen einer „dorsalen Randerhöhung" aus Schwarzwachs abgeschlossen. Ein schmaler, 2 bis 3 mm breiter Schwarzwachsstreifen wird von einer Wachsplatte abgeschnitten, über der Flamme erwärmt und auf den hinteren Rand des Funktionsabdrucks festgeschmolzen. Durch nochmaliges Einsetzen in den Mund erfolgt eine Abdichtung des Funktionsabdruckes am Übergang des harten Gaumens zum weichen (Abb. 367).

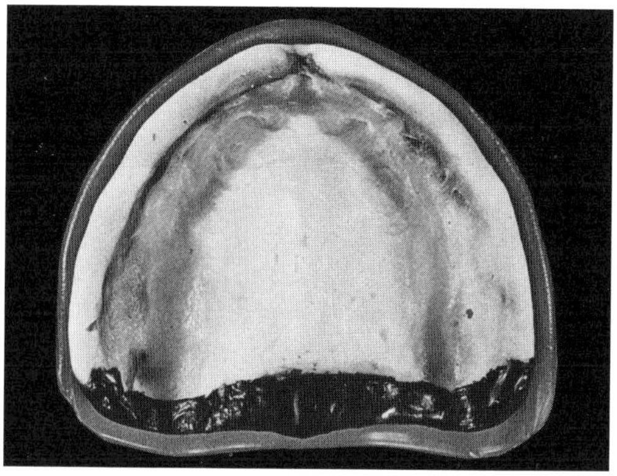

Abb. 368 a Wachsrolle angebracht

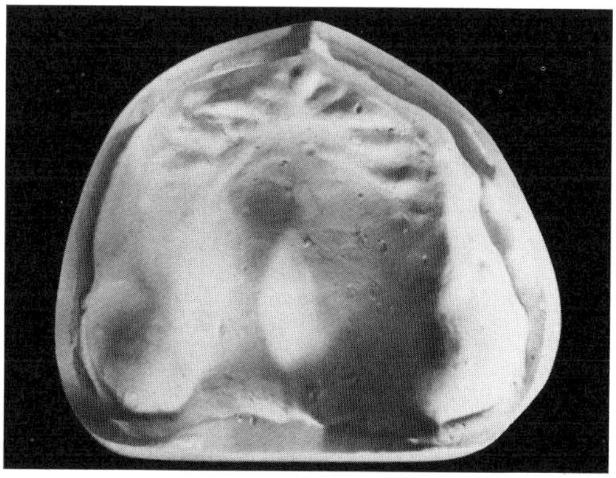

Abb. 368 b und c Fertige Modelle nach Funktionsabformung

Modellherstellung nach Funktionsabformung

Das Ausgießen der Funktionsabformungen muß in der Weise erfolgen, daß der Funktionsrand als schmale Rinne auf dem Modell wiedergegeben wird. Man schmilzt eine kleine Rolle rosa Wachs etwa 5 bis 6 mm unterhalb des Randes am Funktionsabdruck an und füllt den Abdruck erst dann auf dem Rüttler mit Hartgips über den Funktionsrand hinaus bis auf die Wachsrolle (Ausgießen mit versenktem Rand; Abb. 368 b und c).

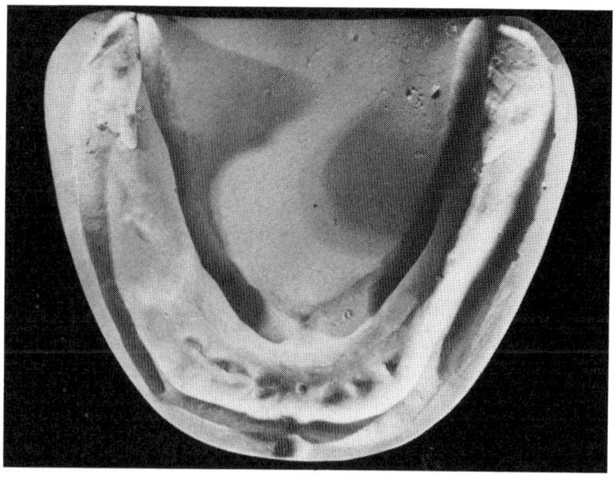

Abbildung 368 c

Ivotray-spezial-Methode

Für den Fall, daß eine totale Ober- und Unterkieferprothese eingegliedert werden muß und die Funktionsabformung nach der mundgeschlossenen Methode geplant ist, hat sich folgendes Vorgehen als außerordentlich vorteilhaft erwiesen.

Die Situationsabformung des Ober- und Unterkiefers wird gleichzeitig vorgenommen, was natürlich die Verwendung spezieller Abdrucklöffel voraussetzt (Abbildung 369). Die Löffel werden unmittelbar nacheinander (zuerst der Unterkiefer-, dann der Oberkieferlöffel) mit Alginat gefüllt und dem Zahnarzt angereicht. Dieser bringt sie in den Mund und fordert den Patienten auf, den Mund bis zu einer Stellung zu schließen, die dem Abstand des

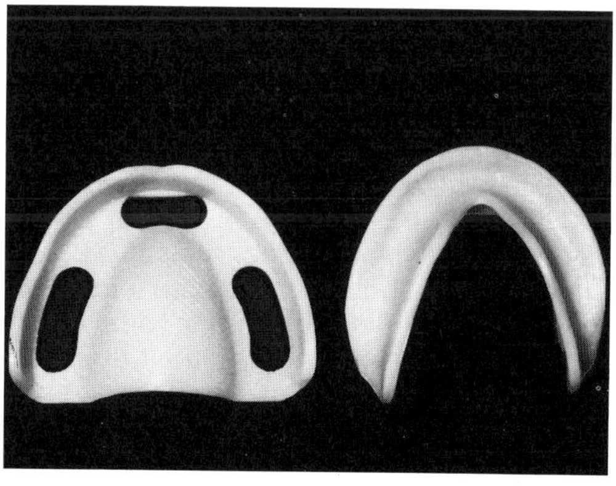

Abb. 369 Ivotray-spezial-Abdrucklöffel für unbezahnte Kiefer

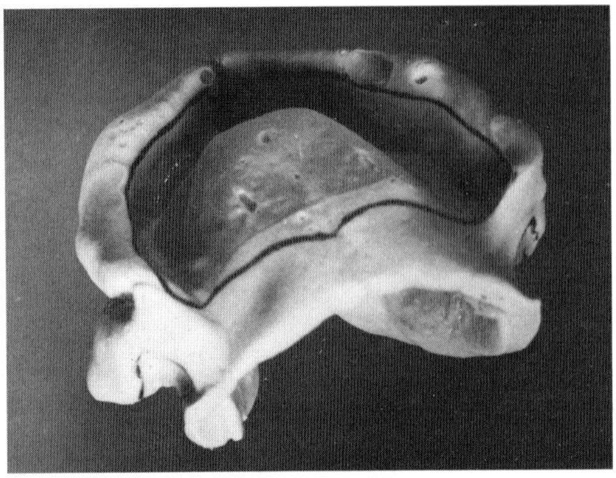

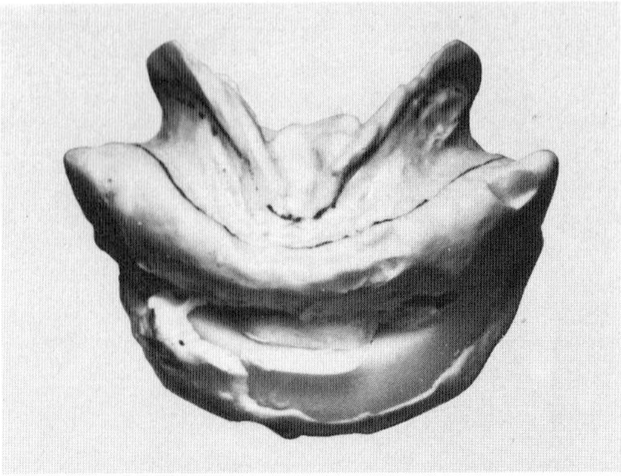

Abb. 370 a und b Ivotray-spezial-Abformung mit eingezeichneten Grenzen für individuelle Abdrucklöffel. Links: Oberkieferansicht; rechts: Unterkieferansicht

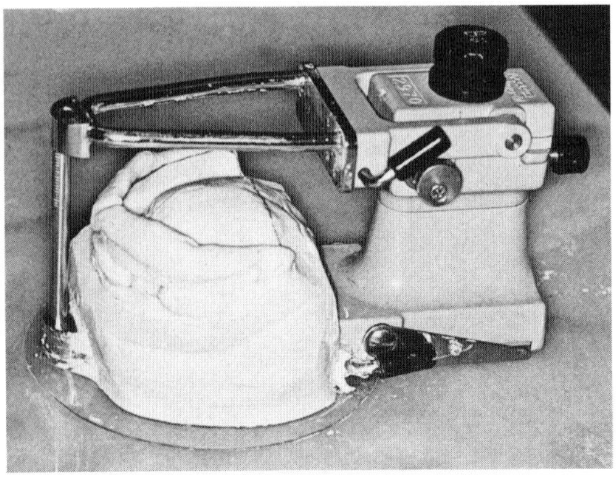

Abb. 371 Ausgießen bei gleichzeitiger Montage im Artikulator

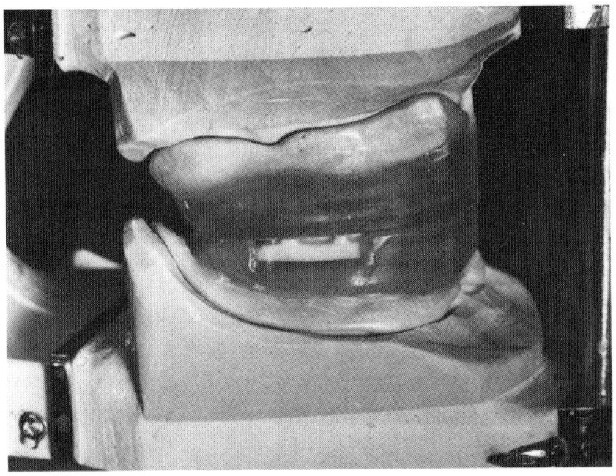

Abb. 372 Individuelle Löffel mit Aufbißwällen im Artikulator, Bißschüssel im Unterkieferwall eingelegt

Unterkiefers vom Oberkiefer entspricht, der bei bezahnten Kiefern zum Zahnkontakt führt (= Bißhöhe). In dieser Unterkieferstellung bindet das Alginat ab, die Alginat-Überschüsse verbinden sich miteinander, und die Abformung des Ober- und Unterkiefers wird als Einheit aus dem Munde entfernt (Abb. 370). Das Ausgießen der Abformung erfolgt bei gleichzeitiger Montage in einen Artikulator (Abb. 371), in dem dann die individuellen Löffel mit Wachsaufbißwall hergestellt werden. Da sich die Situationsmodelle im korrekten Abstand voneinander im Artikulator befinden, besitzen die Wachswälle die gewünschte Höhe und brauchen am Patienten nicht mühsam getrimmt zu werden (Abb. 372).

Bißnahme

Da natürliche Zähne als Anhaltspunkte fehlen, gehört die korrekte Zuordnung unbezahnter Kiefermodelle zueinander mit

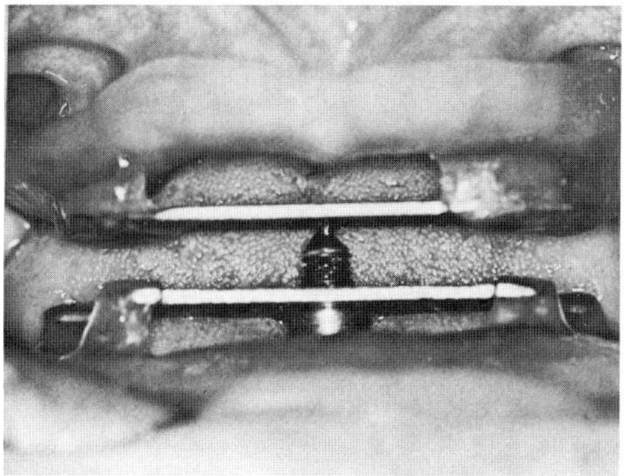

Abb. 373 Bißschablonen mit Registrierbehelfen im Munde

Abb. 374 Pfeilwinkel aufgezeichnet

zu den schwierigsten Aufgaben des Zahnarztes. Das praktische Vorgehen bei der Bißnahme hängt dabei u. a. von den vorausgegangenen Methoden der Situations- bzw. Funktionsabformung ab.
Ist die Funktionsabformung mundoffen durchgeführt worden, müssen auf den Funktionsmodellen Bißschablonen angefertigt werden. Die Wachswälle der Bißschablonen werden am Patienten solange beschnitten bzw. aufgebaut, bis die regelrechte Bißhöhe eingestellt ist. In einem zweiten Schritt versucht der Zahnarzt, den Patienten mit eingesetzten Bißschablonen anzuleiten, den Unterkiefer in der am weitesten rückwärts gelegenen Stellung zu schließen, aus der heraus noch zwanglose Unterkieferseitwärtsbewegungen möglich sind (= zentrale Relation des Unterkiefers). Diese Position wird durch Bißschlüssel, die in die Wachswälle eingelassen sind, fixiert. Gelingt es nicht, durch diese sog. Handbißnahme den Unterkiefer in die zentrale Relation zu bringen, müssen die Bißschablonen mit Registrierbehelfen versehen werden, einer Metallplatte im Oberkiefer und einem in der Höhe verstellbaren Stützstift im Unterkiefer (Abb. 373). Nach Einstellen der korrekten Bißhöhe führt der Patient Vorschub- und Seitwärtsbewegungen aus, durch die der Stützstift auf der eingefärbten Metallplatte eine charakteristische Figur, den „Pfeilwinkel“ oder „gotischen Bogen“, hinterläßt (Abb. 374). Die Spitze des Pfeilwinkels entspricht der gesuchten zentralen Relation. Es wird ein Plexiglasplättchen so aufgebracht, daß sich eine in ihm befindliche Bohrung mit der Pfeilwinkelspitze deckt (Abb. 375), der Unterkiefer wird so geschlossen, daß der Stützstift in die Bohrung einrastet, und in dieser Stellung werden die Bißschablonen durch Abdruckgips miteinander verschlüsselt (Abb. 376). Dieses Verfahren wird auch als „intraorale Pfeilwinkelregistrierung“ bezeichnet.

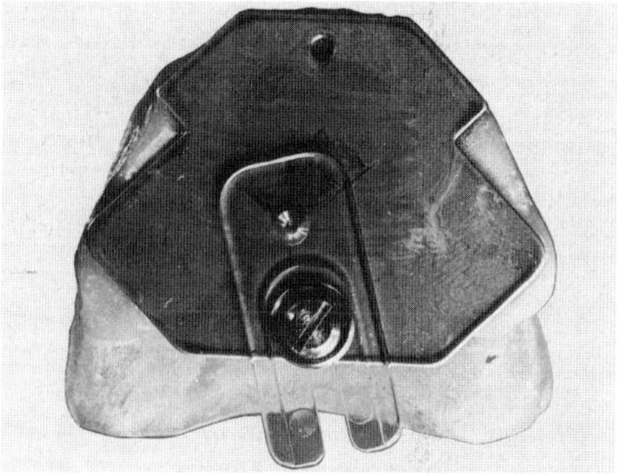

Abb. 375 Plexiglasplättchen aufgebracht

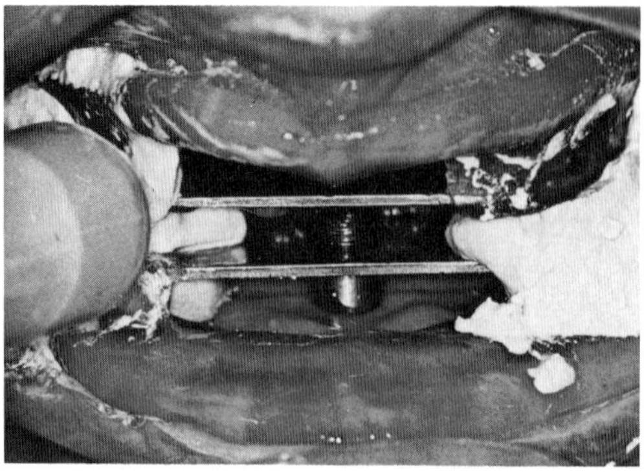

Abb. 376 Verschlüsselung der Schablonen durch Abdruckgips

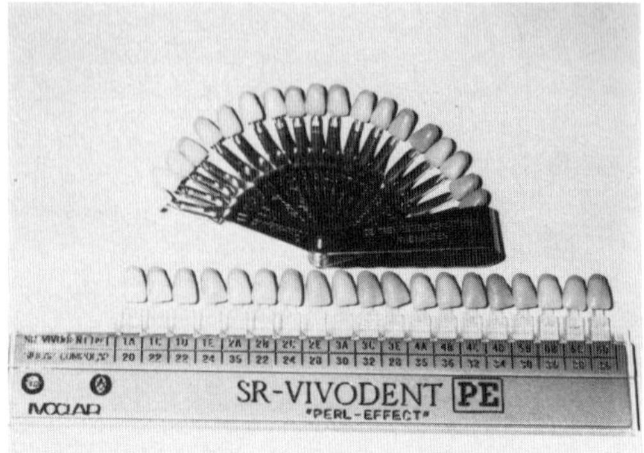

Abb. 377 Farbringe

Ist die Funktionsabformung mundgeschlossen erfolgt, können die fertigen Abdrücke, da sie Wachswälle tragen, als „Bißschablonen“ verwendet und entweder eine Handbißnahme oder, wenn die individuellen Abdrucklöffel entsprechend vorbereitet wurden, auch eine Pfeilwinkelregistrierung durchgeführt werden.
Ein diesbezügliches Instrumentarium, womit in die fertigen Funktionsabdrücke Registrierbehelfe eingelegt werden können, ist das „Gnathometer“ nach *Böttger*.
Im Anschluß an die Bißnahme werden mit Hilfe von Farbringen Zähne passender Form und Farbe ausgesucht (Abb. 377).

Anprobe

Nachdem der Techniker die künstlichen Zähne auf einer Basis aus rosa Wachs nach bestimmten Regeln aufgestellt hat, ist es unerläßlich, die Prothesen am Patienten anzuprobieren. Ziel dieser Anprobe ist die Kontrolle des ästhetischen Eindrucks und die Überprüfung der Okklusion. Häufig sind Korrekturen der Stellung der Frontzähne unerläßlich, um ein für den Patienten akzeptables Bild zu erzielen. Hier können alte Photos des Patienten, auf denen er noch natürlich bezahnt ist, von großem Nutzen sein. Erst wenn der Patient sein ausdrückliches Einverständnis – wozu man ihn keinesfalls überreden darf – gegeben hat, können die Prothesen dem Techniker zur Fertigstellung übergeben werden.

Remontage totaler Prothesen

Bei der Überführung der aus Wachs modellierten Prothesenbasis in Kunststoff durch den Techniker ist es nahezu unvermeidlich, daß sich die Stellung der Prothesenzähne geringfügig ändert; mit anderen Worten: die Stellung der Zähne der fertigen Prothesen und somit auch die Okklusion entspricht nicht mehr genau der Situation, wie sie bei der Anprobe der Prothesen in Wachs vorgelegen hat.
Diese herstellungsbedingten Okklusionsstörungen müssen durch Einschleifen beseitigt werden. Dazu hat es sich bewährt, die fertigen Prothesen mit Hilfe einer Kontrollbißnahme erneut in einen Artikulator einzugipsen, um die notwendigen Okklusionskorrekturen genauer durchführen zu können, als das im Munde des Patienten der Fall ist. Die Kontrollbißnahme erfolgt entweder mit Wachsregistraten oder mittels der intraoralen Pfeilwinkelregistrierung; beim Montieren der Prothesen in den Artikulator ist die Zuhilfenahme eines Gesichts- oder Übertragungsbogens unerläßlich (Abb. 378). Die Okklusion und Artikulation wird durch geeignete Prüf-

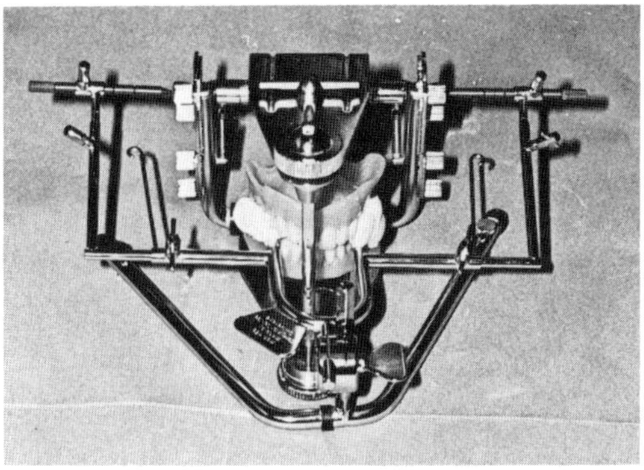

Abb. 378 Remontage fertiger Prothesen mit Hilfe eines Übertragungsbogens

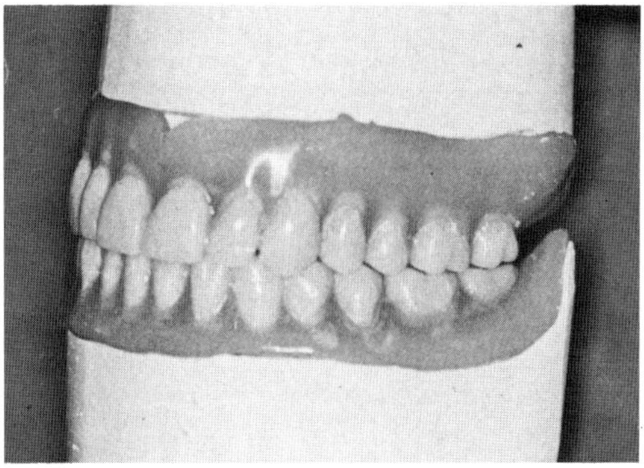

Abb. 379 Eingeschliffene Prothesen

folien kontrolliert und durch vorsichtiges und gezieltes Beschleifen der angefärbten Kontaktpunkte so lange korrigiert, bis ein gleichmäßiger Zahnreihenschluß erreicht ist (Abb. 379).

Sofortprothese

Früher war es üblich, Zahnersatz erst dann einzugliedern, wenn nach der Entfernung der nicht erhaltungsfähigen Zähne ein ausreichend langer Zeitraum zur Abheilung der Extraktionswunden verstrichen war. Dieses Vorgehen ist heute weitgehend verlassen worden, dadurch daß der Zahnersatz als Sofortprothese gearbeitet wird. Eine Sofort- oder Immediatprothese wird fertiggestellt, noch während sich die zu entfernenden Zähne im Munde des Patienten befinden. Unmittelbar nach der Extraktion dieser Zähne wird in derselben Sitzung der Ersatz eingegliedert.

Das Prinzip der Anfertigung einer Sofortprothese ist relativ einfach: Nach der Abformung, Modellherstellung, Bißnahme und Montage der Modelle im Artikulator werden auf dem Modell die erhaltungsunwürdigen (Gips-)Zähne entfernt („radiert") – so wird die Situation vorweggenommen, wie sie sich nach der Extraktion der Zähne ergeben wird.

Auf diese Weise können Teilprothesen und totale Prothesen als Sofortprothesen fertiggestellt werden, wobei allerdings wegen der fehlenden Möglichkeit einer Anprobe, insbesondere bei Teilprothesen mit modellgegossener Metallbasis, ein erhöhtes Risiko zu bedenken ist. Dem gegenüber steht jedoch eine Reihe von Vorteilen, die die Versorgung eines Patienten mit Sofortprothesen bietet. Da die Prothese auf die frischen Extraktionswunden gesetzt wird, wirkt sie gewissermaßen als Wundverband und fördert eine ungestörte Heilung, wobei die Knochenneubildung im Bereich der Alveolen unter funktioneller Belastung erfolgt und dadurch der neugebildete Knochen widerstandsfähiger wird. Darüber hinaus wird es dem Patienten erspart, über einen längeren Zeitraum ästhetische und das Kauvermögen betreffende Einbußen hinnehmen zu müssen. Insbesondere wenn totale Prothesen als Sofortprothesen gearbeitet werden, ergeben sich zusätzlich erhebliche Vorteile bei der Bißnahme. So können noch vorhandene Zähne das Auffinden der richtigen Bißhöhe bzw. der Schlußbißstellung des Unterkiefers wesentlich erleichtern.

Auch provisorische Brücken können als Sofortersatz angefertigt werden. Nach einer Situationsabformung erfolgt die Präparation der Pfeilerzähne und im Anschluß daran die Extraktion der durch eine Brükke zu ersetzenden Zähne. Die Negative

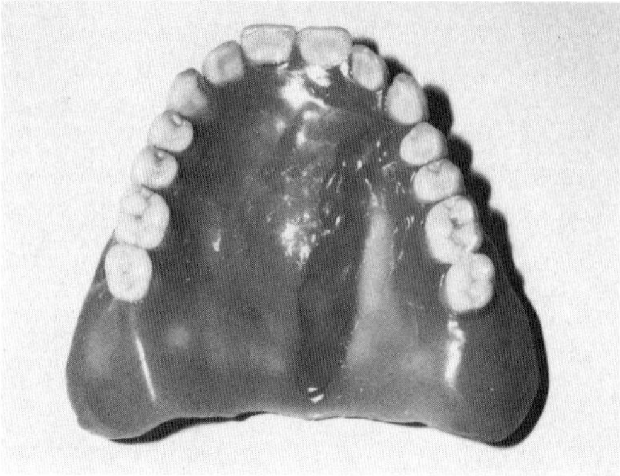

Abb. 380 Bruchstücke spaltfrei mit Klebewachs verbunden

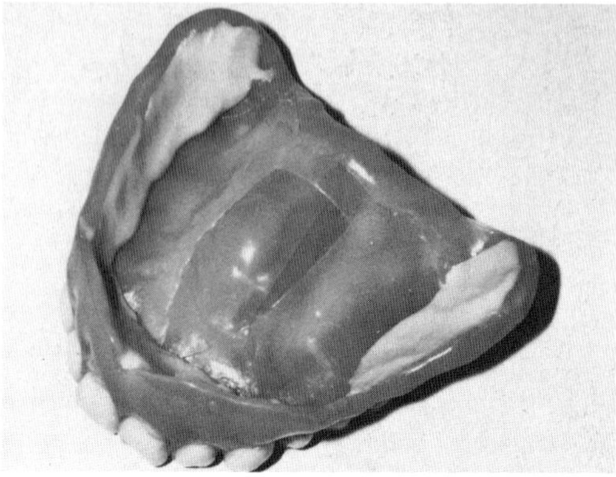

Abb. 381 Ausblocken der Unterschnitte

der beschliffenen und der jetzt bereits extrahierten, im Situationsabdruck aber noch vorhandenen Zähne, werden mit Kunststoff gefüllt. Nach dem Abdecken der Extraktionswunden mit Kofferdam o. ä. wird der Abdruck in den Mund zurückgesetzt. Das weitere Vorgehen erfolgt wie im Abschnitt „Provisorische Versorgung präparierter Zähne", Seite 416f., beschrieben.

Nachsorge, Unterfütterung und Reparatur

Mit dem Einfügen herausnehmbarer Prothesen ist die Behandlung eines Patienten keineswegs abgeschlossen, sondern durch regelmäßige Nachkontrollen muß der Behandlungserfolg gesichert werden.
So kann es zum Auftreten von sog. „Druckstellen" (Dekubitalgeschwür) an der Schleimhaut des Patienten kommen, die durch gezieltes Nacharbeiten der Prothesenbasis behandelt werden müssen, ggf. in Kombination mit Salben, die auf die Druckstelle aufgebracht werden und für schnelleres Abheilen der Schleimhautverletzung sorgen sollen.
Auch kann es im Laufe der Zeit zu Veränderungen des Prothesenlagers kommen, die ein Anpassen der Prothesenbasis an die veränderten Kieferverhältnisse erfordern. Derartige Veränderungen können durch eine relativ langsam verlaufende Rückbildung der Kiefer oder aber durch Heilungsvorgänge nach einer sofortprothetischen Versorgung innerhalb kürzerer Zeit auftreten. Die Angleichung der Prothesenbasis erfolgt durch eine Unterfütterung, die in der Weise durchgeführt wird, daß die Prothesen als individuelle Abdrucklöffel benutzt werden und mit ihnen eine Funktionsabformung vorgenommen wird. In speziellen Unterfütterungsgeräten wird das Abformmaterial dann exakt durch Kunststoff ersetzt (indirekte Unterfütterung). Kleinere Prothesensättel können auch direkt mit selbsthärtendem Kunststoff beschickt und im Munde an veränderte Verhältnisse angepaßt werden (direkte Unterfütterung). Neben der Unterfütterung können noch andere Wiederherstellungsarbeiten an herausnehmbarem Zahnersatz nötig werden, die bei einiger Übung von der zahnärztlichen Helferin im Praxislaboratorium durchführbar sind.
Die Reparatur eines Bruches einer Kunststoffprothesenbasis wird folgendermaßen vorgenommen: Die Bruchstücke werden an ihren Bruchflächen spaltfrei aneinandergehalten und in dieser Stellung durch Auftragen von Klebewachs, Siegel-

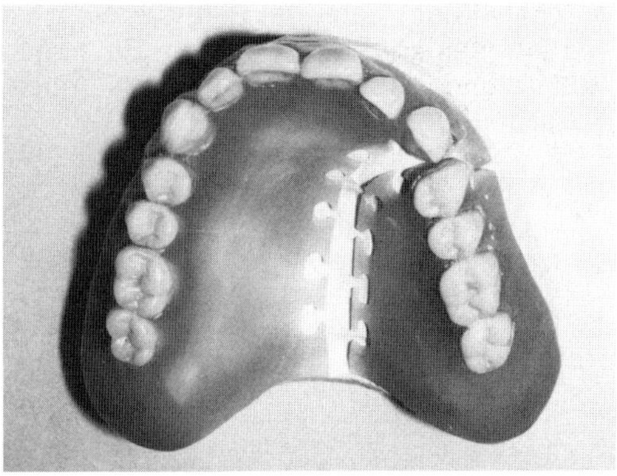

Abb. 382 Prothese zur Reparatur vorbereitet

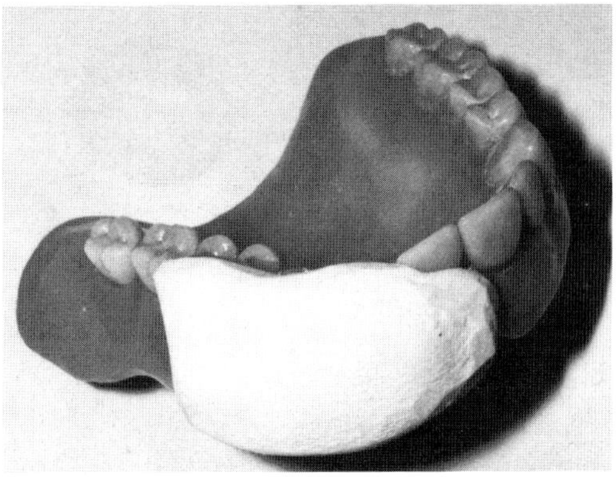

Abb. 383 Gipsvorguß

lack oder Sekundenkleber auf die der Schleimhaut abgewandte Prothesenseite miteinander verbunden (Abb. 380).
Die Prothesenbasis wird dünn mit Vaseline isoliert und nach dem Ausblocken von Unterschnitten mit zähplastischem Silikon mit Gips ausgegossen (Abb. 381). Die Prothese wird vom Gipssockel abgezogen, der Bruchspalt wird auf etwa 2 bis 3 mm mit einer Fräse erweitert, und es werden schwalbenschwanzförmige Retentionen mit einem Fissurenbohrer geschaffen. Anschließend wird die Kunststoffbasis in einer Breite von ca. 5 mm entlang des Bruchspaltes auf eine Stärke von ca. 1 mm verdünnt. Die so vorbereiteten Prothesenbruchstücke werden auf den Gipssockel zurückgesetzt, der vorher im Bereich des Bruchspaltes mit einem Isoliermittel bestrichen wurde (Abb. 382).
In einem kleinen Gumminapf wird nun selbsthärtender Kunststoff in der Weise angemischt, daß zunächst die Flüssigkeit (Monomer) vorgegeben wird, in die das Pulver (Polymer) in kleinen Portionen eingestreut und mit einem Metallspatel verrührt wird, bis ein Brei von dünnsahniger Konsistenz entstanden ist. Die Prothesenbruchstücke werden in den vorbereiteten Gebieten mit Monomer befeuchtet und der Kunststoffbrei blasenfrei mit einem geeigneten Instrument (z. B. Heidemannspatel, Le-Cron-Instrument) aufgebracht. Das Aushärten des Kunststoffes sollte unter Druck in einem entsprechenden Gerät (Drupo) erfolgen. Mit dem Entfernen des erhärteten Kunststoffüberschusses und der Politur der Prothesenbasis wird die Reparatur abgeschlossen.
Der Patient sollte immer nach den Umständen, die zum Prothesenbruch geführt haben, befragt werden. Insbesondere wenn keine äußeren Einwirkungen (Fall, Schlag usw.) den Bruch der Prothese verursacht haben, ist ein Prothesenbruch häufig Anzeichen für eine schlecht passende Prothesenbasis und durch langfristige Biegebelastung entstanden (Ermüdungsbruch). In einem solchen Fall muß sich an die Reparatur des Bruches eine Unterfütterung der Prothesenbasis anschließen.
Für das Wiederansetzen eines Zahnes, der sich von der Prothesenbasis gelöst hat, empfiehlt sich folgendes Vorgehen: Der Zahn wird an seinen Platz zurückgesetzt, mit Wachs fixiert und nötigenfalls eine Anprobe durchgeführt. Die Stellung des Zahnes zu seinen Nachbarn wird durch einen Gipsvorguß gesichert (Abb. 383). Nach Säuberung von Wachsresten werden Kunststoffbasis und Zahn durch Einfräsen von kleinen Unterschnitten vorbereitet und der Zahn am Gipsvorguß mit Klebewachs befestigt (Abb. 384). Selbsthärtender Kunststoff wird aufge-

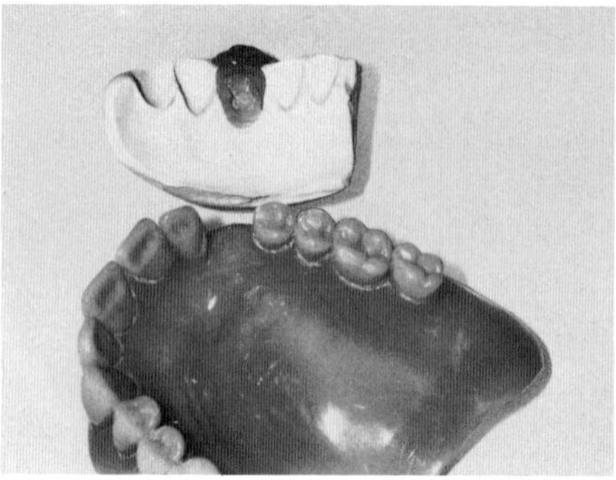

Abb. 384 Prothese und Vorguß mit anzusetzendem Zahn

bracht und der Zahn mit Hilfe des Vorgusses an seinen Platz gesetzt. Es folgen Aushärtung des Kunststoffes im Drupo, Ausarbeitung und Politur.

Fragen zum Verständnis und zur Selbstkontrolle

Totale Prothese

35. Welcher zusätzliche Effekt trägt dazu bei, den Halt bei totalen Prothesen zu verbessern?
36. Was ist die mundoffene Funktionsabformung?
37. Wie geht man bei der mundgeschlossenen Methode vor?
38. Beschreiben Sie eine
    a) einzeitige
    b) zweizeitige Methode der Funktionsabformung!
39. Wie wird die Bißnahme durchgeführt?
40. Wann wird eine Immediatprothese angefertigt?
41. Auf welche Weise ist die Unterfütterung einer Prothese möglich?

(Die Antworten stehen auf Seite 444.)

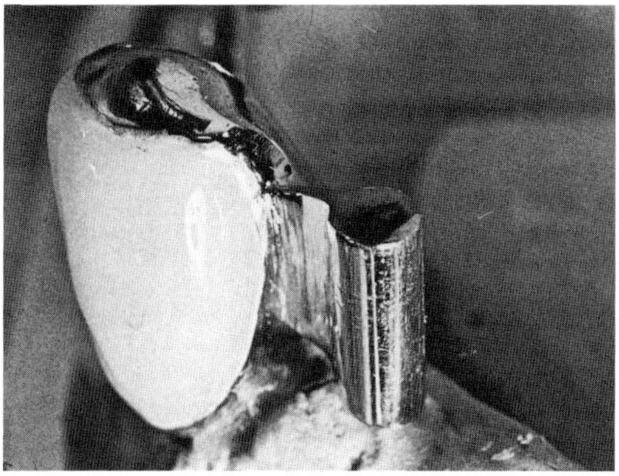

Abb. 385 a und b Stabgeschiebe. Links Patrize; rechts Matrize

Kombinationsarbeit (festsitzend-herausnehmbarer Zahnersatz)

Bei der Versorgung eines Lückengebisses mit herausnehmbarem Zahnersatz kann es notwendig sein, einige oder alle der noch vorhandenen Zähne zu überkronen; und zwar nicht nur wegen kariöser Zerstörung: So kann eine Überkronung von Zähnen angezeigt sein, bei denen Unterschnitte fehlen, die zur Verankerung der Prothese mit Klammern unerläßlich sind. Durch entsprechende Formgebung der Gußkronen können Unterschnitte an gewünschter Stelle und im notwendigen Ausmaß künstlich geschaffen werden. Ferner ist es möglich, durch Überkronung der an die Lücken angrenzenden Zähne auf Klammern gänzlich zu verzichten und statt dessen die Prothesen mit Hilfe sog. Attachments zu verankern. Allen Attachments ist gemeinsam, daß sie aus zwei formschlüssigen Teilen, einer Patrize und einer Matrize, bestehen die ineinander geschoben werden (Geschiebe). Entweder wird die Patrize an die Krone angelötet und die Matrize befindet sich in der Prothese (z. B. Stabgeschiebe; Abb. 385a und b) oder umgekehrt (z. B. T-Geschiebe; Abb. 386a und b). Der Halt der Prothese beruht auf dem Reibungswiderstand (Friktion) der beiden Geschiebeteile, verbunden mit einer gewissen Klemmwirkung. Bei einigen Attachments wird der Halt auch durch eine druckknopfartige Konstruktion von Patrize und Matrize bewirkt (z. B. Kugel- und Ceka-Anker).

Auf dem Prinzip der Geschiebe basiert auch die Verankerung von Prothesen durch sog. Teleskopkronen. Dabei handelt es sich um zwei übereinandergeschobene Kronen, das Primär- und das Sekundärteleskop. Das annähernd parallelwandige Primärteleskop wird dem Zahn aufzementiert, das Sekundärteleskop in die Prothese eingearbeitet (Abb. 387 a und b). Ist die Primärkrone deutlich konisch, wird dieses Doppelkronensystem auch als Konuskrone bezeichnet.

Da es zahlreiche Ausführungsformen von Geschieben und Teleskopkronen gibt, hat es sich eingebürgert, bei allen Attachments, die ihren Halt durch Friktion finden, allgemein von teleskopierenden Halteelementen zu sprechen. Neben dem Verzicht auf Klammern ist ein weiterer Vorteil bei der Verwendung teleskopierender Halteelemente, daß zwischen Prothese und Restgebiß eine starre Verbindung hergestellt werden kann, so daß auch bei der Belastung von Freiendprothesen kei-

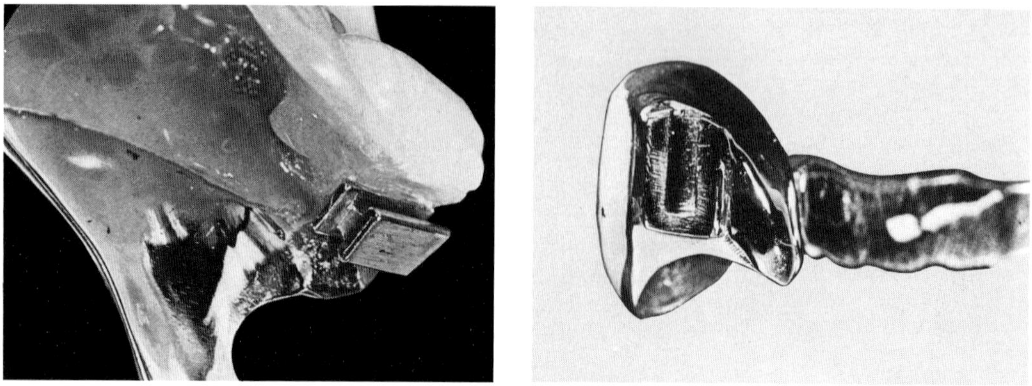

Abb. 386 a und b T-Geschiebe. Links Patrize; rechts Matrize

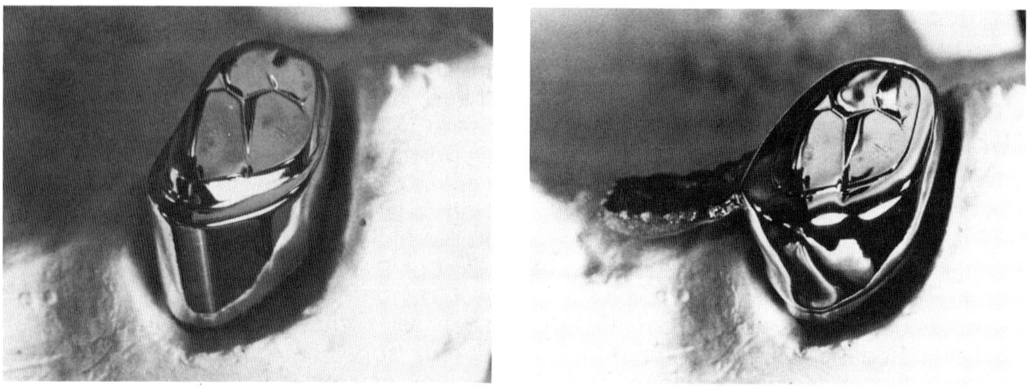

Abb. 387 a und b Teleskopkrone. Links Primärteleskop; rechts Sekundärteleskop aufgeschoben

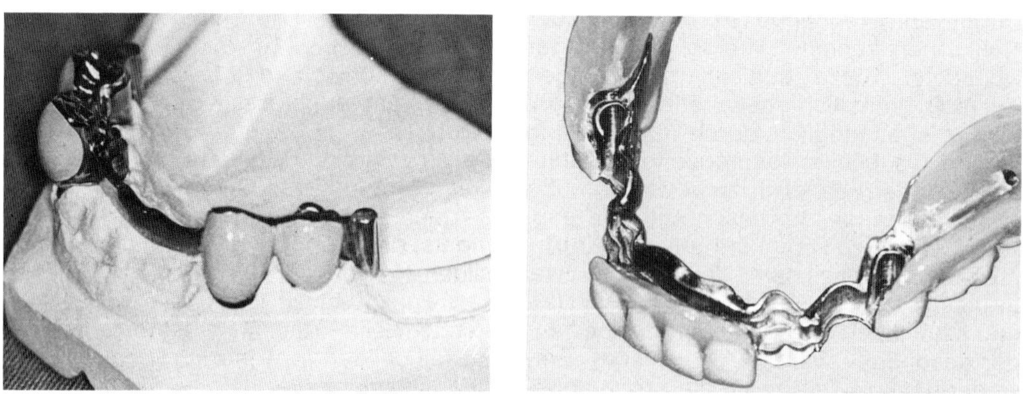

Abb. 388 a und b Kombinationsprothese. Links festsitzender Anteil; Restgebiß durch miteinander verlötete Kronen und individuellen Steg zu einem Widerstandsblock zusammengefaßt; rechts herausnehmbarer Anteil

ne unangenehmen Schaukelbewegungen auftreten.
Die starke Belastung der Zähne, mit denen eine herausnehmbare Prothese starr verbunden ist, birgt jedoch die Gefahr der Lockerung dieser Zähne. Aus diesem Grunde werden häufig auch noch die Nachbarzähne überkront und durch Verlöten („Verblocken") der Kronen miteinander sog. Widerstandsblöcke gebildet. Auch nicht unmittelbar nebeneinanderstehende Zähne können zu einem Widerstandsblock zusammengefaßt werden. Sie werden dann entweder durch ein Brükkenzwischenglied miteinander verbunden, wodurch zusätzlich die Anzahl der Prothesensättel vermindert wird, oder es tritt an die Stelle des Brückenzwischengliedes ein Metallsteg. Derartige Stege sind in verschiedenen Ausführungen gebräuchlich, und zwar gibt es fabrikmäßig vorgefertigte Stege unterschiedlicher Querschnittformen und die vom Techniker individuell hergestellten „gefrästen" Stege. Die industriell gefertigten bieten den Vorteil, daß zu ihnen exakt passende Hülsen (sog. „Reiter") geliefert werden, die in die Prothesen eingearbeitet werden und dadurch ein teleskopierendes System geschaffen wird (Steggeschiebe). Individuelle Stege können dem Verlauf des Alveolarfortsatzes besser angeglichen werden; ihre Hülsen (Stegmäntel) werden jedoch ebenfalls individuell – meist in Verbindung und als Bestandteil einer Metallbasis – gegossen und weisen daher nicht die Paßgenauigkeit industriell gefertigter teleskopierender Halteelemente auf, so daß bei Verwendung individueller Stege zusätzliche Verankerung notwendig werden, z. B. Anker (Ceka-ZL, oder ähnliche Systeme) (Abbildung 388a und b).
Da das Wesentliche aller hier angedeuteten Prothesenkonstruktionen darin besteht, daß sie aus einem festsitzenden und einem herausnehmbaren Anteil bestehen, wird eine derartige Versorgung auch „Kombinationsarbeit" oder „Kombinationsprothese" genannt.

Fragen zum Verständnis und zur Selbstkontrolle

Kombinationsarbeit

42. Was verstehen Sie unter Attachment?

43. Beschreiben Sie ein(e):
    a) Stabgeschiebe
    b) T-Geschiebe
    c) Ceka-Anker
    d) Teleskopkrone

44. Warum werden bei starrer Belastung der Zähne durch Attachments häufig auch die Nachbarzähne mit überkront und in die Arbeit mit einbezogen?

45. Was ist ein Steg?

(Die Antworten stehen auf Seite 444.)

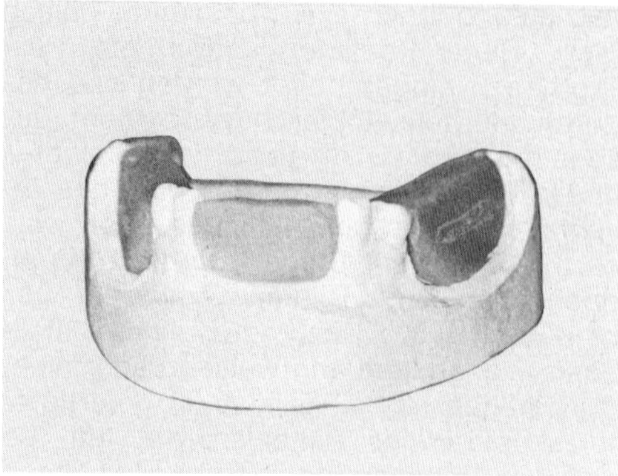

Abb. 389 Kunststoffschablone auf Modell

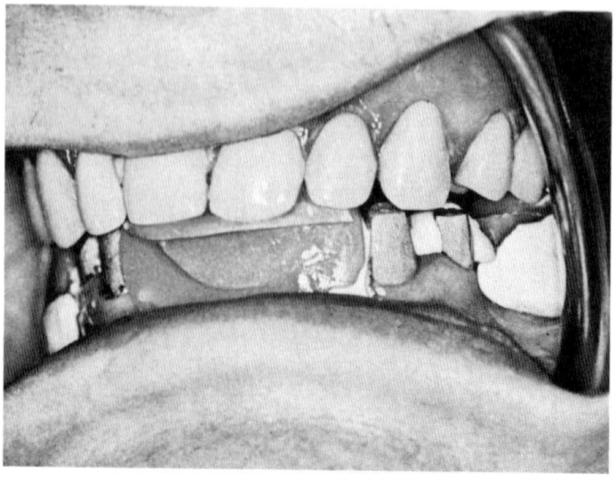

Abb. 390 Kompressionsabdruck

Behandlungsablauf bei Kombinationsarbeiten

Die Versorgung eines Patienten mit einer Kombinationsarbeit gehört zu den anspruchsvollsten und schwierigsten Aufgaben zahnärztlich-prothetischer Tätigkeit, da alle Probleme des festsitzenden und herausnehmbaren Zahnersatzes in gleicher Weise berührt werden. Ob eine vom Zahntechniker mit erheblichem zeitlichen und finanziellen Aufwand fertiggestellte Kombinationsarbeit auch tatsächlich einwandfrei im Munde des Patienten paßt, hängt natürlich davon ab, wie exakt das Arbeitsmodell mit der Mundsituation übereinstimmt; wenn z. B. auch nur ein Modellstumpf nicht genau mit dem präparierten Zahn übereinstimmt, wird dadurch der Sitz der gesamten Arbeit gefährdet.
Eine Abdruckmethode, die zu einem Arbeitsmodell führt, das speziell den Anforderungen zur Herstellung einer Kombinationsarbeit entspricht, ist der Kompressionsabdruck nach *Singer-Sosnowski*.
Am folgenden Beispiel soll das Vorgehen am Patienten beschrieben werden: Der Oberkiefer eines Patienten ist mit einer totalen Prothese versorgt, das Restgebiß des Unterkiefers besteht aus Eckzähnen und ersten Prämolaren. In der ersten Behandlungssitzung wird vom Unterkiefer ein Alginatabdruck genommen, auf dem die Grenzen für eine vom Techniker anzufertigende Kunststoffschablone eingezeichnet werden. Diese Kunststoffschablone hat eine doppelte Aufgabe: Sie dient als Bißschablone und als individueller Abdrucklöffel. Sie sollte daher unter Aussparung der Restzähne in ihrer Ausdehnung der späteren Prothesenbasis entsprechen und okklusal in einen Bißwall übergehen (Abb. 389).
In der zweiten Sitzung wird mit dieser Schablone eine Bißnahme durchgeführt, und zwar mit Autopolymerisat, das auf die Bißwälle aufgebracht wird.
Erst jetzt werden die Zähne für die Aufnahme von Kronen präpariert, mit Hilfe von Kupferringen abgeformt und provisorisch versorgt. Von jedem Zahn werden versilberte oder verkupferte Modellstümpfe hergestellt, auf denen der Techniker Transferkäppchen anfertigt (siehe Abschnitt „Ringabformung präparierter Zähne“, Seite 404f.).
Als Arbeitsunterlagen für die dritte Behandlungssitzung, in der der eigentliche Kompressionsabdruck erfolgen soll, werden also benötigt: (1) die Kunststoffschablone mit den in Kunststoff fixierten Einbissen der Gegenkieferzähne mit Schlußbiß; (2) die Modellstümpfe aller präparierten Zähne mit Transferkäppchen.
Alle Transferkäppchen werden nun auf die

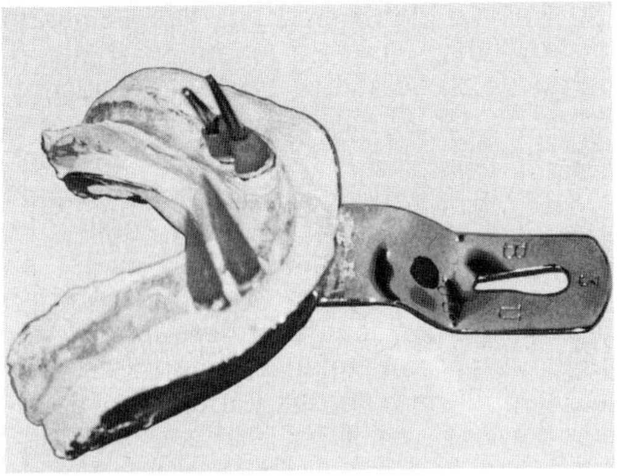

Abb. 391 Kompressionsabdruck fertig zum Ausgießen

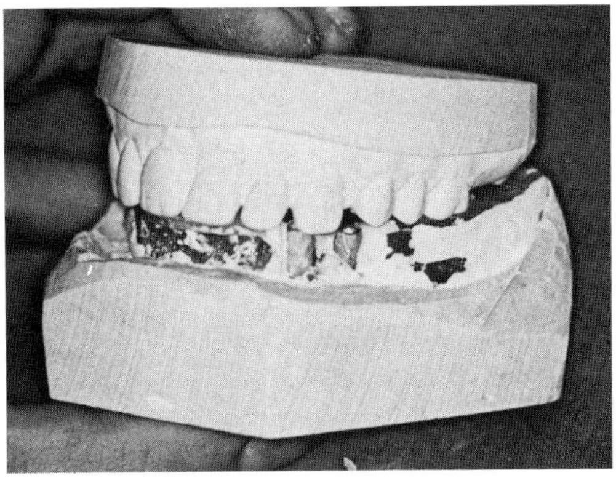

Abb. 392 Modelle fertig zum Eingipsen im Artikulator

beschliffenen Zähne gesetzt und auf spaltfreien Sitz überprüft. Die Kunststoffschablone wird auf der der Schleimhaut zugewandten Seite mit einer ZnO-Eugenol-Paste (Optow-Paste, Lactona-Paste) beschickt. Das Anrühren der ZnO-Eugenol-Paste geschieht auf einer Glasplatte, wobei gleiche Stranglängen ZnO-Eugenol-Paste gleichmäßig miteinander vermischt werden. Die Schablone wird in den Mund eingebracht, der Patient nimmt mit dem Unterkiefer die Schlußbißposition ein, und unter einem gewissen Druck (daher Kompressionsabdruck) erfolgt eine einzeitige, mundgeschlossene Funktionsabformung (Abb. 390; siehe Abschnitt „Funktionsabformung“, Seite 425f.). Vom Überschuß der Abdruckmasse werden die Transferkäppchen teilweise umflossen und es bildet sich so nach dem Erhärten der Abdruckmasse gewissermaßen eine Einheit aus Transferkäppchen und der funktionellen Abformung der zahnlosen Alveolarfortsätze. Durch einen Gipsüberabdruck wird nun diese Einheit gesichert und in einem Stück aus dem Munde entfernt. Die Modellstümpfe werden in die Transferkäppchen gesteckt und der Abdruck ausgegossen (Abb. 391). Dabei ist zu beachten, daß nach dem Ausgießen der Gipsabdruck zunächst vorsichtig von der darunter befindlichen Kunststoffschablone abgestichelt wird, wobei die Schablone selbst zunächst noch auf dem Modell belassen wird. Nachdem ein Situationsmodell des Gegenkiefers spaltfrei in die okklusalen Eindrücke der Schablonen eingesetzt worden ist, werden die Modelle in den Artikulator montiert (Abb. 392). Dann erst werden Schablonen und Transferkäppchen vorsichtig vom Arbeitsmodell entfernt. Auf diesem Arbeitsmodell können nun vom Techniker sowohl festsitzende Teile als auch der herausnehmbare Anteil der Kombinationsarbeit hergestellt werden, wobei jedoch Zwischenanproben durchaus ratsam sind. Für das Einsetzen und die Nachsorge von Kombinationsarbeiten sind die in den Abschnitten „Anprobe und provisorisches Einsetzen festsitzenden Ersatzes“, Seite 418, und „Herausnehmbarer Zahnersatz“, Seite 420ff., gegebenen Hinweise zu beachten. Abbildung 393 zeigt die Kombinationsarbeit im Munde des Patienten.

Zusammenarbeit mit dem Labor

Da die meisten zahnärztlichen Praxen nicht über ein Laboratorium verfügen, in dem sämtliche anfallenden zahntechnischen Arbeiten durchgeführt werden kön-

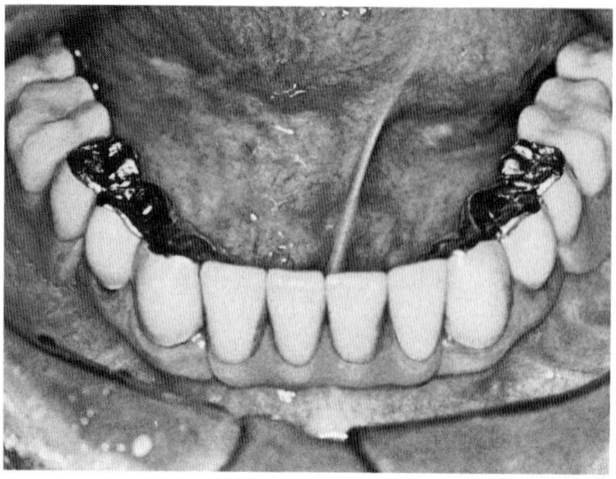

Abb. 393 Kombinationsarbeit im Munde

nen, ist eine Zusammenarbeit mit einem gewerblichen Laboratorium die Regel. Zahntechnische Laboratorien sind Handwerksbetriebe, die von Zahntechnikermeistern geleitet werden und häufig den unterschiedlichen zahntechnischen Arbeiten entsprechend in verschiedene Abteilungen gegliedert sind (Kunststoff-, Edelmetall-, Keramik-, Modellguß-Abteilung usw.).

Der Beitrag, den die zahnärztliche Helferin leisten kann, um die Zusammenarbeit reibungslos zu gestalten, besteht im wesentlichen in der terminlichen Absprache und der Übermittlung der für den Zahntechniker notwendigen Arbeitsunterlagen. Damit eine prothetische Behandlung zügig zum Abschluß gebracht werden kann, ist es ratsam, gleich zu Behandlungsbeginn den Techniker über den gesamten Umfang der geplanten Maßnahmen zu informieren, so daß auch innerhalb des Laboratoriums eine gewisse zeitliche Planung erfolgen kann. Nur so lassen sich unnötige Verzögerungen bzw. Arbeitsüberlastungen vermeiden.

Bei der Übermittlung der Arbeitsunterlagen ist auf deren Vollständigkeit zu achten (Gegenbiß, Bißnahme, Zahnfarbe) und auch darauf, daß die Anweisungen an den Techniker klar und unmißverständlich sind. Zu diesem Zweck sind vorgedruckte Laborauftragsformulare entwickelt worden, die die Zusammenarbeit mit dem Laboratorium wesentlich erleichtern (siehe auch Kapitel „Die Zahnarzthelferin" Seite 23ff.).

Fragen zum Verständnis und zur Selbstkontrolle

Zusammenarbeit mit dem Labor

46. Warum sind Kombinationsarbeiten so schwierig anzufertigen?

47. Wie kann die Helferin die Zusammenarbeit mit dem Labor erleichtern?

(Die Antworten stehen auf Seite 444f.).

Antworten zu den Fragen auf Seite 395f. „Situationsabformung und Situationsmodell“

1. Da die Alginatbestandteile ein unterschiedliches Gewicht haben, können sie sich in verschiedenen Lagen absetzen.
2. In 30 bis 45 Sekunden.
3. 15 bis 17°, bei höherer Temperatur wird der Abbindevorgang beschleunigt.
4. Löffel, die am Rand angebrachte Wülste haben oder deren Rand mit Tesa-Krepp beklebt wird. An glatten Löffelrändern haftet das Material nicht, der Abdruck würde aus dem Löffel rutschen und/oder nur teilweise aus dem Mund des Patienten entfernt werden können.
5. Man füllt die Lücken mit einer zähplastischen Silikonmasse (ohne Härterzusatz) aus.
6. Man drückt auf das seitlich über den Löffelrand gequollene Material, um zu verhindern, daß es sich vom Löffel löst.
7. Der Abdruck schrumpft durch Wasserverdunstung.
8. Entsprechende Menge Wasser in einen glattwandigen Gumminapf füllen, kleine Menge von Gipspulver einstreuen, bis einige kleine, trockene Gipsinseln zurückbleiben. Nach einigen Minuten mit dem Anrühren beginnen; nicht zu heftig schlagen, um das Auftreten von Luftblasen zu verhindern.

Antworten zu den Fragen auf Seite 400 „Kronenersatz“

9. Gußkronen, weil am wenigsten Zahnsubstanz geopfert werden muß.
10. Es ist eine Gußkrone, die im sichtbaren Bereich mit zahnfarbenem Material überzogen ist. Das Verblendmaterial kann Kunststoff oder eine keramische Masse sein.
11. Kunststoff ist billiger in der Verarbeitung, leichter zu reparieren als Metallkeramik. Die Verblendungen unterliegen jedoch schneller gewissen Alterungsvorgängen mit damit einhergehenden Verfärbungen. Da sie sich schneller abreiben, kann man die Kauflächen nicht mit einbeziehen. Nach Jahren evtl. Erneuerung notwendig.
12. Keramikverblendungen altern nicht so rasch, sie sind auch abriebfest und sehen zahnähnlicher aus. Nachteilig sind die hohen Herstellungskosten und daß Fehlstellen im Mund nicht zu reparieren sind.
13. a) Kunststoff wird auf mechanischem Weg auf der Gußkrone verankert, die deshalb kleine Kügelchen oder feine Drähtchen zur Retention hat.
    b) Keramische Massen werden auf das Metallgerüst aufgebrannt, dabei laufen komplizierte physikalisch-chemische Prozesse ab. Die dazu verwendeten Metallegierungen müssen dabei auf Temperaturen um ca. 1000° C erhitzt werden. Retentionshilfen wie bei Kunststoff sind dabei entbehrlich.
14. Eine Mantelkrone besteht aus nur einem zahnfarbenen Material, also entweder aus Kunststoff oder aus keramischen Massen.
15. Eine Mantelkrone, die nur aus keramischer Masse besteht.
16. Bei devitalen Zähnen wird in dem Wurzelkanal ein vorgefertigter oder individuell hergestellter Metallstift befestigt, der wie ein für eine Krone präparierter Zahnstumpf aussieht. Bei einem Stiftinlay werden die noch vorhandenen Zahnkronenanteile ergänzt. Danach kann auf dem Stiftaufbau entweder eine Vollguß- oder Verblend- oder Mantelkrone aufgebaut werden.

Antworten zu den Fragen auf Seite 403 „Brückenersatz“

17. a) Auf dem Brückenpfeiler, dem noch vorhandenen Zahn, ist die Brücke befestigt.

b) Teile der Brücke, mit denen die Verbindung zu den Brückenpfeilern hergestellt wird; also die Kronen oder Inlays, die die Brücke fixieren.
c) Die zu ersetzenden (also fehlenden) Zähne nennt man Brückenkörper oder Brückenzwischenglied.
d) Die Enden der Brücke befinden sich am Ende des Brückenzwischengliedes (also jeweils auf einem brückenankertragenden Zahn).
e) Eine Freiendbrücke endet nicht am Brückenpfeiler, sondern sie endet „frei“ mit dem zu ersetzeden Zahn.
f) Das Brückenzwischenglied „schwebt“ über der Schleimhaut des Alveolarfortsatzes, d. h. es gibt einen Zwischenraum zwischen Schleimhaut und Brückenglied, der besser durchspülbar bleibt.
g) Bei der Basisbrücke liegt das Zwischenglied der Schleimhaut auf (kosmetischer Effekt).
h) Sonderform der Basisbrücke, bei der auf ein Metallgerüst die Brükkenglieder als einzelne Mantelkronen aufzementiert werden.

18. Jeder Brückenanker und jeder ersetzte Zahn zählen als Brückenglied.

Antworten zu den Fragen auf Seite 412 „Abdruck und Modell“

19. Das Trägermaterial für die Abformung ist ein Kupferring, der entsprechend der Präparationsgrenzen des beschliffenen Zahnes zurechtgeschnitten wird. Für den Abdruck werden verwendet thermoplastische Massen wie Stents, Kerr oder elastomere Materialien wie Permlastic, Impregum, Cardex super. Mit ihnen wird der Ring gefüllt und über den abzuformenden Zahnstumpf gepreßt.
20. Der Ringabdruck gibt zwar das exakte Negativ des einzelnen Zahnes wieder, nicht aber seine Stellung im Zahnbogen. Deshalb muß über den am Zahn befindlichen Kupferring noch ein Gesamtabdruck mit Abdruckgips oder einer elastomeren Masse genommen werden.
21. Ein Kupferring ist hierbei überflüssig und mit dem präparierten Zahn wird gleichzeitig die gesamte Zahnreihe abgeformt. Dazu werden Massen verwendet, die ein unterschiedliches Fließverhalten haben.
22. Die Präparationsgrenzen, die unterhalb des Zahnfleischrandes liegen, müssen für die Abformung freigehalten werden. Die Fäden haben die Eigenschaft, das Zahnfleisch kurzfristig zurückzudrängen.
23. a) Mit einem zähplastischen Material wird ein nicht exakter Vorabdruck genommen, bei dem dann die untersichgehenden Stellen und die Fahnen bei den Zahnzwischenräumen mit einem Skalpell beseitigt werden müssen. Dieser Erstabdruck muß von Speichel und Blutresten gereinigt und getrocknet werden. Das dünnfließende Korrekturmaterial wird nun darauf geschichtet, die Retraktionsfäden werden entfernt und der Abdruck wird wieder in den Mund zurückgesetzt. Nur während der ersten fünf Sekunden darf Druck ausgeübt werden, dann soll die Masse drucklos aushärten.
b) Beim Doppelmischabdruck wird das dünnfließende Material mit einer Spritze um den präparierten Zahn gespritzt und unmittelbar danach wird das zähplastische Material auf dem Abdrucklöffel nachgeschoben. Beide Massen vermischen sich im Mund und binden gemeinsam ab.
c) Das dünnfließende Material wird direkt auf die zähplastische Masse gestrichen, die sich schon im Löffel befinden muß, um dann sofort in den Mund gebracht zu werden.

Antworten zu den Fragen auf Seite 420 „Modellherstellung und Bißnahme“

24. Beim Arbeits- oder Meistermodell wird zunächst der Abdruck nur bis zur halben Höhe des Alveolarfortsatzes mit Spezialgips ausgegossen. In den noch weichen Gips werden bei den präparierten Zähnen metallische Verstärkungsstäbe gesteckt. Nach Abbinden dieser Gipsschicht wird mit evtl. andersfarbenem Gips der restliche Abdruck ausgefüllt.
25. Der Zahnreihenschluß (Okklusion) muß für die technischen Arbeiten genau fixiert werden. Um das Ober- und Unterkiefermodell im Artikulator richtig eingipsen zu können, kann man bei ziemlich vollständigen Zahnreihen einen Streifen rosa Wachs erwärmen, ihn auf die Zahnreihen legen und den Mund schließen lassen. Bei größeren Zahnlücken braucht man Bißschablonen, das sind dem Modell angepaßte Kunststoffplatten, die an Stelle der fehlenden Zähne einen Wachswall haben, in den die Gegenzähne beißen.
26. Durch die Präparation entstehen „Dentinwunden“, die auf Reize schmerzhaft reagieren; in die eröffneten Dentinkanälchen können Bakterien eindringen und zur Zahnmarkentzündung führen. Der beschliffene Zahn kann seine Stellung ändern und die fertige Arbeit wird dann nicht mehr passen. Zudem ist im sichtbaren Bereich der Zahnstumpf ein ästhetisches Problem.
27. Vor der Präparation des Zahnes wird ein Alginat- oder Silikonabdruck genommen, in den nach der Präparation ein selbsthärtender Kunststoff eingefüllt wird. Der auf den Zahn zurückgebrachte Abdruck sollte entfernt werden, solange der Kunststoff noch nicht ganz ausgehärtet ist, damit die provisorische Krone leichter entfernt werden kann. Nach Aushärtung des Kunststoffes wird die Krone ausgearbeitet und mit provisorischem Zement befestigt.
28. Um dem Patienten Gelegenheit zu geben, die neue Krone im Gebrauch zu testen.
29. Zu dünnflüssig angerührter Zement kann zur Lockerung der Krone führen und damit zur kariösen Zerstörung der Zahnhartsubstanz, die darunter liegt.

Antworten zu den Fragen auf Seite 424 „Herausnehmbarer Zahnersatz“

30. a) Bei völliger Zahnlosigkeit eines Kiefers wird eine Voll- oder Totale Prothese eingegliedert.
    b) Teilzahnersatz wird bei teilweisem Zahnverlust eingegliedert.
    c) Prothesensättel tragen die zu ersetzenden (künstlichen) Zähne.
    d) Prothesensättel und ihre Verbindung bezeichnet man als Prothesenbasis.
    e) Kieferkamm, der von der Prothese bedeckt wird.
    f) Die Prothese lagert auf dem mit Schleimhaut bedeckten Kieferknochen.
    g) Zusätzlich zum schleimhautbedeckten Kieferknochen werden noch vorhandene Zähne zur Abstützung herangezogen.
    h) Der zahnlose Teil wird durch noch vorhandene Zähne begrenzt; d. h. die Prothese wird zwischen die Zähne geschaltet.
    i) Die Zahnreihe ist verkürzt, die Prothese endet nach einer Seite frei (ohne begrenzenden Eigenzahn).
31. Als provisorische oder als Aufbauprothese. Die Verankerung durch gebogene Klammern schädigt den Klammerzahn, die Kunststoffbasis ist relativ plump, die Parodontalprophylaxe fehlt.
32. Verankerungsteile von Klammern, die auf der Kaufläche des Klammerzahnes ruhen.
33. Prothesenbasis, Halte- und Stützelemente werden in einem Stück gegossen; meist sind es Chrom-Kobalt-Legierungen.
34. Bei der modellgegossenen Metallbasis.

Antworten zu den Fragen auf Seite 434 „Totale Prothese“

35. Der Klebeeffekt des Speichelfilms, der zwischen Schleimhaut und Prothesenbasis auftritt.
36. Der individuelle Löffel wird im Mund des Patienten gehalten, der selbst (aktiv) Muskel- und Zungenbewegungen durchführt und evtl. vom Zahnarzt dabei unterstützt wird (passive Funktionsabformung).
37. Die individuellen Löffel tragen einen Wachswall und werden durch den Patienten dadurch fixiert, daß er den Mund schließt. Dabei wird die Situationsabformung von Ober- und Unterkiefer gleichzeitig vorgenommen.
38. a) Der individuelle Löffel wird mit Abformmaterial beschickt und der Abdruck wird genommen.
    b) Hierbei wird erst der Funktionsrand des Löffels vorgeformt, entweder mit Kerrmasse oder elastomeren Materialien, danach wird die Schlußabformung mit Abformmaterial durchgeführt.
39. Bei der Handbißnahme werden auf den Funktionsmodellen Bißschablonen aus Kunststoff hergestellt, die Wachswälle tragen. Diese Wälle werden am Patienten auf die regelrechte Bißhöhe beschnitten oder aufgebaut.
40. Die Sofortprothese wird noch vor der Extraktion der Zähne hergestellt. Auf dem Modell werden die zu extrahierenden Zähne entfernt (radiert), die Prothese wird fertiggestellt. Gleich im Anschluß an die Extraktion wird die Prothese eingegliedert, dadurch wird die Wunde geschützt, der Patient hat kein großes Fremkörpergefühl, die restlichen Zähne können nicht wandern.
41. Veränderungen des Prothesenlagers können auftreten durch Rückbildung des Kieferknochens. Die Prothesenbasis muß dann den veränderten Verhältnissen angepaßt werden. Hierbei kann die Prothese als Abdrucklöffel für eine Funktionsabformung benutzt werden, das Abformmaterial wird dann in speziellen Verfahren durch Kunststoff ersetzt (indirekte Unterfütterung). Bei der direkten Unterfütterung werden kleinere Fehlstellen gleich im Munde des Patienten durch selbsthärtenden Kunststoff ergänzt.

Antworten zu den Fragen auf Seite 437 „Kombinationsarbeit“

42. Sie bestehen aus zwei formschlüssigen Teilen, einer Patrize und einer Matrize, die ineinandergeschoben werden. Es sind sogenannte Geschiebe.
43. a) Die Patrize ist an der Krone angelötet, die Matrize sitzt in der herausnehmbaren Prothese.
    b) Patrize liegt T-förmig in der Prothese, die Matrize ist an der Krone angelötet.
    c) Druckknopfsystem, bei dem die Patrize in der Prothese, die Matrize im Steg oder angelötet an der Krone liegt.
    d) Es sind zwei übereinandergeschobene Kronen. Über die einzementierte Primärkrone wird das Sekundärteleskop geschoben, das in der Prothese befestigt ist. Hierbei beruht die Haftung auf dem Reibungswiderstand.
44. Die Gefahr der Lockerung der belasteten Zähne ist sehr groß. Bei Überkronung der Nachbarzähne und durch Verlöten der nebeneinanderstehenden Kronenzähne werden Widerstandsblöcke gebildet. Diese Verblockung kann die Druckbelastung besser auffangen.
45. An Stelle eines Brückenzwischengliedes kann ein Steg angefertigt werden, der den herausnehmbaren Ersatz trägt.

Antworten zu den Fragen auf Seite 440 „Zusammenarbeit mit dem Labor“

46. Hierbei müssen alle Schwierigkeiten bedacht und überwunden werden, die

einerseits bei festsitzendem und andererseits bei herausnehmbarem Ersatz auftreten können. Die kleinste Ungenauigkeit kann die gesamte komplizierte Arbeit in Frage stellen.

47. Sie muß alle Unterlagen, die der Techniker braucht, zusammenstellen und darauf achten, daß die Anweisungen klar und unmißverständlich sind. Sie sollte für termingerechte Planung und Absprache sorgen. Dabei helfen vorgedruckte Laborauftragsformulare.

Zwölftes Kapitel

Kieferorthopädie

Prof. Dr. med. dent. Rainer-Reginald Miethke, Berlin

Kieferorthopädische Befunderhebung

Die Kieferorthopädie[1] als eines der zahnärztlichen Teilgebiete beschäftigt sich vor allem mit der Erkennung sowie der Prophylaxe[2] und Therapie[3] von Dysgnathien[4]. Jede kieferorthopädische Behandlung setzt eine Diagnose[5] voraus, die auf einer gründlichen Auswertung aller Einzelbefunde beruht. Deshalb sollen zunächst die verschiedenen diagnostischen Unterlagen vorgestellt und die sich dabei ergebenden Aufgaben für die Zahnarzthelferin geschildert werden.

Anamnese

Zunächst wird der Fachzahnarzt für Kieferorthopädie (oder der kieferorthopädisch tätige Zahnarzt) die Anamnese[6] erheben. Auf diese Weise versucht er, den genetischen[7] und umweltbedingten Hintergrund zu erfassen, auf dem sich die jeweilige Anomalie[8] der Zähne und Kiefer entwickelt hat. Folgende exogene[9] Faktoren sind in diesem Zusammenhang von besonderem Interesse:

a) Kam es zum vorzeitigen Verlust von Milchzähnen oder bleibenden Zähnen durch kariöse Zerstörung (Abb. 394), Extraktionen oder Traumen [10]?
b) Bestehen oder bestanden „Habits[11]" (Abb. 395) unter Berücksichtigung von Dauer, Art und Intensität?

Zur Bewertung der endogenen[12] Faktoren, die bei der Ausprägung fast jeder Fehlentwicklung mitbeteiligt sind, versucht der Kieferorthopäde festzustellen, ob gleiche bzw. ähnliche Zahn- und Kieferfehlstellungen bei Eltern, Geschwistern oder evtl. sogar entfernteren Verwandten aufgetreten sind. Die Bedeutung von Erbfaktoren zeigt sich besonders eindrucksvoll bei eineiigen Zwillingen, die vom genetischen Standpunkt aus identische[13] Individuen darstellen.

Klinischer Befund

Der Anamnese schließt sich der klinische Befund an. Der äußere Befund, d. h. vor allem die gemessene Körpergröße des Kindes, soll Auskunft über die altersgemäße Entwicklung und das noch zu erwartende Wachstum geben; dem gleichen Zweck dienen Handröntgenaufnahmen (s. u.).

1 Kieferorthopädie (gr.): Lehre der Zahn- und Kieferstellungsanomalien/Gebißregelung
2 Prophylaxe (gr.): Krankheitsverhütung/Vorbeugung
3 Therapie (gr.): Heilbehandlung
4 Dysgnathie (gr.): Zahn- und Kieferfehlstellung
5 Diagnose (gr.): Erkennung von Krankheiten
6 Anamnese (gr.): Vorgeschichte des Patienten in bezug auf die gegenwärtige Krankheit
7 genetisch (gr.): erblich bedingt
8 Anomalie (gr.): Unregelmäßigkeit, geringgradige Entwicklungsstörung
9 exogen (gr.): von außen stammend, umweltbedingt
10 Traumen (Einzahl: Trauma; gr.): Verletzung/Wunden durch äußere Gewaltanwendung
11 Habit (engl.): Angewohnheit; im Sinne von schädlich wirkender Eigenart, wie z. B. Lutschen o. ä.
12 endogen (gr.): im Körper selbst entstehend, erbbedingt
13 identisch (lat.): gleich, übereinstimmend

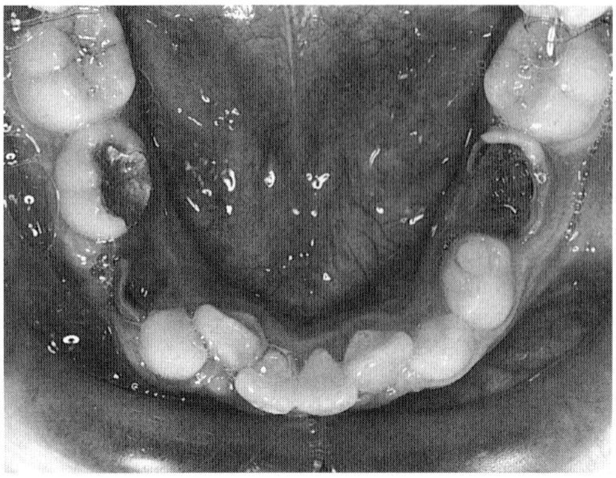

Abb. 394 Hochgradige kariöse Zerstörung der Milchzähne 75 und 84 mit teilweisem Platzmangel für die nachfolgenden Prämolaren. Der Platzverlust kann sich bis zum vollständigen Lückenschluß verstärken

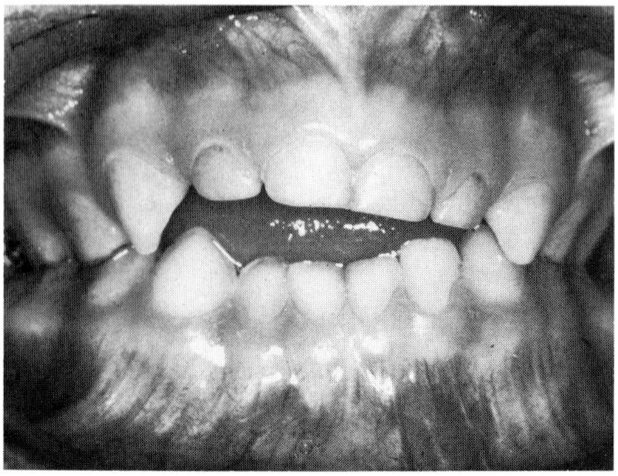

Abb. 395 Offener Biß als Folge eines länger dauernden Lutschens; charakteristisch ist vor allem die unterschiedliche Ausprägung in beiden Kieferhälften

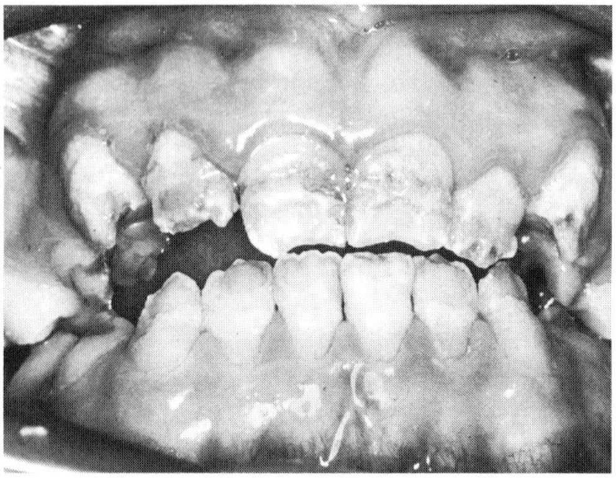

Abb. 396 Hochgradige, rachitisch bedingte Mineralisationsstörung. Aus dem Umfang der Schädigung kann man auf den Zeitraum der Erkrankung schließen; hier etwa von den ersten Lebensmonaten bis ca. zum 3. Lebensjahr

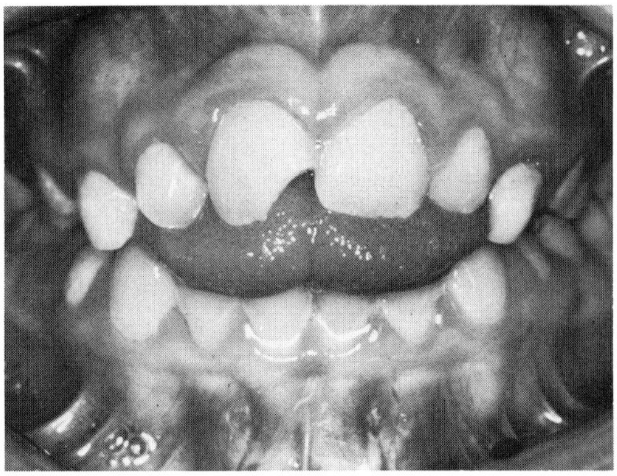

Abb. 397 Bei einem unnormalen Schlucken legt sich die Zunge nicht dem vorderen Teil des Gaumens an, sondern sie schiebt sich zwischen die obere und untere Frontzahngruppe. Ein Nebenbefund in diesem Fall ist die Schmelz-Dentin-Absplitterung des Zahnes 11.

Beim intraoralen[1] Befund werden Zähne und Schleimhäute auf Besonderheiten untersucht. Dazu zählen Karies, die Sensibilität defekter Zähne und das Vorliegen vererbter Mineralisationsstörungen bzw. solcher, die durch Krankheiten (z. B. Rachitis[2], Abb. 396) oder Medikamente (z. B. Tetracyclin[3]) entstanden sind.

An der Schleimhaut interessieren neben dem allgemeinen Zustand auch die Ansatzhöhe des Oberlippenbändchens, die Breite der unverschieblichen Gingiva im Vestibulum des Unterkiefers und der Zungenbandansatz.

Den Abschluß der klinischen Untersuchung bildet der Funktionsbefund. Be-

1 intraoral (lat.): innerhalb der Mundhöhle
2 Rachitis (gr.): „Englische Krankheit"/Systemerkrankung der Knochen und anderer (mineralisierter) Gewebe
3 Tetracyclin (gr.): Breitspektrumantibiotikum

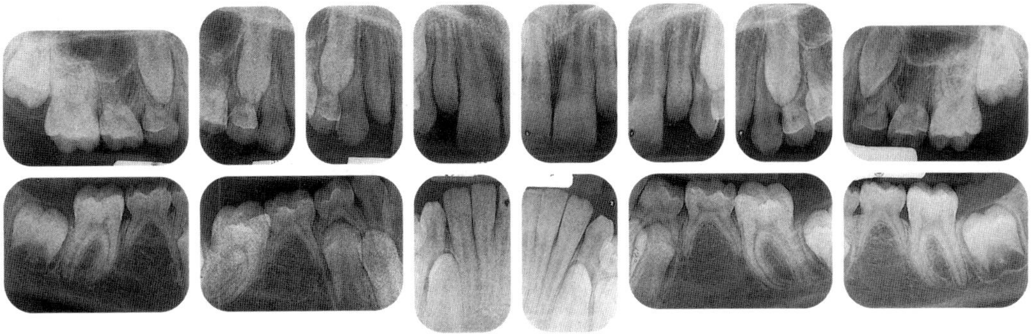

Abb. 398 Einzelzahnbildstatus (aus 14 Aufnahmen) eines Patienten mit Nichtanlage der Zähne 14, 15, 24, 25, 35 und 45. Die Zähne 12 und 22 sind unverhältnismäßig klein, die Keime der Zähne 13 und 23 sind verlagert und befinden sich unter den Milchzähnen 54 und 64; beides ist als ein charakteristisches schwach ausgeprägtes Merkmal der Zahnunterzahl zu bewerten (ebenso die geringgradige Drehung des Zahnes 23). Beachte ferner die starke Abkrümmung der mesialen Wurzel der Zähne 36 und 46; auf die Darstellung der Weisheitszahnregion wurde bewußt verzichtet

sonders wichtig ist hierbei die Beantwortung folgender drei Fragen:

a) Wie ist der Atmungsmodus[1], d. h., liegt (bzw. lag längere Zeit) eine inkorrekte Mundatmung vor?

b) Liegen ein normales Schluckmuster (Abb. 397) und eine physiologische[2] Lippenfunktion vor?

c) Ist die Artikulation[3] der Kiefer normal oder liegen Frühkontakte der Zähne und Zwangsführungen des Unterkiefers vor?

Die Aufgaben der Helferin

Beim Erheben der Anamnese bzw. bei der klinischen Untersuchung bestehen die Aufgaben der Helferin im Herrichten des meist kleinen Patienten, in der Zureichung der Instrumente und im schriftlichen Aufzeichnen der vom Kieferorthopäden diktierten Befunde; dazu kommt evtl. das Vermessen der Körpergröße.
Das erforderliche Instrumentarium umfaßt normalerweise nur das übliche zahnärztliche Besteck (großer, planer Spiegel, Sonde und Pinzette).

Röntgenbefund

Unabdingbare Voraussetzung für jede kieferorthopädische Diagnose und Therapie ist weiterhin eine röntgenologische Untersuchung der Zähne und Kiefer. Hierzu kommen meist folgende Projektionen[4] in Betracht:

a) Orthopantomogramm,

b) Einzelbildstatus (oder Bißflügelaufnahmen; Abb. 398),

c) Halbseitenaufnahme,

d) Aufbißaufnahme,

e) Status-X-Aufnahme.

Alle genannten Aufnahmen dienen einzeln oder in Kombination hauptsächlich dem Zweck, Erkenntnisse über die Anzahl und die Größe der noch im Kiefer liegenden Zahnkeime sowie über deren Lage zu gewinnen. So wird man bei fast 10% aller Patienten beobachten können, daß bleibende Zähne nicht angelegt sind –

1 Modus (lat.): Art und Weise
2 physiologisch (gr.): normal, der Gesundheit entsprechend
3 Artikulation (lat.): Gleitbewegung der Zahnreihen aufeinander
4 Projektion (lat.): Aufnahmemethode/Strahlenverlauf

schließt man die Weisheitszähne ein, so steigt diese Zahl auf über 30%. Falsche Lage der Zahnkeime führt zum Durchbruch an falscher Stelle oder in gekippter bzw. rotierter[1] Position; der Durchbruch kann dadurch aber auch verzögert sein oder sogar völlig ausbleiben.
Außerdem wird man dem Röntgenbild entnehmen, ob Zahnkronen und -wurzeln intakt[2] sind, ob sie eine normale Konfiguration[3] aufweisen und wie die räumlichen Verhältnisse (d. h. das Verhältnis Zahngröße: Kiefergröße) zu beurteilen sind.
Wegen seiner weiterreichenden Bedeutung ist das Fernröntgenseitenbild in der vorangehenden Aufzählung nicht enthalten. Diese spezielle Röntgenaufnahme soll helfen, unter anderem folgende Fragen zu beantworten:

1. Wie ist die sagittale[4] und vertikale[5] Stellung der Zähne im Ober- und Unterkiefer?

2. Wie ist die sagittale und vertikale Lage von Ober- und Unterkiefer zueinander?

3. Wie ist die sagittale und vertikale Position beider Kiefer zum übrigen Schädelskelett?

4. Wie ist das weitere Wachstum zu beurteilen, d. h., in welcher Richtung (horizontal – vertikal) wird sich der Unterkiefer bevorzugt entwickeln (sog. Wachstumsmuster)?

Bei der Überlagerung zweier, zu unterschiedlichem Zeitpunkt aufgenommener Fernröntgenseitenbilder erhält man zusätzlich Auskunft darüber, wie sich durch Wachstum und/oder Behandlung

a) die Stellung der Kiefer zueinander bzw. zum Gesamtschädel verändert hat und wie

b) die Zahnstellung im Ober- und Unterkiefer.

Die Auswertung des Fernröntgenseitenbildes erfolgt auf einer Durchzeichnung (Abb. 399). Dabei werden allgemeinverbindliche, genau definierte[6] Bezugspunkte durch Linien miteinander verbunden und die entstehenden Winkel bzw. die Längen bestimmter Strecken gemessen. Wegen

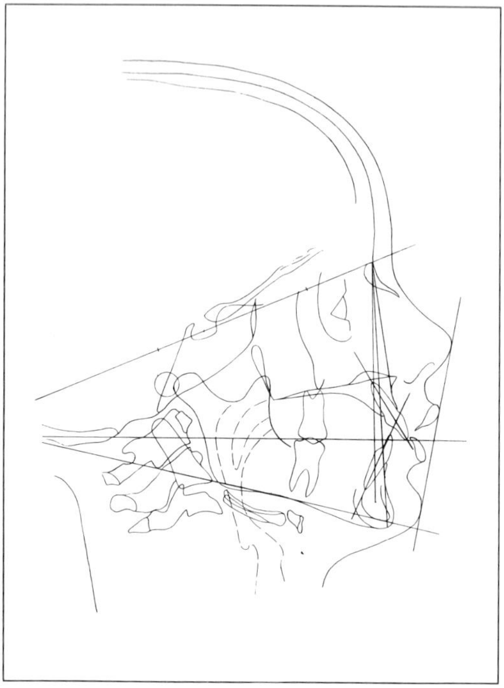

Abb. 399 Durchzeichnung eines Fernröntgenseitenbildes mit den dazugehörigen Bezugspunkten und -ebenen für eine Analyse nach *C. C. Steiner*

der Vielzahl bekannter Fernröntgenseitenbildanalysen[7] kann hier auf Einzelheiten nicht weiter eingegangen werden; das gilt wegen ihrer allgemein geringeren Bedeutung auch für Fernröntgenvorderbilder.
Es sollte jedoch noch erwähnt werden, daß – besonders für die Analyse von Fernröntgenseitenbildern – Computerprogramme existieren, die das Auswerten vereinfachen, beschleunigen und fehlersicherer machen.
Häufig wird die röntgenologische Untersuchung durch eine Handröntgenaufnahme ergänzt (Abb. 400). Mit Hilfe die-

1 rotiert (lat): (um die eigene Achse) gedreht
2 intakt (lat.): unvesehrt
3 Konfiguration (lat.): Form, Gestalt
4 sagittal (lat.): in Pfeilrichtung, d. h. von hinten nach vorn gerichtet
5 vertikal (lat.): senkrecht, lotrecht
6 definiert (lat.): bestimmt
7 Analyse (gr.): Auswertung, Zerlegung eines zusammengesetzten Ganzen in seine Einzelbestandteile

ser Aufnahme versucht man herauszufinden, ob und wie stark ein Patient voraussichtlich noch wachsen wird. Hierbei geht man davon aus, daß das allgemeine Körper- bzw. Knochenwachstum mit dem Wachstum der Kiefer korreliert[1] ist, und daß das Kieferwachstum wiederum die Entwicklung, die Behandlung und die Retention[2] bestimmter Dysgnathien positiv oder negativ beeinflussen kann.
Bei der Analyse einer Handröntgenaufnahme beurteilt man sowohl das erste Auftreten einzelner Knochen(strukturen) sowie deren Größe und Strahlendurchlässigkeit als auch die Breite bzw. das allmähliche Verknöchern der Epiphysenfugen[3].

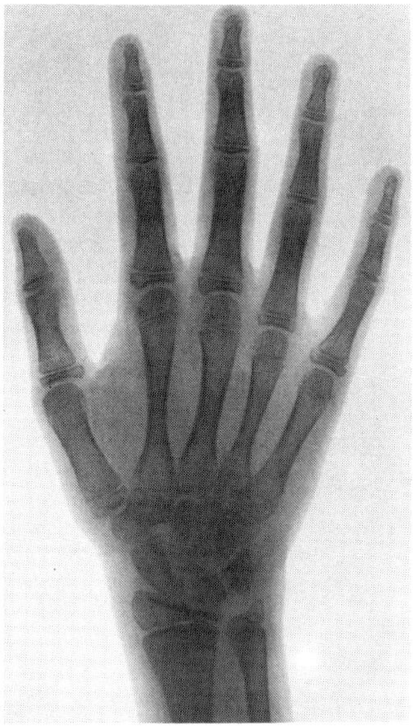

Abb. 400 Handröntgenaufnahme einer 12jährigen Patientin, deren Knochenreifungsalter nach der Handröntgenaufnahme etwa 10 1/2 Jahre beträgt

Die Aufgaben der Helferin

Bei der Herstellung von Röntgenaufnahmen sind die Aufgaben der Helferin dem Kapitel „Röntgenologie", Seite 169ff., zu entnehmen. Hier sollen nur kurz zwei wichtige Gesichtspunkte herausgestellt werden:

1. Alle Röntgenaufnahmen müssen scharf und kontrastreich sein; Zahnaufnahmen müssen alle Keime der bleibenden Zähne erkennen lassen, Fernröntgenbilder auch den Schatten der Weichteile.

2. Die Bestimmungen des Strahlenschutzes sind bei Kindern und Jugendlichen besonders streng zu befolgen: Die Gonaden[4] müssen unter allen Umständen optimal geschützt werden, und Wiederholungen von Aufnahmen sollten möglichst nicht vorkommen.

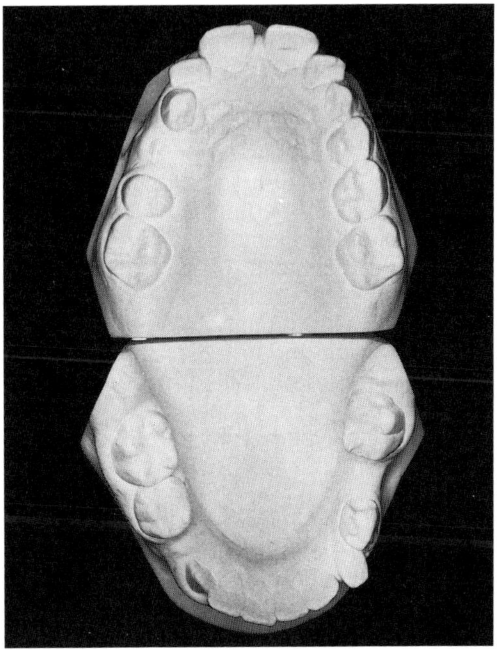

Abb. 401 Beschliffene Studienmodelle aus weißem Hartgips, die sowohl zur Analyse und Therapieplanung als auch zur Kontrolle des Behandlungsverlaufes und des Endergebnisses dienen

Modellbefund

Zusätzlich zu den bereits geschilderten Unterlagen wird der Kieferorthopäde immer Studienmodelle (Abb. 401) für seine Behandlungsplanung benötigen. Diese Modelle sollten in Okklusion orientiert und

1 korreliert (lat.): in Zusammenhang stehend
2 Retention (lat.): Halten der erreichten Gebißsituation
3 Epiphysenfuge (gr.): Wachstumszone für das Längenwachstum der Röhrenknochen
4 Gonaden (gr.): Geschlechtsdrüsen, also Hoden und Eierstöcke

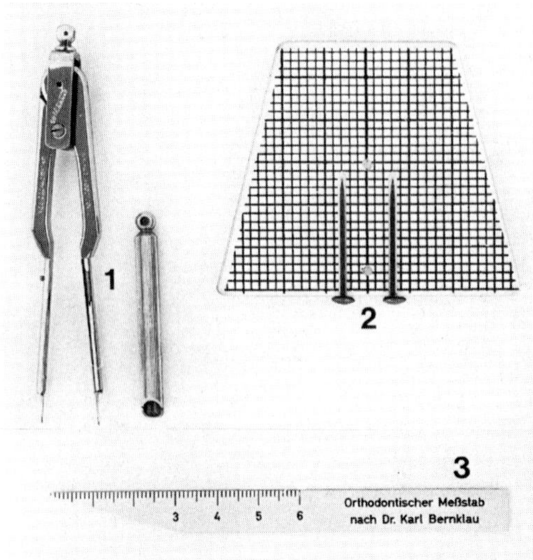

Abb. 402 Die wichtigsten Hilfsmittel für eine Modellanalyse: Stechzirkel (1), Kiefermeßplatte (2) und Meßstab (3)

Die Aufgaben der Helferin

Bei der Abdrucknahme, der Bißnahme und der Modellherstellung sind die Aufgaben der Helferin prinzipiell die gleichen wie bei jeder anderen Kieferabformung auch. Zu berücksichtigen ist jedoch, daß

a) ein möglichst starres Alginatabdruckmittel relativ fest angerührt wird, weil nur so die Lippen- und Wangenweichteile verdrängt werden können – Voraussetzung für eine weiträumige Darstellung des Kieferkörpers;

b) die Helferin für ein baldiges Ausgießen bzw. ein sofortiges, zweckmäßiges Aufbewahren der Abdrücke sorgen muß, damit ein wiedergabegetreues Modell für eine genaue Analyse entstehen kann.

beschliffen sein. Sie sollten weiterhin den Alveolarfortsatz[1] möglichst umfangreich darstellen, und es darf zu keinen Verfälschungen durch Gipsperlen, Blasen o. ä. kommen.
Die so gewonnenen Abgüsse der Zähne und Kiefer werden einer dreidimensionalen Modellanalyse unterzogen (Abb. 402). Das bedeutet, daß man zunächst alle Abweichungen der Zähne in sagittaler, vertikaler und transversaler[2] Richtung im Ober- und Unterkiefer getrennt feststellt, um dann die Lage der gesamten oberen und unteren Zahnreihe zueinander – wiederum in den drei Ebenen des Raumes – zu beurteilen.
Die Modellanalyse beruht darauf, gefundene Streckenmaße mit rechnerisch ermittelten Soll- oder Durchschnittswerten in Beziehung zu setzen, Asymmetrien[3] der Zahn- und Kieferstellung zu erkennen, und schließlich darauf, das gesamte Gebiß des einzelnen Patienten gedanklich mit einem imaginären[4], eugnathen[5] Gebiß zu vergleichen. Besondere Aufmerksamkeit wird man den Platzverhältnissen einräumen, um zu erfahren, ob die Größe der Kiefer für alle vorhandenen bleibenden Zähne ausreicht.

Fotobefund

Zweifellos verbessert ein perfektes Gebiß das Aussehen eines jeden Patienten: Ästhetische[6] Belange spielen also eine entscheidende Rolle bei jeder kieferorthopädischen Behandlung. Durch Korrekturen[7] der Zahnstellung ist der Kieferorthopäde sogar imstande, deutliche Veränderungen des Profiles – besonders im Bereich der unteren Gesichtshälfte und in der Lippenregion – zu bewirken. Sowohl zur Behandlungsplanung als auch zur Kontrolle des Behandlungserfolges benötigt man deshalb Fotografien des Patienten. Üblicherweise werden dazu zwei Fotos hergestellt: Eines genau von der Seite (en-profil) und eines exakt von vorn (en-face; Abb. 403). Für derartige Aufnahmen wird häufig eine Polaroidkamera benutzt; es ist allerdings wünschenswert, daß das Bildformat nicht zu klein ist.

1 Alveolarfortsatz (lat.-dt.): zahntragender Teil des Kiefers
2 transversal (lat.): querverlaufend, d. h. von rechts nach links
3 Asymmetrie (gr.): Ungleichmäßigkeit (zwischen beiden Körperhälften)
4 imaginär (lat.): nur in der Vorstellung existierend
5 eugnath (gr.): einem Normgebiß entsprechend
6 ästhetisch (gr.): das Aussehen betreffend
7 Korrektur (lat.): Beseitigung, Berichtigung

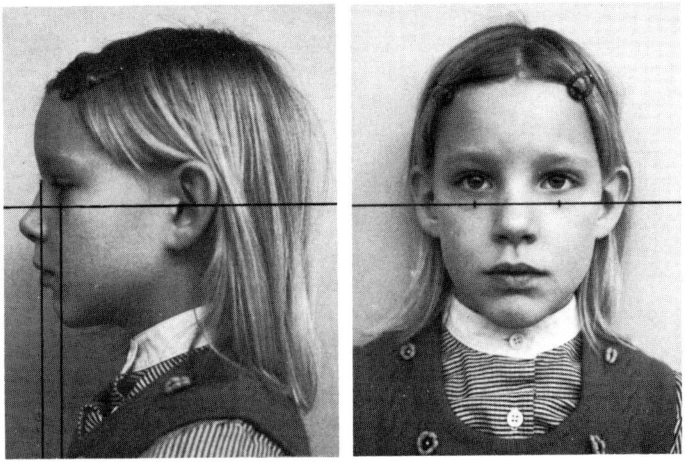

Abb. 403 Seiten- und Vorderansicht einer Patientin; in die Fotografie sind die Frankfurter Horizontale sowie die Nasion- und die Orbitasenkrechte eingezeichnet. Beachte die Lage des Augen- und des Ohrbezugspunktes!

Zur *Gesichtsanalyse* werden in das Foto drei Linien eingezeichnet. Die erste ist die „Frankfurter Horizontale[1]", die vom tiefsten Punkt des äußeren Augenhöhlenrandes zum Ohrpunkt verläuft; die genaue Lage dieses Bezugspunktes ist der Abbildung 403 zu entnehmen.
Zwei weitere Linien stehen senkrecht auf dieser Waagerechten und verlaufen einerseits durch die Nasenwurzel (Nasionsenkrechte[2]) und andererseits durch den oben definierten Augenpunkt (Orbitasenkrechte[3]).
Bei der Profilanalyse – dem wichtigsten Teil der gesamten Gesichtsanalyse – prüft man beispielsweise die Lage des Nasenansatzes, der Lippen und des Kinns zu den beiden oben genannten Senkrechten, um so den Gesichtstyp und den Profilverlauf zu bestimmen.

Die Aufgaben der Helferin

Die Aufgabe der Helferin wird es sein, die erforderlichen Fotos aufzunehmen, die scharf und kontrastreich sein müssen. Außerdem muß sie darauf achten, daß das Kameraobjektiv und die Augen-Ohr-Waagerechte auf gleicher Höhe liegen. Nur so können Verzerrungen vermieden werden, die zu einer Beeinträchtigung der Gesichtsanalyse führen würden.
Wenn die Helferin anschließend auch die Bezugsebenen einzeichnet, sollte sie sich diese Aufgabe erleichtern, indem sie bereits am Patienten den Augenpunkt kennzeichnet. Dazu wird hier nach vorsichtigem Austasten ein kleines Markierungsmerkmal (z. B. eine mit Tesafilm aufgeklebte Bleikugel, ein Stück schwarzer Klebestreifen o. ä.) befestigt. Der Ohrpunkt dagegen ist problemlos auf der Fotografie zu finden, und braucht deshalb nicht vorher markiert zu werden; Voraussetzung ist aber, daß die Ohren auf keinen Fall von Haaren verdeckt sind.

Zusammenfassende Betrachtung zur kieferorthopädischen Befunderhebung

Nach dem bisher Gesagten kann man nicht daran zweifeln, daß die verschiedenen Befundunterlagen erhebliche Bedeutung für eine kieferorthopädische Behandlung haben. Aus diesem Grund müssen sie mit größter Sachkenntnis und Sorgfalt angefertigt werden. Dazu wird ein ständiges Praktizieren ebenso nötig sein wie eine kritische Selbstüberprüfung.

1 Frankfurter Horizontale: Ohr-Augen-Ebene
2 Nasion (lat.): Nasenwurzelpunkt
3 Orbita (lat.): Augenhöhle

Da alle Behandlungsunterlagen den Charakter eines Dokumentes haben, müssen sie so geordnet sein, daß sie immer wieder griffbereit sind; auf keinen Fall dürfen sie verlorengehen. Allgemein geht man davon aus, daß die gesamten Unterlagen (einschließlich der Aufzeichnungen über den Behandlungsverlauf) erst 10 Jahre nach dem Abschluß einer kieferorthopädischen Therapie vernichtet werden dürfen.

Es bleibt daher dem Organisationstalent des einzelnen Kieferorthopäden und seiner Helferin überlassen, eine optimale Lösung für eine übersichtliche, leicht zu handhabende Katalogisierung aller Behandlungsunterlagen zu finden.

Fragen zum Verständnis und zur Selbstkontrolle

Kieferorthopädische Befunderhebung

1. Was sind Dysgnathien?
2. Welche zwei Hauptfaktoren werden bei der Anamnese erfaßt?
3. Worin zeigt sich der Einfluß von Erbfaktoren sehr einfach?
4. Nennen Sie zwei Ursachen für Mineralisationsstörungen der Zähne!
5. Geben Sie die drei wichtigsten Funktionen an, die beim Funktionsbefund überprüft werden!
6. Welche Röntgenprojektionen werden in der Kieferorthopädie am häufigsten benutzt?
7. Wie häufig sind bleibende Zähne primär nicht angelegt (in %) ohne bzw. mit Berücksichtigung der Weisheitszähne?
8. Welche vier wichtigsten Fragen versucht man bei der Fernröntgenseitenbildauswertung zu beantworten?
9. Die beiden wichtigsten Erkenntnisse, die man durch die Überlagerung zweier, zu verschiedenem Zeitpunkt entstandener Fernröntgenseitenbilder eines Patienten gewinnt, sind:
10. Nennen Sie die beiden Faktoren, die zu Veränderungen im Gesichtsschädelaufbau führen können!
11. Aus welchem Grund fertigt der Kieferorthopäde Röntgenaufnahmen der Hand an?
12. Welche kieferorthopädischen Gesichtspunkte sind bei der Herstellung von Röntgenbildern zu berücksichtigen?
13. Wie viele Porträtfotografien eines Patienten sollten prinzipiell vor (und nach) einer kieferorthopädischen Behandlung angefertigt werden?
14. Nennen Sie die drei Bezugslinien, die am häufigsten zur Profilanalyse herangezogen werden!
15. Worauf ist bei der Herstellung von Seitenansichtsaufnahmen besonders zu achten und warum?

(Die Antworten stehen auf Seite 477f.)

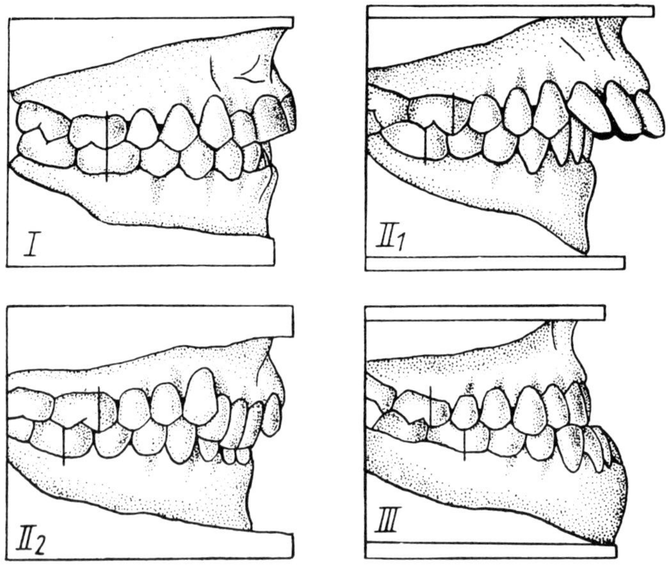

Abb. 404 Bei der international üblichen Klassifikation nach *E. H. Angle* werden die Dysgnathien in drei Klassen (I, II und III) eingeteilt mit einer Untergliederung der Klasse II in zwei Abteilungen (1 und 2)

Kieferorthopädische Diagnose

Nach der Auswertung aller Befundunterlagen wird der Kieferorthopäde zu einer Diagnose kommen. Obwohl der Helferin hierbei keine spezifischen Aufgaben zufallen, sollte sie dennoch grundsätzliches Verständnis für die verschiedenen Arten von Zahn- und Kieferfehlstellungen haben.

Da das bleibende Gebiß des Menschen 32 Zähne hat, wäre es theoretisch möglich, daß sich jeder einzelne Zahn zu jedem anderen Zahn in einer inkorrekten[1] Stellung befindet: Eine Unzahl von Fehlstellungen wäre die Folge. Tatsächlich treten aber bestimmte Kombinationen von Zahn- und Kieferfalschständen mit großer Regelmäßigkeit auf. Man hat daher immer wieder nach einer Einteilung gesucht, in die sich die so entstehenden Dysgnathien problemlos einfügen lassen. Dieser Versuch ist bis heute eigentlich nicht gelungen, weil kein System universal[2] ist.

Dennoch dürfte die Klassifikation[3], die auf den amerikanischen Orthodonten[4] *E. H. Angle* zurückgeht, am gebräuchlichsten sein. Danach werden alle Fehlstände der Kiefer (und Zähne) in drei Klassen eingeteilt, wobei die zweite Klasse zusätzlich zwei Abteilungen aufweist (Abb. 404). Diese Klassifikation einschließlich der lateinischen und deutschen Terminologie[5] lautet:

Klasse I	= Neutralbiß = Regelbiß
Klasse II	= Distalbiß = Rückbiß
Abteilung 1	= mit Protrusion[6] der oberen Schneidezähne
	= obere Spitzfront*
Abteilung 2	= mit Retrusion[8] der oberen Schneidezähne
	= obere Flachfront
Klasse III	= Mesialbiß = Vorbiß

* Häufig auch als Prognathie[7] bezeichnet. (Dieser Ausdruck ist unrichtig, da das Vorstehen des Oberkiefers als entscheidende Ursache der Fehlentwicklung angesehen wird, während häufiger eine Rücklage des Unterkiefers vorliegt.)

1 inkorrekt (lat.): falsch, unrichtig
2 universal (lat.): umfassend
3 Klassifikation (lat.): Einteilung
4 Orthodont (gr.): im anglo-amerikanischen Sprachraum üblicher Begriff für einen Kieferorthopäden; gleichzeitig auch zur Kennzeichnung des Kieferorthopäden, der mit festsitzenden Apparaturen behandelt
5 Terminologie (lat.): Fachsprache, Lehre von den Fachausdrücken
6 Protrusion (lat.): Vorstehen der Zähne
7 Prognathie (gr.): Vorstehen des Oberkiefers
8 Retrusion (lat.): Zurückstehen der Zähne

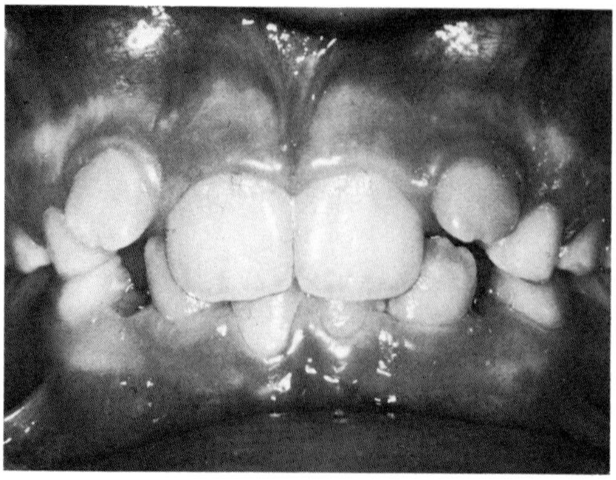

Abb. 405 Intraoraler Befund bei einem deckbißbehafteten Patienten: Charakteristisch sind die nach innen gekippten mittleren Schneidezähne, der deutliche vertikale Überbiß und bedingt auch die gleichzeitig nach außen gekippten seitlichen Schneidezähne

Zwei weitere typische Dysgnathien sind der Deckbiß (Abb. 405), der je nach Bißlage zur *Angle*-Klasse I oder II, 2 gehören kann, und die Progenie[1], die der individuellen Bißlage entsprechend in die *Angle*-Klasse I oder III eingeordnet werden muß.
Allen bisher aufgezählten „Basisdysgnathien" können sich weitere Fehlstellungen vor allem in vertikaler und transversaler Dimension bzw. Anomalien der Zahnzahl aufpfropfen. Die wichtigsten dieser komplizierenden Faktoren sind:

A) In vertikaler Richtung

1. Tiefer Biß: Vertikales Überfassen der Schneidezähne über das Normalmaß hinaus; bei extremen Kreuzbißformen auch im Seitenzahngebiet möglich.
2. Offener Biß: Klaffen der Front- oder Seitenzähne in vertikaler Richtung.
3. Eckzahntiefstand: Meist als Eckzahnaußen- und -tiefstand, das heißt, der Eckzahn beendet seinen Durchbruch außerhalb der Zahnreihe und mehr oder weniger weit entfernt von der Okklusionsebene.
4. Verlängerung bzw. Verkürzung einzelner Zähne: Zum Beispiel beim Fehlen von Antagonisten[2] bzw. in Form einer Milchmolarendepression[3], bei der ein Milchbackenzahn im Laufe der Gebißentwicklung erheblich unter das Okklusionsniveau gerät.
5. Retention[4] bzw. Halbretention: Ausbleibender bzw. nur teilweise erfolgender Zahndurchbruch.

B) In transversaler Richtung

1. Kreuzbiß: Verkehrter seitlicher Überbiß.
2. Mandibuläre[5] Verschiebung: Abweichen des gesamten Unterkiefers nach rechts oder links.
3. Kieferkompression[6] oder -expansion[7]: Schmalkiefer oder Breitkiefer

1 Progenie (gr.): vielfältige Dysgnathie, häufig durch einen umgekehrten Frontzahnüberbiß gekennzeichnet
2 Antagonist (gr.): Gegenzahn
3 Depression (lat.): Zurückversenken eines bereits durchgebrochenen Zahnes
4 Retention (lat.): hier: Verbleiben eines Zahnes im Kiefer
5 mandibulär (lat.): auf den Unterkiefer bezogen
6 Kompression (lat.): Zusammendrückung; hier: Schmalkiefer
7 Expansion (lat.): Ausdehnung; hier: Breitkiefer

4. Mittellinienverschiebung: Gesichtsmitte und Mitte zwischen beiden zentralen[1] Schneidezähnen stimmen nicht überein.

Eine Anomalie wie Engstand kann durch vorzeitigen Milchzahnverlust und anschließende Mesialwanderung[2] der bleibenden Zähne ebenso bedingt sein wie durch Makrodontie[3] (überdurchschnittliche Breite der Zähne) und/oder durch Mikrognathie[4] (überdurchschnittliche Verkleinerung des Kiefers); Lückenbildung andererseits kann durch überdurchschnittlich kleine Zähne (Mikrodontie[5]) bzw. Vergrößerung des Kiefers (Makrognathie[6]) verursacht werden oder dadurch, daß einzelne Zähne nicht angelegt sind. Eine Sonderform der Lückenstellung ist das Diastema mediale[7] (Trema[8]), eine isolierte Lücke zwischen den beiden oberen mittleren Schneidezähnen (Abb. 406).

Außerdem seien hier noch Zahndrehungen (Rotationen[9]) genannt, die häufig bei Platzmangel beobachtet werden. Aber auch unabhängig davon findet man Drehungen, die dann meist auf eine falsche Lage des Zahnkeimes zurückzuführen sind.

Bei den Abweichungen der Zahnzahl unterscheidet man zwischen Fehlen von Zähnen (Unterzahl, Hypodontie[10]) bzw. dem Vorhandensein zusätzlicher Zähne (Überzahl, Hyperodontie[11]; Abb. 407). Von einer Unterzahl betroffen sind – unabhängig von den Weisheitszähnen, die am häufigsten fehlen – vor allem die zweiten Prämolaren, die oberen seitlichen Schneidezähne und die unteren Schneidezähne.

Zahnüberzahl, die etwa bei 2 bis 3% aller Menschen vorkommt, tritt besonders im Gebiet der oberen Frontzähne in Form sog. Mesiodentes[12] auf. Neben diesen meist atypisch geformten Zahngebilden kann man in allen Gebißregionen doppelt gebildete Zähne mit mehr oder minder normaler Gestalt finden.

Schließlich sei noch eine Entwicklungsstörung genannt, die vom kieferorthopädischen Standpunkt aus betrachtet keinen eigenständigen Charakter hat, sondern zahlreiche der oben geschilderten Symptome[13] in wechselnder Kombination aufweist. Es handelt sich dabei um Spaltbildungen des Gesichtes bzw. des Kiefers in Form der Lippen-Kiefer-Gaumenspalten (Abb. 408). Diese bereits im 2. und 3. Schwangerschaftsmonat sich entwikkelnden Mißbildungen führen primär kaum

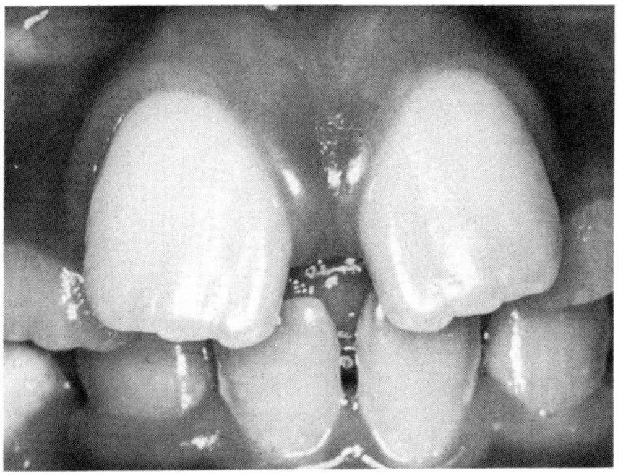

Abb. 406 Dieses Diastema mediale, das durch die auseinanderstrebende Zahnstellung gekennzeichnet ist, kann noch als normal angesehen werden und sich im Laufe der weiteren Entwicklung von allein ausgleichen

1 zentral (lat.): im Mittelpunkt, mittlere (r, s)
2 mesial (gr.): mittelseitig, zur Mitte hin gerichtet; hier: Wanderung der Zähne nach vorn
3 Makrodontie (gr.): überdurchschnittliche Zahnbreiten
4 Mikrognathie (gr.): Unterentwicklung des (Ober-)Kieferkörpers
5 Mikrodontie (gr.): unterdurchschnittliche Zahnbreiten
6 Makrognathie (gr.): Überentwicklung des (Ober-)Kieferkörpers
7 Diastema (gr.) (mediale): Lücke zwischen (den beiden oberen mittleren Schneide-)Zähnen
8 Trema (gr.): Lücke, Trennung; von *Virchow* im Sinne von Diastema mediale gebraucht
9 Rotation (lat.): Drehung
10 Hypodontie (gr.): Unterzahl von Zähnen
11 Hyperodontie (gr.): Überzahl von Zähnen
12 Mesiodentes (Einz.: Mesiodens; gr.): überzähliger, zusätzlich zu beiden Dentitionen entstandener Zahn im Gebiet der oberen Frontzähne
13 Symptom (gr.): Krankheitszeichen

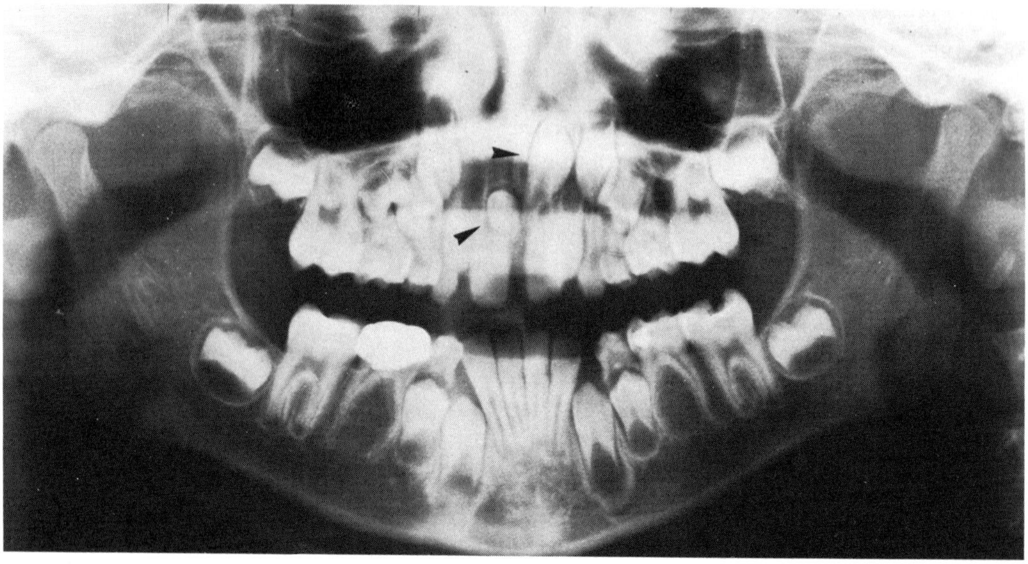

Abb. 407 Orthopantomogramm eines Patienten, dem die Zähne 25, 35 und 45 fehlen, der gleichzeitig aber zwei überzählige Keime in Form von Mesiodentes hat (s. Pfeile). Die Frage, ob die Weisheitszähne ebenfalls unterzählig sind oder sich noch ausbilden, kann erst etwa mit dem 10. bis 12. Lebensjahr entschieden werden

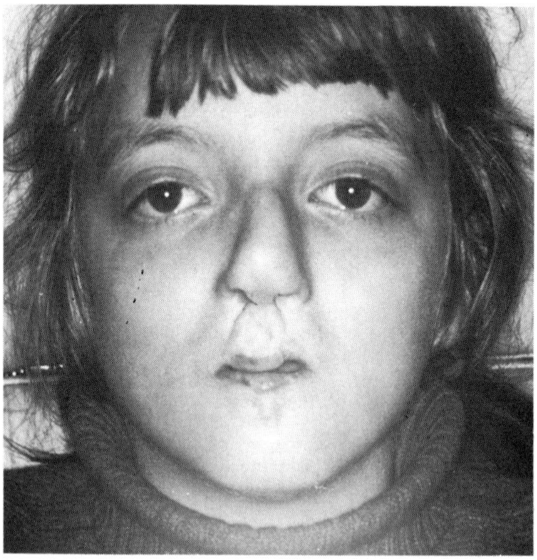

Abb. 408 Patientin mit operierter doppelseitiger Lippen-Kiefer-Gaumenspalte und Unterlippenspalte. In der Mehrzahl der Fälle ist das Ergebnis solcher Operationen jedoch wesentlich besser als das hier vorgestellte

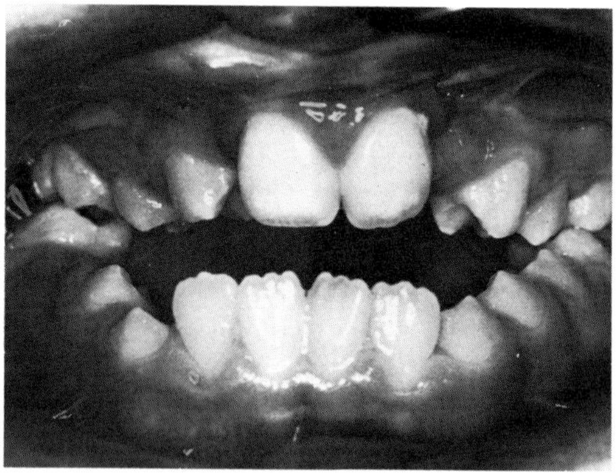

Abb. 409 Gebißsituation der Patientin aus Abbildung 408; die Folgen der doppelseitigen Spaltbildung erkennt man trotz erfolgter Operation: Es besteht ein Knochendefekt im ehemaligen Spaltgebiet, der notwendige Platz für die seitlichen Schneidezähne und die Eckzähne fehlt fast völlig; der gesamte Oberkiefer erscheint verkrüppelt. Außerdem liegt in horizontaler Richtung ein umgekehrter Frontzahnüberbiß und vertikal ein hochgradig offener Biß vor

zu hochgradigen Gebißdeformierungen[1], sondern erst die frühzeitigen und zahlreichen Operationen mit den dabei entstehenden Narben bewirken die teilweise extremen Verkrüppelungen des Oberkiefers (Abb. 409).
Zum Schluß dieser summarischen[2] Aufzählung sei noch einmal betont, daß hier nur die häufigsten und wichtigsten Anomalien der Zahn- und Kieferstellungen bzw. der Zahnzahl vorgestellt werden sollten. Ihre vollständige Anzahl ist um ein Vielfaches größer.
In der schriftlich niederzulegenden Diagnose listet der Kieferorthopäde nur die schwerwiegendsten Symptome auf, so daß eine kieferorthopädische Diagnose etwa so lauten könnte:
„Angle-Klasse II, 1 mit tiefem Biß und frontalem Engstand im Unterkiefer bei Kreuzbiß im Bereich der 1. und 2. Prämolaren sowie Kompression des Oberkiefers."

Zusammenfassende Betrachtung zur kieferorthopädischen Diagnose

Die Diagnose in der Kieferorthopädie – wie in der gesamten Medizin – steht im Mittelpunkt allen therapeutischen Handelns. Ebenso wie die Diagnose die genannten vielfältigen Befundunterlagen voraussetzt, so setzt jede kieferorthopädische Behandlung eine genaue Diagnose voraus. Der bedeutende Kieferorthopäde *A. M. Schwarz* hat das treffend etwa so formuliert, daß „die Analyse einen Behandlungsantrag stellt".

1 Deformierung (lat.): Verunstaltung, Verformung
2 summarisch (lat.): kurz zusammengefaßt

Fragen zum Verständnis und zur Selbstkontrolle

Kieferorthopädische Diagnose

16. Welche vier Grunddysgnathien unterscheidet man nach der Klassifikation von *E. H. Angle*?
17. Zählen Sie einige Zahn- und Kieferfehlstellungen in *vertikaler* Richtung auf!
18. Nennen Sie einige Zahn- und Kieferfehlstellungen in *transversaler* Richtung!
19. Welche drei (vier) Gründe können zu einem Zahnengstand führen?
20. Was versteht man in der Kieferorthopädie unter Diastema mediale?
21. Welche bleibenden Zähne sind am häufigsten von einer Unterzahl betroffen?
22. Bei welchen Zähnen macht sich Zahnüberzahl meist bemerkbar, wie nennt man diese speziellen überzähligen Zähne?
23. Wann entstehen Spaltbildungen der Lippen, der Kiefer und des Gaumens?
24. Was ist die Ursache für die oft sehr starke Ausprägung von Zahn- und Kieferfehlstellungen bei spaltbehafteten Patienten?

(Die Antworten stehen auf Seite 477f.)

Kieferorthopädische Therapie

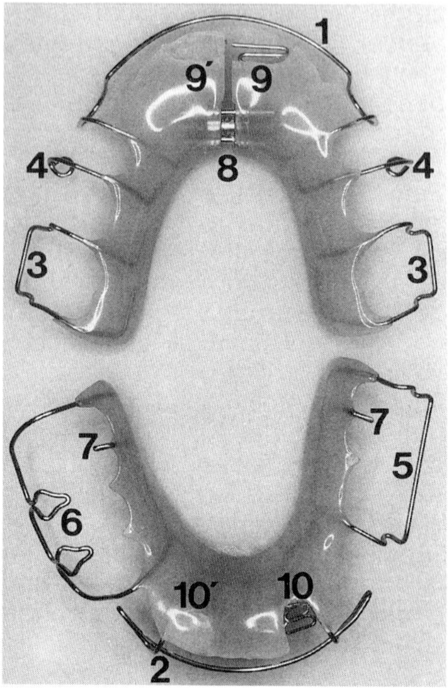

Abb. 410 Herausnehmbare kieferorthopädische Geräte für Ober- und Unterkiefer. Neben dem Kunststoffkörper erkennt man einen Labialbogen mit U-Schlaufe (1) bzw. nach *Schwarz* (2). Als Halteelemente dienen Adamsklammern (3) und Ösenklammern (4) bzw. eine doppelte Adamsklammer (5) und eine Pfeilklammer (6) sowie Abstützdorne (7) an der Unterkieferapparatur. Als aktive Elemente wirken eine Dehnschraube (8) und offene (9) bzw. geschlossene (10) Protrusionsfedern, die für die Zähne 11 und 42 mit Kunststoff bedeckt sind (9′ und 10′). Der Kunststoff des Plattenkörpers enthält Fluorid, wodurch er eine kariesverhütende Wirkung besitzt; gleichzeitig geht jedoch die Durchsichtigkeit verloren

Das Gebiet der Kieferorthopädie hat sich in den vergangenen Jahrzehnten in starkem Ausmaß entwickelt, und man kann vermuten, daß sich diese Entwicklung weiter fortsetzt, ja sogar noch beschleunigt. Der geschilderte Entwicklungsprozeß hat natürlich auch die Behandlungsmöglichkeiten vervielfältigt. Aus diesem Grund wird das Folgende nur ein grober Überblick über das gesamte Therapiespektrum sein können.

Prinzipiell werden Dysgnathien mit herausnehmbaren Geräten oder festsitzenden Apparaturen behandelt. In beiden Fällen kann es außerdem notwendig werden, gesunde Zähne im Sinne einer Extraktionstherapie gezielt zu entfernen. Bei extremen Fehlstellungen wird man zusätzlich kieferchirurgische und prothetische Behandlungsmaßnahmen durchführen müssen, um ein gutes Ergebnis zu erreichen.

Alle diese Behandlungsmittel haben Vorzüge und gleichzeitig Nachteile. Deshalb wird man bei jedem Patienten abwägen müssen, wie man die notwendigen Aufgaben am zweckmäßigsten löst. Das heißt also, daß sich die Indikationsstellung[1] für ein bestimmtes therapeutisches Mittel aus der Art und dem Schwierigkeitsgrad einer Dysgnathie ergibt.

Therapie mit herausnehmbaren Geräten

Die herausnehmbaren Geräte kann man in zwei große Gruppen einteilen. Das sind einerseits Plattenapparaturen, die nur im Ober- oder Unterkiefer wirken, und andererseits funktionskieferorthopädische Geräte, die eine gleichzeitige Wirkung auf beide Kiefer entfalten. Dazu kommen Retentionsgeräte, deren Aufgabe darin besteht, das erreichte Behandlungsergebnis zu sichern.

Plattenapparaturen

Derartige Geräte sind vor allem bei frühzeitigem Behandlungsbeginn und begrenztem Behandlungsaufwand, d. h. einfacheren Zahnfehlstellungen indiziert[2]. Sie werden vom Zahntechniker nach den Angaben des Kieferorthopäden auf einem Arbeitsmodell hergestellt und bestehen prinzipiell aus folgenden drei Teilen (Abb. 410):

1. Plattenkörper (aus [durchsichtigem] Kunststoff),

2. Halteelementen (aus hartem Draht zur Verankerung des Gerätes) und

1 Indikation (lat.): (Heil-)Anzeige
2 indiziert (lat.): angezeigt, angebracht

3. aktiven Elementen (das sind entweder Federn aus federhartem Draht oder doppelgewindige Miniaturschrauben zur Bewegung von Zähnen oder Zahngruppen).

Eine Retentionsplatte wird möglichst einfach konstruiert und enthält im Gegensatz zu aktiven Plattengeräten keine Bewegungselemente.
Nach dem Einsetzen der Apparatur wird der Patient in Abständen von etwa zwei bis vier Wochen zur Kontrolle bestellt. Dabei wird nicht nur der Behandlungsfortgang überprüft, sondern es erfolgt gleichzeitig auch eine Aktivierung[1] der inzwischen unwirksam gewordenen Federn, Schrauben oder Halteklammern.
Der Vollständigkeit halber sei noch erwähnt, daß es herausnehmbare Apparaturen gibt, die nur aus gebogenen und zusammengelöteten, hochelastischen Drähten bestehen. Diese sog. *Crozat*-Geräte stehen in ihrer Wirkungsweise etwa zwischen kieferorthopädischen Plattenapparaturen und festsitzenden Behandlungsgeräten.

Funktionskieferorthopädische Geräte (FKO-Geräte)

Derartige Geräte sind vorwiegend in der Wechselgebißperiode indiziert, wenn die Lage beider Kiefer zueinander geändert werden soll. Der Prototyp[2] dieser Apparate ist der Aktivator (Abb. 411), der bei der Behandlung von Distalbissen kaum ersetzbar ist. Ein typischer Distalbißaktivator hat zwei Hauptaufgaben:

1. Bißverschiebung = Herstellung eines Neutralbisses und

2. Bißnivellierung[3] = Beseitigung eines gleichzeitig bestehenden tiefen oder offenen Bisses.

Mit diesen sagittalen und vertikalen Korrekturen werden oft auch zur gleichen Zeit transversale Bißunstimmigkeiten behoben.
FKO-Geräte existieren ebenso wie alle anderen kieferorthopädischen Therapiemittel in zahlreichen Modifikationen[4]. Neben dem Bionator sei hier vor allem noch der

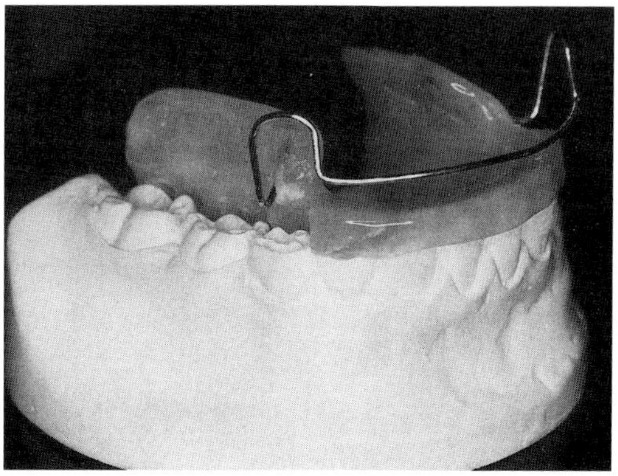

Abb. 411 Zierlich gestalteter Aktivator mit Labialbogen für die oberen Schneidezähne und einer Kunststoffkralle, die die Frontzähne im Unterkiefer teilweise bedeckt und damit hält. Der Kunststoff okklusal[5] über den Seitenzähnen wurde gezielt weggeschliffen, damit sich diese Zahngruppen verlängern können

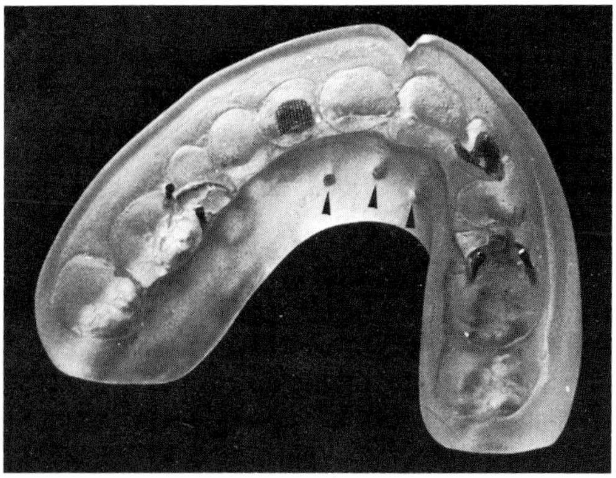

Abb. 412 Aufsicht von seitlich-hinten auf einen Positioner, der die Zähne ringsherum fixiert und sich innen sowie außen auf die Schleimhaut erstreckt. Die eingebauten Klammern und Drahtnetze verbessern den Sitz und die Funktion des Gerätes, die kleinen Löcher (s. Pfeile) dienen zur Atmungserleichterung

1 Aktivierung (lat.): in Spannung versetzen, wirksam machen
2 Prototyp (gr.): Urbild, Vorbild
3 Nivellierung (frz.): Einebnung
4 Modifikation (lat.): Abänderung
5 okklusal (lat.): zur Kaufläche hin, Kauflächen-

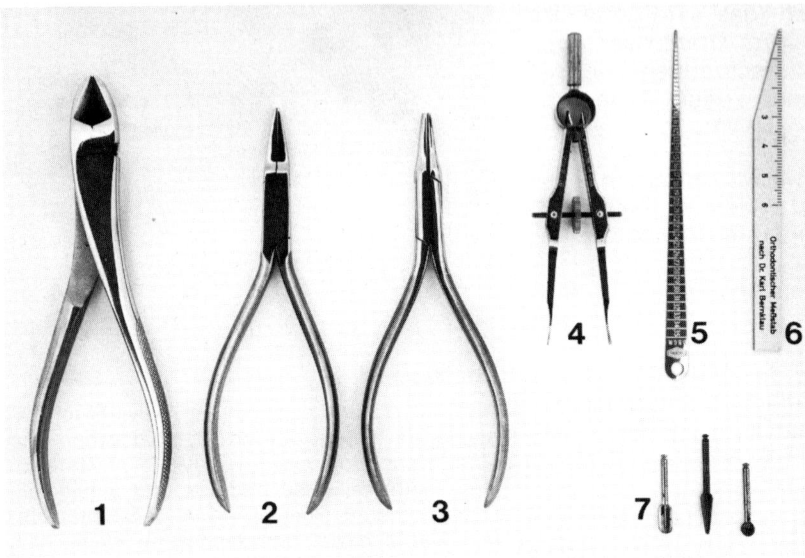

Abb. 413 Die wichtigsten Instrumente bei einer Behandlung mit herausnehmbaren Apparaturen: Seitenschneider (1), Flachspitzzange (2), Hohlkehlzange (3), Meßzirkel (4), Meßstäbe (5, 6) und verschiedene Fräsen (7)

Funktionsregler erwähnt, bei dem die wirksamen Apparateteile nicht im Zungenraum liegen wie bei den üblichen funktionskieferorthopädischen Geräten, sondern im Mundvorhof (Vestibulum).
Neben den oben geschilderten Aufgaben kann man einen Aktivator auch zur Retention benutzen. Darüber hinaus gibt es aber ein Gerät, das vom Aussehen her dem Aktivator ähnlich ist und speziell zu Retentionszwecken entwickelt wurde. Es handelt sich um den Positioner[1] (Abb. 412), der alle Zähne des Ober- und Unterkiefers von innen, oben und außen fixiert[2].
Zur Herstellung der FKO-Apparatur benötigt der Techniker neben den Arbeitsmodellen einen Konstruktionsbiß. Das ist ein Wachsbiß, durch den die Position festgelegt wird, die beide Kiefer zueinander im fertigen Gerät einnehmen sollen. Nach dem Eingliedern des Gerätes wird der Patient in Abständen von etwa vier bis acht Wochen wieder bestellt, um die Wirkung des Behandlungsgerätes zu kontrollieren und es – wenn erforderlich – zu korrigieren.

Die Aufgabe der Helferin

Beim Einsetzen und Kontrollieren von Einzelkieferapparaturen oder funktionskieferorthopädischen Geräten besteht die Aufgabe der Helferin im Bereitlegen bzw. Zureichen der notwendigen Instrumente. Neben dem zahnärztlichen Besteck (Spiegel, Sonde, Pinzette) sind das vor allem Zangen (Flachspitzzange, Hohlkehlzange, Seitenschneider) und Fräsen (kegel-, walzen- oder kugelförmig) im Mikromotor sowie zur Prüfung von Zahnbewegungen ein Meßzirkel und ein Meßstab (Abb. 413). Für den Konstruktionsbiß wird meist ein Wachsmesser und zusätzlich ein Spiritusbrenner o. ä. benötigt.

Therapie mit festsitzenden Apparaturen

Festsitzende Behandlungsapparaturen bestehen sehr häufig aus zwei verschie-

1 Positioner (engl.): Retentionsgerät am Abschluß einer Multibandbehandlung
2 fixieren (lat.): befestigen, festhalten

denen Komponenten[1]: dem eigentlichen intraoralen Band-Bogen-Gerät und einer extraoralen[2] Verankerung, dem Headgear[3]. Obwohl der Headgear vom Patienten selbst entfernt werden kann – und es sich damit eigentlich nicht um eine festsitzende Apparatur im strengen Sinne handelt –, ist er ein so bedeutsamer Bestandteil orthodontischer Behandlungsgeräte, daß er in diesem Zusammenhang besprochen werden soll.

Multiband-Apparaturen

Sie sind immer dann indiziert, wenn Zähne körperlich bewegt werden müssen. Das ist beispielsweise oft nach Extraktionen erforderlich, vor allem wenn diese nach dem Zahnwechsel erfolgen. Festsitzende Apparaturen sind weiterhin nicht zu ersetzen, wenn man Torquebewegungen[4] durchführen will bzw. wenn eine exakte dreidimensionale Kontrolle der Zähne erwünscht ist.
Orthodontische Geräte bestehen grundsätzlich aus drei Elementen (Abb. 414):

1. Bänder (aus dünnem, rostfreiem Stahlblech).

2. Schlösser = Brackets[4] (bei den Molaren handelt es sich meist um Röhrchen; dazu kommen auf der Zungenseite des Bandes liegende Hilfsteile wie z. B. das Lingualdoppelhäkchen[6]).

3. Bögen (das sind geflochtene, runde oder kantige Drähte mit meist großer Federelastizität).

Bei der sog. Klebetechnik entfallen die Bänder, da die Schlösser mit einem am Schmelz haftenden Kunststoff unmittelbar auf dem Zahn befestigt werden.
Eine festsitzende Variante der Retentionsgeräte ist der Eckzahnretainer[7] (Abb. 415). Dabei erhalten beide Eckzähne im Unterkiefer Bänder, die lingual mit einem stärkeren Draht verbunden sind und somit den Bereich der unteren Schneidezähne starr fixieren. Sind die Enden des Lingualdrahtes auf kleine Netzbasen geschweißt, kann ein solcher Eckzahnretainer auch geklebt werden.
Der erste Schritt bei der Behandlung mit

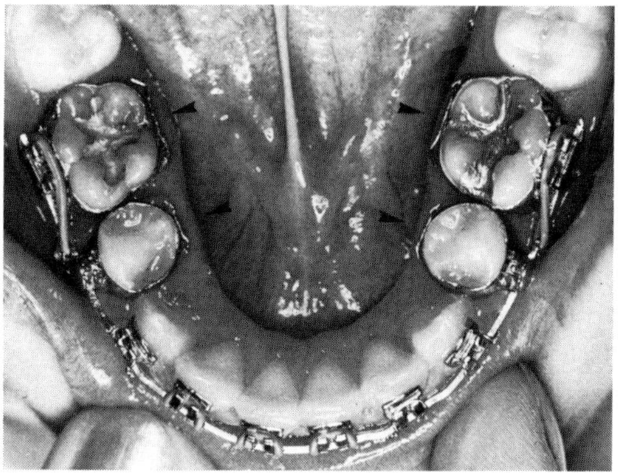

Abb. 414 Multibandapparatur mit Bändern auf den 2. Prämolaren und 1. Molaren sowie geklebten Schlössern auf den Frontzähnen. Man erkennt ebenfalls den kantigen Drahtbogen und die Lingualdoppelhäkchen (s. Pfeile) auf der Zungenseite der Bänder

orthodontischen Apparaturen besteht meist darin, daß die Zähne separiert[8] werden, um Platz für die aufzusetzenden Bänder zu schaffen. Zum Separieren schiebt man einen kleinen Gummiring so zwischen zwei benachbarte Zähne, daß er sich um den Kontaktpunkt herum zusammenzieht und dabei beide Zähne auseinanderdrückt. Die selbe Wirkung läßt sich im übrigen auch mit einem fest gespannten Messingdraht erzielen.
Etwa eine Woche später ist genügend Platz vorhanden, um die passenden Bänder am Patienten aufzuprobieren, d. h., man muß die Bänder heraussuchen, die dem Zahn möglichst spaltenlos anliegen. Nur so kann garantiert werden, daß trotz langer Verweildauer im Munde der zwischen Zahn und Band vorhandene Zement nicht ausgewaschen wird, was Ent-

1 Komponente (lat.): Bestandteil
2 extraoral (lat.): außerhalb der Mundhöhle
3 Headgear (engl.): Kopfgeschirr, Gesichtsbogen, Außenbogen
4 Torque (engl.): Drehkraft, Drall, im Sinne einer Zahnbewegung außerhalb des natürlichen Drehpunktes
5 Bracket (engl.): Schloß, Halter, Klammer
6 lingual (lat.): nach der Zungenseite zu, Zungen-
7 Retainer (engl.): Retentionsapparat zum Halten der erreichten Zahnstellung
8 separieren (lat.): (allmähliches) Auseinanderdrängen der approximalen Kontaktpunkte

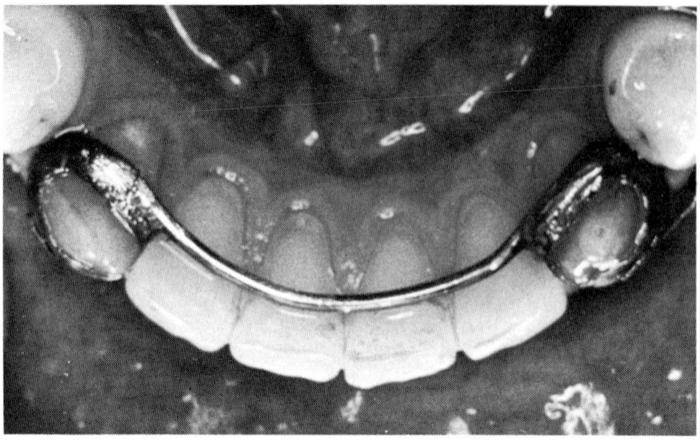

Abb. 415 Einzementierter Eckzahnretainer, der aus zwei glatten Bändern (ohne Schlösser) besteht, die durch einen aufgelöteten Draht miteinander verbunden sind

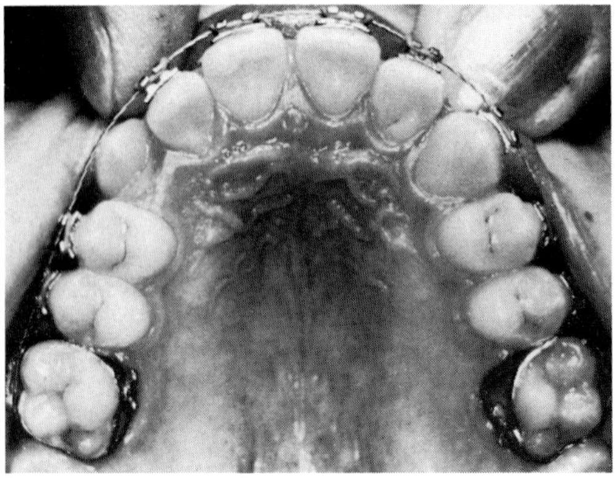

Abb. 416 Anfangsphase einer Behandlung mit festsitzenden Geräten: Als erster Draht wird ein dünner, verseilter Draht (der aus drei Einzelfasern zusammengedreht ist) in die Schlösser eingebunden. Der Zahn 13 trägt kein Schloß, da er sich (vor allem vertikal) noch zu weit außerhalb der Zahnreihe befindet

mineralisierungen[1] des Schmelzes, ja sogar Karies zur Folge haben könnte.
Nach einer gründlichen Reinigung und Oberflächenfluoridierung[2] werden die Bänder einzementiert; nach dem Abbinden müssen alle Zementüberschüsse sorgfältig entfernt werden. Anschließend wird der erste Bogen oder Teilbogen einligiert[3], d. h. in die Schlösser eingelegt und befestigt. Dieser Bogen wird aus einem sehr dünnen und hochflexiblen Draht bestehen, denn die räumlichen Distanzen zwischen den einzelnen Schlössern und den Zähnen sind oft erheblich (Abb. 416). Würde man einen zu dicken Drahtbogen wählen, könnte man damit das Parodontium schädigen und/oder man würde die Elastizität des Drahtes überfordern, d. h., er würde sich dauerhaft verformen und damit unwirksam werden.
Etwa drei bis acht Wochen nach dem Einligieren des ersten Bogens wird der Patient zur zweiten Sitzung bestellt. Hierbei wird der bisherige, oft schon deutlich sichtbare Erfolg überprüft, eventuell vorhandene elastische Züge werden nachgespannt oder erneuert, man aktiviert den intraoralen Drahtbogen oder geht gegebenenfalls sogar schon zum nächststärkeren Bogen über.
Das Prinzip vieler gängiger Multiband-Apparaturen besteht nämlich darin, mit immer stärkeren Drähten allmählich eine immer bessere Kontrolle über die Bewegungen der Zähne zu gewinnen, um sie schließlich in die gewünschte Idealstellung zu bringen.

1 Entmineralisierung (lat.): Auswaschung, Auflösung des Zahnschmelzes
2 Fluoridierung (lat.): Anwendung von Fluoriden
3 ligieren (lat.): einbinden, anbinden

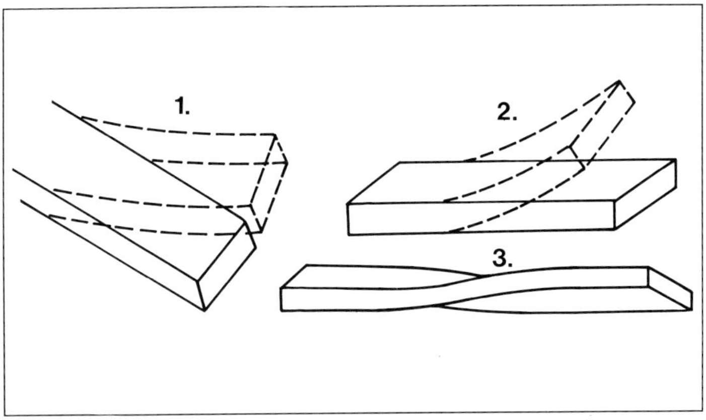

Abb. 417 Schematische Darstellung einer Biegung 1. Ordnung (zur Bewegung eines Zahnes in Richtung Mundhöhle oder Umschlagfalte), 2. Ordnung (zur Verlängerung oder Verkürzung eines Zahnes) und 3. Ordnung (für starke Bewegungen der Zahnwurzel, sog. Torque)

Das Aktivieren erfolgt durch gezieltes Verbiegen des ausligierten Drahtes. Dabei unterscheidet man zwischen
Biegungen 1. Ordnung, die horizontale Stellungsveränderungen (engl.: in-set[1] bzw. off-set[2]) bewirken,
Biegungen 2. Ordnung, die vertikale Positionsverschiebungen (Intrusion[3] – Extrusion[4]) erzeugen und
Biegungen 3. Ordnung, die zu Torquebewegungen führen (Abb. 417).
Bei den meisten Multiband-Techniken verläuft die gesamte Behandlung prinzipiell in folgenden Phasen:

a) Nivellierungsphase = Beseitigung vertikaler und horizontaler Zahnstellungsfehler.
b) Führungs- und Kontraktionsphase[5] = Eckzähne, Prämolaren und Molaren werden in eine neutrale Verzahnung geführt, alle bestehenden Lücken werden geschlossen und die Schneidezähne in ihre korrekte Stellung zueinander gebracht (auch als Bewegung am Bogen bzw. mit dem Bogen bezeichnet).
c) Idealisierungsphase = Alle Zähne werden in eine möglichst optimale Stellung gebracht.

Nach Beendigung der aktiven Behandlung wird sich hier ebenso wie bei der Therapie mit herausnehmbaren Geräten noch eine längerdauernde Retentionsphase anschließen müssen.

Wie bereits vorher erwähnt, gibt es auch bei den Band-Bogen-Apparaturen zahlreiche Modifikationen. Es sollen daher lediglich vier Methoden in aller Kürze vorgestellt werden. Der Grund hierfür ist, daß sich diese Modifikationen nicht allein durch Verwendung verschiedener Materialien (Bänder, Schlösser, Drähte, Verankerungen) unterscheiden, sondern, daß ihnen gleichzeitig eigenständige „Behandlungsphilosophien" zugrunde liegen.
Während bei der klassischen Edgewise[6]-Technik alle Biegungen 1., 2. und 3. Ordnung in den Draht eingebogen werden müssen (Abb. 418), sind sie bei der Straight-Wire[7]-Technik gewissermaßen in die Schlösser „einprogrammiert". Dadurch soll ermöglicht werden, daß vorgeformte ideale Bögen ohne weiteres einligiert werden können.
Das Prinzip der *Ricketts*[8]-Technik (Bio-Progressiv-Technik) beruht unter anderem darauf, relativ dünne und elastisch wirkende Drähte zu verwenden und die Zähne, die allmählich abschnittsweise bebändert werden (Abb. 419), mit Schlau-

1 in-set (engl.): Einwärtsbiegung, Lingualführung eines Zahnes
2 off-set (engl.): Aus(wärts)biegung, Vestibulärführung eines Zahnes
3 Intrusion (lat.): Versenkung eines Zahnes
4 Extrusion (lat.): Verlängerung eines Zahnes
5 Kontraktion (lat.): Zusammenziehung, im Sinne von Schließen der Extraktionslücke
6 Edgewise (engl.): kantig, Kantenbogen
7 Straight-Wire (engl.): vorgeformter (gerader) Drahtbogen
8 *R. M. Ricketts:* amerikanischer Orthodont

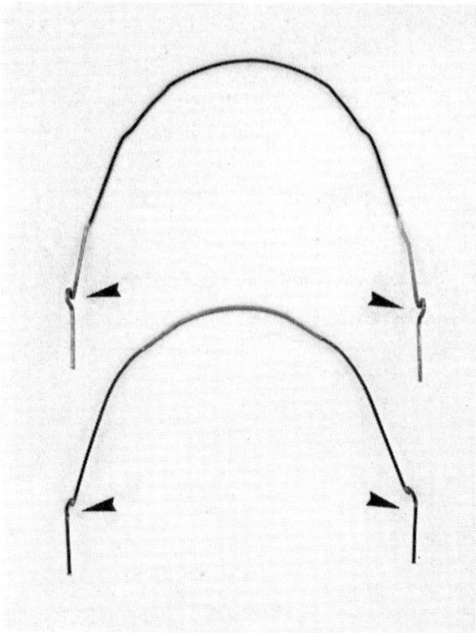

Abb. 418 Edgewise-Bögen für Oberkiefer (oben) und Unterkiefer (unten) mit Biegungen 1., 2. und 3. Ordnung sowie zusätzlichen Omega-Schlaufen (s. Pfeile). Aufgrund der Aufsichtsperspektive sind nur die Biegungen 1. Ordnung zu erkennen.

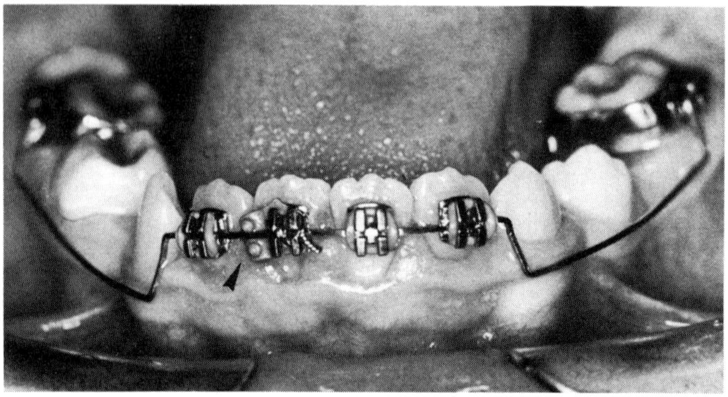

Abb. 419 Bei dieser Multibandapparatur nach Ricketts werden zunächst nur die 1. Molaren und die vier Schneidezähne mit Bändern bzw. Schlössern versehen, um dann einen stufenförmigen Drahtbogen einzuligieren. Dem Zahn 41 liegt ein kleines Gummipolster (s. Pfeil) auf, das die Drehung dieses Zahnes erleichtern soll

fen(teil)bögen möglichst kontrolliert und ohne Reibungswiderstand zu bewegen.

Die *Begg*[1]-Technik unterscheidet sich von den anderen, hier aufgeführten Methoden vor allem dadurch, daß zur Behandlung nur Drahtbögen mit rundem Querschnitt benutzt werden; hinzu kommt gleichzeitig eine besonders hohe Frequenz[2] von Zahnextraktionen aus rein kieferorthopädischen Gründen.

Multibracket-Apparaturen

Die bereits oben kurz erwähnte Ätz-Klebetechnik ist keine eigene Technik im Sinne der vorher genannten Methoden; sie ist vielmehr eine parallele Entwicklung der ursprünglich allein existierenden Band-Bogen-Systeme. Besonders in der jüngsten Zeit gewinnt sie eine immer größere Bedeutung, da es inzwischen Brackets aus mineralischen Werkstoffen gibt, die praktisch zahnfarben sind und von vielen Patienten aus ästhetischen Gründen bevorzugt werden.

Dem Aufkleben der Brackets geht eine intensive Vorbereitung des Schmelzes mit Säuberung, Trocknung, Ätzung und erneuter Trocknung voraus. Danach kann das mit Kunststoff beschickte Bracket in

1 *P. R. Begg:* australischer Orthodont
2 Frequenz (lat.): Häufigkeit

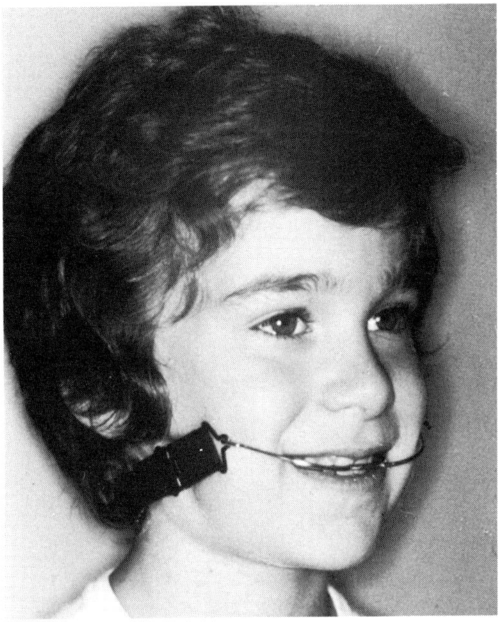

Abb. 420 Patient mit typischem Headgear. Man erkennt sowohl den Außenbogen wie auch das elastische Nackenband, das die erforderliche Zugkraft erzeugt

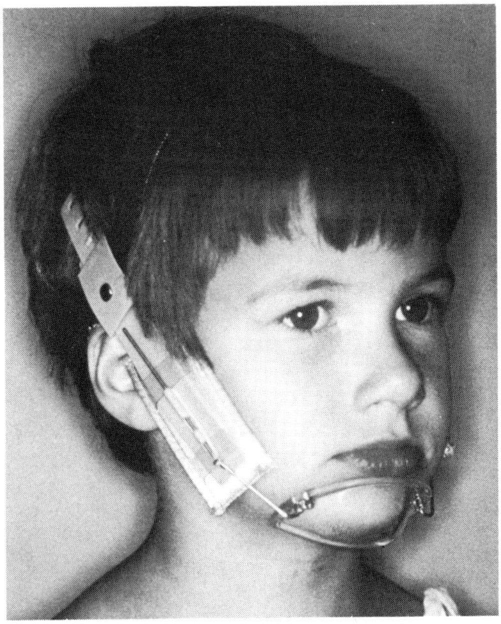

Abb. 421 Patientin mit modifizierter Kopf-Kinn-Kappe, die zur Hemmung eines überschüssigen Unterkieferwachstums dient

die gewünschte Position auf dem Zahn aufgebracht werden, wo das Abbinden innerhalb sehr kurzer Zeit erfolgt.

Am Rande sei noch die Gaumennahterweiterungs-Apparatur erwähnt, die gewissermaßen eine festsitzende Variante herausnehmbarer Geräte darstellt. Es handelt sich um ein mit vier orthodontischen Bändern und einer Dehnschraube versehenes kieferorthopädisches Plattengerät, das beim Patienten einzementiert wird. Es bewirkt eine Eröffnung der medianen[1] Knochennaht des Gaumens und führt dadurch zur Vergrößerung (und Verlagerung) des gesamten Oberkieferkomplexes[2].

Extraorale Verankerungen

Das gezielte Bewegen der Zähne wird durch Verwenden extraoral verankerter Apparaturen teilweise erst ermöglicht oder auf jeden Fall erleichtert. Der Prototyp dieser Geräte ist das Headgear, was in Deutsch etwa mit „Kopfzug“ gleichgesetzt werden kann. Je nach Zugrichtung unterscheidet man dabei zwischen einem Nackenzug (Abb. 420), einem Horizontalzug, einem Hochzug, einem Vertikalzug und einem Frontalzug[3]. Bei allen diesen Headgearformen wird die extraoral erzeugte Kraft auf bestimmte Zähne und Zahngruppen übertragen, um sie (meist nach distal[4]) zu bewegen – z. T. bei gleichzeitiger Extrusion oder Intrusion – oder, um sie zu verankern, d. h., stationär[5] zu halten.

Ein weiteres extraorales Gerät, die Kopf-Kinn-Kappe, unterscheidet sich von den vorherigen durch den gleichfalls extraoral erfolgenden Kraftangriff, der vor allem eine überstarke Entwicklung des Unterkiefers verhindern soll (Abb. 421).

1 median (lat.): in der Mitte(linie) liegend
2 Komplex (lat.): Gesamtgebiet
3 frontal (lat.): stirnwärts, stirnseitig
4 distal (lat.): nach hinten (gerichtet), von der Mittellinie weg
5 stationär (lat.): bleibend, am Ort

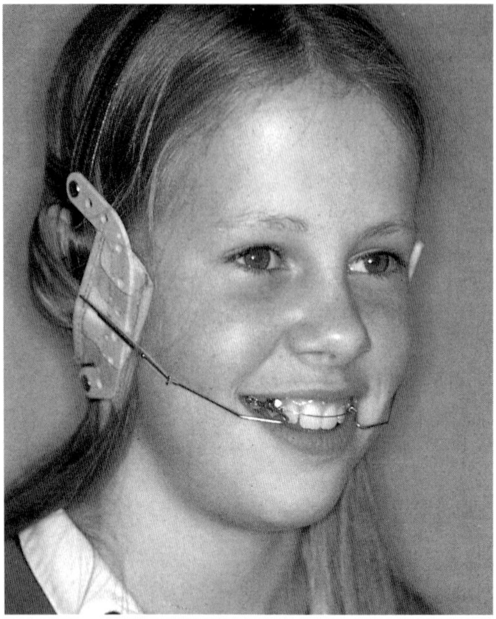

Abb. 422 Patientin mit zweiteiligem Gesichtsbogen. Die beiden J-förmigen Haken werden direkt vor den zu bewegenden Zähnen (meist den Eckzähnen) über den Drahtinnenbogen eingehängt; man spricht daher auch von einem direkten Headgear

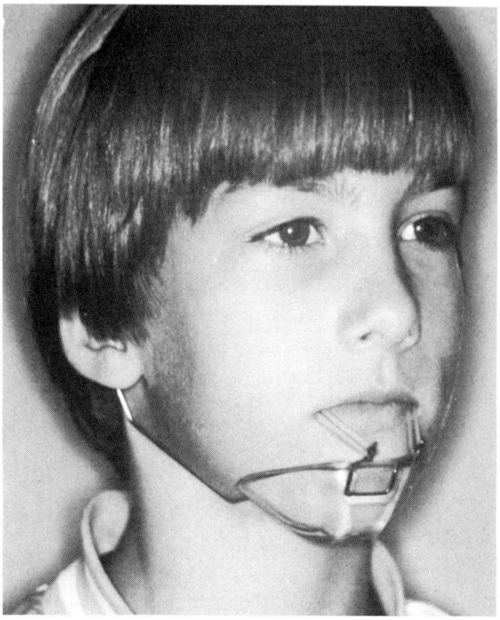

Abb. 423 Dieser Frontalzug besteht aus einer durchsichtigen Kinnkappe, deren Drahtgestell mit einem Band gehalten wird, das über das Scheitelbein verläuft. Von den vertikalen Stäben der Kinnkappe ausgehend greifen Gummizüge an der intraoralen Apparatur an

Grundsätzlich besteht jeder Headgear aus zwei Teilen: einem elastischen Zug bzw. einer Kopfkappe und dem nach intraoral ziehenden Gesichtsbogen, der ein- oder zweiteilig (Abb. 422) sein kann. Die Verankerung des Gesichtsbogens im Munde erfolgt entweder an speziellen Röhrchen auf den Bändern der 1. Molaren oder unmittelbar vor den zu verschiebenden Zähnen oder an Haken, die auf den Draht der Multiband-Apparatur gelötet wurden. Einteilige Gesichtsbögen existieren wiederum in zahlreichen Varianten (zur Expansion, Kompression oder asymmetrischen Distalisierung[1] usw.), wobei der innere Teil des Gesichtsbogens zusätzliche Hilfsteile wie Häkchen oder Sporne zur Bewältigung spezieller Aufgaben aufweisen kann.
Im Gegensatz zum oben Geschilderten erfolgt die Abstützung des Frontalzuges auf dem Kinn (und der Stirn), während in den meisten Fällen ein nach innen verlaufender Gummizug an den aufgelöteten Haken des Innenbogens eines Multibandgerätes oder an den Haken einer Gaumennahterweiterungs-Apparatur angreift (Abb. 423). Der Frontalzug hat die Aufgabe, Zähne oder einen gesamten Kiefer nach vorn bzw. nach vorn – unten zu bewegen.

Zusammenfassende Betrachtung zur kieferorthopädischen Therapie

Trotz des relativ umfangreichen Abschnittes über die kieferorthopädischen Behandlungsmaßnahmen dürfen keine Zweifel darüber bestehen, daß es sich nur um eine sehr unvollständige Aufzählung und

1 Distalisierung (lat.): Zahnbewegung nach distal

grobe Übersicht der zahllosen Therapiemöglichkeiten handelt.
So wurde bisher z. B. nicht erwähnt, daß in vielen Fällen während der gesamten Behandlung verschiedene Gerätetypen in Kombination miteinander eingesetzt werden. Hierbei und bei der Entwicklung neuer Apparate, Hilfsteile und Methoden sind dem Kieferorthopäden keine Grenzen gesetzt. Er wird daher immer seinen eigenen therapeutischen Weg zur erfolgreichen kieferorthopädischen Behandlung von dysgnathen Patienten suchen. Eine Helferin, die sich darauf einstellen kann und den Ablauf einer Behandlung organisiert und mitvollzieht, wird erheblich zu diesem Erfolg beitragen.

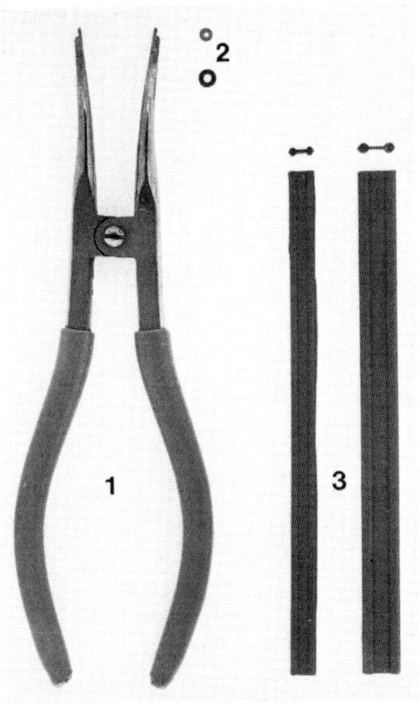

Abb. 424 Zum Separieren der Zähne werden benötigt: eine Separiergummizange (1), kleine (Frontzähne) und große (Seitenzähne) Separiergummiringe (2) oder Separiergummiband (3). Von diesen Separierbändern werden ca. 1 cm lange Stücke abgeschnitten, die sich der Patient eigenhändig einige Stunden vor der Behandlung zwischen die Zähne schiebt

Die Aufgaben der Helferin

Bei der Therapie mit festsitzenden Behandlungsapparaturen sind die Aufgaben der Helferin sehr umfassend und von der Intensität[1] bzw. der Instrumentierung her in etwa mit der Assistenz bei konservierenden und chirurgischen Maßnahmen zu vergleichen. Es können daher nur einige grundsätzliche Hinweise gegeben werden.
Beim Separieren wird die Helferin dem Kieferorthopäden die mit den Separiergummis bestückte Separiergummizange zureichen. Diese Separiergummis existieren in zwei Größen: kleinere für die Frontzähne, größere für die Seitenzähne (Abb. 424).
Bei dem nach ca. einer Woche erfolgenden Bebändern kann eine gut ausgebildete Helferin am Patienten die passenden Bänder vorbestimmen. Abgesehen davon, daß alle orthodontischen Bänder einen optimalen Randschluß aufweisen müssen und im Regelfalle zentrisch[2] auf die Zähne gesetzt werden, ist vor allem darauf zu achten, daß sich die Schlösser in einer bestimmten Höhe zu den Inzisalkanten[3]/Okklusalflächen[4] befinden. Selbstverständlich dürfen Bänder nicht verwechselt werden, was besonders für Straight-Wire-Apparaturen gilt. Um Irrtümer zu vermeiden, werden die Bänder außerhalb des Mundes am zweckmäßigsten in einem Band-Tray[5] aufbewahrt.

Zum probeweisen Bandaufsetzen verwendet man Instrumente wie den Band-Andrücker, den Band-Aufsetzer, die Band-Anlegefeile usw.; die korrekte Lage der Schlösser wird mit einer kleinen Spezialmeßlehre geprüft (Abb. 425).
Vor dem Zementieren muß die Helferin alle Zähne gründlich mit Polierpasten, Gummikelch und rotierenden Bürstchen reinigen und danach sorgfältig fluoridieren. Außerdem sollte sie dafür Sorge tragen, daß alle Schlösser, Röhrchen und sonstigen empfindlichen Hilfsteile des Bandes (mit Wachs) abgedeckt werden, um ein Eindringen von Zement zu verhindern. Die In-

1 Intensität (lat.): Eindringlichkeit
2 zentrisch (lat.): mittig, im Sinne von „auf die Mitte orientiert"
3 Inzisalkante (lat.): Schneidekante
4 Okklusalfläche (lat.): Kaufläche
5 Tray (engl.): unterteilte Schale, Tablett

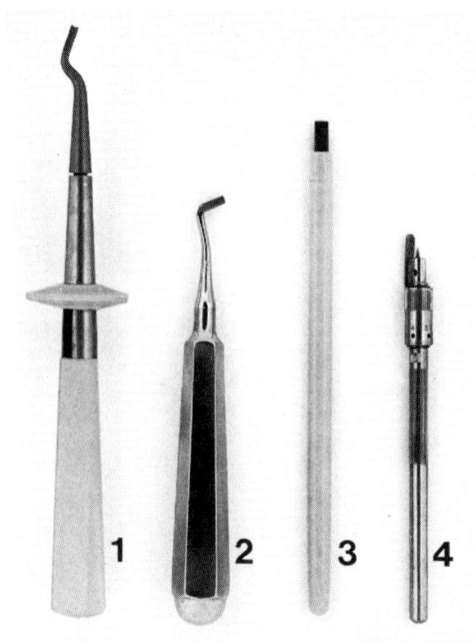

Abb. 425 Die wichtigsten Instrumente zum Aufsetzen orthodontischer Bänder: Band-Aufsetzer (1), Band-Andrücker (2), Bandanlegefeile (3) und Höhenmeßlehre (nach *Anderson*; 4)

nenseite des Bandes muß dagegen völlig sauber und fettfrei sein.

Bei dem sich anschließenden Zementieren hat die Helferin die beiden entscheidenden Aufgaben, den Zement optimal anzumischen und das Arbeitsfeld peinlich trokken zu halten. Das Anmischen geschieht auf einer tiefgekühlten Anrührplatte so lange, bis der Zement etwa die Konsistenz[1] hat, die beim Einsetzen von Inlays und Kronen erforderlich ist. Der fertig angerührte Zement wird breitflächig über die Platte verteilt, um das Abbinden zu verzögern.

Das Trockenlegen des Arbeitsfeldes erfolgt durch Watterollen u. ä., Luftbläser, Speichelsauger und Absaugvorrichtung; auch Medikamente können die lokale Trockenheit der Mundhöhle fördern. Bevor das mit Zement beschickte Band aufgesetzt wird, ist der betreffende Zahn ein letztes Mal ringsherum mit einem warmen Luftstrahl zu trocknen.

Nach dem völligen Abbinden des Zementes kann eine geschulte Helferin alle Überschüsse mit einem Scaler[2] abtragen. Das muß immer auch indirekt, d. h. unter Zuhilfenahme eines Mundspiegels geschehen. Besondere Aufmerksamkeit ist dabei den zahnhalsnahen Bereichen sowie den Schlössern und Röhrchen zu widmen. Letzte kleinere Zementreste wird der Patient selbst bei einem gründlichen Zähnebürsten entfernen.

Der nächste Behandlungsschritt besteht im Einligieren des Bogens. Die Assistenz der Helferin umfaßt dabei das Abhalten der Lippen und Wangen sowie das Zureichen der Gummi- oder Drahtligaturen[3], mit denen der Bogen in den Schlössern befestigt wird (Abb. 426).

Bei der Klebetechnik entfällt einerseits das Separieren der Zähne und andererseits das beim Bebändern notwendige Anpassen. Zu der hier ebenfalls erforderlichen eingehenden Zahnreinigung darf auf keinen Fall eine fluoridhaltige Substanz benutzt werden, weil dadurch die Haftung der Schlösser am Zahnschmelz beeinträchtigt würde.

Die weiteren Aufgaben der Zahnarzthelferin bestehen darin, alle notwendigen Materialien in unmittelbarer Griffnähe aufzubauen, da das „Bekleben“ schnell, aber dennoch äußerst präzise zu erfolgen hat. Nach dem Anätzen und dem damit erreichten Aufrauhen der Klebefläche wird die Säure gründlich mit einem Spray abgespült, wobei die Helferin sehr sorgfältig absaugen muß, damit keine Säurereste auf die Mundschleimhaut gelangen. Im Anschluß daran ist der Zahnschmelz absolut[4] trocken und fettfrei zu halten. Hierfür mit Lippen-, Wangen- und Zungenhaltern, Wattedreiecken, Luftbläser usw. zu sorgen, ist eine der entscheidenden Helferinfunktionen.

Einige bei der Klebetechnik verwendete Kunststoffe werden aus zwei Komponenten gemischt; dieses Anmischen kann zur Verlängerung des Polymerisationsvorganges[5] wieder auf einer gekühlten Platte er-

1 Konsistenz (lat.): Dichtigkeitsgrad
2 Scaler (engl.): scharfkantiges, gebogenes Instrument zur Zahnsteinentfernung
3 Ligatur (lat.): Schlinge, Schlaufe
4 absolut (lat.): uneingeschränkt
5 Polymerisation (gr.): Aneinanderlagerung von Molekülen bei der Entstehung von Kunststoffen

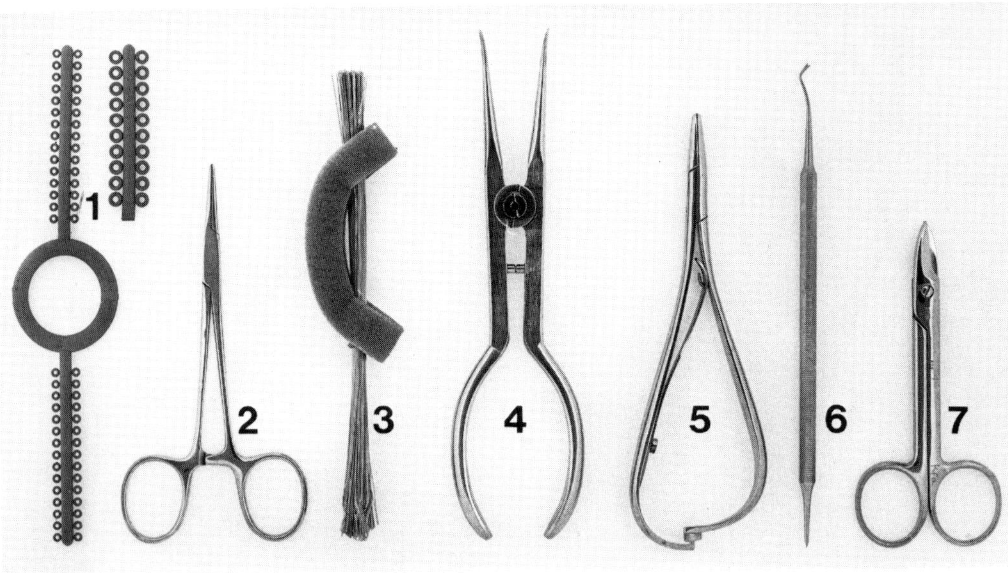

Abb. 426 Zum Einligieren der Innenbögen bei der Multibandtechnik benötigt man meist folgende Instrumente: Gummiligaturen (1), Moskitoklemme (2), Drahtligaturen (3), Ligaturenspannzange (4), Nadelhalter (5), Ligaturen-Adapter (6) und eine Kronenschere (7)

folgen. Ist das direkte Aufsetzen der Schlösser beendet, wird nach einer kurzen Wartezeit – zur Härtung des Kunststoffes – die Behandlung mit dem Einligieren des ersten Bogens wie bei der Bandtechnik fortgesetzt.

In den folgenden Kontrollsitzungen geht es sowohl bei der Band- als auch bei der Klebetechnik vor allem darum, neue Bögen einzuligieren oder im Munde befindliche herauszunehmen und durch entsprechendes Biegen zu aktivieren, es sei denn, das Aktivieren kann im Munde geschehen.

Da die Assistenz beim Ligieren bereits geschildert wurde, bleibt dem nur noch hinzuzufügen, daß sich eine gut geschulte Helferin bei diesen Maßnahmen dadurch auszeichnet, daß sie die einzelnen Behandlungsschritte genau mitverfolgt, so daß sie die benötigten Instrumente, d. h. vor allem Zangen, sofort zureichen kann. Diese Zangen, die vielfach englische Namen tragen, existieren in großer Zahl und sind zumeist nur für ganz spezifische Aufgaben gedacht (Abb. 427). Eine genaue Instrumentenkenntnis der kieferorthopädisch tätigen Helferin ist daher unerläßlich. Auch mit den verschiedenen Arten und Zubehörteilen eines Headgears muß sich die Helferin vertraut machen.

Schließlich noch eine kurze Bemerkung zum bisher nicht erwähnten Entbändern bzw. Abnehmen der aufgeklebten Brakkets. Das Entbändern erfolgt mit Bandabnehmerzangen, wobei manche Bänder vorher mit einer Bandschlitzzange aufzutrennen sind (Abb. 428). Das Entfernen der verbliebenen Zementreste kann zum Aufgabenbereich der Helferin gehören; eine Politur und Oberflächenfluoridierung schließt die gesamte Behandlung ab.

Das Abnehmen der Klebebrackets erfolgt meist mit einer speziell zu diesem Zwecke geschaffenen Zange oder einem besonderen Bracketabnahmeschlüssel. Da es nur selten gelingt, allen Kunststoff vom Schmelz zu lösen, muß der Kieferorthopä-

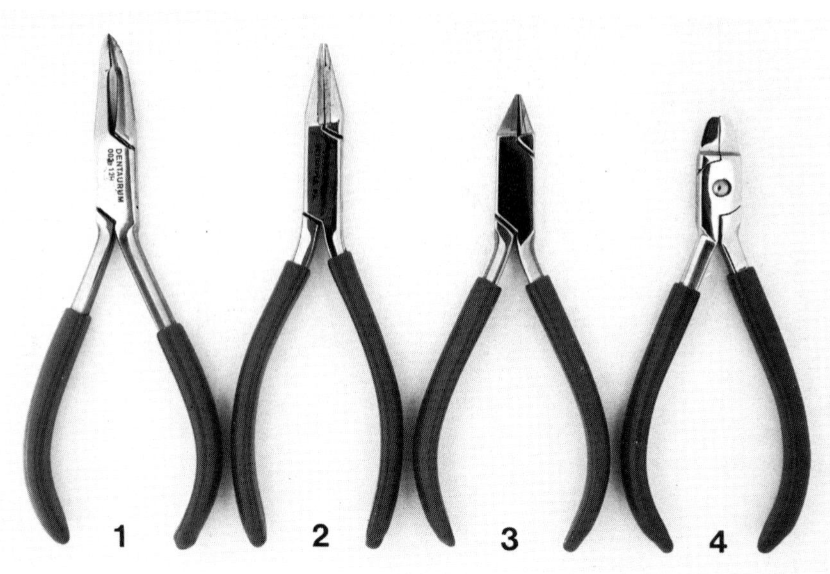

Abb. 427 Die wichtigsten Zangen bei einer Behandlung mit Band-Bogen-Apparaturen: Weingart-Zange (1), Jarabak-Zange (2), Bird-Beak-Zange (3) und Tweed-Zange (4)

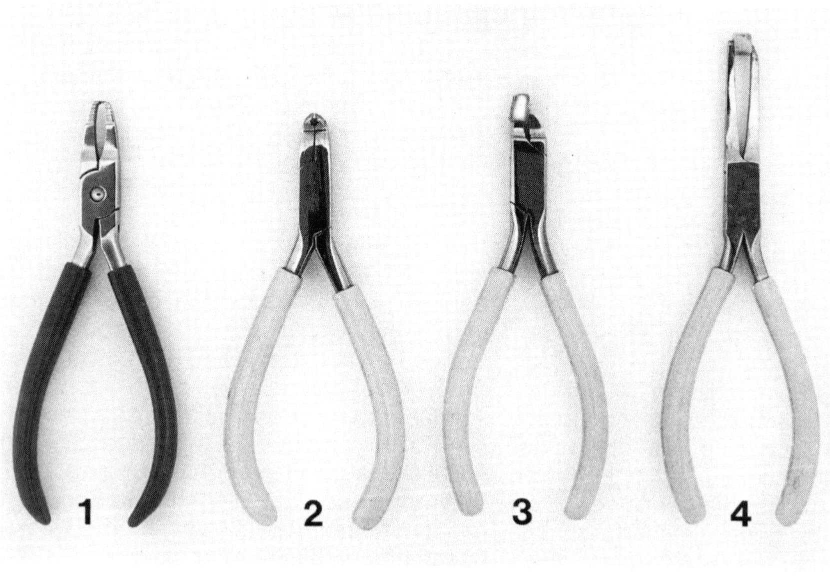

Abb. 428 Zangen, die zum Entfernen von Bändern und Schlössern erforderlich sind: Bracketabnahmezange (1), Bandschlitzzange (2), Bandabnahmezange für den Frontzahnbereich (3) und den Seitenzahnabschnitt (4)

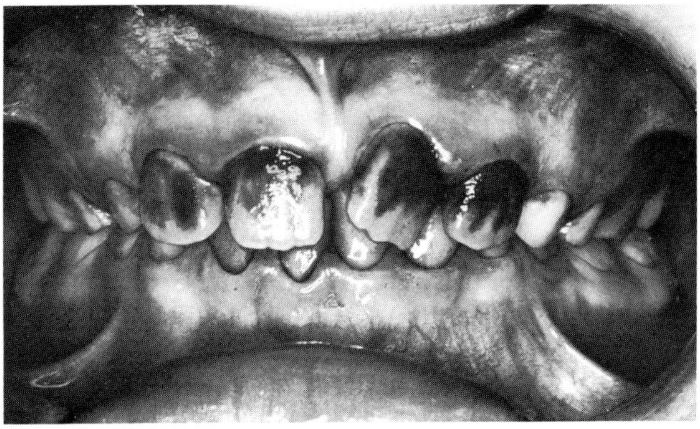

Abb. 429 Darstellung von Zahnbelägen durch Anfärbung: Bei diesem Kind sind alle Labialflächen der oberen Schneidezähne stark verschmutzt; aber auch die Zahnfleischsäume der Unterkieferschneidezähne weisen Anzeichen von Plaque und einer Entzündung auf

de diese Reste zunächst mit einem rotierenden Instrument abtragen. Die nun folgende Politur ist bei der Klebetechnik besonders wichtig und erfordert daher größte Sorgfalt. Den Abschluß des Ganzen bildet wiederum eine intensive Fluoridierung.

Bevor dieses Kapitel beendet wird, sollen noch einige zusätzliche Aufgaben der kieferorthopädisch tätigen Helferin dargestellt werden, die mehr oder weniger unabhängig von der Behandlungsmethode sind:

1. Nach Einführung durch den Kieferorthopäden erklärt sie dem Patienten noch einmal Einzelheiten der Apparatur, zeigt, wie sie gehandhabt, aufbewahrt und gepflegt wird, und übt das Eingliedern und Herausnehmen. Das Pflegen eines herausnehmbaren kieferorthopädischen Gerätes erfolgt am zweckmäßigsten mit der Zahnbürste (und eventuell etwas Zahnpaste) unter fließendem Wasser. Täglich, vorsichtig und gründlich durchgeführt wird so der beste Reinigungseffekt erzielt, ohne daß die Apparatur darunter leidet.

2. Sie unterstützt den Kieferorthopäden bei der Motivation[1] der kleinen Patienten und bemüht sich auch um deren Mitarbeit, die anhand von Tragekarten (in denen die Stunden des Gerätetragens aufgelistet sind) überprüft werden kann.

3. Sie hilft bei der Unterweisung und Kontrolle der Mundhygiene, die während jeder kieferorthopädischen Therapie von größter Wichtigkeit ist. Denn alle Geräte beeinträchtigen die natürliche und z. T. auch die künstliche Zahnreinigung, d. h., das Risiko einer Kariesentstehung steigt. Dies gilt ganz besonders für festsitzende Apparaturen (im Zahnhalsbereich bzw. in den Approximalräumen[2], wo alle Hilfsmittel von der Interdentalraumbürste[3] über die Mundddusche bis hin zu Plaqueindikatoren[4] eingesetzt werden müssen, um Karies und parodontale Schädigungen zu verhindern (Abb. 429).

Der Schlußpunkt dieses Lehrbuchabschnittes soll ein Beispiel einer kieferorthopädischen Behandlung sein (Abb. 430 bis 433). Die bei Therapiebeginn 12jährige Patientin hatte einen Distalbiß mit inzisaler Stufe (= Angle-Klasse II, 1) sowie einen Eckzahnaußen- und -tiefstand der Zähne 13, 23 bei einem oberen und unteren Schmalkiefer. Die Behandlung wurde mit einem Aktivator eingeleitet, der zur Wirksamkeitssteigerung mit einem Headgear versehen war. Nach etwa einem Jahr wurden wegen des fehlenden Platzes (s. o. zu kleiner Kiefer) im Oberkiefer die 1. Prämo-

1 Motivation (lat.): Einsicht(igmachen)
2 Approximalraum (lat.): Raum zwischen den Seitenflächen zweier benachbarter Zähne
3 Interdentalraum (lat.): Raum zwischen zwei benachbarten Zähnen
4 Plaqueindikator (frz.-lat.): Substanz zur Darstellung (Anfärbung) von Zahnbelägen

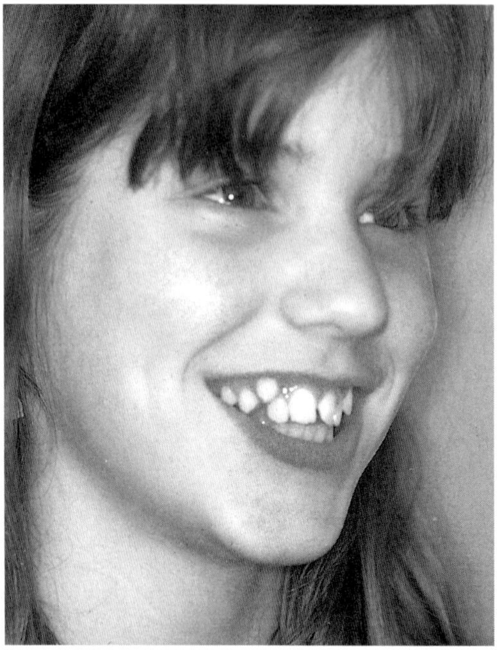

Abb. 430 Patientin, 12 Jahre alt; schon bei der äußeren Betrachtung fällt die ausgeprägte Zahn- und Kieferfehlstellung ins Auge

Abb. 432 Bei Behandlungsabschluß zeigt sich die Patientin mit einem sehr ansprechenden Mund-Lippenprofil und auch die korrekte Zahn- und Kieferstellung ist offenbar

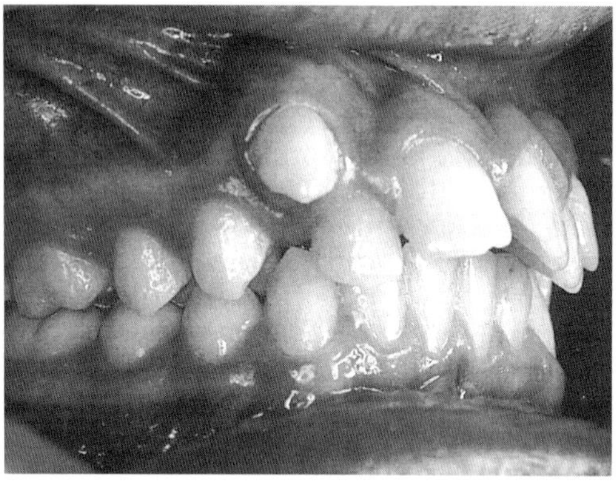

Abb. 431 Der intraorale Befund belegt unter anderem eine unregelmäßige distale Verzahnung im Ausmaß einer ganzen Prämolarenbreite, eine inzisale Stufe und einen hochgradigen Eckzahnaußen- und -tiefstand

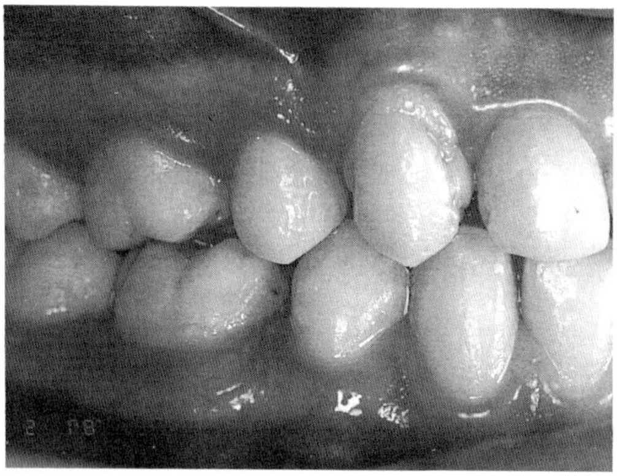

Abb. 433 Intraoral erkennt man, daß die vorher genannten Symptome insgesamt beseitigt wurden. Die Schmelzunregelmäßigkeit an Zahn 13 wurde anschließend mit einer Kunststoffbeschichtung verdeckt

laren und im Unterkiefer die 2. Prämolaren extrahiert und die Therapie mit einer Multibandapparatur fortgesetzt. Gleichzeitig mußte die Patientin weiter einen Headgear tragen, der vor allem zur Aufrichtung der nach vorn gekippten Frontzähne diente. Nach etwas über drei Jahren war die gesamte Behandlung erfolgreich beendet.

Fragen zum Verständnis und zur Selbstkontrolle

Kieferorthopädische Therapie

25. Welche grundsätzlichen Behandlungsmittel bzw. -maßnahmen stehen dem Kieferorthopäden bei der Therapie zur Verfügung? Nennen Sie wenigstens drei!
26. Nennen Sie die beiden Grundgerätetypen herausnehmbarer Apparaturen!
27. Plattenapparaturen setzen sich prinzipiell aus folgenden drei Bestandteilen zusammen:
28. Was ist ein Aktivator und wozu dient er vor allem?
29. Was ist ein Positioner?
30. Der Zahntechniker benötigt zur Herstellung eines funktionskieferorthopädischen Gerätes neben den Arbeitsmodellen einen . . .
31. Aus welchen drei Hauptelementen besteht eine typische Multiband-Apparatur?
32. Was versteht man bei der Behandlung mit orthodontischen Geräten unter „Klebetechnik"?
33. Was ist ein Eckzahnretainer? Beschreiben Sie sein Aussehen!
34. Worauf ist beim Bebändern der Zähne besonders zu achten und warum?
35. Welche Bewegungen bewirken Drahtbiegungen:
    a) 1. Ordnung,
    b) 2. Ordnung,
    c) 3. Ordnung?
36. Nennen Sie die drei wichtigsten Behandlungsphasen bei der Therapie mit Band-Bogen-Apparaturen!
37. Was versteht man unter
    a) Edgewise-Technik,
    b) Straight-Wire-Technik?
38. Ergänzen Sie den folgenden Satz:
    Eine Gaumennahterweiterung führt zu einer . . . der medianen Knochennaht des Gaumens, so daß es zu einer . . . des Oberkiefers kommt.

(Fortsetzung auf der nächsten Seite)

Fragen (Fortsetzung)

39. Was ist ein Headgear, welche Headgearformen kennen Sie?
40. Welche Aufgabe hat eine Kopf-Kinn-Kappe?
41. Die drei wichtigsten Aufgaben der Helferin vor dem Zementieren von Bändern sind:
42. Warum wird der Zement meist auf einer tiefgekühlten Anmischplatte angerührt?
43. Welche drei Eigenschaften sollte jede Zahnoberfläche vor dem Bebändern bzw. Bekleben aufweisen?
44. Welche beiden Gebiete des Zahnes sind beim Tragen von festsitzenden Apparaturen besonders durch Entmineralisierung bzw. Karies gefährdet und müssen daher besonders sorgfältig gereinigt werden?

(Die Antworten stehen auf Seite 477f.)

Zusammenfassende Betrachtung zur Instrumentierung und Assistenz im Rahmen der Kieferorthopädie

Der vorangehende Text sollte zeigen, daß die Assistenz der zahnärztlichen Helferin bei der Behandlung mit kieferorthopädischen Apparaturen – besonders den festsitzenden – sehr umfangreich ist. Die meisten Aspekte[1] konnten daher nur ganz kurz gestreift werden.
Insgesamt gilt, daß genaue Materialkunde und Instrumentenkenntnis neben einer sicheren Vertrautheit mit dem Ablauf einer Behandlung unbedingte Voraussetzungen für eine effiziente[2] Zusammenarbeit zwischen der Helferin und dem Kieferorthopäden sind. Nur wenn diese optimal ist, wird auch das Ergebnis einer kieferorthopädischen Behandlung so sein, wie es sich jeder für sein eigenes Kind wünschen würde.

Schlußbemerkung

Die oben genannten Aufgaben der zahnärztlichen Helferin entsprechen einem Entwurf des Ausschusses „Zahnärztliches Hilfspersonal" des Freien Verbandes Deutscher Zahnärzte zur Vorlage an den erweiterten Bundesvorstand.

Danksagung

An dieser Stelle danke ich allen Helferinnen der Abteilung für Kieferorthopädie und Kinderzahnheilkunde der Poliklinik Nord des Fachbereiches Zahn-, Mund- und Kieferheilkunde der Freien Universität Berlin dafür, daß sie mich beim Schreiben dieses Manuskriptes mit vielen guten Ratschlägen unterstützt haben. Ferner möchte ich Herrn Dr. H. Hoffmeister (Stuttgart/Degerloch) meinen herzlichen Dank für das sorgfältige Durchlesen des vorliegenden Textes und seine Förderung durch konstruktive Kritik aussprechen.

Der Verfasser

1 Aspekt (lat.): Gesichtspunkt
2 effizient (lat.): sehr wirksam

Antworten zu den Fragen auf Seite 454 „Kieferorthopädische Befunderhebung"

1. Fehlstellungen der Kiefer und Zähne.
2. 1. Umwelt- und 2. Erbfaktoren.
3. In der überaus großen Ähnlichkeit eineiiger Zwillinge.
4. 1. Frühkindliche Rachitis,
   2. Einnahme bestimmter Medikamente wie z. B. Tetracyclin während der Zahnbildung.
5. 1. Atmung,
   2. Lippen- und Zungenfunktion,
   3. Artikulation.
6. 1. Orthopantomogramme,
   2. Einzelbildstaten,
   3. Halbseitenaufnahmen,
   4. Aufbißaufnahmen,
   5. Status-X-Aufnahmen.
7. Bei ca. 10% bzw. etwa 30% aller Patienten.
8. 1. Stellung der Zähne in den Kiefern,
   2. Stellung der Kiefer zueinander,
   3. Lage beider Kiefer im Schädel und
   4. vorherrschende Wachstumsrichtung des Unterkiefers.
9. 1. Bewegungsrichtung der Zähne im Einzelkiefer,
   2. Positionsveränderungen beider Kiefer zueinander bzw. zum Gesamtschädel.
10. 1. Wachstum (mit starken Abweichungen im Ausmaß und in der Richtung),
    2. kieferorthopädische Behandlungsmaßnahmen.
11. Er versucht so, das allgemeine Knochenwachstum bzw. Größenwachstum (auch der Kiefer) zu bestimmen; dieses hat einen Einfluß auf die Prognose und die Therapie einer Dysgnathie bzw. die Retention nach Behandlungsabschluß.
12. 1. Die Keime aller bleibenden Zähne müssen zu erkennen sein,
    2. auf den Fernröntgenseitenbildern müssen die Weichteile gut sichtbar sein.
13. Zwei: Eines exakt von vorn (en-face), eines genau von der Seite (en-profil).
14. 1. Frankfurter Horizontale (Ohr-Augen-Ebene),
    2. Nasionsenkrechte,
    3. Orbitasenkrechter.
15. Das der Kamera zugewendete Ohr darf nicht durch Haare verdeckt sein, weil sonst der Ohrbezugspunkt nicht zu lokalisieren ist.

Antworten zu den Fragen auf Seite 459 „Kieferorthopädische Diagnose"

16. 1. Angle-Klasse I = Neutralbiß,
    2. Angle-Klasse II, Abtlg. 1 = Rückbiß mit oberer Spitzfront,
    3. Angle-Klasse II, Abtlg. 2 = Rückbiß mit oberer Flachfront,
    4. Angle-Klasse III = Mesialbiß.
17. 1. Tiefer Biß,
    2. offener Biß,
    3. Eckzahntiefstand,
    4. Verlängerung bzw. Verkürzung einzelner Zähne,
    5. Retention bzw. Halbretention.
18. 1. Kreuzbiß,
    2. mandibuläre Verschiebung,
    3. Kieferkompression bzw. -expansion,
    4. Mittellinienverschiebung.
19. 1. Vorzeitiger Milchzahnverlust,
    2. zu große Zähne,
    3. ein zu kleiner Kiefer,
    4. eine Kombination aus 1., 2. und 3.
20. Eine isolierte Lücke zwischen den beiden oberen mittleren Schneidezähnen.
21. 1. Zweite Prämolaren,
    2. obere seitliche Schneidezähne,
    3. untere Schneidezähne.
22. Im Bereich der *oberen Frontzähne* treten sogenannte *Mesiodentes* auf.
23. Im 2. und 3. Schwangerschaftsmonat.
24. Der Zug der nach den kieferchirurgischen Operationen entstandenen Narben.

Antworten zu den Fragen auf Seite 475f. „Kieferorthopädische Therapie"

25. 1. Behandlung mit herausnehmbaren Geräten,

2. Behandlung mit festsitzenden Apparaturen,
3. Extraktionen.
Außerdem: 4. kieferchirurgische und 5. prothetische Maßnahmen.

26. 1. Plattenapparaturen,
2. funktionskieferorthopädische Geräte.

27. 1. Plattenkörper,
2. Halteelemente,
3. aktive Elemente (Federn und Schrauben).

28. Der Aktivator ist das Grundgerät der funktionskieferorthopädischen Apparaturen und dient sowohl zur Bißverschiebung als auch zur Bißnivellierung.

29. Ein elastisches Retentionsgerät, das entfernt dem Aktivator ähnlich sieht.

30. Konstruktionsbiß.

31. 1. Bänder,
2. Schlösser,
3. Bögen.

32. Bei der Klebetechnik werden die Schlösser direkt (d. h. ohne Bänder) mit einem am Schmelz haftenden Kunststoff auf dem Zahn befestigt.

33. Der Eckzahnretainer ist ein festsitzendes Retentionsgerät. Es besteht aus zwei Bändern, die den Eckzähnen aufzementiert werden und die durch einen dickeren Draht stabil miteinander verbunden sind.

34. Alle Bänder müssen den Zähnen möglichst spaltenlos anliegen, weil es durch Spalten zu Entmineralisierungen bzw. Karies kommen kann.

35. a. Bewegungen zu den Lippen und Wangen bzw. zur Zunge hin,
b. Bewegungen zur Okklusionsebene hin bzw. von ihr weg,
c. Bewegungen vor allem der Zahnwurzeln nach innen oder außen.

36. 1. Nivellierungsphase,
2. Führungs- bzw. Kontraktionsphase,
3. Idealisierungsphase.

37. a. Alle Biegungen 1., 2. und 3. Ordnung müssen in die Drahtbögen eingebogen werden.
b. Alle Biegungen 1., 2. und 3. Ordnung sind in die Schlösser „einprogrammiert".

38. ... (Wieder-)Eröffnung, ... Vergrößerung (und Vorverlagerung) ...

39. Der Headgear ist ein extraorales Gerät im Sinne eines „Kopfzuges"; man unterscheidet zwischen Nackenzug, Horizontalzug, Hochzug, Vertikalzug und Frontalzug.

40. Sie soll eine überstarke Unterkieferentwicklung hemmen.

41. 1. Reinigung der Zähne,
2. Fluoridierung der Schmelzoberflächen,
3. Abdecken der Schlösser, Röhrchen usw. mit Wachs.

42. Durch das Anrühren auf einer tiefgekühlten Anmischplatte wird das Abbinden des Zementes verzögert, so daß mehrere Zähne in einem Zug bebändert werden können.

43. Die Schmelzoberflächen aller zu bebändernden bzw. zu beklebenden Zähne müssen
1. absolut sauber und damit
2. fettfrei sowie
3. trocken sein.

44. 1. Die Zahnhalsregionen,
2. die Approximalräume (gilt hauptsächlich für die Klebetechnik).

Anhang

Kompendium – Berufsbezogene Grundlagen

Dr. med. dent. Sigrid Jahreiß, Stegaurach

Diese kurze Zusammenfassung soll helfen, das bereits vorhandene Schulwissen wieder aufzufrischen, deshalb ist der Text knapp gehalten. Die – sich manchmal überschneidenden – Begriffe sind in große Gruppen zusammengefaßt, um ein schnelleres Nachschlagen zu ermöglichen.

Naturwissenschaften

Unter dem Sammelbegriff „**Naturkunde** oder **Naturwissenschaft**" werden die Gebiete zusammengefaßt, die sich mit den Vorgängen und Gegebenheiten in der Natur (als „Schöpfung, Welt") beschäftigen, z. B. Chemie, Physik, Astronomie („Stern-, Weltraumkunde"), Geo- („Erd-, Land . . .") und Biologie („Lebenswissenschaft") und die Medizin.
Im Gegensatz dazu befassen sich die **Geisteswissenschaften** mit der Erforschung der geschichtlich-gesellschaftlichen Wirklichkeit und den geistig-kulturellen Taten des Menschen. Dazu gehören: Religions-, Sprach-, Rechts-, Geschichts-, Wirtschafts-, Kunst-, Literaturwissenschaften.

Da auf die Maßeinheiten in den verschiedenen Abschnitten immer wieder Bezug genommen wird, folgt hier ein Auszug.

Maßeinheiten
(Auswahl aus noch gebräuchlichen Systemen)

Masse	
Tonne	t
Kilogramm	kg
Gramm	g
Karat	Kt
Elektrizität	
Ampère (Stromstärke)	A
Volt (Spannung)	V
Ohm (Elektr. Widerstand)	Ω
Coulomb (Ladung)	C
Farad (Kapazität)	F
Frequenz	
Hertz	Hz
Sonstige	
Mol (Stoffmenge)	mol
Phon (Lautstärke)	phon
Dezibel (Schallstärke)	dB
Arbeit, Energie	
Joule	J
Erg	erg
Kalorie	cal
Leistung	
Watt	W
Kilowatt	kW
Megawatt	MW
Pferdestärke	PS
Photometrie	
Candela (Lichtstärke)	cd
Lumen (Lichtstrom)	lm
Lux (Beleuchtungsstärke)	lx
Stilb (Leuchtdichte)	sb

Zur Vereinfachung und Vereinheitlichung der verschiedenen Einheiten hat man ein internationales System geschaffen, die

SI-Einheiten

Das SI (Système International d'Unités) beruht auf der Definition von 7 Basiseinheiten als Grundlage aller abgeleiteten Einheiten.

Sekunde (Zeit)	s
Kilogramm (Masse)	kg
Meter (Länge)	m
Ampere (Stromstärke)	A
Kelvin (Thermodyn. Temperatur)	K
Mol (Stoffmenge)	mol
Candela (Lichtstärke)	cd

Chemie

= „Stoffkunde", Lehre von den Stoffen und ihren Verbindungen

Die frühere Einteilung in anorganische und organische Chemie wurde durch die weitergehende Spezialisierung verdrängt, so unterscheidet man heute u. a.: Analytische, Anorganische, Bio- und Cyto-, Geo-, Kosmo-, Kern-, Lebensmittel-, Pharmakologische, Physikalische, Photo-, Physiologische, Radio-, Strahlen-, Textil-, Theoretische Chemie.

Die Biochemie gilt als Lehre von der Zusammensetzung und dem Zusammenwirken der chemischen Verbindungen, die am Aufbau der Lebewesen und an ihrem Stoffwechsel beteiligt sind. Sie ist ein wichtiges Grenzglied zwischen Chemie, Medizin und Biologie.

Die Biologie (Lehre vom Lebendigen) befaßt sich mit den einzelligen Organismen *(Protistenkunde)*, den Pflanzen *(Botanik)*, den Tieren *(Zoologie)* und den Menschen *(Anthropologie)*. Die *Mikrobiologie* beschäftigt sich mit den Mikroorganismen (Kleinstlebewesen). Die *allgemeine Biologie* behandelt die allen Lebewesen gemeinsamen Erscheinungen, wie Bau und Leben der Zelle, Vererbung usw.

Atom: kleinster Teil eines chemischen Grundstoffs oder Elements. Es besteht aus einem Atomkern und einer Elektronenhülle. Der *Kern* (= Nucleus) enthält positiv elektrisch geladene *Protonen* und elektrisch neutrale *Neutronen* (die zusammen *Nukleonen* heißen). Die *Hülle* wird aus negativ geladenen *Elektronen* gebildet, deshalb ist das Atom als Ganzes elektrisch neutral.
Aus mehreren gleichen oder verschiedenen Atomen können sich durch Umlagerung der Elektronenhüllen *Moleküle* bilden. Die Ionen-Moleküle bestehen aus → Ionen, die sich durch ihre unterschiedlichen elektrischen Ladungen anziehen. Die Atom-Moleküle werden durch Austauschkräfte zusammengehalten, die zwischen den äußeren Elektronen der Atome wirken.
Die chemischen Eigenschaften der Stoffe beruhen im wesentlichen auf der Struktur der Elektronenhüllen ihrer Atome und Moleküle.

Basen: Verbindungen, die mit Säuren unter Wasseraustritt Salze bilden; färben rotes Lackmuspapier blau.

chemische Bindung: (chemische Verbindung), Art des Zusammenhalts der Atome im Molekül und der Moleküle in Molekülverbänden.

chemische Elemente: Grundstoffe, die sich chemisch nicht weiter zerlegen lassen und in Metalle, Halb- und Nichtmetalle eingeteilt werden.

chemische Formel: Schreibweise, die mit Hilfe von chemischen Zeichen die Art und Zusammensetzung der Moleküle einer chemischen Verbindung wiedergibt.

chemische Gleichung: durch sie wird mit Hilfe von chemischen Zeichen die chemische Reaktion ausgedrückt (z. B.: $HCl + NaOH \rightarrow NaCl + H_2O$).

chemische Reaktionen: Vorgänge, die von stofflichen Veränderungen begleitet sind; sie werden durch die chemischen Gleichungen dargestellt.

chemische Zeichen: System von Kurzzeichen für die chemischen Elemente, häufig aus dem Anfangsbuchstaben und dem zweiten Buchstaben des Namens des Elementes gebildet.

Chemoprophylaxe: Verabreichung von Chemotherapeutika zum Schutz (von Einzelpersonen oder Gruppen) gegen Infektionen.

Chemotherapeutika: Stoffe, die Mikroorganismen, Parasiten, Tumorzellen usw. abtöten oder ihr Wachstum hemmen. Der Oberbegriff „Antibakterielles Chemotherapeutikum" schließt auch die Antibiotika ein, d. h., er wird unabhängig davon verwendet, ob ihre Herstellung biologisch, synthetisch oder halbsynthetisch erfolgt.

denaturieren: 1. vergällen, d. h. Genußmittel durch Zusätze ungenießbar machen;
2. seiner ursprünglichen Natur berauben.

Element: „Urstoff, Grundbestandteil"; Stoff, der zum Unterschied zu einer Verbindung mit chemischen Methoden nicht weiter zerlegt werden kann. Er besteht aus Atomen mit gleicher Kernladung, gleicher Protonen- und Elektronenzahl. Die verschiedenen Elemente unterscheiden sich voneinander durch die Zahl der Protonen und Elektronen. Z. Zt. sind 107 Elemente bekannt.

Indikator: „Anzeiger"; 1. organisch-chemischer Farbstoff, der seine Farbe ändert. Diese Farbänderung erfolgt durch die Anlagerung von Wasserstoffionen bzw. durch die Bildung von Komplexsalzen.
2. Gerät zum Messen physikalischer Vorgänge. In der Zhk.: Zusatz bei Injektionslösungen: die Gelbfärbung zeigt Unbrauchbarkeit an; Indikator-Streifen werden zur Kontrolle bei der Sterilisation verwendet: durch Farbänderung wird das Erreichen einer bestimmten Temperatur angezeigt.

Ion: siehe unter Elektrizitätslehre.

Laugen: 1. wäßrige Lösungen von Basen, die alkalisch (= basisch) reagieren, mit einem pH-Wert über 7,0.
2. Mutter-Laugen, aus denen sich Kristalle abgeschieden haben.
3. wäßrige Lösungen und Gemische, die Nutz- und Ballastbestandteile enthalten.

Legierungen: kompakte Metallgemische, die auch Nichtmetalle (z. B. Kohlenstoff) enthalten können und in flüssigem Zustand beliebig mischbar sind. Sie haben oft völlig andere Eigenschaften als ihre Ausgangsmetalle. (In der Zhk.: Amalgame.)

Molekül: „kleine Masse". Der kleinste Teil einer Reinsubstanz, der noch deren Eigenschaften besitzt. Alle Moleküle einer Verbindung sind in gleicher Weise aus Atomen aufgebaut, chemisch abgesättigt und elektrisch neutral (siehe auch Atom).

pH-Wert: Maßzahl für die Konzentration der Wasserstoffionen in einer Lösung. Saure Lösungen haben pH-Werte, die kleiner als 7 sind, alkalische liegen über 7. Der physiologische pH-Bereich reicht von etwa 6 bis 9. Beispiel: die Wasserstoffionenkonzentration beträgt 10^{-3} Mol/J, also ist der pH-Wert 3. Magensalzsäure hat einen pH-Wert von etwa 3, das Blut einen um 7, beim Harn hängt er von der Ernährung ab (meist schwach sauer).

Salze: heteropolare (entgegengesetzt elektrisch geladene) chemische Verbindungen, die nicht Säuren, Basen oder Oxide sind. Sie haben ein Ionengitter, das aus Kationen (positive Ionen = elektrisch positiv geladene atomare oder molekulare Teilchen) und Anionen (negativ geladene Ionen) besteht. Sie entstehen v. a., wenn Wasserstoffionen von Säuren durch Metallionen vollständig oder teilweise ersetzt werden.

Salzhaushalt: Elektrolyt- bzw. Mineralhaushalt. Gesamtheit des Stoffwechsels der in den Körperflüssigkeiten gelösten Ionen, einschließlich ihrer Bilanzen. Dazu gehören u. a. Natrium, Kalium, Calzium, Magnesium, Chlor, Phosphat, Proteinanionen und Wasserionen.

Verbindung: einheitlicher Stoff, der aus chemischen Elementen in bestimmten, gesetzmäßigen Mengenverhältnissen aufgebaut ist. Jedes seiner kleinsten Teilchen hat die gleiche chemische Eigenschaft. Im Gegensatz dazu steht die Legierung, die ein Gemisch ist.

Physik

= „Naturlehre"; Naturwissenschaft, die mit mathematischen Mitteln die Grundgesetze der (unbelebten) Natur untersucht.

Die frühere Einteilung der Fachgebiete in
Mechanik = Untersuchung der Bewegungen unter dem Einfluß von Kräften,
Kinematik = Lehre von den Bewegungen der Körper ohne Berücksichtigung der Kräfte, die sie verursachen,
Dynamik = Lehre von der Bewegung der Körper unter dem Einfluß von Kräften,
Statik = Lehre vom Kräftegleichgewicht,
Thermodynamik = Erfassen aller chemischen und physikalischen Erscheinungen, bei denen Arbeits- und Wärmewirkungen auftreten,
Elektrodynamik = Lehre von den zeitlich veränderlichen elektromagnetischen Feldern,
Akustik = Lehre vom Schall,
Optik = Lehre vom Licht
wurde von den neuen Erkenntnissen überholt.
Heute wird eingeteilt in:
Makrophysik = Physik der wahrnehmbaren Gegenstände und
Mikrophysik = Atom- und Molekularphysik.

Die physikalische Chemie stellt die Verbindung zur Chemie her. Experimentalphysik und theoretische Physik arbeiten heute sehr eng zusammen, da sich die Schwerpunkte der Atom- und Kern-Physik sowie der Physik der Elementarteilchen und ihrer Bauteile (der Quarks) überschneiden. Die Grundpfeiler sind die Quanten- („Erkenntnis der kleinsten Energiemenge") und die Relativitätstheorie („Wissenschaftliche Erkenntnis der Bezüglichkeit").

Dichte: die Masse eines Stoffes je Raumeinheit. D = Masse/Volumen; SI-Einheit = kg/m^3.

Frequenz: Anzahl der Schwingungen in der Zeiteinheit. Einheit: 1 Hertz (Hz) = 1 Schwingung/s.
Frequenzbereich oder Wellenbereich: man bezeichnet damit einen Teilbereich aus der Gesamtheit der elektromagnetischen Wellen. International vereinbarte Zuordnungen regeln die Bereiche, z. B. den Ton-Rundfunk in Mittelwellen (MW), Langwellen (LM), Kurzwellen (KW) und Ultrakurzwellen (UKW).

Länge: der einfachste physikalische Begriff. Die Länge zwischen zwei Punkten eines Körpers ist abhängig von dessen Bewegungszustand (Relativitätstheorie).

Magnet: Träger von Magnetismus. Es können stab- oder hufeisenförmige Körper sein, die ein magnetisches Polpaar haben und aus Stahl oder Magnetwerkstoffen sind.

Magnetfeld: Raum in der Umgebung von stromdurchflossenen Leitern oder magnetischen Körpern, in denen eine magnetische Wirkung (= magnetische Feldstärke) nachweisbar ist. Maßeinheit ist die magnetische Feldstärke, gemessen in Ampère je Meter (A/m).

Magnetismus: Lehre vom magnetischen Feld und seinen Wirkungen. Früher bezeichnete man damit die Fähigkeit einiger Stoffe, ungehärtetes Eisen anzuziehen, so bei bestimmten Steinen (Magneteisensteine), die in der Landschaft Magnesia (Tessalien) im Altertum viel gefunden wurden.

Materie: Stoff, Masse, das Gegenständliche. Die eigentlichen Träger der Materie (die „Teilchen") sind dynamische Zentren mit geringem Raumbedarf, während die makrophysikalisch repräsentierte Materie von intensiven Krafteinwirkungen erfüllt ist. Nicht mit ihr gleichzusetzen (obwohl eine Grundeigenschaft der Materie) ist die

Masse: SI-Einheit: Kilogramm, Zeichen kg. Die *träge Masse* setzt Widerstand gegen die Bewegungsänderung; die *schwere Masse* ist die Ursache der Anziehung, die die Körper aufeinander ausüben.

Pol: „Drehpunkt". 1. Endpunkt der Erdachse;
2. Bezugspunkt in der Mathematik;
3. Aus- und Eintrittspunkt des (elektrischen) Stromes.

Relativitätstheorie: Theorie des Raumes und der Zeit von *Einstein*, nach der es vom Bezugssystem abhängt, ob zwei Ereignisse gleichzeitig sind oder nicht. Unentbehrliches Hilfsmittel in Atom- und Kernforschung.

Stoff: jede Art von Materie mit gleichbleibenden Eigenschaften, die unabhängig von der Form ist.
Stofftransport umfaßt den Stoffaustausch innerhalb eines Systems.
Stoffumwandlung ist die Überführung eines Ausgangsstoffes in ein oder mehrere Endprodukte.
Stoffwechsel ist in der Biologie die Gesamtheit der chemischen Umsetzungen im Körper der Lebewesen. Er umfaßt die Aufnahme des Sauerstoffes der Luft durch die Atmung, die Verarbeitung (Umsetzung), Verdauung und Aufsaugung der Nahrungsstoffe, die Umsetzung in den Zellen, die Ausscheidung der Schlackenstoffe; auch das Wachstum und der ständige Umbau aller Zellen gehören dazu.

Temperatur: Basisgröße der Wärmelehre; thermische (die Wärme betreffende) Zustandsgröße eines Körpers. Temperatur-Skalen sind: Celsius (C), Réaumur (R), Fahrenheit (F), Kelvin (K).

Zeit: 1. Abfolge des Geschehens, die im menschlichen Bewußtsein als Vergangenheit, Gegenwart und Zukunft erfahren wird.
2. Im physikalischen Sinn: SI-Einheit: Sekunde (s); außerdem sind noch zulässig: Minute (min), Stunde (h), Tag (d). Nach *Einstein* gibt es eine Zeitdilatation (Erweiterung), d. h., daß eine mit einer bestimmten Geschwindigkeit bewegte Uhr für einen ruhenden Beobachter langsamer geht als für einen mitbewegten Beobachter. (Eine der Folgen der Relativitätstheorie.)

a) **Akustik** = Lehre vom Schall.

Dezibel: Zeichen: dB. Maß für die Dämpfung der Schallstärke. Daneben wird auch der Begriff Neper (Np) verwendet.

Hertz: Einheitszeichen Hz für die Frequenz.

Phon: Einheitszeichen phon. Einheit für die Lautstärke, bezogen auf den Pegel (Maß zur Kennzeichnung der Leistungsverhältnisse) des Normaltones. Messung erfolgt in Dezibel.

Schall: elastische Schwingungen von gasförmigen, flüssigen und festen Körpern, die vom menschlichen Ohr gehört werden können, liegen im Bereich von Schwingungszahlen zwischen 20 und 20000 Hz.
Infraschall = Schwingungen liegen unterhalb des Hörbereichs;
Ultraschall = oberhalb des Hörbereichs liegende Schwingungen.
Die Höhe eines Tones wächst mit der Schwingungszahl. Die Schallwellen können reflektiert oder gebrochen, unter gewissen Umständen auch gebeugt werden.
Die *Schallgeschwindigkeit* hängt vom Material und der Temperatur ab.

Schallaufzeichnung: oder Phonographie: Schallspeicherung zum Zwecke der späteren Wiedergabe durch magnetische Aufzeichnung, Lichttonverfahren oder Nadeltonverfahren.

Schallmauer: besonders starke Zunahme des Luftwiderstandes bei Flugkörpern, wenn sie die Schallgeschwindigkeit erreichen. Beim Durchbrechen der Schallmauer, also wenn die Schallgeschwindigkeit überschritten wird, treten plötzliche Luftdruckerhöhungen auf, die als scharfer, starker Knall hörbar sind.

b) **Elektrizitätslehre** (Elektrik, Elektrizität) = Lehre von der Kraftentfaltung elektrischer Körper.

Bestimmte Anziehungs- und Abstoßungskräfte von verschieden geladenen Elementarteilchen wurde bis ins 16. Jahrhundert hinein nur beim Bernstein beobachtet, dessen griechische Bezeichnung „elektron“ ist. Der Begriff wurde dann weitgehend übernommen.

Die Elektrizitätslehre umfaßt die Gesamtheit der Erscheinungen, die auf elektrischen Ladungen und den von ihnen beeinflußten elektrischen und magnetischen Feldern beruhen. Gleichnamige Ladungen stoßen sich ab, ungleichnamige ziehen sich an. Die Kräfte werden durch das elektrische Feld vermittelt, das jede Ladung um sich herum aufbaut. Jede bewegte Ladung besitzt außer dem elektrischen auch ein magnetisches Feld, dessen Feldlinien die Bewegungsrichtung der Ladung kreisförmig umschlingt. Von stofflichen Trägern losgelöste Ladungen gibt es nicht. Die kleinsten stofflichen Ladungsträger sind bestimmte Elementarteilchen, besonders die Elektronen und die Protonen. Die in den Atomen kreisenden und sich drehenden Elektronen sind die Ursache der wichtigsten magnetischen Atomeigenschaften.

Computer: englischer Begriff für elektronische Rechenanlage.

Digit: (englisch: das didschit): Ziffer einer elektronischen Anzeige.

digital: in der Medizin: mit dem Finger; bei Rechenmaschinen: ziffernmäßig.

Digitalrechner: Rechenmaschine, bei der die Informationsverarbeitung durch einen vereinbarten Satz von Zeichen angezeigt wird.

E. D.: elektronische Datenverarbeitungsanlage.

EDV: elektronische Datenverarbeitung. Sie umfaßt das Erfassen, Aufbereiten, Übertragen, Berechnen, Darstellen, Auswerten und Aufbewahren (Speichern) von Daten aus den verschiedensten Anwendungsbereichen.

Elektroden: Übergangsstellen von metallischer Leitung auf Leitung durch Ionen oder durch freie Elektronen. Die Elektrode, in die die negativen Ladungen (Elektronen) eintreten, heißt *Anode* (positive Elektrode oder Pluspol), die, aus der sie austreten, wird *Kathode* (negative Elektrode oder Minuspol) genannt.

Elektrolyse: Zersetzung von Salzlösungen, Säuren oder Basen (Elektrolyten) durch elektrischen Strom, die dazu in Ionen zerfallen sein müssen. Die Elektrolyse wird angewendet z. B. zur Zerlegung von Wasser in Wasserstoff und Sauerstoff sowie zur Ausscheidung von festem Metall aus den Lösungen der Metallsalze und in der Galvanotechnik (bei der metallische Überzüge auf Metallen oder leitend gemachten Nichtmetallen aufgebracht werden können).

Elektron: elektrisch negativ geladenes Elementarteilchen. Die Elektronen sind die umwandelbaren Bausteine der Materie. Das Elektron kommt als *Negatron* (negatives Elektron) und als *Positron* (positives Elektron) vor. Die Elektronen sind auch die Bausteine der Elektronen-Hülle der Atome und auch die Träger des elektrischen Stromes in Metallen.

Elektronik: sie umfaßt heute alle Bereiche der Elektrotechnik, in der elektrische Stromkreise und Schaltungen in den verschiedensten Techniken als Steuer- und Schaltgeräte verwendet werden. Die Verbindungen zwischen den Geräten werden dabei nicht durch Drähte, sondern durch gedruckte Schaltungen hergestellt.

Elektrotechnik: sie befaßt sich mit der Anwendung der elektrischen und magnetischen Grundvorgänge der Physik: der Stromleitung in verschiedenen Medien, der Zusammenhänge der elektrischen Strömung mit magnetischen Feldern, der Induktionsvorgänge usw.

Informatik: sie bildet die Grundlage der elektronischen Datenverarbeitung mit Computern.

Ion: elektrisch geladenes atomares oder molekulares Teilchen. Bei den Ionen sind weniger (→ Kation) oder mehr Elektronen (→ Anion) vorhanden als zu ihrer Neutralisierung notwendig wäre. Die Abspaltung von Elektronen, also die Versetzung neutraler materieller Teilchen in elektrisch geladenen Zustand, ist die

Ionisation: sie erfordert die Zuführung von Energie durch Einstrahlung von Licht oder Röntgenstrahlen, durch Beschuß mit energiereichen geladenen Teilchen, durch hohe Temperatur.

Ladung: (elektrische): Elektrizitätsmenge, Quelle eines elektromagnetischen Feldes.

Monitor: „Mahner", 1. registrierendes Meßgerät zur Überwachung einer physikalischen Größe;
2. Kontrollbildschirm z. B. im Fernsehstudio;
3. in der Zhk.: Myomonitor. (Das ist ein Gerät zur Entspannung der Kaumuskulatur durch Reizströme.

Software: Programme zur Betriebsabwicklung in der EDV.
Hardware („Metallwaren") ist die technische Einrichtung (Gerät usw.).

Stromkreis: in sich geschlossene elektrische Verbindung, die aus Stromquelle, Stromverbraucher und elektrischer Ladung besteht.

Ultraschall: Schall mit Frequenzen (Schwingungszahlen) oberhalb der menschlichen Hörgrenze. Er kann erzeugt werden durch schwingende Platten, Saiten u. a., diese Methode wird jedoch industriell weniger gebraucht. Wichtiger ist die Anwendung eines magnetostriktiven (die Länge ändernden) Schwingers.
Anwendungsbereiche: Nachrichtenübermittlung, Echolotung, Werkstoffprüfung und -bearbeitung, Herstellung sehr feiner Emulsionen, Staub- und Rauchbeseitigung. In der Medizin: Ultraschallwellen werden auf den zu behandelnden Körper übertragen, wo sie Wärme erzeugen. Bei der Ultraschalldiagnostik können nach verschiedenen Methoden Informationen gewonnen werden, z. B. Bewegungen am Herzen, an der Leber, Niere, Gallenblase usw., ferner bei der Schwangerschaftsdiagnostik.
In speziellen Ultraschallbädern wird mit geeigneten Flüssigkeiten eine verbesserte und beschleunigte Reinigung und Desinfektion von Instrumenten und Kleingeräten erreicht. Zahnreinigungsgeräte werden zum Entfernen von Zahnstein benutzt.

c) Optik = Lehre vom sichtbaren Licht und von allen ihm ähnlichen Strahlungen.

Die geometrische Optik umfaßt die geradlinige Ausbreitung, Brechung und Reflexion, d. h., sie vernachlässigt die Wellennatur des Lichts.
Die physikalische Optik befaßt sich mit der Wellennatur, also mit Beugung, Interferenz (Überlagerung von mehreren Wellen) und Polarisation (Herstellung einer festen Schwingungsrichtung).
Die Quanten-Optik behandelt dagegen besonders die atomaren Vorgänge der Lichtemission (Ausstrahlung) und Lichtabsorption (Aufnahme).

Elektromagnetismus: Gesamtheit der Erscheinungen von Elektrizität und Magnetismus mit ihren wechselseitigen Verknüpfungen; aber auch durch Ströme erzeugter Magnetismus. Ein stromdurchflossener Draht ist von einem ringförmigen Magnetfeld umgeben, eine stromdurchflossene Spule verhält sich wie ein Stabmagnet.

Elektromagnetische Schwingungen: periodische Zustandsänderungen eines elektromagnetischen Feldes, die sich mit Lichtgeschwindigkeit ausbreiten und als *elektromagnetische* Wellen abgestrahlt werden.
Hierzu gehören: Gamma- und Röntgenstrahlen, das Licht, Wärmestrahlen und Radiowellen, die sich alle nur durch ihre Wellenlänge oder die Frequenz voneinander unterscheiden. Sie werden nach der Art ihrer Erzeugung eingeteilt:

1. alles Licht, von den ultraroten Wärmestrahlen bis zu den härtesten Gammastrahlen;
2. von den kürzesten Millimeterwellen bis zum technischen Wechselstrom.

Infrarot-Licht: oder Ultrarot; jenseits von rot liegender unsichtbarer Teil des Spektrums (durch Lichtzerteilung entstehendes farbiges Band). Es ist eine Wärmestrahlung, die in der Medizin als „Rotlichtbestrahlung" (oder „Sollux") angewendet wurde. Da die Eindringtiefe in das Gewebe nicht sehr hoch ist, werden heute meist Mikrowellen (Kurzwellen) eingesetzt.

Laser: Die Abkürzung für Light amplification by stimulated emission of radiation bedeutet „Lichtverstärkung durch erzwungene Emission (Ausstrahlung) von Strahlung". Man bezeichnet damit ein Gerät zur Verstärkung von Licht oder zur Erzeugung eines scharfen gebündelten Lichtstrahles. Die Laserwirkung beruht darauf, daß durch Resonanz (Mitschwingen) bestimmte Elektronenübergänge im Atom erzwungen werden.
Anwendungen: Bohren von feinsten Löchern, Schneiden, Schmelzen, Schweißen von Metallen, Keramik, Kunststoffen und Diamanten; Landvermessung und Längenmessung; Nachrichtenübertragung. In der Medizin: das Laserskal-

pell in der Chirurgie ermöglicht das gewebeschonende und blutarme Schneiden; Netzhautablösungen können in der Augenheilkunde mit Laser behandelt werden.
Wegen der Abhängigkeit von der übertragenen Energie und der Wellenlänge besteht Gefahr von Schädigungen an Augen und Haut durch die thermische Wirkung (deshalb Schutzvorschriften beachten).

Licht: elektromagnetische Strahlung. Die Ausbreitung im leeren Raum erfolgt geradlinig; von Körpern, auf die sie trifft, wird sie mehr oder weniger verschluckt = *Absorption* (Aufsaugen), durchgelassen oder zurückgeworfen = *Reflexion* ((Zu-)rückstrahlen). Bei der *Brechung* = (Refraktion) wird weißes Licht durch ein Glasprisma (Strahlenbrecher) abgelenkt und in verschiedene Farben zerlegt, die dabei aus dem Prisma in verschiedene Richtungen austreten. Durch eine Linse können die getrennten Lichtbündel wieder zu weißem Licht vereinigt werden.
In erweitertem Sinn spricht man auch von (unsichtbarem) Infrarot-Licht, Ultraviolett-Licht und Röntgen-Licht.

Magnetbildverfahren: Abk. MAZ, magnetische Bildaufzeichnung. Die in der Aufnahmekamera entstehenden elektrischen Impulse werden einer Magnetbandmaschine zugeführt. Zum Aufzeichnen verwendet man rotierende Magnetköpfe (nur jeweils einer ist dabei wirksam). Beim Kassettenfernsehen ist das Band in einer Kassette untergebracht, das Band umschlingt einen Zylinder, in dem ein Magnetkopf rotiert.

optische Aufheller: „Weißmacher“. Verbindungen, die ultraviolette Strahlen in sichtbares (blaues) Licht umwandeln; die gelbliche Tönung z. B. von Textilien erscheint dann weißer. Verwendung in Waschmitteln und in manchen Zahnpasten.

Optoelektronik: Technik, die optische und elektronische Bauelemente verknüpft, z. B. für die Übertragung von elektrischen Signalen über Lichtstrahlen, zur Lichtverstärkung (Laser), Lichtwandlung, Lichtspeicherung usw.

Optometrie: Messen der menschlichen Sehkraft.

Phot: Einheitszeichen ph, Maßeinheit für die spez. Lichtausstrahlung.

rad: Abkürzung für radiation absorbed dose. Einheitszeichen: rd; SI-Einheit heißt heute Gray (Gy). Einheit der Energiedosis.

Reflex: (Widerschein, Rückstrahlung zerstreuten Lichts, unwillkürliches Ansprechen auf einen Reiz); hier: von einem beleuchteten spiegelnden Körper zurückgeworfener Schein.

Röntgenstrahlen: X-Strahlen, Bremsstrahlen, X-rays. Die elektromagnetische Strahlung hat eine kürzere Wellenlänge als das Licht und entsteht beim Aufprall von elektrisch geladenen Teilchen auf eine Materie. Erst durch das plötzliche Abbremsen erhält sie ihre neuen Eigenschaften: sie schwärzt Photoplatten, durchdringt viele undurchsichtige, besonders jedoch organische Stoffe. Die *biologische Wirkung* beruht auf der Absorption im Gewebe, der Speicherung (Summation) im Knochenmark und der erhöhten Empfindlichkeit bei unausgereiften Zellen (embryonales und fetales Gewebe, Eierstock und Hoden, Lymphgewebe und Thymus, aber auch in Geschwülsten). Anwendung der Strahlung in der Diagnostik (Röntgenographie) und in der Therapie (Rö-behandlung).
Einheiten: als veraltet gelten: rem als Einheitszeichen für die *Äquivalentdosis*, die eine Rechengröße und nicht meßbar ist. Sie ist das Produkt aus der *Energiedosis* und einem Bewertungsfaktor. Formel:
1 J/kg Äquivalentdosis = 1 Sv.
Der Begriff wurde für den Strahlenschutz eingeführt. Die Werte für den Qualitätsfaktor (Beschaffenheitsfaktor) werden im Hinblick auf das Strahlenrisiko für verschiedene Strahlenarten und Bestrahlungsbedingungen durch Vereinbarung festgesetzt.
Die alte Dosiseinheit rem wurde ersetzt durch 1 Sievert (Sv) = 100 rem.

Ultraviolett: Abk.: UV. Die ultravioletten Strahlen haben folgende Eigenschaften: unsichtbar, kurzwellig; sie bräunen sofort und verursachen im Körper die Bildung von Vitamin D. Anwendungsgebiete: bei Hauterkrankungen, zum Aushärten bestimmter Kunststoffmassen (Gefahr der Augenschädigung, deshalb Schutzvorschriften beachten), und in der UV-Box zum Sterilhalten von Instrumenten.

Gesundheitswesen

Allopathie: Bezeichnung für die herkömmliche Heilkunst, die Schulmedizin, die Heilmittel anwendet, deren Wirkung den Krankheiten entgegengesetzt ist. Im Gegensatz dazu stehen Homöopathie und Isopathie.

Apotheke: ursprüngliche Bezeichnung für eine Ablage der Heilkräuter in alten Klöstern. Heute hat der Apotheker einen akademischen Beruf mit Approbation (staatlicher Zulassung).

Berufsgeheimnis: oder Schweigepflicht (§ 203 StGB). Umstände, die jemandem in seiner beruflichen Eigenschaft bekannt werden, darf er nicht weitergeben. Dieser Schweigepflicht unterliegen Ärzte und Zahnärzte und alle Angehörigen der medizinischen Assistenzberufe und deren Hilfspersonal. Als Ausnahmen gelten: der Betroffene gibt seine ausdrückliche Erlaubnis; es liegt eine besondere Rechtspflicht wie Anzeige- und Zeugnispflicht vor oder es besteht ein übergesetzlicher Notstand.

Berufsgenossenschaften: als Träger der gesetzlichen Unfallversicherung sind sie Körperschaften des öffentlichen Rechts mit Selbstverwaltung. Sie übernehmen Unfallverhütungsmaßnahmen und die medizinische Behandlung nach Arbeitsunfällen und bei Berufskrankheiten. Zuständig für die Helferinnen ist die Berufsgenossenschaft für Gesundheitsdienst und Wohlfahrtspflege, Sitz Hamburg.

Berufskrankheiten oder Gewerbekrankheiten: Sie sind melde- und entschädigungspflichtig. In der Zhk. können in Frage kommen: Quecksilber- und Lösungsmitteldämpfe und Desinfizienzien als chemische Ursache; Lärm und Strahlen als physikalische Ursache; Infektion (z. B. Hepatitis, Panaritium, Hautpilze usw.) und mechanische Abnutzungserscheinungen, die zumeist als Hals-Wirbelsäulenschäden in Erscheinung treten.

Entseuchung; Desinfektion: Abtöten bzw. Inaktivieren (spezifische Wirksamkeit nehmen) von pathogenen Keimen (Bakterien, Viren, Protozoen bzw. Pilze) zur Verhütung und Bekämpfung von übertragbaren Krankheiten. Sie kann mit physikalischen Methoden oder chemischen Mitteln erfolgen.

Entsorgung: Beseitigung von Abfallstoffen aus Gründen, die die Umwelt-, Boden-, Wasser- und Lufthygiene betreffen. Dazu gehören Verfahren zur Sammlung, Abfuhr bzw. Ableitung, Verwendung und Wiederverwendung von Siedlungsabfällen (z. B. Altstoffe, Heizungsrückstände, Haus- und Sperrmüll usw.). In der Zhk. gibt es besondere Vorschriften zur Beseitigung von infiziertem Material, schädigenden Flüssigkeiten (z. B. aus den Röntgenentwicklungsmaschinen), Amalgamresten usw.

Entwesung: Bekämpfung von Schädlingen, Ungeziefer und anderen Krankheitsquellen.

Gesundheitsfürsorge: medizinische, soziale und finanzielle Hilfe für Erkrankte, Behinderte und/oder Pflegebedürftige zur Beseitigung von gesundheitlichen Notständen. Sie ist ein Teil der öffentlichen Fürsorge.

Gesundheitsmedizin oder Gesundheitsvorsorge: Richtung der medizinischen Forschung, die die Grundlagen der Gesundheit und der Gesunderhaltung untersucht. Durch Training, Leistungssteigerung und Förderung der Belastbarkeit soll der Mensch auf lange Zeit gesund erhalten bleiben. Seine Anpassungsfähigkeit an die veränderte Umwelt soll dadurch auch gesteigert werden.

Öffentliches Gesundheitswesen oder öffentlicher Gesundheitsdienst: dazu gehören alle staatlichen und kommunalen (gemeindeeigenen) Einrichtungen, die der öffentlichen Gesundheitsfürsorge dienen und deren Aufgabe die Förderung und Erhaltung der Gesundheit der Bürger ist; eingeschlossen sind auch die Vorbeugung und Bekämpfung von Krankheiten und Seuchen. Die untere Verwaltungsbehörde ist das *Gesundheitsamt,* das von einem Amtsarzt geleitet wird. Dieses Amt führt u. a. durch: Schulgesundheitspflege, Impfungen, Orts- und Lebensmittelüberwachungen; es hat die Fachaufsicht über die Angehörigen der Gesundheitsberufe und über die Krankenanstalten, Apotheken usw.; zudem wirkt es noch mit bei der Gewerbeaufsicht und beim Strahlenschutz. Die wichtigste Aufgabe liegt in der Verhütung und Bekämpfung übertragbarer Krankheiten (Bundesseuchengesetz). Andere Aufgaben sind, Approbationsordnungen für Ärzte und Zahnärzte und Krankenpflege-, Arzneimittel- und Lebensmittelgesetze zu überwachen. Das öffentliche Gesundheitswesen und die individuelle Behandlung der Patienten durch niedergelassene Ärzte und Krankenhausärzte ergänzen sich.

Öffentliches Krankenhaus: sein Träger kann eine Stadt (Städt. Krankenhaus), ein Kreis (Kreiskrankenhaus), ein Bundesland usw. oder eine Körperschaft sein. Hierzu gehören auch die Universitätsklinik, das Bundeswehrkrankenhaus und die Berufsgenossenschaftliche Klinik.

Heil- und Pflegeanstalten: die früher auch Irrenhäuser genannt wurden, sind Krankenhäuser, die die Behandlung von seelisch Kranken (z. B. Psychopathen, Neurotikern, Nervenkranken, Selbstmordgefährdeten usw.) übernehmen.

Homöopathie: Heilmethode, bei der die Krankheiten durch niedrige Dosen derjenigen Medikamente behandelt werden, die in höheren Dosen beim Gesunden ein ähnliches Bild wie die jeweilige Krankheit bewirken (Ähnlichkeitsregel). Die Medikamente werden in sehr hohen Verdünnungen verabreicht nach dem Prinzip: „Schwache Reize fachen die Lebenstätigkeit an, mittlere fördern sie, starke Reize hemmen sie und stärkste heben sie auf." Da die homöopathischen Mittel keine Hauptwirkungen haben, haben sie auch keine (unerwünschten) Nebenwirkungen.

Hygiene, „Gesundheitslehre": es ist die medizinische Disziplin, die durch Untersuchungen der Wechselbeziehungen zwischen Organismus und Umwelt die Verhütung von Krankheiten sichert und so optimale Bedingungen für das Leben und Wohlbefinden der Bürger schafft.

Isopathie: Behandlung einer Krankheit durch Stoffe, die durch das Krankheitsgeschehen im Organismus gebildet werden, z. B. Antikörper, Vakzine usw. (z. B. Impfungen).

Krankenhaus: Einrichtung zur medizinischen Betreuung von Patienten unter diagnostischen und therapeutischen Aspekten. Alte, noch geläufige Begriffe sind Anstalt, Hospital, Spital, die noch daran erinnern, daß sich das Krankenhaus langsam aus einer Bewahr-, Isolier- und Pflegeanstalt zu einer hochtechnisierten und spezialisierten Einrichtung entwickelt hat. Die Behandlung erfolgt vorwiegend *stationär*, d. h., die Aufnahme ist an ein Krankenhausbett gebunden. In der Ambulanz, der *ambulanten* Einrichtung, werden die Patienten behandelt und wieder nach Hause entlassen, z. B. in der Poliklinik.

Krankenpfleger, Krankenschwester: nach zweijähriger theoretischer und praktischer Ausbildung an Krankenpflegeschulen (mit Abschlußprüfung) können sie sich dann noch weiter spezialisieren zur Kinderkrankenschwester, Operationsschwester usw.

Medizinische Behandlung durch ärztliche Hilfskräfte: sie hat das Ziel, Gesundheitsstörungen bei den Patienten zu beheben. Das geschieht über die

a) Diagnose, das Erkennen einer Krankheitsart. Als *diagnostisch-technischen Beruf* kann man die (den) medizinisch-technische(n) Assistentin(ten) oder MTA ansehen. Nach einer zweijährigen Ausbildung in einer besonderen Lehranstalt schließt sich ein Nachpraktikum mit staatlicher Prüfung an. Als Helfer des Arztes führt sie/er Blut- und Gewebeuntersuchungen durch, bedient entsprechende Apparate usw. Der bzw. die MTL oder medizinisch-technische Laboratoriums-Assistent(in) arbeitet meist auf dem Gebiet der klinischen Chemie, Hämatologie (Blutuntersuchungen), Serologie usw.

b) Therapie, die Behandlung einer Krankheit. In der *therapeutischen Gemeinschaft* arbeiten Ärzte, Psychologen, Krankenschwestern, Fürsorger, Musiktherapeuten usw. bei der Behandlung zusammen.

Bei der *Rehabilitation* (Wiedereingliederung) versucht man, den Patienten, der durch Unfall oder Krankheit in seiner Leistungsfähigkeit beeinträchtigt ist, wieder in das normale Leben einzugliedern. Im Rehabilitationszentrum, einer stationären Behandlungseinrichtung, wird neben der medizinischen Rehabilitation auch die berufliche Wiedereingliederung durchgeführt. Auch hier ist die Zusammenarbeit zwischen Ärzten der verschiedenen Fachrichtungen, dem medizinischen Assistenzpersonal, Diplompsychologen, Sozialarbeitern und Ausbildern besonders ausgeprägt.

Pharmakologie, Arzneimittelkunde: ihre Teilgebiete sind *Toxikologie* = Wissenschaft von der Giftwirkung der Arzneimittel auf biologische Systeme, deren Verhütung und Behandlung;
klinische Pharmakologie = Untersuchungsmethoden über das Verhalten der Arzneimittel am gesunden und kranken Menschen;
biologische Pharmakologie = Spezialrichtung, die sich mit den Abläufen in der Zelle beschäftigt.

Pharmazie: Wissenschaft der Gewinnung, Kontrolle und Herstellung von Arzneimitteln aus natürlicher und synthetischer Herkunft sowie der gesetzlichen Bestimmungen über den Umgang mit Arzneimitteln.

Präventivbehandlung: die „vorbeugende Behandlung" schließt alle Maßnahmen zur Verhinderung des Ausbruches einer Krankheit ein, z. B. Schutzimpfungen, Versiegelung von Zahnflächen.

Prophylaxe, Verhütung; Vorbeugung: *Primäre* Prophylaxe umfaßt Erkennen, Begrenzen und Verringern von Krankheitsursachen (Schutzimpfungen, Schutzanwendungen z. B. durch Gummihandschuhe, Schutzmedikationen).
Sekundäre Prophylaxe befaßt sich mit der Früherkennung und Frühbehandlung von Krankheiten, z. B. durch Reihenuntersuchungen, Screening (Siebtestung, besonders bewährt bei sogenannten Risikogruppen). Als klassisches Beispiel steht hier die Röntgenreihenuntersuchung.

Seuchengesetz, Bundesseuchengesetz: es enthält Vorschriften über die Meldepflicht bei bestimmten Krankheiten. Zu den *meldepflichtigen Infektionskrankheiten* zählen z. B. Cholera, Pest, Poliomyelitis, u. U. auch Keuchhusten, Masern, Salmonellose, Lepra, Tollwut, Tuberkulose, Typhus, Diphtherie, Malaria, Virushepatitis. Meldepflichtig ist u. a. der behandelnde Arzt, der behandelnde Pfleger, der Angehörige. Weitere Vorschriften befassen sich mit allgemein hygienischen Maßnahmen, z. B. mit der Reinhaltung von Trinkwasser, mit Abfallbeseitigung und Bekämpfung von tierischen Schädlingen, mit Schutzimpfungen zur Vorbeugung, und im Seuchenfall mit der Überwachung der im Lebensmittelgewerbe Beschäftigten. Weitere Schutzmaßnahmen wie Absonderung oder Berufsverbot können erlassen werden, ebenso wie das Verbot von Menschenansammlungen und besondere Vorschriften für Schulen und andere Gemeinschaftseinrichtungen. Die Bekämpfung der sogenannten quarantänepflichtigen Krankheiten, die an eine bestimmte Beobachtungszeit gebunden sind (Pest, Cholera, Gelbfieber, Pocken), ist im internationalen Reiseverkehr durch die Internationalen Gesundheitsvorschriften der Weltgesundheitsorganisation (WHO) geregelt.

Sorgfaltspflicht: Pflicht des Arztes, den Patienten gewissenhaft zu behandeln (unter Berücksichtigung des jeweiligen Standes der Wissenschaft). Die Sorgfaltspflicht umfaßt auch die berufliche Weiterbildung, die Vertiefung der

Kenntnisse und Fähigkeiten in der Verhütung, Erkennung und Behandlung von Krankheiten. Die Verletzung dieser Pflicht kann zur Arzthaftung führen, d. h., für Behandlungs- oder Kunstfehler kann wegen fahrlässiger Vertrags- bzw. Körperverletzung Haftung eintreten. Die Rechtsfolgen davon sind Anspruch auf Schadensersatz und bei Körperverletzung auch Schmerzensgeld seitens des Geschädigten.
Auch die Zahnarzthelferin unterliegt in ihren Bereichen der Sorgfaltspflicht.
Eine *Zustimmung des Patienten* zu medizinischen Maßnahmen muß vorliegen. Da der Eingriff in die körperliche Unversehrtheit durch die Einwilligung gerechtfertigt werden muß, hat der Arzt die Aufklärung und Einwilligung des Patienten zu beweisen.
Die *Aufklärungspflicht* verlangt vom behandelnden Arzt, daß er den Patienten vor allem über die notwendigen diagnostischen und therapeutischen Maßnahmen und über deren Risiken angemessen aufklärt.

Zahnheilkunde

Der Begriff Zahnheilkunde umfaßt heute eigentlich gar nicht mehr alle Fachgebiete, die sich um das Organ „Zahn" bemühen. Die Wissenschaft sieht den Zahn nämlich nicht losgelöst, sondern als einen Teil des Organkomplexes „Mundhöhle", der wiederum eingebunden ist in das Organsystem „Mensch". Andere Umschreibungen wurden versucht:
Mit dem Begriff Odontologie („Lehre von den Zähnen") wird der Teil der Medizin bezeichnet, der sich einerseits mit der Behandlung von Zahn- und Mundkrankheiten, andererseits mit der Regulierung von Zahn- und Kieferanomalien beschäftigt. Auch der Zahnersatz gehört dazu.
Der Begriff Stomatologie („Lehre von den Krankheiten der Mundhöhle") beschreibt den Zweig der Medizin, der sich mit der Entwicklung, Struktur und Funktion der Gewebe der Mundhöhle befaßt und dem die Verhütung, Erkennung und Behandlung ihrer Erkrankungen obliegt.
Die vier Hauptgebiete der Zhk., nämlich die Konservierende Zahnheilkunde, die Chirurgie, die Prothetik und die Kieferorthopädie haben vielfältige Verbindungen untereinander.

Konservierende Zhk. oder Zahnerhaltungskunde: sie bemüht sich um die Erhaltung des Zahnes im weitesten Sinn. Ihre Untergebiete sind:

Prävention („Zuvorkommen", Vorbeugung). Als Teil der Prophylaxe umfaßt sie vorbeugende Maßnahmen, die die Entstehung und/oder Ausbreitung von Erkrankungen (hier meist Karies) verhindern sollen. Dazu gehören in der Zhk. u. a. Aufklärung über Gesundheitserziehung und Eßgewohnheiten und Mundpflege – besonders nach den Mahlzeiten.

Prophylaxe („sich vor etwas hüten", Verhütung). Dazu gehören alle Maßnahmen, die der Verhütung von Krankheiten dienen, in der Zhk. z. B. die Versiegelung von Fissuren, das Touchieren mit Flüssigkeiten und Gelees und die Gabe von Fluoriden usw.

Kariologie: als Lehre von der „Zahnfäule", der Karies, erforscht sie die Ursachen und die Entstehung der Karies, wie man vorbeugen kann und welche Behandlungsmöglichkeiten gegeben sind.

Restaurative Zhk. („Wiederherstellende" Zhk.). Sie beinhaltet die
Füllungstherapie. Bei der Behandlung von bereits vorhandenen Defekten gibt es zwei Möglichkeiten. Man kann sie mit Füllungen verschließen oder man ersetzt die fehlende Zahnsubstanz durch eine Einzelkrone.
Endodontie, die „Behandlung des Zahninneren". Sie schließt alle Maßnahmen ein, die der Prävention, der Diagnostik und der Therapie der Pulpa dienen. Diese beginnen bei der Behandlung der tiefreichenden Karies und enden bei der Wurzelfüllung (also Cp, P, VitA, VitE, WK, WF).

Parodontologie, Lehre vom Zahnhalteapparat. Da zum Parodontium die Zahnwurzel und der Befestigungsapparat gehören, also knöcherne Alveole, Zahnwurzelhaut, Wurzelzement und Zahnfleischrand, ist es ein komplexes Gebilde. Der Sammelbegriff Parodontopathien umfaßt alle Zahnbetterkrankungen. Das Fachgebiet Parodontologie wird den Gegebenheiten entsprechend in Zukunft mehr und mehr an Bedeutung zunehmen.

Auch die Behandlung von Mundkrankheiten ist ein Teilgebiet der Zahnerhaltung.

Chirurgie („Handarbeit" im Gegensatz zur Behandlung mit Medikamenten. Es ist ein medizin-historisch verwurzelter Begriff): Lehre von der operativen Behandlung von krankhaften Störungen und Veränderungen im Organismus. In der Zhk. gehören dazu die Extraktion von Zähnen und die kleinen und größeren Eingriffe bis hin zu den großen Operationen, die unter Umständen stationär durchgeführt werden müssen. Die größeren Eingriffe werden meistens von eigenen Fachärzten, den Oralchirurgen (oder Zahnärzten für Oralchirurgie), durchgeführt.

Prothetische Zhk. oder Zahnersatzkunde: Das Wort Prothese bedeutet eigentlich „Schaustück". Heute meint man damit eine körpernahe technische Hilfe, die als Ersatz von verlorenen Gliedmaßen (oder Zähnen) funktionellen und kosmetischen Bedürfnissen Rechnung tragen muß. Eine Prothese wird deshalb eingegliedert, also inkorporiert und nicht einfach eingesetzt!

Kieferorthopädie oder Orthodontie: Lehre von den Zahn- und Kieferstellungsanomalien. Sie beschäftigt sich mit Diagnose, Prophylaxe und Therapie von Dysgnathien (Zahn- und Kieferfehlstellungen). Die Behandlungen führt entweder der kieferorthopädisch tätige Zahnarzt durch oder der Kieferorthopäde (Zahnarzt für Kieferorthopädie).

Außer diesen vier Eckpfeilern gibt es noch mehrere verbindende Teilgebiete, z. B.

Präprothetische Chirurgie. Sie umfaßt die chirurgischen Maßnahmen, die dazu dienen, ein optimales Prothesenlager zu schaffen. Das geschieht durch das Glätten des Knochens, die Knochenresektion, das plastische Formen von Mundboden und Vestibulum, das Entfernen von Muskelansätzen und Schlotterkämmen usw.

Implantologie. Die Lehre von den Einpflanzungen beschäftigt sich mit den Möglichkeiten, Implantate in den Körper einzupflanzen. In der Zhk. sind es meistens Verankerungselemente, die einen besseren Sitz für Zahnersatz bieten sollen.

Die Behandlung von Erkrankungen des Gesichtsschädels und die Kieferbruchbehandlung werden in der Regel stationär (im Krankenhaus) durchgeführt, da häufig eine Immobilisation (Ruhigstellung) der Kiefer nötig ist.

Für alle Teilgebiete ist das wichtigste die Compliance, die Befolgung von ärztlichen Anordnungen durch den Patienten.

Die **Werkstoffkunde**, die sich mit der Materialerprobung und -prüfung beschäftigt, hat viele neue Möglichkeiten u. a. in die Prothetik und in die Füllungstherapie eingebracht.

Berufsorganisationen

Unter einer Organisation versteht man im allgemeinen die zweckmäßige und zielgerichtete Gestaltung von Sozialgebilden, z. B. von Unternehmungen, Verbänden und Parteien, deren Aufgaben in erster Linie in der Wahrnehmung und in der Förderung der (beruflichen) Interessen liegen. Für die Zahnärzte in Deutschland sind dies:

Bundesverband der Deutschen Zahnärzte (BDZ), Sitz in Köln.

Der Bundesverband vertritt die Deutsche Zahnärzteschaft vor der Öffentlichkeit, deshalb sind in ihm zweckmäßig zusammengeschlossen alle Zahnärztekammern bzw. alle entsprechenden Berufsvertretungen in den Bundesländern und im Lande Berlin. Es ist also ein Interessenverband. Seine Aufgaben: Er übernimmt die Förderung und Wahrung aller beruflichen Interessen der deutschen Zahnärzte. Bundesverband und Kassenzahnärztliche Bundesvereinigung geben zweimal im Monat gemeinsam die „Zahnärztlichen Mitteilungen", ZM, heraus, die über Berufspolitik, Fortbildung und Tagungen, Gesellschaftspolitik, Gebührenänderungen usw. informieren.

Landeszahnärztekammer (LZK)
Es gibt 12 Landeszahnärztekammern in der Bundesrepublik und im Lande Berlin, die Körperschaften des öffentlichen Rechts (K. d. ö. R.) sind. (Körperschaften sind, ganz allgemein, rechtsfähige Verbände zur Wahrnehmung staatlicher Aufgaben unter Staatsaufsicht. Sie sind besonders im Bereich der Selbstverwaltung zu finden, so bei Gemeinden, Berufsverbänden usw.) Ihre Aufgaben: Sie sind zuständig für die Berufsordnung und die Berufsgerichtsbarkeit sowie für die Fortbildung der Zahnärzte und für die Facharztanerkennung. Sie wirken bei der öffentlichen Gesundheitspflege (Schuluntersuchungen usw.) mit. Sie überwachen die Altersversorgung der Zahnärzte und die Zahnarzthelferinnenausbildung im Rahmen des Berufsbildungsgesetzes (d. h., sie sind verantwortlich für die Ausbildungsverträge und auch für die Abschlußprüfungen bei der ZAH!). Aus verwaltungstechnischen Gründen haben die Landeszahnärztekammern Unterorganisationen geschaffen, die je nach Bundesland heißen:
Bezirkszahnärztekammern (z. B. in Baden-Württemberg)
Bezirksverbände (z. B. in Bayern)
Bezirksstellen (z. B. in Niedersachsen).

Kassenzahnärztliche Bundesvereinigung (KZBV), Sitz in Köln.
Sie ist der Zusammenschluß aller **Kassenzahnärztlichen Vereinigungen** auf Länderebene (KZV). Die Aufgaben: Sie haben die zahnärztliche Versorgung der Bevölkerung sicherzustellen und die berechtigten Interessen der Zahnärzte zu vertreten, deshalb übernehmen sie die Vertragsverhandlungen und Vertragsabschlüsse mit allen Versicherungsträgern und sie überwachen die Abrechnung der Zahnärzte mit den Krankenkassen. Ihnen unterliegt auch das Kassenzulassungswesen. Die einzelnen Bundesländer haben eigene Bezirks- bzw. Verwaltungsstellen errichtet; so arbeiten in Baden-Württemberg vier und in Rheinland-Pfalz drei selbständige Kassenzahnärztliche Vereinigungen.
(Die Quartalsabrechnungen und die Abrechnungen für Prothetik und Kieferorthopädie laufen über die zuständige KZV!)

Zu den zahnärztlichen Berufsorganisationen zählen u. a. noch:
Freier Verband Deutscher Zahnärzte e. V., Berufsverband der Kieferorthopäden, Deutscher Ausschuß für Jugendzahnpflege (DAJ), Arbeitsgemeinschaft für Zahnbettgesundheit.

Fremdwörterverzeichnis

A

Ablatio	Abtragung
Abrasion	Abrieb
absolut	uneingeschränkt
Adhäsion	Anhaften
Adhäsiv	Haftmittel
Adstringentia	gewebezusammenziehende Mittel
Äquivalentdosis	einer bestimmten Wirkung entsprechende Menge
Aerosol	fein verteilte Stoffe in Luft, „Nebel"
ästhetisch	das Aussehen betreffend, „schön"
Agent	Mittel, Stoff
aggressiv	heftig, angreifend
Aktivierung	in Spannung setzen
Akupressur	Heilmethode, die mit Fingerdruck arbeitet
Akupunktur	Heilmethode mit feinen Nadeln
akut	heftig verlaufend, dringlich, plötzlich auftretend
Allergie	Überempfindlichkeit
Alloy	voramalgamierte Feilung
Alveole	Knochenfach
Alveolotomie	Abtragung der Knochenfächer
ambulant	„ambulant", nicht im Krankenhaus aufgenommen im Gegensatz zu stationär
Amputation	Abtrennung
Anästhesie	Schmerzausschaltung
Analeptika	Aufmunterungsmittel, Anregungsmittel
Analgesie	Schmerzlosigkeit
Analgetika	schmerzstillende Mittel
Anamnese	Krankengeschichte, Vorgeschichte
Ankylose	Gelenkversteifung
Anode	mit dem Pluspol verbundene Elektrode
Anomalien	Unregelmäßigkeiten, Abweichung von der Norm
Antagonist	Gegenzahn
anterior	vorderseitig
Antibiotika	bakterientötende Mittel
Antidiabetika	Mittel gegen die „Zuckerkrankheit"
Antidot	Gegenmittel
Antiepileptika	Mittel gegen die Fallsucht
Antikathode	der Kathode gegenüberliegende Elektrode
Antikoagulanzien	blutgerinnungshemmende Mittel
Antimykotika	pilztötende Medikamente
Antiphlogistika	entzündungshemmende Mittel
antipyretisch	fieberbekämpfend
Antisepsis	Keimbekämpfung
Antrum	Höhle
apathogen	nicht krankheitserregend
Apektomie	Wurzelspitzenentfernung
Aphthe	kleines, weißes Bläschen
apikal	wurzelspitzenwärts
Applikation	Verabreichungsart
approximal	benachbart
Arretierung	Sperre
Arthritis	Gelenkentzündung
Arthroplastik	operative Gelenkwiederherstellung
Artikulation	Gleitbewegung der Zahnreihen aufeinander
Asepsis	Keimfreiheit
Aspekt	Gesichtspunkt
Asphyxie	Atemstillstand
aspirieren	einatmen, aufsaugen, ansaugen
Assistenz	Beistand, Hilfe
Asymmetrie	Ungleichmäßigkeit (z. B. der beiden Körperhälften)
Ataraktika	zentral wirkende Beruhigungsmittel
atrophisch	schlecht ernährt, geschwunden
Attachment	Befestigung
Attest	Bescheinigung, Bestätigung
Attribut	Eigenschaft, Merkmal
atypisch	ungewöhnlich
autochthon	ursprünglich, alteingesessen
Autosuggestion	Selbstbeeinflussung
Azulen	Wirkstoff der Kamille

B

Background-music	Hintergrundmusik
bakteriostatisch	bakterienhemmend
bakterizid	bakterientötend
benigne	gutartig
Bonding(-Agent)	Bindemittel, Klebemittel
Brackets	Schlösser (kieferorthopädische Befestigungselemente)
Branchen	Arme (z. B. einer Zange)
Bridging	Brückenbildung durch neues Dentin

C

Cancerophobie	Krebsangst, Angst vor bösartigen Geschwülsten
Cardiaka	Herzmittel
Caries profunda	tiefe Karies
Causa	Ursache, Grund
Chair-side-assistance	Hilfeleistung am Behandlungsstuhl
Chemotherapeutika	Heilmittel auf chemischer Grundlage
chronisch	langwierig, schleichend
Clar	beschlagfreie Mundspiegeloberfläche
Conditioner	elektrisch beheiztes Wasserbad mit bestimmten Temperaturen
Cortison	Nebennierenrindenhormon
Creep	Kriechen, Formveränderung unter Druck
Cri dentin	Schrei des Dentins, kratzendes Geräusch beim Tasten mit der Sonde über hartes Gewebe (das noch nicht kariös erweicht ist)

D

Decoct	Abkochung
Defektfraktur	Bruch mit Verlust an Knochensubstanz
definiert	genau beschrieben
definitiv	endgültig
Deformation	Verformung, Verunstaltung
Dehiszenz	Auseinanderklaffen einer Wunde (z. B. bei gerissenen Nähten)
Dekubitus	Wundliegen, Druckstelle
Denaturierung	starke Veränderung eines Stoffes z. B. Eiweißfällung
Dentitio difficilis	erschwerter Zahndurchbruch
deponieren	lagern
Depression	Hinunterdrücken, Versinken (z. B. in der Zhk. eines schon durchbrochenen Zahnes in den Kiefer zurück)
Derivat	Abkömmling, chemisch abgeleiteter Stoff
Desmodont	Wurzelhaut
Detergenzien	Benetzungsmittel (z. B. Pril)
Detritus	erweichtes Zahnbein
Devitalisation	Abtötung (z. B. des Zahnmarks)
Diabetes(mellitus)	Zuckerkrankheit
Diagnose	Erkennen einer Krankheit
diffundieren	durchdringen
diffus	unbestimmt, unklar, verschwommen
Diffusion	Auseinanderfließen, Durchtränken
Dimension	Ausmaß, Bereich, Umfang
Dislokation	Verlagerung
Disposition	Anlage, Empfänglichkeit
distalexzentrisch	Aufnahmetechnik beim Röntgen, bei der der Zentralstrahl das Objekt von distal trifft
Distalisierung	Bewegung nach distal (hinten)
Dolor post	Nachschmerz
Dosis efficax	kleinste wirksame Menge (eines Medikamentes)
Dosis letalis	tödliche Dosis
Dosis refracta	Verabreichung in kleinen Mengen
Dosis toxica	giftige (schädliche) Menge
Dot	Gabe, Verabreichung
Dowel-pin	Stützstift
Drainage	Trockenlegung, Austrocknung
dubios	zweifelhaft
Dysgnathie	Zahn- und Kieferfehlstellung

E

Edge-wise	kantig, Kantenbogen
effizient	wirksam, wirtschaftlich
Ekzem	nässende Flechte
Emplastrum	Pflaster
Empyem	Eiteransammlung in Körperhöhlen
Emulsion	Mischung zweier nicht ineinander löslicher Flüssigkeiten
Endodontie	Behandlung des Zahninneren, der Pulpa
endogen	von innen heraus entstehend, verursacht
En-face	von vorn
enossal	im Knocheninnern
En-profil	von der Seite
Epikrise	kritische Betrachtung des Krankheitsverlaufs und der Behandlung
Epiphysenfuge	Wachstumszone für das Längenwachstum der Röhrenknochen
Epulis	Zahnfleischgeschwulst
erosiv	nagend, auswaschend
Etching Liquid	Ätzflüssigkeit
eugnath	einem Normalgebiß entsprechend
Euphorie	Hochstimmung, Überschwang
exanthematisch	durch einen Hautausschlag hervorgerufen
exkavieren	auskratzen, aushöhlen
exkochleieren	ausschälen, ausschaben
exogen	von außen (der Umwelt) verursacht
Expansion	Ausdehnung
Extension	Streckung
Extraktion	Entfernung (z. B. eines Zahnes)
extraoral	außerhalb der Mundhöhle
Extrusion	Verlängerung eines Zahnes
Exzision	Ausschneidung
Exzitation	Erregung

F

fakultativ	freigestellt, wahlfrei
Fausse route	falscher Weg
fibromatös	bindegewebig wuchernd
Finishing-strips	Endglättungsstreifen
Finishing-curettes	Endglättungsküretten
fixiert	befestigt, festgehalten
flambieren	abflammen
Flora	Besiedelung (mit Kleinlebewesen)
Flow	Fließen unter Druck
Fluktuation	Beweglichkeit, Hin- und Herfließen
fluoreszierend	unter Bestrahlung aufleuchtend
Foetor (ex ore)	Mundgeruch
follikulär	auf das Zahnsäckchen bezüglich, vom Zahnsäckchen herrührend
Foramen infraorbitale	Unteraugenloch
Foramen mandibulae	Unterkieferloch
Foramen palatinum maius	großes Gaumenloch
fraktioniert	in kleinen Mengen, verzögert
Fraktur	Bruch
Frenulumexzision	(Lippen-)Bändchenentfernung
Frequenz	Häufigkeit
Friction grip (FG)	Reibhaftung
frontal	von vorn

G

Ganglion	Nervenknoten
genetisch	erblich, die Vererbung betreffend
Germektomie	(Zahn-)Keimentfernung
Gingiva	Zahnfleisch
Gingivahyperplasie	Zahnfleischwucherung
Gingivektomie	Zahnfleischkürzung, -ausschneidung
Gingivitis	Zahnfleischentzündung
Gingivitis simplex	einfache Zahnfleischentzündung
Gingivitis ulcerosa	geschwürige Zahnfleischentzündung
Gingivoplastik	Zahnfleischneugestaltung, -formung
Glaze	Glättungsmittel, glättender Überzug
Glossitis	Zungenentzündung
Glossodynie	Zungenschmerzen, Zungenbrennen
Gonaden	Keimdrüsen
Granula(t)	Körnchen
Gutta	Tropfen

H

Habits	Gewohnheiten
habituelle Okklusion	maximaler Zahnreihenschluß, Schlußbiß
Hämostyptika	blutstillungsfördernde Mittel
Headgear	„Außenspange", „Kopfzug", kieferorthopädisches Gerät
Heatless	„hitzefreier" Schleifkörper
heavy body	zähfließend
Hepatitis	Leberentzündung
hereditär	ererbt
Herpangina	Infektionskrankheit mit Rachen- und Mundhöhlenentzündung sowie Lippenbläschen
Herpes	Virusinfektion, Lippenbläschen bildend
high-speed	schnell, Hochgeschwindigkeit

Honorar	Vergütung (des Arztes für seine Behandlung)
hormonal	durch Hormone bedingt
Hospitalismus	in Krankenhaus entstandene Erkrankung
Hyaluronidase	das Gewebe durchlässiger machendes Ferment
Hyperämie	verstärkte Durchblutung
Hyper(o)dontie	Zahnüberzahl
hyperplastisch	durch Zellenvermehrung vergrößernd
Hypersensibilität	Überempfindlichkeit
Hyperzementose	Zementwucherung an der Wurzelspitze
Hypnoanalgetika	stark wirkende Schmerzmittel, Opiate
Hypnotika	Schlafmittel
Hypodontie	Zahnunterzahl
Hypoplasie	Unterentwicklung
Hypovitaminose	Vitaminmangel(krankheit)
Hypoxie	Sauerstoffmangel (im Gewebe)

I

iatrogen	vom Arzt verursacht
identisch	völlig gleich
Idiosynkrasie	abnorme Überempfindlichkeit
imaginär	eingebildet, nur in der Vorstellung existierend
Immediatprothese	Sofortprothese
Immobilisierung	Unbeweglichmachen
Impaktierung	Verkeilung
Implantat	Einpflanzung
Inaktivierung	Unschädlichmachen
Indifferenz	ohne Beeinflussung, Gleichgültigkeit
Indikator	Anzeiger, Teststreifen
Infektion	Ansteckung
infiltrieren	eindringen, durchdringen
Infraktur	Einriß, unvollständiger Knochenbruch
Infusion	Verabreichung von Flüssigkeiten (z. B. in eine Vene)
Infusum	Aufguß (z. B. bei Tee)
Inhalation	Einatmung
Inhalationsnarkotika	gasförmige Narkosemittel (z. B. Äther)
Injektion	Einspritzung
Injektionsnarkotika	mittels Einspritzung zu verabreichende Mittel zur Erreichung einer Narkose (z. B. Evipan)
inkonstant	unbeständig
inkorrekt	ungenau, unrichtig
Innocua	unschädliche Mittel
Inokulation	Einimpfung
Inspektion	genaue Betrachtung, Untersuchung
Instillation	Einbringung in flüssiger Form, Einträufelung
intakt	unversehrt
integrieren	eingliedern
Intensität	Eindringlichkeit, Heftigkeit, Stärke
Interaktion	gegenseitige Beeinflussung
Interdentalraum	Zahnzwischenraum
Interferenz	Überlagerung, Hemmung
intermaxillär	zwischen den Kiefern
interradikulär	zwischen den Wurzeln
Intoxikation	Vergiftung
intraapproximal	innerhalb des Bereiches der benachbarten Zahnflächen
intraarteriell	innerhalb der Arterie, in die Arterie hinein
intracutan	in die Haut, in der Haut
intraligamental	in (das Bändchen) des Zahnhalteapparates hinein, in den Spalt zwischen Zahn- und Zahnfleisch
intramuskulär	in den Muskel
intraoral	innerhalb der Mundhöhle
intra operationem	während des Eingriffs
intrapulpär	innerhalb des Zahnmarks
Intrusion	Versenkung eines Zahnes
Intubation	Einführung eines Schlauches in die Luftwege
Inunktion	Einreibung
Inzision	Einschneidung
irrigierend	mit Flüssigkeit versorgend
Irritation	Reizung
irritierend	störend
isoliert	allein, abgegrenzt

J

Jet-Injektion	Einspritzung mittels Impfpistole

K

Kalibrierung	Ausrichten auf das genaue Maß
Kanüle	Hohlnadel
Kapazität	Fähigkeit
Kardiaka	Herzmittel
Kariesrezidiv	erneuter Auftritt von Karies
Karzinom	Krebs
Kataplasmen	Umschläge
Kaustika	Ätzmittel
Kavität	Höhlung (im Zahn)
Kavitation	Hohlraumbildung
Keloid	Narbenwucherung
Kephalometrie	Schädelmessung
Klassifikation	Einteilung, Einordnung
Klistier	Einlauf, Darmspülung
Kombination	Verbindung, Verknüpfung
Komplex	Gebiet, Bereich, Zusammenfassung
Komplikation	Verwicklung, Erschwernis, Schwierigkeit
Komponente	Mischungsbestandteil
Kompositionsmassen	zusammengesetzte, gemischte Massen
Kompression	Zusammenpressung
kondensieren	verdichten
Konfiguration	Formung, Gestalt
konkav	gewölbt, hohl
Konkrement	harter Zahnbelag unter dem Zahnfleisch
Konstitution	Verfassung
Kontamination	Verschmutzung, Verseuchung
Kontraindikation	Gegenanzeige
Kontraktion	Zusammenziehung
Kontraktur	Schrumpfung
Konturierung	Ausformung, Gestaltung
Konus	Kegel
Korrektur	Verbesserung, Veränderung
korreliert	in Beziehung gesetzt, zusammenhängend
Kortison	entzündungshemmendes Hormon der Nebennierenrinde
Kürettage	Ausschabung
Kürette	Schaber
Kumulierung	Häufung, Steigerung

L

Läsion	Verletzung
Lamina dura	harte (Knochen-)Schicht
Lanolin	Wollfett (Salbengrundlage)
latent	verborgen, versteckt
lateral	seitlich
Ligatur	Naht, Unterbindung, besonders von Blutgefäßen; Verbindung
light body	dünnfließend
ligieren	binden, nähen
Limbus alveolaris	knöcherner Alveolarrand
Lingua	Zunge
Lingua geographica	Landkartenzunge
Lingua plicata	Faltenzunge

Liquidation	Rechnung
Logopäde	Sprachheilkundiger
Lues	Geschlechtskrankheit, Syphilis
Lunker	Hohlraum in einem Gußstück
Luxation	Ausrenkung, Verrenkung
luxieren	lockern, ausrenken
lymphogen	auf dem Lymphweg verbreitet, von der Lymphe herrührend

M

Makrodontie	Zahnübergröße
Makroglossie	Zungenübergröße
Makrognathie	Kieferübergröße
maligne	bösartig
mandibulär	auf den Unterkiefer bezogen
Mandrel	Scheibenträger
Mandrin	dünner Draht (für Kanülen)
manuell	von Hand
marginal	am Rande (z. B. des Zahnfleisches)
Matrize	1. formendes Band (für eine Füllung) 2. aufnehmender Teil (bei Zahnersatzverankerung)
maximale Interkuspidation	größtmöglicher Zahnreihenschluß
median	in der Mittel-(linie) liegend
Medien	Kommunikationsmittel (z. B. Zeitung, Radio, Fernsehen)
Medikation	Arzneimittelverordnung, -verabreichung
Membran	dünnes Häutchen
Mentalität	Geisteshaltung, Denkweise, Einstellung
mesialexzentrisch	Aufnahmetechnik beim Röntgen, bei der der Zentralstrahl das Objekt von mesial trifft
Mesiodens	Mittelzahn, überzähliger Schneidezahn
Metastasen	Tochtergeschwülste (bei z. B. Krebs)
Mikroben	Kleinlebewesen
Mikrodontie	Zahnunterentwicklung
Mikrognathie	Kieferunterentwicklung
Mixtur	Mischung
Mobilisierung	Beweglichmachen
Modifikation	geringe Änderung, Abwandlung
Modus	Art und Weise, Vorgehen
Mortalexstirpation	Entfernung des abgestorbenen Zahnmarks
Motivation	Beweggrund
Motivierung	Einsichtig machen, Anspornen
mukogingival	schleimhaut- und zahnfleischbezogen
Mukosa	Schleimhaut
multi-tufted	vielbündelig
Myogramm	Aufzeichnung der Muskelbewegungen
mystisch	geheimnisvoll

N

Narkose	Betäubung
Narkotika	Betäubungsmittel
Nasion	Nasenwurzelpunkt
Nekrose	Gewebetod
Neoplasien	Neubildungen
Nivellierung	Einebnung
Noxe	schädlicher Reiz

O

obliterieren	verstopfen, veröden
Obturator	Verschlußplatte
Oedem	Schwellung durch Wasseransammlung
Okkludator	einfache Artikulatorform, der nur Scharnierbewegungen erlaubt
Okklusionsdiagnostik	Untersuchung des Zahnreihenschlusses
Okklusionstrauma	Verletzung durch falsche Bißbelastung
Oralchirurgie	Mundchirurgie
Orbita	Augenhöhle
Ordination	Sprechstunde
Orthodont	Kieferorthopäde
orthograd	in normaler Richtung (von der Zahnkrone her), in der Richtung des Zentralstrahles
orthoradial	in der Richtung des Zentralstrahles
Osteoklasten	knochenzerstörende Zellen
Osteomyelitis	Knochenmarksentzündung
Osteosynthesen	Knochenverbindungen
Osteotomie	Abtragen von Knochen (Aufklappen)
Ovulum	Ei, eiförmige Tablette

P

Palpation	Tastung
Panaritium	Eiterung an Fingern und Zehen
parenteral	unter Umgehung des Verdauungsweges
Parodontitis	Zahnbettentzündung
Parodontium	Zahnhalteapparat, Zahnbett
Parodontologie	Wissenschaft und Heilkunde vom Zahnhalteapparat
Parodontometer	Instrument zum Messen der Zahnfleischtaschentiefe
Parodontopathien	Erkrankungen des Zahnbettes
Parulis	Wangenschwellung (dicke Backe)
Patrize	einrastender Teil der Verankerung bei Zahnersatz
Pellets	Wattezylinder, -bällchen
Perforation	Durchbohrung
perineural	um den Nerv herum
Periost	Knochenhaut
Perkolation	Erwärmung
perkutan	durch die Haut
Perlêches	Faulecke
permukös	durch die Schleimhaut
peroral	durch die Mundhöhle
Pharmakon	Gift, Heilmittel, Medikament, Arznei
Phiole	kleines Fläschchen, Ampulle
physiologisch	der Natur entsprechend, den normalen Lebensäußerungen gemäß
Pigmentierung	Einfärbung
Pilula	Pille
Placebo	Täuschungstablette
Plaques	(Zahn-)Beläge
Plaqueindikator	Belagaufdecker, -anzeiger
Plaquerevelator	Belagenthüller
Polypen	Schleimhautwucherungen (meist in den Nasennebenhöhlen)
Positioner	Haltegerät am Ende einer Multibandbehandlung
posterior	hinterer
Postmedikation	Medikamentenverordnung nach einem Eingriff
Power	Kraft, Netzstrom
Prämedikation	Arzneimittelgabe vor einem Eingriff
Präparation	Vorbereitung, Beschleifen eines Zahnes
Präparationstrauma	Schädigung durch zu intensives Bearbeiten von Zahnhartgewebe
präprothetisch	vor der Anfertigung von Zahnersatz
präventiv	vorsorglich
pro communitate	für die Allgemeinheit (der Patienten)
Progenie	zu starker Unterkiefervorbiß
Prognose	Vorhersage, Vorausschau

Prothetik	Zahnersatzkunde
Prototyp	Vorbild, Erstmodell
Protozoen	Einzeller
Protrusion	Vorkippung (von Zähnen)
Psychopharmaka	auf das Gemüt wirkende Heilmittel
Pulpenamputation	Teilentfernung des Zahnmarks
Pulpenkavum	Zahnmarkhöhle
Pulpitis	Zahnmarkentzündung
Pulvis	Pulver
putride	faulig
Pyogene	Eitererreger
Pyrogene	Fiebererreger, fiebererzeugende Stoffe

Q

Quadrant	Hälfte eines Kiefers
Quadrantensanierung	Behandlung und Versorgung einer Kieferhälfte
Qualifikation	Eignung
Quartal	Vierteljahr

R

radikulär	wurzelbedingt, von der Wurzel herrührend
radiologisch	die Strahlung betreffend, strahlenbezüglich
Radioluzenz	Strahlendurchlässigkeit (Aufhellung)
Radioopazität	Strahlendurchlässigkeit (Verschattung)
Radices	Wurzeln
Radix	(Zahn-)Wurzel
Radix relicta	(im Kiefer) zurückgelassene Wurzel
rapid	rasch, heftig, schnell
Reanimation	Wiederbelebung
Recall	Wiederbestellung
reduziert	vermindert
Regio	Gegend
rektal	durch den Enddarm
Relation	Beziehung
Reimplantation	Rückverpflanzung
Rekontamination	Neuverschmutzung
Remedium	Heilmittel
Remedium adiuvans	unterstützendes Heilmittel
Remedium cardinale	Hauptheilmittel
Remedium constituens	formgebendes Heilmittel
Remedium corrigens	geschmackverbesserndes Mittel
Remontage	erneutes Einsetzen in den Artikulator
Reposition	Zurückbringung (in die alte Lage)
Resektion	Abtrennung, Abschneidung
resident	ursprünglich, alteingesessen
resistent	unempfindlich, widerstandsfähig
Resistenz	Widerstandskraft
Resonanz	Widerhall, Eigenschwingung
Resorption	Auflösung, Aufnahme (in den Körper), Abbau
Retainer	Apparat zum Halten der erreichten Zahnstellung
Retention	Halt, Rückhalt, Verankerung
retiniert	zurückgehalten
Retrogenie	Rücklage des Unterkiefers
retrograd	von rückwärts (z. B. von der Wurzelspitze her)
Retrusion	Kieferrückstand, Rückkippung (von Zähnen)
Revision	Untersuchung, Überprüfung
Rezeption	Empfang
Rezeptor	aufnehmender Teil des Sinnesorgans
Rezidiv	Rückfall, erneutes Auftreten
Rhagaden	Faulecken
Root planing	Wurzelglättung
Rotation	Drehung (z. B. eines Zahnes)
rotiert	gedreht

S

sagittal	in Pfeilrichtung, von vorn nach hinten
Saprophyten	von Fäulnis lebende (meist harmlose) Mikroben
Sarkom	Krebs (des Bindegewebes und der Organe)
Scaler	Schaber, Kratzer
Sedativa	Beruhigungsmittel
sedierend	beruhigend
Sekret	Absonderung
Sekundärkaries	erneut auftretende Karies
semiprofessionell	halbberuflich
Sensibilität	Empfindlichkeit
separieren	trennen
Separator	Instrument zum Auseinanderdrängen von Zähnen
Separanda	gesondert aufzubewahrende Arzneimittel
Sepsis	Blutvergiftung
septisch	infiziert, nicht keimfrei
Sequester	abgestorbenes Knochenstück
Shrinkage	Schrumpfung
Signatura	Gebrauchsanweisung
Sinus maxillaris	Kieferhöhle
Slice-cut	Scheibenschnitt
solitär	allein, einzeln
Solutio	Lösung
somatisch	körperlich
spezifisch	besonders, speziell
Spontanfraktur	Knochenbruch ohne Einwirkung äußerer Gewalt
Staphylokokken	Traubenkokken (Eitererreger)
stationär	im Krankenhaus (aufgenommen)
Status	Zustand
Stomatitis	Mundschleimhautentzündung
stomatologisch	auf die Mundhöhle bezogen
Straight-wire	vorgeformter, gerader Drahtbogen
Streptokokken	Kettenkokken (Eitererreger)
Strips	Streifen (aus Zellophan, Leinen usw.)
Styli	Kegel (Arzneimittelform)
subgingival	unter dem Zahnfleisch
submukös	unter der Schleimhaut
subperiostal	unter der Knochenhaut
Subvitalität	unter der Norm liegende Vitalität (eines Zahnes)
Succus	Saft
Suggestion	Beeinflussung
Sulcus gingivae	Zahnfleischfurche
summarisch	kurz zusammengefaßt
superperiostal	über dem Zahnfleisch
Suppositorium	Zäpfchen (Arzneimittelform)
Suprakontakt	zu frühes Auftreffen auf den Gegenzahn, zu heftiger Aufbiß
Suspension	Aufschwemmung
Symptom	Anzeichen, Hinweis, typisches Zeichen

T

Team	Mannschaft, eingespielte Gruppe
Tenside	Benetzungsmittel
teratogen	Mißbildungen hervorrufend
terminal	endständig, am Ende befindlich
Terminologie	Fachsprache
Therapie	Heilmethode, -verfahren
thermisch	durch Wärme verusacht, wärmebezogen
thermolabil	hitzeempfindlich
thermostabil	hitzeunempfindlich

Tinktur	dünnflüssiger Auszug aus Stoffen
Torque	Drehkraft, Drall
Touchierung	Pinselung
Toxon	Gift
toxisch	giftig
Trachealtubus	Luftröhrenschlauch
Trance	Willenlosigkeit
Tranquilizer	Entspannungsmittel
Transferkäppchen	Übertragungskäppchen (in der Prothetik)
Transfixation	Verankerung über die Wurzelspitze hinaus
transient	vorübergehend
transitorisch	durchreisend, vorbeigehend
transparent	durchscheinend
transversal	quer
Trauma	Verletzung, Wunde
Traumatisierung	Verwundung, Hervorrufen von Verletzungen
Tray	Behälter, Tablett
Trema	Lücke zwischen zwei Zähnen (z. B. 11 und 21)
Trepanation	Aufbohrung
Trifurkation	Dreigabelung
Trituration	Mischen von Amalgam
Tuber maxillae	Vorwölbung des Kieferkammes hinter dem Weisheitszahn im Oberkiefer

U

ubiquitär	überall vorkommend
Ulkus	Geschwür
ultraspeed	Höchstgeschwindigkeit
Ulzera	Geschwüre
ulzerös	geschwürig
Unguentum	Salbe
Unit	Einheit

V

vaginal	auf die Scheide bezogen, von der Scheide herrührend
vegetativ	lebendig, pflanzlich
Venenum	Gift
vertikal	senkrecht
Via falsa	falscher Weg
Vibrationen	Erschütterungen
virulent	heftig
visuell	das Sehen betreffend, mit den Augen erfassend
Vitalamputation	Abtrennung eines Teils der lebenden Pulpa
Vitalexstirpation	völlige Entfernung des lebenden Zahnmarks

W

Water	Wasser

X

Xeroradiographie	spezielle Röntgenaufnahmetechnik zur Darstellung von Weich- und Hartgeweben

Z

zentrale Relation	weiteste Rücklage des Unterkiefers in Bewegung
zentrisch	auf die Mitte orientiert
zirkumskript	scharf umschrieben
Zoster	Gürtelrose
Zyste	Hohlgeschwulst
Zystektomie	Zystenentfernung
Zystostomie	Zystenfensterung
Zytostatika	zellwachstumshemmende Mittel

Sachregister

A

B

F

G

H

I

J

K

Q

R

S

T

Bildnachweis

Aesculap-Werke AG., Tuttlingen Abb. 56, 96, 99, 222
Bandelin electronic GmbH & Co. KG, Berlin Abb. 100
Alfred Becht, Offenburg Abb. 71, 135 a
Bildarchiv Preußischer Kulturbesitz, Berlin Abb. 107
Robert Bosch GmbH, Berlin Abb. 73
Busch & Co. GmbH, Engelskirchen Abb. 69
Degussa AG, Frankfurt Abb. 183
De Trey GmbH, Wiesbaden Abb. 72
Deutsche Ivoclar Dental AG, Ellwangen/Jagst Abb. 184
3 M Deutschland GmbH, Neuss Abb. 98
Drendel & Zweiling GmbH & Co. KG, Berlin Abb. 63
Ruth Droste-Ehrhardt, ZMF, Iserlohn Abb. 235
Dürr Dental KG, Bietigheim Abb. 35
Emda GmbH & Co. KG, Frankfurt Abb. 42–45, 48
Gebr. Brasseler GmbH & Co. KG, Lemgo Abb. 68, 191–196, 199, 208, 212, 213, 227
Gebr. Martin, Tuttlingen Abb. 54, 55, 57, 58, 156 a–c, 157, 158, 160, 161 a und b, 161 d und e, 162 b und c, 164 a und b, i, l, 165 a und b, 166 a–c, 167, 169–172, 174, 178, 201–204, 209–211, 214–216, 223, 226, 229
Prof. Dr. Dr. Raimund Harndt, Berlin Abb. 182
Hejco GmbH, Düsseldorf Abb. 8 a und b
Henkel AG, Düsseldorf Abb. 93
Dr. Richard Hilger, Düsseldorf Abb. 9, 11, 103, 105, 106
Hoechst AG, Frankfurt Abb. 94
Prof. Dr. Dr. Walter Hoffmann-Axthelm, Freiburg Abb. 1–6, 140, 179
KaVo Werk Dentale Einrichtungen GmbH, Biberach Abb. 75, 76
Kentzler-Kaschner Dental GmbH, Ellwangen/Jagst Abb. 133, 243–247
Prof. Dr. Dr. Werner Ketterl, Mainz Abb. 301, 302
Prof. Dr. Dr. Eberhard Krüger, Bonn Abb. 121, 148, 149, 176
Kulzer & Co. GmbH, Friedrichsdorf Abb. 74

Micro-Mega AG Deutschland, Bad Homburg Abb. 61, 62, 65, 70, 102, 200, 236

C. H. F. Müller / Philips GmbH, Hamburg Abb. 114, 115 a und b, 129 b, 130 a und b, 131

Pari-Werk GmbH & Co., Starnberg Abb. 108

Dr. Siegwart Peters, Leichlingen Abb. 12

Physikal.-Techn. Werkstätten Dr. Pychlau KG Abb. 138

E. & H. Renfert, Singen Abb. 77–82, 84–86, 88, 89

Röntgenmuseum Lennep Abb. 113

Röntgenverordnung Abb. 117

Prof. Dr. Dr. Bernhard Rottke, Hamburg Abb. 118–120, 122–127, 130 a, 131 a, 137 a, 187

Dr. Milan Schijatschky, Zürich Abb. 141

Schmitz & Söhne GmbH & Co. KG, Wickede-Ruhr Abb. 29, 32, 34, 46

Schülke & Mayr GmbH, Hamburg Abb. 90–92, 95

Siemens AG, Erlangen Abb. 28, 31, 33, 36, 60, 64, 66, 67, 115 c, 116 a–e, 119, 129 a, 233

Studiomed, Düsseldorf Abb. 101

Ullstein Bilderdienst, Berlin Abb. 7

Wepa Paulus & Thewalt GmbH, Höhr-Grenzhausen Abb. 109

Georg E. White, A. B., D. D. S., Boston, Mass./USA Abb. 154

Weiterhin dankt der Verlag den Autoren für das Zurverfügungstellen der Abbildungsvorlagen und allen Beteiligten, die bei der Beschaffung des Bildmaterials behilflich waren.

Inhaltsübersicht des ersten Bandes

Theoretischer Teil